Günther Ludwig · Einführung in die Grundlagen der Theoretischen Physik

Günther Ludwig

Einführung in die Grundlagen der Theoretischen Physik

Band 1: Raum, Zeit, Mechanik
Band 2: Elektrodynamik, Zeit, Raum, Kosmos
Band 3: Quantentheorie
Band 4: Makrosysteme, Physik und Mensch

Günther Ludwig

Einführung in die Grundlagen der Theoretischen Physik

Band 4: Makrosysteme, Physik und Mensch

Springer Fachmedien Wiesbaden GmbH

CIP-Kurztitelaufnahme der Deutschen Bibliothek

Ludwig, Günther:
Einführung in die Grundlagen der theoretischen
Physik / Günther Ludwig. – Braunschweig,
Wiesbaden: Vieweg.
  Teilw. im Bertelsmann-Universitätsverlag,
  Düsseldorf.

Bd. 4. Makrosysteme, Physik und Mensch. – 1979.

ISBN 978-3-663-12070-4   ISBN 978-3-663-12069-8 (eBook)
DOI 10.1007/978-3-663-12069-8

Satz: Helmut Becker, Bad Soden/Ts.

Buchbinder: W. Langelüddecke, Braunschweig
Umschlaggestaltung: Peter Steinthal, Detmold

Vorwort

Der jetzt vorliegende Band schließt die Darstellung physikalischer Theorie in ihren gegenseitigen Beziehungen ab. Der Versuch, die schwierigen Probleme einer Theorie makroskopischer Vorgänge aufzuzeigen, ohne allzuviel Mathematik beim Leser vorauszusetzen, mußte in diesem Band gewagt werden, um die vielfach herrschende Verschleierung dieser Probleme hinter Schlagworten zu zerreißen.

Auch mit der Physik zusammenhängende Probleme mußten aufgezeigt werden. In diesem Zusammenhang sei bemerkt, daß die handschriftliche Ausarbeitung auch des »Dialogs« schon im Juli 1977 fertiggestellt war und bewußt nicht mehr geändert wurde, obwohl inzwischen manche Entwicklungen zu Hinweisen gereizt hätten.

Dem Verlag danke ich für das Entgegenkommen, Erweiterungen des Umfangs und zeitliche Verzögerungen hingenommen und so diese *in sich zusammenhängende* Darstellung ermöglicht zu haben.

Vielen meiner Mitarbeiter möchte ich für die wertvolle Hilfe danken, die sie mir durch kritisches Lesen des Manuskripts, durch nochmalige Durchsicht der Korrekturen und durch Aufstellen des Stichwortverzeichnisses (das für alle vier Bände am Ende dieses Bandes erscheint) gewährt haben; es sind dies die Herren *Dr. W. Bayer, H. Darachschani, H. Gerstberger, Dr. L. Kanthack, Prof. Dr. W. Maaß, Prof. Dr. O. Melsheimer, Prof. Dr. H. Neumann, R. Werner.*

Marburg, im Februar 1979 G. Ludwig

Inhalt

Kurze Anleitung für den Leser

Dieser vierte Band ist sicherlich der schwierigste aller vier Bände. Wer sich also noch nicht mit den Problemen der »statistischen Mechanik« herumgeschlagen hat, wird wohl kaum beim ersten Lesen die entscheidend wichtigen Strukturen erkennen können. Deshalb gilt für diesen Band um so mehr der Hinweis, daß nur ein Erarbeiten durch mehrmaliges Lesen zum Erfolg führen kann; aber der Leser hat ja schon Übung durch die vorhergehenden Bände.

Die geringsten sachlichen Voraussetzungen sind für Kapitel XIV notwendig; fast überall kommt man mit einfachsten Kenntnissen aus der Mechanik aus. Nur die letzten Teilparagraphen von § 2 erfordern genauere Kenntnisse von VI, § 3.3 bzw. VIII, §§ 1.11 und 1.12. Obwohl formal einfach, ist dennoch XIV nicht ganz einfach zu verstehen, weil die große Allgemeingültigkeit der betrachteten Gesetze schon ein gewisses Verständnis der Methode der theoretischen Physik voraussetzt. Es ist aber doch dringend zu raten, die in XIV behandelten Grundstrukturen einwandfrei zu verstehen, bevor man sich an XV heranmacht.

Kapitel XV versucht die *Grundlagenprobleme* desjenigen Bereichs zu schildern, der einen großen, wenn nicht sogar den größten Teil der modernen Physik ausmacht. Die Theorien von Transistoren, Lasern, Sternmaterie und von Plasmen für Kernfusion sind nur einige der Anwendungsgebiete der in XV behandelten Grundstrukturen. Dieser Hinweis allein zeigt, daß es der Umfang dieses Buches verbietet, auch nur einen vernünftigen Eindruck von der Fülle der Anwendungen der Theorie aus XV zu vermitteln. Die in XV gebrachten Anwendungsbeispiele konnten daher nur sehr dürftig sein, wenn man nicht den Umfang des Buches so weit aufblähen wollte, daß der Leser es doch nicht mehr als Lehrbuch, sondern nur noch als Nachschlagewerk empfinden würde. Die Beispiele und angedeuteten speziellen Methoden dienen also *nur* zur Verdeutlichung der *allgemeinen* Strukturen und Probleme. Für dieses Kapitel gilt also noch mehr als für das ganze Buch, daß es nicht geeignet ist, jemanden zum Praktiker zu machen. Dieses Kapitel XV ist eigentlich nur von demjenigen zu verstehen, der schon einige praktische Erfahrungen (z. B. aus Vorlesungen) mitbringt. Demjenigen also, der noch keine solche praktischen Erfahrungen gemacht hat, sei daher dringend empfohlen, vor dem Studium von Kapitel XV erst eine Einführung in die Probleme der statistischen Mechanik wie z. B. [44] oder [45] zu lesen. So vorbereitet, wird ihn Kapitel XV in die oft verschwiegenen Grundlagenprobleme einführen; und das ist ja gerade eines der Ziele dieses Buches. Um aber dabei nicht durch mathematische Beweise den Umfang anschwellen und die physikalischen Strukturen untergehen zu lassen, wurden »anschaulich« leicht verständliche mathematische Strukturen wie Maßtheorie unkritisch angewendet; es sei dabei aber betont, daß hierin keine prinzipiellen Schwierigkeiten der in XV dargestellten Theorie liegen (siehe z. B. [4]).

Für die Diskussion der Grundlagenprobleme der statistischen Mechanik erweist sich die in XIII, § 1 für *alle* Gebiete der Physik (nicht nur der Quantenmechanik; siehe auch [3] §§ 11 und 12) niedergelegte allgemeine Struktur zur Beschreibung statistischer Prozesse als besonders geeignet, so daß es notwendig ist, vor dem Lesen von XV die Strukturen aus XIII, § 1 bis 3 genau zu kennen.

Die in den beiden §§ 10 und 11 aus XV dargestellten Probleme des dynamischen Verhaltens makroskopischer Systeme sind die schwierigsten des Buches. Man lasse sich also nicht entmutigen, wenn man sie erst zum Schluß nach vieler Mühe langsam verstehen kann. Man hat also schon viel erreicht, wenn man zunächst nur die §§ 1 bis 9 aus XV verstanden hat.

Kapitel XVI kann beim ersten Studium, auch beim mehrmaligen Lesen überschlagen werden. In XVI wird noch einmal von einem tiefer liegenden Standpunkt aus die in XIII dargelegte Grundlegung der Quantenmechanik diskutiert. Nur, wer über die Grundlagen der Quantenmechanik genauer nachdenken will, muß XVI studieren.

Die letzten Kapitel des Buches sollen zum Nachdenken über Probleme anleiten, die durch die Physik auch in sogenannten nicht physikalischen Bereichen aufgeworfen werden. Demjenigen, für den die Methoden der theoretischen Physik im Laufe der Reise Gestalt gewonnen haben, sollten die Kapitel XVII bis XX keine prinzipiellen Verständnisschwierigkeiten bereiten. Daß jeder Leser die in XVII bis XX vertretenen Meinungen übernimmt, ist nicht der Sinn dieser Kapitel, insbesondere nicht von XX. Diese Kapitel sollen ihn vielmehr nicht zum Ausruhen auf der »Liege« seiner vermeintlich so gesicherten, vorgefaßten Meinungen kommen lassen.

Voreinstimmung auf die physikalischen Problemstellungen

In den vorigen drei Bänden haben wir schon einen weiten Weg durch die theoretische Physik bis zu ihren heute erreichten Grenzen zurückgelegt, angefangen von Vorgängen unserer normalen Umgebung bis hin zu den Weiten des Kosmos und zu den nur noch indirekt meßbaren, winzigen Atomen. Damit scheint unsere Reise beendet zu sein, da wir den in XI, § 12 angezeigten Weg an die »vorderste Front« der Elementarteilchenphysik nicht weiter verfolgt haben, weil bisher der Durchbruch zu einer umfassenden Theorie der Elementarteilchen noch nicht gelungen ist, sondern nur aus der Quantenmechanik bekannte Begriffsbildungen und Methoden in einer Vielfalt von Einzelmodellen benutzt werden, um sich in einer Pionierarbeit weiter in den Bereich der Elementarteilchen vorzutasten. Es wäre sicher interessant, in einem »Spezialband« die bisherigen Erfolge dieser Pioniertätigkeit in Fortsetzung von XI, § 12 zu schildern. Aber sogar eine gefundene Theorie der Elementarteilchen würde für unsere Kenntnisse über Atome und Moleküle und unsere »normale« Umgebung in *dem* Sinne nichts Neues liefern, als wir doch schon durch die Quantenmechanik eine quantitativ vollkommen ausreichende Theorie der Atome besitzen. Die zu erwartende gegenüber der Quantentheorie umfangreichere (siehe III, § 7) Elementarteilchentheorie wird wahrscheinlich ein »Verständnis« der bisher nur korrespondenzmäßig erratenen *Hamilton*operatoren liefern, sie wird wahrscheinlich auch neue Erkenntnisse über extrem entartete Sternmaterie und damit Fortschritte in der Astrophysik und eventuell in der Kosmologie bringen und sie wird die experimentellen Prozesse extrem hoher Energie erklären können; aber für unsere »normale Umgebung« wird sie keine neuen Beiträge liefern, denn »normalerweise« (d. h. wenn wir nicht ins Innere der Fixsterne hinabsteigen oder mit Hilfe moderner Hochenergiebeschleuniger experimentieren) finden eben keine solchen extrem energiereichen Prozesse statt. Und gerade diesen »normalen« Vorgängen, wie wir ihnen zum großen Teil »alltäglich« begegnen können, soll unser nächstes Interesse gelten, d. h. wir kehren fast wieder zum Ausgangspunkt unseres Weges durch die theoretische Physik zurück.

Da Vorurteile merkwürdigerweise oft sehr schnell übernommen werden, wird es als erstes die Aufgabe einer Voreinstimmung sein, vor einem solchen Vorurteil zu warnen; denn Vorurteile können das Verständnis blockieren.

Das hier gemeinte Vorurteil lautet etwa so: Ganz richtig wurde das Problem einer Theorie der uns normalerweise umgebenden Vorgänge bis nach der Darstellung der Quantenmechanik verschoben, denn da alle »großen Systeme aus Atomen aufgebaut« sind, ist die Quantenmechanik die umfangreichste Theorie, von der aus alle anderen Theorien (vielleicht nur nicht die Allgemeine Relativitätstheorie) wie z.B. die in V und VI geschilderte Mechanik und die weiter unten in XIV beschriebenen Theorien durch die in III, § 7 geschilderten Prozesse der Einschränkung und Einbettung erhalten werden können.

Im Gegensatz zu diesem Vorurteil werden wir in XV erkennen, daß sich hinter den oben benutzten Worten »aus Atomen aufgebaut« ein ganz neues, allein mit Hilfe der Quantenmechanik nicht lösbares physikalisches Problem verbirgt. Genau wegen dieses Problems haben wir die Untersuchung »makroskopischer Prozesse« bis zu diesem vierten Band verschoben. Und wegen dieses Problems ist unser Weg durch die theoretische Physik nach Band 3 auch »im Prinzip« noch *nicht* beendet. Bevor wir aber an dieses Problem herangehen, wollen wir im nächsten Kapitel erst einige wichtige Theorien makroskopischer Systeme kennen lernen, die zunächst auch ohne Kenntnis der »atomaren Struktur der Materie« aufgestellt werden können.

XIV. Thermodynamik

Wir haben oben ganz richtig erwähnt, daß wir eigentlich unseren Weg durch die theoretische Physik mit II bis VI im »normalen« Bereich makroskopischer Vorgänge begonnen hatten. Ja, wir hatten ihn in diesem Bereich bis X fortgesetzt. Was ist da eigentlich noch zu ergänzen?

Sehen wir uns aber diesen Weg in V, VI, VIII bis X näher an, so erkennen wir, daß er in bezug auf die Beschreibung des »Verhaltens von Materialien« mit Idealisierungen und ad-hoc-Axiomen gepflastert war, ein unbefriedigender Zustand, auf den wir besonders in VIII mehrfach hingewiesen haben.

Einige solche »Idealisierungen« waren: *Massenpunkte* in der Punktmechanik (siehe V und VI); *ideale Nebenbedingungen* (siehe V und VI), besonders »ideal« bei dem Beispiel der »inkompressiblen« Flüssigkeit aus VI, § 3.3, dessen »Verbesserung« uns weiter unten in § 2.5 als typisches Beispiel dienen wird.

Einige ad-hoc-Axiome über das Verhalten von Materialien waren z. B.: Polarisation und Dielektrizitätskonstante (siehe VIII, § 1.10); Leitfähigkeit (VIII, § 5.2); Londonsche Supraleitungstheorie (VIII, § 5.3).

Aber nicht eine einheitliche Sicht aller dieser Einzelgesetze ist unser erstes Ziel, sondern die Beschreibung eines *Grundphänomens*, das bisher in allen Betrachtungen von II bis IX (auch in den Beispielen aus X, obwohl der Energie-Impulstensor in IX und X auch für den allgemeineren Fall definierbar ist) idealisierend außer acht gelassen wurde. Um dieses Grundphänomen besser zu verstehen, werden wir uns zunächst den sogenannten *Gleichgewichtszuständen* von Materialien zuwenden. Es hat sich nämlich gezeigt, daß man eine *Rahmentheorie* der Gleichgewichtszustände entwickeln konnte, die sich für »fast alle« Materialien (unabhängig von dem spezifischen Verhalten der einzelnen Materialien) als brauchbar herausgestellt hat. Diese »Theorie der Gleichgewichtszustände« wollen wir *Thermostatik* nennen.*

---

* Diese Bezeichnung ist von verschiedenen Autoren in neuester Zeit benutzt worden, um diese Theorie begrifflich klarer von der *allgemeineren* Thermodynamik abzusetzen. Bisher wurde statt dessen oft von »Thermodynamik der Gleichgewichtszustände« und »Thermodynamik der Nichtgleichgewichtszustände« gesprochen. Die Bezeichnung Thermostatik läßt aber deutlicher werden, daß die Thermostatik eine Einschränkung der Thermodynamik ist, so wie die Elektrostatik eine Einschränkung der Elektrodynamik.

§ 1. Thermostatik

Gleichgewichtszustände sind uns schon aus der Mechanik bekannt. Für ein System von Massenpunkten folgt aus V (2.5.7b) und V (2.5.1) im Gleichgewicht (d.h. für $\ddot{\mathbf{r}}^i = 0$)

$$-\operatorname{grad}_i U = 0;$$

die potentielle Energie nimmt also für die Gleichgewichtslage einen Extremwert an. Dasselbe gilt auch für ein Kontinuum von Massenelementen. In VI, § 3.3 haben wir ein solches nicht ganz triviales Gleichgewichtsproblem behandelt, das auf einer inkompressiblen Flüssigkeit schwimmende Schiff.

Aber auch in der Elektrostatik kamen Gleichgewichtszustände vor: Das in VIII, § 1.9 behandelte Problem des Feldes bei Anwesenheit von Leitern stellt ein solches Gleichgewichtsproblem dar, ebenso wie die in VIII, § 1.12 behandelten Probleme des Gleichgewichts dielektrischer Flüssigkeiten.

Was hatten wir an diesen Gleichgewichtszuständen »idealisiert«? Die Massen*punkte* waren so stark idealisiert, daß überhaupt nichts anderes von dem *Material der Massenpunkte* einging als eben die (Gesamt-)Masse. Die Mechanik der Massenpunkte ist also solange brauchbar, wie eben diese Massenanhäufungen, genannt Massenpunkte, nicht auseinanderfliegen oder Teile (wie bei einer Rakete) weggeschleudert werden. Anders ist dies aber schon bei den oben erwähnten Beispielen aus der Mechanik und Elektrostatik, bei denen Flüssigkeiten vorkommen: Die Idealisierung einer *konstanten* Massendichte dieser Flüssigkeiten ist auch für Gleichgewichtszustände offensichtlich nur »in gewissen Bereichen« (d.h. nur in einem passenden Grundbereich $\mathfrak{G}$; siehe III, § 2 und 4) in großer Näherung erfüllt. Ist z.B. die Flüssigkeit Wasser, so kann durch feinere Messungen festgestellt werden, daß das Wasser verschiedene Dichten annimmt; sehr einfach aber läßt sich feststellen, daß Wasser zu »Eis« erstarren oder in »Wasserdampf« übergehen kann; d.h. der »Gleichgewichtszustand« des Wassers hängt nicht nur von der Gesamtmasse und den »äußeren« Nebenbedingungen (wie z.B. einem Gefäß, in dem sich das Wasser befindet) ab, so wie wir das idealisierend z.B. in VI, § 3.3 angenommen hatten, sondern noch in irgendeiner Weise von zusätzlichen Bedingungen, die eben verschiedene Dichten des Wassers oder sogar verschiedene (sogenannte) Aggregatzustände (fest, flüssig, gasförmig) bedingen können.

Da der Leser ja kein Anfänger in der Physik ist, wird er sofort sagen: das Wasser kann eben noch verschiedene Temperaturen haben und der Gleichgewichtszustand hängt eben noch von der Temperatur ab. Er wird sich wundern, daß wir oben von »zusätzlichen Bedingungen« statt gleich von »Temperatur« gesprochen haben. Aber es geht eben darum, daß man eigentlich *vor* der Theorie der Thermostatik *nicht* von Temperatur reden *kann*; die Temperatur gehört (im Sinne von III, § 2 und 4) eben *nicht* (!) zu den Vortheorien der Thermostatik; oder etwas anders ausgedrückt (siehe dazu III, § 9): in bezug auf die Thermostatik ist die Temperatur nur *indirekt* meßbar. Dies kann man sich an vielen Beispielen sogenannter »Thermometer« sofort klar machen, da diese Thermometer *direkt* etwas ganz anderes messen, z.B. die *Länge* einer Quecksilbersäule, was durch die am Thermometer angebrachten Teilstriche augenfällig zum Ausdruck kommt. Deshalb wäre es gut, wenn der Leser zunächst einmal wieder vergißt, daß es einen Temperaturbegriff in der Physik gibt.

Der Begriff des Gleichgewichtszustandes *ohne* Einführung des Temperaturbegriffs ist fundamental für die Thermostatik. Daher muß man mit Recht fragen, wie man solche Gleichgewichtszustände feststellen kann. Zunächst dadurch, daß sich unmittelbar feststellbare Eigenschaften zeitlich nicht ändern.

Diese Möglichkeit ist wichtig, wenn man die Methoden aus II zur Einführung des Entfernungsbegriffs benutzt. Denn benutzt man Kettenglieder (II, § 2), so dürfen sich diese nicht verändern. Solche Änderungen kann man entweder rückwärts daran merken, daß die hergestellten Ketten selbst veränderlich sind oder die Kettenglieder nicht mehr in die Schablone passen oder auch durch bewußtes Anbringen von Vorrichtungen (an den Kettengliedern), an denen Veränderungen leicht unmittelbar feststellbar sind; so z.B. kann man an den Kettengliedern Bimetallstreifen befestigen und unmittelbar die Stellung dieser Streifen beobachten. Also nur für »unveränderliche« Kettenglieder erweist sich die in II gegebene Einführung des Abstandsbegriffs als durchführbar. Natürlich kann man im Sinne von IX, § 3 auch gleich zum Begriff des Lichtabstandes übergehen.

»Vor« der Thermostatik werden aber außer unmittelbar feststellbaren Eigenschaften noch andere auf Grund von Vortheorien (III, § 2) meßbare Größen vorausgesetzt, wie z.B. die eben erwähnten Entfernungen, auch Massenwerte, Kräfte, elektrische und magnetische Felder. Ein Gleichgewichtszustand liegt nur vor, wenn sich diese meßbaren Größen nicht zeitlich ändern. Welche Größen jeweils im Einzelfall als auf der Basis von Vortheorien meßbar vorausgesetzt werden, wird der Leser später leicht erkennen.

Dieser Begriff des Gleichgewichtszustandes engt den Grundbereich (III, §§ 2, 4, 7) der Thermostatik ein, *ohne* ihn schon endgültig abzugrenzen. Eine weitere begriffliche Einengung werden wir in § 1.1 geben. Es sei aber auch hier nochmals auf die allgemeine Situation hingewiesen (siehe III, §§ 2, 4), daß der Grundbereich erst rückwärts durch Anwendungen der Theorie bestimmbar wird als der Bereich, in dem die Theorie brauchbar ist.

Wir wollen aber auch gleich hier auf eine weitere Schwierigkeit des Begriffs Gleichgewichtszustand aufmerksam machen. Bei allen uns bekannten, sogenannten Gleichgewichtszuständen stellt sich heraus, daß es besonders verfeinerte Messungen gibt, deren Meßergebnisse veränderlich sind. Der Begriff des Gleichgewichtszustandes ist also nicht einführbar, wenn man *alle* möglichen Messungen zuläßt. Damit ergibt sich eine weitere Notwendigkeit für die Einengung des Grundbereiches der Thermostatik: Der Grundbereich muß auf gewisse Größen beschränkt werden. Auf welche? Genau dies ist eben nicht »von vornherein« festlegbar! Auch dies ist eben ein weiterer Punkt, an dem klar hervortritt, daß sich der Grundbereich einer Theorie erst durch die Anwendung der Theorie herausschält. Wird z. B. später der Druck als eine Gleichgewichtseigenschaft eingeführt, so darf man zur Messung dieses »Druckes« nicht zu kleine Flächen und zu kurze Zeitintervalle (über die die Meßapparatur die Kräfte mittelt) benutzen. Man charakterisiert diese Einschränkung des Grundbereiches dadurch, daß man die zugelassenen Observablen kurz die *thermostatischen Observablen* nennt. Das mathematische Bild dieser thermostatischen Observablen wird der in § 1.1 einzuführende Zustandsraum Z sein.

§ 1.1. Der Zustandsraum

Die Hauptschwierigkeit für das Verständnis der Thermostatik (bzw. Thermodynamik) stellt die große Allgemeinheit der Formulierungen dar, so daß es dem Anfänger oft schwer fällt, sich dabei konkrete physikalische Situationen vorzustellen. Diese allgemeinen Formulierungen beginnen mit der Einführung der Begriffe des physikalischen Systems (bzw. Objekts) und des Zustandsraumes.

Die Thermostatik betrachtet nicht die ganze Welt (den Kosmos; siehe X, § 6.6) sondern (über eine endliche Zeit hinweg) wohl definierbare Teilstücke, die man allgemein physikalische Systeme zu bezeichnen pflegt, die wir aber bewußt »physikalische Objekte« nennen wollen; es sind die Objekte, über deren Verhalten die Thermostatik allgemeine Gesetzmäßigkeiten angibt. Daß wir das Wort »Objekt« (statt System) benutzen, hängt mit der schon in XIII von uns zugrundegelegten allgemeinen Terminologie zusammen. Bevor wir aber darauf näher eingehen, wollen wir zunächst kurz etwas näher »beschreiben« (d. h. ohne Abbildung in ein mathematisches Bild $\mathfrak{MT}$; siehe III), welche Objekte zum Anwendungsbereich der Thermostatik (d. h. zum Grundbereich $\mathfrak{G}$; siehe III, § 2 und 4) gehören.

Die Objekte müssen als solche gegenüber ihrer Umgebung wohl *abgegrenzt* aber *nicht isoliert* sein. Das soll heißen: Was zu dem betrachteten Objekt hinzuzurechnen ist, muß eindeutig und klar definiert und feststellbar sein. So kann z. B. ein Stück Eis, das auf dem Wasser schwimmt, ein solches Objekt sein. Ein anderes Objekt ist z. B. eine Menge Meerwasser, die sich in einem Gefäß befindet. Kein Objekt dagegen ist das in diesem Meerwasser gelöste Salz. Die Objekte brauchen nicht gegenüber ihrer Umgebung isoliert zu sein;

so ist z. B. das oben erwähnte Stück Eis nicht isoliert gegenüber dem Wasser, auf dem es schwimmt. Zwei gleichbeschaffene Objekte, z. B. zwei gleich große Mengen Meerwasser in gleich gebauten Gefäßen, sind immer als verschiedene (!) Objekte anzusehen. Da die Thermostatik auch »langsame« Veränderungen (ähnlich wie die Elektrostatik; siehe VIII, § 1) betrachtet, ist es wichtig, daß ein Objekt auch bei Veränderung seiner »Eigenschaften« über eine gewisse Zeit hinweg als solches wiedererkennbar oder merkbar ist.

Wie schon allgemein in XIII definiert, sprechen wir von Objekten erst dann, wenn außerdem noch objektive Eigenschaften gegeben sind, die diese Objekte haben und auch nicht haben können; d. h. von jedem Objekt ist feststellbar, ob es eine betrachtete Eigenschaft hat oder nicht hat.

Wir hatten in XIII physikalische Objekte mit Eigenschaften auf eine Menge M mit einer »Skala von Eigenschaften« abgebildet. Wir könnten hier diese Beschreibung aufgreifen und verfeinern. Um aber beim Leser weder das genaue Studium von XIII vorauszusetzen, noch ihn mit diffizilen mathematischen Untersuchungen zu belasten, gehen wir etwas weniger systematisch, aber dafür etwas direkter und anschaulicher vor:

Wie wir zu Beginn von XIV erwähnten, wollen wir nur Objekte im Gleichgewicht betrachten, d. h. nur Objekte, deren Eigenschaften sich zeitlich nicht (oder nur »sehr langsam«; siehe dazu weiter unten und § 1.3 und 1.4) ändern. Dadurch wird die Menge der zu betrachtenden Eigenschaften wesentlich eingeschränkt, wie durch einen Vergleich mit § 2, insbesondere § 2.1 hervorgeht.

Statt nun die zu untersuchenden »Eigenschaften« durch Teilmengen von M abzubilden (wie wir dies am Anfang von XIII skizziert haben), gehen wir einen etwas anderen Weg, der es auch erlaubt, nicht isolierte Objekte bei zeitlicher Veränderung ihrer Eigenschaften leicht zu beschreiben:

Wir setzen axiomatisch fest, daß es einen endlich-dimensionalen Zustandsraum Z gibt, durch den die »Eigenschaften« eines Objekts in folgender Weise beschrieben werden: Jedem Objekt $x \in M$ ist (zu jeder Zeit t) ein Punkt $z \in Z$ zugeordnet. z heißt der Zustand von x (zur Zeit t). Für diese Zuordnung von z zu x zur Zeit t schreiben wir im Folgenden $z = \varphi_t(x)$. Durch Messungen kann man natürlich nie genau (siehe III, § 5) den Punkt z bestimmen, der einem Objekt x zugeordnet ist, sondern nur feststellen, daß z in einem gewissen »Intervall« im Zustandsraum Z liegt (siehe z. B. auch VI, § 4.4). Der Zustandsraum Z, d. h. die möglichen Eigenschaften der Objekte, müssen schon »vor« der Theorie der Thermodynamik definiert sein; d. h. der Punkt z eines Objektes x wird als (natürlich mit endlichen Ungenauigkeiten) »direkt« meßbar vorausgesetzt (siehe dazu wieder III, §§ 2, 4 und 9).

Diese sehr abstrakte Definition der Beschreibung physikalischer Objekte mit Hilfe eines Zustandsraumes wird sich für die ganze Thermodynamik in XIV bis hin zu der Theorie aus XV als brauchbar erweisen. Jetzt sind wir zunächst darauf aus, einen Ausschnitt zu erfassen, nämlich den der Gleichgewichtszustände. Wir nehmen also an, daß es in Z eine Teilmenge Z_g der Gleichgewichtszustände gibt. Bei »sehr langsamer« Veränderung unter äußeren Einflüssen wird vorausgesetzt, daß $\varphi_t(x) \in Z_g$ (in guter physikalischer Approximation) gilt.

Um nun aber Z_g nicht so abstrakt im Raum stehen zu lassen, seien wieder Beispiele angegeben. Dabei machen wir gleich von einer in der Thermodynamik immer wieder und wieder benutzten Einschränkung der Betrachtungsweise Gebrauch: Wir betrachten nur eine sehr eingeschränkte Teilmenge von M, die man durch eine charakteristische Eigenschaft auszeichnen kann. Beispielsweise betrachten wir Objekte, die *nur* aus Wasserstoff bestehen. Man könnte (mit dem chemischen Symbol H für Wasserstoff) diese Teilmenge von Objekten mit M_H bezeichnen; wenn kein Irrtum möglich ist, wird auch häufig der Index an M »einfach wieder weggelassen«. Für die Teilmenge M_H genügt eine Teilmenge Z_{gH} von Z_g als Zustandsraum. Die Erfahrung zeigt in diesem Falle, daß Z_{gH} dreidimensional ist und daß man als drei Koordinaten in Z_{gH} z.B. die Gesamtmasse m, das Volumen V und den Druck p (eine Definition von p erfolgt in § 1.2) benutzen kann. Man geht aber von M_{gH} oft zu einer weiteren Einschränkung über, indem man nur Objekte mit einer festen Gesamtmasse m betrachtet (d.h. nur Objekte x aus einer Teilmenge $M_{H,m}$); dann kann man als Zustandsraum $Z_{gH,m}$ einen zweidimensionalen mit den Koordinaten V und p benutzen. Diese Beispiele mögen genügen, da wir im weiteren Verlauf der Entwicklung noch *viele* andere Beispiele von Zustandsräumen für Teilmengen von M kennenlernen werden. Wie schon unter den »Hinweisen für den Leser« im ersten Band betont, gilt auch hier, daß ein Verständnis einer Theorie nicht in einem einzigen Durchgang erreichbar ist; erst beim zweiten oder dritten Lesen wird einem der Begriff des »Zustandsraumes« als sehr natürlich erscheinen.

Die in einem Zustandsraum benutzten Koordinaten sind selbstverständlich in gewisser Weise willkürlich und »zunächst« nach irgendwelchen Gesichtspunkten der »einfachen Meßbarkeit« ausgewählt. Tatsächlich aber gibt es noch einige grundsätzliche Gesichtspunkte, nach denen man die Wahl der Koordinaten in Z_g durchzuführen pflegt. Einige solcher Gesichtspunkte seien kurz hier und andere etwas später in § 1.2 erwähnt.

Auch die Thermostatik würde unbrauchbar kompliziert werden, wenn man nicht einige Teile der betrachteten physikalischen Objekte im mathematischen Bild durch »idealisierte« Nebenbedingungen ähnlich wie in der Mechanik (siehe z.B. V, § 3.1) ersetzen würde. Wir werden zwar nicht wie in VI, § 3.3 die Flüssigkeit (z.B. Wasser) mit Hilfe der »idealisierten« Inkompressibilität beschreiben, aber z.B. das Gefäß, in dem sich die Flüssigkeit befindet, weiterhin wie in VI, § 3.3 durch eine »ideale« feste Randfläche (ohne weitere Beschreibung des Materials des Gefäßes!) ersetzen. Größe und Form dieses »idealisierten« Gefäßes sind dann von außen vorgegebene Bedingungen für das »Objekt Wasser«. In dem anderen oben angegebenen Beispiel eines Wasserstoffgases in einem Gefäß war das Volumen V dieses Gefäßes ein solcher vorgegebener Parameter für das betrachtete Objekt. Wenn sich die Objekte in »äußeren« elektromagnetischen Feldern befinden, so können auch die Ladungen und Ströme, die diese Felder erzeugen, als äußere Bedingungen aufgefaßt werden; da dieser letztere Fall sich im allgemeinen nicht durch *endlich* viele äußere Parameter beschreiben läßt, werden wir darauf erst in § 2.6 zurückkommen.

Die äußeren (idealisierten) Nebenbedingungen, die wir beispielhaft geschildert haben, mögen sich durch einige »Parameter« $\alpha_1, \alpha_2, \ldots$ beschreiben lassen. Man pflegt dann diese Parameter mit als Koordinaten für Z_g zu benutzen; natürlich reichen, wie wir später noch genauer sehen werden, diese Parameter $\alpha_1, \alpha_2, \ldots$ *nicht* aus (während sie z. B. in der Mechanik der Massenpunkte und der idealisiert inkompressiblen Flüssigkeiten gerade ausreichen!), um das Gleichgewicht zu bestimmen, d. h. um die Punkte aus Z_g festzulegen; weitere Koordinaten sind notwendig. Für ein in einem idealisierten Gefäß eingeschlossenes Gas wäre z. B. das Volumen V ein solcher Parameter α_1; der Druck p wäre dann eine weitere Koordinate für Z_g.

Die $\alpha_1, \alpha_2, \ldots$ sind aber durch die obige Beschreibung nicht eindeutig festgelegt, wie wir noch etwas deutlicher in § 1.2 und für den Fall von äußeren elektromagnetischen Feldern in § 2.6 sehen werden.

Die Einführung des Zustandsraumes Z neben der Menge M der physikalischen Objekte und die Einführung einer Funktion φ_t, die jedem Objekt $x \in M$ dem ihm zur Zeit t zukommenden Zustand $z = \varphi_t(x)$ zuordnet, gibt ein Beispiel für das, was man eine Menge M »physikalischer Objekte mit *objektiven* Eigenschaften« nennt; siehe dazu XIII, § 1 und [1], III, § 4.1 und [3], § 12. In diesem Sinne können wir also bei Einschränkung von Z auf Z_g sagen: *die Thermostatik ist die Theorie der objektiven statischen Eigenschaften physikalischer Objekte.*

Für den Leser genügt es zunächst, diese letzte Formulierung intuitiv zu erfassen.

Da Z_g zur Beschreibung der Gleichgewichtseigenschaften dient, nennt man umgekehrt die Punkte von Z_g die *thermostatischen Gleichgewichtszustände.*

§ 1.2. Der Energiesatz

Die erste entscheidende und – wie sich herausstellen wird – auch zentrale Gesetzmäßigkeit, die über die objektiven Eigenschaften physikalischer Objekte formuliert werden kann, ist der sogenannte Energiesatz.

Wir haben bei unserer Wanderung durch die Physik schon an verschiedenen Stellen »Energiesätze« formuliert; zunächst in der Mechanik, siehe z. B. V (2.5.8), V, § 3.11, VI (5.7.4). Diese Energiesätze gelten, wenn für das betrachtete System die Kräfte konservativ waren, bzw. eine nicht explizit von der Zeit abhängige Lagrangefunktion bzw. Hamiltonfunktion eingeführt werden konnte. Es gibt aber auch andere als konservative Kräfte wie z. B. die in VI, § 7.10 behandelten Reibungskräfte. Das Beispiel VI (7.10.28) des »gedämpften« harmonischen Oszillators zeigt, daß die »Energie« $\frac{1}{2}m\dot{q}^2+\frac{1}{2}m\omega_0^2q^2$ zeitlich abnimmt. Gilt in diesem Fall kein Energiesatz mehr, oder kann man (ähnlich wie bei der Einführung der elektromagnetischen Feldenergie; siehe XI, § 4.1) eine »andere Energieart« so einführen, daß dann im Endeffekt doch wieder ein Satz von der Erhaltung der »Gesamtenergie« gilt? Daß dies möglich ist, ist im wesentlichen die Aussage des Energiesatzes der Thermodynamik.

Auch in der Elektrodynamik ließ sich ein »Energiesatz« formulieren. In der Fassung VIII (4.1.4) blieb auf der linken Seite ein Ausdruck $\mathscr{L}_V$ der Form VIII (4.1.3) stehen, der die »Leistung« der elektromagnetischen Kräfte an den bewegten Ladungen beschreibt. Dieser Teil läßt sich aber im allgemeinen *nicht* so einfach als eine Änderung der »Materialenergie« wie in VIII (4.1.10) schreiben, denn das Material ist im allgemeinen eben nicht so vereinfacht wie durch VIII (4.1.5) beschreibbar! Der Energiesatz der Thermodynamik besagt aber, daß sich immer bei jedem Material eine geeignete Energie des Materials einführen läßt, um einen Energiesatz zu garantieren. Da wir aber im Falle elektromagnetischer Felder nicht nur Leiter, sondern auch polarisierbare und magnetisierbare Materialien betrachten (und damit mehrere in VIII offen gebliebene, bzw. nur für idealisierte Sonderfälle behandelte Probleme klären) wollen, werden wir uns diesen Fragen explizit erst in § 2.6 zuwenden. Bis dahin werden wir als »veranschaulichende Beispiele« zur allgemeinen Theorie solche wählen, wo in den »mechanischen Energiesätzen« die Änderung der mechanischen Energie (z. B. kinetische + potentielle Energie) durch mechanische Arbeitsleistung an dem thermodynamisch zu untersuchenden System hervorgerufen wird; dies sei an zwei Beispielen verdeutlicht.

In Fig. 1 ist skizziert, wie zwei bewegliche Kolben K_1 und K_2 die mit Gas gefüllten Volumina V_1 und V_2 abschließen. Da beide Volumina durch eine feste Zwischenwand getrennt sind, kann in beiden ein verschiedener Druck

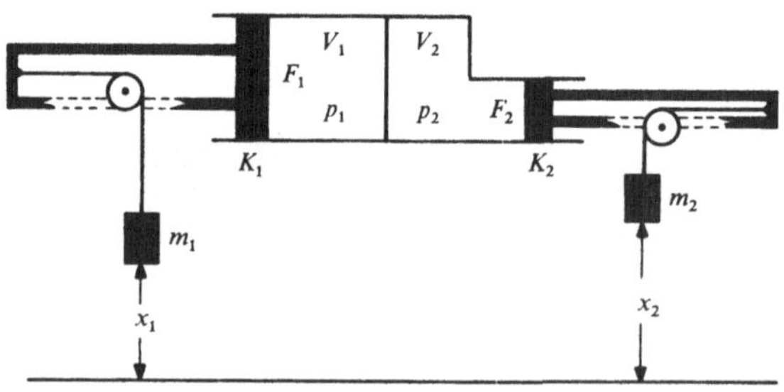

Fig. 1

p_1 bzw. p_2 vorhanden sein. Daß die Kolben nicht herausgedrückt werden, verhindern zwei Gewichte der Masse m_1 bzw. m_2 die im Schwerkraftfeld der Erde an zwei über Rollen geführten Seilen hängen.

Wir haben aber eigentlich noch gar nicht gesagt, wie der »Druck« definiert ist. Auf den Kolben K_1 von der Fläche F_1 übt das Gas eine Kraft aus. Die Erfahrung legt für Gase das Axiom nahe, daß diese Kraft proportional zur Flächengröße F_1 ist, d.h. daß die Kraft k_1 auf den Kolben K_1 in der Form

$$(1.2.1) \qquad k_1 = p_1 F_1$$

geschrieben werden kann mit einer nur »vom Gas« abhängigen Größe p_1, die Druck genannt wird. »Vom Gas abhängig« bedeutet dabei nicht, daß p_1 von der *Menge* des Gases abhängt; es bedeutet vielmehr, daß die Kraft *nur* insofern von der Form des Kolbens abhängt, als eben die Kraft proportional zur Fläche ist; siehe (1.2.1). Bei der in Fig. 1 skizzierten Anordnung herrscht also Gleichgewicht, wenn mit g als Erdbeschleunigung

$$(1.2.2) \qquad p_1 F_1 = m_1 g, \qquad p_2 F_2 = m_2 g$$

gilt (dabei sind irgendwelche Reibungskräfte, z. B. des Kolbens oder der Rollen vernachlässigt worden; siehe die Definition der idealen Vorrichtungen zur Einhaltung von Nebenbedingungen in V, § 3).

Die potentielle Energie (die gleich der »mechanischen Energie« ist, wenn keine kinetische Energie vorhanden ist) der beiden Massen ist mit den in Fig. 1 eingezeichneten Höhen x_1 und x_2:

$$(1.2.3) \qquad U_{\mathrm{pot}} = m_1 g_1 x_1 + m_2 g_2 x_2 .$$

Betrachten wir nur so langsame Veränderungen der beiden Höhen x_1 und x_2, daß die kinetischen Energien der bewegten Massen (Kolben, Gestänge, Rollen, Massen m_1 und m_2) vernachlässigt werden können (sogenannte quasistatische Bewegungen), so ist die Änderung der »mechanischen Energie« (1.2.3) gegeben durch

$$(1.2.3) \qquad dU_{\mathrm{pot}} = m_1 g_1 dx_1 + m_2 g_2 dx_2 .$$

Die Arbeit, die von den Gasen, d. h. von den Kräften k_1 und k_2 bei der Bewegung der Kolben geleistet wird, ist, da die Kolben sich wegen der Seilverbindung zu den Gewichten gerade um dx_1, bzw. dx_2 verschieben, gleich

$$k_1 dx_1 + k_2 dx_2 = p_1 F_1 dx_1 + p_2 F_2 dx_2$$

$$= m_1 g dx_1 + m_2 g dx_2 .$$

Also ist

$$(1.2.4) \qquad dU_{\mathrm{pot}} = p_1 F_1 dx_1 + p_2 F_2 dx_2 .$$

Nun ist aber gerade $F_1 dx_1 = dV_1$, bzw. $F_2 dx_2 = dV_2$ mit dV_i als Änderung des Volumens V_i. Damit geht (1.2.4) über in:

$$(1.2.5) \qquad dU_{\text{pot}} = p_1 dV_1 + p_2 dV_2 .$$

Man pflegt nun die rechte Seite von (1.2.5) mit δA zu bezeichnen:

$$(1.2.6) \qquad \delta A = p_1 dV_1 + p_2 dV_2$$

δA is dann die von den Gasen an den Kolben geleistete Arbeit. Der Energiesatz der Thermodynamik würde dann aussagen, daß es möglich ist, den beiden Gasen eine solche »innere« Energie U_{Gase} zuzuschreiben, daß

$$(1.2.7) \qquad \delta A = - dU_{\text{Gase}}$$

ist und damit wieder ein Energiesatz

$$(1.2.8) \qquad d(U_{\text{pot}} + U_{\text{Gase}}) = 0$$

gilt.

Wir wollen an diesem Beispiel auf einen Sachverhalt hinweisen, der manchmal zu begrifflichen Schwierigkeiten Anlaß gibt: Die Aufteilung der Gesamtenergie auf die beiden Summanden $U_{\text{pot}} + U_{\text{Gase}}$ in (1.2.8) ist willkürlich, d. h. keine Frage der Struktur der abzubildenden Wirklichkeit, sondern eine Frage der Konvention. In dem oben geschilderten Beispiel wird die »Aufteilung« der Energie auf die beiden Summanden zwar sehr »nahegelegt«, da man U_{pot} als potentielle Energie der beiden Massen als schon »bekannt empfindet«. Ganz anders kann dies aber im elektromagnetischen Fall aussehen, worauf wir in § 2.6 zurückkommen werden und beispielhaft (im Falle der durch XI (1.2.10) beschriebenen »Materiewellen«) schon in XI (1.3.10) gestoßen sind, wo ebenfalls eine Aufteilung der Energie auf die »elektromagnetische Feldenergie« und die »Materiefeldenergie« willkürlich ist. Aber auch in unserem obigen Beispiel (1.2.8) können wir die Gesamtenergie verschieden aufteilen:

Mit

$$(1.2.9) \qquad \tilde{U}_{\text{pot}} = U_{\text{pot}} - p_1 V_1 - p_2 V_2$$

und

$$I_{\text{Gase}} = U_{\text{Gase}} + p_1 V_1 + p_2 V_2$$

gilt natürlich

$$(1.2.10) \qquad d(\tilde{U}_{\text{pot}} + I_{\text{Gase}}) = 0.$$

Was an »Energie« von $\tilde{U}_{\text{pot}}$ nach I_{Gase} übergeht, wird dann statt durch (1.2.6) durch

$$(1.2.11) \qquad dI_{\text{Gase}} = V_1 dp_1 + V_2 dp_2$$

und

$$d\tilde{U}_{\mathrm{pot}} = -V_1 dp_1 - V_2 dp_2$$

beschrieben. Zwar erscheint die auf der rechten Seite in (1.2.11) angegebene »Arbeit« $V_1 dp_1 + V_2 dp_2$ weniger anschaulich als (1.2.6); aber trotzdem spielt gerade die durch (1.2.9) definierte »Energie« I_{Gase} in der Thermostatik eine große Rolle. Man pflegt U_{Gase} als *innere Energie* und I_{Gase} als *Enthalpie* zu bezeichnen.

Entscheidend für die Möglichkeit der Formulierung des Energiesatzes der Thermodynamik ist der Ausdruck δA für die Arbeitsleistung des betrachteten Systems. Beispielhaft war in (1.2.6) ein Ausdruck δA angegeben. Wie in diesem Beispiel so ist allgemein entscheidend, daß sich der Ausdruck δA sinnvoll aufgrund der Vortheorien zur Thermodynamik definieren läßt. Im obigen Beispiel sind also die p_i und V_i durch den Begriff der Kraft und der Längen (und damit Volumina V_i) definiert. Wir sehen, daß dabei aber durchaus phänomenologische Theorien der Materialien eingehen können, *soweit* diese eben mit Begriffen aus den Vortheorien zur Thermodynamik beschreibbar sind. So wird eben die *Beschreibbarkeit* eines Gases durch »Druck« und »Volumen« vorausgesetzt. Ähnlich wird in § 2.6 die *Beschreibbarkeit* von Materialien in elektromagnetischen Feldern durch »Polarisation« (siehe VIII (1.10.16)) und »Magnetisierung« (siehe VIII (2.4.2)) vorausgesetzt werden, *nicht* aber z. B. die spezielle, idealisierte Form des Materialgesetzes VIII (1.10.17).

Ist δA definiert, so wird sich wahrscheinlich der Energiesatz durch eine zu (1.2.7) analoge Gleichung formulieren lassen. Damit erkennt man, daß die »Willkür« zwischen U_{Gase} und I_{Gase} von der Definition von δA abhängt, d. h. ob man (1.2.7) mit (1.2.6) oder die erste Gleichung aus (1.2.11) benutzt.

Mit den am Ende von § 1.1 eingeführten »äußeren« Parametern α_v, die im obigen Beispiel als $\alpha_1 = V_1$, $\alpha_2 = V_2$ gewählt werden können, und mit den »inneren« Parametern $\beta_1 = p_1$, $\beta_2 = p_2$ nimmt δA aus (1.2.6) die Form

$$(1.2.12) \qquad \delta A = \sum_{v=1}^{n} \beta_v d\alpha_v$$

(für $n=2$) an. Die α_v, β_v in (1.2.12) sind also durch den Zustand $z \in Z_g$ des Objektes bestimmt. Die Form (1.2.12) für δA wird allgemein in der Thermostatik eine große Rolle spielen. Entscheidend dabei ist, daß die Bedeutung der α_v und β_v in (1.2.12) als durch Vortheorien bekannt vorausgesetzt werden kann (so wie in unserem Beispiel die Volumina V_1, V_2 und die Drucke p_1, p_2 durch Vortheorien definiert waren) und daß ebenso die Energie E, für die $dE = \delta A$ gilt (in unserem Beispiel $E = U_{\mathrm{pot}}$) durch Vortheorien bekannt ist; d. h. die vom Objekt geleistete Arbeit findet sich wieder als Änderung einer äußeren »bekannten« Energie E. Ein Energiesatz würde also gelten, wenn sich für das Objekt allgemein eine »innere« Energie U definieren ließe mit $dU = -\delta A$, da dann aus $d(U+E)=0$ die Erhaltung der Gesamtenergie $U+E$ folgen würde.

Arbeitsleistungen der Form (1.2.12) können in vielfältigster Weise auftreten, über die wir hier nicht einmal eine Übersicht geben können (die große Allgemeinheit ist eben der Vorteil wie Nachteil der Thermodynamik). Doch sei noch kurz auf einige Beispiele verwiesen: $d\alpha_v$ als Komponenten einer infinitesimalen, räumlichen Translation und β_v als Komponenten der Kraft (V, § 2.3); $d\alpha_v$ als Komponenten einer infinitesimalen Drehung und β_v als Komponenten des Drehmoments (V, § 2.5 und VI, § 3.1); $d\alpha$ als Vergrößerung der Oberfläche einer Flüssigkeit und β als Oberflächenspannung; weiterhin sei auf den in § 2.6 behandelten Fall elektromagnetischer Arbeitsleistungen verwiesen.

Bevor wir daran gehen können, den Energiesatz zu formulieren, müssen wir noch in einem zweiten Beispiel eine ganz andere Art von Arbeitsleistung betrachten.

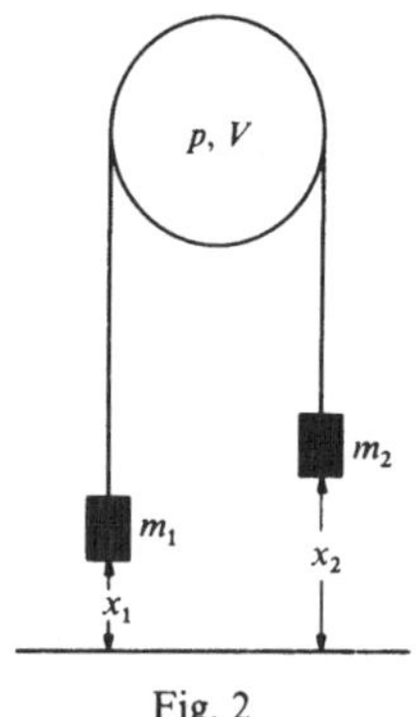

Fig. 2

In Fig. 2 ist ein Gefäß mit einem runden Querschnitt vom Volumen V gezeichnet, in dem sich ein Gas (mit dem Druck p) befinden möge. Über das Gefäß sei ein Band gehängt, an dem zwei *verschieden* große Massen m_1 und m_2 hängen. m_1 möge so langsam herab- (und m_2 herauf-) gleiten, daß man die kinetische Energie der beiden Massen m_1 und m_2 vernachlässigen kann. Das Fastgleichgewicht sei durch eine *Reibungskraft k* garantiert, d.h. es möge etwa

$$(1.2.13) \qquad k = m_2 g - m_1 g$$

sein. Während wir bei der Anordnung nach Fig. 1 annahmen, daß die Reibungskräfte vernachlässigt werden können, spielen bei der Anordnung nach Fig. 2 *nur* die Reibungskräfte eine Rolle: es wird Arbeit am Objekt (dem im Gefäß eingeschlossenen Gas) geleistet, ohne daß einer der äußeren Parameter α_v geändert wird (hier also ohne Änderung des Volumens V). Wählt man wieder das Vorzeichen so, daß die *am* Objekt geleistete Arbeit mit $(-\delta A)$

bezeichnet wird, so ist also (falls die Masse m_1 um dx_1 nach oben und damit die Masse m_2 um $dx_2 = -dx_1$ verschoben wird)

$$(1.2.14) \qquad -\delta A = k\,dx_1.$$

Mit (1.2.13) und der potentiellen Energie

$$(1.2.15) \qquad U_{\text{pot}} = m_1 g x_1 + m_2 g x_2$$

der Massen m_1, m_2 folgt dann aus (1.2.14)

$$(1.2.16) \qquad \delta A = dU_{\text{pot}},$$

d.h. eine (1.2.5), (1.2.6) ganz entsprechende Gleichung.

Allerdings gibt es nach der Erfahrung (!) einen wesentlichen Unterschied zwischen den beiden Fällen:

In der Anordnung nach Fig. 1 können die Kolben (im Fastgleichgewicht) sowohl so bewegt werden, daß $dU_{\text{pot}} > 0$ oder < 0 ist; in der Anordnung nach Fig. 2 ist augenscheinlich nur $dU_{\text{pot}} < 0$ möglich, da sich bei Umkehrung der Bewegungsrichtung auch die Richtung der Reibungskraft umkehrt. Den tieferen Hintergrund dieses Unterschieds werden wir erst später (z.B. § 2.5) erkennen; ein ähnlicher Fall wie bei dem eben betrachteten Beispiel einer Reibungskraft liegt bei elektrischen Strömen in Leitern (siehe § 2.6) vor.

In den beiden skizzierten Beispielen haben wir die Arbeit δA nur für »kleine« Verrückungen angegeben. Natürlich kann man auch Veränderungen vornehmen, die zu endlichen Arbeitsleistungen A führen. Nur hängt dann die Gesamtarbeit A davon ab, wie der ganze endliche Prozeß abläuft, d.h. wie jeder Einzelschritt der Veränderung vorgenommen wird. Wir wollen hier allgemein keine genauere mathematische Beschreibungsweise der Prozesse und der dabei geleisteten Arbeitsmengen A einführen, denn erstens sollen ja diese Prozesse im Rahmen der *Vortheorien beschreibbar* sein und zweitens ist es gerade das Wesen der Thermostatik, möglichst allgemein zu bleiben. Dieses »möglichst allgemein zu bleiben« bedeutet, daß wir versuchen müssen, uns durch Beispiele intuitiv auf eine allgemeine Fassung eines Gesetzes hinleiten zu lassen, um dann dieses allgemeine Gesetz wieder an möglichst vielen Beispielen zu testen. Versuchen wir jetzt also – so vorbereitet – eine allgemeine Fassung des Energiesatzes der Thermostatik zu finden.

Zunächst ist es nicht zu erwarten, daß ein Energiesatz für beliebige Teile eines Gesamtobjektes gilt; ein Satz von der Erhaltung der Energie kann nur für isolierte (d.h. wenigstens zeitweise annähernd isolierte) Objekte gelten. Nur für eine experimentelle Anordnung, die wenigstens zeitweise nicht wesentlich von der »Umgebung« beeinflußt wird, lassen sich reproduzierbare Experimente machen. So wird in dem in Fig. 1 dargestellten Beispiel kein Energiesatz für das aus dem Gas im Volumen V_1 und der Masse m_1 bestehende Teilobjekt gelten. Wir werden in § 1.3 genauer die Begriffe von zusammengesetzten Objekten und Teilobjekten einführen. Hier ist es nur wichtig festzustellen, daß sich der Anwendungsbereich des Energiesatzes nur auf »isolierte Anordnungen« bezieht, das soll heißen: Das in seinen thermostatischen Gleichgewichtszuständen betrachtete Objekt *zusammen* mit den Vorrichtungen, durch die Arbeit am System geleistet (bzw. an denen das Objekt Arbeit leisten kann) werden kann, soll »experimentell isoliert« sein. Das bedeutet nicht, daß nicht *feste* äußere Kraftfelder wie das Schwerkraftfeld der Erde vorhanden sein dürfen; nur dürfen diese nicht »verändert« werden, damit nicht auf solche Weise eine theoretisch nicht beachtete Änderung der Gesamtenergie hervorgerufen wird. In bezug auf das in seinen Gleichgewichtszuständen zu untersuchende Objekt können die zugehörigen Vorrichtungen zur Arbeitsleistung am Objekt natürlich auch gerade darin bestehen, Kräfte auf das Objekt zu erzeugen oder solche Kräfte zu verändern, so wie z. B. die in den obigen Beispielen benutzten Gewichte Kräfte auf das Objekt der beiden Gase ausüben. Es muß also — um es jetzt kurz zu formulieren — klar sein, auf welche *Gesamtanordnung* sich die durch Vortheorien bekannte Energie E und die mit Hilfe des Energiesatzes der Thermostatik zu definierende Energie U bezieht. In den in Fig. 1 und 2 dargestellten Beispielen ist dies eben die in den Fig. 1 und 2 gezeichnete Gesamtanordnung einschließlich des *konstanten* Schwerkraftfeldes.

Wir nehmen nun allgemein an, daß auf der Basis einer durch Vortheorien bekannten Energie E (in den beiden Beispielen $E = U_{\text{pot}}$) eine ebenfalls im Rahmen der Vortheorien beschreibbare Arbeit A bei Prozessen definiert ist, wobei $(-A)$ die an dem System von den Vorrichtungen (deren Energie auf der Basis der Vortheorien eben gleich E ist) geleistete Arbeit ist. Bei dem betrachteten Arbeitsprozeß möge das Objekt von einem Zustand z_1 in einen Zustand z_2 übergehen. Wir wollen deshalb einen solchen »Arbeitsprozeß« kurz durch ein Tripel $(z_1, \mathfrak{A}, z_2)$ kennzeichnen, wobei z_1 der Anfangszustand und z_2 der Endzustand des Objektes sind und der Buchstabe $\mathfrak{A}$ für die Art des Arbeitsprozesses steht. Die bei diesem Prozeß geleistete Arbeit sei mit $A(z_1, \mathfrak{A}, z_2)$ bezeichnet.

Die Einführung der Begriffe des Arbeitsprozesses $(z_1, \mathfrak{A}, z_2)$ und der dabei geleisteten Arbeit $A(z_1, \mathfrak{A}, z_2)$ ist ein typisches Beispiel für die »Allgemeinheit« der Thermodynamik.

Natürlich haben die »Symbole« $(z_1, \mathfrak{A}, z_2)$ und $A(z_1, \mathfrak{A}, z_2)$ nur einen Sinn, wenn sie bei jeder Anwendung der Theorie durch *konkrete*, im Rahmen der Vortheorien angebbare Ausdrücke *ersetzt* werden, so wie in den oben skizzierten Beispielen.

Um den Energiesatz formulieren zu können, brauchen wir noch einige allgemeine Relationen, denen die Symbole $(z_1, \mathfrak{A}, z_2)$, $A(z_1, \mathfrak{A}, z_2)$ genügen und deren Gültigkeit als durch die Vortheorien garantiert angenommen wird:

1. Zu jedem Prozeß $(z_1, \mathfrak{A}, z_2)$ ist der »umgekehrte« Prozeß definiert (!).

der mit $(z_2, -\mathfrak{A}, z_1)$ bezeichnet sei und für den $A(z_2, -\mathfrak{A}, z_1) = -A(z_1, \mathfrak{A}, z_2)$ gilt.

Durch die »Definition« von $(z_2, -\mathfrak{A}, z_1)$ ist *nicht* behauptet, daß – wenn $(z_1, \mathfrak{A}, z_2)$ zeitlich so durchführbar ist, daß z_2 »später« als z_1 vorliegt – auch $(z_2, -\mathfrak{A}, z_1)$ zeitlich so durchführbar sei, daß z_1 »später« als z_2 auftritt. Auch zu dem in Fig. 2 skizzierten Prozeß kann man den »Umkehrprozeß« rein *formal* definieren. Die in 1 vorausgesetzte formale Definition von $(z_2, -\mathfrak{A}, z_1)$ macht es zusammen mit der jetzt einzuführenden Voraussetzung 2 möglich, den Energiesatz »einfacher« zu formulieren.

2. Zu je zwei Arbeitsprozessen $(z_1, \mathfrak{A}, z_2)$, $(z_2, \mathfrak{A}', z_3)$ ist der »zusammengesetzte« Prozeß definiert, der mit $(z_1, \mathfrak{A} + \mathfrak{A}', z_3)$ bezeichnet sei und für den $A(z_1, \mathfrak{A} + \mathfrak{A}', z_3) = A(z_1, \mathfrak{A}, z_2) + A(z_2, \mathfrak{A}', z_3)$ gilt.

Zur Formulierung des Energiesatzes ist es vorteilhaft, gleich von der in § 1.1 allgemein eingeführten Beschreibung der Objekte in einem Zustandsraum Z auszugehen, von dem Z_g nur eine Teilmenge ist. Daß wir zur Formulierung des Energiesatzes allgemeiner Z statt nur Z_g benutzen, liegt an der Allgemeingültigkeit des Energiesatzes (siehe § 2.2).

Definition 1.2.1: Die Teilmenge derjenigen Objekte aus M, die (bis auf Arbeitsprozesse) *isoliert* sind, sei mit $\tilde{M}$ bezeichnet.

Die Definition 1.2.1 enthält einerseits mathematisch die Auszeichnung einer Teilmenge $\tilde{M}$ von M und andererseits als Abbildungsprinzip (siehe III, § 4) den Hinweis für welche spezielleren Objekte $\tilde{M}$ als Bildmenge dient.

Der Energiesatz wird nun durch folgende Axiome AT 1.1 bis AT 1.3 formuliert, in denen (auch wenn nicht explizit hervorgehoben) z_1, z_2 Elemente aus Z sind.

AT 1.1: Zu je zwei Zuständen $z_1, z_2 \in Z$ gibt es einen Arbeitsprozeß $(z_1, \mathfrak{A}, z_2)$, der an Objekten aus $\tilde{M}$ durchführbar ist.

AT 1.2: $A(z_1, \mathfrak{A}, z_2)$ hängt nur von z_1 und z_2 ab, d. h. $A(z_1, \mathfrak{A}, z_2) = A(z_1, \mathfrak{A}', z_2)$.

AT 1.1 besagt, daß je zwei Zustände durch Arbeitsprozesse verbindbar sind. Dazu ist es sehr wichtig, daß man *nicht nur* Arbeitsprozesse der durch (1.2.12) beschriebenen Art zuläßt, sondern auch solche von der in Fig. 2 beschriebenen Art. AT 1.1 läßt sich gerade deswegen so einfach formulieren, weil wir durch 1 und 2 auch Arbeitsprozesse $(z_2, -\mathfrak{A}, z_1)$ und $(z_1, \mathfrak{A} + \mathfrak{A}', z_3)$ zugelassen haben.

AT 1.2 ist der entscheidende Teil des Energiesatzes (meistens wird AT 1.2 als »der Energiesatz« bezeichnet), da er es (zusammen mit AT 1.1!) erlaubt, durch $U(z) = -A(z_0, \mathfrak{A}, z)$ (z_0 fest) eine Energie U als Funktion über Z und damit auch über Z_g zu definieren. AT 1.2 besagt eben, daß die Arbeit A nicht von der Art und Weise der Prozesse abhängt, mit Hilfe derer das System aus dem Zustand z_1 in den Zustand z_2 »übergeführt« wird. Dieses »Überführen« braucht aber kein »zeitliches« Überführen darzustellen, da wir durch 1 und 2 auch Prozesse zugelassen haben, die Stücke enthalten können, die experimentell eventuell in verschiedener Zeitrichtung durchgeführt werden müssen; man denke z. B. mit $(z_2, \mathfrak{A}, z_1)$ und $(z_2, \mathfrak{A}', z_3)$ als zwei Prozessen der in Fig. 2 beschriebenen Art an den daraus »zusammengesetzten« Prozeß: $(z_1, -\mathfrak{A} + \mathfrak{A}', z_3)$ als dem aus $(z_1, -\mathfrak{A}, z_2)$ und $(z_2, \mathfrak{A}', z_3)$ nach 2 zusammengesetzten Prozeß!

Definition 1.2.2: Die durch $U(z) = -A(z_0, \mathfrak{A}, z)$ bei festem z_0 über Z_g definierte Funktion heißt die *innere Energie* der im Zustandsraum Z_g beschriebenen Gleichgewichtszustände.

$U(z)$ ist nach Definition 1.2.2 nur bis auf eine Konstante festgelegt.

Das nächste Axiom AT 1.3 soll die Existenz bestimmter spezieller Arbeitsprozesse festlegen. Zur Formulierung dieses Axioms setzen wir voraus, daß in Z_g eine Reihe von Parametern $\alpha_1, \alpha_2, \ldots, \alpha_n$ ausgezeichnet sind, die Bilder (siehe Abbildungsprinzipien nach III, § 4) der äußeren Nebenbedingungen sind, d. h. die $\alpha_1, \ldots, \alpha_n$ sind auf Grund der Vortheorien physikalisch deutbare Parameter, die die äußeren Nebenbedingungen für die betrachteten Systeme festlegen; für ein Gas z. B. ist $n = 1$ und $\alpha_1 = V$ mit V als Volumen, das dem Gas zur Verfügung steht. Die $\alpha_1, \ldots, \alpha_n$ können als ein Teil der Koordinaten für die Punkte in Z_g gewählt werden; z. B. für ein Gas (bei fester Menge des Gases) kann Z_g zweidimensional mit den Koordinaten p und $\alpha_1 = V$ gewählt werden.

Die $\alpha_1, \ldots, \alpha_n$ bestimmen einen n-dimensionalen Raum $\tilde{A}$. Jedem Punkt $z \in Z_g$ entspricht ein Punkt $a(z) \in \tilde{A}$, so daß die Koordinaten $\alpha_1, \ldots, \alpha_n$ von z und $a(z)$ dieselben sind. Wir nennen die Abbildungen a von Z_g in $\tilde{A}$ kurz die Projektion von Z_g in $\tilde{A}$. Mehreren Punkten z aus Z_g kann dasselbe $a(z) \in \tilde{A}$ entsprechen. Die Abbildung a von Z_g auf $\tilde{A}$ bestimmt eine Klasseneinteilung von Z_g: zwei Elemente $z_1, z_2 \in Z_g$ gehören zur selben Klasse, wenn $a(z_1) = a(z_2)$ ist. Wie wir in § 1 sahen, ist es für die Thermostatik wesentlich, daß die Abbildung a *nicht* injektiv ist; in der »reinen« Mechanik wurden die Materialien »idealisiert« gerade so beschrieben, daß a injektiv wird (siehe § 1).

Einer Kurve $z(\tau)$ in Z_g, wobei τ die Zeit ist oder wenigstens monoton mit der Zeit wächst, entspricht eine Kurve $a(z(\tau))$ in $\tilde{A}$. Die Kurve $a(z(\tau))$ kann man durch ihre Koordinaten $\alpha_\nu(\tau)$ angeben.

Wir setzen jetzt weiter voraus, daß eine Teilmenge $\mathscr{A}$ von Kurven $z(\tau)$ in Z_g *ausgezeichnet* ist, die als Bilder von solchen quasistatischen Veränderungen dienen, bei denen die idealisierten Vorrichtungen nur die äußeren Parameter (wie in dem in Fig. 1 dargestellten Beispiel) langsam verändern und das Objekt x zusammen mit diesen idealisierten Vorrichtungen *isoliert* ist, d. h. ein x aus $\tilde{M}$ ist.

Definition 1.2.3: Kurven $z(\tau) \in \mathscr{A}$ heißen *adiabatische* Kurven oder auch kurz *Adiabaten* in Z_g.

Die Menge $\mathscr{A}$ der Adiabaten spielt für die Thermostatik eine wesentliche Rolle, wie wir im Laufe der weiteren Entwicklung der Thermostatik erkennen werden.

AT 1.3: Zu jeder Adiabate $z(\tau)$ gehört genau ein Arbeitsprozeß $(z_1, \mathfrak{A}, z_2)$, wobei z_1 der Anfangswert und z_2 der Endwert der Adiabate $z(\tau)$ sind; wir schreiben für diesen Arbeitsprozeß $(z_1, z(\tau), z_2)$ und nennen ihn einen *adiabatischen Arbeitsprozeß*. Es gibt n eindeutig bestimmte Funktionen $\beta_\nu(z)$ über Z_g, so daß die Arbeit

$$A\left(z_1, z(\tau), z_2\right) = \int\limits_{z_1}^{z_2} \sum_{\nu=1}^{n} \beta_\nu\left(z(\tau)\right) d\alpha_\nu(\tau)$$

ist, wobei $\alpha_\nu(\tau)$ die Projektion $a\left(z(\tau)\right)$ von $z(\tau)$ in $\tilde{A}$ ist.

Das in Fig. 1 angegebene Beispiel stellt einen solchen adiabatischen Arbeitsprozeß mit $\alpha_1 = V_1$, $\alpha_2 = V_2$ und $\beta_1 = p_1$, $\beta_2 = p_2$ dar. Über den Verlauf der Adiabaten in diesem Beispiel können wir im Augenblick noch keine genaueren Angaben machen.

Die in Fig. 2 und auch weiter unten in Fig. 4 dargestellten Beispiele sind nicht adiabatische Arbeitsprozesse!

Aus AT 1.2 und AT 1.3 folgt mit Hilfe der in Definition 1.2.2 angegebenen inneren Energie sofort

$$(1.2.17) \qquad \int\limits_{z_1}^{z_2} \sum_{\nu=1}^{n} \beta_\nu\left(z(\tau)\right) d\alpha_\nu(\tau) = U(z_1) - U(z_2).$$

Falls es also mehrere Adiabaten $z(\tau)$ von z_1 nach z_2 gibt, so ist das Arbeitsintegral auf der linken Seite von (1.2.17) unabhängig vom »Weg« $z(\tau)$. Man beachte (!), daß in das Arbeitsintegral auf der linken Seite von (1.2.17) *nicht nur* die $\alpha_\nu(\tau)$ (d.h. nicht nur die Projektion der Adiabate $z(\tau)$ in $\tilde{A}$) eingehen, sondern die *ganze* Adiabate, da die β_ν von den Zuständen z und nicht nur von den Projektionen $a(z)$ abhängen.

Wir werden später die Systeme nach Eigenschaften ihrer Adiabaten klassifizieren. Jetzt aber soll schon gleich eine Eigenschaft der Adiabaten formuliert werden, die für alle Systeme gelten soll:

A $\mathscr{A}$ 1: Zu jeder (differenzierbaren) Kurve $\alpha_\nu(\tau)$ in $\tilde{A}$ gibt es mindestens eine Adiabate $z(\tau)$ in Z_g, deren Projektion $a\left(z(\tau)\right)$ in $\tilde{A}$ mit der Kurve $\alpha_\nu(\tau)$ übereinstimmt.

Das Axiom A $\mathscr{A}$ 1 wird dadurch nahegelegt, daß ja die Parameter α_ν die äußeren Bedingungen charakterisieren sollen, die »frei« verändert werden können, so wie in dem Beispiel nach Fig. 1 die beiden Volumina $V_1 = \alpha_1$, $V_2 = \alpha_2$ »frei« veränderbar sind.

Die Beziehung (1.2.17) kann man auch als eine Bedingungsgleichung für die Adiabaten auffassen. Am deutlichsten wird dies, wenn man von der integralen Form (1.2.17) zu einer differentialen Form übergeht. Setzt man $z_2 = z(\tau_2)$, differenziert dann (1.2.17) nach τ_2 und ersetzt τ_2 durch τ, so folgt:

$$(1.2.18) \qquad \sum_{v=1}^{n} \beta_v \big(z(\tau) \big) \frac{d\alpha_v(\tau)}{d\tau} + \frac{d}{d\tau} U\big(z(\tau) \big) = 0.$$

(1.2.18) ist mit (1.2.17) äquivalent, was sofort durch Integration von (1.2.18) über τ folgt.

Die Adiabaten $z(\tau)$ müssen also der Differentialgleichung (1.2.18) genügen; dabei können nach A $\mathscr{A}$ 1 die $\alpha_v(\tau)$ »beliebig« vorgegeben werden.

Definition 1.2.4: Objekte heißen *einfach*, wenn die Punkte von Z_g durch die Werte der $\alpha_1, \ldots, \alpha_n$ und von U festgelegt sind. Die einfachen Objekte bilden also eine Teilmenge von M.

Für einfache Objekte kann man also den Zustandsraum Z_g mit dem $(n+1)$-dimensionalen Raum, der von den Koordinaten $U, \alpha_1, \ldots, \alpha_n$ erzeugt wird, identifizieren. Für einfache Objekte geht (1.2.18) über in

$$(1.2.19) \qquad \sum_{v=1}^{n} \beta_v \big(U(\tau), \alpha_1(\tau), \ldots, \alpha_n(\tau) \big) \frac{d\alpha_v(\tau)}{d\tau} + \frac{dU(\tau)}{d\tau} = 0.$$

Die Differentialgleichung (1.2.19) bestimmt dann bei vorgegebenen $\alpha_v(\tau)$ und vorgegebenem »Anfangswert« von U eindeutig (!) die Adiabate. Für einfache Objekte verschärfen wir A $\mathscr{A}$ 1 zu

A $\mathscr{A}$ 2: Die Menge $\mathscr{A}$ der Adiabaten für einfache Objekte ist gleich der Menge aller Lösungen der Differentialgleichung (1.2.19).

Man erhält alle Lösungen von (1.2.19), indem man die $\alpha_v(\tau)$ »beliebig« vorgibt und dann (1.2.19) als Differentialgleichung für $U(\tau)$ auffaßt.

Wir werden es bei den zu betrachtenden Beispielen fast nur mit einfachen Objekten zu tun haben. Daher wollen wir den Begriff der Zustandsgleichung auch nur für einfache Objekte einführen:

Definition 1.2.5: Die Funktionen

$$\beta_v = \beta_v(U, \alpha_1, \ldots, \alpha_n)$$

werden *Zustandsgleichungen* genannt.

Wir wollen nun diese allgemeinen Überlegungen und auch den wichtigen Begriff der Adiabaten gleich hier an einem einfachen Beispiel erläutern, obwohl wir in § 1.5 noch viele Beispiele kennen lernen werden. Da aber immer wieder die sehr allgemeinen Formulierungen der Thermostatik Schwierigkeiten bereiten, kann ein gleich angefügtes Beispiel das Verständnis sehr erleichtern. Als Beispiel wählen wir das, was man als »ideales Gas« zu bezeichnen pflegt.

Wir haben schon oben erwähnt, daß man den Zustandsraum Z_g eines Gases (bei fest vorgegebener Masse) zweidimensional, z. B. mit den Koordinaten p, V wählen kann. Entsprechend unseren obigen allgemeinen Überlegungen wählen wir jetzt als Koordinaten U und V. Mit $\alpha_1 = V$ ist also $\beta_1 = p$. Als Zustandsgleichungen eines Gases erhält man also nur die *eine* Gleichung

$$(1.2.20) \qquad p = p(U, V).$$

Als »ideales Gas« bezeichnet man den Fall, daß sich (1.2.20) (approximativ) durch die einfache Formel

$$(1.2.21) \qquad p = c \, \frac{U}{V}$$

darstellen läßt, wobei c eine (von der Art des Gases abhängige) Konstante ist. Wir werden darauf noch zurückkommen. Der Begriff des idealen Gases charakterisiert keine besondere Substanz, sondern vielmehr einen Bereich im Zustandsraum des Gases, in dem (1.2.21) eine gute Approximation an die wesentlich kompliziertere, allgemeine Zustandsgleichung (1.2.20) darstellt. Wir wollen gleich einmal sehen, wie man (1.2.21) experimentell testen kann. Dies kann geschehen durch »Vermessen der Adiabaten« und durch das »*Gay-Lussac*sche Experiment«.

Nach A $\mathscr{A}$ 2 erhält man alle Adiabaten als Lösungen von (1.2.19). Mit (1.2.21) geht (1.2.19) über in

$$c \, \frac{U}{V} \, \frac{dV}{d\tau} + \frac{dU}{d\tau} = 0,$$

woraus als Adiabaten die Kurven

$$(1.2.22) \qquad V^c U = \text{const}$$

folgen. Setzt man noch U aus (1.2.21) in (1.2.22) ein, so erhält man die Adiabaten in der Form

$$(1.2.23) \qquad p V^{(1+c)} = \text{const}.$$

Für ein Gas benutzt man häufig das (p, V)-Diagramm, d. h. benutzt in Z_g die Koordinaten p, V. In Fig. 3 sind in einem solchen (p, V)-Diagramm die Adiabaten nach (1.2.23) eingezeichnet. Daneben sind in Fig. 3 auch die Kurven $U = \text{const}$ nach (1.2.21) eingezeichnet.

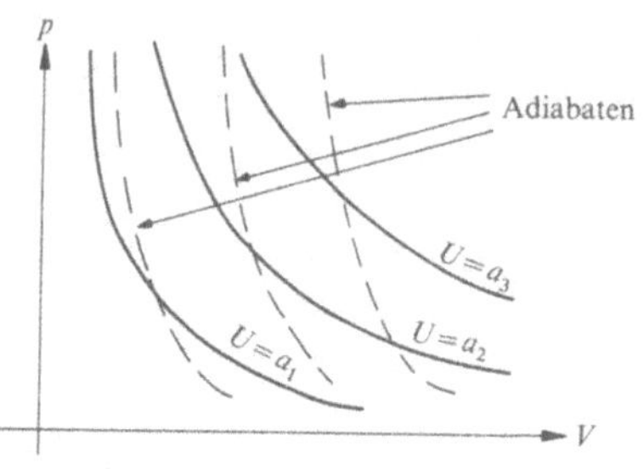

Fig. 3

Die Kurven (1.2.23) können experimentell leicht getestet werden, indem man (für ein isoliertes Objekt »Gas«; siehe oben!) einen Kolben wie in Fig. 1 (nur mit *einem* Gefäß statt zwei Gefäßen wie in Fig. 1) hin und her bewegt und p in Abhängigkeit von V ausmißt.

Durch die Adiabaten (1.2.23) ist allerdings die Gleichung (1.2.21) noch nicht festgelegt. Weiß man aber noch, daß

$$(1.2.24) \qquad pV = f(U)$$

ist, so folgt, daß die Gleichung (1.2.23) für die Adiabaten, d.h.

$$(1.2.25) \qquad (1+c)p\,\frac{dV}{d\tau} + V\,\frac{dp}{d\tau} = 0$$

mit der aus (1.2.24) und (1.2.19) folgenden Gleichung

$$(1.2.26) \qquad \frac{f(U)}{V}\,\frac{dV}{d\tau} + \frac{dU}{d\tau} = 0$$

äquivalent sein muß. Differenziert man (1.2.24) nach τ und setzt dies in (1.2.25) ein, so folgt

$$cp\,\frac{dV}{d\tau} + f'(U)\,\frac{dU}{d\tau} = 0.$$

Setzt man für p den Wert aus (1.2.24) ein, so ergibt sich

$$(1.2.27) \qquad c\,\frac{f(U)}{V}\,\frac{dV}{d\tau} + f'(U)\,\frac{dU}{d\tau} = 0.$$

(1.2.27) kann aber zu (1.2.26) nur äquivalent sein für $f'(U) = c$, d.h. $f(U) = cU + \text{const}$. Da in U eine additive Konstante willkürlich ist, kann man also $f(U) = cU$ setzen, d.h. man erhält (1.2.21) zurück. Die Adiabatengleichung (1.2.23) zusammen mit der Gleichung (1.2.24) sind also mit (1.2.21) äquivalent.

Experimentell testet man (1.2.24) mit Hilfe des sogenannten »*Gay-Lussac-schen Versuches*«: In einem isolierten Gefäß mit zwei Kammern (siehe Fig. 4) ist ein Gas in dem Volumen V_1 unter dem Druck p_1 (in der linken Kammer, Fig. 4) vorhanden, während die rechte Kammer (Fig. 4) leer gepumpt ist. Dann wird bei A ein Hahn geöffnet. Das Gas strömt in das ganze Volumen ein. Nach einiger Zeit tritt wieder Gleichgewicht ein, wobei das Gas jetzt das Volumen V_2 einnimmt und experimentell den Druck p_2 zeigen möge. Das Experiment bestätigt in guter Näherung die Beziehung $p_2 V_2 = p_1 V_1$. Das Experiment stellt einen Arbeitsprozeß $(z_1, \mathfrak{A}, z_2)$ dar, bei dem aber augenscheinlich keine Arbeit geleistet wurde, d. h. es ist $A(z_1, \mathfrak{A}, z_2) = 0$ und damit $U(z_1) = U(z_2)$. Das Experiment bestätigt also (1.2.24).

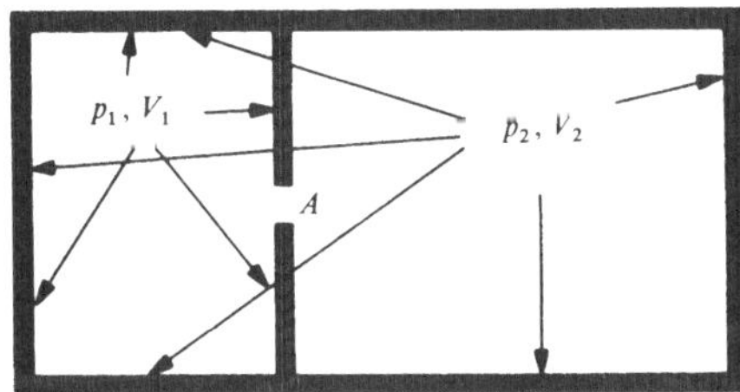

Fig. 4

Will man nicht den ganzen *Verlauf* der Adiabaten (1.2.23), sondern nur die Konstante c bestimmen, so kann man experimentell mit *einer* Messung auskommen. Als Beispiel einer solchen »c-Bestimmung« sei folgendes Experiment skizziert.

Wir betrachten ein in einem Volumen V eingeschlossenes Gas, wobei man das Volumen durch einen »kleinen« Kolben etwas verändern kann. Als

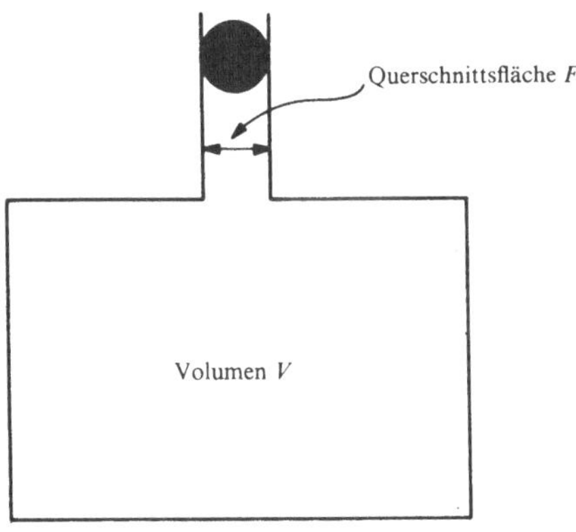

Fig. 5

»Kolben« benutzen wir eine Kugel, die sich frei in einem zylindrischen Rohr bewegen kann (siehe Fig. 5). Die Größe der Querschnittsfläche dieses Rohres sei F. Die Masse der Kugel sei m.

Wenn die Kugel aus ihrer durch $mg = F(p - p_0)$ (g Erdbeschleunigung; p_0 Außendruck der Luft) bestimmten Gleichgewichtslage um x ausgelenkt wird, so tritt eine rücktreibende Kraft $F \Delta p$ auf. Nach (1.2.23) ist

$$\Delta p V + (1 + c) p \Delta V = 0$$

und damit wegen $\Delta V = Fx$:

$$F \Delta p = -(1 + c) \frac{p}{V} F^2 x.$$

Die Bewegungsgleichung für die Kugel lautet dann also

$$m \ddot{x} + (1 + c) \frac{p}{V} F^2 x = 0.$$

Die Kugel schwingt also mit einer Frequenz ω hin und her, für die (siehe V (2.2.5)) gilt

$$\omega^2 = \frac{(1 + c) p F^2}{mV}.$$

Der Druck p ergibt sich aus $mg = F(p - p_0)$ zu

$$p = p_0 + \frac{mg}{F}.$$

Damit läßt sich nach Messung von ω, m, F, V, p_0 die Konstante c bestimmen.

Wir haben hier das eben skizzierte Beispiel ausgewählt, um daran auch noch zu zeigen, daß die Thermostatik durchaus auch »dynamische« Prozesse zu beschreiben gestattet, solange diese »so langsam« ablaufen, daß das thermodynamische Objekt (im Beispiel das im Volumen V eingeschlossene Gas) immer »praktisch« in einem Gleichgewichtszustand ist. In unserem obigen Beispiel darf also die Frequenz ω nicht zu groß sein. Damit ist an diesem Beispiel auch gezeigt, daß die »äußere« Energie E auch kinetische Energie enthalten kann, und nicht nur potentielle Energie wie bei der Betrachtung der Beispiele nach Fig. 1 und 2; das obige Beispiel der schwingenden Kugel stellt also einen zu Fig. 1 analogen Fall mit Einschluß der kinetischen Energie dar! Man überlege sich auch den Prozeß nach Fig. 2 *mit* Einschluß der kinetischen Energie der Massen m_1, m_2.

Im Beispiel der Gleichung (1.2.21) begegnen wir einem typischen Zug der Thermostatik: Neben den »ganz allgemeinen« Gesetzen werden für alle möglichen Sorten von Objekten sehr spezielle Gesetze formuliert, die keiner tieferen Theorie entspringen, sondern nur einfache mathematische Approximationsformeln für rein experimentell vermessene Größen darstellen, so wie eben die

Formel (1.2.21) für ideale Gase. Damit erkennen wir gleich von Anfang an, daß die Thermostatik nur einige allgemeine Gesetzmäßigkeiten liefern wird, aber *keine* Erklärung der Vielfalt der Eigenschaften der vielfältigsten Objekte liefern kann. Die in V, VI und besonders in VIII beanstandete Unzulänglichkeit, Materialien durch »ad-hoc-Gesetze« zu beschreiben, wird also *nur teilweise* durch die Thermostatik aufgehoben, indem ein paar wenige allgemeine Gesetze formuliert werden können.

Weiterhin sei noch hervorgehoben, daß bei der Formulierung der bisher gebrachten Gesetzmäßigkeiten kein Begriff der Temperatur gebraucht wird und bei den zum Test zu benutzenden Experimenten entsprechend keine Temperaturmessungen auftreten. Die Zustandsgleichung (1.2.21) für ideale Gase mag daher etwas ungewohnt erscheinen, gibt aber genau das experimentell auch *ohne* jede Temperaturmessung testbare Verhalten idealer Gase wieder, wie wir es z. B. oben an zwei experimentellen Testmöglichkeiten kurz skizziert hatten. Ein *grundsätzliches* Verständnis der durch die Thermostatik beschriebenen allgemeinen Gesetzmäßigkeiten erhält man eben besser, wenn man für die Formulierung eines Gesetzes, wie oben von AT 1.1 bis 3, nur das benutzt, was wirklich gebraucht wird; und zur Formulierung von AT 1.1 bis 3 ist der Temperaturbegriff nicht notwendig.

AT 1.1 bis 3 bezeichnet man häufig als den »ersten Hauptsatz« der Thermostatik.

Zum Schluß des vorliegenden § wollen wir noch auf ein »Verabredungsproblem« eingehen, auf das wir schon am Anfang des § bei der Beschreibung des Beispiels aus Fig. 1 hingewiesen haben: es ist das Problem der Aufteilung der Gesamtenergie auf die innere Energie U und die äußere Energie E. Durch diese Aufteilung, ja schon durch die Festlegung von E allein ist der Ausdruck für die Arbeitsleistung bestimmt, insbesondere also für die unter AT 1.3 angegebene Arbeitsleistung während eines adiabatischen Prozesses. Durch die Festlegung von E wird also die Wahl der α_ν mit festgelegt. Wir wollen nun immer eine solche Wahl von E verabreden, daß die α_ν sogenannte »extensive« Größen sind. Um diese Aussage sinnvoll zu machen, müssen wir die in der Thermostatik häufig benutzten Begriffe der »extensiven« und »intensiven« Größen erklären.

Dazu betrachten wir folgende »Vergrößerung« der Systeme: Alle geometrischen Abmessungen, d.h. alle Abstände, werden mit einem Faktor $\lambda^{1/3}(\lambda > 0)$ multipliziert; alle Massen, d.h. die Massen der verschiedenen chemischen Stoffe, werden mit dem Faktor λ multipliziert. Die im Beispiel aus Fig. 1 vorkommenden Volumina V_1, V_2 multiplizieren sich bei dieser Transformation augenscheinlich mit dem Faktor λ.

Größen, die sich bei dieser Transformation mit dem Faktor λ multiplizieren, heißen *extensive* Größen; Größen, die sich mit dem Faktor $\lambda^0 = 1$ multiplizieren, heißen *intensive* Größen.

Unsere obige Annahme, daß die Größen α_ν extensive Größen sind, bedeutet also, daß durch die Vortheorien (und durch Festlegung von E) die α_ν so definiert sind, daß sie sich bei der oben angegebenen Transformation mit λ multiplizieren; in dem Beispiel aus Fig. 1 ist dies der Fall, wenn man $\alpha_1 = V_1$, $\alpha_2 = V_2$ wählt (was der Festsetzung von $E = U_{pot}$ entspricht).

Die Bedeutung der Einführung der Begriffe der extensiven und intensiven Größen liegt darin, daß man in der Thermostatik bei der Beschreibung der Gleichgewichtszustände mit extensiven und intensiven Größen auskommt (Schwierigkeiten können auftreten, falls elektromagnetische Wechselwirkungen auftreten; siehe wieder § 2.6). Insbesondere zeigt sich bei einfachen Systemen, daß man aus einem durch U, α_1, α_2, ..., α_n und die Massen m_i der verschiedenen Stoffe charakterisierten Gleichgewichtszustand bei der obigen Transformation wieder einen solchen erhält, wenn man U mit λ multipliziert, d.h. U als extensive Größe auffaßt. Wenn die α_ν und U extensive Größen sind, so müssen die in (1.2.19) auftretenden β_ν intensive Größen sein. Wir formulieren dies durch folgendes Axiom über Zustandsgleichungen:

ATZ 1: Die β_ν aus Definition 1.2.6 (wobei noch die Massen m_i als Variable mit aufzuführen sind) sind homogen vom Grade Null, d.h. es ist

$$\beta_\nu(\lambda U, \lambda\alpha_1, ..., \lambda\alpha_n, \lambda m_1, ...) = \beta_\nu(U, \alpha_1, ..., \alpha_n, m_1...).$$

Wir haben in diesem § den *ersten Hauptsatz* so ausführlich dargestellt, um den Leser an die Eigentümlichkeit der Thermodynamik zu gewöhnen, nämlich an das Nebeneinander von sehr allgemeinen Gesetzen und sehr speziellen Beispielen. Oft versteht man unter Thermodynamik nur die »sehr allgemeine« Theorie und nicht die Beispiele; so aufgefaßt ist eigentlich die Thermodynamik im Sinne der in III niedergelegten Begriffsbildungen keine $\mathfrak{PT}$, sondern eine Art Skelett für eine oder mehrere $\mathfrak{PT}$'s. Man spricht in diesem Zusammenhang oft von der Thermodynamik als einer *Rahmentheorie*.

Was versteht man unter einer Rahmentheorie? In bezug auf die Definition einer $\mathfrak{PT}$ in III fehlt einer Rahmentheorie etwas, um sie zu einer vollen $\mathfrak{PT}$ zu machen. Einer weniger umfangreichen $\mathfrak{PT}_1$ fehlt auch etwas gegenüber der zu $\mathfrak{PT}_1$ umfangreicheren $\mathfrak{PT}_2$ (siehe III, § 7). Dies ist aber *nicht* gemeint, wenn wir von einer Rahmentheorie sprechen; auch die weniger umfangreiche $\mathfrak{PT}_1$ ist eine echte physikalische Theorie der in III angegebenen Form $\mathfrak{MT}(-)\mathfrak{W}$. In einer Rahmentheorie fehlt die *vollständige* Angabe der Abbildungsprinzipien. In einer Rahmentheorie wird zwar das Bild $\mathfrak{MT}$ formuliert, auch die Bildmengen und Bildrelationen angegeben (siehe III, § 4), aber der abzubildende Grundbereich ($\mathfrak{G}$ nach III, § 2 und 4) wird nicht oder nur unvollständig gekennzeichnet.

Wir haben oben in § 1.1 zwar angegeben, daß der Zustandsraum die objektiv feststellbaren, statischen Eigenschaften der Objekte beschreibt (insoweit haben wir also *ein* Abbildungsprinzip vollständig formuliert), haben aber dann im Einzelnen zwar mathematisch bestimmte Parameter und damit den Raum $\tilde{A}$ ausgezeichnet, aber nicht genau angegeben, als Bild welcher realer Sachverhalte der Raum $\tilde{A}$ dienen soll; wir haben vielmehr nur formuliert, daß es Vortheorien geben *soll* (!), aus denen heraus dem Raum $\tilde{A}$ eine physikalische Interpretation zukommt. Welches diese Vortheorien sind, haben wir nicht gesagt, außer daß wir eben Beispiele formulierten, eben Beispiele von $\mathfrak{PT}$'s, die in den vorgegebenen Rahmen passen.

Eine Rahmentheorie wird also zu einer echten $\mathfrak{PT}$, wenn die unvollständig angegebenen Abbildungsprinzipien konkretisiert werden. Man benutzt Rahmentheorien, wenn diese Konkretisierung auf *verschiedene* Weise möglich ist und man so aus *einer* Rahmentheorie *verschiedene* $\mathfrak{PT}$'s erhalten kann.

Die »Bearbeitung« von Rahmentheorien ist in der Physik sehr verbreitet. Meistens allerdings werden nur solche Rahmentheorien untersucht, die sehr enge Teilausschnitte aus verschiedenen $\mathfrak{PT}$'s beschreiben. Allgemeine physikalische Begriffe wie »Schwingungen«, »Wellen«, »Felder« beziehen sich auf solche Rahmentheorien. So kann man z. B. die Untersuchung von Differentialgleichungen der Form

$$\sum_{v} a_{v\mu} \dot{g}_{\mu}(t) = f_{v}(t)$$

mit konstanten Koeffizienten $a_{v\mu}$ als eine Rahmentheorie, genannt »Theorie linearer Schwingungen«, auffassen. In bezug auf die Abbildungsprinzipien wird nur gesagt, daß t die Zeit darstellt und daß die $g_{\mu}(t)$ und $f_{v}(t)$ »meßbare« Größen sein sollen, ohne anzugeben, um *welche* Größen es sich handelt. Auch die »klassische Feldtheorie«, auf die wir in IX, § 6 hingewiesen haben, stellt eine Rahmentheorie dar. Die Thermostatik stellt eine Rahmentheorie dar, die einige sehr allgemeine Gesetze trotz der Vielfalt des Verhaltens der verschiedenen Materialien zu formulieren erlaubt.

Zum Schluß dieses § sei für diejenigen Leser, die an Grundlagenfragen stärker interessiert sind, darauf hingewiesen, daß wir »fast heimlich« (d. h. ohne es explizit zu formulieren) das Axiom eingeführt haben, daß der Zustandsraum Z_g eine *differenzierbare Mannigfaltigkeit* ist. Eine tiefergehende Begründung hierfür steht noch aus (siehe den Hinweis auf ein analoges Problem in VII, § 5). Zu *vermuten* ist, daß auch in der Thermostatik die Struktur einer (physikalisch deutbaren) Gruppe eine grundlegende Rolle spielen sollte; als ein erster Anhaltspunkt für eine solche Vermutung könnte die oben durchgeführte Betrachtung der homogenen Vergrößerung der Objekte um einen Faktor λ dienen.

Nachdem wir in § 1.1 und § 1.2 die grundlegende Beschreibung der hier betrachteten physikalischen Systeme als »Objekte« niedergelegt haben, wollen wir den sonst üblichen Sprachgebrauch weiter benutzen und einfach nur von Systemen reden.

§ 1.3. Zusammengesetzte Systeme und der Begriff der Temperatur

Der Aufstellung weiterer Gesetze der Thermostatik liegt die Struktur »zusammengesetzter Systeme« zugrunde. Es soll die reale Möglichkeit beschrieben werden, ein System aus zwei (oder mehreren) anderen Systemen zusammenzusetzen. Von der Erfahrung her fast trivial ist es, daß man zwei weit voneinander entfernte Systeme als ein einziges System betrachten kann. Aber auch für den Fall des engen Beieinanderseins ist es oft möglich, ein System als aus zwei Systemen zusammengesetzt anzusehen; schon in dem Beispiel aus Fig. 1 haben wir ein System untersucht, das aus zwei mit Gas gefüllten Behältern vom Volumen V_1 bzw. V_2 bestand. Wirft man ein Stück Salz in einen Behälter mit Wasser, so kann man das neue System nicht als aus dem »System Wasser« und dem »System Salz« zusammengesetzt ansehen, da sich das »System Salz« allmählich (eventuell nur teilweise) im Wasser »auflöst«. Hat man aber z. B. das Salz vor dem Hineinwerfen ins Wasser in einen undurchlässigen dünnen Plastikbeutel getan, so erhält man ein System, das man eben als aus zwei Systemen zusammengesetzt betrachten kann. An diesem und ähnlichen Beispielen kann man sich verdeutlichen, was wir durch den Begriff des Zusammensetzens zweier Systeme zu einem neuen System beschreiben wollen.

Man kann auch den Begriff des zusammengesetzten Systems weiter fassen, so daß Austausch von Stoffen möglich ist. In diesem Falle würde das Beispiel mit dem Stück Salz in einer Wasser-Salz-Lösung ebenfalls noch als zusammengesetztes System betrachtet werden können. Auf jeden Fall aber müssen die beiden Einzelsysteme, aus denen das betrachtete System zusammengesetzt ist, als solche feststellbar bleiben; z. B. das im Wasser *gelöste* Salz und das Wasser sind *keine* Einzelsysteme, so daß die Lösung als ein aus diesen Einzelsystemen zusammengesetztes System betrachtet werden dürfte. Wir wollen aber hier in Kapitel XIV bei zusammengesetzten Systemen Stoffaustausch ausschließen. Wir tun dies, weil zu große Allgemeinheit auch leicht das Verständnis erschweren kann. Wir nehmen also immer an, daß für die beiden Einzelsysteme (und damit auch für das Gesamtsystem) die Stoffmengen als feste Konstanten festliegen, so daß wir diese Parameter nicht in die zu den Einzelsystemen gehörigen Zustandsräume mit aufzunehmen brauchen.

Wir betrachten also nicht irgendeinen allgemeinsten »Super«-Zustandsraum für »alle« Systeme, sondern eingeschränkte Zustandsräume, so wie wir sie schon in § 1.1 betrachtet haben.

Ohne daß wir nun für die Relation, daß das System w aus den beiden Systemen x und y zusammengesetzt ist, eine mathematisch genaue Darstellung einschließlich von Axiomen einführen, wollen wir im mathematischen Bild nur Folgendes festlegen:

Kann das System x in einem Zustandsraum Z_1, das System y in einem Zustandsraum Z_2 beschrieben werden, so kann man als Zustandsraum des zusammengesetzten Systems w den Raum $Z = Z_1 \times Z_2$ benutzen. Es kann $Z_1 = Z_2$ sein, wenn man Systeme x, y zusammensetzt, die im selben Zustandsraum beschrieben werden können.

Diese Festsetzung (Axiom) beschreibt genau die Situation, daß die beiden Teilsysteme x und y auch als Teile von w »getrennt« so beschrieben werden können, als ob man einerseits nur das System x, bzw. nur das System y hätte. Diese Festsetzung besagt aber *nicht*, daß mit Z_{1g} als Menge der Gleichgewichtszustände von Z_1 (falls die in Z_1 beschriebenen Systeme isoliert sind) und Z_{2g} von Z_2 die Menge der Gleichgewichtszustände Z_g von Z gerade $Z_g = Z_{1g} \times Z_{2g}$ ist.

In diesem § 1 über Thermostatik werden wir weiterhin nicht ganz $Z = Z_1 \times Z_2$ betrachten, sondern nur die Teilmenge $Z_{1g} \times Z_{2g}$, da wir (axiomatisch) voraussetzen, daß $Z_g \subset Z_{1g} \times Z_{2g}$ gilt. In etwas legerer Schreibweise werden wir deshalb im Folgenden $Z_{1g} \times Z_{2g} = Z$ schreiben. $Z = Z_{1g} \times Z_{2g}$ enthält also nur alle diejenigen Zustände des Gesamtsystems w, bei denen die beiden Teilsysteme x, y in Zuständen sind, die Gleichgewichtszustände wären, falls sowohl x wie y isoliert wären.

Betrachten wir ein w, das so aus einem x und y »zusammengesetzt« ist, daß x sehr weit von y entfernt ist, so sind erfahrungsgemäß die Teile x und y selbst isolierte Systeme. Dann erwarten wir also $Z_g = Z_{1g} \times Z_{2g}$, was in diesem Falle überhaupt keine tieferen Erkenntnisse über Strukturen in der Natur liefert, denn statt $Z_g = Z_{1g} \times Z_{2g}$ überhaupt einzuführen, hätte man »getrennt« die Teile x in Z_{1g} und y in Z_{2g} beschreiben können. $Z_g = Z_{1g} \times Z_{2g}$ ist dann nichts anderes als eine nur »formale« Zusammenfassung der beiden getrennten Beschreibungsweisen. Wir definieren deshalb:

Definition 1.3.1: Zwei Teilsysteme x, y des zusammengesetzten Systems w heißen voneinander isoliert, wenn $Z_g = Z_{1g} \times Z_{2g}$ ist.

Für zwei voneinander isolierte Systeme x, y gilt dann die fast triviale Aussage, daß sowohl x wie y als isolierte Systeme im Sinne von § 1.2 aufgefaßt werden dürfen.

Wir wollen jetzt weiterhin nur den Fall untersuchen, daß sowohl in Z_{1g} wie in Z_{2g} die »äußeren Parameter« $\alpha_1^{(1)}, \ldots, \alpha_{n_1}^{(1)}$; bzw. $\alpha_1^{(2)}, \ldots, \alpha_{n_2}^{(2)}$ im Sinne von § 1.2 definiert sind. Da für zwei voneinander isolierte Systeme x, y sowohl für x wie für y der Energiesatz gelten muß (da sowohl x wie y als isolierte Systeme betrachtet werden können), gibt es also zwei Funktionen $U^{(1)}$ über Z_{1g} und $U^{(2)}$ über Z_{2g}, für die (1.2.17) entsprechende Gleichungen gelten.

Da für das Gesamtsystem Z die Arbeitsleistung durch

$$A = \int \left[\sum_{\nu=1}^{n_1} \beta_\nu^{(1)} d\alpha_\nu^{(1)} + \sum_{\mu=1}^{n_2} \beta_\mu^{(2)} d\alpha_\mu^{(2)} \right]$$

gegeben ist, folgt sofort, daß

$$(1.3.1) \qquad U = U^{(1)} + U^{(2)}$$

die innere Energie (immer bis auf einen willkürlichen Summanden) des Gesamtsystems w ist. U ist nach (1.3.1) eine Funktion in $Z_g = Z_{1g} \times Z_{2g}$.

Auf der Basis der Parameterräume $\tilde{A}_1$ von Z_{1g} und $\tilde{A}_2$ von Z_{2g} folgt also, daß der Parameterraum von Z gleich $\tilde{A}_1 \times \tilde{A}_2$ ist.

Sind x und y einfache Systeme (siehe Definition 1.2.5), so ist Z_{1g} der $(n_1 + 1)$-dimensionale Raum der $U^{(1)}, \alpha_1^{(1)}, \ldots, \alpha_{n_1}^{(1)}$; und entsprechend für Z_{2g}. Z_g ist dann der $[(n_1 + 1) + (n_2 + 1)]$-dimensionale Raum der

$$(1.3.2) \qquad U^{(1)}, U^{(2)}, \alpha_1^{(1)}, \ldots, \alpha_{n_1}^{(1)}, \alpha_1^{(2)}, \ldots, \alpha_{n_2}^{(2)}$$

und U ist in bezug auf die »Koordinaten« (1.3.2) in Z_g die einfache Funktion (1.3.1). Daß x und y voneinander isoliert sind, bedingt also, daß *alle* Punkte (1.3.2) von Z Gleichgewichtszustände sind. Damit ist das aus x und y zusammengesetzte System w kein »einfaches« (Definition 1.2.5) System! Man mache sich dies noch einmal deutlich klar am Beispiel zweier Gase in zwei voneinander isolierten Behältern der Volumina $V^{(1)}$ bzw. $V^{(2)}$. Alle Zustände des »zusammengesetzten« Systems $\{U^{(1)}, U^{(2)}, V^{(1)}, V^{(2)}\}$ sind Gleichgewichtszustände!

Wenn man aber die beiden Behälter in »Berührung« bringt, zeigt die Erfahrung, daß bei Vorgabe von $V^{(1)}$, $V^{(2)}$, $U^{(1)}$, $U^{(2)}$ im allgemeinen kein Gleichgewicht herrscht, sondern daß Veränderungen eintreten (besonders leicht erkennbar als Änderungen der Drucke $p^{(1)}$ und $p^{(2)}$ der beiden Gase), bis sich ein neues Gleichgewicht eingestellt hat. *Gerade dieser Fall der nicht voneinander isolierten Teilsysteme x, y ist interessant,* da durch ihn eine neuartige, allgemeine Struktur der Gleichgewichte aufgezeigt wird.

Der allgemeinste Fall nicht voneinander isolierter Teilsysteme erweist sich als zu kompliziert, um eine einfache nicht spezifisch materialabhängige Struktur zu entdecken. Nur der Fall »schwacher« Kopplung der beiden Teilsysteme läßt sich durch eine allgemeine Struktur beschreiben. Wie läßt sich hier das Wort »schwach« genauer präzisieren?

Definition 1.3.2: Die zwei Teilsysteme x, y eines zusammengesetzten Systems w heißen »thermodynamisch« gekoppelt, wenn sie nicht voneinander isoliert sind, aber trotzdem für die Energie U des Gesamtsystems in guter Näherung die Gleichung (1.3.1) gilt und für die $\beta_\nu^{(1)}$, $\beta_\mu^{(2)}$ weiterhin die Zustandsgleichungen

$$\beta_\nu^{(1)} = \beta_\nu^{(1)}(U^{(1)}, \alpha_1^{(1)}, \ldots, \alpha_{n_1}^{(1)}),$$

$$(1.3.3)$$

$$\beta_\mu^{(2)} = \beta_\mu^{(2)}(U^{(2)}, \alpha_1^{(2)}, \ldots, \alpha_{n_2}^{(2)})$$

der isolierten Einzelsysteme in guter Näherung gelten.

Diese Definition 1.3.2 besagt, daß die Wechselwirkung der beiden Systeme doch so »schwach« ist, daß die für voneinander isolierte Systeme gültige Gleichung (1.3.1) und die Zustandsgleichungen wenigstens noch in guter Näherung gelten. Im mathematischen Bild setzt man (1.3.1) sowie (1.3.3) als gültig ein, auch wenn eine thermodynamische Kopplung vorhanden ist.

Als Beispiel können wieder die oben beschriebenen beiden Gase vom Volumen $V^{(1)}$ bzw. $V^{(2)}$ dienen, wobei $V^{(1)}$ und $V^{(2)}$ durch eine »dünne« Wand getrennt sind, die es aber offensichtlich ermöglicht, daß eine Wechselwirkung stattfindet, denn es stellt sich ein *neues* Gleichgewicht ein, falls $V^{(1)}$, $U^{(1)}$ nicht zu $V^{(2)}$, $U^{(2)}$ »paßt«.

Nahegelegt durch die Erfahrung formulieren wir jetzt folgendes Naturgesetz durch Axiome; siehe Abbildung am Ende von III, § 4:

AT 2.1: Bei thermodynamischer Kopplung zweier einfacher Systeme x, y entsteht wieder ein einfaches System.

Aus AT 2.1 folgt, daß die Menge Z_g der Gleichgewichtszustände aus $Z = Z_{1g} \times Z_{2g}$ eindeutig durch die äußeren Parameter aus $\tilde{A}_1 \times \tilde{A}_2$ und die Gesamtenergie U gegeben sind, d. h. $U^{(1)}$ und $U^{(2)}$ werden auf Z_g (nicht in ganz Z!) zu Funktionen von U und der äußeren Parameter:

$$\text{(1.3.4)} \quad \begin{aligned} U^{(1)} &= U^{(1)}(\alpha_1^{(1)}, \ldots, \alpha_{n_2}^{(2)}, U), \\ U^{(2)} &= U^{(2)}(\alpha_1^{(1)}, \ldots, \alpha_{n_2}^{(2)}, U). \end{aligned}$$

AT 2.2: Die Funktionen (1.3.4) sind bei festgehaltenen Parameterwerten $\alpha_1^{(1)}$ bis $\alpha_{n_2}^{(2)}$ monoton wachsend in U. Werden beide Systeme x, y im selben Zustandsraum mit denselben Zustandsgleichungen beschrieben, so geht die Funktion $U^{(2)}$ aus $U^{(1)}$ durch Vertauschen der Indizes (1), (2) in den Argumenten von $U^{(1)}$ hervor.

Diese letzte Bedingung ist fast trivial, da ja die Systeme x und y dann physikalisch nicht unterscheidbar sind.

Definition 1.3.3: Wir sagen, daß zwei Zustände $z_1 = \{U^{(1)}, \alpha_1^{(1)}, \ldots, \alpha_{n_1}^{(1)}\}$ aus Z_{1g} und $z_2 = \{U^{(2)}, \alpha_1^{(2)}, \ldots, \alpha_{n_2}^{(2)}\}$ aus Z_{2g} im Gleichgewicht zueinander sind, wenn es ein U gibt, so daß die Gleichungen (1.3.4) erfüllt sind, d. h. wenn $(z_1, z_2) \in Z_g$ gilt. Wir schreiben für diese Relation kurz $z_1 \gamma z_2$.

Man kann neben Z_{1g}, Z_{2g} noch einen dritten Zustandsraum Z_{3g} betrachten und Systeme thermodynamisch koppeln, die in Z_{2g} und Z_{3g} beschrieben werden. Daß zwei Zustände $z_2 \in Z_{2g}$ und $z_3 \in Z_{3g}$ im Gleichgewicht zueinander sind, kann also kurz mit $z_2 \gamma z_3$ bezeichnet werden.

Von der Definition des Zustandsraumes $Z_{1g} \times Z_{2g}$ folgt sofort, daß aus $z_1 \gamma z_2$ auch $z_2 \gamma z_1$ folgt. Daß aber aus $z_1 \gamma z_2$ und $z_2 \gamma z_3$ auch $z_1 \gamma z_3$ folgt, ist *nicht* trivial! Die Erfahrung bestätigt aber diese naheliegende Annahme:

AT 2.3: Aus $z_1 \in Z_{1g}$, $z_2 \in Z_{2g}$, $z_3 \in Z_{3g}$ und $z_1 \gamma z_2$, $z_2 \gamma z_3$ folgt $z_1 \gamma z_3$.

Aus AT 2.3 folgt, daß die Relation γ eine Äquivalenzrelation ist.

Aus den Axiomen AT 2.1 bis 3 ergibt sich eine sehr wichtige Folgerung: Betrachtet man in einem einmal ausgewählten Zustandsraum mit Zustandsgleichungen (z. B. Z_{1g}) bei festen Parametern (z. B. $\bar{\alpha}_1^{(1)}, \ldots, \bar{\alpha}_{n_1}^{(1)}$) die Werte von $U^{(1)}$, so ist jede durch die Äquivalenzrelation bestimmte Äquivalenzklasse durch genau einen Wert von $U^{(1)}$ bestimmt. Um dies zu zeigen, betrachten wir die speziellen nur von $U^{(1)}$ abhängigen Zustände

$$(1.3.5) \qquad z_1(U^{(1)}) = \left\{ U^{(1)}, \bar{\alpha}_1^{(1)}, \ldots \bar{\alpha}_{n_1}^{(1)} \right\}$$

von Z_{1g}.

Zwei verschiedene Zustände der Form (1.3.5) können wegen AT 2.2 nicht äquivalent (im Sinne von γ) sein. Denn für $z_1(U^{(1)}) \gamma z_1(U^{(2)})$ folgt aus AT 2.2 (für $Z_{1g} = Z_{2g}$!)

$$U^{(1)} = U^{(1)}(\bar{\alpha}_1^{(1)}, \ldots, \bar{\alpha}_{n_2}^{(2)}, U),$$
$$(1.3.6) \qquad U^{(2)} = U^{(2)}(\bar{\alpha}_1^{(1)}, \ldots, \bar{\alpha}_{n_2}^{(2)}, U),$$
$$U = U^{(1)} + U^{(2)}$$

mit $\bar{\alpha}_\nu^{(1)} = \bar{\alpha}_\nu^{(2)}$. Da Vertauschen der Parameter (1), (2) der Argumente von (1.3.6) wegen $\bar{\alpha}_\nu^{(1)} = \bar{\alpha}_\nu^{(2)}$ keine Änderung bedingt, erhält man aus AT 2.2 $U^{(1)} = U^{(2)}$.

Es bleibt also nur noch zu zeigen, daß es zu jedem $z_2 \in Z_{2g}$ aus irgendeinem Zustandsraum Z_{2g} immer ein $z_1(U^{(1)})$ der Form (1.3.5) mit $z_2 \gamma z_1(U^{(1)})$ gibt.

Da die Funktionen (1.3.4) monoton in U sind, kann man z. B. die zweite der Gleichungen (1.3.4) nach U auflösen:

$$U = f(U^{(2)}, \alpha_1^{(1)}, \ldots, \alpha_{n_2}^{(2)}).$$

Setzt man dies in die erste der Gleichungen (1.3.4) ein, so erhält man

$$(1.3.7) \qquad U^{(1)} = g(U^{(2)}, \alpha_1^{(1)}, \ldots, \alpha_{n_1}^{(1)}, \alpha_1^{(2)}, \ldots, \alpha_{n_2}^{(2)}),$$

wobei g in $U^{(2)}$ monoton wachsend ist. Legt man die Parameterwerte $\alpha_\nu^{(1)}$ auf die $\bar{\alpha}_\nu^{(1)}$ fest, so erhält man aus (1.3.7) bei vorgegebenem $z_2 = (U^{(2)}, \alpha_1^{(2)}, \ldots, \alpha_{n_2}^{(2)})$ genau das zugehörige $U^{(1)}$, so daß $z_2 \gamma z_1(U^{(1)})$ gilt.

Damit ist gezeigt, daß für zwei $z_2 \in Z_{2g}$, $z_3 \in Z_{3g}$ genau dann $z_2 \gamma z_3$ gilt, wenn $z_2 \gamma z_1(U^{(1)})$ und $z_3 \gamma z_1(U^{(1)})$ mit demselben $U^{(1)}$ gilt. Es gibt also einen Parameter $\Theta = U^{(1)}$, der (wie eben geschildert) mit Hilfe von (1.3.5) die Äquivalenzklassen charakterisiert.

Genauso wie (1.3.7) kann man auch ableiten (mit $U^{(1)} = \Theta$):

$$(1.3.8) \qquad U^{(2)} = h(\Theta, \alpha_1^{(2)}, \ldots, \alpha_{n_2}^{(2)}),$$

wobei wir gleich die konstanten (!) Werte $\bar{\alpha}_\nu^{(1)}$ nicht mehr in die Funktion h hineingeschrieben haben. h ist in Θ monoton wachsend. In (1.3.8) geht also von dem Zustandsraum Z_1 nur noch der »Parameter« $\Theta = U^{(1)}$ ein. Für alle Zustandsräume ist also die Funktion (1.3.8) festgelegt; man schreibt sie in der Form

$$(1.3.9) \qquad U = U(\Theta, \alpha_1, \ldots, \alpha_n).$$

Für den Zustandsraum Z_1 folgt also speziell

$$U^{(1)} = U^{(1)}(\Theta, \alpha_1^{(1)}, \ldots, \alpha_{n_1}^{(1)})$$

mit

$$\Theta \quad = U^{(1)}(\Theta, \bar{\alpha}_1^{(1)}, \ldots, \bar{\alpha}_{n_1}^{(1)}).$$

Zwei Zustände $z_2 \in Z_{2g}$ und $z_3 \in Z_{3g}$ sind also bei thermodynamischem Kontakt dann und nur dann im relativen Gleichgewicht, wenn z_2 und z_3 denselben Parameterwert Θ haben.

Setzt man (1.3.9) in die Zustandsgleichungen

$$(1.3.10) \qquad \beta_\mu = \beta_\mu(U, \alpha_1, \ldots, \alpha_n)$$

ein, so erhält man die β_μ als Funktionen von $\Theta, \alpha_1, \ldots, \alpha_n$. Man müßte mit neuen Funktionszeichen k_μ schreiben:

$$(1.3.11) \qquad \begin{aligned} \beta_\mu &= k_\mu(\Theta, \alpha_1, \ldots, \alpha_n) \\ &= \beta_\mu\big(U(\Theta, \alpha_1, \ldots, \alpha_n), \alpha_1, \ldots, \alpha_n\big). \end{aligned}$$

In der Thermodynamik ist es aber üblich, statt k_μ wieder dasselbe Zeichen β_μ zu benutzen, d.h., die erste Zeile von (1.3.11) in der Form

$$(1.3.12) \qquad \beta_\mu = \beta_\mu(\Theta, \alpha_1, \ldots, \alpha_n)$$

zu schreiben, wobei man an den Buchstaben der Argumente erkennt, welche »Funktion« gemeint ist.

Die Wahl des Parameters Θ war offensichtlich willkürlich. Jeder andere Parameter Θ', der eine monoton wachsende Funktion von Θ ist, könnte genauso gut zur Charakterisierung der Äquivalenzklassen (in bezug auf die Äquivalenzrelation γ) benutzt werden. Durch solche Parameter Θ' wird (unabhängig von der speziellen Wahl der Θ') die Menge der Äquivalenzklassen in stetiger Weise total geordnet.

Die Axiome AT 2.1 bis 3 ermöglichen also die folgende Definition:

Definition 1.3.4: Die Menge der Äquivalenzklassen der Relation γ heißt die »Temperaturmenge«; *eine* Äquivalenzklasse heißt *eine* »Temperatur«; eine monoton wachsende und stetige reelle Funktion auf der Menge der Äquivalenzklassen heißt eine »Temperaturskala«.

Zwei Zustände können also dann und nur dann bei thermodynamischer Kopplung relativ zueinander im Gleichgewicht sein, wenn sie zur selben Temperatur gehören. Man sagt auch oft: »Zwei Systeme *haben* dieselbe Temperatur«, wenn die beiden Zustände, die sie haben, zur selben Temperatur gehören.

Der durch die Definition 1.3.4 eingeführte und für die Thermostatik (und auch Thermodynamik) zentral wichtige Begriff der Temperatur bringt oft gerade für den Anfänger Schwierigkeiten mit sich, die darauf beruhen, daß er schon von »früher« eine Vorstellung von Temperatur mitbringt. Es ist aber wichtig, daß der in Def. 1.3.4 eingeführte Begriff absolut nichts von Empfindungen wie »heiß« und »kalt« enthält. Die Untersuchung von Empfindungen wie »heiß« und »kalt« gehört zur Psychologie. Daß man dabei *nachträglich* feststellt, daß auch die *physikalische Temperatur* der befühlten Gegenstände eine (aber nicht die einzige!) Rolle spielt, hat nichts mit dem oben eingeführten physikalischen Temperatur*begriff* zu tun, sondern kann höchstens durch komplizierte physiologische Prozesse erklärt werden. Um den physikalischen Temperaturbegriff zu verstehen, muß man sich von allen Heiß-Kalt-Vorstellungen lösen.

Eine zweite Schwierigkeit des Temperaturbegriffs ist die, daß die Temperaturskalen Θ noch eine »sehr große« Willkür aufweisen. Auch dies wird manchmal Anfängern verschleiert, wodurch zum Teil merkwürdige »Vorstellungen« entstehen, auf die wir beispielhaft weiter unten zurückkommen werden.

In Wirklichkeit entspricht die Definition 1.3.4 genau dem experimentellen Vorgehen bei der »Messung der Temperatur«: Man wählt *willkürlich* (nur nach praktischen Gesichtspunkten) irgendein spezielles System aus, das in einem Zustandsraum Z_{1g} beschrieben werden kann. Da die innere Energie oft experimentell schwierig zu bestimmen ist, wählt man irgendeine experimentell leichter zugängliche Zustandsfunktion $f(U^{(1)}, \alpha_1^{(1)}, \ldots, \alpha_{n_1}^{(1)})$ als »Temperaturskala«, wenn man sicher ist, daß sie monoton von $U^{(1)}$ abhängt. Man kann sogar eines der $\alpha_v^{(1)}$, z. B. $\alpha_1^{(1)}$ als Temperaturskala benutzen, wenn man z. B. unter der Bedingung experimentiert:

$$\beta_1^{(1)} = \text{const}, \qquad \alpha_2^{(1)} = \text{const}, \qquad \ldots, \qquad \alpha_n^{(1)} = \text{const}.$$

Man kann an einem solchen »Grundthermometer« andere Thermometer (d. h. andere Systeme mit zugehöriger Wahl eines Zustandsparameters) durch thermodynamischen Kontakt eichen und mit den Thermometern durch thermodynamischen Kontakt die Temperatur weiterer Systeme »messen«.

Die Wahl der Temperaturskala (z. B. die Wahl der Quecksilber-Temperaturskala) ist immer willkürlich. Diese Tatsache muß man beachten, wenn wir weiter unten als Beispiel das Verhalten von idealen Gasen diskutieren.

Zu den bisher aufgestellten Axiomen AT 2.1 bis 3 kommt noch eine von der Erfahrung her fast selbstverständliche Tatsache hinzu: Die Vergrößerung eines Systems (im Sinne von § 1.2, Seite 27) ändert die Temperatur nicht:

AT 2.4: Zwei Zustände $(U, \alpha_1, \ldots, \alpha_n, m_1, \ldots)$ und $(\lambda U, \lambda \alpha_1, \ldots, \lambda \alpha_n, \lambda m_1, \ldots)$ (wobei m_i die Masse der verschiedenen Stoffe sind) sind im relativen Gleichgewicht bei thermodynamischem Kontakt.

Aus AT 2.4 folgt, daß für jede Temperaturskala Θ gilt:

$$(1.3.13) \qquad \Theta(U, \alpha_1, \ldots, \alpha_n, m_1, \ldots) = \Theta(\lambda U, \lambda \alpha_1, \ldots, \lambda \alpha_n, \lambda m_1, \ldots).$$

Als Beispiel betrachten wir (durch die Form (1.2.21) der Zustandsgleichung definierte) ideale Gase. Legt man eine (willkürliche!) Temperaturskala Θ zugrunde, so wird also aus (1.3.9) speziell

$$(1.3.14) \qquad U = U(\Theta, V, M),$$

wobei wir entsprechend (1.3.13) noch die Gesamtmasse M des Gases als Variable mit eingetragen haben.

Die Experimente, die wir teilweise schon in § 1.2 geschildert haben (*Gay-Lussac*sche Versuche) zeigen, daß $U(\Theta, V, M)$ nicht von V abhängt: Dazu ergänzen wir den in Fig. 4 geschilderten Versuch dadurch, daß wir ein Testsystem (Thermometer) benutzen, das vor der Expansion, d. h. mit dem Zustand U_1, p_1, V_1 im thermodynamischen Gleichgewicht war. Dieses selbe Testsystem bringen wir auch mit dem System nach der Expansion in thermodynamischen Kontakt, wobei sich experimentell zeigt, daß auch nach der Expansion wieder relatives Gleichgewicht zum Testsystem besteht. Also gehören U_1, p_1, V_1 und U_2, p_2, V_2 zur selben Temperatur. Da im *Joule*schen Versuch $U_1 = U_2$ ist und M sich ebenfalls nicht ändert, ist also

$$U(\Theta, V_1, M) = U(\Theta, V_2, M).$$

Wir setzen deshalb für »ideale Gase« weiterhin an:

$$(1.3.15) \qquad U = U(\Theta, M).$$

Aus (1.3.13) folgt

$$\lambda U = U(\Theta, \lambda M)$$

und daraus (mit $\lambda = M_0/M$):

(1.3.16) $U = Mu(\Theta)$,

wobei $u(\Theta)$ noch von der »Sorte« des Gases abhängt. $u(\Theta)$ ist die Energie für die Masse $M = 1$.

Aus (1.2.21) folgt mit (1.3.16)

(1.3.17) $pV = cMu(\Theta)$.

Diese Zustandsgleichung (1.3.17) besagt, daß das Produkt pV nur eine Funktion der Temperatur ist, d.h. daß $pV = $ const für $\Theta = $ const gilt. Dies läßt sich wieder experimentell nachprüfen und ist damit unter Benutzung von (1.2.21) ein Test dafür, daß U nicht von V abhängt.

Hat man irgendeine Temperaturskala Θ gewählt, so kann man durch Messung von pVM^{-1} die Funktion $cu(\Theta)$ experimentell bestimmen. Hier wiederum zeigen die idealen Gase ein eigentümliches Verhalten, nämlich, daß man

(1.3.18) $cu(\Theta) = \delta T_g(\Theta)$

schreiben kann mit einer für alle (!) idealen Gase *gleichen* Funktion $T_g(\Theta)$ und einem vom Material des Gases abhängigen Faktor δ. Mit (1.3.16) folgt

$$U = Mu(\Theta) = M\,\frac{\delta}{c}\,T_g(\Theta).$$

Daraus folgt, daß T_g monoton mit U wächst und deshalb selbst als neue Temperaturskala gewählt werden kann. Diese Skala nennt man die Idealgas-Temperaturskala. Sie ist allerdings nur so weit »brauchbar«, wie eben ein Gas das Verhalten eines idealen Gases zeigt.

Die Zustandsgleichung (1.3.17) geht mit (1.3.18) über in

(1.3.19) $pV = \delta M T_g$,

wobei wir schon gleich die neue Temperaturskala T_g benutzt haben. δ ist ein vom Material des Gases abhängiger Faktor.

In § 1.4 werden wir sehen, daß wir bei der Behandlung der idealen Gase in § 1.2 und hier in § 1.3 »unnötig viele« Eigenschaften vom Experiment her formuliert haben, d.h. daß man eigentlich nur einige dieser Eigenschaften braucht, und dann die anderen deduzieren kann.

Um an übliche Darstellungsformen der Zustandsgleichung idealer Gase (1.3.19) anzuschließen, müssen wir die Skala T_g noch durch eine Konvention festlegen. Wie man sofort aus (1.3.19) erkennt, ist T_g nur bis auf einen Faktor festgelegt. Die Konvention besteht darin, zwei Elemente der Menge der Äquivalenzklassen (siehe Def. 1.3.4) auszuzeichnen und den willkürlichen Faktor dadurch festzulegen, daß man den Abstand dieser beiden Klassen in der T_g-Skala durch eine Zahl festlegt. So z.B. kann man als eine Klasse die wählen, in der eine Mischung von Eis und Wasser liegt, als zweite Klasse die, in der Wasser im Gleichgewicht mit Wasserdampf bei einer Atmosphäre Druck liegt, und dann den T_g-Abstand zu 100 Einheiten festlegen.

Um einen Eindruck von dieser Skala T_g zu gewinnen, betrachte man ein ideales Gas bei konstantem Druck $p = \bar{p}$, aber verschiedener Temperatur; das Gas dehnt sich mit wachsender Temperatur aus. Mit $V^{(1)}$ und $T_g^{(1)}$ am Gefrierpunkt des Wassers und $V^{(2)}$, $T_g^{(2)}$ am Siedepunkt des Wassers ist also

$$\bar{p} V^{(1)} = \delta M T_g^{(1)},$$

$$\bar{p} V^{(2)} = \delta M T_g^{(2)}.$$

Daraus folgt

$$\frac{V^{(2)}}{V^{(1)}} = \frac{T_g^{(2)}}{T_g^{(1)}}, \quad \text{bzw.} \quad \frac{V^{(2)} - V^{(1)}}{V^{(1)}} = \frac{T_g^{(2)} - T_g^{(1)}}{T_g^{(1)}}.$$

Experimentell erhält man für $(V^{(2)} - V^{(1)})/V^{(1)}$ annähernd den Zahlenwert $100/273$. Da wir die Einheit von T_g so festlegen wollten, daß $T_g^{(2)} - T_g^{(1)} = 100$ ist, folgt also (annähernd)

$$T_g^{(1)} = 273.$$

Was also experimentell festgestellt wird, ist der Zahlenwert von $(V^{(2)} - V^{(1)})/V^{(1)}$, der ja durch die willkürliche Wahl der beiden Temperaturklassen des gefrierenden und siedenden Wassers keine Eigenschaft der idealen Gase darstellt, sondern nur die *Einheit* der Skala T_g und den Wert der Temperatur des gefrierenden Wassers als $T_g^{(1)} = 273$ bestimmt. Dies muß betont werden, da man bei manchen einfacheren Darstellungen den Eindruck gewinnen kann, als ob man folgende »Gesetze« für ideale Gase experimentell »feststellen« würde:

(1) Bei konstantem Druck nimmt das Volumen *proportional* zur Temperatur zu.

(2) Bei der Temperaturerhöhung von Null (Gefrierpunkt des Wassers) auf ein Grad dehnt sich das Gas um $1/273$ seines Volumens aus.

Tatsächlich ist (1) *keine* Feststellung eines Gesetzes, sondern eine *Definition* (!) der Temperaturskala T_g; und (2) ist kein »Gesetz für Gase«, sondern (wie oben gezeigt) nur das Festlegen einer Einheit und der Messung der Temperatur $T_g^{(1)}$ von gefrierendem Wasser.

Es ist wichtig, sich dies klar zu machen, wenn man sich nicht mit einem verschwommenen Temperaturbegriff begnügen will.

Durch Festlegung der Einheit von T_g ist auch der materialabhängige Faktor δ in (1.3.19) festgelegt. Es ist nun üblich, statt der Masse M eine neue Größe einzuführen. δ_O sei die Größe δ für ein Sauerstoffgas. Man definiert als »Gaskonstante« $R = 32 \, \delta_O$ und als »Molzahl« eines Gases mit der Konstanten δ

die Größe

$$(1.3.20) \qquad v = \frac{\delta M}{R} = \frac{\delta}{32\,\delta_O}\, M.$$

v gibt also die »Stoffmenge« in neuen Einheiten*; der Proportionalitätsfaktor zwischen v und M hängt von der Sorte des Materials ab.

Mit (1.3.20) nimmt (1.3.19) die bekannte Form an:

$$(1.3.20) \qquad pV = RvT_g.$$

Oft betrachtet man (1.3.20) für »ein Mol«, d. h. für $v=1$, was keine Spezialisierung ist, da bei homogener Vergrößerung um den Faktor λ sowohl V wie v mit λ zu multiplizieren sind.

Die Einführung der »Molzahl« v hat natürlich in bezug auf (1.3.20) keine tiefere Bedeutung. Wir sprachen oben in etwas intuitiver Form von verschiedenen Materialsorten. Die begrifflich exakte Kennzeichnung der verschiedenen Materialsorten wird in der Chemie durchgeführt. Beispielhaft war auch oben schon von einem »Sauerstoff«-Gas die Rede. In bezug auf die Chemie spielt die »Molzahl« v eine wichtige Rolle. Es kann aber nicht die Aufgabe dieses Buches sein, allgemeine Gesetze der Chemie zu formulieren. Wir brechen daher diese Überlegungen zum Problem der Materialsorten d. h. der chemischen Stoffe, hier ab mit dem Hinweis auf grundlegende Lehrbücher der Chemie und physikalischen Chemie. Statt auch nur ein Anfangsstück eines Weges in die Chemie zurückzulegen, um die Einführung des Begriffs der Molzahlen zu motivieren, werden wir später in der statistischen Mechanik genauer die atomare Bedeutung der Molzahlen erkennen (siehe X V, §§ 6.4 bis 6.6).

Die Anwendung des Energiesatzes auf thermodynamisch gekoppelte Systeme führt zu dem bekannten, aber oft mystifizierten Begriff der Wärmemenge.

Gehen wir aus von zwei Systemen x, y, die in ihrem Anfangszustand getrennt oder thermodynamisch gekoppelt sind; (z_1, z_2) ist nicht notwendig Element von Z_g. Dann führen wir an jedem der beiden Systeme einen Arbeitsprozeß durch, wobei die beiden Systeme zeitweise in Wechselwirkung stehen. Bei dem Arbeitsprozeß am System x werde am System die Arbeit $(-A_1)$, bei der Arbeit am System y die Arbeit $(-A_2)$ geleistet. Die am Gesamtsystem w geleistete Arbeit ist also $(-A)$ mit

$$(1.3.21) \qquad A = A_1 + A_2.$$

Am Schluß sei das System x im Zustand z_1, das System y im Zustand z_2', wobei x und y wieder getrennt oder thermodynamisch gekoppelt sind. Für die

---

* Nach internationaler Verabredung ist es üblich, die neue Einheit an ^{12}C statt ^{16}O anzuknüpfen, obwohl es schlecht möglich ist, ein Kohlenstoffgas herzustellen.

Anfangszustände gilt für die Gesamtenergie des zusammengesetzten Systems:

$$U = U^{(1)} + U^{(2)},$$

für die Endzustände

$$U' = U^{(1)'} + U^{(2)'}.$$

Nach dem Energiesatz gilt für das ganze System w, das isoliert ist,

$$U' - U = - A$$

und damit

$$(1.3.22) \qquad U^{(1)'} + U^{(2)'} - U^{(1)} - U^{(2)} = - A_1 - A_2.$$

Es muß nicht $U^{(1)'} - U^{(1)} = - A_1$ sein!

Definition 1.3.5: Die bei einem Prozeß an zwei zusammengesetzten Systemen x, y auftretende Differenz

$$(1.3.23) \qquad Q_1 = U^{(1)'} - U^{(1)} + A_1$$

heißt die während dieses Prozesses dem System x zugeführte »Wärmemenge«.

Man sieht sofort, daß mit der dem System y zugeführten Wärmemenge

$$Q_2 = U^{(2)'} - U^{(2)} + A_2$$

aus (1.3.22) $Q_1 + Q_2 = 0$ folgt. Man drückt dies kurz so aus: Die Wärmemenge Q_1 ist *vom* System y *zum* System x »übergegangen«. Diese Aussage ist gleichwertig mit der folgenden: Die Wärmemenge $Q_2 = - Q_1$ ist *vom* System x *zum* System y übergegangen.

Oft findet man für einen Prozeß an einem System x *nur* die Gleichung (1.3.23) hingeschrieben, wobei man »stillschweigend« annimmt, daß ein anderes System y existierte, mit dem es gekoppelt war. (1.3.23) wird dann auch als Energiesatz bezeichnet. Tatsächlich ist aber (1.3.23) nur eine Definition von Q_1, d.h. eine Definition der Wärmemenge! Der Energiesatz wird durch (1.3.22) dargestellt, was unter Benutzung der Definition 1.3.5 mit $Q_1 + Q_2 = 0$ identisch ist. Viele Unklarheiten entstehen dadurch, Sätze und Definitionen nicht genau zu unterscheiden.

Wir werden im nächsten § 1.4 den Energiesatz (1.3.22) für zwei zusammengesetzte Systeme x, y in thermodynamischer Kopplung im Falle eines adiabatischen Arbeitsprozesses am Gesamtsystem w näher untersuchen.

§ 1.4. Der Entropiesatz

Wir beschränken uns bei unseren Überlegungen wieder auf einfache Systeme (Def. 1.2.5). Für diese sind (siehe § 1.2) die Adiabaten nach (1.2.19) eindeutig durch die Kurven im Parameterraum $\tilde{A}$ und *einen* Energiewert (»Anfangswert«

der Energie) bestimmt. Nach A $\mathscr{A}$ 2 sind beliebige Kurven in $\tilde{A}$ zugelassen. Aus (1.2.19) folgt dann, daß man jede Adiabate auch in umgekehrter Richtung mit der Zeit τ durchlaufen kann, denn mit $\alpha_v(\tau)$, $U(\tau)$ ist auch $\alpha_v(-\tau)$, $U(-\tau)$ eine Lösung von (1.2.19). Man sagt dazu auch oft, daß die Adiabaten einfacher Systeme »reversibel« sind.

Dies kann (muß natürlich nicht) bei nicht einfachen Systemen anders sein. Für nicht einfache Systeme sind die Adiabaten nicht durch Vorgabe des Anfangswertes $z(0)$ und durch die Kurve $\alpha_v(\tau)$ in $\tilde{A}$ aufgrund von (1.2.18) festgelegt. Hat man z.B. eine Kurve $\mathscr{C}$ in $\tilde{A}$ durch $\alpha_v(\tau)$ von $\alpha_v(0)$ nach $\alpha_v(1)$ (für $0 \leq \tau \leq 1$) vorgegeben, so möge dazu eine Adiabate $z(\tau)$ gehören mit dem Anfangswert $z(0)$ und dem Endwert $z(1)$. Die Projektion von $z(0)$ in $\tilde{A}$ ist natürlich durch $\alpha_v(0)$, die von $z(1)$ durch $\alpha_v(1)$ gegeben. Betrachtet man nun eine zweite Kurve $\mathscr{C}'$ in $\tilde{A}$, die durch $\alpha_v'(\tau)$ mit $\alpha_v'(\tau) = \alpha_v(1-\tau)$ beschrieben wird, so ist also $\mathscr{C}'$ die »umgekehrt« durchlaufende Kurve $\mathscr{C}$. Zu $\mathscr{C}'$ und den Anfangswerten $z'(0) = z(1)$ gehöre eine Adiabate $z'(\tau)$. Für nicht einfache Systeme braucht dann *nicht* $z'(\tau) = z(1-\tau)$ zu gelten, da eben die Adiabaten nicht durch (1.2.18) festgelegt werden! Obwohl also $\mathscr{C}'$ die »Umkehrung« von $\mathscr{C}$ ist, braucht $z'(\tau)$ nicht die Umkehrung von $z(\tau)$ zu sein. Man sagt, daß die Adiabate $z(\tau)$ irreversibel ist.

Systeme mit irreversiblen Adiabaten sind durchaus bekannt; man denke nur an ferromagnetische Stoffe, wo die Hysteresisschleife eine solche Irreversibilität demonstriert.

Systeme mit irreversiblen Adiabaten müssen prinzipiell bei den folgenden Überlegungen ausgeschlossen werden. Natürlich könnte man auch nicht einfache Systeme mit reversiblen Adiabaten mit in unsere Überlegungen einbeziehen, was aber die Übersichtlichkeit der Deduktionen nur erschweren würde. Und es dürfte wohl kaum eine Schwierigkeit darstellen, wenn man bei einem aus x, y zusammengesetzten System, wobei x und y relativ zueinander *isoliert* sind, die Adiabaten betrachtet, die in diesem Fall durch die *zwei* Gleichungen

$$\sum_v \beta_v^{(1)} d\alpha_v^{(1)} + dU^{(1)} = 0,$$

$$\sum_\mu \beta_\mu^{(2)} d\alpha_\mu^{(2)} + dU^{(2)} = 0$$

bestimmt werden. Obwohl also das aus x, y zusammengesetzte System w (bei voneinander isolierten x, y) nicht einfach ist, gilt natürlich alles wieder wie bei einfachen Systemen.

Durch unsere Beschränkung auf einfache Systeme haben wir also gleichzeitig die Reversibilität der Adiabaten vorausgesetzt.

Über die Struktur der Adiabaten machen wir nun noch eine weitere, durch die Erfahrung nahegelegte Voraussetzung:

A $\mathscr{A}$ 3: Für jede in $\tilde{A}$ geschlossene Kurve $\mathscr{C}$ ist

$$(1.4.1) \qquad \oint_{\mathscr{C}} \sum_{v} \beta_{v}\big(U(\tau), \alpha_{1}(\tau), \ldots, \alpha_{n}(\tau)\big)\, d\alpha_{v}(\tau) \leq 0.$$

Hierbei stellen die $\alpha_{v}(\tau)$ die Kurve $\mathscr{C}$ dar und für $U(\tau)$ ist eine Lösung von (1.2.19) zu benutzen.

Man kann A $\mathscr{A}$ 3 sehr anschaulich so formulieren: Bei einem in $\tilde{A}$ geschlossenen adiabatischen Prozeß kann ein System keine (positive) Arbeit nach außen abgeben; d.h. man kann mit Hilfe adiabatischer Prozesse, bei denen die äußeren Parameter wieder ihre Ausgangswerte annehmen, keine Arbeit auf Kosten der inneren Energie des Systems »gewinnen«.

Unter einem »Perpetuomobile zweiter Art« versteht man eine Maschine (d. h. einen adiabatischen Kreisprozeß), bei dem man Arbeit (allein auf Kosten der inneren Energie) gewinnt. Deshalb ist A $\mathscr{A}$ 3 mehr bekannt unter der Formulierung: Es gibt kein Perpetuomobile zweiter Art. Dies ist ein typisches Beispiel für eine Aussage über etwas, was im Sinne von III, § 9 »physikalisch auszuschließen ist«, nämlich ein Prozeß, bei dem die linke Seite von (1.4.1) echt größer als Null ist.

Das Axiom A $\mathscr{A}$ 3 hat somit eine sehr anschauliche, fast meint man »selbstverständliche« Bedeutung; und doch hat es sehr wichtige Konsequenzen.

Da man jede Adiabate auch umgekehrt durchlaufen kann, folgt aus (1.4.1) auch

$$\oint_{\mathscr{C}} \sum_{v} \beta_{v}\big(U(\tau), \alpha_{1}(\tau), \ldots, \alpha_{n}(\tau)\big)\, d\alpha_{v}(\tau) \geq 0$$

und damit

$$(1.4.2) \qquad \oint_{\mathscr{C}} \sum_{v} \beta_{v}\big(U(\tau), \alpha_{1}(\tau), \ldots, \alpha_{n}(\tau)\big)\, d\alpha_{v}(\tau) = 0.$$

(1.4.2) sagt aus, daß die Arbeit über eine Adiabate, deren Projektion in $\tilde{A}$ geschlossen ist, gleich Null ist! Auf Grund des Energiesatzes folgt, daß auch

$$(1.4.3) \qquad \oint_{\mathscr{C}} dU(\tau) = 0$$

sein muß (wobei $U(\tau)$ eine Lösung von (1.2.19) zur vorgegebenen, geschlossenen Kurve $\mathscr{C}$ in $\tilde{A}$ ist). Dieses Ergebnis bedeutet sehr anschaulich:

Für eine im Parameterraum $\tilde{A}$ geschlossene Kurve $\mathscr{C}$ ist die zugehörige Adiabate auch im Zustandsraum Z_{g} geschlossen.

Zunächst werden wir aus dieser Tatsache, d. h. aus (1.4.2) einige »abstrakte« Folgerungen ziehen*, dann diese auf einfache Prozesse, wie den berühmten »*Carnot*schen Kreisprozeß« anwenden, was die physikalische Bedeutung dieser

---

* Wir folgen dabei Überlegungen, wie sie von *Jauch* angegeben wurden [2].

»abstrakten« Folgerungen demonstriert. Oft versucht man die mathematisch abstrakte Form des Schließens zu vermeiden und ersetzt A $\mathscr{A}$ 3 durch unnötig umfangreiche Axiome. Die hier gegebene Darstellung zeigt aber, wie »wenig« in A $\mathscr{A}$ 3 zu fordern ist, um alle die wichtigen und berühmten Konsequenzen zu erhalten. Die Technik der modernen Wärmekraftmaschinen wäre nicht denkbar ohne Kenntnis der durch A $\mathscr{A}$ 3 beschriebenen wirklichen Strukturen der Welt.

Aus (1.4.2) folgt für eine in $\tilde{A}$ geschlossene Kurve (siehe dazu z. B. die Überlegungen aus V, § 2.3 und 2.5), daß für irgendeine Kurve $\mathscr{C}$ in $\tilde{A}$ von einem »festen« Punkt $\alpha_1^{(0)}, \ldots, \alpha_n^{(0)}$ zum Punkt $\alpha_1, \ldots, \alpha_n$ das Integral

$$\int_{\mathscr{C}} \beta_\nu \big(U(\tau), \alpha_1(\tau), \ldots, \alpha_n(\tau) \big) d\alpha_\nu(\tau)$$

über die zu $\mathscr{C}$ gehörige Adiabate, die durch den Anfangswert $U^{(0)}$ von U und die Kurve $\mathscr{C}$ bestimmt ist, nicht von der Kurve $\mathscr{C}$ abhängt, wenn nur $U^{(0)}$, $\alpha_1^{(0)}, \ldots, \alpha_n^{(0)}$ und $\alpha_1, \ldots, \alpha_n$ dieselben sind.

Halten wir nun $\alpha_1^{(0)}, \alpha_2^{(0)}, \ldots, \alpha_n^{(0)}$ ein für allemal fest, so ist durch

$$(1.4.4) \qquad F(U^{(0)}, \alpha_1, \ldots, \alpha_n) = \int_{\mathscr{C}}^{\alpha_1, \ldots \alpha_n} \beta_\nu \big(U(\tau), \alpha_1(\tau), \ldots \big) d\alpha_\nu(\tau)$$

eine *Funktion* von $U^{(0)}$, $\alpha_1, \ldots, \alpha_n$ bestimmt. F ist auch eine Funktion von $U^{(0)}$, da die zur Kurve $\mathscr{C}$ gehörige Adiabate, d. h. die Funktion $U(\tau)$ mit von $U^{(0)}$ abhängt.

Statt F führen wir nun die Funktion

$$(1.4.5) \qquad \Phi(U^{(0)}, \alpha_1, \ldots, \alpha_n) = U^{(0)} - F(U^{(0)}, \alpha_1, \ldots, \alpha_n)$$

ein. Aus (1.2.19) folgt, daß Φ der Wert $U(\tau')$ ist mit τ' als demjenigen τ-Wert, für den $\alpha_\nu(\tau') = \alpha_\nu$ ist.

Aus der Definition (1.4.4) von F und aus der Definition (1.4.5) von Φ folgt:

$$(1.4.6) \qquad \Phi(U^{(0)}, \alpha_1^{(0)}, \ldots, \alpha_n^{(0)}) = U^{(0)}$$

und

$$(1.4.7) \qquad \frac{\partial \Phi}{\partial \alpha_\nu} = -\frac{\partial F}{\partial \alpha_\nu} = -\beta_\nu \big(U(\tau'), \alpha_1, \ldots, \alpha_n \big)$$

$$= -\beta_\nu \big(\Phi(U^{(0)}, \alpha_1, \ldots, \alpha_n), \alpha_1, \ldots, \alpha_n \big).$$

In (1.4.5), (1.4.6), (1.4.7) kann man den Index (0) bei $U^{(0)}$ fortlassen und erhält damit eine Funktion $\Phi(U, \alpha_1, \ldots, \alpha_n)$, d. h. eine Funktion Φ über Z_g, für die

$$(1.4.8) \qquad \Phi(U, \alpha_1^{(0)}, \ldots, \alpha_n^{(0)}) = U,$$

$$(1.4.9) \qquad \frac{\partial \Phi}{\partial \alpha_\nu}(U, \alpha_1, \ldots, \alpha_n) = -\beta_\nu\big(\Phi(U, \alpha_1, \ldots, \alpha_n), \alpha_1, \ldots, \alpha_n\big)$$

gilt. In Z_g führen wir nun statt $U, \alpha_1, \ldots, \alpha_n$ die neuen Variablen $\gamma_0, \gamma_1, \ldots, \gamma_n$ ein durch die Transformation:

$$(1.4.10) \qquad \begin{aligned} U &= \Phi(\gamma_0, \alpha_1, \ldots, \alpha_n), \\ \alpha_1 &= \gamma_1 + \alpha_1^{(0)}, \\ &\;\vdots \\ \alpha_n &= \gamma_n + \alpha_n^{(0)}. \end{aligned}$$

Die Punkte $\{\alpha_1 = \alpha_1^{(0)}, \ldots, \alpha_n = \alpha_n^{(0)}, U \text{ beliebig}\}$ erhalten also die neuen Koordinaten $\gamma_1 = \gamma_2 = \cdots = \gamma_n = 0$ und $\gamma_0 = U$.

Die Funktionaldeterminante der Transformation (1.4.10) ist:

$$\frac{\partial(U, \alpha_1, \ldots, \alpha_n)}{\partial(\gamma_0, \gamma_1, \ldots, \gamma_n)} = \begin{vmatrix} \dfrac{\partial \Phi}{\partial \gamma_0}, & -\beta_1, \ldots, & -\beta_n \\ 0 & 1 \;\; 0\ldots & \\ \vdots & & 0 \\ \vdots & \ldots 0 \;\; 1 & \end{vmatrix} = \frac{\partial \Phi}{\partial \gamma_0}.$$

Aus (1.4.8) folgt $\dfrac{\partial \Phi}{\partial \gamma_0}(U, \alpha_1^{(0)}, \ldots, \alpha_n^{(0)}) = 1$, d. h. die Funktionaldeterminante der Transformation (1.4.10) ist für die eindimensionale Menge der Punkte $\{\gamma_1 = \gamma_2 = \cdots = \gamma_n = 0, \gamma_0 \text{ beliebig}\}$ gleich 1. Es gibt also auch eine Umgebung, wo sie ungleich Null ist und somit die Variablentransformation (1.4.10) sinnvoll ist.

Mit der Variablentransformation (1.4.10) wird

$$\sum_\nu \beta_\nu(U, \alpha_1, \ldots) d\alpha_\nu + dU$$

$$= \sum_\nu \beta_\nu\big(\Phi(\gamma_0, \gamma_1 + \alpha_1^{(0)}, \ldots), \gamma_1 + \alpha_1^{(0)}, \ldots\big) d\gamma_\nu$$

$$+ \sum_\nu \frac{\partial \Phi}{\partial \alpha_\nu}(\gamma_0, \gamma_1 + \alpha_1^{(0)}, \ldots) d\gamma_\nu$$

$$+ \frac{\partial \Phi}{\partial \gamma_0}(\gamma_0, \gamma_1 + \alpha_1^{(0)}, \ldots) d\gamma_0.$$

Nach (1.4.9) ist

$$\frac{\partial \Phi}{\partial \alpha_\nu}(\gamma_0, \gamma_1 + \alpha_1^{(0)}, \ldots) = -\beta_\nu\big(\Phi(\gamma_0, \gamma_1 + \alpha_1^{(0)}, \ldots), \gamma_1 + \alpha_1^{(0)}, \ldots\big).$$

Also erhält man schließlich

$$(1.4.11) \qquad \sum_\nu \beta_\nu(U, \alpha_1, \ldots)\,d\alpha_\nu + dU = \frac{\partial \Phi}{\partial \gamma_0}(\gamma_0, \gamma_1 + \alpha_1^{(0)}, \ldots)\,d\gamma_0.$$

Die Differentialform auf der linken Seite von (1.4.11) hat nach Ende von § 1.3, d.h. nach der in differenzielle Form umgeschriebenen Gleichung (1.3.23) die anschauliche Bedeutung einer dem System zugeführten Wärmemenge

$$\delta Q = dU + \delta A \qquad \text{mit} \qquad \delta A = \sum_\nu \beta_\nu d\alpha_\nu.$$

(1.4.11) besagt also, daß es eine Funktion

$$T(U, \alpha_1, \ldots) = \frac{\partial \Phi}{\partial \gamma_0}(\gamma_0, \gamma_1 + \alpha_1^{(0)}, \ldots)$$

über Z_g gibt, so daß

$$\frac{\delta Q}{T} = \frac{\sum_\nu \beta_\nu(U, \alpha_1, \ldots)\,d\alpha_\nu + dU}{T(U, \alpha_1, \ldots)}$$

ein »totales Differential«, d.h. das Differential einer Funktion $S(U, \alpha_1, \ldots)$ ist, nämlich von der Funktion $S = \gamma_0$, die man durch Auflösen der Gleichung

$$U = \Phi(S, \alpha_1, \ldots, \alpha_n)$$

erhält:

$$(1.4.12) \qquad \frac{\delta Q}{T} = dS.$$

Gibt es umgekehrt eine Funktion T über Z_g, so daß $\dfrac{\delta Q}{T}$ ein totales Differential ist, so kann man als Gleichung für eine Adiabate mit der (1.4.12) genügenden Funktion $S(U, \alpha_1, \ldots)$ auch

$$(1.4.13) \qquad \frac{dS}{d\tau} = \frac{\partial S}{\partial U}\frac{dU}{d\tau} + \sum_\nu \frac{\partial S}{\partial \alpha_\nu}\frac{d\alpha_\nu}{d\tau} = 0$$

statt (1.2.19) benutzen. Für eine Kurve $\mathscr{C}$ in $\tilde{A}$ folgt also für die zugehörige Adiabate $U(\tau), \alpha_1(\tau), \ldots, \alpha_n(\tau)$ aus (1.4.13), daß S auf der Adiabate konstant ist. Ist $\mathscr{C}$ in $\tilde{A}$ geschlossen, so muß also für den Anfangspunkt $U^{(0)}, \alpha_1^{(0)}, \ldots, \alpha_n^{(0)}$

und den Endpunkt $U^{(1)}, \alpha_1^{(1)}, \ldots, \alpha_n^{(1)}$

$$S(U^{(0)}, \alpha_1^{(0)}, \ldots, \alpha_n^{(0)}) = S(U^{(1)}, \alpha_1^{(0)}, \ldots, \alpha_n^{(0)})$$

d. h. $U^{(0)} = U^{(1)}$ gelten. Aus (1.4.12) folgt also, daß für eine in $\tilde{A}$ geschlossene Kurve auch die zugehörige Adiabate in Z_g geschlossen ist, was mit (1.4.3) und dem Axiom A $\mathscr{A}$ 3 äquivalent ist.

Die Funktion $\frac{1}{T}$ in (1.4.12) bezeichnet man als einen integrierenden Faktor zur Differentialform δQ. A $\mathscr{A}$ 3 ist also damit äquivalent, daß δQ einen integrierenden Faktor besitzt. Eine (1.4.12) genügende Funktion (bei vorgegebenem T) nennt man eine »allgemeine Entropiefunktion«.

Die Flächen $S = \text{const}$ in Z_g sind durch die Adiabaten eindeutig bestimmt, denn die durch den Punkt $U^{(0)}, \alpha_1^{(0)}, \ldots, \alpha_n^{(0)}$ gehende Fläche $S = \text{const}$ erhält man, indem man (1.2.19) für eine Kurve $\mathscr{C}$ von $\alpha_1^{(0)}, \ldots, \alpha_n^{(0)}$ bis $\alpha_1, \ldots, \alpha_n$ mit dem Anfangswert $U^{(0)}$ integriert, wobei man den Wert U als »Endwert« erhält, für den $U, \alpha_1, \ldots, \alpha_n$ auf derselben Fläche $S = \text{const}$ wie $U^{(0)}, \alpha_1^{(0)}, \ldots, \alpha_n^{(0)}$ liegt. Aber weder die allgemeine Entropiefunktion S noch die Funktion T sind eindeutig festgelegt. S ist irgendeine reelle Funktion auf der Menge der von den Adiabaten erzeugten Flächen, wobei jede solche Fläche durch einen Punkt $U^{(0)}, \alpha_1^{(0)}, \ldots, \alpha_n^{(0)}$ auf der Fläche und alle durch Adiabaten von diesem Punkt aus »erreichbaren« anderen Punkte gegeben ist. Alle allgemeinen Entropiefunktionen $\tilde{S}$ erhält man also als Funktionen $\tilde{S} = f(S)$ aus einer speziellen Entropiefunktion S.

Es ist nun möglich, auf Grund der in § 1.3 diskutierten Strukturen eine (bis auf einen Zahlenfaktor) eindeutig bestimmte Funktion T über Z_g auszuzeichnen, für die $\frac{\delta Q}{T}$ ein totales Differential wird: Wir wollen nämlich zeigen, daß es eine nur von der Temperatur Θ abhängige und damit bis auf einen Zahlenfaktor eindeutig bestimmte Funktion $T(\Theta)$ gibt, für die $\frac{\delta Q}{T(\Theta)}$ ein totales Differential ist. Man beachte dabei, daß die Wahl der Temperaturskala $\Theta(U, \alpha_1, \ldots, \alpha_n)$ beliebig ist; $T(\Theta)$ wird zu einer bis auf einen Faktor eindeutig bestimmten Funktion

$$T(U, \alpha_1, \ldots, \alpha_n).$$

Auch hier haben wir wieder wie in § 1.3 dasselbe Funktionszeichen T benutzt, um zwei verschiedene Funktionen zu kennzeichnen:

$$T(\Theta(U, \alpha_1, \ldots, \alpha_n)) = T(U, \alpha_1, \ldots, \alpha_n).$$

Zunächst wollen wir zeigen, daß tatsächlich $T(\Theta)$ bis auf einen Faktor eindeutig bestimmt ist. Sei also mit einer zweiten Funktion $\tilde{T}(\Theta)$

$$\frac{\delta Q}{T(\Theta)}=dS \quad \text{und} \quad \frac{\delta Q}{\tilde{T}(\Theta)}=d\tilde{S}.$$

Es folgt $T(\Theta)dS(\Theta,\alpha_1,\ldots,\alpha_n)=\tilde{T}(\Theta)d\tilde{S}(\Theta,\alpha_1,\ldots,\alpha_n)$; wir benutzen jetzt statt $U,\alpha_1,\ldots,\alpha_n$ die Variablen $\Theta,\alpha_1,\ldots,\alpha_n$ (wieder ohne die Funktionszeichen zu ändern!). Da T und $\tilde{T}$ ungleich Null sind, ist $g(\Theta)=\dfrac{T(\Theta)}{\tilde{T}(\Theta)}$ definiert. Aus $d\tilde{S}=g(\Theta)dS$ folgt

$$\frac{\partial\tilde{S}}{\partial\Theta}=g(\Theta)\frac{\partial S}{\partial\Theta} \quad \text{und} \quad \frac{\partial\tilde{S}}{\partial\alpha_\nu}=g(\Theta)\frac{\partial S}{\partial\alpha_\nu}.$$

Daraus

$$\frac{\partial^2\tilde{S}}{\partial\alpha_\nu\partial\Theta}=g(\Theta)\frac{\partial^2 S}{\partial\alpha_\nu\partial\Theta}$$

und

$$\frac{\partial^2\tilde{S}}{\partial\Theta\partial\alpha_\nu}=g'(\Theta)\frac{\partial S}{\partial\alpha_\nu}+g(\Theta)\frac{\partial^2 S}{\partial\Theta\partial\alpha_\nu}.$$

Also muß $g'(\Theta)=0$ und damit $g(\Theta)$ konstant sein.

Läßt sich also T so wählen, daß es nur eine Funktion von Θ ist, so ist T unabhängig vom System bis auf einen Faktor eindeutig bestimmt, d.h. T kann (nach Wahl des Vorzeichens und einer willkürlichen Einheit) selbst als Temperaturskala benutzt werden, wenn es eine mit Θ monoton wachsende Funktion ist.

Um zu zeigen, daß es ein solches $T(\Theta)$ gibt, betrachten wir zwei Systeme x, y in thermodynamischer Kopplung, beide noch mit einem dritten »Hilfssystem« gekoppelt, damit für das aus x, y zusammengesetzte System $\delta Q\neq 0$ sein kann. Für die Teilsysteme x, y und das Gesamtsystem gilt also

$$\delta Q_1=\sum_\nu \beta_\nu^{(1)}(U^{(1)},\alpha_1^{(1)},\ldots)d\alpha_\nu^{(1)}+dU^{(1)}=T_1(U^{(1)},\alpha_1^{(1)},\ldots)dS^{(1)}$$

$$\delta Q_2=\sum_\mu \beta_\mu^{(2)}(U^{(2)},\alpha_1^{(2)},\ldots)d\alpha_\mu^{(2)}+dU^{(2)}=T_2(U^{(2)},\alpha_1^{(2)},\ldots)dS^{(2)}$$

und

$$\delta Q =\sum_\nu \beta_\nu^{(1)}d\alpha_\nu^{(1)}+$$

$$+\sum_\mu \beta_\mu^{(2)}d\alpha_\mu^{(2)}+dU=T(U,\alpha_1^{(1)},\ldots,\alpha_1^{(2)},\ldots)dS.$$

Wegen $U = U^{(1)} + U^{(2)}$ folgt

$$T_1(U^{(1)}, \alpha_1^{(1)}, \ldots) dS^{(1)} + T_2(U^{(2)}, \alpha_1^{(2)}, \ldots) dS^{(2)} =$$
$$= T(U, \alpha_1^{(1)}, \ldots, \alpha_1^{(2)}, \ldots) dS.$$

Im Gleichgewicht sind $U^{(1)}$, $U^{(2)}$ durch U bestimmt, so daß die Temperatur Θ für x und y gleich ist. Führen wir Θ als Variable ein, so kann man also die letzte Gleichung (wieder unter Beibehalten der Funktionszeichen) auch

$$T_1(\Theta, \alpha_1^{(1)}, \ldots,) dS^{(1)}(\Theta, \alpha_1^{(1)}, \ldots) +$$
$$+ T_2(\Theta, \alpha_1^{(2)}, \ldots) dS^{(2)}(\Theta, \alpha_1^{(2)}, \ldots) =$$
$$= T(\Theta, \alpha_1^{(1)}, \ldots, \alpha_1^{(2)}, \ldots) dS(\Theta, \alpha_1^{(1)}, \ldots, \alpha_1^{(2)}, \ldots)$$

schreiben.

Um aus dieser Gleichung leichter Folgerungen zu ziehen, führen wir statt $\alpha_1^{(1)}$ die Variable $S^{(1)}$ und statt $\alpha_1^{(2)}$ die Variable $S^{(2)}$ ein. Dann erhalten wir (wieder mit denselben Funktionszeichen):

$$T_1(\Theta, S^{(1)}, \alpha_2^{(1)}, \ldots) dS^{(1)} + T_2(\Theta, S^{(2)}, \alpha_2^{(2)}, \ldots) dS^{(2)} =$$
$$= T(\Theta, S^{(1)}, S^{(2)}, \alpha_2^{(1)} \ldots, \alpha_2^{(2)}, \ldots)$$
$$dS(\Theta, S^{(1)}, S^{(2)}, \alpha_2^{(1)}, \ldots, \alpha_2^{(2)}, \ldots).$$

In diesen neuen Variablen folgt sofort, daß

$$S(\Theta, S^{(1)}, S^{(2)}, \alpha_2^{(1)}, \ldots, \alpha_2^{(2)}, \ldots) = S(S^{(1)}, S^{(2)})$$

ist, da auf der linken Seite nur $dS^{(1)}$ und $dS^{(2)}$ auftritt. Wir erhalten also:

$$T_1(\Theta, S^{(1)}, \alpha_2^{(1)}, \ldots) dS^{(1)} + T_2(\Theta, S^{(2)}, \alpha_2^{(2)}, \ldots) dS^{(2)} =$$
$$(1.4.14) \qquad = T(\Theta, S^{(1)}, S^{(2)}, \alpha_2^{(1)}, \ldots, \alpha_2^{(2)}, \ldots) dS(S^{(1)}, S^{(2)}).$$

Dividiert man (1.4.14) durch $T(\ldots)$, so folgt $\left(\text{z. B. wegen } \dfrac{T_1}{T} = \dfrac{\partial S}{\partial S^{(1)}}\right)$, daß

$$(1.4.15) \qquad \frac{T_1}{T} = f_1(S^{(1)}, S^{(2)})$$

und

$$\frac{T_2}{T} = f_2(S^{(1)}, S^{(2)})$$

gilt, d. h. daß die Quotienten T_1/T und T_2/T nur von $S^{(1)}$ und $S^{(2)}$ abhängen. Also ist z. B.

$$0 = \frac{\partial}{\partial \Theta}\left(\frac{T_1}{T}\right) = \frac{1}{T}\frac{\partial T_1}{\partial \Theta} - \frac{T_1}{T^2}\frac{\partial T}{\partial \Theta},$$

d.h. $\dfrac{\partial}{\partial\Theta}\log T_1=\dfrac{\partial}{\partial\Theta}\log T$. Ebenso folgt $\dfrac{\partial}{\partial\Theta}\log T_2=\dfrac{\partial}{\partial\Theta}\log T$ und damit

$$(1.4.16)\qquad \frac{\partial}{\partial\Theta}\log T_1=\frac{\partial}{\partial\Theta}\log T_2.$$

Da die linke Seite von (1.4.16) nicht von $S^{(2)}$, $\alpha_2^{(2)},\ldots$ abhängt, kann auch die rechte Seite davon nicht abhängen. Also ist

$$\frac{\partial}{\partial\Theta}\log T_1=g(\Theta)$$

$$\frac{\partial}{\partial\Theta}\log T_2=g(\Theta)$$

und damit

$$(1.4.17)\qquad\begin{aligned}T_1&=h_1(S^{(1)},\alpha_2^{(1)},\ldots)\,\hat{T}(\Theta),\\ T_2&=h_2(S^{(2)},\alpha_2^{(2)},\ldots)\,\hat{T}(\Theta)\end{aligned}$$

mit

$$\hat{T}(\Theta)=\exp\left[\int g(\Theta)\,d\Theta\right].$$

Aus (1.4.15) folgt, daß auch T_1/T_2 nur von $S^{(1)}$, $S^{(2)}$ abhängt, d.h. es gilt mit einer Funktion η:

$$h_1(S^{(1)},\alpha_2^{(1)},\ldots)=\eta(S^{(1)},S^{(2)})h_2(S^{(2)},\alpha_2^{(2)},\ldots),$$

woraus folgt, daß h_1 nur von $S^{(1)}$ und h_2 nur von $S^{(2)}$ abhängen kann:

$$(1.4.18)\qquad\begin{aligned}T_1&=h_1(S^{(1)})\,\hat{T}(\Theta),\\ T_2&=h_2(S^{(2)})\,\hat{T}(\Theta).\end{aligned}$$

Wie wir oben sahen, kann man statt $S^{(1)}$ auch jede Funktion $\hat{S}^{(1)}=f(S^{(1)})$ als allgemeine Entropiefunktion benutzen. Man kann also statt $S^{(1)}$ und $S^{(2)}$ zwei neue allgemeine Entropiefunktionen $\hat{S}^{(1)}$ und $\hat{S}^{(2)}$ so einführen, daß

$$h_1(S^{(1)})dS^{(1)}=d\hat{S}^{(1)}\qquad\text{und}\qquad h_2(S^{(2)})dS^{(2)}=d\hat{S}^{(2)}$$

wird. Damit wird dann

$$\begin{aligned}T_1dS^{(1)}&=\hat{T}(\Theta)d\hat{S}^{(1)},\\ T_2dS^{(2)}&=\hat{T}(\Theta)d\hat{S}^{(2)}.\end{aligned}$$

Mit $\hat{S}_1$ und $\hat{S}_2$ geht dann (1.4.15) über in

$$T = h(\hat{S}_1, \hat{S}_2)\,\hat{T}(\Theta),$$

so daß man aus (1.4.14) erhält:

$$d\hat{S}^{(1)} + d\hat{S}^{(2)} = h(\hat{S}^{(1)}, \hat{S}^{(2)})\,dS(\hat{S}_1, \hat{S}_2).$$

Daraus folgt

$$(1.4.19) \qquad \frac{\partial S}{\partial \hat{S}_1} = \frac{\partial S}{\partial \hat{S}_2} = \frac{1}{h}.$$

Führt man die neuen Variablen $\xi = \hat{S}^{(1)} + \hat{S}^{(2)}$ und $\eta = \hat{S}^{(1)} - \hat{S}^{(2)}$ ein, so folgt wegen $\hat{S}^{(1)} = \tfrac{1}{2}(\xi + \eta)$ und $\hat{S}^{(2)} = \tfrac{1}{2}(\xi - \eta)$:

$$\frac{\partial S}{\partial \eta} = \frac{\partial S}{\partial \hat{S}^{(1)}}\,\frac{\partial \hat{S}^{(1)}}{\partial \eta} + \frac{\partial S}{\partial \hat{S}^{(2)}}\,\frac{\partial \hat{S}^{(2)}}{\partial \eta} =$$

$$= \frac{\partial S}{\partial \hat{S}^{(1)}}\,\frac{1}{2} + \frac{\partial S}{\partial \hat{S}^{(2)}}\left(-\frac{1}{2}\right) = 0,$$

d. h. $S = S(\xi) = S(\hat{S}^{(1)} + \hat{S}^{(2)})$ und damit nach (1.4.19) auch $h = h(\hat{S}^{(1)} + \hat{S}^{(2)}) = \tilde{h}(S)$. Man kann also statt S auch eine neue allgemeine Entropiefunktion $\hat{S}$ mit $\tilde{h}(S)\,dS = d\hat{S}$ einführen, so daß dann

$$d\hat{S}^{(1)} + d\hat{S}^{(2)} = d\hat{S}$$

und damit $\hat{S} = \hat{S}^{(1)} + \hat{S}^{(2)}$ (mit einem an sich unbestimmten, aber dadurch festgelegten Summanden) folgt.

Damit ist gezeigt, daß man für jedes System die Entropiefunktion so festlegen kann, daß

$$(1.4.20a) \qquad dS = \frac{\delta Q}{T(\Theta)}$$

mit demselben $T(\Theta)$ für alle Systeme gilt. Entsprechend (1.4.17) kann man $T(\Theta) = c\hat{T}(\Theta) \geq 0$ wählen.

Definition 1.4.1: Die durch (1.4.20a) bis auf einen Summanden (bei vorgegebener Einheit für T) bestimmte Funktion S über Z_g heißt die *Entropie;* (1.4.20a) wird als Entropiesatz bezeichnet.

Die Entropie S kann also (bei Vorgabe eines »Anfangspunktes« $z^{(0)} = (U^{(0)}, \alpha_1^{(0)}, \ldots, \alpha_n^{(0)})$ durch das Integral

$$(1.4.20\text{b}) \qquad S(U, \alpha_1, \dots) = \int\limits_{z^{(0)}}^{U, \alpha_1, \dots} \frac{\delta Q}{T}$$

$$= \int\limits_{z^{(0)}}^{U, \alpha_1, \dots} \frac{1}{T\big(U'(\tau), \alpha_1'(\tau), \dots\big)} \left[\sum_v \beta_v\big(U'(\tau), \alpha_1'(\tau), \dots\big) d\alpha_v'(\tau) + \right.$$

$$\left. + dU'(\tau) \right].$$

über *irgend* (!) eine Kurve $U'(\tau), \alpha_1'(\tau), \dots$ von $z^{(0)}$ zum Punkte $U, \alpha_1, \dots$ berechnet werden.

Es bleibt also nur noch die Frage offen, ob $T(\Theta)$ eine monoton wachsende Funktion ist.

Dazu würde es nach § 1.3 genügen, wenn man für ein einziges System beweist, daß T monoton mit der inneren Energie (bei festen äußeren Parametern) wächst. Im Beispiel des idealen Gases, das wir weiter unten behandeln werden, ist dies der Fall. Das ideale Gas könnte aber als ein nicht genügend realistisches System (besonders bei sehr niedrigen und sehr hohen Temperaturen) empfunden werden. Will man keine speziellen Systeme benutzen, so bleibt nur übrig, die bisherigen Axiome durch ein weiteres zu ergänzen:

A $\mathscr{A}$ 4: Für die Funktion $S(U, \alpha_1, \dots, \alpha_n)$ ist

$$\frac{\partial^2 S}{\partial U^2} < 0.$$

Aus (1.4.20), d.h. aus

$$dS(U, \alpha_1, \dots) =$$

$$= \frac{1}{T(U, \alpha_1, \dots)} \left[\sum_v \beta_v(U, \alpha_1, \dots) d\alpha_v + dU \right]$$

folgt:

$$\frac{\partial S}{\partial U} = \frac{1}{T}$$

und damit

$$\frac{\partial^2 S}{\partial U^2} = -\frac{1}{T^2} \frac{\partial T}{\partial U}.$$

A $\mathscr{A}$ 4 ist also gleichbedeutend damit, daß

$$(1.4.21) \qquad \frac{\partial}{\partial U} T(U, \alpha_1, \dots) > 0$$

ist. (1.4.21) bedeutet aber, daß T mit U bei festen $\alpha_1, \dots, \alpha_n$ monoton wächst (für *jedes* System).

Eine weitere physikalische Bedeutung von A $\mathscr{A}$ 4 werden wir in § 2.3 erkennen.

Definition 1.4.2: Die durch $T(\Theta)$ bis auf eine willkürliche Einheitenwahl bestimmte Temperaturskala T heißt die *absolute Temperaturskala*.

Statt der Variablen $U, \alpha_1, \ldots, \alpha_n$ als Koordinaten im Zustandsraum Z_g benutzt man dann häufig $T, \alpha_1, \ldots, \alpha_n$. Damit wird U zu einer Funktion

$$(1.4.22) \qquad U = U(T, \alpha_1, \ldots, \alpha_n),$$

und die Zustandsgleichungen aus Def. 1.2.6 nehmen die Form

$$(1.4.23) \qquad \beta_v = \beta_v(T, \alpha_1, \ldots, \alpha_n)$$

an. Man beachte wiederum, daß wir dieselben Funktionszeichen U, β_v beibehalten haben! Die Tatsache, daß T nur bis auf einen Faktor bestimmt ist (den man durch Wahl einer willkürlichen Einheit festlegen kann), bedingt eine Invarianz aller Gesetze der Thermostatik gegenüber der Transformation $T \to \alpha T$. In der Statistik werden wir neue Gesetze kennenlernen (siehe XV, § 6.5), die nicht mehr invariant gegenüber der Transformation $T \to \alpha T$ sind.

Nach diesen etwas abstrakten Darlegungen, die in der Ableitung des Entropiebegriffes und in der Einführung der absoluten Temperaturskala gipfelten, wollen wir die erhaltenen Ergebnisse auf ein Beispiel anwenden, das sowohl von grundlegendem theoretischen Interesse wie von großer experimenteller Bedeutung (z. B. zum Zweck der Messung der absoluten Temperatur) wie von zentraler technischer Bedeutung ist.

Wir betrachten in Z_g einen »Kreisprozeß«, d.h. eine in Z_g geschlossene Kurve $U(\tau), \alpha_1(\tau), \ldots, \alpha_n(\tau)$. Diese Kurve braucht *keine Adiabate* zu sein, d.h. es kann Werte τ geben, für die

$$\delta Q = \sum_v \beta_v d\alpha_v(\tau) + dU(\tau) \neq 0$$

ist. Experimentell kann man einen solchen Kreisprozeß realisieren, indem man dem betrachteten System durch Kopplung (siehe Ende § 1.3) mit anderen Systemen Wärme zu − oder vom System abführt. Wichtig dabei ist nur, daß das betrachtete, in Z_g beschriebene System wenigstens annähernd tatsächlich in Z_g beschreibbar, d.h. für alle τ annähernd im Gleichgewicht ist.

Aus (1.4.20) folgt sofort, da S eine Funktion über Z_g ist (siehe auch die Überlegungen aus V, § 2.3 und 2.5):

$$(1.4.24) \qquad 0 = \oint \frac{\delta Q}{T} = \oint \frac{\sum\limits_v \beta_v d\alpha_v + dU}{T},$$

wobei der Kreis im Integralzeichen andeuten soll, daß das Integral über eine geschlossene Kurve in Z_g zu nehmen ist. Natürlich ist die Bedingung (1.4.24) für alle geschlossenen Kurven mit der Existenz einer Entropiefunktion S äquivalent.

$$(1.4.25) \qquad A_g = \oint \sum_v \beta_v d\alpha_v$$

ist die vom System während des Kreisprozesses nach außen abgegebene, d. h. »geleistete« Arbeit. Ist $A_g > 0$, so stellt also (da man den Kreisprozeß beliebig oft wiederholen kann) das System plus Kreisprozeß eine »Wärmekraftmaschine« dar, die Arbeit auf der Basis zugeführter Wärme leistet. Aus

$$\delta Q = \sum_v \beta_v d\alpha_v + dU$$

folgt

$$(1.4.26) \qquad \oint \delta Q = A_g,$$

da für einen Kreisprozeß trivialerweise

$$\oint dU = 0$$

ist. (1.4.26) ist nichts anderes als der Energiesatz, angewandt auf einen Kreisprozeß: Die vom System geleistete Arbeit A_g muß als Wärmeenergie $\oint \delta Q$ zugeführt werden.

Wäre auf dem ganzen Kreisprozeß $\delta Q \geq 0$, so würde nach (1.4.26) die gesamte dem System positiv von außen zugeführte Wärmemenge in Arbeit umgesetzt werden. (1.4.24) verbietet dies aber! Aus (1.4.24) folgt (da $T > 0$ ist), daß es neben den τ-Werten mit $\delta Q \geq 0$ auch solche mit $\delta Q < 0$ geben *muß*. Also wird, wie aus (1.4.26) folgt, nur ein Teil der positiv zugeführten Wärmemenge in Arbeit umgesetzt, während der Rest wieder als Wärme abgeführt werden muß.

Diese Situation macht man sich am besten an einem speziellen Kreisprozeß, dem sogenannten *Carnot*schen Kreisprozeß klar. Der *Carnot*sche Kreisprozeß arbeitet zwischen zwei Temperaturen T_1 und T_2 (es sei $T_1 > T_2$). Nur während der »isothermen« Teile des Kreisprozesses ist $\delta Q \neq 0$. Ein Kurvenstück $U(\tau), \alpha_1(\tau), \ldots, \alpha_n(\tau)$ in Z_g heißt »isotherm«, wenn auf diesem Kurvenstück $T(U(\tau), \alpha_1(\tau), \ldots)$ nicht von τ abhängt. Adiabatische Kurvenstücke hatten wir schon definiert. Ein *Carnot*scher Kreisprozeß setzt sich aus vier Stücken zusammen: Von τ_0 bis τ_1 ein isothermes Kurvenstück bei der Temperatur T_1, von τ_1 bis τ_2 ein adiabatisches Kurvenstück (wobei sich das System von T_1 auf T_2 abkühlt), von τ_2 bis τ_3 ein isothermes Kurvenstück bei der Temperatur T_2 und von τ_3 bis τ_4 wieder ein adiabatisches Kurvenstück. Da es sich um einen Kreisprozeß handeln soll, muß also $U(\tau_4) = U(\tau_0)$,

$\alpha_v(\tau_4) = \alpha_v(\tau_0)$ gelten. $U(\tau_4) = U(\tau_0)$ ist garantiert (für $\alpha_v(\tau_4) = \alpha_v(\tau_0)$), wenn »zur Zeit« τ_4 wieder dieselbe Temperatur T_1 wie zur Zeit τ_0 erreicht wird.

Mit

$$(1.4.27) \qquad Q_1 = \int_{\tau_0}^{\tau_1} \delta Q \quad \text{und} \quad Q_2 = \int_{\tau_2}^{\tau_3} \delta Q$$

folgt aus (1.4.26)

$$(1.4.28) \qquad A_g = Q_1 + Q_2$$

und aus (1.4.24), da von τ_0 bis τ_1 die Temperatur T konstant gleich T_1 von τ_2 bis τ_3 konstant gleich T_2 ist und für die adiabatischen Teile $\delta Q = 0$ gilt:

$$(1.4.29) \qquad \frac{Q_1}{T_1} + \frac{Q_2}{T_2} = 0.$$

(1.4.28), (1.4.29) sind die berühmten Grundgleichungen für einen *Carnot*schen Kreisprozeß.

Wir hatten $T_1 > T_2$ vorausgesetzt. Ist $Q_1 > 0$, so folgt aus (1.4.29) $Q_2 < 0$ und $|Q_2| < Q_1$.

$$(1.4.30) \qquad \eta = \frac{A_g}{Q_1}$$

bezeichnet man als den *Wirkungsgrad* des Kreisprozesses. η gibt an, welcher Bruchteil der »zugeführten« Wärmemenge Q_1 in Arbeit A_g umgesetzt wird. Aus (1.4.28) und (1.4.29) folgt:

$$(1.4.31) \qquad \eta = 1 + \frac{Q_2}{Q_1} = 1 - \frac{T_2}{T_1} = \frac{T_1 - T_2}{T_1}.$$

Der Wirkungsgrad ist also umso größer, je kleiner das Verhältnis T_2/T_1 ist. Sicher arbeiten die technisch benutzten Wärmekraftmaschinen nicht als solche eben geschilderten *Carnot*schen Kreisprozesse: Wenn der heiße Dampf in einem Kraftwerk die Turbinen treibt, so ist dies nicht gerade ein quasi-statischer Prozeß, wie wir ihn beim *Carnot*schen Kreisprozeß vorausgesetzt hatten. Der Wirkungsgrad irgendwelcher Wärmekraftmaschinen ist aber immer kleiner als der in (1.4.31) angegebene, was wir in § 2.5 noch näher erkennen werden. Die experimentelle Approximation an die *Carnot*sche Wärmekraftmaschine ist umso besser, je langsamer der Prozeß erfolgt. In der Technik der Wärmekraftmaschinen kommt es aber nicht nur auf die gewonnene Arbeit A_g, sondern auf die »Leistung«, d. h. die pro *Zeiteinheit* gewonnene Arbeit an.

Den *Carnot*schen Kreisprozeß kann man auch in umgekehrter Richtung laufen lassen: Wir setzen wieder $T_1 > T_2$ voraus, führen aber den Prozeß so, daß $Q_1 < 0$ und damit nach (1.4.29) $Q_2 > 0$ ist. Aus (1.4.29) folgt $Q_2 < |Q_1|$ und damit nach (1.4.28) $A_g < 0$. Man muß also Arbeit hineinstecken, um bei der höheren Temperatur T_1 Wärme nach außen abgeben zu können. Bei der niedrigeren Temperatur wird Wärme von der Maschine aufgenommen. Man bezeichnet deshalb auch oft einen in dieser Richtung arbeitenden *Carnot*prozeß als Wärmepumpe. In guter Näherung stellen die Aggregate der Kühlschränke, die von einem Elektromotor angetrieben werden, solche Wärmepumpen dar: Bei der tieferen Temperatur T_2 wird dem Inneren des Kühlschranks die Wärmemenge Q_2 entnommen, nach außen wird die Wärmemenge $|Q_1|$ abgegeben. Die Arbeit $|A_g|$, die man (durch den Elektromotor) aufwenden muß, um die Wärmemenge Q_2 dem Inneren des Kühlschrankes zu entziehen ist:

$$(1.4.32) \qquad |A_g| = Q_2 \left| 1 + \frac{Q_1}{Q_2} \right| = Q_2 \left(\frac{T_1}{T_2} - 1 \right) = Q_2 \frac{T_1 - T_2}{T_2}.$$

T_2 ist die Temperatur im Kühlschrank, T_1 die im umgebenden Raum. Die Arbeit, um eine bestimmte Wärmemenge Q_2 abzutransportieren, ist umso kleiner, je kleiner die Temperaturdifferenz $T_1 - T_2$ ist.

Macht man den Kühlschrank auf, so wird natürlich nicht etwa der Raum gekühlt, in dem der Kühlschrank steht, sondern geheizt, denn die gesamte in den Raum abgegebene Wärmemenge ist $[-(Q_1 + Q_2)] = -A_g = |A_g|$, wie es nach dem Energiesatz sein muß: Die vom Elektromotor geleistete Arbeit $|A_g|$ wird vollkommen in Wärme verwandelt. Das kann man natürlich einfacher haben, indem man durch den elektrischen Strom einen Draht erhitzt (siehe § 2.8), wie das bei jedem Elektroofen geschieht.

Die eben geschilderte Wärmepumpe ist aber eine »billigere« Heizung: Sei also T_1 die Temperatur im Inneren des zu heizenden Hauses und T_2 die »Außentemperatur«, so muß man, damit die Heizung eine bestimmte Wärmemenge $|Q_1| = -Q_1$ im Inneren des Hauses abgibt, die Arbeit

$$
\begin{aligned}
|A_g| &= |Q_1| \left(1 + \frac{Q_2}{Q_1} \right) = |Q_1| \left(1 - \frac{T_2}{T_1} \right) \\
(1.4.33) \qquad &= |Q_1| \frac{T_1 - T_2}{T_1}
\end{aligned}
$$

aufwenden. Bei dem normalen Elektroofen ist $|A_g| = |Q_1|$. Für eine Wärmepumpe als Heizung sind also die Heizungskosten um den Faktor

$$\frac{T_1 - T_2}{T_1}$$

geringer als bei einem normalen Elektroofen. Wegen des Wärmeaustauschers, der »draußen« angebracht sein muß, um die Wärmemenge Q_2 aufzunehmen, ist das technisch besonders praktikabel, wenn ein Fluß oder See in der Nähe ist, dessen Wasser man die Wärmemenge Q_2 entziehen kann. Für $T_1 - T_2 \sim 20°$ braucht man also etwa nur ein Zehntel der Kosten wie für einen Elektroofen.

Der *Carnot*sche Kreisprozeß kann auch (was experimentell besonders wichtig für tiefe Temperaturen ist) dazu benutzt werden, um die absolute Temperatur zu messen:

Will man z. B. die Temperatur T_2 messen, so kann man einen Kreisprozeß zwischen einer Temperatur T_1 und T_2 durchführen und die Wärmemengen Q_1 und Q_2 messen. Durch $\dfrac{|Q_1|}{|Q_2|} = \dfrac{T_1}{T_2}$ erhält man das Verhältnis der beiden Temperaturen T_1 und T_2. Durch einen weiteren Kreisprozeß (oder mehrere solche) kann man T_1 an einen Fixpunkt T_0 (z. B. gefrierendes Wasser) anschließen, indem man über Wärmemengen T_0/T mißt. Mit einem zweiten Fixpunkt T_0' (z. B. siedendes Wasser bei normalem Druck) *mißt* man T_0'/T und legt die Einheit der Skala fest durch die *Forderung* $T_0' - T_0 = 100$.

In der experimentellen Praxis wird man mit Hilfe der eben geschilderten Methoden andere, in den jeweiligen Temperaturbereichen leichter anwendbare Thermometer »eichen«, d. h. zu einer am Thermometer leichter meßbaren temperaturabhängigen Größe Θ die Funktion $T(\Theta)$ experimentell bestimmen.

Es sei hervorgehoben, daß der *Carnot*sche Kreisprozeß und die Formeln (1.4.28) bis (1.4.31) nicht von dem System abhängen, mit dem dieser *Carnot*sche Kreisprozeß* durchgeführt wird, denn in die obigen Ableitungen gehen nur Energie- und Entropiesatz ein. Ist das System z. B. eine Substanz in einem Behälter und das Volumen V dieses Behälters der einzige äußere Parameter, so wird mit dem Druck p nach (1.4.25)

$$(1.4.34) \qquad A_g = \oint p\, dV.$$

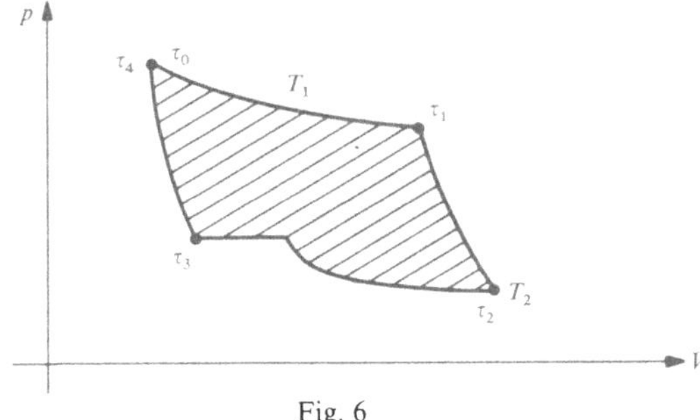

Fig. 6

---

* Für nicht *Carnot*sche Kreisprozesse, d. h. für solche, bei denen das System nicht dauernd fast im Gleichgewicht ist, siehe § 2.5.

Der Kreisprozeß läßt sich dann anschaulich in einem (pV)-Diagramm darstellen (siehe Fig. 6). A_g ist dann die in Fig. 6 schraffierte Fläche.

Die Zustandsgleichungen (1.4.23) umfassen nur die eine Funktion

$$(1.4.35) \qquad p = p(T, V).$$

Aus (1.4.22) wird

$$(1.4.36) \qquad U = U(T, V).$$

Die Isotherme von τ_0 bis τ_1 ist durch

$$p = p(T_1, V)$$

gegeben; ebenso die Isotherme von τ_2 bis τ_3 durch $p = p(T_2, V)$. Die Adiabaten von τ_1 bis τ_2 und von τ_3 bis τ_4 genügen der Differentialgleichung

$$(1.4.37) \qquad p\,\frac{dV}{d\tau} + \frac{dU}{d\tau} = 0.$$

Am bekanntesten ist der *Carnot*prozeß für den Fall, daß die Arbeitssubstanz ein ideales Gas ist.

Für ein ideales Gas hat nach (1.3.20) die Gleichung (1.4.35) die Form

$$(1.4.38) \qquad p = \frac{Rv}{V}\, T_g(T),$$

wobei $T_g(T)$ die Ideale-Gas-Temperatur T_g als Funktion der absoluten Temperatur darstellt. Die Form dieser Funktion ist zunächst noch nicht bekannt.

(1.4.36) nimmt nach (1.3.16) die Form

$$(1.4.39) \qquad U = U(T)$$

an, d.h. U hängt nicht von V ab.

Da

$$dS = \frac{1}{T}\left(pdV + \frac{dU}{dT}\,dT\right)$$

ein totales Differential ist, folgt

$$(1.4.40) \qquad \frac{\partial S}{\partial V} = \frac{p}{T} = \frac{Rv}{V}\,\frac{T_g(T)}{T},$$

$$(1.4.41) \qquad \frac{\partial S}{\partial T} = \frac{1}{T}\,\frac{dU}{dT}.$$

Differenziert man (1.4.41) nach V, so folgt

$$\frac{\partial^2 S}{\partial V \partial T} = 0.$$

Differenziert man (1.4.40) nach T, so folgt

$$\frac{\partial^2 S}{\partial T \partial V} = \frac{Rv}{V} \frac{d}{dT} \left(\frac{T_g(T)}{T} \right).$$

Da

$$\frac{\partial^2 S}{\partial V \partial T} = \frac{\partial^2 S}{\partial T \partial V}$$

sein muß, folgt

$$\frac{d}{dT} \left(\frac{T_g(T)}{T} \right) = 0,$$

d.h. T_g/T ist eine Konstante a:

$$(1.4.42) \qquad T_g(T) = aT.$$

Da wir die Einheit von T_g und T als gleich gewählt annehmen, ist also $a=1$ und damit $T_g = T$: Die Idealgas Temperaturskala ist mit der *absoluten Temperaturskala identisch*. (1.4.38) nimmt also die Form

$$(1.4.43) \qquad pV = RvT$$

an.

Nimmt man für ein ideales Gas weiterhin noch (1.2.21) als gültig an, so folgt zusammen mit (1.3.16), (1.3.20) für (1.4.39) speziell

$$(1.4.44) \qquad U = vcT$$

mit einer Konstanten c, die für verschiedene Gase verschieden sein kann.

Die Gleichung (1.4.37) für die Adiabaten lautet

$$\frac{RU}{cV} \frac{dV}{d\tau} + \frac{dU}{d\tau} = 0,$$

die wir schon in § 1.2 untersucht haben. Die Lösung ist durch (1.2.23) gegeben:

$$(1.4.45) \qquad pV^{\left(1 + \frac{R}{c}\right)} = \text{const.}$$

Man berechne mit Hilfe dieser Formeln speziell die in Fig. 6 schraffierte Fläche, d.h. A_g nach (1.4.34), indem man T_1, T_2, $V = V_0$ zum Parameterwert τ_0 und $V = V_1$ zum Parameterwert τ_1 vorgibt; man berechne Q_1 und Q_2

und den Wirkungsgrad η. Aus (1.4.43), (1.4.44) und dem Energiesatz folgt also die Formel für den Wirkungsgrad. Dies liegt daran, daß (1.4.43) und (1.4.39) (wovon (1.4.44) nur eine spezielle Form ist) *zur Folge haben*, daß

$$\frac{1}{T}\,(pdV+dU)$$

ein totales Differential ist. ($T_g = T$ war ja gerade – wie wir oben sahen – die notwendige und hinreichende Bedingung dafür).

Aus (1.4.40) und (1.4.41) mit (1.4.44) folgt

$$\frac{\partial S}{\partial V}=\frac{Rv}{V}, \quad \frac{\partial S}{\partial T}=\frac{vc}{T}$$

und damit für die Entropie

$$(1.4.46) \qquad S=v\left(R\log\frac{V}{V_0}+c\log\frac{T}{T_0}\right)$$

mit Konstanten V_0 und T_0.

§ 1.5. Abhängigkeit der inneren Energie von den Zustandsgleichungen

Die §§ 1.5 bis 1.7 können keine Übersicht über die verschiedensten physikalischen Vorgänge liefern, über die man etwas mit Hilfe der Thermostatik aussagen kann. Ebenso können wir keine systematische Darstellung aller wichtigen Methoden geben, die man zur praktischen Anwendung der Thermostatik entwickelt hat. Wir wollen *nur* (entsprechend der Anlage dieses Buches) versuchen, beispielhaft zu zeigen, daß alle Methoden als Folgerungen aus den in den vorigen §§ geschilderten Axiomen (d. h. Naturgesetzen) herleitbar sind, d. h. Konsequenzen des Energie- und Entropiesatzes sind.

Die Tatsache, daß

$$(1.5.1) \qquad \frac{1}{T}\sum_v \beta_v(T,\alpha_1,\ldots)d\alpha_v+dU(T,\alpha_1,\ldots)=dS$$

ein totales Differential ist, ist mit den sogenannten *Integrabilitätsbedingungen* äquivalent. Diese gewinnt man, indem man zunächst aus

$$\frac{1}{T}\left(\sum_v \beta_v+\frac{\partial U}{\partial\alpha_v}\right)d\alpha_v+\frac{1}{T}\,\frac{\partial U}{\partial T}\,dT=\sum_v\frac{\partial S}{\partial\alpha_v}\,d\alpha_v+\frac{\partial S}{\partial T}\,dT$$

abliest:

$$(1.5.2) \qquad \frac{\partial S}{\partial\alpha_v}=\frac{1}{T}\left(\beta_v+\frac{\partial U}{\partial\alpha_v}\right), \quad \frac{\partial S}{\partial T}=\frac{1}{T}\,\frac{\partial U}{\partial T}.$$

Durch nochmaliges Differenzieren folgt:

$$\frac{\partial^2 S}{\partial T \partial \alpha_v} = -\frac{1}{T^2}\left(\beta_v + \frac{\partial U}{\partial \alpha_v}\right) + \frac{1}{T}\left(\frac{\partial \beta_v}{\partial T} + \frac{\partial^2 U}{\partial T \partial \alpha_v}\right),$$

$$\frac{\partial^2 S}{\partial \alpha_v \partial T} = \frac{1}{T}\frac{\partial^2 U}{\partial \alpha_v \partial T},$$

$$\frac{\partial^2 S}{\partial \alpha_\mu \partial \alpha_v} = \frac{1}{T}\left(\frac{\partial \beta_v}{\partial \alpha_\mu} + \frac{\partial^2 U}{\partial \alpha_\mu \partial \alpha_v}\right).$$

Aus

$$\frac{\partial^2 S}{\partial T \partial \alpha_v} = \frac{\partial^2 S}{\partial \alpha_v \partial T} \qquad \text{und} \qquad \frac{\partial^2 S}{\partial \alpha_\mu \partial \alpha_v} = \frac{\partial^2 S}{\partial \alpha_v \partial \alpha_\mu}$$

folgen die Integrabilitätsbedingungen:

$$(1.5.3) \qquad \frac{\partial U}{\partial \alpha_v} = T \frac{\partial \beta_v}{\partial T} - \beta_v$$

und

$$(1.5.4) \qquad \frac{\partial \beta_v}{\partial \alpha_\mu} = \frac{\partial \beta_\mu}{\partial \alpha_v}.$$

Die Abhängigkeit der inneren Energie U von den äußeren Parametern α_v in (1.4.22) ist also durch die Zustandsgleichungen (1.4.23) entsprechend (1.5.3) festgelegt.

Speziell für (1.4.35), (1.4.36) folgt

$$(1.5.5) \qquad \frac{\partial U}{\partial V} = T \frac{\partial p}{\partial T} - p.$$

Ist z. B. die Zustandsgleichung (1.4.43) des idealen Gases bekannt (mit T als absoluter Temperatur, d. h. nicht nur in der Form (1.4.38)), so folgt

$$\frac{\partial p}{\partial T} = \frac{p}{T}$$

und damit

$$\frac{\partial U}{\partial V} = 0, \qquad \text{d. h.} \qquad U = U(T).$$

Realistische Zustandsgleichungen lassen sich eigentlich nur experimentell aufnehmen. Dann aber ist (1.5.5) nur numerisch anwendbar. Um aber einen Überblick über das Verhalten realer Systeme zu erhalten, ist es besser, eine analytische Form für eine Zustandsgleichung aufzustellen, auch wenn diese im speziellen Fall die Meßergebnisse quantitativ nicht ganz zu approximieren gestattet. Eine solche Zustandsgleichung ist die *van der Waals*sche Zustandsgleichung (v = Zahl der Mole):

$$\left(p+\frac{v^2 a}{V^2}\right)(V-vb)=vRT,$$

bzw. für ein Mol:

$$(1.5.6)\qquad \left(p+\frac{a}{V^2}\right)(V-b)=RT.$$

a und b sind Konstanten, die aus dem Experiment zu entnehmen sind. In XV, § 7.2 werden wir sehen, wie (1.5.6) als Approximation aus der statistischen Mechanik des Gleichgewichtes begründbar ist.

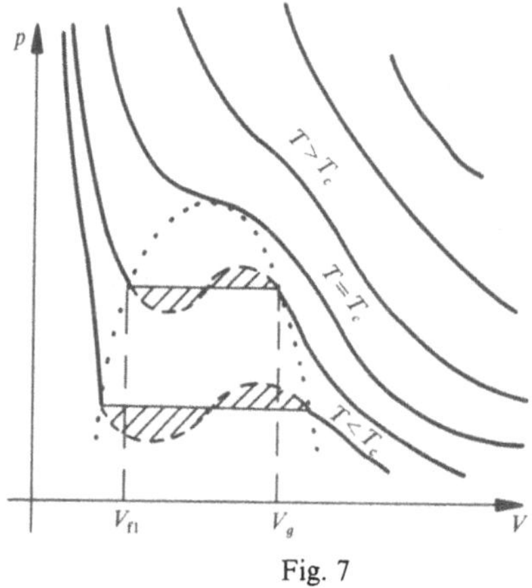

Fig. 7

Der Verlauf der Isothermen nach (1.5.6) ist aus Fig. 7 ersichtlich. Der gestrichelte Teil der Isothermen ist unrealistisch. Man ersetzt ihn durch einen (in Fig. 7 ausgezogenen) waagerechten Teil der Isothermen. Dieser waagerechte Teil entspricht experimentell dem Teil, wo Flüssigkeit und Gas nebeneinander vorhanden sind, d. h. das System spaltet in zwei (sogenannte) *Phasen* verschiedener Dichte auf. Für Temperaturen $T > T_c$ (siehe Fig. 7) gibt es eine solche Aufspaltung in zwei Phasen nicht mehr. Für T wenig kleiner als T_c ist die Dichte der flüssigen Phase nicht sehr verschieden von der Dichte der gasförmigen Phase. Diese Dichten ergeben sich auch aus Fig. 7 durch die Volumina V_{fl} der linken, bzw. V_g der rechten Enden der waagerechten Stücke der Isothermen, da für $V=V_{fl}$ *nur* Flüssigkeit und für $V=V_g$ *nur* Gas vorhanden ist. Die waagerechten Teile legt man so in die gestrichelten Kurven, daß die schraffierten Flächen oben und unterhalb der waagerechten Teile gleich werden, was man mit Hilfe des Entropiesatzes plausibel machen aber nicht exakt begründen kann.

Aus (1.5.6) und (1.5.5) folgt

$$\frac{\partial U}{\partial V} = \frac{a}{V^2}$$

und damit

$$(1.5.7) \qquad U(T, V) = -\frac{3a}{V^3} + f(T).$$

Die innere Energie hängt eng mit der experimentell leichter zu bestimmenden »Wärmekapazität« zusammen.

Die Warmekapazität c_V ist definiert als das Verhältnis der bei konstantem Volumen zugeführten Wärmemenge ΔQ und der dabei auftretenden Temperaturerhöhung ΔT (mathematisch idealisiert im Limes ΔT gegen Null). Da für konstantes V aus

$$\delta Q = p\,dV + dU$$

$$= \left(p + \frac{\partial U}{\partial V} \right) dV + \frac{\partial U}{\partial T}\,dT$$

$$\Delta Q = \frac{\partial U}{\partial T}\,\Delta T$$

folgt, ist also

$$(1.5.8) \qquad c_V = \frac{\partial U}{\partial T}.$$

Nimmt man nun an, daß auch für das »*van der Waals*sche Gas« die Energie $U(V, T)$ für sehr große V (wo ja (1.5.6) in die Zustandsgleichung des idealen Gases übergeht) proportional T wie beim idealen Gas wird, so folgt also, daß c_V konstant und $f(T) = c_V T$ ist, d.h.

$$(1.5.9) \qquad U(T, V) = -\frac{3a}{V^3} + c_V T.$$

Experimentell und technisch interessant sind auch Vorgänge, die bei konstantem Druck durchgeführt werden; z. B. ist die Wärmekapazität c_p definiert als $\Delta Q / \Delta T$ wobei ΔQ bei konstantem Druck zugeführt wird.

Es ist nun eine der wichtigen »Methoden« der Thermostatik, die Zustandsvariablen den betrachteten Prozessen anzupassen. Oben hatten wir die Variablen T, α_v (bzw. speziell T, V) als Koordinaten für die Punkte in Z_g benutzt. Eine andere Möglichkeit ist z. B. die Benutzung von T, β_v (also speziell T, p)

als Koordinaten. Die Benutzung solcher neuer Variablen braucht *nicht* immer »gut« zu gehen, d.h. in diesem Falle: die Funktionen (1.4.23) brauchen nicht immer nach den α_v auflösbar zu sein; z.B. im Falle der in Fig. 7 dargestellten Zustandsgleichung ist für feste T, p das Volumen V im Bereich der waagerechten Teile der Isothermen in Fig. 7 nicht festgelegt!

Benutzt man die β_v als Variable, so liegt es nahe, eine sogenannte *Legendre* Transformation durchzuführen:
Man ersetzt $U(T, \alpha_1, \ldots)$ durch die Funktion:

$$(1.5.10) \qquad H(T, \beta_1, \ldots) = U\big(T, \alpha_1(T, \beta_1, \beta_2, \ldots), \ldots\big) + \sum_v \beta_v \alpha_v(T, \beta_1, \ldots),$$

bzw. speziell

$$H(T, p) = U\big(T, V(T, p)\big) + pV(T, p).$$

H nennt man die *Entalpie*.

Aus (1.5.10) folgt

$$(1.5.11) \qquad dH = dU + \sum_v \beta_v d\alpha_v + \sum_v \alpha_v d\beta_v$$

und damit

$$(1.5.12) \qquad \delta Q = dH - \sum_v \alpha_v d\beta_v,$$

was speziell für $H(T, p) = U + pV$ lautet:

$$(1.5.13) \qquad \delta Q = dH - V dp.$$

Damit folgt für c_p:

$$(1.5.14) \qquad c_p = \frac{\partial H}{\partial T}.$$

Bei Variablentransformationen kommt es öfter vor, daß ein und dieselbe Größe als Funktion verschiedener Variablen auftritt; dabei benutzen wir dann doch dasselbe Funktionszeichen wie schon in den vorigen §§ mehrmals geschehen, d.h. wir schreiben bei der Transformation von den T, α_v zu den T, β_v:

$$(1.5.15) \qquad f(T, \alpha_1, \ldots) = f\big(T, \beta_1(T, \alpha_1, \ldots), \ldots\big),$$

obwohl rechts und links verschiedene Funktionen stehen.

Um nun bei den partiellen Ableitungen immer erkennen zu können, welche Variablenreihe benutzt wurde, macht man eine Klammer um die Ableitung und schreibt als Index die restlichen bei der partiellen Ableitung konstant gehaltenen Variablen auf:

$\left(\dfrac{\partial f}{\partial T}\right)_{\alpha_1,\dots}$ ist also die partielle Ableitung der linken Seite von (1.5.15) nach T.

$\left(\dfrac{\partial f}{\partial T}\right)_{\beta_1,\dots}$ ist also die partielle Ableitung der rechten Seite von (1.5.15) nach T.

Aus (1.5.15) folgt also:

$$\left(\frac{\partial f}{\partial T}\right)_{\alpha_1,\dots}=\left(\frac{\partial f}{\partial T}\right)_{\beta_1,\dots}+\sum_\nu\left(\frac{\partial f}{\partial \beta_\nu}\right)_T\left(\frac{\partial \beta_\nu}{\partial T}\right)_{\alpha_1,\dots}$$

Zum Beispiel kann man in diesem Sinne (1.5.8) und (1.5.14) genauer schreiben:

$$(1.5.16)\qquad c_V=\left(\frac{\partial U}{\partial T}\right)_V,\qquad c_p=\left(\frac{\partial H}{\partial T}\right)_p.$$

Nach (1.5.10) ist also

$$c_p=\left(\frac{\partial H}{\partial T}\right)_p=\left(\frac{\partial U}{\partial T}\right)_V+\left(\frac{\partial U}{\partial V}\right)_T\left(\frac{\partial V}{\partial T}\right)_p+p\left(\frac{\partial V}{\partial T}\right)_p,$$

d.h.

$$c_p-c_V=\left(\frac{\partial V}{\partial T}\right)_p\left[\left(\frac{\partial U}{\partial V}\right)_T+p\right].$$

(1.5.5) lautet

$$\left(\frac{\partial U}{\partial V}\right)_T+p=T\left(\frac{\partial p}{\partial T}\right)_V.$$

Also folgt:

$$(1.5.17)\qquad c_p-c_V=T\left(\frac{\partial V}{\partial T}\right)_p\left(\frac{\partial p}{\partial T}\right)_V,$$

wobei die rechte Seite allein aus der Zustandsgleichung berechnet werden kann. Für die Zustandsgleichung des idealen Gases (für ein Mol)

$$pV=RT$$

folgt

$$(1.5.18)\qquad \left(\frac{\partial V}{\partial T}\right)_p=\frac{V}{T}$$

und

$$\left(\frac{\partial p}{\partial T}\right)_V=\frac{R}{V},$$

und damit

(1.5.19) $c_p - c_V = R.$

Für das *van der Waals*sche Gas folgt aus (1.5.6)

(1.5.20) $-\dfrac{2a}{V^3}(V-b)\left(\dfrac{\partial V}{\partial T}\right)_p + \left(p+\dfrac{a}{V^2}\right)\left(\dfrac{\partial V}{\partial T}\right)_p = R$

und

$$\left(\dfrac{\partial p}{\partial T}\right)_V (V-b) = R.$$

Damit folgt

(1.5.21) $c_p - c_V = R\,\dfrac{1}{1-\dfrac{2a}{V^3}\dfrac{(V-b)^2}{RT}} > R.$

Die Konstante c in (1.2.21), die für die Adiabatengleichung (1.2.23) maßgeblich ist, und für deren Messung wir in § 1.2 ein Verfahren untersucht haben, kann man durch die Wärmekapazitäten ausdrücken:
Mit $U = c_V T$ und $cU = RT$ (für ein Mol) folgt:

(1.5.22) $c = \dfrac{R}{c_V}, \qquad 1+c = \dfrac{c_V + R}{c_V} = \dfrac{c_p}{c_V}.$

Ein weiteres Beispiel für die Verwendbarkeit der Enthalpie ist der *Joule-Thompson*-Effekt. Der Effekt selbst ist eigentlich gar *kein* quasistatischer Prozeß, und doch kann man ihn näherungsweise so behandeln, wie wir gleich sehen werden.

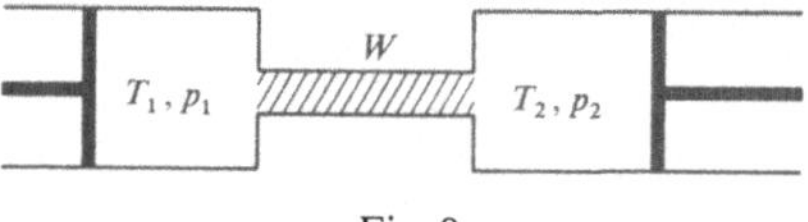

Fig. 8

Ein Gas wird (siehe Fig. 8) von der linken auf die rechte Seite mit Hilfe zweier Kolben transportiert, wobei es ein mit einem porösen Material angefülltes Rohr W passieren muß. Dieses Rohr W dient dazu, einen Druckunterschied von p_1 und p_2 aufrecht zu erhalten, wenn das Gas von links nach rechts strömt. Die Bewegung muß aber noch so langsam erfolgen, daß im linken wie rechten Behälter praktisch Gleichgewicht herrscht. Damit die Strömung von links nach rechts erfolgt, muß $p_1 > p_2$ sein. Ein Transport von Wärme über das Rohr W soll vernachlässigbar sein, obwohl ein Temperaturunterschied (d.h. $T_1 \neq T_2$) möglich ist.

Nach dem Energiesatz (der nicht nur für Gleichgewichte gilt!) muß (da das Gesamtsystem isoliert ist!)

$$\int p_1 dV_1 + \int p_2 dV_2 + \int dU_1 + \int dU_2 = 0$$

gelten. Ist zu Anfang $V_1 = V_i$, $V_2 = 0$, $U_1 = U_i$ und $U_2 = 0$ und am Ende des Prozesses $V_1 = 0$, $V_2 = V_f$, $U_1 = 0$, $U_2 = U_f$, so folgt, da p_1, p_2 während des Prozesses konstant sind:

$$(1.5.23) \qquad -p_1 V_i + p_2 V_f - U_i + U_f = 0.$$

(1.5.23) besagt nichts anderes, als daß sich die Enthalpie der Gasmenge, die von links nach rechts transportiert wurde, nicht geändert hat:

$$(1.5.24) \qquad H(T_1, p_1) = H(T_2, p_2).$$

In (1.5.24) erscheinen die Volumina V_i, V_f nicht mehr, sondern nur die Variablen T_1, p_1 bzw. T_2, p_2 d.h. die links und rechts konstant bleibenden Variablen. Für viele praktische Zwecke wäre der Fall interessant, daß aus $p_1 > p_2$ die Beziehung $T_2 < T_1$ folgt.

Eine Auswertung von (1.5.24) ist dann besonders einfach, wenn $T_1 - T_2$, $p_1 - p_2$ so klein sind, daß man statt (1.5.24) näherungsweise

$$\left(\frac{\partial H}{\partial p}\right)_T (p_1 - p_2) + \left(\frac{\partial H}{\partial T}\right)_p (T_1 - T_2) = 0$$

schreiben kann. Daraus folgt mit (1.5.16)

$$(1.5.25) \qquad T_1 - T_2 = -\frac{\left(\dfrac{\partial H}{\partial p}\right)_T}{c_p} (p_1 - p_2).$$

Mit (1.5.12), d.h. spezieller $\delta Q = dH - V dp$ folgt

$$(1.5.26) \qquad dS = \frac{1}{T}(dH - V dp)$$

und daraus

$$\left(\frac{\partial S}{\partial T}\right)_p = \frac{1}{T}\left(\frac{\partial H}{\partial T}\right)_p, \qquad \left(\frac{\partial S}{\partial p}\right)_T = \frac{1}{T}\left[\left(\frac{\partial H}{\partial p}\right)_T - V\right].$$

Hieraus wiederum folgt die Integrabilitätsbedingung:

$$\frac{1}{T}\frac{\partial^2 H}{\partial p \partial T} = -\frac{1}{T^2}\left[\left(\frac{\partial H}{\partial p}\right)_T - V\right] + \frac{1}{T}\left[\frac{\partial^2 H}{\partial T \partial p} - \left(\frac{\partial V}{\partial T}\right)_p\right],$$

d. h.

$$(1.5.27) \qquad \left(\frac{\partial H}{\partial p}\right)_T = V - T\left(\frac{\partial V}{\partial T}\right)_p.$$

Setzt man dies in (1.5.25) ein, so folgt:

$$(1.5.28) \qquad T_1 - T_2 = \frac{T\left(\dfrac{\partial V}{\partial T}\right)_p - V}{c_p}\,(p_1 - p_2).$$

Der »Effekt« läßt sich also nach (1.5.28) allein aus der Zustandsgleichung berechnen. Für ein ideales Gas folgt mit (1.5.18) sofort $T_1 - T_2 = 0$; ein ideales Gas zeigt *keinen Joule-Thompson*-Effekt. Für das *van der Waals*sche Gas folgt mit (1.5.20)

$$(1.5.29) \qquad T_1 - T_2 = \frac{1}{c_p}\,\frac{\dfrac{2a}{V^2} - b\,\dfrac{RT}{(V-b)^2}}{\dfrac{RT}{(V-b)^2} - \dfrac{2a}{V^3}}\,(p_1 - p_2).$$

$T_1 - T_2 > 0$ (d. h. eine Abkühlung des Gases bei der Expansion) ist möglich, wenn die Temperatur tief genug ist, d. h. wenn

$$(1.5.30) \qquad \frac{2a}{V^2} > b\,\frac{RT}{(V-b)^2}$$

ist.

§ 1.6. Die freie Energie

Das Verhalten eines Systems wird vollkommen durch die Funktionen (1.4.22), (1.4.23) beschrieben. Tatsächlich genügt die Angabe einer *einzigen* Funktion, die das Verhalten vollkommen erfaßt. Diese Funktion wird auch in XV, § 6.5 eine zentrale Rolle spielen. Wir definieren

$$(1.6.1) \qquad F(T, \alpha_1, \ldots) = U(T, \alpha_1, \ldots) - TS(T, \alpha_1, \ldots).$$

$F(T, \alpha_1, \ldots)$ heißt die »freie Energie«.

Aus (1.6.1) folgt:

$$dF = dU - TdS - SdT.$$

Mit (1.5.1) folgt

$$(1.6.2) \qquad dF = -\sum_v \beta_v d\alpha_v - SdT.$$

Daraus folgt:

$$(1.6.3) \qquad \beta_\nu = -\left(\frac{\partial F}{\partial \alpha_\nu}\right)_T,$$

$$(1.6.4) \qquad S = -\left(\frac{\partial F}{\partial T}\right)_{\alpha_1,\ldots};$$

zusammen mit (1.6.1):

$$(1.6.5) \qquad U = F - T\left(\frac{\partial F}{\partial T}\right)_{\alpha_1,\ldots}.$$

(1.6.3) liefert die Zustandsgleichungen (1.4.23). (1.6.5) liefert (1.4.22). Durch (1.6.4) erhält man die Entropie.

Die freie Energie stellt also eine geschickte Zusammenfassung aller Eigenschaften der betrachteten Systeme dar.

Denken wir uns nun wie in § 1.2 die α_ν und β_ν durch Vortheorien definiert, so daß

$$\delta A = \sum_\nu \beta_\nu d\alpha_\nu$$

die bei Veränderung der äußeren Parameter vom System nach außen abgegebene Arbeit ist. Die Punkte von Z_g seien durch die äußeren Parameter $\alpha_1, \alpha_2, \ldots$ und einen »Hilfsparameter« T gekennzeichnet. Weiter sei eine Funktion $F(T, \alpha_1, \ldots)$ über Z_g gegeben; die an einem Punkt in Z_g von den Vortheorien her interpretierten β_ν mögen sich in der Form

$$(1.6.6) \qquad \beta_\nu(T, \alpha_1, \ldots) = -\left(\frac{\partial F}{\partial \alpha_\nu}\right)_T$$

darstellen lassen; mit der durch

$$(1.6.7) \qquad U(T, \alpha_1, \ldots) = F - T\left(\frac{\partial F}{\partial T}\right)_{\alpha_1,\ldots}$$

definierten Funktion möge für ein *isoliertes* System

$$dU + \sum_\nu \beta_\nu d\alpha_\nu = 0$$

im »Einklang mit der Erfahrung« stehen, d.h. im Sinne der Überlegungen aus § 1.2 möge ein Energiesatz gelten, wobei die Funktion U als »innere Energie« benutzt werden darf; weiter möge T im Sinne von § 1.3 eine Temperaturskala darstellen.

Sind diese Bedingungen erfüllt, so folgt, daß

$$\frac{1}{T}\left(\sum_v \beta_v d\alpha_v + dU\right)$$

ein totales Differential ist; und zwar gilt

$$(1.6.8) \qquad \frac{1}{T}\left(\sum_v \beta_v d\alpha_v + dU\right) = dS$$

mit der durch

$$(1.6.9) \qquad S = -\left(\frac{\partial F}{\partial T}\right)_{\alpha_1,\dots}$$

definierten Funktion S. Daraus folgt dann wie in § 1.4, daß T bis auf einen Faktor eindeutig bestimmt ist und entsprechend Def. 1.4.2 als absolute Temperaturskala bezeichnet werden kann.

Um (1.6.8) zu zeigen, gehen wir von den Definitionen (1.6.6), (1.6.7), (1.6.9) aus. Es folgt

$$F = U - TS$$

und daraus mit (1.6.6) und (1.6.9)

$$dF = -\sum_v \beta_v d\alpha_v - SdT = dU - TdS - SdT,$$

woraus (1.6.8) folgt.

Die Verwendbarkeit und die Bedeutung des Begriffs der freien Energie, die durch die oben skizzierten Strukturen bedingt ist, wird sich erst deutlich in den nächsten §§ und auch in XV zeigen.

§ 1.7. Die freie Enthalpie

Für viele Probleme erweist sich noch eine andere Funktion als sehr geeignet. Dazu betrachten wir nach Fig. 7 den waagerechten Teil der Isothermen, wo die flüssige und gasförmige Phase im Gleichgewicht stehen. Integrieren wir hier die Gleichung

$$(1.7.1) \qquad TdS = dU + pdV$$

über das ganze waagerechte Stück einer solchen Isotherme, so ist T und p konstant und daher

$$(1.7.2) \qquad \begin{aligned} T(S_g - S_{fl}) &= U_g - U_{fl} + p(V_g - V_{fl}) \\ &= H_g - H_{fl}, \end{aligned}$$

wobei V_g, V_{fl}, U_g, U_{fl}, S_g, S_{fl}, H_g, H_{fl} die Werte dieser Zustandsfunktionen sind, wenn die gesamte Stoffmenge gasförmig bzw. flüssig ist. Zum Beispiel kann man (1.7.2) für den Fall der Stoffmenge eines Mols aufgeschrieben denken.

Aus (1.7.2) folgt mit

$$(1.7.3) \qquad G(T, p) = U + pV - TS = H - TS$$

die Beziehung:

$$(1.7.4) \qquad G_g(T, p) = G_{fl}(T, p).$$

(1.7.4) stellt eine Beziehung dar, die zwischen Druck und Temperatur auf den waagerechten Stücken in Fig. 7 gilt, d. h. für den sogenannten Dampfdruck in Abhängigkeit von der Temperatur.

Die Funktion G aus (1.7.2) heißt die *freie Enthalpie*. Aus (1.7.3) folgt

$$dG = dU + pdV + Vdp - TdS - SdT$$

und mit (1.7.1)

$$dG = Vdp - SdT,$$

d. h.

$$(1.7.5) \qquad \left(\frac{\partial G}{\partial p}\right)_T = V, \qquad \left(\frac{\partial G}{\partial T}\right)_p = -S.$$

Aus (1.7.4) würde sich die Dampfdruckkurve $p(T)$ ergeben, wenn man (1.7.4) nach p auflöst. Die Berechnung der freien Enthalpie auf Grund experimenteller Daten ist umständlich. Einen Überblick über die Abhängigkeit des Dampfdruckes von der Temperatur erhält man leichter, wenn man aus (1.7.4) mit $p = p(T)$ zunächst durch Differentiation eine Beziehung für $\frac{dp}{dT}$ ableitet:

$$\frac{\partial(G_g - G_{fl})}{\partial p} \frac{dp}{dT} + \frac{\partial(G_g - G_{fl})}{\partial T} = 0.$$

Mit (1.7.5) folgt daraus:

$$(1.7.6) \qquad (V_g - V_{fl}) \frac{dp}{dT} = S_g - S_{fl},$$

und zusammen mit (1.7.2)

$$(1.7.7) \qquad \frac{dp}{dT} = \frac{H_g - H_{fl}}{T(V_g - V_{fl})}.$$

(1.7.7) ist als *Clausius-Clapeyron*sche Dampfdruckformel bekannt.

Die Größe $H_g - H_{fl}$ ist die Wärmemenge Q, die (bei konstantem Druck) zugeführt werden muß, um ein Mol Flüssigkeit zu verdampfen. Q heißt auch die Verdampfungswärme. Für nicht zu hohe Temperaturen (d.h. nicht zu nahe an der kritischen Temperatur) kann man Q als konstant, $V_g \gg V_{fl}$ und $pV_g \approx RT$ (d.h. für V_g die ideale Gasgleichung) ansetzen. (1.7.7) geht über in

$$\frac{1}{p}\frac{dp}{dT}=\frac{Q}{RT^2},$$

woraus $\log p = -\dfrac{Q}{RT} + \log p_0$, d.h.

$$(1.7.8)\qquad p(T) = p_0 e^{-\frac{Q}{RT}}$$

folgt. Die in (1.7.8) dargestellte exponentielle Abhängigkeit von der Temperatur wird uns später in XV noch viel beschäftigen.

Die Ableitung der Gleichung (1.7.4) kann man auch als Spezialfall eines allgemeineren Gleichgewichtsproblems erhalten, das wir als letztes Beispiel der Thermostatik behandeln wollen.

Wir betrachten zwei Phasen a und b und zwei Stoffe (1) und (2), die nicht chemisch reagieren mögen. (Man kann die folgenden Überlegungen leicht auf mehr als zwei Phasen, mehr als zwei Stoffe und auch unter Einschluß chemischer Reaktionen entwickeln, was aber in diesem Buch nicht dargestellt sei, da wir nur demonstrieren wollen, wie man aus den Grundlagen in §§ 1.1 bis 1.4 die üblichen Methoden der Thermostatik entwickeln kann. Wir wollen hier auch keine allgemeine Definition der Phasen angeben. Wir werden — siehe weiter unten — nur solche Phasen a, b betrachten, die zwei verschiedene Teilvolumina einnehmen, wie z.B. die beiden Phasen flüssig-gasförmig oder fest-flüssig. Es gibt aber auch andere Phasenübergänge wie z.B. ferromagnetisch-paramagnetisch.)

Wenn wir Phasengleichgewichte behandeln wollen, so müssen wir von der Erfahrung her die Existenz verschiedener Phasen und einige Grundeigenschaften solcher Phasen in die allgemeine Theorie aus § 1.1 bis 1.4 hineinstecken; weder die Form der Zustandsgleichungen noch andere konkrete Einzelheiten können aus der allgemeinen Theorie hergeleitet werden, worauf wir schon am Ende von § 1.2 hingewiesen haben. Oben hatten wir in diesem § 1.7 bei der Behandlung des Phasengleichgewichtes die Existenz waagerechter Teilstücke der Isothermen hineingesteckt. An diesen waagerechten Teilstücken ist nicht unmittelbar abzulesen, daß für Volumina V zwischen den beiden Endwerten V_{fl} und V_g dieser Teilstücke das System aus *zwei* Teilen verschiedener Dichte besteht, die nebeneinander im Gleichgewicht existieren; es gibt also in diesem Falle neben dem Druck p noch andere charakteristische Größen, die Funktionen über Z_g, d.h. von T, V sind, nämlich die Volumina dieser beiden nebeneinander existierenden Phasen: V_a und V_b. Natürlich muß $V_a + V_b = V$ sein. Während V ein äußerer Parameter ist, ist V_a eine Funktion von T und V. Diese Funktion ist im oben behandelten Beispiel leicht zu finden: Mit V_g als dem Gasvolumen am rechten Ende des geraden Teiles der Isothermen (d. h. wenn die gesamte Stoffmenge gasförmig ist) und V_{fl} als dem Flüssigkeitsvolumen am linken Ende des geraden Teiles der Isotherme muß also auf dem ganzen geraden Teil gelten:

$$V_a = \alpha V_{fl} \quad \text{und} \quad V_b = (1 - \alpha) V_g,$$

wobei α der Bruchteil des Stoffes ist, der sich in der flüssigen Phase befindet. Zusammen mit

$$V = V_a + V_b = \alpha V_{fl} + (1 - \alpha) V_g$$

folgt

$$\alpha = \frac{V_g - V}{V_g - V_{fl}}.$$

V_g und V_{fl} sind als Endpunkte der geraden Isothermenstücke nur von der Temperatur abhängig. V_a wird damit zu folgender Funktion von T und V:

$$V_a(T, V) = \frac{V_g(T) - V}{V_g(T) - V_{fl}(T)} V_{fl}(T).$$

Gegenüber der obigen Behandlung des Phasengleichgewichtes nach (1.7.4) gehen wir jetzt von der Existenz zweier verschiedener Teile a und b des Gesamtsystems aus, deren Volumina V_a und V_b (natürlich mit $V_a + V_b = V$) getrennt gemessen werden können.

Sind nun außerdem noch zwei Stoffe mit den Stoffmengen $n^{(1)}$, $n^{(2)}$ (gemessen in Molzahlen) vorhanden, so kommen als weitere charakteristische Größen die Stoffmenge $n_a^{(1)}$, $n_a^{(2)}$ in der Phase a und $n_b^{(1)}$, $n_b^{(2)}$ in der Phase b hinzu; wir fragen also nach den für das Gleichgewicht sich einstellenden Größen V_a, V_b, $n_a^{(1)}$, $n_a^{(2)}$, $n_b^{(1)}$, $n_b^{(2)}$, wobei noch

$$(1.7.9) \qquad V_a + V_b = V, \qquad n_a^{(1)} + n_b^{(1)} = n^{(1)}, \qquad n_a^{(2)} + n_b^{(2)} = n^{(2)}$$

gelten muß.

Um diese Frage zu beantworten, brauchen wir die Zustandsfunktionen als Funktionen der Variablen $T, \alpha_v, n^{(1)}, n^{(2)}$. Als erstes muß die innere Energie

$$(1.7.10) \qquad U = U(T, \alpha_1, \alpha_2, \ldots, n^{(1)}, n^{(2)})$$

bekannt sein. Nach (1.3.13) ist

$$(1.7.11) \qquad U(T, \lambda\alpha_1, \lambda\alpha_2, \ldots, \lambda n^{(1)}, \lambda n^{(2)}) = \lambda U(T, \alpha_1, \alpha_2, \ldots, n^{(1)}, n^{(2)}).$$

Es genügt aber nicht, U *bei festen* $n^{(1)}$, $n^{(2)}$ durch Arbeitsprozesse (siehe § 1.2) zu bestimmen, denn man braucht nach (1.7.11) noch die Abhängigkeit der inneren Energie von $n^{(1)}/n^{(2)}$, d. h. man muß Arbeitsprozesse finden, durch die $n^{(1)}/n^{(2)}$ geändert wird. Wir werden später auf diese Frage zurückkommen im Zusammenhang mit dem Problem der Bestimmung der Entropie

$$S(T, \alpha_1, \ldots, n^{(1)}, n^{(2)});$$

für $S(\ldots)$ folgt aus (1.7.11):

$$(1.7.12) \qquad S(T, \lambda\alpha_1, \ldots, \lambda n^{(1)}, \lambda n^{(2)}) = \lambda S(T, \alpha_1, \ldots, n^{(1)}, n^{(2)}).$$

Für die freie Energie $F = U - TS$ folgt dann entsprechend

$$(1.7.13) \qquad F(T, \lambda\alpha_1, \ldots, \lambda n^{(1)}, \lambda n^{(2)}) = \lambda F(T, \alpha_1, \ldots, n^{(1)}, n^{(2)}).$$

Die freie Enthalpie ist allgemein definiert durch

$$(1.7.14) \qquad \begin{aligned} G(T, \beta_1, \ldots, n^{(1)}, n^{(2)}) &= U + \sum_v \beta_v \alpha_v - TS \\ &= H - TS = F + \sum_v \beta_v \alpha_v. \end{aligned}$$

Für sie gilt dann nach ATZ 1:

$$(1.7.15) \qquad G(T, \beta_1, \ldots, \lambda n^{(1)}, \lambda n^{(2)}) = \lambda G(T, \beta_1, \ldots, n^{(1)}, n^{(2)}).$$

Aus (1.7.14) folgt

$$\begin{aligned} dG &= dU + \sum_v \beta_v d\alpha_v + \sum_v \alpha_v d\beta_v - SdT - \left(dU + \sum_v \beta_v d\alpha_v\right) \\ &= \sum_v \alpha_v d\beta_v - SdT, \end{aligned}$$

d. h.

$$(1.7.16) \qquad \left(\frac{\partial G}{\partial T}\right)_{\beta_1, \ldots, n^{(1)}, n^{(2)}} = -S, \qquad \left(\frac{\partial G}{\partial \beta_v}\right)_{T, n^{(1)}, n^{(2)}} = \alpha_v.$$

Für ein System, das sich räumlich in zwei Phasen a und b geteilt hat, setzen wir nun voraus:

Trennt man die beiden Phasen durch eine stoffundurchlässige Membran, so kann man das System als aus den beiden Teilsystemen a und b zusammengesetzt und als im thermodynamischen Kontakt befindlich ansehen, d. h. die Temperatur ist in beiden Systemen dieselbe und für die Gesamtenergie gilt:

$$(1.7.17) \qquad U(T, V, n^{(1)}, n^{(2)}) = U_a(T, V_a, n_a^{(1)}, n_a^{(2)}) + U_b(T, V_b, n_b^{(1)}, n_b^{(2)}).$$

Für ein aus a und b zusammengesetztes System folgt damit aus

$$TdS = p_a dV_a + p_b dV_b + dU = p_a dV_a + p_b dV_b + dU_a + dU_b,$$

daß auch

$$(1.7.18) \qquad S(T, V, n^{(1)}, n^{(2)}) = S_a(T, V_a, n_a^{(1)}, n_a^{(2)}) + S_b(T, V_b, n_b^{(1)}, n_b^{(2)})$$

gilt. Daraus folgt sofort

$$(1.7.19) \qquad F(T, V, n^{(1)}, n^{(2)}) = F_a(T, V_a, n_a^{(1)}, n_a^{(2)}) + F_b(T, V_b, n_b^{(1)}, n_b^{(2)}).$$

Mit $V = V_a + V_b$ folgt, daß die linke Seite nur dann von V (und nicht einzeln von V_a, V_b) abhängen kann, wenn $p = p_a = p_b$ ist (man differenziere z. B. (1.7.19) partiell nach V_a). Damit folgt für die freie Enthalpie:

$$(1.7.20) \qquad G(T, p, n^{(1)}, n^{(2)}) = G_a(T, p, n_a^{(1)}, n_a^{(2)}) + G_b(T, p, n_b^{(1)}, n_b^{(2)}).$$

Diese letzte Gleichung erweist sich besonders bequem für die Weiterbehandlung des Problems des Phasengleichgewichtes, da auf der rechten Seite *nur* noch $n_a^{(1)}$, $n_a^{(2)}$, $n_b^{(1)}$, $n_b^{(2)}$ als Zustandsgrößen der beiden Phasen auftreten und z. B. nicht mehr V_a und V_b wie in (1.7.19). p und T in (1.7.20) sind die Zustandsgrößen des Gesamtsystems. Wegen $n^{(1)} = n_a^{(1)} + n_b^{(1)}$, $n^{(2)} = n_a^{(2)} + n_b^{(2)}$ folgt aus (1.7.20), daß die linke Seite nur dann von $n^{(1)}$, $n^{(2)}$ (und nicht von den einzelnen $n_a^{(1)}$, $n_b^{(1)}$, $n_a^{(2)}$, $n_b^{(2)}$ abhängen kann, wenn

$$\left(\frac{\partial G}{\partial n^{(1)}}\right)_{T,p} = \left(\frac{\partial G_a}{\partial n_a^{(1)}}\right)_{T,p} = \left(\frac{\partial G_b}{\partial n_b^{(1)}}\right)_{T,p},$$

$$\left(\frac{\partial G}{\partial n^{(2)}}\right)_{T,p} = \left(\frac{\partial G_a}{\partial n_a^{(2)}}\right)_{T,p} = \left(\frac{\partial G_b}{\partial n_b^{(2)}}\right)_{T,p}$$

ist. Man bezeichnet

$$\mu^{(i)} = \left(\frac{\partial G}{\partial n^{(i)}}\right)_{T,p}$$

als *chemisches Potential* des Stoffes (i). Als Gleichgewichtsbedingung der beiden Teile a, b (der beiden Phasen) des Gesamtsystems erhält man also

$$(1.7.21) \qquad \begin{aligned} \mu_a^{(1)}(T, p, n_a^{(1)}, n_a^{(2)}) &= \mu_b^{(1)}(T, p, n_b^{(1)}, n_b^{(2)}), \\ \mu_a^{(2)}(T, p, n_a^{(1)}, n_a^{(2)}) &= \mu_b^{(2)}(T, p, n_b^{(1)}, n_b^{(2)}). \end{aligned}$$

Im Bereich der Koexistenz der beiden Phasen müssen also zwischen

$$T, p, n_a^{(1)}, n_a^{(2)}, n_b^{(1)}, n_b^{(2)}$$

die Relationen (1.7.21) erfüllt sein.

Ist nur ein Stoff vorhanden, so ist wegen (1.7.15):

$$G(T, p, n) = nG(T, p, 1),$$

wobei $G(T, p, 1)$ die freie Enthalpie für ein Mol ist. Daraus folgt

$$\mu(T, p, n) = G(T, p, 1).$$

Die Bedingung (1.7.21) wird dann mit (1.7.4) identisch!
Aus (1.7.15) folgt

$$\frac{\partial G}{\partial n^{(1)}}(T, \beta_1, \ldots, \lambda n^{(1)}, \lambda n^{(2)}) = \frac{\partial G}{\partial n^{(1)}}(T, \beta_1, \ldots, n^{(1)}, n^{(2)}),$$

d. h. das chemische Potential ist homogen vom Grade Null in den $n^{(i)}$. Das bedeutet für (1.7.21), daß alle Größen $\mu_a^{(i)}$, $\mu_b^{(i)}$ nur von $n_a^{(1)}/n_a^{(2)}$ bzw. $n_b^{(1)}/n_b^{(2)}$ abhängen.

Um die Formeln (1.7.21) anwenden zu können, muß man experimentell die chemischen Potentiale bzw. die freien Enthalpien bestimmen. Der Vorteil der Formeln (1.7.21) gegenüber der Behandlung des aus den beiden Phasen a, b bestehenden Gesamtsystems beruht darin, daß man eben auf irgendeinem »geeigneten« Weg für beide Phasen *getrennt* die chemischen Potentiale bestimmen kann. Wir wollen das wieder beispielhaft illustrieren.

Der entscheidende Punkt für die Durchführung eines adiabatischen Arbeitsprozesses, der zur Mischung von zwei Stoffen führt, ist der Übergang zum »Zustand des idealen Gases«. Für ideale Gase läßt sich der »Arbeitsprozeß des Mischens« gut durchschauen; natürlich kann man dann bei *festen* $n^{(1)}$, $n^{(2)}$ zu irgendwelchen anderen Werten von T, p übergehen, bei denen das System nicht mehr das Verhalten eines idealen Gases zeigt.

Natürlich ist der »Arbeitsprozeß des Mischens« keine Konsequenz der allgemeinen Sätze der Thermostatik, sondern eine spezielle Beschreibung des Verhaltens von Stoffen; aber diese Beschreibung ist eben besonders einfach im »Grenzfall« der idealen Gase.

Die Durchführung des gewünschten Arbeitsprozesses wird ermöglicht auf Grund der Existenz sogenannter »semipermeabler« Wände. Als semipermeable Wand bezeichnet man eine Membran, die eine Stoffsorte (z. B. den Stoff (1)) hindurchläßt, aber für die andere Stoffsorte undurchlässig ist.

Wir gehen aus von zwei nicht gemischten idealen Gasen in thermodynamischem Kontakt, d. h. von derselben Temperatur T, wobei das eine ein Gas des Stoffes (1) der Stoffmenge $n^{(1)}$ im Volumen V und das andere ein Gas des Stoffes (2) der Stoffmenge $n^{(2)}$ in einem *gleich großen* Volumen V ist (siehe Fig. 9). An der Kontaktstelle sind die beiden Gase durch *zwei* semipermeable Wände getrennt, wobei die eine nur den Stoff (1) und die zweite nur den Stoff (2) hindurchläßt (siehe Fig. 9). Jetzt kann man die beiden Volu-

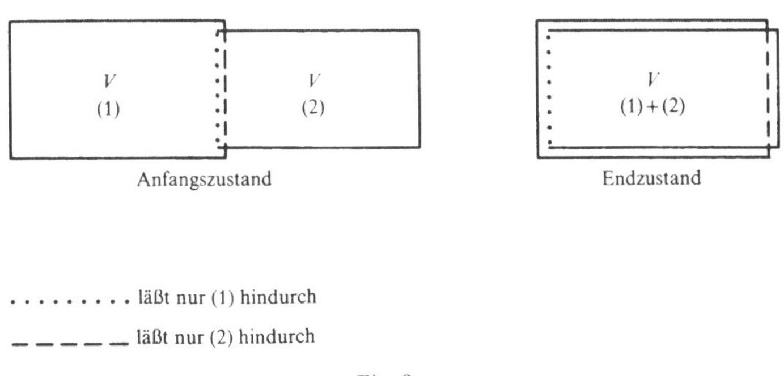

Fig. 9

mina quasistatisch und adiabatisch so ineinander schieben, daß zwischen den zwei semipermeablen Wänden ein Gemisch der beiden Stoffe (1) und (2) entsteht (siehe Fig. 9). Im Endzustand (Fig. 9) hat man im Volumen V ein Gemisch mit den Stoffmengen $n^{(1)}$ und $n^{(2)}$.

Die Erfahrung zeigt nun, daß während des Prozesses des Mischens das Gesamtsystem ein »einfaches« System ist, d. h. daß der Prozeß eine »reversible« Adiabate des Gesamtsystems darstellt (siehe Anfang von § 1.4) Weiterhin zeigt die Erfahrung, daß keine Arbeit zu leisten ist, d. h., daß die innere Energie des (isolierten!) Gesamtsystems konstant bleibt. Da die innere Energie idealer Gase nur von der Temperatur T abhängt, bleibt also auch T konstant. Da der Prozeß eine reversible Adiabate darstellt, bleibt auch die Entropie konstant. Dies erlaubt es uns nun, die Entropie eines Gemisches idealer Gase zu bestimmen.

Als »Ausgangszustand«, von dem aus die Entropie nach (1.4.20) berechnet werden kann, wählen wir zwei ideale Gase in thermischem Kontakt bei der Temperatur T_0 und den Drucken $p_0^{(1)}, p_0^{(2)}$. Wir müssen $T_0, p_0^{(1)}, p_0^{(2)}$ für den »Ausgangszustand« festlegen, da dieser unabhängig (!) von den Stoffmengen $n^{(1)}, n^{(2)}$ fixiert werden muß, damit man eben die gewünschte Abhängigkeit der Entropie von den Stoffmengen erhalten kann. Bei der Temperatur T und den Volumina $V^{(1)} = V^{(2)} = V$ ist dann die Entropie des Gesamtsystems nach (1.4.20) gleich

$$S = S^{(1)}(T, V, n^{(1)}) + S^{(2)}(T, V, n^{(2)})$$

mit

$$S^{(i)} = n^{(i)} \int_{V_0^{(i)}, T_0} \left(\frac{c_V^{(i)} dT'}{T'} + R \frac{dV'}{V'} \right),$$

wobei $c_V^{(i)}$ die molare Wärmekapazität des Gases (i) ist und $p_0^{(i)} V_0^{(i)} = n^{(i)} R T_0$

gilt. Daraus folgt

$$S(T, V, n^{(1)}, n^{(2)}) = (n^{(1)}c_V^{(1)} + n^{(2)}c_V^{(2)}) \log \frac{T}{T_0} +$$

(1.7.22)

$$+ n^{(1)}R \log \frac{V}{V_0^{(1)}} + n^{(2)}R \log \frac{V}{V_0^{(2)}}.$$

(1.7.22) ist aber auf Grund des oben geschilderten adiabatischen Prozesses auch die Entropie *nach* der Mischung. Da auch die innere Energie sich nicht ändert, gilt nach der Mischung

$$(1.7.23) \qquad U(T, V, n^{(1)}, n^{(2)}) = n^{(1)}c_V^{(1)}T + n^{(2)}c_V^{(2)}T.$$

Um $G(p, T, n^{(1)}, n^{(2)}) = U + pV - TS$ zu berechnen, müssen wir auf Grund der Zustandsgleichung V als Funktion von p, T und $V_0^{(i)}$ als Funktion von $p_0^{(i)}$ und T_0 einsetzen. Die Zustandsgleichung des Gemisches lautet

$$(1.7.24) \qquad pV = (n^{(1)} + n^{(2)})RT.$$

Damit erhält man aus (1.7.22)

$$S(T, p, n^{(1)}, n^{(2)}) = (n^{(1)}c_V^{(1)} + n^{(2)}c_V^{(2)}) \log T +$$

$$+ (n^{(1)} + n^{(2)})R \log T + (n^{(1)} + n^{(2)})R \log(n^{(1)} + n^{(2)}) -$$

(1.7.25)

$$- (n^{(1)} + n^{(2)})R \log p - n^{(1)}R \log n^{(1)} - n^{(2)}R \log n^{(2)} +$$

$$+ n^{(1)}s_0^{(1)} + n^{(2)}s_0^{(2)}$$

mit den Konstanten

$$(1.7.26) \qquad s_0^{(i)} = -(c_V^{(i)} + R) \log T_0 + R \log p_0^{(i)}.$$

Daraus folgt

$$G(T, p, n^{(1)}, n^{(2)}) = n^{(1)}c_V^{(1)}T + n^{(2)}c_V^{(2)}T +$$

$$+ (n^{(1)} + n^{(2)})RT - (n^{(1)}c_V^{(1)} + n^{(2)}c_V^{(2)})T \log T -$$

(1.7.27)

$$- (n^{(1)} + n^{(2)})RT \log T - (n^{(2)} + n^{(2)})RT \log(n^{(1)} + n^{(2)}) +$$

$$+ (n^{(1)} + n^{(2)})RT \log p + n^{(1)}RT \log n^{(1)} + n^{(2)}RT \log n^{(2)} -$$

$$- n^{(1)}Ts_0^{(1)} - n^{(2)}Ts_0^{(2)}.$$

Die Werte (1.7.25) für S und (1.7.27) für G gelten natürlich nur in den Bereichen von T, p in denen das System noch gut durch ein »ideales Gas« beschrieben werden kann. Für andere Werte von T, p sind dann durch weitere Integration (bei *festen* $n^{(1)}$, $n^{(2)}$) auf Grund experimenteller Daten die Funktionen S und G zu bestimmen.

An einigen Beispielen wollen wir demonstrieren, wie man die Methode anwenden kann, um bestimmte experimentelle Daten *miteinander* zu verknüpfen. Dies zeigt auch nochmals deutlich, daß die allgemeinen Gesetze der Thermostatik keine *speziellen* Materialgesetze, aber Verbindung von verschiedenen experimentellen Daten liefern.

Als erstes Beispiel betrachten wir nochmals das Gleichgewicht zwischen einer flüssigen und gasförmigen Phase im Falle nur eines Stoffes. Dazu betrachten wir eine so tiefe Temperatur T_1, daß tatsächlich die Gasphase auch für die Gleichgewichtswerte p_1, T_1 in sehr guter Näherung durch ein ideales Gas beschrieben werden kann. Für T_1, p_1 ist dann also

$$S_g(T_1,p_1,n_1)=nc_{V_g}\log T_1+nR\log T_1-nR\log p_1+ns_0.$$

Um G_{fl} aus

$$G(T,p,n)=U+pV-TS$$

zu berechnen, brauchen wir S_{fl} und U_{fl}. Für T_1, p_1 ist

$$S_{fl}(T_1,p_1,n)-S_g(T_1,p_1,n)=\int_g^{fl}\frac{\delta Q}{T_1}=-n\frac{Q_1}{T_1}$$

und

$$U_{fl}(T_1,p_1,n)-U_g(T_1,p_1,n)=\int_g^{fl}(\delta Q-pdV)=$$

$$=-nQ_1+np_1(V_{g1}-V_{fl1})$$

mit Q_1 als Verdampfungswärme für ein Mol bei der Temperatur T_1 und V_{g1}, V_{fl1} als Molvolumina der gasförmigen wie flüssigen Phase für T_1, p_1. Um S_{fl} und U_{fl} für andere Werte von T, p zu erhalten, integrieren wir

$$S_{fl}(T,p,n)=\int_{V_1,T_1}^{V,T}\frac{dU+pdV}{T}+S_{fl}(T_1,p_1,n).$$

bzw.

$$U_{fl}(T,p,n)=\int_{V_1,T_1}^{V,T}dU+U_{fl}(T_1,p_1,n).$$

Da für die flüssige Phase näherungsweise V konstant gleich nV_{fl} mit V_{fl} als Volumen für ein Mol ist, wird

$$S_{fl}(T,p,n)=n\int_{T_1}^{T}\frac{c_{Vfl}(T')dT'}{T'}+S_{fl}(T_1,p_1,n)$$

$$=n\int_{T_1}^{T}\frac{c_{Vfl}(T')dT'}{T'}-n\frac{Q_1}{T_1}+S_g(T_1,p_1,n).$$

und

$$U_{\mathrm{fl}}(T, p, n) = n \int_{T_1}^{T} c_{V\mathrm{f}}(T')\, dT' - nQ_1 + np_1(V_{\mathrm{g}1} - V_{\mathrm{fl}}) +$$

$$+ U_{\mathrm{g}}(T_1, p_1, n).$$

Damit folgt in derselben Näherung $V = nV_{\mathrm{fl}} = \mathrm{const}$:

$$G_{\mathrm{fl}}(T, p, n) = n \int_{T_1}^{T} c_{V\mathrm{fl}}(T')\, dT' - nQ_1 + np_1(V_{\mathrm{g}1} - V_{\mathrm{fl}}) + U_{\mathrm{g}}(T_1, p_1, n) +$$

$$+ pV_{\mathrm{fl}} - nT \int_{T_1}^{T} \frac{c_{V\mathrm{fl}}(T')\, dT'}{T'} + n\frac{T}{T_1} Q_1 - TS_{\mathrm{g}}(T_1, p_1, n),$$

d.h.,

$$G_{\mathrm{fl}}(T, p, n) = n \int_{T_1}^{T} c_{V\mathrm{fl}}(T')\, dT' - nQ_1 - n(p - p_1)V_{\mathrm{fl}} -$$

$$- nT \int_{T_1}^{T} \frac{c_{V\mathrm{fl}}(T')\, dT'}{T'} + n\frac{T}{T_1} Q_1 +$$

$$+ U_{\mathrm{g}}(T_1, p_1, n) + nRT_1 - TS_{\mathrm{g}}(T_1, p_1, n).$$

Nehmen wir einfachheitshalber wieder an, daß auch zu den betrachteten anderen Temperaturen T die gasförmige Phase noch näherungsweise durch die Werte für ein ideales Gas beschrieben werden kann, so folgt ganz entsprechend wie bei der flüssigen Phase

$$S_{\mathrm{g}}(T, p, n) = n(c_{V\mathrm{g}} + R) \log \frac{T}{T_1} - nR \log \frac{p}{p_1} + S_{\mathrm{g}}(T_1, p_1, n),$$

$$U_{\mathrm{g}}(T, p, n) = nc_{V\mathrm{g}}(T - T_1) + U_{\mathrm{g}}(T_1, p_1, n)$$

und damit

$$G_{\mathrm{g}}(T, p, n) = nc_{V\mathrm{g}}(T - T_1) + nRT + U_{\mathrm{g}}(T_1, p_1, n) -$$

$$- nT(c_{V\mathrm{g}} + R) \log \frac{T}{T_1} + nRT \log \frac{p}{p_1} - TS_{\mathrm{g}}(p_1, T_1, n).$$

Die Gleichgewichtsbedingung $G_{\mathrm{g}}(p, T, 1) = G_{\mathrm{fl}}(p, T, 1)$ lautet also:

$$\int_{T_1}^{T} c_{V\mathrm{fl}}(T')\, dT' - (p - p_1)V_{\mathrm{fl}} - T \int_{T_1}^{T} \frac{c_{V\mathrm{fl}}(T')\, dT'}{T'} + \frac{T - T_1}{T_1} Q_1 =$$

(1.7.28)

$$= c_{V\mathrm{g}}(T - T_1) + R(T - T_1) - T(c_{V\mathrm{g}} + R) \log \frac{T}{T_1} + RT \log \frac{p}{p_1}.$$

(1.7.28) stellt eine verbesserte Darstellung gegenüber (1.7.8) dar. (1.7.8) kann man auch schreiben:

$$\log \frac{p}{p_1} = -\frac{Q}{RT} + \frac{Q}{RT_1},$$

d. h.,

$$RT \log \frac{p}{p_1} = Q \frac{T - T_1}{T_1},$$

was sich mit (1.7.28) gut vergleichen läßt.

Um (1.7.28) anzuwenden, braucht man vom Experiment Q_1, c_{Vg}, $c_{Vfl}(T)$; dann läßt sich der Dampfdruck p als Funktion von T messen und mit (1.7.28) vergleichen.

Als zweites Beispiel wollen wir den Einfluß eines gelösten Stoffes auf die Dampfdruckkurve und den Gefrierpunkt untersuchen. Die Gleichgewichtsbedingungen (1.7.21) für beliebige Werte von $n_a^{(1)}$, $n_a^{(2)}$, $n_b^{(1)}$, $n_b^{(2)}$ zu untersuchen, wäre umständlich; aber für den Fall verdünnter Lösungen, d. h. $n_a^{(2)} \ll n_a^{(1)}$, $n_b^{(2)} \ll n_b^{(1)}$ lassen sich aus (1.7.21) einige Folgerungen ziehen.

Aus (1.7.23) und (1.7.25) kann man durch Integrationen zu Zuständen übergehen, die nicht mehr idealen Gasen entsprechen. Daraus folgt dann entsprechend $G(T, p, n^{(1)}, n^{(2)})$. Aus (1.7.23) folgt damit, daß $G(T, p, n^{(1)}, n^{(2)})$ die Form

$$G(T, p, n^{(1)}, n^{(2)}) = G^*(T, p, n^{(1)}, n^{(2)}) +$$

(1.7.29)

$$+ n^{(1)}RT \log \frac{n^{(1)}}{n^{(1)} + n^{(2)}} + n^{(2)}RT \log \frac{n^{(2)}}{n^{(1)} + n^{(2)}}$$

hat. Für $n^{(2)} \to 0$ folgt

(1.7.30) $G(p, T, n^{(1)}) = G^*(p, T, n^{(1)}).$

Für sehr kleine $n^{(2)}$ wird

$$\mu^{(1)} = \frac{\partial G}{\partial n^{(1)}} = \frac{\partial G^*}{\partial n^{(1)}} + RT \log \frac{n^{(1)}}{n^{(1)} + n^{(2)}} =$$

$$= \left(\frac{\partial G^*}{\partial n^{(1)}}\right)_{n^{(2)} = 0} + \left(\frac{\partial G^*}{\partial n^{(2)} \partial n^{(1)}}\right)_{n^{(2)} = 0} n^{(2)} - RT \frac{n^{(2)}}{n^{(1)}}.$$

Mit (1.7.30) folgt, daß

$$\left(\frac{\partial G^*}{\partial n^{(1)}}\right)_{n^{(2)} = 0} = G_1(T, p)$$

die freie Enthalpie eines Moles des reinen Stoffes 1 ist. Wegen

$$\left(\frac{\partial G^*}{\partial n^{(2)}\partial n^{(1)}}\right)_{n^{(2)}=0} = \frac{\partial}{\partial n^{(1)}}\left(\frac{\partial G^*}{\partial n^{(2)}}\right)_{n^{(2)}=0}$$

folgt daraus, daß $\dfrac{\partial G^*}{\partial n^{(2)}}$ homogen vom Grade 0 in $n^{(1)}$, $n^{(2)}$ ist, daß $\left(\dfrac{\partial G^*}{\partial n^{(2)}}\right)_{n^{(2)}=0}$ nicht von $n^{(1)}$ abhängen kann und somit

$$\left(\frac{\partial G^*}{\partial n^{(1)}\partial n^{(2)}}\right)_{n^{(2)}=0} = 0$$

ist $\Big($ hierbei wurde vorausgesetzt, daß $\dfrac{\partial G^*}{\partial n^{(2)}}$ für $n^{(2)}\to 0$ nicht singulär wird, was für $\dfrac{\partial G}{\partial n^{(2)}}$ für $n^{(2)}\to 0$ nicht der Fall ist! $\Big)$. Somit erhalten wir schließlich

$$(1.7.31)\qquad \mu^{(1)}(T, p, n^{(1)}, n^{(2)}) = G_1(T, p) - RT\frac{n^{(2)}}{n^{(1)}}$$

mit $G_1(T, p)$ als freier Enthalpie für ein Mol des reinen Stoffes 1.

Betrachten wir nun noch spezieller den Fall, daß in der Phase b praktisch $n_b^{(2)} = 0$ ist, d. h. daß die gelöste Substanz nur in der Phase a (z. B. in der flüssigen Phase) auftritt. Dann hat (1.7.20) die spezielle Form

$$G(T, P, n^{(1)}, n^{(2)}) = G_a(T, p, n_a^{(1)}, n_a^{(2)}) + n_b^{(1)}G_{b1}(T, p)$$

mit G_{b1} als der freien Enthalpie eines Mols des Stoffes 1 in der Phase b. Da $n_a^{(2)}$ festliegt, erhält man nur noch die eine Gleichgewichtsbedingung

$$\mu_a^{(1)} = \frac{\partial G_a}{\partial n^{(1)}} = G_{b1}(T, p).$$

Zusammen mit (1.7.31) folgt

$$G_{a1}(T, p) - RT\frac{n_a^{(2)}}{n_a^{(1)}} = G_{b1}(T, p).$$

Mit T_0 als Gleichgewichtstemperatur für $n_a^{(2)} = 0$ und $T = T_0 + \Delta T$ folgt

$$\left[\left(\frac{\partial G_{a1}}{\partial T}\right)_p - \left(\frac{\partial G_{b1}}{\partial T}\right)_p\right]\Delta T = RT\frac{n_a^{(2)}}{n_a^{(1)}}$$

und mit (1.7.5):

$$(1.7.32)\qquad (S_{b1} - S_{a1})\Delta T = RT\frac{n_a^{(2)}}{n_a^{(1)}}.$$

Ist a die flüssige und b die gasförmige Phase, so ist $S_{g1} - S_{f11} = \dfrac{Q_d}{T}$ mit Q_d als Verdampfungswärme. Damit folgt aus (1.7.32):

$$(1.7.33) \qquad \frac{\Delta T}{T} = \frac{RT}{Q_d} \frac{n_a^{(2)}}{n_a^{(1)}}.$$

(1.7.33) beschreibt die »Siedepunktserhöhung« für eine verdünnte Lösung. Natürlich kann man (1.7.33) auf konzentrierte Lösungen verallgemeinern, muß aber dann neben Q_d noch weitere experimentell zu bestimmende Größen in Kauf nehmen.

Ist b die feste Phase (also von dem in der flüssigen Phase a gelösten Stoff 2 gehe auch praktisch nichts in die feste Phase über!), so folgt aus (1.7.32) mit

$$S_{fe} - S_{f1} = -\frac{Q_s}{T},$$

wobei Q_s die Schmelzwärme ist:

$$(1.7.34) \qquad \frac{\Delta T}{T} = -\frac{RT}{Q_s} \frac{n_a^{(2)}}{n_u^{(1)}}.$$

(1.7.34) beschreibt die »Gefrierpunktserniedrigung« für eine verdünnte Lösung.

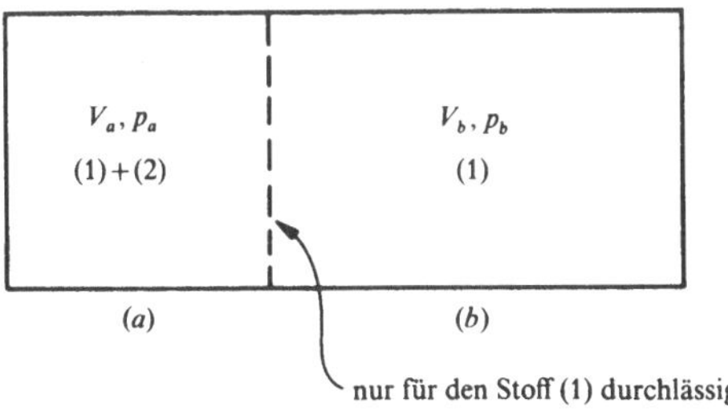

Fig. 10

Die Formel (1.7.31) können wir noch für ein drittes Beispiel sehr gut gebrauchen, nämlich zur Beschreibung des osmotischen Drucks. Hierbei handelt es sich um das Gleichgewicht zwischen zwei flüssigen Phasen, die durch eine nur für den Stoff 1 durchlässige semipermeable Wand getrennt sind (Fig. 10). In der einen der beiden Flüssigkeiten, auf der »Seite b« befinde sich kein Bruchteil des Stoffes 2, d. h. es ist $n_b^{(2)} = 0$ zu setzen. Da aber beide Seiten durch eine Membran getrennt sind, kann $p_a \neq p_b$ sein. Statt (1.7.20) erhalten wir jetzt

$$G(T, p_a, p_b, n^{(1)}, n^{(2)}) = G_a(T, p_a, n_a^{(1)}, n_a^{(2)}) + G_b(T, p_b, n_b^{(1)})$$

und damit als einzige Gleichgewichtsbedingung (wegen $n^{(1)} = n_a^{(1)} + n_b^{(1)}$):

$$(1.7.35) \qquad \mu_a^{(1)} = \frac{\partial G_a}{\partial n_a^{(1)}}(T, p_a, n_a^{(1)}, n_a^{(2)}) = G_{b1}(T, p_b)$$

mit G_{b1} als freier Enthalpie eines Mols des reinen Lösungsmittels 1. Mit (1.7.31) folgt

$$(1.7.36) \qquad G_{b1}(T, p_a) - RT\,\frac{n_a^{(2)}}{n_a^{(1)}} = G_{b1}(T, p_b).$$

Da für eine verdünnte Lösung p_a nur wenig von p_b verschieden sein kann, können wir $p_a = p_b + \Delta p$ setzen und näherungsweise

$$G_{b1}(T, p_a) = G_{b1}(T, p_b) + \left(\frac{\partial G_{b1}}{\partial p}\right)_{p_b} \Delta p$$

schreiben. Zusammen mit (1.7.5) folgt damit aus (1.7.36) mit V_1 als Volumen eines Mols des Lösungsmittels

$$V_1 \Delta p = \frac{n_a^{(2)}}{n_a^{(1)}}\,RT,$$

d.h. mit V_a als Volumen auf der »Seite a«:

$$(1.7.37) \qquad V_a \Delta p = n_a^{(2)} RT.$$

Der osmotische Druck Δp ist also derselbe, als ob der Stoff 2 auf der »Seite a« als ideales Gas im Volumen V_a vorhanden wäre.

§ 2. Irreversible Prozesse

Im § 1 haben wir einige grundlegende Gesetze für das statische Verhalten von Materialien kennengelernt. Die Möglichkeiten der Anwendung dieser Gesetze war aber im Rahmen der in § 1 dargestellten Theorie noch sehr eingeschränkt, obwohl wir auch quasistatische Prozesse untersuchten. Dies lag daran, daß wir erstens nur endlich-dimensionale Zustandsräume und zweitens nur Gleichgewichtszustände *ohne* die sie »umgebenden« Nichtgleichgewichtszustände betrachteten.

Statisches Verhalten von Materialien, wie wir es beispielsweise in VIII, §§ 1.11 und 1.12 für Dielektrika in einer ersten Stufe behandelt haben, erfordert die Möglichkeit der Einführung des Feldbegriffs und in diesem Sinne eines unendlich-dimensionalen Zustandsraumes. Die Frage also, wie man in einer zweiten, verbesserten Stufe eine Theorie des Verhaltens von Dielektrika entwickeln kann, bei der nicht mehr die »Dielektrizitäts*konstante*« ε allein, sondern auch Temperatur, innere Energie und die Abhängigkeit der Materialgröße ε von der Temperatur, eine Rolle spielen, erfordert ein Hinausgehen über die Grundansätze aus § 1.

Das dynamische Verhalten von Materialien erfordert ebenso eine Ausweitung der Theorie über rein statische Grenzfälle hinaus. Zum Beispiel basierte die in VI, § 3.3 betrachtete Bewegung von Flüssigkeiten auf der »idealisierten« Inkompressibilität, die es ermöglichte, das für »idealisierte Nebenbedingungen« entwickelte Verfahren des *Lagrange*schen Variationsprinzips anzuwenden. Will man aber diese Theorie realistischer verbessern, z. B. der Tatsache Rechnung tragen, daß sich Gase nicht immer annähernd inkompressibel verhalten oder daß die tatsächlichen Kräfte in einer Flüssigkeit nicht vollständig durch die »idealisierten Zwangskräfte« (im Beispiel aus VI, § 3.3 durch den Druck p) beschrieben werden, weil z. B. noch »Reibungskräfte« in der Flüssigkeit auftreten, so ist es unausbleiblich, von der in § 1 betrachteten statischen Theorie zu einer dynamischen Theorie von Materialien voranzuschreiten. Genau diesem Anliegen ist der § 2 gewidmet.

Sicher ist es heute möglich, eine allgemeine Rahmentheorie für das dynamische Verhalten von Materialien zu entwickeln. Sowohl in bezug auf den mathematischen Aufwand wie auf den Umfang einer solchen Theorie würde aber eine Darstellung einer allgemeinen dynamischen Materialtheorie den Rahmen dieses Lehrbuches sprengen. Wir werden daher den leichter verständlichen Weg einschlagen, Beispiele zu schildern, um dann später daraus auf einige allgemeine Gesichtspunkte aufmerksam machen zu können.

§ 2.1. Das Problem des Zustandsraumes

Die großen Vereinfachungen in § 1 waren nicht nur direkt durch die Einschränkung auf statische Probleme bedingt, sondern auch indirekt durch die große Vereinfachung des Zustandsraumes der statischen Zustände. Für »einfache« Systeme konnte man den Zustandsraum durch die endlich vielen Parameter T (Temperatur) und α_v (die äußeren Bedingungen beschreibend) charakterisieren. Will man aber nun dynamische Probleme erfassen, z. B. die Bewegung in einem Gas, so erkennt man sofort, daß man zu einer Feldbeschreibung übergehen muß, da ja an jedem Ort das dynamische Verhalten des Gases verschieden sein kann. Im allgemeinen wird man also die zu einer Zeit meßbaren Eigenschaften eines Gases nicht mehr durch einen Punkt in einem *endlich*-dimensionalen Zustandsraum (z. B. mit den zwei Parametern T, V) beschreiben können, sondern durch einen »Feldzustand« ähnlich den Feldern in der Elektrodynamik (siehe VIII); jedes spezielle Feld ist dann als ein »Punkt« in einem Zustandsraum Z anzusetzen, dessen Elemente (Punkte) eben Feldfunktionen sind. Ein solcher Zustandsraum Z ist aber unendlich-dimensional. Der endlich-dimensionale Zustandsraum aus § 1 hatte die natür-liche Topologie eines n-Parameter-Raumes (d. h. eines $\mathbf{R}^n$ mit $\mathbf{R}$ als Menge der reellen Zahlen); eben gerade so sollten die Parameter T, α_ν gewählt sein, daß »sehr kleine« Veränderungen der Parameter zu nicht mehr meßbaren Unter-schieden der Zustände führen. Jetzt müßten wir entsprechend einen unendlich-dimensionalen topologischen Raum Z (ja sogar besser einen uniformen Raum Z; siehe III, § 8 und [3], § 9) als Zustandsraum betrachten. Da wir aber vom Leser nicht erwarten, daß er mit der Theorie uniformer Räume vertraut ist, werden wir hier in diesem Buch keine »allgemeine Theorie« des Zustands-raumes Z entwickeln (siehe dazu z. B. [4]), sondern wir werden in einer mathe-matisch nicht ganz exakten Form bei den verschiedensten Beispielen (!) kurz auf den Zustandsraum Z hinweisen. Dies wird eine bessere »Vorstellung« von Z vermitteln, als wenn wir jetzt abstrakte Axiome für Z hinschreiben würden.

Die einfachsten und ersten Beispiele, mit denen wir uns beschäftigen wer-den, können sogar in einem Zustandsraum dargestellt werden, den wir schon in § 1.3 bei der Kopplung von Systemen eingeführt haben: Wir wollen wieder nur zwei gekoppelte Systeme betrachten, da eine Verallgemeinerung auf endlich viele gekoppelte Systeme auf der Hand liegt. Sind Z_1, Z_2' die Zustands-räume der beiden Einzelsysteme, so konnten wir in § 1.3 für das gekoppelte System $Z = Z_1 \times Z_2$ setzen. Wir betrachten jetzt spezieller nur den Fall, daß man für Z_1 und Z_2 die Räume der Gleichgewichtszustände

$$Z_{g1} = \left\{ T^{(1)}, \alpha_1^{(1)}, \ldots \alpha_{n_1}^{(1)} \right\}$$

und

$$Z_{g2} = \left\{ T^{(2)}, \alpha_1^{(2)}, \ldots \alpha_{n_2}^{(2)} \right\}$$

nehmen darf, d. h., $Z = \left\{ T^{(1)}, T^{(2)}, \alpha_1^{(1)}, \ldots \alpha_{n_1}^{(1)}, \alpha_1^{(2)}, \ldots \alpha_{n_2}^{(2)} \right\}$ setzen kann. Diese Beschreibung war im statischen Fall möglich, solange jedes der Teilsysteme im Gleichgewicht ist; d. h. entweder für gegeneinander isolierte Systeme, bei denen *jeder* Punkt aus Z ein Gleichgewichtszustand ist, oder aber für Systeme in thermodynamischem Kontakt, wo nur die Punkte aus Z mit $T^{(1)} = T^{(2)}$ Gleichgewichtszustände sind.

Man erkennt sofort, daß auch für Nichtgleichgewichtszustände in thermo-dynamischem Kontakt dieser Zustandsraum $Z = Z_{g1} \times Z_{g2}$ beibehalten wer-den kann, *solange* die Einzelsysteme 1 und 2 jedes für sich praktisch im Gleich-gewicht sind, d. h. wenn die Kopplung (durch Wände, Membranen) so schwach ist, daß auch bei zeitlicher Veränderung des Gesamtzustandes doch jedes Einzelsystem zu jeder Zeit *so gut wie* im Gleichgewicht ist. Wir haben damit eigentlich nur eine Bedingung der quasistatischen Veränderung der Parameter

α_v aus § 1 auch auf die Wechselwirkung der beiden Systeme durch Kontakt übertragen.

Unter diesen Umständen kann das zeitliche Verhalten des Gesamtsystems durch eine mit der Zeit t durchlaufene Kurve

$$(2.1.1) \qquad z(t): T^{(1)}(t),\ T^{(2)}(t),\ \alpha_1^{(1)}(t), \ldots, \alpha_{n_2}^{(2)}(t)$$

dargestellt werden, wobei die $\alpha_v^{(i)}(t)$ vorgegebene (nicht zu schnell veränderliche) Zeitfunktionen sind. Was läßt sich dann über $T^{(i)}(t)$ aussagen?

Genau dieser spezielle Fall soll uns als Beispiel dienen, wenn wir die in den beiden nächsten §§ zu behandelnden allgemeinsten Sätze veranschaulichen wollen.

§ 2.2. Der Energiesatz

Wir hatten den Energiesatz schon relativ allgemein (nicht nur für Gleichgewichtszustände) in § 1.2 behandelt. Die axiomatische Forderung des Energiesatzes besteht allgemein darin, daß es eine vom Zustand $z \in Z$ (nicht nur für Gleichgewichtszustände!) abhängige Funktion $U(z)$ (die innere Energie) gibt, so daß eine (1.2.19) analoge Gleichung für die Kurven $z(t)$, d.h. für die zeitliche Änderung des Zustandes (isolierter) Systeme, gilt:

$$(2.2.1) \qquad dU\big(z(t)\big) + \delta A = 0,$$

wobei δA die vom System geleistete Arbeit ist.

Die Gleichung (2.2.1) ist allerdings ziemlich inhaltsleer, wenn man (worauf schon in § 1.2 hingewiesen wurde) nicht δA explizit angibt. In § 1.2 konnten wir wenigstens allgemein für δA die Form $\sum\limits_v \beta_v d\alpha_v$ ansetzen.

Da wir nun aber hier für einen allgemeinen Zustandsraum Z keine genaueren Angaben über δA machen wollen, müssen wir uns darauf beschränken, die Form der Gleichung (2.2.1) jeweils für Beispiele explizit anzugeben. Dies werden wir in den §§ 2.4 bis 2.8 tun. Zur Illustration sei aber hier das am Ende von § 2.1 erwähnte Beispiel angefügt.

In diesem Falle können wir, wie in § 1.3 beschrieben

$$(2.2.2) \qquad \begin{aligned} U(T^{(1)},\ T^{(2)},\ \alpha_1^{(1)}, \ldots, \alpha_{n_2}^{(2)}) &= \\ = U_1(T^{(1)},\ \alpha_1^{(1)}, \ldots, \alpha_{n_1}^{(1)}) &+ U_2(T^{(2)},\ \alpha_1^{(2)}, \ldots, \alpha_{n_2}^{(2)}) \end{aligned}$$

setzen und

$$(2.2.3) \qquad \begin{aligned} \delta A &= \sum_v \beta_v^{(1)}(T^{(1)},\ \alpha_1^{(1)}, \ldots, \alpha_{n_1}^{(1)})\, d\alpha_v^{(1)} \\ &+ \sum_\mu \beta_\mu^{(2)}(T^{(2)},\ \alpha_1^{(2)}, \ldots, \alpha_{n_2}^{(2)})\, d\alpha_\mu^{(2)} \end{aligned}$$

schreiben. Setzt man dann in (2.2.2) und (2.2.3) für die Argumente die Kurve (2.1.1) ein, so nimmt (2.2.1) die explizite Gestalt an:

$$(2.2.4) \qquad \frac{d}{dt} U(T^{(1)}(t),\ldots) + \sum_\nu \beta_\nu^{(1)} \frac{d\alpha_\nu^{(1)}(t)}{dt} + \sum_\mu \beta_\mu^{(2)} \frac{d\alpha_\mu^{(2)}(t)}{dt} = 0.$$

Jede Zeitentwicklungskurve (2.1.1) muß also der Gleichung (2.2.4) genügen, wobei man (wie am Ende von § 2.1 angegeben) die $\alpha_1^{(1)}(t),\ldots, \alpha_{n_2}^{(2)}(t)$ als vorgegebene Zeitfunktionen zu betrachten hat. Durch die *eine* Gleichung (2.2.4) sind aber die *zwei* Zeitfunktionen $T^{(1)}(t)$ und $T^{(2)}(t)$ noch nicht bestimmt. Dies ist auch physikalisch verständlich, da noch keine Aussage darüber hineingesteckt wurde, »wie schnell der Wärmetransport zwischen den beiden Systemen erfolgt«. Durch

$$(2.2.5) \qquad \frac{\delta Q_1}{dt} = \frac{dU_1}{dt} + \sum_\nu \beta_\nu^{(1)} \frac{d\alpha_\nu^{(1)}(t)}{dt}$$

ist die dem System 1 (vom System 2) pro Zeiteinheit zugeführte Wärmemenge $\delta Q_1/dt$ definiert. Mit

$$(2.2.6) \qquad \frac{\delta Q_2}{dt} = \frac{dU_2}{dt} + \sum_\mu \beta_\mu^{(2)} \frac{d\alpha_\mu^{(2)}(t)}{dt}$$

gilt natürlich wegen (2.2.2) und (2.2.4)

$$(2.2.7) \qquad \frac{\delta Q_2}{dt} = -\frac{\delta Q_1}{dt};$$

und umgekehrt ist (2.2.5), (2.2.6) unter der Bedingung (2.2.7) mit (2.2.4) äquivalent.

Eine Dynamik des Nichtgleichgewichts erfordert also noch irgendeine weitere Aussage über die Form des Wärmetransports. Es zeigt sich nun, daß in vielen Fällen die Forderung

$$(2.2.8) \qquad \frac{\delta Q_1}{dt} = \sigma(T^{(2)} - T^{(1)})$$

die Erfahrungen gut beschreibt. Dabei ist σ eine Konstante, die die Art des »Wärmekontaktes« zwischen den beiden Systemen beschreibt. σ ist nach der Erfahrung immer positiv, d.h., es »fließt« Wärme von dem System höherer Temperatur zu dem System niedriger Temperatur. Daß das einen tieferen Grund hat, werden wir in § 2.3 sehen.
(2.2.5) mit (2.2.8) nimmt dann die Form

$$(2.2.9) \qquad \frac{dU_1}{dt} + \sum_\nu \beta_\nu^{(1)} \frac{d\alpha_\nu^{(1)}}{dt} = \sigma(T^{(2)} - T^{(1)})$$

an. (2.2.4), (2.2.9) mit (2.2.2) bestimmen dann als Differentialgleichungen die beiden Zeitfunktionen $T^{(1)}(t)$, $T^{(2)}(t)$ bei vorgegebenen Anfangswerten und vorgegebenen $\alpha_\nu^{(i)}(t)$.

Es wäre nun schön, wenn es möglich wäre, eine möglichst allgemeine Theorie von Zusatzgleichungen der Form (2.2.9) aufzubauen. Es ist auch schon viel in dieser Richtung geschehen (siehe z. B. [5]); wir aber müssen uns in diesem Buch darauf beschränken, Beispiele anzugeben.

Die für isolierte Systeme gültige Gleichung (2.2.1) kann man leicht auf den Fall erweitern, wo dem System von außen Wärme δQ zugeführt wird. Man hat dann (2.2.1) zu

$$(2.2.10) \qquad dU\big(z(t)\big) + \delta A = \delta Q$$

zu erweitern. In § 2.5 werden wir ein Beispiel hierfür kennenlernen.

(2.2.10) wird auch oft als »erster Hauptsatz« der Thermodynamik bezeichnet.

§ 2.3. Der Satz von der Vermehrung der Entropie

Das Problem der Entropiedefinition für Nichtgleichgewichtszustände ist ein sehr tiefliegendes und wird oft etwas verharmlost, indem man gleich zu »speziellen« Nichtgleichgewichtszuständen übergeht. Auf keinen Fall läßt sich *allgemein* eine Entropie auf die Art und Weise einführen, wie dies in § 1.4 geschehen ist. Dies folgt schon allein daraus, daß es für Nichtgleichgewichtszustände im allgemeinen keine Temperaturdefinition gibt. Was aber bedeutet dann eigentlich der Satz von der Vermehrung der Entropie?

Als erstes könnte man formulieren: Es gibt eine Zustandsfunktion $S(z)$, so daß $S(z)$ bei festem $U(z) = U_0$ sein von U_0 abhängiges Maximum $S_m(U_0)$ für $z = z_g$ (mit z_g als den Gleichgewichtszuständen) annimmt (wobei $S_m(U_0)$ gerade die in § 1 eingeführte Entropiefunktion $S(U_0, \alpha_1, \ldots)$ ist) und für die zeitliche Entwicklung $z(t)$ des Zustandes eines (isolierten) Systems neben (2.2.1) noch

$$(2.3.1) \qquad \frac{dS\big(z(t)\big)}{dt} \geq 0$$

gilt, wobei das Gleichheitszeichen nur gilt, wenn $z(t)$ ein Gleichgewichtszustand z_g ist.

Diese allgemeinste Formulierung des sogenannten »zweiten Hauptsatzes« der Thermodynamik scheint im ersten Moment nichtssagend. Dies ist aber nicht ganz so, wie die *Ljapunov*sche Stabilitätstheorie zeigt (siehe A X und z. B. [6]): Unter gewissen Bedingungen (zeitlich determinierte Entwicklung des Zustandes $z(t)$; siehe A X) ist die oben geforderte Existenz von $S(z)$ äquivalent damit, daß $z(t)$ mit wachsendem t in einen Gleichgewichtszustand übergeht, ganz so wie es eben die Erfahrung immer wieder zeigt. Wir wollen hier diese allgemeine Stabilitätstheorie nicht darstellen; in A X ist eine kurze Skizze des einfachsten Falles angegeben.

Wir werden die obige allgemeine Formulierung des zweiten Hauptsatzes dadurch zu einer strengeren Aussage machen, daß wir in den jeweils zu behandelnden Beispielen nicht nur die Existenz von $S(z)$ fordern, sondern für die Funktion $S(z)$ eine explizite Angabe machen. Um dies anzudeuten, wählen wir als Demonstrationsbeispiel dasselbe wie in § 2.2. Da für ein aus zwei gegeneinander exakt isolierten Systemen nach § 1 für die Entropie

$$(2.3.2) \qquad S(U_1, U_2, \alpha_1^{(1)}, \ldots, \alpha_{n_2}^{(2)}) = S_1(U_1, \alpha_1^{(1)}, \ldots, \alpha_{n_1}^{(1)}) +$$
$$+ S_2(U_2, \alpha_1^{(2)}, \ldots, \alpha_{n_2}^{(2)})$$

mit S_1 und S_2 als den Entropien der Einzelsysteme gilt, machen wir denselben Ansatz (2.3.2) auch für die Systeme im Kontakt.

Die Aussage (2.3.1) lautet dann also mit (2.2.5), (2.2.6):

$$0 \leq \frac{d}{dt} S_1\left(U_1(t), \alpha_1^{(1)}(t), \ldots\right) + \frac{d}{dt} S_2\left(U_2(t), \alpha_1^{(2)}(t), \ldots\right)$$

$$= \frac{1}{T^{(1)}} \frac{\delta Q_1}{dt} + \frac{1}{T^{(2)}} \frac{\delta Q_2}{dt};$$

und mit (2.2.7) schließlich

$$\left(\frac{1}{T^{(1)}} - \frac{1}{T^{(2)}}\right) \frac{\delta Q_1}{dt} \geq 0.$$

Zusammen mit (2.2.8) folgt

$$\sigma \frac{(T^{(2)} - T^{(1)})^2}{T^{(1)} T^{(2)}} \geq 0,$$

d. h. $\sigma > 0$ (wenn die Systeme tatsächlich gekoppelt sind).

Der zweite Hauptsatz hat schon in seiner allgemeinsten Form einige merkwürdige Konsequenzen, auf die wir noch in diesem § aufmerksam machen wollen.

Bei der Formulierung von (2.3.1) haben wir stillschweigend vorausgesetzt, daß die benutzten Zeitparameterwerte t in *der* Richtung wachsen, die wir »Zukunft« nennen. Wir sind der »Gerichtetheit« der Zeit bei unserer Reise durch die theoretische Physik schon an mehreren Stellen begegnet: In VIII, § 4.5 wurden die »retardierten« Potentiale ausgesondert; in X, § 6.6 wurde die Verbindung der Gerichtetheit der Zeit mit der Kosmologie diskutiert; in XIII, § 9 wiesen wir auf die Auszeichnung der Zeitrichtung vom Präparieren zum Registrieren hin. (2.3.1) stellt nun keine »Erklärung« dieser Auszeichnung einer Zeitrichtung dar, sondern beschreibt eine weitere große Klasse von Prozessen, bei denen die Zeitrichtung ausgezeichnet ist. Man bezeichnet solche Prozesse, bei denen die Zeitrichtung ausgezeichnet ist, als *irreversible* Prozesse. Eine Filmaufnahme eines irreversiblen Prozesses in umgekehrter Richtung abgespielt, stellt also keinen »physikalisch möglichen« Prozeß (im Sinne von III, § 9) dar.

In X, § 6.6 haben wir viele Prozesse aufgezählt, bei denen augenscheinlich die Zeitrichtung ausgezeichnet ist und die Frage aufgeworfen, ob nicht alle diese Zeitrichtungsauszeichnungen schließlich auf die Richtung vom kleineren zum größeren Kosmos zurückführbar seien. Dies gilt genauso für (2.3.1): Läßt sich (2.3.1) vielleicht auf die Struktur des Kosmos zurückführen? Diesem Problem werden wir nochmals in XV, §§ 10.4 und 12 begegnen.

Das durch (2.3.1) formulierte physikalische Gesetz steht nur für sogenannte zeitlich determinierte »Bahnen« $z(t)$ in Übereinstimmung mit der Erfahrung, d.h. der Grundbereich für die Anwendung von (2.3.1) (Grundbereich im Sinne von III, § 2 und III, § 4) ist auf zeitlich determiniertes Materialverhalten eingeschränkt. Es war also kein Zufall, daß die oben erwähnte Bedeutung von $S(z)$ für die Stabilität der Bahnen $z(t)$ das zeitlich determinierte Verhalten voraussetzt. Zur genaueren Definition der zeitlichen Determiniertheit siehe A X und XV, § 10; man vergleiche dazu auch die Überlegungen zum dynamischen Determinismus in VI, § 4.1: der dynamische Determinismus der Punktmechanik ist nur ein Beispiel für zeitlich determinierte Bahnen $z(t)$.

Berücksichtigt man das Phänomen der Schwankungserscheinungen (siehe auch XV, § 11), so gilt (2.3.1) nicht, da durch Schwankungen auch Verminderungen der Entropie auftreten können.

(2.3.1) drückt aus, daß $S\big(z(t)\big)$ bei festem $U\big(z(t)\big) = U_0$ einem Maximum zustrebt. Logisch wäre es aber durchaus denkbar, daß es *mehrere* relative Maxima von $S(z)$ (bei festem $U = U_0$) gibt (dabei setzen wir wie schon vorher immer voraus, daß im Zustandsraum Z eine Topologie, ja sogar eine uniforme Struktur definiert ist und die Bahnen $z(t)$ stetig sind; siehe dazu allgemein die Überlegungen aus III, § 8). Dies ist aber nicht nur logisch möglich, auch in der Erfahrung begegnen uns solche Fälle, die für die Experimentalphysik oft von besonderem Interesse sind: Unterkühlter Dampf, überhitzte Flüssigkeit, ein Zählrohr. Durch »Schwankungserscheinungen« ist es dann möglich, daß das System aus einem Zustand eines relativen Maximums der Entropie in den Zustand des absoluten Maximums der Entropie (alles bei fester Energie $U = U_0$) übergeht, wobei zwischendurch geringere Entropiewerte als die des relativen Maximums auftreten. Solche relativen Maxima der Entropie (bei fester innerer Energie) bezeichnet man oft als metastabile Zustände. Metastabile Zustände können durch sehr geringe Veränderungen in instabile Zustände überführt werden: Wenn man z.B. die oben angegebenen metastabilen Zustände von unterkühltem Dampf, überhitzter Flüssigkeit oder

Zählrohr durch Hinzufügen eines einzigen Ions abändert, ist es mit der Metastabilität vorbei, d.h. der so abgeänderte Zustand ist kein relatives Maximum der Entropie mehr. Die eben erwähnte Möglichkeit macht die metastabilen Zustände oft zu sehr geeigneten experimentellen Hilfsmitteln zum Registrieren von Mikrosystemen (siehe XIII, § 1.3).

§ 2.4. Anwendung des zweiten Hauptsatzes auf Beispiele der Thermostatik

Die Bedeutung des zweiten Hauptsatzes in bezug auf die Thermostatik beruht darin, daß man nicht *nur* den jeweiligen Gleichgewichtszustand zu betrachten braucht wie in den §§ 1.3 bis 1.7. Man kann auch Nichtgleichgewichtszustände zum Vergleich mit den Gleichgewichtszuständen heranziehen und so ein besseres Verständnis des Gleichgewichts erreichen. Dies entspricht in Analogie im Falle der Mechanik, daß man nicht nur den Zustand betrachtet, wo sich alle Kräfte aufheben, sondern auch die anderen Zustände, ohne aber die Bewegung explizit in ihrem Zeitablauf behandeln zu wollen.

Ein Beispiel der in diesem § 2.4 zu betrachtenden Art haben wir schon in den §§ 2.2 und 2.3 zur Demonstration behandelt:

Zwei voneinander isolierte Systeme 1 und 2 befinden sich im Gleichgewicht. Energie und Entropie sind durch (2.2.2) und (2.3.2) gegeben. Bringt man jetzt die beiden Systeme in thermodynamischen Kontakt, so entsteht ein Nichtgleichgewichtszustand, der sich zeitlich ändert, auch wenn (was wir jetzt annehmen wollen) die äußeren Parameter $\alpha_v^{(i)}$ nicht geändert werden, d.h. neben $\delta Q = 0$ auch $\delta A = 0$ ist. Wir wollen aber jetzt *nicht* den zeitlichen Ablauf, z.B. auf Grund von (2.2.4), d.h. $dU/dt = 0$ und (2.2.8) untersuchen, sondern nur feststellen, welcher Gleichgewichtszustand sich *nach* einiger Zeit des Übergangs einstellt. Wegen $\delta A = 0$ ist also nur das Maximum von $S(U_1, U_2, \alpha_1^{(1)}, \ldots)$ nach (2.3.2) gesucht, wobei $U_1 + U_2 = U$ konstant bleibt. Da auch die $\alpha_v^{(i)}$ konstant bleiben, ist also das Maximum von

$$(2.4.1) \qquad S_1(U_1, \alpha_1^{(1)}, \ldots) + S_2(U - U_1, \alpha_1^{(2)}, \ldots)$$

bei festem U und festen $\alpha_v^{(i)}$ gesucht. Aus

$$(2.4.2) \qquad dS = \frac{1}{T}\left(dU + \sum_v \beta_v d\alpha_v\right)$$

folgt

$$(2.4.3) \qquad \frac{\partial S}{\partial U} = \frac{1}{T}$$

und damit muß für den Wert $U_1 = U_{1m}$ des Maximums von (2.4.1)

$$\left(\frac{\partial S_1}{\partial U_1}\right)_{U_{1m}} - \left(\frac{\partial S_2}{\partial U_2}\right)_{U_2 = U - U_{1m}} = 0$$

d. h.

$$(2.4.4) \qquad T_1 = T_2$$

gelten. Dies ist natürlich nichts Neues, da wir ja gerade zur Definition der Temperatur in § 1.3 die Gleichgewichte zwischen verschiedenen Systemen benutzt haben. Neu ist nur, daß der zweite Hauptsatz tatsächlich im Einklang mit der Gleichgewichtsbedingung (2.4.4) steht, ja, daß ein Maximum der Entropie in unserem Beispiel *nur* auftreten kann, wenn (2.4.4) erfüllt ist.

Liegt aber wirklich ein Maximum vor, wenn (2.4.4) erfüllt ist? Es wäre ja auch ein Minimum oder ein Wendepunkt möglich. Ein Maximum liegt bekanntlich vor, wenn die zweite Ableitung von (2.4.1) negativ ist, d.h. wenn

$$(2.4.5) \qquad 0 > \left[\frac{\partial^2 S_1}{\partial U_1^2} + \frac{\partial^2 S_2}{\partial U_2^2}\right]_{T_1 = T_2}$$

gilt. Da die beiden Systeme 1 und 2 zwei beliebig wählbare Systeme sind und auch die Temperaturen $T_1 = T_2$ (bei variabler Gesamtenergie $U = U_1 + U_2$) variieren können, ist also (2.4.5) für alle möglichen Paare von Systemen und alle Temperaturen nur garantiert, wenn für jedes System einzeln

$$(2.4.6) \qquad \frac{\partial^2 S}{\partial U^2} < 0$$

ist. Ist (2.4.6) erfüllt, so liegt also tatsächlich für $T_1 = T_2$ ein Maximum der Entropie (2.4.1) bei festem U vor. Die Gesamtenergie U verteilt sich so auf U_1 und U_2, bis dieses Maximum erreicht wird.

(2.4.6) ist aber nichts anderes als das Axiom A $\mathscr{A}$ 4 aus § 1.4. A $\mathscr{A}$ 4 folgt also aus dem zweiten Hauptsatz der Thermodynamik.

Dieses eben dargestellte Beispiel weist auf eine allgemeine Methode hin, die in den §§ 1.3 bis 1.7 behandelten Gleichgewichtszustände als Maxima der Entropie bei fester Gesamtenergie und festen α_ν auszuzeichnen. Dies entspricht ganz der Analogie zur Mechanik, die Gleichgewichtszustände nicht nur dadurch zu charakterisieren, daß sich alle Kräfte aufheben, sondern als Minima der potentiellen Energie unter den vorgegebenen (skleronomen und holonomen) Nebenbedingungen zu betrachten.

Sehr häufig wird in den Darstellungen der Thermodynamik gleich diese Methode der Auszeichnung des Gleichgewichts als Maximum der Entropie benutzt. Dies bringt zwar begrifflich einige Schwierigkeiten mit sich, da man zur Bestimmung der Entropie von Nichtgleichgewichtszuständen eigentlich immer schon die Entropie der Gleichgewichtszustände braucht, so wie in dem oben vorgeführten Beispiel die Entropien $S_1(U_1, \ldots)$ und $S_2(U_2, \ldots)$ als bekannt vorausgesetzt wurden. Die Methode des Suchens des Maximums der Entropie bringt aber im Endeffekt tatsächlich ein tieferes Verständnis, da man den Gleichgewichtszustand als Zustand maximaler Entropie (wenigstens relativ zu solchen Nichtgleichgewichtszuständen, für die eine Entropiedefinition möglich ist) erkennt; und diese Methode ist oft auch sehr praktisch, wie wir es jetzt noch an den Beispielen aus § 1.7 demonstrieren wollen.

Für das Gleichgewicht zweier Phasen a und b einer Stoffmischung der Stoffe 1 und 2 ist also das Maximum von

$$(2.4.7) \qquad S_a(U_a, V_a, n_a^{(1)}, n_a^{(2)}) + S_b(U_b, V_b, n_b^{(1)}, n_b^{(2)})$$

unter den Nebenbedingungen

$$U = U_a + U_b, \quad V = V_a + V_b, \quad n^{(1)} = n_a^{(1)} + n_b^{(1)}, \quad n^{(2)} = n_a^{(2)} + n_b^{(2)}$$

mit festgehaltenen Werten von U, V, $n^{(1)}$, $n^{(2)}$ gesucht.

Aus (2.4.7) folgt so für das Gleichgewicht

$$(2.4.8) \qquad \frac{\partial S_a}{\partial U_a} - \frac{\partial S_b}{\partial U_b} = 0, \qquad \frac{\partial S_a}{\partial V_a} - \frac{\partial S_b}{\partial V_b} = 0,$$
$$\frac{\partial S_a}{\partial n_a^{(1)}} - \frac{\partial S_b}{\partial n_b^{(1)}} = 0, \qquad \frac{\partial S_a}{\partial n_a^{(2)}} - \frac{\partial S_b}{\partial n_b^{(2)}} = 0.$$

Aus (2.4.2) folgt für $S(U, V, n^{(1)}, n^{(2)})$

$$(2.4.9) \qquad \frac{\partial S}{\partial V} = p$$

und damit nach (2.4.8), (2.4.3), (2.4.9)

$$(2.4.10) \qquad T_a = T_b; \qquad p_a = p_b;$$
$$\left(\frac{\partial S_a}{\partial n_a^{(1)}}\right)_{U_a, p_a} = \left(\frac{\partial S_b}{\partial n_b^{(1)}}\right)_{U_b, p_b}; \qquad \left(\frac{\partial S_a}{\partial n_a^{(2)}}\right)_{U_a, p_a} = \left(\frac{\partial S_b}{\partial n_b^{(2)}}\right)_{U_b, p_b}.$$

Für eine Auswertung der beiden letzten Gleichgewichtsbedingungen aus (2.4.10) ist oft die Benutzung der Funktion $S(U, V, n^{(1)}, n^{(2)})$ unpraktisch, da die Aufteilung von U auf U_a, U_b und von V auf V_a, V_b aus (2.4.10) zu berechnen wäre. Diese Berechnung kann man umgehen, wenn man die freie Enthalpie benutzt:

$$G(p, T, n^{(1)}, n^{(2)}) = U + pV - TS,$$

mit S als Funktionen von U, V, $n^{(1)}$, $n^{(2)}$.

Daraus folgt:

$$dG = dU + pdV + Vdp - SdT -$$

$$- \left[dU + pdV + T\left(\frac{\partial S}{\partial n^{(1)}}\right)_{U,V} dn^{(1)} + T\left(\frac{\partial S}{\partial n^{(2)}}\right)_{U,V} dn^{(2)} \right],$$

d. h.

$$(2.4.11) \qquad dG = Vdp - SdT - T\left(\frac{\partial S}{\partial n^{(1)}}\right)_{U,V} dn^{(1)} + T\left(\frac{\partial S}{\partial n^{(2)}}\right)_{U,V} dn^{(2)}.$$

Aus (2.4.11) folgt:

$$\left(\frac{\partial G}{\partial p}\right)_{T,n} = V, \qquad \left(\frac{\partial G}{\partial T}\right)_{p,n} = -S,$$

$$(2.4.12) \qquad \mu^{(1)} = \left(\frac{\partial G}{\partial n^{(1)}}\right)_{p,T} = -T\left(\frac{\partial S}{\partial n^{(1)}}\right)_{U,V},$$

$$\mu^{(2)} = \left(\frac{\partial G}{\partial n^{(2)}}\right)_{p,T} = -T\left(\frac{\partial S}{\partial n^{(2)}}\right)_{U,V}.$$

Mit (2.4.12) und $T = T_a = T_b$, $p = p_a = p_b$ gehen die Gleichgewichtsbedingungen (2.4.10) dann über in

$$(2.4.13) \qquad \mu_a^{(1)} = \mu_b^{(1)}, \qquad \mu_a^{(2)} = \mu_b^{(2)},$$

was mit (1.7.21) identisch ist.

Für das Beispiel des osmotischen Druckes aus § 1.7 ist das Maximum von

$$S_a(U_a, V_a, n_a^{(1)}, n_a^{(2)}) + S_b(U_b, V_b, n_b^{(1)}, n_b^{(2)})$$

unter den Nebenbedingungen

$$U = U_a + U_b, \qquad n^{(2)} = n_a^{(2)} + n_b^{(2)}$$

bei festgehaltenen U, V_a, V_b, $n_a^{(1)}$, $n_b^{(2)}$ gesucht. Es folgt

$$T_a = T_b, \qquad \left(\frac{\partial S_a}{\partial n_a^{(2)}}\right)_{U_a, V_a} = \left(\frac{\partial S_b}{\partial n_b^{(2)}}\right)_{U_b, V_b}$$

und daraus mit (2.4.12) wieder (1.7.35).

In einem letzten Beispiel dieses § wollen wir die Zunahme der Entropie bei der Mischung zweier idealer Gase berechnen. Der Ausgangszustand ist charakterisiert durch zwei Volumina V_1 und V_2 mit zwei *verschiedenen* Gasen 1 und 2 der Molzahlen $n^{(1)}$ und $n^{(2)}$ (siehe Fig. 11a). Ziehen wir nun die trennende Wand weg, so entsteht ein Nichtgleichgewichtszustand, der in einen

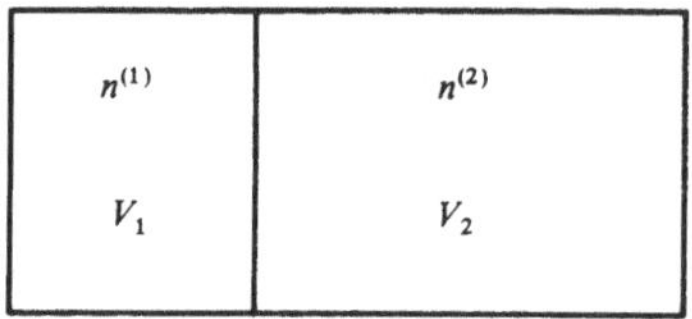

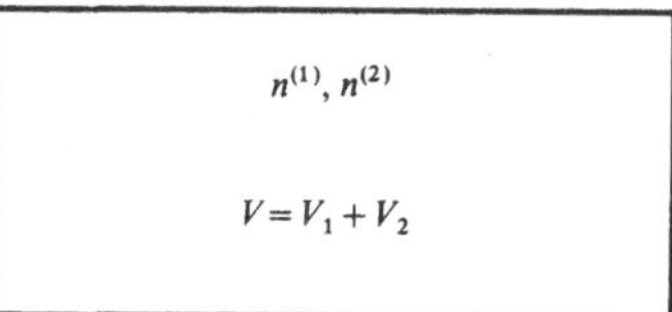

Fig. 11 a   Fig. 11 b

neuen Gleichgewichtszustand des Gemisches der beiden Gase im Volumen $V = V_1 + V_2$ übergeht (siehe Fig. 11 b).

Wir wollen den Entropieunterschied nur für den Fall berechnen, daß im Anfangszustand beide Gase dieselbe Temperatur $T_1 = T_2 = T$ haben. Da beim Mischen weder Arbeit geleistet noch Wärme zugeführt wird, hat der Endzustand dieselbe innere Energie wie der Anfangszustand; nach (1.7.23) folgt daraus, daß die Temperatur des Endzustandes gleich der des Anfangszustandes ist.

Für die Entropie des Anfangszustandes erhält man mit derselben Methode wie bei der Berechnung von (1.7.22):

$$S_{\mathrm{anf}}(V_1, V_2, T, n^{(1)}, n^{(2)}) = (n^{(1)}c_V^{(1)} + n^{(2)}c_V^{(2)}) \log \frac{T}{T_0} +$$

(2.4.14)

$$+ n^{(1)}R \log \frac{V_1}{V_0^{(1)}} + n^{(2)}R \log \frac{V_2}{V_0^{(2)}}.$$

Für die Entropie des Endzustandes folgt aus (1.7.22) mit $V = V_1 + V_2$:

$$S_{\mathrm{end}}(V, T, n^{(1)}, n^{(2)}) = (n^{(1)}c_V^{(1)} + n^{(2)}c_V^{(2)}) \log \frac{T}{T_0} +$$

(2.4.15)

$$+ n^{(1)}R \log \frac{V_1 + V_2}{V_0^{(1)}} + n^{(2)}R \log \frac{V_1 + V_2}{V_0^{(2)}}.$$

Als Differenz erhält man aus (2.4.14), (2.4.15):

$$(2.4.16) \qquad S_{\mathrm{end}} - S_{\mathrm{anf}} = n^{(1)}R \log \frac{V_1 + V_2}{V_1} + n^{(2)}R \log \frac{V_1 + V_2}{V_2} > 0.$$

Die in (2.4.16) angegebene Zunahme der Entropie charakterisiert also den durch Fig. 11 a, b skizzierten irreversiblen Prozeß.

Die Formel (2.4.16) hat historisch zu einigen begrifflichen Schwierigkeiten geführt: Für den Fall, daß im Anfangszustand auch der Druck $p_1 = p_2$, d.h.

$$p_1 = n^{(1)} \frac{RT}{V_1} = p_2 = n^{(2)} \frac{RT}{V_2}$$

ist, nimmt (2.4.16) mit $pV = (n^{(1)} + n^{(2)}) RT$ und damit $p = p_1 = p_2$ die spezielle Gestalt

$$(2.4.17) \qquad S_{\text{end}} - S_{\text{anf}} = n^{(1)} R \log \frac{n^{(1)} + n^{(2)}}{n^{(1)}} + n^{(2)} R \log \frac{n^{(1)} + n^{(2)}}{n^{(2)}}$$

an. (2.4.17) nennt man oft die »Mischungsentropie«.

Ist im Anfangszustand $p_1 = p_2 = p$ und $T_1 = T_2 = T$, so tritt also durch den sogenannten Prozeß der »Diffusion« der Stoffe 1 und 2 eine Vermehrung der Entropie ein. Ist aber der Stoff 1 mit dem Stoff 2 identisch, so ist der Anfangszustand selbst schon ein Gleichgewichtszustand, d. h., es tritt keine Vermehrung der Entropie ein, d. h. (2.4.17) darf nur benutzt werden, wenn die Stoffe 1 und 2 verschieden sind.

Eine Formel, die sich »sprunghaft« ändert, je nachdem ob zwei Strukturen unterschiedlich oder nicht unterschiedlich sind (nämlich die Änderung von $S_{\text{end}} - S_{\text{anf}}$ vom Wert (2.4.17) für verschiedene Stoffe 1, 2 zum Wert 0 für gleiche Stoffe 1, 2), schien aus philosophischen Gründen merkwürdig: Wenn man z. B. den Stoff 2 »immer ähnlicher« zum Stoff 1 wählt, so ginge der Stoffunterschied »stetig« auf Null, während der Entropieunterschied »unstetig« auf Null springen würde.

Der Fehler dieser Überlegung liegt darin, daß man davon ausgeht, daß der Stoffunterschied »stetig« auf Null gehen kann. Dies ist eben in der Wirklichkeit nicht so. Die ganze Chemie beruht darauf, daß die verschiedenen Stoffe eine diskrete Mannigfaltigkeit bilden. Wollte man also die verschiedenen Stoffe mathematisch durch Elemente einer Menge abbilden, so müßte man eine Menge mit der »diskreten« Topologie nehmen, da jeder Punkt von jedem mit *endlicher* (!) Ungenauigkeit unterscheidbar ist (siehe den Zusammenhang zwischen Topologie und physikalischer Unschärfe in III, § 8). Die einfachste solche diskrete Abbildungsmöglichkeit ist die Abbildung auf die Menge der ganzen Zahlen, d. h. auf eine Numerierung der verschiedenen Stoffe (siehe die Forderung der Abzählbarkeit in III, § 8). Genau das haben wir immer getan, wenn wir vom Stoff 1 und 2 sprachen.

Die Unterscheidungsmöglichkeit der verschiedenen Stoffe und die zugehörigen, in § 1 und 2 öfter benutzten Größen $n^{(1)}$, $n^{(2)}$ usw. stammen aus der Chemie, wie wir dies schon erwähnten, als wir die »Molzahl« n als Stoffmenge einführten. Wir hatten nur nicht den Platz, die Grundgesetze der »makroskopischen« Chemie in diesem Buch einzuführen. Um aber Unklarheiten zu vermeiden, sei hier nochmals betont, daß es sich nur um diejenigen Grundgesetze handelt, die sich eben ohne eine Atomvorstellung formulieren lassen, was wir durch das Wort »makroskopische« Chemie andeuten wollten. Daß sich diese Grundgesetze der makroskopischen Chemie »gut verstehen« lassen, wenn man auf die Struktur von Atomen und Molekülen zurückgeht, wird dabei nicht bestritten.

Die makroskopische Chemie ist eines der umfangreichsten und wichtigsten Anwendungsgebiete der Thermodynamik, natürlich unter Hinzunahme einiger weiterer Grundgesetze der makroskopischen Chemie zu der hier in diesem Buch dargestellten Thermodynamik.

§ 2.5. *Der Wirkungsgrad von Wärmekraftmaschinen*

Wir haben in § 1.4 reversibel arbeitende Wärmekraftmaschinen betrachtet und deren Wirkungsgrad (1.4.31) berechnet. Der Entropiesatz erlaubt es uns nun, diese Überlegungen auf eine Klasse von irreversibel arbeitenden Maschinen zu übertragen, nämlich auf solche Systeme (als Maschinen), bei denen die Teile des Systems approximativ im Gleichgewicht sind, d.h. bei denen es möglich ist, den Teilen des Systems eine ihnen zukommende Temperatur einzuführen und die Entropie des Systems dementsprechend als Summe der Entropien der Einzelsysteme anzusetzen.

Während wir in § 2.4 »isolierte« Systeme betrachtet haben, lassen wir jetzt zu, daß dem System »von außen« Wärme zugeführt wird.

Charakterisieren wir die einzelnen Teile des Systems durch einen Index i, so können wir die Temperaturen der Teilsysteme mit T_i und ihre Entropien mit S_i bezeichnen. Die Entropie des Gesamtsystems ist also:

$$(2.5.1) \qquad S = \sum_i S_i \, .$$

Den Entropiesatz aus § 2.3 erweitern wir nun für nicht isolierte Systeme in folgender Form: Während einer Zeit dt ändert sich die Teilentropie durch Wärmezufuhr δQ_i »von außen« um den Betrag $\delta Q_i / T_i$. Es ist also zu beachten, daß δQ_i *nicht* diejenigen Wärmemengen enthält, die »innerhalb« des Systems von einem zu einem anderen Teil transportiert werden. Zu diesen »von außen« bedingten Änderungen $\delta Q_i / T_i$ der Entropie kommen die »inneren« Änderungen durch irreversibel ablaufende Prozesse, die nach § 2.3 eine Zunahme der Gesamtentropie ergeben. Also ist in der Zeit dt:

$$(2.5.2) \qquad dS \geq \sum_i \frac{\delta Q_i}{T_i}$$

und damit für einen endlichen Prozeß vom Zustand $z_1 = z(t_1)$ in den Zustand $z_2 = z(t_2)$:

$$(2.5.3) \qquad S(z_2) - S(z_1) = \int_{t_1}^{t_2} \frac{dS}{dt} \, dt \geq \sum_i \int_{t_1}^{t_2} \frac{\delta Q_i(t)}{T_i(t)} \, .$$

Wird mit dem System ein Kreisprozeß durchgeführt, so ist also $z_2 = z_1$. Aus (2.5.3) folgt damit für einen Kreisprozeß

$$(2.5.4) \qquad \sum_i \oint \frac{\delta Q_i(t)}{T_i(t)} \leq 0.$$

Es ist zu beachten, daß die in (2.5.3), (2.5.4) eingehenden Temperaturen T_i nicht die Temperaturen von sogenannten »Wärmebädern« sind, aus denen die zugeführten Wärmemengen δQ_i stammen, sondern die Temperaturen der Teile des Systems. Werden die δQ_i aus Wärmebädern zugeführt, so muß deren Temperatur $\tilde{T}_i$ nach § 2.2 und 2.3 wegen $\sigma > 0$ größer (oder höchstens annähernd gleich; für σ »sehr groß«) als T_i sein. Aus $\tilde{T}_i > T_i$ folgt

$$\frac{\delta Q_i}{\tilde{T}_i} < \frac{\delta Q_i}{T_i}$$

und damit aus (2.5.3) erst recht

$$(2.5.5) \qquad S(z_2) - S(z_1) \geq \sum_i \int_{t_1}^{t_2} \frac{\delta Q_i(t)}{\tilde{T}_i(t)};$$

und entsprechend für (2.5.4):

$$(2.5.6) \qquad \sum_i \oint \frac{\delta Q_i(t)}{\tilde{T}_i(t)} \leq 0.$$

(2.5.3) kann man mit Hilfe des Entropiesatzes aus § 2.3 noch auf eine zweite Art und Weise begründen. Dazu wenden wir (2.3.1) auf das aus dem betrachteten System *und* den Wärmebädern zusammengesetzte System an. Dieses »Gesamtsystem« ist isoliert. Mit der Entropie S des »betrachteten« Systems und der Entropie S_w der Wärmebäder ist die Entropie S_g des Gesamtsystems:

$$S_g = S + S_w.$$

Nach (2.3.1) ist

$$(2.5.7) \qquad \frac{dS_g}{dt} = \frac{dS}{dt} + \frac{dS_w}{dt} \geq 0.$$

Nehmen wir nun an, daß die Wärmebäder voneinander isoliert sind und praktisch immer im Gleichgewicht sind, d. h., daß die Veränderung der Wärmebäder reversibel erfolgt, so ist also

$$(2.5.8) \qquad dS_w = -\sum_i \frac{\delta Q_i}{\tilde{T}_i}$$

wobei δQ_i die von den Wärmebädern *abgegebene* Wärme ist; darum das Minuszeichen in (2.5.8).

(2.5.7) und (2.5.8) ergeben

$$dS \geq \sum_i \frac{\delta Q_i}{\tilde{T}_i},$$

d.h. (2.5.5). Setzen wir jetzt noch, wie oben schon erwähnt, $\tilde{T}_i > T_i$ voraus und noch dazu, daß $\tilde{T}_i$ beliebig nahe bei T_i liegen kann, wenn nur der Wärmeübergang von den Bädern zum System »beliebig gut« ist, so folgt aus (2.5.5) auch (2.5.3).

(2.5.3) *ist die auf nicht isolierte Systeme erweiterte Form des Entropiesatzes.*

Wir wollen zur Illustration (2.5.4) und (2.5.6) auf einen Kreisprozeß anwenden.

Betrachten wir also zu (2.5.4) den Spezialfall, daß δQ_i nur für zwei Temperaturen T_a und T_b von Null verschieden ist und daß während der Wärmezufuhr T_a und T_b konstant bleiben! (2.5.4) geht dann über in

$$(2.5.9) \qquad \frac{Q_a}{T_a} + \frac{Q_b}{T_b} \leq 0.$$

Daraus folgt mit Hilfe des Energiesatzes genau auf demselben Weg wie in § 1.4 statt (1.4.31)

$$(2.5.10) \qquad \eta \leq \frac{T_a - T_b}{T_a}.$$

Noch einfacher gestaltet sich die Überlegung, wenn das betrachtete System als Wärmekraftmaschine zwischen zwei »Temperaturbädern« mit den *konstanten* Temperaturen $\tilde{T}_a$ und $\tilde{T}_b$ arbeitet. Dann folgt aus (2.5.6)

$$(2.5.11) \qquad \frac{Q_a}{\tilde{T}_a} + \frac{Q_b}{\tilde{T}_b} \leq 0$$

und daraus für den Wirkungsgrad

$$(2.5.12) \qquad \eta \leq \frac{\tilde{T}_a - \tilde{T}_b}{\tilde{T}_a}.$$

Der Praxis mehr angepaßt ist die Formel (2.5.12), wo z.B. $\tilde{T}_a$ die Temperatur einer Flamme oder eines Atomreaktorkerns und $\tilde{T}_b$ die Temperatur des Kühlmittels ist (die zwar meist nicht ganz konstant ist, einen Effekt, den man durch eine genauere Auswertung von (2.5.6) berücksichtigen könnte). Wir erkennen, daß der Wirkungsgrad einer Wärmekraftmaschine immer schlechter als der einer »idealisiert« reversibel arbeitenden Maschine ist. (2.3.1) bzw. (2.5.3) führen also insofern über die reine Thermostatik hinaus, daß sie eben erkennen lassen, in *welcher* Weise die Thermostatik ein idealer Grenzfall der Thermodynamik ist. Aber die Situation der Thermodynamik liegt leider nicht so günstig wie in der Mechanik, die wir in V und VI betrachtet haben. In der Mechanik konnte die Dynamik ohne jeden Rückgriff auf eine »Statik« begrifflich formuliert werden; und die Statik erschien nur als ein gesonderter Grenzfall, der bei den in V und VI behandelten Problemen meist (man sehe dagegen als Ausnahme die in VI, § 3.3 behandelte »Statik« des schwimmenden Schiffes) keine besondere Bedeutung hatte. In der Thermodynamik aber ist die Formulierung aussagekräftiger Gesetze nur unter Verwendung von allein statisch definierbaren Begriffen wie Temperatur, Entropie usw. möglich.

Es kann oft (wie wir es an den Beispielen in den nächsten §§ 2.6 bis 2.8 erkennen werden) vorteilhaft sein, die diskrete Beschreibung der Teile eines zusammengesetzten Systems mit Hilfe eines Index i durch eine kontinuierliche Beschreibung zu ersetzen. Statt der Summe über i in (2.5.3) ist dann ein Integral über die von außen zugeführten Wärmemengen δQ zu schreiben:

$$(2.5.13) \qquad S(z_2) - S(z_1) \geq \int \frac{\delta Q(\mathbf{r}, t)}{T(\mathbf{r}, t)} \cdot ;$$

dabei ist $T(\mathbf{r}, t)$ die Temperatur an der Stelle $\mathbf{r}$ zur Zeit t, wo die Wärmemenge $\delta Q(\mathbf{r}, t)$ während des Zeitintervalls dt zugeführt wird.

§ 2.6. Wärmeleitung in starren Körpern

Das einfachste Beispiel der »kontinuierlichen« Beschreibung von Nichtgleichgewichtsvorgängen ist die Wärmeleitung in starren Körpern, z. B. durch feste Metallstücke. Das Wort »starre Körper« soll andeuten, daß wir die Ausdehnung (Volumenänderung) der betrachteten Körper mit der Temperatur vernachlässigen wollen. Für das thermische Gleichgewicht kann daher von Arbeitsleistungen δA abgesehen werden. Interessant ist dann also ausschließlich die innere Energie, für die man (in einem gewissen Temperaturbereich)

$$(2.6.1) \qquad U = cT$$

schreiben kann mit einer konstanten Wärmekapazität c. Für die Entropie folgt dann sofort wegen $\delta A = 0$:

$$(2.6.2) \qquad S = c \log T.$$

c sei auf die Masseneinheit bezogen; damit ist U und S ebenfalls die innere Energie bzw. Entropie pro Masseneinheit.

Als *Nicht*gleichgewicht wollen wir nur solche Zustände betrachten, bei denen kleine (aber physikalisch noch als aus demselben Material bestehend) herausgeschnittene Teile als »praktisch im Gleichgewicht« angesehen werden können; nur »im Großen« soll sich das *Nicht*gleichgewicht bemerkbar machen.

Diese Annahme ist ganz äquivalent derjenigen aus § 2.3 bis 2.5, daß die Teilsysteme für sich praktisch im Gleichgewicht sind.

Unsere Annahme besagt, daß kleinen Volumenelementen $\Delta \mathscr{V}$ des Materials eine (vom Ort $\mathbf{r}$ des Volumenelementes abhängige!) Temperatur $T(\mathbf{r})$, eine innere Energie $\varrho \Delta V c T$ und eine Entropie $\varrho \Delta V c \log T$ zukommt, wobei ϱ die Massendichte, d.h. $\varrho \Delta V$ die Masse des Volumenelementes $\Delta \mathscr{V}$ ist (ΔV ist das Volumen des Volumenelementes $\Delta \mathscr{V}$). Man nennt

$$(2.6.3) \qquad u(\mathbf{r}) = c\varrho T(\mathbf{r})$$

die Energiedichte und

$$(2.6.4) \qquad s(\mathbf{r}) = c\varrho \log T(\mathbf{r})$$

die Entropiedichte. Wir setzen der Einfachheit halber ϱ als konstant voraus.

Für Gesamtenergie und Gesamtentropie des Nichtgleichgewichtszustandes folgt dann

$$(2.6.5) \qquad U = c\varrho \int_{\mathscr{V}} T(\mathbf{r}) dV,$$

$$(2.6.6) \qquad S = c\varrho \int_{\mathscr{V}} \log T(\mathbf{r}) dV$$

mit $dV = dx_1 dx_2 dx_3$.

In (2.6.3) bis (2.6.6) haben wir die kontinuierliche Beschreibung eines Nichtgleichgewichtszustandes im Falle des »lokalen« Gleichgewichts, charakterisiert durch $T(\mathbf{r})$, $u(\mathbf{r})$, $s(\mathbf{r})$, eingeführt. Ein Punkt im Zustandsraum Z ist also durch ein Feld $T(\mathbf{r})$ gegeben. Liegt kein lokales Gleichgewicht vor, so sind wir bisher nicht in der Lage, phänomenologisch eine aussagekräftige Theorie des Materialverhaltens zu entwickeln. Häufig wird die Annahme des lokalen Gleichgewichts als »selbstverständlich« vorausgesetzt; wir haben diesen Punkt nur betont, um das Bewußtsein zu schärfen, welche Einschränkungen des Grundbereiches (im Sinne von III, § 4) wir vorgenommen haben.

Um die zeitliche Entwicklung des durch (2.6.3) bis (2.6.6) beschriebenen Nichtgleichgewichtszustandes *genauer* zu beschreiben, genügt es nicht, $T(\mathbf{r}, t)$ noch von der Zeit abhängen zu lassen und den Energiesatz

$$(2.6.7) \qquad \frac{dU(t)}{dt} = 0 \qquad \text{mit} \qquad U(t) = c\varrho \int_{\mathscr{V}} T(\mathbf{r}, t) dV$$

und Entropiesatz

$$(2.6.8) \qquad \frac{dS(t)}{dt} \geq 0 \qquad \text{mit} \qquad S(t) = c\varrho \int_{\mathscr{V}} \log T(\mathbf{r}, t) dV$$

zu fordern. Es bedarf einer echten dynamischen Entwicklungsgleichung für $T(\mathbf{r}, t)$.

Die intuitive Vorstellung, die uns zu einer solchen Gleichung führen soll, knüpft an den Energiesatz bei thermisch gekoppelten Systemen an. Wir gehen dazu aus von irgendeinem Teilgebiet $\tilde{\mathscr{V}} \subset \mathscr{V}$ ($\mathscr{V}$ das ganze, vom betrachteten System eingenommene Gebiet) des betrachteten Materials. Für die Energie

$$(2.6.9) \qquad U_{\tilde{\mathscr{V}}}(t) = c\varrho \int_{\tilde{\mathscr{V}}} T(\mathbf{r}, t)\, dV$$

dieses Teilgebietes gilt dann nach dem Energiesatz

$$(2.6.10) \qquad \frac{dU_{\tilde{\mathscr{V}}}(t)}{dt} = \frac{\delta Q_{\tilde{\mathscr{V}}}}{dt},$$

wobei $\delta Q_{\tilde{\mathscr{V}}}$ die diesem Teilgebiet »von außen« in der Zeit dt zugeführte Wärmemenge ist. Für die Zufuhr der Wärme $\delta Q_{\tilde{\mathscr{V}}}$ liegt nun folgende intuitive Vorstellung nahe: Die Wärmemenge ($=$ Energiemenge) $\delta Q_{\tilde{\mathscr{V}}}$ wird *durch die Oberfläche* $\tilde{\mathscr{F}}$ des Gebietes $\tilde{\mathscr{V}}$ transportiert; durch die Oberfläche vollzieht sich ein Energiestrom, den man durch einen *Energiestromvektor* $\mathbf{s}$ beschreiben kann, so daß

$$(2.6.11) \qquad \frac{\delta Q_{\tilde{\mathscr{V}}}}{dt} = -\int_{\tilde{\mathscr{F}}} \mathbf{s} \cdot \mathbf{n}\, df$$

ist. Dabei wurde die Normalenrichtung $\mathbf{n}$ so gewählt, daß sie aus dem Gebiet $\tilde{\mathscr{V}}$ hinaus weist. Aus (2.6.10) und (2.6.11) folgt der »Energieerhaltungssatz«:

$$(2.6.12) \qquad \frac{dU_{\tilde{\mathscr{V}}}(t)}{dt} = -\int_{\tilde{\mathscr{F}}} \mathbf{s} \cdot \mathbf{n}\, df.$$

»Strömen« sind wir schon in verschiedener Form begegnet. In VI (3.3.29)* wird der durch die Fläche F_W hindurchtretende Massenstrom durch den »Massenstromvektor« $\mu\mathbf{u}$ beschrieben; VI (3.3.29) stellt den »Massenerhaltungssatz« dar; man sehe sich zur Veranschaulichung noch einmal Fig. 20 aus VI an. In VIII (2.1.1) haben wir den »Ladungsstromvektor« eingeführt und VIII (2.1.3) als eine Form des Ladungserhaltungssatzes formuliert. Die VIII (2.1.3) entsprechende Form des Energieerhaltungssatzes (2.6.12) ist weiter unten als (2.6.13) angegeben. Aber auch einem Energiestromvektor sind wir schon begegnet, nämlich dem *Poynting*schen Vektor VIII (4.1.12).

Obwohl die Einführung des Energiestromvektors $\mathbf{s}$ für die Wärmeenergie intuitiv sehr nahe liegt, darf dies nicht darüber hinwegtäuschen, daß (2.6.11) ein zusätzliches Axiom ist, mit Hilfe dessen man eben einen Bereich von Vorgängen (einem bestimmten Grundbereich; siehe III, § 4) zu beschreiben

---

* In VI (3.3.29) muß auf der rechten Seite vor dem Integral ein Minuszeichen wie in (2.6.12) stehen!

hofft. Die Einführung eines »Stromes durch die Oberfläche« in Form einer Gleichung der Form (2.6.11) drückt aus, daß die Teile des Systems sich nur durch sogenannte »Nahewirkungen« gegenseitig beeinflussen können. Die in (2.6.11) gegebene Beschreibung wird also z. B. fragwürdig, sobald die einzelnen Teile des Systems elektrisch geladen sind; ein solcher Fall erfordert neue Überlegungen und Ansätze und Vergleiche mit der Erfahrung (siehe § 2.8).

Aus (2.6.12) mit (2.6.3), (2.6.9) folgt

$$\frac{d}{dt} \int_{\tilde{\mathscr{V}}} u(\mathbf{r}, t)\, dV = \int_{\tilde{\mathscr{V}}} \dot{u}\, dV = - \int_{\tilde{\mathscr{F}}} \mathbf{s} \cdot \mathbf{n}\, df$$

und nach dem Gaußschen Satz A II (1):

$$\int_{\tilde{\mathscr{V}}} (\dot{u} + \operatorname{div} \mathbf{s})\, dV = 0.$$

Da dies für alle Gebiete $\tilde{\mathscr{V}}$ gilt, folgt

(2.6.13) $\dot{u} + \operatorname{div} \mathbf{s} = 0$

in $\mathscr{V}$. Mit (2.6.3) folgt speziell

(2.6.14) $c \varrho \dot{T} + \operatorname{div} \mathbf{s} = 0.$

Um nun zu einer im Sinne von III g.G.-abgeschlossenen Theorie zu kommen, bedarf es eines weiteren Axioms, das den Zusammenhang zwischen $\mathbf{s}$ und T festlegt. Es liegt nahe, es mit einem *linearen* Ansatz zu versuchen. Da nach der Erfahrung Temperaturunterschiede notwendig sind, um zum Transport von Wärme zu führen, machen wir den Ansatz

(2.6.15) $\mathbf{s} = -\sigma \operatorname{grad} T$

mit einer Konstanten σ, der »Wärmeleitfähigkeit«. (In Kristallen muß man statt *einer* Konstanten, einen Tensor $\sigma_{\nu\mu}$ benutzen: $s_\nu = -\sum_\mu \sigma_{\nu\mu} T_{|\mu} .$)

Aus (2.6.14), (2.6.15) folgt:

(2.6.16) $\dot{T} = a \Delta T$

mit

(2.6.17) $a = \dfrac{\sigma}{c\varrho}.$

Der »lineare« Ansatz (2.6.15) ist ein Beispiel einer allgemeineren Theorie der Nichtgleichgewichtsprozesse, wie sie von *Onsager* entwickelt wurde; da wir aber – wie schon oben erwähnt – hier nicht den Platz haben, eine allgemeinere Materialtheorie zu entwickeln, sei auf [5] verwiesen.

Die durch (2.6.16), (2.6.17) charakterisierte Theorie der Wärmeleitung ist besonders für die Technik von großer Wichtigkeit. Entsprechend dem Ziel des vorliegenden Buches wollen wir mehr verstehen, welche neuartigen *Grundstrukturen* in den Theorien von Nichtgleichgewichtsprozessen liegen, als alle möglichen Anwendungen vorführen (siehe einige Anwendungen in [7]). Eine dieser Grundstrukturen ist der Satz von der Vermehrung der Entropie.

Aufgrund von (2.6.13) gilt der Energiesatz; denn integriert man (2.6.13) über das ganze Gebiet $\mathscr{V}$ des Systems, so folgt

$$(2.6.18) \qquad \frac{dU}{dt} = - \int_{\mathscr{F}} \mathbf{s} \cdot \mathbf{n} df = \frac{\delta Q}{dt},$$

wobei δQ die dem Gesamtsystem »von außen« während der Zeit dt zugeführte Wärmemenge ist. Ist $\delta Q = 0$ (z. B. an der Oberfläche $\mathscr{F}$ des Systems $\mathbf{s} \cdot \mathbf{n} = 0$), so folgt, daß U zeitlich konstant bleibt.

Aus (2.6.8) folgt mit (2.6.16), (2.6.17):

$$(2.6.19) \qquad \frac{dS}{dt} = c\varrho \int_{\mathscr{V}} \frac{\dot{T}}{T} \, dV = \sigma \int_{\mathscr{V}} \frac{\Delta T}{T} \, dV.$$

Aus (2.6.19) folgt mit $\Delta T = \mathrm{div\ grad}\ T$ durch partielle Integration (siehe A V):

$$
\begin{aligned}
(2.6.20) \qquad \frac{dS}{dt} &= -\sigma \int_{\mathscr{V}} (\mathrm{grad}\ T) \cdot \left(\mathrm{grad}\ \frac{1}{T} \right) dV + \sigma \int_{\mathscr{F}} \frac{1}{T} \mathbf{n} \cdot \mathrm{grad}\ T df = \\
&= \sigma \int_{\mathscr{V}} \frac{1}{T^2} (\mathrm{grad}\ T)^2 \, dV - \int_{\mathscr{F}} \frac{1}{T} \mathbf{s} \cdot \mathbf{n} df.
\end{aligned}
$$

Ist das System als ganzes isoliert, so muß an seiner Oberfläche $\mathscr{F}$ die Relation $\mathbf{s} \cdot \mathbf{n} = 0$ gelten. $\dfrac{dS}{dt} \geq 0$ ist mit $\sigma \geq 0$ äquivalent, eine Relation, die wir im Falle von Wärmetransport durch die Grenzfläche zweier Systeme schon in § 2.3 kennengelernt haben. $\sigma \geq 0$ bedeutet nach (2.6.15), daß Wärme in Richtung von höheren zu niedrigeren Temperaturen transportiert wird.

Wir können (2.6.20) auch mit (2.5.13) vergleichen, wobei wir nicht voraussetzen müssen, daß das System isoliert ist. In (2.5.13) ist $\delta Q(\mathbf{r}, t)$ die von außen während der Zeit dt zugeführte Wärme. Also ist das Integral über δQ in (2.5.13) gerade gleich:

$$\int \frac{\delta Q}{T} = - \int_{t_1}^{t_2} dt \int_{\mathscr{F}} \frac{1}{T} \mathbf{s} \cdot \mathbf{n} df.$$

Integriert man also (2.6.20) über t von t_1 bis t_2, so folgt

$$(2.6.21) \qquad S(z_2) - S(z_1) = \sigma \int_{t_1}^{t_2} dt \int_{\mathscr{V}} \frac{1}{T^2} (\mathrm{grad}\ T)^2 \, dV + \int \frac{\delta Q}{T}.$$

Mit $\sigma \geq 0$ gilt also (2.5.13).

Für einen stationären Zustand, d.h. einen sich zeitlich nicht verändernden Zustand, folgt aus (2.6.16)

$$(2.6.22) \qquad \Delta T = 0$$

und aus (2.6.20), wegen $\dfrac{dS}{dt} = 0$:

$$(2.6.23) \qquad \int_{\mathscr{F}} \frac{1}{T}\, \mathbf{s} \cdot \mathbf{n}\, df = \sigma \int_{V} \frac{1}{T^2}\, (\operatorname{grad} T)^2\, dV \geq 0.$$

Nach dem Energiesatz (2.6.18) ist außerdem

$$(2.6.24) \qquad \int_{\mathscr{F}} \mathbf{s} \cdot \mathbf{n}\, df = 0.$$

Stationäre Zustände sind natürlich nur dann interessant, wenn nicht $\mathbf{s} \cdot \mathbf{n} = 0$ auf der ganzen Oberfläche $\mathscr{F}$ des Körpers ist. Für stationäre Zustände ist die Potentialgleichung (2.6.22) mit den entsprechenden, experimentell vorgegebenen Randbedingungen auf $\mathscr{F}$ zu lösen. Der Potentialgleichung sind wir schon mehrfach begegnet, z.B. in VI (3.3.43) bei der Strömung einer Flüssigkeit, in VIII (19.5) für das elektrostatische Potential zwischen Leitern, in VIII (5.2.6) für das Potential in einem Leiter. Überhaupt ist das letztere, in VIII, § 5.2 behandelte Problem in seiner mathematischen Struktur dem Problem (2.6.22) vollkommen äquivalent, wenn man folgende Gleichungen gegenüberstellt:

VIII (5.2.2) $\mathbf{E} = -\operatorname{grad} \varphi$ mit $-\operatorname{grad} T$ und

VIII (5.2.1) mit (2.6.15).

Daher kann man die Lösung aus VIII, § 5.2 sofort auf den Fall hier übertragen, indem man U durch die Temperaturdifferenz $\Delta T = T_1 - T_2$ an den beiden Grenzflächen F_1, F_2 und I durch die pro Zeiteinheit transportierte Wärmemenge

$$\Delta Q = \int_{F_2} \mathbf{n} \cdot \mathbf{s}\, df$$

ersetzt. VIII (5.2.12) geht über in

$$\Delta T = \Delta Q R \quad \text{d.h.} \quad \Delta Q = \frac{1}{R}\, \Delta T$$

mit $\dfrac{1}{R} = \sigma F$ nach VIII (5.2.13).

Zur Illustration der durch (2.6.16) beschriebenen Ausgleichsvorgänge wollen wir den zeitlichen Ablauf des Temperaturausgleichs in einem »unendlich«

ausgedehnten Körper betrachten, wenn zur Zeit $t=0$ bis auf eine (räumlich enge) stark erhitzte Stelle die Temperatur konstant ist. An diesem Beispiel können wir noch eine wichtige »Methode« beispielhaft kennenlernen, den Übergang zu »unendlich« ausgedehnten Systemen.

Die Gleichung (2.6.16) hat mathematisch eine große Ähnlichkeit mit der *Schrödinger*gleichung eines freien Teilchens in der Ortsdarstellung, die nach XI, § 4.2 lautet

$$(2.6.25) \qquad -\frac{\hbar}{i}\,\dot\varphi(\mathbf{r},\,t)=-\frac{\hbar^2}{2m}\,\Delta\varphi(\mathbf{r},\,t),$$

wenn man für $\langle x_1,\,x_2,\,x_3|\varphi_t\rangle$ aus XI, § 4.2 kurz $\varphi(\mathbf{r},\,t)$ schreibt. (2.6.25) nimmt die Form

$$(2.6.26) \qquad -i\dot\varphi=\tilde{a}\Delta\varphi$$

mit

$$(2.6.27) \qquad \tilde{a}=\frac{\hbar}{2m}$$

an, was mit (2.6.16), (2.6.17) bis auf den Faktor $(-i)$ auf der linken Seite von (2.6.26) übereinstimmt. Diese Ähnlichkeit hat zur Folge, daß man (2.6.16) mathematisch genauso lösen kann wie (2.6.25), z. B. $T(\mathbf{r},\,t)$ als Überlagerung von ebenen Wellen wie $\varphi(\mathbf{r},\,t)$ in XI (4.2.15) gewinnen kann:

Man setze speziell $T(\mathbf{r},\,t)$ in der Form

$$g(t)e^{i\mathbf{k}\cdot\mathbf{r}}$$

in (2.6.16) ein. Für $g(t)$ folgt dann

$$\dot{g}=-ak^2 g$$

mit der Lösung

$$g(t)=\mathrm{e}^{-ak^2 t}.$$

Die allgemeinste Lösung von (2.6.16) lautet also unter der Voraussetzung, daß $T(\mathbf{r},\,t)$ für $\mathbf{r}\to\infty$ einen konstanten Wert T_∞ annimmt,

$$(2.6.28) \qquad T(\mathbf{r},\,t)=T_\infty+\frac{1}{(2\pi)^{3/2}}\int e^{i\mathbf{k}\cdot\mathbf{r}-ak^2 t}\tau(\mathbf{k})\,dk,\,dk_2 dk_3,$$

wobei $\tau(\mathbf{k})$ noch beliebig gewählt werden kann. Aus

$$T(\mathbf{r},\,0)=T_\infty+\frac{1}{(2\pi)^{3/2}}\int e^{i\mathbf{k}\cdot\mathbf{r}}\tau(\mathbf{k})\,dk_1 dk_2 dk_3$$

folgt nach dem *Fourier*schen Integralsatz (siehe A VIII (11.3))

$$(2.6.29) \qquad \tau(k) = \frac{1}{(2\pi)^{3/2}} \int e^{-i\mathbf{k}\cdot\mathbf{r}} (T(\mathbf{r}, 0) - T_\infty) \, dx_1 dx_2 dx_3.$$

Setzt man (2.6.29) in (2.6.28) ein und vertauscht die Integrationsreihenfolge, so erhält man

$$(2.6.30) \qquad T(\mathbf{r}, t) = T_\infty + \int \Phi(\mathbf{r}-\mathbf{r}', t) \, [T(\mathbf{r}', 0) - T_\infty] \, dx_1' dx_2' dx_3'$$

mit

$$(2.6.31) \qquad \Phi(\mathbf{r}, t) = \frac{1}{(2\pi)^3} \int e^{i\mathbf{k}\cdot\mathbf{r} - ak^2 t} dk_1 dk_2 dk_3.$$

$\Phi(r, 0)$ ist die δ-Funktion $\delta(\mathbf{r})$ (siehe z. B. XI (3.2.14)), was aus (2.6.30) für $t = 0$ folgt.

Um (2.6.31) auszuwerten, führe man im $\mathbf{k}$-Raum Polarkoordinaten $k = |\mathbf{k}|$, ϑ, φ mit $\mathbf{r}$ als Polarachse ein (Polarkoordinaten siehe z. B. V, § 3.9). Dann wird mit $r = |\mathbf{r}|$ und $\xi = \cos\vartheta$:

$$\Phi(\mathbf{r}, t) = \frac{1}{(2\pi)^3} \int e^{ikr\cos\vartheta - ak^2 t} d\varphi \, \sin\vartheta d\vartheta k^2 dk$$

$$= \frac{1}{(2\pi)^2} \int_0^\infty k^2 dk e^{-ak^2 t} \int_{-1}^{+1} e^{ikr\xi} d\xi$$

$$= \frac{2}{(2\pi)^2} \int_0^\infty e^{-ak^2 t} \frac{\sin kr}{kr} k^2 dk$$

und damit

$$(2.6.32) \qquad \Phi(\mathbf{r}, t) = \frac{1}{(2\sqrt{a\pi t})^3} e^{-\frac{r^2}{4at}}.$$

$\Phi(\mathbf{r}-\mathbf{r}', t) + T_\infty$ stellt also eine Temperaturverteilung dar, die zur Zeit $t = 0$ einer starken (δ-funktionsartigen) Erhitzung an der Stelle $\mathbf{r}'$ bei sonst konstanter Temperatur T_∞ entspricht. Aus (2.6.32) folgt, daß sich diese punktartige Erhitzung in der Form einer mit der Zeit immer breiter werdenden *Gauß*schen Verteilung ausbreitet und sich dem Wert T_∞ für alle $\mathbf{r}$ nähert. Dieses Verhalten demonstriert anschaulich, daß keine »Bewegungsumkehrinvarianz« vorliegt, was allgemein durch den Entropiesatz (2.3.1) zum Ausdruck gebracht wird. Die *Schrödinger*gleichung (2.6.25), (2.6.26) ist dagegen bewegungsumkehrinvariant! Dies folgt allgemein aus XI, § 10.5 und wird spezieller durch XI (4.1.14) und XI (4.2.17) demonstriert. Der »winzige« Unterschied zwischen (2.6.26) und (2.6.16), nämlich der Faktor $(-i)$, ist also von entscheidender Bedeutung für das verschiedene Verhalten von Wellenpaketen im Falle der *Schrödinger*gleichung (reversibles Verhalten) und der Wärmeleitung (irreversibles Verhalten). Die Bewegungsumkehrtransformation in der Quantenmechanik besteht nach XI, § 10.5 gerade in dem Übergang $\varphi \to \bar{\varphi}$, wobei in (2.6.26) der Faktor $(-i)$ in (i) übergeht:

Die Gleichung (2.6.16) bleibt aber bei einer solchen Transformation $T \to \bar{T}$ invariant, d. h., $T \to \bar{T}$ führt zu keiner Bewegungsumkehr.

Das »übersichtliche« Verhalten des Temperaturausgleichs ist dadurch ermöglicht worden, daß wir einen »unendlich ausgedehnten« Körper betrachtet haben.

Für einen endlich ausgedehnten Körper muß man an der Oberfläche des Körpers Randbedingungen entsprechend der experimentellen Situation vorgeben, z. B. für einen isolierten Körper $\mathbf{s} \cdot \mathbf{n} = 0$ auf $\mathscr{F}$. Man kann dann wieder Lösungen der Form $g(t)\chi(\mathbf{r})$ von (2.6.16) suchen. Man erhält

$$\frac{\dot{g}}{g} = a \frac{\Delta\chi}{\chi}.$$

Da die linke Seite nur von t, die rechte nur von $\mathbf{r}$ abhängt, müssen beide Seiten eine Konstante sein. Wir setzen

$$(2.6.33) \qquad \dot{g} + ak^2 g = 0$$

und

$$(2.6.34) \qquad \Delta\chi + k^2\chi = 0.$$

(2.6.34) ist in $\mathscr{V}$ mit der Randbedingung
$$(2.6.35) \qquad \mathbf{n} \cdot \operatorname{grad} \chi = 0 \quad \text{auf } \mathscr{F}$$

zu lösen. Für ein *endliches* Gebiet $\mathscr{V}$ gibt es dann eine abzählbare Reihe von »Eigenwerten« k_n^2 und Lösungen $\chi_n(\mathbf{r})$, nach denen sich die allgemeine Lösung von (2.6.16) mit der Randbedingung $n \cdot \mathbf{s} = 0$ auf $\mathscr{F}$ entwickeln läßt:

$$(2.6.36) \qquad T(\mathbf{r}, t) = \sum_n a_n e^{-ak_n^2 t} \chi_n(\mathbf{r}).$$

(2.6.36) läßt sich aber im allgemeinen nicht so leicht diskutieren wie (2.6.28). In (2.6.36) geht eben die genaue Form des Gebietes $\mathscr{V}$ ein. Durch den Übergang zu einem *unendlichen* Gebiet hat man sich der vielleicht nicht interessierenden speziellen, auf die Form des Gebietes $\mathscr{V}$ und die Form der Randbedingungen zurückgehenden Effekte entledigt. Natürlich muß man bei solchen Übergängen zu unendlichen Gebieten »physikalisch sinnvoll« vorgehen, damit die mathematische Lösung für den Fall des unendlichen Gebietes zu einer guten Approximation realer physikalischer Prozesse bei »großen« Gebieten wird. Dies bedeutet, daß der »Limes« des unendlichen Gebietes nicht eindeutig festliegt, sondern erst in »physikalisch sinnvoller« Weise durch Forderungen über das Verhalten der Lösungen »im Unendlichen« festgelegt werden muß. Wir haben oben gefordert, daß $T(\mathbf{r}, t)$ für $\mathbf{r} \to \infty$ einen konstanten Wert T_∞ annimmt.

Solchen Überlegungen zu unendlichen Gebieten sind wir schon mehrfach begegnet: In VI, § 3 betrachteten wir die Wellenbewegung, falls die Flüssigkeit in der x_1- und x_2-Richtung »unendlich« ausgedehnt ist. In VIII, § 1 betrachteten wir elektrostatische bis »ins Unendliche« ausgedehnte Felder und mußten entsprechend VIII, § 1.5 Bedingungen für das Verhalten im Unendlichen stellen. In der stationären Streutheorie am Beginn von XI, § 9.3 wurden Lösungen der *Schrödinger*gleichung untersucht, die sich für $\mathbf{r} \to \infty$ wie eine ebene Welle plus einer auslaufenden Kugelwelle verhalten. Auch die nichtstationäre Streutheorie aus XI, § 9.1 betrachtet einen Limes »ins Unendliche«, nämlich $t \to \pm \infty$, obwohl jedes Experiment nur endliche Zeiten dauert; in XI, § 9.1 haben wir versucht, die physikalisch approximative Bedeutung dieses Limes $t \to \pm \infty$ zu schildern. Auch in diesem Band werden wir noch weiteren »Limites ins Unendliche« begegnen (siehe z. B. XV, § 9). Dabei ist aber immer zu beachten, daß diese Limites nicht »von alleine« definiert sind, sondern erst genauer definiert werden müssen, damit durch die Limites eine brauchbare physikalische Approximation an reale Prozesse erreicht wird *und* eine mathematisch geschicktere Beschreibungsweise ermöglicht wird.

§ 2.7. Die Navier-Stokesschen Gleichungen

Ein weiteres Beispiel, das Beispiel der phänomenologischen Theorie zur Beschreibung des irreversiblen Verhaltens von Gasen und Flüssigkeiten, soll eine Verbesserung (d. h. *umfangreichere* Theorie im Sinne von III, § 7) gegenüber der in VI, § 3.3 gegebenen Beschreibung der Bewegung einer inkompressiblen Flüssigkeit darstellen. Dieses Beispiel ist daher auch lehrreich, um daran die »Idealisierung« der Nebenbedingungen durch die Methode des *Lagrange*schen Variationsprinzips deutlich zu erkennen, so wie wir dieses Prinzip in V, § 3 erläutert haben.

Gegenüber der Beschreibung in VI, § 3.3 geben wir zwei Idealisierungen auf:

1. die Idealisierung der Inkompressibilität,

2. die Idealisierung der Reibungsfreiheit.

Wir müssen versuchen, eine Verbesserung des in VI, § 3.3 benutzten *Lagrange*schen Variationsprinzips zu erraten.

Zur Vereinfachung wollen wir jetzt nicht weiter den in VI, § 3.3 als »Schiff« bezeichneten, eingetauchten Körper betrachten. Das *Lagrange*sche Variationsprinzip aus VI, § 3.3 lautete*

$$
(2.7.1) \quad \delta \int_{t_1}^{t_2} dt \left[\tfrac{1}{2} \int_{\mathscr{V}_0} \dot{\mathbf{r}}(\alpha_1, \alpha_2, \alpha_3, t)^2 \, dm(\alpha_1, \alpha_2, \alpha_3) - \right.
$$
$$
\left. - g \int_{\mathscr{V}_0} \mathbf{r}(\alpha_1, \alpha_2, \alpha_3, t) \cdot \mathbf{j} \, dm(\alpha_1, \alpha_2, \alpha_3) \right] = 0
$$

mit der Nebenbedingung VI (3.3.7). Statt der Nebenbedingung VI (3.3.7) werden wir (2.7.1) durch eine Art »innere potentielle Energie« des Materials, d.h. der Flüssigkeit oder des Gases, ergänzen. Entsprechend den Überlegungen der vorigen §§ werden wir nur solche Nicht-Gleichgewichtszustände betrachten, für die praktisch jeder »kleine« Teil des Materials im Gleichgewicht ist; man sagt, daß »lokales« Gleichgewicht vorliegt. »Global«, d.h., für das *ganze* Material soll natürlich kein Gleichgewicht vorausgesetzt werden. Entsprechend dieser Voraussetzung des lokalen Gleichgewichts führen wir für jedes Massenelement *dm* eine innere Energie, eine Entropie und eine Temperatur ein.

Die innere Energie des Massenelementes *dm* setzen wir in der Form *Udm* an, wobei dann also U die innere Energie der Masseneinheit ist; entsprechend schreiben wir für die Entropie *Sdm*. Die Temperatur T des Massenelementes $dm(\alpha_1, \alpha_2, \alpha_3)$ wird also eine Funktion $T(\alpha_1, \alpha_2, \alpha_3, t)$. Wir müssen jetzt noch angeben, wovon U und S Funktionen sind. Da wir Flüssigkeiten und Gase betrachten, genügt es, (siehe § 1.3), neben der Temperatur T noch das Volumen V der Masseneinheit als Zustandsvariable zu benutzen. Das Volumen V der Masseneinheit wird dann ebenfalls eine Funktion $V(\alpha_1, \alpha_2, \alpha_3, t)$. $V(\alpha_1, \alpha_2, \alpha_3, t)$ ist aber nach VI (3.3.15) nichts anderes als

$$
(2.7.2) \quad V(\alpha_1, \alpha_2, \alpha_3, t) = \frac{dx_1 dx_2 dx_3}{dm(\alpha_1, \alpha_2, \alpha_3)} = \frac{1}{\mu\big(\mathbf{r}(\alpha_1, \alpha_2, \alpha_3, t), t\big)}
$$

mit $\mu(\mathbf{r}, t)$ als Massendichte des Materials an der Stelle $\mathbf{r}$ zur Zeit t.

Entsprechend der Annahme des lokalen Gleichgewichts schreiben wir

$$
(2.7.3) \quad S = S\big(V(\alpha_1, \alpha_2, \alpha_3, t), T(\alpha_1, \alpha_2, \alpha_3, t)\big)
$$

und

$$
(2.7.4) \quad U = U\big(V(\alpha_1, \alpha_2, \alpha_3, t), S\big),
$$

wobei $S(V, T)$ und $U(V, S) = U\big(V, S(V, T)\big)$ die als bekannt vorausgesetzten Gleichgewichtsgrößen des Materials sein sollen. Wir haben U als Funktion von V und S geschrieben, da es bei »Variationen« im *Lagrange*schen Variationsprinzip vernünftig erscheint, diese Variationen bei *konstantem S*, d.h.

---

* $\alpha_1, \alpha_2, \alpha_3$ sind dabei die drei Ortskoordinaten eines Massenelementes *dm* der Flüssigkeit zur Zeit $t = 0$. $\mathbf{j}$ ist der Vektor der Vertikalenrichtung.

ohne Übertragung von Wärme an die einzelnen Massenelemente durchzuführen.

Die Einführung der Inkompressibilität als Nebenbedingung lassen wir also fallen und verbessern die Theorie dadurch, daß wir in der eckigen Klammer in (2.7.1) einen Summanden

$$(2.7.5) \qquad - \int_{\mathcal{V}_0} U(V, S)\, dm(\alpha_1, \alpha_2, \alpha_3)$$

als eine Art »innere potentielle Energie« hinzufügen.

Damit haben wir die Idealisierung der Inkompressibilität beseitigt, aber noch nicht die Reibungskräfte berücksichtigt. Diese Reibungskräfte geben Anlaß zu einem δA_r, so daß wir also als *Lagrange*sches Variationsprinzip

$$
\begin{aligned}
(2.7.6) \qquad \delta \int_{t_1}^{t_2} &\left[\tfrac{1}{2} \int_{\mathcal{V}_0} \dot{\mathbf{r}}(\alpha_1, \alpha_2, \alpha_3, t)^2 \, dm(\alpha_1, \alpha_2, \alpha_3) \right. \\
&\quad - g \int_{\mathcal{V}_0} \mathbf{r}(\alpha_1, \alpha_2, \alpha_3, t) \cdot \mathbf{j}\, dm(\alpha_1, \alpha_2, \alpha_3) \\
&\quad \left. - \int_{\mathcal{V}_0} U(V, S)\, dm(\alpha_1, \alpha_2, \alpha_3) \right] dt + \\
&\quad + \int_{t_1}^{t_2} \delta A_r \, dt = 0
\end{aligned}
$$

ansetzen. Um die Form von δA_r zu finden, muß man von den Erfahrungen her einen Ansatz erraten. Wir wollen bei diesem »Rateprozeß« nicht einen Weg schildern, bei dem man mit möglichst wenig »Axiomen« für δA_r auskommt, sondern der Kürze wegen einen möglichst direkten Rateweg angeben.

Die Erfahrung zeigt, daß aneinander vorbeigleitende Flüssigkeitsschichten eine Kraft aufeinander ausüben, die (in erster Näherung) proportional zum Geschwindigkeitsunterschied der beiden Schichten ist. Betrachten wir (siehe Fig. 12) eine Strömung, deren Geschwindigkeit nur eine 2-Komponente hat! Die Geschwindigkeit möge aber in der 1-Richtung zunehmen. Mit (siehe VI (3.3.13))

$$(2.7.7) \qquad \mathbf{u}\big(\mathbf{r}(\alpha_1, \alpha_2, \alpha_3, t), t\big) = \dot{\mathbf{r}}(\alpha_1, \alpha_2, \alpha_3, t)$$

setzen wir also $u_1 = 0$, $u_3 = 0$ und

$$u_2 = u_2(x_1, t)$$

voraus. Auf das in Fig. 12 gezeichnete Flächenelement df mit der Normalenrichtung in 1-Richtung, wird von der Flüssigkeit oberhalb (in Fig. 12) dieses Flächenelementes eine Kraft in 2-Richtung ausgeübt, die um so größer ist, je stärker u_2 mit x_1 anwächst: die schnelleren Flüssigkeitsschichten versuchen die langsameren mitzunehmen. Es liegt daher nahe, für diese Kraft $d\mathbf{k}$ auf das Flächenelement df

(2.7.8) $dk_1 = dk_3 = 0$ und $dk_2 = \beta u_{2|1} df$

anzusetzen; dabei haben wir zur Abkürzung der Schreibweise für die Ableitungen einer Funktion $h(x_1, x_2, x_3)$

$$\frac{\partial h}{\partial x_\nu} = h_{|\nu}$$

geschrieben (siehe auch A IV (6) und A VII). β soll in (2.7.8) ein nur von der Dichte μ und Temperatur T abhängiger »Materialkoeffizient« sein.

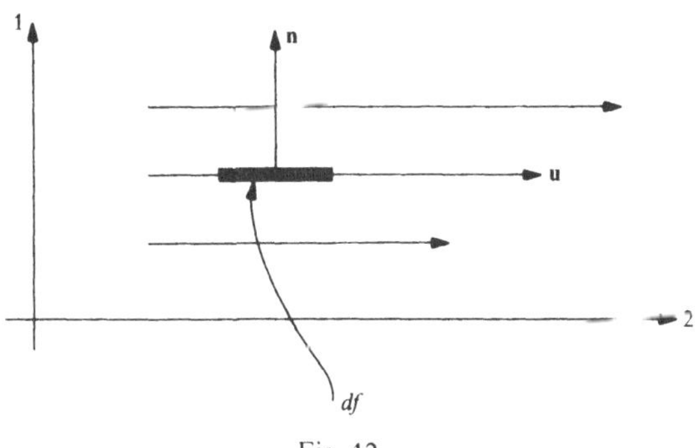

Fig. 12

Der Ansatz (2.7.8) zeigt, daß wir die Reibungskräfte in der Form von »Spannungen« darstellen können. In VI, § 3.3 (siehe Band 1, Seite 252) sind wir einem speziellen Fall solcher Spannungen in der Form des Druckes p begegnet, wobei

$$-\mathbf{n}p\,df$$

die Kraft auf ein Flächenelement df mit der Normalenrichtung $\mathbf{n}$ war. Allgemeiner haben wir in VIII, § 1.8 gesehen, daß Spannungen durch einen Tensor $S_{\nu\mu}$ zu beschreiben sind und der Druck durch den speziellen Tensor $S_{\nu\mu} = -\delta_{\nu\mu}p$. In VIII, § 4.1 und IX, § 6 haben wir weitere Spannungstensoren kennengelernt.

Der Ansatz (2.7.8) legt es nahe, die Reibungskräfte durch einen Spannungstensor $S_{\nu\mu}$ zu beschreiben, so daß die Reibungskraft auf ein Flächenelement allgemein in der Form

$$(2.7.9) \qquad dk_\nu = \sum_{\mu=1}^{3} S_{\nu\mu} n_\mu df$$

(mit **n** als Normalvektor des Flächenelementes *df*) dargestellt werden kann. (2.7.8) legt weiterhin nahe, daß $S_{v\mu}$ *linear* von dem Tensor $u_{v|\mu}$ abhängt (zum Tensorcharakter von $u_{v|\mu}$ siehe A VII). Wir wollen kurz skizzieren, daß folgender Ansatz durch die Erfahrungen nahegelegt wird:

$$(2.7.10) \qquad S_{v\mu} = \beta \left(u_{v|\mu} + u_{\mu|v} - \tfrac{2}{3} \delta_{v\mu} \sum_{\varrho} u_{\varrho|\varrho} \right)$$

mit dem schon in (2.7.8) benutzten (von der Temperatur T und der Dichte μ abhängigen) Materialkoeffizienten β, dem Koeffizienten der »inneren Reibung«.

Eine lineare Abhängigkeit der Spannungen $S_{v\mu}$ von dem Gradiententensor der Geschwindigkeit $u_{v|\mu}$ würde allgemein die Form haben:

$$(2.7.11) \qquad S_{v\mu} = \sum_{\varrho,\sigma} \beta_{v\mu,\varrho\sigma} u_{\varrho|\sigma}.$$

Die $\beta_{v\mu,\varrho\sigma}$ bestimmen im 9-dimensionalen »Vektorraum« der Tensoren zweiter Stufe eine lineare Transformation $\bar{\beta}$. (2.7.11) könnte man dann symbolisch in der Form

$$(2.7.12) \qquad s = \bar{\beta} u_{|}$$

schreiben, wobei s und $u_{|}$ »Vektoren« im 9-dimensionalen Vektorraum der Tensoren sind.

Da in Flüssigkeiten und Gasen keine Richtungen ausgezeichnet sind (dies gilt z. B. nicht mehr bei Kristallen!), sollte der Zusammenhang (2.7.12) drehinvariant sein; d. h.: mit α als Transformation der Tensoren bei einer räumlichen Drehung sollte (2.7.12) auch für die gedrehten Tensoren αs und $\alpha u_{|}$ gelten:

$$(2.7.13) \qquad \alpha s = \bar{\beta} \alpha u_{|}.$$

Durch Multiplikation von (2.7.12) mit α und Vergleich mit (2.7.13) folgt

$$(2.7.14) \qquad \alpha \bar{\beta} = \bar{\beta} \alpha,$$

d. h., daß α und $\bar{\beta}$ vertauschbare Transformationen sind. Da die Tensoren zweiter Stufe sich bei Drehungen wie das Produkt $y_v z_\mu$ zweier räumlicher Vektoren y_v, z_μ transformieren, und sich Vektoren (siehe XI, § 8.3) bei Drehungen wie die Kugelfunktion $Y_m^1 (m = -1, 0, 1)$ verhalten, entspricht dem Tensorraum bei Drehungen eine Darstellung der Drehgruppe, die zur »Addition zweier Drehimpulse $j_1 = 1$ und $j_2 = 1$ entsprechend den Ausführungen in XI, § 7.3 gehört (siehe auch XI, § 8.3). Den Tensorraum kann man also in drei irreduzible Teile zu den »Gesamtdrehimpulsen« 2, 1, 0 zerlegen.

Welches sind diese drei Teilräume? Man sieht leicht, daß die Spur

$$\sum_{v=1}^{3} S_{vv}$$

eines Tensors $S_{v\mu}$ bei Drehungen wie das innere Produkt $\sum_{v=1}^{3} y_v z_v$ eine Invariante ist (siehe A VII (4)), d.h. den eindimensionalen Teilraum zum »Gesamtdrehimpuls« Null aufspannt. Da sich $S_{v\mu} - S_{\mu v}$ bei Drehungen wie das äußere Produkt $y_v z_\mu - y_\mu z_v$ zweier Vektoren, d.h. wie ein Vektor transformiert, spannt der »antisymmetrische« Teil $S_{v\mu} - S_{\mu v}$ des Tensors $S_{v\mu}$ den dreidimensionalen Teilraum zum »Gesamtdrehimpuls« 1 auf. Der restliche, zu diesen beiden orthogonale $9 - (3+1) = 2 \cdot 2 + 1 = 5$-dimensionale Raum muß dann zum »Gesamtdrehimpuls« 2 gehören. Er wird also aufgespannt von

$$S_{v\mu} + S_{\mu v} - \tfrac{2}{3}\delta_{v\mu}\left(\sum_{\varrho=1}^{3} S_{\varrho\varrho} \right).$$

Dasselbe wie für den Tensor $S_{v\mu}$ gilt für $u_{v|\mu}$. Wegen (2.7.14) muß $\bar{\beta}$ in jedem der drei zum »Gesamtdrehimpuls« 2, 1, 0 gehörigen Teilräume wie ein Vielfaches des Einsoperators wirken, d.h. es muß drei Konstanten $\beta_2, \beta_1, \beta_0$ geben mit

$$\sum_{\varrho=1}^{3} S_{\varrho\varrho} = 3\beta_0 \sum_{\varrho=1}^{3} u_{\varrho|\varrho},$$

$$S_{v\mu} - S_{\mu v} = 2\beta_1 (u_{v|\mu} - u_{\mu|v}),$$

$$S_{v\mu} + S_{\mu v} - \tfrac{2}{3}\delta_{v\mu}\left(\sum_{\varrho=1}^{3} S_{\varrho\varrho} \right) = 2\beta_2 \left[u_{v|\mu} + u_{\mu|v} - \tfrac{2}{3}\delta_{v\mu}\left(\sum_{\varrho=1}^{3} u_{\varrho|\varrho} \right) \right].$$

Dies kann man zusammenfassen zu:

$$
S_{v\mu} = \beta_2 \left[u_{v|\mu} + u_{\mu|v} - \tfrac{2}{3}\delta_{v\mu}\left(\sum_{\varrho=1}^{3} u_{\varrho|\varrho} \right) \right]
$$
(2.7.15)
$$
+ \beta_1 (u_{v|\mu} - u_{\mu|v}) + \beta_0 \delta_{v\mu} \sum_{\varrho=1}^{3} u_{\varrho|\varrho}.
$$

Es gibt nun weitere Erfahrungsgründe, in der allgemeinen Beziehung (2.7.15) $\beta_1 = \beta_0 = 0$ zu setzen und damit (2.7.10) anzusetzen.

Der dritte Summand in (2.7.15) würde einen »Druck« darstellen, von dem wir aber annehmen, daß er schon voll durch die Einführung der »inneren potentiellen Energie« (2.7.5) im Variationsprinzip (2.7.6) beschrieben wird. Darum setzen wir in (2.7.15) $\beta_0 = 0$.

Rotiert eine Flüssigkeit (oder ein Gas) um eine Achse, so stellt sich ein Gleichgewicht ein wobei:

$$(2.7.16) \qquad \mathbf{u}(\mathbf{r}) = \mathbf{w} \times \mathbf{r}$$

ist mit $\mathbf{w}$ als Vektor der Winkelgeschwindigkeit. Sei speziell das Koordinatensystem so gelegt, daß $w_1 = w_2 = 0$ ist, so folgt aus (2.7.16) mit $w_3 = w$:

$$u_1 = -wx_2, \quad u_2 = wx_1, \quad u_3 = 0$$

und damit

$$\sum_{\varrho=1}^{3} u_{\varrho|\varrho} = 0,$$

$$u_{\nu|\mu} + u_{\mu|\nu} = 0,$$

$$u_{1|2} - u_{2|1} = -w, \quad u_{2|3} - u_{3|2} = u_{3|1} - u_{1|3} = 0.$$

Nach (2.7.15) würde man als Reibungsspannung

$$S_{12} = -\beta_1 w, \quad S_{21} = \beta_1 w$$

alle anderen $S_{\nu\mu} = 0$ erhalten. Nach der Erfahrung tritt aber keine die Rotation bremsende Reibung auf. Darum setzen wir $\beta_1 = 0$.

Damit nimmt (2.7.15) die Form (2.7.10) an. Wenden wir die Form (2.7.15) mit $\beta_0 = \beta_1 = 0$ auf den Fall aus Fig. 12 an, so wird (da nur $u_{2|1}$ von Null verschieden ist und $\mathbf{n}$ in der 1-Richtung liegt)

$$dk_1 = S_{11} df = 0, \quad dk_3 = S_{31} df = 0$$

und

$$dk_2 = S_{21} df = \beta_2 u_{2|1} df.$$

β_2 ist also gleich dem in (2.7.8) eingeführten β zu setzen. Damit ist skizziert, wie man zu dem Ansatz (2.7.10) für den Tensor der Reibungskräfte kommen kann.

Aus (2.7.10) folgt für die Reibungskraft auf ein Gebiet $\mathscr{V}$ mit Hilfe des *Gauß*schen Satzes (siehe A II):

$$\int_{\mathscr{F}} S_{\nu\mu} n_\mu df = \int_{\mathscr{V}} \sum_{\mu=1}^{3} S_{\nu\mu|\mu} dx_1 dx_2 dx_3,$$

wobei $\mathscr{F}$ die Oberfläche des Gebietes $\mathscr{V}$ ist.

Mit der Verrückung $\boldsymbol{\eta} = \delta\mathbf{r}$ nach VI (3.3.2) erhalten wir also für δA_r in (2.7.6):

$$(2.7.17) \qquad \delta A_r = \int_{\mathscr{V}_t} \sum_{\mu,\nu} S_{\nu\mu|\mu} \eta_\nu dx_1 dx_2 dx_3$$

mit $S_{\nu\mu}$ nach (2.7.10); dabei ist $\mathscr{V}_t$ das Gebiet, in das das Gebiet $\mathscr{V}_0$ zur Zeit $t=0$ durch die Strömung der Flüssigkeit (oder des Gases) zur Zeit t übergeht.

Zur Gewinnung der Bewegungsgleichungen ist die Variation in (2.7.6) auszuführen. Da die Berechnung der Variation der ersten beiden Summanden schon in VI, § 3.3 durchgeführt wurde, ist nur noch

$$(2.7.18) \qquad \delta \int_{\mathscr{V}_0} U(V, S)\, dm(\alpha_1, \alpha_2, \alpha_3)$$

zu berechnen, wobei S konstant zu halten ist.

(2.7.18) geht über in

$$(2.7.19) \qquad \int_{\mathscr{V}_0} \left(\frac{\partial U}{\partial V}\right)_S \delta V dm(\alpha_1, \alpha_2, \alpha_3).$$

Aus $dU = -p dV + T dS$ folgt $\left(\dfrac{\partial U}{\partial V}\right)_S = -p$. Um δV zu berechnen, gehen wir aus von (mit $\tilde{V}_t$ als Volumen des Gebietes $\mathscr{V}_t$)

$$(2.7.20) \qquad \tilde{V}_t = \int_{\mathscr{V}_t} dx_1 dx_2 dx_3 = \int_{\mathscr{V}_0} D(\alpha_1, \alpha_2, \alpha_3, t)\, d\alpha_1 d\alpha_2 d\alpha_3,$$

wobei wir in VI (3.3.8) die Funktionaldeterminante

$$\frac{\partial(x_1, x_2, x_3)}{\partial(\alpha_1, \alpha_2, \alpha_3)}$$

durch $D(\alpha_1, \alpha_2, \alpha_3, t)$ abgekürzt haben. Mit $\delta D(\ldots) = D \operatorname{div} \boldsymbol{\eta}$ (siehe die Berechnung von δK in VI (3.3.11)) folgt aus (2.7.20):

$$(2.7.21) \qquad \delta \tilde{V}_t = \int_{\mathscr{V}_0} D \operatorname{div} \boldsymbol{\eta}\, d\alpha_1 d\alpha_2 d\alpha_3.$$

Andererseits ist mit V als Volumen der Masseneinheit zur Zeit t:

$$\tilde{V}_t = \int_{\mathscr{V}_0} V dm(\alpha_1, \alpha_2, \alpha_3)$$

und damit (zusammen mit VI (3.3.15)):

$$(2.7.22) \qquad \delta \tilde{V}_t = \int_{\mathscr{V}_0} \delta V dm(\alpha_1, \alpha_2, \alpha_3).$$

Da $\mathscr{V}_0$ beliebig ist, folgen aus (2.7.21), (2.7.22)

$$\delta V dm(\alpha_1, \alpha_2, \alpha_3) = D \operatorname{div} \boldsymbol{\eta}\, d\alpha_1 d\alpha_2 d\alpha_3;$$

damit geht (2.7.19) über in

$$(2.7.23) \qquad -\int_{\mathscr{V}_0} p(\operatorname{div} \boldsymbol{\eta}) D d\alpha_1 d\alpha_2 d\alpha_3 = -\int_{\mathscr{V}_t} p \operatorname{div} \boldsymbol{\eta}\, dx_1 dx_2 dx_3.$$

Damit erhält man aus (2.7.6) für die ersten drei Summanden dasselbe wie in VI (3.3.16), nur daß der Druck p jetzt durch die Zustandsgleichung des Materials gegeben wird, d.h. auch von der Temperatur abhängt. Aus (2.7.6) folgt also unter Verwendung der Ergebnisse aus VI (3.3.16) und mit (2.7.17):

$$0 = \int_{t_1}^{t_2} dt \left\{ - \int_{\mathcal{V}_t} \mu \sum_\nu \left[\frac{\partial u_\nu}{\partial t} + \sum_\mu u_\mu u_{\nu|\mu} \right] \eta_\nu dx_1 dx_2 dx_3 \right.$$

$$(2.7.24) \qquad - \int_{\mathcal{V}_t} g\mu \mathbf{j} \cdot \boldsymbol{\eta} dx_1 dx_2 dx_3 + \int p \operatorname{div} \boldsymbol{\eta} dx_1 dx_2 dx_3$$

$$\left. + \int_{\mathcal{V}_t} \sum_{\mu,\nu} S_{\nu\mu|\mu} \eta_\nu dx_1 dx_2 dx_3 \right\}.$$

Nach partieller Integration des dritten Summanden in der Form VI (3.3.17) folgt dann aus (2.7.24) die Bewegungsgleichung:

$$(2.7.25) \qquad \mu \left(\frac{\partial u_\nu}{\partial t} + \sum_\varrho u_{\nu|\varrho} u_\varrho \right) + g\mu j_\nu + p_{|\nu} - \sum_\mu S_{\nu\mu|\mu} = 0$$

mit $S_{\nu\mu}$ nach (2.7.10). Man vergleiche (2.7.25) mit VI (3.3.22)! Im Gegensatz zu VI, § 3.3 tritt zu (2.7.25) keine Nebenbedingung der Inkompressibilität auf. Der Druck p folgt vielmehr aus der Zustandsgleichung

$$(2.7.26) \qquad p = p(V, T)$$

als Funktion von $T(\mathbf{r}, t)$ und $V(\mathbf{r}, t) = \mu(\mathbf{r}, t)^{-1}$. Zu (2.7.25) tritt aber hinzu der schon in VI, § 3.3 hergeleitete »Massenerhaltungssatz« VI (3.3.28 b):

$$(2.7.27) \qquad \frac{\partial \mu}{\partial t} + \operatorname{div}(\mu \mathbf{u}) = 0.$$

Für die Funktionen $\mathbf{u}(\mathbf{r}, t)$, $\mu(\mathbf{r}, t)$, $T(\mathbf{r}, t)$ fehlt uns also neben (2.7.25), (2.7.26), (2.7.27) noch eine Gleichung, die etwas über die Temperatur $T(\mathbf{r}, t)$ aussagt, da sonst p in (2.7.25) unbestimmt bleibt. Dazu müssen wir auf die Massenelemente den ersten Hauptsatz, d.h. den Energiesatz anwenden, da Änderungen der inneren Energie zu Temperaturänderungen führen.

Betrachten wir wieder ein Gebiet $\mathcal{V}_0$ der Flüssigkeit, bzw. des Gases! Die Energie dieses Gebietes setzt sich zusammen aus der kinetischen Energie, der potentiellen Energie im Schwerefeld und der inneren Energie:

$$E_{\mathcal{V}_0} = \tfrac{1}{2} \int_{\mathcal{V}_0} \dot{\mathbf{r}}^2(\alpha_1, \alpha_2, \alpha_3, t) \, dm(\alpha_1, \alpha_2, \alpha_3) +$$

$$(2.7.28) \qquad + g \int_{\mathcal{V}_0} \mathbf{r}(\alpha_1, \alpha_2, \alpha_3, t) \cdot \mathbf{j} dm(\alpha_1, \alpha_2, \alpha_3) + \int_{\mathcal{V}_0} U dm(\alpha_1, \alpha_2, \alpha_3).$$

Der Energiesatz lautet dann

$$(2.7.29) \qquad \frac{dE_{\mathcal{V}_0}}{dt} = \frac{\delta A_{\mathcal{V}_0}}{dt} + \frac{\delta Q_{\mathcal{V}_0}}{dt}.$$

Da auf die Oberfläche $\mathcal{F}_t$ des Gebietes $\mathcal{V}_t$ (in das $\mathcal{V}_0$ zur Zeit t übergegangen ist), die Kräfte $-p\mathbf{n}df$ und $\sum_\mu S_{\nu\mu}n_\mu df$ wirken, ist

$$(2.7.30) \qquad \begin{aligned}\frac{\delta A_{\mathcal{V}_0}}{\delta t} &= -\int_{\mathcal{F}_t} p\mathbf{u}\cdot\mathbf{n}df + \int_{\mathcal{F}_t}\sum_{\nu,\mu} u_\nu S_{\nu\mu}n_\mu df \\ &= \int_{\mathcal{V}_t}\left[-\operatorname{div}(p\mathbf{u}) + \sum_{\nu,\mu}(u_\nu S_{\nu\mu})_{|\mu}\right]dx_1 dx_2 dx_3,\end{aligned}$$

wobei die letzte Zeile durch Anwendung des *Gauß*schen Satzes (siehe A II) entsteht.

Mit VI (3.3.14) folgt

$$\frac{d}{dt}\frac{1}{2}\int_{\mathcal{V}_0}\dot{\mathbf{r}}^2 dm = \int_{\mathcal{V}_0}\dot{\mathbf{r}}\cdot\ddot{\mathbf{r}}dm =$$

$$= \int_{\mathcal{V}_t}\mathbf{u}\cdot\left(\frac{\partial\mathbf{u}}{\partial t} + \sum_\mu u_\mu\frac{\partial\mathbf{u}}{\partial x_\mu}\right)\mu dx_1 dx_2 dx_3$$

und daraus mit (2.7.25):

$$(2.7.31) \qquad \frac{d}{dt}\frac{1}{2}\int_{\mathcal{V}_0}\dot{\mathbf{r}}^2 dm = \int_{\mathcal{V}_t}\left[-\mathbf{u}\cdot\operatorname{grad} p - g\mu\mathbf{u}\cdot\mathbf{j} + \sum_{\nu,\mu} u_\nu S_{\nu\mu|\mu}\right]dx_1 dx_2 dx_3.$$

Leicht folgt

$$(2.7.32) \qquad \frac{d}{dt}g\int_{\mathcal{V}_0}\mathbf{r}\cdot\mathbf{j}dm = g\int_{\mathcal{V}_0}\dot{\mathbf{r}}\cdot\mathbf{j}dm = g\int_{\mathcal{V}_t}\mu\mathbf{u}\cdot\mathbf{j}dx_1 dx_2 dx_3.$$

(2.7.28), (2.7.29), (2.7.30), (2.7.31), (2.7.32) ergeben zusammen:

$$(2.7.32) \qquad \frac{d}{dt}\int_{\mathcal{V}_0} U dm = \int_{\mathcal{V}_t}\left[-p\operatorname{div}\mathbf{u} + \sum_{\nu,\mu}S_{\nu\mu}u_{\nu|\mu}\right]dx_1 dx_2 dx_3 + \frac{\delta Q_{\mathcal{V}_0}}{dt}.$$

Genau wie in (2.6.11) machen wir für $\delta Q_{\mathcal{V}_0}/dt$ mit einem Wärmestromvektor $\mathbf{s}$ den Ansatz

$$(2.7.33) \qquad \frac{\delta Q_{\mathcal{V}_0}}{dt} = -\int_{\mathcal{F}_t}\mathbf{s}\cdot\mathbf{n}df = -\int_{\mathcal{V}_t}\operatorname{div}\mathbf{s}dx_1 dx_2 dx_3,$$

wobei $\mathscr{F}_t$ die Oberfläche des Gebietes $\mathscr{V}_t$ ist. (2.7.32) lautet dann mit (2.7.33)

$$(2.7.34) \quad \frac{d}{dt} \int_{\mathscr{V}_0} U\, dm\,(\alpha_1, \alpha_2, \alpha_3) = $$
$$= \int_{\mathscr{V}_t} \left[-p\, \text{div}\, \mathbf{u} + \sum_{\nu,\mu} S_{\nu\mu} u_{\nu|\mu} - \text{div}\, \mathbf{s} \right] dx_1 dx_2 dx_3.$$

Auf der linken Seite denken wir uns jetzt U als Funktion von V und T. Damit wird unter Benutzung der Wärmekapazität c_V pro Masseneinheit mit (1.5.8) und (1.5.5):

$$(2.7.35) \quad \frac{d}{dt} \int_{\mathscr{V}_0} U\, dm = \int_{\mathscr{V}_0} \left(T \frac{\partial p}{\partial T} - p \right) \frac{dV}{dt}\, dm + \int_{\mathscr{V}_0} c_V \frac{dT}{dt}\, dm.$$

Aus $T(\mathbf{r}(\alpha_1, \alpha_2, \alpha_3, t), t)$ folgt

$$\frac{dT}{dt} = \frac{\partial T}{\partial t} + \mathbf{u} \cdot \text{grad}\, T.$$

Ebenso

$$\frac{dV}{dt} = \frac{\partial V}{\partial t} + \mathbf{u} \cdot \text{grad}\, V,$$

wobei noch $V = \mu^{-1}$ zu setzen ist:

$$\frac{dV}{dt} = -\frac{1}{\mu^2} \left[\frac{\partial \mu}{\partial t} + \mathbf{u} \cdot \text{grad}\, \mu \right].$$

Aus (2.7.35) folgt damit:

$$\frac{d}{dt} \int_{\mathscr{V}_0} U\, dm = -\int_{\mathscr{V}_t} \left(T \frac{\partial p}{\partial T} - p \right) \frac{1}{\mu^2} \left(\frac{\partial \mu}{\partial t} + \mathbf{u} \cdot \text{grad}\, \mu \right) \mu\, dx_1 dx_2 dx_3$$
$$+ \int_{\mathscr{V}_t} c_V \left(\frac{\partial T}{\partial t} + \mathbf{u} \cdot \text{grad}\, T \right) \mu\, dx_1 dx_2 dx_3$$

Aus (2.7.34) folgt somit schließlich:

$$\int_{\mathscr{V}_t} \mu c_V \left(\frac{\partial T}{\partial t} + \mathbf{u} \cdot \text{grad}\, T \right) dx_1 dx_2 dx_3 + \int_{\mathscr{V}_t} \left[\frac{1}{\mu} \left(p - T \frac{\partial p}{\partial T} \right) \cdot \right.$$
$$\cdot \left(\frac{\partial \mu}{\partial t} + \mathbf{u} \cdot \text{grad}\, \mu \right) + p\, \text{div}\, \mathbf{u} - \sum_{\nu,\mu} S_{\nu\mu} u_{\nu|\mu} +$$
$$\left. + \text{div}\, \mathbf{s} \right] dx_1 dx_2 dx_3 = 0.$$

Da dies für alle $\mathscr{V}_t$ gilt, folgt

$$\mu c_V \left(\frac{\partial T}{\partial t} + \mathbf{u} \cdot \operatorname{grad} T \right) +$$

(2.7.36)
$$+ \frac{1}{\mu} \left(p - T \frac{\partial p}{\partial T} \right) \left(\frac{\partial \mu}{\partial t} + \mathbf{u} \cdot \operatorname{grad} \mu \right) +$$

$$+ p \operatorname{div} \mathbf{u} - \sum_{v,\mu} S_{v\mu} u_{v|\mu} + \operatorname{div} \mathbf{s} = 0.$$

Benutzen wir noch die aus (2.7.27) folgende Gleichung

$$\frac{\partial \mu}{\partial t} + \mathbf{u} \cdot \operatorname{grad} \mu + \mu \operatorname{div} \mathbf{u} = 0,$$

so können wir statt (2.7.36) schließlich schreiben:

$$\mu c_V \left(\frac{\partial T}{\partial t} + \mathbf{u} \cdot \operatorname{grad} T \right) + T \frac{\partial p}{\partial T} \operatorname{div} \mathbf{u} -$$

(2.7.37)
$$- \sum_{v,\mu} S_{v\mu} u_{v|\mu} + \operatorname{div} \mathbf{s} = 0.$$

Setzen wir zur Abkürzung

$$v_{v\mu} = u_{v|\mu} + u_{\mu|v} - \tfrac{2}{3} \delta_{v\mu} \operatorname{div} \mathbf{u},$$

so ist die Spur des Tensors $v_{v\mu}$:

$$\sum_v v_{vv} = 0.$$

Da $v_{v\mu} = v_{\mu v}$ ist, folgt mit (2.7.10)

$$\sum_{v,\mu} S_{v\mu} u_{v|\mu} = \beta \sum_{v,\mu} v_{v\mu} u_{v|\mu} = \tfrac{1}{2} \beta \sum_{v,\mu} v_{v\mu} (u_{v|\mu} + u_{\mu|v}).$$

Mit $\sum_{v,\mu} v_{v\mu} \delta_{v\mu} = \sum_v v_{vv} = 0$ folgt weiter

$$\sum_{v,\mu} S_{v\mu} u_{v|\mu} =$$

$$= \tfrac{1}{2} \beta \sum_{v,\mu} v_{v\mu} (u_{v|\mu} + u_{\mu|v} - \tfrac{2}{3} \delta_{v\mu} \operatorname{div} \mathbf{u}) = \tfrac{1}{2} \beta \sum_{v,\mu} v_{v\mu}^2.$$

(2.7.37) geht damit über in

$$\mu c_V \left(\frac{\partial T}{\partial t} + \mathbf{u} \cdot \operatorname{grad} T \right) + T \frac{\partial p}{\partial T} \operatorname{div} \mathbf{u} -$$

(2.7.38)
$$- \tfrac{1}{2} \sum_{v,\mu} [u_{v|\mu} + u_{\mu|v} - \tfrac{2}{3} \delta_{v\mu} \operatorname{div} \mathbf{u}]^2 + \operatorname{div} \mathbf{s} = 0.$$

Für **s** machen wir denselben Ansatz wie in (2.6.15) mit einem (von μ und T abhängigen) Wärmeleitungskoeffizienten σ. (2.7.38) geht damit über in:

$$\mu c_V\left(\frac{\partial T}{\partial t}+\mathbf{u}\cdot\operatorname{grad} T\right)+T\frac{\partial p}{\partial T}\operatorname{div}\mathbf{u}-$$

$$(2.7.39)\qquad -\tfrac{1}{2}\beta\sum_{\nu,\mu}[u_{\nu|\mu}+u_{\mu|\nu}-\tfrac{2}{3}\delta_{\nu\mu}\operatorname{div}\mathbf{u}]^2-\operatorname{div}[\sigma\operatorname{grad} T]=0.$$

(2.7.25) mit (2.7.10), (2.7.26), (2.7.27), (2.7.39) stellen ein ausreichendes System von Gleichungen für $\mathbf{u}(\mathbf{r}, t)$, $\mu(\mathbf{r}, t)$, $T(\mathbf{r}, t)$ dar, die sogenannten *Navier-Stokes*schen Gleichungen. Neben der Zustandsgleichung (2.7.26) gehen in die *Navier-Stokes*schen Gleichungen auch noch die Materialkoeffizienten $c_V(V, T)$, $\beta(V, T)$ und $\sigma(V, T)$ ein, die alle nur durch Messungen bestimmt werden können. Oft kann man (in gewissen Temperatur- und Dichtebereichen) c_V, β, σ als konstant ansetzen. Damit vereinfachen sich die *Navier-Stokes*schen Gleichungen (2.7.25) und (2.7.39) zu:

$$(2.7.40)\qquad \mu\left(\frac{\partial\mathbf{u}}{\partial t}+\sum_\varrho u_\varrho\frac{\partial\mathbf{u}}{\partial x_\varrho}\right)+g\mu\mathbf{j}+\operatorname{grad} p-\beta(\Delta\mathbf{u}+\tfrac{1}{3}\operatorname{grad}\operatorname{div}\mathbf{u})=0,$$

$$\mu c_V\left(\frac{\partial T}{\partial t}+\mathbf{u}\cdot\operatorname{grad} T\right)+T\left(\frac{\partial p}{\partial T}\right)_V\operatorname{div}\mathbf{u}-$$

$$(2.7.41)\qquad -\tfrac{1}{2}\beta\sum_{\nu,\mu}[u_{\nu|\mu}+u_{\mu|\nu}-\tfrac{2}{3}\delta_{\nu\mu}\operatorname{div}\mathbf{u}]^2-\sigma\Delta T=0.$$

Ein Punkt z im Zustandsraum Z der Hydrodynamik ist also ein Tripel von Feldern $z=[\mathbf{u}(\mathbf{r}), \mu(\mathbf{r}), T(\mathbf{r})]$. Die *Navier-Stokes*schen Gleichungen bestimmen eine Trajektorie $z(t)$ in Z, nämlich

$$z(t)=[\mathbf{u}(\mathbf{r}, t), \mu(\mathbf{r}, t), T(\mathbf{r}, t)].$$

Wir wollen als erstes nachweisen, daß die *Navier-Stokes*schen Gleichungen ein irreversibles Verhalten beschreiben, indem wir die Änderung der Entropie berechnen. Dazu gehen wir auf (2.7.34) zurück und fassen jetzt U auf der linken Seite als Funktion von V und S auf. Damit geht wegen

$$\frac{dU}{dt}=-p\frac{dV}{dt}+T\frac{dS}{dt}$$

die linke Seite von (2.7.34) über in

$$\frac{d}{dt}\int_{\mathcal{V}_0} U\,dm=\int_{\mathcal{V}_t} p\frac{1}{\mu}\left(\frac{\partial\mu}{\partial t}+\mathbf{u}\cdot\operatorname{grad}\mu\right)dx_1dx_2dx_3+\int_{\mathcal{V}_0} T\frac{dS}{dt}\,dm.$$

Benutzt man wie oben (2.7.27), so folgt

$$\frac{d}{dt} \int_{\mathscr{V}_0} U dm = - \int_{\mathscr{V}_t} p \operatorname{div} \mathbf{u} dx_1 dx_2 dx_3 + \int_{\mathscr{V}_0} T \frac{dS}{dt} dm$$

und zusammen mit (2.7.34)

$$(2.7.42) \qquad \int_{\mathscr{V}_0} T \frac{dS}{dt} dm = \int_{\mathscr{V}_t} \left[\sum_{v,\mu} S_{v\mu} u_{v|\mu} - \operatorname{div} \mathbf{s} \right] dx_1 dx_2 dx_3 .$$

Schreiben wir $S = S(\mathbf{r}(\alpha_1, \alpha_2, \alpha_3, t), t)$, so wird

$$\frac{dS}{dt} = \frac{\partial S}{\partial t} + \mathbf{u} \cdot \operatorname{grad} S$$

und aus (2.7.42) folgt

$$\int_{\mathscr{V}_t} T \left(\frac{\partial S}{\partial t} + \mathbf{u} \cdot \operatorname{grad} S \right) \mu dx_1 dx_2 dx_3 =$$

$$= \int_{\mathscr{V}_t} \left[\sum_{v,\mu} S_{v\mu} u_{v|\mu} - \operatorname{div} \mathbf{s} \right] dx_1 dx_2 dx_3 .$$

Da dies für alle Gebiete $\mathscr{V}_t$ gilt, folgt schließlich

$$(2.7.43) \qquad \mu \left(\frac{\partial S}{\partial t} + \mathbf{u} \cdot \operatorname{grad} S \right) = \frac{1}{T} \sum_{v,\mu} S_{v\mu} u_{v|\mu} - \frac{1}{T} \operatorname{div} \mathbf{s} .$$

Führen wir statt der Entropie S pro Masseneinheit die Entropiedichte (d.h. die Entropie pro Volumeneinheit)

$$(2.7.44) \qquad \bar{S} = \mu S$$

ein, so kann man mit (2.7.27) die linke Seite von (2.7.43) umrechnen und erhält statt (2.7.43):

$$\frac{\partial \bar{S}}{\partial t} + \operatorname{div} (\bar{S} \mathbf{u}) + \frac{1}{2} \frac{\beta}{T} \sum_{v,\mu} \left[u_{v|\mu} + u_{\mu|v} - \frac{2}{3} \delta_{v\mu} \operatorname{div} \mathbf{u} \right]^2 +$$

$$(2.7.44) \qquad \qquad + \frac{1}{T} \operatorname{div} (\sigma \operatorname{grad} T).$$

Da

$$\int_{\mathscr{V}_0} S dm = \int_{\mathscr{V}_t} S \mu dx_1 dx_2 dx_3 = \int_{\mathscr{V}_t} \bar{S} dx_1 dx_2 dx_3$$

ist, erhält man für die gesamte Entropie S_g des Systems:

$$\frac{dS_g}{dt} = \frac{d}{dt} \int_{\mathscr{V}_g} \bar{S} dx_1 dx_2 dx_3 ,$$

wobei über das gesamte vom System eingenommene Gebiet $\mathscr{V}_g$ zu integrieren ist. Nehmen wir der Einfachheit halber an, daß das System thermisch isoliert ist und $\mathscr{V}_g$ zeitlich konstant ist (z. B. ein Gas, das in einem festen Gebiet $\mathscr{V}_g$ eingeschlossen ist), so wird mit der Normalen $\mathbf{n}$ der Oberfläche von $\mathscr{V}_g$:

$$\mathbf{n} \cdot (\bar{S}\mathbf{u}) = 0, \quad \mathbf{n} \cdot \mathbf{s} = -\sigma\mathbf{n} \cdot \operatorname{grad} T = 0.$$

Zusammen mit (2.7.44) und dem *Gauß*schen Satz, bzw. nach partieller Integration folgt dann:

$$(2.7.45) \qquad \frac{dS_g}{dt} = \int_{\mathscr{V}_g} \frac{1}{2}\, \frac{\beta}{T} \sum_{\nu,\mu} \left[u_{\nu|\mu} + u_{\mu|\nu} - \frac{2}{3}\, \delta_{\nu\mu} \operatorname{div} \mathbf{u} \right]^2 dx_1 dx_2 dx_3 + {} \\ + \int_{\mathscr{V}_g} \frac{\sigma}{T^2}\, (\operatorname{grad} T)^2\, dx_1 dx_2 dx_3.$$

Mit $\beta > 0$, $\sigma > 0$ ergibt sich also aus (2.7.45)

$$\frac{dS_g}{dt} \geq 0,$$

d.h. eine Vermehrung der Entropie durch die Reibungskräfte und durch die Wärmeleitung.

Wir wollen hier nicht exakt beweisen, was man auf Grund von (2.7.45) vermutet: Ist die Flüssigkeit (oder das Gas) durch eine feste, ruhende Wand eingeschlossen, an der als Randbedingung $\mathbf{u} = 0$ gilt, so strebt jede Lösung $z(t) = [\mathbf{u}(\mathbf{r}, t), \mu(\mathbf{r}, t), T(\mathbf{r}, t)]$ mit wachsendem t einem Gleichgewicht zu, d.h. für $t \to \infty$ gilt

$$\mathbf{u}(\mathbf{r}, t) \to 0,$$

$$\mu(\mathbf{r}, t) \to \mu_0,$$

$$T(\mathbf{r}, t) \to T_0.$$

Die *Navier-Stokes*schen Gleichungen beschreiben einen sehr weiten Komplex von Erfahrungen, wenn man sie noch durch entsprechende Randbedingungen ergänzt. Wir haben hier der Einfachheit halber die Diskussion von Randbedingungen im allgemeinen unterdrückt; die Überlegungen aus VI, § 3.3 und das eine Beispiel weiter unten können als Hinweise für das Aufstellen von Randbedingungen dienen.

Der Leser kann nicht erwarten, daß wir auch nur einen annähernden Überblick über die Vielfalt der Anwendungen der *Navier-Stokes*schen Gleichungen geben werden. Ganze Bereiche der Technik »hängen« von diesen Gleichungen »ab«. Deshalb sei nur beispielhaft auf einen einzigen solchen technischen Bereich verwiesen: Der Bau unserer modernen Flugzeuge jeder Art, vom

Segelflugzeug bis zum Überschallflugzeug, ist bestimmt durch die Anwendung der *Navier-Stokes*schen Gleichungen, da sie die Strömung der Luft »sehr gut« beschreiben. Um sich über das Problem der Anwendung einer Theorie und dem damit verknüpften Aufwand noch einmal bewußt zu werden, lese man nochmals VI, § 3.4.

Wie jede Theorie, so hat auch die Theorie der *Navier-Stokes*schen Gleichungen ihren Anwendungsbereich (Grundbereich $\mathfrak{G}$; siehe III, §§ 1, 4 und 7; man pflegt die Objekte dieses Grundbereiches als »isotrope *Newton*körper« zu bezeichnen, wie z.B. in [8] näher nachzulesen). Es ist nützlich, sich auch dies immer wieder ins Bewußtsein zu rufen. Um einen noch konkreteren Hinweis auf nicht mehr durch die *Navier-Stokes*schen Gleichungen beschreibbare Prozesse zu geben, denken wir an die Voraussetzung des »lokalen Gleichgewichts«. Diese Voraussetzung ist z.B. nicht mehr erfüllt beim Eintauchen von Raumschiffen in die obere Atmosphäre, da die Störung der Luft so groß ist, daß sich in der Nähe des Raumschiffes wegen der geringen Luftdichten kein lokales Gleichgewicht »schnell genug« im Vergleich zur Bewegung des Raumschiffes einstellen kann.

Um aber nun in bezug auf Anwendungen der *Navier-Stokes*schen Gleichungen, von denen Lösungen wegen der Nichtlinearität der Gleichungen nur schwer zu erarbeiten sind, nicht nur auf andere Literatur [8] hinzuweisen, seien zwei Beispiele vorgeführt, von denen das eine, das *Stokes*sche Gesetz, mehr experimentell, das andere, die Ausbreitung des Schalles, auch im größeren theoretischen Zusammenhang (siehe z.B. IX, § 3) von Bedeutung ist.

Das *Stokes*sche Gesetz bezieht sich auf die stationäre Bewegung einer Kugel in einer zähen, inkompressiblen Flüssigkeit. Die Kugel bewege sich also mit konstanter Geschwindigkeit v in Richtung $-\mathbf{j}$ mit $\mathbf{j}$ als Normale zur Erdoberfläche. Bei geeigneter Wahl des Koordinatennullpunktes gilt also für den Ort $\mathbf{R}(t)$ des Kugelmittelpunktes

$$(2.7.48) \qquad \mathbf{R}(t) = -v\mathbf{j}t.$$

Für die Strömungsgeschwindigkeit $\mathbf{u}$ machen wir den Ansatz:

$$(2.7.49) \qquad \mathbf{u}(\mathbf{r},\, t) = -v\mathbf{j} + \mathbf{u}'(\mathbf{r} + v\mathbf{j}t), \quad \mathbf{r}' = \mathbf{r} + v\mathbf{j}t,$$

wobei $\mathbf{u}'(\mathbf{r}')$ nicht explizit von der Zeit t abhängt. (2.7.49) drückt aus, daß vom Kugelmittelpunkt aus betrachtet die Geschwindigkeit der Flüssigkeit $\mathbf{u}'(\mathbf{r}')$ ist, d.h. nicht von der Zeit abhängt. $\mathbf{u}'(\mathbf{r}')$ beschreibt das Geschwindigkeitsfeld einer sogenannten stationären Strömung.

Da wir das eventuell vorhandene Gefäß, in dem die Flüssigkeit ruht, als sehr groß gegenüber der Kugel annehmen wollen, ersetzen wir die realen Randbedingungen am Rand des Gefäßes durch die »idealisierte«, daß $\mathbf{u}(\mathbf{r},\, t) \to 0$

für $|\mathbf{r}| \to \infty$ geht. Daraus folgt:

(2.7.50) $\mathbf{u}'(\mathbf{r}') \to v\mathbf{j}$ für $|\mathbf{r}'| \to \infty$.

An der Oberfläche der Kugel, die den Radius R haben möge, d.h. für $|\mathbf{r}'| = R$ müssen wir den Randwert von $\mathbf{u}$ und damit von $\mathbf{u}'$ vorgeben. Die experimentelle Beobachtung zeigt, daß für die »üblichen« Materialien (aus denen die Kugel hergestellt ist) die Flüssigkeit an der Oberfläche »haftet«, d.h. mit der Kugel mitgenommen wird. Wir setzen daher an:

(2.7.51) $\mathbf{u}'(\mathbf{r}') = 0$ für $|\mathbf{r}'| = R$.

Aus (2.7.40) folgt mit (2.7.49)

$$(2.7.52) \qquad \mu \sum_\varrho \mathbf{u}'_\varrho \frac{\partial \mathbf{u}'}{\partial x'_\varrho} + g\mu\mathbf{j} + \operatorname{grad}' p' - \\ - \beta(\varDelta'\mathbf{u}' + \tfrac{1}{3}\operatorname{grad}' \operatorname{div}' \mathbf{u}') = 0,$$

wobei $p(\mathbf{r}, t) = p'(\mathbf{r} + v\mathbf{j}t)$ gesetzt ist und grad', $\varDelta'$ usw. bedeutet, daß nach $\mathbf{r}'$ zu differenzieren ist.

(2.7.52) ist also eine Gleichung für Funktionen von $\mathbf{r}'$, die nicht mehr von t abhängen! (2.7.52) ist die Feldgleichung für eine »stationäre« Strömung.

Da wir die Flüssigkeit als inkompressibel voraussetzen wollen, ist μ eine Konstante; damit folgt aus der Kontinuitätsgleichung (2.7.27)

$$\operatorname{div} \mathbf{u} = 0$$

und mit (2.7.49)

(2.7.53) $\operatorname{div}' \mathbf{u}' = 0$.

Es sei darauf hingewiesen, daß ein entsprechendes stationäres Verhalten wie für $\mathbf{u}$ und p nicht für die Temperaturverteilung T zu gelten braucht, d.h. daß in (2.7.41) *nicht* $T(\mathbf{r}, t) = T'(\mathbf{r} + v\mathbf{j}t)$ gesetzt werden darf! Eine stationäre Strömung $\mathbf{u}'$ ist auch im inkompressiblen Fall nur möglich, wenn β und μ praktisch nicht von T abhängen. Dann brauchen wir (2.7.41) nicht zu betrachten (!), solange wir uns nur für die Strömung und nicht für die Temperaturverteilung interessieren, da T nicht in (2.7.52), (2.7.53) eingeht.

Mit (2.7.53) folgt aus (2.7.52):

$$(2.7.54) \qquad \mu \sum_\varrho \mathbf{u}'_\varrho \frac{\partial \mathbf{u}'}{\partial x'_\varrho} + g\mu\mathbf{j} + \operatorname{grad}' p' - \beta\varDelta'\mathbf{u}' = 0,$$

Um eine Lösung (wenigstens eine Näherungslösung) von (2.7.54), (2.7.53) zu finden, wollen wir die Annahme machen, daß wir in (2.7.54) den ersten Summanden (der quadratisch in der Strömungsgeschwindigkeit ist) vernachlässigen können. Wir wollen die Gültigkeit einer solchen Vernachlässigung

hier nicht näher diskutieren; es sei nur angegeben, daß eine solche Vernachlässigung erlaubt ist, solange

$$\frac{\mu v R}{\beta} \ll 1$$

ist. Mit Vernachlässigung des ersten Summanden vereinfacht sich (2.7.54) zu

$$(2.7.55) \qquad \mathrm{grad}'\,\psi' = \beta \Delta'\mathbf{u}'$$

mit

$$(2.7.56) \qquad \psi' = g\mu\mathbf{r}' \cdot \mathbf{j} + p'.$$

Aus (2.7.55) folgt durch Bilden der Divergenz.

$$\Delta'\psi' = \beta\Delta'\,\mathrm{div}'\,\mathbf{u}'$$

und mit (2.7.53):

$$(2.7.57) \qquad \Delta'\psi' = 0.$$

Wir brauchen nicht die allgemeinste Lösung von (2.7.57) im Raumgebiet
$|\mathbf{r}'| \geq R$ aufzuschreiben, um sie dann den Randbedingungen anzupassen; es
genügt folgende aus VIII (1.10.12) bekannte Lösung zu benutzen:

$$(2.7.58) \qquad \psi' = \beta a\,\frac{\mathbf{r}'}{|\mathbf{r}'|^3} \cdot \mathbf{j},$$

wobei a eine noch unbestimmte Konstante ist. (2.7.55) geht mit (2.7.58)
über in:

$$(2.5.59) \qquad \Delta'\mathbf{u}' = a\,\mathrm{grad}'\left(\frac{\mathbf{r}'}{|\mathbf{r}'|^3} \cdot \mathbf{j}\right).$$

Wir suchen zunächst eine spezielle Lösung der inhomogenen Gleichung
(2.7.59). Wir behaupten, daß

$$(2.7.60) \qquad \mathbf{u}^{(i)} = \frac{a}{2}\mathbf{r}'\,\frac{\mathbf{r}'}{|\mathbf{r}'|^3} \cdot \mathbf{j}$$

eine solche Lösung ist. Dies folgt leicht schrittweise:

$$\mathbf{u}'^{(i)}_{|v} = \frac{a}{2}\mathbf{e}_v\,\frac{\mathbf{r}'}{|\mathbf{r}'|^3} \cdot \mathbf{j} + \frac{a}{2}\mathbf{r}'\left(\frac{\mathbf{r}'}{|\mathbf{r}'|^3} \cdot \mathbf{j}\right)_{|v}$$

mit $\mathbf{e}_v$ als Einheitsvektor der v-ten Koordinatenachse.

$$\varDelta' \mathbf{u}^{(i)} = \sum_v \mathbf{u}^{\prime(i)}_{|v|v} = a \sum_v \mathbf{e}_v \left(\frac{\mathbf{r}'}{|\mathbf{r}'|^3} \cdot \mathbf{j} \right)_{|v} +$$

$$+ \frac{a}{2} \mathbf{r}' \varDelta' \left(\frac{\mathbf{r}'}{|\mathbf{r}'|^3} \cdot \mathbf{j} \right) = a \operatorname{grad}' \left(\frac{\mathbf{r}'}{|\mathbf{r}'|^3} \cdot \mathbf{j} \right),$$

da (wie wir schon aus VIII (1.10.12) wußten)

$$(2.7.61) \qquad \varDelta' \left(\frac{\mathbf{r}'}{|\mathbf{r}'|^3} \cdot \mathbf{j} \right) = 0$$

ist. Eine genügend allgemeine Lösung von (2.7.59), um die Randbedingungen zu erfüllen, erhalten wir durch Addition der folgenden Lösung der homogenen Gleichung $\varDelta' \mathbf{u}' = 0$ zu $\mathbf{u}^{\prime(i)}$:

$$(2.7.62) \qquad \mathbf{u}^{\prime(h)} = \left(b + \frac{c}{|\mathbf{r}'|} \right) \mathbf{j} + d\mathbf{j} \frac{\mathbf{r}'}{|\mathbf{r}'|^3} \cdot \mathbf{j} + e \operatorname{grad}' \frac{\mathbf{r}' \cdot \mathbf{j}}{|\mathbf{r}'|^3},$$

wobei b, c, d, e noch wählbare Konstanten sind.

Mit $\mathbf{u}' = \mathbf{u}^{\prime(i)} + \mathbf{u}^{\prime(h)}$ versuchen wir die Randbedingungen (2.7.50), (2.7.51) zu erfüllen; dazu schreiben wir $\mathbf{u}^{\prime(i)} + \mathbf{u}^{\prime(h)}$ noch etwas um, indem wir die Identität:

$$(2.7.63) \qquad \operatorname{grad}' \frac{\mathbf{r}' \cdot \mathbf{j}}{|\mathbf{r}'|^3} = \frac{\mathbf{j}}{|\mathbf{r}'|^3} - 3 \frac{\mathbf{r}' \cdot \mathbf{j}}{|\mathbf{r}'|^5} \mathbf{r}'$$

benutzen:

$$(2.7.64) \qquad \mathbf{u}' = \left(b' + \frac{c'}{|\mathbf{r}'|} \right) \mathbf{j} + d'\mathbf{j} \frac{\mathbf{r}' \cdot \mathbf{j}}{|\mathbf{r}'|^3} + \left(e' - \frac{a}{6} |\mathbf{r}'|^2 \right) \operatorname{grad}' \frac{\mathbf{r}' \cdot \mathbf{j}}{|\mathbf{r}'|^3}$$

mit neuen Konstanten, b', c', d', e'.

Aus (2.7.50) folgt $b' = v$. Aus (2.7.51) folgt

$$b' + \frac{c'}{R} = v + \frac{c'}{R} = 0, \quad d' = 0, \quad e' - \frac{a}{6} R^2 = 0.$$

Damit geht (2.7.64) über in

$$(2.7.65) \qquad \mathbf{u}' = v \left(1 - \frac{R}{|\mathbf{r}'|} \right) \mathbf{j} + \frac{a}{6} (R^2 - |\mathbf{r}'|^2) \operatorname{grad}' \frac{\mathbf{r}' \cdot \mathbf{j}}{|\mathbf{r}'|^3}.$$

Die noch freie Konstante a muß so gewählt werden, daß (2.7.53) erfüllt ist:

$$(2.7.66) \qquad 0 = \operatorname{div}' \mathbf{u}' = -vR\mathbf{j} \cdot \operatorname{grad}' \frac{1}{|\mathbf{r}'|} - \frac{a}{6} \left(\operatorname{grad}' \frac{\mathbf{r}' \cdot \mathbf{j}}{|\mathbf{r}'|^3} \right) \cdot \operatorname{grad}' |\mathbf{r}'|^2,$$

wobei (2.7.61) benutzt wurde. Aus (2.7.66) folgt mit (2.7.63):

$$0 = vR\,\frac{\mathbf{r}' \cdot \mathbf{j}}{|\mathbf{r}'|^3} - \frac{a}{3}\,\mathbf{r}' \cdot \operatorname{grad} \frac{\mathbf{r}' \cdot \mathbf{j}}{|\mathbf{r}'|^3}$$

$$= \frac{\mathbf{r}' \cdot \mathbf{j}}{|\mathbf{r}'|^3}\left(vR + \frac{2a}{3}\right)$$

d. h.,

$$(2.7.66) \qquad a = -\tfrac{3}{2}\,vR.$$

Damit geht schließlich (2.7.65) über in

$$(2.7.67) \qquad \mathbf{u}' = v\left(1 - \frac{R}{|\mathbf{r}'|}\right)\mathbf{j} + \frac{1}{4}\,vR(|\mathbf{r}'|^2 - R^2)\operatorname{grad}' \frac{\mathbf{r}' \cdot \mathbf{j}}{|\mathbf{r}'|^3}.$$

Mit (2.7.66), (2.7.58), (2.7.56) wird

$$(2.7.68) \qquad p' = -g\mu\mathbf{r}' \cdot \mathbf{j} - \frac{3}{2}\,\beta vR\,\frac{\mathbf{r}' \cdot \mathbf{j}}{|\mathbf{r}'|^3},$$

wobei in (2.7.68) noch eine willkürliche Konstante addiert werden kann, die aber für die Berechnung der Kraft auf die Kugel ohne Bedeutung ist.

Die Kraft auf die Kugel ist

$$(2.7.69) \qquad k_v = -\int_{\mathscr{F}} p\mathbf{n}_v df + \int_{\mathscr{F}} \sum_\mu S_{v\mu} n_\mu df,$$

wobei $\mathscr{F}$ die Oberfläche der Kugel und $S_{v\mu}$ der Tensor (2.7.10) ist. Wegen $\operatorname{div}\mathbf{u} = 0$ wird

$$(2.7.70) \qquad S_{v\mu} = \beta(u_{v|\mu} + u_{\mu|v}).$$

Man sieht leicht, daß man in (2.7.69) auch über die gestrichenen Koordinaten integrieren kann:

$$\mathbf{k} = g\mu \int_{\mathscr{F}} \mathbf{r}' \cdot \mathbf{j}\mathbf{n}'\,df' + \frac{3}{2}\,\beta v\,\frac{1}{R}\int_{\mathscr{F}} \mathbf{n}' \cdot \mathbf{j}\mathbf{n}'\,df'$$

$$(2.7.71) \qquad + \beta \int_{\mathscr{F}} [\mathbf{n}' \cdot \nabla'\mathbf{u}' + (\nabla'\mathbf{u}') \cdot \mathbf{n}']\,df'.$$

Aus (2.7.67) folgt

$$[\nabla'\mathbf{u}']_{|\mathbf{r}'| = R} = \frac{v}{R}\,\mathbf{n}'\mathbf{j} + \frac{1}{2}\,vR^2\mathbf{n}'\left(\operatorname{grad}' \frac{\mathbf{r}' \cdot \mathbf{j}}{|\mathbf{r}'|^3}\right)_{|\mathbf{r}'| = R}$$

und mit (2.7.63):

$$[\nabla' \mathbf{u}']_{|\mathbf{r}'|=R} = \frac{3}{2}\,\frac{v}{R}\,\mathbf{n}'\mathbf{j} - \frac{3}{2}\,\frac{v}{R}\,\mathbf{n}'\mathbf{n}'\mathbf{n}' \cdot \mathbf{j}.$$

Daraus folgt

$$[(\nabla' \mathbf{u}') \cdot \mathbf{n}']_{|\mathbf{r}'|=R} = 0,$$

$$[\mathbf{n}' \cdot \nabla' \mathbf{u}']_{|\mathbf{r}'|=R} = \frac{3}{2}\,\frac{v}{R}\,\mathbf{j} - \frac{3}{2}\,\frac{v}{R}\,\mathbf{n}'\mathbf{n}' \cdot \mathbf{j}$$

und damit nach (2.6.71):

$$(2.7.72) \qquad \mathbf{k} = g\mu \int_{\mathscr{F}} \mathbf{r}' \cdot \mathbf{j}\mathbf{n}'df' + \frac{3}{2}\,\beta\,\frac{v}{R}\,\mathbf{j}\int_{\mathscr{F}} df'.$$

Der erste Summand kann nach dem *Gauß*schen Satz A II (3) umgeformt werden mit K als Gebiet der Kugel:

$$g\mu \int_{\mathscr{F}} \mathbf{r}' \cdot \mathbf{j}\mathbf{n}df =$$

$$= g\mu \int_{K} \operatorname{grad}'(\mathbf{r}' \cdot \mathbf{j})dV = g\mu\mathbf{j}\int_{K} dV = \frac{4\pi}{3}\,g\mu R^3\mathbf{j}.$$

Dies stellt den Auftrieb der Kugel dar (siehe auch VI, § 3.3). Aus (2.6.72) folgt somit schließlich

$$(2.7.73\text{a}) \qquad \mathbf{k} = \frac{4\pi}{3}\,g\mu R^3\mathbf{j} + 6\pi\beta vR\mathbf{j}.$$

Zu der Kraft $\mathbf{k}$ der Flüssigkeit kommt hinzu die Schwerkraft $-\mathbf{j}gM$ mit M als Masse der Kugel. Die bei der Bewegung der Kugel vorausgesetzte *konstante* Geschwindigkeit ist also möglich, wenn die Gesamtkraft auf die Kugel gleich Null ist, d.h. wenn

$$(2.7.73\text{b}) \qquad \frac{4\pi}{3}\,g\mu R^3 - gM + 6\pi\beta vR = 0$$

ist.

Die angegebene Lösung der Strömung um die Kugel stellt eine sogenannte laminare Strömung dar. Experimentell zeigt sich, daß bei höheren Geschwindigkeiten ein Umschlag in sogenannte turbulente Strömungsformen eintritt. Tatsächlich kann man an Beispielen zeigen, daß »laminare« Lösungen der Strömungsgleichungen instabil werden können, d.h. daß sehr kleine Störungen mit der Zeit anwachsen und damit zu vollständig andersartigen Strömungsformen führen. Methoden zur Behandlung turbulenter Strömungen zu entwickeln, hat sich zu einem sehr interessanten Problem der angewandten Physik entwickelt; Erfolge auf diesem Gebiet sind auch für die Astrophysik von großer Bedeutung. Wir können in diesem Lehrbuch immer nur durch ein paar Stichworte verdeutlichen, in welche Breite sich eine scheinbar so spezielle Theorie wie die der *Navier-Stokes*schen Gleichungen entwickeln kann.

Als zweites einfaches Lösungsbeispiel der *Navier-Stokes*schen Gleichungen betrachten wir die Ausbreitung des Schalls:

Wir wollen nur »schwache« Schwingungen betrachten, also z. B. *nicht* die Ausbreitung einer Explosionswelle. Wir nehmen also an, daß $\mathbf{u}$ so klein ist, daß man alle in $\mathbf{u}$ quadratischen Glieder vernachlässigen kann. Die Größen μ, T, p unterscheiden sich dann von den *konstanten* Werten μ_0, T_0, p_0 des Gleichgewichts ebenfalls nur wenig, so daß $\dfrac{\partial \mu}{\partial t}$, grad p, grad T ebenfalls nur »kleine« Größen sind. Die in den »kleinen« Größen linearisierten Gleichungen (2.7.40), (2.7.41) lauten dann (wobei wir noch von der Schwerkraft absehen wollen):

$$\mu_0 \frac{\partial \mathbf{u}}{\partial t} + \operatorname{grad} p - \beta(\varDelta \mathbf{u} + \tfrac{1}{3} \operatorname{grad} \operatorname{div} \mathbf{u}) = 0,$$

(2.7.74)

$$\mu_0 c_{V0} \frac{\partial T}{\partial t} + T_0 \left(\frac{\partial p}{\partial T}\right)_{V0} \operatorname{div} \mathbf{u} - \sigma \varDelta T = 0.$$

Hierbei ist c_{V0} der Wert von c_V für $T = T_0$ und $p = p_0$ und entsprechend ist $\left(\dfrac{\partial p}{\partial T}\right)_{V0}$ nach der Zustandsgleichung zu berechnen und für $T = T_0$, $p = p_0$ zu nehmen. Zu den Gleichungen (2.7.74) kommt hinzu die linearisierte Gleichung (2.7.27):

$$(2.7.75) \qquad \frac{\partial \mu}{\partial t} + \mu_0 \operatorname{div} \mathbf{u} = 0.$$

Setzen wir zunächst einmal $\beta = 0$, $\sigma = 0$, d.h., vernachlässigen wir Reibung und Wärmeleitung, so geht die zweite Gleichung von (2.7.74) mit (2.7.75) über in

$$(2.7.76) \qquad \mu_0 c_{V0} \frac{\partial T}{\partial t} - T_0 \left(\frac{\partial p}{\partial T}\right)_{V0} \frac{1}{\mu_0} \frac{\partial \mu}{\partial t} = 0.$$

Mit $\mu = V^{-1}$ folgt

$$\frac{\partial \mu}{\partial t} = -\frac{1}{V_0^2} \frac{\partial V}{\partial t},$$

so daß (2.7.76) auch in der Form

$$c_{V0}\,\frac{\partial T}{\partial t}+T_0\left(\frac{\partial p}{\partial T}\right)_{V0}\frac{\partial V}{\partial t}=0$$

und mit (1.5.5) auch

$$\frac{\partial U}{\partial t}+p\,\frac{\partial V}{\partial t}=0$$

geschrieben werden kann, was die Bedingung für eine adiabatische Zustandsänderung darstellt, wie es auch zu erwarten war. Wir können uns also die zweite Gleichung (2.7.74) dadurch eliminiert denken, daß wir in der ersten Gleichung $p=p_{\mathrm{ad}}(V)$ einsetzen, wobei $p_{\mathrm{ad}}(V)$ die Gleichung der durch p_0, V_0 hindurchgehenden Adiabate ist. Daraus folgt:

$$(2.7.77)\qquad \mathrm{grad}\,p=\frac{dp_{\mathrm{ad}}}{dV}\,\mathrm{grad}\,V=-\frac{dp_{\mathrm{ad}}}{dV}\,V_0^2\,\mathrm{grad}\,\mu.$$

Die erste Gleichung (2.7.74) kann also (mit $\beta=0$) in der Form

$$(2.7.78)\qquad \mu_0\,\frac{\partial \mathbf{u}}{\partial t}-\frac{dp_{\mathrm{ad}}}{dV}\,V_0^2\,\mathrm{grad}\,\mu=0$$

geschrieben werden. Bildet man die Divergenz von (2.7.78) und benutzt (2.7.75), so erhält man:

$$(2.7.79)\qquad \frac{\partial^2 \mu}{\partial t^2}+\frac{dp_{\mathrm{ad}}}{dV}\,V_0^2\,\Delta\mu=0.$$

(2.7.79) ist aber nichts anderes (da $\dfrac{dp_{\mathrm{ad}}}{dV}<0$ ist!) als die bekannte »Wellengleichung« für die Dichte μ; siehe z. B. VIII (4.3.11). (2.7.79) beschreibt also »Dichteschwankungswellen« (eben die »Schallwellen«), die sich mit der Geschwindigkeit

$$(2.7.80)\qquad c=V_0\sqrt{-\frac{dp_{\mathrm{ad}}}{dV}}$$

ausbreiten.

Um den Einfluß von Reibung und Wärmeleitung auf die Schallwellen zu verdeutlichen, wollen wir speziell ebene Wellen betrachten. Wir können die 1-Achse des Koordinatensystems in die Ausbreitungsrichtung der ebenen Welle legen. Die Welle möge mit der vorgegebenen Frequenz ω schwingen.

Wir machen den Ansatz, daß **u** nur eine 1-Komponente

(2.7.81) $u_1 = \bar{u}\,\mathrm{e}^{ikx_1 - i\omega t}$

mit der Amplitude $\bar{u}$ hat. Entsprechend schreiben wir für T und μ mit Amplituden $\bar{T}$, $\bar{\mu}$:

(2.7.82)
$$T = T_0 + \bar{T}\,\mathrm{e}^{ikx_1 - i\omega t},$$
$$\mu = \mu_0 + \bar{\mu}\,\mathrm{e}^{ikx_1 - i\omega t}.$$

Wir können diesen »komplexen« Lösungsansatz machen, da die Gleichungen (2.7.74), (2.7.75) linear sind und somit auch der Realteil von (2.7.81), (2.7.82) eine Lösung ist. (2.7.81), (2.7.82) ist in (2.7.74), (2.7.75) einzusetzen und dann k zu berechnen, wobei sich k als komplex ergeben kann. Man erhält für die Amplituden $\bar{u}$, $\bar{T}$, $\bar{\mu}$ die Gleichungen:

$$\left(-i\mu_0\omega + \frac{4}{3}\beta k^2\right)\bar{u} + ik\left(\frac{\partial p}{\partial T}\right)_{V0}\bar{T} - ik\left(\frac{\partial p}{\partial V}\right)_{T0}V_0^2\bar{\mu} = 0,$$

$$ikT_0\left(\frac{\partial p}{\partial T}\right)_{V0}\bar{u} + (-i\omega\mu_0 c_{V0} + \sigma k^2)\bar{T} = 0,$$

$$ik\mu_0\bar{u} - i\omega\bar{\mu} = 0.$$

Die Amplituden $\bar{u}$, $\bar{T}$, $\bar{\mu}$ können nur dann von Null verschieden sein, wenn die Determinante dieses Gleichungssystems gleich Null ist:

$$\begin{vmatrix} \left(-\omega - \dfrac{4}{3}i\beta\dfrac{k^2}{\mu_0}\right) & k\left(\dfrac{\partial p}{\partial T}\right)_{V0} & -k\left(\dfrac{\partial p}{\partial V}\right)_{T0}V_0^2 \\[2em] \dfrac{kT_0}{\mu_0}\left(\dfrac{\partial p}{\partial T}\right)_{V0} & (-\omega\mu_0 c_{V0} - i\sigma k^2) & 0 \\[2em] k & 0 & -\omega \end{vmatrix} = 0.$$

Multipliziert man die erste Spalte mit ω und addiert dazu die mit k multiplizierte dritte Spalte, so folgt:

$$\begin{vmatrix} \left(-\omega - \dfrac{4}{3}i\beta\dfrac{k^2}{\mu_0}\right)\omega - k^2\left(\dfrac{\partial p}{\partial V}\right)_{T0}V_0^2 & k\left(\dfrac{\partial p}{\partial T}\right)_{V0} \\[2em] \dfrac{\omega kT_0}{\mu_0}\left(\dfrac{\partial p}{\partial T}\right)_{V0} & (-\omega\mu_0 c_{V0} - i\sigma k^2) \end{vmatrix} = 0.$$

Nach Division der letzten Spalte durch $(-\omega\mu_0 c_{V0})$ folgt schließlich mit $\mu_0 = V_0^{-1}$:

$$(2.7.83) \quad \begin{vmatrix} \left(-\omega - \dfrac{4}{3} i\beta V_0 k^2\right)\omega - k^2\left(\dfrac{\partial p}{\partial V}\right)_{T0} V_0^2 & k\left(\dfrac{\partial p}{\partial T}\right)_{V0} \\[3ex] -\dfrac{kT_0 V_0^2}{c_{V0}}\left(\dfrac{\partial p}{\partial T}\right)_{V0} & 1 + \dfrac{i\sigma k^2 V_0}{\omega c_{V0}} \end{vmatrix} = 0.$$

Im Falle $\beta=0$, $\sigma=0$ erhält man für die Schallgeschwindigkeit $c=\omega/k$:

$$(2.7.84) \quad \left(\frac{\omega}{k}\right)^2 = c^2 = \frac{T_0 V_0^2}{c_{V0}}\left[\left(\frac{\partial p}{\partial T}\right)_{V0}\right]^2 - V_0^2\left(\frac{\partial p}{\partial V}\right)_{T0},$$

was mit (2.7.80) übereinstimmen muß.

Wir wollen nicht k aus (2.7.83) exakt berechnen; wir wollen nur den Fall kleiner σ und β betrachten. Dann kann man $k=k_0+\Delta k$ mit $k_0=\omega/c$ und c nach (2.7.84) und kleinem Δk in (2.7.83) ansetzen, wobei man beim Ausrechnen von (2.7.83) die Glieder mit β und σ ebenfalls als klein ansieht und nur lineare, kleine Glieder berücksichtigt.

So erhält man

$$-\frac{4}{3} i\beta V_0 k_0^2 \omega - 2k_0\Delta k\left(\frac{\partial p}{\partial V}\right)_{T0} V_0^2 + 2k_0\Delta k \frac{T_0 V_0^2}{c_{V0}}\left[\left(\frac{\partial p}{\partial T}\right)_{V0}\right]^2 -$$

$$- \frac{i\sigma k_0^2 V_0}{\omega c_{V0}}\left[\omega^2 + k_0^2 V_0^2\left(\frac{\partial p}{\partial V}\right)_{T0}\right] = 0.$$

Unter Benutzung von (2.7.84) und $\omega=kc$ folgt daraus:

$$(2.7.85) \quad \Delta k = i\frac{k_0^2 V_0}{c}\left[\frac{2}{3}\beta + \frac{\sigma}{2c^2 c_{V0}^2} T_0 V_0^2\left(\frac{\partial p}{\partial T}\right)_{V0}^2\right].$$

Schreibt man $\Delta k=i\delta$, so folgt aus (2.7.85) $\delta>0$. Die Welle hat also die Form

$$(2.7.86) \quad e^{i(k_0 x_1 - \omega t) - \delta x_1},$$

d. h. klingt in Fortpflanzungsrichtung ab. Reibung und Wärmeleitung rufen eine »Dämpfung« der Schallwelle hervor.

Für ein Gas, dessen Zustandsgleichung durch die ideale Gasgleichung angenähert werden kann, ist (mit V als Volumen der Masseneinheit!) nach (1.4.43)

$$(2.7.87) \quad p = \frac{RT}{mV}$$

mit m als Masse eines Mols. Damit folgt aus (2.7.84) für die Schallgeschwindigkeit:

$$(2.7.88) \qquad c = \sqrt{p_0 V_0}\,\sqrt{1 + \frac{R}{mc_V}}$$

wobei mc_V die Wärmekapazität pro Mol ist. Aus (2.7.85) folgt für die Dämpfungskonstante δ:

$$(2.7.89) \qquad \delta = \frac{k_0^2 V_0}{c}\left[\frac{2}{3}\,\beta + \frac{\sigma p_0 V_0 R}{2mc^2 c_V^2}\right].$$

§ 2.8. Materialien im elektromagnetischen Feld

In VIII hatten wir mehrfach das Verhalten von Materialien in elektromagnetischen Feldern in »vereinfachter« Form beschrieben; denn wir haben so getan, als ob die Materialien durch Material*konstanten* beschreibbar wären. Diese Vereinfachung ist solange gut, als bei den betrachteten Prozessen in einem gewissen Temperaturbereich tatsächlich die thermodynamischen Vorgänge nur einen vernachlässigbar geringen Einfluß auf das Verhalten der Materialien in elektromagnetischen Feldern haben. Es gibt aber Prozesse, wie den Strom in einem *Ohm*schen Widerstand (siehe VIII, § 5.2), wo man zwar die Leitfähigkeit σ in einem breiten Temperaturbereich noch als einigermaßen konstant ansetzen kann aber die Temperatur des Materials bei Stromdurchgang anwächst, ein Prozeß, den wir in VIII nicht näher beschreiben konnten. Tatsächlich aber ändert sich auch die Leitfähigkeit mit der Temperatur. Wie wir schon am Beginn von § 1 im Falle der mechanischen Einflüsse betonten, muß man also auch bei elektromagnetischen Einflüssen bei einer verbesserten Beschreibung der Materialien berücksichtigen, daß der Zustand des Materials — wie die Polarisation, Magnetisierung usw. — nicht allein eine Funktion der Felder ist, sondern noch von der »inneren Energie« abhängt.

Es muß daher unsere Aufgabe sein, die Überlegungen aus § 1.2 für den Fall der »Arbeitsleistung« elektromagnetischer Felder an den Materialien genauer darzustellen. Daß wir dies nicht schon in § 1 getan haben, liegt an dem praktischen Grund, daß es in der Natur eigentlich nirgends homogene (d.h. vom Ort unabhängige) Felder gibt und daher das Material in verschiedenen Raumgebieten vom elektromagnetischen Feld verschieden beeinflußt wird, so daß also auch quasistationäre elektromagnetische Prozesse bei Anwesenheit von Materialien im allgemeinen global irreversibel (also höchstens lokal reversibel) ablaufen; und fließt sogar ein *Ohm*scher Strom, so handelt es sich dabei um einen typisch irreversiblen Prozeß.

Um die innere Energie bei Anwesenheit elektromagnetischer Felder zu finden, genügt es zunächst, nur *ruhende* Materialien zu betrachten; wie man ausgehend von der inneren Energie für ruhendes Material zur Behandlung einer Dynamik unter der Voraussetzung des lokalen Gleichgewichts fortschreiten kann, haben wir beispielhaft in § 2.7 geschildert; aber die *Navier-Stokes*-schen Gleichungen allgemein auch bei Anwesenheit elektromagnetischer Felder aufzustellen, würde hier zu weit führen; statt dessen werden wir nun die quasistatischen Kräfte der Felder auf die Materialien so wie in VIII, § 1.11 und VIII, § 8 nur in verallgemeinerter Form unter Berücksichtigung der Thermostatik betrachten.

Um die innere Energie der Materialien zu finden, gehen wir aus von den Gleichungen VIII (5.1.11):

$$(2.8.1) \qquad \operatorname{div} \mathbf{D} = 4\pi\varrho_m, \quad \operatorname{rot} \mathbf{H} - \frac{1}{c}\dot{\mathbf{D}} = \frac{4\pi}{c}\mathbf{j}_m$$

mit $\mathbf{D} = \mathbf{E} + 4\pi\mathbf{P}$ und $\mathbf{H} = \mathbf{B} - 4\pi\mathbf{M}$, wobei $\mathbf{j}_m$ nur Ströme (z. B. *Ohm*sche Ströme) in ruhendem Material darstellt; die Ladungen werden also nicht bewegt. Die Gleichungen (2.8.1) sind noch durch die homogenen *Maxwell*schen Gleichungen (siehe VIII (2.6.5))

$$(2.8.2) \qquad \operatorname{div} \mathbf{B} = 0, \quad \operatorname{rot} \mathbf{E} + \frac{1}{c}\dot{\mathbf{B}} = 0$$

zu ergänzen.

Nach § 1.2 ist die Änderung der inneren Energie bestimmt durch die Arbeitsleistung am Material, wobei die Definition dieser Arbeitsleistung davon abhängt, was man als Energie des einen Systems (d. h. hier des elektromagnetischen Feldes) definiert, das die Arbeit am Material leistet. Es ist daher wichtig, sich von vornherein darüber im Klaren zu sein, daß die Aufteilung der Gesamtenergie zwischen Feldenergie und innerer Energie des Materials willkürliche Elemente enthält. Da wir hier nicht den Platz haben, mehrere Möglichkeiten zu diskutieren, darf es nicht verwundern, daß in der Literatur auch andere Möglichkeiten benutzt werden. Es ist aber schon viel gewonnen, wenn man erkannt hat, daß man diese verschiedenen Möglichkeiten nicht mit falsch und richtig, sondern nur mit »für diesen oder jenen Zweck brauchbarer oder weniger brauchbar« klassifizieren kann.

Wir benutzen hier die Form der inneren Energie, bei der als Feldenergiedichte der in VIII (4.1.13) angegebene Ausdruck benutzt wird. Zur Ableitung des Energiesatzes schreiben wir deshalb die zweite Gleichung aus (2.8.1) in der Form

$$(2.8.3) \qquad \operatorname{rot} \mathbf{H} - \frac{1}{c}\dot{\mathbf{E}} = \frac{4\pi}{c}\dot{\mathbf{P}} + \frac{4\pi}{c}\mathbf{j}_m$$

um. Multiplikation von (2.8.3) mit $\mathbf{E}$ und Subtraktion der mit $\mathbf{H}=\mathbf{B}-4\pi\mathbf{M}$ multiplizierten zweiten Gleichung von (2.8.2) liefert:

$$\mathbf{E}\cdot\operatorname{rot}\mathbf{H}-\mathbf{H}\cdot\operatorname{rot}\mathbf{E}-\frac{1}{2c}\frac{\partial}{\partial t}(\mathbf{E}^2+\mathbf{B}^2)$$

$$(2.8.4)$$

$$=\frac{4\pi}{c}(\mathbf{E}\cdot\dot{\mathbf{P}}-\mathbf{M}\cdot\dot{\mathbf{B}}+\mathbf{E}\cdot\mathbf{j}_m).$$

Mit $\operatorname{div}(\mathbf{E}\times\mathbf{H})=\mathbf{H}\cdot\operatorname{rot}\mathbf{E}-\mathbf{E}\cdot\operatorname{rot}\mathbf{H}$ folgt daraus nach Integration über irgendein Gebiet $\mathscr{V}$ mit der Oberfläche $\mathscr{F}$:

$$-\frac{d}{dt}\frac{1}{8\pi}\int_{\mathscr{V}}(\mathbf{E}^2+\mathbf{B}^2)dx_1dx_2dx_3-\frac{c}{4\pi}\int_{\mathscr{F}}(\mathbf{E}\times\mathbf{H})\cdot\mathbf{n}df=$$

$$(2.8.5)$$

$$=\int_{\mathscr{V}}(\mathbf{E}\cdot\dot{\mathbf{P}}-\mathbf{M}\cdot\dot{\mathbf{B}})dx_1dx_2dx_3+\int_{\mathscr{V}}\mathbf{E}\cdot\mathbf{j}_m dx_1dx_2dx_3.$$

Das erste Glied auf der rechten Seite in (2.8.5) hat die Form einer quasistatischen Arbeitsleistung, die durch Änderungen von $\mathbf{P}$ und $\mathbf{B}$ hervorgerufen wird. Das zweite Glied auf der rechten Seite von (2.8.5) entspricht so etwas wie einer Arbeitsleistung durch »Reibung«, nämlich durch die Reibung der durch $\mathbf{j}_m$ beschriebenen bewegten Ladungen im Material.

$\mathbf{P}$ ist die Polarisation pro Volumeneinheit, $\mathbf{M}$ die Magnetisierung pro Volumeneinheit. Nennen wir $\underline{\mathbf{P}}$ und $\underline{\mathbf{M}}$ die entsprechenden Größen pro Masseneinheit, so liegt es nahe, nach dem ersten Hauptsatz eine von $\underline{\mathbf{P}},\mathbf{B},V,S$ abhängige innere Energie (pro Masseneinheit!) im Gleichgewichtszustand anzusetzen:

$$(2.8.6)\qquad U=U(\underline{\mathbf{P}},\mathbf{B},V,S),$$

für die

$$(2.8.7)\qquad \frac{\partial U}{\partial\underline{\mathbf{P}}}=\mathbf{E},\quad \frac{\partial U}{\partial\mathbf{B}}=-\underline{\mathbf{M}},\quad \frac{\partial U}{\partial V}=-p,\quad \frac{\partial U}{\partial S}=T$$

gilt. In den ersten beiden Gleichungen in (2.8.7) sind die Ableitungen nach $\underline{\mathbf{P}}$ und $\mathbf{B}$ als Gradienten, d.h. als vektorielle Ableitungen zu verstehen.

Wird aber nicht nur quasistationär und adiabatisch durch Veränderung von $\mathbf{P},\mathbf{B},V$ die innere Energie geändert, so werden wir allgemeiner mit einem Wärmestromvektor $\mathbf{s}$ als ersten Hauptsatz für ruhende Materialien (d.h. $V=\mu^{-1}$ zeitlich konstant) zu formulieren haben:

$$\frac{d}{dt}\int_{\mathscr{V}}U\mu\, dx_1dx_2dx_3=\int_{\mathscr{V}}(\mathbf{E}\cdot\dot{\mathbf{P}}-\mathbf{M}\cdot\dot{\mathbf{B}})dx_1dx_2dx_3+$$

$$(2.8.8)$$

$$+\int_{\mathscr{V}}\mathbf{E}\cdot\mathbf{j}_m dx_1dx_2dx_3-\int_{\mathscr{F}}\mathbf{s}\cdot\mathbf{n}df.$$

Aus (2.8.8) und (2.8.5) folgt dann

$$(2.8.9) \qquad \frac{d}{dt}\,\frac{1}{8\pi}\int_V (\mathbf{E}^2+\mathbf{B}^2+U\mu)\,dx_1 dx_2 dx_3 = -\int_{\mathscr{F}} (\mathbf{S}+\mathbf{s})\cdot\mathbf{n}df$$

mit dem Energiestromvektor

$$(2.8.10) \qquad \mathbf{S}=\frac{c}{4\pi}\,\mathbf{E}\times\mathbf{H}.$$

Aus (2.8.8) und (2.8.7) folgt:

$$\int_V T\,\frac{dS}{dt}\,\mu dx_1 dx_2 dx_3 = \int_V (\mathbf{E}\cdot\mathbf{j}_m-\operatorname{div}\mathbf{s})\,dx_1 dx_2 dx_3 .$$

Mit $\mu S=\bar{S}$ ($\bar{S}$ als Entropie*dichte*) folgt:

$$(2.8.11) \qquad \dot{\bar{S}}=\frac{1}{T}\,(\mathbf{E}\cdot\mathbf{j}_m-\operatorname{div}\mathbf{s}).$$

Da $\mathbf{E}\cdot\mathbf{j}_m>0$ ist, folgt ähnlich wie oben, daß die Entropie zunimmt. Damit haben wir wenigstens für ruhende Materialien Energie- und Entropiesatz in (2.8.9), bzw. (2.8.11) formuliert.

Da in der Praxis in großer Vielfalt ferromagnetische Stoffe benutzt werden, muß darauf hingewiesen worden, daß der Ansatz (2.8.6) für U in diesen Fällen nicht möglich ist, bzw. eine nur grobe Approximation darstellt. Bei ferromagnetischen Stoffen ist die innere Energie nicht nur eine Funktion von $\mathbf{B}$, was daraus folgt, daß tatsächlich im Gegensatz zu den Gleichungen (2.8.7) die Magnetisierung $\mathbf{M}$ beim selben $\mathbf{B}$ verschieden sein kann, d.h. nicht nur eine Funktion von $\mathbf{B}$ und T ist. Der Wert von $\mathbf{M}$ hängt noch von der »Vorgeschichte« des Materials ab, was die bekannten Hysteresisschleifen demonstrieren. Ferromagnetische Stoffe stellen also keine »einfachen« Systeme im Sinne von Definition 1.2.5 dar. Natürlich bleibt auch eine Gleichung der Form (2.8.8) für ferromagnetische Stoffe richtig, allerdings mit einem nicht als Funktion der Form (2.8.6) darstellbaren U.

Wir wollen jetzt die durch (2.8.6), (2.8.8) eingeführte innere Energie benutzen, um die in VIII, § 1.11 und VIII, § 8.3 durchgeführten Berechnungen der Kräfte auf die Materialien zu verallgemeinern. Wir beginnen mit einer Verallgemeinerung der Überlegungen aus VIII, § 1.11.

In der Formel VIII (1.11.1) ersetzen wir das Glied

$$\delta\tfrac{1}{2}\int \chi(\mathbf{r})\,|\mathbf{E}(\mathbf{r})|^2\,dV$$

durch

$$(2.8.12) \qquad \delta \int [\mathbf{E} \cdot \mathbf{P} - U(\underline{\mathbf{P}}, V, S)] \mu dV.$$

Der Ansatz (2.8.12) ist dadurch bedingt, daß bei Variation der Felder (2.8.12) wegen $\delta(\mathbf{E} \cdot \underline{\mathbf{P}} - U) = \underline{\mathbf{P}} \cdot \delta \mathbf{E}$ in

$$(2.8.13) \qquad \int \mathbf{P} \cdot \delta \mathbf{E} dV$$

übergeht, woraus dann nach dem so veränderten Variationsprinzip VIII (1.11.1) die richtigen Feldgleichungen VIII (1.11.2), VIII (1.11.3), VIII (1.11.4) folgen für $\mathbf{D} = \mathbf{E} + 4\pi\mathbf{P}$ (also nicht nur für den speziellen Fall $\mathbf{D} = \varepsilon\mathbf{E}$ wie in VIII, § 1.11).

Die Umrechnung auf das »rein mechanische« Variationsprinzip führt dann statt VIII (1.11.5) zu

$$
\begin{aligned}
&-\int \boldsymbol{\kappa}(\mathbf{r}) \cdot \boldsymbol{\eta}(\mathbf{r}) dV - \int_{\mathscr{F}_p} \boldsymbol{\kappa}_{\mathrm{F}_p}(\mathbf{r}) \cdot \boldsymbol{\eta}_{\mathrm{F}_p}(\mathbf{r}) df - \\
&\qquad -\delta \frac{1}{8\pi} \int |\mathbf{E}|^2 dV - \delta \int U \mu dV = 0.
\end{aligned}
$$
(2.8.14)

(2.8.14) entspricht also vollkommen dem Variationsprinzip (2.7.6), wenn man in (2.7.6) δA_r vernachlässigt (was wir bei quasistatischen Prozessen tun können) und in (2.8.14) keine Flächen $\mathscr{F}_p$ betrachtet. In (2.8.14) ist aber jetzt (allgemeiner als in (2.7.6)) $U = U(\underline{\mathbf{P}}, V, S)$ zu setzen. Natürlich benutzen wir (wie in § 2.7 und in VIII, § 1.11) die Tatsache der Massenerhaltung:

$$(2.8.15) \qquad \frac{\partial \mu}{\partial \lambda} + \operatorname{div}(\mu\boldsymbol{\eta}) = 0,$$

wobei wir die Bezeichnungsweisen aus VIII, § 1.11 verwenden.

Wir haben nun mit (2.8.14) eine ganz analoge Variationsaufgabe wie in VIII, § 1.11 mit VIII (1.11.5) durchzuführen. Mit derselben Bezeichnungsweise wie in VIII, § 1.11 folgt:

Analog wie zu VIII (1.11.6):

$$
\begin{aligned}
&\delta \frac{1}{8\pi} \int |\mathbf{E}|^2 dV = \frac{1}{4\pi} \lambda \int \mathbf{E}(\mathbf{r}, \lambda) \cdot \frac{\partial \mathbf{E}(\mathbf{r}, \lambda)}{\partial \lambda} dV - \\
&\qquad -\frac{1}{8\pi} \int_{\mathscr{F}_p} \mathbf{n} \cdot \boldsymbol{\eta}(|\mathbf{E}_2|^2 - |\mathbf{E}_1|^2) df.
\end{aligned}
$$
(2.8.16)

Die Fläche $\mathscr{F}_s$ aus VIII, § 1.11 wollen wir hier der Einfachheit halber nicht weiter betrachten, zumal sie nichts zu der Frage nach $\boldsymbol{\kappa}$ und $\boldsymbol{\kappa}_{\mathrm{F}_p}$ beiträgt.

Durch partielle Integration mit $\mathbf{E} = -\operatorname{grad} \varphi$ folgt

$$\frac{1}{4\pi}\lambda \int \mathbf{E}\cdot\frac{\partial\mathbf{E}}{\partial\lambda}\,dV = \frac{\lambda}{4\pi}\int \varphi\,\frac{\partial}{\partial\lambda}\operatorname{div}\mathbf{E}\,dV +$$

(2.8.17)

$$+\frac{\lambda}{4\pi}\int\limits_{\mathscr{F}_p}\varphi\mathbf{n}\cdot\left[\left(\frac{\partial\mathbf{E}}{\partial\lambda}\right)_2 - \left(\frac{\partial\mathbf{E}}{\partial\lambda}\right)_1\right]df.$$

Weiterhin mit $\operatorname{div}(\mathbf{E} + 4\pi\mathbf{P}) = 4\pi\varrho_{md}$:

$$\frac{\lambda}{4\pi}\int\varphi\,\frac{\partial}{\partial\lambda}\operatorname{div}\mathbf{E}\,dV = \lambda\int\varphi\,\frac{\partial\varrho_{md}}{\partial\lambda}\,dV - \lambda\int\varphi\,\frac{\partial}{\partial\lambda}\operatorname{div}\mathbf{P}\,dV.$$

Durch partielle Integration folgt hieraus mit der Kontinuitätsgleichung (siehe in VIII, § 1.11 vor der Gleichung VIII (1.11.10))

$$\lambda\,\frac{\partial\varrho_{md}}{\partial\lambda} + \operatorname{div}(\varrho_{md}\boldsymbol{\eta}) = 0:$$

$$\frac{\lambda}{4\pi}\int\varphi\,\frac{\partial}{\partial\lambda}\operatorname{div}\mathbf{E}\,dV = -\int\boldsymbol{\eta}\cdot\mathbf{E}\varrho_{md}dV - \lambda\int\mathbf{E}\cdot\frac{\partial\mathbf{P}}{\partial\lambda}\,dV +$$

(2.8.18)

$$+\int\limits_{\mathscr{F}_p}\varphi\mathbf{n}\cdot\boldsymbol{\eta}(\varrho_{md2} - \varrho_{md1})\,df +$$

$$+\lambda\int\limits_{\mathscr{F}_p}\varphi\mathbf{n}\cdot\left[\left(\frac{\partial\mathbf{P}}{\partial\lambda}\right)_2 - \left(\frac{\partial\mathbf{P}}{\partial\lambda}\right)_1\right]df.$$

Aus (2.8.16) folgt mit (2.8.17), (2.8.18) und $\mathbf{D} = \mathbf{E} + 4\pi\mathbf{P}$:

$$\delta\frac{1}{8\pi}\int|\mathbf{E}|^2\,dV = -\int\boldsymbol{\eta}\cdot\mathbf{E}\varrho_{md}dV - \lambda\int\mathbf{E}\cdot\frac{\partial\mathbf{P}}{\partial\lambda}\,dV +$$

$$+\int\limits_{\mathscr{F}_p}\varphi\mathbf{n}\cdot\boldsymbol{\eta}(\varrho_{md2} - \varrho_{md1})\,df +$$

$$+\lambda\frac{1}{4\pi}\int\limits_{\mathscr{F}_p}\varphi\mathbf{n}\cdot\left[\left(\frac{\partial\mathbf{D}}{\partial\lambda}\right)_2 - \left(\frac{\partial\mathbf{D}}{\partial\lambda}\right)_1\right]df -$$

$$-\frac{1}{8\pi}\int\limits_{\mathscr{F}_p}\mathbf{n}\cdot\boldsymbol{\eta}(|\mathbf{E}_2|^2 - |\mathbf{E}_1|^2)\,df$$

und daraus mit VIII (1.11.13):

$$\delta\frac{1}{8\pi}\int|\mathbf{E}|^2\,dV = -\int\boldsymbol{\eta}\cdot\mathbf{E}\varrho_{md}dV - \lambda\int\mathbf{E}\cdot\frac{\partial\mathbf{P}}{\partial\lambda}\,dV -$$

(2.8.19)

$$-\frac{1}{8\pi}\int\limits_{\mathscr{F}_p}\mathbf{n}\cdot\boldsymbol{\eta}(|\mathbf{E}_2|^2 - |\mathbf{E}_1|^2)\,df.$$

Ähnlich wie (2.8.16) folgt mit (2.8.7):

$$\delta \int U\mu dV = \lambda \int \left(\mathbf{E} \cdot \frac{\partial \mathbf{P}}{\partial \lambda} - p\,\frac{\partial V}{\partial \lambda} \right) \mu dV +$$

$$+ \lambda \int U\,\frac{\partial \mu}{\partial \lambda}\,dV - \int\limits_{\mathscr{F}_p} \mathbf{n} \cdot \boldsymbol{\eta}(U_2\mu_2 - U_1\mu_1)\,df.$$

Mit der Kontinuitätsgleichung

$$(2.8.20) \qquad \lambda\,\frac{\partial \mu}{\partial \lambda} + \mathrm{div}\,(\mu\boldsymbol{\eta}) = 0$$

folgt durch partielle Integration mit (2.8.7)

$$\lambda \int U\,\frac{\partial \mu}{\partial \lambda}\,dV = \int \mu\,[\boldsymbol{\eta} \cdot \nabla\underline{\mathbf{P}}] \cdot \mathbf{E} dV - \int \mu p\boldsymbol{\eta} \cdot (\mathrm{grad}\,V)dV -$$

$$- \int\limits_{\mathscr{F}_p} \mathbf{n} \cdot \boldsymbol{\eta}\,[U_1\mu_1 - U_2\mu_2]\,df.$$

Also wird schließlich

$$(2.8.21) \qquad \delta \int U\mu dV = \int (\mathbf{E} \cdot \delta\underline{\mathbf{P}} - p\delta V)\mu dV$$

mit

$$\delta\underline{\mathbf{P}} = \lambda\,\frac{\partial \underline{\mathbf{P}}}{\partial \lambda} + \boldsymbol{\eta} \cdot \nabla\underline{\mathbf{P}},$$

$$(2.8.22)$$

$$\delta V = \lambda\,\frac{\partial V}{\partial \lambda} + \boldsymbol{\eta} \cdot \nabla V.$$

Mit $\mathbf{P} = \mu\underline{\mathbf{P}}$ und $V = \mu^{-1}$ und (2.8.20) folgt aus (2.8.21) mit (2.8.22):

$$\delta \int U\mu dV = \lambda \int \mathbf{E} \cdot \frac{\partial \mathbf{P}}{\partial \lambda}\,dV +$$

$$(2.8.23) \qquad\qquad + \int (\mathbf{E} \cdot \mathbf{P}\,\mathrm{div}\,\boldsymbol{\eta} + \boldsymbol{\eta} \cdot \nabla\mathbf{P} - p\,\mathrm{div}\,\boldsymbol{\eta})dV.$$

Durch partielle Integration folgt:

$$\delta \int U\mu dV = \lambda \int \mathbf{E} \cdot \frac{\partial \mathbf{P}}{\partial \lambda}\,dV - \int [\boldsymbol{\eta} \cdot \nabla\mathbf{P}] \cdot \mathbf{P} dV +$$

$$(2.8.24) \qquad\qquad + \int \boldsymbol{\eta} \cdot \mathrm{grad}\,p dV - \int\limits_{\mathscr{F}_p} \mathbf{n} \cdot \boldsymbol{\eta}(\mathbf{E}_2 \cdot \mathbf{P}_2 - \mathbf{E}_1 \cdot \mathbf{P}_1)\,df +$$

$$+ \int\limits_{\mathscr{F}_p} \mathbf{n} \cdot \boldsymbol{\eta}(p_2 - p_1)\,df.$$

(2.8.19), (2.8.24) in (2.8.14) eingesetzt ergeben:

$$(2.8.25) \qquad \boldsymbol{\kappa} = \mathbf{E}\varrho_{md} + [V\mathbf{E}] \cdot \mathbf{P} - \operatorname{grad} p,$$

$$(2.8.26) \qquad \begin{aligned} \boldsymbol{\kappa}_{F_p} &= \mathbf{n}(\mathbf{E}_2 \cdot \mathbf{P}_2 - \mathbf{E}_1 \cdot \mathbf{P}_1) + \\ &+ \mathbf{n}\,\frac{1}{8\pi}\,(|\mathbf{E}_2|^2 - |\mathbf{E}_1|^2) + \mathbf{n}(p_1 - p_2). \end{aligned}$$

Die Ausdrücke (2.8.25) und (2.8.26) stellen in einer noch näher zu untersuchenden Weise eine Verallgemeinerung der in VIII (1.11.17) und VIII (1.11.18) berechneten Ausdrücke dar. Dabei ist allerdings noch zu berücksichtigen, daß in VIII (1.11.17), VIII (1.11.18) die »mechanischen« Kräfte auf Grund von Spannungen (wie dem Druck) in den Materialien fehlen; dagegen sind (2.8.25), (2.8.26) vollständig, da sie »alle« Kräfte enthalten für Materialien, wo U von Formänderungen *nur* über V abhängt wie z. B. bei Flüssigkeiten und Gasen.

In VIII, § 11 hatten wir über χ die *spezielle* Annahme gemacht, daß $\mathbf{P} = \chi\mathbf{E}$ ist und χ nur von μ und nicht von der Temperatur abhängt. Was bedeutet diese Annahme für $U(\underline{\mathbf{P}}, V, S)$? Zur einfacheren Diskussion dieses Problems führen wir eine neue Funktion

$$K(\mathbf{E}, V, T) = U - \mathbf{E} \cdot \underline{\mathbf{P}} - TS$$

ein. Mit (2.8.7) folgt

$$dK = -p\,dV - \underline{\mathbf{P}} \cdot d\mathbf{E} - S\,dT,$$

d. h.

$$\frac{\partial K}{\partial \mathbf{E}} = -\underline{\mathbf{P}}, \quad \frac{\partial K}{\partial V} = -p, \quad \frac{\partial K}{\partial T} = -S.$$

Mit $\mathbf{P} = \mu\underline{\mathbf{P}} = \chi(\mu)\mathbf{E}$ folgt also (mit $V = \mu^{-1}$)

$$\frac{\partial K}{\partial \mathbf{E}} = -\frac{1}{\mu}\,\chi(\mu)\mathbf{E} = -V\chi\left(\frac{1}{V}\right)\mathbf{E},$$

d. h.

$$(2.8.27) \qquad K(\mathbf{E}, V, T) = -\frac{1}{2}\,V\chi\left(\frac{1}{V}\right)|\mathbf{E}|^2 + K_0(V, T).$$

Aus (2.8.27) folgt

$$(2.8.28) \qquad \frac{\partial K}{\partial V} = -p = -\frac{1}{2}\left(\chi - \mu\,\frac{\partial\chi}{\partial\mu}\right)|\mathbf{E}|^2 - p_0(V, T)$$

mit

$$\frac{\partial K_0}{\partial V} = -p_0.$$

Setzt man in (2.8.25), (2.8.26) $\mathbf{P} = \chi(\mu)\,\mathbf{E}$, $\mathbf{D} = \mathbf{E} + 4\pi\mathbf{P}$ und für p den Wert nach (2.8.28) ein, so folgt

$$(2.8.29) \qquad \kappa \;= \mathbf{E}\varrho_{md} + \frac{1}{2}\,\mu\,\operatorname{grad}\left(|\mathbf{E}|^2\,\frac{\partial\chi}{\partial\mu}\right) - \operatorname{grad} p_0,$$

$$\kappa_{F_p} = \frac{1}{2}\,\mathbf{n}\left[\mu_2\left(\frac{\partial\chi}{\partial\mu}\right)_2 |\mathbf{E}_2|^2 - \mu_1\left(\frac{\partial\chi}{\partial\mu}\right)_1 |\mathbf{E}_1|^2\right] +$$

$$(2.8.30)$$

$$+ \frac{1}{8\pi}\,\mathbf{n}\,[\mathbf{D}_2\cdot\mathbf{E}_2 - \mathbf{D}_1\cdot\mathbf{E}_1] + \mathbf{n}(p_{01} - p_{02}).$$

Dies ist aber mit den Ausdrücken VIII (1.11.17), VIII (1.11.18) identisch, wenn man in diesen die Kräfte auf Grund des »Druckes« p_0 ergänzt. In VIII, § 11 haben wir also richtig für einen Spezialfall den Teil der Kräfte berechnet, die von $\mathbf{E}$ abhängen. p_0 hängt *nur* von Dichte und Temperatur ab.

Ist p_0 oder p der »richtige« Druck? Diese Frage ist, so gestellt, sinnlos. Auf Grund von (2.8.5), (2.8.6), (2.8.7) haben wir oben die adiabatische Arbeitsleistung des Systems durch

$$-p\,dV + \mathbf{E}\cdot d\underline{\mathbf{P}}$$

definiert (!). Der Druck p wurde also durch die Arbeitsleistung bei konstantem $\underline{\mathbf{P}}$ definiert. Was ist dann p_0?

Wir berechnen $U(\underline{\mathbf{P}}, V, S)$ auf Grund von (2.8.27). Es folgt zunächst

$$S = -\frac{\partial K}{\partial T} = -\frac{\partial K_0}{\partial T},$$

d. h. $S = S_0(V, T)$. Damit wird

$$U = K + \mathbf{E}\cdot\underline{\mathbf{P}} - TS_0 =$$

$$= -\frac{1}{2}\,V\chi\left(\frac{1}{V}\right)|\mathbf{E}|^2 + V\chi\left(\frac{1}{V}\right)|\mathbf{E}|^2 + K_0 - TS_0.$$

Mit $U_0(V, S) = K_0 - TS_0$ wird also

$$(2.8.31) \qquad U = \frac{1}{2}\,V\chi\left(\frac{1}{V}\right)|\mathbf{E}|^2 + U_0(V, S),$$

$$(2.8.32) \qquad U(\underline{\mathbf{P}}, V, S) = \frac{1}{2}\,\frac{1}{V}\,\frac{1}{\chi\left(\frac{1}{V}\right)}\,|\underline{\mathbf{P}}|^2 + U_0(V, S).$$

Natürlich erhält man für p nach $\dfrac{\partial U}{\partial V} = -p$ denselben Ausdruck wie in (2.8.28)

mit $p_0 = -\dfrac{\partial U_0}{\partial V}$.

Die *gesamte* in (2.8.14) auftretende Energie wird mit (2.8.31):

$$(2.8.33) \qquad \frac{1}{8\pi} \int |\mathbf{E}|^2 \, dV + \int U\mu dV = \frac{1}{8\pi} \int \mathbf{D} \cdot \mathbf{E} dV + \int U_0 \mu dV.$$

In (2.8.33) ist die Energie auf der rechten und linken Seite in verschiedener Weise aufgeteilt. Benutzt man die Aufteilung der rechten Seite, so wird U_0 die »innere Energie« und

$$\frac{1}{8\pi} \int \mathbf{D} \cdot \mathbf{E} dV$$

die »Feldenergie« und p_0 der »Druck«. Die von uns oben gewählte Aufteilung hat den Vorteil, daß wir keinen linearen Zusammenhang zwischen $\mathbf{P}$ und $\mathbf{E}$ voraussetzen müssen.

Mit (2.8.33) geht natürlich das Variationsprinzip (2.8.14) genau in das aus VIII (1.11.5) über, wenn man in VIII (1.11.5) noch den Summanden

$$-\delta \int U_0 \mu dV$$

ergänzt. Damit haben wir den Zusammenhang der hier allgemeiner durchgeführten Überlegungen mit denen aus VIII, § 11 klargestellt.

Eine zweite in VIII, § 8.3 offen gebliebene Frage war der Energiesatz für permanente Magnete. Da kein elektrisches Feld vorhanden sein sollte, können wir $U = U(\mathbf{B}, V, S)$ betrachten. Da

$$\mathbf{M} = -\frac{\partial U}{\partial \mathbf{B}}$$

unabhängig von $\mathbf{B}$ sein soll (permanente Magnete!) folgt

$$(2.8.34) \qquad U = -\mathbf{M} \cdot \mathbf{B} + U_0,$$

wobei $\mathbf{M}$ und U_0 nicht mehr von $\mathbf{B}$ abhängen.

Die gesamte Energie ist also entsprechend (2.8.9) mit $U\mu = -\mathbf{M} \cdot \mathbf{B} + U_0\mu$:

$$(2.8.35) \qquad \varepsilon = \frac{1}{8\pi} \int |\mathbf{B}|^2 \, dV - \int \mathbf{M} \cdot \mathbf{B} dV + \int U_0 \mu dV.$$

Wenn Ströme $\mathbf{j}_m$ (siehe VIII, § 8) fließen, so wird durch diese Ströme beim Bewegen der permanenten Magnete Arbeit geleistet, so daß dann kein Energieerhaltungssatz gelten kann. Wir setzen deshalb *nur* permanente Magnete voraus, die gegeneinander bewegt werden. Dann ist

$$\text{rot}\,(\mathbf{B} - 4\pi\mathbf{M}) = 0.$$

Ähnlich wie nach VIII (8.3.6) folgt dann für (2.8.35)

$$(2.8.36) \qquad \varepsilon = -\frac{1}{8\pi}\int |\mathbf{B}|^2\, dV + \int U_0\mu\, dV.$$

Die in VIII (8.3.8) angegebene Energie U_{magn} ist also nichts anderes als die Summe der magnetischen Feldenergie und des von $\mathbf{B}$ abhängigen Teiles der inneren Energie. Daß diese Summe gerade das Negative der Feldenergie ist, ist nur die Folge des Spezialfalles (2.8.34) des allgemeinen Ausdruckes für die innere Energie. Für para- und diamagnetische Stoffe wird z. B.

$$U = -\tfrac{1}{2}\underline{\mathbf{M}}\cdot\mathbf{B} + U_0$$

wobei $\mathbf{M}$ eine lineare Funktion von $\mathbf{B}$ ist. Damit wird dann die Gesamtenergie ganz analog zu (2.8.33):

$$\varepsilon = \frac{1}{8\pi}\int |\mathbf{B}^2|\, dV - \frac{1}{8\pi}\int (4\pi\mathbf{M})\cdot\mathbf{B}\, dV + \int U_0\mu\, dV =$$

$$= \frac{1}{8\pi}\int \mathbf{H}\cdot\mathbf{B}\, dV + \int U_0\mu\, dV.$$

XV. Das Problem des Aufbaus makroskopischer Systeme aus Atomen

Schon weit älter als die Quantenmechanik (als Theorie der Atomstrukturen) ist die Vorstellung des Aufbaus der Materialien aus Atomen. Wir wollen hier nicht zurückgehen bis zu den griechischen Philosophen, die eine Atomvorstellung entworfen haben. Für sie stand sicherlich im Vordergrund die Tatsache, daß man Materialien (wie z.B. ein Stück Eisen) immer weiter teilen kann, daß es ihnen aber gedanklich unvernünftig erschien, eine »beliebige« Teilbarkeit anzunehmen. Wir sahen z.B. bei der Betrachtung des Raumproblems in II oder allgemeiner in III, § 5, daß solche »beliebige« Teilbarkeit tatsächlich nur als mathematische Idealisierung zu betrachten ist. Wenn man auch heute als Physiker aus dem »Nachdenken« über Teilbarkeit keine Folgerungen über die Wirklichkeit ziehen würde, so war doch dieser Anstoß der griechischen Philosophen zusammen mit Erfahrungen der Chemie ein intuitiver Weg (siehe Abbildung am Ende von III, § 4) zur Ausarbeitung einer echten physikalischen Theorie des »Aufbaus makroskopischer Systeme aus Atomen«.

Die ersten Erfolge erzielte diese Theorie (neben der »Erklärung« chemischer Grundgesetze) bei der Erklärung des Verhaltens von Gasen. Dabei deutete man das Gas als einen Schwarm sehr vieler durcheinander fliegender Atome.

Wie schon zu Beginn von XI betont, ist das Problem des Aufbaus von Materialien aus Atomen sehr komplex und eigentlich wenig geeignet, die »Existenz der Atome« zu demonstrieren, noch die Struktur der Atome selbst herauszupräparieren. Es war ein »Glücksfall«, daß die »idealen« Gase einen sehr vereinfachten Sonderfall darstellen und es so möglich war, mit ziemlich primitiven, intuitiven Vorstellungen recht gute Resultate zu erhalten.

Da wir heute die Theorie der Atome in der Quantenmechanik (siehe XI bis XIII) gut kennen, stellt sich das Problem des Aufbaus der makroskopischen Systeme aus Atomen in einer neuen Form, da keine Theorie der Atome selbst mehr zu entwerfen ist.

Vor der Entdeckung der Quantenmechanik hat man versucht, die Bewegung der Atome als Massenpunkte durch die klassische Punktmechanik (siehe V und VI) zu beschreiben; auch heute kann dies eine durchaus für manche Zwecke sehr praktikable Näherung sein. Deshalb werden wir als »Theorie der

Atome« manchmal die klassische Mechanik statt der Quantenmechanik benutzen. Aber auch für die Diskussion prinzipieller Probleme erweist sich oft das »Modell der klassischen Atome« als sehr geeignet.

Die Theorie des Aufbaus makroskopischer Systeme aus Atomen ist auch unter dem Schlagwort »statistische Mechanik« bekannt. Es bestehen manchmal (besonders bei älteren Autoren) falsche Vorstellungen, warum man eine solche *statistische* Mechanik zu betreiben hat. Es ist gut, von Anfang an solche falschen Vorstellungen beiseite zu schieben, damit der Denkweg auf die eigentlichen Probleme frei wird.

Eine solche falsche Vorstellung ist die folgende: Ausgehend von der am Anfang von VI, § 4 zitierten Vorstellung (von *Laplace* formuliert), daß eine »Superintelligenz« nur die exakten Bahnen aller Atome zu berechnen brauchte, um alles Geschehen, z. B. auch das Verhalten makroskopischer Systeme voraussagen zu können, erklärte man die *statistische* Mechanik als eine Methode, um mit unserer »schwachen« Intelligenz doch noch etwas, auch wenn nur mit Wahrscheinlichkeit voraussagen zu können: Die statistische Mechanik als Lückenbüßer für unsere Unfähigkeit, die Bahnen der Atome genauer berechnen zu können! Diese Deutung ist grob falsch. Die statistische Mechanik ist keine »Näherungstheorie« für eine an sich bekannte bessere Theorie (siehe zum Begriff der Näherungstheorie III, § 7 und viele Beispiele in den vorhergehenden Kapiteln V bis XIV dieses Buches).

Eine zweite falsche Vorstellung: Nicht unsere mangelnde Fähigkeit der Berechnung kompliziertester Bahnen ist der Grund für die *statistische* Mechanik, sondern unsere mangelnde *subjektive Kenntnis* der Struktur der Zusammensetzung des Systems aus Atomen zu einer Zeit (z. B. unsere mangelnde Kenntnis der Orte und Geschwindigkeiten der Atome zu einer Zeit) macht die Benutzung der statistischen Mechanik notwendig. Viele in XIV eingeführte Begriffe, wie die Entropie, versucht man dann als Eigenschaften subjektiver Kenntnisse über die Systeme (und nicht als objektive Eigenschaften der Systeme) zu deuten.

Etwas näher kommt man dem wirklichen Problem, wenn man nach den Ursachen fragt, *warum* wir denn nicht die genauere atomare Struktur *ausmessen*, um unsere Kenntnisse zu verbessern. Mit dieser Frage aber haben wir die »Theorie der Atome« als *alleinige* Basis zur Behandlung des Problems der Makrosysteme in Frage gestellt.

Daß die hier gebrachte Kritik nicht nur »modern« ist, erkennt man aus der Tatsache, daß schon *Boltzmann* als Begründer der statistischen Mechanik viel besser als mancher seiner Nachfolger die Bedeutung einer solchen Theorie dargestellt hat [39].

§ 1. Eine extrapolierte Quantenmechanik eines »Vielteilchen«-Systems

Wenn man mit der Vorstellung ernst macht, daß ein Makrosystem aus vielen Atomen aufgebaut ist, so wird man zunächst folgenden Versuch unternehmen: Man wird das Makrosystem als »nichts anderes als ein *quantenmechanisches* System« betrachten, so wie solche Systeme in X bis XIII durch die Quantenmechanik beschrieben wurden, mit dem einzigen Unterschied, daß ein solches Makrosystem aus einer »sehr großen« Zahl von elementaren Systemen (siehe XI, § 10.3) zusammengesetzt ist, d.h. ein sogenanntes »Vielteilchensystem« bildet.

Enthält das System N Elektronen und M Atomkerne, so wäre der *Hilbert*raum des Gesamtsystems nach den in XI, § 8.1 geschilderten Methoden als Produktraum zu konstruieren und der *Hamilton*operator H (der für die zeitliche Entwicklung maßgeblich ist) auf Grund der elektromagnetischen Wechselwirkungen dieser elementaren Bausteine (wobei die Atomkerne in sehr guter Näherung als elementare Bausteine aufgefaßt werden können; siehe XI, § 10.3) aufzuschreiben.

Um unsere Aufmerksamkeit auf die wesentlichen Probleme zu lenken, wollen wir die aufzuschreibenden Formeln so weit als irgend möglich vereinfachen. Deshalb wollen wir explizite Formeln nur für folgenden vereinfachten Modell-Fall notieren:

Ein System bestehe aus N gleichen Atomen, wobei die Atome selbst näherungsweise als »elementare« Systeme angesehen werden dürfen; dies ist der Fall, solange praktisch alle Atome im Grundzustand bleiben (Bedingungen hierfür werden wir später kennenlernen; § 7.6). Von irgendeinem Eigendrehimpuls der Atome wollen wir ebenfalls absehen. Als *Hilbert*raum ist dann nach XI, § 8.1

$$\mathcal{H}_N = \{\mathcal{H}^N\}_+ \quad \text{oder} \quad \mathcal{H}_N = \{\mathcal{H}^N\}_-$$

zu wählen, wobei $\mathcal{H}$ der *Hilbert*raum eines Atoms ist, der z.B. in der Ortsdarstellung durch die Menge der Vektoren $\psi(\mathbf{r})$ mit

$$\int |\psi(\mathbf{r})|^2 \, d^3\mathbf{r} < \infty$$

gegeben ist. Die Orts- und Impulsoperatoren für ein Atom sind also durch

$$Q_\nu \psi(\mathbf{r}) = x_\nu \psi(\mathbf{r}), \quad \text{bzw.} \quad P_\nu \psi(\mathbf{r}) = \frac{\hbar}{i} \frac{\partial}{\partial x_\nu} \psi(\mathbf{r})$$

gegeben. Als *Hamilton*operator des N-Teilchensystems setzen wir an:

$$(1.1) \qquad H = \sum_{k=1}^{N} \frac{1}{2m} \mathbf{P}^{(k)2} + \frac{1}{2} \sum_{i \neq k}^{N} U(|\mathbf{r}^{(i)} - \mathbf{r}^{(k)}|) + \sum_{k=1}^{N} \bar{V}(\mathbf{r}^{(k)}).$$

Dabei ist $\mathbf{P}^{(k)}$ der (vektorielle) Impulsoperator des k-ten Atoms, m die Masse eines Atoms, $U(r)$ die potentielle Wechselwirkungsenergie zweier Atome im Abstand r; $\bar{V}(r)$ soll die Existenz eines »Gefäßes« modellmäßig beschreiben, aus dem die Atome nicht herauskönnen, d. h. $\bar{V}(\mathbf{r}) \equiv 0$ für $\mathbf{r} \in \mathscr{V}$ ($\mathscr{V}$ das »Innere« des Gefäßes) und $\bar{V}(\mathbf{r})$ wächst sehr schnell gegen ∞, sobald $\mathbf{r}$ vom Rand von $\mathscr{V}$ nach außen wandert.

An dem eben kurz skizzierten Vielteilchen-Modellsystem können wir tatsächlich viel lernen; und wir werden sehen, daß dieses Modellsystem gar nicht so weit ab liegt, um sogar realistisch manche Vielteilchensysteme beschreiben zu können.

Als quantenmechanisches N-Teilchensystem ist durch die obigen Formeln die Theorie vollkommen erfaßt, wenn wir noch hinzufügen, daß die *Gesamtheiten* durch die Menge $K \subset \mathscr{B}(\mathscr{H}_N)$ und die *Effekte* durch die Menge $L \subset \mathscr{B}'(\mathscr{H}_N)$ gegeben sind, wobei K die Menge aller selbstadjungierten Operatoren $W \geq 0$ mit $Sp(W) = 1$ aus $\mathscr{H}_N$ und L die Menge aller selbstadjungierten Operatoren F mit $0 \leq F \leq 1$ aus $\mathscr{H}_N$ ist; dabei ist die Wahrscheinlichkeit für die Registrierung des Effektes F in der Gesamtheit W nach $Sp(WF)$ zu berechnen (siehe XII, § 1.1 und XIII, § 3 und A VIII, § 12). Wird ein zum Effekt F gehöriger Registrierapparat um das Zeitstück τ später (relativ zum Präparieren) eingeschaltet, so gehört zu ihm der Effekt

$$(1.2) \qquad F' = U_\tau F U_\tau^+ \quad \text{mit} \quad U_\tau = e^{\frac{i}{\hbar} H \tau}$$

mit H nach (1.1) (siehe XI, § 4.1 und XI, § 10.2).

Wir wollen die eben skizzierte Theorie nach einer Bezeichnungsweise aus III kurz $\mathfrak{PT}_{q\,\mathrm{exp}}$ nennen; der Index q exp soll andeuten: Quantenmechanik extrapoliert auf das »Vielteilchen-System«.

Wie schon oben angedeutet, kann man in manchen Fällen als Näherung $\mathfrak{PT}_{q\,\mathrm{exp}}$ durch eine klassische Punktmechanik eines Systems aus N Massenpunkten ersetzen. Diese Theorie ist nach VI, § 7.5 durch die kanonischen Gleichungen

$$(1.3) \qquad \dot{p}_i = -\frac{\partial H}{\partial q_i}, \quad \dot{q}_i = \frac{\partial H}{\partial p_i}$$

als Strömung im $6N$-dimensionalen Γ-Raum der p_i, q_i bestimmt (wobei die q_i die durchnumerierten Ortkoordinaten $x_\nu^{(k)}$ und die p_i die durchnumerierten Impulskoordinaten $p_\nu^{(k)} (= m\dot{x}_\nu^k)$ der N Massenpunkte sind). Die *Hamilton*-funktion H ist formal mit (1.1) identisch, wenn man die $\mathbf{P}^{(k)}$ nicht als Operatoren, sondern als Vektoren $\mathbf{p}^{(k)}$ mit den Komponenten $p_\nu^{(k)}$ auffaßt.

Die Bahnen der N Massenpunkte können repräsentiert werden durch eine Bahn im Γ-Raum als Lösung der kanonischen Gleichungen.

Größen im Sinne der Punktmechanik, die an dem System der N Massenpunkte gemessen werden können, d.h. Observablen dieses N-Teilchensystems sind Funktionen $A(p_1, \ldots p_{3N}, q_1, \ldots q_{3N})$ im Γ-Raum. Eine statistische Meßreihe kann, wie in VI, § 5.7 geschildert, durch eine Dichte $\varrho(p_1, \ldots, q_1, \ldots)$ im Γ-Raum dargestellt werden, wobei der Mittelwert für die Meßwerte einer Observablen $A(p_1, \ldots, q_1, \ldots)$, d.h. der Erwartungswert, nach

$$(1.4) \qquad \int \varrho(p_1, \ldots, q_1, \ldots)\, A(p_1, \ldots, q_1, \ldots)\, dp_1 \ldots dq_1 \ldots$$

zu berechnen ist.

Das eben skizzierte (in VI, § 5.7 etwas genauer beschriebene) klassische Analogon zu $\mathfrak{PT}_{q\,\mathrm{exp}}$ wollen wir mit $\mathfrak{PT}_{k\,\mathrm{exp}}$ bezeichnen, wobei der Index k statt q auf »klassisch« statt »quantenmechanisch« hinweisen soll.

§ 2. Physikalische Problematik von $\mathfrak{PT}_{q\,\mathrm{exp}}$ und $\mathfrak{PT}_{k\,\mathrm{exp}}$

Mit diesem § 2 beginnt eine Diskussion über das Problem der Makrosysteme, deren erstes Ziel es ist, die in § 6.4 bis 6.6 benutzten Gesamtheiten (mikrokanonische Gesamtheit, kanonische Gesamtheit, große kanonische Gesamtheit) zur Berechnung der thermostatischen Gleichgewichtswerte zu »begründen«. Gerade aber eine solche prinzipielle Diskussion ist für den Anfänger ermüdend. Daher ist beim ersten Lesen zu empfehlen, die §§ 2 bis 5 zu überschlagen, und mit § 6 fortzufahren. Man muß dann allerdings so manche Formel als »brauchbare« Basis einer Theorie des thermischen Gleichgewichts *hinnehmen*.

Beginnen wir die Diskussion mit der Theorie $\mathfrak{PT}_{k\,\mathrm{exp}}$. Daneben steht z.B. die in XIV, § 2.7 durch die *Navier-Stokes*schen Gleichungen beschriebene Hydrodynamik, die jetzt (zur kurzen Kennzeichnung) mit $\mathfrak{PT}_h$ bezeichnet sei.

Die naheliegendste Annahme über das Verhältnis der beiden Theorien $\mathfrak{PT}_{k\,\mathrm{exp}}$ und $\mathfrak{PT}_h$ ist entsprechend der von *Laplace* so schön formulierten Vorstellung (siehe Anfang von VI, § 4) die, daß $\mathfrak{PT}_{k\,\mathrm{exp}}$ die exakte Beschreibung der Wirklichkeit darstellt, während $\mathfrak{PT}_h$ nur eine Näherungstheorie ist, die sich in »gewissen Fällen« als brauchbar erweist. Wir würden heute nicht mehr von »exakter« Theorie und »nur« Näherung sprechen, sondern dieses Verhältnis entsprechend den Begriffsbildungen aus III, § 7 so sehen: $\mathfrak{PT}_h$ ist eine *Einschränkung* von $\mathfrak{PT}_{k\,\mathrm{exp}}$, oder etwas genauer: Durch eine geeignete Einschränkung $\mathfrak{PT}_{k\,\mathrm{exp}} \rightarrow \mathfrak{PT}_1$ von $\mathfrak{PT}_{k\,\mathrm{exp}}$ auf $\mathfrak{PT}_1$ erhält man eine Theorie, die zu $\mathfrak{PT}_h$ äquivalent ist, d.h. bijektiv in $\mathfrak{PT}_h$ *eingebettet* werden kann; $\mathfrak{PT}_h$ unterscheidet sich von $\mathfrak{PT}_1$ nur dadurch, daß man im mathematischen Bild von $\mathfrak{PT}_h$ alles »weggelassen« hat, was physikalisch in bezug auf die Abbildungsprinzipien von $\mathfrak{PT}_1$ im mathematischen Bild von $\mathfrak{PT}_1$ (das mit dem mathematischen Bild von $\mathfrak{PT}_{k\,\mathrm{exp}}$ identisch ist) belanglos ist. Da die »triviale«

Einbettung von $\mathfrak{P}\mathfrak{T}_1$ in $\mathfrak{P}\mathfrak{T}_h$ uninteressant ist, sagen wir kurz $\mathfrak{P}\mathfrak{T}_h$ ist eine Einschränkung von $\mathfrak{P}\mathfrak{T}_{k\,\mathrm{exp}}$. Besteht diese Vorstellung zu recht?

Versuchen wir einmal, diese Vorstellung (siehe Bezeichnungsweise III, § 7) $\mathfrak{P}\mathfrak{T}_{k\,\mathrm{exp}}\rightarrow\mathfrak{P}\mathfrak{T}_h$ zu konkretisieren:

$\mathfrak{P}\mathfrak{T}_h$ basiert auf den »direkt meßbaren« (d. h. auf Grund der Abbildungsprinzipien mit dem mathematischen Bild $\mathfrak{M}\mathfrak{T}_h$ von $\mathfrak{P}\mathfrak{T}_h$ vergleichbaren; siehe III, § 4 und III, § 9) Größen $\mu(\mathbf{r})$, $\mathbf{u}(\mathbf{r})$, $T(\mathbf{r})$. Wenn $\mathfrak{P}\mathfrak{T}_{k\,\mathrm{exp}}\rightarrow\mathfrak{P}\mathfrak{T}_h$ gilt, so liegt die Vorstellung nahe, daß diese Größen μ, $\mathbf{u}$, T gewisse Observablen aus $\mathfrak{P}\mathfrak{T}_{k\,\mathrm{exp}}$ sind: Man mißt bei dem »Vielteilchensystem« aus $\mathfrak{P}\mathfrak{T}_{k\,\mathrm{exp}}$ »im allgemeinen« eben nicht Orte und Impulse aller N Teilchen, sondern »meist« nur gewisse »Pauschalobservablen« wie μ, $\mathbf{u}$, T. Die Einschränkung von $\mathfrak{P}\mathfrak{T}_{k\,\mathrm{exp}}$ auf $\mathfrak{P}\mathfrak{T}_h$ würde dann darin bestehen, daß man aus der Menge *aller* Observablen $A(p_1,\ldots,q_1,\ldots)$ eine *Teilmenge*, nämlich die Menge der »hydrodynamischen Observablen« auswählt. Daß μ, $\mathbf{u}$, T spezielle Observablen in $\mathfrak{P}\mathfrak{T}_{k\,\mathrm{exp}}$ sind, heißt nichts anderes, als daß man diese in der Form

$$\mu(\mathbf{r}; p_1,\ldots,q_1,\ldots),$$
$$(2.1) \qquad \mathbf{u}(\mathbf{r}; p_1,\ldots,q_1,\ldots),$$
$$T(\mathbf{r}; p_1,\ldots,q_1,\ldots)$$

angeben müßte, d. h. daß jedem Punkt im Γ-Raum bestimmte Werte der Observablen $\mu(\mathbf{r})$, $\mathbf{u}(\mathbf{r})$, $T(\mathbf{r})$ entsprechen. Diese Vorstellung scheint sehr plausibel: Betrachten wir z. B. die Dichte μ. Statt den Ort der N-Teilchen mißt man in der Hydrodynamik, d. h. in $\mathfrak{P}\mathfrak{T}_h$ die »ungefähre« Zahl n der Teilchen, die in einem kleinen Teilgebiet $\Delta\mathscr{V}$ vom Volumen ΔV liegen, wobei $\Delta\mathscr{V}$ »etwa« an der Stelle $\mathbf{r}$ liegen möge; dann setzt man $\mu(\mathbf{r})\Delta V\approx nm$ (mit m als Masse eines Atoms, m also in $\mathfrak{P}\mathfrak{T}_{k\,\mathrm{exp}}$ definiert). Jedem Punkt $p_1,\ldots,q_1,\ldots$ im Γ-Raum entspricht eine Zahl n von Teilchen in $\Delta\mathscr{V}$:

$$n(p_1,\ldots,q_1,\ldots)=\text{Zahl der } \mathbf{r}^{(k)}\in\Delta\mathscr{V}.$$

Durch

$$\mu(\mathbf{r}; p_1,\ldots,q_1,\ldots)\approx\frac{nm}{\Delta V}$$

ist dann z. B. die Observable der Dichte als Funktion in Γ d. h. als Observable in $\mathfrak{M}\mathfrak{T}_{k\,\mathrm{exp}}$ definiert.

Ähnlich könnte man versuchen, $\mathbf{u}(\mathbf{r}; p_1,\ldots,q_1,\ldots)$ zu definieren:

$$\mathbf{u}(\mathbf{r}; p_1,\ldots,q_1,\ldots)\approx\frac{1}{nm}\,\Sigma'_k\,\mathbf{p}^{(k)},$$

wobei $\Delta\mathscr{V}$ und n wie oben definiert sind und Σ' bedeutet, daß die Impulse über alle k mit $\mathbf{r}^{(k)}\in\Delta\mathscr{V}$ zu summieren sind.

Schwieriger wäre es, intuitiv eine passende Definition von T als Observable in $\mathfrak{PT}_{k\,\exp}$ zu finden. Nehmen wir aber jetzt an, daß Definitionen entsprechend (2.1) vorliegen mögen. Für eine spezielle (den kanonischen Gleichungen (1.3) genügende) Bahn $p_i(t)$, $q_i(t)$ in Γ wäre dann

$$\mu(\mathbf{r},\,t)=\mu(\mathbf{r};\,p_1(t),\ldots,q_1(t),\ldots),$$

$$(2.2)\qquad \mathbf{u}(\mathbf{r},\,t)=\mathbf{u}(\mathbf{r};\,p_1(t),\ldots,q_1(t),\ldots),$$

$$T(\mathbf{r},\,t)=T(\mathbf{r};\,p_1(t),\ldots,q_1(t),\ldots)$$

als Bahn im Zustandsraum Z von $\mathfrak{PT}_h$ zu berechnen. Wenn $\mathfrak{PT}_{k\,\exp}\to\mathfrak{PT}_h$ in dem eben geschilderten Sinn gelten würde, so sollten die nach (2.2) bestimmten Funktionen $\mu(\mathbf{r},t)$, $\mathbf{u}(\mathbf{r},t)$, $T(\mathbf{r},t)$ wenigstens näherungsweise eine Lösung der *Navier-Stokes*schen Gleichungen darstellen, und alle Lösungen der *Navier-Stokes*schen Gleichungen sollte man (näherungsweise) in der Form (2.2) aus $\mathfrak{PT}_{k\,\exp}$ erhalten.

Wenn die eben geschilderte Vorstellung möglich wäre, so könnte man tatsächlich von der Theorie der Makrosysteme als einer Näherungsbeschreibung auf der Basis »leicht herstellbarer Messungen« sprechen; und auf Grund von (2.2) und $\mathfrak{PT}_{k\,\exp}$ wären dann die *Navier-Stokes*schen Gleichungen (wenigstens als Näherung) *deduzierbar*.

So einfach aber liegt leider das Problem des Aufbaues makroskopischer Systeme aus Atomen nicht!

Nehmen wir einmal an, wir hätten eine Bahn $p_i(t)$, $q_i(t)$ im Γ-Raum, so daß (für $t\geq 0$) die nach (2.2) berechneten Größen (näherungsweise) eine Lösung der *Navier-Stokes*schen Gleichungen ergeben. Betrachten wir nun die nach XI (10.5.5) »zeitgespiegelte«, d.h. »bewegungsumgekehrte« Bahn $p_i'(t')$ und $q_i'(t')$, so müssen die mit dieser Bahn nach (2.2) berechneten $\mu'(\mathbf{r},\,t')$, $\mathbf{u}'(\mathbf{r},\,t')$, $T'(\mathbf{r},\,t')$ (für $t'\geq 0$) vollständig (!) den *Navier-Stokes*schen Gleichungen widersprechen. Die $\mu'(\mathbf{r},\,t')$, $\mathbf{u}'(\mathbf{r},\,t')$, $T'(\mathbf{r},\,t')$ erhält man nämlich aus den $\mu(\mathbf{r},\,t)$, $\mathbf{u}(\mathbf{r},\,t)$, $T(\mathbf{r},\,t)$, indem man die in einem Film aufgenommenen $\mu(\mathbf{r},\,t)$, $\mathbf{u}(\mathbf{r},\,t)$, $T(\mathbf{r},\,t)$ rückwärts ablaufen läßt (siehe XI, § 10.5). Da für die Lösungen $\mu(\mathbf{r},\,t)$, $\mathbf{u}(\mathbf{r},\,t)$, $T(\mathbf{r},\,t)$ der *Navier-Stokes*schen Gleichungen die Entropie nach XIV (2.7.45) mit t zunimmt, würde für $\mu'(\mathbf{r},\,t')$, $\mathbf{u}'(\mathbf{r},\,t')$, $T'(\mathbf{r},\,t')$ also die Entropie mit t' abnehmen im Widerspruch zu den *Navier-Stokes*schen Gleichungen.

Zu jedem Bahnstück aus Γ nach $\mathfrak{PT}_{k\,\exp}$, für das die nach (2.2) berechneten Größen eine Näherungslösung in $\mathfrak{PT}_h$ darstellen, gibt es ein durch Bewegungsumkehrtransformation daraus hervorgehendes Bahnstück, für das die nach (2.2) berechneten Größen der Theorie $\mathfrak{PT}_h$ widersprechen.

Auch jeder Versuch einer Ausrede, daß vielleicht »die meisten« Bahnstücke so sind, daß die Größen (2.2) näherungsweise die *Navier-Stokes*schen Gleichungen erfüllen, und in diesem Sinne »nur wenige« den *Navier-Stokes*schen Gleichungen widersprechen, muß mißlingen, da die Bewegungsumkehrabbildung eine bijektive (und sogar das Volumenmaß in Γ erhaltende; siehe auch *Liouville*scher Satz nach VI, § 5.7) Abbildung der Bahnen auf sich ist.

Wir erkennen an den geschilderten Argumenten, daß diese nicht von der speziellen Modellstruktur der Theorie $\mathfrak{PT}_{k\,\mathrm{exp}}$, wie sie in § 1.2 geschildert wurde, noch von der speziellen Form von $\mathfrak{PT}_h$ abhängen, sondern »ganz allgemein« gelten. Dasselbe gilt auch von den folgenden Überlegungen. Wir demonstrieren diese nur deshalb an den angegebenen Beispielen, um sie so für den Anfänger deutlicher werden zu lassen.

Was bedeutet die eben geschilderte Sachlage, daß man durch Einschränkung von $\mathfrak{PT}_{k\,\mathrm{exp}}$ auf eine geeignete Teilmenge von Observablen nicht $\mathfrak{PT}_h$ erhalten kann? Sollen wir vielleicht jeden Versuch einer Beziehung zwischen den beiden Theorien $\mathfrak{PT}_{k\,\mathrm{exp}}$ und $\mathfrak{PT}_h$ verwerfen? Bisher erzielte Erfolge, bestimmte Eigenschaften von Makrosystemen aus ihrem Aufbau aus Atomen zu deuten, widersprechen der Auffassung, daß *keine* Beziehung zwischen $\mathfrak{PT}_{k\,\mathrm{exp}}$ und $\mathfrak{PT}_h$ bestehen sollte. Vielleicht ist nur unser erster Versuch noch ungenügend.

Vielleicht sollte man die Einschränkung von $\mathfrak{PT}_{k\,\mathrm{exp}}$ nicht allein durch eine Teilmenge von Observablen, sondern auch durch eine Teilmenge von Bahnen aus Γ bestimmen. Natürlich wäre es formal möglich, die Einschränkung von $\mathfrak{PT}_{k\,\mathrm{exp}}$ auf $\mathfrak{PT}_h$ noch durch die zusätzliche Forderung festzulegen, daß diejenige Teilmenge von Bahnen aus Γ auszuwählen ist, für die die Größen aus (2.2) Näherungslösungen der *Navier-Stokes*schen Gleichungen darstellen. Eine solche Form der Einschränkung wäre tatsächlich formal möglich, solange die betrachtete Teilmenge von Bahnen nicht leer ist. Trotzdem hat man ein ungutes Gefühl: Man versteht nicht, *warum* man gerade diese Auswahl von Bahnen trifft und nicht eine andersartige, die zu anderen als den *Navier-Stokes*schen Gleichungen führt. Man kann zwar »verstehen«, daß man bei nicht so genauer Vermessung nur die Größen μ, $\mathbf{u}$, T »mißt«, man kann aber gar nicht verstehen, warum man offensichtlich immer solche Systeme präpariert, deren Bahnen in Γ gerade so sind, daß man nach (2.2) Größen μ, $\mathbf{u}$, T erhält, die den *Navier-Stokes*schen Gleichungen genügen.

Damit stellt sich das Problem, warum mißt man nicht annähernd alle Observablen aus $\mathfrak{PT}_{k\,\mathrm{exp}}$ und warum präpariert man nicht annähernd alle »möglichen« Bahnen aus $\mathfrak{PT}_{k\,\mathrm{exp}}$? Wäre $\mathfrak{PT}_{k\,\mathrm{exp}}$ tatsächlich eine im Sinne von III, § 7, g.G.-abgeschlossene Theorie, so sollten wenigstens prinzipiell so gut wie alle Bahnen präparierbar und so gut wie alle Observablen wenigstens prinzipiell meßbar sein (d.h. alle Bahnen und alle Observablen im Sinne von III, § 9 physikalisch möglich sein).

Wenn man sich auch noch vorstellen könnte, daß vielleicht doch noch mit sehr großem Aufwand annähernd alle Observablen aus $\mathfrak{PT}_{k\,\mathrm{exp}}$ meßbar sein könnten, so wird man doch als Physiker skeptisch, sobald man daran denkt, daß annähernd alle Bahnen aus $\mathfrak{PT}_{k\,\mathrm{exp}}$ wenigstens prinzipiell präparierbar sein sollten. Augenscheinlich erfordert es praktisch überhaupt keinen Aufwand, Systeme zu präparieren, deren Bahnen in Γ nach (2.2) im Einklang mit den *Navier-Stokes*schen Gleichungen stehen. Die simple mathematische Transformation der Bewegungsumkehr durch Präparieren eines Systems zu realisieren, scheint jedem Physiker so gut wie unmöglich. Ist sie vielleicht überhaupt »unmöglich«, d. h. im Sinne von III, § 9 »nicht physikalisch möglich«? Wenn dies so wäre, dann wäre $\mathfrak{PT}_{k\,\mathrm{exp}}$ zumindest keine g.G.-abgeschlossene Theorie und man müßte nach einer gegenüber $\mathfrak{PT}_{k\,\mathrm{exp}}$ umfangreicheren (siehe III, § 7) Theorie suchen. Alle Erfahrungen sprechen dafür, daß wir ernst mit dem Gedanken machen müssen, daß $\mathfrak{PT}_{k\,\mathrm{exp}}$ nicht g.G.-abgeschlossen ist, da es *prinzipiell* unmöglich erscheint, alle nach $\mathfrak{PT}_{k\,\mathrm{exp}}$ möglichen Observablen zu messen, und prinzipiell unmöglich erscheint, alle nach $\mathfrak{PT}_{k\,\mathrm{exp}}$ möglichen Bahnen zu präparieren. Es sollte also eine zu $\mathfrak{PT}_{k\,\mathrm{exp}}$ umfangreichere Theorie der Makrosysteme geben, die wir kurz $\mathfrak{PT}_m$ nennen, so daß im Sinne von III, § 7 folgendes Diagramm gilt:

$$(2.3) \qquad \mathfrak{PT}_h \leftarrow \mathfrak{PT}_m \rightarrow \mathfrak{PT}_{mr} \rightrightarrows \mathfrak{PT}_{k\,\mathrm{exp}}.$$

Die in (2.3) mit $\mathfrak{PT}_m \rightarrow \mathfrak{PT}_h$ bezeichnete Einschränkung, ist wie oben so zu verstehen, daß eine Einschränkung von $\mathfrak{PT}_m$ zu einer zu $\mathfrak{PT}_h$ äquivalenten Theorie führt (wir werden später sogar beispielhaft diese Einschränkung vorführen; siehe (10.6.1)).

Die Schwierigkeit einer Theorie der Makrosysteme oder (in anderer Formulierung) einer Theorie der Vielteilchensysteme liegt darin, daß man $\mathfrak{PT}_m$ nicht »hat«, sondern bisher immer damit auskommen mußte, Näherungstheorien zu $\mathfrak{PT}_m$ zu konstruieren. Sei $\mathfrak{PT}_{m1}$ eine solche Näherungstheorie. Man versucht dann z. B. folgendes Diagramm nachzuweisen:

$$\begin{array}{c} \mathfrak{PT}_m \\ \downarrow \\ (2.4) \qquad \mathfrak{PT}_h \leftarrow \mathfrak{PT}_{m1} \rightarrow \mathfrak{PT}_{m1r} \rightrightarrows \mathfrak{PT}_2 \leftarrow \mathfrak{PT}_{k\,\mathrm{exp}}. \end{array}$$

Dieses Diagramm (2.4) sei im Moment nur angegeben, ohne es weiter zu diskutieren. Es soll vorläufig nur zeigen, daß sich der Wunsch des Diagramms (2.3) bisher nicht erfüllen läßt; wir werden später auf (2.4) zurückkommen.

Wenn wir (2.3) im Sinne von III, § 9 ernst nehmen, so hätten also z. B. die Impulse und Orte aller N Teilchen wie die Bahnen in Γ als nicht physikalisch wirklich zu gelten, da aus $\mathfrak{PT}_{k\,\mathrm{exp}}$ *nur* der als Bild von $\mathfrak{PT}_{mr}$ in $\mathfrak{PT}_{k\,\mathrm{exp}}$ erscheinende Teil physikalische Wirklichkeit beschreibt (siehe III, § 7 und III, § 9). In diesem Sinne empfand man die Entdeckung der Quantenmechanik als eine Erlösung, weil schon nach der Quantenmechanik Bahnen in Γ nicht physikalisch wirklich sind (siehe auch die ausführliche Diskussion in XIII, § 9). Tatsächlich aber wird die Situation des Problems des Aufbaus makroskopischer Systeme aus Atomen durch Verwendung von $\mathfrak{PT}_{q\,\mathrm{exp}}$ statt $\mathfrak{PT}_{k\,\mathrm{exp}}$ nicht wesentlich verändert. Wir wollen deshalb noch einmal dieselben Überlegungen mit $\mathfrak{PT}_{q\,exp}$ statt $\mathfrak{PT}_{k\,exp}$ nachvollziehen.

Versuchen wir es also zunächst wieder mit der Vorstellung $\mathfrak{PT}_{q\,exp} \to \mathfrak{PT}_h$, d. h. daß $\mathfrak{PT}_h$ eine Einschränkung von $\mathfrak{PT}_{q\,exp}$ ist. Die Verwendung von $\mathfrak{PT}_{q\,exp}$ ergibt allerdings ein neues Problem: $\mathfrak{PT}_{q\,exp}$ ist eine prinzipiell statistische Theorie, während $\mathfrak{PT}_{k\,exp}$ zwar auch statistisch formuliert werden *kann* (siehe § 1 und VI, § 5.7); aber in $\mathfrak{PT}_{k\,exp}$ kann doch jedem Einzelsystem eine Bahn in Γ (als eine im Rahmen von $\mathfrak{PT}_{k\,exp}$ physikalisch wirkliche Bahn, siehe VI, § 4.3) zugeordnet werden. Deshalb konnte man eine Einschränkung $\mathfrak{PT}_{k\,exp} \to$ $\to \mathfrak{PT}_h$ durch Formeln der Form (2.1) versuchen.

Nun ist es durchaus möglich, auch die Theorie $\mathfrak{PT}_h$ statistisch zu formulieren (ähnlich wie man $\mathfrak{PT}_{k\,exp}$ statistisch formulieren kann); man hat dazu nur eine Statistik über den Feldern $\mu(\mathbf{r})$, $\mathbf{u}(\mathbf{r})$, $T(\mathbf{r})$ einzuführen, was aber mathematisch ein wenig komplizierter ist, da der »Raum« der Feldtripel $(\mu(\mathbf{r})$, $\mathbf{u}(\mathbf{r})$, $T(\mathbf{r}))$ unendlichdimensional und nicht endlichdimensional wie Γ ist. Wir wollen deshalb die hierzu notwendige Mathematik (Maßtheorie in unendlich dimensionalen topologischen Räumen) nicht darstellen. Für unser Problem kommen wir auch ohne diese Mathematik aus.

Da $\mathfrak{PT}_{q\,exp}$ prinzipiell statistisch ist, kann man in $\mathfrak{PT}_{q\,exp}$ also den Einzelsystemen keine »Bahnen« $p_i(t)$, $q_i(t)$ zuordnen, sondern muß immer Präparierverfahren und diesen zugeordnete Gesamtheiten (siehe XIII, §§ 2 und 3) betrachten. Eine Einbettung $\mathfrak{PT}_{q\,exp} \to \mathfrak{PT}_h$ könnte man aber doch in Analogie zu (2.1) versuchen, indem man sich vorstellt, daß der Vermessung der Felder μ, $\mathbf{u}$, T einer Messung von Observablen im Sinne von $\mathfrak{PT}_{q\,exp}$ entspricht. Zwar ist es jetzt nicht ganz so intuitiv naheliegend, wie wir es im Falle von $\mathfrak{PT}_{k\,exp}$ kurz nach (2.1) geschildert haben, entsprechende mathematische Ausdrücke für die den Feldern μ, $\mathbf{u}$, T entsprechenden Observablen zu finden. Ja, vielleicht ist es sogar vernünftiger, den Versuch einer Einbettung gleich mit Hilfe der exakteren Begriffsbildungen aus XIII, § 1 bis 3 zu formulieren: Der »makroskopischen« Registrierung der Felder $\mu(\mathbf{r}, t)$, $\mathbf{u}(\mathbf{r}, t)$, $T(\mathbf{r}, t)$ (auch zu verschiedenen Zeiten t) sollten in $\mathfrak{PT}_{q\,exp}$ Registrierverfahren (siehe XIII, § 1.3) entsprechen. Statt aller in $\mathfrak{PT}_{q\,exp}$ möglichen Registrierverfahren werden nur diese speziellen »hydrodynamischen« Registrierverfahren weiter betrachtet und $\mathfrak{PT}_{q\,exp}$ eingeschränkt durch die Auswahl dieser speziellen Teilmenge von Registrierverfahren.

Man könnte dann in Analogie zu den Überlegungen für $\mathfrak{PT}_{k\,exp}$ folgende Vorstellung für die Einschränkung von $\mathfrak{PT}_{q\,exp}$ auf $\mathfrak{PT}_h$ versuchen: Für *alle* Gesamtheiten $W \in K$ (K nach XI, § 2.1) ist die Wahrscheinlichkeit der Registrierung von solchen $\mu(\mathbf{r}, t)$, $\mathbf{u}(\mathbf{r}, t)$, $T(\mathbf{r}, t)$, die nicht einmal eine Lösung der *Navier-Stokes*schen Gleichungen annähern, (zumindest in *sehr guter* Näherung) gleich Null.

Ganz ähnlich wie bei $\mathfrak{PT}_{k\,\text{exp}}$ erkennt man mit Hilfe der Bewegungsumkehrtransformation, daß dies unmöglich ist: Wenn W eine solche Gesamtheit ist, in der nur mit den *Navier-Stokes*schen Gleichungen verträgliche $\mu(\mathbf{r}, t)$, $\mathbf{u}(\mathbf{r}, t)$, $T(\mathbf{r}, t)$ registriert werden, so sollten für das bewegungsumgekehrte $W'(t')$ mit $\left(W'(t') \text{ nach XI } (10.5.9)\right)$ nur zu $\mu(\mathbf{r}, t)$, $\mathbf{u}(\mathbf{r}, t)$, $T(\mathbf{r}, t)$ bewegungsumgekehrte $\mu'(\mathbf{r}, t')$, $\mathbf{u}'(\mathbf{r}, t')$, $T'(\mathbf{r}, t')$ registriert werden, die aber zu den *Navier-Stokes*schen Gleichungen im Widerspruch stehen, wenn die $\mu(\mathbf{r}, t)$, $\mathbf{u}(\mathbf{r}, t)$, $T(\mathbf{r}, t)$ mit den *Navier-Stokes*schen Gleichungen im Einklang waren. (Wir werden dieses hier nur angedeutete Argument später noch etwas genauer formulieren; siehe § 10.5.)

Eine Einschränkung von $\mathfrak{PT}_{q\,\text{exp}}$ auf $\mathfrak{PT}_h$ ist also nur denkbar, wenn auch die Gesamtheiten, oder genauer die Präparierverfahren (siehe XIII, § 1.3) aus $\mathfrak{PT}_{q\,\text{exp}}$ auf eine Teilmenge eingeschränkt werden. Die oben ausführlich diskutierten physikalischen Argumente legen es dann nahe, daß $\mathfrak{PT}_{q\,\text{exp}}$ keine g.G.-abgeschlossene Theorie sein kann, da es physikalisch nicht möglich erscheint, alle die formal in $\mathfrak{PT}_{q\,\text{exp}}$ auftretenden Präparier- und Registrierverfahren zu realisieren. Daher ist nach einer Theorie $\mathfrak{PT}_m$ für das makroskopische Vielteilchensystem gesucht, die umfangreicher als $\mathfrak{PT}_{q\,\text{exp}}$ und umfangreicher als $\mathfrak{PT}_h$ ist, für die also das folgende Diagramm gilt

$$(2.5) \qquad \mathfrak{PT}_h \leftarrow \mathfrak{PT}_m \rightarrow \mathfrak{PT}_{mr} \rightharpoonup \mathfrak{PT}_{q\,\text{exp}}.$$

Die bei der Einbettung $\mathfrak{PT}_{mr} \rightharpoonup \mathfrak{PT}_{q\,\text{exp}}$ in $\mathfrak{PT}_{q\,\text{exp}}$ erhaltenen Bildmengen von Präparier- und Registrierverfahren wären dann die »physikalisch möglichen« Präparier- und Registrierverfahren.

Wir haben damit die Problemsituation umrissen, der wir bei einer Beschreibung von Makrosystemen als aus Atomen aufgebaut gegenüber stehen. Dieser kurze erste Überblick war notwendig, um sich nicht bei den späteren, konkreten Ausführungen in ein Labyrinth von mehr oder weniger falschen und richtigen Vorstellungen zu verirren. Da wir die gewünschte Theorie $\mathfrak{PT}_m$ nicht vorführen können, müssen wir uns langsam, ausgehend von spezielleren Situationen, vortasten, und bei diesem Vortasten kann man leicht den Überblick verlieren.

Zur weiteren Klarstellung seien am Schluß auch dieses § einige falsche Vorstellungen angeführt. Manche Ausführungen in der Literatur können gerade bei Anfängern den Eindruck erwecken, daß es doch gelungen sei, das irreversible Verhalten (z.B. der *Navier-Stokes*schen Gleichungen) makroskopischer Systeme aus $\mathfrak{PT}_{k\,\text{exp}}$, bzw. $\mathfrak{PT}_{q\,\text{exp}}$ zu *deduzieren*. Alle diese Eindrücke sind falsch, da man nur mehr oder weniger heimlich Annahmen hineingesteckt hat, die der Anfänger übersieht, oder da man Annahmen »plausibel« gemacht hat, was der Anfänger fälschlicherweise für einen »Beweis« der hineingesteckten Annahmen hält.

In vielen Fällen findet man für die Verbindung von μ, $\mathbf{u}$, T mit Größen aus $\mathfrak{PX}_{k\,exp}$ (und entsprechend für $\mathfrak{PX}_{q\,exp}$) Formeln, die sich in ihrer Struktur wesentlich von (2.1) unterscheiden. Mit den in $\mathfrak{PX}_{k\,exp}$ eingeführten Wahrscheinlichkeitsdichten $\varrho(p_1,\ldots,q_1,\ldots)$ im $\varGamma$-Raum »definiert« man μ, $\mathbf{u}$, T als gewisse *Erwartungswerte* von Observablen aus $\mathfrak{PX}_{k\,exp}$; z. B.

$$\mu(\mathbf{r}, t) = m \sum_{k=1}^{N} \int \varrho(\mathbf{p}^{(1)},\ldots,\mathbf{r}^{(1)}\ldots\mathbf{r}^{(k-1)}, \mathbf{r}, \mathbf{r}^{(k+1)},\ldots; t) \cdot$$

$$\cdot\, d^3\mathbf{p}^{(1)}\ldots d^3\mathbf{r}^{(1)}\ldots d^3\mathbf{r}^{(k-1)}d^3\mathbf{r}^{(k+1)}\ldots;$$

(2.6)

$$\mathbf{u}(\mathbf{r}, t) = \frac{1}{\mu(\mathbf{r}, t)} \sum_{k=1}^{N} \mathbf{p}^{(k)}\varrho(\mathbf{p}^{(1)},\ldots,\mathbf{r}^{(1)}\ldots\mathbf{r}^{(k-1)}, \mathbf{r}, \mathbf{r}^{(k+1)},\ldots; t) \cdot$$

$$\cdot\, d^3\mathbf{p}^{(1)}\ldots d^3\mathbf{r}^{(1)}\ldots d^3\mathbf{r}^{(k-1)}d^3\mathbf{r}^{(k+1)}\ldots.$$

$\varrho(p_1,\ldots,q_1,\ldots, t)$ ist dabei in der Zeitabhängigkeit entsprechend der *Liouvillegleichung* VI (5.7.16) zu nehmen.

Die durch (2.6) formulierte Zuordnung zwischen $\mathfrak{PX}_{k\,exp}$ und $\mathfrak{PX}_h$ ist im *allgemeinen* physikalisch *falsch*! μ, $\mathbf{u}$, T in $\mathfrak{PX}_h$ sind auf Grund der physikalischen Interpretation in $\mathfrak{PX}_h$ (d. h. auf Grund der Abbildungsprinzipien von $\mathfrak{PX}_h$; siehe III, § 4) die einem *Einzelsystem* zukommenden, direkt an einem Einzelsystem meßbaren Größen. Die in (2.6) definierten Größen sind Mittelwerte über eine sehr große Zahl von Einzelsystemen, charakterisiert durch die Gesamtheit $\varrho(\ldots)$.

Wenn man nun sogar noch meint, für die nach (2.6) definierten Größen in $\mathfrak{PX}_{k\,exp}$ die *Navier-Stokes*schen Gleichungen (natürlich unter gewissen Bedingungen) herleiten zu können, so kann dies sogar im Widerspruch zu $\mathfrak{PX}_h$ stehen; denn eine Schar von Systemen, die in einer statistisch erweiterten Form der Theorie $\mathfrak{PX}_h$ durch eine Gesamtheit zu beschreiben wäre, würde im *allgemeinen* Erwartungswerte von μ, $\mathbf{u}$, T liefern, die gerade *nicht* den *Navier-Stokes*schen Gleichungen genügen. Da nämlich die *Navier-Stokes*schen Gleichungen nicht linear in den μ, $\mathbf{u}$, T sind, erfüllen die Erwartungswerte im allgemeinen *nicht* dieselben Gleichungen wie die μ, $\mathbf{u}$, T. Die Theorie der Turbulenz versucht ja gerade, etwas über die Statistik von Lösungen der *Navier-Stokes*schen Gleichungen auszusagen, und diese Theorie der Turbulenz zeigt eben gerade, daß die Erwartungswerte eben nicht wieder den *Navier-Stokes*schen Gleichungen genügen.

Allerdings für spezielle Gesamtheiten, d. h. spezielle ϱ, kann die Betrachtung von (2.6) praktisch mit (2.1) äquivalent werden, nämlich z. B. dann, wenn für diese $\varrho(p_1,\ldots,q_1,\ldots; t)$ die Streuung der Observablen (2.1) praktisch Null wird und somit im Sinne von $\mathfrak{PX}_h$ eine Gesamtheit vorliegt, für die fast alle Systeme *dieselbe* Entwicklung $\mu(\mathbf{r}, t)$, $\mathbf{u}(\mathbf{r}, t)$, $T(\mathbf{r}, t)$ durchlaufen. Für solche speziellen Gesamtheiten ϱ ist es dann gleichgültig, ob man die Werte μ, $\mathbf{u}$, T

eines Einzelsystems oder die Erwartungswerte von μ, $\mathbf{u}$, T betrachtet, die (wie man leicht sieht; siehe auch § 12.3) mit den in (2.6) angegebenen Werten für *diese* ϱ praktisch übereinstimmen.

Es ist also zumindest größte Vorsicht geboten, falls man vorschnell Formeln der Art (2.6) zur Verbindung zwischen $\mathfrak{PT}_h$ und $\mathfrak{PT}_{k\,\exp}$ benutzt! Für den Anfänger kann es daher *begrifflich* verwirrend sein, wenn er Formeln der Art (2.6) findet, die durchaus bei spezieller Wahl (!) der ϱ praktische Rechentricks darstellen können, wie wir es oben angedeutet haben und auch später mehrfach benutzen werden. Es ist aber nicht ganz von der Hand zu weisen, daß auch Autoren wissenschaftlicher Arbeiten der für manche rechentechnischen Zwecke geschickten Form (2.6) erlegen sind, indem sie (2.6) als die *allgemein* gültige Relation zwischen $\mathfrak{PT}_{k\,\exp}$ und $\mathfrak{PT}_h$ ansehen bzw. benutzen.

Diese Warnung sei vorangeschickt, um spätere Irrtümer beim Lesen dieses Buches leichter vermeiden zu können.

Benutzt man nun gar $\mathfrak{PT}_{q\,\exp}$ statt $\mathfrak{PT}_{k\,\exp}$, so ist man *immer* auf die Untersuchung von Gesamtheiten angewiesen; gerade dann wird es umso wichtiger, die Größen μ, $\mathbf{u}$, T aus $\mathfrak{PT}_h$ eben *nicht allgemein* mit Erwartungswerten von Observablen aus $\mathfrak{PT}_{q\,\exp}$ zu identifizieren; μ, $\mathbf{u}$, T beziehen sich in $\mathfrak{PT}_h$ auf die Meßwerte an den Einzelsystemen einer Gesamtheit, die Erwartungswerte sind dagegen die Mittelwerte über »sehr viele« Systeme einer Gesamtheit. $\mathfrak{PT}_h$ sagt über die Meßwerte an den *Einzel*systemen aus, daß sie Lösungen der *Navier-Stokes*schen Gleichungen sind; dann aber gilt eben nicht mehr für alle *Gesamtheiten* solcher Systeme, daß die Erwartungswerte den *Navier-Stokes*schen Gleichungen genügen, gerade *weil* die *Einzelsysteme* sich entsprechend den *Navier-Stokes*schen Gleichungen entwickeln.

§ 3. Das Problem der Makroregistrierverfahren und der Makropräparierverfahren

Wir erwähnten schon oben, daß es heutzutage noch nicht möglich ist, die umfassendere Theorie $\mathfrak{PT}_m$ für Makrosysteme, wenn auch nur für einen Teilausschnitt von Makrosystemen (d.h. für einen Grundbereich $\mathfrak{G}_m$ von $\mathfrak{PT}_m$, der einen gewissen, angebbaren Bereich von Makrosystemen umfaßt; siehe zu $\mathfrak{G}_m$ die Begriffsbildungen aus III) anzugeben. Eine sehr allgemeine Struktur von $\mathfrak{PT}_m$ wollen wir allerdings voraussetzen, die wir schon durch die Verwendung des Wortes »System« angedeutet haben: $\mathfrak{PT}_m$ soll eine Theorie »physikalischer Systeme« darstellen, nicht »aller« physikalischer Systeme, sondern eines Teilausschnittes des Bereichs der Makrosysteme.

Im mathematischen Bild $\mathfrak{MPT}_m$ von $\mathfrak{PT}_m$ soll es also eine Menge M_m geben, deren Elemente die betrachteten Makrosysteme abbilden. Über M_m soll dann eine Struktur von Präparier- und Registrierverfahren definiert sein, so wie wir diese in XIII, § 1.3 eingeführt haben. Wir haben diese Strukturen in XIII, § 1.3 zwar mit der Intention geschildert, daß M die Menge der »Mikrosysteme« darstellt; man erkennt aber beim Lesen von XIII, § 1.3 sehr schnell, daß die dortigen Strukturen und ihre Abbildungen auf physikalische Prozesse überall dort anwendbar sind, wo man mit Systemen experimentiert.

Für die Menge M_m der Makrosysteme sei die Menge der Präparierverfahren mit $\mathcal{Q}_m$, die der Registrierverfahren mit $\mathcal{R}_m$, die der Registriermethoden mit $\mathcal{R}_{m0}$ bezeichnet. Für diese Mengen sollen dann in $\mathfrak{MT}_m$ (als Sätze oder Axiome) alle die Relationen APS 1 bis APS 7 aus XIII, § 1.3 gelten*. Damit haben wir für $\mathfrak{PT}_m$ eine statistische Beschreibungsweise zugrundegelegt. Dies stellt *keine Spezialisierung* etwa gegenüber solchen Theorien wie $\mathfrak{PT}_h$ oder der klassischen Punktmechanik makroskopischer Massenpunkte dar, denn jede solche ursprünglich nicht statistisch formulierte Theorie wie $\mathfrak{PT}_h$ oder wie die klassische Punktmechanik kann man in eine statistische Form umschreiben; andererseits gibt es aber auch makroskopische Prozesse wie z. B. die *Brown*sche Bewegung kleiner Öltröpfchen in einem Gas, die statistisch beschrieben werden müssen. Nur wenn die Öltröpfchen groß genug sind, kann man die Theorie der *Brown*schen Bewegung durch die dynamisch determinierte Theorie der Bewegung einer Kugel ersetzen, so wie wir diese im Rahmen von $\mathfrak{PT}_h$ in XIV, § 2.7 entwickelt haben.

Aber nur dann, wenn $\mathfrak{PT}_m$ eine statistische Theorie ist, läßt sich der Teil

$$(3.1) \qquad \mathfrak{PT}_m \rightarrow \mathfrak{PT}_{mr} \overset{\hookrightarrow}{\rightarrow} \mathfrak{PT}_{q\,\exp}$$

aus dem Diagramm (2.5) durchführen, da $\mathfrak{PT}_{q\,\exp}$ prinzipiell statistisch ist.

Die Menge $\mathcal{Q}_m$ wird die Menge der *Makropräparierverfahren*, $\mathcal{R}_m$ die Menge der *Makroregistrierverfahren* und $\mathcal{R}_{m0}$ die Menge der *Makroregistriermethoden* genannt. Die allein durch M_m mit $\mathcal{Q}_m$, $\mathcal{R}_m$, $\mathcal{R}_{m0}$ ausgedrückte Struktur ist sicherlich viel zu mager für die Theorie $\mathfrak{PT}_m$; viel mehr physikalische Struktur wird $\mathfrak{PT}_m$ beschreiben müssen, um wirklich eine genügend umfangreiche g.G.-abgeschlossene Theorie von Makrosystemen zu sein. Wir werden später auch noch weitere Strukturen kennenlernen, die $\mathfrak{PT}_m$ haben sollte; aber fürs erste ist die durch M_m, $\mathcal{Q}_m$, $\mathcal{R}_m$, $\mathcal{R}_{m0}$ gekennzeichnete Struktur zentral, da ohne sie eine Lösung des Problems des Aufbaus makroskopischer Systeme aus Atomen praktisch unmöglich gemacht (zumindest unvorstellbar erschwert) würde.

Die von uns hier mit den Worten »Makroregistriermethoden« und »Makroregistrierverfahren« gekennzeichnete Struktur wird meistens mit dem Wort »Makroobservablen« umschrieben. Die Verwendung des Wortes »Makro-

---

* Die Relation APS 4.2 aus XIII, § 1.3 ist dort ersatzlos zu streichen (sie wurde versehentlich eingeführt).

observablen« ist nicht so scharf definiert, wie wir dies oben mit den Begriffen »Makroregistriermethode«, »Makroregistrierverfahren« getan haben. Das Wort »Makroobservablen« wird meist schon verwandt für das, worauf bestimmte Strukturen aus $\mathfrak{PX}_m$ über $\mathfrak{PX}_{mr}$ in $\mathfrak{PX}_{q\,\mathrm{exp}}$ entsprechend (3.1) abgebildet werden.

Gleich zu Beginn der Quantenmechanik stand auch das Problem des Verhältnisses der Beschreibung von Makrosystemen zur »Quantenmechanik von Makrosystemen« zur Diskussion, ein Problem das wir als Problem des Aufbaus von Makrosystemen aus Atomen formuliert haben. In den ersten Zeiten der Quantenmechanik »glaubte« man sehr stark an die Allgemeingültigkeit der Quantenmechanik und sah das Problem der Makrosysteme mehr in Richtung einer »Einschränkung« der Quantenmechanik, so wie wir das als ersten Versuch in § 2 kurz skizziert haben. Natürlich hat man sich in den Anfängen der Quantenmechanik überhaupt noch nicht so genau gefragt, was man eigentlich im Sinne einer physikalischen Theorie tut, wenn man so etwas wie »Makroobservablen« einführt.

Der erste Anlauf einer Behandlung des Problems der Makrosysteme wurde von *J. v. Neumann* unternommen. Eine ausgezeichnete Schilderung findet man in [10] Kapitel V.4. Fast alle späteren Arbeiten gingen auf diese »Basis« zurück. Eine ausführliche Würdigung und Kritik der dort und in [11] geschilderten Lösungsversuche für das Problem der Makrosysteme im Verhältnis zur Quantenmechanik ist hier in diesem Lehrbuch nicht möglich. Nur auf das dort eingeführte Grundkonzept der Makroobservablen sei kurz eingegangen, da dieses so gut wie von allen späteren Arbeiten übernommen wird. In [10] Kap. V.4 schreibt *J. v. Neumann* (in Klammern Einschübe in das Zitat):

»Nun liegt es im Wesen des makroskopischen Messens, daß alles, was so überhaupt meßbar ist, auch gleichzeitig meßbar (in unserer Terminologie aus XIII, § 5: kommensurabel) ist — d.h. daß alle makroskopisch beantwortbaren Fragen $\mathscr{E}$ gleichzeitig beantwortbar sind, d.h. daß die E (als Projektionsoperatoren in $\mathscr{H}$) alle miteinander vertauschbar sind (siehe XIII, § 5.1). Gerade darum hat ja die nicht gleichzeitige Meßbarkeit der quantenmechanischen Größen anfangs einen so paradoxen Eindruck gemacht, weil dieser Begriff der makroskopischen Anschauungsweise fremd ist. Bei der großen prinzipiellen Wichtigkeit dieses Punktes ist es angebracht, ihn noch etwas genauer zu diskutieren.«

Nach einer weitergehenden Diskussion auch von Beispielen resumiert *J. v. Neumann* dann:

»Zusammenfassend können wir also sagen, daß es motiviert ist, die Vertauschbarkeit aller makroskopischen Operatoren anzunehmen, insbesondere also auch diejenige der w.o. eingeführten makroskopischen Projektionsoperatoren«.

Die angeführten Sätze zeigen deutlich, daß es *J. v. Neumann* sehr wohl empfunden hat, daß durch die Einführung der makroskopischen Observablen etwas zur Quantenmechanik Neues hinzugefügt wird. Die oben schon angeführte Arbeit [11] zeigt aber, daß er diesen Eindruck möglichst wieder zu verwischen trachtete, wohl im Gefühl, daß letztlich doch irgendwie die Quantenmechanik die umfassendste Theorie sein sollte. (Man denke an eine ähnliche Situation bei der Entdeckung der ersten Quantenstrukturen, als *Planck* versuchte, das von ihm entdeckte Wirkungsquantum wieder zu eliminieren.)

Von den von uns oben eingeführten Begriffen der Makroregistrierungen aus sieht die Annahme von *J. v. Neumann* so aus: Jedem $\tilde{b}_0 \in \mathscr{R}_{m0}$ und $\tilde{b} \in \mathscr{R}_m$, $\tilde{b} \subset \tilde{b}_0$ entspricht in $\mathfrak{PT}_{q\,exp}$ ein $b_0 \in \mathscr{R}_0$ und $b \in \mathscr{R}$, so daß $\psi(b_0, b) = E$ ein Projektionsoperator ist und alle *so* gewonnenen $\psi(b_0, b)$ miteinander vertauschbar sind. Mathematisch etwas genauer ausgedrück heißt das entsprechend dem Diagramm (3.1): $M_m, \mathcal{Q}_m, \mathscr{R}_m, \mathscr{R}_{m0}$ bleiben bei der Einschränkung $\mathfrak{PT}_m \rightarrow \mathfrak{PT}_{mr}$ als Strukturen erhalten. Bei der Einbettung $\mathfrak{PT}_{mr} \tilde{\rightarrow} \mathfrak{PT}_{q\,exp}$ wird $\mathscr{R}_m$ auf eine Teilmenge von $\mathscr{R}$ und $\mathscr{R}_{m0}$ auf eine Teilmenge von $\mathscr{R}_0$ ordnungserhaltend abgebildet. Sei f diese Abbildung, dann bilden die $\psi(f(\tilde{b}_0), f(\tilde{b}))$ eine Menge vertauschbarer Projektionsoperatoren, d. h. eine Entscheidungsobservable. Bei dieser Formulierung haben wir die Begriffsbildungen und Bezeichnungen aus XIII verwandt.

Die Menge der miteinander vertauschbaren, makroskopischen Projektionsoperatoren E ist die Basis einer großen Reihe von Arbeiten zum Problem des Verhältnisses von Makrophysik und Quantenmechanik. Wir haben es (wenigstens zunächst) vermieden, diese starke Annahme zu machen, daß alle $\psi(f(\tilde{b}_0), f(\tilde{b}))$ miteinander vertauschbare Projektionsoperatoren sind. Wir wollen etwas behutsamer vorgehen, zumal wir in XII, § 1 und XIII gelernt haben, daß im allgemeinen die $\psi(b_0, b)$ keine Entscheidungseffekte, sondern nur Effekte sind.

J. v. Neumann hat durchaus die Situation der Messungen, wie er es nennt, beschränkter Genauigkeit erkannt, aber eben diese als »Mangel« empfunden. Daher mag es vielleicht kommen, daß er für solche allgemeinen Messungen keine entsprechende mathematische Struktur eingeführt hat, sondern vielmehr versucht hat, »alle Messungen mit beschränkter Genauigkeit durch absolut genaue Messungen anderer Größen« zu ersetzen (siehe [10] Kapitel V.4).

Wesentlich von dem Argument *J. v. Neumanns* bleibt das, was er so beschreibt (siehe oben): »Nun liegt es im Wesen des makroskopischen Messens, daß alles, was überhaupt meßbar, auch gleichzeitig meßbar ist«. Der Hintergrund dieser Aussage ist tatsächlich *nicht* die im eigentlichen Sinn des Wortes »gleich*zeitige*« Meßbarkeit, auch nicht die (im Sinne von XIII, § 5) Koexistenz aller $\psi(f(\tilde{b}_0), f(\tilde{b}))$, sondern vielmehr die Tatsache, daß es möglich ist, alle makroskopischen Systeme in *objektivierender* Weise zu beschreiben, so wie wir diese objektivierende Beschreibungsweise beispielhaft in VI, § 4.2 für die

Punktmechanik demonstriert haben. In XIII, § 9 haben wir gezeigt, daß eine solche objektivierende Beschreibungsweise für Mikrosysteme nicht existiert (siehe [1] IV, § 8.1; [1] III, § 4; [3] § 12).

Genau diese Voraussetzung, daß die Struktur M_m, Q_m, $\mathscr{R}_m$, $\mathscr{R}_{m0}$ mit einer objektivierenden Beschreibungsweise in $\mathfrak{PT}_m$ im Einklang ist, werden wir später noch genauer formulieren (siehe §§ 4, 10, 11, insbesondere § 11.5).

Zunächst müssen wir aber eine weitere wichtige Struktur in $\mathfrak{PT}_m$ einführen, die zeitliche Verschiebung von Registrierverfahren. Wie in XI, § 10.2 für Mikrosysteme diskutiert, führen wir auch in $\mathfrak{MT}_m$ die Struktur einer Zeittranslation als Abbildung von $\mathscr{R}_m$ in sich ein:

Ist b_0 eine Registriermethode aus $\mathscr{R}_{m0}$ und b ein Registrierverfahren aus $\mathscr{R}_m$ mit $b \subset b_0$, so soll eine Zeitverschiebung T_τ von b_0 auf ein $b_0' \in \mathscr{R}_{m0}$ um die Zeit τ bedeuten, daß die Methode b_0' sich von b_0 *nur* darin unterscheidet, daß sie um die Zeit τ (relativ zum Präparierverfahren) später angewandt wird. Entsprechend soll T_τ die $b \subset b_0$ in $b' \subset b_0'$ abbilden. So kommen wir zu folgender mathematischer Struktur (deren physikalische Bedeutung, d.h. für die die Abbildungsprinzipien im Sinne von III, § 4 eben erläutert wurden):

Für jedes $\tau \geq 0$ ist eine injektive Abbildung T_τ von $\mathscr{R}_m$ in sich definiert mit $T_\tau \mathscr{R}_{m0} \subset \mathscr{R}_{m0}$, $b_1 \subset b_2 \Leftrightarrow T_\tau b_1 \subset T_\tau b_2$, $T_{\tau_1} T_{\tau_2} = T_{\tau_1 + \tau_2}$, $T_0 = $ der identischen Abbildung.

Da $T_\tau b_0$ mit $b_0 \in \mathscr{R}_{m0}$ dieselbe apparative Methode wie b_0, nur um die Zeit τ verschoben, darstellen soll, fordern wir noch, daß T_τ die Menge $\mathscr{R}_m(b_0) = \{b | b \subset b_0 \text{ und } b \in \mathscr{R}_m\}$ surjektiv auf $\mathscr{R}_m(T_\tau b_0)$ abbildet. T_τ wird damit zu einer homomorphen Abbildung des *Boole*schen Ringes $\mathscr{R}_m(b_0)$ auf $\mathscr{R}_m(T_\tau b_0)$.

Daß wir T_τ nur für $\tau \geq 0$ als sinnvolle Abbildung voraussetzen, hat die Erfahrung zum Hintergrund, daß es bei Makrosystemen im allgemeinen nicht möglich ist, Registriermethoden zeitlich beliebig vorzuverlegen, da sich die Makrosysteme irreversibel verhalten und deshalb eine Extrapolation des Verhaltens von Makrosystemen »in die Vergangenheit hinein« nicht immer sinnvoll erscheint. Wir sehen, daß wir hier für $\mathfrak{PT}_m$ zumindest die Möglichkeit einer Gerichtetheit der Zeitentwicklungsgesetze so wie z.B. bei $\mathfrak{PT}_h$ voraussetzen. Wir werden darauf ebenfalls noch später genauer zurückkommen müssen.

Es sei noch bemerkt, daß die Voraussetzungen: T_τ für alle $\tau \geq 0$ definiert und $T_{\tau_1} T_{\tau_2} = T_{\tau_1 + \tau_2}$ für $\tau \to \infty$ eine Idealisierung darstellen, was schon aus vielen anderen in diesem Buch geschilderten Beispielen und allgemein aus III, § 5 hervorgeht. Solche Idealisierung bedeutet also nicht, daß es realiter sinnvoll ist, T_τ für sehr große τ (z. B. Milliarden Jahre) zu betrachten; vielmehr ist die angegebene Idealisierung nur ein Mittel, ein ungelöstes physikalisches Problem, nämlich was aus den betrachteten Systemen tatsächlich im Laufe der Geschichte der Welt wird, zu umgehen. Zumindest ist also die hier betrachtete Theorie $\mathfrak{PT}_m$ nur solange sinnvoll anwendbar, solange die präparierten Systeme sich nicht wieder in ihrer Umgebung »aufgelöst« haben, d. h. solange sie noch als wohl definierte und abgegrenzte Teile aus ihrer Umgebung heraus feststellbar sind.

Hiermit wollen wir die »allgemeine« Schilderung und Diskussion des Problems des Aufbaus makroskopischer Systeme aus Atomen abbrechen und uns »spezielleren« Diskussionen zuwenden. Die bisherigen allgemeinen Diskussionen erlauben es uns nämlich schon, speziellere Fragestellungen begrifflich sauber zu formulieren und zu diskutieren; und diese speziellen Fragestellungen werden uns dazu anleiten, wie man wieder allgemeiner vorzugehen hat.

§ 4. Thermodynamischer Zustandsraum und Gleichgewichtszustände

In der Überschrift dieses § treten bewußt genau dieselben Begriffe wie die von XIV, §§ 1 und 1.1 sowie XIV, §§ 2 und 2.2 auf. Wir wollen nämlich eine Theorie behandeln, die denselben Grundbereich (siehe III, §§ 2 und 4) wie die aus XIV hat, nur werden wir die Strukturgesetze auf einem anderen Wege als in XIV gewinnen. Die Abbildungsprinzipien der hier zu entwickelnden Theorie werden dieselben wie in XIV sein, aber die Axiome werden andere sein. Wir hoffen, die Axiome aus XIV und »manches mehr« als Sätze aus der neuen Theorie zu gewinnen.

Zunächst wollen wir das Problem des Zustandsraumes allgemeiner untersuchen, als es allein für die »Gleichgewichtszustände« notwendig wäre. Diese allgemeinere Untersuchung ist notwendig, um physikalisch genauer zu präzisieren, was Gleichgewichtszustände sind.

§ 4.1. Der thermodynamische Zustandsraum

Das Problem des Zustandsraumes thermodynamisch beschriebener Systeme kann nicht allein innerhalb $\mathfrak{PT}_{q\,exp}$ gelöst werden, da eben $\mathfrak{PT}_{q\,exp}$ keine Angaben (wenn man nicht solche zu $\mathfrak{PT}_{q\,exp}$ auf irgendeine Weise hinzufügt und damit von $\mathfrak{PT}_{q\,exp}$ zu einer umfangreicheren Theorie übergeht!) über die Observablen enthält, die thermodynamisch, makroskopisch gemessen werden können. Wir müssen daher auf die Theorie $\mathfrak{PT}_m$ zurückgehen, in der angegeben sein müßte, wie der »thermodynamische Zustandsraum« aussieht. Da wir $\mathfrak{PT}_m$ aber nicht kennen, müssen wir weiter auf die Theorie zurückgehen, die wir in XIV beschrieben haben. In XIV, §§ 1.1 und 2.1 haben wir kurz allgemein geschildert, was wir unter dem Zustandsraum Z verstehen. In mehreren Beispielen in XIV, § 2 haben wir den Raum Z explizit angegeben, so für $\mathfrak{PT}_h$ in XIV, § 2.7 den Zustandsraum Z als Raum der Feldtripel $z = \{\mu(\mathbf{r}),\ \mathbf{u}(\mathbf{r}),\ T(\mathbf{r})\}$. Eigentlich müßte man in Z (wie in XIV, § 2.1 erläutert) eine uniforme Struktur einführen. Wir wollen aber diese mathematisch exaktere Form in diesem Buch hier etwas legerer umschiffen, indem wir Z mathematisch vereinfachen, wie wir das unten schildern werden.

Wir wollen uns auf Grund der Erfahrung aber klar machen, daß die Beschreibung von Makrosystemen durch Trajektorien $z(t)$ im *thermodynamischen* Zustandsraum Z (siehe z. B. die Trajektorien $z(t)$ für $\mathfrak{PT}_h$ in XIV, § 2.7) schon eine Einschränkung von $\mathfrak{PT}_m$ darstellen muß. In $\mathfrak{PT}_m$ sollten nämlich *alle* Möglichkeiten des makroskopischen Registrierens durch $\mathcal{R}_{m0}$, $\mathcal{R}_m$ beschrieben werden. Dieses allgemeine makroskopische Registrieren scheint aber noch andere Möglichkeiten zu umfassen als nur die »thermodynamischen Registrierungen«. Man denke nur an die Möglichkeiten der Vermessung *Brown*scher Bewegungen, der Vermessung von Dichteschwankungen in Gasen. Es ist außerdem nach der Erfahrung gar *nicht* zu erwarten, daß *alle* makroskopischen Größen im sogenannten thermostatischen Gleichgewicht zeitlich konstante Werte annehmen, wie z. B. in $\mathfrak{PT}_h$ (siehe XIV, § 2.7) die Bahnen $z(t) = \{\mu(\mathbf{r}, t),$ $\mathbf{u}(\mathbf{r}, t), T(\mathbf{r}, t)\}$ einem thermostatischen, zeitlich konstanten Gleichgewichtspunkt $z_0 = \{\mu_0, 0, T_0\}$ aus Z zustreben. Auch im sogenannten thermostatischen Gleichgewicht kann man bei »feinerer« als thermodynamischer (aber immer noch makroskopischer!) Vermessung z. B. zeitlich sich dauernd ändernde Dichteschwankungen feststellen.

Im thermodynamischen Zustandsraum sollen auch diejenigen »äußeren Bedingungen« (die ebenfalls makroskopisch ausgemessen werden können) mit aufgenommen sein, denen das System unterworfen ist; z. B. müssen wir in $\mathfrak{PT}_h$ den Raum der $\{\mu(\mathbf{r}), \mathbf{u}(\mathbf{r}), T(\mathbf{r})\}$ ergänzen durch Angaben darüber, in welchen räumlichen Bereich die Flüssigkeit (bzw. das Gas) eingeschlossen ist. So haben wir in XIV, § 2.7 immer stillschweigend (bis auf die Beispiele) angenommen, daß die *Navier-Stokes*schen Gleichungen durch Randbedingungen zu ergänzen sind. Diese Randbedingungen sollen also mit im thermodynamischen Zustandsraum beschrieben werden, so daß die »Punkte« im thermodynamischen Zustandsraum von $\mathfrak{PT}_h$ nicht allein durch $\{\mu(\mathbf{r}), \mathbf{u}(\mathbf{r}), T(\mathbf{r})\}$, sondern durch eine weitere Angabe der Art der Randbedingungen festgelegt sind. Nur den jeweils durch fixierte Randbedingungen festgelegten Teilraum des Zustandsraumes kann man durch die Angabe der $\{\mu(\mathbf{r}), \mathbf{u}(\mathbf{r}), T(\mathbf{r})\}$ allein beschreiben. Im Falle der Thermostatik hatten wir in XIV, § 1.2 die äußeren Bedingungen durch eine endliche Zahl von Parametern α_ν beschrieben.

Nachdem wir so versucht haben, die physikalische Bedeutung des thermodynamischen Zustandsraums Z im Rahmen der gedachten Theorie $\mathfrak{PT}_m$ zu schildern, wollen wir diesen Raum jetzt mathematisch etwas vereinfachen: Wir ersetzen Z durch einen endlich-dimensionalen Raum mit den Koordinaten $z_k (k = 1, 2, \ldots n)$, wobei n sehr groß ist. Die »natürliche« topologische Struktur dieses n-dimensionalen Z ersetzt die etwas kompliziertere Struktur für das eigentlich unendlich dimensionale Z. Damit vermeiden wir kompliziertere maßtheoretische Überlegungen, ohne das physikalisch Prinzipielle der Überlegungen zu verwischen. Entsprechend der Annahme eines endlichdimensionalen Z nehmen wir auch an, daß die »äußeren Bedingungen« durch *endlich* viele Parameter α_ν beschrieben werden. Die Koordinaten z_k seien so gewählt, daß die α_ν mit einigen der z_k übereinstimmen. Wenn wir den Raum der α_ν kurz mit $\tilde{A}$ bezeichnen, so können wir also $Z = \tilde{A} \times \bar{Z}$ schreiben, wobei $\bar{Z}$ die »eigentliche« Beschreibung der Zustände der Systeme im engeren Sinn enthält. Die Koordinaten von $\bar{Z}$ seien mit $\bar{z}_\nu$ bezeichnet. Die z_k durchlaufen also die α_ν und $\bar{z}_\nu$. Für die Punkte aus $\bar{Z}$ schreiben wir oft kurz $\bar{z}$ und für die Punkte aus $\tilde{A}$ kurz α. Ein Punkt z aus Z ist also ein Paar $z = (\alpha, \bar{z})$.

Eine weitere (ebenfalls nicht in $\mathfrak{PT}_{q\,\text{exp}}$ vorhandene) Struktur aus $\mathfrak{PT}_m$ sei die »objektivierende Beschreibungsweise«: Jedem System x ist zu jeder Zeit ein Zustand $z \in Z$ zugeordnet. Inwiefern eine solche objektivierende Beschreibungsweise etwas über die Wirklichkeit aussagt, haben wir am Beispiel der klassischen Punktmechanik in VI, § 4.2 diskutiert (siehe zum Problem der objektivierenden Beschreibungsweise auch [3], § 12).

Da wir, wie schon bei der Einführung von T_τ in § 3 geschildert, nicht voraussetzen wollen, daß man eine Registrierung beliebig weit in die Vergangenheit hinein verschieben kann, so wollen wir entsprechend *nicht* voraussetzen, daß die objektivierende Beschreibungsweise für beliebig weit zurückliegende Zeiten gilt. Um dies mathematisch leichter formulieren zu können, denken wir uns den Zeitnullpunkt immer so gewählt, daß die Präparierung der Systeme bis zur Zeit $t = 0$ abgeschlossen ist.

Wir formulieren nun genauer die Struktur der objektivierenden Beschreibungsweise: Es gibt eine Abbildung γ der Paare (x, t) mit $x \in M_m$ und $t \geq 0$ in Z mit der physikalischen Bedeutung, daß das System x zur Zeit t den Zustand $z = \gamma(x, t)$ hat. Durch $\gamma(x, t)$ ist also jedem x eine Trajektorie $z(t)$ in Z zugeordnet. Zu der Idealisierung, daß wir $\gamma(x, t)$ als für *alle* $t \geq 0$ definiert ansehen, ist dasselbe zu sagen, was wir schon in § 3 bei der Einführung von T_τ für alle $\tau \geq 0$ gesagt haben.

Was wir eben kurz mit der physikalischen Bedeutung von γ meinten, ist eigentlich eine Aussage über die Registriermöglichkeiten. Wie wir oben diskutiert haben, wollen wir annehmen, daß die thermodynamischen Registriermöglichkeiten nur eine Teilmenge der makroskopischen Registriermöglichkeiten umfassen. Wir nehmen also an, daß man in $\mathfrak{PT}_m$ Teilmengen $\mathscr{R}_{th0} \subset \mathscr{R}_{m0}$, $\mathscr{R}_{th} \subset \mathscr{R}_m$ so bestimmen kann, daß $\mathcal{Q}_m$, $\mathscr{R}_{th}$, $\mathscr{R}_{th0}$ wieder eine Struktur des Präparierens und Registrierens beschreibt, nämlich $\mathscr{R}_{th}$, $\mathscr{R}_{th0}$ die Teilstruktur des »thermodynamischen« Registrierens. Die physikalische Bedeutung von γ ist über die physikalische Bedeutung des thermodynamischen Registrierens bestimmt. Daß wir diesen scheinbaren Umweg über die Registrierverfahren und ihre mathematische Beschreibung gehen, statt dabei zu bleiben die Zustände aus Z *einfach* als »meßbar« zu deklarieren, hat den Grund, den Zusammenhang zwischen $\mathfrak{PX}_m$ und $\mathfrak{PX}_{q\,exp}$ aus (3.1) begrifflich sauber zu formulieren. Dies geht eben *nur* über die Registrier- und Präparierverfahren, da man sonst viel herumreden und dabei unklare Vorstellungen von Observablen wie die aus XI, § 1.7 benutzen müßte. Wie durch $\mathcal{Q}_m$, $\mathcal{R}_{th0}$, $\mathcal{R}_{th}$ eine objektivierende Beschreibungsweise bestimmt sein kann, dazu siehe [3], § 12. (Eine Erweiterung der Mengen $\mathcal{R}_{th0}$, $\mathcal{R}_{th}$ *ohne* Umbenennung wird im § 11.1 vorgenommen!)

Wir betrachten folgende Teilmengen σ von $\bar{Z}$: Zunächst alle »Intervalle« der Form $\eta_v < \bar{z}_v \le \varrho_v (v = 1, \ldots n)$; dann auch alle Mengen, die daraus durch endlich viele Vereinigungen solcher Intervalle entstehen. Man sieht dann, daß Durchschnitt und Vereinigung und Komplement zweier solcher Mengen wieder von dieser Art sind, d. h. daß die so definierten Mengen σ einen *Boole*schen Mengenring Σ bilden.

Daß wir den eben konstruierten *Boole*schen Ring nur für Teilmengen aus $\bar{Z}$ betrachten und nicht für ganz Z, hat folgenden Grund:

Wir wollen die Registrierverfahren aus $\mathcal{R}_{th}$ nur in bezug auf Registrierung der $\bar{z}_v$ einführen, da wir uns die α_v als auf der Basis einer Vortheorie meßbar und damit als für $\mathfrak{PX}_{th}$ vorgebbare Größen betrachten. Eine Einführung von Registriermethoden in bezug auf die äußeren Parameter α_v würde unsere folgenden Betrachtungen unnötig erschweren, wie wir weiter unten auch gerade in bezug auf das Einbettungsproblem erkennen werden.

Daß die Mengen $\mathcal{R}_{th0}$, $\mathcal{R}_{th}$ ein in sich abgeschlossenes System von Registrierverfahren sein sollen, bringen wir dadurch zum Ausdruck, daß wir immer voraussetzen:

Aus $b \in \mathcal{R}_m$, $b \subset b_0 \in \mathcal{R}_{th0}$ folgt $b \in \mathcal{R}_{th}$; T_τ bildet $\mathcal{R}_{th0}$ und $\mathcal{R}_{th}$ in sich ab.

Wir können uns daher zunächst vollkommen auf die Diskussion der »Registrierstruktur« $\mathcal{R}_{th0}$, $\mathcal{R}_{th}$ beschränken.

Jetzt gehen wir zu dem wichtigen Schritt über, die Vorstellung der Registrierverfahren aus $\mathcal{R}_{th}$ als »Registrierungen der Trajektorien $\bar{z}(t)$ in $\bar{Z}$« mathematisch zu formulieren. Wir werden hier in § 4.1 zunächst einen ersten Schritt in dieser Richtung tun, der etwas leichter zu durchschauen ist als die allgemeine Formulierung, der wir uns dann in § 10.1 und § 11.1 mit § 11.2 zuwenden werden. Da wir also hier erst mit etwas Leichterem beginnen wollen, was für die Untersuchung der Gleichgewichtsphänomene ausreichend ist, darf es nicht verwundern, wenn einige der hier aufzustellenden Forderungen später durch allgemeinere ersetzt werden (siehe § 10.1).

Zunächst wollen wir mathematisch präzise die Menge aller derjenigen Systeme einführen, die zur Zeit t einen Zustand $\bar{z}$ aus einem $\sigma \in \Sigma$ haben. Für ein $z \in Z$ mit $z = (\alpha, \bar{z})$ heißt $\bar{z}$ die Komponente von z in $\bar{Z}$. $\bar{y}(x, t)$ ist also die

Komponente des Zustandes $\gamma(x, t)$ in $\bar{Z}$. Für $\sigma \in \Sigma$ definieren wir die gewünschte Menge:

$$(4.1.1) \qquad M_t(\sigma) = \{x \,|\, x \in M_m \text{ und } \bar{\gamma}(x, t) \in \sigma\}.$$

$M_0(\sigma)$ ist also speziell die Menge aller Systeme, die zur Zeit $t = 0$ einen Zustand aus σ haben.

Eine Verallgemeinerung davon werden wir in (10.1.2) einführen; siehe dazu (10.1.3).

Wir werden immer voraussetzen, daß für $\sigma \neq \emptyset$ auch $M_0(\sigma) \neq \emptyset$ ist; dies besagt, daß man Systeme $x \in M_m$ so herstellen kann, daß praktisch alle Zustände aus $\bar{Z}$ als Anfangszustände zur Zeit $t = 0$ vorkommen. Das heißt aber nichts anderes, als daß $\bar{Z}$ nicht »unnötig« umfangreich gewählt wurde.

Die Vereinfachung der zunächst hier anzugebenden Strukturen besteht darin, daß wir nicht ganz $\mathscr{R}_{th0}$ und ganz $\mathscr{R}_{th}$ charakterisieren, wie dies dann in § 10.1 geschehen soll. Wir wollen zunächst nur beschreiben, daß es solche Registriermethoden $b_0 \in \mathscr{R}_{th0}$ geben soll, die den Zustand $\bar{Z}$ zu einer gewünschten Zeit t registrieren; speziell also zur Zeit $t = 0$. Die Menge der Registriermethoden b_0, die den Zustand zur Zeit $t = 0$ registrieren, sei mit $\mathscr{R}_{th0}(0)$ bezeichnet. Es ist also $\mathscr{R}_{th0}(0) \subset \mathscr{R}_{th0}$. Daß die $b_0 \in \mathscr{R}_{th0}(0)$ es erlauben, den Zustand $\bar{z}$ zur Zeit $t = 0$ zu registrieren, drücken wir durch folgende Forderungen (a) bis (d) aus:

(a) Für $\sigma \neq \emptyset$ ist — wie oben vorausgesetzt — $M_0(\sigma) \neq \emptyset$. Wir fordern zusätzlich noch, daß für alle $b_0 \in \mathscr{R}_{th0}(0)$ aus $\sigma \neq \emptyset$ auch $b_0 \cap M_0(\sigma) \neq \emptyset$ folgt. Dies besagt nichts anderes, als daß die Anwendung der Registriermethode b_0 auf physikalische Systeme $x \in M_m$ unabhängig davon ist, welchen Zustand $\bar{z}$ diese Systeme zur Zeit $t = 0$ haben.

Aus (a) folgt: Ist $\sigma_1 \neq \sigma_2$, so ist auch $b_0 \cap M_0(\sigma_1) \neq b_0 \cap M_0(\sigma_2)$; denn aus

$$b_0 \cap [M_0(\sigma_1) \setminus M_0(\sigma_1) \cap M_0(\sigma_2)] = \emptyset$$

folgt wegen

$$M_0(\sigma_1) \setminus M_0(\sigma_1) \cap M_0(\sigma_2) = M_0(\sigma_1 \setminus \sigma_1 \cap \sigma_2)$$

die Relation $\sigma_1 \setminus \sigma_1 \cap \sigma_2 = \emptyset$ und ebenso $\sigma_2 \setminus \sigma_1 \cap \sigma_2 = \emptyset$ und damit $\sigma_1 = \sigma_2$.

(b) Mit $\mathscr{R}(b_0)$ als Menge der $b \in \mathscr{R}_{th}$ mit $b \subset b_0$ setzen wir für $b_0 \in \mathscr{R}_{th0}(0)$ voraus:

$$(4.1.2) \qquad \mathscr{R}(b_0, \Sigma) \overset{\text{def}}{=} \{b \,|\, b = b_0 \cap M_0(\sigma), \, \sigma \in \Sigma\} \subset \mathscr{R}_{th}(b_0)$$

Diese Voraussetzung (4.1.2) ist nichts anderes als die genaue Formulierung dessen, daß nach der Methode b_0 registriert werden kann, welchen Zustand die Systeme zur Zeit $t = 0$ haben; denn das »Ansprechen« von $b = b_0 \cap M_0(\sigma)$ (d. h. die Relation $x \in b$) ist äquivalent damit, daß — wenn x nach der Methode b registriert wurde $- \bar{y}(x, 0) \in \sigma$ gilt, d.h. x zur Zeit $t = 0$ einen Zustand $\bar{z}$ aus σ hat.

Auf Grund von (4.1.2) und der Voraussetzung unter Punkt (a) ist durch

$$\sigma \rightarrow b_0 \cap M_0(\sigma)$$

eine Isomorphie der beiden *Boole*schen Ringe Σ und $\mathscr{R}(b_0, \Sigma)$ definiert. Wir setzen nicht $\mathscr{R}(b_0, \Sigma) = \mathscr{R}_{th}(b_0)$ voraus, d.h. wir lassen zu, daß nach der Methode b_0 eventuell noch »andere« als die Zustände zur Zeit $t = 0$ registriert werden können, z.B. Zustände zu späteren Zeiten.

(c) Die Menge aller $T_\tau b_0$ für $\tau \geq 0$ und $b_0 \in \mathscr{R}_{th0}(0)$ ist mit $\mathscr{R}_{th0}$ identisch.

Diese Forderung besagt, daß eine ab $t = \tau$ registrierende Methode auch ab $t = 0$ eingesetzt werden kann. Man könnte diese Forderung auch als Definition von $\mathscr{R}_{th0}$ ansehen, wenn $\mathscr{R}_{th0}(0)$ definiert ist.

Ist $\tau_1 < \tau_2$ so sind der Bedeutung nach $T_{\tau_1} b_0$ und $T_{\tau_2} b_0'$ mit $b_0, b_0' \in \mathscr{R}_{th0}(0)$ Registrier*methoden*, die ab verschiedenen Zeiten τ_1 und τ_2 registrieren, d.h. nicht zusammen anwendbar; denn eine Registriermethode b_0'', die ab der Zeit τ_2 *und* doch auch schon ab der Zeit τ_1 registriert, ist eben *nicht* eine Methode, die *nur* ab der Zeit τ_2 registriert. Man wird also erwarten (was wir aber nicht explizit fordern wollen), daß für $\tau_1 \neq \tau_2$ und $b_0, b_0' \in \mathscr{R}_{th0}(0)$ die Relation

$$(T_{\tau_1} b_0) \cap (T_{\tau_2} b_0') = \emptyset$$

gilt, d.h. $T_{\tau_1} b_0$ und $T_{\tau_2} b_0$ nicht zusammen anwendbar sind. Dies bedeutet natürlich nicht, daß es nicht Registriermethoden $b_0'' \in \mathscr{R}_{th0}$ gibt, die zu *mehreren* Zeiten registrieren (siehe weiter unten und § 10.1).

Nach den Voraussetzungen über T_τ aus § 3 ist T_τ eine homomorphe Abbildung des *Boole*schen Ringes $\mathscr{R}_{th}(b_0)$ auf $\mathscr{R}_{th}(T_\tau b_0)$. Wir müssen aber noch ausdrücken, daß $T_\tau b$ für $b = b_0 \cap M_0(\sigma)$ registriert, ob das System zur Zeit t einen Zustand aus σ hat. Daher fordern wir:

(d) Aus $b = b_0 \cap M_0(\sigma)$ mit $b_0 \in \mathscr{R}_{th0}(0)$ folgt $T_\tau b = T_\tau b_0 \cap M_\tau(\sigma)$.

Die Forderungen (a) bis (d) beschreiben mathematisch die Möglichkeit, zu jeder Zeit t registrieren zu können, welchen Zustand ein System hat. Es sei dabei noch erwähnt, daß es durchaus möglich ist, »schlechtere« als die eben geforderten Registriermethoden $b \in \mathscr{R}(b_0, \Sigma)$ und $b \in T_\tau \mathscr{R}(b_0, \Sigma)$ zu betrachten; ja, es wäre sogar realistischer, von solchen »schlechteren« Registrierverfahren auszugehen, die nicht »genau« feststellen können, ob ein $\bar{z}$ in einem σ liegt oder nicht, um dann aus diesen Registriermethoden heraus die oben eingeführten b als »idealisierte Ergänzungen« zu erhalten (in bezug auf idealisierte Ergänzungen allgemeinerer Registrierverfahren siehe z.B. [3], § 12 und auch [4]). Wir vereinfachen uns aber viele Überlegungen, wenn wir gleich die »idealisierten« b's nach (b) und (d) voraussetzen.

Fassen wir zusammen, was wir an Strukturen für eine thermodynamische Beschreibung von Systemen voraussetzen (Strukturen, die in Gedanken als

Teilstrukturen aus einer umfassenderen, aber noch nicht bekannten Theorie $\mathfrak{PT}_m$ aufzufassen sind):

1. Einen thermodynamischen Zustandsraum $Z = \tilde{A} \times \bar{Z}$.
2. Eine objektivierende Beschreibungsweise $(x, t) \overset{\gamma}{\to} z$.
3. Deutung von $(x, t) \overset{\gamma}{\to} z$ durch eine Registrierstruktur $\mathscr{R}_{th0}$, $\mathscr{R}_{th}$.

(Es sei hier ebenfalls nur erwähnt, daß man von $\mathscr{R}_{th0}$, $\mathscr{R}_{th}$ (ohne Kenntnis von Z und γ) ausgehen und solche Axiome über $\mathscr{R}_{th0}$, $\mathscr{R}_{th}$ hinzufügen kann, daß es mit Hilfe der $b \in \mathscr{R}_{th}$ möglich ist, Z und γ zu konstruieren; wir haben aber oben der Anschaulichkeit halber den »direkteren« Weg gewählt.)

Was wir suchen, ist eine thermodynamische Einschränkung $\mathfrak{PT}_{th}$ der umfassenderen Theorie $\mathfrak{PT}_m$. Von dieser Theorie $\mathfrak{PT}_{th}$ haben wir bisher die durch die Punkte 1 bis 3 kurz benannten Strukturen eingeführt. Nicht eingeführt haben wir in $\mathfrak{PT}_m$ bisher irgendwelche Axiome über die Trajektorien $z(t)$, so wie wir beispielsweise solche Axiome für $\mathfrak{PT}_h$ als *Navier-Stokes*sche Gleichungen in XIV, § 2.7 formuliert haben. Solche Axiome auf Grund der Verbindung von $\mathfrak{PT}_m$ mit $\mathfrak{PT}_{q\exp}$ nach dem Diagramm (3.1) zu finden, ist eine der Aufgaben dieses Kapitels XV. Zunächst aber versuchen wir in diesem § 4 eine Teilaufgabe in Angriff zu nehmen: die Gleichgewichtszustände zu finden, d.h. eine Einschränkung $\mathfrak{PT}_{st}$ von $\mathfrak{PT}_{th}$ d.h. eine Thermostatik zu konstruieren.

Wir versuchen nun das Diagramm (3.1) zu konkretisieren. Wir können zwar (da wir auch $\mathfrak{PT}_m$ nicht kennen) nicht genau angeben, welche Einschränkung $\mathfrak{PT}_{mr}$ wir zur Einbettung benutzen. Auf jeden Fall aber soll in $\mathfrak{PT}_{mr}$ die Struktur Q_m, $\mathscr{R}_m$, $\mathscr{R}_{m0}$ über M_m vorkommen. Es liegt nun nahe, die Einbettung $\mathfrak{PT}_{mr} \to \mathfrak{PT}_{q\exp}$ dadurch festzulegen, daß man als Einbettungsabbildung eine bijektive Abbildung der Menge M_m der Makrosysteme aus $\mathfrak{PT}_m$ auf die Menge M aus $\mathfrak{PT}_{q\exp}$ zugrundelegt. Es ist daher bequem, die beiden Mengen M_m aus $\mathfrak{PT}_m$ und M aus $\mathfrak{PT}_{q\exp}$ zu identifizieren. Dann stellen die Q_m, $\mathscr{R}_m$, $\mathscr{R}_{m0}$ eine zweite Struktur von Präparier- und Registrierverfahren über M dar, neben der in $\mathfrak{PT}_{q\exp}$ definierten Struktur Q, $\mathscr{R}$, $\mathscr{R}_0$. Da die Q_m, $\mathscr{R}_m$, $\mathscr{R}_{m0}$ physikalisch Präparier- und Registrierverfahren abbilden, werden wir also als weitere Forderung für die Einbettung stellen, daß $Q_m \subset Q$, $\mathscr{R}_m \subset \mathscr{R}$ und $\mathscr{R}_{m0} \subset \mathscr{R}_0$ gilt, wobei die Wahrscheinlichkeitsfunktion λ_m aus $\mathfrak{PT}_m$ (wenigstens näherungsweise) mit der Wahrscheinlichkeitsfunktion λ aus $\mathfrak{PT}_{q\exp}$ übereinstimmt.

Wir erinnern nochmals daran, daß die Vorstellung der Einbettung die ist, daß *nur* diejenigen Präparier- und Registrierverfahren physikalisch möglich sind, die Elemente von Q_m und $\mathscr{R}_m$ sind. Wenn man dies ernst meint, so ist aber dann die Klasseneinteilung der $a \in Q_m$ und der (b_0, b) mit $b_0 \in \mathscr{R}_{m0}$, $b \in \mathscr{R}_m$ zur Definition der Gesamtheiten und Effekte entsprechend den Ausführungen aus XIII, § 2 zu bilden; daraus folgt, daß die ursprüngliche, in $\mathfrak{PT}_{q\exp}$ vorgenommene Definition von Gesamtheiten und Effekten unrealistisch ist.

Die Einbettung zeigt andererseits, daß man im Rahmen des mathematischen Bildes $\mathfrak{MT}_{q\,\mathrm{exp}}$ von $\mathfrak{PT}_{q\,\mathrm{exp}}$ auch so vorgehen kann, daß man axiomatisch die Teilmengen $\mathcal{Q}_m$, $\mathcal{R}_m$, $\mathcal{R}_{m0}$ auszeichnet, um so eine neue Theorie $\mathfrak{PT}_{mr}$ zu gewinnen; tatsächlich ist dies aber nur eine andere Ausdrucksweise für das, was wir im Diagramm (3.1) symbolisch durch $\mathfrak{PT}_{mr} \to \mathfrak{PT}_{q\,\mathrm{exp}}$ dargestellt haben.

Als weitere Forderung für die Einbettung stellen wir wegen der physikalischen Bedeutung der Zeittranslation der Registrierapparate in $\mathfrak{PT}_m$ und $\mathfrak{PT}_{q\,\mathrm{exp}}$, daß die in $\mathfrak{PT}_m$ für $\tau \geq 0$ definierte Zeittranslation T_τ (siehe § 3) auf $\mathcal{R}_m$ mit der in $\mathfrak{PT}_{q\,\mathrm{exp}}$ definierten Zeittranslation (siehe XI, § 10.2) identisch ist. Mit den nach XIII Def. 2.5 in $\mathfrak{PT}_{q\,\mathrm{exp}}$ (!) definierten Abbildungen φ, ψ und den nach AQR aus XIII, § 3 angegebenen Identifizierungen muß also für alle $a \in \mathcal{Q}_m$, und $b_0 \in \mathcal{R}_{m0}$, $b \in \mathcal{R}_m(b_0)$ (wenigstens näherungsweise) gelten:

$$(4.1.3) \qquad Sp\big(\varphi(a)\psi(T_\tau b_0,\, T_\tau b)\big) \approx Sp\big(\varphi(a)\, U_\tau \psi(b_0,\, b)\, U_\tau^+\big) \quad \text{für} \quad \tau \geq 0,$$

wobei nach XIII, § 10.2 benutzt wurde, daß für die Zeittranslation T_τ in $\mathfrak{PT}_{q\,\mathrm{exp}}$ die Relation

$$(4.1.4) \qquad \psi(T_\tau b_0,\, T_\tau b) = U_\tau \psi(b_0,\, b)\, U_\tau^+$$

gilt. U_τ ist hierbei der durch H nach dem *Heisenberg*bild (XI, § 4.1) bestimmte unitäre Operator.

Zur Struktur von U_τ ist zu beachten, daß wir $Z = \tilde{A} \times \bar{Z}$ gesetzt haben, wobei $\tilde{A}$ der Raum der *äußeren* Parameter α ist. Eine Trajektorie $z(t)$ wird durch Funktionen $\alpha_\nu(t)$, $\bar{z}_\nu(t)$ beschrieben. Die $\alpha_\nu(t)$ sind aber nicht theoretisch durch Axiome in $\mathfrak{PT}_{th}$ eingeschränkt, da sie ja durch die nicht in $\mathfrak{PT}_{th}$ beschriebene Umgebung mit bestimmt sind. Wir gehen deshalb so vor, daß wir die $\alpha_\nu(t)$ als »vorgegebene« Zeitfunktionen ansehen. Für verschieden vorgegebene $\alpha_\nu(t)$ wird man also im allgemeinen auch verschiedene Trajektorien $\bar{z}_\nu(t)$ in $\bar{Z}$ erhalten.

Natürlich kann man sich vorstellen, daß aus der Konstruktion der Umgebung und ihrer Gesetzmäßigkeit heraus auch die $\alpha_\nu(t)$ mit durch eine umfassendere, d.h. die Umgebung mit umfassende Theorie bestimmt sind. Da wir aber gerade dadurch zu einer beschreibbaren $\mathfrak{PT}_{th}$ kommen, daß wir die Umgebung bis auf die Möglichkeit der Veränderung der Parameter α_ν ausklammern, sehen wir die $\alpha_\nu(t)$ im Rahmen von $\mathfrak{PT}_{th}$ als *willkürlich vorgebbar* an.

Dieses Ausklammern der Umgebung unter alleiniger Berücksichtigung der äußeren, vorgebbaren Parameter α_ν muß natürlich auch in $\mathfrak{PT}_{q\,\mathrm{exp}}$ vorgenommen werden. Das heißt, die Parameter α_ν sind auch in $\mathfrak{PT}_{q\,\mathrm{exp}}$ (in objektivierender Weise) meßbare Größen, eben meßbar auf der Basis von vor $\mathfrak{PT}_{q\,\mathrm{exp}}$ schon bekannten »klassischen« Theorien. Wie gehen diese α_ν in $\mathfrak{PT}_{q\,\mathrm{exp}}$ ein? Eben nur in der Form des *Hamilton*operators H. Wenn wir dies explizit ausdrücken wollen, so schreiben wir $H(\alpha_1, \alpha_2, \ldots)$ oder kurz $H(\alpha)$. So könnte in unserem Modellbeispiel aus § 1 das die »Wände« symbolisierende Potential $\bar{V}(\mathbf{r})$ aus (1.1) noch von Parametern α_ν abhängen, d.h. $\bar{V}(\mathbf{r}; \alpha_1, \alpha_2, \ldots)$. Diese α_ν würden die Struktur von $\bar{V}$, z.B. das Volumen des durch $\bar{V}(\mathbf{r}; \alpha_1, \alpha_2, \ldots)$ eingeschlossenen Gebietes $\mathscr{V}$ (siehe § 1) bestimmen. Diese Parameter werden eben als schon vor der Betrachtung von $\mathfrak{PT}_{q\,exp}$ meßbar angesehen und sollen dieselbe physikalische Bedeutung wie in $\mathfrak{PT}_{th}$ haben, d.h. im Sinne der Einbettung: Wir identifizieren die α_ν aus $\mathfrak{PT}_{th}$ mit denen aus $\mathfrak{PT}_{q\,exp}$.*

Diese Identifizierung ist von Bedeutung für die obige Transformation U_τ, denn wir identifizieren für eine Trajektorie $z(t)$ aus $\mathfrak{PT}_{th}$ die Komponenten $\alpha_\nu(t)$ dieser Trajektorie mit *genauso* in $\mathfrak{PT}_{q\,exp}$ vorgegebenen Funktionen $\alpha_\nu(t)$ mit derselben (nämlich von der Umgebung her definierten) physikalischen Bedeutung wie in $\mathfrak{PT}_{th}$.

Sind die $\alpha_\nu(t)$ zeitlich variabel vorgegeben, so wird auch $H(\alpha(t))$ explizit von t abhängig. U_τ aus (4.1.3) und (4.1.4) ist also im allgemeinen entsprechend den Ausführungen aus XI, § 4.1 durch $H_t = H(\alpha(t))$ bestimmt. U_τ hängt damit von der Wahl der Funktionen $\alpha_\nu(t)$ ab!

Eine wichtige Rolle wird der Sonderfall spielen, daß die α_ν zeitlich konstant gehalten werden. Mit zeitlich konstanten α_ν wird dann nach XI (4.1.4)

$$(4.1.5) \qquad U_\tau = e^{\frac{i}{\hbar} H(\alpha)\tau}.$$

§ 4.2. Thermodynamische Observable

Aus der am Ende von § 4.1 geschilderten Einbettung ergeben sich einige Eigenschaften für die Menge der $\psi(b_0, b) \in L$ mit $b_0 \in \mathscr{R}_{th0}$, $b \in \mathscr{R}_{th}$.

Wegen der durch (4.1.2) definierten Isomorphie von Σ mit $\mathscr{R}(b_0, \Sigma)$ ist bei *festem* $b_0 \in \mathscr{R}_{th0}(0)$ durch $\psi(b_0, b_0 \cap M_0(\sigma))$ eine Abbildung $\Sigma \overset{\chi}{\to} L$ definiert:

$$(4.2.1) \qquad \chi(\sigma) = \psi(b_0, b_0 \cap M_0(\sigma)).$$

In $\mathfrak{PT}_{q\,exp}$ gilt für $b_1 \cap b_2 = \emptyset$ (siehe XIII, § 5):

$$(4.2.2) \qquad \psi(b_0, b_1 \cup b_2) = \psi(b_0, b_1) + \psi(b_0, b_2).$$

Mit (4.2.1) folgt daraus:

$$(4.2.3) \qquad \chi(\sigma_1 \cup \sigma_2) = \chi(\sigma_1) + \chi(\sigma_2) \quad \text{für} \quad \sigma_1 \cap \sigma_2 = \emptyset.$$

(4.2.3) bedeutet, daß $\Sigma \overset{\chi}{\to} L$ im Sinne von XIII Def. 5.6 eine Observable in $\mathfrak{PT}_{q\,exp}$ ist. Man versucht meist durch ähnliche Argumente, wie sie *J. v. Neu-*

---

* Andere Beispiele erhält man, wenn man als Parameter α_ν vorgegebene »äußere Felder« A, φ im *Hamilton*operator betrachtet, den man aus XI (1.1.2) korrespondenzmäßig errät. Dieser Fall ist wichtig für die Berechnung von Polarisation und Magnetisierung; siehe die Hinweise in § 11.9.

mann in [10] Kapitel V.4 gebracht hat und wie wir sie kurz in § 3 skizziert haben, die Relation (4.2.3) suggestiv zu begründen, wobei man noch weiterhin (im Sinne des früher allein üblichen Observablenbegriffes) voraussetzt, daß $\Sigma \xrightarrow{\chi} G$ gilt, d.h. daß (4.2.1) eine Entscheidungsobservable im Sinne von XIII Def. 5.7 definiert. Ist $\Sigma \xrightarrow{\chi} L$ eine Entscheidungsobservable, so führt (4.2.1) exakt auf die von *J. v. Neumann* eingeführten Annahmen über die makroskopischen Observablen zurück. Man merkt aber sehr bald, daß die Voraussetzung, $\Sigma \xrightarrow{\chi} L$ sei exakt eine Entscheidungsobservable, auf Grund der anderen Einbettungsbedingungen zu Widersprüchen führt. Man versucht diesen zu entgehen, indem man sagt, daß die makroskopischen Messungen »nicht genau« seien und man deshalb Teilmengen σ nicht beliebig klein wählen dürfte. Man teilt dann $\bar{Z}$ in *endliche* Zellen ein, wobei dann diese Zellen die kleinsten Elemente eines *Boole*schen Ringes $\Sigma_e \subset \Sigma$ sind, und verlangt nur $\Sigma_e \xrightarrow{\chi} G$. $\Sigma_e \xrightarrow{\chi} G$ wird als die allein zulässige makroskopische Observable wegen der endlichen makroskopischen Ungenauigkeiten angesehen. Dies ist die auf *J. v. Neumann* zurückgehende und bisher meist benutzte Behandlungsweise makroskopischer Systeme. Sie trifft zwar ungefähr das »Richtige«, ist aber doch wegen der endlichen und deshalb willkürlichen Zelleinteilung etwas unhandlich. Deshalb bleiben wir bei der Observablen $\Sigma \xrightarrow{\chi} L$ *ohne* Voraussetzung, daß dies eine Entscheidungsobservable sei. Die sogenannte »endliche Ungenauigkeit« makroskopischer Messungen wird dabei *nicht* als »Ungenauigkeit« angesehen, sondern als eine Eigenart des makroskopischen Registrierens, nämlich die, daß man durch noch so feines makroskopisches Registrieren eben nie (auch nicht annähernd) zu (im Sinne von $\mathfrak{PT}_{q\,\mathrm{exp}}$) Entscheidungsobservablen kommt. Da wir hier den Standpunkt vertreten, daß aus $\mathfrak{PT}_{q\,\mathrm{exp}}$ *nur* der Teil als Beschreibung der Wirklichkeit gelten darf, der bei der Einbettung als Bild auftritt, heißt das nichts anderes, als daß die Entscheidungseffekte aus $\mathfrak{PT}_{q\,\mathrm{exp}}$ auch nicht einmal in idealisierter Weise (siehe III, § 5) eine physikalische Bedeutung haben.

Die durch $\Sigma \xrightarrow{\chi} L$ definierte Observable heißt die *thermodynamische Observable* mit Skalenwerten aus $\bar{Z}$ (siehe XIII Def. 5.8).

Da $\bar{Z}$ mehrere Skalen $\bar{z}_v$ umfaßt, spricht man auch oft (etwas leger) von $\Sigma \xrightarrow{\chi} L$ (im Plural) als von den thermodynamischen Observablen mit den Skalenwerten $\bar{z}_v$.

Nach unserer Definition von $\Sigma \xrightarrow{\chi} L$ als thermodynamischer Observablen könnte es so scheinen, als ob durch die Einbettung *eine* ganz bestimmte Observable als thermodynamische Observable ausgezeichnet ist. Beim Studium mancher Literatur, in der eine Beschreibung makroskopischer Observablen in Anlehnung an *J. v. Neumann* benutzt wird, könnte man ebenfalls den Eindruck gewinnen, als ob — in unserer hier eingeführten Bezeichnungsweise — $\Sigma \xrightarrow{\chi} L$ eindeutig festgelegt wäre. (*J. v. Neumann* schien da ganz anderer Ansicht zu sein, siehe [11], wo er eine zu große »Willkür« der Makroobservablen voraussetzte.)

Die Vorstellung von einer ganz bestimmten thermodynamischen Observablen ist sicher falsch: Nach (4.2.1) hängt χ von der gewählten Registriermethode $b_0 \in \mathscr{R}_{th0}(0)$ ab! Augenscheinlich gibt es nach der Erfahrung viele thermodynamische Registriermethoden $b_0 \in \mathscr{R}_{th0}(0)$, die als Elemente von $\mathscr{R}_0$ sicherlich nicht dieselben Observablen in Bezug auf die »gedachte« Theorie $\mathfrak{PT}_{q\,\exp}$ liefern; *nur* thermodynamisch (d.h. in bezug auf die Theorie $\mathfrak{PT}_m$, bzw. $\mathfrak{PT}_{th}$) messen die $b \in \mathscr{R}(b_0, \Sigma)$ mit $b_0 \in \mathscr{R}_{th0}(0)$ alle »dasselbe«, nämlich die Zustände zur Zeit $t = 0$.

Diese Tatsache, daß $\Sigma \overset{\chi}{\to} L$ nicht eindeutig bestimmt ist, wird später bei der Betrachtung von Nichtgleichgewichtszuständen wichtig werden (siehe § 10.1, § 11.2 und § 11.4). Hier bei der Betrachtung der Gleichgewichtszustände genügt es, wenn wir eine der möglichen thermodynamischen Observablen herausgreifen.

Betrachtet man bei festem v die Effekte

$$(4.2.4a) \qquad F^{(v)}(\lambda) = \chi\left(\sigma_v(\lambda)\right)$$

mit $\sigma_v(\lambda)$ als den Intervallen aller $\bar{z} \in \bar{Z}$ mit

$$(4.2.4b) \qquad -\infty < \bar{z}_v \leq \lambda \quad \text{(bei festem } v\text{)},$$

so bilden die $F^{(v)}(\lambda)$ eine »erweiterte« Spektralschar (siehe XIII, § 5), der eine Teilobservable zur Skala $\bar{z}_v$ entspricht. Es sei nochmals auf XIII, § 5 hingewiesen, wo gezeigt ist, daß diese Teilobservable nicht durch den Operator

$$(4.2.4c) \qquad A^{(v)} = \int \lambda \, dF^{(v)}(\lambda)$$

eindeutig bestimmt ist! Es sei ebenfalls darauf hingewiesen, daß alle Spektralscharen $F^{(v)}(\lambda)$ für alle v noch nicht eindeutig alle $\chi(\sigma)$ zu bestimmen brauchen, wenn $\Sigma \overset{\chi}{\to} L$ keine Entscheidungsobservable ist.

Obwohl die Observable $\{F^{(v)}(\lambda)\}$ nicht durch den Operator $A^{(v)}$ nach (4.2.4c) festgelegt ist, werden wir im Folgenden oft symbolisch für die thermodynamischen Observablen $\{F^{(v)}(\lambda)\}$ kurz $A^{(v)}$ schreiben. Dabei ist dann immer *gemeint*, daß nicht nur der Operator $A^{(v)}$, sondern auch alle $F^{(v)}(\lambda)$ gegeben sind.

Neben den zu den Skalenwerten $\bar{z}_v$ gehörigen thermodynamischen Observablen werden wir auch weitere thermodynamische Observablen zu betrachten haben, die Funktionen von z sind. Ist z. B. eine (wenigstens) meßbare Funktion $f(\alpha, \bar{z})$ über $\tilde{A} \times \bar{Z}$ gegeben, so kann man bei festem α folgende Teilmengen von $\bar{Z}$ betrachten:

$$(4.2.5a) \qquad \sigma(\lambda; \alpha) = \{\bar{z} | f(\alpha, \bar{z}) \leq \lambda\}.$$

Durch

$$(4.2.5b) \qquad F(\lambda;\alpha) = \chi\big(\sigma(\lambda;\alpha)\big),$$

ist bei festem $\alpha \in \tilde{A}$ eine verallgemeinerte Spektralschar und damit eine von $\alpha \in \tilde{A}$ abhängige Observable definiert. Auch diese so für jeden Punkt aus $\tilde{A}$ definierten Skalen-Observablen sind Teilobservablen von $\Sigma \xrightarrow{\chi} L$ und damit alle koexistent (siehe XIII Def. 5.10). (Wenn $f(\alpha, \bar{z})$ vorgegeben wird, so kann es sein, daß man Σ maßtheoretisch vervollständigen muß, damit die $\sigma(\lambda;\alpha)$ Elemente von Σ werden; wir wollen diesen mathematischen Prozeß hier nicht näher erläutern, da er nichts zum prinzipiellen Verständnis der physikalischen Probleme beiträgt. Die korrekte mathematische Formulierung, die wir nicht an jeder Stelle in diesem Buch vortragen können, garantiert nur, daß man nicht etwas mathematisch Unzulässiges bei der hier in diesem Buch nur durchgeführten »Beschreibung« voraussetzt.)

Wir sprechen oft von den $\{F(\lambda;\alpha)\}$ als einer thermodynamischen Observablen, obwohl man eigentlich eine von $\alpha \in \tilde{A}$ abhängige Schar solcher Observablen hat.

Wieder werden wir oft statt der $\{F(\lambda;\alpha)\}$ nach (4.2.5b) nur die Operatoren

$$(4.2.5c) \qquad A(\alpha) = \int\limits_{(\lambda)} \lambda\, dF(\lambda;\alpha)$$

zur kurzen Charakterisierung der gemeinten thermodynamischen Observablen angeben. Die Operatoren $A(\alpha)$ reichen aus, um Erwartungswerte der Observablen $\{F(\lambda;\alpha)\}$ zu berechnen.

Wir führen jetzt (geleitet durch Erfahrungen) als weitere Voraussetzung für die Einbettung ein, daß in $\Sigma \xrightarrow{\chi} L$ eine solche Teil-Observable $\{F(\lambda;\alpha)\}$ enthalten ist, die »angenähert« $H(\alpha)$ mißt.

Es ist entscheidend wichtig, daß $H(\alpha)$ *nicht* zu den thermodynamischen (ja, auch nicht zu den allgemeinen makroskopischen) Observablen gehört. Solche Voraussetzungen wie diese über H sind nicht aus $\mathfrak{P}\mathfrak{T}_{q\,\mathrm{exp}}$ herleitbar; sie wären höchstens aus $\mathfrak{P}\mathfrak{T}_m$ herleitbar, wenn $\mathfrak{P}\mathfrak{T}_m$ in seinem Aufbau vorläge. Da wir aber $\mathfrak{P}\mathfrak{T}_m$ und die zunächst gesuchte Theorie $\mathfrak{P}\mathfrak{T}_{th}$ zum Teil gerade dadurch gewinnen wollen, daß wir die Einbettung in $\mathfrak{P}\mathfrak{T}_{q\,\mathrm{exp}}$ betrachten, stellen solche Postulate über die Einbettung echte »Axiome« für $\mathfrak{P}\mathfrak{T}_{th}$ dar, die auf Grund von Erfahrungen »erraten« werden (siehe Abbildung am Ende von III, § 4). Daß H nicht makroskopisch meßbar und damit nach unserer Auffassung überhaupt nicht meßbar ist, liegt auf Grund der Erfahrungen sehr nahe:

Weiter unten werden wir sehen, daß H ein diskretes, »sehr dicht« liegendes Punktspektrum hat, wobei der Abstand $|\varepsilon - \varepsilon'|$ zweier benachbarter Eigenwerte von H so klein ist, daß die Zeit $\hbar\,|\varepsilon - \varepsilon'|^{-1}$ mehr als Millionen Jahre beträgt. H im Sinne von $\mathfrak{P}\mathfrak{T}_{q\,\mathrm{exp}}$ »messen«, würde heißen, alle diese »feinsten

Unterschiede« zwischen den Eigenwerten von H festzustellen. Die Erfahrung scheint nahezulegen, daß dies »prinzipiell« unmöglich ist.

H sei aber thermodynamisch »angenähert« meßbar. Das heißt, man kann in Z eine Funktion $f(\alpha, \bar{z})$ so wählen, daß die durch (4.2.5) definierte Skalenobservable $\{F(\lambda; \alpha)\}$ »annähernd« einer Messung von $H(\alpha)$ entspricht. Das Wort »annähernd« soll dabei heißen, daß die verallgemeinerte Spektralschar $F^{(e)}(\lambda; \alpha)$ die Spektralschar $E(\varepsilon; \alpha)$ von $H(\alpha)$ »annähert«. Die realistische Registrierung des Effektes $F^{(e)}(\lambda; \alpha)$ soll (bei festem α) zur Folge haben, daß gedanklich der in $\mathfrak{PT}_{q\,\mathrm{exp}}$ definierte Meßwert von $H(\alpha)$ zwar nicht sicher kleiner gleich λ, aber ziemlich sicher kleiner als $\lambda - \Delta$ (mit einem endlichen »Fehler« Δ) und ziemlich sicher nicht größer als $\lambda + \Delta$ ist, d. h.

$$
\begin{aligned}
&\left\| F(\lambda - \Delta; \alpha) - E(\lambda - \Delta; \alpha) F^{(e)}(\lambda; \alpha) \right\| \ll 1, \\
(4.2.6)\quad &\left\| (1 - E(\lambda + \Delta; \alpha)) F^{(e)}(\lambda; \alpha) \right\| \ll 1.
\end{aligned}
$$

Δ wäre ein Maß, wie weit die Skalenobservable mit der verallgemeinerten Spektralschar $F^{(e)}(\lambda; \alpha)$ die Skalenobservable $H(\alpha)$ approximiert. (Wir sehen, daß in diesem Begriff der Approximation die Skala wesentlich eingeht. Die Skalen sind aber nichts anderes als eine oft geschickte Darstellung topologischer bzw. uniformer Strukturen, die die physikalische Unschärfe von Abbildungen darstellen sollen; siehe III, § 5. So hatten wir ja tatsächlich oben die Parameter z_ν in Z als eine vereinfachte Darstellungsweise der uniformen Struktur von Z eingeführt.)

Um aber diese Betrachtungen über die Approximation der $E(\varepsilon; \alpha)$ durch die $F^{(e)}(\lambda; \alpha)$ nicht so allgemein stehen zu lassen, wollen wir ein Beispiel für eine solche Approximation angeben, ohne zu behaupten, daß dieses genau die realistische Situation der approximativen, thermodynamischen Messung von $H(\alpha)$ beschreibt. Dieses Beispiel wird aber auch noch später für viele Zwecke lehrreich sein.

Für dieses Beispiel benutzen wir die »*Gauß*sche Fehlerkurve«. Wir definieren folgende Funktion:

$$
\Phi(x) = \frac{1}{\delta \sqrt{\pi}} \int_x^\infty e^{-\frac{y^2}{\delta^2}} \, dy.
$$

Es ist dann $\Phi(x) \to 0$ für $x \to \infty$ und $\Phi(x) \to 1$ für $x \to -\infty$. Ist x wesentlich größer als δ, so ist $\Phi(x)$ sehr nahe bei 0; ist x wesentlich kleiner als $-\delta$, so ist $\Phi(x)$ sehr nahe bei 1. Man zeichne sich $\Phi(x)$ anschaulich auf!

Wir definieren (da wir α festhalten, lassen wir α in den folgenden Formeln weg) die verallgemeinerte Spektralschar $F^{(e)}(\lambda)$ mit Hilfe der Spektralschar $E(\varepsilon)$ von H durch

$$
(4.2.7) \qquad F^{(e)}(\lambda) = \int_{-\infty}^{+\infty} \Phi(\varepsilon - \lambda) \, dE(\varepsilon)
$$

(siehe A VIII, § 10); nach A VIII (10.9) können wir statt (4.2.7) auch

(4.2.8) $F^{(e)}(\lambda) = \Phi(H - \lambda\,1)$

schreiben. Aus (4.2.7) folgt

$$E(\lambda - \Delta) - E(\lambda - \Delta)\,F^{(e)}(\lambda) = \int\limits_{-\infty}^{\lambda - \Delta} [1 - \Phi(\varepsilon - \lambda)]\,dE(\varepsilon),$$

$$\left(1 - E(\lambda + \Delta)\right) F^{(e)}(\lambda) = \int\limits_{\lambda + \Delta}^{\infty} \Phi(\varepsilon - \lambda)\,dE(\varepsilon).$$

Daraus folgt:

$$\left\| E(\lambda - \Delta) - E(\lambda - \Delta)\,F^{(e)}(\lambda) \right\| = 1 - \Phi(\lambda - \Delta),$$

$$\left\| \left(1 - E(\lambda - \Delta)\right) F^{(e)}(\lambda) \right\| = \Phi(\lambda + \Delta).$$

(4.2.6) ist also erfüllt, wenn Δ wesentlich größer als δ ist. δ nennt man deshalb den »Approximationsfehler«. Das Wort »Fehler« kann mißverstanden werden, so als ob die Apparatur, deren Registrierungen der Observablen $\{F^{(e)}(\lambda)\}$ entsprechen, »Fehler macht«. Die Apparatur macht keine Fehler; der Experimentalphysiker bezeichnet die Ergebnisse seiner Apparatur nur deshalb als »mit einem Fehler behaftet«, weil die Apparatur nicht das registriert, was er »wünscht«. Hätte er z. B. den »Wunsch« gehabt, eine Apparatur zu bauen, deren Registrierungen gerade durch die $E(\varepsilon)$ zu beschreiben sind, hat er aber dann tatsächlich eine Apparatur gebaut, deren Registrierungen gerade durch die $F^{(e)}(\lambda)$ aus (4.2.7) zu beschreiben sind, so nennt er eben δ den »Fehler« seiner »realen« Apparatur gegenüber der »gewünschten«. Er wird dann versuchen, eine seinen Wünschen besser entsprechende, kurz eine »bessere« Apparatur zu bauen. Dies ist das übliche Vorgehen der Experimentalphysik. Normalerweise kann man bei einem Vergleich zwischen Experiment und Theorie bei diesem Vorgehen immer so tun, *als ob* man die reale Apparatur beliebig verbessern, d. h. beliebig gut einer gewünschten »idealen« Apparatur annähern könnte. Wir wissen zwar nach III, § 5, daß man im Prinzip immer mit *endlichen* Ungenauigkeiten rechnen muß, daß aber eine *angebbare* endliche Grenze solcher Ungenauigkeiten meist »unbekannt« ist, so daß man eben im mathematischen Bild Idealisierungen einführt. In bezug auf das Verhältnis von $\mathfrak{P}\mathfrak{T}_m$ zu $\mathfrak{P}\mathfrak{T}_{q\,\mathrm{exp}}$ aber befinden wir uns in einer neuen Lage:

Diese neue Lage besteht darin, daß wir in bezug auf die Theorie $\mathfrak{P}\mathfrak{T}_{q\,\mathrm{exp}}$ eben nicht mehr mit der Vorstellung auskommen können, daß alle Observablen mit einer unbekannt kleinen Ungenauigkeit approximierbar sind, so wie es in XIII, § 5 (siehe XIII Def. 5.9 und die Ausführungen danach) gefordert wurde. Diese Forderung aus XIII, § 5 scheint für einzelne atomare Systeme auch richtig zu sein, aber ist nach der von uns vertretenen Auffassung zum Diagramm (3.1) für Makrosysteme ganz *falsch*.

In bezug auf $H(\alpha)$ haben wir spezieller vorausgesetzt, daß es tatsächlich eine »ungefähre« Messung von $H(\alpha)$ durch eine der Observablen (als Bilder von Registrierverfahren aus $\mathfrak{P}\mathfrak{T}_m$!) gibt. Vielleicht kann die *thermodynamische,* durch die $\{F^{(e)}(\lambda;\alpha)\}$ charakterisierte Genauigkeit in $\mathfrak{P}\mathfrak{T}_m$ noch verbessert werden; aber wir haben mit einer endlichen Ungenauigkeit im Vergleich von $H(\alpha)$ mit den Meßmöglichkeiten aus $\mathfrak{P}\mathfrak{T}_m$ zu rechnen. Wäre $\mathfrak{P}\mathfrak{T}_m$ bekannt, so könnten wir diese endliche(!) Ungenauigkeit angeben; so aber versuchen wir anhand der Erfahrungen weiter zu kommen. Um sich ein »Bild« von der Bedeutung der Aussage zu machen, daß $H(\alpha)$ thermodynamisch nur mit einer endlichen Ungenauigkeit δ meßbar ist, haben wir das obige Beispiel (4.2.7) konstruiert. δ kann also durch Verfeinerung der Meßmethoden *nicht* »beliebig« verkleinert werden, sondern hat eine thermodynamisch typische endliche Größenordnung. Diese thermodynamische Größenordnung von δ ist *entscheidend* wichtig (!), um überhaupt das Verhältnis von $\mathfrak{P}\mathfrak{T}_{th}$ zu $\mathfrak{P}\mathfrak{T}_{q\,exp}$ zu verstehen. Würde man rein formal δ gegen Null gehen lassen, so »verschwindet« die Möglichkeit einer Thermodynamik und Thermostatik.

Die oben zur Illustration explizit angegebene Form (4.2.8) für die $F^{(e)}(\lambda)$ mit Φ nach (4.2.6) wollen wir nicht allgemein voraussetzen. Wir nehmen aber an, daß man die $F^{(e)}(\lambda;\alpha)$ mit Hilfe einer »geeigneten« Funktion $k(x)$ in der Form

$$(4.2.9) \qquad F^{(e)}(\lambda;\alpha)=k\big(H(\alpha)-\lambda\,1\big)$$

darstellen kann. $k(x)$ soll dabei ein *qualitativ* ähnliches Verhalten wie $\Phi(x)$ zeigen; insbesondere also soll $k(x)$ eine »Ungenauigkeitszahl«, einen sogenannten »Fehler« δ definieren mit derselben Bedeutung wie oben bei $\Phi(x)$; dabei kann man zulassen, daß δ noch von x abhängt.

Aus (4.2.9) folgt, daß $F^{(e)}(\lambda;\alpha)$ und $H(\alpha)$ bei *festem* α miteinander vertauschbar sind und daher

$$(4.2.10) \qquad F_t^{(e)}(\lambda;\alpha)=e^{\frac{i}{\hbar}H(\alpha)t}\,F^{(e)}(\lambda;\alpha)\,e^{-\frac{i}{\hbar}H(\alpha)t}=F^{(e)}(\lambda;\alpha)$$

gilt.

Wir sagen, daß eine verallgemeinerte Spektralschar $\tilde{F}^{(e)}(\lambda;\alpha)$ praktisch dieselbe Observable wie die $F^{(e)}(\lambda;\alpha)$ nach (4.2.9) bestimmen, wenn

$$\big\|\tilde{F}^{(e)}(\lambda;\alpha)-F^{(e)}(\lambda;\alpha)\big\|\ll 1$$

ist und es zu jedem $t>0$ und $t<10^3$ Jahre und zu jedem λ ein λ' gibt, das mit λ bis etwa auf die Ungenauigkeit δ übereinstimmt und

$$\big\|\tilde{F}_t^{(e)}(\lambda';\alpha)-F^{(e)}(\lambda;\alpha)\big\|\ll 1$$

ist, wobei $\tilde{F}_t^{(e)}(\lambda; \alpha)$ durch

$$\tilde{F}_t^{(e)}(\lambda; \alpha) = e^{\frac{i}{\hbar}H(\alpha)t}\,\tilde{F}^{(e)}(\lambda; \alpha)\,e^{-\frac{i}{\hbar}H(\alpha)t}$$

definiert ist. Auch in diesem Fall nennen wir die Observable $\{\tilde{F}^{(e)}(\lambda; \alpha)\}$ eine Näherung von $H(\alpha)$ bis auf den »Fehler« δ. Wir werden im Folgenden keinen Unterschied zwischen $\tilde{F}^{(e)}(\lambda; \alpha)$ und $F^{(e)}(\lambda; \alpha)$ machen und immer so tun, als ob (4.2.9) exakt gilt, denn ein Unterschied könnte sich erst nach 10^3 Jahren bemerkbar machen. Wir haben eigentlich $\tilde{F}^{(e)}(\lambda; \alpha)$ nur erwähnt, um zu verdeutlichen, daß (4.2.10) nicht *exakt* für *alle* $t > 0$ zu gelten braucht.

Wir setzen nun explizit voraus, daß die Observable $\{\tilde{F}^{(e)}(\lambda; \alpha)\}$ für jedes α eine Teilobservable von $\Sigma \xrightarrow{\chi} L$ ist. Dies bedeutet eigentlich nur, daß die Observable $\{\tilde{F}^{(e)}(\lambda; \alpha)\}$ mit den anderen (noch nicht bekannten) thermodynamischen Observablen koexistent ist; denn da wir die Parameter $\bar{z}_\nu$ aus $\bar{Z}$ eigentlich noch nicht näher definiert haben, kann man sich diese immer so gewählt denken, daß einer dieser Parameter mit den Skalenwerten λ der Observablen $\{\tilde{F}^{(e)}(\lambda; \alpha)\}$ übereinstimmt. Um aber nicht diese spezielle Parameterzahl auszuzeichnen, setzen wir fest, daß es eine Funktion $f(\alpha, \bar{z})$ gibt, so daß

$$(4.2.11) \qquad F^{(e)}(\lambda; \alpha) \approx \tilde{F}^{(e)}(\lambda; \alpha) = \chi(\sigma_2) \quad \text{mit} \quad \sigma_\lambda = \{\bar{z}\,|\,f(\alpha, \bar{z}) \leq \lambda\}$$

gilt. Wir setzen aus physikalischen Gründen (d.h. auf der Basis, daß $\bar{Z}$ ein uniformer Raum ist, für den die uniforme Struktur die physikalische Unschärfe beschreiben soll; siehe III, §§ 5 und 8) voraus, daß f eine stetige Funktion über Z ist. Diese Funktion f nennen wir die *innere Energie* und schreiben statt f als Funktionszeichen U, explizit $U(\alpha, \bar{z})$.

Wir werden weiter unten sehen, ob und inwiefern dieses U etwas mit der in XIV definierten inneren Energie zu tun hat.

Fassen wir kurz zusammen: In Z ist eine Funktion $U(\alpha, \bar{z})$ definiert, so daß die durch

$$(4.2.12) \qquad F^{(e)}(\lambda; \alpha) = \chi(\sigma_\lambda) \quad \text{mit} \quad \sigma_\lambda = \{\bar{z}\,|\,U(\alpha, \bar{z}) \leq \lambda\}$$

bestimmten $F^{(e)}(\lambda; \alpha)$ »praktisch« mit den durch (4.2.9) definierten $F^{(e)}(\lambda; \alpha)$ für ein geeignetes k vom »Fehler« δ übereinstimmen. Dabei ist das Wort »praktisch« so gemeint, wie oben eine praktische Übereinstimmung von $\tilde{F}^{(e)}(\lambda; \alpha)$ mit $F^{(e)}(\lambda; \alpha)$ diskutiert wurde; ebenso soll k von der Art sein, wie oben nach (4.2.9) angegeben.

Der oben angebrachte Index (e) soll im Folgenden immer die zur Energie H gehörige thermodynamische Approximationsobservable charakterisieren. Statt der $F^{(e)}(\lambda; \alpha)$ werden wir oft nur kurz den Operator

$$A^{(e)}(\alpha) = \int \lambda\, dF^{(e)}(\lambda; \alpha)$$

angeben; wobei immer auch die ganze verallgemeinerte Spektralschar $F^{(e)}(\lambda;\alpha)$ mitgemeint ist. Falls α während einer Betrachtung fest bleibt, schreiben wir auch oft $A^{(e)}$ kurz für $A^{(e)}(\alpha)$.

§ 4.3. Der Ergodensatz

Die Überschrift ist mehr ein Schlagwort als eine genaue Kennzeichnung eines mathematischen Satzes. Man findet deshalb in der Literatur die verschiedensten Sätze unter diesem Schlagwort.

Die Erfahrung zeigt, daß bei zeitlich konstantem α die Trajektorien $z(t)$ so verlaufen, daß auch $U\big(z(t)\big)$ zeitlich konstant bleibt. Außerdem streben (bei zeitlich konstantem α) die Trajektorien für eine sehr große Klasse von Systemen einem *nur* von α und U abhängigen Gleichgewichtszustand $z^{(g)}$ zu, dessen Koordinaten (neben α) mit $\bar{z}_\mu^{(g)}(U,\alpha)$ $(\mu=0,1,2,\ldots)$, kurz $\bar{z}^{(g)}(U,\alpha)$ bezeichnet seien. Solche Systeme nannten wir nach XIV Def. 1.2.5 *einfache* Systeme. Lassen sich die eben kurz angedeuteten Erfahrungen auf Grund der Einbettung in $\mathfrak{P}\mathfrak{T}_{q\,\mathrm{exp}}$ verstehen?

Das allgemeine Problem der Trajektorien $z(t)$ in Z ist sehr viel schwieriger als die Teilfrage nach den Gleichgewichtszuständen. Wir beginnen daher hier mit einem Teilproblem, nämlich der Frage: Wie kann es mit der Einbettung in $\mathfrak{P}\mathfrak{T}_{q\,\mathrm{exp}}$ verträglich sein, daß

(1) die zeitlich konstante Trajektorie $(\alpha, \bar{z}^{(g)}(U,\alpha))$ eine mögliche Trajektorie ist, und daß

(2) alle Trajektorien $(\alpha, \bar{z}(t))$ nach einer endlichen Zeit praktisch in die Gleichgewichtstrajektorie $(\alpha, \bar{z}^{(g)}(U,\alpha))$ übergehen?

Da $\bar{z}^{(g)}$ eine Funktion von U, α ist, bezeichnet man den Raum der $\alpha_1, \alpha_2\ldots$; U als den *thermostatischen Zustandsraum* Z_g. Die $\bar{z}_\mu^{(g)}$ sind dann als reelle Funktion über Z_g definiert.

Daß ein spezielles System $x\in M$ eine Trajektorie »hat« (d. h. die objektivierende Beschreibungsweise), läßt sich nicht bei der Einbettung nach $\mathfrak{P}\mathfrak{T}_{q\,\mathrm{exp}}$ übertragen. Wenn wir also das oben durch die Punkte (1) und (2) charakterisierte Verhalten nach $\mathfrak{P}\mathfrak{T}_{q\,\mathrm{exp}}$ übertragen wollen, so müssen wir dieses Verhalten der Trajektorien mit Hilfe der Registrierverfahren aus $\mathcal{R}_{th}$ ausdrücken.

Mit $b(\sigma)=b_0\cap M_0(\sigma)$ nach (4.1.2) bedeutet $x\in T_t b(\sigma)$ die Registrierung, daß x zur Zeit t einen Zustand z mit $\bar{z}\in\sigma$ hat. Stellen wir nach einem Präparierverfahren a Systeme her, so ist

$$(4.3.1)\qquad \lambda\big(a\cap T_t b_0,\, a\cap T_t b(\sigma)\big)$$

die Wahrscheinlichkeit, daß die Systeme aus a zur Zeit t einen Zustand z mit $\bar{z}\in\sigma$ haben.

Da wir auf den nächsten Seiten nur Trajektorien bei zeitlich *konstant* vorgegebenem α betrachten, nehmen wir jetzt einen bestimmten Punkt $\alpha \in \tilde{A}$ als gegeben an und lassen in den nächsten Formeln α weg.

Die Koordinaten des Raumes $\bar{Z}$ seien — wie schon oben angedeutet — von $\mu = 0$ an numeriert. Statt $\bar{z}_0$ wollen wir als neue Koordinate die innere Energie $U(\bar{z}_0, \bar{z}_1, \bar{z}_2, \ldots)$ einführen, d. h. daß wir jetzt (bei festem α!) in $\bar{Z}$ die Koordinaten $U, \bar{z}_1, \bar{z}_2, \ldots$ benutzen.

Als Teilmenge $\sigma^{(g)}$ von $\bar{Z}$ betrachten wir folgendes »Intervall« (in den neuen Koordinaten!):

$$
E_1 < U \leq E_2,
$$
$$
(4.3.2) \qquad \eta_\nu < \bar{z}_\nu \leq \varrho_\nu \quad \text{für} \quad \nu \geq 1,
$$

so daß für die zu U gehörigen Gleichgewichtswerte $\bar{z}_\nu^{(g)}(U)$ von $\bar{z}_\nu$ für $E_1 < U \leq E_2$ auch

$$
(4.3.3) \qquad \eta_\nu < \bar{z}_\nu^{(g)}(U) \leq \varrho_\nu \quad \text{für} \quad \nu \geq 1
$$

gilt. Dann sollten alle diejenigen Systeme, die eine innere Energie U mit $E_1 < U \leq E_2$ haben, für genügend große t einen Zustand mit $\bar{z}$ aus $\sigma^{(g)}$ haben. Betrachtet man alle Zeiten $t \geq 0$, so sollte also zu »fast allen Zeiten« (d. h. mit Ausnahme eines endlichen Zeitintervalles nach $t = 0$) die Wahrscheinlichkeit für einen Zustand mit $\bar{z}$ aus $\sigma^{(g)}$ gleich der Wahrscheinlichkeit sein, daß die Systeme eine innere Energie U aus dem Intervall $E_1 < U \leq E_2$ haben.

Mit $\sigma^{(e)}(E)$ als dem Intervall derjenigen $\bar{z} \in \bar{Z}$ mit (siehe (4.2.5))

$$
U \leq E
$$

ist $\sigma^{(e)}(E_2) \setminus \sigma^{(e)}(E_1)$ das Intervall $E_1 < U \leq E_2$. Die Wahrscheinlichkeit für die innere Energie U aus dem Intervall $E_1 < \cdots \leq E_2$ ist also mit (siehe (4.1.2))

$$
b\big(\sigma^{(e)}(E_2) \setminus \sigma^{(e)}(E_1)\big) = b_0 \cap M_0\big(\sigma^{(e)}(E_2) \setminus \sigma^{(e)}(E_1)\big)
$$

gleich

$$
(4.3.4) \qquad \lambda\big(a \cap b_0, a \cap b\big(\sigma^{(e)}(E_2) \setminus \sigma^{(e)}(E_1)\big)\big);
$$

und diese Wahrscheinlichkeit sollte zeitunabhängig sein, d. h.

$$
(4.3.5) \qquad \lambda\big(a \cap T_t b_0, a \cap T_t b\big(\sigma^{(e)}(E_2) \setminus \sigma^{(e)}(E_1)\big)\big)
$$

sollte zeitlich konstant sein, da für jede Trajektorie die innere Energie U zeitlich konstant bleibt.

Wenn alle Bahnen ins Gleichgewicht streben, so sollte also »für fast alle« Zeiten t

$$
(4.3.6) \qquad
\begin{aligned}
\lambda\big(a \cap T_t b_0, a \cap T_t b(\sigma^{(g)})\big) &= \\
&= \lambda\big(a \cap b_0, a \cap b(\sigma^{(e)}(E_2) \setminus \sigma^{(e)}(E_1))\big)
\end{aligned}
$$

sein.

Als Zeitmittelwert $\overline{f(t)}$ einer Zeitfunktion definieren wir:

$$(4.3.7) \qquad \overline{f(t)} = \lim_{T \to \infty} \int_0^T f(t)\, dt.$$

Gilt (4.3.6) für fast alle Zeiten, so sollte also

$$(4.3.8) \qquad \begin{aligned} \overline{\lambda\big(a \cap T_t b_0,\, a \cap T_t b(\sigma^{(g)})\big)} &= \\ &= \xi \lambda\big(a \cap b_0,\, a \cap b(\sigma^{(e)} E_2) \setminus \sigma^{(e)}(E_1)\big) \end{aligned}$$

mit $\xi \approx 1$ gelten.

Aus $\sigma^{(g)} \subset \sigma^{(e)}(E_2) \setminus \sigma^{(e)}(E_1)$ folgt $b(\sigma^{(g)}) \subset b\big(\sigma^{(e)}(E_2) \setminus \sigma^{(e)}(E_1)\big)$ und daraus $T_t b(\sigma^{(g)}) \subset T_t b\big(\sigma^{(e)}(E_2) \setminus \sigma^{(e)}(E_1)\big)$. Daraus folgt

$$\lambda\big(a \cap T_t b_0,\, a \cap T_t b(\sigma^{(e)}(E_2) \setminus \sigma^{(e)}(E_1))\big) \geq$$
$$\geq \lambda\big(a \cap T_t b_0,\, a \cap T_t b(\sigma^{(g)})\big).$$

Ist (4.3.5) zeitlich konstant, so folgt also, daß die linke Seite von (4.3.6) zu *allen* Zeiten kleiner als die rechte Seite ist. Daher folgt umgekehrt aus der Gültigkeit von (4.3.8), daß die linke Seite von (4.3.6) nur »sehr selten« merklich kleiner als die rechte Seite sein kann. Betrachtet man speziell eine solche Präparierung a, daß alle Systeme aus a eine innere Energie aus dem Intervall $E_1 < \cdots \leq E_2$ haben, so ist die rechte Seite von (4.3.6) gleich 1. Ist dann (4.3.8) erfüllt, so muß also zu »fast allen« Zeiten auch die linke Seite von (4.3.6) dem Wert 1 sehr nahe kommen, d. h. zu »fast allen« Zeiten befinden sich »fast alle« nach a präparierten Systeme im Gleichgewicht. Ist also z. B. die linke Seite von (4.3.6) zur Zeit $t = 0$ gleich Null (d. h. alle Systeme aus a befinden sich zur Zeit $t = 0$ nicht im Gleichgewicht), so müssen sie nach einer endlichen Zeit so gut wie alle im Gleichgewicht sein; natürlich kann auch zu späteren Zeiten die linke Seite von (4.3.6) wieder mal von 1 stärker abweichen, aber die Zeitspannen, zu denen nicht fast alle nach a präparierten Systeme im Gleichgewicht sind, müssen verschwindend klein relativ (!) zu den Zeitspannen sein, zu denen fast alle Systeme im Gleichgewicht sind. Die Bedingung (4.3.8) besagt also etwas weniger, als daß die Trajektorien $z(t)$ nach endlicher Zeit in $\sigma^{(g)}$ gelandet sind und dort *bleiben*.

Die zeitliche Konstanz von (4.3.5) wie die Relation (4.3.8) geben also eine erste strukturelle Auszeichnung des »thermostatischen Gleichgewichts«. Sie erlauben noch nichts Näheres darüber auszusagen, *wie das Streben ins Gleichgewicht* vor sich geht.

Betrachten wir jetzt ein anderes Intervall σ der Form (4.3.2) mit denselben Werten E_1, E_2 wie für $\sigma^{(g)}$, für das aber (4.3.3) gerade nicht erfüllt ist, sondern im Gegenteil $\sigma \cap \sigma^{(g)} = \emptyset$ gilt. σ enthält also nur Nichtgleichgewichtszustände.

Da auch $\sigma\cup\sigma^{(g)}\subset\sigma^{(e)}(E_2)\setminus\sigma^{(e)}(E_1)$ gilt, ist also, wenn (4.3.5) zeitlich konstant ist,

$$\lambda\left(a\cap T_tb_0,\ a\cap T_tb(\sigma\cup\sigma^{(g)})\right)=$$
$$=\lambda\left(a\cap T_tb_0,\ a\cap T_tb(\sigma)\right)+\lambda\left(a\cap T_tb_0,\ a\cap T_tb(\sigma^{(g)})\right)\le$$
$$\le\lambda\left(a\cap b_0,\ a\cap b\left(\sigma^{(e)}(E_2)\setminus\sigma^{(e)}(E_1)\right)\right).$$

Aus (4.3.8) folgt damit für eine Nichtgleichgewichtszelle σ:

$$(4.3.9)\qquad \overline{\lambda\left(a\cap T_tb_0,\ a\cap T_tb(\sigma)\right)}\approx0.$$

Ist $\bar z_\nu$ einer der Skalenwerte aus $\bar Z$, so folgt als Erwartungswert des Skalenwertes $\bar z_\nu$ zur Zeit t aus der Wahrscheinlichkeit

$$(4.3.10)\qquad m_t^{(\nu)}(\lambda)=\lambda\left(a\cap T_tb_0,\ a\cap T_tb(\sigma_\nu(\lambda))\right)$$

mit $\sigma_\nu(\lambda)$ als den in (4.2.5) definierten Intervallen:

$$(4.3.11)\qquad Erw_t(\bar z_\nu)=\int \lambda dm_t^{(\nu)}(\lambda).$$

Sei für $\nu\neq0$ $\sigma_{0\nu}(u,\lambda)$ das Intervall

$$U\le u,\ z_\nu\le\lambda\quad\text{für ein }\textit{festes }\nu,$$

so ist mit

$$(4.3.12)\qquad m_t^{(\nu)}(u,\lambda)=\lambda\left(a\cap T_tb_0,\ a\cap T_tb\left(\sigma_{0\nu}(u,\lambda)\right)\right)$$

$$(4.3.13)\qquad m_t^{(\nu)}(\lambda)=\int\limits_{(u)} dm_t^{(\nu)}(u,\lambda),$$

wobei der Index (u) am Integral andeuten soll, daß über u bei festem λ zu integrieren ist. Wegen (4.3.13) kann man (4.3.11) auch so schreiben:

$$(4.3.14)\qquad Erw_t(\bar z_\nu)=\int\limits_{(\lambda)}\int\limits_{(u)} \lambda dm_t^{(\nu)}(u,\lambda).$$

Wegen (4.3.8) und (4.3.9) ist für ein kleines Intervall $E_1<\cdots\le E_2$:

$$\overline{\int\limits_{(\lambda)} \lambda d[m_t^{(\nu)}(E_2,\lambda)-m_t^{(\nu)}(E_1,\lambda)]}=\bar z_\nu^{(g)}(U)$$

für ein U mit $E_1<U\le E_2$. Mit

$$(4.3.15)\qquad \lambda\left(a\cap b_0,\ a\cap b(\sigma^{(e)}(u))\right)=m^{(e)}(u)$$

folgt also aus (4.3.14):

$$(4.3.16)\qquad \overline{Erw_t(\bar z_\nu)}=\int\limits_{(u)} \bar z_\nu^{(g)}(u)dm^{(e)}(u).$$

Der Zeitmittelwert des Erwartungswertes von $\bar{z}_\nu (\nu = 1, 2 \ldots)$ ist also nichts anderes als der Mittelwert der Gleichgewichtswerte $z_\nu^{(g)}(u)$ zu den verschiedenen Energien u. Streut die innere Energie für das Präparierverfahren a wenig, so ist also der Zeitmittelwert des Erwartungswertes von $\bar{z}_\nu$ gleich dem Gleichgewichtswert $\bar{z}_\nu^{(g)}(U)$ mit U als dem Mittelwert der inneren Energie der Systeme aus a. Die linke Seite von (4.3.16) kann also für in der inneren Energie wenig streuende Präparierverfahren a dazu benutzt werden, um $z_\nu^{(g)}(U)$ zu berechnen:

(4.3.17)
$$\bar{z}_\nu^{(g)}(U) = \overline{Erw_t(z_\nu)}$$

mit U als dem Mittelwert der inneren Energie bei *geringer* Streuung der inneren Energie.

Durch die Einbettung in $\mathfrak{PT}_{q\,exp}$ kann man alle diese Formeln mit

$$\lambda(a \cap b_0, a \cap b) = Sp\big(\varphi(a), \psi(b_0, b)\big)$$

nach $\mathfrak{PT}_{q\,exp}$ übertragen. Entscheidend dabei sind die Fragen, ob (4.3.5) zeitlich konstant ist und ob und wie (4.3.8) erfüllt sein kann. Die übrigen Beziehungen wie (4.3.16) oder spezieller (4.3.17) sind eine Folge davon. Trotzdem werden wir aber einige Teilfragen über die Struktur der Zeitmittelwerte von Erwartungswerten allgemeiner untersuchen.

(4.3.3) geht durch die Einbettung über in:

(4.3.18)
$$\lambda\big(a \cap T_t b_0, a \cap T_t b(\sigma^{(e)}(E_2) \setminus \sigma^{(e)}(E_1))\big) =$$
$$= Sp\big(\varphi(a) U_t [F^{(e)}(E_2) - F^{(e)}(E_1)] U_t^+\big),$$

wobei $\{F^{(e)}(\lambda)\}$ die Approximationsobservable zu H ist, d.h. $F^{(e)}(\lambda)$ nach (4.2.9) (α ist fest und wird deshalb nicht notiert!) oder spezieller sogar $F^{(e)}(\lambda) = \Phi(H - \lambda 1)$ nach (4.2.8) gewählt ist. Da die $F^{(e)}(\lambda)$ Funktionen (oder praktisch Funktionen; siehe § 4.2) von H sind und wegen des zeitlich konstanten α U_t die Gestalt (4.1.5) hat, ist die rechte Seite von (4.3.18) zeitlich konstant. Die erste Bedingung der zeitlichen Konstanz von (4.3.5) ist also wegen der Form (4.2.9) der $F^{(e)}(\lambda)$ erfüllt.

Aus (4.3.8) wird auf Grund der Einbettung mit χ nach (4.2.1):

(4.3.19)
$$\overline{Sp\big(\varphi(a) U_t \chi(\sigma^{(g)}) U_t^+\big)} =$$
$$= \xi Sp\big(\varphi(a) [F^{(e)}(E_2) - F^{(e)}(E_1)]\big) \quad \text{mit} \quad |1 - \xi| \ll 1.$$

Die Relation (4.3.19) sollte wenigstens für alle $\varphi(a)$ mit $a \in \mathcal{Q}_m$ ($a \neq \emptyset$) gelten, d.h. für alle *makroskopischen* Präparierverfahren a. Die Forderungen (4.3.8) und damit (4.3.19) sind, wie oben erläutert, schwächer als das »Streben ins

Gleichgewicht«. Da wir noch nichts über $\mathcal{Q}_m$ aussagen können, versuchen wir dadurch von der noch unbekannten Teilmenge

$$\{\varphi(a) \,|\, a \in \mathcal{Q}_m,\ a \neq \emptyset\} \subset K$$

loszukommen, indem wir (4.3.19) (versuchsweise!) verschärfen zu:

$$(4.3.20) \qquad \overline{Sp\left(W U_t \chi(\sigma^{(g)}) U_t^+\right)} = \xi Sp\left(W[F^{(e)}(E_2) - F^{(e)}(E_1)]\right)$$

mit $|1 - \xi| \ll 1$ für *alle* $W \in K$.

Es sei nochmals betont, daß (4.3.20) keine mathematisch »nachprüfbare« Relation ist, da $\chi(\sigma^{(g)})$ nicht vorgegeben ist, weil wir die thermodynamischen Observablen (wenigstens bisher) durch keine näheren Angaben (als die über die innere Energie) gekennzeichnet haben. Es sei nochmals die Definitionsidentität

$$F^{(e)}(E_2) - F^{(e)}(E_1) = \chi\left(\sigma^{(e)}(E_2) \setminus \sigma^{(e)}(E_1)\right)$$

betont. Wegen $\sigma^{(g)} \subset \sigma^{(e)}(E_2) \setminus \sigma^{(e)}(E_1)$ ist also

$$(4.3.21) \qquad \chi(\sigma^{(g)}) \leq F^{(e)}(E_2) - F^{(e)}(E_1),$$

und damit gilt für ξ aus (4.3.20) $0 \leq \xi \leq 1$.

Um die linke Seite von (4.3.20) auszuwerten, ist es notwendig, etwas Genaueres über H zu wissen, d. h. über das Spektrum von H etwas auszusagen. Damit begegnen wir dem ersten, ernsthaft schwierigen mathematischen Problem in $\mathfrak{PT}_{q\,\text{exp}}$, z. B. für den in (1.1) angegebenen Operator das Spektrum anzugeben, oder wenigstens einige Eigenschaften dieses Spektrums zu beweisen. Dieses Lehrbuch kann wegen des beschränkten Raums natürlich keine solchen Sätze und Beweise vorführen. Wenn $U(r)$ in (1.1) kurzreichweitig ist und das von $V(\mathbf{r})$ eingeschlossene Gebiet $\mathscr{V}$ sehr groß gegenüber der Reichweite von $U(r)$ ist (und N nicht unphysikalisch groß relativ zu $\mathscr{V}$ ist), so hat H ein nur diskretes, sehr dicht liegendes Spektrum. Wir machen deshalb, ohne H für alle möglichen Fälle anzugeben, die *Annahme*, daß H ein diskretes, sehr dicht liegendes Spektrum hat. Es gelte also mit den Projektionsoperatoren P_ϱ auf die Eigenräume von H: $H = \sum\limits_\varrho \varepsilon_\varrho P_\varrho$. Daß die ε_ϱ sehr dicht liegen, besagt etwa physikalisch, daß der Abstand $|\varepsilon_\varrho - \varepsilon_{\varrho+1}|$ zweier benachbarter Eigenwerte so klein ist, daß die Zeit $\hbar |\varepsilon_\varrho - \varepsilon_{\varrho+1}|^{-1}$ viele Jahre, ja Millionen Jahre beträgt.

Wenn H ein diskretes Spektrum hat, so ist

$$(4.3.22) \qquad U_t = \sum\limits_\varrho e^{\,i\frac{\varepsilon_\varrho}{\hbar}t} P_\varrho.$$

Zur Berechnung der linken Seite von (4.3.20) betrachten wir allgemein den Ausdruck

$$(4.3.23) \qquad Sp(WU_t FU_t^+) = \sum_{\varrho,\varkappa} e^{\frac{i}{\hbar}(\varepsilon_\varrho - \varepsilon_\varkappa)t} Sp(WP_\chi FP_\varrho)$$

für *beliebige* $W \in K$ und $F \in L$. Wegen

$$\overline{e^{i\omega t}} = \begin{cases} 0 \ \text{für} \ \omega \neq 0 \\[2mm] 1 \ \text{für} \ \omega = 0 \end{cases}$$

folgt:

$$(4.3.24) \qquad \overline{Sp(WU_t FU_t^+)} = \sum_\varrho Sp(P_\varrho WP_\varrho F) = Sp(\bar{W}F)$$

mit

$$(4.3.25) \qquad \bar{W} = \sum_\varrho P_\varrho WP_\varrho .$$

Man sieht sofort $\bar{W} \geq 0$ und $Sp(\bar{W}) = 1$ und damit $\bar{W} \in K$.

In der Formel (4.3.24) kann man den Effekt F auch durch eine Skalen-Observable A ersetzen. Für einen Effekt F ist die linke Seite der zeitliche Mittelwert der Wahrscheinlichkeit von F in der Gesamtheit W, und die rechte Seite die (zeitunabhängige; da $\bar{W}$ mit H vertauschbar ist!) Wahrscheinlichkeit von F in der Gesamtheit $\bar{W}$. Für eine Observable A tritt an die Stelle der Wahrscheinlichkeit von F der Erwartungswert von A.

Für jede Observable A, auch für eine Observable

$$A = \int \lambda dF(\lambda)$$

mit einer verallgemeinerten Spektralschar gilt für den Erwartungswert von A in der Gesamtheit W (siehe XIII, § 5):

$$Erw_t(A) = Sp(WU_t AU_t^+)$$

und damit nach (4.3.24)

$$(4.3.26) \qquad \overline{Erw_t(A)} = Sp(\bar{W}A).$$

Ist A speziell

$$A^{(v)} = \int \lambda dF^{(v)}(\lambda)$$

mit $F^{(v)}(\lambda)$ nach (4.2.4), so wird die linke Seite von (4.3.26) mit der linken Seite von (4.3.16) identisch. Nach der Definition (4.3.15) von $m^{(e)}(u)$ ist mit $W = \varphi(a)$

$$m^{(e)}(u) = Sp(WF^{(e)}(u)).$$

Da $F^{(e)}(u)$ mit H und damit mit den P_ϱ vertauschbar ist, ist

$$Sp\left(WF^{(e)}(u)\right) = Sp\left(WF^{(e)}(u)\sum_v P_v\right) =$$

$$= Sp\left(\sum_v P_v W P_v F^{(e)}(u)\right) = Sp\left(\bar{W}F^{(e)}(u)\right)$$

und somit

$$(4.3.27) \qquad m^{(e)}(u) = Sp\left(\bar{W}F^{(e)}(u)\right).$$

(4.3.16) lautet dann also (mit $A^{(v)}$ nach (4.2.4c)):

$$(4.3.28) \qquad \overline{Erw_t(A^{(v)})} = Sp(\bar{W}A^{(v)}) = \int \bar{z}_v^{(g)}(u)\,dSp\left(\bar{W}F^{(e)}(u)\right).$$

Ist (4.3.20) erfüllt, so auch (4.3.28), wie wir allgemein schon bei dem Nachweis von (4.3.16) gezeigt haben. Wir wollen aber zunächst noch nicht (4.3.20) untersuchen, sondern die Struktur von (4.3.28).

Mit $F^{(e)}(\lambda) = k(H - \lambda 1)$ – siehe (4.2.9) – folgt:

$$Sp\left(\bar{W}F^{(e)}(u)\right) = Sp\left(\bar{W}k(H - u1)\right) =$$

$$= \sum_\varrho Sp(\bar{W}P_\varrho)k(\varepsilon_\varrho - u).$$

Damit erhält man

$$(4.3.29) \qquad \int \bar{z}_v^{(g)}(u)\,dSp\left(\bar{W}F^{(e)}(u)\right) = \sum_\varrho a_v(\varepsilon_\varrho)\,Sp(\bar{W}P_\varrho)$$

mit

$$(4.3.30) \qquad a_v(\varepsilon_\varrho) = \int\limits_{(u)} \bar{z}_v^{(g)}(u)\,dk(\varepsilon_\varrho - u).$$

Da $k(\varepsilon_\varrho - u)$ nur in der Nähe von $u = \varepsilon_\varrho$ echt anwächst und da wegen $k(\varepsilon_\varrho - u) \to 1$ für $u \to \infty$, $k(\varepsilon_\varrho - u) \to 0$ für $u \to -\infty$

$$\int\limits_{(u)} dk(\varepsilon_\varrho - u) = 1$$

ist, gilt praktisch

$$(4.3.31) \qquad a_v(\varepsilon_\varrho) \approx \bar{z}_v^{(g)}(\varepsilon_\varrho).$$

(4.3.28) ist also erfüllt, wenn allgemein für alle Observablen

$$(4.3.32) \qquad \overline{Erw_t(A)} = Sp(\bar{W}A) = \sum_\varrho a(\varepsilon_\varrho)\,Sp(\bar{W}P_\varrho)$$

gilt und speziell für die thermodynamischen Observablen $A^{(v)}$ die Relation (4.3.31) erfüllt ist.

Eine Sorte von Systemen (siehe zur Definition der Sorte XIII, § 6) aus der Quantenmechanik allgemein (also nicht nur für den Fall der Systeme der »gedachten« Theorie $\mathfrak{P}\mathfrak{T}_{q\,\mathrm{exp}}$) heißen *mikroergodisch*, wenn (4.3.32) für alle W und A gilt. Die betrachteten Makrosysteme heißen *thermodynamisch ergodisch*, wenn (4.3.32) wenigstens für die thermodynamischen Observablen $A^{(\nu)}$ gilt.

Wählen wir in (4.3.32) speziell W von der Form, daß mit einem P_μ (als Projektor auf den Eigenraum von H zum Eigenwert ε_μ) die Relation $W = P_\mu W P_\mu$ erfüllt ist, so ist $\bar{W} = W$ und $Sp(\bar{W}P_\varrho) = \delta_{\varrho\mu}$. Aus (4.3.32) folgt dann

$$(4.3.33) \qquad a(\varepsilon_\mu) = Sp(P_\mu W P_\mu A).$$

Die linke Seite hängt nur von ε_μ ab, die rechte Seite aber im allgemeinen noch von der Wahl des W unter der Nebenbedingung $W = P_\mu W P_\mu$. Ist der Eigenwert ε_μ entartet, d.h. ist P_μ mehr als eindimensional, so kann man leicht bei geeignet gewählten A solche W mit $W = P_\mu W P_\mu$ konstruieren, daß die rechte Seite von (4.3.33) verschiedene Werte annimmt. Hat dagegen H ein nicht entartetes Spektrum, so ist nur $W = P_\mu$ mit $P_\mu = P_{\psi_\mu}$ mit ψ_μ als Eigenvektor zu H zum Eigenwert ε_μ möglich. Für ein beliebiges W folgt bei nicht entartetem Spektrum von H:

$$\bar{W} = \sum_\varrho |\langle \psi_\varrho, W\psi_\varrho \rangle|^2 P_{\psi_\varrho}$$

und

$$Sp(\bar{W}P_\varrho) = |\langle \psi_\varrho, W\psi_\varrho \rangle|^2.$$

Damit ist aber (4.3.32) immer mit $a(\varepsilon_\varrho) = \langle \psi_\varrho, A\psi_\varrho \rangle$ erfüllt.

Die Systeme einer Sorte sind also genau dann mikroergodisch, wenn das Spektrum H für diese Sorte nicht entartet ist.

Als Integral der Bewegung bezeichnet man einen selbstadjungierten Operator A, für den (im *Heisenberg*bild; siehe XI, § 4.1) $A_t = U_t A U_t^+$ nicht von der Zeit abhängt; nach XIII, § 4.1 ist damit äquivalent, daß A mit H vertauschbar ist. Dies ist genau dann der Fall, wenn A mit allen P_ϱ vertauschbar ist, d.h. wenn $AP_\varrho = P_\varrho A = P_\varrho A P_\varrho$ ist. Wegen $\sum_\varrho P_\varrho = 1$ ist also A genau dann ein Integral der Bewegung, wenn

$$(4.3.34) \qquad A = \sum_\varrho P_\varrho A P_\varrho$$

gilt.

Jede Funktion f von H hat die Form $\sum_\varrho f(\varepsilon_\varrho) P_\varrho$, und umgekehrt ist jeder Operator $\sum_\varrho \alpha_\varrho P_\varrho$ eine Funktion von H, die durch $\varepsilon_\varrho \to \alpha_\varrho$ definiert ist.

Wenn H entartete Eigenwerte besitzt, so gibt es also noch andere Integrale der Bewegung als nur Funktionen von H (siehe dazu auch die Diskussion in XI, § 5.5).

Die Systeme einer Sorte sind also genau dann mikroergodisch, wenn es keine anderen Integrale der Bewegung als Funktionen von H gibt.

Die durch (4.3.32) ausgedrückte Mikroergodizität von $\mathfrak{PT}_{q\,\exp}$ scheint eine zu harte Forderung, um (4.3.28) für die thermodynamischen Observablen $A^{(v)}$ zu garantieren. Andererseits ist (4.3.32) auch für die $A^{(v)}$ zu weich, um (4.3.31), d. h. um mit (4.3.33)

$$(4.3.35) \qquad \bar{z}_v^{(g)}(\varepsilon_\varrho) = Sp(P_\varrho A^{(v)}) = \langle \psi_\varrho, A^{(v)} \psi_\varrho \rangle$$

zu garantieren. Denn auch wenn aus $\mathfrak{PT}_{q\,\exp}$ ein mikroergodisches Verhalten der Systeme folgt, wird z. B. für eine Entscheidungsobservable A die Streuung von A in der Gesamtheit $W = P_{\psi_\varrho}$ im allgemeinen nicht sehr klein sein.

Mikroergodizität der Systeme aus $\mathfrak{PT}_{q\,\exp}$ garantiert also noch nicht, daß es so etwas wie ein thermostatisches Gleichgewicht gibt. Mikroergodizität garantiert, daß Zeitmittelwerte von Erwartungswerten *nur* von der Verteilung der Energie in der Gesamtheit abhängen. Dies mußte hier betont werden, da manchmal so getan wird, als ob das mikroergodische Verhalten ausreicht, um die Thermostatik zu »begründen«.

Es bleibt also *das zentrale Problem*, die Möglichkeit von (4.3.20) in $\mathfrak{PT}_{q\,\exp}$ zu erörtern.

Zusammen mit (4.3.24) lautet (4.3.20) also (da $F^{(e)}(\lambda)$ mit H vertauschbar ist!)

$$(4.3.36) \qquad Sp(\bar{W}\chi(\sigma^{(g)})) = \xi\, Sp(\bar{W}[F^{(e)}(E_2) - F^{(e)}(E_1)]) \quad \text{mit } 1 - \xi \ll 1.$$

Wir setzen jetzt nicht voraus, daß die Eigenwerte von H nicht entartet sind. Da $\bar{W}$ mit H vertauschbar ist, ist es auch mit den $F^{(e)}(\lambda)$ vertauschbar, da wir nach (4.2.9)

$$F^{(e)}(\lambda) = k(H - \lambda 1)$$

vorausgesetzt haben.

Es gibt daher ein gemeinsames Eigenvektorensystem ψ_ϱ von H, $\bar{W}$ und allen $F^{(e)}(\lambda)$:

$$H\psi_\varrho = \varepsilon_\varrho \psi_\varrho,$$

$$\bar{W}\psi_\varrho = w_\varrho \psi_\varrho,$$

$$F^{(e)}(\lambda)\psi_\varrho = k(\varepsilon_\varrho - \lambda)\psi_\varrho.$$

Bei dieser Numerierung der Eigenwerte von H muß nicht mehr $\varepsilon_\varrho \neq \varepsilon_{\varrho'}$ für $\varrho \neq \varrho'$ gelten! Da wir $\bar{W}$ beliebig wählen können, können als ψ_ϱ *alle* möglichen Orthogonalsysteme von Eigenvektoren von H auftreten!

(4.3.36) lautet dann mit $1 - \zeta = \eta \ll 1$:

$$(4.3.37) \quad \begin{aligned} \sum_\varrho w_\varrho [k(\varepsilon_\varrho - E_2) - k(\varepsilon_\varrho - E_1) - \langle \psi_\varrho, \chi(\sigma^{(g)}) \psi_\varrho \rangle] = \\ = \eta \sum_\varrho w_\varrho [k(\varepsilon_\varrho - E_2) - k(\varepsilon_\varrho - E_1)]. \end{aligned}$$

Wegen $\chi(\sigma^{(g)}) \leq F^{(e)}(E_2) - F^{(e)}(E_1)$ ist die eckige Klammer in (4.3.37) nicht negativ.

Da (4.3.37) für alle $\overline{W}$ gelten soll, können die $w_\varrho > 0$ mit $\sum_\varrho w_\varrho = 1$ beliebig gewählt werden, also auch z. B. nur eines der $w_\varrho = 1$. Also ist die Gültigkeit von (4.3.37) für alle $\overline{W}$ wegen $\sum_\varrho w_\varrho = 1$ *äquivalent* damit, daß mit $\eta \ll 1$

$$(4.3.38) \quad \begin{aligned} k(\varepsilon_\varrho - E_2) - k(\varepsilon_\varrho - E_1) - \langle \psi_\varrho, \chi(\sigma^{(g)}) \psi_\varrho \rangle = \\ = \eta [k(\varepsilon_\varrho - E_2) - k(\varepsilon_\varrho - E_1)] \end{aligned}$$

für alle möglichen Eigenvektoren ψ_ϱ von H gilt.

Um die Forderung der Relation (4.3.38) richtig zu beurteilen, sei daran erinnert, daß $\sigma^{(g)}$ ein Teilintervall von $E_1 < U \leq E_2$ ist, in dem nach (4.3.3) die Gleichgewichtswerte liegen. Damit (4.3.38) gilt, muß nach endlicher Zeit jede Trajektorie sich soweit den Gleichgewichtspunkten genähert haben, daß sie in $\sigma^{(g)}$ eingelaufen ist. Dies gilt nur, wenn die Randpunkte η_v, ϱ_v aus (4.3.3) nicht »zu nahe« an $\bar{z}_v^{(g)}(U)$ herankommen. Es ist also die Gültigkeit von (4.3.38) nicht für »beliebig kleine« $|\varrho_v - \eta_v|$ zu erwarten; $\sigma^{(g)}$ darf eine gewisse endliche Größe um die Gleichgewichtspunkte herum nicht unterschreiten, damit (4.3.38) erfüllt ist. Diese Nebenbedingung zu (4.3.38), daß $\sigma^{(g)}$ als »Unterzelle« des Energieintervalls $E_1 < U \leq E_2$ nicht zu schmal um die Gleichgewichtswerte $\bar{z}_v^{(g)}(U)$ herum gewählt wird, ist mathematisch unschön; aber wir wollen hier nicht versuchen, eine elegantere Formulierung zu finden, da die Bedingung (4.3.38) am klarsten zeigt, worauf es ankommt. Und es ist ganz entscheidend wichtig, sich die durch (4.3.38) charakterisierte Struktur der thermodynamischen Observablen klar zu machen, denn nur so kann man die Methoden der sogenannten »statistischen Mechanik des Gleichgewichts« verstehen, auch wenn man nicht alle Aussagen im Einzelfall mathematisch beweisen kann. Im Augenblick ist (4.3.38) keine zu beweisende Relation, da wir ja gar keine Angaben über die Wahl von $\chi(\sigma^{(g)})$ eingeführt haben. (4.3.38) ist vielmehr eine Folge der Einbettung von $\mathfrak{PT}_{th}$ in $\mathfrak{PT}_{q\,exp}$; d. h. nur wenn (4.3.38) gilt, können makroskopische »Gleichgewichtszustände« der Systeme im Einklang mit $\mathfrak{PT}_{q\,exp}$ sein.

Summiert man (4.3.38) über ϱ, so folgt:

$$\sum_{\varrho} \left[k(\varepsilon_{\varrho} - E_2) - k(\varepsilon_{\varrho} - E_1) \right] - Sp\big(\chi(\sigma^{(g)})\big)$$
$$= \eta \sum_{\varrho} \left[k(\varepsilon_{\varrho} - E_2) - k(\varepsilon_{\varrho} - E_1) \right].$$

Da $F^{(e)}(\lambda) = k(H - \lambda 1)$ ist, ist

$$\sum_{\varrho} \left[k(\varepsilon_{\varrho} - E_2) - k(\varepsilon_{\varrho} - E_1) \right] = Sp\big(F^{(e)}(E_2) - F^{(e)}(E_1)\big).$$

Also folgt aus (4.3.38) wegen $\eta \ll 1$:

$$(4.3.39) \qquad 1 - \frac{Sp\big(\chi(\sigma^{(g)})\big)}{Sp\big(F^{(e)}(E_2) - F^{(e)}(E_1)\big)} \ll 1.$$

(4.3.39) ist die grundlegende Relation der »Statistischen Mechanik der Gleichgewichte«. Wir werden sehen, daß sie ausreichend ist, um die weiteren Gesetze der Thermostatik zu begründen. (4.3.39) reicht dagegen noch nicht aus, um (4.3.38) herzuleiten; d.h. das Streben ins Gleichgewicht oder die schwächere Aussage (4.3.8) sind noch nicht durch (4.3.39) begründet. Es ist aber plausibel, daß man mit (4.3.39) auskommt, wenn man nur das Gleichgewicht beschreiben will.

Wenn das Intervall $E_1 < \cdots \le E_2$ wesentlich größer als der »Fehler« δ zwischen U und den Eigenwerten ε_{ϱ} von H ist, so ist mit $D(\lambda)$ als Spektralschar von H:

$$Sp\big(F^{(e)}(E_2) - F^{(e)}(E_1)\big) \approx Sp\big(D(E_2) - D(E_1)\big)$$
$$= \text{Dimension des Projektors } [D(E_2) - D(E_1)].$$

Ist $\chi(\sigma^{(g)})$ auch (näherungsweise) ein Projektor, so ist wegen $\chi(\sigma^{(g)}) \le [D(E_2) - D(E_1)]$ der zu $\chi(\sigma^{(g)})$ gehörige Projektionsraum ein Teilraum des zu $D(E_2) - D(E_1)$ gehörigen Projektionsraums. (4.3.39) besagt dann, daß der zu $\chi(\sigma^{(g)})$ gehörige Projektionsraum »fast den ganzen« (im Sinne der Dimension) zu $D(E_2) - D(E_1)$ gehörigen Raum ausfüllt.

Es liegt daher nahe auf Grund der Einbettung in $\mathfrak{P}\mathfrak{T}_{q\,\mathrm{exp}}$ folgende Volumenmessung im Zustandsraum $\bar{Z}$ einzuführen:

Für $\sigma \in \Sigma$ wird das Volumen $v(\sigma)$ durch

$$(4.3.40) \qquad v(\sigma) = Sp\big(\chi(\sigma)\big)$$

mit χ nach (4.2.1) definiert.

Man sieht leicht, daß v ein additives Maß über Σ ist, wobei es allerdings solche Elemente $\sigma \in \Sigma$ geben kann, für die $v(\sigma) = +\infty$ ist.

Mit $\sigma^{(e)}(E_2) \setminus \sigma^{(e)}(E_1)$ als dem Energieintervall $E_1 < U \le E_2$ besagt dann (4.3.39), daß für die Teilmenge $\sigma^{(g)} \subset \sigma^{(e)}(E_2) \setminus \sigma^{(e)}(E_1)$ das Volumen von $\sigma^{(g)}$ fast gleich dem Volumen der ganzen Menge $\sigma^{(e)}(E_2) \setminus \sigma^{(e)}(E_1)$ ist, genauer:

$$(4.3.41) \qquad 1 - \frac{v(\sigma^{(g)})}{v\big(\sigma^{(e)}(E_2)\setminus\sigma^{(e)}(E_1)\big)} \ll 1.$$

(4.3.38) geht über (4.3.39) hinaus. Wir wollen hier nicht im Einzelnen diskutieren, wie das Orthogonalsystem der Eigenvektoren ψ_ϱ von H relativ zum Operator $\chi(\sigma^{(g)})$ liegen muß, damit (4.3.38) bei Voraussetzung von (4.3.39) erfüllt sein kann! (4.3.38) kann erfüllt sein, wenn die Eigenwerte von H nur »sehr schwach« entartet sind und wenn $\chi(\sigma^{(g)})$ »ganz schief« relativ zu dem Orthogonalsystem der ψ_ϱ liegt; denn je genauer für einige ψ_ϱ der Faktor η in (4.3.38) gleich Null wird, umso größer wird der Faktor für andere ψ_ϱ. Möglichst alle ψ_ϱ müssen also etwa gleich große Abweichungen η haben (siehe dazu genauer A XI).

Wir führen noch folgende Definition ein:
Die Systeme aus $\mathfrak{PT}_{q\,\mathrm{exp}}$ heißen *stark thermodynamisch ergodisch*, wenn (4.3.38) erfüllt ist.

§ 4.4 Die Entropie

Im Raum $\bar{Z}$ läßt sich eine eng mit der Volumendefinition (4.3.40) zusammenhängende Funktion definieren. Um besser zu verstehen, wie wir zu dieser Definition kommen, betrachten wir $F^{(e)}(\lambda)$ nach (4.2.8).

Wir wollen das Volumen $v(\sigma)$ für σ als Intervall $E_1 < U \leq E_2$ untersuchen, wenn wir die Breite des Intervalls gegen Null gehen lassen. Deshalb betrachten wir

$$F^{(e)}(\lambda+\Delta) - F^{(e)}(\lambda-\Delta) = \sum_\varrho \left[\Phi(\varepsilon_\varrho - \lambda - \Delta) - \Phi(\varepsilon_\varrho - \lambda + \Delta)\right] P_\varrho.$$

Für kleine Δ ist

$$\Phi(\varepsilon_\varrho - \lambda - \Delta) - \Phi(\varepsilon_\varrho - \lambda + \Delta) \approx -2\Delta\Phi'(\varepsilon_\varrho - \lambda) = \frac{2\Delta}{\delta\sqrt{\pi}}\, \mathrm{e}^{-\frac{(\varepsilon_\varrho - \lambda)^2}{\delta^2}}.$$

Daraus folgt für kleine Δ:

$$Sp\left(F^{(e)}(\lambda+\Delta) - F^{(e)}(\lambda-\Delta)\right) = \frac{2\Delta}{\delta\sqrt{\pi}} \sum_\varrho \mathrm{e}^{-\frac{(\varepsilon_\varrho - \lambda)^2}{\delta^2}}$$

d.h. das Volumen des Intervalls $\lambda - \Delta < U \leq \lambda + \Delta$ geht mit Δ gegen Null. Ebenso geht mit Δ gegen Null:

$$\left\| F^{(e)}(\lambda+\Delta) - F^{(e)}(\lambda-\Delta)\right\| = \max_\varrho \left[\frac{2\Delta}{\delta\sqrt{\pi}}\, \mathrm{e}^{-\frac{(\varepsilon_\varrho - \lambda)^2}{\delta^2}}\right]$$

Wir nehmen nun an, daß δ wesentlich größer als der Abstand benachbarter ε_ϱ ist (was eben eine Aussage darüber darstellt, mit welcher thermodynamischen Approximation H meßbar ist!), so wird

$$\left\|F^{(e)}(\lambda+\delta)-F^{(e)}(\lambda-\delta)\right\|=\frac{2\varDelta}{\delta\sqrt{\pi}}.$$

Daraus folgt, daß

$$(4.4.1)\qquad \frac{Sp\left(F^{(e)}(\lambda+\varDelta)-F^{(e)}(\lambda-\varDelta)\right)}{\left\|F^{(e)}(\lambda+\varDelta)-F^{(e)}(\lambda-\varDelta)\right\|}=\sum_\varrho e^{-\frac{(\varepsilon_\varrho-\lambda)^2}{\delta^2}}$$

für kleine $\varDelta$ unabhängig von $\varDelta$ wird!

Da δ wesentlich größer als der Abstand benachbarter ε_ϱ ist, ändert sich die e-Funktion auf der rechten Seite von (4.4.1) nur langsam, wenn man von einem ε_ϱ zu einem benachbarten übergeht. Wir definieren dann eine »Dichte« $n(\mu)$ durch

$$(4.4.2)\qquad n(\mu)\,(\mu_2-\mu_1)=Sp\left(D(\mu_2)-D(\mu_1)\right)$$

mit $D(\mu)$ als Spektralschar von H und mit μ als einem Zwischenwert aus dem Intervall $\mu_1<\cdots\leq\mu_2$. Auf der rechten Seite von (4.4.2) steht die Zahl der ε_ϱ mit $\mu_1<\varepsilon_\varrho\leq\mu_2$ (wobei jeder Eigenwert so oft vorkommt, wie er entartet ist; siehe oben vor (4.3.37)). Das Intervall $\mu_1<\cdots\leq\mu_2$ darf in (4.4.2) nicht zu groß und nicht zu klein gewählt werden.

Mit (4.4.2) wird

$$\sum_\varrho e^{-\frac{(\varepsilon_\varrho-\lambda)^2}{\delta^2}}=\int n(\mu)\,e^{-\frac{(\mu-\lambda)^2}{\delta^2}}\,d\mu.$$

Auf der rechten Seite ziehen wir einen Mittelwert von $n(\mu)$ aus dem Integral heraus, für den in guter Näherung $n(\lambda)$ gesetzt werden kann, falls sich $n(\mu)$ in einem Intervall der Breite δ praktisch nur linear ändert:

$$\sum_\varrho e^{-\frac{(\varepsilon_\varrho-\lambda)^2}{\delta^2}}=n(\lambda)\int e^{-\frac{(\mu-\lambda)^2}{\delta^2}}\,d\mu=n(\lambda)\delta\sqrt{\pi}.$$

Damit erhalten wir aus (4.4.1)

$$(4.4.3)\qquad \frac{Sp\left(F^{(e)}(\lambda+\varDelta)-F^{(e)}(\lambda-\varDelta)\right)}{\left\|F^{(e)}(\lambda+\varDelta)-F^{(e)}(\lambda-\varDelta)\right\|}\xrightarrow{\varDelta\to0}n(\lambda)\delta\sqrt{\pi}.$$

Die rechte Seite ist nichts anderes als die Zahl der Energiewerte ε_ϱ in einem Intervall $\lambda-\frac{1}{2}\delta\sqrt{\pi}$ bis $\lambda+\frac{1}{2}\delta\sqrt{\pi}$, d.h. gleich

$$Sp\left(D(\lambda+\tfrac{1}{2}\delta\sqrt{\pi}\,)-D(\lambda-\tfrac{1}{2}\delta\sqrt{\pi}\,)\right).$$

Ist Δ nicht zu klein, d. h. merklich größer als δ, so ist $\|F^{(e)}(\lambda+\Delta)-F^{(e)}(\lambda-\Delta)\|$ ≈ 1, wie aus den Eigenschaften der Funktion Φ hervorgeht. Ist Δ merklich größer als δ, aber nur ein geringes Vielfaches von δ, so ist die linke Seite von (4.4.3) nur ein geringes Vielfaches der rechten. Da $n(\lambda)\delta\sqrt{\pi}$ wegen der Breite δ eine »sehr große« Zahl ist, gilt dann

$$(4.4.4) \qquad Sp\left(F^{(e)}(\lambda+\Delta)-F^{(e)}(\lambda-\Delta)\right)=v\,n(\lambda)\delta\sqrt{\pi}$$

mit einer Zahl v der Größenordnung 1 bis 10.

Wir definieren nun allgemein mit $F^{(e)}(\lambda;\alpha)=k\,(H(\alpha)-\lambda\mathbf{1})$ nach (4.2.9) folgende Funktion der inneren Energie und der Parameter α (die Parameter α werden ab jetzt wieder mit aufgeführt!):

$$(4.4.5) \qquad S_{st}(U,\alpha)=\log\left[\lim_{\Delta\to 0}\frac{Sp\left(F^{(e)}(U+\Delta;\alpha)-F^{(e)}(U-\Delta;\alpha)\right)}{\|F^{(e)}(U+\Delta;\alpha)-F^{(e)}(U-\Delta;\alpha)\|}\right].$$

Wegen $\log v \ll \log\left[n(\lambda;\alpha)\delta\sqrt{\pi}\,\right]$ gilt praktisch auch

$$(4.4.5a) \qquad S_{st}(U;\alpha)=\log Sp\left(F^{(e)}(U+\Delta;\alpha)-F^{(e)}(U-\Delta;\alpha)\right)$$

für ein Δ, das etwas größer als der sogenannte »makroskopische Fehler« der Messung von H ist.

Die durch (4.4.5) definierte Funktion heißt die *statische Entropie*.

Wir sehen, daß diese statische Entropie wesentlich von der thermodynamischen Observablen $\{F^{(e)}(\lambda;\alpha)\}$ der inneren Energie abhängt. Andererseits geht von dieser Observablen nach (4.4.3) neben der Termdichte $n(\lambda;\alpha)$ von $H(\alpha)$ nur die »Größenordnung« von δ ein, da Änderungen von δ um Faktoren v mit $\log v \ll \log\left[n(\lambda;\alpha)\delta\sqrt{\pi}\,\right]$ keine Rolle spielen.

Ob die so eingeführte Entropie etwas mit der in XIV, § 1.4 eingeführten Entropie zu tun hat, wissen wir noch nicht. Eine Identifizierung beider Größen wäre voreilig.

Die spezielle Definition (4.4.5) legt es nahe, allgemein für einen Punkt $\bar{z}\in\bar{Z}$

$$(4.4.6) \qquad S_{th}(\bar{z})=\log\left[\lim_{\sigma\to\bar{z}}\frac{Sp\left(\chi(\sigma)\right)}{\|\chi(\sigma)\|}\right]$$

zu definieren, wobei $\sigma\to\bar{z}$ bedeutet, daß sich das Intervall σ um den Punkt $\bar{z}$ herum (mit jedem seiner Parameter $\bar{z}_v$) auf $\bar{z}$ zusammenzieht. Wir setzen voraus, daß der lim in (4.4.6) eindeutig existiert. Wir erwarten auch, daß für nicht zu kleine und nicht zu große Intervalle um $\bar{z}$ (siehe die obigen Betrachtungen im Falle der Intervalle $\lambda-\Delta < U \leq \lambda+\Delta$) praktisch

$$(4.4.6a) \qquad S_{th}(\bar{z})=\log Sp\left(\chi(\sigma)\right)$$

ist. Aus der Relation (4.3.39) folgt dann

$$(4.4.7) \qquad S_{th}\big(\bar{z}^{(g)}(U,\alpha)\big) \approx S_{st}(U,\alpha),$$

wobei das Zeichen $\approx$ so gut wie ein Gleichheitszeichen ist, da der Übergang zum log auch die kleinen Unterschiede zwischen $Sp\big(\chi(\sigma^{(g)})\big)$ und $Sp\big(F^{(e)}(E_2) - F^{(e)}(E_1)\big)$ praktisch zum Verschwinden bringt, da $Sp\big(\chi(\sigma^{(g)})\big)$ eine sehr große Zahl ist.

Die durch (4.4.6) definierte Funktion heißt die thermodynamische Entropie. (4.4.7) zeigt, daß die thermodynamische Entropie im Gleichgewichtszustand gleich der statischen Entropie für die zum Gleichgewichtszustand gehörige innere Energie ist.

(4.3.39) zusammen mit (4.4.6) und (4.3.21) zeigt, daß der Gleichgewichtspunkt $\bar{z}^{(g)}(U,\alpha)$ die Stelle des Maximums von $S_{th}(\bar{z})$ unter der Nebenbedingung $U(\alpha,\bar{z})=$ const ist. Die Breite dieses Maximums ist gegeben durch ein $\sigma^{(g)}$, das gerade breit genug ist, damit $\|\chi(\sigma^{(g)})\|$ etwa $\|F^{(e)}(E_2) - F^{(e)}(E_1)\|$ wird.

Wenn man voraussetzt, daß die Parameter $\bar{z}_\mu$ so wählbar sind, daß U und S_{th} zu differenzierbaren Funktionen werden, so lautet die Bedingung für das Maximum von S_{th} unter der Nebenbedingung $U=$ const:

$$(4.4.8) \qquad \left[\frac{\partial S_{th}(\bar{z})}{\partial \bar{z}_\mu} - \lambda\, \frac{\partial U(\alpha,\bar{z})}{\partial \bar{z}_\mu} \right]_{\bar{z}=\bar{z}^{(g)}} = 0$$

für $\mu=0,1,2,\dots$. λ ist hierbei ein *Lagrange*scher Parameter. Aus den Gleichungen (4.4.8) und

$$U(\alpha;\bar{z}) = U$$

können dann die $\bar{z}_\mu^{(g)}$ als Funktionen von U und α berechnet werden: $\bar{z}^{(g)}(U,\alpha)$.

Statt einen *Lagrange*schen Parameter λ zu benutzen, kann man auch eine der Variablen $\bar{z}_\mu$ durch U eliminieren, so wie wir schon oben vor Formel (4.3.2) z. B. $\bar{z}_0$ durch U ersetzten. Dann wird $S_{th}(\bar{z}_0,\bar{z}_1,\dots) = \tilde{S}_{th}(U,\bar{z}_1,\dots,\alpha)$. Die Bedingung für die Stelle $\bar{z}_\mu^{(g)}$ ($\mu=1,2,\dots$) des Maximums bei festem U lautet dann statt (4.4.8):

$$(4.4.9) \qquad \left[\frac{\partial \tilde{S}_{th}}{\partial \bar{z}_\mu} \right]_{\bar{z}=\bar{z}^{(g)}} = 0 \quad \text{für} \quad \mu=1,2,\dots.$$

Dann läßt sich auch sofort als Bedingung dafür, daß wirklich ein Maximum (und nicht nur irgendein »Extremalpunkt«) vorliegt,

$$(4.4.10) \qquad \left[\frac{\partial^2 \tilde{S}_{th}}{\partial \bar{z}_\mu^2} \right]_{\bar{z}=\bar{z}^{(g)}} < 0$$

hinschreiben.

Es gibt Methoden (siehe z. B. [13]), die (4.4.8) bzw. (4.4.9) benutzen, um die Stelle $\bar{z}^{(g)}$ des Gleichgewichts zu berechnen. Um diese Methoden anzuwenden, muß man die thermodynamischen Observablen, d. h. den Zustandsraum $\bar{Z}$ kennen. In § 10.2 werden wir für ein verdünntes Gas den Zustandsraum $\bar{Z}$ angeben und am Ende von § 10.4 den Gleichgewichtszustand nach dieser Methode des Maximums der Entropie berechnen. Will man *nur* das Gleichgewicht untersuchen, so kann man andere Methoden anwenden (siehe § 6), bei denen man nicht näher auf Nichtgleichgewichtszustände einzugehen braucht.

Zum Vergleich mit anderer Literatur sei hier darauf hingewiesen, daß man oft $Sp(\chi(\sigma))$ in (4.4.6a) als »thermodynamische Wahrscheinlichkeit w« bezeichnet und (4.4.6a) in der Form $S = \log w$ schreibt. Daneben wird für $w = Sp(\chi(\sigma))$ auch das Wort »a priori Wahrscheinlichkeit« benutzt. Wir haben hier alle diese Bezeichnungsweisen vermieden, da das Wort »Wahrscheinlichkeit« in diesem Zusammenhang leicht zu Mißverständnissen führen kann. Wir haben in diesem ganzen Buch (angefangen von VI, § 5.7 über XI bis zu der allgemeinsten Einführung des Begriffs Wahrscheinlichkeit in XIII, § 1.2 und seiner auf dieser Einführung basierenden Anwendung dieses Begriffes hier in XV und XVI hin) immer Wahrscheinlichkeit als mathematisches Bild experimenteller Häufigkeiten benutzt (siehe dazu nochmals XVIII). $w = Sp(\chi(\sigma))$ ist aber kein Maß für experimentelle Häufigkeiten, sondern ein Maß für den Zusammenhang zwischen thermodynamischer Messung und durch die Einbettung $\sigma \to \chi(\sigma)$ in $\mathfrak{P}\mathfrak{T}_{q\,\mathrm{exp}}$ zugehöriger »Dimension« $Sp(\chi(\sigma))$ des σ zugeordneten Teilraums des Hilbertraums. Es gibt keine Gesamtheit W, so daß $Sp(W\chi(\sigma))$ proportional $w = Sp(\chi(\sigma))$ für *alle* $\chi(\sigma)$ werden könnte, denn dann müßte $W = 1$ sein, was mit $Sp(W) = 1$ im Widerspruch steht.

Die Begründung von (4.4.8), d. h. die Begründung dafür, daß die Stelle $\bar{z}^{(g)}$ des Gleichgewichts die Stelle »maximaler thermodynamischer Wahrscheinlichkeit w« ist, hat überhaupt nichts mit Wahrscheinlichkeit zu tun, sondern mit dem stark thermodynamisch ergodischen Verhalten der Systeme (siehe Ende § 4.3). Gerade aber das Wort »Wahrscheinlichkeit« für $w = Sp(\chi(\sigma))$ kann leicht zu der Fehlvorstellung führen, als ob »sich das Gleichgewicht einstellen *müsse*, weil es eben sehr wahrscheinlich sei, daß sich der wahrscheinlichste Zustand einstellt«. Ein solches Scheinargument vertuscht das eigentlich physikalische Problem, das wir oben in § 4.3 unter dem Gesichtspunkt des ergodischen Verhaltens diskutiert haben und in § 10 schließlich unter dem des Strebens ins Gleichgewicht betrachten werden.

§ 4.5. Das Modell $\mathfrak{PT}_{k\,\mathrm{exp}}$

Wir haben die Überlegungen der vorigen §§ 4.1 bis 4.4 für den Fall der Einbettung in $\mathfrak{PT}_{q\,\mathrm{exp}}$ durchgeführt. Tatsächlich aber werden oft nicht nur manche Rechnungen, sondern auch allgemeinere Deduktionen für den Fall einer Einbettung in $\mathfrak{PT}_{k\,\mathrm{exp}}$ durchgeführt. Wir haben einige grundsätzliche Überlegungen schon in dieser Richtung in § 1 und 2 skizziert.

Ist es aber nach Kenntnis der Quantenmechanik nicht ein Unding, $\mathfrak{PT}_{k\,\mathrm{exp}}$ zu betrachten? Denn $\mathfrak{PT}_{k\,\mathrm{exp}}$ ist ja für Atome keine Näherung von $\mathfrak{PT}_{q\,\mathrm{exp}}$. Tatsächlich ist $\mathfrak{PT}_{k\,\mathrm{exp}}$ nicht in jeder Beziehung eine Näherung an $\mathfrak{PT}_{q\,\mathrm{exp}}$, wenn die in $\mathfrak{PT}_{k\,\mathrm{exp}}$ und $\mathfrak{PT}_{q\,\mathrm{exp}}$ vorkommenden gedachten Meßmöglichkeiten auch physikalisch möglich wären. Aber gerade durch die Einbettung in $\mathfrak{PT}_{q\,\mathrm{exp}}$ wird ja ein Bereich der Theorie $\mathfrak{PT}_{q\,\mathrm{exp}}$ ausgewählt, der allein physikalische Wirklichkeiten beschreiben soll. Schränkt man nun noch diesen Bereich ein auf nicht zu tiefe innere Energien, nicht zu große Dichten, oder gar unter diesen Bedingungen noch auf die Thermostatik, so kann es sehr wohl sein, daß für diese Einschränkungen die Einbettung in $\mathfrak{PT}_{k\,\mathrm{exp}}$ eine Näherung für die Einbettung in $\mathfrak{PT}_{q\,\mathrm{exp}}$ sein kann. Wenn man sich dies vor Augen hält, erscheint es nicht mehr so merkwürdig, daß man über eine Einbettung in $\mathfrak{PT}_{k\,\mathrm{exp}}$ für gewisse Fälle *sehr gute* Resultate erhalten kann! Natürlich ist es schwer, die Güte solcher Näherungen theoretisch nachzuweisen; wir werden dies daher in diesem Buch gar nicht erst versuchen, sondern von der Erfahrung her darauf hinweisen, ob die mit $\mathfrak{PT}_{k\,\mathrm{exp}}$ erhaltenen Resultate brauchbar sind (siehe dazu auch das analoge Vorgehen bei Näherungstheorien im Falle der Chemie und Kernpysik; XIII, §§ 8.5 und 11).

Bei der Einbettung in $\mathfrak{PT}_{k\,\mathrm{exp}}$ wäre es im Prinzip möglich, die Trajektorien in $\mathfrak{PT}_{th}$ direkt auf Trajektorien in $\mathfrak{PT}_{k\,\mathrm{exp}}$ abzubilden, so wie es beispielhaft in (2.2) angedeutet ist. Die Betrachtung von Einzeltrajektorien in $\mathfrak{PT}_{k\,\mathrm{exp}}$ hat sich als sehr unpraktisch erwiesen, da es im Prinzip Ausnahmetrajektorien (gegenüber der Menge fast aller Trajektorien) geben kann, die sich restlos anders verhalten, so daß eine Einbettung auf solche Ausnahmetrajektorien nicht möglich ist. Auf dem Hintergrund, daß $\mathfrak{PT}_{q\,\mathrm{exp}}$ die bessere Theorie als $\mathfrak{PT}_{k\,\mathrm{exp}}$ für eine Einbettung ist und daß $\mathfrak{PT}_{q\,\mathrm{exp}}$ Einzeltrajektorien nicht kennt, erscheinen solche Ausnahmetrajektorien auch physikalisch sinnlos. Man umgeht diese Schwierigkeit der Ausnahmetrajektorien, wenn man gleich die statistische Beschreibung in $\mathfrak{PT}_{k\,\mathrm{exp}}$ benutzt. Dann ist es aber leicht, die Überlegungen aus § 4.1 bis 4.4 auf den Fall der Einbettung in $\mathfrak{PT}_{k\,\mathrm{exp}}$ zu übertragen. Es ist dabei nur die Menge der Gesamtheiten K durch die Menge K_k der Dichten $\varrho(p_1,\ldots)$ im Γ-Raum mit $\varrho(\ldots)\geq 0$, $\int \varrho(p_1,\ldots)\,dp_1\ldots=1$ und die Menge der Effekte L durch die Menge L_k aller $f(p_1,\ldots)$ mit $0\leq f(\ldots)\leq 1$ zu ersetzen.

Da wir in § 4.1 bis 4.4 alle grundsätzlichen physikalischen Probleme der

Einbettung ausführlich diskutiert haben, brauchen wir praktisch nur die analogen Formeln für $\mathfrak{PT}_{k\,\mathrm{exp}}$ statt $\mathfrak{PT}_{q\,\mathrm{exp}}$ zu notieren. Es sei dem Leser überlassen, alle Überlegungen noch einmal für den Fall der Einbettung in $\mathfrak{PT}_{k\,\mathrm{exp}}$ zu wiederholen, was eine gute Übung für das Verständnis ist.

Mit φ als Abbildung in K_k und ψ als Abbildung in L_k ist (4.1.3) zu ersetzen durch:

$$(4.5.1) \qquad \int \varphi(a)\psi(T_t b_0, T_t b)\,dp_1\ldots \approx \int L_t\varphi(a)\psi(b_0,b)\,dp_1\ldots,$$

wobei L_t der sogenannte *Liouville*-Operator ist. Dieser ist definiert durch

$$\varrho(p_i,q_i,t)=L_t\varrho(p_i,q_i,0),$$

wobei $\varrho(p_i,q_i,t)$ die Lösung der *Liouvillr*gleichung VI (5.7.16) zum Anfangswert $\varrho(p_i,q_i,0)$ zur Zeit $t=0$ ist, oder (dazu äquivalent) $\varrho(p_i,q_i,t)$ aus VI (5.7.15) mit $t_0=0$ folgt.

Man könnte in (4.5.1) auch leicht die Zeitveränderlichkeit von $\varphi(a)$ auf $\psi(b_0,b)=f(p_1,\ldots)$ herüberschieben; ein so zeitveränderliches $f(p_i,q_i,t)$ wäre dann Lösung der Gleichung

$$\frac{\partial f}{\partial t}=(H,f)$$

mit (H,f) als *Poisson*klammer; siehe VI (5.7.1). Die Zeitveränderlichkeit auf $\psi(b_0,b)$ herübergeschoben würde dann eine noch größere Ähnlichkeit zu (4.1.3) haben.

Die in § 4.2 durchgeführten Überlegungen zur Observablen $\Sigma\xrightarrow{\chi}L$ können unmittelbar übertragen werden, wenn man L durch L_k ersetzt (man diskutiere die physikalische Bedeutung und zeige insbesondere auf Grund der »allgemeinen« Definition 4.4 aus XIII, § 4, daß die Menge G_k der Entscheidungseffekte die Menge aller derjenigen Funktionen $f(p_1,\ldots)$ ist, die nur die Werte 0 und 1 annehmen).

Wir können uns also darauf beschränken, die wichtigsten Formeln aus § 4.3 umzuschreiben:

(4.3.20) geht über in

$$(4.5.2) \qquad \overline{\begin{aligned}&\int L_t\varrho(p_1,\ldots)\chi(\sigma^{(g)})(p_1,\ldots)\,dp_1\ldots\\ &=\xi\int\varrho(p_1,\ldots)\,[F^{(e)}(E_2;p_1,\ldots)-F^{(e)}(E_1;p_1,\ldots)]\,dp_1\ldots\end{aligned}}$$

mit $|1-\xi|\ll 1$.

Neu gegenüber § 4.3 stellt sich das Problem, folgenden Zeitmittelwert für beliebige $A(p_1,\ldots)$ zu berechnen:

$$(4.5.3) \qquad \overline{\int L_t\varrho(p_1,\ldots)A(p_1,\ldots)\,dp_1\ldots}=\int\bar\varrho(p_1,\ldots)A(p_1,\ldots)\,dp_1\ldots.$$

$\bar{\varrho}$ muß eine Dichteverteilung sein, die zeitlich konstant bleibt, für die also nach VI (5.7.16)

$$(4.5.4) \qquad (H,\bar{\varrho})=0$$

gilt. (4.5.4) besagt aber, daß $\bar{\varrho}$ ein Integral der Bewegung ist. Wie aber kann man $\bar{\varrho}$ aus ϱ gewinnen? Dies geht im Prinzip, wenn man alle Integrale der Bewegung kennt. Wir wollen hier aber $\bar{\varrho}$ nicht allgemein berechnen, sondern weiter unten nur für den Fall, daß es keine weiteren Integrale der Bewegung gibt als Funktionen von H (siehe VI, § 5.7).

Mit $\bar{\varrho}$ aus (4.5.3) geht (4.5.2) über in

$$(4.5.5) \qquad \int \bar{\varrho}\chi(\sigma^{(g)})dp_1\ldots = \xi \int \bar{\varrho}\,[F^{(e)}(E_2,\ldots)-F^{(e)}(E_1,\ldots)]dp_1\ldots$$

mit $|1-\xi|\ll 1$.

(4.3.28) lautet:

$$(4.5.6) \qquad \int \bar{\varrho}(p_1,\ldots)A^{(v)}(p_1,\ldots)dp_1\ldots = \int \bar{z}_v^{(g)}(u)dm^{(e)}(u)$$

mit (entsprechend (4.3.27))

$$(4.5.7) \qquad m^{(e)}(u)=\int \bar{\varrho}(p_1,\ldots)F^{(e)}(u;p_1\ldots)dp_1\ldots.$$

Mit $F^{(e)}(\lambda;p_1,\ldots)=k(H-\lambda)$ (wobei k dieselbe Funktion wie in § 4.3 ist, nur daß H jetzt kein Operator ist) folgt

$$(4.5.8) \qquad m^{(e)}(u)=\int \bar{\varrho}k(H-u)dp_1\ldots.$$

Setzt man dies auf der rechten Seite von (4.5.6) ein, so folgt

$$(4.5.9) \qquad \int \bar{z}_v^{(g)}(u)dm^{(e)}(u)=\iint \bar{z}_v^{(g)}(u)\bar{\varrho}\,dk(H-u)dp_1\ldots$$
$$=\int a_v(H)\bar{\varrho}\,dp_1\ldots$$

mit

$$(4.5.10) \qquad \begin{aligned} a_v(H)&=\int \bar{z}_v^{(g)}(u)dk(H-u)\\ &=\int \bar{z}_v^{(g)}(u)\frac{dk}{du}(H-u)du, \end{aligned}$$

wobei die zweite Schreibweise möglich ist, wenn $k(H-u)$ nach u differenzierbar ist. (4.5.9) und (4.5.10) sind die Analoga zu (4.3.29), (4.3.30). Statt (4.3.31) folgt entsprechend wie in § 4.3:

$$(4.5.11) \qquad a_v(u)=\bar{z}_v^{(g)}(u).$$

(4.3.32) geht über in

$$(4.5.12) \qquad \int \bar{\varrho}(p_1,\ldots)A(p_1,\ldots)dp_1\ldots = \int \bar{\varrho}a(H)dp_1\ldots.$$

Wie in § 4.3 nennen wir Systeme von Massenpunkten, die sich nach der klassischen Punktmechanik bewegen, *ergodisch*, wenn (4.5.12) für alle $A(p_1,\ldots)$ und $\bar\varrho(p_1,\ldots)$ gilt.

Um (4.5.12) auszuwerten, führen wir neue Integrationsvariable ein: Statt der $p_1,\ldots, q_{3N}$ die Variablen H und $3N-1$ weitere Parameter s_k. Dann wird

$$(4.5.13) \qquad dp_1\ldots = D(H,s_1,\ldots)dHds_1\ldots$$

Mit

$$(4.5.14) \qquad |\mathrm{grad}\, H| = \left[\sum_i \left(\frac{\partial H}{\partial p_i}\right)^2 + \sum_i \left(\frac{\partial H}{\partial q_i}\right)^2\right]^{1/2}$$

schreibt man oft

$$(4.5.15) \qquad Dds_1\ldots = \frac{1}{|\mathrm{grad}\, H|}\, df$$

mit df als Flächenelemente der Energieflächen $H=\mathrm{const}$. $dl = |\mathrm{grad}\, H|^{-1} dH$ ist gerade der Abstand zweier solcher Energieflächen mit einem Energieunterschied dH, so daß sehr anschaulich ein Volumenelement in Γ die Form $dldf$ annimmt (siehe Fig. 13)

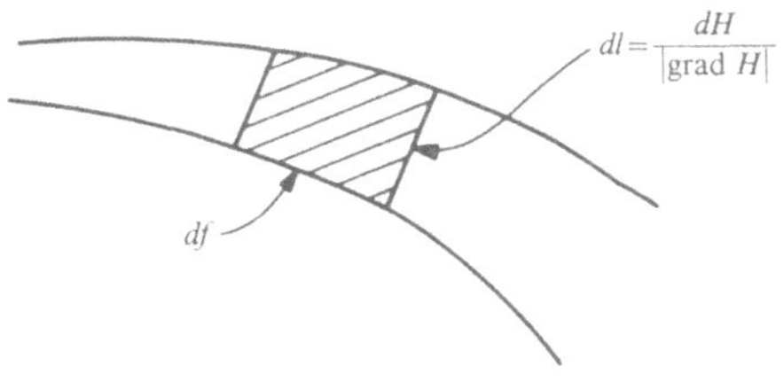

Fig. 13

Aus (4.5.12) wird dann

$$\int \bar\varrho(H,s_1,\ldots)A(H,s_1,\ldots)D(H,s_1,\ldots)dHds_1\ldots$$
$$(4.5.16)$$
$$= \int \bar\varrho(H,s_1,\ldots)D(H,s_1,\ldots)a(H)dHds_1\ldots$$

Gibt es außer Funktionen von H noch ein anderes Integral, so kann man dies als Parameter s_1 benutzen. $\bar\varrho$ ist zeitlich konstant, d. h. kann z. B. als beliebige Funktion von H und s_1 gewählt werden. Aus (4.5.16) folgt damit

$$\int \bar\varrho(H,s_1)g(H,s_1)dHds_1$$
$$(4.5.17)$$
$$-\int a(H) \int \bar\varrho(H,s_1)d(H,s_1)dHds_1$$

mit

$$(4.5.18) \qquad g(H, s_1) = \int A(H, s_1, \ldots) D(H, s_1, \ldots) ds_2 ds_3 \ldots,$$

$$(4.5.19) \qquad d(H, s_1) = \int D(H, s_1, \ldots) ds_2 ds_3 \ldots.$$

Da (4.5.17) für beliebige $\bar{\varrho}(H, s_1)$ gelten soll, folgt

$$(4.5.20) \qquad g(H, s_1) = a(H)\bar{\varrho}(H, s_1)d(H, s_1).$$

Dies steht im Wiederspruch dazu, daß (4.5.17) für alle möglichen $g(H, s_1)$ und nicht nur für solche der Form $g(H, s_1) = a(H)d(H, s_1)$ gelten soll.

(4.5.12) kann also dann und nur dann für alle ϱ und A gelten, wenn es keine weiteren Integrale der Bewegung außer Funktionen von H gibt. Damit ist gezeigt, daß die obige Definition von »ergodisch« auf der Basis von (4.5.12) äquivalent zu der in VI, § 5.7 ist.

Gibt es keine weiteren Integrale außer Funktionen von H, so läßt sich im Prinzip leicht hinschreiben, wie $\bar{\varrho}$ zu berechnen ist. Für alle Integrale $A(H)$ ist

$$\int L_t \varrho(p_1, \ldots) A(H) dp_1 \ldots = \int \varrho(p_1, \ldots) A(H) dp_1 \ldots$$

zeitlich konstant, so daß aus (4.5.3)

$$(4.5.21) \qquad \int \bar{\varrho}(H) A(H) dp_1 \ldots = \int \varrho(p_1, \ldots) A(H) dp_1 \ldots$$

folgt. Schreiben wir (4.5.21) auf die Integrationsvariablen $H, s_1, \ldots$ um, so folgt

$$\int \bar{\varrho}(H) A(H) [\int D(H, s_1, \ldots) ds_1 \ldots] dH =$$

$$= \int A(H) [\int \varrho(p_1, \ldots) D(H, s_1, \ldots) ds_1 \ldots] dH.$$

Da dies für beliebige $A(H)$ gilt, folgt

$$\bar{\varrho}(H) [\int D(H, s_1, \ldots) ds_1 \ldots] = \int \varrho(p_1, \ldots) D(H, s_1, \ldots) ds_1 \ldots.$$

Mit (4.5.15) folgt:

$$(4.5.22) \qquad \bar{\varrho}(E) = \frac{\displaystyle\int\limits_{H=E} \frac{\varrho(p_1, \ldots)}{|\mathrm{grad}\, H|}\, df}{\displaystyle\int\limits_{H=E} \frac{1}{|\mathrm{grad}\, H|}\, df},$$

d.h. $\bar{\varrho}(E)$ ist ein Mittelwert über die Energiefläche $H = E$.

Wie in § 4.3 gilt, daß die Bedingung des ergodischen Verhaltens zu scharf ist, wenn man *nur* (4.5.6) garantieren will. Andererseits ist die Bedingung zu schwach, um (4.5.11), d.h. um

$$(4.5.23) \qquad \bar{z}_v^{(g)}(u) = a_v(u)$$

zu garantieren, wobei $a_v(u)$ nach (4.5.12), d.h. aus

$$\int \bar{\varrho}(H) A^{(v)}(p_1,\ldots) \frac{dH}{|\text{grad } H|} \, df = \int a_v(H) \bar{\varrho}(H) \frac{dH}{|\text{grad } H|} \, df$$

zu berechnen ist. Da $\bar{\varrho}$ beliebig ist, folgt

$$a_v(u) \int\limits_{H=u} \frac{df}{|\text{grad } H|} = \int\limits_{H=u} A^{(v)}(p_1,\ldots) \frac{df}{|\text{grad } H|}$$

und damit aus (4.5.23):

$$(4.5.24) \qquad \bar{z}_v^{(g)}(u) = \frac{\displaystyle\int\limits_{H=u} A^{(v)}(p_1,\ldots) \frac{df}{|\text{grad } H|}}{\displaystyle\int\limits_{H=u} \frac{df}{|\text{grad } H|}}.$$

Die rechte Seite ist also derselbe Mittelwert von $A^{(v)}$ über eine Energiefläche $H=u$ wie von ϱ in (4.5.22).

Es bleibt also auch hier das zentrale Problem, Bedingungen für (4.5.5) zu finden. Wir wollen hierbei voraussetzen, daß die Systeme von $\mathfrak{PT}_{k\,\text{exp}}$ ergodisch sind. Da dann $\bar{\varrho}$ nur eine Funktion von H ist, nimmt (4.5.5) mit $1-\xi=\tilde{\eta}$ die Gestalt an (mit $k(H-\lambda)$ wie in § 4.3):

$$(4.5.25) \qquad \begin{aligned} &\int \bar{\varrho}(H) \left[k(H-E_2) - k(H-E_1)\right] dH - \int \bar{\varrho}(H) \tilde{\chi}(\sigma^{(g)};H) dH = \\ &= \tilde{\eta} \int \bar{\varrho}(H) \left[k(H-E_2) - k(H-E_1)\right] dH \end{aligned}$$

mit $\tilde{\eta} \ll 1$ und

$$(4.5.26) \qquad \tilde{\chi}(\sigma^{(g)};u) = \frac{\displaystyle\int\limits_{H=u} \chi(\sigma^{(g)}) \frac{df}{|\text{grad } H|}}{\displaystyle\int\limits_{H=u} \frac{dt}{|\text{grad } H|}}.$$

Da (4.5.25) für alle $\bar{\varrho}(H)$ gelten soll, ist (4.5.25), d.h. (4.5.5) damit äquivalent, daß

$$(4.5.27) \qquad \tilde{\eta} = 1 - \frac{\tilde{\chi}(\sigma^{(g)};u)}{k(u-E_2) - k(u-E_1)} \ll 1$$

für alle u gilt. (4.5.27) ist das Analogen zu (4.3.38).

Wählt man das Intervall $E_1 < U \leq E_2$ nicht zu klein und u etwa als Mitte dieses Intervalls, so ist (siehe die Diskussion in § 4.3) $k(u-E_2) - k(u-E_1) \approx 1$. Dann muß also auch $\tilde{\chi}(\sigma^{(g)};u) \approx 1$ sein. Für nicht zu kleine Energieintervalle

$E_1 < U \leq E_2$ muß also der Zähler der rechten Seite von (4.5.26) fast so groß wie der Nenner sein, d.h. $\chi(\sigma^{(g)})$ muß fast auf der ganzen Energiefläche $H = u$ dem Wert 1 nahe kommen. Ist $\chi(\sigma^{(g)})$ auf der Energiefläche $H = u$ eine charakteristische Funktion, so kann man den Zähler als Volumen der Punkte auf $H = u$ auffassen, für die $\chi(\sigma^{(g)}) = 1$ ist. Den Nenner kann man als Volumen der ganzen Energiefläche bezeichnen. Das durch $\chi(\sigma^{(g)})$ definierte Volumen auf der Energiefläche ist fast das ganze Volumen der Energiefläche. (Das was in § 4.3 über die Breite des Intervalls $\sigma^{(g)}$ um die Gleichgewichtswerte herum gesagt wurde, ist hier natürlich genauso wichtig.)

Als Analogon von (4.3.40) könnte man

$$(4.5.28) \qquad v(\sigma) = \int \chi(\sigma) dp_1 \dots$$

definieren. Da aber die rechte Seite von (4.5.28) eine Dimension hat (d. h. von der Wahl der Einheiten abhängt), während die rechte Seite von (4.3.40) dimensionslos ist, definieren wir statt (4.5.28)

$$(4.5.29) \qquad v(\sigma) = \eta \int \chi(\sigma) dp_1 \dots,$$

wobei η ein Faktor ist, der die rechte Seite dimensionslos macht. Wir werden diesen Faktor η später in einer ganz bestimmten Weise wählen; siehe § 6.6.

Als Entropie definieren wir in Analogie zu (4.4.5) mit demselben Faktor η wie in (4.5.29):

$$(4.5.30) \qquad \begin{aligned} & S_{st}(U,\alpha) = \\ & = \log \left[\lim_{\Delta \to 0} \frac{\eta \int [k(H(\alpha) - U - \Delta) - k(H(\alpha) - U + \Delta)] dH(\alpha) \dfrac{df}{|\mathrm{grad}\, H(\alpha)|}}{\|k(H(\alpha) - U - \Delta) - k(H(\alpha) - U + \Delta)\|} \right]. \end{aligned}$$

Die Norm $\|f(p_1, \dots)\|$ ist definiert als die obere Grenze von $|f(p_1, \dots)|$. Und entsprechend (4.4.6):

$$(4.5.31) \qquad S_{th}(\bar{z}) = \log \left[\lim_{\sigma \to \bar{z}} \frac{\eta \int \chi(\sigma) dp_1 \dots}{\|\chi(\sigma)\|} \right].$$

Im Falle von $\mathfrak{PT}_{k\,\mathrm{exp}}$ läßt sich das ergodische Verhalten und daraus mit (4.5.27) die Gültigkeit von (4.5.2) ein wenig »anschaulich« verstehen. Dies wollen wir versuchen zu schildern, damit man sieht, wie ein solches ergodisches Verhalten zustande kommen kann.

In Fig. 14 sei symbolisch eine Energiefläche aufgezeichnet. Da für die Bewegung der Energiesatz gilt, genügt es, die Dichte ϱ zur Zeit Null nur auf einer Energiefläche zu betrachten. Der kleine schwarze Fleck in Fig. 14 sei die Stelle, wo ϱ zur Zeit $t = 0$ auf der Energiefläche von Null verschieden sei; und in diesem durch den Fleck charakterisierten Gebiet sei die Dichte etwa konstant. ϱ zur Zeit t entsteht aus diesem ϱ zur Zeit Null, indem man (wie in VI, § 5.7 geschildert und in der dortigen Fig. 23 veranschaulicht) dieses Gebiet unter Konstanthalten der Werte von ϱ entsprechend den Bahnen in Γ in ein anderes Gebiet transportiert, das in Fig. 14 ebenfalls schwarz gekennzeichnet ist. Es hat, wenn t nicht zu klein ist, eine ganz andere Gestalt als dasjenige zur Zeit Null. Es hat eine ganz »aufgefaserte« Struktur, wovon die Fig. 14 nur einen symbolischen Eindruck vermitteln kann. Wie so eine aufgefaserte Struktur zustande kommen kann, läßt sich vorstellen, wenn man als Beispiel ein System von N Massenpunkten wählt, die auf Grund von Kräften geringer Reichweite ($U(r)$ in (1.1) ist nur für $r < R$ von Null verschieden, wobei der Abstand R klein gegenüber dem mittleren Abstand der Massenpunkte ist) aneinander stoßen. Eine nur minimale Änderung der Anfangswerte führt schnell zu ganz anderen Stößen, d. h. zu ganz anderen Stellen auf der Energiefläche.

Wächst die Zeit t an, so zerfasert das zu ϱ gehörige Gebiet über die ganze Energiefläche. Obwohl es dem Volumen nach auf Grund des *Liouville*schen Satzes (siehe VI, § 5.7) konstant bleibt, ist es doch zu fast allen Zeiten praktisch über die ganze Energiefläche so stark zerstreut, daß mit einer Funktion $A(p_1, \ldots)$ (die zeitlich festgehalten wird!)

$$(4.5.32) \qquad \int L_t \varrho(p_1, \ldots) A(p_1, \ldots) dp_1 \ldots$$

zu fast allen Zeiten durch

$$(4.5.33) \qquad \int \bar{\varrho}(H) A(p_1, \ldots) dp_1 \ldots$$

ersetzt werden kann mit $\bar{\varrho}(H)$ nach (4.5.22).

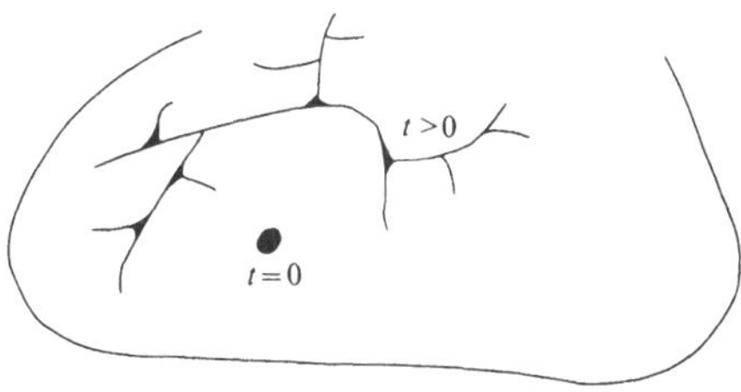

Fig. 14

An diesen anschaulichen Überlegungen erkennt man, daß das exakt ergodische Verhalten auch dahin abgeschwächt werden kann, daß (4.5.32) zu fast allen Zeiten nur für die thermodynamischen Observablen $A^{(v)}(p_1, \ldots)$ durch (4.5.33) ersetzt werden kann.

(4.5.27) zusammen mit (4.5.26) besagt, daß (bei nicht zu kleinem Intervall $\sigma^{(g)}$; siehe oben) der Bereich auf der Energiefläche $H = u$, wo $\chi(\sigma^{(g)}) \approx 1$ ist, volumenmäßig (d. h. in bezug auf das Maß $|\text{grad } H|^{-1} df$) praktisch die ganze Energiefläche einnimmt. Für Nichtgleichgewichtszellen σ ist das entsprechende zu $\chi(\sigma)$ gehörige Volumen, verglichen mit dem Volumen der ganzen Energiefläche, »fast Null«.

Sei jetzt z. B. der in Fig. 14 für $t = 0$ gewählte Fleck ein Teil eines zu einer Nichtgleichgewichtszelle σ gehörigen Gebietes, so zerstreuen sich die zu diesem ϱ gehörigen Systeme zu einer genügend großen Zeit über die ganze Energiefläche; und da das Gebiet, in dem $\chi(\sigma^{(g)}) \approx 1$ ist, fast die ganze Energiefläche einnimmt, befindet sich die überwiegende Zahl der Systeme zu dieser Zeit an Stellen mit $\chi(\sigma^{(g)}) \approx 1$, d. h. hat die überwiegende Zahl der Systeme einen Zustand $z \in \sigma^{(g)}$, d. h. einen Gleichgewichtszustand.

Dies ist die anschauliche Bedeutung von (4.5.2).

Es ist sehr nützlich, sich diese Sachlage deutlich einzuprägen, um dann die Ausführungen in § 10.5 zur Dynamik besser verstehen zu können.

§ 5. Energiesatz

Wir haben in § 4.3 bis § 4.5 nur Trajektorien betrachtet, für die die Parameter α_v zeitlich konstant vorgegeben sind. Wir müssen jetzt noch auf einige wenige Strukturen von Trajektorien $z(t)$ bei zeitlich veränderlich vorgegebenen $\alpha_v(t)$ eingehen. Natürlich wird sich bei zeitlich variablen $\alpha_v(t)$ im allgemeinen kein Gleichgewichtszustand einstellen. Sind die $\alpha_v(t)$ »langsam genug« veränderlich, so erwarten wir, daß die Trajektorie praktisch durch Gleichgewichtszustände $\bar{z}_v^{(g)}(U(t), \alpha(t))$ gegeben ist, wobei $U(t)$ die auf Grund der Veränderung der α_v sich ebenfalls ändernde innere Energie ist. In § 6.2 werden wir speziell solche quasistatischen Bewegungen $\bar{z}_v^{(g)}(U(t), \alpha(t))$ untersuchen, so wie wir diese (ohne das Problem der Einbettung in $\mathfrak{PT}_{q\,\text{exp}}$) schon in XIV, § 1.2 als Adiabaten eingeführt hatten. Diese quasistatischen Bewegungen sind also festgelegt, sobald wir bei vorgegebenen $\alpha_v(t)$ wissen, wie sich $U(t)$ ändert, d. h. wie dU/dt von den α_v abhängt.

Aber nicht nur für diesen Fall der quasistatischen Bewegungen wollen wir den Energiesatz untersuchen, d. h. den Zusammenhang von dU/dt mit den $d\alpha_v/dt$.

Wieder gehen wir davon aus, daß die Einbettung von $\mathfrak{PT}_{th}$ in $\mathfrak{PT}_{q\,\text{exp}}$ möglich ist. Betrachten wir also eine Trajektorie $z(t) = \{\alpha(t), \bar{z}(t)\}$. Es soll also nach $\mathfrak{PT}_{th}$ ein makroskopisches Präparierverfahren a geben, so daß für ein $\sigma \in \Sigma$, das den Punkt $\bar{z}(0)$ nicht zu eng umgibt, $\lambda(a \cap b_0, a \cap b(\sigma)) \approx 1$ ist mit $b(\sigma) = b_0 \cap M_0(\sigma)$ nach (4.1.2). Ebenso aber auch $\lambda(a \cap T_t b_0, a \cap T_t b(\sigma')) \approx 1$ für ein σ', das nicht zu eng den Punkt $\bar{z}(t)$ umgibt. Für eine thermodynamische Observable B_t ist dann also der Erwartungswert in der Gesamtheit $\varphi(a)$ gleich dem Skalenwert β von B_t an der Stelle $\bar{z}(t)$:

$$\beta\left(\bar{z}(t)\right)=Sp\left(\varphi(a)U_t B_0 U_t^+\right)$$
$$(5.1)$$
$$=Sp\left(U_t^+ \varphi(a)U_t B_0\right).$$

Für die Skalenobservable »innere Energie« soll der Erwartungswert der inneren Energie für ein solches $\varphi(a)$ praktisch mit dem von $H(\alpha(t))$ übereinstimmen:

$$(5.2)\qquad U\left(\alpha(t),\bar{z}(t)\right)=Sp\left(U_t^+ \varphi(a)U_t H(\alpha(t))\right).$$

Daraus folgt:

$$\frac{dU}{dt}=Sp\left(U_t^+ \varphi(a)U_t \sum_\nu \frac{\partial H}{\partial\alpha_\nu}\dot{\alpha}_\nu\right)+$$
$$(5.3)$$
$$+Sp\left(\frac{i}{\hbar}\left(\varphi(a)H-H\varphi(a)\right)H\right)-\sum_\nu Sp\left(U_t^+ \varphi(a)U_t \frac{\partial H}{\partial\alpha_\nu}\right)\dot{\alpha}_\nu,$$

da $Sp\left((WH-HW)H\right)=Sp(HWH)-Sp(HWH)=0$ ist.

Wir machen nun die entscheidende Annahme, daß es wie zu H die thermodynamische Approximationsobservable der inneren Energie so auch zu den $-\dfrac{\partial H}{\partial\alpha_\nu}$ thermodynamische Approximationsobservable $B^{(\nu)}$ gibt, so daß für die Skalenwerte $\beta_\nu\left(\alpha(t),\bar{z}(t)\right)$ der $B^{(\nu)}$ (5.1) gilt, d. h.

$$(5.4)\qquad \beta_\nu\left(\alpha(t),\bar{z}(t)\right)=-Sp\left(U_t^+ \varphi(a)U_t \frac{\partial H}{\partial\alpha_\nu}\right).$$

(5.3) geht dann über in:

$$(5.5)\qquad \frac{dU\left(\alpha(t),\bar{z}(t)\right)}{dt}+\sum_\nu \beta_\nu\left(\alpha(t),\bar{z}(t)\right)\dot{\alpha}_\nu=0.$$

Die Trajektorien $z(t)=\{\alpha(t),\bar{z}(t)\}$ müssen also die Relation (5.5) erfüllen, wenn eine Einbettung in $\mathfrak{PT}_{q\,exp}$ in der skizzierten Weise möglich sein soll. (5.5) heißt der Energiesatz.

Diese Bezeichnung beruht auf der Vorstellung, daß die α_ν Parameter sind, von denen auch die »äußere« Energie, d. h. ein bekannter Ausdruck für die Energie $E_a(\alpha)$ der Umgebung abhängt (siehe auch die Ausführungen aus XIV, § 1.2). Da wir die Umgebung als eine klassisch beschreibbare Situation annehmen, kann nicht $H(\alpha)+E_a(\alpha)$ mit H als Operator bei Veränderung der α konstant bleiben. Um also zu sehen, ob man nicht etwa bei der Aufteilung der Gesamtenergie zwischen H und E_a einen Fehler gemacht hat, muß man H wie in $\mathfrak{PT}_{k\,exp}$ notieren.

Da die α and E_a als bekannte physikalische Größen angesehen werden, muß man auch die $\beta_\nu(\alpha,\bar{z})$ als auf bekannte Weise meßbar, d. h. als physikalisch interpretiert voraussetzen. Die Gleichung (5.5) beinhaltet dann den thermodynamischen Energiesatz, daß $U + E_a$ zeitlich konstant bleibt. Auf Grund der Interpretation ist also das hier definierte U mit U aus XIV, § 1.2 zu identifizieren.

Während die Vorstellungen zur Einbettung allein auf Grund des noch nicht explizit physikalisch definierten Raumes $\bar{Z}$ sehr vage blieben, haben wir jetzt schon Annahmen eingeführt, deren Möglichkeit im Prinzip mathematisch nachprüfbar wäre: Zu den Entscheidungsobservablen $H(\alpha)$, $\dfrac{\partial H}{\partial \alpha_v}$ gibt es bei festgehaltenen α_v ein System *koexistenter* Observablen, die diese Entscheidungsobservablen approximieren.

Hätte man z.B. rein formal mathematisch Operatoren $H(\alpha)$ gewählt, so daß die eben erwähnte Approximation durch koexistente Observablen nicht in vernünftiger Weise möglich ist, so sollte für solche $H(\alpha)$ die Theorie $\mathfrak{PT}_{q\,exp}$ keine vernünftige Basis für eine Einbettung einer $\mathfrak{PT}_{th}$ darstellen.

Viel schwieriger als die Frage der Existenz solcher Approximationsobservablen ist die weiterhin völlig ungeklärte physikalische Frage, wieso gerade diese zu den Observablen gehören, die gemessen werden können, während H und $\partial H / \partial \alpha_v$ nicht meßbare Observablen sind.

§ 6. Thermostatik

Wir haben bewußt als Überschrift dieses § dieselbe genommen wie für XIV, § 1. Es soll nämlich derselbe Grundbereich wie in XIV, § 1 beschrieben werden, nur werden wir die Strukturgesetze aus der Forderung der Einbettung in $\mathfrak{PT}_{q\,exp}$ herleiten, so wie wir dies allgemein in § 4 und 5 begonnen hatten. Wir sahen dort schon, daß man sicherlich viele Probleme ausklammern kann, wenn man sich zunächst aufs Gleichgewicht beschränkt.

§ 6.1. Zustandsraum der Thermostatik

Wie schon am Anfang von § 4.3 geschildert, kann man als Zustandsraum der Gleichgewichtszustände den Raum Z_g mit den Koordinaten $U, \alpha_1, \alpha_2, \ldots$ benutzen. Wir beschäftigen uns also im Sinne von XIV, Def. 1.2.5 nur mit »einfachen« Systemen. Die Voraussetzung der Einfachheit ist in § 4.3 dadurch eingegangen, daß wir voraussetzten, daß bei festen äußeren Parametern α_v die Trajektorien $z(t)$ einem *nur* von U abhängigen Gleichgewichtszustand zustreben. Kompliziertere Systeme wollen wir hier in XV nicht untersuchen.

Die Thermostatik interessiert sich dann praktisch ausschließlich für die Gleichgewichtswerte der in § 5 definierten thermodynamischen Observablen

$B^{(v)}$, d.h. für die Funktionen β_v aus (5.4) für $\bar{z} = \bar{z}^{(g)}(U, \alpha)$. Ohne das Funktionszeichen zu ändern (siehe zu dieser unexakten Schreibweise XIV, § 1), schreiben wir für diese Gleichgewichtswerte:

$$(6.1.1) \qquad \beta_v(U, \alpha) = \beta_v\big(\alpha, \bar{z}_0^{(g)}(U, \alpha), \bar{z}_1^{(g)}(U, \alpha), \ldots\big).$$

$\beta_v = \beta_v(U, \alpha)$ mit den in (6.1.1) definierten Funktionen $\beta_v(U, \alpha)$ heißen (so wie nach XIV Def. 1.2.6) die Zustandsgleichungen. Die β_v aus (6.1.1) sind auf der Basis der physikalischen Interpretation dieselben wie in XIV, § 1.2.

Unsere Überlegungen aus § 4 bis 5 werden uns in die Lage versetzen, für die Berechnung dieser Zustandsgleichungen eine Methode anzugeben, sobald $H(\alpha)$ aus $\mathfrak{P}\mathfrak{T}_{q\,\mathrm{exp}}$ bekannt ist.

Die Funktionen $\beta_v(U, \alpha)$ nach (6.1.1) sind also Funktionen über Z_g.

§ 6.2. Der Energiesatz für quasistatische Prozesse

Auf der Basis der Überlegungen aus § 5 können wir sehr schnell den Energiesatz für quasistatische, sogenannte adiabatische Prozesse im Sinne von XIV, § 1.2 gewinnen.

Als quasistatischen Prozeß bezeichnen wir eine so langsame Veränderung der $\alpha_v(t)$, daß sich praktisch zu jeder Zeit Gleichgewicht einstellen kann. Ist z.B. α die Stellung eines Kolbens, so darf man diesen nicht so schnell hineindrücken, daß sich vor dem Kolben eine Verdichtung und damit eine Schallwelle ausbildet. Die Stellung des Kolbens darf also nur mit einer gegenüber der Schallgeschwindigkeit kleinen Geschwindigkeit hineingeschoben werden.

Für quasistatische Prozesse hat die Trajektorie $z(t) = \{\alpha(t), \bar{z}(t)\}$ in sehr guter Näherung die Form:

$$(6.2.1) \qquad z(t) = \big\{\alpha(t), \bar{z}^{(g)}\big(U(t), \alpha(t)\big)\big\},$$

wobei $U(t) = U\big(\alpha(t), \bar{z}^{(g)}(U(t), \alpha(t))\big)$ ist.

Nach (5.5) kann $U(t)$ aus der Differentialgleichung

$$(6.2.2) \qquad \frac{dU(t)}{dt} + \sum_v \beta_v\big(U(t), \alpha(t)\big)\dot{\alpha}_v = 0$$

gewonnen werden, wobei die $\beta_v(U, \alpha)$ durch (6.1.1) definiert sind. (6.2.2) ist mit XIV (1.2.19) identisch.

Damit haben wir einen ersten Teil der Thermostatik aus XIV, § 1 wiedergewonnen, aber auf einem anderen Wege: Über »sehr« allgemeine Struktureigenschaften von $\mathfrak{P}\mathfrak{T}_{th}$ und eine Einbettung von $\mathfrak{P}\mathfrak{T}_{th}$ in $\mathfrak{P}\mathfrak{T}_{q\,\mathrm{exp}}$. Genau diese Einbettung soll uns weiterhelfen, auch spezielle Zustandsgleichungen $\beta_v(U, \alpha)$ herzuleiten.

§ 6.3. Die supermikroskopische Gesamtheit

Nachdem wir in § 4 bis § 6.2 versucht haben, grundsätzliche Strukturen einer Thermodynamik und Thermostatik aufzuzeigen, wollen wir jetzt daran gehen, auf der Basis der Einbettung in $\mathfrak{PT}_{q\,\exp}$, bzw. $\mathfrak{PT}_{k\,\exp}$ Rechenmethoden zu entwerfen, um die Gleichgewichtspunkte $\bar{z}^{(g)}(U,\alpha)$ zu finden.

Dabei interessieren wir uns nicht so sehr für die *irgendwie* gewählten Parameter $\bar{z}_\mu$ in $\bar{Z}$, sondern für die Gleichgewichtswerte thermodynamischer Observablen, z.B. für die Gleichgewichtswerte der $B^{(v)}$ aus § 5. Auch die $\bar{z}_\mu$ sind ja nur Skalen von thermodynamischen Observablen, die wir in § 4.3 mit $A^{(v)}$ bezeichnen. Um die Methode zu erklären, können wir also auch irgendeine Observable A im Sinne von (4.2.5) bzw. (4.2.11) wählen. Wir schreiben daher zunächst alle Formeln ohne irgendeinen Index v auf. Sei die Skala von A wie in (4.2.5) mit $f(\alpha,\bar{z})$ bezeichnet, so schreiben wir kurz:

$$(6.3.1) \qquad f^{(g)}(U,\alpha) = f\big(\alpha, \bar{z}^{(g)}(U,\alpha)\big).$$

Ist speziell $f(\alpha,\bar{z}) = \bar{z}_\mu$, so ist (6.3.1) die Identität $\bar{z}_\mu^{(g)}(U,\alpha) = \bar{z}_\mu^{(g)}(U,\alpha)$. Alle Formeln, die in § 4.3 bis 4.5 für die $\bar{z}_\mu^{(g)}(U)$ abgeleitet wurden, kann man auch allgemein für ein $f^{(g)}(U,\alpha)$ übernehmen, wobei $A^{(v)}$ durch A nach (4.2.5c) zu ersetzen ist.

Zur Berechnung der Gleichgewichtswerte, könnte man von der Formel (4.3.35) für $\mathfrak{PT}_{q\,\exp}$ bzw. (4.5.24) für $\mathfrak{PT}_{k\,\exp}$ ausgehen. Man kann dies auch so ausdrücken: Zur Berechnung der Gleichgewichtswerte betrachtet man im Falle $\mathfrak{PT}_{q\,\exp}$ die Gesamtheit

$$(6.3.2) \qquad W = P_{\psi_\varrho}$$

mit ψ_ϱ als Eigenvektor von H zum Eigenwert ε_ϱ und berechnet für diese Gesamtheit den Erwartungswert von A:

$$f^{(g)}(U,\alpha) = Sp(A P_{\psi_\varrho}) = \langle \psi_\varrho, A\psi_\varrho \rangle \quad \text{für} \quad U \approx \varepsilon_\varrho,$$

speziell für $A^{(e)}$ als innere Energie folgt

$$(6.3.3) \qquad U = \langle \psi_\varrho, A^{(e)}\psi_\varrho \rangle \approx \varepsilon_\varrho = \langle \psi_\varrho, H\psi_\varrho \rangle.$$

Im Erwartungswert für W nach (6.3.2) können wir also die thermodynamische Observable $A^{(e)}$, die eine Approximationsobservable zu H ist, durch H ersetzen. Ebenso nehmen wir an, daß auch für die Approximationsobservablen $B^{(v)}$ zu $-\dfrac{\partial H}{\partial \alpha_v}$ im Erwartungswert $B^{(v)}$ durch $-\dfrac{\partial H}{\partial \alpha_v}$ ersetzt werden kann (für $U \approx \varepsilon_\varrho$):

$$(6.3.4) \qquad \beta_\nu(U,\alpha) = \langle \psi_\varrho, B^{(\nu)}\psi_\varrho \rangle = \left\langle \psi_\varrho, \left(-\frac{\partial H}{\partial \alpha_\nu}\right)\psi_\varrho \right\rangle.$$

(6.3.4) sind die gesuchten Zustandsgleichungen.

Im Falle $\mathfrak{PT}_{k\,exp}$ könnte man als Gesamtheit (idealisiert durch die δ-Funktion) statt (6.3.2)

$$(6.3.5) \qquad \varrho = \frac{\delta(H-U)}{\int \delta(H-U)dp_1\ldots}$$

wählen. (4.5.24) kann mit diesem ϱ auch in der Form

$$(6.3.6) \qquad f^{(g)}(U,\alpha) = \int \varrho(p_1,\ldots)A(p_1,\ldots)dp_1\ldots$$

geschrieben werden, denn es folgt

$$\int \delta(H-U)A(p_1,\ldots)dp_1\ldots = \int \delta(H-U)A(p_1,\ldots)dH\,\frac{df}{|\operatorname{grad} H|} =$$

$$= \int_{H=U} A(\ldots)\,\frac{df}{|\operatorname{grad} H|}.$$

Statt (6.3.3), (6.3.4) folgt:

$$(6.3.7) \qquad U = \int \varrho(\ldots)H(\ldots)dp_1\ldots = U$$

$$(6.3.8) \qquad \beta_\nu(U,\alpha) = \int \varrho\left(-\frac{\partial H}{\partial \alpha_\nu}\right)dp_1\ldots = \frac{\displaystyle\int_{H=U}\left(-\frac{\partial H}{\partial \alpha_\nu}\right)\frac{df}{|\operatorname{grad} H|}}{\displaystyle\int \frac{df}{|\operatorname{grad} H|}}.$$

Die Gesamtheit W nach (6.3.2), bzw. ϱ nach (6.3.5) wollen wir als *supermikrokanonische Gesamtheit* bezeichnen. Es sei aber nochmals betont, daß diese Gesamtheit (ebenso wie die anderen in §§ 6.4 bis 6.6 betrachteten) ein Rechenhilfsmittel darstellt und man daher keine voreiligen Schlüsse aus einer »angeblich« real so hergestellten Gesamtheit ziehen darf. Ja – wie wir später noch in §§ 10 und 11 etwas besser erkennen werden – müssen wir im Gegenteil annehmen, daß es kein realisierbares Präparierverfahren a gibt mit $\varphi(a) = W$ nach (6.3.2). Eine »pyhsikalische Bedeutung« erhalten die Gesamtheiten nach (6.3.2) bzw. (6.3.5) eben nur auf der Basis der in § 4.4 und 4.5 durchgeführten Überlegungen.

Die Streuung von H in den supermikrokanonischen Gesamtheiten ist trivialerweise gleich Null, d.h. die *exakten* Zahlenwerte der so berechneten inneren Energie sind nur als »sehr gute« Approximationswerte an die thermodynamische Observable $A^{(e)}$ anzusehen. Die Streuung von $\partial H/\partial \alpha_\nu$ wird nicht Null sein; sie ist nach

bzw.
$$\left\langle \psi_{\varrho}, \left(\frac{\partial H}{\partial \alpha_{\nu}} + \beta_{\nu}\right)^2 \psi_{\varrho}\right\rangle$$

$$\left[\int_{H=U} \frac{df}{|\text{grad } H|}\right]^{-1} \left[\int_{H=U} \left(\frac{\partial H}{\partial \alpha_{\nu}} + \beta_{\nu}\right)^2 \frac{df}{|\text{grad } H|}\right]$$

zu berechnen. Diese Streuung sollte klein sein, d. h. nicht wesentlich größer als der »Fehler« von $B^{(\nu)}$ gegenüber $\dfrac{\partial H}{\partial \alpha_{\nu}}$. Durch die Berechnung dieser Streuungen könnte man also ein wenig die Aussagen (4.3.38) bzw. (4.5.27) nachprüfen!

Die supermikrokanonischen Gesamtheiten benutzt man aber praktisch nicht. Dies leuchtet für den Fall (6.3.2) sofort ein, da man niemals die Eigenvektoren ψ_{ϱ} von H kennt; und würde man irgendwelche Näherungen für ψ_{ϱ} benutzen, so kann dies ganz schief gehen, denn Näherungen brauchen eben nicht (!) die in § 4.3 für die ψ_{ϱ} geforderten Bedingungen erfüllen. Aber auch (6.3.8) ist meistens sehr schlecht auswertbar, besonders dann, wenn H kompliziert von den α_{ν} abhängt.

Die Ergebnisse (6.3.4) und (6.3.8) können uns aber als Zwischenergebnisse sehr dienlich sein, wie sich aus den folgenden Betrachtungen ergibt.

Wir betrachten die Entropie $S_{st}(U, \alpha)$ nach (4.4.5). Wegen $F^{(e)}(\lambda; \alpha) = {} = k(H(\alpha) - \lambda 1)$ hat (4.4.5) die Form

$$(6.3.9) \qquad S_{st}(U, \alpha) = \log Sp\big(g(H(\alpha) - U1)\big).$$

Man berechne g für $k = \Phi$ auf der Basis der Überlegungen, die zu (4.4.3) geführt haben. Die Funktion $g(x)$ ist stark um den Nullpunkt konzentriert, was für die nächsten Rechnungen wesentlich sein wird.

Wir werden im Folgenden in diesem § 6 den Index st an S weglassen, da wir hier in der Thermostatik nur die statische Entropie betrachten werden.

Für die weiteren Überlegungen ist folgender Satz wichtig: Ist $g(H(\alpha))$ eine Funktion von $H(\alpha)$, so gilt

$$(6.3.10) \qquad \frac{\partial}{\partial \alpha_{\nu}} Sp[g(H(\alpha))] = Sp\left[\frac{\partial H}{\partial \alpha_{\nu}} g'(H(\alpha))\right].$$

Die Beziehung (6.3.10) ist nicht trivial, da H und $\partial H/\partial \alpha_{\nu}$ nicht miteinander vertauschbar zu sein brauchen. Wir deuten kurz an, worauf der Satz (6.3.10) beruht: Dazu betrachten wir eine Potenz H^n. Dann gilt

$$\frac{\partial}{\partial \alpha_{\nu}}(H^n) = \frac{\partial H}{\partial \alpha_{\nu}} H^{n-1} + H \frac{\partial H}{\partial \alpha_{\nu}} H^{n-2} + H^2 \frac{\partial H}{\partial \alpha_{\nu}} H^{n-3} + \dots.$$

Da $Sp(AB)=Sp(BA)$ gilt, kann man in der Spur $H^\varrho \dfrac{\partial H}{\partial \alpha_v} H^\sigma$ durch $\dfrac{\partial H}{\partial \alpha_v} H^{\varrho+\sigma}$

ersetzen, d. h. $\dfrac{\partial}{\partial \alpha_v}(H^n)$ durch $n\dfrac{\partial H}{\partial \alpha_v} H^{n-1} = \dfrac{\partial H}{\partial \alpha_v}\dfrac{d}{dH}(H^n)$.

Wenden wir (6.3.10) auf (6.3.9) an! Es folgt:

$$(6.3.11) \qquad \frac{\partial S}{\partial U} = -\frac{Sp\big(g'(H-U)\big)}{Sp\big(g(H-U)\big)},$$

$$(6.3.12) \qquad \frac{\partial S}{\partial \alpha_v} = \frac{Sp\left(\dfrac{\partial H}{\partial \alpha_v} g'(H-U)\right)}{Sp\big(g(H-U)\big)}.$$

Schreiben wir den Zähler von (6.3.12) explizit mit Hilfe des Eigenvektorensystems ψ_ϱ von H auf, so folgt wegen $g'(H-U)\psi_\varrho = g'(\varepsilon_\varrho - U)\psi_\varrho$:

$$(6.3.13) \qquad Sp\left(\frac{\partial H}{\partial \alpha_v} g'(H-U)\right) = \sum_\varrho \left\langle \psi_\varrho, \frac{\partial H}{\partial \alpha_v}\psi_\varrho\right\rangle g'(\varepsilon_\varrho - U).$$

Da $g'(\varepsilon_\varrho - U)$ nur für ε_ϱ in der Nähe von U von Null verschieden ist, sind die Größen $\left\langle \psi_\varrho, \dfrac{\partial H}{\partial \alpha_v}\psi_\varrho\right\rangle$ in (6.3.13) praktisch alle gleich $-\beta_v(U,\alpha)$ nach (6.3.4), so daß man diesen (so gut wie) konstanten Faktor aus der Summe auf der rechten Seite von (6.3.13) herausziehen kann:

$$Sp\left(\frac{\partial H}{\partial \alpha_v} g'(H-U)\right) = -\beta_v(U,\alpha)\sum_\varrho g'(\varepsilon_\varrho - U).$$

Wegen $Sp\big(g'(H-U)\big)=\sum_\varrho g'(\varepsilon_\varrho - U)$ folgt schließlich

$$(6.3.14) \qquad Sp\left(\frac{\partial H}{\partial \alpha_v} g'(H-U)\right) = -\beta_v(U,\alpha)\,Sp\big(g'(H-U)\big).$$

(6.3.14) zusammen mit (6.3.11) ergibt:

$$(6.3.15) \qquad \frac{\partial S}{\partial \alpha_v} = \beta_v(U,\alpha)\,\frac{\partial S}{\partial U}.$$

Wir definieren durch

$$(6.3.16) \qquad \frac{\partial S}{\partial U} = \frac{1}{T}$$

eine Zustandsfunktion über Z_g:

$$(6.3.17) \quad \tilde{T} = \tilde{T}(U, \alpha).$$

Man mache sich anhand der Überlegungen aus § 4.4 klar, daß $\tilde{T}$ nicht von der »zufällig« gewählten Breite δ der Approximation von $A^{(e)}$ an H abhängt.

Wir werden in § 6.5 sehen, daß $\tilde{T}$ gerade das ist, was wir Temperatur nennen, d.h. ein das Gleichgewicht zwischen zwei gekoppelten Systemen charakterisierender Parameter. Im Augenblick aber mag man $\tilde{T}$ nur als »Hilfsfunktion« betrachten. Mit (6.3.17) nimmt (6.3.15) die Gestalt

$$(6.3.18) \quad \frac{\partial S}{\partial \alpha_v} = \frac{\beta_v}{\tilde{T}}$$

an. Die beiden Formeln (6.3.16), (6.3.18) werden sich als durchaus brauchbar erweisen, um die Zustandsgleichungen zu berechnen.

Es sei nochmals betont, daß wir *keinen* Rückgriff auf die in XIV, § 1 entwickelte Thermostatik durchgeführt haben noch durchführen. Wenn wir also die hier in § 6 entwickelte Theorie mit der aus XIV, § 1 entwickelten vergleichen, so eben nur auf der Basis, daß die α_v und β_v in beiden Theorien dieselbe physikalische Bedeutung haben. Dann werden wir schließlich am Ende von § 6 festellen können, daß die hier entwickelte Theorie umfangreicher (im Sinne von III, § 7 sogar eine Standarderweiterung) als die aus XIV, § 1 ist. Bis jetzt wissen wir nur, daß die hier definierte innere Energie – wie schon oben erläutert – wegen (6.2.2) mit der in XIV, § 1 eingeführten inneren Energie identisch ist. Daß aber die hier eingeführte Funktion $S(U, \alpha)$ mit der in XIV, § 1 definierten Entropie identifiziert werden kann, ist *noch nicht* gezeigt. Allerdings folgt schon folgende Struktur:

Mit (6.3.16) und (6.3.18) folgt

$$(6.3.19) \quad dS(U, \alpha) = \frac{dU + \sum\limits_v \beta_v d\alpha_v}{\tilde{T}(U, \alpha)},$$

d.h. daß es einen »integrierenden Faktor« für die Differentialform $dU + \sum\limits_v \beta_v d\alpha_v$ gibt! Wenn wir also noch in § 6.5 zeigen, daß $\tilde{T}$ tatsächlich die physikalische Bedeutung einer Temperaturskala hat, so muß (!) $\tilde{T}$ bis auf einen Zahlenfaktor (siehe die Diskussion in XIV, § 1.4) mit der absoluten Temperatur T aus XIV, § 1.4 übereinstimmen. Da die Einheit von T in XIV, § 1.4 willkürlich war, können wir diese dann so wählen, daß $\tilde{T} = T$ wird.

Dieselben Überlegungen können auch mit $S_{st}(U, \alpha)$ nach (4.5.30) durchgeführt werden, nur daß der zu (6.3.10) analoge Satz

$$\frac{\partial}{\partial \alpha_\nu} \int g\,(H(\alpha))\,dp_1 \ldots = \int \frac{\partial H}{\partial \alpha_\nu}\, g'(H)\,dp_1 \ldots$$

trivial ist, da es keine »Vertauschungsprobleme« gibt.

Wir wollen die hier allgemein aufgestellten Gesetzmäßigkeiten am Beispiel des »idealen Gases« illustrieren und zwar (weil dies zunächst einfacher ist) unter Benutzung von $\mathfrak{PT}_{k\,exp}$.

Unter einem idealen Gas versteht man dabei den Fall, daß man bei der Berechnung von $S(U,\alpha)$ nach (4.5.30) die Wechselwirkungen der Atome untereinander in der Hamiltonfunktion (1.1) vernachlässigen kann. Wann wird dies der Fall sein?

Die Reichweite des Potentials U sei R. Jedes der N Atome nimmt mit seinem Potential in diesem Sinne einen Raum $\dfrac{4\pi}{3} R^3$ ein. Gilt für das Volumen V des durch $\bar{V}(\mathbf{r})$ in (1.1) symbolisierte Kastens

$$(6.3.20) \qquad V \gg N\, \frac{4\pi}{3}\, R^3,$$

so wird man bei der Integration über eine Energiefläche $H = U$ keinen großen Fehler machen, wenn man die Wechselwirkungen weg läßt, da an den »meisten« Stellen der Energiefläche $\displaystyle\sum_{i<k} U(|\mathbf{r}^{(i)} - \mathbf{r}^{(k)}|) = 0$ sein wird. Tatsächlich gilt dies – falls $U(r)$ auch negativ wird, d.h. falls sich die Atome für Abstände r mit $r_0 < r < R$ anziehen – *nur*, wenn die innere Energie U groß genug ist.

In der Näherung für das »ideale Gas« lautet die *Hamilton*funktion:

$$(6.3.21) \qquad H(\alpha) = \frac{1}{2\,m} \sum_{i=1}^{3N} p_i^2 + \sum_{k=1}^{N} \bar{V}(\mathbf{r}^{(k)}; \alpha).$$

Nach (4.5.30) wird mit einer Funktion $g(x)$, die z.B. die Gaußfunktion $e^{-\frac{x^2}{\delta^2}}$ sein kann (siehe § 4.4!),

$$(6.3.22) \qquad S(U,\alpha) = \log\,[\eta \int g(H-U)\,dp_1 \ldots].$$

Dabei ist wichtig, daß $g(0) = 1$ ist (siehe § 4.4 wo $g(x) = e^{-\frac{x^2}{\delta^2}}$ wird!).

Da $g(H-U)$ sehr schnell Null wird, wenn H von U abweicht, ist die Funktion $g(H-U)$ gleich Null, wenn nicht die $\mathbf{r}^{(k)}$ in dem durch $\bar{V}$ bestimmten »Kasten« $\mathscr{V}$ liegen; denn für $\mathbf{r} \in \mathscr{V}$ ist $\bar{V}(\mathbf{r}) = 0$ und für $\mathbf{r}$ etwas außerhalb des Kastens wird $\bar{V}(\mathbf{r})$ sehr schnell unendlich groß. Daher kann man in (6.3.22) $g(H-U)$ so schreiben:

$$(6.3.23) \qquad g(H-U) = \begin{cases} g(K-U) & \text{für alle} \quad \mathbf{r}^{(k)} \in \mathscr{V} \\ 0 & \text{für ein} \quad \mathbf{r}^{(k)} \notin \mathscr{V}, \end{cases}$$

wobei K nur noch die kinetische Energie ist:

$$(6.3.24) \qquad K = \frac{1}{2m} \sum_{i=1}^{3N} p_i^2.$$

Mit (6.3.23) folgt (mit V als Volumen des Kastens; siehe oben):

$$(6.3.25) \qquad \int g(H-U)dp_1 \ldots = V^N \int g(K-U)dp_1 \ldots dp_{3N}.$$

Statt der p_i führen wir als neue Integrationsvariable K und das Oberflächenelement $d\omega$ der Einheitskugel im $3N$-dimensionalen euklidischen Raum ein. Mit Ω als Oberfläche dieser Einheitskugel wird dann:

$$\int g(K-U)dp_1 \ldots dp_{3N} = \tfrac{1}{2}\Omega(2m)^{\frac{3N}{2}} \int g(K-U)K^{\frac{3N}{2}-1}dK.$$

Da es – wie schon in § 4.4 erläutert – nicht so »sehr« auf die Breite der Funktion $g(x)$ bei der Berechnung der Entropie ankommt, können wir mit einer Breite δ

$$\int g(K-U)K^{\frac{3N}{2}-1}dK = U^{\frac{3N}{2}-1}\delta$$

setzen. Mit

$$(6.3.26) \qquad \Omega = \frac{2(\pi)^{\frac{3N}{2}}}{\left(\frac{3N}{2}-1\right)!}$$

folgt schließlich

$$(6.3.27) \qquad S(U,\alpha) = \log\left[\frac{\eta\delta(2\pi m)^{\frac{3N}{2}}}{\left(\frac{3N}{2}-1\right)!}\right] + N\log V + \left(\frac{3N}{2}-1\right)\log U.$$

Hierbei hängt S nur insofern von den α_v ab, als das Volumen V von den α_v abhängt.

Da bei Änderung des Volumens $\sum_v \beta_v d\alpha_v = pdV$ ist mit p als Druck (physikalische Interpretation der β_v!), folgt aus (6.3.18)

$$(6.3.28) \qquad \frac{p}{T} = \frac{\partial S}{\partial V} = \frac{N}{V}$$

und aus (6.3.16)

$$(6.3.29) \qquad \frac{1}{\tilde{T}} = \frac{\partial S}{\partial U} = \frac{\dfrac{3N}{2} - 1}{U} \approx \frac{3N}{2U},$$

da $N \gg 1$ ist. Setzt man (6.3.29) in (6.3.28) ein, so folgt die Zustandsgleichung des idealen (einatomigen) Gases:

$$(6.3.30) \qquad p(U, V) = \frac{2}{3} \frac{U}{V}.$$

Damit haben wir XIV (1.2.21) mit $c = \frac{1}{3}$ »abgeleitet« und nicht als durch die Erfahrung nahegelegten Ansatz gewonnen.

Praktisch benutzt man als Zustandsgleichung meist die Form (6.3.28):

$$(6.3.31) \qquad pV = N\tilde{T}.$$

Nimmt man schon *vorweg*, daß $\tilde{T}$ die bis auf einen Faktor eindeutig bestimmte absolute Temperatur ist, so kann man (6.3.31) mit

$$(6.3.32) \qquad pV = RT$$

für ein Mol vergleichen, d. h. für eine Zahl $N = N_L$ für die $N_L m$ gleich der Masse eines Mols ist. N_L nennt man die *Loschmidt*sche Zahl; N_L ist die Zahl der Atome (Moleküle) eines Mols des betrachteten Stoffes.

Mit $R = N_L k$ erhält man durch Vergleich von (6.3.31) mit (6.3.32):

$$(6.3.33) \qquad \tilde{T} = kT.$$

Die Zahl k besagt nichts über die Struktur der Natur, sondern ist nur eine Umrechnungskonstante zwischen verschiedenen Einheiten, nämlich der von $\tilde{T}$ und der von T. Eine Aussage über die Struktur der Natur liegt darin, daß die Naturgesetze *nicht* invariant sind gegenüber Multiplikation von T mit einem Zahlenfaktor! Die in XIV, § 1 beschriebenen allgemeinen Naturgesetze waren noch invariant gegenüber einer solchen Maßstabsänderung von T. Durch die Einbettung in $\mathfrak{PT}_{k\,\mathrm{exp}}$ (bzw. $\mathfrak{PT}_{q\,\mathrm{exp}}$ wie wir später sehen werden) wird aber eine Verbindung mit der »atomaren Struktur« der Materialien hergestellt, eben z. B. mit der Masse m eines (!) Atoms.

$\tilde{T}$ hat die Dimension einer Energie. Wir werden daher die Gradskala für die Temperatur aufgeben und (entsprechend unseren allgemeinen Überlegungen aus II, § 3; II, § 6; VIII, § 1.3; IX, § 5.3) als für die theoretische Physik durchsichtiger nur die durch (6.3.16) definierte Temperaturskala benutzen.

Aus der Formel (6.3.27) wird deutlich, warum wegen der »großen« Zahl N die Breite δ keine Rolle spielt; es ist aber zu beachten, daß η in (6.3.27) noch von N abhängen kann, ja abhängen wird, da η das Volumenelement $dp_1 \ldots dq_1 \ldots$ in Γ dimensionslos machen soll, also vermutlich von der Form $\bar{\eta}^N$ mit einem »festen« Faktor $\bar{\eta}$ zu wählen ist.

§ 6.4. *Die mikrokanonische Gesamtheit*

Wir haben in § 6.3 gesehen, daß man die supermikrokanonischen Gesamtheiten für praktische Rechnungen wenig gebrauchen kann. Nur der Übergang zur Entropie, d.h. zu der nicht auf ein ε_ϱ bei festem U konzentrierten Funktion $g(\varepsilon_\varrho - U)$ in (6.3.9) führte zu brauchbaren Rechenmethoden.

In § 4.3 haben wir aber gesehen, z. B. nach (4.3.28), daß es zur Berechnung der Gleichgewichtswerte (6.3.1) genügt, eine mit H vertauschbare Gesamtheit $\bar{W}$ so zu wählen, daß sie in der Energie nicht mehr streut, als es der »Fehler« von $A^{(e)}$ gegenüber H angibt. Dann ist

$$(6.4.1) \qquad f^{(g)}(U,\alpha) = Sp(\bar{W}A) \quad \text{mit} \quad U = Sp(\bar{W}H).$$

Da $\bar{W}$ mit H vertauschbar sein soll, ist also $\bar{W}$ von der Form

$$(6.4.2) \qquad \bar{W} = \sum_\varrho w_\varrho P_{\psi_\varrho}$$

mit den Eigenvektoren ψ_ϱ von H zu den Eigenwerten ε_ϱ. Damit folgt

$$(6.4.3) \qquad U = \sum_\varrho w_\varrho \varepsilon_\varrho$$

und für die Streuung

$$(6.4.4) \qquad (\Delta U)^2 = \sum_\varrho w_\varrho (\varepsilon_\varrho - U)^2.$$

ΔU darf also nicht zu groß sein, damit (6.4.1) anwendbar ist.

Als mikrokanonische Gesamtheit bezeichnet man die Wahl

$$(6.4.5) \qquad \bar{W} = \frac{P_{J(u)}}{Sp(P_{J(u)})}$$

mit $P_{J(u)} = \sum_\varrho' P_{\psi_\varrho}$, wobei $\sum_\varrho'$ die Summation über alle ϱ mit $\varepsilon_\varrho \in J(u)$, d.h. mit

$$(6.4.6) \qquad u - \Delta < \varepsilon_\varrho < u + \Delta,$$

bedeutet.

Der Vorteil von $\bar{W}$ nach (6.4.5) gegenüber einer supermikrokanonischen Gesamtheit P_{ψ_ϱ} ist folgender:

Zur Berechnung von $P_{J(u)}$ ist *nicht* die Kenntnis aller ψ_ϱ notwendig. Hat man z. B. einen Näherungsoperator H_0 von H, der H so gut approximiert, daß die

Entwicklung der exakten Eigenvektoren ψ_ϱ von H zum Eigenwert ε_ϱ nach den Eigenvektoren φ_σ von H_0

$$\psi_\varrho = \sum_\sigma \varphi_\sigma \langle \varphi_\sigma, \psi_\varrho \rangle$$

nur solche wesentlich von Null verschiedene Koeffizienten $\langle \varphi_\sigma, \psi_\varrho \rangle$ enthält, für die die Eigenwerte $\varepsilon_\sigma^{(0)}$ von H_0 nicht wesentlich mehr von ε_ϱ, als der »Fehler« von $A^{(e)}$ gegenüber H beträgt, abweichen, so kann man statt $\bar{W}$ nach (6.4.5) auch ein ebenso konstruiertes $\bar{W}$ für H_0 statt H benutzen. Es kann dann zwar passieren, daß für die »Näherungvektoren« φ_σ *nicht mehr* allgemein

$$f^{(\varrho)}(U,\alpha) = \langle \varphi_\sigma, A\varphi_\sigma \rangle \quad \text{mit} \quad U = \langle \varphi_\sigma, H\varphi_\sigma \rangle$$

gilt, da für verschiedene $\varepsilon_\sigma^{(0)}$ nahe bei U womöglich die Werte $\langle \varphi_\sigma, A\varphi_\sigma \rangle$ für verschiedene σ ganz verschieden ausfallen. Gerade durch Übergang von $W = P_{\psi_\varrho}$ zu $\bar{W}$ nach (6.4.5) wird es ermöglicht, auch »Näherungen« von (6.4.5) sinnvoll zu betrachten!

Speziell lauten (6.4.1):

$$
(6.4.7) \qquad
\begin{aligned}
U - \frac{Sp(P_{J(u)} H)}{Sp(P_{J(u)})} &\approx u, \\[2em]
\beta_v = \frac{Sp\left(P_{J(u)}\left(-\dfrac{\partial H}{\partial \alpha_v}\right)\right)}{Sp(P_{J(u)})}&.
\end{aligned}
$$

Wieder könnte man eine gewisse Kontrolle, wie oben erläutert, durch Berechnung der Streuungen vornehmen. Es folgt leicht

$$(6.4.8) \qquad \frac{Sp\left(P_{J(u)}(H - U1)^2\right)}{Sp(P_{J(u)})} \leq (2\Delta)^2$$

mit Δ aus (6.4.6). Nicht allgemein berechenbar sind die anderen Streuungen:

$$(6.4.9) \qquad \frac{Sp\left(P_{J(u)}\left(\dfrac{\partial H}{\partial \alpha_v} + \beta_v 1\right)^2\right)}{Sp(P_{J(u)})}.$$

· Die zweite Formel (6.4.7) erweist sich immer noch als wenig praktisch, um die Zustandsgleichungen zu berechnen, obwohl man in dieser ohne Schwierigkeiten H durch eine Näherung ersetzen darf. Dagegen wird der Nenner der Formeln (6.4.7) häufiger benutzt, um die Entropie zu berechnen. Wir wissen nach den allgemeinen Überlegungen aus § 4.4, daß die Entropie auch nach

$$(6.4.10) \qquad S_{st}(U,\alpha) - \log Sp(P_{J(u)})$$

berechnet werden kann, wenn man Δ etwa von der Größe des »Fehlers« von $A^{(e)}$ gegenüber H wählt. Lassen wir den Index st wieder weg!

$Sp(P_{J(u)})$ ist nichts anderes als die Zahl der Eigenwerte ε_ϱ von H mit $\varepsilon_\varrho \in J(u)$. Nehmen wir die ε_ϱ als nicht entartet an, so sind nach der Störungsrechnung aus XI, § 6.1 die

$$(6.4.11) \qquad \varepsilon_\varrho' = \varepsilon_\varrho + \left\langle \psi_\varrho, \left(\sum_\nu \frac{\partial H}{\partial \alpha_\nu} \, d\alpha_\nu \right) \psi_\varrho \right\rangle$$

die Eigenwerte des Operators $H(\alpha + d\alpha) = H(\alpha) + \sum_\nu \frac{\partial H}{\partial \alpha_\nu} \, d\alpha_\nu$.

Für alle $\varepsilon_\varrho \in J(u)$ ist nach (6.3.4)

$$(6.4.12) \qquad \left\langle \psi_\varrho, \frac{\partial H}{\partial \alpha_\nu} \, \psi_\varrho \right\rangle = -\beta_\nu(U, \alpha)$$

praktisch unabhängig von ε_ϱ für die $\varepsilon_\varrho \in J(u)$, wenn Δ nicht zu groß ist. Δ darf aber auch nicht zu klein sein, damit $Sp(P_{J(u)})$ eine sehr große Zahl ist und damit die rechte Seite von (6.4.10) sehr gut durch eine differenzierbare Funktion $S(U, \alpha)$ approximiert werden kann. Die Behauptung ist, daß der »Fehler« zwischen der Observablen innere Energie $A^{(e)}$ und H eben gerade eine passende Größe für Δ liefert.

Aus (6.4.12) und (6.4.11) folgt, daß die Zahl der Eigenwerte von $H(\alpha)$ in einem Intervall $J(u)$ bei Veränderung der α_ν von $\alpha_\nu^{(1)}$ bis $\alpha_\nu^{(2)}$ *und* gleichzeitigem Verschieben des ganzen Intervalls um

$$(6.4.13) \qquad -\int\limits_{\alpha^{(1)}}^{\alpha^{(2)}} \sum_\nu \beta_\nu(\alpha) \, d\alpha_\nu$$

praktisch unverändert bleibt, d. h. daß

$$S(U, \alpha) = S(U - \sum_\nu \beta_\nu \, d\alpha_\nu, \, \alpha + d\alpha)$$

gilt. Daraus folgt

$$(6.4.14) \qquad -\frac{\partial S}{\partial U} \left(\sum_\nu \beta_\nu \, d\alpha_\nu \right) + \sum_\nu \frac{\partial S}{\partial \alpha_\nu} \, d\alpha_\nu = 0.$$

Aus (6.4.14) folgt unmittelbar (6.3.15), womit wir eine neue Ableitung von (6.3.15) erhalten haben.

Aber auch umgekehrt besagt (6.3.15), d. h. (6.3.19), daß auf der Basis von (6.4.10) die obige Aussage über die Dimension des Projektors $P_{J(u)}$ gelten muß:

Bei der Veränderung der α_ν von $\alpha_\nu^{(1)}$ bis $\alpha_\nu^{(2)}$ *und* einer Verschiebung von $J(u)$ um (6.4.13) ändert sich die Dimension von $P_{J(u)}$ praktisch nicht.

Diese Aussage ist eine interessante *Konsequenz* der betrachteten Einbettung in $\mathfrak{P}\mathfrak{T}_{q\,\mathrm{exp}}$. Die betrachtete Einbettung ist nur möglich, wenn der Operator $H(\alpha)$ in Abhängigkeit von den α_v diese Bedingung erfüllt. Ob dies für konkret angegebene $H(\alpha)$ wirklich der Fall ist, ist eine im Prinzip nachprüfbare mathematische Frage. Der Leser wird von diesem einführenden Lehrbuch nicht erwarten, daß wir solchen schwierigen mathematischen Fragen nachgehen können.

Die angegebenen Formeln lassen sich leicht auf den Fall einer Einbettung in $\mathfrak{P}\mathfrak{T}_{k\,\mathrm{exp}}$ übertragen. Statt (6.4.5) ist die Gesamtheit

$$(6.4.15) \qquad \bar{\varrho}(p_1,\ldots) = \frac{g(p_1,\ldots)}{\int g(p_1,\ldots)\,dp_1\cdots}$$

$$\text{mit} \quad g(p_1,\ldots) = \begin{cases} 1 & \text{für } u - \varDelta < H \leq u + \varDelta \\ 0 & \text{sonst} \end{cases}$$

zu wählen.

Die Gesamtheiten (6.4.5) bzw. (6.4.15) heißen die *mikrokanonischen Gesamtheiten.*

Die Formel (6.4.10) ist entsprechend (4.5.30) und den zu § 4.4 analogen Überlegungen, daß man ohne »lim« die Funktion $k(H - u - \varDelta) - k(H - u + \varDelta)$ durch g ersetzen kann, in

$$(6.4.16) \qquad S(U,\alpha) = \log\left[\eta \int g(p_1,\ldots)\,dp_1\cdots\right]$$

umzuschreiben. Das Integral über g im Nenner von (6.4.15) bzw. in (6.4.16) ist das Volumen zwischen den beiden Energieflächen $H = u - \varDelta$ und $H = u + \varDelta$ d.h. das Volumen einer sogenannten *Energieschale.*

Was besagt jetzt die Bedingung (6.3.15), d.h. (6.4.14)?

Auf einer Energiefläche $H(p_i, q_i, \alpha) = E$ nimmt $H(p_i, q_i, \alpha + d\alpha)$ die Werte

$$E + \sum_v \left[\frac{\partial H}{\partial \alpha_v}(p_i, q_i, \alpha)\right]_{H = E} d\alpha_v$$

an. Die Energieschale $u - \varDelta > H \leq u + \varDelta$ in bezug auf $H(\alpha)$ kann man also als eine »etwas verbogene« Energieschale in bezug auf $H(\alpha + d\alpha)$ ansehen, nämlich als Gebiet zwischen den beiden Flächen

$$H(\alpha + d\alpha) = U - \varDelta + \sum_v \left[\frac{\partial H}{\partial \alpha_v}(p_i, q_i, \alpha)\right]_{H(\alpha) = u - \varDelta} d\alpha_v$$

$$\text{und} \qquad H(\alpha + d\alpha) - U + \varDelta + \sum_v \left[\frac{\partial H}{\partial \alpha_v}(p_i, q_i, \alpha)\right]_{H(\alpha) = u + \varDelta} d\alpha_v.$$

Ist nun die Streuung von $\dfrac{\partial H}{\partial \alpha_v}$ auf einer Energiefläche sehr klein, d.h. kann man bis auf Stellen sehr kleiner Fläche (verglichen mit der ganzen Energiefläche)

$$\frac{\partial H}{\partial \alpha_v} = - \beta_v$$

nach (6.3.8) setzen, so ist also – falls $\varDelta$ klein genug ist – die Energieschale

$$U - \varDelta > H(\alpha) \leq U + \varDelta$$

praktisch identisch mit der Energieschale

$$U - \sum_v \beta_v(U,\alpha)d\alpha_v - \varDelta \leq H(\alpha + d\alpha) \leq U - \sum_v \beta_v(U,\alpha) + \varDelta$$

und hat damit dasselbe Volumen, d.h.

$$S(U - \sum_v \beta_v d\alpha_v, \alpha + d\alpha) = S(U,\alpha),$$

woraus (6.4.14) folgt.

Die Bedingung über die Streuung von $\dfrac{\partial H}{\partial \alpha_v}$ auf einer Energiefläche, so wie diese nach (6.3.8) diskutiert wurde, ist also hinreichend dafür, daß (6.4.14) gilt. Diese Bedingung ist aber wieder nichts anderes als die Bedingung (4.5.27), d.h. die Bedingung, daß die $\dfrac{\partial H}{\partial \alpha_v}$ thermodynamische Observablen sind. Auch dies wäre wieder, falls $H(\alpha)$ explizit vorgegeben ist, eine mathematisch nachprüfbare Bedingung.

Daß man die Formel (6.4.16) ebenso gut benutzen kann wie (6.3.22) um die Zustandsgleichung des idealen Gases zu berechnen, möge der Leser nachweisen.

§ 6.5. Die kanonische Gesamtheit und der Begriff der Temperatur

Zur Einführung des Begriffs der Temperatur in XIV, § 1.3 war es notwendig, thermodynamisch gekoppelte Systeme zu betrachten. In XIV, § 1.4 führten wir das Axiom $A\mathscr{A}\,3$ ein, durch das garantiert wurde, daß die Differentialform $dU + \sum_v \beta_v d\alpha_v$ einen integrierenden Faktor hat. Um aber zu zeigen, daß dieser als eine Funktion der Temperatur allein gewählt werden kann, mußten wir thermodynamisch gekoppelte Systeme betrachten.

In der hier in § 6 entwickelten Thermostatik konnten wir auf Grund der Einbettung in $\mathfrak{PT}_{q\exp}$, bzw. $\mathfrak{PT}_{k\exp}$ eine Funktion $S(U,\alpha)$ nach (4.4.5) bzw. (4.5.30) definieren und für sie die Beziehung (6.3.19) ableiten. Damit konnten wir auf Grund der Einbettung in $\mathfrak{PT}_{q\exp}$, bzw. $\mathfrak{PT}_{k\exp}$ »beweisen«, daß $dU + \sum_v \beta_v d\alpha_v$ einen integrierenden Faktor besitzt. Dieses »Beweisen« ist kein Beweis im Rahmen von $\mathfrak{PT}_{q\exp}$ gewesen, sondern eine Demonstration, daß es kein thermostatisches Gleichgewicht für thermodynamische Observablen (zu denen auch die $B^{(v)}$ als Approximationen zu den $-\dfrac{\partial H}{\partial \alpha_v}$ gehören sollen!) geben kann, wenn nicht $S(U,\alpha)$, durch (4.4.5) bzw. (4.5.30) definiert, die Beziehung (6.3.19) erfüllt. In § 6.4 haben wir gezeigt, daß die Bedingung (6.3.19) eine bestimmte Bedingung an die Art der Abhängigkeit der Größe $H(\alpha)$ von den α_v darstellt, die allein im Rahmen von $\mathfrak{PT}_{q\exp}$, bzw. $\mathfrak{PT}_{k\exp}$ mathematisch nachgeprüft werden könnte, wenn $H(\alpha)$ explizit angegeben ist. Wäre aber für eine bestimmte Vorgabe von $H(\alpha)$ diese Bedingung *nicht* erfüllt, so ist eine solche Theorie $\mathfrak{PT}_{q\exp}$, bzw. $\mathfrak{PT}_{k\exp}$ ungeeignet für die Einbettung einer Thermostatik. In einem solchen Fall ist ernsthaft zu überlegen, ob die Theorie $\mathfrak{PT}_{q\exp}$ überhaupt noch etwas mit der Erfahrung zu tun hat, oder ob die physikalischen Systeme, für die man $\mathfrak{PT}_{q\exp}$ aufgestellt hat, tatsächlich keine thermodynamische Beschreibung zulassen!

Wir setzen aber weiterhin die bisher angenommene Einbettungsmöglichkeit voraus. Dann ist es also möglich, nach (6.3.16) eine Zustandsfunktion $\tilde{T}(U,\alpha)$ zu definieren. Wir wollen diese aber nur dann Temperatur nennen, wenn folgendes gilt:

Zwei thermodynamisch gekoppelte Systeme sind dann und nur dann im Gleichgewicht, wenn die Werte von $\tilde{T}$ für beide Systeme die gleichen sind.

Genau das wollen wir jetzt auf Grund der Einbettung in $\mathfrak{PT}_{q\exp}$ zeigen.

Die Definitionen 1.3.1 und 1.3.2 aus XIV, § 1.3 für isolierte und thermodynamisch gekoppelte Systeme können wir sofort in die hier in § 6 entwickelte Thermostatik übernehmen, da die innere Energie auch hier in § 6 schon definiert ist. Wir brauchen aber noch eine Charakterisierung dieser beiden Fälle im Rahmen von $\mathfrak{PT}_{q\exp}$, eine Charakterisierung, die nicht aus den Definitionen XIV Def. 1.3.1 und XIV Def. 1.3.2 hergeleitet werden kann. Vielmehr können diese Definitionen nur nahelegen, wie man sie in $\mathfrak{PT}_{q\exp}$ zu ergänzen hat.

Zwei zusammengesetzte Systeme (deren Teilchen räumlich getrennt bleiben) werden nach XI, § 3.5 in einem Produkt-*Hilbert*raum $\mathscr{H} = \mathscr{H}^{(1)} \times \mathscr{H}^{(2)}$ beschrieben, wobei $\mathscr{H}^{(1)}$ der *Hilbert*raum des Systems 1 und $\mathscr{H}^{(2)}$ der des Systems 2 ist, d.h. wobei die Observablen vom System 1 durch Operatoren der Form $A^{(1)} \times \mathbf{1}$ und die vom System 2 durch Operatoren der Form $\mathbf{1} \times A^{(2)}$ darzustellen sind. (Wären die Teilchen der beiden Systeme nicht räumlich getrennt, so müßte man einen Teilraum von $\mathscr{H}^{(1)} \times \mathscr{H}^{(2)}$ wählen, der bestimmten Symmetrieforderungen für gleiche Teilchen genügt; siehe z. B. XI, §8.1).

Wir gehen also von dieser in $\mathfrak{PT}_{q\,\mathrm{exp}}$ bekannten Zusammensetzung zweier Systeme aus, um speziell zu charakterisieren, wann wir sie »isoliert voneinander« und wann »thermodynamisch gekoppelt« nennen wollen.

In beiden Fällen soll sich der thermodynamische Zustandsraum $\tilde{A} \times \bar{Z}$ des Gesamtsystems mit $\tilde{A} = \tilde{A}^{(1)} \times \tilde{A}^{(2)}$, $\bar{Z} = \bar{Z}^{(1)} \times \bar{Z}^{(2)}$ mit den Zustandsräumen $\tilde{A}^{(1)} \times \bar{Z}^{(1)}$ für das System 1 und $\tilde{A}^{(2)} \times \bar{Z}^{(2)}$ für das System 2 schreiben lassen. Mit $\Sigma^{(1)}$ als dem $\bar{Z}^{(1)}$ zugeordneten *Boole*schen Ring von Teilmengen $\sigma \subset \bar{Z}^{(1)}$ (siehe § 4.1) und $\Sigma^{(2)}$ für $\bar{Z}^{(2)}$ definiert man einen *Boole*schen Ring Σ von Teilmengen aus $\bar{Z} = \bar{Z}^{(1)} \times \bar{Z}^{(2)}$ als den von allen Mengen $\sigma^{(1)} \times \bar{Z}^{(2)}$ mit $\sigma^{(1)} \in \Sigma^{(1)}$ und $\bar{Z}^{(1)} \times \sigma^{(2)}$ mit $\sigma^{(2)} \in \Sigma^{(2)}$ erzeugten *Boole*schen Ring. Es gilt dann auch $\sigma^{(1)} \times \sigma^{(2)} \in \Sigma$ für irgendzwei Elemente $\sigma^{(1)} \in \Sigma^{(1)}$, $\sigma^{(2)} \in \Sigma^{(2)}$.

$\chi^{(1)}$ sei die für das System 1 nach (4.2.1) gegebene Einbettungsabbildung und $\chi^{(2)}$ die entsprechende für das System 2. χ sei die Abbildung für das gekoppelte System. Wir setzen ganz im Sinne der Produktdarstellung $\mathscr{H} = \mathscr{H}^{(1)} \times \mathscr{H}^{(2)}$ fest, daß

$$(6.5.1) \qquad \chi(\sigma^{(1)} \times \sigma^{(2)}) = \chi^{(1)}(\sigma^{(1)}) \times \chi^{(2)}(\sigma^{(2)})$$

ist, wobei $\chi^{(1)}(\sigma^{(1)})$ ein Operator in $\mathscr{H}^{(1)}$, $\chi^{(2)}(\sigma^{(2)})$ in $\mathscr{H}^{(2)}$ ist.

Die thermodynamischen Observablen $A^{(e)(1)}$ und $A^{(e)(2)}$ der inneren Energie der beiden Teilsysteme übertragen sich auf das gekoppelte System entsprechend (6.5.1) als $A^{(e)(1)} \times \mathbf{1}$ bzw. $\mathbf{1} \times A^{(e)(2)}$.

Die beiden Systeme heißen isoliert voneinander, wenn H für das Gesamtsystem die Form

$$(6.5.2) \qquad H = H^{(1)} \times \mathbf{1} + \mathbf{1} \times H^{(2)}$$

mit $H^{(1)}$, $H^{(2)}$ als den *Hamilton*operatoren der Systeme 1 und 2 hat.

Wegen (6.5.2) ist dann die »Summe der beiden inneren Energien« eine thermodynamische Observable, die H approximiert. Sie ist also deshalb die innere Energie des Gesamtsystems. Als Summe zweier thermodynamischer Skalenobservablen $\{F^{(1)}(\lambda)\}$ und $\{F^{(2)}(\lambda)\}$ bezeichnet man allgemein:

$$(6.5.3) \qquad F(\lambda) = \iint\limits_{\lambda' + \lambda'' \leq \lambda} dF^{(1)}(\lambda') \times dF^{(2)}(\lambda'').$$

Dann wird, was für die Berechnung von Erwartungswerten wichtig ist:

$$\int \lambda dF(\lambda) = \iint (\lambda' + \lambda'') dF^{(1)}(\lambda') \times dF^{(2)}(\lambda'') =$$
$$= \int \lambda' dF^{(1)}(\lambda') \times \int dF^{(2)}(\lambda'') +$$
$$+ \int dF^{(1)}(\lambda') \times \int \lambda'' dF^{(2)}(\lambda'') = A^{(1)} \times \mathbf{1} + \mathbf{1} \times A^{(2)}$$

mit $\qquad A^{(1)} = \int \lambda dF^{(1)}(\lambda),$

$\qquad\qquad A^{(2)} = \int \lambda dF^{(2)}(\lambda).$

Die innere Energie $A^{(e)}$ des Gesamtsystems ist also $A^{(e)} = A^{(e)(1)} \times \mathbf{1} + \mathbf{1} \times$ $\times A^{(e)(2)}$. Es sei betont, daß allgemein die Summe zweier thermodynamischer Observablen der Systeme 1 und 2 wegen (6.5.1) eine thermodynamische Observable des Gesamtsystems ist.

Die Approximationsobservablen $B^{(v)(1)}$ an $\left(-\dfrac{\partial H^{(1)}}{\partial \alpha_v^{(1)}} \right)$ des Systems 1 sind auch für das Gesamtsystem thermodynamische Observablen $B^{(v)(1)} \times \mathbf{1}$; Entsprechendes gilt für das System 2.

Die Trajektorien $z(t) = (\alpha(t), \bar{z}(t))$ mit $\alpha \in \tilde{A}$, $\bar{z} \in \bar{Z}$ sind wegen der Isolierung identisch mit $\alpha(t) = (\alpha^{(1)}(t), \alpha^{(2)}(t))$, $\bar{z}(t) = (\bar{z}^{(1)}(t), \bar{z}^{(2)}(t))$, wobei die $z^{(1)}(t) = (\alpha^{(1)}(t), \bar{z}^{(1)}(t))$ die Trajektorien des Systems 1 allein (und entsprechend für das System 2) sind. Diese unabhängige Bewegung beider Systeme, so als ob das andere nicht existieren würde, ist mit der Einbettung wegen (6.5.2) kompatibel.

Ist also jedes System für sich ein einfaches System, so wie wir es in § 4.3 beschrieben haben, so streben die Einzeltrajektorien jede für sich einem nur von $\alpha^{(1)}$ und der inneren Energie $U^{(1)}$, bzw. $\alpha^{(2)}$ und $U^{(2)}$ abhängigen Gleichgewicht zu, d.h. $\bar{z}^{(g)}$ des Gesamtsystems hängt von $U^{(1)}$ und $U^{(2)}$ (bei festen $\alpha^{(1)}$, $\alpha^{(2)}$) ab:

$$(6.5.4) \qquad \bar{z}^{(g)}(U_1, U_2) = \left(\bar{z}^{(g)(1)}(U_1), \bar{z}^{(g)(2)}(U_2) \right).$$

$\bar{z}^{(g)}$ hängt also nicht nur von der inneren Gesamtenergie $U = U^{(1)} + U^{(2)}$ ab.

Es ist lehrreich, sich klar zu machen, daß in diesem Falle wegen (6.5.2) für das Gesamtsystem (4.3.35) *nicht* gelten kann:

Sind $\psi_\varrho^{(1)}$ die Eigenvektoren von $H^{(1)}$ zu den Eigenwerten $\varepsilon_\varrho^{(1)}$, $\psi_\sigma^{(2)}$ die von $H^{(2)}$ zu den Eigenwerten $\varepsilon_\sigma^{(2)}$, so hat H die Eigenvektoren $\Phi_{\varrho\sigma} = \psi_\varrho^{(1)} \psi_\sigma^{(2)}$ zum Eigenwert $\varepsilon_{\varrho\sigma} = \varepsilon_\varrho^{(1)} + \varepsilon_\sigma^{(2)}$. (4.3.35) für eine thermodynamische Observable A würde besagen, daß

$$\langle \Phi_{\varrho\sigma}, A\Phi_{\varrho\sigma} \rangle \quad \text{nur von} \quad \varepsilon_{\varrho\sigma} = \varepsilon_\varrho^{(1)} + \varepsilon_\sigma^{(2)}$$

langsam veränderlich abhängt. Tatsächlich ist aber sofort ersichtlich, daß für $A = A^{(1)} \times \mathbf{1}$ mit einer thermodynamischen Observablen $A^{(1)}$ des Systems 1

$$\langle \Phi_{\varrho\sigma}, A\Phi_{\varrho\sigma} \rangle = \langle \psi_\varrho^{(1)}, A^{(1)}\psi_\varrho^{(1)} \rangle \quad \text{von} \quad \varepsilon_\varrho^{(1)}$$

abhängt, ganz gleichgültig, wie groß $\varepsilon_\varrho^{(2)}$ ist!

Das aus zwei isolierten Systemen zusammengesetzte System ist also *nicht* stark makroergodisch (siehe Ende § 4.3).

Die beiden Systeme heißen *thermodynamisch gekoppelt*, wenn erstens die obige Struktur von Z und Σ wie bei isolierten Systemen benutzt werden kann, wenn zweitens statt (6.5.2)

$$(6.5.5) \qquad H = H^{(1)} \times \mathbf{1} + \mathbf{1} \times H^{(2)} + V^{(1)(2)}$$

mit einer »Wechselwirkung« $V^{(1)(2)}$ gilt, die so »klein« ist, daß $A^{(e)(1)} \times \mathbf{1} + \mathbf{1} \times A^{(e)(2)}$ eine im Sinne der thermodynamischen Observablen genauso gute Approximation an $H^{(1)} \times \mathbf{1} + \mathbf{1} \times H^{(1)}$ wie an H ist, und wenn drittens das zusammengesetzte System stark makroskopisch ergodisch ist.

$V^{(1)(2)}$ aus (6.5.5) muß also diese starke makroskopische Ergodizität hervorrufen, auch wenn $V^{(1)(2)}$ als »klein« vorausgesetzt wird. Wie ist das möglich?

Die Eigenwerte $\varepsilon_{\varrho\sigma} = \varepsilon_\varrho^{(1)} + \varepsilon_\sigma^{(2)}$ von $H^{(1)} \times \mathbf{1} + \mathbf{1} \times H^{(2)}$ werden durch die Wechselwirkung $V^{(1)(2)}$ nur »geringfügig« verändert werden in dem Sinne, daß $k(H - U\mathbf{1})$ und $k(H^{(1)} \times \mathbf{1} + \mathbf{1} \times H^{(2)} - U\mathbf{1})$ kaum zu unterscheiden sind (mit k nach (4.2.9)). Betrachtet man z. B. ein Intervall $P_{J(u)}$ nach (6.4.6), so wird sich also $P_{J(u)}$ für H oder für $H^{(1)} \times \mathbf{1} + \mathbf{1} \times H^{(2)}$ konstruiert nur wenig unterscheiden. Mit den Eigenvektoren Φ_ν von H zu den Eigenwerten ε_ν wird also

$$\sum_{\varepsilon_\varrho^{(1)} + \varepsilon_\sigma^{(2)} \in J(u)} P_{\psi_\varrho^{(1)}} \times P_{\psi_\sigma^{(2)}} \approx \sum_{\varepsilon_\nu \in J(u)} P_{\Phi_\nu}$$

gelten. Dies bedeutet aber eben *nicht*, daß die Φ_ν auch nur annähernd mit den $\psi_\varrho^{(1)}\psi_\sigma^{(2)}$ übereinzustimmen brauchen. Die starke makroskopische Ergodizität setzt vielmehr voraus, daß für eine thermodynamische Observable A

$$\langle \Phi_\nu, A\Phi_\nu \rangle \quad \text{nur von} \quad \varepsilon_\nu$$

abhängt, also z. B. für $A = H^{(1)} \times \mathbf{1}$

$$(6.5.6) \qquad \langle \Phi_\nu, (H^{(1)} \times \mathbf{1})\Phi_\nu \rangle = U^{(1)}(\varepsilon_\nu)$$

gilt. (6.5.6) ist aber gerade nicht erfüllt, sobald die Φ_ν mit den $\psi_\varrho^{(1)}\psi_\sigma^{(2)}$ auch nur annähernd übereinstimmen, da

$$\langle \psi_\varrho^{(1)}\psi_\sigma^{(2)}, (H^{(1)} \times \mathbf{1})\psi_\varrho^{(1)}\psi_\sigma^{(2)} \rangle = \varepsilon_\varrho^{(1)}$$

wird und es unter der Nebenbedingung $\varepsilon_\varrho^{(1)} + \varepsilon_\sigma^{(2)} \sim \varepsilon_\nu$ sehr viele verschiedene Werte $\varepsilon_\varrho^{(1)}$ gibt. (6.5.6) kann aber gelten, sobald die Φ_ν ganz schief zu $\psi_\varrho^{(1)}\psi_\sigma^{(2)}$ liegen, d. h. wenn in der Entwicklung

$$\Phi_\nu = \sum_{\varrho,\sigma} \psi_\varrho^{(1)}\psi_\sigma^{(2)} a_{\varrho\sigma,\nu}$$

alle $|a_{\varrho\sigma,\nu}|$ etwa gleich groß sind, sobald $\varepsilon_\varrho^{(1)} + \varepsilon_\sigma^{(2)} \sim \varepsilon_\nu$ gilt. Wir werden das weiter unten beweisen.

Wir betrachten wie in § 4.3 feste Werte der $\alpha_\nu^{(1)}, \alpha_\mu^{(2)}$. Da das zusammengesetzte System stark makroskopisch ergodisch sein soll, sind also nicht alle

Paare $(\bar{z}^{(g)(1)}(U^{(1)}),\, \bar{z}^{(g)(2)}(U^{(2)}))$ Gleichgewichtszustände. Der Gleichgewichtszustand $\bar{z}^{(g)}(U)$ des Gesamtsystems muß aber einer von den Zuständen $(\bar{z}^{(g)(1)}(U^{(1)}),\, \bar{z}^{(g)(2)}(U^{(2)}))$ mit $U^{(1)} + U^{(2)} = U$ sein.

Wir zeigen zunächst, daß ein Paar $(\bar{z}^{(1)},\, \bar{z}^{(2)})$ kein Gleichgewichtszustand des Gesamtsystems sein kann, sobald $\bar{z}^{(1)}$ (oder $\bar{z}^{(2)}$) kein Gleichgewichtszustand des isolierten Systems 1 (bzw. 2) ist.

Ist $\bar{z}^{(1)} \in \sigma^{(1)} \in \Sigma^{(1)}$ und $\bar{z}^{(2)} \in \sigma^{(2)} \in \Sigma^{(2)}$, so folgt für $\sigma = \sigma^{(1)} \times \sigma^{(2)}$ nach (6.5.1) und mit $Sp^{(1)}$ als Spur in $\mathscr{H}^{(1)}$, $Sp^{(2)}$ in $\mathscr{H}^{(2)}$:

$$Sp\left(\chi(\sigma)\right) = Sp^{(1)}\left(\chi^{(1)}(\sigma^{(1)})\right) Sp^{(2)}\left(\chi^{(2)}(\sigma^{(2)})\right)$$

und $\|\chi(\sigma)\| = \|\chi^{(1)}(\sigma^{(1)})\|\, \|\chi^{(2)}(\sigma^{(2)})\|$.
Daraus folgt wiederum nach (4.4.6):

$$(6.5.7) \qquad S_{th}(\bar{z}^{(1)},\, \bar{z}^{(2)}) = S_{th}^{(1)}(\bar{z}^{(1)}) + S_{th}^{(2)}(\bar{z}^{(2)}),$$

wobei $S_{th}^{(1)}, S_{th}^{(2)}$ die Entropiefunktion der Einzelsysteme 1 bzw. 2 sind, S_{th} die des zusammengesetzten Systems sind.

(6.5.7) ist der berühmte Sachverhalt der *Additivität der Entropie* für thermodynamisch gekoppelte (oder auch voneinander isolierte) Systeme.

Nach § 4.4 muß die Stelle $(\bar{z}^{(1)},\, \bar{z}^{(2)})$ des Gleichgewichtes die Stelle des Maximums der Entropie (6.5.7) bei festem $U = U^{(1)} + U^{(2)}$ sein. Dies ist aber nur möglich, wenn sowohl $S_{th}^{(1)}(\bar{z}^{(1)})$ bei festem $U^{(1)}$ und $S_{th}^{(2)}(\bar{z}^{(2)})$ bei festem $U^{(2)}$ Maximalwerte sind, d. h. wenn $\bar{z}^{(1)}$ ein Gleichgewichtszustand des isolierten Systems 1 und entsprechend $\bar{z}^{(2)}$ ein Gleichgewichtszustand des isolierten Systems 2 sind.

Es genügt also statt von (6.5.7) nur noch von

$$(6.5.8) \qquad S_{th}\left(\bar{z}^{(g)(1)}(U^{(1)}),\, \bar{z}^{(g)(2)}(U^{(2)})\right)$$

das Maximum unter der Nebenbedingung $U^{(1)} + U^{(2)} = U$ zu suchen. Nach (4.4.7) ist

$$S_{th}^{(1)}\left(\bar{z}^{(g)(1)}(U^{(1)})\right) = S_{st}^{(1)}(U^{(1)}, \alpha^{(1)})$$

und ebenso für (2). Somit nimmt (6.5.8) nach (6.5.7) mit $U = U^{(1)} + U^{(2)}$ die Form

$$(6.5.9) \qquad S_{th}\left(\bar{z}^{(g)(1)}(U^{(1)})\right) + S_{th}\left(\bar{z}^{(g)(2)}(U^{(2)})\right) =$$
$$= S_{st}^{(1)}(U^{(1)}, \alpha^{(1)}) + S_{st}^{(2)}(U^{(2)}, \alpha^{(2)}).$$

Für die Stelle $U^{(1)}$ des Maximums von (6.5.9) muß also gelten:

$$(6.5.10) \qquad \frac{\partial S_{st}^{(1)}}{\partial U^{(1)}} = \left[\frac{\partial S_{st}^{(2)}}{\partial U^{(2)}}\right]_{U^{(2)} = U - U^{(1)}}$$

d. h. mit (6.3.16)

$$(6.5.11) \qquad \tilde{T}^{(1)}(U^{(1)}, \alpha^{(1)}) = \tilde{T}^{(2)}(U^{(2)}, \alpha^{(2)}) \quad \text{mit} \quad U = U^{(1)} + U^{(2)}.$$

Gleichgewicht zwischen den beiden thermisch gekoppelten Systemen kann also nur bestehen, wenn die beiden Zustandsfunktionen $\tilde{T}^{(1)}$ und $\tilde{T}^{(2)}$ denselben Wert haben. Deshalb nennen wir $\tilde{T}$ die »Temperatur«. Gleichzeitig ist auf der Basis der Einbettung gezeigt, daß es eine Temperatur im Sinne von XIV, § 1.3 gibt, d. h. daß die dort als Axiome eingeführten Strukturen gelten müssen, *falls* eben Gleichgewichte mit einer Einbettung in $\mathfrak{PZ}_{q\,\mathrm{exp}}$ verträglich sind, d. h. falls die Systeme stark makroskopisch ergodisch sind. Statt $\tilde{T}$ schreiben wir deshalb einfach T und nennen T die absolute Temperatur. T ist dann eindeutig bestimmt, auch in bezug auf die Einheit, wie wir schon in § 6.3 gezeigt haben.

An der Stelle des Maximums, d. h. für die Werte $U^{(1)}$, $U^{(2)}$, die bei festem U der Bedingung (6.5.10) genügen, muß nach (4.4.7)

$$S_{th}\big(\bar{z}^{(g)(1)}(U^{(1)}), \bar{z}^{(g)(2)}(U^{(2)})\big) = S_{st}(U)$$

sein, was bedeutet, daß (6.5.9) bei vorgegebenem U ein sehr scharfes Maximum hat.

Da dies für die Kopplung je zweier Systeme 1 und 2 gelten muß, kann dies nur sein, wenn für jedes System, d. h. auch für das System 1, die Größe (bei konstantem β)

$$(6.5.12) \qquad S_{st}^{(1)}(U^{(1)}, \alpha^{(1)}) - \beta U^{(1)}$$

an der Stelle ihres Maximums, d. h. für

$$(6.5.13) \qquad T^{(1)}(U^{(1)}, \alpha^{(1)}) = \beta^{-1}$$

ein scharfes Maximum besitzt, d. h. ein Maximum der Breite des »Fehlers« der inneren Energie $A^{(e)(1)}$ gegenüber $H^{(1)}$.

Diese sehr wichtige Tatsache ist eine Folge von (4.3.39), da ja (4.4.7) aus (4.3.39) folgte. (4.3.39) angewandt auf das zusammengesetzte System ist aber nichts anderes als die Bedingung dafür, daß die Teilsysteme thermodynamisch gekoppelt, d. h. daß das Gesamtsystem stark makroskopisch ergodisch ist, d. h. daß das Gesamtsystem ein Gleichgewicht annehmen kann.

Gleichgewichte thermodynamisch gekoppelter Systeme sind also nur möglich, wenn (6.5.12) für beliebige Wahl von β ein scharfes Maximum annimmt, d. h. ein Maximum etwa der Breite des Fehlers der inneren Energie $A^{(e)(1)}$ gegenüber $H^{(1)}$.

In (6.5.12), (6.5.13) können wir den Index (1) fortlassen, da dies ja für alle »thermostatische Systeme« gelten muß.

Betrachten wir nun die Gesamtheit

$$(6.5.14) \qquad \bar{W} = \frac{\mathrm{e}^{-\beta H}}{Sp(\mathrm{e}^{-\beta H})}.$$

$\bar{W}$ ist mit H vertauschbar. Welche Streuungsbreite hat $\bar{W}$ in bezug auf H. Ist diese Streuung schmal um einen Wert U herum, so kann man nach § 4.3 auch $\bar{W}$ benutzen, um für eine thermodynamische Observable A mit der Skala f die Gleichgewichtswerte nach der Formel

$$(6.5.15) \qquad f^{(g)}(U,\alpha) = Sp(\bar{W}A)$$

zu berechnen. Denn mit (6.5.14) folgt:

$$Sp(\bar{W}A) = [Sp(\mathrm{e}^{-\beta H})]^{-1} \sum_{\varrho} \mathrm{e}^{-\beta \varepsilon_\varrho} \langle \psi_\varrho, A\psi_\varrho \rangle$$

und daraus mit (4.3.35)

$$(6.5.16) \qquad Sp(\bar{W}A) = [Sp(\mathrm{e}^{-\beta H})]^{-1} \sum_{\varrho} \mathrm{e}^{-\beta \varepsilon_\varrho} f^{(g)}(\varepsilon_\varrho).$$

Da die ε_ϱ sehr dicht liegen und $f^{(g)}(\varepsilon_\varrho)$ sich nur langsam mit ε_ϱ ändert (A ist thermodynamische Observable!), kann man mit einer Dichte $n(\varepsilon)$ der Energiewerte auf der ε-Skala

$$(6.5.17) \qquad \sum_{\varrho} \mathrm{e}^{-\beta \varepsilon} f^{(g)}(\varepsilon_\varrho) = \int n(\varepsilon)\, \mathrm{e}^{-\beta \varepsilon} f^{(g)}(\varepsilon) d\varepsilon$$

schreiben. Aus der Summe in (6.5.16) kann also der feste Wert $f^{(g)}(U)$ herausgezogen werden (womit dann $Sp(\bar{W}A) = f^{(g)}(U)$ wird), wenn dies für das Integral aus (6.5.17) der Fall ist, d.h. wenn $n(\varepsilon)\mathrm{e}^{-\beta \varepsilon}$ an der Stelle $\varepsilon = U$ ein scharfes Maximum besitzt. Zur Berechnung der Gleichgewichtswerte $f^{(g)}$ sind also die Gesamtheiten (6.4.5) und (6.5.14) äquivalent, wenn $n(\varepsilon)\mathrm{e}^{-\beta \varepsilon}$ ein Maximum an der Stelle U der Breite Δ besitzt!

Aus (6.4.10) folgt, daß die Entropie (wenn man U als Variable durch ε ersetzt)

$$S(\varepsilon) = \log \int\limits_{\varepsilon - \Delta}^{\varepsilon + \Delta} n(\varepsilon') d\varepsilon' \approx \log\left(2\Delta n(\varepsilon)\right)$$

ist. Damit wird

$$(6.5.18) \qquad n(\varepsilon)\, \mathrm{e}^{-\beta \varepsilon} = \frac{1}{2\Delta}\, \mathrm{e}^{S(\varepsilon) - \beta \varepsilon}.$$

Dies hat ein scharfes Maximum an der Stelle $\varepsilon = U$, wenn $S(\varepsilon) - \beta \varepsilon$ ein scharfes Maximum an der Stelle $\varepsilon = U$ hat; dies ist aber gerade nach den obigen Überlegungen zu (6.5.12), (6.5.13) der Fall!

Für die Stelle U des Maximums von (6.5.18) folgt nach (6.5.13):

$$(6.5.19) \qquad T(U,\alpha) = \beta^{-1}.$$

Schreiben wir jetzt statt (6.5.14):

$$(6.5.20) \qquad \bar{W} = \frac{e^{-\frac{H}{T}}}{Sp\left(e^{-\frac{H}{T}}\right)},$$

so ist also die Gesamtheit (6.5.20) mit der mikrokanonischen Gesamtheit (6.4.5) zur Berechnung von Gleichgewichtswerten äquivalent, wenn man U als die Stelle des Maximums von (6.5.18) wählt. Da dieses Maximum schmal ist, gilt auch

$$(6.5.21) \qquad U(T,\alpha) = Sp(\bar{W}H) = \frac{Sp\left(He^{-\frac{H}{T}}\right)}{Sp\left(e^{-\frac{H}{T}}\right)}.$$

(6.5.21) ist nichts anderes als die Auflösung der Gleichung (6.5.19) nach U.

Die Gesamtheit (6.5.20) heißt die *kanonische Gesamtheit*. Mit ihr können die Gleichgewichtswerte $f^{(g)}$ einer thermodynamischen Observable A nach

$$(6.5.22) \qquad f^{(g)}(T,\alpha) = \frac{Sp\left(Ae^{-\frac{H}{T}}\right)}{Sp\left(e^{-\frac{H}{T}}\right)}$$

berechnet werden. Zur Verwendung desselben Funktionszeichens $f^{(g)}$ wie z. B., in (6.4.1), obwohl in (6.5.22) T statt U als Variable benutzt wird, sei nochmals auf diesen in der Thermodynamik üblichen nicht ganz exakten Gebrauch hingewiesen (siehe auch XIV, § 1.3).

Aber auch die Entropie $S(U,\alpha)$ läßt sich leicht mit Hilfe der kanonischen Gesamtheit gewinnen. Dazu erinnern wir uns, daß die Entropie nach (6.3.9) mit einer »beliebigen« Funktion $g(x) \geq 0$ mit $g(0) = 1$ und einer Breite δ (die etwa dem »Fehler« von $A^{(e)}$ gegenüber H entspricht) berechnet werden kann. Als eine solche Funktion können wir aber – und das ist das Frappierende der obigen Ableitungen –

$$g(x) = e^{-\frac{x}{T}}$$

wählen; zwar hat $g(x-U)$ nicht selbst ein scharfes Maximum der Breite δ um $x = U$, aber doch $n(x)e^{-\frac{x-U}{T}}$, worauf es allein ankommt. Daher ist

$$(6.5.23) \qquad S(T,\alpha) = \log Sp \left(e^{-\frac{H-U}{T}} \right)$$

mit $U(T,\alpha)$ nach (6.5.21). Aus (6.5.23) folgt

$$S(T,\alpha) = \log \left[e^{\frac{U}{T}} Sp \left(e^{-\frac{H}{T}} \right) \right] = \frac{U}{T} + \log Sp \left(e^{-\frac{H}{T}} \right).$$

Wir definieren eine Zustandsfunktion $F(T,\alpha)$ durch:

$$(6.5.24) \qquad -\frac{F(T,\alpha)}{T} = \log Sp \left(e^{-\frac{H}{T}} \right).$$

Damit wird dann

$$(6.5.25) \qquad S(T,\alpha) = \frac{U(T,\alpha) - F(T,\alpha)}{T}.$$

Aus (6.5.25) folgt:

$$(6.5.26) \qquad F(T,\alpha) = U(T,\alpha) - TS(T,\alpha).$$

Wenn wir also das hier gefundene S mit der Entropie aus XIV, § 1.4 identifizieren müssen, was wir oben auf Grund von (6.3.19) und der jetzigen Erkenntnis, daß $\tilde{T} = T$ tatsächlich eine Temperaturskala ist, *bewiesen* haben, so ist F nach XIV (1.6.1) mit der freien Energie zu identifizieren. Wir wollen aber hier (6.3.19) nochmals mit Hilfe der kanonischen Gesamtheit beweisen.

Aus (6.5.24) folgt mit (6.3.10):

$$(6.5.27) \qquad -\frac{\partial F}{\partial \alpha_\nu} = \frac{Sp \left(-\dfrac{\partial H}{\partial \alpha_\nu} e^{-\frac{H}{T}} \right)}{Sp \left(e^{-\frac{H}{T}} \right)}.$$

Die rechte Seite von (6.5.27) ist aber gerade $Sp(\bar{W}B^{(\nu)})$, d.h. gleich $\beta_\nu(T,\alpha)$:

$$(6.5.28) \qquad \frac{\partial F}{\partial \alpha_\nu} = -\beta_\nu.$$

Ebenso folgt aus (6.5.24) und (6.5.21):

$$(6.5.29) \qquad U = -\frac{\partial}{\partial \left(\frac{1}{T} \right)} \left[\frac{F(T,\alpha)}{T} \right]$$

und auch

$$-\left(\frac{\partial F}{\partial T}\right)_{\alpha} = \frac{\partial}{\partial T}\left(T \log Sp\left(e^{-\frac{H}{T}}\right)\right)$$

$$(6.5.30) \qquad = -\frac{F}{T} + \frac{1}{T}\,\frac{Sp\left(He^{-\frac{H}{T}}\right)}{Sp\left(e^{-\frac{H}{T}}\right)}$$

$$= \frac{U-F}{T} = S.$$

Also gilt

$$(6.5.31) \qquad dF = -SdT - \sum_{v} \beta_{v}\,d\alpha_{v}.$$

Aus (6.5.25) folgt damit

$$d(TS) = TdS - SdT = dU - dF = dU + SdT + \sum_{v} \beta_{v}\,d\alpha_{v}$$

und damit (6.3.19).

Die Gesetze der Thermostatik aus XIV, § 1 wurden damit wiederentdeckt als Konsequenzen einer Einbettungsmöglichkeit in $\mathfrak{PT}_{q\,\mathrm{exp}}$. Natürlich ist damit nicht umgekehrt bewiesen, daß alle diese für eine Einbettung notwendigen Strukturen von $\mathfrak{PT}_{q\,\mathrm{exp}}$ wirklich so vorhanden sind.

Wir wollen noch kurz das »klassische« Analogon der kanonischen Gesamtheit notieren. (6.5.20) ist zu ersetzen durch

$$(6.5.32) \qquad \bar{\varrho}(p_{1},\dots) = \frac{e^{-\frac{H}{T}}}{\int e^{-\frac{H}{T}}\,dp_{1}\dots},$$

(6.5.24) durch

$$(6.5.33) \qquad -\frac{F}{T} = \log\left[\eta \int e^{-\frac{H}{T}}\,dp_{1}\dots\right].$$

Als Faktor η ist derselbe wie in (6.4.16), (6.3.22) zu benutzen.

Die kanonische Gesamtheit ist auch sehr gut verwendbar, wenn man H durch eine Näherung ersetzt, da in $\bar{W}$ nach (6.5.20) weder die genauen Eigenwerte noch Eigenvektoren, sondern nur die ungefähre Dichte $n(\varepsilon)$ der Eigenwerte eingeht. Ähnlich ist es bei (6.5.32), wo es nur auf die Volumina der Energieschalen $E_{1} < H \leq E_{2}$ ankommt.

Wir wollen mit Hilfe der kanonischen Gesamtheit (6.5.32) nochmals den Fall des »idealen Gases« mit H nach (6.3.21) behandeln. Es folgt, da (6.3.23) auch für $e^{-\frac{H}{T}}$ statt $g(\ldots)$ gilt,

$$\int e^{-\frac{H}{T}} dp_1 \ldots dq_1 \ldots = V^N \int e^{-(2mT)^{-1} \sum_{i=1}^{3N} p_i^2} dp_1 dp_2 \ldots dp_{3N}$$

$$= V^N \left[\int_{-\infty}^{+\infty} e^{-\frac{p^2}{2mT}} dp \right]^{3N}.$$

Wegen

$$\int_{-\infty}^{+\infty} e^{-\frac{p^2}{2mT}} dp = \sqrt{2mT} \int_{-\infty}^{+\infty} e^{-x^2} dx = \sqrt{2\pi mT}$$

folgt damit aus (6.5.33):

$$\frac{F(T,\alpha)}{T} = -\log \left[\eta V^N (2\pi mT)^{\frac{3N}{2}} \right]$$

$$= -\log \eta - N \log V - \frac{3N}{2} \log (2\pi mT).$$

Aus (6.5.28) folgt mit $\alpha = V$ die Zustandsgleichung des idealen Gases in Übereinstimmung mit (6.3.31):

$$(6.5.33) \qquad p(T,V) = -\frac{\partial F}{\partial V} = \frac{NT}{V}.$$

Aus (6.5.29) folgt als innere Energie

$$(6.5.34) \qquad U(T,V) = \frac{3N}{2} T$$

in Übereinstimmung mit (6.3.29). Als Entropie folgt mit (6.5.30)

$$S(T,\alpha) = \log \left[\eta (2\pi m)^{\frac{3N}{2}} \right] + N \log V + \frac{3N}{2} \log T + \frac{3N}{2},$$

$$= \log \left[\eta \left(\frac{4\pi me}{3N} \right)^{\frac{3N}{2}} \right] + N \log V + \frac{3N}{2} \log U,$$

was mit (6.3.27) bei geeigneter Wahl von δ übereinstimmt.

Ein Maß für die Breite δ der Verteilung der kanonischen Gesamtheit erhält man durch

$$\delta^2 = \frac{\int e^{-\frac{H}{T}} (H-U)^2 dp_1 \ldots}{\int e^{-\frac{H}{T}} dp_1 \ldots} = \frac{\int e^{-\frac{H}{T}} H^2 dp_1 \ldots}{\int e^{-\frac{H}{T}} dp_1 \ldots} - U^2.$$

Aus

$$\int e^{-\frac{H}{T}} H^2 dp_1 \ldots = \frac{\partial^2}{\partial \left(\frac{1}{T}\right)^2} \int e^{-\frac{H}{T}} dp_1 \ldots$$

$$= \frac{\partial^2}{\partial \left(\frac{1}{T}\right)^2} \left[\eta V^N (2\pi m)^{\frac{3N}{2}} \left(\frac{1}{T}\right)^{-\frac{3N}{2}} \right]$$

$$= \eta V^N (2\pi m)^{\frac{3N}{2}} \frac{3N}{2} \left(\frac{3N}{2}+1\right) T^{\frac{3N}{2}+2}$$

folgt:
$$\delta^2 = \frac{3N}{2}\left(\frac{3N}{2}+1\right) T^2 - \left(\frac{3N}{2}\right)^2 T^2 = \frac{3N}{2} T^2 = \frac{2}{3N} U^2, \quad \text{d.h.}$$

$$(6.5.35) \qquad \delta = \sqrt{\frac{2}{3N}}\, U = \sqrt{\frac{3N}{2}}\, T.$$

Die Breite δ wächst bei fester Temperatur mit der Teilchenzahl N an; aber die relative Breite

$$(6.5.36) \qquad \frac{\delta}{U} = \sqrt{\frac{2}{3N}}$$

wird mit wachsendem N immer kleiner!

§ 6.6. Die große kanonische Gesamtheit und das chemische Potential

Unsere bisherigen Überlegungen zur Thermodynamik und Thermostatik in bezug auf die Einbettung in $\mathfrak{PT}_{q\,\mathrm{exp}}$ haben, verglichen mit der Erfahrung, einen Mangel. Wir haben $\mathfrak{PT}_{q\,\mathrm{exp}}$ für eine ganz bestimmte ganze Zahl N von »Teilchen« aufgeschrieben (siehe § 1). Augenscheinlich aber wird thermodynamisch nicht diese genaue Zahl N gemessen, sondern die Gesamtmasse des Systems, oder – was dem entspricht – die Molzahl n (siehe XIV, § 1.3), die thermodynamisch »kontinuierlich« veränderlich ist; denn die dem N entsprechende thermodynamische Observable n ist ebenso wenig diskret wie die

Observable $\{F^{(e)}(\lambda)\}$ der inneren Energie im Vergleich zur nur diskrete Werte annehmenden mikroskopischen Observablen H. Man könnte also ähnlich wie in § 4.2 mit Hilfe der Funktion $\Phi(x)$ eine thermodynamische Observable »Molzahl« durch

$$(6.6.1) \qquad F^{(n)}(\lambda) = \Phi\left(\frac{N}{N_L} - \lambda\right)$$

konstruieren, wobei N_L die *Loschmidt*zahl ist; aber wie sind die »Operatoren« $F^{(n)}(\lambda)$ der Effekte, daß »die Molzahl $n \leq \lambda$ ist« zu verstehen?

Die »mikroskopische« Observable der Teilchenzahl N ist mit allen anderen mikroskopischen Observablen koexistent. Wir müssen also zu der Beschreibung durch mehrere *Hilbert*räume $\mathcal{H}_N$ für die verschiedenen Werte von N übergehen, so wie wir dies allgemein im Axiom AQ aus XIII, § 3 formuliert haben.

Wir wollen diese Beschreibung für unseren Fall verschiedener Teilchenzahl N explizit angeben. Wir gehen dabei aus von einer abzählbaren Folge von *Hilbert*räumen $(\mathcal{H}_0, \mathcal{H}_1, \mathcal{H}_2, \ldots, \mathcal{H}_N, \ldots)$. $\mathcal{H}_N$ ist dabei der in § 1 für N »Teilchen« definierte *Hilbert*raum. $\mathcal{H}_0$ ist als eindimensionaler *Hilbert*raum definiert. Es ist nicht notwendig, aber oft sehr bequem, den Raum $\mathcal{H}_0$ mit in die Folge aufzunehmen. Man bezeichnet $\mathcal{H}_0$ oft als den *Hilbert*raum des »Vakuums«.

Als Menge K der Gesamtheiten werden alle Folgen

$$(6.6.2) \qquad W = (W_0, W_1, \ldots, W_N, \ldots)$$

betrachtet, wobei W_v selbstadjungierte Operatoren aus $\mathcal{H}_v$ mit $W_v \geq 0$ sind und

$$(6.6.3) \qquad \sum_{v=0}^{\infty} Sp(W_v) = 1$$

ist.

Als Menge L der Effekte werden alle Folgen

$$(6.6.4) \qquad F = (F_0, F_1, \ldots, F_N, \ldots)$$

betrachtet, wobei F_v selbstadjungierte Operatoren aus $\mathcal{H}_v$ mit $F_v \geq 0$ und $\|F_v\| \leq 1$ sind.

Die Wahrscheinlichkeit für den Effekt F in der Gesamtheit W ist zu berechnen nach

$$(6.6.5) \qquad \mu(W, F) = \sum_{v=0}^{\infty} Sp(W_v F_v).$$

Die thermodynamische Observable Molzahl ist nach (6.6.1) so zu verstehen, daß nach (6.6.4) $F^{(n)}(\lambda)$ die N-te Komponente

$$(6.6.6) \qquad F_N^{(n)}(\lambda) = \Phi\left(\frac{N}{N_L} - \lambda\right) 1$$

hat. Diese Tatsache, daß thermodynamisch N nicht genau gemessen wird, hat zunächst keinen Einfluß auf die Überlegungen aus den vorigen §§. Nur eines müßte sich bei der Berechnung der Gleichgewichtswerte mit Hilfe der verschiedenen Gesamtheiten ergeben: Die berechneten Gleichgewichtswerte dürften sich nur sehr langsam mit N ändern. D.h., zur Berechnung von $U(T,\alpha,n)$, $\beta_v(T,\alpha,n)$ mit n als Molzahl N/N_L kommt es nicht auf den exakten Wert von N an, genauso wenig, wie es bei der Anwendung von (4.3.35) auf den genauen Wert von ε_ϱ ankommt. Wäre dies nicht der Fall, d.h., wäre eine Änderung der Werte von U, β_v schon für eine Änderung von N um 1 »thermodynamisch« beobachtbar, so wäre eben doch die exakte Zahl N eine thermodynamische Observable.

Die bisher berechneten Werte von $U(T,\alpha,n)$, $\beta_v(T,\alpha,n)$ wurden mit einer Gesamtheit W im Sinne von (6.6.2) mit

$$(6.6.7) \qquad W = (0, 0, \ldots 0, W_N, 0, 0, \ldots)$$

durchgeführt mit $N = nN_L$, wobei W_N als supermikrokanonische, mikrokanonische oder kanonische Gesamtheit gewählt werden konnte.

Hängen nun, wie vorausgesetzt, U und die β_v nur langsam von N ab, so kann man statt (6.6.7) natürlich auch andere Gesamtheiten der Form (6.6.2) wählen, wenn nur N/N_L wenig um eine mittlere Molzahl n streut. Ähnlich wie bei der Energie H könnte man wieder Intervalle für N wählen. Man könnte zunächst ansetzen:

$$(6.6.8a) \qquad W = (\lambda_0 \bar{W}_0, \lambda_1 \bar{W}_1, \ldots, \lambda_N \bar{W}_N, \ldots)$$

mit $Sp(\bar{W}_v) = 1$ und $\sum_v \lambda_v = 1$ und speziell mit $\bar{W}_N$ als den kanonischen Gesamtheiten

$$(6.6.8b) \qquad \bar{W}_N = \frac{e^{-\frac{H_N}{T}}}{Sp\left(e^{-\frac{H_N}{T}}\right)}.$$

Gegenüber (6.5.20) haben wir in (6.6.8b) nur den Index N explizit angeführt. Die λ_v könnte man dann z.B. in Intervallform

$$\lambda_N = \begin{cases} \dfrac{1}{N_2 - N_1} & \text{für} \quad N_1 < N \le N_2 \\[2ex] 0 & \text{sonst} \end{cases}$$

wählen. Wir wollen hier aber nicht verschiedene Möglichkeiten diskutieren, sondern nur eine spezielle Form ausführlicher betrachten.

Diese Form wird nahegelegt durch ein Gleichgewichtsproblem, wie wir es in XIV, § 1.7 beim osmotischen Druck diskutiert haben.

Gegenüber § 1 betrachten wir einen etwas abgeänderten *Hilbert*raum $\mathscr{H}_{N_1 N_2} = \mathscr{H}_{N_1} \times \mathscr{H}_{N_2}$, wobei $\mathscr{H}_{N_1}$ und $\mathscr{H}_{N_2}$ *Hilbert*räume von N_1 Teilchen der Sorte 1 bzw. N_2 Teilchen der Sorte 2 sind; die beiden Sorten 1 und 2 werden also als wohl unterschiedene »elementare« Systeme angesehen. Der *Hamilton*operator (1.1) ist entsprechend in leicht ersichtlicher Form abzuändern (mit den zwei verschiedenen Massen m_1, m_2); mit drei verschiedenen Wechselwirkungen $U_{11}(r), U_{22}(r). U_{12}(r)$, je nachdem ob zwei Teilchen der Sorte 1, zwei der Sorte 2 oder eines der Sorte 1 mit einem der Sorte 2 in Wechselwirkung stehen). Wir schreiben für den *Hamilton*operator $H_{N_1 N_2}(\alpha)$.

Die Entropie wird dann ebenfalls wie alle Zustandsfunktionen auch eine Funktion der Molzahlen n_1, n_2:

$$(6.6.9) \qquad S(U, \alpha, n_1, n_2).$$

Koppelt man jetzt zwei solche Systeme thermodynamisch so aneinander, daß die Teilchensorte 1 (aber *nicht* die Teilchensorte 2) ausgetauscht werden kann, wie das etwa beim Beispiel des osmotischen Druckes in XIV, § 1.7 geschildert wurde, so kommt man ganz genauso wie in § 6.5 zu den Gleichgewichtsbedingungen (Indizes a, b für die beiden Systeme wie in XIV, § 1.7):

$$\frac{\partial S^{(a)}(U^{(a)}, \alpha^{(a)}, n_1^{(a)}, n_2^{(a)})}{\partial U^{(a)}} = \frac{\partial S^{(b)}(U^{(b)}, \alpha^{(b)}, n_1^{(b)}, n_2^{(b)})}{\partial U^{(b)}},$$

d. h. $T^{(a)} = T^{(b)}$ und:

$$(6.6.10) \qquad \frac{\partial S^{(a)}}{\partial n_1^{(a)}} = \frac{\partial S^{(b)}}{\partial n_1^{(b)}}.$$

Mit $F = U - TS$ und F als Funktion von T, α, n_1, n_2 folgt aus (6.6.10):

$$(6.6.11) \qquad \frac{\partial F^{(a)}(T, \alpha, n_1^{(a)}, n_2^{(a)})}{\partial n_1^{(a)}} = \frac{\partial F^{(b)}(T, \alpha, n_1^{(b)}, n_2^{(b)})}{\partial n_1^{(b)}}.$$

Betrachten wir wieder die e-Funktion

$$(6.6.12) \qquad e^{\frac{\mu_1 n_1 + \mu_2 n_2}{T} - \frac{F(T, \alpha, n_1, n_2)}{T}},$$

so nimmt diese ihr Maximum in bezug auf n_1 an für

$$(6.6.13) \qquad \mu_1 = \frac{\partial F}{\partial n_1}.$$

Ähnlich wie in § 6.5 kann man begründen, daß (6.6.12) ein relativ scharfes Maximum annehmen muß, *wenn sich tatsächlich ein Gleichgewicht in bezug auf die Molzahl n_1 bei der oben geschilderten Kopplung einstellt.*

(6.6.12) legt es wegen (6.5.24)

$$e^{-\frac{F}{T}} = Sp\left(e^{-\frac{H}{T}}\right)$$

nahe, die $\lambda_{N_1 N_2}$ in (6.6.8a) in der Form (6.6.12) zu wählen, wenn wir ein System aus zwei Sorten von Teilchen betrachten:

$$(6.6.14a) \qquad W = (\lambda_{00}\mathbf{1}, \ldots, \lambda_{N_1 N_2} \bar{W}_{N_1 N_2} \cdots)$$

mit

$$(6.6.14b) \qquad \bar{W}_{N_1 N_2} = \frac{e^{-\frac{H_{N_1 N_2}(\alpha)}{T}}}{Sp\left(e^{-\frac{H_{N_1 N_2}(\alpha)}{T}}\right)}$$

und

$$(6.6.14c) \qquad \lambda_{N_1 N_2} = b\, e^{\frac{\mu_1 N_1 + \mu_2 N_2}{T N_L}} \, Sp\left(e^{-\frac{H_{N_1 N_2}(\alpha)}{T}}\right).$$

In (6.6.14) haben wir in sehr naheliegender Weise die Formeln (6.6.8) auf den Fall $\mathscr{H}_{N_1 N_2}$ statt $\mathscr{H}_N$ und $H_{N_1 N_2}(\alpha)$ statt $H_N(\alpha)$ erweitert. b in (6.6.14c) ist eine Normierungskonstante.

Wie in XIV, § 1.7 nennen wir die μ_1, μ_2 die chemischen Potentiale. Sie sind also Parameter, die das Gleichgewicht bei Teilchenaustausch nach (6.6.11) bestimmen, ganz im Einklang mit den auf anderem Wege in XIV, § 1.7 gewonnenen Bedingungen.

(6.6.14) kann man auch so umschreiben:

$$(6.6.15a) \qquad W = (W_{00}, \ldots, W_{N_1 N_2}, \ldots)$$

mit

$$(6.6.15b) \qquad W_{N_1 N_2} = \frac{e^{\frac{\mu_1 N_1 + \mu_2 N_2}{T N_L}} \, e^{-\frac{H_{N_1 N_2}(\alpha)}{T}}}{\sum_{N_1, N_2} e^{\frac{\mu_1 N_1 + \mu_2 N_2}{T N_L}} \, Sp\left(e^{-\frac{H_{N_1 N_2}(\alpha)}{T}}\right)}.$$

W nach (6.6.15) heißt die *große kanonische Gesamtheit.*

Für nur eine Sorte von Teilchen lautet sie:

$$(6.6.16a) \qquad W = (W_0, W_1, \ldots, W_N, \ldots)$$

mit

$$(6.6.16\text{b}) \qquad W_N = \frac{e^{\frac{\mu N}{T N_L}}\, e^{-\frac{H_N(\alpha)}{T}}}{\sum_{N=0}^{\infty} e^{\frac{\mu N}{T N_L}}\, Sp\left(e^{-\frac{H_N(\alpha)}{T}}\right)}\,.$$

Der kürzeren Schreibweise wegen setzt man oft

$$(6.6.16\text{c}) \qquad e^{\frac{\mu}{T N_L}} = z$$

und schreibt statt (6.6.16b):

$$(6.6.16\text{d}) \qquad W_N = \frac{z^N\, e^{\frac{H_N}{T}}}{\sum_{N=0}^{\infty} z^N\, Sp\left(e^{-\frac{H_N}{T}}\right)}\,.$$

Die große kanonische Gesamtheit kann also ebenso gut zur Berechnung der Gleichgewichtswerte benutzt werden, *wenn die Streuung der Teilchenzahlen tatsächlich gering ist*, so wie es auf Grund der *Erfahrungen* des Gleichgewichts bei Teilchenaustausch in vielen Fällen (aber nicht allen; siehe weiter unten) zu erwarten ist. So erhält man nach (6.6.16):

$$(6.6.17) \qquad U(T,\alpha,\mu) = \sum_N Sp(W_N H_N),$$

$$(6.6.18) \qquad n(T,\alpha,\mu) = \frac{1}{N_L} \sum_N Sp(N W_N),$$

$$(6.6.19) \qquad \beta_\nu(T,\alpha,\mu) = \sum_N Sp\left(-\frac{\partial H}{\partial \alpha_\nu} W_N\right).$$

Es sei dem Leser überlassen, dieselben Formeln für (6.6.15) statt (6.6.16) aufzuschreiben; auch bei den folgenden Formeln.

So wie wir in § 6.5 die Zustandsfunktion F nach (6.5.24) definiert haben, definieren wir jetzt die Zustandsfunktion $J(T,\alpha,\mu)$ durch:

$$
\begin{aligned}
(6.6.20\text{a}) \qquad -\frac{J}{T} &= \log \sum_{N=0}^{\infty} e^{\frac{\mu N}{T N_L}}\, Sp\left(e^{-\frac{H_N(\alpha)}{T}}\right) \\
&= \log \sum_{N=0}^{\infty} e^{\frac{\mu \frac{N}{N_L} - F\left(T,\alpha,\frac{N}{N_L}\right)}{T}}\,,
\end{aligned}
$$

wobei (6.5.24) benutzt wurde.

Mit der Abkürzung (6.6.16c) kann man (6.6.20a) auch schreiben:

$$-\frac{J}{T} = \log \sum_{N=0}^{\infty} z^N \, Sp\left(e^{-\frac{H_N}{T}}\right)$$

(6.6.20b)

$$= \log \sum_{N=0}^{\infty} z^N \, e^{-\frac{F_N}{T}}.$$

Da n auch die Stelle $\dfrac{N}{N_L}$ des Maximums der relativ scharfen Verteilung

$$e^{\frac{\mu N}{T N_L} - \frac{F(T,\alpha,N/N_L)}{T}}$$

ist, folgt

$$(6.6.21) \qquad \mu = \left[\frac{\partial F(T,\alpha,N/N_L)}{\partial (N/N_L)}\right]_{\frac{N}{N_L}=n},$$

was die Auflösung der Gleichung (6.6.18) nach μ darstellt. Ist das Maximum scharf, so wird in (6.6.20) nur über relativ *wenige* Summanden summiert, so daß im $\log \sum\limits_{N} \cdots$ aus der Summe nur der größte Summand genügt, d.h. es muß wegen der großen Teilchenzahl

$$(6.6.22) \qquad -\frac{J}{T} = \log e^{\frac{\mu n - F}{T}}$$

d.h. $\qquad J = F(T,\alpha,n) - \mu n$

sein. Zum Problem, daß die Gleichungen (6.6.21), (6.6.22) tatsächlich asymptotisch für »große« Systeme richtig sind, siehe § 9.

Auf jeden Fall aber sollte garantiert sein, daß die $\sum\limits_{N} \cdots$ in (6.6.20) konvergent ist. Dies ist nur der Fall, wenn $Sp\left(e^{-\frac{H_N}{T}}\right)$ genügend schnell mit wachsendem N gegen Null geht. Das ist nicht selbstverständlich; auch zu diesem Problem siehe § 9. Wie es aber sein kann, daß tatsächlich die Summe konvergent wird, wenn die Wechselwirkung geeignet ist, kann man leicht so einsehen: Aus (1.1) folgt

$$(6.6.23) \qquad H \geq \frac{1}{2} \sum_{i,k=1}^{N} U(|\mathbf{r}^{(i)} - \mathbf{r}^{(k)}|) + \sum_{k=1}^{N} \bar{V}(\mathbf{r}^{(k)}).$$

Damit folgt

$$Sp\left(e^{-\frac{H_N}{T}}\right) \leq \int e^{-\frac{1}{T}\left[\frac{1}{2}\sum_{i,k} U(|\mathbf{r}^{(i)}-\mathbf{r}^{(k)}|) + \sum_{k} \bar{V}(\mathbf{r}^{(k)})\right]} d^3\mathbf{r}^{(1)} \ldots d^3\mathbf{r}^{(N)}.$$

Sei nun $\bar{V}(\mathbf{r})=0$, wenn $\mathbf{r}\in\mathscr{V}$ ist und $\bar{V}(\mathbf{r})=+\infty$ für $\mathbf{r}\notin\mathscr{V}$. Dann ist also

$$(6.6.24) \qquad Sp\left(e^{-\frac{H_N}{T}}\right)\le \int\limits_{(\mathscr{V})^N} e^{-\frac{1}{2T}\sum\limits_{i,k}U(|\mathbf{r}^{(i)}-\mathbf{r}^{(k)}|)} d^3\mathbf{r}^{(1)}\ldots d^3\mathbf{r}^{(N)},$$

wobei $(\mathscr{V})^N$ andeuten soll, daß jedes $d^3\mathbf{r}^{(i)}$ über $\mathscr{V}$ zu integrieren ist, d.h. die $\mathbf{r}^{(i)}$ im Integral (6.6.24) liegen nur in $\mathscr{V}$. $U(r)$ hat qualitativ etwa eine Form nach Fig. 15. Der Anstieg für $r\to0$ erfolge exponentiell, d.h. es möge gelten:

$$(6.6.25) \qquad U(r)\ge e^{\frac{\alpha}{r}} \quad \text{für} \quad r<a.$$

Wir wollen uns aber die Arbeit der Abschätzung von (6.6.24) noch wesentlicher dadurch erleichtern, daß wir statt (6.6.25) annehmen, daß ab einem $r_0>0$ (siehe Fig. 15) $U(r)=+\infty$ ist. Ist dann

$$N\frac{4\pi}{3}r_0^3>2V$$

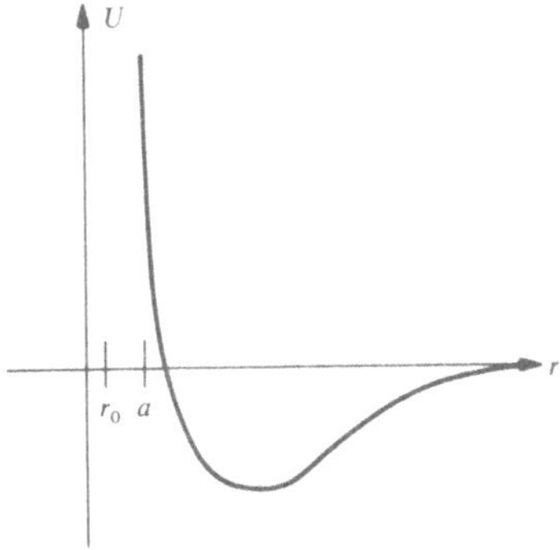

Fig. 15

mit V als Volumen von $\mathscr{V}$, so muß im Integral in (6.6.24) (bei geeigneter Form von $\mathscr{V}$) mindestens einer der Abstände $|\mathbf{r}^{(i)}-\mathbf{r}^{(k)}|<r_0$ sein und damit $Sp\left(e^{-\frac{H_N}{T}}\right)=0$ sein. In diesem Falle bricht also die Reihe in (6.6.20) sogar bei endlichem N ab.

Aus (6.6.20) mit (6.6.17), (6.6.18), (6.6.19) folgt

$$(6.6.26) \qquad \frac{\partial J}{\partial T}=\frac{J+\mu n-U}{T},$$

$$(6.6.27) \qquad \frac{\partial J}{\partial \alpha_v} = -\beta_v,$$

$$(6.6.28) \qquad \frac{\partial J}{\partial \mu} = -n, \quad \text{bzw.} \quad z\frac{\partial J}{\partial z} = -TnN_L.$$

Zusammen mit (6.5.30) und (6.6.22) folgt aus (6.6.26)

$$(6.6.29) \qquad \frac{\partial J}{\partial T} = \frac{F-U}{T} = -S.$$

Aus (6.6.26) folgt mit (6.6.28):

$$(6.6.30) \qquad U = J - \mu\frac{\partial J}{\partial \mu} - T\frac{\partial J}{\partial T}.$$

Aus J lassen sich also alle wichtigen thermodynamischen Funktionen leicht durch Differentiationen gewinnen.

Besonders einfach wird der Fall, wenn die α_v durch das Volumen V ersetzt werden können. Ist dann $F(T, V, N/N_L)$ homogen vom ersten Grade, d. h. gilt

$$(6.6.31) \qquad F(T, \lambda V, \lambda n) = \lambda F(T, V, n),$$

so folgt

$$F(T, V, n) = \frac{\partial F}{\partial V}V + \frac{\partial F}{\partial n}n = -pV + \mu n.$$

Setzt man dies in (6.6.22) ein, so folgt

$$(6.6.32) \qquad J = -pV$$

und damit unmittelbar die Zustandsgleichung noch einfacher als nach (6.6.27):

$$(6.6.33) \qquad p = -\frac{\partial J}{\partial V}.$$

Aus (6.6.32) und (6.6.33) folgt, daß J homogen vom Grade 1 in V ist; und ist J homogen vom Grade 1 in V, so folgt aus (6.6.33) auch (6.6.32).

Zur Frage des Beweises der Homogenität von F nach (6.6.31) bzw. von J siehe wieder § 9.

Wenn wir nun versuchen, diese große kanonische Gesamtheit auf den Fall der Einbettung in $\mathfrak{PT}_{k\,\mathrm{exp}}$ zu übertragen, ergibt sich eine charakteristische Schwierigkeit, die auf der nicht festgelegten Wahl des Faktors η in (6.5.33) beruht, denn die Wahl von η muß von N abhängig sein, da der Ausdruck unter dem log in (6.5.33) dimensionslos sein soll. Wählt man eine Größe h der Dimension pq, so könnte man $\eta = h^{-3N}$ wählen. Wir treffen aber die Wahl

$$(6.6.34) \qquad \eta = \frac{1}{h^{3N} N!} \,.$$

Die Motivation zu dieser Wahl werden wir in § 7.5 erkennen.

(6.6.20) geht damit über in

$$
-\frac{J}{T} = \log \sum_{N=0}^{\infty} e^{\frac{\mu N}{T N_L}} \frac{1}{h^{3N} N!} \int e^{-\frac{H_N}{T}} dp_1 \ldots dq_{3N}
$$

$$(6.6.35)$$

$$
-\log \sum_{N=0}^{\infty} \frac{z^N}{h^{3N} N!} \int e^{-\frac{H_N}{T}} dp_1 \ldots dq_{3N} \,.
$$

Speziell wird für ein ideales Gas nach § 6.5:

$$
-\frac{F(T, V, n)}{T} = \log \left[\frac{V^N}{h^{3N} N!} (2\pi m T)^{\frac{3N}{2}} \right].
$$

Damit wird

$$
-\frac{J}{T} = \log \sum_{N=0}^{\infty} \frac{1}{N!} \left[\frac{V}{h^3} e^{\frac{\mu}{T N_L}} (2\pi m T)^{\frac{3}{2}} \right]^N
$$

$$
= e^{\frac{\mu}{T N_L}} \frac{1}{h^3} V (2\pi m T)^{3/2}.
$$

Daraus folgt nach (6.6.28):

$$
n = \frac{1}{N_L} e^{\frac{\mu}{T N_L}} \frac{V}{h^3} (2\pi m T)^{3/2} ,
$$

d.h. $nN_L = -\dfrac{J}{T}$. Mit (6.6.32) folgt wieder die Zustandsgleichung in der Form

$$(6.6.36) \qquad pV = nN_L T = \bar{N} T$$

mit

$$(6.6.37) \qquad \bar{N} = nN_L \,.$$

Man kann nun leicht, ähnlich wie δ in § 6.5 mit dem Ergebnis (6.5.36), hier

$$
\Delta^2 = \sum_N (N - \bar{N})^2 \, Sp(W_N)
$$

berechnen. Man erhält

$$(6.6.38) \qquad \frac{\Delta}{\bar{N}} = \frac{1}{\sqrt{\bar{N}}}.$$

Die relative (!) Streuung der großen kanonischen Gesamtheit in der Teilchenzahl N nimmt also mit $(\bar{N})^{-1/2}$ ab, ähnlich wie δ/U nach (6.5.36).

Alle diese Ergebnisse, ja die Konvergenz der Reihe

$$(6.6.39) \qquad \sum_N \frac{z^N}{h^{3N} N!} \int e^{-\frac{H_N}{T}} dp_1 \ldots,$$

hingen entscheidend von der Wahl (6.6.34) für η ab! Dies ist aber gar nicht so merkwürdig.

Die Ableitung von (6.6.10), die Basis dafür, daß sich ein »Teilchengleichgewicht« einstellt, setzt voraus, daß $S(U, \alpha, n_1, n_2)$ berechnet werden kann, was eben kein Problem in $\mathfrak{PT}_{q\,\mathrm{exp}}$ ist, da $S = \log \zeta$ mit ζ als Zahl der Energieeigenwerte von $H_{N_1 N_2}$ in einem Intervall $E_1 < \ldots \leq E_2$ ist und damit auch von N_1 und N_2 abhängt. Ganz anders in $\mathfrak{PT}_{k\,\mathrm{exp}}$, wo eben das gemeinsame Volumenmaß in verschiedenen Γ-Räumen fehlt. Die Schwierigkeit der klassischen Beschreibung erkennt man sofort, wenn man wirklich die beiden gekoppelten Systeme (a) und (b) *mit* der Möglichkeit des Teilchenaustausches in einem Γ-Raum des gekoppelten Gesamtsystems zu beschreiben versucht; die Tatsache der Ununterscheidbarkeit der Teilchen einer Sorte bereitet dabei schwerwiegende Komplikationen.

Zum Schluß dieses § wollen wir noch auf das schon mehrmals oben angeklungene Problem eingehen, ob und wann zu erwarten ist, daß die große kanonische Gesamtheit zu einer »geringen« Streuung von N/N_L führt. Die Erfahrungen zeigen einerseits viele Situationen, wo sich tatsächlich bei Stoffaustausch zwischen zwei Systemen ein Gleichgewicht in bezug auf die Molzahlen einstellt. In XIV, § 1.7 und XIV, § 2.4 sahen wir aber, daß z. B. bei Phasenübergängen wie gasförmig-flüssig die chemischen Potentiale der beiden Phasen gleich sind; daraus folgt, daß auch das chemische Potential für jede Mischung der beiden Phasen gleich ist. Dies wiederum zeigt, daß durch Temperatur, Volumen und chemisches Potential die Zahl der Mole nicht festgelegt ist, denn z. B. je mehr flüssige Phase vorhanden ist, umso größer ist bei festem T und V die Molzahl n. Diese Erfahrungen zeigen, daß man also nicht ohne Vorsicht die große kanonische Gesamtheit benutzen darf, da »nicht immer« garantiert ist, daß die Streuung von N/N_L klein ist. Daß bei Phasenübergängen die Molzahl genau zwischen zwei möglichen Grenzwerten (z. B. alles Flüssigkeit bzw. alles Gas) schwanken kann, ist mathematisch nur richtig

im Sinne eines asymptotischen Verhaltens für sehr große Volumina. Wir
können in diesem Buch dieser Frage nicht weiter nachgehen; siehe die Hinweise
in § 9.

§ 6.7. Die Statistik kleiner Teilsysteme

In vielen praktischen Problemen der Physik, auch gerade in bezug auf die
Physik einzelner Mikrosysteme (siehe zum Problem des Präparierens in XVI,
§ 2.1), tritt die Frage nach der Statistik kleiner Teilsysteme auf, die an ein
Makrosystem »lose« gekoppelt sind (oder zweitweilig gekoppelt waren).
Dieses Problem läßt sich nicht in voller Allgemeinheit lösen; sonst wäre es ja
gar kein Problem, aus der Makrobeschreibung einer Präparierapparatur auf
die Gesamtheit W der präparierten Mikrosysteme zu schließen (siehe XVI,
§ 2.1). Für einen Sonderfall aber läßt sich doch allgemein etwas aussagen:
Wenn das Gesamtsystem (das Makrosystem) im thermostatischen Gleichgewicht ist, und das betrachtete (kleine) Teilsystem nur schwach angekoppelt ist,
so kann die Statistik des Registrierens von Observablen an dem Teilsystem
durch die Gesamtheit

$$(6.7.1) \qquad W_1 = \frac{e^{-\frac{H_1}{T}}}{Sp\left(e^{-\frac{H_1}{T}}\right)}$$

beschrieben werden, wobei H_1 der *Hamilton*operator des Teilsystems und T
die Temperatur des Gesamtsystems ist. Kann das Teilsystem klassisch beschrieben werden, so ist (6.7.1) zu ersetzen durch

$$(6.7.2) \qquad \varrho_1(p_1,\ldots) = \frac{e^{-\frac{H_1(p_1,\ldots)}{T}}}{\int e^{-\frac{H_1(p_1,\ldots)}{T}}\, dp_1\ldots},$$

wobei ϱ_1 eine Dichte im Phasenraum Γ_1 des Teilsystems ist.

Die »Ableitung« von (6.7.1) erscheint sehr einfach, wenn man von der
kanonischen Gesamtheit für das Gesamtsystem ausgeht.

Nach § 6.5 ist die kanonische Gesamtheit für das Gesamtsystem gleich

$$(6.7.3) \qquad W = \frac{e^{-\frac{H}{T}}}{Sp\left(e^{-\frac{H}{T}}\right)}.$$

Das Gesamtsystem soll in einem *Hilbert*raum $\mathscr{H} = \mathscr{H}_1 \times \mathscr{H}_2$ beschreibbar sein,
wobei $\mathscr{H}_1$ der *Hilbert*raum des betrachteten (kleinen) Teilsystems ist, d.h.

wobei die an diesem Teilsystem registrierbaren Effekte die Form $F_1 \times \mathbf{1}$ haben. Als Wahrscheinlichkeit für diese Effekte erhält man

$$(6.7.4) \qquad Sp\left(W(F_1 \times \mathbf{1})\right) = Sp_1\left((\mathbf{R}_1 W)F_1\right),$$

wobei Sp_1 im *Hilbert*raum $\mathscr{H}_1$ zu nehmen ist und $W_1 = \mathbf{R}_1 W$ ein Operator in $\mathscr{H}_1$ ist. W_1 heißt die Verkürzung von W auf das in $\mathscr{H}_1$ beschriebene Teilsystem (siehe A VIII, § 13 insbesondere A VIII (13.5)). Der Operator $\mathbf{R}_1$ bildet allgemein die Menge K der Gesamtheiten des Gesamtsystems auf die Menge K_1 der Gesamtheiten des Teilsystems ab (siehe A VIII, § 13).

H möge man in der Form

$$(6.7.5) \qquad H = \mathbf{1} \times H_2 + H_1 \times \mathbf{1} + V_{12}$$

schreiben können, wobei V_{12} die voraussetzungsgemäß »kleine« Wechselwirkung zwischen dem Teilsystem 1 und dem Restsystem 2 beschreibt. Ersetzt man deshalb näherungsweise H in (6.7.3) durch $\mathbf{1} \times H_2 + H_1 \times \mathbf{1}$, so wird

$$(6.7.6) \qquad W = C\, e^{-\frac{H_1}{T}} \times e^{-\frac{H_2}{T}}$$

und damit

$$(6.7.8) \qquad \mathbf{R}_1 W = C_1\, e^{-\frac{H_1}{T}},$$

so wie in (6.7.1) angegeben.

Diese sogenannte »Ableitung« von (6.7.1), die man ganz analog auf (6.7.2) übertragen kann, hat nur einen grundsätzlichen Haken. Das Hauptproblem, das eigentlich erst zu lösen wäre, hat man verschwiegen oder genauer: man hat so getan, als ob im Gleichgewicht des Gesamtsystems die Wahrscheinlichkeit für Effekte $F_1 \times \mathbf{1}$ selbstverständlich nach $Sp\left(W(F_1 \times \mathbf{1})\right)$ mit W nach (6.7.3) zu berechnen wäre. Dies ist aber in *keiner Weise selbstverständlich*!

Haben wir eine Gesamtheit $\varphi(a) = W$ so präpariert, daß die innere Energie festgelegt ist, d. h. daß für ein Intervall $E_1 < \cdots \le E_2$ die Relation $Sp\left(W(F^{(e)}(E_2) - F^{(e)}(E_1))\right) = 1$ gilt, so ist zu »fast allen Zeiten« nach (4.3.19) mit $W_t = U_t^+ W U_t$:

$$(6.7.9) \qquad Sp\left(W_t \chi(\sigma^{(g)})\right) \approx 1.$$

Zu den Zeiten, wo sich das System im Gleichgewicht befindet, gilt also (6.7.9). Unsere Behauptung (6.7.1) bedeutet also eigentlich, daß

$$(6.7.10) \qquad \mathbf{R}_1 W_t \approx C_1\, e^{-\frac{H_1}{T}}$$

zu *allen den Zeiten* t gilt, wo (6.7.9) erfüllt ist; dabei ist T diejenige Temperatur, die der inneren Energie U aus dem Intervall $E_1 < \cdots \le E_2$ entspricht.

Je nach der Präparierung kann W_t ganz verschieden sein. Trotzdem sollte also (6.7.10) gelten, sobald (6.7.9) erfüllt ist. Dies brauchte man an sich nur für solche $W = \varphi(a)$ zu zeigen, für die das Präparierverfahren a makroskopisch ist; gilt aber für *alle* $W \in K$, daß aus

$$(6.7.11) \qquad Sp\left(W\chi(\sigma^{(g)})\right) \approx 1$$

die Relation

$$(6.7.12) \qquad \mathbf{R}_1 W \approx C_1\, e^{-\frac{H_1}{T}}$$

folgt, so wäre also (6.7.10) und damit (6.7.1) bewiesen.

Aus (6.7.11) folgt mit $W = \sum_v \lambda_v P_{\psi_v}$ $(\lambda_v > 0,\ \sum_v \lambda_v - 1)$:

$$\sum_v \lambda_v\, Sp\left(P_{\varphi_v}\chi(\sigma^{(g)})\right) \approx 1.$$

Daraus folgt, daß W sehr gut approximiert werden kann durch ein $W' = \sum_v \lambda'_v P_{\varphi_v}$ mit $\lambda'_v \geq 0$, so daß für $\lambda'_v \neq 0$

$$(6.7.13) \qquad Sp\left(P_{\varphi_v}\chi(\sigma^{(g)})\right) = \langle \varphi_v, \chi(\sigma^{(g)})\varphi_v \rangle \approx 1$$

ist. Wenn W durch W' approximiert wird, so auch $\mathbf{R}_1 W$ durch $\mathbf{R}_1 W' = \sum_v \lambda'_v \mathbf{R}_1 P_{\varphi_v}$.

Wir wollen zunächst folgenden Satz zeigen: Ist für je zwei φ, ψ $(\|\varphi\| = \|\psi\| = 1)$ mit $\langle \varphi, \chi(\sigma^{(g)})\varphi \rangle \approx 1$ und $\langle \psi, \chi(\sigma^{(g)})\psi \rangle \approx 1$ die Relation $\mathbf{R}_1 P_\varphi = \mathbf{R}_1 P_\psi$ erfüllt, so folgt (6.7.12) aus (6.7.11).

Wir wollen den Beweis kurz skizzieren: Wie wir in § 6.5 sahen, gilt für W nach (6.7.3)

$$(6.7.14) \qquad Sp\left(W\chi(\sigma^{(g)})\right) \approx 1,$$

wenn die zu $\sigma^{(g)}$ gehörige innere Energie U gerade der Temperatur T entspricht. Mit den Eigenzuständen φ_v von H zu den Eigenwerten ε_v ist

$$W = c \sum_v e^{-\frac{\varepsilon_v}{T}} P_{\varphi_v}.$$

Aus (6.7.14) folgt, daß es eine Teilmenge der φ_v mit ($\sum_v{}'$ als Summe über diese Teilmenge der v)

$$c \sum_v{}' e^{-\frac{\varepsilon_v}{T}} \approx 1 \quad \text{und} \quad \langle \varphi_v, \chi(\sigma^{(g)})\varphi_v \rangle \approx 1$$

geben muß. Wir kennen sogar nach (4.3.38) diese φ_v: es sind die Eigenvektoren zu den Eigenwerten ε_v mit $E_1 < \varepsilon_v \leq E_2$. W läßt sich also sehr gut approximieren durch ein

$$W' = c' \sum_{\nu}{}' e^{-\frac{\varepsilon_\nu}{T}} P_{\varphi_\nu}$$

mit $\mathbf{R}_1 P_{\varphi_\nu} = \tilde{W}_1$ unabhängig von ν! Daraus folgt

$$\mathbf{R}_1 W \approx \mathbf{R}_1 W' = \tilde{W}_1 c' \sum_{\nu}{}' e^{-\frac{\varepsilon_\nu}{T}} = \tilde{W}_1$$

mit W nach (6.7.3). Mit (6.7.8) folgt $\tilde{W}_1 = W_1$ mit W_1 nach (6.7.1). Damit folgt dann, wie wir schon oben sahen die Behauptung, daß (6.7.12) aus (6.7.11) folgt.

Die Bedingung $\langle \varphi, \chi(\sigma^{(g)})\varphi \rangle \approx 1$ besagt, daß φ »fast« Eigenvektor von $\chi(\sigma^{(g)})$ zum Eigenwert 1 ist, denn mit

$$\chi(\sigma^{(g)})\varphi = \varphi \langle \varphi, \chi(\sigma^{(g)})\varphi \rangle + r$$

folgt mit $\|\chi(\sigma^{(g)})\varphi\| \leq 1$:

$$\|\chi(\sigma^{(g)})\varphi\|^2 = |\langle \varphi, \chi(\sigma^{(g)})\varphi \rangle|^2 + \|r\|^2 \leq 1$$

und damit wegen $\langle \varphi, \chi(\sigma^{(g)})\varphi \rangle \approx 1$ die Relation $\|r\| \approx 0$.

Nach dem eben bewiesenen Satz ist also die Gültigkeit von (6.7.1) im »Gleichgewicht« allein davon abhängig, ob es überhaupt eine *nur* vom Gleichgewicht des Gesamtsystems abhängige Statistik des Teilsystems gibt, d.h. ob für alle Gesamtheiten W mit $Sp(W\chi(\sigma^{(g)})) \approx 1$ die Gesamtheiten $\mathbf{R}_1 W$ gleich sind. Da wir aber noch keine Theorie der thermodynamischen Observablen besitzen, können wir auch nicht beweisen, ob diese Voraussetzung über $\chi(\sigma^{(g)})$ richtig ist. Man könnte bei dieser Sachlage diese Bedingung in eine *Forderung an die thermodynamische Observable* umkehren:

Für die thermodynamische Observable $\chi(\sigma)$ folgt (für alle Umgebungen $\sigma_{\bar{z}}$, nicht nur für $\sigma^{(g)}$): Für alle φ mit $\langle \varphi, \chi(\sigma_{\bar{z}})\varphi \rangle \approx 1$ bei festem $\sigma_{\bar{z}}$ ist $\mathbf{R}_1 P_\varphi = = W_1(\bar{z})$ unabhängig von φ.

Nachdem wir den Hintergrund erkannt haben, auf dem (6.7.1) beruht, mögen noch ein paar Beispiele zur Illustration angegeben sein.

Sedimentationsgleichgewicht: In einem System befinde sich als Teilsystem 1 ein kleiner Körper, auf den eine Kraft $\mathbf{k} = -\operatorname{grad} U(\mathbf{r})$ ausgeübt wird, wobei $\mathbf{r}$ der Ort des kleinen Körpers sei. Der kleine Körper lasse sich nach der Punktmechanik beschreiben. Nach (6.7.2) gilt dann im Gleichgewicht

$$(6.7.15) \qquad \varrho_1(\mathbf{p}, \mathbf{r}) = C e^{-\frac{\mathbf{p}^2}{2mT}} e^{-\frac{u(\mathbf{r})}{T}}.$$

Für den Ort allein, unabhängig von $\mathbf{p}$ gilt also die Wahrscheinlichkeitsverlung

$$(6.7.16) \qquad \tilde{\varrho}_1(\mathbf{r}) = \tilde{C} e^{-\frac{u(\mathbf{r})}{T}}.$$

Hat man z. B. in einem Gefäß im Schwerefeld in einer Flüssigkeiten einen kleinen Körper der Masse m, so wird man diesen also im Gleichgewicht des Systems nicht am Boden des Gefäßes finden, sondern statistisch verteilt mit

$$(6.7.17) \qquad \tilde{\varrho}_1(\mathbf{r}) = \tilde{C}\, e^{-\frac{m g\, \mathbf{r}\cdot\mathbf{j}}{T}},$$

wobei $\mathbf{j}$ der Vektor senkrecht zur Erdoberfläche ist.

Tatsächlich macht man aber das Experiment nicht so, daß man N Gesamtsysteme im Gleichgewicht mit je *einem* kleinen Körper als Teilsystem betrachtet und dann die Statistik über alle diese N Gesamtsysteme aufnimmt, sondern man betrachtet *ein* Gesamtsystem, in dem sich N kleine Körper als Teilsysteme befinden, mißt die Dichte dieser Systeme (als Punktschwarm) und vergleicht sie mit (6.7.17).

Begrifflich hat man dabei aber einen schweren Fehler gemacht, da sich (6.7.17) nur auf je *einen* Körper in je einem Gesamtsystem bezieht. Dies erkennt man auch sofort, wenn man versucht, die Genauigkeit der experimentell aufgenommenen Statistik durch Erhöhung von N zu verbessern: Im ersten Fall kann man N beliebig steigern, indem man die Zahl der Gesamtexperimente erhöht. Im zweiten Fall kann man N nicht beliebig erhöhen, weil dann die Dichte der Körperchen so anwächst (besonders am Boden des Gefäßes), daß die kleinen Körper aneinander stoßen (d.h. merklich in Wechselwirkung geraten) und die Formel (6.7.17) für die Dichte der N Körperchen in *einem* Gesamtsystem *falsch* (!) wird. Wieso kann man sie aber dann überhaupt für die Dichte der N Körperchen benutzen?

Alle N Körperchen *zusammen* bilden ein Teilsystem 1 des Gesamtsystems, für das (6.7.2) gilt mit H als Energie der N Körperchen, d.h., H hängt von $6\,N$ Koordinaten $p_1\ldots,q_1\ldots$ ab. *Nur* wenn man die Wechselwirkung der Körperchen untereinander vernachlässigen kann, wird aus (6.7.2)

$$\varrho_1(p_1,\ldots p_{3N},q_1,\ldots q_{3N}) = C\prod_{i=1}^{N} e^{-\frac{H_i}{T}},$$

wobei H_i die Energie des i-ten Körperchens ist. Betrachten wir also insbesondere nur die Ortsverteilung, so erhält man

$$(6.7.18) \qquad \tilde{\varrho}_1(\mathbf{r}_1,\ldots,\mathbf{r}_N) = \tilde{C}\prod_{i=1}^{N} e^{-\frac{u(\mathbf{r}_i)}{T}} = \tilde{C}\prod_{i=1}^{N} e^{-\frac{m g\, \mathbf{r}_i\cdot\mathbf{j}}{T}}.$$

Experimentell bestimmt man jetzt (z. B. nur einmal) die Orte $\mathbf{r}_i$ aller N Teilchen. Was haben diese N Orte mit der Wahrscheinlichkeitsdichte (6.7.17) zu tun?

Im dreidimensionalen Raum bilden die N Punkte einen Punktschwarm. Von diesem Punktschwarm geht man zu einer Dichte über, indem man z. B.

die Höhe $h = \mathbf{r} \cdot \mathbf{j}$ in kleine Intervalle einteilt, und die Zahlen N_v der Teilchen im Intervall v (der mittleren Höhe h_v) bestimmt. Die Intervallbreite aller Intervalle sei der Einfachheit halber gleich gewählt. Nach (6.7.18) ist dann die Wahrscheinlichkeit, je N_v der N Teilchen im Intervall v zu finden, gleich

$$(6.7.19) \qquad w(N_1, N_2, \ldots) = \frac{N!}{\prod\limits_v N_v!} \prod_v w_v^{N_v}$$

mit

$$(6.7.20) \qquad w_v = a\,\mathrm{e}^{-\frac{mgh_v}{T}},$$

wobei a durch $\sum\limits_v w_v = 1$ bestimmt ist.

Summiert man nun (6.7.15) über alle diejenigen N_v, für die N_v/N bis auf einen Fehler ε mit w_v übereinstimmt, so wird diese Summe bei großem N, bei nicht zu kleiner Breite der Höhenintervalle und bei nicht zu kleinem Fehler ε praktisch gleich 1. Dies ist ein bekannter Satz der mathematischen Wahrscheinlichkeitstheorie, der aber hier nicht bewiesen sei. Er besagt, anschaulich gesprochen, daß die in (6.7.19) angegebene Wahrscheinlichkeitsverteilung über die verschiedenen möglichen Verteilungen $N_1, N_2, \ldots$ der N Körperchen ein sehr scharfes Maximum um die Stelle $N_v/N \approx w_v$ hat.

Daß also praktisch mit Sicherheit (bei genügend großen N und nicht zu kleiner Höhenintervallbreite) die Zahlen N_v/N nicht viel von den Werten w_v nach (6.7.20) abweichen können, rechtfertigt den etwas unkritischen Vergleich dieser Häufigkeiten N_v/N mit der Wahrscheinlichkeitsverteilung (6.7.17) für *ein* Teilchen. Der Grund dafür ist, daß die Wahrscheinlichkeitsverteilung $\varrho_1(p_1, \ldots q_{3N})$ nach (6.7.2) für N Teilchen in ein Produkt der Form (6.7.18) übergeht, wenn die Körperchen *praktisch keine Wechselwirkung* haben, d.h. wenn die Dichte der Körperchen nicht zu groß ist.

Die Abhängigkeit der N_v/N von der Höhe h_v bestimmt das sogenannte Sedimentationsgleichgewicht.

Die Formel (6.7.20) ist aber nicht mehr korrekt, wenn die Wechselwirkung zwischen den Körperchen und der Flüssigkeit, d.h. V_{12} in (6.7.5), nicht vernachlässigbar ist. Oft erhält man auch dann noch eine gute Approximation, wenn man in (6.7.20) statt der Schwerkraft mg die um den Auftrieb (siehe VI (3.3.32)) verminderte Schwerkraft $(m - m_f)_g$ einsetzt, wobei m_f die Masse der von einem Körperchen verdrängten Flüssigkeitsmenge ist.

Als zweites Beispiel betrachten wir als System 1 ein einzelnes Atom aus einem »idealen« Gas. Wie in den Beispielen aus § 6.4 bis 6.6 wollen wir die klassische Beschreibung nach $\mathfrak{PT}_{k\,\mathrm{exp}}$ zugrundelegen. Das Wort »ideales Gas« soll andeuten, daß wir die Wechselwirkung zwischen diesem Atom und dem restlichen Gas vernachlässigen dürfen. Aus (6.7.2) folgt dann

$$(6.7.21) \qquad \varrho_1(\mathbf{p},\mathbf{r}) = c\,e^{-\frac{\mathbf{p}^2}{2mT}},$$

d. h. unabhängig von $\mathbf{r}$ (wir sehen vom Schwerefeld ab!).

(6.7.21) gibt also die Wahrscheinlichkeitsdichte dafür, daß ein Atom im Gleichgewicht einen Impuls $\mathbf{p}$ hat. (6.7.21) wird oft als das *Maxwell*sche Geschwindigkeitsverteilungsgesetz bezeichnet. Wieder wird hierbei begrifflich oft nicht genügend unterschieden zwischen der Verteilung (6.7.21) als Wahrscheinlichkeitsdichte für *ein* Atom als Teil des Makrosystems und einer Verteilung der N Atome des Gases als Punktschwarm von N Punkten in einem 6-dimensionalen $(\mathbf{p},\mathbf{r})$-Raum, dem sogenannten μ-Raum (siehe § 10.2).

Boltzmann hat die Verteilung des Schwarms der N Punkte im μ-Raum untersucht und diese mit Hilfe einer Verteilungsfunktion $f(\mathbf{v},\mathbf{r})$ beschrieben, so wie wir sie noch genauer in § 10.2 einführen werden.

Diese Verteilungsfunktion $f(\mathbf{v},\mathbf{r})$ nimmt nun im Gleichgewicht ebenfalls mathematisch dieselbe Gestalt

$$(6.7.22) \qquad f(\mathbf{v},\mathbf{r}) = C\,e^{\frac{m\mathbf{v}^2}{2T}}$$

an (siehe § 10.4). Daß man aber oft $f(\mathbf{v},\mathbf{r})$ mit $\varrho_1(m\mathbf{v},\mathbf{r})$ identifiziert, ist begrifflich unsauber. Um dies zu erkennen, braucht man nur die obigen Überlegungen mit den N Körperchen auf die N Atome eines Gases zu übertragen. Wir werden auf diese begriffliche Unsauberkeit noch einmal genauer in § 10.2 und in § 12.3 zurückkommen.

Wir wollen hier die als Übungsaufgabe leicht durchzuführende Berechnung der Konstanten c bzw. C aus den Bedingungen

$$\iint \varrho_1(\mathbf{p},\mathbf{r})d^3\mathbf{p}\,d^3\mathbf{r} = 1$$

bzw. $\qquad \iint f(\mathbf{v},\mathbf{r})d^3\mathbf{v}\,d^3\mathbf{r} = 1$

(siehe zur letzten »Normierungsbedingung« (10.2.3)) nicht vorführen; ebenso nicht die Umrechnung auf eine Verteilung über $v = |\mathbf{v}|$.

§ 7. Beispiele für Zustandsgleichungen

Nachdem wir in den vorigen §§, insbesondere in § 6, die physikalischen Strukturen oft ohne mathematisch korrekte Beweise geschildert haben, auf denen eine Thermostatik beruht, und gesehen haben, wie man im Prinzip die Zustandsgleichungen verschiedener Systeme aus der Struktur des *Hamilton*operators (bzw. der *Hamilton*funktion) gewinnen könnte, ergibt sich die Aufgabe, über die in XIV, § 1 geschilderte und in XV, § 6 noch einmal abgeleitete Theorie dadurch wesentlich hinauszukommen, daß man praktische Methoden zur Herleitung der Zustandsgleichungen entwickelt.

Wer § 1 bis § 6 aufmerksam gelesen hat, wird bemerkt haben, daß es nicht unser mathematisches Unvermögen ist, das es notwendig macht, eine Thermostatik neben $\mathfrak{PT}_{q\,\mathrm{exp}}$ (bzw. $\mathfrak{PT}_{k\,\mathrm{exp}}$) zu entwickeln. Die Struktur der in § 6 niedergelegten Theorie ist durch die Erfahrung bedingt, eine Erfahrung, die auch zeigt, daß es zu $\mathfrak{PT}_{q\,\mathrm{exp}}$ eine umfangreichere Theorie geben muß, die unter anderem angibt, was aus $\mathfrak{PT}_{q\,\mathrm{exp}}$ noch physikalisch wirklich und möglich ist. Die mathematischen Schwierigkeiten auch bei Beschränkung auf den Teil aus $\mathfrak{PT}_{q\,\mathrm{exp}}$, der noch physikalisch relevant oder (noch enger) für die Einbettung der Thermostatik von Bedeutung ist, sind so groß, daß es fast hoffnungslos erscheint, tatsächlich die in § 6 allgemein geschilderten Methoden auf realistische Fälle anzuwenden.

Da es sich um so gut wie unlösbare mathematische Probleme handelt, sind für die verschiedensten Fälle die verschiedensten Näherungsmethoden entwickelt worden. Es ist klar, daß dieses einführende Lehrbuch keinen Überblick über die wichtigsten dieser Methoden bieten kann; dazu muß auf Spezialliteratur verwiesen werden [14]. Aber die allgemeinen Überlegungen aus § 6 bleiben doch auch in ihrer allgemeinen Struktur sehr blaß, wenn wir nicht wenigstens *an Beispielen* zeigen, wie tatsächlich die in § 6 entwickelte Theorie quantitative Aussagen über Zustandsgleichungen zu machen erlaubt.

§ 7.1. Das Problem des Hamiltonoperators

Wir greifen wieder die Überlegungen aus § 1.1 auf. Einen *Hamilton*operator für alle Atomkerne und Elektronen eines Makrosystems aufzuschreiben, wäre auf Grund der Kenntnisse der elektromagnetischen Wechselwirkungen dieser Mikrosysteme untereinander zwar mit phantastischer Genauigkeit möglich, aber für praktische Zwecke vollkommen unbrauchbar. Für die Theorie der Atomspektren haben sich diese *Hamilton*operatoren als ungeheuer genau erwiesen, aber sie sind viel zu kompliziert, um damit überhaupt im Falle eines Vielteilchensystems praktisch arbeiten zu können.

Es zeigt die Praxis und eine später durchzuführende Abschätzung, daß bei nicht zu hohen Temperaturen die Atome wie elementare Systeme mit einer Wechselwirkung untereinander behandelt werden können. Dies gilt zwar auch wieder nicht allgemein, da z. B. in manchen festen Körpern (Kristallen) die Hüllenelektronen der Atome nicht mehr fest am Atom bleiben, sondern z. B. bei sogenannten Leitern teilweise mehr oder weniger »frei beweglich« sind.

Ruft man sich einmal die Fülle der spezifischen Eigenschaften der verschiedenen Makrosysteme ins Bewußtsein, so erkennt man leicht, daß es ein praktisch so gut wie unmögliches Unterfangen wäre, alles dies aus der Struktur des *Hamilton*operators der Wechselwirkung zwischen Atomkernen und Elektronen (als elementare Systeme) herauszupräparieren oder aus einer *einzigen* Näherung für diesen *Hamilton*operator zu erklären.

Für Edelgasatome und nicht zu hohe Temperaturen (so daß die Atome nicht angeregt werden; siehe § 7.6) ist der in (1.1) angegebene Operator sehr brauchbar. Die Wechselwirkung $U(r)$ zweier Atome kann man mit Hilfe quantenmechanischer Näherungsverfahren (eventuell numerisch) bestimmen. Wir wollen für die ersten Beispiele das in (1.1) angegebene H verwenden. Nicht brauchbar ist z. B. ein solches H für N Wasserstoffatome, da der Wechselwirkungsoperator zweier Wasserstoffatome die Tatsache berücksichtigen müßte, daß zwei Wasserstoffatome eine chemisch gesättigte Verbindung H_2 bilden können.

Der erste Schritt für die praktische Behandlung spezieller Systeme besteht also in einer Vereinfachung des *Hamilton*operators. Wir haben hier dieses Problem nur angedeutet. Es ist selbst schon so vielgestaltig, daß nur die Spezialisten meistens alle Näherungsmethoden kennen.

Der zweite Schritt, die Auswertung der Formeln aus § 6, ist ebenfalls in der Vielzahl seiner Methoden unübersehbar, da sich die Methoden häufig wieder den jeweiligen *Hamilton*operatoren anpassen müssen. Ein paar Beispiele sollen dies verdeutlichen.

§ 7.2. Das »klassische« reale Gas

Wie in den Beispielen des idealen Gases zu § 6.3, § 6.5, § 6.6 gehen wir hier ebenfalls von der Einbettung in $\mathfrak{P}\mathfrak{T}_{k\,\mathrm{exp}}$, d. h. von einer *Hamilton*funktion der Form (1.1) aus; wir wollen aber die Wechselwirkung U nicht mehr vernachlässigen.

Daß wir ein solches Gas »klassich« nennen, hat nichts mit der Möglichkeit zu tun, daß wir das Gas thermodynamisch in objektivierbarer Weise beschreiben können durch Volumen V, Druck p, Molzahl n, innere Energie U, usw. *Alle* Gase sind in einer solchen klassischen Weise beschreibbar. Ob aber die Einbettung in $\mathfrak{P}\mathfrak{T}_{k\,\mathrm{exp}}$ eine ausreichende Näherung ist, die Zustandsgleichung richtig zu beschreiben, ist eine andere Frage. Es zeigt sich, daß bei nicht zu niedrigen Temperaturen die Näherung der Einbettung in $\mathfrak{P}\mathfrak{T}_{k\,\mathrm{exp}}$ (siehe dazu auch die Bemerkungen in § 4.5) sehr gut ist. Daher sind die folgenden Überlegungen durchaus mehr als ein Übungsbeispiel.

Daß für tiefe Temperaturen nur eine Einbettung in $\mathfrak{P}\mathfrak{T}_{q\,\mathrm{exp}}$ Resultate liefert, die durch die Erfahrung bestätigt werden, ist kein Beweis für die Quantenmechanik in ihrer typisch nicht objektivierbaren Beschreibungsweise der Mikrosysteme (siehe XIII, § 6). Es ist vielmehr nur ein Beweis dafür, daß die Vorstellung der klassisch beschreibbaren Atome *nicht* einmal zu allen Erfahrungen an Makrosystemen paßt. Auf das Problem der Wirklichkeit der Atome als Bausteine makroskopischer Systeme kommen wir noch einmal in § 12.7 zurück.

Als *Hamilton*funktion wählen wir also (1.1), d.h.

$$(7.2.1) \qquad H = \frac{1}{2m} \sum_{k=1}^{N} \mathbf{P}^{(k)2} + \sum_{i<k}^{N} U_{ik},$$

wobei wir kurz

$$(7.2.2) \qquad U_{ik} = U(|\mathbf{r}^{(i)} - \mathbf{r}^{(k)}|)$$

abgekürzt haben und uns die Existenz von $\bar{V}$ in (1.1) dadurch ersetzt denken, daß wir für das Integral in (6.5.33) einfach die Nebenbedingung einführen, daß die Ortskoordinaten $\mathbf{r}^{(k)}$ nur über das Gebiet $\mathscr{V}$ vom Volumen V zu integrieren sind.

Mit η nach (6.6.34) läßt sich (6.5.33) schreiben:

$$(7.2.3) \qquad -\frac{F}{T} = \log Q_N(T, V)$$

mit

$$(7.2.4) \qquad Q_N(T, V) = \frac{1}{N!h^{3N}} \int e^{-\frac{H}{T}} dp_1 \ldots dp_{3N} dq_1 \ldots dq_{3N},$$

wobei die p_i, q_i die neu durchnumerierten Komponenten der $\mathbf{P}^{(k)}$, bzw. $\mathbf{r}^{(k)}$ sind.

Mit H nach (7.2.1) ergibt sich unter Benutzung der Rechnung vor (6.5.33):

$$(7.2.5) \qquad Q_N(T, V) = \frac{1}{N!\lambda^{3N}} \int e^{-\frac{1}{T}\sum_{i<k} U_{ik}} d^3\mathbf{r}^{(1)} \ldots d^3\mathbf{r}^{(N)}$$

mit $\qquad \lambda = \left(\frac{2\pi\hbar^2}{mT}\right)^{1/2}.$

In (7.2.5) ist jedes $\mathbf{r}^{(k)}$ nur über das Gebiet $\mathscr{V}$ vom Volumen V zu integrieren. Mit der Abkürzung

$$(7.2.7) \qquad Z_N(T, V) = \int e^{-\frac{1}{T}\sum_{i<k} U_{ik}} d^3\mathbf{r}^{(1)} \ldots d^3\mathbf{r}^{(N)}$$

erhalten wir nach (6.6.35):

$$(7.2.8) \qquad -\frac{J}{T} = \log D(z, T, V)$$

mit

$$(7.2.9) \qquad D(z, T, V) = \sum_{N=0}^{\infty} \frac{z^N}{N!\lambda^{3N}} Z_N(T, V).$$

Nach (6.6.32) zusammen mit (6.6.28) erhält man dann die Zustandsgleichung.

Für das Integral (7.2.7) wollen wir eine Entwicklung durchführen, wie sie von *Ursell* und *Meyer* angegeben wurde [15]. Dazu formen wir den Integranden von (7.2.7) um. Zunächst kann man den Integranden in der Form

$$(7.2.10) \qquad e^{-\frac{1}{T}\sum_{i<k} U_{ik}} = \prod_{i<k} e^{-\frac{U_{ik}}{T}}$$

schreiben. Wichtig ist also der Verlauf der Funktion

$$(7.2.11) \qquad g(r) = e^{-\frac{U(r)}{T}}.$$

$U(r)$ hat (z. B. für Heliumatome) einen in Fig. 16 qualitativ angegebenen Verlauf. Ebenfalls in Fig. 16 ist $g(r)$ eingezeichnet. Da $g(r)$ für große Abstände $(r > r_0)$ praktisch 1 ist, liegt es nahe

$$(7.2.12) \qquad f(r) = g(r) - 1$$

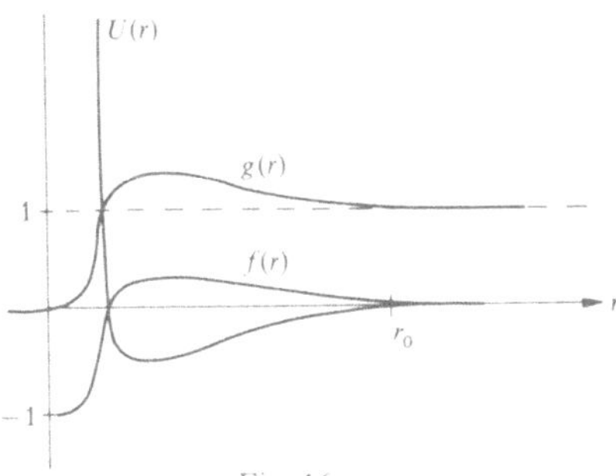

Fig. 16

als Funktion einzuführen, denn $f(r)$ ist fast immer Null, außer wenn sich zwei Atome näher als ihr »Wirkungsabstand« r_0 kommen.

(7.2.7) schreiben wir mit (7.2.10), (7.2.11), (7.2.12) in der Form

$$(7.2.13) \qquad Z_N(T, V) = \int \prod_{i<k} (1 + f_{ik}) d^3\mathbf{r}^{(1)} \ldots d^3\mathbf{r}^{(N)},$$

wobei in natürlicher Weise f_{ik} eine Abkürzung für $f(|\mathbf{r}^{(i)} - \mathbf{r}^{(k)}|)$ ist.

Es liegt nun nahe, das Produkt in folgender Form zu entwickeln:

$$(7.2.14) \qquad \prod (1 + f_{ik}) = 1 + (f_{12} + f_{13} + \ldots + f_{23} + \ldots) + \\ + (f_{12}f_{13} + \ldots + f_{..}f_{..} + \ldots) + (fff + \ldots) + \ldots.$$

Die Hauptschwierigkeit besteht darin, die Glieder dieser Entwicklung so zu ordnen, daß man immer alle Glieder zusammenfaßt, die in (7.2.13) zur selben Potenz von V führen. Der erste Summand 1 aus (7.2.14) führt in (7.2.13) zu V^N, so wie es dem idealen Gas entspricht (siehe die Rechnung von (6.6.35) bis (6.6.36)).

Alle Summanden der Form f_{ik} führen zum selben Wert des Integrals in (7.2.13):

$$\int f_{ik} d^3\mathbf{r}^{(1)}\ldots d^3\mathbf{r}^{(N)} = V^{N-1} \int f(|\mathbf{r}|)d^3\mathbf{r}$$

$$= 4\pi V^{N-1} \int_0^\infty f(r)r^2 dr,$$

so daß also die erste Klammer in (7.2.14) zu einem Beitrag

$$\tfrac{1}{2} N(N-1)4\pi V^{N-1} \int_0^\infty f(r)r^2 dr$$

führt.

Es erfordert einige nicht ganz einfache kombinatorische Überlegungen, um dieses Verfahren für die nächsten Glieder fortzusetzen. Um sich eine Übersicht über die verschiedenen Summanden in (7.2.14) zu verschaffen, ist es praktisch, jeden Summanden durch einen »Graphen« zu charakterisieren; und zwar wollen wir gleich das Integral über einen solchen Summanden »symbolisch« durch einen »Graphen« aufschreiben:

Für jedes Integral der Form

$$(7.2.15) \qquad \int f_{i_1 k_1} f_{i_2 k_2} \cdots f_{i_n k_n} d^3\mathbf{r}^{(1)}\ldots d^3\mathbf{r}^{(N)}$$

denken wir uns N numerierte Punkte aufgezeichnet und jedes an einem f auftretende Indexpaar $i_\alpha k_\alpha$ durch einen Verbindungsstrich zwischen dem Punkt i_α und dem Punkt k_α gekennzeichnet. Jedes Integral der Form (7.2.15) kann so eindeutig durch einen »N-Teilchen-Graphen« charakterisiert werden. Aber auch jedem auf diese Weise »zeichenbaren« N-Teilchen-Graphen entspricht auch ein Summand aus (7.2.14) (integriert über $d^3\mathbf{r}^{(1)}\ldots d^3\mathbf{r}^{(N)}$).

Zur Veranschaulichung sei ein Beispiel angegeben. Dem Graphen

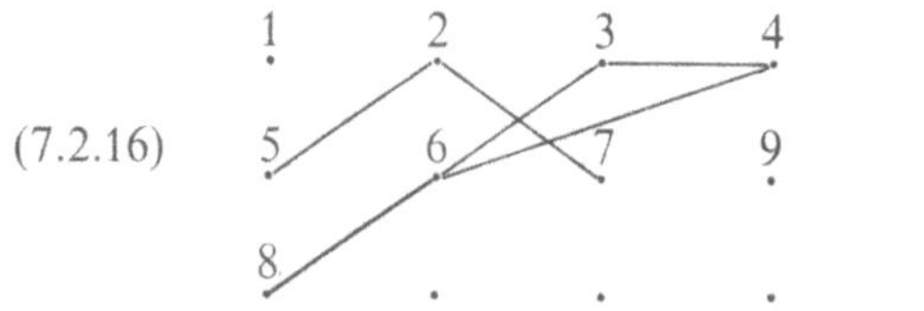

$$(7.2.16)$$

wobei die eingezeichneten Verbindungsstriche die einzigen vorkommenden Verbindungsstriche seien, entspricht das Integral

$$(7.2.17) \qquad \int f_{25} f_{27} f_{36} f_{68} f_{46} f_{34} d^3\mathbf{r}^{(1)}\ldots d^3\mathbf{r}^{(N)}.$$

Wir können in dem angegebenen Sinn also schreiben:

(7.2.18) $Z_N(T, V) = $ Summe über alle möglichen N-Teilchen-Graphen.

Jeder Graph kann in kleinere »zusammenhängende« Teile zerlegt werden; dabei versteht man in sehr naheliegender Weise unter einem zusammenhängenden Graphen einen n-Teilchen-Graphen, bei dem jeder Punkt von jedem anderen Punkt aus über eventuell mehrere Verbindungslinien erreichbar ist. Der obige Graph (7.2.16) ist also in folgende zusammenhängende Teile zerlegbar

(7.2.19)

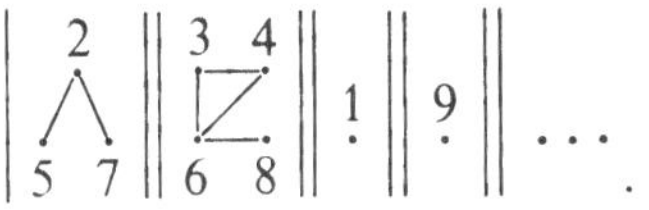

Einer solchen Zerlegung eines N-Teilchen Graphs entspricht eine Produktzerlegung des Integrals, wobei die isolierten Punkte »weggelassen« werden können, da sie Faktoren 1 entsprechen. (7.2.17) geht nach (7.2.19) über in:

$$(7.2.20) \quad V^{N-7}[\int f_{25}f_{27}d^3\mathbf{r}^{(2)}d^3\mathbf{r}^{(5)}d^3\mathbf{r}^{(7)}] \cdot$$
$$\cdot [\int f_{34}f_{36}f_{46}f_{68}d^3\mathbf{r}^{(3)}d^3\mathbf{r}^{(4)}d^3\mathbf{r}^{(6)}d^3\mathbf{r}^{(8)}].$$

Wir definieren folgende Funktionen b_l, die dimensionslos sind:

$$(7.2.21) \quad l!\lambda^{2l-3}Vb_l(T, V) = \begin{cases} \text{Summe über alle zusammenhängenden} \\ l\text{-Teilchen-Graphen.} \end{cases}$$

Ist V groß genug, so laufen bei der Integration über die l Variablen eines zusammenhängenden l-Teilchen-Graphen $(l-1)$ Variable (bei festhaltener l-ten Variablen) nur über durch die Reichweite r_0 bestimmte Bereiche, während die letzte Koordinate praktisch über ganz $\mathscr{V}$ läuft, so daß für große V die $b_l(T, V)$ von V unabhängig werden. Die ersten b_l haben z. B. folgende Form:

$$b_1 = \frac{1}{V}\left| \, \cdot^1 \, \right| = \frac{1}{V}\int d^3\mathbf{r}^{(1)} = 1,$$

$$b_2 = \frac{1}{2!\lambda^3 V}\left| \, \cdot^1 \!-\!\cdot^2 \, \right| = \frac{1}{2\lambda^3 V}\int f_{12}d^3\mathbf{r}^{(1)}d^3\mathbf{r}^{(2)} = \frac{4\pi}{2\lambda^3}\int_0^\infty f(r)r^2 dr,$$

$$b_3 = \frac{1}{3!\lambda^6 V}\left[\diagup + \bigwedge + \diagdown + \triangle \right].$$

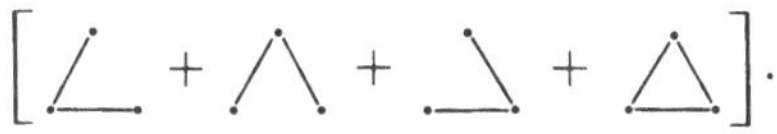

Jeder N-Teilchen-Graph ist, wie wir oben sahen, ein Produkt von zusammenhängenden Graphen. m_l sei die Zahl der dabei auftretenden zusammenhängenden l-Teilchen-Graphen. Also ist

$$(7.2.22) \quad N = \sum_{l=1}^{N} lm_l = N.$$

Die Zahlen m_l allein legen den N-Teilchen-Graphen nicht fest, denn es gibt verschiedene zusammenhängende l-Teilchen-Graphen, wie wir oben beispielhaft bei b_3 sahen und es gibt verschiedene Aufteilungen der Zahlen 1 bis N auf die zusammenhängenden Graphen.

Wir definieren daher

$$(7.2.23) \qquad S(m_1, m_2, \ldots m_N) = \begin{cases} \text{Summe über alle } N\text{-Teilchengraphen, die} \\ \text{zur selben Reihe } m_1, \ldots m_N \text{ gehören;} \end{cases}$$

dabei bedeutet Graph immer das zugehörige Integral. Es folgt sofort mit (7.2.18)

$$(7.2.24) \qquad Z_N(T, V) = \sum_{(m_1, \ldots m_N)} S(m_1, \ldots m_N),$$

wobei über alle möglichen Zahlenfolgen $(m_1, \ldots m_N)$ zu summieren ist, die (7.2.22) erfüllen.

Um $S(m_1, \ldots m_N)$ zu berechnen, denke man sich einen N-Teilchengraphen, der zu einer vorgegebenen Folge $(m_1, \ldots, m_N)$ gehört, aufgezeichnet. Man erhält andere N-Teilchengraphen derselben Struktur, wenn man die an die Punkte herangeschriebenen Zahlen 1 bis N permutiert. Man erhält andere N-Teilchen-Graphen zur selben Folge $(m_1, \ldots, m_N)$, wenn man die Form der eingehenden zusammenhängenden l-Teilchen-Graphen ändert.

Man sieht leicht, daß bei fester Numerierung der Punkte die Summe aller solcher N-Teilchen-Graphen, die durch Abänderung der *Form* der zusammenhängenden l-Teilchen-Graphen entstehen, gerade gleich

$$(7.2.25) \qquad [\,\cdot\,]^{m_1} [\,\text{---}\,\cdot\,]^{m_2} \left[\triangle\!\!\!\!/ + \angle\!\cdot + \diagdown\!\!\_ + \triangle \right]^{m_3} [\,\cdots\,]^{m_4} \cdots$$

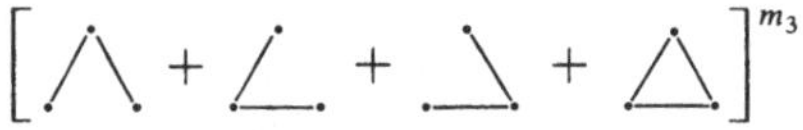

wird, da jede Form eines l-Teilchen-Graphs mit jeder anderen kombiniert werden kann. In (7.2.25) muß man sich ein $[\quad]^m$ m-mal hingeschrieben denken; und dann denke man sich eine bestimmte Numerierung der Punkte durchgeführt.

Um $S(m_1, \ldots)$ zu erhalten, muß man also noch den Ausdruck (7.2.25) über alle solche Permutationen der Numerierung summieren, die zu verschiedenen N-Teilchen-Graphen führen. Da aber die Integrationen nicht von der Numerierung abhängen, ist $S(m_1, \ldots)$ gleich (7.2.25) multipliziert mit der Anzahl der verschiedenen Numerierungen. Dies sind aber weniger als $N!$, denn Permutationen der m_l Faktoren aus $[\cdots]^{m_l}$ unter sich ändern den Graphen nicht; ebenso wird der Graph nicht geändert, wenn man innerhalb einer Summe $[\cdots]$ von zusammenhängenden l-Teilchen-Graphen die an die Punkte herangeschriebenen Zahlen permutiert. So kann man sehen, daß man $S(m_1, \ldots)$

dadurch erhält, daß man (7.2.25) mit

$$\frac{N!}{\prod_l (l!)^{m_l} \prod_l (m_l!)}$$

multipliziert. (7.2.25) nimmt mit (7.2.21) den Wert

$$\prod_l (l! \, \lambda^{3l-3} V b_l)^{m_l}$$

an. Also ist

$$(7.2.26) \qquad S(m_1, \ldots m_N) = N! \prod_l \frac{(\lambda^{3l-3} V b_l)^{m_l}}{m_l!} = N! \, \lambda^{3N} \prod_l \frac{(\lambda^{-3} V b_l)^{m_l}}{m_l!}.$$

Zusammen mit (7.2.24) und (7.2.9) folgt

$$D(z,T,V) = \sum_{N=0}^{\infty} z^N \sum_{(m_1,\ldots,m_N)} \prod_l \frac{(\lambda^{-3} V b_l)^{m_l}}{m_l!}$$

$$= \sum_{N=0}^{\infty} \sum_{(m_1,\ldots,m_N)} \prod_l \frac{(\lambda^{-3} V z^l b_l)^{m_l}}{m_l!}.$$

Durch die Summation über N wird die Nebenbedingung (7.2.22) für $(m_1,\ldots,m_N)$ aufgehoben, so daß folgt:

$$D(z,T,V) = \sum_{m_1,m_2,\ldots} \prod_l \frac{(\lambda^{-3} V z^l b_l)^{m_l}}{m_l!} = \prod_l \sum_{m=0}^{\infty} \frac{(\lambda^{-3} V z^l b_l)^m}{m!}$$

und damit

$$(7.2.27) \qquad \log D(z,T,V) = \lambda^{-3} V \sum_l b_l z^l.$$

Mit (7.2.8) und (6.6.32) folgt

$$(7.2.28) \qquad \frac{p}{T} = \lambda^{-3} \sum_{l=1}^{\infty} b_l z^l.$$

Aus (6.6.28) folgt

$$(7.2.29) \qquad \frac{n N_L}{V} = \lambda^{-3} \sum_{l=1}^{\infty} l b_l z^l.$$

Die beiden Gleichungen (7.2.28), (7.2.29) geben die Zustandsgleichung nur »indirekt«, da man eigentlich erst (7.2.29) nach z auflösen und diese Werte von z in (7.2.28) einsetzen müßte, um $p = p(T,V)$ zu erhalten. Ist V groß und damit $\bar{N}/V$ klein, so genügen eventuell die ersten beiden Summanden in (7.2.28) und (7.2.29), womit man folgende beiden Anfangsglieder für eine

Entwicklung von p/T nach Potenzen von $\dfrac{1}{V}$ erhält:

$$pV = nN_L T \left(1 - b_2 \lambda^3 \frac{nN_L}{V}\right),$$

was mit dem oben bezeichneten b_2 übergeht in

$$(7.2.30) \qquad pV = nN_L T \left(1 - \frac{nN_L}{V} 2\pi \int\limits_0^\infty f(r) r^2 dr\right).$$

Natürlich ist der Sinn der Ableitung von (7.2.28), (7.2.29) nicht die Herleitung von (7.2.30), da man (7.2.30) als Näherung unmittelbar ohne die ganzen Reihen (7.2.28), (7.2.29) hätte erhalten können.

Es ist möglich, die in (7.2.21) definierten b_l nochmals auf einfachere Graphen zurückzuführen und die in (7.2.30) angefangene Entwicklung von p nach Potenzen von $1/V$ explizit anzugeben:

$$(7.2.31) \qquad pV = nN_L T \left(1 - \sum_{v=1}^\infty \frac{v}{v+1} \left(\frac{nN_L}{V}\right)^v \beta_v \lambda^{3v}\right),$$

wobei die β_v wie folgt definiert sind:

$$\lambda^{3v} v!\, V\beta_v = \sum \{\text{alle irreduziblen } (v+1)\text{-Teilchengraphen}\};$$

dabei ist ein irreduzibler Graph ein solcher zusammenhängender Graph, der nicht durch »Auftrennen an einem einzigen Punkt« in zwei Graphen zerlegt werden kann, wie z. B. der folgende

durch Auftrennen an dem mit einem Pfeil bezeichneten Punkt in die beiden rechts aufgezeichneten irreduziblen Teile zerfällt.

Man erhält

$$(7.2.32) \qquad l^2 b_l = \sum_{\substack{\mu_v \\ (\sum_v v\mu_v)=l-1}} \prod_v \frac{(l\beta_v)^{\mu_v}}{\mu_v!}.$$

Mit Hilfe der eben angegebenen Formeln ist es auch im Prinzip möglich, die Phasenumwandlung, d. h. das waagerechte Stück der Zustandsgleichung in Fig. 7 plausibel zu machen. Dabei muß man sehr behutsam vorgehen, was nicht immer geschehen ist. Man darf auf keinen Fall die große kanonische Gesamtheit benutzen! Denn gerade während der Existenz der beiden Phasen

Gas-Flüssigkeit ist gar nicht zu erwarten, daß die zur Herleitung der großen kanonischen Gesamtheit in § 6.6 benutzte Voraussetzung eines bestimmten Gleichgewichts der Massen bei Austausch von Teilchen erfüllt ist (siehe Ende von § 6.6). Man muß also in diesem Fall auf die Formel (7.2.3), d. h. auf die kanonische Gesamtheit zurückgehen. Obwohl wir die eben angedeuteten Überlegungen hier nicht bringen können, haben wir sie doch erwähnt, um das Augenmerk zu schärfen, nicht blindlings die verschiedenen Gesamtheiten aus § 6.3 bis § 6.6 zu benutzen.

Zum Schluß wollen wir hier noch zeigen, daß man (7.2.30) benutzen kann, um die in der phänomenologischen van der Waalschen Zustandsgleichung XIV (1.5.6) auftretenden Konstanten a, b mit dem Wechselwirkungspotential $U(r)$ zwischen zwei Atomen in Verbindung zu bringen. Dazu schreiben wir zunächst XIV (1.5.6) mit der hier in XV benutzten Temperaturskala um:

$$(7.2.33) \qquad \left(p + \frac{a}{V^2}\right)(V - b) = nN_L T.$$

Daraus ergibt sich folgende Entwicklung nach Potenzen von $1/V$:

$$(7.2.34) \qquad pV = nN_L T\left(1 + \frac{b}{V} - \frac{a}{nN_L TV} + \ldots\right).$$

Ein Vergleich von (7.2.30) mit (7.2.34) liefert

$$(7.2.35) \qquad -\frac{b}{nN_L} + \frac{a}{(nN_L)^2 T} \approx 2\pi \int\limits_0^\infty f(r)r^2 dr.$$

Wir haben in (7.2.35) kein exaktes Gleichheitszeichen geschrieben, da die Temperaturabhängigkeit der rechten Seite im allgemeinen komplizierter als die der linken Seite ist. Setzen wir für $f(r)$ die Definition (7.2.12), (7.2.11) ein, so folgt:

$$(7.2.36) \qquad \int\limits_0^\infty f(r)r^2 dr = \int\limits_0^\infty \left(e^{-\frac{U(r)}{T}} - 1\right)r^2 dr.$$

Das Potential $U(r)$ (siehe Fig. 16) idealisieren wir durch folgende Kurve:

$$(7.2.37) \qquad U(r) = \begin{cases} +\infty & \text{für} \quad r < r_s \\ \leq 0 & \text{für} \quad r > r_s. \end{cases}$$

Außerdem nehmen wir T so groß an, daß für $r > r_s$ die Näherung

$$e^{-\frac{U(r)}{T}} \approx 1 - \frac{U(r)}{T}$$

erlaubt ist. Aus (7.2.36) wird dann

$$(7.2.38) \qquad \int\limits_0^\infty f(r)r^2 dr \approx -\frac{1}{3}r_s^3 - \frac{1}{T}\int\limits_{r_s}^\infty U(r)r^2 dr.$$

Zusammen mit (7.2.35) folgt dann

$$(7.2.39) \qquad b = nN_L\,\frac{2\pi}{3}\,r_s^3 > 0;\quad a = -(nN_L)^2\,2\pi\int\limits_{rs}^\infty U(r)r^2 dr > 0.$$

Man mache sich insbesondere die physikalische Bedeutung von b klar.

§ 7.3. Das ideale Fermigas

Wir haben zwar in § 6 hauptsächlich die Formeln angegeben, die einer Einbettung in $\mathfrak{P}\mathfrak{T}_{q\,\text{exp}}$ entsprechen; tatsächlich aber entsprachen alle bisher gebrachten Beispiele einer Einbettung in $\mathfrak{P}\mathfrak{T}_{k\,\text{exp}}$. Wir werden gleich sehen, warum wir mit solchen Beispielen begonnen hatten; denn schon das Verhalten idealer Gase nach der Einbettung in $\mathfrak{P}\mathfrak{T}_{q\,\text{exp}}$ ist wesentlich schwieriger zu berechnen.

Wir gehen wieder von H nach (1.1), jetzt aber als *Hamilton*operator aus. Für N gleiche Teilchen ist nach XI, § 8.1 der *Hilbert*raum $\{\mathscr{H}^N\}_+$ oder $\{\mathscr{H}^N\}_-$ in $\mathfrak{P}\mathfrak{T}_{q\,\text{exp}}$ zu benutzen. Wir beginnen mit dem Fall $\{\mathscr{H}^N\}_-$, der unter der Bezeichnung »*Fermi*systeme« läuft. Ein typisches Beispiel von *Fermi*systemen sind Elektronen, aber auch Protonen, Neutronen. Das hier zu behandelnde ideale *Fermi*gas ist schwer zu realisieren; aber es kann als erste sehr grobe Näherungen für Elektronen in einem Metall benutzt werden, was wir hier aber nicht näher ausführen wollen (siehe z.B. [16]).

Wir haben eben schon gesagt, daß wir nur das »ideale« *Fermi*gas behandeln wollen, d.h. wir vernachlässigen in H die Wechselwirkung der Teilchen untereinander. H ist dann eine Summe $\sum\limits_{i=1}^{N} \bar{H}^{(i)}$, wobei $\bar{H}$ der Energieoperator eines Teilchens im *Hilbert*raum $\mathscr{H}$ ist. Ohne daß wir nun zunächst die Eigenwerte des Einteilchenoperators $\bar{H}$ in dem durch $\bar{V}$ in (1.1) gegebenen »Kasten« berechnen, wollen wir sie als bekannt voraussetzen:

$$(7.3.1) \qquad \bar{H}\phi_v = \varepsilon_v\phi_v.$$

Dabei wollen wir die Indizes v so eingeführt denken, daß die ϕ_v ein vollständiges Orthonormalsystem in $\mathscr{H}$ bilden; d.h. es können einige ε_v gleich sein.

Der Energieoperator $H = \sum\limits_{i=1}^{N} \bar{H}^{(i)}$ in $\{\mathscr{H}^N\}_-$ hat dann die möglichen Eigenwerte

$$E_{v_1 v_2 \ldots v_N} = \sum_{i=1}^{N} \varepsilon_{v_i}$$

und Eigenvektoren $\gamma_{v_1 v_2 \ldots v_N}$ nach XI (8.1.5) oder XI (8.1.6). Daraus folgt, daß alle $v_1, v_2, \ldots v_N$ voneinander verschieden sein müssen. Um nach (6.5.24) die freie Energie oder nach (6.6.20) J ($= -pV$ nach (6.6.32)) zu berechnen, brauchen wir die »Zustandssumme«

$$(7.3.2) \qquad Q_N(T, V) = Sp \; e^{-\frac{H}{T}} = \sum_{v_1 \ldots v_N} e^{-\frac{1}{T} \sum\limits_{i=1}^{N} \varepsilon_{v_i}},$$

wobei die Spur mit Hilfe des Eigenvektorensystems der $\gamma_{v_1 \ldots v_N}$ berechnet wurde. Da alle $v_1 \ldots v_N$ verschieden sind und eine Änderung der Reihenfolge der $v_1 \ldots v_N$ zu keinem neuen Vektor $\gamma_{v_1 \ldots v_N}$ führt (siehe XI, § 8.1), kann man jedes $\gamma_{v_1 \ldots v_N}$ eindeutig durch eine »Besetzungszahlfolge« $[n_v]$ mit

$$(7.3.3) \qquad n_v = 0 \text{ oder } 1, \quad \text{und} \quad \sum_v n_v = N$$

durch $(v_1 \ldots v_N) \leftrightarrow [n_v]$ mit $\{n_{v_1} = n_{v_2} = \ldots = n_{v_N} = 1$ und $n_v = 0$ sonst$\}$ kennzeichnen. Also wird nach (7.3.2):

$$(7.3.4) \qquad Q_N(T, V) = \sum_{[n_v]} e^{-\frac{1}{T} \sum\limits_v n_v \varepsilon_v}.$$

Am einfachsten läßt sich wieder J nach (6.6.20b) berechnen:

$$-\frac{J}{T} = \log \sum_N z^N Q_N(T, V) = \log \sum_N \sum_{\substack{[n_v] \\ \sum\limits_v n_v = N}} z^{\sum\limits_v n_v} e^{-\frac{1}{T} \sum\limits_v n_v \varepsilon_v}.$$

Da die Summe über N gerade die Nebenbedingung $\sum\limits_v n_v = N$ für die n_v aufhebt, folgt:

$$(7.3.5) \qquad -\frac{J}{T} = \log \sum_{n_1 n_2 \ldots} \prod_v z^{n_v} e^{-\frac{1}{T} n_v \varepsilon_v} = \log \prod_v \sum_{n=0}^{1} \left(z\, e^{-\frac{1}{T} \varepsilon_v} \right)^n,$$

d.h.

$$(7.3.6) \qquad \frac{pV}{T} = -\frac{J}{T} = \sum_v \log \left(1 + z\, e^{-\frac{\varepsilon_v}{T}} \right)$$

und nach (6.6.28):

$$(7.3.7) \qquad nN_L = \sum_\nu \frac{z\,e^{-\frac{\varepsilon_\nu}{T}}}{1 + z\,e^{-\frac{\varepsilon_\nu}{T}}}.$$

Aus der Formel (7.3.5) für J folgt leicht als »mittlere Besetzungszahl« $\bar{n}_\nu$, d. h. als Erwartungswert der n_ν in der großen kanonischen Gesamtheit:

$$(7.3.7) \qquad \bar{n}_\nu = -T\,\frac{\partial}{\partial\varepsilon_\nu}\left(-\frac{J}{T}\right)$$

und damit nach (7.3.6)

$$(7.3.8) \qquad \bar{n}_\nu = \frac{z\,e^{-\frac{\varepsilon_\nu}{T}}}{1 + z\,e^{-\frac{\varepsilon_\nu}{T}}}.$$

Um nun (7.3.6), (7.3.7) auszuwerten, brauchen wir die ε_ν, d. h. die Eigenwerte von $\bar{H} = \frac{1}{2m}\,\mathbf{P}^2 + \bar{V}(\mathbf{r})$, wobei $\bar{V}(\mathbf{r})$ den »großen Kasten« vom Volumen V charakterisiert, in dem das Gas eingeschlossen ist.

Man kann nun zeigen, daß asymptotisch für große Volumina V die Dichte der Energiewerte unabhängig von der Form des Kastenrandes wird. Um diese Dichte zu berechnen, können wir daher jede uns bequeme Form der Randbedingungen wählen. Wir wählen einen quadratischen Kasten der Kantenlänge L mit der Randbedingung der Periodizität:

$$\varphi(x_1 + \mu_1 L, x_2 + \mu_2 L, x_3 + \mu_3 L) = \varphi(x_1, x_2, x_3)$$

für alle ganzen Zahlen μ_1, μ_2, μ_3. Als Lösungen von (7.3.1) erhält man dann

$$\varphi_{n_1 n_2 n_3} = e^{i\mathbf{k}_{n_1 n_2 n_3} \cdot \mathbf{r}} \quad \text{mit} \quad \mathbf{k}_{n_1 n_2 n_3} = \left\{ \frac{2\pi}{L}\,n_1, \; \frac{2\pi}{L}\,n_2, \; \frac{2\pi}{L}\,n_3 \right\}$$

mit $\varepsilon_{n_1 n_2 n_3} = \frac{\hbar^2}{2m}\,\mathbf{k}_{n_1 n_2 n_3}^2$, ($n_1, n_2, n_3$ ganze Zahlen).

Die eben angegebenen Eigenvektoren $\varphi_{n_1 n_2 n_3}$ sind Elemente des *Hilbert*raumes $\mathcal{H}_b$ (siehe § XI 8.1). Im *Hilbert*raum $\mathcal{H} = \mathcal{H}_b \times \imath_s$ eines Teilchens mit $\imath_s$ als Spinraum dieses Teilchens (siehe XI, § 7.1 und XI, § 8.1), muß man jedes $\varphi_{n_1 n_2 n_3}$ noch mit einem Spinvektor aus $\imath_s$ multiplizieren:

$$\phi_{n_1 n_2 n_3 \alpha} = \varphi_{n_1 n_2 n_3} u_\alpha \quad (\alpha = \pm \tfrac{1}{2}).$$

Da der *Hilbert*raum $\{\mathcal{H}^N\}_-$ nur für elementare Systeme mit halbzahligem Spin zu nehmen ist, müssen wir also die Eigenvektoren von $\bar{H}$ in der eben angegebenen Form $\phi_{n_1 n_2 n_3 \alpha}$ benutzen. Das Quadrupel $(n_1 n_2 n_3 \alpha)$ vertritt also den Index v aus (7.3.1). Setzen wir noch $\hbar \mathbf{k} = \mathbf{p}$, so können wir also jede Summe

$$\sum_{n_1 n_2 n_3 \alpha} (\ldots) \quad \text{durch ein Integral} \quad \frac{2V}{h^3} \int (\ldots) d^3\mathbf{p}$$

ersetzen, sofern die Summanden $(\ldots)$ nur »langsam« mit $(n_1 n_2 n_3 \alpha)$ variieren. Dies ist für die Summanden in (7.3.6) und (7.3.7) der Fall. So folgt

$$\frac{p}{T} = \frac{2}{h^3} \int \log \left(1 + z\, e^{-\frac{\mathbf{p}^2}{2mT}} \right) d^3\mathbf{p},$$

(7.3.9)

$$\frac{nN_L}{V} = \frac{2}{h^3} \int \frac{z\, e^{-\frac{\mathbf{p}^2}{2mT}}}{1 + z\, e^{-\frac{\mathbf{p}^2}{2mT}}}\, d^3\mathbf{p}.$$

Wir wollen hier die Formeln (7.3.9) nicht in allen Einzelheiten diskutieren, sondern zur Illustration nur zwei Grenzfälle betrachten.

1. Hohe Temperaturen und geringe Dichte $\bar{N}/V$.

Es genügt, die Integranden in (7.3.9) bis zu quadratischen Gliedern in z zu entwickeln:

$$\frac{p}{T} = \frac{2}{h^3} \left[z \int e^{-\frac{\mathbf{p}^2}{2mT}} d^3\mathbf{p} - \frac{1}{2} z^2 \int e^{-\frac{\mathbf{p}^2}{mT}} d^3\mathbf{p} + \ldots \right],$$

$$\frac{nN_L}{V} = \frac{2}{h^3} \left[z \int e^{-\frac{\mathbf{p}^2}{2mT}} d^3\mathbf{p} - z^2 \int e^{-\frac{\mathbf{p}^2}{mT}} d^3\mathbf{p} + \ldots \right].$$

Mit λ nach (7.2.6) folgt:

$$\frac{p}{T} = \frac{2}{\lambda^3} \left(z - \frac{z^2}{2^{5/2}} + \ldots \right), \quad \frac{nN_L}{V} = \frac{2}{\lambda^3} \left(z - \frac{z^2}{2^{3/2}} + \ldots \right).$$

Aus der zweiten Gleichung folgt

$$z = \frac{\lambda^3}{2} \frac{nN_L}{V} + \frac{1}{2^{3/2}} \left(\frac{\lambda^3 nN_L}{2V} \right)^2 + \ldots,$$

was in die erste eingesetzt

$$(7.3.10) \qquad pV = nN_L T \left(1 + \frac{1}{2^{5/2}} \frac{\lambda^3 nN_L}{2V} + \ldots \right)$$

ergibt. Wir haben also für hohe Temperaturen und niedrige Dichten das Verhalten eines idealen »klassischen« Gases; die Abweichungen von diesem Verhalten machen sich in einer *Erhöhung* des Druckes bemerkbar.

2. Niedrige Temperaturen, hohe Dichten.

Wir schreiben die zweite Gleichung (7.3.9) mit $z = e^\alpha$ um in:

$$(7.3.11) \qquad \frac{nN_L}{V} = \frac{2}{h^3} \int \frac{1}{1 + e^{\frac{\mathbf{p}^2}{2mT} - \alpha}} \, d^3\mathbf{p}.$$

Der Integrand ist nichts anderes als (7.3.8), d. h.

$$(7.3.12) \qquad \bar{n}_v = \frac{1}{1 + e^{\frac{\varepsilon_v}{T} - \alpha}},$$

in kontinuierlicher Schreibweise. Die auf der rechten Seite von (7.3.12) stehende Funktion von ε (ε für ε_v geschrieben) hat für niedrige Temperaturen einen in Fig. 17 skizzierten Verlauf.

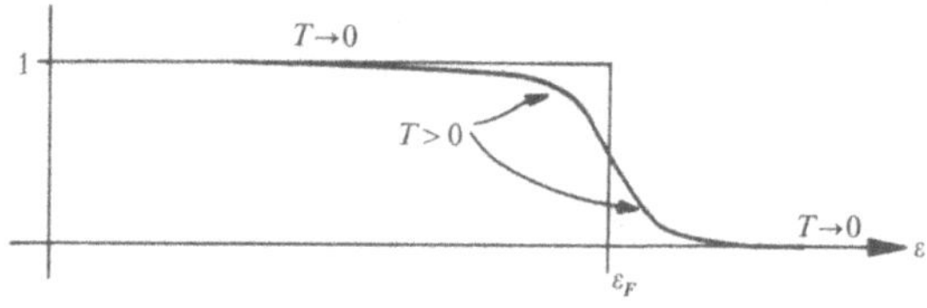

Fig. 17

Für $T \to 0$ erhält man eine Kurve, die von 1 auf 0 bei $\varepsilon = \varepsilon_F$ springt. ε_F heißt die *Fermi*sche Grenzenergie. Für wachsende T wird dieser Sprung immer mehr abgeflacht. Diese Funktion ist die berühmte »*Fermi*verteilung«. ε_F ist bestimmt durch

$$(7.3.13) \qquad \frac{\varepsilon_F}{T} - \alpha = 0.$$

In (7.3.12), (7.3.13) kann man α auch durch ε_F/T ersetzen.

Mit $|\mathbf{p}_F|$ als dem durch $|\mathbf{p}_F| = \sqrt{2m\varepsilon_F}$ gegebenen Grenzimpuls kann man also in erster Näherung (7.3.11) ersetzen durch

$$(7.3.14) \qquad \frac{nN_L}{V} = \frac{2}{h^3} \int\limits_{|\mathbf{p}| < |\mathbf{p}_F|} d^3\mathbf{p} = \frac{8\pi}{h^3} \int\limits_0^{|\mathbf{p}_F|} p^2 \, dp = \frac{8\pi}{3h^3} |\mathbf{p}_F|^3.$$

Daraus folgt als *Fermi*sche Grenzenergie

$$(7.3.15) \qquad \varepsilon_F = \frac{h^2}{2m} \left(\frac{3nN_L}{8\pi V} \right)^{2/3}.$$

Für den Druck erhält man nach (7.3.9) mit Hilfe partieller Integration:

$$\frac{p}{T} = \frac{2}{h^3} \int \log \left(1 + e^{-\frac{\mathbf{p}^2}{2mT} + \alpha} \right) d^3\mathbf{p} = \frac{8\pi}{h^3} \int_0^\infty p^2 \log \left(1 + e^{-\frac{p^2}{2mT} + \alpha} \right) dp$$

$$= \frac{8\pi}{h^3} \frac{1}{3mT} \int_0^\infty \frac{p^4 e^{-\frac{p^2}{2mT} + \alpha}}{1 + e^{-\frac{p^2}{2mT} + \alpha}} \, dp = \frac{8\pi}{h^3} \frac{1}{3mT} \int_0^\infty \frac{p^4}{1 + e^{\frac{p^2}{2mT} - \alpha}} \, dp.$$

Hier können wir wieder $\left(1 + e^{\frac{p^2}{2mT} - \alpha} \right)^{-1}$ durch die Sprungfunktion ersetzen und erhalten zusammen mit (7.3.14) bzw. (7.3.15)

$$p = \frac{8\pi}{3h^3 m} \int_0^{|\mathbf{p}_F|} p^4 dp = \frac{8\pi}{15 h^3 m} |\mathbf{p}_F|^5$$

$$(7.3.16)$$

$$= \frac{h^2}{5m} \left(\frac{3}{8\pi} \right)^{2/3} \left(\frac{nN_L}{V} \right)^{5/3} = \frac{2}{5} \varepsilon_F \frac{nN_L}{V}.$$

Es bleibt also auch für $T \to 0$ ein endlicher Druck übrig. Die Isothermen des idealen *Fermi*gases schmiegen sich also für $T \to 0$ der Grenzkurve (7.3.16) d. h. der Kurve $pV^{5/3} = $ const. an. Die Isothermen des idealen »klassischen« Gases nähern sich dagegen für $T \to 0$ beliebig den Achsen des (p, V)-Diagramms. Die Isothermen des idealen *Fermi*gases liegen immer oberhalb derjenigen des idealen »klassischen« Gases; für höhere Temperaturen und geringere Dichten ist diese Abweichung in (7.3.10) angegeben.

Für eine weitere Diskussion des Verhaltens des *Fermi*gases wie von Anwendungen in der Theorie der Metalle wie stellarer Materie sei auf [16] verwiesen.

§ 7.4. Das ideale Bosegas

Ohne viele Erklärungen können wir die ersten Überlegungen aus § 7.3 sofort auf den Fall übertragen, daß als *Hilbert*raum der N-Teilchen $\{ \mathcal{H}^N \}_+$ statt $\{ \mathcal{H}^N \}_-$ zu benutzen ist. Wir wollen in diesem Fall Teilchen ohne Spin betrachten. Ein Anwendungsbeispiel wäre ein System aus N Heliumatomen (im Grundzustand), für die der *Hamilton*operator in sehr guter Näherung durch (1.1) dargestellt werden kann. Leider ist aber der Übergang zum »idealen« Gas, d. h. die Vernachlässigung der Wechselwirkungen $U(|\mathbf{r}^{(i)} - \mathbf{r}^{(k)}|)$ in (1.1) gerade in *dem* Gebiet keine gute Näherung mehr, das physikalisch besonders interessant ist, nämlich bei tiefen Temperaturen. Wir wollen trotzdem einige markante Eigenschaften des *idealen Bose*gases hier kurz skizzieren.

Statt der antisymmetrischen Eigenvektoren $\gamma_{v_1 v_2 \ldots v_N}$ aus § 7.3 sind entsprechende symmetrische Vektoren (siehe XI (8.1.3)) zu nehmen. Diese können wieder eindeutig durch eine Reihe von Besetzungszahlen n_v mit

$$(7.4.1) \qquad \sum_v n_v = N$$

charakterisiert werden, nur daß jetzt die Bedingung $n_v = 0$ oder 1 wegfällt! So bleibt auch die Formel (7.3.4) bestehen, wieder nur mit Wegfall der Bedingung $n_v = 0$ oder 1. (7.3.5) geht daher über in

$$(7.4.2) \qquad -\frac{J}{T} = \log \sum_{n_1 n_2 \ldots} \prod_v z^{n_v} e^{-\frac{1}{T} n_v \varepsilon_v} = \log \prod_v \sum_{n=0}^{\infty} \left(z\, e^{-\frac{1}{T}\varepsilon_v} \right)^{n_v}$$

und damit

$$(7.4.3) \qquad \frac{pV}{V} = -\frac{J}{T} = \sum_v \log \frac{1}{1-z\,e^{-\frac{\varepsilon_v}{T}}} = -\sum_v \log \left(1 - z\,e^{-\frac{\varepsilon_v}{T}} \right).$$

Nach (6.6.28) folgt daraus

$$(7.4.4) \qquad \bar{N} = \sum_v \frac{z\,e^{-\frac{\varepsilon_v}{T}}}{1-z\,e^{-\frac{\varepsilon_v}{T}}}$$

und als mittlere Besetzungszahl

$$(7.4.5) \qquad \bar{n}_v = \frac{z\,e^{-\frac{\varepsilon_v}{T}}}{1-z\,e^{-\frac{\varepsilon_v}{T}}}.$$

Da $\bar{n}_v \geq 0$ sein muß, muß $z < 1$ sein, damit nicht $\bar{n}_0$ für $\varepsilon_0 = 0$ singulär wird. Ist $z < 1$, so kann man die Summationen wieder wie in (7.3.9) durch Integrale ersetzen:

$$(7.4.6) \qquad
\begin{aligned}
\frac{p}{T} &= -\frac{1}{h^3} \int \log \left(1 - z\,e^{-\frac{\mathbf{p}^2}{2mT}} \right) d^3\mathbf{p}, \\[2ex]
\frac{N}{V} &= \frac{1}{h^3} \int \frac{z\,e^{-\frac{\mathbf{p}^2}{2mT}}}{1-z\,e^{-\frac{\mathbf{p}^2}{2mT}}} d^3\mathbf{p}.
\end{aligned}$$

Wie in § 7.3 betrachten wir zunächst den Grenzfall höherer Temperaturen und niedriger Dichten. Dann kann man entwickeln:

$$\frac{p}{T}=\frac{1}{h^3}\left[z\int e^{-\frac{\mathbf{p}^2}{2mT}}d^3\mathbf{p}+\frac{1}{2}z^2\int e^{-\frac{\mathbf{p}^2}{mT}}d^3\mathbf{p}+\ldots\right],$$

$$\frac{\bar{N}}{V}=\frac{1}{h^3}\left[z\int e^{-\frac{\mathbf{p}^2}{2mT}}d^3\mathbf{p}+z^2\int e^{-\frac{\mathbf{p}^2}{mT}}d^3\mathbf{p}+\ldots\right],$$

woraus mit λ nach (7.2.6) folgt:

$$\frac{p}{T}=\frac{1}{\lambda^3}\left(z+\frac{z^2}{2^{5/2}}+\ldots\right),\qquad \frac{\bar{N}}{V}=\frac{1}{\lambda^3}\left(z+\frac{z^2}{2^{3/2}}\right).$$

Daraus erhält man schließlich:

$$(7.4.7)\qquad pV=\bar{N}T\left(1-\frac{\lambda^3}{2^{5/2}}\,\frac{\bar{N}}{V}+\ldots\right).$$

Beim idealen *Bose*gas zeigt sich also eine *Abnahme* des Druckes gegenüber dem idealen klassischen Gas.

Etwas schwieriger als beim *Fermi*gas wird jetzt der Fall tiefer Temperaturen. Die zweite Gleichung aus (7.4.6) können wir umschreiben in

$$(7.4.8)\qquad \frac{\bar{N}}{V}=\frac{4\pi}{h^3}\int_0^\infty \frac{p^2\,dp}{z^{-1}\,e^{\frac{p^2}{2mT}}-1}\,.$$

Das Integral in (7.4.8) konvegiert nicht nur für $0<z<1$, sondern strebt für $z\to 1$ dem Grenzwert

$$(7.4.9)\qquad \frac{\bar{N}_g}{V_g}=\frac{4\pi}{h^3}\int_0^\infty \frac{p^2\,dp}{e^{\frac{p^2}{2mT}}-1}$$

zu. Für $z=1$ folgt aus (7.4.6) weiterhin

$$(7.4.10)\qquad \frac{p_g}{T_g}=-\frac{4\pi}{h^3}\int_0^\infty \log\left(1-e^{-\frac{p^2}{2mT}}\right)p^2\,dp.$$

Mit neuer Integrationsvariable folgt

$$(7.4.11)\qquad \frac{\bar{N}_g}{V_g}=\frac{4}{\sqrt{\pi}}\,\lambda^{-3}\int_0^\infty \frac{x^2\,dx}{e^{x^2}-1},$$

$$\frac{p_g}{T_g}=-\frac{4}{\sqrt{\pi}}\,\lambda^{-3}\int_0^\infty \log(1-e^{-x^2})x^2\,dx.$$

Aus beiden Gleichungen kann man T_g eliminieren und erhält eine Grenzkurve im (pV)-Diagramm der Form

$$(7.4.12) \qquad p_g V_g^{5/3} = c_g$$

mit einer aus (7.4.11) zu berechnenden Konstanten c_g. Die Kurve (7.4.12) ist in Fig. 18 als gestrichelte Linie eingetragen. Nur oberhalb dieser Kurve liegen Zustände p, V, T, für die die Formeln (7.4.6) anwendbar sind.

Was geschieht für (p, V, T)-Werte, die unterhalb dieser Kurve liegen? Das Gas zeigt einen Phasenübergang, bei dem die Isothermen im (pV)-Diagramm einen waagerechten Verlauf zeigen (Fig. 18). Bei Anwesenheit eines Schwerefeldes tritt ebenfalls eine räumliche Trennung zweier Phasen ein. Trotzdem besteht nur eine gewisse Ähnlichkeit mit dem Übergang Gas-Flüssigkeit, da das Verhalten der inneren Energie hier beim *Bose*gas etwas anders verläuft. Wir können hier keine »strenge« Herleitung aller Eigenschaften des Phasenübergangs beim idealen *Bose*gas bringen (siehe z. B. [17]) und wollen nur kurz andeuten, wie man zur Zustandsgleichung kommen kann.

Ist $\bar{N}/V > \bar{N}_g/V_g$, so ist der Übergang von (7.4.3), (7.4.4) zu (7.4.6) nicht erlaubt, da die Summanden in den Summen über v nicht nur »langsam« veränderlich sind (siehe die Bemerkungen dazu in § 7.3). Für $z \to 1$ geht nämlich der erste Summand für $\varepsilon_0 = 0$ in (7.4.4) gegen Unendlich. Es zeigt sich nun, daß man für sehr große V (bei festgehaltenem $\bar{N}/V (> \bar{N}_g/V_g)$) nur diesen einen Summanden für $\varepsilon_0 = 0$ extra herauszuziehen braucht, um dann die restliche Summe wieder durch ein Integral darstellen zu können. Statt (7.4.6) hat man zu setzen:

$$(7.4.13) \qquad \frac{p}{T} = -\frac{1}{h^3} \int \log\left(1 - z\,e^{-\frac{\mathbf{p}^2}{2mT}}\right) d^3\mathbf{p} - \frac{1}{V} \log(1-z),$$

$$\frac{\bar{N}}{V} = \frac{1}{h^3} \int \frac{1}{z^{-1} e^{\frac{\mathbf{p}^2}{2mT}} - 1} d^3\mathbf{p} + \frac{1}{V} \frac{z}{1-z}.$$

Für sehr große V bei festgehaltenem $\bar{N}/V (> \bar{N}_g/V_g)$ muß man z so gut wie fast gleich 1 wählen, damit die zweite Gleichung (7.4.13) erfüllt wird. Daher können wir für große V in den Integranden aus (7.4.13) einfach $z = 1$ setzen:

$$(7.4.14) \qquad \frac{p}{T} = -\frac{4}{\sqrt{\pi}} \lambda^{-3} \int_0^\infty \log(1 - e^{-x^2}) x^2 dx - \frac{1}{V} \log(1-z),$$

$$\frac{\bar{N}}{V} = \frac{4}{\sqrt{\pi}} \lambda^{-3} \int_0^\infty \frac{x^2 dx}{e^{x^2} - 1} + \frac{1}{V} \frac{z}{1-z}.$$

Aus der zweiten Gleichung von (7.4.14) folgt für große V bei festgehaltenem $\bar{N}/V$:

$$1-z \approx \frac{1}{V}\left[\frac{\bar{N}}{V}-\frac{4}{\sqrt{\pi}}\,\lambda^{-3}\int\limits_0^\infty\frac{x^2dx}{e^{x^2}-1}\right]^{-1},$$

d.h. $1-z\sim\dfrac{1}{V}$. Daher geht in der ersten Gleichung von (7.4.14) $\dfrac{1}{V}\log{(1-z)}$ für große V gegen Null, so daß wir schließlich statt (7.4.14)

$$\begin{aligned}
&\frac{p}{T}=-\frac{4}{\sqrt{\pi}}\,\lambda^{-3}\int\limits_0^\infty\log{(1-e^{-x^2})}x^2dx,\\[2mm]
(7.4.15)\quad&\frac{\bar{N}}{V}=\frac{4}{\sqrt{\pi}}\,\lambda^{-3}\int\limits_0^\infty\frac{x^2dx}{e^{x^2}-1}+\frac{1}{V}\,\bar{n}_0
\end{aligned}$$

schreiben können mit

$$(7.4.16)\qquad \bar{n}_0=\frac{z}{1-z}$$

nach (7.4.5).

Aus (7.4.15) folgt, daß p bei konstantem T nicht von V abhängt. Die Isothermen laufen in dem Gebiet unter der Grenzkurve (7.4.12) waagerecht (siehe Fig. 18). Bei konstantem T mit variablem V ($\bar{N}$ fest) ändert sich nur $\bar{n}_0$ und zwar von $\bar{n}_0=0$ für $V=V_g$ bis $\bar{n}_0=\bar{N}$ für $V\to0$. Während alle einzelnen $\bar{n}_\nu/\bar{N}$ für $\varepsilon_\nu\neq0$ nach (7.4.5) für große V (bei festem $\bar{N}/V$) sehr klein werden (nur die *Aufintegration* führt zu endlichen Beiträgen für $\bar{N}/V$!), nimmt $\bar{n}_0/\bar{N}$ einen endlichen Wert an: Ein endlicher Bruchteil der Teilchen nimmt die Energie »Null« an, wenn die (p, V, T)-Werte unterhalb der Grenzkurve (7.4.12) liegen. Der eben geschilderte Phasenübergang ist als »*Bose-Einstein*-Kondensation« bekannt.

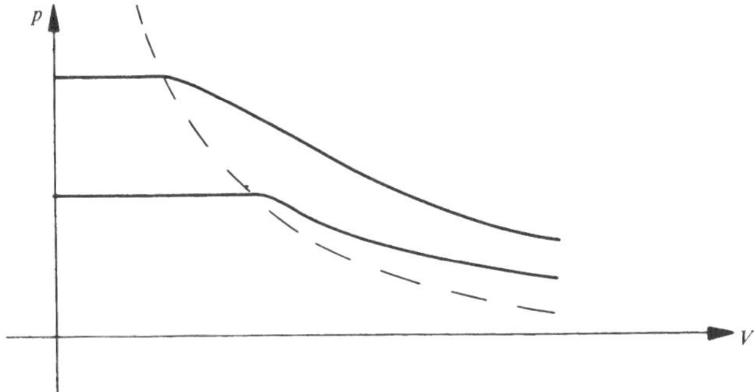

Fig. 18

Wenn wir noch einmal das Verhalten der idealen *Fermi-* und *Bose*-Gase im Vergleich zum »klassischen« idealen Gas betrachten, so kann man den Eindruck gewinnen, »als ob« sich beim *Fermi*-Gas die Teilchen »abstoßen« und beim *Bose*-Gas »anziehen«, ja, daß beim *Bose*-Gas diese »Anziehung« für genügend tiefe Temperaturen und hohe Dichten sogar zur Kondensation führen kann. Dieses »als ob« ist physikalisch gar nicht abwegig. In XI, § 8.2 hatten wir gesehen, daß eine antisymmetrische Ortsfunktion zweier Elektronen bedeutet, daß sich die Elektronen »möglichst ausweichen«, eben genauso »als ob« sie sich abstoßen würden. Daher ist der im Vergleich zum klassischen Gas höhere Druck beim *Fermi*-Gas verständlich. Ebenso sahen wir in XI, § 8.2, daß eine symmetrische Ortsfunktion bedeutet, daß sich die Teilchen »möglichst nahe kommen«, eben genauso »als ob« sie sich anziehen würden. Dies bedingt das eben diskutierte Verhalten des *Bose*-Gases.

§ 7.5. *Termdichte der mikroskopischen Energie*

Die Betrachtungen aus den §§ 7.3 und 7.4 erlauben es auch, einige Abschätzungen über die Dichte der Eigenwerte von H anzugeben und zu zeigen, warum es sinnvoll ist, bei der Einbettung in $\mathfrak{P}\mathfrak{T}_{k\,\mathrm{exp}}$ den Faktor η nach (6.6.34) zu wählen.

Die Zahl der Energiewerte von H (zunächst ohne Wechselwirkung der Teilchen) in einem Energieintervall E_1 bis E_2 ist nach § 7.3 und 7.4 gleich der Zahl der verschiedenen möglichen Besetzungszahlreihen $[n_v]$ mit

$$(7.5.1) \qquad \sum_v n_v = N \quad \text{und} \quad E_1 \leq \sum_v n_v \varepsilon_v \leq E_2 \,.$$

Im Falle des *Fermi*gases kommt noch die Bedingung $n_v = 0$ oder 1 hinzu.

Wir teilen die Energie ε eines Teilchens in Intervalle $I_k : [\varepsilon_k, \varepsilon_{k+1}]$ ein. Nach den Überlegungen aus § 7.3 ist die Zahl z_k der Energiewerte ε_v aus I_k für große V und für Teilchen ohne Spin:

$$(7.5.2) \qquad z_k = \frac{V}{h^3} \int_{\varepsilon_k}^{\varepsilon_{k+1}} d^3\mathbf{p} = \frac{V}{h^3} \int_{I_k} d^3\mathbf{p},$$

wobei Energie ε und Impuls $\mathbf{p}$ durch $\varepsilon = \mathbf{p}^2/2\,m$ zusammenhängen. Wir kürzen ab:

$$(7.5.3) \qquad m_k = \sum_{v(\varepsilon_v \in I_k)} n_v \,.$$

Es ist also

$$(7.5.4) \qquad \sum_k m_k = N.$$

Wir fragen zunächst nach der Zahl $u(m_1, m_2, \ldots)$ der Besetzungszahlfolgen $[n_\nu]$, für die die $m_1, m_2, \ldots$ dieselben Werte annehmen.

Im Falle der *Fermi*teilchen erhält man

$$(7.5.5) \qquad u_F(m_1, m_2, \ldots) = \prod_k \binom{z_k}{m_k};$$

im Falle der *Bose*teilchen:

$$(7.5.6) \qquad u_B(m_1, m_2, \ldots) = \prod_k \binom{z_k + m_k - 1}{m_k}.$$

Ist ε'_k ein Mittelwert aus dem Intervall I_k, so ist die gesuchte Zahl der Energieeigenwerte des N-Teilchensystems zwischen E_1 und E_2 gleich der Summe über die $u(m_1, m_2, \ldots)$ unter der Nebenbedingung (7.5.4) und

$$(7.5.7) \qquad E_1 \le \sum_k m_k \varepsilon'_k \le E_2.$$

Wir wollen diese Zahlen für »große« Energiewerte E_1, E_2 abschätzen; groß heißt dabei, daß die m_k klein gegenüber z_k sind. Ist dies der Fall, so kann man setzen:

$$\binom{z_k}{m_k} = \frac{z_k(z_k - 1) \ldots (z_k - m_k + 1)}{m_k!} \approx \frac{z_k^{m_k}}{m_k!},$$

$$\binom{z_k + m_k - 1}{m_k} = \frac{(z_k + m_k - 1)(z_k + m_k - 2) \ldots z_k}{m_k!} \approx \frac{z_k^{m_k}}{m_k!}.$$

Für große Energien erhält man also für u_F und u_B etwa dieselbe Größenordnung:

$$(7.5.8) \qquad u(m_1, m_2, \ldots) \approx \prod_k \frac{z_m^{m_k}}{m_k!}.$$

Mit (7.5.2) wird

$$(7.5.9) \qquad z_k^{m_k} = \frac{V^{m_k}}{h^{3m_k}} \int_{I_k} d^3\mathbf{p}_1 \int_{I_k} d^3\mathbf{p}_2 \ldots \int_{I_k} d^3\mathbf{p}_{m_k}.$$

Daher wird

$$(7.5.10) \qquad \prod_k z_k^{m_k} = \frac{V^N}{h^{3N}} \int_{I_{k_1}} d^3\mathbf{p}_1 \int_{I_{k_2}} d^3\mathbf{p}_2 \ldots \int_{I_{k_N}} d^3\mathbf{p}_N,$$

wobei jeweils gerade m_k der I_{k_ν} gleich I_k sind.

Die Numerierung der $\mathbf{p}_1$ bis $\mathbf{p}_N$ in (7.5.10) ist aber willkürlich. Daraus sieht man leicht, daß gerade

$$\frac{N!}{\prod\limits_k m_k!}\left(\prod_k z_k^{m_k}\right) = \frac{V^N}{h^{3N}} \int\limits_{\mathscr{W}(m_1,m_2,\dots)} d^3\mathbf{p}_1 d^3\mathbf{p}_2\dots d^3\mathbf{p}_N$$

gilt mit demjenigen Gebiet $\mathscr{W}(m_1,m_2,\dots)$ im $3N$-dimensionalen Raum der $\mathbf{p}_1,\mathbf{p}_2,\dots\mathbf{p}_N$, wo gerade für m_k dieser $\mathbf{p}_i$ die Beziehung

$$\frac{\mathbf{p}_i^2}{2m} \in I_k$$

unabhängig von der Numerierung der $\mathbf{p}_i$ gilt. Somit folgt aus (7.5.7):

$$(7.5.11)\qquad u(m_1,m_2,\dots) \approx \frac{V^N}{N!\,h^{3N}} \int\limits_{\mathscr{W}(m_1,m_2,\dots)} d^3\mathbf{p}_1 d^3\mathbf{p}_2\dots d^3\mathbf{p}_N.$$

Damit folgt aber für die gesuchte Zahl der Energieeigenwerte von H für das N-Teilchensystem aus dem Intervall E_1 bis E_2 die folgende Abschätzung:

$$(7.5.12)\qquad \frac{V^N}{N!\,h^{3N}} \int\limits_{E_1}^{E_2} d^3\mathbf{p}_1 d^3\mathbf{p}_2\dots d^3\mathbf{p}_N,$$

wobei die Grenzen bedeuten, daß über alle $\mathbf{p}_i$ zu integrieren ist mit

$$(7.5.13)\qquad E_1 \le \frac{1}{2m} \sum_i \mathbf{p}_i^2 \le E_2.$$

Durch Vergleich von (7.5.12) mit (6.3.22) bis (6.3.25) folgt sofort die Rechtfertigung für die Wahl des Faktors η nach (6.6.34).

Mit Ω nach (6.3.26) und derselben Rechnung wie nach (6.3.25) folgt für ein nicht zu breites Intervall E_1 bis E_2 für (7.5.12) mit $E_1 < E < E_2$ und $\Delta E = E_2 - E_1$:

$$\frac{V^N \Omega}{2N!\,h^{3N}} (2m)^{\frac{3N}{2}} E^{\frac{3N}{2}-1} \Delta E.$$

und mit der *Stirling*schen Formel (siehe z. B. [12])

$$(7.5.14)\qquad \left(\frac{V}{N}\right)^N \frac{1}{h^{3N}} \left(\frac{4\pi m}{3}\right)^{\frac{3N}{2}} \frac{3}{2} e^{\frac{5N}{2}-1} \left(\frac{E}{N}\right)^{\frac{3N}{2}-1} \Delta E.$$

Die Wechselwirkung der Teilchen (falls sie nicht zu groß ist) wird die Größenordnung der Zahl der Energiewerte (7.5.14) aus einem Intervall ΔE nicht wesentlich ändern. Damit ergibt sich für den mittleren Abstand zweier Energiewerte des mikroskopischen *Hamilton*operators

$$(7.5.15) \qquad \delta E \approx \left(\frac{N}{V}\right)^N h^{3N} \left(\frac{3}{4\pi m}\right)^{\frac{3N}{2}} e^{-\frac{5N}{2}} \left(\frac{N}{E}\right)^{-\frac{3N}{2}+1}.$$

Rechnet man dies beispielsweise für 10^{20} Heliumatome bei etwa Zimmertemperatur und einem Druck von 1 kg/cm^2 aus, so folgt in Elektronenvolt:

$$(7.5.16) \qquad \delta E < 10^{-10^{20}}.$$

Dieser Wert allein zeigt, wie physikalisch sinnlos es ist, die reale Meßbarkeit der Observablen H anzunehmen (siehe auch § 10.5).

§ 7.6. Ideales Gas aus Atomen mit innerer Energie

In § 7.3 und 7.4 haben wir nur den vereinfachten *Hamilton*operator $H = \sum\limits_{i=1}^{N} \bar{H}^{(i)}$ betrachtet mit $\bar{H}^{(i)} = \frac{1}{2m} \mathbf{P}^{(i)2} + \bar{V}(\mathbf{r}^{(i)})$. Wir hatten erwähnt, daß dieser Operator auch für Atome brauchbar ist, solange diese als elementare Systeme betrachtet werden dürfen, d.h. solange diese trotz der Zusammenstöße zwischen Atomen nicht angeregt werden, d.h. im Grundzustand bleiben. Um dies besser beurteilen zu können, wollen wir jetzt die Anregungsmöglichkeit für ein Atom mit einbeziehen. Dazu betrachten wir den richtigen *Hilbert*raum $\mathcal{H}$ eines ganzen Atoms, der sich nach analogen Überlegungen wie den aus XI, § 9.5 in der Form

$$(7.6.1) \qquad \mathcal{H} = \mathcal{H}_z \times \mathcal{H}_r$$

schreiben läßt, wobei sich

$$(7.6.2) \qquad \bar{H} = \frac{1}{2m} \mathbf{P}^2 + H_r$$

schreiben läßt, wobei m die Masse des ganzen Atoms und $\mathbf{P}$ der Operator des Schwerpunktimpulses ist, der nur in $\mathcal{H}_z$ wirkt; H_r, der *Hamilton*operator der inneren Energie, wirkt nur in $\mathcal{H}_r$. Von H_r wollen wir annehmen, daß er sich in der Form

$$(7.6.3) \qquad H_r = \sum_n E_n G_n + H_{\text{cont}}$$

schreiben läßt, wobei G_n die Projektionsoperatoren (in $\mathcal{H}_r$) auf die Eigenräume der Eigenwerte E_n von H_r sind. H_{cont} sei der Anteil des kontinuierlichen Spektrums von H_r. Wie wir in XI, § 5 bis 8 gesehen haben, hat für alle Atome H_r diese in (7.6.3) angegebene Form, wobei das kontinuierliche Spektrum an der oberen Grenze der diskreten Eigenwerte E_n beginnt.

Um $H = \sum\limits_{i=1}^{N} \bar{H}^{(i)}$ mit $\bar{H}$ nach (7.6.2) und (7.6.3) als gute Näherung anwenden zu können, muß das Gas sehr verdünnt sein (die Wechselwirkung der Atome untereinander ist in H vernachlässigt) und muß man H_{cont} in (7.6.3) ebenfalls weglassen können (was bei zu hohen Temperaturen falsch ist, da die Atome dann ionisiert werden und die langreichweitige *Coulomb*sche Wechselwirkung der Ionen nicht mehr vernachlässigt werden darf.) Die Eigenwerte von $\bar{H}$ sind dann

$$\varepsilon_\nu = \frac{\hbar^2}{2m} \mathbf{k}^2_{n_1 n_2 n_3} + E_n \,,$$

wobei ν die Indizes $(n_1, n_2, n_3 ; n, j)$ zusammengefaßt, j ein Index für den Entartungsgrad von E_n ist und $\mathbf{k}_{n_1 n_2 n_3}$ in § 7.3 definiert ist.

Ist die Dichte niedrig genug und die Temperatur hoch genug, so kann man sowohl (7.3.8) wie (7.4.5) durch die *Boltzmann*verteilung

$$(7.6.4) \qquad \bar{n}_\nu = a s_n e^{-\frac{1}{T}\left[\frac{\hbar^2}{2m}\mathbf{k}^2_{n_1 n_2 n_3} + E_n\right]}$$

approximieren, wobei s_n der Entartungsgrad von E_n, d.h. die Dimension des Projektionsoperators G_n ist.

Aus (7.6.4) folgt insbesondere für die mittlere Zahl der Atome mit einer Energie E_n:

$$(7.6.5) \qquad \bar{n}(E_n) = N b s_n e^{-\frac{E_n}{T}} \quad \text{mit} \quad b = \left(\sum_n s_n e^{-\frac{E_n}{T}}\right)^{-1} \,,$$

wobei N die Gesamtzahl der Atome im Gas ist. Ist T klein, so ist praktisch nur der tiefste der Eigenwerte E_n, d.h. der Grundzustand »besetzt«. Mit wachsendem T werden höhere Energiezustände merklich besetzt. Ist $E_{n_2} - E_{n_1}$ die Differenz der Energien des ersten angeregten Zustandes zum Grundzustand, so kann man also die Atome solange als »elementare« Systeme ansehen, die das Gas zusammensetzen, solange

$$(7.6.6) \qquad T \ll E_{n_2} - E_{n_1}$$

ist. Wird T zu groß, so können merklich Werte E_n in der Nähe der Ionisierungsgrenze besetzt sein, und die skizzierte Näherung bricht zusammen.

Ist N sehr groß, so stellt (7.6.5) eine gute experimentelle Näherung an die Gesamtheit

$$(7.6.7) \qquad W = \frac{\sum\limits_n e^{-\frac{E_n}{T}} G_n}{Sp\left(\sum\limits_n e^{-\frac{E_n}{T}} G_n\right)}$$

dar, wobei W eine Gesamtheit von Einzelatomen (!) ist. Das ideale Gas, zusammengesetzt aus N Atomen, kann dann als eine gute experimentelle Verwirklichung, d.h. Präparierung der Gesamtheit (7.6.7) (W als Operator in $\mathscr{H}_r$!) dienen, wobei die N Atome jetzt als »unabhängige« Einzelatome anzusehen sind, die präpariert wurden (siehe die Anwendung in XI, § 5.2).

Die in diesem § 7 gebrachten Beispiele konnten nur Demonstrationsbeispiele sein. Es gibt eine umfangreiche Literatur, in der versucht wird, auf der Basis der in § 6 dargestellten Grundlagen das Verhalten des Gleichgewichts der verschiedensten Systeme zu deuten, wobei auch oft Gesichtspunkte mit einbezogen werden, auf die wir kurz in § 9 hinweisen werden.

Es ist uns hier insbesondere nicht möglich, das elektrische und magnetische Verhalten von Materialien mit Hilfe der Methoden aus § 6 zu deuten und zu berechnen und damit einen direkten Anschluß an die phänomenologischen Überlegungen aus VIII, § 1.10 bis 1.12; VIII, § 2.4; VIII, § 5; VIII, § 9; XIV, § 2.8 herzustellen.

In [18] sind einige Bücher angegeben, wo man je nach Interesse die verschiedensten Anwendungen der Theorie des Gleichgewichts studieren kann.

§ 8. Unschärferelationen der Thermodynamik

Die Einbettungsmöglichkeit von $\mathfrak{PT}_{th}$ in $\mathfrak{PT}_{q\,\exp}$ hat eigentümliche Unschärferelationen in bezug auf den Zustand $\bar{z}$ zur Folge.

Die in § 4.2 eingeführten Effekte $\chi(\sigma)$ entsprechen der Registrierung, daß der Zustand $\bar{z}$ in das Gebiet σ fällt. Für irgendein W (nicht nur für $W = \varphi(a)$ mit $a \in Q'_m$) ist dann die Wahrscheinlichkeit für eine solche Registrierung:

$$(8.1) \qquad m(\sigma) = Sp\left(W\chi(\sigma)\right).$$

Uns interessiert die Frage: Wie gut lassen sich die Systeme präparieren mit dem Ziel, daß alle Systeme möglichst denselben Zustand $\bar{z}$ zur Zeit $t = 0$ haben? Kann man beliebig scharf präparieren?

Da die $\varphi(a)$ mit $a \in Q'_m$ sicher nicht alle $W \in K$ umfassen, kann also die Schärfe des makroskopischen Präparierens bestimmt nicht die erreichen, die man als bestmögliche Schärfe aus (8.1) erhält, wenn man *alle* $W \in K$ zuläßt.

In der klassischen Punktmechanik (siehe VI, § 5.7) kann man die Wahrscheinlichkeitsdichte $\varrho(p_i, q_i)$ beliebig gut auf einen Punkt im Γ-Raum konzentrieren, d.h., die Theorie liefert in diesem Fall *keine* endliche Schärfegrenze. Dies ist ganz anders im Falle $\mathfrak{PT}_{th}$.

Wie kann man aus (8.1) die Unschärfe des Zustandes $\bar{z}$ in der Gesamtheit W berechnen?

Mathematisch exakt läßt sich der Support eines Maßes m in $\bar{Z}$ definieren. Der Support σ_m ist anschaulich, wenn auch mathematisch nicht ganz exakt, die kleinste Menge σ mit $m(\sigma) = 1$. Für jede Teilmenge außerhalb σ_m ist die Wahrscheinlichkeit Null. σ_m charakterisiert also die Ausdehnung des Wahrscheinlichkeitsmaßes m. Physikalisch wird man aber nicht exakt $m(\sigma) = 1$ verlangen, wenn man die Ausdehnung eines Maßes m beschreiben will.

Wir betrachten einen Zustand $\bar{z}$ und Umgebungen σ von $\bar{z}$, z. B. »Kugeln« um $\bar{z}$ in der in $\bar{Z}$ gegebenen Metrik. Ist $m(\sigma) \approx 1$, so fällt also die Registrierung mit großer Wahrscheinlichkeit in das Gebiet σ. Wählt man nun Gebiete σ, die sich auf $\bar{z}$ zusammenziehen, so muß $m(\sigma)$ abnehmen. Dasjenige σ (das natürlich nicht exakt als ein einziges definiert ist), für das $m(\sigma)$ gerade merklich kleiner als 1 geworden ist, kann man als eine Unschärfemenge um $\bar{z}$ für das Maß m ansehen. Kann man immer solche Maße $m(\sigma)$ nach (8.1) finden, daß die Unschärfemenge σ *beliebig* eng um $\bar{z}$ liegt?

Wenn man für m nicht die Nebenbedingung (8.1) stellt, so kann man augenscheinlich genauso wie im Γ-Raum der klassischen Mechanik immer solche m finden, die beliebig scharf um einen Punkt $\bar{z}$ konzentriert sind. Unter der Nebenbedingung (8.1) geht das nicht mehr!

Ist σ so groß, daß $\|\chi(\sigma)\| \approx 1$ ist, so gibt es einen Eigenvektor x von $\chi(\sigma)$ zu einem Eigenwert α mit $\alpha \approx 1$. Mit diesem x ist für $W = P_x : Sp(P_x\chi(\sigma)) = \alpha \approx 1$, d. h., es gibt solche $W \in K$, für die mit großer Wahrscheinlichkeit eine Registrierung eines $\bar{z}$ aus σ erfolgt. Da allgemein $\|\chi(\sigma)\| = \sup_{W \in K} Sp(W\chi(\sigma))$ gilt, ist also die kleinste Unschärfemenge um $\bar{z}$ durch dasjenige σ um $\bar{z}$ bestimmt, für das $\|\chi(\sigma)\|$ anfängt, merklich von 1 abzuweichen.

Wir hatten in § 4.4 beispielhaft gesehen, daß $\|\chi(\sigma)\| \to 0$ gilt, wenn sich σ auf einen Punkt $\bar{z}$ zusammenzieht. Es ist also unmöglich, beliebig genau einen Zustand $\bar{z}$ zur Zeit $t = 0$ zu präparieren. Jede gedachte Präparierung und damit erst recht jede physikalisch mögliche Präparierung (d. h. mit $a \in Q'_m$) führt zu *endlichen* Grenzen der Unschärfe. Dies ist ein wichtiger Sachverhalt für die Beurteilung der in den §§ 10 und 11 zu behandelnden Dynamik: Die Annahme einer beliebig feinen Präparierung der Anfangswerte für den Zustand $\bar{z}$ zur Zeit $t = 0$ ist eine Idealisierung. Tatsächlich bestehen *endliche Grenzen für die Schärfe der Zustandspräparierung.*

Man beachte beim Vergleich mit der *Heisenberg*schen Unschärferelation (siehe XI, § 2.2), daß es sich hier in der Thermodynamik um die Unschärfe *einer* Observablen handelt, eben dadurch bedingt, daß die Observable $\Sigma \xrightarrow{\lambda} L$ keine Entscheidungsobservable ist. Man kann aber auf Grund der Tatsache der endlichen Unschärfe der thermodynamischen Observablen vermuten, daß die *Heisenberg*sche Unschärferelation in $\mathfrak{PT}_{th}$ nicht zum Tragen kommt, da die thermodynamische Unschärfe weit größer sein wird, als die von der *Heisenberg*schen Unschärferelation geforderten Grenzen.

Die thermodynamische Zustandsunschärfe um $\bar{z}$ hängt eng mit der Entropie nach (4.4.6) zusammen. Die kleinste Unschärfemenge σ um $\bar{z}$ ist dasjenige σ, für das die Entropie auch nach (4.4.6a) statt (4.4.6) berechnet werden kann. Thermodynamische Zustandsunschärfe und Entropie bedingen also einander. Ähnlich wie bei der *Heisenberg*schen Unschärferelation handelt es sich auch hier in der Thermodynamik um Unschärfen des Präparierens. Genauso, wie man fälschlicherweise die *Heisenberg*sche Unschärferelation als Meßungenauigkeiten uminterpretiert, genauso wird auch oft die thermodynamische Unschärfe als eine Meßunschärfe uminterpretiert. Wir haben aber bei der obigen Herleitung gerade (idealisierend) angenommen, daß die Makroregistrierungen es erlauben, auch für kleinere σ als die minimalen Unschärfemengen zu registrieren, ob $\bar{z}$ in σ ist. Sicher gibt es in $\bar{Z}$ die schon oben erwähnte »physikalische« Metrik, die eine unscharfe Abbildung (siehe III, §§ 5 und 8) des Registrierens von Zuständen beschreiben soll. Für diese Unschärfe legen wir aber keine endliche Grenze fest, sonst müßten wir ja eigentlich die Beschreibung der Systeme in einem Zustandsraum $\bar{Z}$ aufgeben. Aber die Beschreibung in $\bar{Z}$, d.h. die Theorie $\mathfrak{PX}_{th}$ ist nur dann einbettbar in $\mathfrak{PX}_{q\,exp}$, wenn man eine endliche Präparierunschärfe beachtet.

Man könnte auf die Idee kommen, daß die Präparierunschärfe, gemessen in der Metrik von $\bar{Z}$, umso größer wird, je größer die Entropie ist. Die »Erfahrung« zeigt aber, daß dies *nicht* der Fall ist, sondern daß die Präparierunschärfe für alle Zustände $\bar{z}$ etwa gleich groß ist. Dies können wir nicht »beweisen«, solange keine allgemeine Theorie des Zustandsraums $\bar{Z}$, d.h. keine Theorie der Makroobservablen existiert. In § 12 werden wir uns dem Problem der Makroobservablen zuwenden, um ein wenig die Schwierigkeiten einer Theorie des Zustandsraums kennen zu lernen.

Die Tatsache der Präparierunschärfe bedeutet, daß als Gesamtheiten nicht alle (σ-additiven) Maße über Σ (mit Σ nach § 4.2) auftreten können, sondern daß die m nach (8.1) eine echte Teilmenge der Menge $K(\Sigma)$ aller Maße bilden.

Diese Tatsache ist besonders in § 10 zu beachten, wo das dynamische Verhalten determiniert beschrieben wird. Sie zeigt, daß die dynamisch determinierte Beschreibung dann fragwürdig wird, wenn sie instabil ist, d.h. wenn kleinere Abweichungen der Anfangswerte zu großen Abweichungen für spätere Zeiten führen. Die Behauptung, daß in solchen Fällen die Entwicklung jedes Einzelsystems »an sich« determiniert abläuft, ist wegen der prinzipiell endlichen Präparierunschärfe eine physikalisch falsche Interpretation.

Sowohl der Zustandsraum $\bar{Z}$ wie die Feinheit des Makroregistrierens (d.h. die Abbildung $\Sigma \xrightarrow{\chi} L$) sind, wie wir dies in § 11.1 diskutieren werden, nicht von vornherein festgelegt. Es ist also nach der Erfahrung durchaus möglich, Registrierungen eines Zustandes zu verfeinern und damit nach (4.4.6) bzw. (4.4.6a) die Entropie eines Zustandes herabzusetzen. Entsprechend einer solchen Verfeinerung des Registrierens und einer damit verbundenen Herabsetzung der Entropie wird dann auch die prinzipielle Unschärfe der Präparierung herabgesetzt. Wie wir in § 10 und 11 sehen werden, kann es möglich sein, bei größerer Unschärfe die Systeme thermodynamisch determiniert zu beschreiben, bei kleineren Unschärfen aber notwendigerweise statistisch, z. B. durch eine Masterequation (siehe § 11.4).

Die eben diskutierte Verfeinerungsmöglichkeit des Registrierens und die damit verbundene Reduzierung der prinzipiellen Präparierunschärfe hat aber *endliche* Grenzen, die wir noch nicht abzuschätzen in der Lage sind. Daß sie endliche Grenzen hat, ergibt sich aus der in § 11 diskutierten Einbettungsmöglichkeit in $\mathfrak{P}\mathfrak{T}_{q\,\mathrm{exp}}$: Diese Einbettungsmöglichkeit wird zerstört, wenn man eine beliebige Verfeinerungsmöglichkeit des Registrierens voraussetzt; denn die Annahme, daß $\|\chi(\sigma)\|$ für alle $\sigma \neq \emptyset$ praktisch gleich 1 ist, steht im Widerspruch mit der Einbettungsmöglichkeit. Ein tieferes physikalisches Verständnis der endlichen Unschärfemengen wäre natürlich erst dann erreicht, wenn die in § 12 diskutierten Probleme gelöst wären.

Wir sind hier in § 8 auf die Probleme des thermodynamischen Registrierens und der damit verbundenen Präparierunschärfen etwas ausführlicher eingegangen, weil hierüber oft sehr unpräzis gesprochen wird und dadurch falsche Vorstellungen hervorgerufen werden können. Solche unpräzisen Kurzformulierungen lauten etwa: Man kann makroskopisch nur »ungenau« messen. Wie wir schon in IX, § 5.4 betonten, ist gegen solche Kurzformulierungen im Telegrammstil nichts einzuwenden, da sie von den Eingeweihten richtig verstanden werden. Wir aber müssen hier in diesem einführenden Lehrbuch doch manchmal auf solche »üblichen« Formulierungen etwas genauer eingehen.

Die Worte »ungenau messen« werden in der Physik in verschiedener Bedeutung benutzt. Im Rahmen der Experimentalphysik meint man damit meist eine Aussage über den Vergleich zwischen einer realisierten Meß- (d. h. Registrier-)methode und einer »erwünschten« Meßmethode. Man gibt dann oft den Unterschied dieser beiden Meßmethoden in der Form eines »Meßfehlers« an, obwohl die durchgeführten Registrierungen in sich selbst natürlich keinen »Fehler« enthalten und z. B. theoretisch für Mikrosysteme immer durch registrierte Effekte $F \in L$ (siehe XIII, §§ 2 und 3 und XVI) beschrieben werden können; der »Fehler« besteht eben nur in der Abweichung der tatsächlich registrierten Effekte F von den »gewünschten« Effekten (meist gewünschten Entscheidungseffekten einer Entscheidungsobservablen; siehe XIII, § 5).

Auf das makroskopische Messen übertragen, spricht man dann von den »ungenauen« makroskopischen Messungen (siehe z. B. XV, § 3), obwohl eigentlich unklar ist, auf welche »erwünschte« Messung sich diese Ungenauigkeit bezieht. Aber wenn $\mathfrak{P}\mathfrak{T}_{th}$ die zu $\mathfrak{P}\mathfrak{T}_{q\,\mathrm{exp}}$ umfangreichere Theorie ist, so sind die nach $\mathfrak{P}\mathfrak{T}_{q\,\mathrm{exp}}$ denkbaren Messungen gar nicht alle physikalisch möglich. Dadurch ist eine physikalisch sinnvolle Angabe von »Ungenauigkeiten« im Sinne eines Vergleichmaßes zwischen einer gerade vom Experimentalphysiker realisierten Meßmethode zu anderen physikalisch möglichen und eventuell erwünschten Meßmethoden eben nur noch zwischen *verschiedenen makroskopischen* Messungen sinnvoll. Was wir aber oben als Präparierunschärfe eingeführt hatten, war nicht die Folge des Vergleichs zweier Registriermethoden $b_{01}, b_{02} \in \mathscr{R}_{th0}$ (einer realisierten b_{01} zu einer »erwünschten« b_{02}), sondern eine Struktur in $\mathfrak{PT}_{th}$ selbst, deren Existenz wir aus der Einbettungsmöglichkeit von $\mathfrak{PT}_{th}$ in $\mathfrak{PT}_{q\,exp}$ erschlossen haben.

Objektivierende Beschreibungsweise der Makrosysteme, Begriff der Entropie und Präparierunschärfe der Zustände bedingen also einander. Für Mikrosysteme gibt es weder eine objektivierende Beschreibungsweise (siehe XIII) noch einen sinnvollen Begriff von Entropie noch eine absolute Präparierunschärfe für Entscheidungsobservablen, sondern nur relative Präparierunschärfen zwischen (mindestens) zwei Entscheidungsobservablen (siehe XI, § 2.2). Die absoluten Präparierunschärfen in $\mathfrak{PT}_{th}$ machen es unmöglich (!), daß die »gedachten« relativen Präparierunschärfen in $\mathfrak{PT}_{q\,exp}$ in Erscheinung treten können, d. h. eine physikalisch wirkliche Struktur der Makrosysteme beschreiben; die Einbettung von $\mathfrak{PT}_{th}$ in $\mathfrak{PT}_{q\,exp}$ läßt die relativen Präparierunschärfen aus $\mathfrak{PT}_{q\,exp}$ im Bereich des nicht physikalisch Wirklichen, da eben nur der Bereich des Bildes von $\mathfrak{PT}_{th}$ in $\mathfrak{PT}_{q\,exp}$ reale Strukturen beschreibt (siehe III, §§ 7 und 9).

§ 9. Thermostatischer Limes

In den §§ 6.3 bis 6.6 haben wir mehrere Eigenschaften von Gesamtheiten kennengelernt, die erfüllt sein »sollten«, wenn es möglich ist, thermostatische Gleichgewichte verträglich mit $\mathfrak{PT}_{q\,exp}$ bzw. $\mathfrak{PT}_{k\,exp}$ zu beschreiben; wir haben diese Eigenschaften aber nicht »bewiesen«. Sie machten Aussagen über »scharfe« Maxima von Verteilungen, d. h. über »Kleinheit« von Streuungen bestimmter Observablen. In § 8 war ebenfalls die Rede von Streuungen, d. h. Unschärfen.

Alle diese Probleme sind mathematisch sehr schwierig. Es erscheint aber möglich, einen Teilerfolg zu erringen, wenn man nicht nach genauen Abschätzungen der »Streuungen« fragt, sondern zunächst nur die Existenz von »Limites« untersucht. Durch die Überlegungen aus §§ 6.3 bis 6.6 und 7 wird nahegelegt, nach einem Limes $N \to \infty$, $V \to \infty$ bei festgehaltenem $v = V/N$ zu fragen. Wenn man dann Größen der Form $p, u = U/V, s = S/V$ betrachtet, ist zu erwarten, daß die Streuung dieser Größen im Limes Null wird. Man pflegt diesen Limes als thermodynamischen Limes zu bezeichnen; man sollte ihn vielleicht besser thermostatischen Limes nennen.

Wir haben eigentlich bei allen in §§ 6.3 bis 6.6 und 7 untersuchten Beispielen immer diesen thermostatischen Limes betrachtet; denn nur so konnte man mathematisch einfache Gesetzmäßigkeiten erhalten. Es ist tatsächlich so, daß nur im thermostatischen Limes auch solche Probleme wie Phasenübergänge mathematisch prägnant herauskommen können.

Etwas physikalischer könnte man das Problem so formulieren: Gesucht sind »asymptotische Reihen« (d. h. Approximationsformeln für große N und V), für die der thermostatische Limes die erste Approximation liefert. In bezug auf die Untersuchung des thermostatischen Limes konnten wesentliche mathematische Fortschritte erzielt werden, die also in gewissem Sinn einen Beweis der in §§ 6.3 bis 6.6 gemachten Annahmen unter gewissen sehr allgemeinen Voraussetzungen über die Wechselwirkung und die Form des Gebietes $\mathscr{V}$ darstellen. In diesem einführenden Lehrbuch können wir schon wegen des Umfanges der notwendigen Ableitungen nicht in diese mathematischen Fragestellungen einsteigen. Wir müssen daher auf Spezialliteratur verweisen [9].

§ 10. Thermodynamisch determinierte Systeme

Nachdem wir in § 4.1 einige allgemeinere Strukturen des dynamischen Verhaltens makroskopischer Systeme kurz gestreift hatten, haben wir uns speziell der Frage des Gleichgewichts zugewandt. Wir gingen dabei von dem Ausgangspunkt des »Strebens« ins Gleichgewicht über zu einer wesentlich schwächeren Struktur, die wir in der Form des sogenannten Ergodensatzes formulierten. Es erwies sich leichter durchschaubar, wie es sein kann, daß bei der Einbettung in $\mathfrak{PT}_{q\,\mathrm{exp}}$ bzw. $\mathfrak{PT}_{k\,\mathrm{exp}}$ die thermodynamischen Observablen ein ergodisches Verhalten zeigen, als daß diese Observablen Gleichgewichtswerten zustreben. Der ganze § 4 war im wesentlichen dieser ergodischen Struktur gewidmet, mit der wir bei der Behandlung des Gleichgewichts tatsächlich auskamen. Diese ergodische Struktur führte uns zu den verschiedenen kanonischen Gesamtheiten in § 6. So war es möglich, uns in § 6 bis 8 auf diese schwächere Struktur der Ergodizität zu beschränken und die schwierigere Frage des »Strebens« ins Gleichgewicht zunächst auszuklammern. Jetzt aber wollen wir uns der komplizierteren Aufgabe einer Dynamik stellen. Beispiele für die Beschreibung thermodynamischer *Prozesse* haben wir in XIV, § 2 geschildert, *ohne* die Frage der Einbettungsmöglichkeit in $\mathfrak{PT}_{q\,\mathrm{exp}}$ (bzw. $\mathfrak{PT}_{k\,\mathrm{exp}}$) in Erwägung zu ziehen.

§ 10.1. Trajektorien im thermodynamischen Zustandsraum

Einen Teil unseres Problems, nämlich die Art und Weise der thermodynamischen Beschreibung von Systemen, haben wir schon in § 4.1 studiert, so daß wir dies hier nicht zu wiederholen brauchen; der Leser kann an dieser Stelle zunächst noch einmal § 4.1 lesen. Wir fassen zusammen:

Der Zustandsraum Z wurde in der Form $Z = \tilde{A} \times \bar{Z}$ (vereinfacht als endlichdimensionaler Raum) angesetzt, wobei $\tilde{A}$ der Raum der äußeren Parameter und $\bar{Z}$ der Raum der thermodynamischen Parameter ist. Jedem System $x \in M$ kann eine Trajektorie $z(t)$ für $t \geq 0$ zugeordnet werden (siehe § 4.1).

Da wir uns jetzt und auch später in § 11.2 für die Registrierung der ganzen Trajektorien interessieren, d.h. den *ganzen* Verlauf von $z(t)$ für $t > 0$ durch Messen feststellen wollen, kommen wir allgemein *nicht* mit den Registrierverfahren $T_\tau b$ mit $b \in \mathscr{R}(b_0, \Sigma)$ aus, da – man lese noch einmal § 4.1 nach – diese nur erlauben, den Zustand jedes Systems $x \in M$ zu einer einzigen (!) Zeit zu registrieren. Diese Einschränkung auf $\mathscr{R}(b_0, \Sigma)$ war zusammen mit Ergodizitätsforderungen ausreichend, um eine Thermostatik aus der Einbettungsmöglichkeit in $\mathfrak{PT}_{q\,\mathrm{exp}}$ bzw. $\mathfrak{PT}_{k\,\mathrm{exp}}$ heraus aufzubauen. Für eine allgemeine Strukturuntersuchung des *ganzen* Verlaufs der Trajektorien $z(t)$ braucht man auch die Registriermöglichkeit der *ganzen* Trajektorien.

Ohne nun genauere topologische Einschränkungen für Trajektorien zu studieren (was im Prinzip möglich ist; siehe [4]), führen wir neben $\bar{Z}$ den Raum Y der $\bar{z}(t)$ für $t \geq 0$ ein. Ein Element von Y ist also eine ganze Trajektorie $\bar{z}(t)$ in $\bar{Z}$. Da wir, wie schon in § 4.1 erläutert, die Parameter aus $\tilde{A}$ als »vorgegeben« ansehen, führen wir nicht extra den Raum der Trajektorien $z(t) = \big(\alpha(t), \bar{z}(t)\big)$ ein, sondern betrachten nur die $\bar{z}(t)$ bei »vorgegebenen« $\alpha(t)$.

Die allgemeinen thermodynamischen Registrierungen $b \in \mathscr{R}_{th}$ könnte man durch Teilmengen aus Y charakterisieren; aber auch das wollen wir hier nicht vorführen, sondern spezieller annehmen (bzw. nur betrachten), daß die Registrierverfahren $b \in \mathscr{R}_{th}$ von folgender Gestalt sind:

Jedem Paar (σ, τ) mit $\sigma \in \Sigma$ und $\tau \geq 0$ (Σ nach § 4.1) ist eine Teilmenge ξ aus Y zugeordnet:

$$(10.1.1) \qquad \xi(\sigma; \tau) = \{\bar{z}(t) | \bar{z}(\tau) \in \sigma\}.$$

$\xi(\sigma; \tau)$ ist die Teilmenge aller Trajektorien, für die der Zustand zur Zeit τ gerade in σ liegt.

Den von allen diesen Elementen ξ erzeugten Booleschen Mengenring nennen wir Ξ. Die Elemente von Ξ sind also Teilmengen von Y (nicht von $\bar{Z}$!). Unter anderem gehört zu Ξ eine Teilmenge der Form

$$\{\bar{z}(t) | \bar{z}(\tau_\nu) \in \sigma_\nu \quad \text{für} \quad \nu = 1, \ldots n\},$$

wobei die $\tau_\nu \geq 0$ und $\sigma_\nu \in \Sigma$ vorgegeben werden können; diese Teilmenge ist die Menge aller Bahnen, für die die Zustände $\bar{z}(\tau_\nu)$ zu den Zeiten τ_ν gerade jeweils in σ_ν liegen. Die Elemente ξ von Ξ haben also eine sehr anschauliche physikalische Bedeutung. Wir definieren mit γ nach § 4.1 für beliebiges $\xi \in \Xi$:

$$(10.1.2) \qquad N(\xi) = \{x | x \in M \quad \text{und} \quad \bar{z}(t) = \overline{\gamma(x, t)} \in \xi\}.$$

Es folgt sofort mit $M_t(\sigma)$ nach (4.1.1) und $\xi(\sigma; \tau)$ nach (10.1.1)

$$(10.1.3) \qquad N\big(\xi(\sigma; \tau)\big) = M_\tau(\sigma).$$

$N(\xi)$ sind also allgemeinere Mengen als die in (4.1.1) eingeführten $M_t(\sigma)$; nach (10.1.3) kommen diese aber unter den $N(\xi)$ vor.

Wir fordern nun für die Registrierverfahren aus $\mathscr{R}_{th}$, daß sie registrieren, ob eine Trajektorie in einem $\xi \in \Xi$ liegt (wir fahren in der Kennzeichnung der Forderungen aus § 4.1 nach dem Alphabet fort):

(e) Zu jedem $b \in \mathscr{R}_{th}$ gibt es ein $b_0 \in \mathscr{R}_{th0}$ und ein ξ mit

$$(10.1.4) \qquad b = b_0 \cap N(\xi).$$

und umgekehrt gibt es zu je zwei $\xi_1, \xi_2 \in \Xi$ ein $b_0 \in \mathscr{R}_{th0}$ und zwei $b_1, b_2 \in \mathscr{R}_{th}$ für die (10.1.4) mit ξ_1 bzw. ξ_2 gilt.

Sicher ist diese Forderung etwas »idealisiert«, sie kann aber auch durch etwas schwächere Forderungen ersetzt werden; siehe dazu die entsprechenden Bemerkungen in § 4.1 bei den Diskussionen im Anschluß an die Bedingungen (a) bis (d).

(f) Die in § 3 allgemein definierten Operatoren T_t der Zeitverschiebung von Registrierverfahren, bilden $\mathscr{R}_{th0}$ in sich ab. Wir fordern aber noch expliziter auf Grund der Bedeutung von (10.1.4):

$$(10.1.5) \qquad T_t b = T_t b_0 \cap N(\widetilde{T}_t \xi),$$

wobei $\widetilde{T}_t$ eine Verschiebung der Menge $\xi \in \Xi$ darstellt. Diese Abbildung von Ξ in sich ist vollständig definiert, wenn wir $\widetilde{T}_t$ für die $\xi(\sigma;\tau)$ der Form (10.1.1) definieren:

$$(10.1.6) \qquad \widetilde{T}_{\tau'} \xi(\sigma;\tau) = \left\{ \bar{z}(t) \mid \bar{z}(\tau+\tau') \in \sigma \right\} = \xi(\sigma;\tau+\tau').$$

Da die Menge $M_0(\sigma)$ nach (4.1.1) und (10.1.3) mit $N\big(\xi(\sigma;0)\big)$ identisch ist, erkennt man leicht, daß aus (10.1.5) die Forderung (d) aus § 4.1 folgt.

Die Wahrscheinlichkeit für die Registrierung b in einer nach a präparierten und nach der Methode b_0 registrierten Menge von Systemen bei vorgegebenem $\alpha(t)$ ist

$$(10.1.7) \qquad \lambda(a \cap b_0, a \cap b) = \mu\big(a, (b_0, b)\big).$$

Hierbei ist $a \in \mathcal{Q}_m'$ ($\mathcal{Q}_m'$ nach § 3), $b_0 \in \mathscr{R}_{th0}$, $b \in \mathscr{R}_{th}$ und $b \subset b_0$. (b_0, b) nannten wir nach XIII Def. 2.1 ein Effektverfahren.

Mit b nach (10.1.4) ist ein Effektverfahren durch b_0 und $\xi \in \Xi$ charakterisiert; wir können also mit einer Funktion g schreiben: $(b_0, b) = g(b_0, \xi)$. Damit nimmt die Wahrscheinlichkeit (10.1.7) die Form

$$(10.1.8) \qquad \mu\big(a, g(b_0, \xi)\big)$$

an. Die objektivierende Beschreibungsweise durch die Trajektorien $\bar{z}(t)$ aus Y drückt sich in den Wahrscheinlichkeiten dadurch aus, daß (10.1.8) *unabhängig* von der Methode b_0 ist. Wir fordern deshalb für die $a \in Q'_m$

$$(10.1.9) \qquad \mu\big(a, g(b_0, \xi)\big) = m_{\alpha(t)}(a, \xi),$$

wobei wir den Index $\alpha(t)$ angebracht haben, um deutlich zu machen, daß die Funktion (10.1.9) von der vorgegebenen Bahn $\alpha(t)$ in $\tilde{A}$ abhängt.

Wir haben durch die Forderung (10.1.9) nichts anderes zum Ausdruck gebracht, als daß das Registrieren nach den Verfahren aus $\mathscr{R}_{th}$ als das Registrieren »objektiver Eigenschaften«, nämlich der $\xi \in \Xi$ gedeutet werden kann. Unsere betrachteten Makrosysteme können wir also als »physikalische Objekte« mit Ξ als Menge der objektiven Eigenschaften bezeichnen. (Zu diesen Begriffsbildungen siehe XIII, § 6 und etwas allgemeiner und systematischer [1] III, § 4.1 und [3] § 12).

Die Forderung (10.1.9) besagt in der Ausdrucksweise nach XIII Def. 2.4 nichts anderes, als daß die $g(b_0, \xi)$ bei festem ξ unabhängig von b_0 zum selben »Effekt« gehören. Man beachte, daß sich alle diese Begriffe »Effektverfahren«, »Effekt« auf $\mathfrak{PT}_{th}$ beziehen; bei einer Einbettung in $\mathfrak{PT}_{q\,exp}$ wird im allgemeinen $\psi\big(b_0, b_0 \cap N(\xi)\big)$ *nicht* von b_0 unabhängig sein! Siehe dazu die hierzu äquivalenten Bemerkungen zur Observablen $\Sigma \xrightarrow{\chi} L$ aus § 4 ?

Wir wollen zeigen, daß $m_{\alpha(t)}(a, \xi)$ nach (10.1.8) bei festem a ein additives Maß über Ξ ist.

Sei $\xi_1, \xi_2 \in \Xi$ und $\xi_1 \cap \xi_2 = \emptyset$. Nach der obigen Forderung im Anschluß an (10.1.4) gibt es ein b_0 mit

$$b_1 = b_0 \cap N(\xi_1) \in \mathscr{R}_{th}(b_0), \quad b_2 = b_0 \cap N(\xi_2) \in \mathscr{R}_{th}(b_0).$$

Es folgt

$$b_1 \cap b_2 = \emptyset, \; b_1 \cup b_2 = b_0 \cap \big(N(\xi_1) \cup N(\xi_2)\big) = b_0 \cap \big(N(\xi_1 \cup \xi_2)\big).$$

Aus

$$\lambda\big(a \cap b_0, \, a \cap (b_1 \cap b_2)\big) = \lambda(a \cap b_0, \, a \cap b_1) + \lambda(a \cap b_0, \, a \cap b_2)$$

folgt dann die Behauptung.

Daß wir hier scheinbar unnötig kompliziert die Präparier- und Registrierverfahren betrachten statt gleich von den Wahrscheinlichkeitsfunktionen (10.1.9) auszugehen (wie es üblich ist), hat wieder – wie schon in § 3 und 4 betont und demonstriert – nur den Grund, die Einbettung von $\mathfrak{PT}_{th}$ in $\mathfrak{PT}_{q\,exp}$ bzw. $\mathfrak{PT}_{k\,exp}$ genauer formulieren zu können; denn $Q_m, \mathscr{R}_{th0}, \mathscr{R}_{th}$ können wir für die Einbettung einfach mit Teilmengen von $Q, \mathscr{R}_0, \mathscr{R}$ identifizieren, wie wir das schon in § 4.1 getan haben.

Wir wollen das Problem der Dynamik, soweit wir es zunächst hier in § 10 behandeln, noch wesentlich einschränken, indem wir nur solche Systeme und zugehörige Zustandsräume betrachten, für die die Trajektorien der Systeme *dynamisch determiniert* sind.

Um jedem Irrtum vorzubeugen, sei gleich betont, daß es viele, ja gerade auch physikalisch sehr interessante Systeme gibt, deren Trajektorien *nicht* dynamisch determiniert sind (siehe z. B. § 11, § 13 und XVI).

Aber zunächst müssen wir genauer definieren, was wir unter dynamisch determinierten Trajektorien verstehen. In VI, § 4 haben wir den dynamischen Determinismus am Beispiel der Bahnen der klassischen Punktmechanik studiert. In VIII (2.6.5) haben wir ein anderes Beispiel eines dynamischen Determinismus in Form der Maxwellschen Gleichungen kennengelernt, wobei die Paare $\{\mathbf{E}(\mathbf{r}), \mathbf{B}(\mathbf{r})\}$ sozusagen die Punkte von $\bar{Z}$ und $\{\varrho(\mathbf{r}), \mathbf{j}(\mathbf{r})\}$ die Punkte von $\tilde{A}$ sind; in VIII, § 4.4 haben wir diesen dynamischen Determinismus genauer studiert. In XIV, § 2 haben wir weitere Beispiele (z. B. die *Navier-Stokes*schen Gleichungen) für einen dynamischen Determinismus kennengelernt.

Bevor wir den dynamischen Determinismus definieren, müssen wir noch zwei allgemein wichtige Strukturen betrachten.

Ohne auf die dahinterliegenden genauen maßtheoretischen Formulierungen einzugehen, definieren wir (bei vorgegebenem $\alpha(t)$) die Menge $\hat{Y}(\alpha(t))$ als die »kleinste« Menge $\hat{Y}$, für die mit $m_{\alpha(t)}(a, \xi)$ nach (10.1.9)

$$m_{\alpha(t)}(a, Y \setminus \hat{Y}) = 0$$

für alle $a \in \mathbb{Q}_m'$ gilt. $\hat{Y}(\alpha(t))$ heißt die Menge der bei vorgegebenem $\alpha(t)$ »physikalisch möglichen« Trajektorien. $\hat{Y}(\alpha(t))$ ist der sogenannte *Support* der Menge der Maßfunktionen $m_{\alpha(t)}(a, \xi)$ über Ξ bei festem $\alpha(t)$ für alle $a \in \mathbb{Q}_m'$.

Wir fordern als Eigenschaft von $\hat{Y}(\alpha(t))$:

(*Dt*) Ist $\bar{z}(t)$ eine Trajektorie aus $\hat{Y}(\alpha(t))$, so ist für jedes feste $\tau > 0$ mit $\bar{z}'(t) = \bar{z}(t+\tau)$ und $\alpha'(t) = \alpha(t+\tau)$ auch $\bar{z}'(t)$ eine Trajektorie aus $\hat{Y}(\alpha'(t))$.

Diese Forderung (*Dt*) beinhaltet, daß man den Zeitnullpunkt für jede Trajektorie beliebig in positiver (!) Richtung verschieben kann. Eine Verschiebung des Zeitnullpunktes in negativer Richtung erscheint auf Grund der Erfahrungen unrealistisch, da man die Trajektorien makroskopischer Systeme im allgemeinen gerade *nicht* in die Vergangenheit hinein verfolgen kann; das Planetensystem bildet da eine große Ausnahme! Die obige Forderung (*Dt*) ist eigentlich mehr eine Konvention als eine Forderung.

Die Trajektorien $z(t)$ heißen *dynamisch determiniert*, wenn gilt:

(*Dd*) Für alle $\bar{z}(t) \in \hat{Y}(\alpha(t))$ definieren die Paare $(\bar{z}(0), \bar{z}(\tau))$ für alle $\tau \geq 0$ eine Abbildung $\bar{z}(0) \xrightarrow{\ d_\tau\ } \bar{z}(\tau)$ von $\bar{Z}$ in sich.

Die Forderung (*Dd*) besagt, daß $\bar{z}(\tau)$ zu allen Zeiten τ schon durch $\bar{z}(0)$ bestimmt, d. h. determiniert ist. Die Abbildung d_τ hängt natürlich von der vorgegebenen Trajektorie $\alpha(t)$ ab!

Man kann (*Dd*) auch so ausdrücken: Durch $\bar{z}(t) \to \bar{z}(0)$ ist eine *injektive* Abbildung von $\hat{Y}(\alpha(t))$ in $\bar{Z}$ definiert. Da wir im allgemeinen noch voraussetzen (siehe die Forderung an $M_0(\sigma)$ nach (4.1.1)), daß die $\bar{z}(0)$ ganz $\bar{Z}$ durchlaufen, so können wir (*Dd*) durch die Forderung ersetzen:

Durch $\bar{z}(t)\to\bar{z}(0)$ ist eine surjektive Abbildung $\hat{Y}(\alpha(t))\to\bar{Z}$ definiert.

(Die Abbildung d_t ist z. B. mit Γ als Zustandsraum der klassischen Mechanik nichts anderes als eine kanonische Abbildung, die die Anfangswerte $p_i(0)$, $q_i(0)$ auf die Werte $p_i(t)$, $q_i(t)$ zur Zeit t abbildet; siehe VI, § 6.1).

Wegen der Forderung (Dt) gilt (falls die α_v zeitlich konstant bleiben) für die Abbildung d_t von $\bar{Z}$ in sich (für $t_1 \geq 0$, $t_2 \geq 0$):

$$(10.1.10a) \quad d_{t_1} d_{t_2} = d_{t_1 + t_2}.$$

Außerdem gilt, wie sofort ersichtlich

$$(10.1.10b) \quad d_0 = 1.$$

Ist $\alpha(t)$ nicht konstant, so gilt statt (10.1.10a) die Beziehung

$$(10.1.10c) \quad d_{t_1}(\alpha(t+t_2))d_{t_2}(\alpha(t)) = d_{t_1 + t_2}(\alpha(t)),$$

wobei wir durch die Schreibweise $d_\tau(\alpha(t))$ genau angegeben haben, zu welchem $\alpha(t)$ das d_τ gehört.

Wegen (10.1.10a, b) bilden also die Abbildungen d_t für $t \geq 0$ eine sogenannte (einparametrige) Halbgruppe, wenn $\alpha(t)$ konstant ist.

Da wir keine Einzeltrajektorien aus $\mathfrak{PT}_{th}$ in $\mathfrak{PT}_{q\,exp}$ einbetten können, sondern nur Wahrscheinlichkeitsverteilungen, wollen wir nun umgekehrt studieren, wie man der Funktion $m_{\alpha(t)}(a, \xi)$ ansehen kann, daß die Trajektorien determiniert sind. Dazu nehmen wir einmal an, daß eine Schar von Abbildungen $d_\tau(\alpha(t))$ von $\bar{Z}$ in sich definiert sei, die (10.1.10b) und (10.1.10c) erfüllen. Durch die Abbildung $d_\tau(\alpha(t))$ ist (kanonisch) eine Abbildung von Σ in sich gegeben, indem wir in sehr naheliegender Weise $d_\tau\sigma$ als die Menge aller $d_\tau\bar{z}$ mit $\bar{z}\in\sigma$ definieren. (Genau genommen muß man Σ zu einer »σ-Algebra« erweitern und d_τ als meßbar voraussetzen.)

Ausgehend von einem $\sigma\in\Sigma$ und einer Reihe von Zeiten τ_v $(v=1,\ldots,n)$, betrachten wir folgende Elemente von Ξ:

$$(10.1.11) \quad \xi(d,\sigma; \tau_1,\ldots,\tau_n) = \{\bar{z}(t)\,|\,\bar{z}(\tau_v)\in d_{\tau_v}\sigma \quad \text{für} \quad v=1,\ldots n\}.$$

Mit (10.1.1) folgt

$$(10.1.12) \quad \xi(\sigma; 0) = \xi(d,\sigma; 0)$$

und mit (10.1.6) daraus

$$(10.1.13) \quad \xi(\sigma; \tau) = \tilde{T}_\tau\xi(\sigma; 0) = \tilde{T}_\tau\xi(d,\sigma; 0).$$

Wenn nun die Trajektorien der Systeme durch $\bar{z}(t) = d_t\bar{z}(0)$ gegeben sein sollen, so müßte also für alle $a\in Q'_m$ gelten (mit (10.1.12)):

$$(10.1.14) \quad m_{\alpha(t)}(a, \xi(d,\sigma; 0, \tau_2,\ldots\tau_n)) = m_{\alpha(t)}(a, \xi(d,\sigma; 0)) = m_{\alpha(t)}(a, \xi(\sigma; 0)).$$

Es liegt daher nahe, die Schar der Transformationen $d_\tau(\alpha(t))$ durch die Forderung (10.1.14) zu definieren. D.h. genauer:

Es möge eine (10.1.10b,c) erfüllende Schar von Abbildungen $d_\tau(\alpha(t))$ von $\bar{Z}$ in sich so geben, daß (10.1.14) für alle $a \in \mathcal{Q}'_m$, $\sigma \in \Sigma$ und alle Zahlenreihen $0, \tau_2, \ldots \tau_n$ gilt; dann wäre zu zeigen, daß $d_\tau(\alpha(t))$ (im wesentlichen) eindeutig definiert ist. Diese Eindeutigkeit ist nicht trivial, da sie von der Menge $\mathcal{Q}'_m$. d.h. der Menge der Funktionen $m_{\alpha(t)}(a, \xi)$ über Ξ bei festem $\alpha(t)$ und den verschiedenen $a \in \mathcal{Q}'_m$ abhängt. Gerade wegen der in § 8 betrachteten »Unschärfen« kann es sein, daß $d_\tau(\alpha(t))$ nicht »exakt« eindeutig festgelegt ist. Wegen der Möglichkeit von Unschärfen definieren wir etwas weicher:

Die betrachteten Systeme heißen *thermodynamisch determiniert*, wenn es eine Schar von Abbildungen $d_\tau(\alpha(t))$ von $\bar{Z}$ in sich so gibt, daß (10.1.14) für alle $a \in \mathcal{Q}'_m$, $\sigma \in \Sigma$ und alle Zahlenreihen $0, \tau_2, \ldots \tau_n$ gilt.

Durch

$$(10.1.15) \qquad \bar{z}(t) = d_t \bar{z}(0)$$

sind dann Trajektorien definiert. Wir definieren als Abkürzung:

$$(10.1.16) \qquad \bar{Y}(\alpha(t)) = \{\bar{z}(t) \mid \bar{z}(t) = d_t \bar{z}, \ \bar{z} \in \bar{Z}\}.$$

Neben $\xi(d, \sigma; 0, \tau)$ sei folgende Menge

$$(10.1.16) \qquad \tilde{\xi} = \{\bar{z}(t) \mid \bar{z}(0) \in \sigma, \ \bar{z}(\tau) \in \sigma_2\}$$

mit $\sigma_2 \cap d_\tau \sigma = \emptyset$ eingeführt; d.h. keine Trajektorie aus $\bar{Y}(\alpha(t))$, die in σ startet, geht zur Zeit τ durch σ_2. Aus $\sigma_2 \cap d_\tau \sigma = \emptyset$ folgt $\tilde{\xi} \cap \xi(d, \sigma; 0, \tau) = \emptyset$. Wegen $\xi(d, \sigma; 0, \tau) \subset \xi(\sigma; 0)$ und $\tilde{\xi} \subset \xi(\sigma; 0)$ ist $\tilde{\xi} \cup \xi(d, \sigma; 0, \tau) \subset \xi(\sigma; 0)$. Daraus folgt

$$m_{\alpha(t)}\big(a, \xi(\sigma; 0)\big) \geq m_{\alpha(t)}\big(a, \tilde{\xi} \cup \xi(d, \sigma; 0, \tau)\big) = m_{\alpha(t)}\big(a, \tilde{\xi}\big) +$$
$$+ m_{\alpha(t)}\big(a, \xi(d, \sigma; 0, \tau)\big).$$

Wegen (10.1.14) ist

$$m_{\alpha(t)}\big(a, \xi(d, \sigma; 0, \tau)\big) = m_{\alpha(t)}\big(a, \xi(\sigma; 0)\big)$$

und damit

$$(10.1.17) \qquad m_{\alpha(t)}(a, \tilde{\xi}) = 0.$$

Da (10.1.17) für alle möglichen $\tilde{\xi}$, d.h. alle möglichen σ und τ mit $\sigma_2 \cap d_\tau \sigma = \emptyset$ gilt, folgt anschaulich $m_{\alpha(t)}\big(a, Y \setminus \bar{Y}(\alpha(t))\big) = 0$ und $\bar{Y}(\alpha(t)) = \hat{Y}(\alpha(t))$, was hier nicht exakt bewiesen sei.

Wir wollen noch zeigen, daß (10.1.14) allgemein erfüllt ist, wenn speziell

$$(10.1.18) \qquad m_{\alpha(t)}\big(a, \xi(d, \sigma; 0, \tau)\big) = m_{\alpha(t)}\big(a, \xi(\sigma; 0)\big)$$

für alle σ und τ gilt. Es ist

$$\xi(d,\sigma;0,\tau_1)\setminus\xi(d,\sigma;0,\tau_1,\tau_2)\subset\{\bar{z}(t)\,|\,\bar{z}(0)\in\sigma,\ \bar{z}(\tau_2)\notin d_{\tau_2}(\sigma)\}\overset{\text{def}}{=}\tilde{\xi}.$$

Das Maß für dieses $\tilde{\xi}$ ist aber, wie in (10.1.17) bewiesen, gleich Null; also ist

$$m_{\alpha(t)}\big(a,\xi(d,\sigma;0,\tau)\big)=m_{\alpha(t)}\big(a,\xi(d,\sigma;0,\tau_1,\tau_2)\big),$$

womit rekursiv aus (10.1.18) die Relation (10.1.14) gewonnen werden kann.

Damit können wir auch sagen: Die betrachteten Systeme sind thermodynamisch determiniert, wenn es eine Schar von Abbildungen $d_\tau(\alpha(t))$ von $\bar{Z}$ in sich gibt, so daß (10.1.18) gilt.

Da $\xi(d,\sigma;0,\tau)\subset\xi(d,\sigma;\tau)$ gilt, folgt aus (10.1.18) insbesondere

$$(10.1.19)\qquad m_{\alpha(t)}\big(a,\xi(d,\sigma;\tau)\big)\geq m_{\alpha(t)}\big(a,\xi(\sigma,0)\big)$$

für alle $a\in\mathcal{Q}'_m$.

Aus (10.1.19) kann auch wieder (10.1.18) folgen, wenn es »genügend viele« $a\in\mathcal{Q}'_m$ gibt. Wir zeigen dazu folgenden Satz:

Zwei $a_1,a_2\in\mathcal{Q}'_m$ mögen äquivalent heißen, wenn $m(a_1,\xi)=m(a_2,\xi)$ für alle $\xi\in\Xi$ gilt (siehe auch XIII, § 2). Wenn es zu jedem $a\in\mathcal{Q}'_m$ ein äquivalentes $\tilde{a}\in\mathcal{Q}'_m$ gibt, das eine Entmischung $\tilde{a}=a_1\cup a_2$ (mit $a_1\cap a_2=\emptyset$) so erlaubt, daß $m\big(a_1,\xi(\sigma;0)\big)=1$ und $m\big(a_2,\xi(\sigma;0)\big)=0$ ist, so folgt (10.1.18) aus (10.1.19).

Bew. Aus (10.1.19) folgt $m\big(a_1,\xi(d,\sigma;\tau)\big)=1$.

Aus

$$\xi(\sigma;0)=\xi(d,\sigma;0,\tau)\cup[\xi(\sigma;0)\cap\xi(d,\sigma';\tau)]$$

mit $\qquad\sigma'=\bar{Z}\setminus\sigma\quad$ folgt $\quad 1\leq m\big(a_1,\xi(d,\sigma;0,\tau)\big)+m\big(a_1,\xi(d,\sigma';\tau)\big).$

Aus

$$m\big(a_1,\xi(d,\sigma';\tau)\big)+m\big(a_1,\xi(d,\sigma;\tau)\big)=1$$

und

$$m\big(a_1,\xi(d,\sigma;\tau)\big)=1\quad\text{folgt}\quad m\big(a_1,\xi(d,\sigma';\tau)\big)=0$$

und damit

$$(10.1.20)\qquad m\big(a_1,\xi(d,\sigma;0,\tau)\big)=1.$$

Wegen

$$\xi(d,\sigma;0,\tau)\subset\xi(\sigma;0)$$

ist auch

$$(10.1.21)\qquad m\big(a_2,\xi(d,\sigma;0,\tau)\big)=0.$$

Mit $\lambda_1 = \lambda_{\mathbb{Q}_m}(\tilde{a}, a_1)$, $\lambda_2 = \lambda_{\mathbb{Q}_m}(\tilde{a}, a_2)$ folgt:

$$m\big(\tilde{a}, \xi(d, \sigma; 0, \tau)\big) = \lambda_1 m\big(a_1, \xi(d, \sigma; 0, \tau)\big) + \lambda_2 m\big(a_2, \xi(d, \sigma; 0, \tau)\big)$$

und

$$m\big(\tilde{a}, \xi(\sigma; 0)\big) = \lambda_1 m\big(a_1, \xi(\sigma; 0)\big) + \lambda_2 m\big(a_2, \xi(\sigma; 0)\big).$$

Mit (10.1.20) und (10.1.21) folgt:

$$m\big(a, \xi(d, \sigma; 0, \tau)\big) = m\big(\tilde{a}, \xi(d, \sigma; 0, \tau)\big) = \lambda_1 = m\big(\tilde{a}, \xi(\sigma; 0)\big) =$$
$$= m\big(a, \xi(\sigma; 0)\big),$$

womit (10.1.18) gezeigt ist.

Gerade aber wegen der in § 8 untersuchten thermodynamischen Unschärferelationen ist die Voraussetzung dieses Satzes nur »annähernd« erfüllt. Wir werden dies später beachten müssen. Trotzdem benutzt man aber immer (10.1.19) zur »Berechnung« der $d_\tau(\alpha(t))$ auf der Basis der Einbettung von $\mathfrak{R}\mathfrak{T}_{th}$ in $\mathfrak{R}\mathfrak{T}_{q\,\exp}$ bzw. in $\mathfrak{R}\mathfrak{T}_{k\,\exp}$.

Die Einbettung ist durch (4.1.3) bestimmt, d.h. mit (10.1.14) durch

$$(10.1.22) \qquad Sp\big(\varphi(a)\psi(T_\tau b_0, T_\tau b_0 \cap N(\tilde{T}_\tau \xi))\big)$$
$$\approx Sp\big(\varphi(a) U_\tau \psi(b_0, b_0 \cap N(\xi)) U_\tau^+\big) \quad \text{für alle} \quad \tau \geq 0.$$

Diese allgemeine Einbettungsbedingung (10.1.22) wenden wir nun speziell auf (10.1.19) an. Dabei beachte man, daß

$$\xi(d, \sigma; \tau) = \{\bar{z}(t) | \bar{z}(\tau) \in d_\tau \sigma\} = \tilde{T}_\tau \xi(d_\tau \sigma; 0)$$

ist. (10.1.19) geht damit über in

$$(10.1.23) \qquad m_{\alpha(t)}\big(a, \tilde{T}_\tau \xi(d_\tau \sigma; 0)\big) \geq m_{\alpha(t)}\big(a, \xi(\sigma; 0)\big).$$

Gehen wir wieder auf die Bedeutung von $m_{\alpha(t)}$ nach (10.1.8), (10.1.7), (10.1.6) zurück, so kann man (10.1.23) in der Form

$$\lambda\big(a \cap T_\tau b_0, a \cap T_\tau b_0 \cap N(\tilde{T}_\tau \xi(d_\tau \sigma; 0))\big) \geq$$
$$\geq \lambda\big(a \cap b_0, a \cap b_0 \cap N(\xi(\sigma; 0))\big)$$

schreiben, was mit (10.1.13) und (10.1.3) übergeht in

$$(10.1.24) \qquad \lambda\big(a \cap T_\tau b_0, a \cap T_\tau b_0 \cap M_\tau(d_\tau \sigma)\big) \geq \lambda\big(a \cap b_0, a \cap b_0 \cap M_0(\sigma)\big).$$

Dies nimmt nach der Einbettung mit Hilfe von (10.1.22) für ein $b_0 \in \mathscr{R}_{th0}(0)$ die Gestalt an:

$$(10.1.25) \qquad \begin{aligned} Sp\big(\varphi(a)\psi(T_\tau b_0, T_\tau b_0 \cap M_\tau(d_\tau \sigma))\big) = \\ = Sp\big(\varphi(a) U_\tau \psi(b_0, b_0 \cap M_0(d_\tau \sigma)) U_\tau^+\big) \geq Sp\big(\varphi(a)\psi(b_0, b_0 \cap M_0(\sigma))\big). \end{aligned}$$

Mit (4.2.1) wird daraus schließlich

(10.1.26) $Sp\left(\varphi(a)U_\tau\chi(d_\tau\sigma)U_\tau^+\right)\ge Sp\left(\varphi(a)\chi(\sigma)\right).$

Man beachte, daß χ nach § 4.2 von der Wahl von b_0 abhängen kann! Es sei hervorgehoben, daß $\alpha(t)$ in die U_τ eingeht (siehe § 4.1) und dadurch die aus (10.1.26) zu bestimmenden $d_\tau(\alpha(t))$ von den Bahnen $\alpha(t)$ in $\tilde{A}$ abhängen!

(10.1.26) ist die fundamentale Relation zur »Berechnung« von d_τ mit Hilfe von $H(\alpha)$, d.h. mit Hilfe von U_τ. Gibt es eine Schar von Transformationen $d_\tau(\alpha(t))$ die (10.1.26) erfüllen, so können die Systeme thermodynamisch determiniert beschrieben werden, wenn man noch voraussetzt, daß die $a\in\mathcal{C}_m'$ wenigstens »annähernd« die Bedingungen des oben nach (10.1.19) angeführten Satzes erfüllen.

Die Bedingung (10.1.26) ist anschaulich leicht zu erraten und wird daher ohne Diskussion des Einbettungsproblems oft als »unmittelbar plausibel« an die Spitze gestellt. Wir wollen deshalb (10.1.26) auch noch einmal »anschaulich« klar machen:

Auf der rechten Seite von (10.1.26) steht die Wahrscheinlichkeit, daß die nach a präparierten Systeme zur Zeit $t=0$ einen Zustand $\bar{z}$ aus σ haben. Da alle die Systeme, deren Zustand zur Zeit $t=0$ in σ liegt, nach der Zeit τ einen Zustand aus $d_\tau\sigma$ haben, können also bei einer Registrierung, ob die nach a präparierten Systeme zur Zeit τ einen Zustand aus $d_\tau\sigma$ haben, höchstens mehr Systeme eine positive Antwort geben als für einen Zustand aus σ zur Zeit Null. Dies aber sagt gerade (10.1.26) aus.

Durch $\chi(\sigma)$ und die Gültigkeit von (10.1.26) für eine geeignete Schar von Transformationen $d_\tau(\alpha(t))$ sind allerdings noch nicht alle

$$\psi\left(b_0, b_0\cap N(\xi)\right)$$

für $\xi\in\Xi$ bestimmt. Das »volle« Einbettungsproblem erfordert die Gültigkeit von (10.1.22) für *alle* $\xi\in\Xi$! Wir wenden uns diesem Problem wieder in § 11.2 zu.

(10.1.26) kann man sofort auf den Fall einer Einbettung in $\mathfrak{PT}_{k\,\exp}$ übertragen. Mit der Bezeichnungsweise aus § 4.5 ist (10.1.26) zu ersetzen durch

(10.1.27) $\int [L_\tau\varphi(a)]\chi(d_\tau\sigma)dp_1\ldots \ge \int \varphi(a)\chi(\sigma)dp_1\ldots.$

Mit

(10.1.28) $\varrho(p_1,\ldots;0)=\varphi(a)$

lautet (10.1.27) auch:

(10.1.29) $\int \varrho(p_1,\ldots;\tau)\chi(d_\tau\sigma)dp_1\ldots \ge \int \varrho(p_1,\ldots;0)\chi(\sigma)dp_1\ldots.$

(10.1.29) soll also für alle solchen $\varrho(p_1,\ldots;0)$ gelten, die durch makroskopische Präparierverfahren $a\in\mathcal{C}_m'$ herstellbar sind. Wir werden (10.1.29) benutzen, um im nächsten § für ein Beispiel die Schar der $d_\tau(\alpha(t))$ zu bestimmen.

Aus (10.1.10c) folgt, falls man d_τ als nach τ differenzierbar voraussetzt (d. h. als nach (10.1.26) bzw. (10.1.29) so gewählt denkt, daß es differenzierbar ist!):

$$(10.1.30) \quad \frac{d}{d\tau} d_\tau(\alpha(t)) = \Delta(\alpha(t+\tau)) d_\tau(\alpha(t))$$

mit

$$(10.1.31) \quad \Delta(\alpha(t+\tau)) = \left[\frac{d}{d\tau'} d_{\tau'}(\alpha(t+\tau))\right]_{\tau'=0}$$

Ist $\alpha(t)$ zeitlich konstant, so geht (10.1.30) über in

$$(10.1.32) \quad \frac{d}{d\tau} d_\tau(\alpha) = \Delta(\alpha) d_\tau(\alpha),$$

was man formal in der Form

$$(10.1.33) \quad d_\tau(\alpha) = e^{\Delta(\alpha)\tau} d_0(\alpha) = e^{\Delta(\alpha)\tau}$$

lösen kann.

Wenn $d_\tau(\alpha(t))$ nur von $\alpha(t)$ für $0 \leq t \leq \tau$ abhängt, so ist die rechte Seite von (10.1.30) nur von $\alpha(t+\tau)$ für $0 \leq t \leq \tau' \to 0$, d. h. nur von $\alpha(\tau)$ abhängig. so daß $\Delta(\alpha(t+\tau))$ aus (10.1.30) dieselbe Größe wie $\Delta(\alpha)$ in (10.1.31) für $\alpha = \alpha(\tau)$ ist. Gelingt es also, $\Delta(\alpha)$ zu bestimmen, so erhält man $d_\tau(\alpha(t))$ als Lösung der Differentialgleichung:

$$(10.1.34) \quad \frac{d}{d\tau} d_\tau = \Delta(\alpha(\tau)) d_\tau.$$

In der Praxis wird man daher versuchen, die »einfachere« Aufgabe der Bestimmung von $\Delta(\alpha)$ durchzuführen.

Daß $d_\tau(\alpha(t))$ nur von $\alpha(t)$ für $0 \leq t \leq \tau$ abhängt, folgt aus (10.1.26) bzw. (10.1.29), da U_τ, bzw. L_τ nur von $\alpha(t)$ für $0 \leq t \leq \tau$ abhängen!

§ 10.2. Die Boltzmannsche Stoßgleichung

Man kann sagen, daß das einzige Beispiel, an dem man einigermaßen die im vorigen § geschilderte Situation durchschauen kann, das der *Boltzmann*schen Stoßgleichung ist. Wir wollen deshalb zunächst versuchen, diese Gleichung als Konsequenz von (10.1.29) abzuleiten. Durch diese »Ableitung« ist natürlich in keiner Weise gezeigt, daß das in § 10.1 geschilderte Einbettungsproblem lösbar ist, d. h. daß tatsächlich die Gleichung (10.1.29) nicht im Widerspruch zur Einbettung steht. Wir zeigen hier in § 10.2 nur, daß bei *Vorgabe* der thermodynamischen Observablen und bei *Voraussetzung* von

(10.1.29) für eine gewisse Menge von Gesamtheiten $\varrho(p_1,\ldots)=\varphi(a)$ mit $a\in\mathbb{Q}'_m$ die Struktur der Halbgruppe d_t folgt. Als *Hamilton*funktion wird dabei (1.1) angenommen.

Die allgemeinen Überlegungen aus § 10.1 sind solange nicht anwendbar, solange nicht der Raum $\bar{Z}$ definiert und der Zusammenhang $\Sigma \xrightarrow{\chi} L$ explizit aufgestellt ist. Augenscheinlich haben wir bisher keine Idee oder Theorie, aus der heraus allgemein ableitbar wäre, wie der Raum $\bar{Z}$ zu wählen und welche Abbildungen χ zugelassen sind. Es war die wirklich geniale, intuitive Idee von Boltzmann, hierfür im Falle verdünnter Gase, einen Ansatz gemacht zu haben, der sich an der Erfahrung sehr bewährt hat. Dem allgemein dahinter stehenden Problem, dem sogenannten Problem der thermodynamischen (bzw. allgemeiner: makroskopischen) Observablen werden wir § 12 widmen.

Voraussetzung für die *Boltzmann*sche thermodynamische Beschreibung eines Gases ist, daß die Reichweite S des Potentials $U(r)$ »klein« ist, d.h. daß

$$(10.2.1) \qquad N\,\frac{4\pi}{3}\,S^3 \ll V$$

gilt mit V als Volumen des Gebietes $\mathscr{V}$, das durch das Potential $\bar{V}$ aus (1.1) eingeschlossen ist. Außerdem darf die kinetische Energie nicht zu klein sein, da sonst eine Einbettung in $\mathfrak{PT}_{k\,\mathrm{exp}}$ (statt $\mathfrak{PT}_{q\,\mathrm{exp}}$) zu schlechten Resultaten führt.

Als thermodynamische Observable wird von *Boltzmann* die nach ihm benannte *Boltzmann*-Verteilungsfunktion, eine reelle Funktion

$$(10.2.2) \qquad f(\mathbf{v},\mathbf{r}) \geq 0$$

über dem 6-dimensionalen Raum der $\mathbf{v},\mathbf{r}$ ($\mathbf{v}$ Geschwindigkeit, $\mathbf{r}$ Ort), dem sogenannten μ-Raum, eingeführt; als Normierung wird üblicherweise

$$(10.2.3) \qquad \iint f(\mathbf{v},\mathbf{r})d^3\mathbf{v}\,d^3\mathbf{r} = N$$

festgesetzt mit N als Teilchenzahl des Systems; siehe (1.1).

Eine solche Funktion f ist also ein Punkt aus $\bar{Z}$. $\bar{Z}$ ist also unendlich dimensional. (Es ist eben für die Praxis mathematisch bequemer, $\bar{Z}$ unendlich-dimensional zu wählen).

Um nun die Verbindung χ von $\bar{Z}$ mit Γ herzustellen, teilen wir den μ-Raum in Zellen Δ_ν auf (siehe Fig. 19), deren 6-dimensionale Volumina wir für alle Zellen der Einfachheit halber als gleich groß, gleich ΔV_6 annehmen. Durch die

$$\mathbf{v}^{(k)} = \frac{1}{m}\,\mathbf{p}^{(k)}, \ \mathbf{r}^{(k)} \ \text{mit } k = 1,\ldots,N \text{ sind jedem Punkt aus } \Gamma \ N \text{ Punkte im } \mu\text{-Raum}$$

zugeordnet. Nennen wir den Punkt im Γ-Raum der kürzeren Schreibweise wegen einfach X, so ist jedem X eine Funktion $N(\nu,X)$ über dem Zellenindex

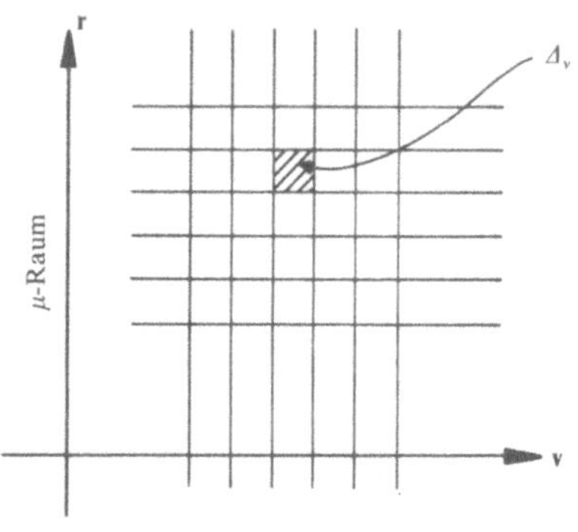

Fig. 19

v zugeordnet, wobei $N(v, X)$ die Zahl derjenigen Punkte im μ-Raum ist, die in die Zelle Δ_v fallen.

Als *Boltzmann*dichte f betrachten wir nur solche Funktionen, die »glatt« sind in bezug auf die Zellen Δ_v; das soll heißen: f ist *in* einer Zelle fast konstant und ändert sich nur langsam von einer Zelle zu den Nachbarzellen. Solche f kann man dann auch praktisch durch folgende »Koordinaten« beschreiben:

$$(10.2.4) \qquad \bar{z}_v(f) = \int_{\Delta_v} f(\mathbf{v}, \mathbf{r}) d^3\mathbf{v} d^3\mathbf{r}.$$

Diese $\bar{z}_v$ können wir mit den in den vorigen §§ für $\bar{Z}$ eingeführten Koordinaten identifizieren. Σ war dann der aus Intervallen in den $\bar{z}_v$ erzeugte *Boolesche* Ring. Gesucht sind die $\chi(\sigma)$. die die makroskopischen Messungen der $\bar{z}_v$ beschreiben sollen. Um den mathematischen Aufwand zu reduzieren, wollen wir $\chi(\sigma)$ nicht explizit definieren, sondern durch Worte kurz »schildern«, wie $\chi(\sigma)$ auszusuchen ist. Dazu wählen wir als Intervall σ die Menge der $\bar{z}_v$ mit

$$(10.2.5) \qquad \eta_v < \bar{z}_v \leq \varrho_v \qquad (v = 1, 2, \ldots).$$

Wir setzen dann $\chi(\sigma; X)$ $\big(\chi(\sigma)$ ist eine Funktion in $\Gamma\,!\big)$ in einem Punkt X gleich 1, wenn

$$(10.2.6) \qquad \eta_v < N(v, X) \leq \varrho_v \qquad (v = 1, 2, \ldots)$$

ist und gleich 0, wenn die Relationen (10.2.6) »merklich« verletzt sind. Damit dies sinnvoll möglich ist, wählen wir σ so »groß«, daß die $\varrho_v - \eta_v$ groß gegen 1 sind. Der Messung der *Boltzmann*verteilung f, z. B. der Messung, daß

$$(10.2.7) \qquad \bar{z} = (\bar{z}_1, \bar{z}_2, \ldots) \in \sigma$$

ist, entspricht also ein Effekt $\chi(\sigma; X)$, der gleich 1 ist, sobald die Zahlen $N(v, X)$ »ungefähr« mit den $\bar{z}_v$ übereinstimmen. Der Messung der *Boltzmann*-

verteilung f entspricht eine »ungefähre« Messung der Dichte der N Punkte im μ-Raum.

Die eben geschilderte Einführung der Effekte $\chi(\sigma;X)$ ist nur möglich, wenn das Gas nicht »zu« verdünnt ist relativ zu den durch das Gebiet $\mathscr{V}$ bestimmten Grenzen, denn sonst kann man $\mathscr{V}$ nicht in sehr viele Zellen Δ_v einteilen, in denen noch die Zahlen (10.2.4) sehr groß gegen 1 sind.

Läßt man sich nun σ in Gedanken auf einen »Punkt« $f(\mathbf{v},\mathbf{r})$ in $\bar{Z}$ zusammenziehen, so muß man dies in einer ähnlichen Weise vornehmen, wie wir das im Falle der inneren Energie in § 4.2 geschildert haben und allgemein bei der Definition der Entropie S_{th} in § 4.4 vorausgesetzt hatten. In demselben Sinn wie die innere Energie eine thermodynamische Approximationsobservable zur mikroskopischen Energie H ist, sind die Punkte $f(\mathbf{v},\mathbf{r})$ aus $\bar{Z}$ die Skalenwerte einer thermodynamischen Approximationsobservablen zu der mikroskopischen Observablen

$$(10.2.8) \qquad \varphi(\mathbf{v},\mathbf{r};X) = \sum_{i=1}^{N} m\delta(m\mathbf{v}-\mathbf{p}^{(i)})\delta(\mathbf{r}-\mathbf{r}^{(i)}),$$

wobei die δ-Funktionen dreidimensionale δ-Funktionen sind (zur δ-Funktion siehe z. B. VIII, § 4.3). Die Art der Approximation haben wir eben gerade mit Hilfe von $\chi(\sigma;X)$ »geschildert«, d. h. mit Hilfe von (10.2.6), wobei sich $N(v,X)$ mit Hilfe von $\varphi(\mathbf{v},\mathbf{r};X)$ in der Form

$$(10.2.9) \qquad N(v,X) = \int\limits_{\Delta_v} \varphi(\mathbf{v},\mathbf{r};X)d^3\mathbf{v}\,d^3\mathbf{r}$$

ausdrücken läßt. Daraus folgt mit (10.2.4) wegen $\bar{z}_v \approx N(v,X)$ (siehe (10.2.5), (10.2.6)):

$$\int\limits_{\Delta_v} f(\mathbf{v},\mathbf{r})d^3\mathbf{v}\,d^3\mathbf{r} \approx \int\limits_{\Delta_v} \varphi(\mathbf{v},\mathbf{r};X)d^3\mathbf{v}\,d^3\mathbf{r}.$$

Da in Δ_v die Funktion $f(\mathbf{v},\mathbf{r})$ fast konstant ist, gilt also

$$(10.2.10) \qquad (\mathbf{v},\mathbf{r})\in\Delta_v : f(\mathbf{v},\mathbf{r}) \approx \frac{1}{\Delta V_6} \int\limits_{\Delta_v} \varphi(\mathbf{v},\mathbf{r};X)d^3\mathbf{v}\,d^3\mathbf{r}.$$

Durch (10.2.10) ist also jedem Punkt X »ungefähr« ein Punkt $f(\mathbf{v},\mathbf{r})$ aus $\bar{Z}$ zugeordnet. Dieses »ungefähr« ist eben durch die $\chi(\sigma;X)$ definiert.

Die Relation (10.2.10) sagt, daß man mit Hilfe einer »Verschmierung über die Zellen« aus der mikroskpischen Observablen $\varphi(\mathbf{v},\mathbf{r};X)$ die Skalenwerte $f(\mathbf{v},\mathbf{r})$ der thermodynamischen Observablen »*Boltzmann*verteilung« erhalten kann. Dies werden wir weiter unten bei der »Herleitung« der *Boltzmann*schen Stoßgleichung verwenden können.

Auf Grund der Definition von $\chi(\sigma;X)$ läßt sich leicht die nach (4.5.31) definierte Entropie $S_{th}(\bar{z})=S_{th}(f)$ angeben:

Dazu berechnen wir zunächst das Volumen desjenigen Gebietes aus Γ (d. h. aller X), für das

$$(10.2.11) \qquad N(v,X) = N_v \, (v = 1, 2, \ldots)$$

mit fest vorgegebenen Zahlen N_v ist. Gehen wir von einem bestimmten Punkt X_0 mit $N(v, X_0) = N_v$ aus, so kann man zunächst die Nachbarpunkte X von X_0 betrachten, für die alle Punkte $\mathbf{v}^{(k)}$, $\mathbf{r}^{(k)}$ im μ-Raum in denselben Zellen wie bei X_0 liegen. Das Volumen dieses Gebietes ist (wegen $\mathbf{p} = m\mathbf{v}$) augenscheinlich $\Delta V_6^N m^{3N}$ mit dem oben definierten Volumen ΔV_6 einer Zelle im μ-Raum. Dieselbe Verteilung (10.2.11) erhält man aber auch, wenn man die Punkte $\mathbf{p}^{(k)}$, $\mathbf{r}^{(k)}$ der verschiedenen Teilchen k permutiert; aber eine Permutation der N_v Teilchen der v-ten Zelle ergibt kein neues Gebiet in Γ. Das Volumen des Gebietes in Γ, für das (10.2.11) gilt, ist also gleich

$$(10.2.12) \qquad \frac{N!}{\prod\limits_v N_v!} \, \Delta V_6^N m^{3N}.$$

Wir haben oben vorausgesetzt, daß die N_v in (fast) allen Zellen sehr große Zahlen sind. Dann kann man den Logarithmus von (10.2.12) nach der *Stirling*schen Formel (siehe z. B. [12]) berechnen. In (4.5.31) braucht man den Limes $\sigma \to \bar{z}$ nicht zu vollziehen, wenn man σ nicht zu groß aber auch nicht zu klein wählt, so daß $\chi(\sigma, X)$ noch an genügend vielen Punkten X den Wert 1 annimmt (siehe die Überlegungen im Anschluß an (4.4.6)); dies ist für die X aus dem eben beschriebenen Gebiet vom Volumen (10.2.12) der Fall, weil (10.2.6) gilt. Bis auf einen vernachlässigbaren Summanden in der Entropie, der von dem Faktor zwischen dem Volumen (10.2.12) und dem durch (10.2.6) bestimmten Volumen abhängt, erhält man so mit $\bar{z}_v \sim N_v$:

$$S_{th}(\bar{z}) = \log \eta + 3N \log m + N \log \Delta V_6 + N \log N - \sum_v \bar{z}_v \log \bar{z}_v .$$

Da f innerhalb einer Zelle Δ_v praktisch konstant ist, kann man nach (10.2.4)

$$\log \bar{z}_v = \log [f(\mathbf{v}, \mathbf{r}) \Delta V_6]$$

mit $(\mathbf{v}, \mathbf{r}) \in \Delta_v$ setzen und somit

$$\sum_v \left(\int\limits_{\Delta_v} f(\mathbf{v}, \mathbf{r}) d^3\mathbf{v} d^3\mathbf{r} \right) \log \bar{z}_v = \int f(\mathbf{v}, \mathbf{r}) \log [f(\mathbf{v}, \mathbf{r}) \Delta V_6] d^3\mathbf{v} d^3\mathbf{r}$$

schreiben. Wegen (10.2.3) wird also schließlich:

$$(10.2.13) \qquad S_{th}(f) = (\log \eta + 3N \log m + N \log N) - \int f(\mathbf{v}, \mathbf{r}) \log f(\mathbf{v}, \mathbf{r}) d^3\mathbf{v} d^3\mathbf{r}.$$

Mit η nach (6.6.34) und der *Stirling*schen Formel wird

$$(10.2.14) \qquad \log \eta + 3N \log m + N \log N = N - N \log \left(\frac{h}{m} \right)^3 .$$

(10.2.13) geht damit über in

$$(10.2.15) \qquad S_{th}(f) = \int f(\mathbf{v},\mathbf{r}) \left[1 - \log\left(\frac{h^3}{m^3} f(\mathbf{v},\mathbf{r})\right) \right] d^3v\, d^3\mathbf{r} =$$

$$= N - N \log\left(\frac{h}{m}\right)^3 - H(f)$$

mit

$$(10.2.16) \qquad H(f) = \int f(\mathbf{v},\mathbf{r}) \log f(\mathbf{v},\mathbf{r}) d^3v\, d^3\mathbf{r}.$$

Der Ausdruck (10.2.15) für $S_{th}(f)$ und damit $H(f)$ nach (10.2.16) wird später eine wichtige Rolle spielen.

Um (10.1.29) auszuwerten, genügt es nicht, $\chi(\sigma;X)$ zu kennen; man muß auch wissen, welche $\varrho(X,0)$ nach (10.1.28) makroskopisch herstellbar sind. *Boltzmann* hat, ohne die Frage mathematisch in dieser Weise präzisiert zu haben, mit genialer Intuition sich das »richtige« $\varrho(X;0)$ vorgestellt und daraus »anschaulich« die Form der Halbgruppe der Transformationen d_t »erraten«. Wir wollen das von *Boltzmann* anschaulich vorgestellte $\varrho(X;0)$ mathematisch etwas mehr präzisieren.

Um aus (10.1.29) die Form der Halbgruppe bestimmen zu können, wird man so gut als möglich makroskopisch präparieren, d.h. a aus (10.1.28) so wählen, daß die Streuung der makroskopischen Observablen so gering als möglich ist (siehe die diesbezüglichen Grenzen in § 8). Wir wollen also als erstes annehmen, daß man das Präparierverfahren a so wählen kann, daß auf der rechten Seite von (10.1.29) mit dem oben geschilderten $\chi(\sigma;X)$ und einem nicht zu großen σ nach (10.2.5) praktisch der Wert 1 steht; dann muß auch die linke Seite praktisch 1 sein. Die auf diese Art geforderte »makroskopische Streuungsfreiheit« von $\varrho(X;0)$ genügt aber nicht. Die entscheidende zusätzliche Voraussetzung ist, daß die Präparierverfahren aus $\mathcal{Q}'_m$ auch nicht »feiner« zu *präparieren* gestatten als die Registrierverfahren zu *registrieren* gestatten; dies soll heißen: $\varrho(X;0)$ ist praktisch konstant in dem Gebiet, in dem $\chi(\sigma;X)$ gleich 1 ist; $\varrho(X;0)$ ist also praktisch proportional $\chi(\sigma;X)$.

Diese Annahmen über $\varrho(X;0)$ haben wir nicht etwa bewiesen; sie entsprechen vielmehr dem versuchsweisen Ansatz einer Einbettung von $\mathfrak{PT}_{th}$ in $\mathfrak{PT}_{k\,\exp}$. Diese Annahmen findet man in der Literatur unter der »Hypothese der molekularen Unordnung« zur Zeit $t=0$. Wenn die Einbettung auf diese Weise gut gehen sollte (!), so können wir tatsächlich aus (10.1.29) die Halbgruppe der d_t gewinnen. Dazu brauchen wir eigentlich nur noch $\varrho(X;\tau)$ unter den gemachten Annahmen über $\varrho(X;0)$ zu berechnen.

Wir nehmen also an, daß

$$(10.2.17) \qquad \varrho(X;0) \approx \frac{\chi(\sigma_0;X)}{\int \chi(\sigma_0;X)dX}$$

ist, wobei σ_0 weder zu klein ist, damit

$$(10.2.18) \qquad \int \varrho(X;0)\chi(\sigma_0;X)dX \approx 1$$

ist, noch zu groß, damit durch σ_0 »praktisch eine einzige« *Boltzmann*verteilung $f_0(\mathbf{v},\mathbf{r})$ festgelegt ist, von der σ_0 eine Umgebung ist.

Aus der Tatsache, daß σ_0 eine »kleine« Umgebung von $f_0(\mathbf{v},\mathbf{r})$ ist, folgt mit (10.2.8):

$$(10.2.19) \qquad \int \varrho(X;0)\varphi(\mathbf{v},\mathbf{r};X)dX \approx f_0(\mathbf{v},\mathbf{r}).$$

Aus (10.2.18) und (10.1.29) folgt

$$(10.2.20) \qquad \int \varrho(X;\tau)\chi(d_\tau\sigma_0)dX \approx 1,$$

und damit auf Grund der Bedeutung von d_τ und mit (10.2.10) und mit $(\mathbf{v},\mathbf{r}) \in \varDelta_v$:

$$(10.2.21) \qquad \frac{1}{\varDelta V_6} \int\limits_{\varDelta_v} d\mathbf{v}'d\mathbf{r}' \int\limits_\Gamma \varrho(X;\tau)\varphi(\mathbf{v}',\mathbf{r}';X)dX \approx d_\tau f_0(\mathbf{v},\mathbf{r}).$$

Da die d_τ eine Halbgruppe bilden (ob dies ohne Widerspruch zur Einbettung in $\mathfrak{PT}_{k\,\mathrm{exp}}$ möglich ist, haben wir noch nicht gezeigt; siehe § 10.5 und § 11.2), genügt es nach (10.1.33) $d_\tau f_0(\mathbf{v},\mathbf{r})$ für »kleine« τ zu berechnen, um nach (10.1.32) den Operator $\varDelta(\alpha)$ aus $d_\tau \approx 1 + \varDelta(\alpha)\tau$ zu erhalten. τ darf dabei natürlich nicht zu klein sein, damit $d_\tau\sigma_0$ wirklich »merklich« von σ_0 verschieden ist, d. h. damit $d_\tau\sigma_0$ von σ_0 »weggerückt« ist; d. h. $d_\tau f_0(\mathbf{v},\mathbf{r})$ darf nicht mehr in das Intervall σ_0 fallen.

Da wir hier in § 10.2 nicht die durch α charakterisierten Randbedingungen untersuchen wollen, schreiben wir statt $\varDelta(\alpha)$ kurz A. Der Operator A ist dann also definiert durch (für kleine τ):

$$(10.2.22) \qquad d_\tau f_0(\mathbf{v},\mathbf{r}) = f_0(\mathbf{v},\mathbf{r}) + \tau A f_0(\mathbf{v},\mathbf{r})$$

mit $d_\tau f_0(\mathbf{v},\mathbf{r})$ nach (10.2.21). Die (10.1.32) entsprechende Gleichung für

$$f(\mathbf{v},\mathbf{r},t) = d_t f_0(\mathbf{v},\mathbf{r})$$

lautet dann:

$$(10.2.23) \qquad \frac{\partial f(\mathbf{v},\mathbf{r},t)}{\partial t} = A f(\mathbf{v},\mathbf{r},t).$$

Die Gleichung (10.2.23) heißt die *Boltzmannsche Stoßgleichung*. Die Lösungen $f(\mathbf{v},\mathbf{r},t)$ von (10.2.23) sind nichts anderes als die (dynamisch determinierten) Trajektorien $\bar{z}(t)$ in $\bar{Z}$ mit $\bar{Z}$ als Raum der »Punkte« $f(\mathbf{v},\mathbf{r})$.

Die Berechnung von A aus (10.2.22) über (10.2.21) erweist sich für ein verdünntes Gas als möglich, da man τ so klein wählen kann, daß während der Zeitdauer τ Stöße eines Atoms mit mehr als einem anderen Atom »fast nicht«

vorkommen. Wir wollen nun die mühsame Berechnung von A skizzieren; wer eine »genauere« Begründung der einzelnen Rechenschritte wünscht, sei auf [19] verwiesen.

$\varrho(X;0)$ ist nach Definition (10.2.17) invariant gegenüber Vertauschung der N Atome; daher gilt dies auch für $\varrho(X;\tau)$, denn H nach (1.1) ist invariant gegenüber Vertauschung der Atome. In (10.2.21) kann man daher mit (10.2.8) schreiben:

$$(10.2.24) \qquad \int \varrho(X;\tau)\varphi(\mathbf{v},\mathbf{r};X)dX = Nm \int \varrho(X;\tau)\delta(m\mathbf{v}-\mathbf{p}^{(1)})\delta(\mathbf{r}-\mathbf{r}^{(1)})dX.$$

Mit $X(t,X')$ sei die Lösung der *Hamilton*schen Gleichungen zu dem Anfangswert X' zur Zeit $t=0$ bezeichnet. Nach VI (5.7.15) ist dann

$$\varrho(X(\tau,X');\tau) = \varrho(X';0).$$

Nach dem *Liouville*schen Satz (siehe VI, § 5.7) ist die Funktionaldeterminante $\dfrac{\partial(X')}{\partial(X)}=1$, so daß wir in (10.2.24) die Integrationsvariable X leicht in X' verwandeln können:

$$(10.2.25) \qquad \int \varrho(X;\tau)\varphi(\mathbf{v},\mathbf{r};X)dX = Nm \int \varrho(X';0)\delta(m\mathbf{v}-\mathbf{p}^{(1)}(\tau,X')) \cdot$$
$$\cdot \delta(\mathbf{r}-\mathbf{r}^{(1)}(\tau,X'))dX'.$$

$(\mathbf{p}^{(1)}(t,X'), \mathbf{r}^{(1)}(t,X'))$ ist also die Bewegung des Atoms »Nummer 1« für die Anfangswerte X' (aller Atome!) zur Zeit $t=0$. Integriert wird in (10.2.25) über diese Anfangswerte X' mit der durch $\varrho(X',0)$ angegebenen Wahrscheinlichkeitsdichte.

Da das Gas »verdünnt« und die Zeit τ klein ist, kann man den Γ-Raum, d.h. das Integrationsgebiet von X' in (10.2.25) bis auf vernachlässigbare Gebiete in zwei Teile teilen: Γ_0 die Menge derjenigen Anfangswerte X', für die das Atom Nummer 1 in der Zeit τ mit keinem anderen Atom zusammenstößt; Γ_1 die Menge derjenigen Anfangswerte, für die das Atom in der Zeit τ gerade mit einem und nur einem anderen Atom zusammenstößt.

Im Gebiet Γ_0 ist $\mathbf{p}^{(1)}$ konstant gleich $\mathbf{p}^{(1)'}$ (mit einem Strich wurden die Anfangswerte zur Zeit $t=0$ bezeichnet!) und gilt

$$(10.2.26) \qquad \mathbf{r}^{(1)}(\tau,X') = \mathbf{r}^{(1)'} + \frac{1}{m}\mathbf{p}^{(1)'}\tau.$$

Das Gebiet Γ_1 zerfällt in die Teilgebiete $\Gamma_1^{(k)}$ derjenigen Anfangswerte, wo gerade das Atom Nummer 1 mit dem Atom Nummer k in der Zeit τ zusammenstößt. Im Gebiet $\Gamma_1^{(k)}$ ist $\mathbf{p}^{(1)}(t,X'), \mathbf{r}^{(1)}(t,X')$ der zum Atom Nummer 1 gehörige Teil der Lösung

$$(10.2.27) \quad \begin{aligned} &\mathbf{p}^{(1)}(t, \mathbf{p}^{(1)'}, \mathbf{r}^{(1)'}, \mathbf{p}^{(k)'}, \mathbf{r}^{(k)'}), \mathbf{r}^{(1)}(t, \mathbf{p}^{(1)'}, \ldots), \\ &\mathbf{p}^{(k)}(t, \mathbf{p}^{(1)'}, \ldots), \mathbf{r}^{(k)}(t, \mathbf{p}^{(1)'}, \ldots) \end{aligned}$$

des »Zweikörperproblems« mit der Wechselwirkung $U(|\mathbf{r}^{(1)} - \mathbf{r}^{(k)}|)$ mit $U(\ldots)$ aus (1.1). Auf die Lösung dieses Problems müssen wir unten noch genauer zurückkommen.

Damit folgt nach (10.2.25):

$$\begin{aligned} (10.2.28) \quad &\int \varrho(X; \tau) \varphi(\mathbf{v}, \mathbf{r}; X) dX = Nm \int \varrho(X'; 0) \delta(m\mathbf{v} - \mathbf{p}^{(1)'}) \cdot \\ &\cdot \delta\left(\mathbf{r} - \mathbf{r}^{(1)'} - \frac{1}{m} \mathbf{p}^{(1)'} \tau\right) dX' + \\ &+ Nm \sum_{k=2}^{N} \int_{\Gamma_1^{(k)}} \varrho(X', 0) \delta(m\mathbf{v} - \mathbf{p}_{(k)}^{(1)}) \delta(\mathbf{r} - \mathbf{r}_{(k)}^{(1)}) dX', \end{aligned}$$

wobei $\mathbf{p}_{(k)}^{(1)}, \mathbf{r}_{(k)}^{(1)}$ die Abkürzungen für den zum Atom Nummer 1 gehörigen Teil der Lösungen (10.2.27) zur Zeit $t = \tau$ sind. Da in guter Näherung $\Gamma \approx \Gamma_0 \cup \bigcup_{k=2}^{N} \Gamma_1^{(k)}$ ist, kann man (10.2.28) noch umschreiben in:

$$\begin{aligned} (10.2.29) \quad &\int \varrho(X; \tau) \varphi(\mathbf{v}, \mathbf{r}; X) dX = \\ &= Nm \int_{\Gamma} \varrho(X'; 0) \delta(m\mathbf{v} - \mathbf{p}^{(1)'}) \delta(\mathbf{r} - \mathbf{r}^{(1)'} - \frac{1}{m} \mathbf{p}^{(1)'} \tau) dX' + \\ &+ Nm \sum_{k=2}^{N} \int_{\Gamma_1^{(k)}} \varrho(X', 0) \left[\delta(m\mathbf{v} - \mathbf{p}_{(k)}^{(1)}) \delta(\mathbf{r} - \mathbf{r}_k^{(1)}) - \right. \\ &\left. - \delta(m\mathbf{v} - \mathbf{p}^{(1)'}) \delta(\mathbf{r} - \mathbf{r}^{(1)'} - \frac{1}{m} \mathbf{p}^{(1)'} \tau) \right] dX'. \end{aligned}$$

Der *erste* Summand der rechten Seite von (10.2.29) läßt sich leicht auswerten: Wegen der Integration über die δ-Funktion $\delta(m\mathbf{v} - \mathbf{p}^{(1)'})$ können wir in der zweiten δ-Funktion $\frac{1}{m} \mathbf{p}^{(1)'} \tau$ durch $\mathbf{v}\tau$ ersetzen; damit erhält man zusammen mit (10.2.19) für den ersten Summanden

$$(10.2.30) \quad f_0(\mathbf{v}, \mathbf{r} - \mathbf{v}\tau) \approx f_0(\mathbf{v}, \mathbf{r}) - \tau \mathbf{v} \cdot \mathrm{grad}_\mathbf{r} f_0.$$

Dabei haben wir die linke Seite von (10.2.30) schon im Sinne von (10.2.22) nach τ (für »kleine« τ) entwickelt. $(-\mathbf{v} \cdot \mathrm{grad}_\mathbf{r})$ ist also ein Summand aus A.

Da das Gebiet Γ_1 proportional τ anwächst, wie wir noch weiter unten sehen werden, kann man bei dem zweiten Summanden aus (10.2.29) vereinfacht schreiben:

$$(10.2.30) \quad Nm \sum_{k=2}^{N} \int_{\Gamma_1^{(k)}} \varrho(X';0) \, [\delta(m\mathbf{v}-\mathbf{p}_{(k)}^{(1)})\delta(\mathbf{r}-\mathbf{r}_{(k)}^{(1)}) - \delta(m\mathbf{v}-\mathbf{p}^{(1)'})\delta(\mathbf{r}-\mathbf{r}^{(1)'})]dX'.$$

Aus (10.2.30) folgt der zweite Summand aus A, der sogenannte *Boltzmann*sche Stoßterm.

Da $\varrho(X';0)$ symmetrisch in den Teilchen ist, können wir statt (10.2.30) auch schreiben:

$$(10.2.31) \quad N(N-1)m \int_{\Gamma_1^{(2)}} \varrho(X';0) \, [\delta(m\mathbf{v}-\mathbf{p}_{(2)}^{(1)})\delta(\mathbf{r}-\mathbf{r}_{(2)}^{(1)}) - \delta(m\mathbf{v}-\mathbf{p}^{(1)'})\delta(\mathbf{r}-\mathbf{r}^{(1)'})]dX'.$$

Im Integranden dieses Ausdrucks kommen die Koordinaten der Atome 3 bis N nicht vor. Auch das Gebiet $\Gamma_1^{(2)}$ ist (da τ »klein« ist) nicht von den Koordinaten der Atome 3 bis N abhängig. Man definiert die Verkürzung ϱ_2 von ϱ (siehe auch § 12.3) durch

$$(10.2.32) \quad \varrho_2(\mathbf{p}^{(1)},\mathbf{r}^{(1)},\mathbf{p}^{(2)},\mathbf{r}^{(2)};0) = \int \varrho(X;0)d^3\mathbf{p}^{(3)}\ldots d^3\mathbf{r}^{(N)}$$

ϱ_2 ist also eine statistische Dichte im 12-dimensionalen Γ-Raum zweier (!) Atome. $\tilde{\Gamma}_1^{(2)}$ sei die Teilmenge (als Teil *dieses* Raumes) aller Anfangswerte, so daß die beiden Atome in der Zeit τ einen Stoß ausführen. (10.2.31) kann man dann auch schreiben:

$$(10.2.33) \quad N(N-1)m \int_{\tilde{\Gamma}_1^{(2)}} \varrho_2(\mathbf{p}^{(1)'},\mathbf{r}^{(1)'},\mathbf{p}^{(2)'},\mathbf{r}^{(2)'};0) \cdot$$
$$\cdot [\delta(m\mathbf{v}-\mathbf{p}_{(2)}^{(1)})\delta(\mathbf{r}-\mathbf{r}_{(2)}^{(1)}) - \delta(m\mathbf{v}-\mathbf{p}^{(1)'})\delta(\mathbf{r}-\mathbf{r}^{(1)'})] \cdot$$
$$\cdot d^3\mathbf{p}^{(1)'}d^3\mathbf{p}^{(2)'}d^3\mathbf{r}^{(1)'}d^3\mathbf{r}^{(2)'}.$$

Da in (10.2.33) neben dem Atom 1 nur noch Atom 2 auftritt, lassen wir ab jetzt den unteren Index (2) an $p_{(2)}^{(1)}$ und ebenso an $r_{(2)}^{(1)}$ weg.

(10.2.19) sagt aus, daß mit $\varrho_1(\mathbf{p},\mathbf{r};0)$ als Verkürzung auf ein Teilchen

$$(10.2.34) \quad Nm\varrho_1(m\mathbf{v},\mathbf{r};0) = f_0(\mathbf{v},\mathbf{r})$$

ist. Aus (10.2.17) folgt (genauer Beweis siehe [19]), daß die Verteilung (10.2.17) keine Korrelationen zwischen zwei Atomen enthält, so daß in sehr guter Näherung

$$\varrho_2(\mathbf{p}^{(1)},\mathbf{r}^{(1)},\mathbf{p}^{(2)},\mathbf{r}^{(2)};0) = \varrho_1(\mathbf{p}^{(1)},\mathbf{r}^{(1)};0)\varrho_1(\mathbf{p}^{(2)},\mathbf{r}^{(2)};0)$$

gilt. Zusammen mit (10.2.34) folgt wegen $N^2 \sim N(N-1)$ daraus:

$$(10.2.35) \quad \begin{aligned} N(N-1)m\varrho_2(m\mathbf{v}^{(1)}, \mathbf{r}^{(1)}, m\mathbf{v}^{(2)}, \mathbf{r}^{(2)}; 0) = \\ = f_0(\mathbf{v}^{(1)}, \mathbf{r}^{(1)}) \frac{1}{m} f_0(\mathbf{v}^{(2)}, \mathbf{r}^{(2)}). \end{aligned}$$

Damit geht (10.2.33) über in

$$(10.2.36) \quad \begin{aligned} \int_{\tilde{\Gamma}_1^{(2)}} f_0(\mathbf{v}^{(1)\prime}, \mathbf{r}^{(1)\prime}) f_0(\mathbf{v}^{(2)\prime}, \mathbf{r}^{(2)\prime}) \, [\delta(\mathbf{v} - \mathbf{v}^{(1)})\delta(\mathbf{r} - \mathbf{r}^{(1)}) - \\ - \delta(\mathbf{v} - \mathbf{v}^{(1)\prime})\delta(\mathbf{r} - \mathbf{r}^{(1)\prime})] d^3\mathbf{v}^{(1)\prime} d^3\mathbf{v}^{(2)\prime} d^3\mathbf{r}^{(1)\prime} d^3\mathbf{r}^{(2)\prime}. \end{aligned}$$

Um (10.2.36) auszuwerten, müssen wir die Lösungen (10.2.27) untersuchen. Diese Lösungen stellen aber das sogenannte »Stoßproblem« dar, das wir beispielhaft schon in XI, § 1.1 untersucht haben.

Es erweist sich als vorteilhaft, von den Koordinaten $\mathbf{r}^{(1)}, \mathbf{r}^{(2)}$ zu Schwerpunkts- und Relativkoordinaten

$$\mathbf{R} = \tfrac{1}{2}(\mathbf{r}^{(1)} + \mathbf{r}^{(2)}), \quad \mathbf{r}_{(r)} = \mathbf{r}^{(1)} - \mathbf{r}^{(2)},$$
$$\mathbf{V} = \tfrac{1}{2}(\mathbf{v}^{(1)} + \mathbf{v}^{(2)}), \quad \mathbf{v}_{(r)} = \mathbf{v}^{(1)} - \mathbf{v}^{(2)}$$

überzugehen, da man in diesen die Teilmenge $\tilde{\Gamma}_1^{(2)}$ am einfachsten ausdrücken kann.

Da die Funktionaldeterminante beim Übergang zu den Schwerpunktkoordinaten und Relativkoordinaten gleich 1 ist, gilt also für die gestrichenen Anfangswerte:

$$(10.2.37) \quad d^3\mathbf{v}^{(1)\prime} d^3\mathbf{v}^{(2)\prime} d^3\mathbf{r}^{(1)\prime} d^3\mathbf{r}^{(2)\prime} = d^3\mathbf{V}' d^3\mathbf{v}'_{(r)} d^3\mathbf{R}' d^3\mathbf{r}'_{(r)}$$

und für die Bewegung, insbesondere für die Werte zur Zeit τ:

$$\mathbf{V} = \mathbf{V}', \quad \mathbf{R} = \mathbf{R}' + \mathbf{V}\tau, \quad \mathbf{v}_{(r)}(\tau), \quad \mathbf{r}_{(r)}(\tau),$$

wobei $\mathbf{v}_{(r)}(t)$ und $\mathbf{r}_{(r)}(t)$ die Lösungen des Zweiteilchenproblems in Relativkoordinaten zu den Anfangswerten $\mathbf{v}'_{(r)}, \mathbf{r}'_{(r)}$ sind. Diese Bewegung in Relativkoordinaten ist formal äquivalent der Bewegung »eines« Massenpunktes mit reduzierter Masse (siehe V, § 2.5). Für diese Bewegung können wir daher auf die Überlegungen aus XI, § 1.1 zurückgehen, die man sofort auf ein Potential $U(r)$ endlicher Reichweite S übertragen kann. Wir denken uns jetzt τ so groß gewählt, daß

$$(10.2.38) \quad \tau \gg \frac{S}{|\mathbf{v}_{(r)}|}$$

gilt. Die rechte Seite von (10.2.38) bezeichnet man als Dauer eines Stoßes. Wegen (10.2.38) können wir in (10.2.26) voraussetzen, daß die $\mathbf{v}^{(1)}, \mathbf{r}^{(1)}$ die Werte *nach* dem Stoß und $\mathbf{v}^{(1)\prime}, \mathbf{r}^{(1)\prime}$ die Werte *vor* dem Stoß sind.

Für $\mathbf{r}'_{(r)}$ führen wir folgende Zylinderkoordinaten ein: Als Achse des Zylinders wählen wir eine Gerade durch $\mathbf{r}'_{(r)} = 0$ in der Richtung von $\mathbf{v}'_{(r)}$ (d.h. in der Richtung von $\mathbf{v}_{(r)}$ *vor* dem Stoß) mit z als Koordinate in dieser Richtung; den Abstand von dieser Achse nennen wir s, den Winkel um diese Achse η (siehe XI, § 1.1 insbesondere die dortige Fig. 3). Dann wird

$$(10.2.39) \qquad d^3\mathbf{r}'_{(r)} = dz\,s\,ds\,d\eta.$$

In diesen Koordinaten läßt sich nun leicht die Menge $\tilde{\Gamma}_1^{(2)}$ charakterisieren. Sie ist bestimmt durch die Nebenbedingungen:

$$(10.2.40) \qquad -|\mathbf{v}'_{(r)}|\tau < z < 0,\; 0 < s < S.$$

Die Bedingungen (10.2.40) sagen nämlich gerade aus, daß dann und nur dann ein Stoß in der Zeit τ stattfindet, wenn der Abstand z der beiden Atome vor dem Stoß kleiner als $|\mathbf{v}'_{(r)}|\tau$ ist und der Stoßparameter kleiner als die Reichweite S ist.

Mit (10.2.37), (10.2.39) ist also die Integration in (10.2.36) unter den Nebenbedingungen (10.2.40) durchzuführen. Durch die Integration über z wird also (10.2.36) proportional zu τ. Eine Änderung des Ortes $\mathbf{r}$ in $f_0(\mathbf{v}, \mathbf{r})$ um $\mathbf{v}_{(r)}\tau$ würde nur höhere Potenzen von τ in (10.2.36) liefern. Da wir weiterhin voraussetzen, daß sich (wegen der kleinen Reichweite S) $f_0(\mathbf{v}, \mathbf{r})$ praktisch nicht ändert, wenn man $\mathbf{r}$ um ein Stück der Größe S verschiebt, können wir die Integrationen $d^3\mathbf{R}'$ über die Orts-δ-Funktionen in (10.2.36) einfach dadurch ausführen, daß wir in f_0 die $\mathbf{r}^{(1)\prime}, \mathbf{r}^{(2)\prime}$ durch $\mathbf{r}$ ersetzen. So erhält man aus (10.2.36) nach Integration über z entsprechend (10.2.40):

$$(10.2.41) \qquad \begin{aligned} &\tau \int f_0(\mathbf{v}^{(1)\prime}, \mathbf{r}) f_0(\mathbf{v}^{(2)\prime}, \mathbf{r})\, [\delta(\mathbf{v} - \mathbf{v}^{(1)}) - \delta(\mathbf{v} - \mathbf{v}^{(1)\prime})] \cdot \\ &\cdot |\mathbf{v}'_{(r)}| d^3\mathbf{v}^{(1)\prime} d^3\mathbf{v}^{(2)\prime} s\,ds\,d\eta. \end{aligned}$$

Nach XI, § 1.1 ist $d\sigma = dF$ mit dF nach XI (1.1.15), d.h. $d\sigma = s\,ds\,d\eta$ mit $d\sigma$ als dem differentiellen Wirkungsquerschnitt für die Streuung $(\mathbf{v}^{(1)\prime}, \mathbf{v}^{(2)\prime}) \rightarrow (\mathbf{v}^{(1)}, \mathbf{v}^{(2)})$. Somit können wir (10.2.41) auch schreiben:

$$(10.2.42) \qquad \begin{aligned} &\tau \int f_0(\mathbf{v}^{(1)\prime}, \mathbf{r}) f_0(\mathbf{v}^{(2)\prime}, \mathbf{r})\, [\delta(\mathbf{v} - \mathbf{v}^{(1)}) - \delta(\mathbf{v} - \mathbf{v}^{(1)\prime})] \cdot \\ &\cdot |\mathbf{v}^{(1)\prime} - \mathbf{v}^{(2)\prime}| d\sigma_{\mathbf{v}^{(1)\prime}, \mathbf{v}^{(2)\prime} \rightarrow \mathbf{v}^{(1)}, \mathbf{v}^{(2)}} \cdot d^3\mathbf{v}^{(1)\prime} d^3\mathbf{v}^{(2)\prime}, \end{aligned}$$

wobei wir an $d\sigma$ als Index herangeschrieben haben, auf welchen Stoß sich $d\sigma$ bezieht. In (10.2.42) kann $|\mathbf{v}^{(1)\prime} - \mathbf{v}^{(2)\prime}| = |\mathbf{v}'_{(r)}|$ auch durch $|\mathbf{v}^{(1)} - \mathbf{v}^{(2)}| = |\mathbf{v}_{(r)}|$ ersetzt werden, da der Absolutbetrag der Geschwindigkeit $|\mathbf{v}_{(r)}|$ durch den Stoß nicht geändert wird (Energiesatz in den Relativkoordinaten!).

Da $\mathbf{v}_{(r)}$ aus $\mathbf{v}'_{(r)}$ bei festem s und η durch eine räumliche Drehung entsteht, ist $d^3\mathbf{v}_{(r)} = d^3\mathbf{v}'_{(r)}$. Wegen $\mathbf{V} = \mathbf{V}'$ folgt also

$$(10.2.43) \qquad d^3\mathbf{v}^{(1)'}d^3\mathbf{v}^{(2)'} = d^3\mathbf{V}'d^3\mathbf{v}'_{(r)} = d^3\mathbf{V}d^3\mathbf{v}_{(r)} = d^3\mathbf{v}^{(1)}d^3\mathbf{v}^{(2)}.$$

Die *Hamilton*funktion des Zweiteilchenproblems ist invariant gegenüber räumlichen Drehungen D (wobei D eine allgemeine Drehung, d.h. auch eine von der Determinante (-1), d.h. z.B. auch eine Spiegelung sein kann) und gegenüber Bewegungsumkehr (zur Bewegungsumkehr siehe XI, § 10.5). Daraus folgen für den differentiellen Wirkungsquerschnitt die Symmetrien:

$$(2.4.44) \qquad d\sigma_{D\mathbf{v}^{(1)'},\,D\mathbf{v}^{(2)'} \to D\mathbf{v}^{(1)},\,D\mathbf{v}^{(2)}} = d\sigma_{\mathbf{v}^{(1)'},\,\mathbf{v}^{(2)'} \to \mathbf{v}^{(1)},\,\mathbf{v}^{(2)}}$$

und

$$(10.2.45) \qquad d\sigma_{-\mathbf{v}^{(1)},\,-\mathbf{v}^{(2)} \to -\mathbf{v}^{(1)'},\,-\mathbf{v}^{(2)'}} = d\sigma_{\mathbf{v}^{(1)'},\,\mathbf{v}^{(2)'} \to \mathbf{v}^{(1)},\,\mathbf{v}^{(2)}} .$$

Wählen wir in (10.2.44) speziell D als die Spiegelung aller Koordinaten, d.h. $D\mathbf{v} = -\mathbf{v}$, so folgt

$$(10.2.46) \qquad d\sigma_{-\mathbf{v}^{(1)'},\,-\mathbf{v}^{(2)'} \to -\mathbf{v}^{(1)},\,-\mathbf{v}^{(2)}} = d\sigma_{\mathbf{v}^{(1)'},\,\mathbf{v}^{(2)'} \to \mathbf{v}^{(1)},\,\mathbf{v}^{(2)}} .$$

(10.2.45) zusammen mit (10.2.46) ergibt dann:

$$(10.2.47) \qquad d\sigma_{\mathbf{v}^{(1)},\,\mathbf{v}^{(2)} \to \mathbf{v}^{(1)'},\,\mathbf{v}^{(2)'}} = d\sigma_{\mathbf{v}^{(1)'},\,\mathbf{v}^{(2)'} \to \mathbf{v}^{(1)},\,\mathbf{v}^{(2)}} .$$

Über die zweite δ-Funktion in (10.2.42) können wir sofort integrieren und erhalten

$$(10.2.48) \qquad -\tau \int f_0(\mathbf{v},\mathbf{r}) f_0(\mathbf{v}^{(2)'},\mathbf{r}) |\mathbf{v} - \mathbf{v}^{(2)'}| d\sigma_{\mathbf{v},\,\mathbf{v}^{(2)'} \to \mathbf{v}^{(1)},\,\mathbf{v}^{(2)}} d^3\mathbf{v}^{(2)'}.$$

Hierbei sind $\mathbf{v}^{(1)}, \mathbf{v}^{(2)}$ Funktionen von $\mathbf{v}, \mathbf{v}^{(2)'}, s$ und η.

Für die Integration über die erste δ-Funktion in (10.2.42) führen wir als neue Integrationsvariable $\mathbf{v}^{(1)}, \mathbf{v}^{(2)}$ ein und benutzen die eben betrachteten Relationen. So erhält man für diesen Anteil von (10.2.42):

$$(10.2.49) \qquad \tau \int f_0(\mathbf{v}^{(1)'},\mathbf{r}) f_0(\mathbf{v}^{(2)'},\mathbf{r}) |\mathbf{v} - \mathbf{v}^{(2)}| \cdot d\sigma_{\mathbf{v},\,\mathbf{v}^{(2)} \to \mathbf{v}^{(1)'},\,\mathbf{v}^{(2)'}} d^3\mathbf{v}^{(2)}.$$

Hierbei sind $\mathbf{v}^{(1)'}, \mathbf{v}^{(2)'}$ Funktionen von $\mathbf{v}, \mathbf{v}^{(2)}, s$ und η. Bezeichnet man die Integrationsvariable in (10.2.48) wie in (10.2.49) mit demselben Buchstaben $\bar{\mathbf{v}}$ (statt $\mathbf{v}^{(2)'}$ bzw. $\mathbf{v}^{(2)}$), und bezeichnet man die durch den Stoß $\mathbf{v}, \bar{\mathbf{v}} \to \mathbf{v}', \bar{\mathbf{v}}'$ festgelegten Funktionen $\mathbf{v}'(\mathbf{v}, \bar{\mathbf{v}}, s, \eta), \bar{\mathbf{v}}'(\mathbf{v}, \bar{\mathbf{v}}, s, \eta)$ in (10.2.48) wie (10.2.49) mit denselben Zeichen $\mathbf{v}', \bar{\mathbf{v}}'$, so erhält man für (10.2.42)

$$(10.2.50) \qquad \tau \int [f_0(\mathbf{v}',\mathbf{r}) f_0(\bar{\mathbf{v}}',\mathbf{r}) - f_0(\mathbf{v},\mathbf{r}) f_0(\bar{\mathbf{v}},\mathbf{r})] \cdot |\mathbf{v} - \bar{\mathbf{v}}| d\sigma_{\mathbf{v},\,\bar{\mathbf{v}} \to \mathbf{v}',\,\bar{\mathbf{v}}'} d^3\bar{\mathbf{v}}.$$

Da die in (10.2.50) stehende Funktion von $\mathbf{v}$ nur langsam veränderlich ist, brauchen wir die links in (10.2.21) stehende Verschmierung nicht durchzuführen und erhalten als Faktor von τ in (10.2.50) unmittelbar den zweiten Summanden aus A. Zusammen mit dem ersten Summanden, der sich aus (10.2.30) ergab, folgt schließlich die *Boltzmannsche Stoßgleichung* (10.2.23) in der Form

$$(10.2.51) \qquad \frac{\partial f(\mathbf{v},\mathbf{r},t)}{\partial t} + \mathbf{v} \cdot \operatorname{grad}_{\mathbf{r}} f(\mathbf{v},\mathbf{r},t) = \int [f(\mathbf{v}',\mathbf{r})f(\bar{\mathbf{v}}',\mathbf{r}) - f(\mathbf{v},\mathbf{r})f(\bar{\mathbf{v}},\mathbf{r})] \cdot$$
$$\cdot |\mathbf{v} - \bar{\mathbf{v}}| d\sigma_{\mathbf{v},\bar{\mathbf{v}} \to \mathbf{v}',\bar{\mathbf{v}}'} d^3\bar{\mathbf{v}}.$$

Zum Schluß sei noch einmal hervorgehoben, daß die *Boltzmann*sche Stoß-gleichung (10.2.51) aus folgenden »wesentlichen« Annahmen folgte:

(a) (10.1.29) als Charakteristikum für das dynamisch determinierte Verhalten,

(b) Definition von $\chi(\sigma; X)$ als thermodynamische Observable durch (10.2.4) bis (10.2.10),

(c) Für die Makropräparierverfahren $a \in \mathcal{Q}_m'$ ist $\varphi(a)$ ein Gemisch von Ge-samtheiten der »makroskopisch besten« $\varrho(X;0)$ der Form (10.2.17).

Alle weiteren Voraussetzungen, zusammengefaßt im Begriff des »ver-dünnten« Gases, dienten *ausschließlich* dazu, die Rechnungen zu vereinfachen, um einen expliziten Ausdruck für A herleiten zu können.

Die eben gemachten Erfahrungen mit (a), (b), (c) können uns eine wertvolle Hilfe sein, um in den nächsten §§ das allgemeine Problem aus § 10.1 weiter zu diskutieren, wobei uns dann (10.2.51) als Demonstrationsbeispiel dienen kann.

Die Ableitung von (10.2.51) wurde in $\mathfrak{PT}_{k\,\mathrm{exp}}$ durchgeführt. Es ist möglich, diese Ableitung auf $\mathfrak{PT}_{q\,\mathrm{exp}}$ zu übertragen (siehe [20]), wobei man dasselbe Ergebnis (10.2.51) erhält mit dem einzigen Unterschied, daß $d\sigma$ nach der Quantenmechanik (siehe XI (9.3.29)) zu berechnen ist.

§ 10.3. Energiesatz für die Trajektorien

In diesem und dem nächsten § wollen wir zwei wichtige allgemeine Eigen-schaften der Trajektorien $\bar{z}(t)$ betrachten. Wir tun dies zunächst nur für den Sonderfall des dynamisch determinierten Verhaltens, wo $\bar{z}(t) = d_t \bar{z}(0)$ ge-schrieben werden kann. Hier in diesem § wollen wir diskutieren, wie sich die in § 4.2 definierte thermodynamische Observable der inneren Energie (die nur »näherungsweise« mit der mikroskopischen Observablen $H(\alpha)$ übereinstimmt; siehe (4.2.8)) ihre Werte auf $\bar{z}(t)$ ändert. Genau das haben wir aber für dyna-misch determinierte Trajektorien schon in § 5 abgeleitet mit dem Ergebnis (5.5):

$$(10.3.1) \qquad \frac{dU(\alpha(t),\bar{z}(t))}{dt} + \sum_v \beta_v(\alpha(t),\bar{z}(t))\dot{\alpha}_v = 0.$$

Werden die α_ν zeitlich konstant gehalten, so bleibt die innere Energie $U(\alpha, \bar z(t))$ zeitlich konstant, d.h. $\bar z(t)$ verläuft in der durch $U(\alpha, \bar z) = \text{const}$ bestimmten Hyperfläche in $\bar Z$.

Im Falle einer Einbettung in $\mathfrak{P}\mathfrak{T}_{k\,\mathrm{exp}}$ ist der Energiesatz für die innere Energie noch viel leichter zu beweisen: Für jede (!) Trajektorie im Γ-Raum folgt mit der *Poisson*klammer nach VI (5.7.1):

$$\frac{d}{dt} H(p_i(t), q_i(t), \alpha(t)) = (H, H) + \sum_\nu \frac{\partial H}{\partial \alpha_\nu} \dot\alpha_\nu = \sum_\nu \frac{\partial H}{\partial \alpha_\nu} \dot\alpha_\nu.$$

Damit folgt für jedes $\varphi(a)$:

$$\frac{d}{dt} \int \varphi(a) H dp_1 \ldots = \sum_\nu \left[\int \varphi(a) \frac{\partial H}{\partial \alpha_\nu} dp_1 \ldots \right] \dot\alpha_\nu$$

und daraus wieder mit der Voraussetzung, daß dem H und den $\dfrac{\partial H}{\partial \alpha_\nu}$ approximativ thermodynamische Observablen entsprechen, die Relation (10.3.1).

Werden die α_ν konstant gehalten, so braucht man natürlich keine Voraussetzungen darüber, ob den $\dfrac{\partial H}{\partial \alpha_\nu}$ thermodynamische Observablen entsprechen, um sehr einfach $U(\alpha, \bar z) = \text{const}$ zu erhalten.

Wir wollen den Energiesatz noch einmal explizit an der *Boltzmann*schen Stoßgleichung aus § 10.2 demonstrieren. Es erweist sich für spätere Betrachtungen (siehe § 10.6) als günstig, allgemeinere Erhaltungssätze zu beweisen. Dazu betrachten wir irgendeine Funktion $\psi(\mathbf{v}, \mathbf{r})$, für die bei einem Stoß $\mathbf{v}^{(1)'}, \mathbf{v}^{(2)'} \to \mathbf{v}^{(1)}, \mathbf{v}^{(2)}$ aus $d\sigma_{\mathbf{v}^{(1)'}, \mathbf{v}^{(2)'} \to \mathbf{v}^{(1)}, \mathbf{v}^{(2)}} \neq 0$ die Relation

$$(10.3.2) \qquad \psi(\mathbf{v}^{(1)'}, \mathbf{r}) + \psi(\mathbf{v}^{(2)'}, \mathbf{r}) = \psi(\mathbf{v}^{(1)}, \mathbf{r}) + \psi(\mathbf{v}^{(2)}, \mathbf{r})$$

folgt. Man nennt dann ψ eine additive Stoßinvariante. Speziell gilt also (10.3.2) für die Energie

$$(10.3.3) \qquad \psi_e(\mathbf{v}, \mathbf{r}) = \frac{1}{2m} \mathbf{v}^2.$$

Mit einer Funktion $\psi(\mathbf{v}, \mathbf{r})$ kann man folgende »Dichten« bilden:

$$(10.3.4) \qquad \Psi(\mathbf{r}, t) = \int \psi(\mathbf{v}, \mathbf{r}) f(\mathbf{v}, \mathbf{r}, t) d^3\mathbf{v}.$$

Damit folgt mit (10.2.51):

$$\dot\Psi(\mathbf{r}, t) = \int \psi(\mathbf{v}, \mathbf{r}) \frac{\partial f(\mathbf{v}, \mathbf{r}, t)}{\partial t} d^3\mathbf{v} = -\int \psi(\mathbf{v}, \mathbf{r}) \mathbf{v} \cdot \mathrm{grad}_\mathbf{r} f(\mathbf{v}, \mathbf{r}, t) d^3\mathbf{v} +$$

$$(10.3.5) \qquad + \int \psi(\mathbf{v}, \mathbf{r}) [f(\mathbf{v}', \mathbf{r}, t) f(\bar{\mathbf{v}}', \mathbf{r}, t) - f(\mathbf{v}, \mathbf{r}, t) f(\bar{\mathbf{v}}, \mathbf{r}, t)] \cdot$$

$$\cdot |\mathbf{v} - \bar{\mathbf{v}}| d\sigma_{\mathbf{v}, \bar{\mathbf{v}} \to \mathbf{v}', \bar{\mathbf{v}}'} d^3\mathbf{v} d^3\bar{\mathbf{v}}.$$

Ist ψ eine additive Stoßinvariante, so verschwindet der Stoßterm in (10.3.5).
Um dies zu zeigen, führe man folgende Variablenvertauschungen durch:
Da $d\sigma$ den Stoß zweier gleicher Teilchen beschreibt, gilt die Symmetrie

$$(10.3.6) \qquad d\sigma_{\mathbf{v},\,\bar{\mathbf{v}} \to \mathbf{v}',\,\bar{\mathbf{v}}'} = d\sigma_{\bar{\mathbf{v}},\,\mathbf{v} \to \bar{\mathbf{v}}',\,\mathbf{v}'}\,.$$

Daher kann man die Variablen $\mathbf{v}$, $\bar{\mathbf{v}}$ im Integranden des Stoßterms in (10.3.5)
vertauschen und erhält für diesen Term den Wert

$$(10.3.7) \qquad \tfrac{1}{2} \int \left[f(\mathbf{v}',\mathbf{r},t)f(\bar{\mathbf{v}}',\mathbf{r},t) - f(\mathbf{v},\mathbf{r},t)f(\bar{\mathbf{v}},\mathbf{r},t) \right] \cdot$$
$$\cdot \left[\psi(\mathbf{v},\mathbf{r}) + \psi(\bar{\mathbf{v}},\mathbf{r}) \right] |\mathbf{v} - \bar{\mathbf{v}}| \, d\sigma_{\mathbf{v},\,\bar{\mathbf{v}} \to \mathbf{v}',\,\bar{\mathbf{v}}'} \, d^3\mathbf{v}\, d^3\bar{\mathbf{v}}.$$

Vertauscht man die gestrichenen und ungestrichenen Variablen, so erhält
man (10.3.7) auch in der Form

$$\tfrac{1}{2} \int \left[f(\mathbf{v},\mathbf{r},t)f(\bar{\mathbf{v}},\mathbf{r},t) - f(\mathbf{v}',\mathbf{r},t)f(\bar{\mathbf{v}}',\mathbf{r},t) \right] \cdot$$
$$\cdot \left[\psi(\mathbf{v}',\mathbf{r}) + \psi(\bar{\mathbf{v}}',\mathbf{r}) \right] |\mathbf{v}' - \bar{\mathbf{v}}'| \, d\sigma_{\mathbf{v}',\,\bar{\mathbf{v}}' \to \mathbf{v},\,\bar{\mathbf{v}}} \, d^3\mathbf{v}'\, d^3\bar{\mathbf{v}}'.$$

Daraus folgt wegen $|\mathbf{v}' - \bar{\mathbf{v}}'| = |\mathbf{v} - \bar{\mathbf{v}}|$ und $d^3\mathbf{v}'d^3\bar{\mathbf{v}}' = d^3\mathbf{v}d^3\bar{\mathbf{v}}$ (siehe (10.2.43) und
die Überlegungen nach (10.2.42)) für (10.3.7) auch

$$(10.3.8) \qquad \tfrac{1}{2} \int \left[f(\mathbf{v},\mathbf{r},t)f(\bar{\mathbf{v}},\mathbf{r}\,t) - f(\mathbf{v}',\mathbf{r},t)f(\bar{\mathbf{v}}',\mathbf{r},t) \right] \cdot$$
$$\cdot \left[\psi(\mathbf{v}',\mathbf{r}) + \psi(\bar{\mathbf{v}}',\mathbf{r}) \right] |\mathbf{v} - \mathbf{v}'| \, d\sigma_{\mathbf{v},\,\bar{\mathbf{v}} \to \mathbf{v}',\,\bar{\mathbf{v}}'} \, d^3\mathbf{v}\, d^3\bar{\mathbf{v}}.$$

(10.3.7) und (10.3.8) ergeben zusammen für den Stoßterm aus (10.3.5):

$$\tfrac{1}{4} \int \left[f(\mathbf{v}',\mathbf{r},t)f(\bar{\mathbf{v}}',\mathbf{r},t) - f(\mathbf{v},\mathbf{r},t)f(\bar{\mathbf{v}},\mathbf{r},t) \right] \cdot$$
$$(10.3.9) \qquad \cdot \left[\psi(\mathbf{v},\mathbf{r}) + \psi(\bar{\mathbf{v}},\mathbf{r}) - \psi(\mathbf{v}',\mathbf{r}) - \psi(\bar{\mathbf{v}}',\mathbf{r}) \right] \cdot$$
$$\cdot |\mathbf{v} - \bar{\mathbf{v}}| \, d\sigma_{\mathbf{v},\,\bar{\mathbf{v}} \to \mathbf{v}',\,\bar{\mathbf{v}}'} \, d^3\mathbf{v}\, d^3\bar{\mathbf{v}}.$$

Ist ψ eine additive Stoßinvariante, so verschwindet also (10.3.9) und geht
(10.3.5) über in:

$$(10.3.10) \qquad \dot{\Psi}(\mathbf{r},t) + \int \psi(\mathbf{v},\mathbf{r})\mathbf{v} \cdot \mathrm{grad}_\mathbf{r} f(\mathbf{v},\mathbf{r},t) d^3\mathbf{v} = 0.$$

Dies können wir noch umschreiben in

$$(10.3.11) \qquad \begin{aligned} &\dot{\Psi}(\mathbf{r},t) + \mathrm{div} \int \psi(\mathbf{v},\mathbf{r})\mathbf{v} f(\mathbf{v},\mathbf{r},t) d^3\mathbf{v} - \\ &\quad - \int f(\mathbf{v},\mathbf{r},t)\mathbf{v} \cdot \mathrm{grad}_\mathbf{r}\psi(\mathbf{v},\mathbf{r}) d^3\mathbf{v} = 0. \end{aligned}$$

Ist ψ nicht von $\mathbf{r}$ abhängig, so folgt speziell aus (10.3.11)

$$(10.3.12) \qquad \dot{\Psi}(\mathbf{r},t) + \mathrm{div} \int \psi(\mathbf{v})\mathbf{v} f(\mathbf{v},\mathbf{r},t) d^3\mathbf{v} = 0.$$

Man nennt

$$(10.3.13) \qquad \mathbf{j}_\Psi(\mathbf{r},t) = \int \psi(\mathbf{v})\mathbf{v} f(\mathbf{v},\mathbf{r},t) d^3\mathbf{v}$$

den zur Dichte Ψ gehörigen Stromvektor. (10.3.12) nimmt dann die Form

$$(10.3.14) \quad \dot{\Psi}(\mathbf{r},t) + \operatorname{div} \mathbf{j}_\Psi(\mathbf{r},t) = 0$$

an. Dies stellt einen Erhaltungssatz dar, denn durch Integration über ein Gebiet $\tilde{\mathcal{V}}$ mit der Oberfläche $\tilde{\mathcal{F}}$ folgt mit Hilfe des *Gauß*schen Satzes (siehe A II)

$$(10.3.15) \quad \frac{d}{dt} \int_{\tilde{\mathcal{V}}} \Psi(\mathbf{r},t) d^3\mathbf{r} = - \int_{\tilde{\mathcal{F}}} \mathbf{n} \cdot \mathbf{j}_\Psi(\mathbf{r},t) df_\mathbf{r} .$$

Die linke Seite kann sich also nur durch einen Strom durch die Oberfläche $\tilde{\mathcal{F}}$ ändern. Wendet man (10.3.15) auf das *ganze* Gebiet $\mathcal{V}$ an, in dem das Gas eingeschlossen ist, und findet durch die Oberfläche $\mathcal{F}$ kein Strom $\mathbf{j}_\Psi$ statt, d.h. ist auf $\mathcal{F}: \mathbf{n} \cdot \mathbf{j}_\Psi = 0$, so bleibt die Größe

$$(10.3.16) \quad \int_{\mathcal{V}} \Psi(\mathbf{r},t) d^3\mathbf{r}$$

zeitlich konstant. Ob $\mathbf{n} \cdot \mathbf{j}_\Psi = 0$ auf der Oberfläche $\mathcal{F}$ ist, hängt von den Randbedingungen ab, die wir in § 10.2 nicht näher diskutiert haben. Ist speziell $\psi = \psi_e$ aus (10.3.3) und die »Wand« $\mathcal{F}$ elastisch reflektierend, so gilt $\mathbf{n} \cdot \mathbf{j}_\Psi = 0$. Damit folgt dann, daß die innere Energie

$$(10.3.17) \quad U = \int_{\mathcal{V}} \Psi_e(\mathbf{r},t) d^3\mathbf{r} = \int \frac{m}{2} \mathbf{v}^2 f(\mathbf{v},\mathbf{r},t) d^3\mathbf{v} d^3\mathbf{r}$$

zeitlich konstant ist.

Auf Grund der Bedeutung von $f(\mathbf{v},\mathbf{r},t)$ als thermodynamischer Approximationsobservablen für $\varphi(\mathbf{v},\mathbf{r};X)$ mit φ nach (10.2.8) ist also U eine Approximationsobservable für die mikroskopische Energie

$$H = \frac{m}{2} \sum_{i=1}^{N} \mathbf{v}^{(i)^2} = \int \frac{m}{2} \mathbf{v}^2 \varphi(\mathbf{v},\mathbf{r};X) d^3\mathbf{v} d^3\mathbf{r} .$$

Hierbei wurde ganz im Sinne des verdünnten Gases die potentielle Energie aus (1.1) vernachlässigt. Der Wechselwirkungsterm aus (1.1) dient im Falle eines verdünnten Gases nur dazu, die Zeitveränderlichkeit von $f(\mathbf{v},\mathbf{r},t)$ nach (10.2.51) beschreiben zu können.

§ 10.4. Der Entropiesatz für die Trajektorien

Wir hatten an dem in § 10.2 diskutierten Beispiel gesehen und werden dies noch ausführlicher und allgemein in § 10.5 diskutieren, daß man über die Präparierverfahren $a \in \mathcal{Q}_m'$, d.h. über die $\varphi(a)$ Voraussetzungen einführen muß, damit die Einbettung in $\mathfrak{P}\mathfrak{X}_{q\,\mathrm{exp}}$, bzw. $\mathfrak{P}\mathfrak{X}_{k\,\mathrm{exp}}$ möglich ist und (10.1.26) bzw. (10.1.29) benutzt werden kann. Wir haben an dem Beispiel in § 10.2

erkannt, daß es naheliegend ist, anzunehmen, daß die $a \in \mathcal{Q}'_m$ nicht »feiner« präparieren als es möglich ist, makroskopisch zu registrieren; daß es aber doch andererseits so »feine« Präparierverfahren $a \in \mathcal{Q}'_m$ geben sollte, daß zur Zeit $t = 0$ »fast keine« Streuung der Anfangswerte $\bar{z}(0)$ vorhanden ist. Wir wollen diese durch das Beispiel aus § 10.2 allgemein nahegelegten Annahmen über die Menge $\mathcal{Q}_m$ nun mathematisch genauer präzisieren.

Mit $W = \sum_{v} w_v P_{\varphi_v}$ (wobei $w_1 \geq w_v$ für alle v angenommen werden kann) gilt mit einem Effekt F:

$$Sp(WF) = \sum_{v} w_v \langle \varphi_v, F\varphi_v \rangle$$

(10.4.1)

$$\leq w_1 \sum_{v} \langle \varphi_v, F\varphi_v \rangle \leq w_1 Sp(F).$$

Definition 10.4.1: W heißt *gröber* als F, wenn in (10.4.1) das Gleichheitszeichen gilt.

Ist W gröber als F, so folgt wegen

$$0 \leq D \overset{\text{def}}{=} \frac{W}{w_1} \leq 1 :$$

$$Sp\left(\frac{W}{w_1} F\right) = Sp(DF) = Sp(F),$$

d. h. $\qquad Sp((1-D)F) = 0.$

Wegen $(1-D) \geq 0$ muß $(1-D)F = 0$ sein; dies folgt leicht mit $F = (F^{1/2})^2$ (zu $F^{1/2}$ siehe A VIII, § 10):

$$Sp((1-D)F) = Sp(F^{1/2}(1-D)F^{1/2}) =$$

$$= \sum_{v} \langle \varphi_v, F^{1/2}(1-D)F^{1/2}\varphi_v \rangle = \sum_{v} \langle F^{1/2}\varphi_v, (1-D)F^{1/2}\varphi_v \rangle = 0.$$

Da $1 - D \geq 0$ ist, muß

(10.4.2) $\qquad \langle F^{1/2}\varphi_v, (1-D)F^{1/2}\varphi_v \rangle = 0$

sein. Da φ_v ein beliebiges v. n. O. war, gilt (10.4.2) für alle $\varphi \in \mathcal{H}$. Daraus folgt mit $(1-D) = [(1-D)^{1/2}]^2$:

$$\|(1-D)^{1/2}F^{1/2}\varphi\|^2 = 0,$$

d. h. $\qquad (1-D)^{1/2}F^{1/2}\varphi = 0$

und damit $(1-D)^{1/2}F^{1/2} = 0$. Durch Multiplikation mit $(1-D)^{1/2}$ und $F^{1/2}$ erhält man schließlich $(1-D)F = 0$.

Aus W gröber als F folgt also $DF = F$.

Ist umgekehrt $W=wD$ mit $0\le D\le 1$, so folgt aus $1=Sp(W)=wSp(D)$, daß $w^{-1}=Sp(D)$ ist. Aus $DF=F$ folgt $Sp(DF)=Sp(F)$ und damit

$$Sp(WF)=wSp(F).$$

Mit $W=wD$ und $D=\sum_v \lambda_v P_{\varphi_v}$ (dabei ist $0\le\lambda_v\le 1$ wegen $0\le D\le 1$; wir können $\lambda_1\ge\lambda_v$ für alle v voraussetzen) folgt daraus

$$w\sum_v \lambda_v \langle\varphi_v, F\varphi_v\rangle = w\sum_v \langle\varphi_v, F\varphi_v\rangle$$

d.h. $$\sum_v (1-\lambda_v)\langle\varphi_v, F\varphi_v\rangle = 0.$$

Da $F\ge 0$ ist, folgt

$$(10.4.3)\qquad (1-\lambda_v)\langle\varphi_v, F\varphi_v\rangle = 0$$

für alle φ_v und damit entweder $\lambda_v=1$ oder $\langle\varphi_v, F\varphi_v\rangle=0$, d.h. $F\varphi_v=0$ (da $F\ge 0$ ist!). Gäbe es kein v mit $\lambda_v=1$, so würde also $Sp(WF)=0$ und damit $WF=0$, d.h. $DF=0$ im Widerspruch zu $DF=F$ sein. Also hat W mit $w_v=w\lambda_v$ die Form $W=\sum_v w_v P_{\varphi_v}$ mit $w_1=w\ge w_v$ für alle v und

$$Sp(WF)=wSp(F)=w_1 Sp(F).$$

Also ist W gröber als F.

W gröber als F ist also äquivalent zu: $W=wD$ mit $0<D\le 1$ und $DF=F$.

Sei $\{v_i\}$ die Menge der v mit $\lambda_v=1$, so ist mit $E=\sum_i P_{\varphi_{v_i}}$: $F=E+R$ mit $0\le R\le 1$, $ER=RE=0$ und $RF=FR=0$. Also ist $DF=FD=EF=FE$.

Damit folgt

$$W=wE+wR=\lambda W_1+(1-\lambda)W_2$$

mit $\qquad W_1=\dfrac{E}{Sp(E)},\ \lambda=wSp(E)\quad$ und $\quad Sp(W_2 F)=0.$

Daß W_1 die eben angegebene über E »gleichmäßig verteilte« Form $E\,Sp(E)^{-1}$ hat, ist die Darstellung dessen, daß W nicht »feiner« auswählt als F registriert: alle $P_\varphi\le E$ mit $EF=FE$ sind in W_1 gleich wahrscheinlich, da $Sp(W_1 P_\varphi)=Sp(E)^{-1}$ ist.

Unsere erste Forderung an die $a\in\mathfrak{A}'_m$ und die Einbettung in $\mathfrak{P}\mathfrak{T}_{q\,\exp}$ ist:
(1) Zu jedem $\sigma\in\Sigma$ gibt es ein $a\in\mathfrak{A}'_m$, so daß $\varphi(a)$ gröber als $\chi(\sigma)$ ist.

Obwohl wir in diesem § die zweite Bedingung nicht brauchen werden, wollen wir auch diese hier formulieren.

(2) Die von den $\varphi(a)$ erzeugte konvexe Teilmenge K_m von K besteht aus allen Gesamtheiten, die sich als Mischungen der Form

$$W = \sum_\nu \lambda_\nu \frac{\chi(\sigma_\nu)}{Sp\left(\chi(\sigma_\nu)\right)}$$

mit irgendwelchen $\chi(\sigma_\nu)$ mit $\sigma_\nu \in \Sigma$ darstellen lassen.

Aus der Bedingung 2 folgt die Bedingung 1, wenn man voraussetzt, (was ganz dem Sinn der thermodynamischen Observablen entspricht; siehe § 4.2), daß es zu jedem $\sigma \in \Sigma$ ein $\tilde{\sigma} \supset \sigma$ gibt mit $\chi(\tilde{\sigma})\chi(\sigma) = \chi(\sigma)$; denn dann ist $W = \chi(\tilde{\sigma}) Sp\left(\chi(\tilde{\sigma})\right)^{-1}$ gröber als $\chi(\sigma)$.

Wir wollen nun zeigen, daß aus (10.1.26) und der Bedingung 1 der wichtige, sogenannte Entropiesatz folgt. Dazu betrachten wir ein solches Intervall σ um $\bar{z}$, daß nach (4.4.6a)

$$S_{th}(\bar{z}) = \log Sp\left(\chi(\sigma)\right)$$

gilt. σ darf nicht zu groß sein, aber doch noch so groß, daß $\|\chi(\sigma)\| \approx 1$ ist. In (10.1.26) wählen wir dann ein solches a, so daß $\varphi(a)$ gröber als $\chi(\sigma)$ ist, was nach der Bedingung 1 möglich ist. Es gilt also

$$\varphi(a) = \frac{F}{Sp(F)} \quad \text{mit} \quad 0 \leq F \leq 1 \quad \text{und} \quad F\chi(\sigma) = \chi(\sigma).$$

Aus (10.1.26) folgt

$$Sp\left(FU_\tau\chi(d_\tau\sigma)U_\tau^+\right) \geq Sp\left(F\chi(\sigma)\right) = Sp\left(\chi(\sigma)\right).$$

Für die linke Seite folgt

$$Sp\left(FU_\tau\chi(d_\tau\sigma)U_\tau^+\right) = Sp\left(U_\tau^+ FU_\tau\chi(d_\tau\sigma)\right) =$$
$$= Sp\left(F'\chi(d_\tau\sigma)\right) \quad \text{mit} \quad F' = U_\tau^+ FU_\tau$$

und mit $0 \leq F \leq 1$ auch $0 \leq F' \leq 1$. Also folgt $Sp\left(F'\chi(d_\tau\sigma)\right) \leq Sp\left(\chi(d_\tau\sigma)\right)$ und damit schließlich:

$$(10.4.4) \qquad Sp\left(\chi(d_\tau\sigma)\right) \geq Sp\left(\chi(\sigma)\right).$$

Entscheidend wichtig für die Herleitung des Entropiesatzes ist neben dem thermodynamisch determinierten Verhalten noch folgende Voraussetzung: σ war als Umgebung von $\bar{z}$ so gewählt, daß $S_{th}(\bar{z}) = \log Sp\left(\chi(\sigma)\right)$ gesetzt werden durfte; es gebe nun um $d_\tau\bar{z}$ ein Intervall σ', das so groß ist, daß $d_\tau\sigma \subset \sigma'$ gilt, aber noch genügend klein, so daß $S_{th}(d_\tau\bar{z}) = \log Sp\left(\chi(\sigma')\right)$ geschrieben werden kann (wegen der letzten Forderung darf natürlich σ' auch nicht zu klein sein, damit $\|\chi(\sigma')\| \approx 1$ garantiert ist; dies ist aber gegenüber $d_\tau\sigma \subset \sigma'$ keine weitere echte Zusatzforderung!). Wegen $d_\tau\sigma \subset \sigma'$ ist $\chi(d_\tau\sigma) \leq \chi(\sigma')$ und damit

$Sp\left(\chi(d_\tau\sigma)\right) \leq Sp\left(\chi(\sigma')\right)$; damit folgt aus (10.4.4)

(10.4.5) $S_{th}(d_\tau\bar{z}) \geq S_{th}(\bar{z})$.

Dies ist der wichtige Satz der »Zunahme« der Entropie.*

Aus der Ableitung erkennen wir einen sehr wichtigen Sachverhalt: Sind die Trajektorien nicht dynamisch determiniert, so gilt die obige Ableitung nicht und es ist möglich, daß auch Entropieverminderungen für einzelne Systeme während ihrer Zeitentwicklung auftreten. Aber auch dann, wenn eine dynamisch determinierte Beschreibung der Trajektorien möglich ist, aber die obige Bedingung $d_\tau\sigma \subset \sigma'$ mit einem geeigneten σ' mit $S_{th}(d_\tau\bar{z}) = \log Sp\left(\chi(\sigma')\right)$ nicht erfüllbar ist, muß man zunächst skeptisch sein, ob eine Zunahme der Entropie garantiert ist. Die Bedingung $d_\tau\sigma \subset \sigma'$ für ein geeignetes σ' ist eine Art »Stabilitätsbedingung«. Sie besagt, daß die »Nachbarpunkte« von $\bar{z}$, die physikalisch praktisch kaum von $\bar{z}$ unterscheidbar sind auch zur Zeit τ wieder Nachbarpunkte von $d_\tau\bar{z}$ sind. Ist diese Bedingung verletzt, d.h. liegt eine wenigstens zeitweise »Instabilität« des Verhaltens von d_τ vor, braucht die Zunahme der Entropie nicht garantiert zu sein. Vielleicht aber ist die determinierte Beschreibung in diesem Fall der Instabilität nur ein »idealisiertes« Bild eines nicht dynamisch determinierten Verhaltens.

Der hier abgeleitete Entropiesatz (10.4.5) geht über die in XIV, § 2.3 dargestellten Strukturen hinaus, da es dort nicht möglich war, eine allgemeine Entropiedefinition zu geben. Daß der Entropiesatz eng mit der »Stabilität« der Trajektorien verknüpft ist, hatten wir in XIV, § 2.3 kurz gestreift; es sei nochmals auf AX verwiesen.

Auf Grund der hier durchgeführten Überlegungen erkennen wir auch deutlicher die Bedeutung dieses Satzes für die Technik. Man spricht ihn oft so aus: Bei jeder realen Maschine (die nach außen adiabatisch isoliert ist) nimmt laufend die Entropie zu. Die Isolierung nach außen ist keine besondere Annahme, da man immer die Energiequellen mit in »die Maschine« einbeziehen kann; wie sich dabei ein Teilsystem der »ganzen« Maschine verhält, soll hier nicht im Einzelnen diskutiert werden (siehe dazu beispielhaft die Überlegungen aus XIV, § 2.5).

Die eben in technischer Sprache formulierte Aussage enthält den Begriff *Maschine*. Hier ist Maschine eben der technische Ausdruck für Systeme, die dynamisch determiniert und stabil (!) ablaufen, damit ein vorhersehbarer Effekt (eben möglichst sicher) eintritt. Die obige Ableitung zeigt auch, daß auf zeitliche Teilintervalle beschränkte Instabilitäten die Aussage des Entropiesatzes für den »Endeffekt« der Maschine nicht beeinträchtigen, da ja (10.4.5) immer dann gilt, wenn nach der Zeit τ eine kleine Umgebung von $\bar{z}$ in eine kleine Umgebung von $d_\tau\bar{z}$ übergeht. Es sind viele Tricks überlegt worden,

---

* Die kritisch verfeinerte Ableitung in § 10.5 führt zum selben Resultat (10.4.5).

den Entropiesatz mit Hilfe gedachter Maschinen zu umgehen; natürlich enthalten alle diese Tricks irgendwo einen manchmal nicht sofort erkennbaren Fehler. Es ist hier leider nicht der Platz, ausführlicher auf komplizierte Maschinenstrukturen und das Funktionieren der Einzelteile der Maschinen einzugehen. Die Technik hat in diesem Zusammenhang ein sehr wichtiges Hilfsmittel entworfen, das der Informationstheorie. Die Informationstheorie hängt eng mit dem Begriff der Entropie zusammen. Leider sind manche Bücher von den Grundbegriffen her sehr mißverständlich, weil der physikalische Hintergrund nicht erkennbar ist und so getan wird, als ob die Informationstheorie irgendetwas mit einer *subjektiven* Kenntnis (= Information) zu tun hätte. Daß es sich hierbei um etwas ganz anderes als subjektive Kenntnisse handelt, erhellt am deutlichsten aus der modernen Form der Speicherung von Informa tion in Computern, auf Magnetbändern, Lochkarten usw.

Es sei nochmals betont, daß die Gleichung (10.4.5) für jeden Zeitschritt gilt, denn sie hat (da d_τ der Relation (10.1.10c) genügt) auch die folgende Relation zur Folge:

$$S_{th}\big(\bar{z}(t+\tau)\big) = S_{th}\big(d_\tau \bar{z}(t)\big) \geq S_{th}\big(\bar{z}(t)\big) = S_{th}\big(d_t \bar{z}(0)\big) \geq S_{th}\big(\bar{z}(0)\big).$$

Die Entropie nimmt also auf der Trajektorie $\bar{z}(t)$ »laufend« zu (zumindest nicht ab). Hält man die α_v zeitlich konstant, so wird in vielen Fällen $S_{th}\big(\bar{z}(t)\big)$ solange zunehmen, bis $\bar{z}(t)$ den Gleichgewichtspunkt $\bar{z}_g(U,\alpha)$ erreicht hat, der – wie wir schon in § 4.4 sahen – der Punkt maximaler Entropie S_{th} bei festem U ist. Dies braucht natürlich nicht immer so zu sein, da es denkbar ist, daß es nicht nur einen Punkt $\bar{z}_g$ maximaler Entropie gibt, sondern auch andere *relative* Maxima. Hat die Trajektorie $\bar{z}(t)$ ein solches relatives Maximum erreicht, muß sie dort bleiben. Man erhält so das Phänomen *metastabiler* Zustände. Dies möge als Hinweis dienen, daß es bei komplizierteren Systemen durchaus komplizierte Verhältnisse über die Abhängigkeit der Funktion $S_{th}(\bar{z})$ geben kann.

Solche metastabilen Zustände werden gern zum Registrieren von Mikrosystemen benutzt, da sie manchmal unter dem Einfluß eines Mikrosystems sehr schnell in den eigentlichen Gleichgewichtszustand größter Entropie übergehen. Ein Zählrohr, an dem eine Spannung liegt, ist ein solcher metastabiler Zustand. Eine überhitzte Flüssigkeit oder unterkühlter Dampf sind ebenfalls solche metastabilen Zustände.

Es kommt dann manchmal spontan zu einem plötzlichen Übergang aus dem metastabilen Zustand in den echten Gleichgewichtszustand. Solche spontanen Übergänge müssen aber indeterminierte Trajektorien darstellen, da beim Übergang die Entropie zeitweilig abnehmen muß, was bei determinierten Trajektorien nicht der Fall sein kann. Sind also die Nebenmaxima flach, so ist die Beschreibung durch dynamisch determinierte Trajektorien vermutlich unzulässig, d.h., eine Einbettung einer dynamisch determinierten Beschreibung in die Theorie $\mathfrak{PT}_{q\,\mathrm{exp}}$ wird in solchen Fällen vermutlich unmöglich sein. Nur wenn Nebenmaxima der Entropie relativ hoch sind, wird eine Beschreibung durch determinierte Trajektorien erlaubt sein. Damit sind wir bis an die Grenzen des Breiches vorgestoßen, in dem Makrosysteme thermodynamisch determiniert beschrieben werden können.

Auch hier wollen wir die allgemeinen Überlegungen am Beispiel der *Boltzmann*schen Stoßgleichung demonstrieren.

Nach (10.2.15), (10.2.16) ist die Zunahme der Entropie äquivalent mit einer Abnahme von $H(f)$. Wir berechnen deshalb dH/dt.

Aus (10.2.16) folgt:

$$\frac{dH}{dt} = \int \frac{\partial f(\mathbf{v},\mathbf{r},t)}{\partial t}\,[1+\log f(\mathbf{v},\mathbf{r},t)]d^3\mathbf{v}d^3\mathbf{r}.$$

Mit (10.2.51) folgt:

$$\frac{dH}{dt} = -\int \mathbf{v}\cdot\mathrm{grad}_\mathbf{r}\,[f(\mathbf{v},\mathbf{r},t)\,\log f(\mathbf{v},\mathbf{r},t)]d^3\mathbf{v}d^3\mathbf{r}$$

$$+\int\,[f(\mathbf{v}',\mathbf{r},t)f(\bar{\mathbf{v}}',\mathbf{r},t)-f(\mathbf{v},\mathbf{r},t)f(\bar{\mathbf{v}},\mathbf{r},t)]\cdot|\mathbf{v}-\bar{\mathbf{v}}|\cdot$$

$$\cdot[1+\log f(\mathbf{v},\mathbf{r},t)]d\sigma_{\mathbf{v},\bar{\mathbf{v}}\to\mathbf{v}',\bar{\mathbf{v}}'}d^3\mathbf{v}d^3\bar{\mathbf{v}}d^3\mathbf{r}.$$

Der erste Summand geht bei Integration über $\mathbf{r}$ in ein Oberflächenintegral über (siehe A II und A V):

$$-\int_{\mathscr{F}}\mathbf{n}\cdot\mathbf{v}f(\mathbf{v},\mathbf{r},t)\,\log f(\mathbf{v},\mathbf{r},t)d^3\mathbf{v}df_\mathbf{r}$$

mit $\mathscr{F}$ als Oberfläche des Gebietes $\mathscr{V}$, in dem das Gas eingeschlossen ist. Da wir in § 10.2 die Randbedingungen nicht näher untersucht hatten, können wir hier nicht näher begründen, daß dieses Oberflächenintegral (z. B. im Falle einer elastisch reflektierenden Wand) verschwindet. Wir wollen daher einfach festsetzen, daß an der Oberfläche

$$\mathbf{n}\cdot\int \mathbf{v}f(\mathbf{v},\mathbf{r},t)\,\log f(\mathbf{v},\mathbf{r},t)d^3\mathbf{v}=0$$

ist. Dann können wir also schreiben:

$$\frac{dH}{dt}=\int\,[f(\mathbf{v}',\mathbf{r},t)f(\bar{\mathbf{v}}',\mathbf{r},t)-f(\mathbf{v},\mathbf{r},t)f(\bar{\mathbf{v}},\mathbf{r},t)]\cdot$$

(10.4.6)

$$\cdot[1+\log f(\mathbf{v},\mathbf{r},t)]|\mathbf{v}-\bar{\mathbf{v}}|d\sigma_{\mathbf{v},\bar{\mathbf{v}}\to\mathbf{v}',\bar{\mathbf{v}}'}d^3\mathbf{v}d^3\bar{\mathbf{v}}d^3\mathbf{r}.$$

Aufgrund derselben Rechnung aus § 10.3, die uns zur Form (10.3.9) für den Stoßterm führte, folgt aus (10.4.6):

$$\frac{dH}{dt} = -\frac{1}{4} \int [f(\mathbf{v}',\mathbf{r},t)f(\bar{\mathbf{v}}',\mathbf{r},t) - f(\mathbf{v},\mathbf{r},t)f(\bar{\mathbf{v}},\mathbf{r},t)] \cdot$$

$$(10.4.7) \qquad \cdot [\log\,(f(\mathbf{v}',\mathbf{r},t)f(\bar{\mathbf{v}}',\mathbf{r},t)) - \log\,(f(\mathbf{v},\mathbf{r},t)f(\bar{\mathbf{v}},\mathbf{r},t))] \cdot$$

$$\cdot |\mathbf{v}-\bar{\mathbf{v}}|d\sigma_{\mathbf{v},\bar{\mathbf{v}}\to\mathbf{v}',\bar{\mathbf{v}}'}d^3\mathbf{v}d^3\bar{\mathbf{v}}d^3\mathbf{r}.$$

Aus (10.4.7) folgt sofort das berühmte *Boltzmann*sche *H*-Theorem

$$(10.4.8) \qquad \frac{dH}{dt} \leq 0,$$

das mit der Zunahme der Entropie mit wachsender Zeit äquivalent ist. $dH/dt = 0$ ist dann und nur dann möglich, wenn

$$(10.4.9) \qquad f(\mathbf{v}',\mathbf{r})f(\bar{\mathbf{v}}',\mathbf{r}) = f(\mathbf{v},\mathbf{r})f(\bar{\mathbf{v}},\mathbf{r})$$

für alle $\mathbf{v}'$, $\bar{\mathbf{v}}'$ die aus $\mathbf{v}, \bar{\mathbf{v}}$ durch einen Stoß entstehen können. Aus (10.4.9) folgt

$$\log f(\mathbf{v}',\mathbf{r}) + \log\,(\bar{\mathbf{v}}',\mathbf{r}) = \log f(\mathbf{v},\mathbf{r}) + \log f(\bar{\mathbf{v}},\mathbf{r}).$$

Dies besagt, daß $\log f(\mathbf{v},\mathbf{r})$ eine additive Stoßinvariante ist (siehe § 10.3). Für den betrachteten Zweierstoß mit kugelsymmetrischer Wechselwirkung $U(r)$ gibt es nur die fünf folgenden linear unabhängigen additiven Stoßinvarianten (Beweis siehe z. B. [41]):

$$(10.4.10) \qquad 1, m\mathbf{v}, \tfrac{1}{2}m\mathbf{v}^2;$$

also muß

$$\log f(\mathbf{v},\mathbf{r}) = a(\mathbf{r}) + \mathbf{b}(\mathbf{r}) \cdot \mathbf{v} + c(\mathbf{r})\mathbf{v}^2$$

sein. Daraus folgt:

$$(10.4.11) \qquad f(\mathbf{v},\mathbf{r}) = C(\mathbf{r})e^{-\frac{m(\mathbf{v}-\mathbf{u}(\mathbf{r}))^2}{2T(\mathbf{r})}}$$

mit von $\mathbf{v}$ unabhängigen Größen $C(\mathbf{r}), \mathbf{u}(\mathbf{r}), T(\mathbf{r})$.

Tatsächlich stellt aber die Verteilung (10.4.11) keinen Gleichgewichtszustand dar, denn ist $f(\mathbf{v}, \mathbf{r}, t_1)$ zu einer speziellen Zeit t_1 von der Form (10.4.11), so folgt nach (10.2.51)

$$\left(\frac{\partial f(\mathbf{v},\mathbf{r},t)}{\partial t}\right)_{t=t_1} = -\mathbf{v} \cdot \mathrm{grad}_{\mathbf{r}}\left[C(\mathbf{r})e^{-\frac{m(\mathbf{v}-\mathbf{u}(\mathbf{r}))^2}{2T(\mathbf{r})}}\right],$$

da (10.4.10) die Relation (10.4.9) zur Folge hat, so daß der Stoßterm in (10.2.51) zur Zeit t_1 verschwindet. Für den Gleichgewichtszustand muß also $f_g(\mathbf{v},\mathbf{r})$ die

Form (10.4.11) haben und von $\mathbf{r}$ unabhängig sein. Daraus folgt mit Konstanten $C, T, \mathbf{u}$:

$$f_g(\mathbf{v},\mathbf{r}) = C\,e^{-\frac{m(\mathbf{v}-\mathbf{u})^2}{2T}}\,.$$

Da aber im Gleichgewicht die mittlere Geschwindigkeit des Gases (d.h. die Geschwindigkeit des Schwerpunktes) wegen des Einschlusses in das festliegende Gebiet $\mathscr{V}$ gleich Null sein muß (was wir hier nicht mit Hilfe der Randbedingungen explizit mathematisch nachweisen wollen), ist $\mathbf{u}=0$ und damit

$$(10.4.12) \quad f_g(\mathbf{v},\mathbf{r}) = C\,e^{-\frac{m\mathbf{v}^2}{2T}}\,.$$

(10.4.12) ist das berühmte *Maxwell*sche Geschwindigkeitsverteilungsgesetz. Die Konstante C ist durch die Bedingung (10.2.3) festgelegt und T durch die konstante innere Energie (10.3.17). Daß T die Temperatur ist, können wir hier natürlich nicht deduzieren. Dazu bedarf es der Überlegungen aus § 6.5.

Wenn die *Boltzmann*verteilung eine thermodynamische Approximationsobservable für die mikroskopische Observable (10.2.8) ist, so muß man $f_g(\mathbf{v},\mathbf{r})$ auch als Erwartungswert von $\varphi(\mathbf{v},\mathbf{r};X)$ in der kanonischen Gesamtheit erhalten:

$$f_g(\mathbf{v},\mathbf{r}) = A \int e^{-\frac{1}{2mT}\sum\limits_{k=1}^{N}\mathbf{p}^{(k)2}} \cdot \sum\limits_{i=1}^{N} m\delta(m\mathbf{v}-\mathbf{p}^{(i)}) \cdot \delta(\mathbf{r}-\mathbf{r}^{(i)})d^3\mathbf{p}^{(1)}\dots d^3\mathbf{r}^{(N)},$$

woraus wieder (10.4.12) folgt, nun aber mit T als der durch die kanonische Gesamtheit definierten Temperatur!

Der Gleichgewichtspunkt $f_g(\mathbf{v},\mathbf{r})$ muß aber auch der Punkt des Maximums der Entropie, d.h. des Minimums von $H(f)$ bei fester innerer Energie $U(f)$ nach (10.3.17) sein.

Diese Aussage, daß die Stelle des Gleichgewichts die Stelle maximaler Entropie (bei festgehaltener innerer Energie) ist, ergab sich nicht nur aus den obigen Betrachtungen über die Zunahme der Entropie, sondern war schon in § 4.4 auf der Basis des ergodischen Verhaltens abgeleitet worden. So ist auch die folgende Rechnung ein Beispiel zu den Überlegungen aus § 4.4.

Um die Stelle des Maximums von $H(f)$ unter der Nebenbedingung (10.2.3) und $U(f)=$const zu suchen, kann man mit Hilfe zweier *Lagrange*scher Parameter λ,μ die Variation von

$$\int f(\mathbf{v},\mathbf{r})\,[\log f(\mathbf{v},\mathbf{r})+\lambda+\mu\tfrac{1}{2}m\mathbf{v}^2]d^3\mathbf{v}d^3\mathbf{r}$$

bilden und gleich Null setzen:

$$\int \delta f(\mathbf{v},\mathbf{r})\,[1+\log f(\mathbf{v},\mathbf{r})+\lambda+\mu\tfrac{1}{2}m\mathbf{v}^2]d^3\mathbf{v}d^3\mathbf{r}=0\,.$$

Daraus folgt, da δf nach Einführung der *Lagrange*schen Parameter frei gewählt werden kann:

$$\log f_g(\mathbf{v}, \mathbf{r}) + 1 + \lambda + \mu \tfrac{1}{2} m \mathbf{v}^2 = 0,$$

woraus sich wieder (10.4.12) ergibt.

Man kann aber zur Berechnung der Stelle des Maximums der Entropie auch auf die Formel (10.2.12) zurückgehen und das Maximum von

$$(10.4.13) \qquad \frac{N!}{\prod\limits_{v} N_v!}$$

unter den Nebenbedingungen $\sum\limits_{v} N_v = N$ und $\sum\limits_{v} \varepsilon_v N_v \approx U$ mit ε_v als Energie $\dfrac{1}{2m} \mathbf{p}^2$ in der v-ten Zelle suchen, was für große N, N_v wieder zu dem Ergebnis

$$N_v = a\, e^{-\frac{\varepsilon_v}{T}},$$

d. h. zur *Maxwell*verteilung führt. Die Behandlung solcher Aufgaben wie derjenigen der Bestimmung des Maximums von (10.4.13) unter den angegebenen Nebenbedingungen war eine wichtige Methode der statistischen Mechanik, die heute nicht mehr so im Vordergrund steht (siehe z. B. [13]). Zum physikalischen Sinn dieser Methoden siehe nochmals das Ende von § 4.4.

Es sei hier nochmals wie in § 6.7 betont, daß die *Maxwell*verteilung (10.4.12) *keine* statistische Verteilung wie die Verkürzung $\varrho_1(\mathbf{p}, \mathbf{r})$ von $\varrho(X)$ mit $\varrho(X)$ als der kanonischen Verteilung ist. $f_g(\mathbf{v}, \mathbf{r})$ aus (10.4.12) ist vielmehr der Gleichgewichtswert der thermodynamischen Observablen $f(\mathbf{v}, \mathbf{r})$. Die thermodynamische Observable $f(\mathbf{v}, \mathbf{r})$ ist dabei keine statistische Verteilung, sondern eine an jedem Einzelsystem (makroskopisch) meßbare Feldfunktion über dem μ-Raum. Man erinnere sich nochmals an die objektivierende Beschreibungsweise durch die Funktion $\gamma(x, t)$ aus § 4.1. Diese lautet hier also $(x, t) \overset{\gamma}{\longrightarrow} f(\mathbf{v}, \mathbf{r})$, d. h. jedem System x (bestehend aus N Atomen) wird zu jeder Zeit t ein Zustand $f(\mathbf{v}, \mathbf{r})$ zugeordnet!

§ 10.5. Scheinbare Unmöglichkeit der Einbettung

Dieser § stellt das von der Frage der Kompatibilität zwischen thermodynamischer Beschreibungsweise einerseits und »gedachter« quantenmechanischer Beschreibungsweise andererseits her zentrale Problem dar. Wir haben in den vorigen §§ 10.1 bis 10.4 immer so getan, als ob die angenommene Einbettung in $\mathfrak{PT}_{q\,\mathrm{exp}}$ (bzw. $\mathfrak{PT}_{k\,\mathrm{exp}}$) tatsächlich auf die beschriebene Art und Weise möglich wäre. Wir haben in den vorigen §§ daraus Konsequenzen gezogen, ohne uns abzusichern, daß nicht eventuell alles auf einer »irrigen« Vorstellung beruht, d.h. daß der *angenommene* mathematische Sachverhalt in Wirklichkeit falsch (!) ist.

Boltzmann hatte die in § 10.2 dargestellte Gleichung intuitiv geraten und das sogenannte *H*-Theoriem (siehe § 10.4) bewiesen. Die *Boltzmann*sche Stoßgleichung ist also eine irreversible Gleichung. Bald mehrten sich die Stimmen, daß die *Boltzmann*sche Stoßgleichung eigentlich falsch sein müsse. Den einfachsten Einwand, daß es nach der klassischen Mechanik zu jeder Bahn in Γ auch eine bewegungsumgekehrte Bahn geben muß und so zu jeder Bahn, die (näherungsweise) ein Verhalten im Einklang mit der *Boltzmann*schen Stoßgleichung zeigt, eine andere geben muß, die im eklatanten Wiederspruch zur *Boltzmann*schen Stoßgleichung steht, haben wir schon in § 2 diskutiert. Er zieht nicht mehr, wenn man fordert, daß die $\varphi(a)$ mit $a \in \mathcal{Q}'_m$ eben nur eine *Teilmenge* von K und die $\chi(\sigma)$ eben auch nur eine Teilmenge von L bilden. Hätte man nämlich ein Makropräparierverfahren a, so daß die Systeme aus a sich nach der *Boltzmann*schen Stoßgleichung verhalten, so braucht die zu $\varphi(a)$ *gedachte* bewegungsumgekehrte Gesamtheit $\tilde{W}$ eben *keinem* physikalisch möglichen Präparierverfahren entsprechen, d.h. es braucht eben *kein* $\tilde{a} \in \mathcal{Q}'_m$ zu geben mit $\varphi(\tilde{a}) = \tilde{W}$.

Durch den Übergang zur Menge $\mathcal{Q}_m$ der Makropräparierverfahren und $\mathcal{R}_{th}$ der thermodynamischen Registrierverfahren lassen sich aber tatsächlich *nicht* alle Probleme beheben. Es wird sich zeigen, daß eine mathematisch *exakte* Einbettung tatsächlich nicht möglich aber auch physikalisch gar nicht zu erwarten ist.

Um einen »Widerspruch« zu konstruieren, brauchen wir nicht die volle Einbettung, sondern nur eine ganz grobe physikalische Eigenschaft der Trajektorien (bei zeitlich konstanten α_v): Eine Trajektorie, die bei $\bar{z}(0)$ startet, kehrt nicht wieder und wieder in die Nähe von $\bar{z}(0)$ zurück, wenn sie sich inzwischen von $\bar{z}(0)$ entfernt hatte. Strebt eine Trajektorie z.B. einem Gleichgewichtszustand $\bar{z}_g$ zu, so kehrt sie also nicht immer wieder in den Nichtgleichgewichtszustand zurück. Oder hat z.B. einmal die Entropie wesentlich zugenommen, so kann sie später nicht immer wieder den alten Wert annehmen. Wir werden nun ganz allgemein sowohl bei einer Einbettung in $\mathfrak{P}\mathfrak{T}_{q\,exp}$ wie auch bei einer Einbettung in $\mathfrak{P}\mathfrak{T}_{k\,exp}$ beweisen, daß fast alle Trajektorien $\bar{z}(t)$ (bei zeitlich konstanten α_v) immer wieder und wieder dem Anfangswert $\bar{z}(0)$ beliebig nahe kommen. Würde also z.B. tatsächlich eine Trajektorie von $\bar{z}(0) \neq \bar{z}_g$ nach einer Zeit τ_1 dem Gleichgewicht $\bar{z}_g$ sehr nahe gekommen sein, so muß diese Trajektorie irgendwann wieder von $\bar{z}_g$ weglaufen, um sich $\bar{z}(0)$ zu nähern. Genau das widerspricht scheinbar der Erfahrung und dem in § 10.4 bewiesenen Satz von der Zunahme der Entropie.

Im Falle der Einbettung in $\mathfrak{P}\mathfrak{T}_{k\,exp}$ ist dieses Verhalten der Trajektorien als der berühmte *Poincaré*sche «Wiederkehrsatz» bekannt. Wenn wir zeigen, daß dieser Wiederkehrsatz im Phasenraum Γ gilt, so also erst recht in $\bar{Z}$, da $\bar{Z}$ ja nur eine durch die Makroregistrierung »vergröberte Darstellung« von Γ ist. Wir wollen zunächst die sehr einfache Grundidee des Beweises skizzieren.

Entscheidend wichtig dabei ist, daß das System auf einen endlichen Raum eingeschlossen ist, so wie wir es modellmäßig durch das den Behälter charakterisierende Potential $\bar{V}$ in (1.1) getan haben. Die Folge davon ist, daß eine Energieschale $E - \frac{1}{2}\varDelta \le H \le E + \frac{1}{2}\varDelta$ ein *endliches* Volumen hat.

Gehen wir aus von einer Gesamtheit $\varrho(p_1, \dots; 0)$, die z. B. gleich einem $\varphi(a)$ mit einem makroskopischen Präparierverfahren a sein kann. $\omega(0)$ sei das Gebiet im Γ-Raum in dem $\varrho(p_1, \dots; 0)$ von Null verschieden ist, d. h. der sogenannte »Träger« von $\varrho(p_1, \dots; 0)$. Man kann aber auch als $\omega(0)$ das Gebiet wählen, in dem ein $\chi(\sigma; p_1, \dots,) = 1$ ist für ein Intervall σ um einen Nichtgleichgewichtszustand $\bar{z}$. Wir wollen zeigen, daß »fast« jede in $\omega(0)$ startende Bahn im Laufe der Zeit t immer wieder nach $\omega(0)$ zurückkehrt. Für den Beweis des Satzes kann $\omega(0)$ irgendein noch so kleines Gebiet sein. Wenden wir diesen Satz dann auf die oben für $\omega(0)$ angegebenen Beispiele an, so erhalten wir, daß fast jede Trajektorie auch in $\bar{Z}$ immer wieder in die Nähe des Anfangspunktes zurückkehren müßte.

Mit $\omega(t)$ sei das Gebiet bezeichnet, das aus $\omega(0)$ durch die Strömung im Γ-Raum (siehe VI, § 5.7) entsteht. Nach dem *Liouville*schen Satz (siehe VI, § 5.7) ist dann $v\big(\omega(t)\big) = v\big(\omega(0)\big)$ (siehe (4.5.29)). Mit $\Omega(t)$ sei die Vereinigung aller $\omega(t')$ für $t' \ge t$ bezeichnet. Es folgt sofort $\Omega(t) \subset \Omega(0)$ für $t \ge 0$. Man sieht nun sofort, daß $\Omega(t)$ dasjenige Gebiet ist, das aus $\Omega(0)$ durch die Strömung im Phasenraum Γ entsteht. Nach dem *Liouville*schen Satz ist also $v\big(\Omega(t)\big) = v\big(\Omega(0)\big)$.

Nehmen wir nun an, daß $\omega(0)$ in einer Energieschale mit *endlichem* Volumen liegt, so liegen in dieser Energieschale auch alle $\omega(t)$ und damit auch $\Omega(0)$. Also ist $v\big(\Omega(0)\big)$ endlich. Aus $\Omega(t) \subset \Omega(0)$ und $v\big(\Omega(0)\big) = v\big(\Omega(t)\big)$ und $v\big(\Omega(0)\big)$ endlich folgt dann $v\big(\Omega(0) \setminus \Omega(t)\big) = 0$, d. h. das Maß derjenigen Punkte, die in $\Omega(0)$, aber nicht in $\Omega(t)$ liegen, ist gleich Null. Also ist auch das Maß der Menge $\omega(0) \cap \big(\Omega(0) \setminus \Omega(t)\big) = \omega(0) \setminus \big(\omega(0) \cap \Omega(t)\big)$ gleich Null. Diese letztere Menge ist aber gerade die Menge aller derjenigen Anfangspunkte aus $\omega(0)$, für die die Bahn nicht zu irgendeiner Zeit $t' \ge t$ nach $\omega(0)$ zurückkehrt. Also kehren »fast alle« Bahnen, die in $\omega(0)$ starten, zu irgendeiner Zeit $t' \ge t$ nach $\omega(0)$ zurück.

Ein ganz analoger Satz gilt in der Quantenmechanik. Wir gehen dabei gleich wieder auf die allgemeine Formel (4.3.23) zurück, wobei wir dann in bezug auf die Makroregistrierungen und Makropräparierungen an (4.1.3) denken.

Dir Formel (4.3.23) mit diskretem ε_ϱ als Eigenwerten von H gilt ebenfalls gerade dann, wenn das System in einem endlichen Gebiet eingeschlossen ist (siehe § 4.3 vor der Formel (4.3.23))

$$(10.5.1) \qquad Sp(WU_t F U_t^+) = \sum_{\kappa, \varrho} e^{\frac{i}{\hbar}(\varepsilon_\varrho - \varepsilon_\kappa)t} \, Sp(WP_\varrho F P_\kappa).$$

(10.5.1) stellt eine »fastperiodische Funktion« von t dar (siehe A XII), die immer wieder ihrem Wert zur Zeit $t=0$ beliebig nahe kommt.

Ist also z. B. $W = \varphi(a)$ mit einem solchen $a \in \mathbb{Q}_m'$, daß zur Zeit $t=0$ die Wahrscheinlichkeit für $\chi(\sigma)$ mit einem σ außerhalb des Gleichgewichts praktisch gleich 1 ist, so muß es immer wieder Zeiten t geben, für die auch in guter Näherung

$$Sp\left(\varphi(a)U_t \chi(\sigma) U_t^+\right) \approx 1$$

ist, d. h. fast alle Systeme wieder in σ gelandet, d. h. zurückgekehrt sind.

Der eben dargestellte Widerkehreinwand scheint es also unmöglich zu machen, eine $\mathfrak{PT}_{th}$ in $\mathfrak{PT}_{q\,exp}$ oder $\mathfrak{PT}_{k\,exp}$ einzubetten, denn durch keine Auswahl der $\varphi(a)$ noch der $\chi(\sigma)$ kann man diesem Einwand entgehen.

Dieser Wiederkehreinwand ist ein schönes Beispiel dafür, wie man in einer physikalischen Theorie mit einem *idealisierten* Bild $\mathfrak{MT}$ (siehe III § 5 und 8) leicht aus $\mathfrak{MT}$ falsche Schlüsse auf die Wirklichkeit ziehen kann (siehe auch III, § 9), wenn man eben nicht genügend beachtet, daß $\mathfrak{MT}$ ein idealisiertes Bild ist. In unserem Fall liegt die Idealisierung darin, daß wir in $\mathfrak{MT}$ (sowohl für $\mathfrak{PT}_{th}$ wie für $\mathfrak{PT}_{q\,exp}$, $\mathfrak{PT}_{k\,exp}$) die Zeit t bis $+\infty$ laufen lassen. Wir haben auf diese Idealisierung schon in § 3 hingewiesen. Was nützt also der Beweis des Wiederkehrsatzes, wenn tatsächlich diejenige Zeit t_r, zu der eine solche »Wiederkehr« *mathematisch* stattfindet, in Wirklichkeit nicht mehr zum Grundbereich der betrachteten Theorie gehört (zum Grundbereich siehe III, § 2 bis 4; zum Schließen auf die Wirklichkeit siehe auch III, § 9)?

Wie kann es sein bzw. wieso muß es sogar so sein, daß eine solche Wiederkehrzeit t_r nicht mehr zum Grundbereich der Theorie $\mathfrak{PT}_{th}$ gehört? Gehört t_r nicht zum Grundbereich, so genügt es also, $\mathfrak{PT}_{th}$ auf Zeiten $t \ll t_r$ einzuschränken und nur so eingeschränkt in $\mathfrak{PT}_{q\,exp}$ einzubetten.

Wir wollen in diesem Buch hier das dahinter stehende mathematische Problem (das im allgemeinen auch noch nicht zufriedenstellend gelöst ist) nur beispielhaft aufzeigen:

Statt einer fastperiodischen Funktion betrachten wir eine periodische Funktion von besonders einfacher Struktur:

$$(10.5.2) \qquad f(t) = \sum_{\nu = -\infty}^{+\infty} e^{-\left(\frac{\nu}{n}\right)^2} e^{i\omega_0 \nu t}$$

Die Wiederkehrzeit T dieser Funktion ist

$$(10.5.3) \qquad T = \frac{2\pi}{\omega_0}.$$

n sei z. B. eine »große« ganze Zahl; dann ist $e^{-\left(\frac{v}{n}\right)^2}$ nur langsam veränderlich, wenn sich v ändert. Man kann dann (10.5.2) für nicht zu große t näherungsweise durch ein Integral ersetzen, indem man eine »Integrationsvariable« $\omega = \omega_0 v$ einführt:

$$(10.5.4) \qquad f(t) \approx \int_{-\infty}^{+\infty} e^{-\left(\frac{\omega}{\omega_0 n}\right)^2} e^{-i\omega t} \frac{d\omega}{\omega_0} = n\sqrt{\pi}\, e^{-\left(\frac{t}{\tau}\right)^2}$$

mit

$$(10.5.5) \qquad \tau = \frac{2}{n\omega_0} = \frac{T}{n\pi}.$$

Ist $t \gg \tau$, so ist $f(t)$ praktisch auf Null »abgeklungen«, d. h. $f(t)$ strebt einem konstanten »Gleichgewichtswert« Null zu. Dies kann aber nicht richtig sein, wenn t »sehr groß« wird, denn für $t = T$ nimmt $f(t)$ wieder denselben Wert wie für $t = 0$, d. h.,

$$f(0) = \sum_{v=-\infty}^{+\infty} e^{-\left(\frac{v}{n}\right)^2} \approx n\sqrt{\pi}$$

an. Daher die entscheidende Frage: bis zu welchen Zeiten t stellt (10.5.4) noch eine gute Näherung dar? Die Bedingung dafür ist, daß sich

$$e^{-\left(\frac{v}{n}\right)^2 + i\omega_0 v t}$$

bei Änderung von v auf $v+1$ »fast nicht« ändern darf, d. h., daß

$$(10.5.6) \qquad e^{i\omega_0 t} \approx 1 \quad \text{d. h.} \quad t \ll T$$

ist. Wenn man also nur Zeiten t mit

$$0 \leq t \ll T$$

betrachtet und wenn n sehr groß ist, so daß es ein großes Zeitintervall gibt, für das

$$\tau \ll t \ll T$$

gilt, so zeigt also $f(t)$ ein Verhalten, wie es einem »aperiodischen« Streben nach Null entspricht.

Versuchen wir dieses Beispiel auf unseren Fall (10.5.1) zu übertragen, so kann man ω_0 mit den kleinsten Frequenzen vergleichen, die in (10.5.1) auftreten, d.h. $\hbar\omega_0$ gleich dem *mittleren* Abstand zweier benachbarter Energieeigenwerte von H setzen. In (7.5.15) haben wir diesen mittleren Abstand abgeschätzt. Daraus ergibt sich für mehr als 10^{20} Teilchen in einem cm^3 eine Zeit $T \gg (10)^{10^{10}}$ Jahre.

Eine solche Zeit ist aber physikalisch ohne Sinn; nur im mathematischen Bild $\mathfrak{MT}$ von $\mathfrak{PT}_{q\,exp}$ tritt formal mathematisch eine so große Zeit im Bereich der Idealisierung des Zeitparameters t auf. Realiter ist aber jeder physikalische Begriff einer Zeit $t \gg (10)^{10^{10}}$ Jahre sinnlos, da er prinzipiell überhaupt nichts mit der Wirklichkeit zu tun hat, genauso wenig wie die Silberkörner einer Photographie (wobei die Photographie in Analogie zu $\mathfrak{MT}$ steht) irgendetwas mit dem photographierten Gegenstand zu tun haben (siehe II, § 4). Der Wiederkehreinwand ist also nichts anderes als ein amüsantes mathematisches Phänomen in $\mathfrak{MT}$, das aber nichts mit der Wirklichkeit zu tun hat, da es einen Ausschnitt des Bildes $\mathfrak{MT}$ von $\mathfrak{PT}_{q\,exp}$ (bzw. $\mathfrak{PT}_{k\,exp}$) betrifft, dem kein abgebildeter realer Sachverhalt entspricht.

An diesem Wiederkehreinwand kann man aber noch eine weitere, wichtige Tatsache lernen: Auch die diskreten Eigenwerte von H und damit H als Entscheidungsobservable haben kein Analogon in der Wirklichkeit; also nicht $\mathfrak{PT}_{q\,exp}$ ist die umfangreichere Theorie, sondern vielmehr die gesuchte $\mathfrak{PT}_m$, die uns lehren kann (durch Einbettung in $\mathfrak{PT}_{q\,exp}$, siehe III, § 7), welcher Ausschnitt aus $\mathfrak{PT}_{q\,exp}$ ein realistisches Bild der Wirklichkeit ist.

In unserem Beispiel konnten wir die Abklingzeit bis zum »Gleichgewicht« nach (10.5.5) angeben. Diese läßt sich natürlich nicht so leicht aus (4.5.1) ablesen. Es ist eben gerade das Anliegen der statischen Mechanik, die Abbildung d_τ aus (10.1.26) oder zumindest das zu d_τ zugehörige $\Delta(\alpha)$ nach (10.1.30) zu bestimmen. Durch eine Bestimmung von $\Delta(\alpha)$ wäre zwar noch nicht d_τ »berechnet«, da man dazu erst die Differentialgleichung (10.1.32) lösen müßte; aber man hat in (10.1.32) eine *allein* in $\mathfrak{PT}_{t\hbar}$ formulierte Problemstellung gewonnen.

In § 10.2 haben wir an einem Beispiel die Berechnung von $\Delta(\alpha)$ vorgeführt und die *Boltzmann*sche Stoßgleichung erhalten.

Der Wiederkehreinwand ist aber nicht die einzige Schwierigkeit, die sich dem Einbettungsproblem entgegenstellt. Eine weitere Schwierigkeit beruht auf einer scheinbaren Unverträglichkeit der Bewegungsumkehrinvarianz von $\mathfrak{PT}_{q\,exp}$ mit den dynamisch determinierten und *irreversiblen* Trajektorien, charakterisiert durch die Transformationen d_t, die z.B. für konstante α_v der Gleichung (10.1.10a) genügen. Wir wollen diesen Einwand nur im Falle zeitlich konstanter α_v diskutieren, da man sonst bei der Transformation der Bewegungsumkehr auch noch die in $\tilde{A}$ vorgegebene Kurve $\alpha(t)$ transformieren müßte.

Der Einwand läßt sich etwa so formulieren:

Wir denken uns Systeme nach einem $a \in \mathcal{Q}_m'$ so präpariert, daß sie zur Zeit $t=0$ Zustände aus einem kleinen Nichtgleichgewichtsgebiet σ_1 haben. Entsprechend den Voraussetzungen aus § 10.4 über die Möglichkeiten des makroskopischen Präparierens sei

$$(10.5.7) \qquad \varphi(a) = W = \frac{\chi(\sigma_1)}{Sp(\chi(\sigma_1))}.$$

σ_1 soll nicht sehr groß, aber auch nicht zu klein sein, so daß wir für die Wahrscheinlichkeit eines Zustandes aus σ_1 für die Systeme aus a praktisch 1 erhalten:

$$(10.5.8) \qquad 1 \approx Sp(\psi(a)\chi(\sigma_1)) = \frac{Sp(\chi(\sigma_1)^2)}{Sp(\chi(\sigma_1))}.$$

Die Bedingung (10.5.8) bedeutet, daß $\chi(\sigma_1)$ »fast« ein Projektionsoperator ist, d.h. daß die »meisten« Eigenwerte von $\chi(\sigma_1)$ so gut wie 1 sind (siehe dazu auch A XI (8), wo dieselbe Forderung für $\sigma^{(g)}$ auftrat).

Aus (10.1.26) folgt dann:

$$(10.5.9) \qquad \frac{Sp(U_\tau^+ \chi(\sigma_1) U_\tau \chi(d_\tau \sigma_1))}{Sp(\chi(\sigma_1))} \approx 1.$$

Mit der Abkürzung $U_\tau^+ \chi(\sigma_1) U_\tau = \chi_\tau(\sigma_1)$ kann man wegen $Sp(\chi(\sigma_1)) = Sp(\chi_\tau(\sigma_1))$ mit $W_\tau = \chi_\tau(\sigma_1)[Sp(\chi_\tau(\sigma_1))]^{-1}$ die Relation (10.5.9) auch schreiben:

$$(10.5.10) \qquad Sp(W_\tau \chi(d_\tau \sigma_1)) \approx 1.$$

Aus $Sp(WF) = 1$ für ein F mit $0 \leq F \leq 1$ folgt allgemein (siehe A VIII, § 10 in bezug auf die Wurzel eines Operators)

$$0 = Sp(W(1-F)) = Sp(\sqrt{W}(1-F)\sqrt{W}) =$$
$$= \sum_\nu \langle \varphi_\nu, \sqrt{W}(1-F)\sqrt{W}\varphi_\nu \rangle = \sum_\nu \langle \sqrt{W}\varphi_\nu, (1-F)\sqrt{W}\varphi_\nu \rangle$$

und damit (weil die φ_ν irgendein v.n.O. aus $\mathcal{H}$ sein können)

$$\langle \sqrt{W}\varphi, (1-F)\sqrt{W}\varphi \rangle = 0 \quad \text{für alle} \quad \varphi \in \mathcal{H}.$$

Wegen $\langle \sqrt{W}\varphi, (1-F)\sqrt{W}\varphi \rangle = \| \sqrt{1-F}\sqrt{W}\varphi \|^2$ ist also $\sqrt{1-F}\sqrt{W} = 0$ und damit (man braucht nur mit $\sqrt{1-F}$ von links und $\sqrt{W}$ von rechts zu multiplizieren): $(1-F)W = 0$, d.h. $W = FW$. Da W und F selbstadjungiert sind, folgt auch $W = W^+ = W^+ F^+ = WF$.

(10.5.10) ist also erfüllt, wenn

$$W_\tau \chi(d_\tau \sigma_1) = \chi(d_\tau \sigma_1) W_\tau = W_\tau$$

ist, d. h. wenn

$$(10.5.11) \qquad \chi_\tau(\sigma_1)\chi(d_\tau\sigma_1) = \chi(d_\tau\sigma_1)\chi_\tau(\sigma_1) = \chi_\tau(\sigma_1)$$

ist. Daraus folgt (da nach (10.5.11) $\chi_\tau(\sigma_1)$ mit $\chi(d_\tau\sigma_1)$ vertauschbar ist; siehe A VIII, § 7) wegen $\chi(d_\tau\sigma_1)\,(1-\chi_\tau(\sigma_1)) \geq 0$:

$$(10.5.12) \qquad \chi_\tau(\sigma_1) \leq \chi(d_\tau\sigma_1).$$

Ist umgekehrt (10.5.12) erfüllt, so folgt mit $0 \leq \chi(d_\tau\sigma_1) \leq 1$

$$\chi_\tau(\sigma_1)^2 \leq \sqrt{\chi_\tau(\sigma_1)}\,\chi(d_\tau\sigma_1)\,\sqrt{\chi_\tau(\sigma_1)} \leq \left(\sqrt{\chi_\tau(\sigma_1)^2}\right)^2 = \chi_\tau(\sigma_1)$$

und damit

$$Sp\left(\chi(\sigma_1)^2\right) = Sp\left(\chi_\tau(\sigma_1)^2\right) \leq Sp\left(\chi_\tau(\sigma_1)\chi(d_\tau\sigma_1)\right) \leq Sp\left(\chi_\tau(\sigma_1)\right) =$$
$$= Sp\left(\chi(\sigma_1)\right),$$

woraus mit (10.5.8) die Relation (10.5.10) folgt.

Mit der Bewegungsumkehrtransformation T nach XI (10.5.8) folgt aus XI (10.5.10) (siehe auch XI (10.5.11)):

$$(10.5.13) \qquad TU_\tau = U_\tau^+\, T.$$

Unmittelbar aus der Definition von T folgt $T^2 = 1$. Auf Grund der physikalischen Bedeutung von T (Umkehrung des Impulses; siehe XI, § 10.5) *setzen* wir *voraus*, daß der Bewegungsumkehrtransformation T eine (in bezug auf die Einbettung von $\mathfrak{PT}_{th}$ in $\mathfrak{PT}_{q\,exp}$) zugeordnete Transformation der Zustände $\bar{z} \to \bar{z}'$ entspricht, so daß (10.5.14) gilt; z. B. für die *Boltzmann*verteilung die folgende Transformation (siehe § 10.2):

$$f(\mathbf{v}, \mathbf{r}) \to f(-\mathbf{v}, \mathbf{r}).$$

Mit σ' sei die Menge aller $\bar{z}'$ mit $\bar{z} \in \sigma$ bezeichnet. Dann soll also für die Einbettung gelten:

$$(10.5.14) \qquad T\chi(\sigma)T = \chi(\sigma').$$

Wir schreiben jetzt kurz $d_\tau\sigma_1 = \sigma_2$. Mit σ_2' statt σ_1 folgt aus (10.5.12):

$$(10.5.15) \qquad U_\tau^+\,\chi(\sigma_2')\,U_\tau \leq \chi(d_\tau\sigma_2').$$

Mit (10.5.14) folgt also

$$U_\tau^+\,T\chi(\sigma_2)TU_\tau \leq \chi(d_\tau\sigma_2'),$$

und daraus mit (10.5.13):

$$(10.5.16) \qquad TU_\tau\chi(\sigma_2)U_\tau^+\,T \leq \chi(d_\tau\sigma_2').$$

Wegen $\sigma_2 = d_\tau \sigma_1$ gilt nach (10.5.12):

$$U_\tau^+ \chi(\sigma_1) U_\tau \leq \chi(\sigma_2)$$

und damit

$$\chi(\sigma_1) \leq U_\tau \chi(\sigma_2) U_\tau^+$$

und

$$(10.5.17) \qquad \chi(\sigma_1') = T\chi(\sigma_1)T \leq TU_\tau \chi(\sigma_2) U_\tau^+ T,$$

denn T führt positive Operatoren in positive über!

Mit (10.5.17) folgt aus (10.5.16):

$$(10.5.18) \qquad \chi(\sigma_1') \leq \chi(d_\tau \sigma_2').$$

Ist σ_1 eine Umgebung des Punktes $\bar{z}_1$, so folgt aus (10.5.12) mit $S_{th}(\bar{z}_1) = {}$ $= \log Sp\left(\chi(\sigma_1)\right)$ nach (4.4.6a) (siehe auch § 10.4):

$$(10.5.19) \qquad S_{th}(\bar{z}_1) \leq S_{th}(d_\tau \bar{z}_1),$$

d. h. der schon eingehend in § 10.4 untersuchte Entropiesatz. Da $Sp(TFT) = {}$ $= Sp(F)$ ist, folgt $Sp\left(\chi(\sigma_1)\right) = Sp\left(\chi(\sigma_1')\right)$ und damit $S_{th}(\bar{z}_1) = S_{th}(\bar{z}_1')$. Aus (10.5.19) folgt mit $d_\tau \bar{z}_1 = \bar{z}_2$ (σ_2 also eine Umgebung von $\bar{z}_2$):

$$(10.5.20) \qquad S_{th}(\bar{z}_1') \leq S_{th}(\bar{z}_2') \leq S_{th}(d_\tau \bar{z}_2').$$

Hat die Entropie von $\bar{z}_1$ nach $d_\tau \bar{z}_1$ *echt* zugenommen (ist also unter anderem τ nicht zu klein!), so ist auch $S_{th}(\bar{z}_1')$ wesentlich von $S_{th}(\bar{z}_2')$ und damit nach (10.5.20) auch von $S_{th}(d_\tau \bar{z}_2')$ verschieden; also muß dann $\bar{z}_1'$ wesentlich von $d_\tau \bar{z}_2'$ verschieden sein, d. h., für die Umgebungen von $\bar{z}_1'$ und $d_\tau \bar{z}_2'$ muß gelten:

$$(10.5.21) \qquad \sigma_1' \cap d_\tau \sigma_2' = \emptyset.$$

Wählt man ein Präparierverfahren $a' \in \mathcal{Q}_m'$ mit $\varphi(a') = \chi(\sigma_1') Sp\left(\chi(\sigma_1')\right)^{-1}$, so folgt aus (10.5.21)

$$\chi(\sigma_1' \cup d_\tau \sigma_2') = \chi(\sigma_1') + \chi(d_\tau \sigma_2')$$

und damit $Sp\left(\varphi(a')\chi(\sigma_1')\right) + Sp\left(\varphi(a')\chi(d_\tau \sigma_2')\right) \leq 1$. Aus (10.5.8) folgt wegen $Sp\left(\chi(\sigma_1')\right) = Sp\left(\chi(\sigma_1)\right)$ und $Sp\left(\chi(\sigma_1')^2\right) = Sp\left(\chi(\sigma_1)^2\right)$: $Sp\left(\varphi(a')\chi(\sigma_1')\right) \approx 1$ und damit:

$$(10.5.22) \qquad Sp\left(\varphi(a')\chi(d_\tau \sigma_2')\right) = \frac{Sp\left(\chi(\sigma_1')\chi(d_\tau \sigma_2')\right)}{Sp\left(\chi(\sigma_1')\right)} \approx 0.$$

Aus (10.5.18) würde aber genau wie oben aus (10.5.12) die Relation

$$(10.5.23) \qquad \frac{Sp\left(\chi(\sigma_1')\chi(d_\tau \sigma_2')\right)}{Sp\left(\chi(\sigma_1')\right)} \approx 1$$

folgen. (10.5.22) und (10.5.23) stehen im Widerspruch.

Es ist sehr nützlich, sich den hinter der obigen Ableitung liegenden Sachverhalt zu veranschaulichen. Dazu betrachte man nach Fig. 20 die verschiedenen Zustände in $\bar{Z}$.

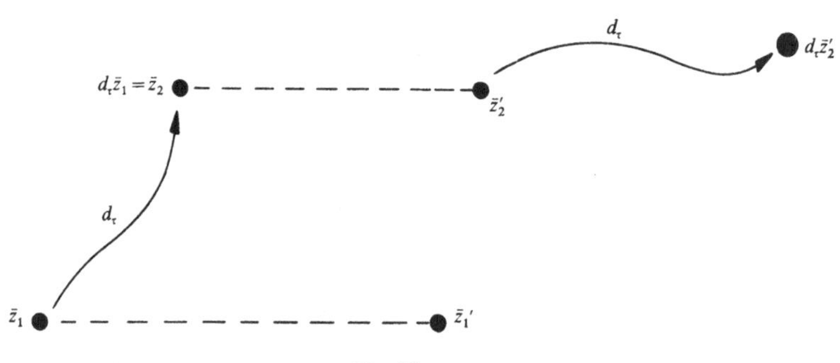

Fig. 20

Bei dem Übergang des Systems von $\bar{z}_1$ nach $\bar{z}_2$ in der Zeit τ *möge sich die Entropie merkbar vermehren*. Bei dem Übergang von $\bar{z}_2'$ nach $d_\tau\bar{z}_2'$ kann die Entropie ebenfalls nicht abnehmen. Bei den Bewegungsumkehrtransformationen $\bar{z}_1 \to \bar{z}_1'$, $\bar{z}_2 \to \bar{z}_2'$ bleibt die Entropie erhalten. »Bewegungsumkehr« in $\bar{Z}$ bedeutet nur Umkehr der Geschwindigkeitsrichtungen (z. B. in der Hydrodynamik), aber *nicht* Umkehr der Zeitentwicklung in $\bar{Z}$, denn die Punkte $\bar{z}_1'$ und $d_\tau\bar{z}_2'$ können nicht zusammenfallen, da die Entropie in beiden Punkten ganz verschieden sind. Daß aber die beiden Punkte $\bar{z}_1'$ und $d_\tau\bar{z}_2'$ auch nicht annähernd zusammenfallen, steht eben im Widerspruch mit (10.5.18)! Man mache sich noch an Beispielen klar, daß ein Übergang von $\bar{z}_2'$ nach $\bar{z}_1'$ d.h. die Umkehrung des Films vom Übergang $\bar{z}_1$ nach $\bar{z}_2$ (siehe auch XI, § 10.5!) mit der Erfahrung im Widerspruch steht; die Zeitentwicklung makroskopischer, thermodynamischer Systeme ist *tatsächlich* irreversibel.

Also: entweder ist die vorgestellte Einbettung von $\mathfrak{P}\mathfrak{T}_{th}$ in $\mathfrak{P}\mathfrak{T}_{q\,exp}$ unmöglich, oder aber die Relation (10.5.18) ist falsch. (10.5.18) beruhte auf der Anwendung von (10.5.12). Da wir (10.5.9) nicht verwerfen können, kann also nur eine Unzulänglichkeit bei der »Ableitung« von (10.5.12) aus (10.5.9) vorliegen.

Würde in (10.5.9) mathematisch exakt das Gleichheitszeichen gelten, so wäre (10.5.12) eine exakte Folge aus (10.5.9). Es muß also alles daran hängen, daß nicht mathematisch exakt

$$(10.5.24) \qquad \frac{Sp\left(U_\tau^+ \chi(\sigma) U_\tau \chi(d_\tau\sigma)\right)}{Sp\left(\chi(\sigma)\right)} = 1$$

sein kann! Handelt es sich bei dieser Feststellung nur um eine Ausflucht oder eine physikalisch wichtige Erkenntnis?

Gehen wir einmal umgekehrt vor: Setzen wir (10.5.22) als richtig voraus, da dies den Erfahrungen entspricht. Wie kann es sein, daß dann trotzdem die linke Seite von (10.5.24) »praktisch« gleich 1 ist?

Die von uns bei der »Ableitung« des Widerspruchs benutzten Gleichungen waren eigentlich (10.5.22), (10.5.9) und eine (10.5.9) entsprechende Gleichung für σ_2' statt σ_1:

$$(10.5.25) \qquad \frac{Sp\left(U_\tau^+ \chi(\sigma_2') U_\tau \chi(d_\tau \sigma_2')\right)}{Sp\left(\chi(\sigma_2')\right)} \approx 1.$$

Mit der oben benutzten Abkürzung $d_\tau \sigma_1 = \sigma_2$ lautet (10.5.9):

$$(10.5.26) \qquad \frac{Sp\left(U_\tau^+ \chi(\sigma_1) U_\tau \chi(\sigma_2)\right)}{Sp\left(\chi(\sigma_1)\right)} \approx 1.$$

(10.5.26) kann man folgendermaßen umformen mit Hilfe der Bewegungsumkehrtransformation T:

$$Sp\left(U_\tau^+ \chi(\sigma_1) U_\tau \chi(\sigma_2)\right) = Sp\left(T U_\tau^+ \chi(\sigma_1) U_\tau \chi(\sigma_2) T\right) =$$
$$= Sp\left(T U_\tau^+ \chi(\sigma_1) U_\tau T T \chi(\sigma_2) T\right).$$

Mit (10.5.13) und (10.5.14) folgt

$$Sp\left(U_\tau^+ \chi(\sigma_1) U_\tau \chi(\sigma_2)\right) = Sp\left(U_\tau \chi(\sigma_1') U_\tau^+ \chi(\sigma_2')\right) =$$
$$= Sp\left(\chi(\sigma_1') U_\tau^+ \chi(\sigma_2') U_\tau\right)$$

und ebenso $Sp\left(\chi(\sigma_1)\right) = Sp\left(\chi(\sigma_1')\right)$.
(10.5.26) geht damit über in

$$(10.5.27) \qquad \frac{Sp\left(\chi(\sigma_1') U_\tau^+ \chi(\sigma_2') U_\tau\right)}{Sp\left(\chi(\sigma_1')\right)} \approx 1.$$

Führen wir für die weiteren Rechnungen folgende Abkürzungen ein:

$$(10.5.28) \qquad \chi(\sigma_1') = F_1, \ U_\tau^+ \chi(\sigma_2') U_\tau = F_2, \ \chi(d_\tau \sigma_2') = F_3,$$

dann ist $0 \le F_i \le 1$ $(i = 1, 2, 3)$ und nach (10.5.22), (10.5.25), (10.5.27):

$$(10.5.29) \qquad \frac{Sp(F_1 F_2)}{Sp(F_1)} \approx 1, \quad \frac{Sp(F_2 F_3)}{Sp(F_2)} \approx 1, \quad \frac{Sp(F_1 F_3)}{Sp(F_1)} \approx 0.$$

Wir definieren R durch

$$F_2 = \sqrt{F_3}\, F_2 \sqrt{F_3} + R.$$

Dann wird

$$(10.5.30) \qquad \frac{Sp(F_1 F_2)}{Sp(F_1)} = \frac{Sp(F_1 \sqrt{F_3}\, F_2 \sqrt{F_3})}{Sp(F_1)} + \frac{Sp(RF_1)}{Sp(F_1)}.$$

Wegen $\sqrt{F_3}\, F_2 \sqrt{F_3} \leq \sqrt{F_3}\sqrt{F_3} = F_3$ ist

$$0 \leq \frac{Sp(F_1 \sqrt{F_3}\, F_2 \sqrt{F_3})}{Sp(F_1)} \leq \frac{Sp(F_1 F_3)}{Sp(F_1)}.$$

Mit (10.5.29) folgt aus (10.5.30)

$$\frac{Sp(RF_1)}{Sp(F_1)} \approx 1.$$

Für den durch $W = F_2 (Sp(F_2))^{-1}$ definierten statistischen Operator ist also

$$W = \sqrt{F_3}\, W \sqrt{F_3} + S \quad \text{mit} \quad S = R \left(Sp(F_2) \right)^{-1}.$$

Mit S statt R können wir dann auch schreiben:

$$Sp(SF_1)\, \frac{Sp(F_2)}{Sp(F_1)} = 1 + \delta$$

mit $|\delta| \ll 1$. Daraus folgt

$$(10.5.31) \qquad \frac{Sp(F_1)}{Sp(F_2)} \leq \left| \frac{1}{1+\delta} \right| \left| Sp(SF_1) \right| \leq \left| \frac{1}{1+\delta} \right| \|S\|_s,$$

wobei $\| \cdots \|_s$ die Spurnorm ist (A VIII, § 12). Schreiben wir die zweite Gleichung (10.5.29) in der Form

$$Sp(WF_3) = \frac{Sp(F_2 F_3)}{Sp(F_2)} = 1 - \varepsilon, \quad \text{d. h.} \quad S\left(W(1 - F_3) \right) = \varepsilon$$

um, so folgt mit $W = \sum_\nu w_\nu P_{\varphi_\nu}$:

$$(10.5.32) \qquad \sum_\nu w_\nu \langle \varphi_\nu, (1 - F_3) \varphi_\nu \rangle = \sum_\nu w_\nu \|\sqrt{1 - F_3}\, \varphi_\nu\|^2 = \varepsilon.$$

Aus $S = W - \sqrt{F_3}\, W \sqrt{F_3}$ folgt

$$S = \sum_\nu w_\nu \left(P_{\varphi_\nu} - \sqrt{F_3}\, P_{\varphi_\nu} \sqrt{F_3} \right)$$

und damit

$$\|S\|_s \leq \sum_\nu w_\nu \left\| P_{\varphi_\nu} - \sqrt{F_3}\, P_{\varphi_\nu} \sqrt{F_3} \right\|_s.$$

$P_{\varphi_v} - \sqrt{F_3}\, P_{\varphi_v}\sqrt{F_3}$ ist ein Operator, der nur in dem von φ_v und $\sqrt{F_3}\,\varphi_v$ aufgespannten zweidimensionalen Teilraum wirkt (d.h. $(P_{\varphi_v} - \sqrt{F_3}\, P_{\varphi_v}\sqrt{F_3})g = 0$ für alle g, die senkrecht auf φ_v und $\sqrt{F_3}\,\varphi_v$ stehen); daher ist (A VIII, § 12):

$$\|P_{\varphi_v} - \sqrt{F_3}\, P_{\varphi_v}\sqrt{F_3}\|_s \leq 2\|P_{\varphi_v} - \sqrt{F_3}\, P_{\varphi_v}\sqrt{F_3}\|,$$

wobei auf der rechten Seite die Operatornorm steht. Für diese folgt mit $\|\sqrt{F_3}\,\varphi_v\| \leq 1$ aus

$$\|P_{\varphi_v}g - \sqrt{F_3}\, P_{\varphi_v}\sqrt{F_3}\,g\| = \|\varphi_v\langle\varphi_v,g\rangle - \sqrt{F_3}\,\varphi_v\langle\sqrt{F_3}\,\varphi_v,g\rangle\| \leq$$

$$\leq \|\varphi_v\langle\varphi_v - \sqrt{F_3}\,\varphi_v,g\rangle\| + \|(\varphi_v - \sqrt{F_3}\,\varphi_v)\langle\sqrt{F_3}\,\varphi_v,g\rangle\| \leq$$

$$\leq 2\|\varphi_v - \sqrt{F_3}\,\varphi_v\|\,\|g\|$$

die Relation:

$$\|P_{\varphi_v} - \sqrt{F_3}\, P_{\varphi_v}\sqrt{F_3}\| \leq 2\|(1 - \sqrt{F_3})\varphi_v\|.$$

Damit ergibt sich schließlich folgende Abschätzung:

$$\|S\|_s \leq 4\sum_v w_v\|(1 - \sqrt{F_3})\varphi_v\|.$$

Aus $(\sqrt{1-F_3})^2 - (1 - \sqrt{F_3})^2 = 2\sqrt{F_3} - 2F_3$ und $\sqrt{F_3} \geq F_3$ folgt $(\sqrt{1-F_3})^2 \geq (1 - \sqrt{F_3})^2$ und damit $\|\sqrt{1-F_3}\,\varphi_v\| \geq \|(1 - \sqrt{F_3})\varphi_v\|$, so daß wir

$$(10.5.33) \qquad \|S\|_s \leq 4\sum_v w_v\|\sqrt{1-F_3}\,\varphi_v\|$$

erhalten. Mit Hilfe der *Schwarz*schen Ungleichung folgt

$$\sum_v w_v\|\sqrt{1-F_3}\,\varphi_v\| = \sum_v \sqrt{w_v}\,(\sqrt{w_v}\|\sqrt{1-F_3}\,\varphi_v\|) \leq$$

$$\leq \left(\sum_v w_v\right)^{1/2}\left(\sum_v w_v\|\sqrt{1-F_3}\,\varphi_v\|^2\right)^{1/2} =$$

$$= \left(\sum_v w_v\|\sqrt{1-F_3}\,\varphi_v\|^2\right)^{1/2}.$$

Zusammen mit (10.5.32) folgt aus (10.5.33)

$$\|S\|_s \leq 4\sqrt{\varepsilon}$$

und mit (10.5.31) die Relation

$$(10.5.34) \qquad \frac{Sp(F_1)}{Sp(F_2)} \leq \left|\frac{4}{1+\delta}\right|\sqrt{\varepsilon} \approx 0.$$

Die Bedingung (10.5.34) ist charakteristisch; denn ist sie erfüllt, so *können* ohne Widerspruch alle drei Gleichungen (10.5.29) erfüllt sein; z. B. indem man $F_2 = F_1 + F_{12}$ mit $F_{12}F_1 = 0$ und F_3 mit $F_3 F_1 = 0$, $F_3 F_{12} = F_{12}$ wählt. Dann wird nämlich:

$$\frac{Sp(F_1 F_2)}{Sp(F_1)} = \frac{Sp(F_1^2)}{Sp(F_1)} \approx 1,$$

$$\frac{Sp(F_2 F_3)}{Sp(F_2)} = \frac{Sp(F_1 F_3)}{Sp(F_2)} + \frac{Sp(F_{12} F_3)}{Sp(F_2)} = \frac{Sp(F_{12})}{Sp(F_2)} = 1 - \frac{Sp(F_1)}{Sp(F_2)}.$$

Mit $F_1 = \chi(\sigma_1')$, $F_2 = \chi(\sigma_2')$ und $Sp(\chi(\sigma')) = Sp(\chi(\sigma))$ lautet (10.5.34) explizit:

$$(10.5.35) \qquad \frac{Sp(\chi(\sigma_1))}{Sp(\chi(\sigma_2))} = \frac{Sp(\chi(\sigma_1))}{Sp(\chi(d_\tau \sigma_1))} \approx 0.$$

Die Einbettungsmöglichkeit von $\mathfrak{PT}_{th}$ in $\mathfrak{PT}_{q\,\mathrm{exp}}$ ist also nicht widerlegbar; sie hat aber eine wichtige Konsequenz, die durch (10.5.35) charakterisiert wird. Fassen wir zur Klarstellung dieser Konsequenz noch einmal das Ergebnis zusammen. Dabei benutzen wir die etwas anschaulicheren Zustandspunkte statt ihrer Umgebungen: $\bar z_1$ statt seiner Umgebung σ_1, $\bar z_2 = d_\tau \bar z_1$ statt $\sigma_2 = d_\tau \sigma_1$ und entsprechend $\bar z_1'$, $\bar z_2'$.

Geht in einer Zeit τ der Zustand des Systems von $\bar z_1$ nach $\bar z_2$ über und sind $\bar z_1$ und $\bar z_2$ wohl unterscheidbar, so nennt man diesen Übergang irreversibel, wenn ein System von $\bar z_2'$ in der Zeit τ nach $d_\tau \bar z_2'$ mit einem *wesentlich* von $\bar z_1'$ unterscheidbaren Zustand $d_\tau \bar z_2'$ übergeht. Ist in diesem Sinne der Übergang von $\bar z_1$ nach $\bar z_2$ irreversibel, so muß nach (10.5.35) mit $S_{th}(\bar z) = \log Sp(\chi(\sigma))$: gelten:

$$(10.5.36) \qquad e^{S_{th}(\bar z_1) - S_{th}(\bar z_2)} \approx 0.$$

Die Entropie kann also nicht konstant geblieben sein; es muß $S_{th}(\bar z_2) > S_{th}(\bar z_1)$ sein und zwar um soviel, daß sogar (10.5.36) gilt. Konstantbleiben der Entropie ist also mit Reversibilität äquivalent. Ist zwar nicht $S_{th}(\bar z_2) = S_{th}(\bar z_1)$ aber (10.5.36) nicht erfüllt, so sagt man, daß die Entropie fast konstant geblieben ist; dann muß aber $\bar z_1$ praktisch kaum von $d_\tau \bar z_2'$ unterscheidbar sein. Der Übergang $\bar z_1$ nach $\bar z_2$ ist dann fast reversibel.

Alles dies gilt natürlich nur für dynamisch determinierte Systeme. Es gibt aber durchaus auch Systeme, deren Entwicklung *nur* statistisch beschrieben werden kann. Aber auch dynamisch determiniert beschreibbare Systeme zeigen sogenannte Schwankungserscheinungen, sobald man zu verfeinerten Registrierungen übergeht. Bei der Beschreibung von Schwankungserscheinungen muß natürlich eine Beziehung der Art (10.5.36) nicht erfüllt sein; solchen statistischen Entwicklungen werden wir uns in § 11 zuwenden.

Unsere Überlegungen haben gezeigt, daß in der für das dynamisch determinierte Verhalten entscheidend wichtigen Gleichung (10.5.9) nicht exakt das

Gleichheitszeichen stehen kann. (10.5.9) war aus (10.1.26) entstanden. (10.1.26) war genau die Konsequenz der Voraussetzung, daß die für das dynamisch determinierte Verhalten wichtigen Abbildungen d_τ existieren. Wir hatten zwar (10.5.9) gewonnen, indem wir speziell $\varphi(a)$ nach (10.5.7) wählten und (10.5.8) voraussetzen. Man kann aber durchaus etwas anders (allerdings etwas umständlicher) vorgehen, indem man in (10.1.26) $\varphi(a)$ etwas »ungenauer« als (10.5.7) wählt, aber so, daß exakt (oder mit einem *physikalisch bedeutungslosen* Fehler; siehe auch weiter unten)

$$Sp\left(\varphi(a)\chi(\sigma)\right)=1$$

gilt. Das vorausgesetzte dynamisch determinierte Verhalten hätte dann nach (10.1.26) zur Folge:

$$(10.5.37)\qquad Sp\left(U_\tau^+\,\varphi(a)\,U_\tau\,\chi(d_\tau\sigma)\right)=1.$$

Aber auch das exakte Gleichheitszeichen in (10.5.37) würde zu einem Widerspruch führen. Also auch das Zeichen $\geq$ in (10.1.26) ist eigentlich durch ein Zeichen $\gtrsim$ zu ersetzen; es kann eben bei einigen $\varphi(a)$ die linke Seite von (10.1.26) mathematisch um einen physikalisch »hoffentlich« nicht mehr nachprüfbaren (siehe weiter unten), geringen Betrag kleiner als die rechte Seite sein.

Man hat oft die Tatsache, daß in (10.5.37) kein mathematisch exaktes Gleichheitszeichen stehen kann, so ausgedrückt: Die durch d_τ beschriebene dynamisch determinierte Entwicklung gilt nur mit »sehr großer« Wahrscheinlichkeit; z.B.: die *Boltzmann*sche Stoßgleichung aus § 10.2 gilt nur mit »sehr großer« Wahrscheinlichkeit. Man meint dann, daß es »im Prinzip« möglich ist, daß auch im Einzelfall andere Entwicklungen auftreten können, auch wenn so etwas bisher nicht registriert wurde. Bei solchen »Im-Prinzip-Aussagen« müssen wir aber vorsichtig sein.

Das dynamisch determinierte Verhalten scheint also mathematisch exakt der Einbettungsmöglichkeit von $\mathfrak{PT}_{th}$ in $\mathfrak{PT}_{q\exp}$ zu widersprechen. Die Frage, ob diese mathematisch exakte Unmöglichkeit von irgendeiner *physikalischen* Bedeutung ist, läßt sich nicht so leicht wie oben beim Wiederkehreinwand klären. Diese Frage zerfällt in zwei Teile:

(1) Welche Abweichungen einer Wahrscheinlichkeit vom mathematisch exakten Wert 1 sind physikalisch bedeutungslos, ja dürfen gar nicht als Aussagen über die Wahrscheinlichkeit interpretiert werden, wenn man nicht in den Fehler verfallen will, mathematische Idealisierungen aus dem Bild $\mathfrak{MT}$ als Abbildung realer Strukturen anzusehen (siehe dazu II, § 4 und III, §§ 5 und 8)? Dieser Frage werden wir uns allgemein in XVIII zuwenden (siehe auch [3] § 11).

(2) Sind die Abweichungen vom exakten Wert 1 in (10.5.37) tatsächlich so klein, daß sie physikalisch bedeutungslos sind? Auf die Frage (2) müssen wir versuchen, jetzt eine Antwort zu finden. Dies ist leider mathematisch schwie-

riger als beim Wiederkehreinwand. Eine mathematisch korrekte Abschätzung der linken Seite von (10.5.37) ist auch beispielhaft (etwa so beispielhaft wie oben beim Wiederkehreinwand) in nur sehr unvollkommener Weise möglich gewesen. Wir wollen deshalb versuchen, hier nur einige Aussagen an Hand der »Erfahrungen« zu machen.

Es gibt eine große Menge physikalischer Systeme, die thermodynamisch determiniert beschrieben werden können, bei denen also zu erwarten ist, daß die Abweichungen von 1 in (10.5.37) bei geeigneter, physikalisch sinnvoller Wahl von σ und $\varphi(a)$ physikalisch bedeutungslos ist. In diesem Fall hat die Aussage, daß eine Abweichung von dem determinierten Verhalten »im Prinzip« möglich wäre, keinen Sinn, außer man meint, daß es *immer* ganz ausgefallene Einzelfälle geben kann, die einer $\mathfrak{PT}$ widersprechen. Nicht dadurch also, ob eine Wahrscheinlichkeit mathematisch exakt 1 ist oder nicht, wird entschieden, ob ausgefallene Einzelfälle möglich sind. Ganz seltene, ausgefallene Einzelfälle können von der Physik *nie* (!) ausgeschlossen werden, da die Physik keine Philosophie über Seins*notwendigkeiten* darstellt (siehe III, XVIII und auch [3]).

Die Tatsache von Schwankungserscheinungen bei verfeinerter Registrierung (wie oben angedeutet; siehe auch § 11) ist *kein* Widerspruch gegen eine mögliche dynamisch determinierte Beschreibungsweise, wie manchmal angenommen wird. Die »gröbere«, aber dafür dynamisch determinierte Beschreibungsweise ist trotz einer »feineren«, auch die Schwankungen erfassenden Beschreibungsweise möglich, sobald die Schwankungen nicht das »mittlere« dynamisch determinierte Verhalten stören, d.h. solange die Schwankungen nicht zu instabilen Situationen führen. Also nur für *stabiles*, dynamisch determiniertes Verhalten (siehe A X) können wir erwarten, daß in (10.5.37) die Abweichung von 1 physikalisch *bedeutungslos* ist. Dies erscheint sehr vernünftig, da ja dann (wie wir oben sahen) aus (10.5.37) die Existenz einer (10.5.36) genügenden Entropie folgt (siehe zur Bedeutung der Existenz einer Entropie in bezug auf stabiles Verhalten auch A X).

Es gibt in der Natur auch instabiles Verhalten. Für solche Systeme ist die obige Beschreibungsweise durch die Abbildung d_τ nicht vollständig möglich, z.B. nicht in bezug auf die statistische Verteilung von Instabilitäten. Weder eine Darstellung noch einen Einblick in die bisherigen theoretischen Bemühungen zur Behandlung instabiler Phänomene (z.B. von Turbulenz) können wir hier in diesem Buch geben. Der Leser vergesse aber nicht die Vielfalt des Verhaltens makroskopischer Systeme, auch wenn wir hier theoretisch nur immer einige *einfache* Fälle behandeln können.

Fassen wir also zusammen: Nur für dynamisch determiniertes und stabiles Verhalten können wir also voraussetzen, daß in (10.5.37) »so gut wie« ein Gleichheitszeichen steht; und die Größe der Abweichung von 1 in (10.5.37) hängt nach der Ableitung von (10.5.34), (10.5.35) eng mit der Größe des Ausdrucks in (10.5.36) zusammen. Ein genügend starkes Anwachsen der Entropie »ermöglicht« eine dynamisch determinierte Beschreibung.

Wir wollen zum Schluß dieses § die im Rahmen des mathematischen Bildes von $\mathfrak{P}\mathfrak{T}_{q\,exp}$ etwas abstrakt durchgeführten Überlegungen, die uns zu (10.5.35) und damit zu (10.5.36) geführt haben, dadurch zu veranschaulichen versuchen, daß wir das Analogon in $\mathfrak{P}\mathfrak{T}_{k\,exp}$ beschreiben. Dazu diene uns Fig. 21, an der wir den Inhalt der Beweise demonstrieren wollen, statt diese nochmals von (10.5.7) bis (10.5.36) zu wiederholen, indem wir Sp durch $\int \dots$ und $U_\tau^+ \dots U_\tau$ durch den *Liouville*operator L_τ ersetzen.

Dem Zustand $\bar{z}$ mit einer gewissen Umgebung σ_1 entspricht auf der Energiefläche im Γ-Raum (richtiger in einer Energieschale) eine Funktion $\chi(\sigma_1; p_1, \dots)$, die in einem Gebiet (in Fig. 21 als schwarzer Fleck gekennzeichnet) praktisch den Wert 1 und außerhalb den Wert 0 hat. Als $\varphi(a)$ wählt man ein $\varrho_0(p_1, \dots)$, das bis auf die Normierung mit der Funktion $\chi(\sigma_1; p_1 \dots)$ übereinstimmt. Die Fig. 21 ist nur symbolisch zu nehmen, da der schwarze Fleck für $\chi(\sigma_1; \dots)$ eigentlich ganz zerfasert ist. Der log des Volumens dieses Flecks ist die Entropie im Zustand $\bar{z}_1$.

Nach einer Zeit τ geht ϱ_0 auf Grund der *Liouville*gleichung nach ϱ_τ unter Erhaltung des von ϱ eingenommenen Volumens über (siehe wieder VI, § 5.7). In Fig. 21 ist ϱ_τ durch einen zerfaserten schwarzen Fleck gekennzeichnet. Dieser schwarze Fleck von ϱ_τ liegt (fast) ganz in einem durch $\chi(\sigma_2)$ mit $\sigma_2 = d_\tau \sigma_1$ charakterisierten Gebiet; denn nur dann kann die Wahrscheinlichkeit für $\chi(\sigma_2)$ in der durch ϱ_τ charakterisierten Gesamtheit praktisch 1 sein. Entsprechend dem Anwachsen der Entropie haben wir das Gebiet von $\chi(\sigma_2)$ größer als das von $\chi(\sigma_1)$ gezeichnet. Wir wollen nun versuchen zu verstehen, daß das Volumen des zu $\chi(\sigma_2)$ gehörigen Gebietes unvergleichbar viel größer als das des zu $\chi(\sigma_1)$ gehörigen Gebietes sein muß.

Zunächst muß, wie wir eben sahen, ϱ_τ (fast) ganz in dem zu $\chi(\sigma_2)$ gehörigen Gebiet liegen, damit die Wahrscheinlichkeit von $\chi(\sigma_2)$ zur Zeit τ praktisch gleich 1 wird, also muß das zu $\chi(\sigma_1)$ gehörige Volumen kleiner als das zu $\chi(\sigma_2)$ gehörige Volumen sein, sonst ginge eben ϱ_τ (das vom selben Volumen wie $\chi(\sigma_1)$ ist!) nicht in das Gebiet von $\chi(\sigma_2)$ hinein. Dies ist der Beweis des Entropiesatzes.

Jetzt betrachten wir die Bewegungsumkehrtransformation T, die im Phasenraum mathematisch sehr einfach ist: alle p_i gehen in $-p_i$ über, alle q_i bleiben invariant (siehe XI, § 10.5). Das zu $\chi(\sigma_2)$ gehörige Gebiet geht dann in ein gleich großes zu $\chi(\sigma_2')$ gehöriges Gebiet über; ebenso $\chi(\sigma_1)$ in $\chi(\sigma_1')$. Dabei geht das schwarz gezeichnete Teilgebiet von $\chi(\sigma_2')$ in das ebenfalls schwarz gezeichnete Teilgebiet von $\chi(\sigma_2')$ über. Läßt man nun das zu $\chi(\sigma_2')$ gehörige Teilgebiet nach der *Liouville*gleichung eine Zeit τ laufen, so geht es in das ebenfalls in Fig. 21 schraffierte, aber zerklüftete Gebiet über; dabei aber *muß* wegen der Umkehrinvarianz der Bewegung im Γ-Raum dieses zerklüftete

Gebiet auch das zu $\chi(\sigma_1')$ gehörige Stück enthalten (siehe Fig. 21), da dieses aus dem schwarzen Teilgebiet von $\chi(\sigma_2')$ während der Zeit τ entsteht! Der überwältigend größte Teil dieses zerklüfteten Gebietes muß aber in dem zu $\chi(d_\tau\sigma_2')$ gehörigen Gebiet liegen, damit die Wahrscheinlichkeit für $\chi(d_\tau\sigma_2')$ zur Zeit τ praktisch gleich 1 wird.

Daraus folgt zweierlei: Das zu $\chi(\sigma_2')$ gehörige Volumen muß *wesentlich größer* als das zu $\chi(\sigma_1')$ gehörige Volumen sein. Das zu $\chi(\sigma_2')$ gehörige Gebiet kann nicht in ein Gebiet übergehen, das *ganz* in dem zu $\chi(d_\tau\sigma_2')$ gehörigen Gebiet liegt.

Da das Volumen zu $\chi(\sigma')$ gleich dem zu $\chi(\sigma)$ ist, ist also auch das zu $\chi(\sigma_2)$ gehörige Gebiet *wesentlich* größer als das zu $\chi(\sigma_1)$ gehörige Gebiet, was genau dem Ergebnis (10.5.35) entspricht; (10.5.35), nach $\mathfrak{PT}_{k\,\text{exp}}$ umgeschrieben, lautet nämlich:

$$(10.5.38) \qquad \frac{\int \chi(\sigma_1\,;p_1\ldots)dp_1\ldots}{\int \chi(\sigma_2\,;p_1\ldots)dp_1\ldots} \approx 0.$$

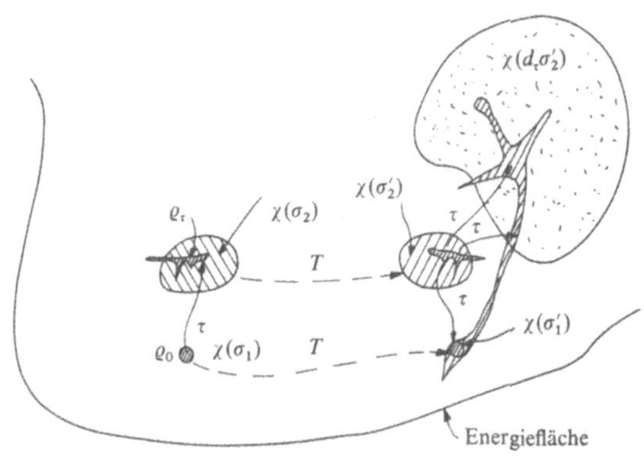

Fig. 21

Ersetzt man in Gedanken die Gebiete aus Fig. 21 durch Teilräume des *Hilbert*raumes und das Volumen aus Fig. 21 durch die Dimension der Teilräume, so hat man etwa eine Vorstellung von den Effekten $\chi(\sigma)$, die eben »annähernd« Projektionsoperatoren auf diese Teilräume sind. Man kann so verstehen, »wie« es zustandekommen kann, daß sich die thermodynamischen Observablen zeitlich determiniert und irreversibel entwickeln.

Man erkennt damit zwei Probleme: Erstens, mathematisch exakt nachzuweisen, daß die geschilderte, approximative Einbettung von $\mathfrak{PT}_{th}$ in $\mathfrak{PT}_{q\,\text{exp}}$ im Prinzip möglich ist; ganz grob haben wir durch Fig. 21 die Idee geschildert, wie ein solcher Beweis laufen müßte; wir können hier einen solchen Beweis nicht durchführen, zumal auch alle bisher durchgeführten Beweisversuche unzulänglich sind. Zweitens wäre zu fragen, wieso die $\chi(\sigma)$ gerade die geschilderten Eigenschaften haben, d.h. wie man überhaupt zu den thermodynamischen Observablen kommt, d.h. theoretisch und nicht nur von der Erfahrung her den Zustandsraum $\bar{Z}$ genauer bestimmen könnte. Dieses zweite Problem ist nicht gelöst; Überlegungen zu diesem Problem siehe § 12.

§ 10.6. Hydrodynamik und Boltzmannsche Stoßgleichung

Sowohl für die praktische Anwendung der *Boltzmann*schen Stoßgleichung wie als Beispiel zu dem Prozeß der Einschränkung und Einbettung wie er allgemein in III, § 7 diskutiert wurde, ist der Übergang von der Theorie aus § 10.2 zur Hydrodynamik aus XIV, § 2.7 interessant.

Zunächst gehen wir von $\bar{Z}$ als Menge der *Boltzmann*verteilungen $f(\mathbf{v}, \mathbf{r})$ zu einem Z_h über, dessen Punkte aus folgenden Feldtripeln $(\mu, \mathbf{u}, \theta)$ (Felder nur noch im Ort!) bestehen:

$$\mu(\mathbf{r}) = m \int f(\mathbf{v}, \mathbf{r}) d^3\mathbf{v},$$

$$(10.6.1) \qquad \mathbf{u}(\mathbf{r}) = m\mu(\mathbf{r})^{-1} \int \mathbf{v} f(\mathbf{v}, \mathbf{r}) d^3\mathbf{v},$$

$$\theta(\mathbf{r}) = \frac{2}{3} m\mu(\mathbf{r})^{-1} \int \frac{m}{2} |\mathbf{v} - \mathbf{u}(\mathbf{r})|^2 f(\mathbf{v}, \mathbf{r}) d^3\mathbf{v}.$$

Oft *nennt* man das so definierte $\theta(\mathbf{r})$ die Temperatur an der Stelle $\mathbf{r}$. Die Benutzung des Wortes Temperatur ist mißverständlich, da kein Fastgleichgewicht vorzuliegen braucht (siehe XIV, § 2 und weiter unten).

(10.6.1) stellt eine Abbildung $\bar{Z} \overset{g}{\longrightarrow} Z_h$ dar. Aus einer Trajektorie $\bar{z}(t)$ in $\bar{Z}$ entsteht dadurch eine Trajektorie $g\bar{z}(t)$ in Z_h. Jede Lösung $f(\mathbf{v}, \mathbf{r}, t)$ der *Boltzmann*schen Stoßgleichung (10.2.51) bestimmt also nach (10.6.1) eine Trajektorie $(\mu(\mathbf{r}, t), \mathbf{u}(\mathbf{r}, t), \theta(\mathbf{r}, t))$ in Z_h. Es ist aber nicht gesagt, daß die Trajektorien in Z_h wieder ein dynamisch determiniertes Verhalten zeigen; denn es könnte verschiedene $f(\mathbf{v}, \mathbf{r}, 0)$ geben, die *dasselbe* Anfangstripel $(\mu(\mathbf{r}, 0), \mathbf{u}(\mathbf{r}, 0), \theta(\mathbf{r}, 0))$ liefern; aber für spätere Zeiten t könnten die verschiedenen $f(\mathbf{v}, \mathbf{r}, t)$ auch *verschiedene* $(\mu(\mathbf{r}, t), \mathbf{u}(\mathbf{r}, t), \theta(\mathbf{r}, t))$ liefern.

Da $m, m\mathbf{v}$ und $\frac{m}{2} |\mathbf{v} - \mathbf{u}(\mathbf{r})|^2$ additive Stoßinvarianten sind (siehe (10.4.10)), gilt nach (10.3.11) und (10.3.12)

$$(10.6.2) \qquad \frac{\partial}{\partial t} \mu(\mathbf{r}, t) + \operatorname{div} (\mu(\mathbf{r}, t) \mathbf{u}(\mathbf{r}, t)) = 0,$$

$$(10.6.3) \qquad \frac{\partial}{\partial t} (\mu \mathbf{u}) + \nabla \cdot \int m \mathbf{v} \mathbf{v} f d^3\mathbf{v} = 0$$

und*

$$\frac{\partial}{\partial t}\left(\frac{3}{2m}\,\mu\theta\right)+\nabla\cdot\int\mathbf{v}\,\frac{m}{2}\,|\mathbf{v}-\mathbf{u}|^2 f d^3\mathbf{v}+$$

(10.6.4)

$$+\sum_{\varrho,\nu} u_{\varrho|\nu}\int m(v_\varrho-u_\varrho)v_\nu f d^3\mathbf{v}=0.$$

Die beiden Gleichungen (10.6.3) und (10.6.4) kann man noch etwas umformen mit Hilfe von

$$\int m(v_\nu-u_\nu)\,(v_\mu-u_\mu)f d^3\mathbf{v}=\int mv_\nu v_\mu f d^3\mathbf{v}-\mu u_\nu u_\mu,$$

$$\int(\mathbf{v}-\mathbf{u})\,\frac{m}{2}\,|\mathbf{v}-\mathbf{u}|^2 f d^3\mathbf{v}=\int\mathbf{v}\,\frac{m}{2}\,|\mathbf{v}-\mathbf{u}|^2 f d^3\mathbf{v}-\mathbf{u}\,\frac{3}{2m}\,\mu\theta,$$

$$\int m(v_\varrho-u_\varrho)\,(v_\nu-u_\nu)f d^3 v=\int m(v_\varrho-u_\varrho)v_\nu f d^3\mathbf{v}$$

und der Gleichung (10.6.2):

(10.6.5) $$\mu\,\frac{\partial u_\nu}{\partial t}+\mu\sum_\varrho u_{\nu|\varrho}u_\varrho+\sum_\varrho t_{\nu\varrho|\varrho}=0,$$

(10.6.6) $$c_V\mu\,\frac{\partial\theta}{\partial t}+c_V\mu\mathbf{u}\cdot\mathrm{grad}\,\theta+\sum_{\varrho,\nu}u_{\varrho|\nu}t_{\varrho\nu}+\mathrm{div}\,\mathbf{s}=0,$$

wobei zur Abkürzung gesetzt wurde:

$$t_{\nu\varrho}=\int m(v_\nu-u_\nu)\,(v_\varrho-u_\varrho)f d^3\mathbf{v},$$

(10.6.7) $$\mathbf{s}=\int(\mathbf{v}-\mathbf{u})\,\frac{m}{2}\,|\mathbf{v}-\mathbf{u}|^2 f d^3\mathbf{v},$$

$$c_V=\frac{3}{2m}.$$

Die Gleichung (10.6.2) ist mit XIV (2.7.17) identisch, denn die in (10.6.1) definierten Größen μ und $\mathbf{u}$ stimmen auf Grund ihrer durch (10.6.1) auf $f(\mathbf{v},\mathbf{r})$ *zurückgeführten* physikalischen Interpretation mit der in XIV § 2.7 *zugrundegelegten* Interpretation der Größen μ und $\mathbf{u}$ überein; siehe dazu auch die weiter unten gemachten Bemerkungen zur Einbettung. θ ist zwar, wie schon oben nach (10.6.1) bemerkt, auf Grund der durch (10.6.1) auf $f(\mathbf{v},\mathbf{r})$ zurückgeführten Interpretation keine Temperatur, sondern zunächst ist nach (10.6.1) mit (10.6.7) nur das Produkt $(c_V\theta)$ physikalisch interpretiert als »innere Energie« pro Masseneinheit, d.h. stimmt mit der physikalischen Interpretation von $(c_V T)$ aus XIV, § 2.7 überein.

---

* $|\nu$ *bedeutet* $\dfrac{\partial}{\partial x_\nu}$.

Die Gleichungen (10.6.5), (10.6.6) stimmen formal mit XIV (2.7.25) und XIV (2.7.39) überein. Während aber in den letzteren Gleichungen aus XIV, § 2.7 explizite von den Feldern μ, **u**, T abhängige Ausdrücke für den Tensor $t_{v\varrho}$ und den Vektor **s** stehen, stehen in (10.6.5), (10.6.6) Größen, die nach (10.6.7) aus einer im allgemeinen *nicht allein* von μ, **u**, θ abhängigen Verteilungsfunktion f zu berechnen sind! (10.6.2), (10.6.5), (10.6.6) bilden also noch kein in sich geschlossenes Gleichungssystem für die Dynamik in $\bar{Z}_h$ so wie die *Navier-Stokes*schen Gleichungen aus XIV, § 2.7. Die durch die *Boltzmann*sche Stoßgleichung beschriebene determinierte Dynamik braucht eben noch nicht zu einer in $\bar{Z}_h$ determinierten Dynamik zu führen, wie wir gleich nach (10.6.1) bemerkten. Dies kann sich ändern, wenn man die Betrachtungen auf spezielle Verteilungsfunktionen einschränkt.

Deshalb gehen wir in einem zweiten Schritt zu einer Teilmenge $\bar{Z}_e \subset \bar{Z}$ über. Die Teilmenge $\bar{Z}_e$ sei die Menge aller derjenigen $f(\mathbf{v}, \mathbf{r})$, die nur »wenig von lokalen *Maxwell*verteilungen (10.4.10) abweichen«, d. h. die $f \in \bar{Z}_e$ mögen die Form haben:

$$(10.6.8) \qquad f(\mathbf{v}, \mathbf{r}) = C(\mathbf{r})\, e^{-\frac{m\,|\mathbf{v} - \mathbf{u}'(\mathbf{r})|^2}{2\,T(\mathbf{r})}}\, \big(1 + \eta(\mathbf{v}, \mathbf{r})\big)$$

mit $|\eta(\mathbf{v}, \mathbf{r})| \ll 1$. Wir schreiben kurz

$$(10.6.9) \qquad f_l(\mathbf{v}, \mathbf{r}) = C(\mathbf{r})\, e^{-\frac{m\,|\mathbf{v} - \mathbf{u}'(\mathbf{r})|^2}{2\,T(\mathbf{r})}} .$$

Für $\eta(\mathbf{v}, \mathbf{r})$ fordern wir noch

$$\int f_l(\mathbf{v}, \mathbf{r})\,\eta(\mathbf{v}, \mathbf{r})\,d^3\mathbf{v} = 0,$$

$$(10.6.10) \qquad \int f_l(\mathbf{v}, \mathbf{r})\,\mathbf{v}\eta(\mathbf{v}, \mathbf{r})\,d^3\mathbf{v} = 0,$$

$$\int f_l(\mathbf{v}, \mathbf{r})\,\frac{m}{2}\,|\mathbf{v} - \mathbf{u}'(\mathbf{r})|^2\eta(\mathbf{v}, \mathbf{r})\,d^3\mathbf{v} = 0.$$

Die Einschränkung auf die Teilmenge $\bar{Z}_e$ hat nach (10.6.8) zur Folge, daß $T(\mathbf{r})$ physikalisch als »Temperatur am Ort **r**« definiert ist, denn (10.6.9) stellt eine Gleichgewichtsverteilung (siehe Ende von § 10.4) von der Temperatur $T(\mathbf{r})$ dar in einem Koordinatensystem, das sich mit der Geschwindigkeit $\mathbf{u}'(\mathbf{r})$ mit dem Gas mitbewegt.

Würde man η in (10.6.8) ohne Berücksichtigung der Nebenbedingungen (10.6.10) definieren, so würde (10.6.8) keine eindeutige Definition von η darstellen, da kleine Änderungen von $C(\mathbf{r})$, $\mathbf{u}'(\mathbf{r})$ und $T(\mathbf{r})$ zu Änderungen von η führen. Die Eindeutigkeit der Definition von η wird durch (10.6.8) zusammen mit (10.6.10) hergestellt. Dies folgt sofort daraus, daß die drei Größen μ, **u** und θ aus (10.6.1) für $f = f_l$ nach (10.6.9) und für f nach (10.6.8) auf Grund der

Bedingungen (10.6.10) dieselben Werte annehmen:

$$\mu(\mathbf{r}) = \frac{1}{\sqrt{m}}\, C(\mathbf{r})\, (2\pi T(\mathbf{r}))^{3/2},$$

$$\mathbf{u}(\mathbf{r}) = \mathbf{u}'(\mathbf{r}),$$

$$\theta(\mathbf{r}) = T(\mathbf{r}).$$

Deshalb schreibt man (10.6.8), (10.6.9) um in der Form

$$(10.6.11)\qquad f(\mathbf{v},\mathbf{r}) = f_l(\mathbf{v},\mathbf{r})\,(1+\eta(\mathbf{v},\mathbf{r}))\quad \text{mit}\quad |\eta| \ll 1,$$

$$(10.6.12)\qquad f_l(\mathbf{v},\mathbf{r}) = \frac{\mu(\mathbf{r})\, m^{1/2}}{(2\pi T(\mathbf{r}))^{3/2}}\, e^{-\frac{m|\mathbf{v}-\mathbf{u}(\mathbf{r})|^2}{2T(\mathbf{r})}}.$$

Durch (10.6.11), (10.6.12), (10.6.10) ist die Teilmenge $\bar{Z}_e$ von $\bar{Z}$ charakterisiert.

Schränkt man nun die durch (10.6.1) definierte Abbildung $\bar{Z} \xrightarrow{g} \bar{Z}_h$ auf $\bar{Z}_e$ ein, d.h. betrachtet nur noch die Abbildung

$$f_l(\mathbf{v},\mathbf{r})\,(1+\eta(\mathbf{v},\mathbf{r})) \to (\mu(\mathbf{r}), \mathbf{u}(\mathbf{r}), T(\mathbf{r}))$$

mit f_l nach (10.6.12) und mit den Nebenbedingungen (10.6.10) für η, so wird – wie wir jetzt skizzenhaft beweisen wollen – die Abbildung g zu einer bijektiven Abbildung $\bar{Z}_e \to Z_h$; und damit führt die dynamisch determinierte Bewegung in $\bar{Z}$ auch zu einer dynamisch determinierten Bewegung in Z_h, wenn in $\bar{Z}_e$ startende Trajektorien nicht aus $\bar{Z}_e$ herausführen.

Für diesen Beweis des dynamisch determinierten Verhaltens in Z_h müßte man also zunächst *nachweisen*, daß eine in $\bar{Z}_e$ beginnende Trajektorie tatsächlich nicht aus $\bar{Z}_e$ herausläuft, d.h. daß $|\eta(\mathbf{v},\mathbf{r},t)| \ll 1$ aus $|\eta(\mathbf{v},\mathbf{r},0)| \ll 1$ folgt. Wir wollen hier dieses schwierige »Stabilitätsproblem« nicht untersuchen (siehe z.B. [21]). Wir wollen vielmehr *voraussetzen*, daß $|\eta(\mathbf{v},\mathbf{r},t)| \ll 1$ für alle t gilt. Setzen wir (10.6.11) in (10.2.51) ein, so erhält man (da der Stoßterm für $f=f_l$ verschwindet!) für die rechte Seite von (10.2.51) den in η linearen Ausdruck (wegen $|\eta| \ll 1$ können alle höheren Potenzen in η weggelassen werden):

$$\int [(\eta(\mathbf{v}') + \eta(\bar{\mathbf{v}}'))f_l(\mathbf{v}')f_l(\bar{\mathbf{v}}') -$$
$$- (\eta(\mathbf{v}) + \eta(\bar{\mathbf{v}}))f_l(\mathbf{v})f_l(\bar{\mathbf{v}})]\,|\mathbf{v}-\bar{\mathbf{v}}|\,d\sigma_{\mathbf{v},\bar{\mathbf{v}} \to \mathbf{v}',\bar{\mathbf{v}}'}\,d^3\mathbf{v},$$

wobei wir die »Parameter« $\mathbf{r}, t$ in η und f nicht explizit aufgeschrieben haben.

Wegen $f_l(\mathbf{v}')f_l(\bar{\mathbf{v}}') = f_l(\mathbf{v})f_l(\bar{\mathbf{v}})$ (siehe dazu (10.4.9) bis (10.4.10)) kann man diesen Ausdruck auch in der Form

$$\int f_l(\mathbf{v})f_l(\bar{\mathbf{v}})\,[\eta(\mathbf{v}') + \eta(\bar{\mathbf{v}}') - \eta(\mathbf{v}) - \eta(\bar{\mathbf{v}})] \cdot |\mathbf{v}-\bar{\mathbf{v}}|\,d\sigma_{\mathbf{v},\bar{\mathbf{v}} \to \mathbf{v}',\bar{\mathbf{v}}'}\,d^3\bar{\mathbf{v}}$$

schreiben. Die rechte Seite von (10.2.51) wird also klein im Sinne von $|\eta| \ll 1$; daher muß auch die linke Seite von derselben Größenordnung sein, d. h.

$$(10.6.13) \qquad \frac{\partial f_l(\mathbf{v}, \mathbf{r}, t)}{\partial t} + \mathbf{v} \cdot \operatorname{grad}_{\mathbf{r}} f_l(\mathbf{v}, \mathbf{r}, t)$$

muß klein von der Größenordnung η werden. Dies bedeutet, daß man eigentlich nicht ganz Z_h betrachten darf, sondern nur eine Teilmenge, für die die $\mu, \mathbf{u}, T$ in $\mathbf{r}, t$ nicht zu schnell variieren (siehe dazu noch einmal die Bemerkungen zur Frage der Einbettung). Ist aber (10.6.13) von derselben Größenordnung wie η, so kann man beim Einsetzen von f nach (10.6.11) auf der linken Seite von (10.2.51) η vernachlässigen (denn dies würde quadratischen Gliedern in η auf der rechten Seite entsprechen). Damit folgt aus (10.2.51) die Gleichung:

$$\frac{\partial}{\partial t} f_l(\mathbf{v}, \mathbf{r}, t) + \mathbf{v} \cdot \operatorname{grad}_{\mathbf{r}} f_l(\mathbf{v}, \mathbf{r}, t) =$$

$$(10.6.14) \qquad = \int f_l(\mathbf{v}, \mathbf{r}, t) f_l(\bar{\mathbf{v}}, \mathbf{r}, t) \left[\eta(\mathbf{v}', \mathbf{r}, t) + \eta(\bar{\mathbf{v}}', \mathbf{r}, t) - \right.$$
$$\left. - \eta(\mathbf{v}, \mathbf{r}, t) - \eta(\bar{\mathbf{v}}, \mathbf{r}, t) \right] |\mathbf{v} - \bar{\mathbf{v}}| \, d\sigma_{\mathbf{v}, \bar{\mathbf{v}} \to \mathbf{v}', \bar{\mathbf{v}}'} \, d^3\mathbf{v}.$$

In die Gleichung (10.6.14) gehen $\mathbf{r}, t$ nur als Parameter ein; wir wollen diese Parameter daher bei der weiteren Diskussion von (10.6.14) in der Schreibweise unterdrücken, so wie wir das schon oben getan haben. Außerdem kürzen wir ab:

$$(10.6.15) \qquad \xi(\mathbf{v}) = \frac{\partial f_l(\mathbf{v}, \mathbf{r}, t)}{\partial t} + \mathbf{v} \cdot \operatorname{grad}_{\mathbf{r}} f_l(\mathbf{v}, \mathbf{r}, t).$$

(10.6.14) und die Nebenbedingungen (10.6.10) kann man dann schreiben:

$$(10.6.16) \qquad \int f_l(\mathbf{v}) f_l(\bar{\mathbf{v}}) \left[\eta(\mathbf{v}') + \eta(\bar{\mathbf{v}}') - \eta(\mathbf{v}) - \eta(\bar{\mathbf{v}}) \right] |\mathbf{v} - \bar{\mathbf{v}}| \, d\sigma d^3\mathbf{v} = \xi(\mathbf{v});$$

$$(10.6.17) \qquad \int f_l(\mathbf{v}) \eta(\mathbf{v}) d^3\mathbf{v} = 0, \quad \int f_l(\mathbf{v}) \mathbf{v} \eta(\mathbf{v}) d^3\mathbf{v} = 0,$$
$$\int f_l(\mathbf{v}) |\mathbf{v} - \mathbf{u}|^2 \eta(\mathbf{v}) d^3\mathbf{v} = 0.$$

Die linke Seite von (10.6.16) stellt einen auf η wirkenden linearen Operator dar. Wir wollen zeigen, daß er symmetrisch ist, d. h. daß der Ausdruck

$$(10.6.18) \qquad \int \tilde{\eta}(\mathbf{v}) f_l(\mathbf{v}) f_l(\bar{\mathbf{v}}) \left[\eta(\mathbf{v}') + \eta(\bar{\mathbf{v}}') - \eta(\mathbf{v}) - \eta(\bar{\mathbf{v}}) \right] |\mathbf{v} - \bar{\mathbf{v}}| \, d\sigma d^3\mathbf{v} d^3\bar{\mathbf{v}}$$

invariant gegenüber Vertauschung von $\tilde{\eta}$ mit η ist. Um dies zu zeigen, forme man (10.6.18) nach derselben Methode wie bei der Ableitung von (10.3.9) um. Wegen der Eigenschaft (10.4.9) von f_l geht dann (10.6.18) über in

$$(10.6.19) \qquad \tfrac{1}{4} \int \left[\tilde{\eta}(\mathbf{v}) + \tilde{\eta}(\bar{\mathbf{v}}) - \tilde{\eta}(\mathbf{v}') - \tilde{\eta}(\bar{\mathbf{v}}') \right] f_l(\mathbf{v}) f_l(\bar{\mathbf{v}}) \cdot$$
$$\cdot \left[\eta(\mathbf{v}') + \eta(\bar{\mathbf{v}}') - \eta(\mathbf{v}) - \eta(\bar{\mathbf{v}}) \right] d\sigma d^3\mathbf{v} d^3\bar{\mathbf{v}},$$

woraus sofort die Invarianz gegenüber Vertauschung von η und $\tilde{\eta}$ ersichtlich ist.

Sei $\eta_0(\mathbf{v})$ eine Lösung der homogenen Gleichung (10.6.16) (d. h. für $\xi(\mathbf{v})=0$). Multipliziert man (10.6.16) mit $\eta_0(\mathbf{r})$ und integriert über $\mathbf{v}$, so folgt über (10.6.19) mit $\tilde{\eta}=\eta_0$, daß $\xi(\mathbf{v})$ »orthogonal« zu $\eta_0(\mathbf{v})$ sein muß:

$$(10.6.20) \quad \int \eta_0(\mathbf{v})\,\xi(\mathbf{v})\,d^3\mathbf{v}=0.$$

Für eine Lösung η_0 der homogenen Gleichung folgt, daß (10.6.19) für $\tilde{\eta}=\eta=\eta_0$ gleich Null sein muß. Daraus folgt sofort

$$(10.6.21) \quad \eta_0(\mathbf{v})+\eta_0(\bar{\mathbf{v}})=\eta_0(\mathbf{v}')+\eta_0(\bar{\mathbf{v}}'),$$

d. h. daß η_0 eine additive Stoßinvariante sein muß. Daraus folgt, daß es nur die in (10.4.10) angegebene linear unabhängigen Lösungen der homogenen Gleichung gibt. Statt dieser, kann man auch

$$1,\ \mathbf{v},\ |\mathbf{v}-\mathbf{u}|^2$$

benutzen. Also muß $\xi(\mathbf{v})$ folgende drei Bedingungen erfüllen:

$$(10.6.22) \quad \int \xi(\mathbf{v})\,d^3\mathbf{v}=0,\ \int \mathbf{v}\,\xi(\mathbf{v})\,d^3\mathbf{v}=0,\ \int |\mathbf{v}-\mathbf{u}|^2\xi(\mathbf{v})\,d^3\mathbf{v}=0.$$

Diese drei Bedingungen sind aber gerade mit den Gleichungen (10.6.2), (10.6.5), (10.6.6) für $f=f_l$ auf Grund der Herleitung dieser Gleichungen äquivalent! Für $f=f_l$ folgt aus der Kugelsymmetrie von f_l um den Punkt $\mathbf{u}$ aus (10.6.7) sofort mit (10.6.1):

$$(10.6.23) \quad \mathbf{s}=0,\ t_{v\varrho}=\delta_{v\varrho}\,\frac{2}{3}\int \frac{m}{2}\,|\mathbf{v}-\mathbf{u}|^2 f d^3v=\delta_{v\varrho}\,\frac{1}{m}\,\mu T.$$

$\frac{1}{m}\,\mu T$ ist nichts anderes als der Druck p nach der Zustandsgleichung des idealen Gases. Die Gleichungen (10.6.22) sind also nichts anderes als die *Navier-Stokes*schen Gleichungen für ein ideales Gas ohne innere Reibung und Wärmeleitung.

Diese aus (10.6.22) gewonnenen Gleichungen stellen aber keine dynamischen Gleichungen in Z_h dar, sondern nur Lösungsbedingungen von (10.6.16) zu den jeweiligen Parameterwerten $\mathbf{r}, t$; d. h. um die kleinen Abweichungen $\eta(\mathbf{v},\mathbf{r},t)$ zu berechnen, sind in (10.6.15)

$$\frac{\partial \mu}{\partial t},\ \frac{\partial \mathbf{u}}{\partial t}\ \text{und}\ \frac{\partial T}{\partial t}$$

für jede Stelle der Parameterwerte $\mathbf{r}, t$ gerade so zu wählen, wie es den aus (10.6.22) gewonnenen Gleichungen entspricht, d. h. so »als ob es keine innere Reibung und Wärmeleitung gäbe«. Für die »Näherung« η genügt eben dieses »als ob«.

$\xi(\mathbf{v})$ nach (10.6.15) ist ein in den Ableitungen von $\mu, \mathbf{u}, T$ nach Ort und Zeit *linearer* Ausdruck. Durch die eben angedeutete Elimination der *zeitlichen* Ableitungen wird $\xi(\mathbf{v})$ ein in den Ortsableitungen *linearer* Ausdruck, der orthogonal zu den Lösungen der homogenen Gleichung ist, so daß an dem auf diese Weise abgeänderten Ausdruck für $\xi(\mathbf{v})$ in (10.6.16) keine Bedingungen mehr zu stellen sind.

Daß die Lösungen von (10.6.16) existieren, wollen wir hier nicht beweisen. Unter gewissen Voraussetzungen über den Wirkungsquerschnitt kann man einen solchen Beweis mit Hilfe der Integralgleichungstheorie durchführen (siehe z. B. [22]).

Existieren die Lösungen von (10.6.16), so sind sie bis auf eine Lösung der homogenen Gleichung, d. h. bis auf einen Summanden der Form

$$(10.6.24) \qquad a + \sum_{\nu=1}^{3} b_\nu v_\nu + c |\mathbf{v} - \mathbf{u}|^2$$

eindeutig bestimmt, wie sofort aus der Linearität des Operators auf der linken Seite von (10.6.16) folgt. Die drei willkürlichen Konstanten a, b, c aus (10.6.24) werden dann aber durch die drei Nebenbedingungen (10.6.17) festgelegt; also ist die Lösung von (10.6.16) unter der Nebenbedingung (10.6.17) *eindeutig* bestimmt, d. h. η wird eine Funktion von $\mu, \mathbf{u}, T$ und der räumlichen Ableitungen dieser Größen, und zwar eine lineare Funktion in den räumlichen Ableitungen, da ξ eine lineare Funktion in diesen Ableitungen ist. Daraus folgt nach (10.6.7), daß auch $t_{\nu\varrho}$ und $\mathbf{s}$ Funktionen von $\mu, \mathbf{u}, T$ und den räumlichen Ableitungen dieser Größen sind und zwar linear in den Ableitungen.

Damit ist bewiesen, daß die Bilder $g\bar{z}(t)$ der Trajektorien aus $\bar{Z}_e$ in Z_h dynamisch determinierte Trajektorien sind, die durch Navier-Stokessche Gleichungen bestimmt sind, wobei die Koeffizienten der Wärmeleitung und inneren Reibung über die Lösungen von (10.6.16) aus dem Wirkungsquerschnitt $d\sigma_{\mathbf{v}, \bar{\mathbf{v}} \to \mathbf{v}', \bar{\mathbf{v}}'}$ berechenbar sind.

Der Umfang dieses Buches verbietet es, weiter auf die notwendigen Rechnungen und Lösungsmethoden für (10.6.16) einzugehen. Deshalb muß diesbezüglich auf Spezialliteratur verwiesen werden: [23]. Wir wollen uns hier vielmehr nach der obigen Durchführung der Beweisskizzen mit der Struktur des Übergangs von der *Boltzmann*schen Theorie $\mathfrak{PX}_1$ eines verdünnten Gases zur Theorie $\mathfrak{PX}_3$ der hydrodynamischen Beschreibung des Verhaltens verdünnter Gase beschäftigen. Dieser Übergang ist ein typisches Beispiel für das Schema III (7.1).

$\mathfrak{PX}_1$ sei also die in § 10.2 dargestellte Theorie. Eine Einschränkung $\mathfrak{PX}_2$ haben wir auf folgende Weise konstruiert: Übergang vom Zustandsraum $\bar{Z}$ der Menge aller *Boltzmann*verteilungen $f(\mathbf{v}, \mathbf{r})$ zur Teilmenge $\bar{Z}_e$ auf Grund von (10.6.11), (10.6.12). Wir nahmen an (ohne es bewiesen zu haben), daß die Trajektorien nach (10.2.51) nicht aus $\bar{Z}_e$ herausführen. $\mathfrak{PX}_2$ ist also die Theorie, die *nur* Verteilungen der Form (10.6.11), (10.6.12) betrachtet, aber als dynamische Grundgleichung weiterhin (10.2.51) benutzt. Es gilt also nach III, § 7 das Schema einer Einschränkung zwischen $\mathfrak{P}\mathfrak{T}_1$ und $\mathfrak{P}\mathfrak{T}_2$: $\mathfrak{P}\mathfrak{T}_1 \to \mathfrak{P}\mathfrak{T}_2$.

$\mathfrak{P}\mathfrak{T}_3$ sei die in XIV, § 2.7 dargestellte Hydrodynamik, spezialisiert auf ein verdünntes Gas, d.h. mit der zu einem idealen Gas gehörigen Zustandsgleichung XIV (2.7.26) und der zugehörigen spezifischen Wärme $c_V = \dfrac{3}{2m}$ und entsprechenden Werten von β und σ.

Wie kommt man von $\mathfrak{P}\mathfrak{T}_2$ zu $\mathfrak{P}\mathfrak{T}_3$? Eben durch eine Einbettung. Die Einbettungsabbildung ist die durch (10.6.1) definierte Abbildung g, eingeschränkt auf $\bar{Z}_e$. Der obige skizzierte »Beweis« sollte zeigen, daß für diese Einbettung die Dynamik nach der *Boltzmann*schen Stoßgleichung aus § 10.2 gerade in die Dynamik der *Navier-Stokes*schen Gleichungen aus XIV, § 2.7 übergeht, d.h. daß die im mathematischen Bild $\mathfrak{M}\mathfrak{T}_1$ von $\mathfrak{P}\mathfrak{T}_1$ und damit auch von $\mathfrak{P}\mathfrak{T}_2$ zugrundegelegte Bildstruktur der Dynamik gerade auf die entsprechende Struktur der Dynamik aus dem Bild $\mathfrak{M}\mathfrak{T}_3$ von $\mathfrak{P}\mathfrak{T}_3$ abgebildet wird. Im Sinne von III, § 7 gilt also $\mathfrak{P}\mathfrak{T}_2 \to \mathfrak{P}\mathfrak{T}_3$. Dabei aber haben wir gegenüber $\mathfrak{P}\mathfrak{T}_3$ etwas über den Grundbereich $\mathfrak{G}_3$ von $\mathfrak{P}\mathfrak{T}_3$ gelernt: Nicht beliebige Gradienten der Felder $\mu(\mathbf{r}), \mathbf{u}(\mathbf{r}), T(\mathbf{r})$ sind zugelassen; vielmehr müssen diese so klein sein, daß das nach (10.6.16) daraus zu berechnende $|\eta| \ll 1$ ist. Ohne die Einbettung von $\mathfrak{P}\mathfrak{T}_2$ in $\mathfrak{P}\mathfrak{T}_3$ hätten wir eine solche Einschränkung des Anwendungsbereiches von $\mathfrak{P}\mathfrak{T}_3$ nur an Hand von Erfahrungen allmählich »lernen« können (siehe III, §§ 4.5 und 8).

§ 11. Statistische thermodynamische Prozesse

Wir sind in den bisherigen §§ dieses Kapitels XV von spezielleren Problemen zu immer umfangreicheren vorangeschritten, von der Beschreibung des thermostatischen Gleichgewichts zur Beschreibung thermodynamisch determinierter Prozesse. Tatsächlich aber zeigen, wie es die Erfahrung zeigt, nicht alle Systeme ein dynamisch determiniertes Verhalten, so daß die in § 10.1 eingeführte Abbildungsschar d_t nicht für alle Systeme existiert. Am bekanntesten ist die sogenannte *Brown*sche Bewegung von kleinen Teilchen in einem Gas, die nur statistisch beschreibbar ist und keinem Gleichgewicht zustrebt. Aber auch bei »feinerer« Registrierung üblicherweise dynamisch determiniert beschreibbarer Systeme wie von Gasen zeigen sich »Schwankungserscheinungen«, die ebenfalls nur statistisch beschrieben werden können. So scheint es also notwendig, die Beschreibung thermodynamischer Prozesse gegenüber der aus § 10 zu erweitern.

Man könnte rückwärts gesehen fragen, warum wir nicht gleich mit der umfangreichsten Theorie (im Sinne von III, §§ 7 und 9) begonnen haben,

um dann als Einschränkungen (siehe III, § 7) die Theorie aus § 10 und dann
speziell die des Gleichgewichts aus den ersten §§ dieses Kapitels zu gewinnen.
Dies hat mehrere Gründe: Einmal ist es ein Phänomen der Entwicklung physikalischer Theorien, daß diese Entwicklung von weniger umfangreichen zu
immer umfangreicheren voranschreitet; und ohne dieses Phänomen zu »erleben«, kann man theoretische Physik nicht verstehen. Deshalb sind wir z. B.
in VIII von der Elektrostatik zur Elektrodynamik vorangeschritten.

In unserem Falle hier gibt es aber noch weitere Gründe: Während die
Thermostatik eine in sich abgeschlossene Theorie bildet, kann man von den
dazu umfangreicheren Theorien eigentlich nur von Rahmentheorien sprechen.
So ist z. B. schon die in § 10 beschriebene Theorie nur eine Rahmentheorie,
da der Raum $\bar{Z}$ mit seiner physikalischen Interpretation allgemein gar nicht
bekannt ist, ebenso wenig die zugehörigen Effekte $\psi(b_0, b)$ mit $b = b_0 \cap N(\xi)$
nach (10.1.4). Nur im Falle sehr spezieller Systeme war es möglich, den »Rahmen« konkret auszufüllen, wie z. B. für verdünnte Gase in § 10.2. Weil die
eben angeschnittenen Probleme des makroskopischen Registrierens und Präparierens noch nicht allgemein gelöst werden konnten, werden wir uns diesen
noch einmal im Zusammenhang in § 12 zuwenden.

Die angestrebte umfangreichste Theorie makroskopischer Systeme ist aber
auch nicht einmal die hier in § 11 zu skizzierende Erweiterung; diese umfangreichste Theorie sollte ja auch alle biologischen Systeme umfassen, da diese
ja auch aus Atomen aufgebaut sind.

Wenn man sich diese Sachlage vor Augen hält, erkennt man, wieviel vernünftiger es ist, von der Beschreibung speziellerer Fälle zu immer allgemeineren überzugehen, um dann jeweils rückwärts zu erkennen, wie die weniger
umfangreiche Theorie aus der umfangreicheren gewonnen werden kann.

§ 11.1. Zustandsraum und Trajektorienraum

In einem Punkte haben wir in § 10.1 schon einen Teil der umfangreicheren
Theorie vorweggenommen, nämlich in der Art und Weise der Beschreibung
der Registrierungen. Wir hatten einen Zustandsraum $Z = \tilde{A} \times \bar{Z}$ und einen
dazugehörigen Trajektorienraum Y eingeführt. Wieweit können wir diese Beschreibung übernehmen? Ob eine solche Beschreibung brauchbar ist, kann
uns nur die Erfahrung lehren. Ist also die Beschreibung von allgemeineren,
nicht dynamisch determinierten Prozessen an Makrosystemen mit Hilfe von
Z und Y möglich? Die Erfahrungen scheinen dies zu bestätigen.

Da gibt es Systeme, deren Registrierungen genauso beschrieben werden
können, wie es in § 10.1 durchgeführt wurde, nur daß dann das »Axiom«
(*Dd*) des dynamisch determinierten Verhaltens mit der Erfahrung im Widerspruch steht. Die *Brown*sche Bewegung eines kleinen Teilchens in einem Gas

ist ein typisches Beispiel, das wir zur Demonstration des jeweils Gemeinten heranziehen werden. Es genügt für ein solches Teilchen, sowohl die festgehaltenen äußeren Parameter wie das Volumen des Gases in dem sich das Teilchen befindet, als auch den ganzen konstant bleibenden Zustand des Gases zu »vergessen« und so Z mit $\bar{Z}$ zu identifizieren und für $\bar{Z}$ den dreidimensionalen Raum des Ortes des Teilchens zu wählen. Die Punkte $\bar{z} \in \bar{Z}$ sind also in diesem Beispiel die Orte $\mathbf{r}$ des Teilchens. Aber nicht wie in der Mechanik aus V sind die Trajektorien $\mathbf{r}(t)$ durch eine Art *Newton*scher Bewegungsgleichung bestimmt, sondern die Trajektorien $\mathbf{r}(t)$ genügen nur statistischen Gesetzen. Der Einwand, daß das Gas mit dem darin befindlichen *Brown*schen Teilchen kein Makrosystem sei, ist falsch, da erstens das Gesamtsystem aus sehr vielen Atomen besteht und zweitens eine objektivierende Beschreibungsweise des *Brown*schen Teilchens (eben durch Z und Y) möglich ist. Eine objektivierende Beschreibungsweise ist für Mikrosysteme wie z. B. Atome nicht mehr möglich (siehe XIII).

Für in Z dynamisch determiniert beschreibbare Systeme kann man oft dadurch zu einer umfangreicheren Theorie übergehen, daß man die Registrierung der Zustände $\bar{z} \in \bar{Z}$ »verfeinert«. Die verfeinerte Registrierung kann es dann erfordern, von einer dynamisch determinierten zu einer dynamisch statistischen Beschreibung überzugehen. Eine verfeinerte Beschreibung führt zu kleineren Werten der Entropie (siehe § 4.4) und kann den Entropiesatz für dynamisch determiniertes Verhalten aus § 10.4 (siehe auch § 10.5) außer Kraft setzen; die Trajektorien *müssen* dann also ein dynamisch statistisches Verhalten zeigen.

Aber noch eine dritte Erweiterungsmöglichkeit ist denkbar. Man geht von $\bar{Z}$, in dem eine dynamisch determinierte Beschreibung möglich ist, zu einem umfangreicheren $\bar{Z}_s$ (und damit auch von $Z = \tilde{A} \times \bar{Z}$ zu $Z_s = \tilde{A} \times \bar{Z}_s$) über. Die Einschränkung von $\bar{Z}_s$ auf $\bar{Z}$ (siehe III, § 7) geschieht dadurch, daß $\bar{Z}$ die Menge der Klassen einer Klasseneinteilung von $\bar{Z}_s$ ist. Man kann das auch so ausdrücken, daß es eine surjektive (aber nicht injektive) Abbildung von $\bar{Z}_s$ auf $\bar{Z}$ gibt. Eine solche Einschränkung von Zustandsräumen wurde beispielhaft in § 10.6 demonstriert, wo wir den Übergang vom Zustandsraum $\bar{Z}$ der *Boltzmann*verteilungen $f(\mathbf{v}, \mathbf{r})$ zum hydrodynamischen Zustandsraum der $(\mu, \mathbf{u}, \theta)$-Felder studiert haben. In (10.6.1) ist explizit die Abbildung von $f(\mathbf{v}, \mathbf{r})$ auf $(\mu, \mathbf{u}, \theta)$ definiert. Es sind also Systeme denkbar, die in $\bar{Z}$ ein dynamisch determiniertes, aber in $\bar{Z}_s$, feiner beschrieben, ein dynamisch statistisches Verhalten zeigen. Um aber nun in diesem § 11 die Schreibweise nicht unnötig zu komplizieren, werden wir immer nur vom Zustandsraum $\bar{Z}$ sprechen, der dann in Gedanken durchaus ein Raum $\bar{Z}_s$ sein kann.

In diesem Sinne behalten wir jetzt also die Bezeichnungsweise für Z und Y aus § 10.1 bei, ebenso den *Boole*schen Ring Ξ. Auch die Bezeichnungsweise von $\mathscr{R}_{th0}$, $\mathscr{R}_{th}$ wird beibehalten; alle Relationen aus § 10.1 bis (10.1.9) setzen wir auch hier voraus. Auch die Bedeutung der Menge $\hat{Y}(\alpha(t))$ einschließlich der Forderung (Dt) kann übernommen werden. Um unsere Überlegungen hier in § 11 etwas zu vereinfachen, wollen wir nur den Fall *konstanter* α_v betrachten; dann können wir in allen Formeln die Angabe der α_v unterdrücken und uns auf die Trajektorien in $\bar{Z}$ beschränken. Y sei also der Raum der Trajektorien in $\bar{Z}$ und $\hat{Y}$ der Raum der physikalisch möglichen Trajektorien aus Y. Man behalte aber im Gedächtnis, daß $\hat{Y}$ von den zeitlich konstant vorgegebenen α_v abhängt!

Wir lassen in diesem Sinne ab jetzt alle α weg, auch z. B. als Index an m wie in (10.1.9). Ein $b \in \mathscr{R}_{th}$ von der Form (10.1.4) nennen wir kurz eine Trajektorienregistrierung. Wie stellt sich nun das Einbettungsproblem in $\mathfrak{PT}_{q\,exp}$ *ohne* Voraussetzung des Axioms (Dd), das uns zu (10.1.26) führte?

Die Einbettungsgleichung ist ebenfalls schon in (10.1.22) angegeben. Sie sei hier wiederholt: Für die $a \in \mathcal{Q}'_m$ und die $b_0 \in \mathscr{R}_{th0}$ mit b nach (10.1.4) gilt für $\tau \geq 0$:

$$(11.1.1) \qquad \begin{aligned} Sp\big(\varphi(a)\psi(T_\tau b_0,\, T_\tau b_0 \cap N(\tilde{T}_\tau \xi))\big) &= \\ &= Sp\big(\varphi(a)\, U_\tau \psi(b_0,\, b_0 \cap N(\xi))\, U_\tau^+\big). \end{aligned}$$

Mit der in (10.1.9) definierten Funktion m, die das thermodynamische Verhalten vollkommen beschreibt, gilt dann

$$(11.1.2) \qquad m(a,\, \xi) = Sp\big(\varphi(a)\psi(b_0,\, b_0 \cap N(\xi))\big)$$

unabhängig von b_0, d. h. für alle $b_0 \in \mathscr{R}_{th0}$, für die b nach (10.1.4) zu $\mathscr{R}_{th}(b_0)$ gehört.

Wir hatten im Anschluß an (4.1.2) gefordert, daß für alle $\sigma \in \Sigma$ und alle $b_0 \in \mathscr{R}_{th0}(0)$ die Relation $b_0 \cap M_0(\sigma) \in \mathscr{R}_{th}(b_0)$ gilt. Es wäre aber nicht im Sinne von $\mathfrak{PT}_{q\,exp}$, wenn wir jetzt für *alle* $b_0 \in \mathscr{R}_{th0}$, d. h. für alle Trajektorienregistrier-*methoden*, die Relation $b_0 \cap N(\xi) \in \mathscr{R}_{th}(b_0)$ verlangen würden; denn die verschiedenen Trajektorienregistriermethoden werden als »gedachte« Registriermethoden $b_0 \in \mathscr{R}_0$, d. h. als »gedachte« Registriermethoden der in $\mathfrak{PT}_{q\,exp}$ quantenmechanisch beschriebenen Systeme durchaus nicht geeignet sein, im Prinzip *koexistent* alle $b = b_0 \cap N(\xi)$ für alle $\xi \in \Xi$ zu messen (koexistent: siehe XIII, § 5). Hat man z. B. ein $b_0 \in \mathscr{R}_{th0}$, das von $t = 0$ an registriert, so ist $b_0' = T_\tau b_0$ eine Registriermethode aus $\mathscr{R}_{th0}$, die erst von $t = \tau$ an registriert; es könnte also zum Widerspruch führen, wenn man voraussetzen würde, daß z. B. für $\xi = \xi(\sigma;\, \tau_1)$ nach (10.1.1) mit $\tau_1 < \tau$ die Menge $b_0' \cap N(\xi(\sigma;\, \tau_1))$ mit $b_0' = T_\tau b_0$ ein Registrierverfahren ist. Auf jeden Fall würde man zu einem Widerspruch in $\mathfrak{PT}_{q\,exp}$ kommen, wenn man für alle $b_0 \in \mathscr{R}_0$ voraussetzen würde, daß $b_0 \cap N(\xi) \in \mathscr{R}$ gilt; denn dann würden die $\psi(b_0,\, b_0 \cap N(\xi))$ koexistent zu allen Effekten aus L werden, was aber (da wir speziell nur Systeme betrachten, die in $\mathfrak{PT}_{q\,exp}$ in *einem Hilbert*raum beschrieben werden, für die also AQR aus

XIII, § 3 statt des allgemeineren AQ aus XIII, § 3 gilt) zur Folge haben würde, daß die $\psi(b_0, b_0 \cap N(\xi))$ nur die trivialen Effekte $\lambda 1$ (mit 1 als Einsoperator) sein könnten.

Wir wollen also *nicht* voraussetzen, daß für die $b_0 \in \mathscr{R}_{th0}$ die Relation $b_0 \cap \cap N(\xi) \in \mathscr{R}_{th}(b_0)$ für *alle* $\xi \in \Xi$ gilt. Wir haben deshalb zunächst in § 10.1 im Anschluß an (10.1.4) die schwächere Forderung gestellt, daß es zu je zwei $\xi_1, \xi_2 \in \Xi$ ein $b_0 \in \mathscr{R}_{th0}$ gibt, mit $b_0 \cap N(\xi_1) \in \mathscr{R}_{th}(b_0)$ und $b_0 \cap N(\xi_2) \in \mathscr{R}_{th}(b_0)$. Jetzt aber wollen wir diese Forderung noch etwas verschärfen:

Es gibt zu jeder endlichen Teilmenge Ξ' von Ξ ein $b_0 \in \mathscr{R}_{th0}$, so daß $b_0 \cap \cap N(\xi) \in \mathscr{R}_{th}(b_0)$ für alle $\xi \in \Xi'$ gilt. Dies heißt nichts anderes, als daß man alle »Eigenschaften« ξ mit einer *geeigneten* Registriermethode koexistent (siehe XIII, § 5) messen kann.

Zur Vereinfachung der folgenden Überlegungen wollen wir scheinbar verschärfend voraussetzen:

MR: *Es gibt* ein $b_0 \in \mathscr{R}_{th0}$, so daß $b_0 \cap N(\xi) \in \mathscr{R}_{th}(b_0)$ für alle $\xi \in \Xi$ gilt.

MR ist wirklich nur scheinbar schärfer, da man aus der ersten Voraussetzung durch mathematische Vervollständigung praktisch MR gewinnen kann. MR ist eine Verschärfung von (4.1.2): unter den $b_0 \in \mathscr{R}_{th0}(0)$ muß es auch solche geben, die MR erfüllen.

Die in § 10.1 definierte Menge $\hat{Y}$ der physikalisch möglichen Bahnen ist der Support der Menge aller Maße $m(a, \xi)$ über Ξ. Es liegt daher nahe, statt des *Boole*schen Ringes Ξ die Menge $\{\xi \cap \hat{Y} | \xi \in \Xi\}$ zu betrachten. Diese Menge ist — wie leicht zu sehen — wieder ein *Boole*scher Ring. Wir wollen diesen kurz mit $\hat{\Xi}$ bezeichnen.

Ein nach MR existierendes b_0 sei kurz mit $\tilde{b}_0$ bezeichnet. Wir wollen zeigen, daß durch (für $\xi \in \hat{\Xi}$)

$$(11.1.3) \qquad \xi \to \tilde{b}_0 \cap N(\xi)$$

eine Isomorphie des *Boole*schen Ringes $\hat{\Xi}$ mit dem *Boole*schen Ring der Elemente $\{\tilde{b}_0 \cap N(\xi)\}$ gegeben ist. Dazu brauchen wir nur nachzuweisen, daß aus $\tilde{b}_0 \cap N(\xi) = \emptyset$ auch $\xi = \emptyset$ (besser: vom Maße Null) folgt. Wegen (11.1.2) folgt aus $\tilde{b}_0 \cap N(\xi) = \emptyset$, daß $m(a, \xi) = 0$ für alle $a \in \mathcal{Q}'_m$ gilt. Da ξ Teilmenge von $\hat{Y}$ ist, folgt $\xi = \emptyset$ (genauer: ξ vom Maße Null).

Die durch

$$(11.1.4) \qquad \xi \to \psi(\tilde{b}_0, \tilde{b}_0 \cap N(\xi))$$

definierte Abbildung: $\hat{\Xi} \xrightarrow{\tilde{F}} L$ ist ein (effektives) additives Maß auf dem *Boole*schen Ring $\hat{\Xi}$ und damit eine Observable im Sinne von XIII Definition 5.6.

Im Sinne der Definition von $T_\tau b_0$ und $T_\tau b_0 \cap N(\tilde{T}_\tau \xi)$ ist $T_\tau b_0$ eine um die Zeit τ gegenüber b_0 verschobene Registriermethode und $T_\tau b_0 \cap N(\tilde{T}_\tau \xi)$ ein gegenüber $b_0 \cap N(\xi)$ um die Zeit τ verschobenes Registrierverfahren; d.h. für die Einbettung in $\mathfrak{PT}_{q\,\exp}$ ist zu verlangen:

$$(11.1.5) \qquad \psi\left(T_\tau b_0,\, T_\tau b_0 \cap N(\tilde{T}_\tau \xi)\right) = U_\tau \psi\left(b_0,\, b_0 \cap N(\xi)\right) U_\tau^+ .$$

Die *Erfahrungen* mit thermodynamischen Systemen scheinen folgende weitere Voraussetzung nahezulegen:

$$(11.1.6) \qquad \begin{array}{c} \text{Aus } m(a, \xi_1) = m(a, \xi_2) \quad \text{für} \quad \xi_1, \xi_2 \in \hat{\Xi} \\[1ex] \text{und für alle } a \in \mathcal{Q}'_m \text{ folgt } \xi_1 = \xi_2; \end{array}$$

d.h. zwei verschiedene Teilmengen ξ_1, ξ_2 von physikalisch möglichen Trajektorien unterscheiden sich auch irgendwie durch ihre Häufigkeiten. (In (11.1.6) ist es wiederum korrekter statt $\xi_1 = \xi_2$ zu schreiben, daß sich ξ_1 und ξ_2 nur um Mengen vom Maße Null unterscheiden können.)

Fassen wir noch einmal die für die Einbettung wesentlichen Voraussetzungen zusammen:

(1) Die durch MR gesicherte Existenz einer durch (11.1.4) (nicht notwendig eindeutig!) definierten Observablen $\hat{\Xi} \xrightarrow{\tilde{F}} L$;

(2) Die Relation (11.1.5) für $\tau \geq 0$;

(3) Die Relation (11.1.2);

(4) Die Relation (11.1.6).

Die Relationen (1), (2) stellen keine besonderen Einschränkungen für die Einbettung dar, da sie nur die thermodynamischen Registrierungen einschließlich ihrer Zeitveränderlichkeit als solche aus $\mathfrak{PT}_{q\,\exp}$ deuten. Entscheidend ist die Relation (3), die zum Ausdruck bringt, daß *makroskopisch* die $\xi \in \hat{\Xi}$ als *objektive* Eigenschaften interpretiert werden dürfen. Darauf müssen wir noch ausführlicher in § 11.5 eingehen. (4) bringt eigentlich nur zum Ausdruck, daß sich die Eigenschaften $\xi \in \hat{\Xi}$ auch durch die Häufigkeiten $m(a, \xi)$ unterscheiden lassen.

§ 11.2. Das Problem der Kompatibilität von $\mathfrak{PT}_{th}$ mit $\mathfrak{PT}_{q\,\exp}$

Durch die Einbettungsforderungen am Ende von § 11.1 stellt sich das allgemeinste Problem der Kompatibilität von $\mathfrak{PT}_{th}$ mit der »gedachten« Theorie $\mathfrak{PT}_{q\,\exp}$. Schon in § 1 bis 10 hatten wir Spezialfälle untersucht.

Zunächst hatten wir uns auf das Gleichgewicht beschränkt. Selbstverständlich ist dies nur ein Sonderfall des allgemeinen Problems; aber eben dieser Sonderfall brachte Erleichterungen mit sich: Man mußte eben nicht das allgemeine Problem lösen, um den Spezialfall des Gleichgewichts diskutieren zu können. Nur das »ergodische Verhalten« mußte vorausgesetzt werden.

Danach hatten wir in § 10 den Fall der determinierten Dynamik behandelt. Auch dies ist nur ein Sonderfall des am Ende von § 11.1 formulierten Problems. Wieder brauchten wir für den Fall der determinierten Dynamik nicht alle möglichen Registrierungen zu betrachten, sondern nur solche, die sich durch $\chi(\sigma)$ beschreiben ließen. Das Problem der Kompatibilität konnten wir in § 10.5 insofern klären, als wir notwendige Bedingungen dafür finden konnten; die Frage ob diese aber auch hinreichend sind, erwies sich als »zu schwer«, um die bisher in dieser Richtung unternommenen Lösungsversuche in diesem Buch bringen zu können.

Jetzt im allgemeinsten Fall werden wir auch nur notwendige Bedingungen formulieren können, aber dann doch einige Hinweise auf »Beweise« der Kompatibilität bringen (die in Verbindung mit den Entropiebedingungen aus § 10.5 auch zu »Beweisen« des determinierten Verhaltens führen können).

Um in übersichtlicher Weise Schlußfolgerungen aus den Punkten (1) bis (4) am Ende von § 11.1 ziehen zu können, ist es vorteilhaft, sich ein Diagramm über die gleich zu betrachtenden Abbildungen zu machen (siehe Fig. 22).

Zunächst ist in Fig. 22 die nach (1) existierende Abbildung $\tilde{F}$ eingezeichnet, die $\hat{\Xi}$ in L abbildet.

Für jedes $b_0 \in \mathcal{R}_{th0}$ ist durch $\psi(b_0, b_0 \cap N(\xi))$ eine Abbildung derjenigen Teilmenge $\hat{\Xi}_{b_0}$ von $\hat{\Xi}$ in L gegeben, für deren Elemente ξ (d. h. $\xi \in \Xi_{b_0}$) die Relation $b_0 \cap N(\xi) \in \mathcal{R}_{th}(b_0)$ gilt. Man sieht leicht, daß $\hat{\Xi}_{b_0}$ ein *Boole*scher Teilring von $\hat{\Xi}$ ist. Schreiben wir $\psi(b_0, b_0 \cap N(\xi))$ in der Form $\psi_{b_0}\xi$, so ist also ψ_{b_0} eine Abbildung $\hat{\Xi}_{b_0} \to L$. Diese Abbildungen sind in Fig. 22 ebenfalls symbolisch eingetragen. Nach (11.1.4) ist $\tilde{F}$ mit $\psi_{\tilde{b}_0}$ identisch, wobei nach MR $\hat{\Xi}_{\tilde{b}_0} = \hat{\Xi}$ ist.

Die Menge L_m sei definiert durch:

$$(11.2.1) \qquad L_m = \bigcup_{\substack{\xi \in \hat{\Xi} \\ b_0 \in \mathcal{R}_{th0}}} \psi_{b_0}(\xi).$$

Daraus folgt wegen $\tilde{F} = \psi_{\tilde{b}_0}$ sofort, daß $\tilde{F}$ die Menge $\hat{\Xi}$ in L_m abbildet.

Die Zeitverschiebungstransformation $g \to U_\tau g U_\tau^+$ (mit $g \in L$, d. h. g ist selbstadjungierter Operator in $\mathcal{H}$) ist eine Abbildung von L in sich, die wir aus schreibtechnischen Gründen auch in der Form $g \to \mathcal{V}_\tau g$ (d. h. $\mathcal{V}_\tau g = U_\tau g U_\tau^+$) schreiben werden. Aus (2), d. h. aus (11.1.5) folgt, daß für $\tau \geq 0$ die Relation $\mathcal{V}_\tau L_m \subset L_m$ gilt, d. h. L_m wird durch $\mathcal{V}_\tau$ in sich abgebildet. Wir wollen zeigen, daß aus $\psi_{b_0^1}(\xi_1) = \psi_{b_0^2}(\xi_2)$ immer $\xi_1 = \xi_2$ folgt: Aus (3), d. h. (11.1.2) folgt für alle $a \in \mathcal{Q}_m'$ aus $\psi_{b_0^1}(\xi_1) = \psi_{b_0^2}(\xi_2)$:

$$m(a, \xi_1) = Sp\left(\varphi(a)\psi\left(b_0^1, b_0^1 \cap N(\xi_1)\right)\right) =$$
$$= Sp\left(\varphi(a)\psi\left(b_0^2, b_0^2 \cap N(\xi_2)\right)\right) = m(a, \xi_2).$$

Aus (4), d. h. (11.1.6) folgt damit $\xi_1 = \xi_2$.

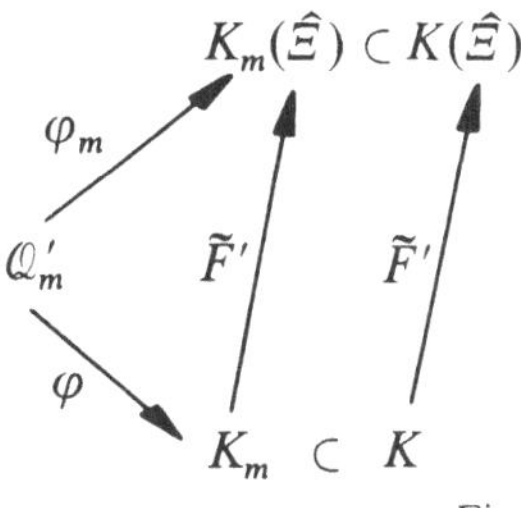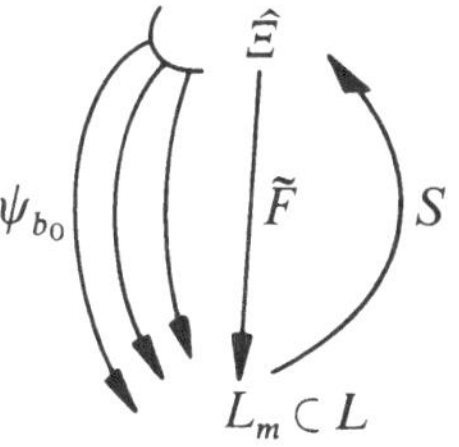

Fig. 22

Daraus folgt, daß es eine Abbildung $S: L_m \to \hat{\Xi}$ gibt, die durch $S\psi_{b_0}(\xi) = \xi$ definiert ist. Wegen $\tilde{F} = \psi_{b_0}$ ist also $S\tilde{F} = 1$ (mit 1 als identischer Abbildung von $\hat{\Xi}$ in sich). Die Abbildung S ist ebenfalls in Fig. 22 eingetragen.

Wichtig für später ist die durch $P = \tilde{F}S$ definierte Abbildung von L_m in sich. Der Wertebereich von P ist aber nicht ganz L_m sondern nur die Teilmenge $\tilde{F}(\hat{\Xi})$. Daraus wird schon ersichtlich, daß P nicht die identische Abbildung von L_m in sich zu sein braucht. P ist aber eine »Projektion«, d. h. es gilt $P^2 = P$, was sofort aus $P^2 = \tilde{F}S\tilde{F}S$ und $S\tilde{F} = 1$ folgt. Ebenso folgt sofort $P\tilde{F} = \tilde{F}S\tilde{F} = \tilde{F}$.

Wir wenden uns jetzt dem linken Teil des Diagramms in Fig. 22 zu. Als Menge $K(\hat{\Xi})$ definieren wir die Menge aller reellen, σ-additiven Maße ϱ über $\hat{\Xi}$ mit $\varrho(\xi) \geq 0$ und $\varrho(\hat{Y}) = 1$. Wer nicht genauer in die Maßtheorie einsteigen will, »denke« bei der Bezeichnung σ-additiv nur daran, daß es sich um additive Maße handelt.

Mit der in (10.1.9) definierten Funktion m ist für $a \in \mathcal{Q}'_m$ die Funktion $m(a, \xi)$ ein solches Element von $K(\hat{\Xi})$. Die Abbildung $a \to m(a, \xi)$ von $\mathcal{Q}'_m$ in $K(\hat{\Xi})$ sei mit φ_m bezeichnet (siehe Fig. 22). Für die Bildmenge $\varphi_m(\mathcal{Q}'_m)$ schreiben wir kurz $K_m(\hat{\Xi})$. Durch $\varphi(a) \in K$ ist eine Abbildung $\mathcal{Q}'_m \to K$ definiert. Die Bildmenge $\varphi(\mathcal{Q}'_m)$ sei mit K_m bezeichnet.

Für alle $w \in K$ ist durch

$$(11.2.2) \qquad \varrho(\xi) = Sp\left(w(\tilde{F}\xi)\right)$$

ein Element $\varrho \in K(\hat{\Xi})$ definiert; wir schreiben für dieses ϱ: $\varrho = \tilde{F}'w$. $\tilde{F}'$ ist also eine Abbildung von K in $K(\hat{\Xi})$ (siehe Fig. 22). Wir wollen zeigen, daß $\tilde{F}'$ die Menge K_m auf ganz $K_m(\hat{\Xi})$ abbildet und daß das in Fig. 22 enthaltenen Unterdiagramm:

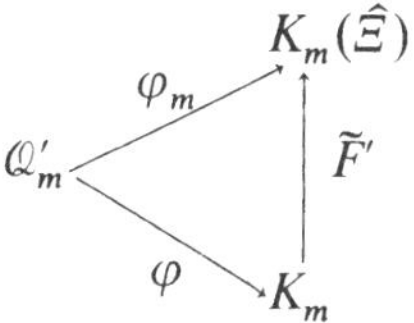

kommutativ ist, d. h. daß $\tilde{F}'\varphi = \varphi_m$ ist.

Aus $w \in K_m$ folgt $w = \varphi(a)$ mit einem $a \in \mathbb{Q}'_m$. Aus (3), d.h. (11.1.2) folgt

$$(11.2.3) \qquad m(a, \xi) = Sp\big(\varphi(a)(\tilde{F}\xi)\big) = \varrho(\xi)$$

mit ϱ nach (11.2.2), d.h. $\varrho = \tilde{F}'\varphi(a)$. Nach der Definition von φ_m ist nach (11.2.3) $\varphi_m(a) = \varrho$, d.h. $\tilde{F}'\varphi = \varphi_m$.

Die nächsten Überlegungen bis (11.2.11) kann man erst einmal überschlagen.

Wir wollen zeigen, daß für alle $w \in K_m$ die Relation

$$(11.2.4) \qquad Sp(wg) = Sp\big(w(Pg)\big) \quad \text{für alle } g \in L_m$$

mit dem oben definierten P gilt. Wegen $w \in K_m$ und $g \in L_m$ ist $w = \varphi(a)$ und $g = \psi\big(b_0, b_0 \cap N(\xi)\big)$. Mit (3), d.h. (11.1.2) folgt

$$Sp(wg) = Sp\big(\varphi(a)\psi(b_0, b_0 \cap N(\xi))\big) = m(a, \xi) =$$
$$= Sp\big(\varphi(a)\psi(\tilde{b}_0, \tilde{b}_0 \cap N(\xi))\big) = Sp\big(w(\tilde{F}Sg)\big)$$

und mit $P = \tilde{F}S$ die Behauptung (11.2.4).

Gilt umgekehrt für irgendein $w \in K$ die Relation (11.2.4), so folgt mit $g = \psi\big(b_0, b_0 \cap N(\xi)\big)$

$$Sp(wg) = Sp\big(w(\tilde{F}Sg)\big) = Sp\big(w(\tilde{F}\xi)\big) = \varrho(\xi)$$

mit $\varrho = \tilde{F}'w$, d.h. $Sp(wg)$ hängt nicht von g, sondern nur von $Sg = \xi$ ab. $\varrho = \tilde{F}'w$ erfüllt dann also alle Bedingungen wie ein $\varphi_m(a)$.

Da über den Umfang von $\mathbb{Q}'_m$ bisher nur soviel ausgesagt wurde, daß K_m die Elemente ξ von $\hat{\Xi}$ zu unterscheiden erlaubt, wollen wir K_m »möglichst groß« wählen. Deshalb fordern wir in Ergänzung zu den Punkten (1) bis (4) am Ende von § 11.1:

(5) $\mathbb{Q}'_m$ ist so umfangreich, daß

$$(11.2.5) \qquad K_m = \big\{w \,\big|\, w \in K \text{ und } Sp(wg) = Sp\big(w(Pg)\big) \quad \text{für alle } g \in L_m\big\}$$

gilt.

Mit (5) wird dann $K_m(\hat{\Xi}) = \tilde{F}'K_m$ mit K_m nach (11.2.5). Es bleibt aber ein Problem der Kompatibilität, ob mit der »größten« Menge (11.2.5) für K_m die Menge $K_m(\hat{\Xi}) = \tilde{F}'K_m$ wirklich alle $\xi \in \hat{\Xi}$ zu unterscheiden vermag, d.h. daß für $\varrho = \tilde{F}'w$ aus $\varrho(\xi_1) = \varrho(\xi_2)$ für alle $w \in K_m$ die Relation $\xi_1 = \xi_2$ folgt. Wegen $\varrho(\xi) = Sp\big(w(\tilde{F}\xi)\big)$ ist $\varrho(\xi_1) = \varrho(\xi_2)$ mit

$$(11.2.6) \qquad Sp\big(w(\tilde{F}\xi_1)\big) = Sp\big(w(\tilde{F}\xi_2)\big)$$

äquivalent. Da, wie wir oben sahen, $\xi_1 = \xi_2$ mit $\tilde{F}\xi_1 = \tilde{F}\xi_2$ äquivalent ist, muß also garantiert sein, daß aus (11.2.6) für alle $w \in K_m$ mit K_m nach (11.2.5) $\tilde{F}\xi_1 = \tilde{F}\xi_2$ folgt.

Sei $x \in K$ und es gebe einen positiven, selbstadjungierten Operator y mit

(11.2.7) $Sp(x(Pg)) = Sp(yg)$ für alle $g \in L_m$.

Wegen $P\tilde{F} = \tilde{F}$ (siehe oben) und $\tilde{F}\hat{Y} = 1$ (mit 1 als Einseffekt) ist $P1 = 1$ und damit $1 = Sp(x) = Sp(x(P1)) = Sp(y1) = Sp(y)$, d.h. es ist $y \in K$. Es ist dann aber sogar $y \in K_m$ mit K_m nach (11.2.5), denn wegen $Pg \in L_m$ kann man in (11.2.7) g durch Pg ersetzen, woraus wegen $P^2 = P$

(11.2.8) $Sp(x(Pg)) = Sp(y(Pg))$ für alle $g \in L_m$

folgt und damit aus (11.2.7) und (11.2.8):

$$Sp(yg) = Sp(y(Pg)) \quad \text{für alle } g \in L_m.$$

Es ist üblich, die Einbettungsbedingungen versuchsweise noch dadurch zu verschärfen, daß man fordert:
(6) Zu jedem $x \in K$ gibt es ein $w \in K$ mit

(11.2.9) $Sp(x(Pg)) = Sp(wg)$ für alle $g \in L_m$.

Gilt (11.2.6) für alle $w \in K_m$, so folgt daraus nach (6) und der Tatsache, daß w aus (11.2.9) dann immer Element von K_m ist:

$$Sp(x(P\tilde{F}\xi_1)) = Sp(x(P\tilde{F}\xi_2)) \quad \text{für alle } x \in K.$$

Wegen $P\tilde{F} = \tilde{F}$ (siehe oben) folgt schließlich

$$Sp(x(\tilde{F}\xi_1)) = Sp(x(\tilde{F}\xi_2)) \quad \text{für alle } x \in K$$

und damit $\tilde{F}\xi_1 = \tilde{F}\xi_2$ und daraus $\xi_1 = \xi_2$.

Punkt (4) am Ende von § 11.1 ist also automatisch erfüllt, wenn (5) und (6) gefordert werden.

(Der Punkt (6) läßt sich nicht immer mathematisch »exakt« erfüllen, wenn der *Boole*sche Ring $\hat{\varXi}$ nicht atomar ist; wir können aber hier nicht darauf eingehen, zumal es »physikalisch« gleichwertig ist, wenn man $\hat{\varXi}$ durch einen Ring mit »physikalisch kleinen« Gebieten als Atomen approximiert, da man ja doch nicht beliebig genau Trajektorien messen kann.)

Wegen $P^2 = P$ folgt aus (11.2.9) ähnlich wie (11.2.8):

$$Sp(x(Pg)) = Sp(w(Pg)) \quad \text{für alle } g \in L_m$$

und damit

$$Sp(x(\tilde{F}Sg)) = Sp(w(\tilde{F}Sg)) \quad \text{für alle } g \in L_m.$$

Mit $\tilde{F}'x = \varrho_1$, $\tilde{F}'w = \varrho_2$ und $Sg = \xi$ folgt

$$\varrho_1(\xi) = \varrho_2(\xi) \quad \text{für alle } \xi \in \hat{\varXi}$$

d.h.

(11.2.10) $\quad \tilde{F}'x = \tilde{F}'w.$

Da für ein w, das (11.2.9) erfüllt, die Relation $Sp(wg) = Sp(w(Pg))$ für alle $g \in L_m$ gilt, d.h. $w \in K_m$ ist, besagt also (11.2.10), daß

(11.2.11) $\quad \tilde{F}'x \in K_m(\hat{\Xi})$ für alle $x \in K$

gilt.

Aus (2), d.h. (11.1.5) folgt mit dem oben definierten $\mathscr{V}_\tau$:

$$\tilde{T}_\tau \xi = S\psi\left(T_\tau b_0, T_\tau b_0 \cap N(\tilde{T}_\tau \xi)\right) = S\mathscr{V}_\tau \psi\left(b_0, b_0 \cap N(\xi)\right).$$

Insbesondere folgt also für $b_0 = \tilde{b}_0$ wegen $\psi\left(\tilde{b}_0, \tilde{b}_0 \cap N(\xi)\right) = \tilde{F}\xi$:

(11.2.12) $\quad \tilde{T}_\tau = S\mathscr{V}_\tau \tilde{F}.$

Aus (11.2.12) folgt

$$\tilde{T}_{\tau_1 + \tau_2} = \tilde{T}_{\tau_1} \tilde{T}_{\tau_2} = S\mathscr{V}_{\tau_1} \tilde{F} S\mathscr{V}_{\tau_2} \tilde{F} = S\mathscr{V}_{\tau_1 + \tau_2} \tilde{F}.$$

Daraus folgt mit $P = \tilde{F}S$:

(11.2.13) $\quad P\mathscr{V}_{\tau_1} P\mathscr{V}_{\tau_2} P = P\mathscr{V}_{\tau_1 + \tau_2} P.$

(11.2.13) ist eine notwendige Einbettungsbedingung, die sehr merkwürdig ist. Sie besagt nichts anderes, als daß die Operatoren

(11.2.14) $\quad \tilde{\mathscr{V}}_\tau = P\mathscr{V}_\tau P$

eine Halbgruppe (*Halb*gruppe, da (11.2.13) nur für τ_1, $\tau_2 \geq 0$ gelten muß) bilden mit $\tilde{\mathscr{V}}_0 = P$. In der Teilmenge $P(L_m) = \tilde{F}(\hat{\Xi})$ ist also $\tilde{\mathscr{V}}_0$ äquivalent der identischen Abbildung, und die $\tilde{\mathscr{V}}_\tau$ führen nicht aus $\tilde{F}(\hat{\Xi})$ heraus.

Ist umgekehrt L_m und P als »Projektion« von L_m in sich so gegeben, daß die durch $\tilde{\mathscr{V}}_\tau$ nach (11.2.14) definierten Transformationen eine Halbgruppe bilden und PL_m mit $\tilde{F}\hat{\Xi}$ übereinstimmt, so ist durch

(11.2.15) $\quad \tilde{T}_\tau = \tilde{F}^{-1} \tilde{\mathscr{V}}_\tau \tilde{F}$

eine Halbgruppe von Transformationen in $\hat{\Xi}$ definiert. Daß dann $\tilde{T}_\tau \xi$ genau die »Bedeutung« hat, wie sie durch (10.1.6) angegeben ist, ist natürlich »rückwärts gesehen« nicht selbstverständlich. Es stellt sich dabei ein Umkehrproblem der Konstruktion von $\hat{\Xi}$, Ξ, $\bar{Z}$ und Y aus L_m, P, $\tilde{\mathscr{V}}_\tau$ und K_m, wobei P und L_m noch so gewählt sein sollen, daß (11.2.9) erfüllt ist. Wir können aber hier natürlich nicht auf dieses Umkehrproblem eingehen, zumal dieses auch noch nicht systematisch untersucht worden ist. Für uns ist die Frage wichtiger, ob die aufgestellten Einbettungsbedingungen erfüllt sein können und wie nun eigentlich die Dynamik der so in $\bar{Z}$ beschriebenen Systeme durch $\mathscr{V}_\tau$ bestimmt ist.

Wir beginnen zunächst mit der zweiten Frage nach der Dynamik. Wir nehmen also zunächst an, daß alle angegebenen Bedingungen erfüllt sind. Bei oberflächlichem Hinsehen sieht es zunächst so aus, als ob die Dynamik durch $\tilde{T}_\tau$ nach (11.2.15) bestimmt sei. Dies ist aber ein Irrtum, denn $\tilde{T}_\tau$ ist nach (10.1.6) eine nur rein »kinematische« Transformation. (11.2.15) drückt nur aus, daß diese kinematische Transformation $\tilde{T}_\tau$ mit der Einbettung in $\mathfrak{PX}_{q\,\mathrm{exp}}$ kompatibel ist. Diese »Vorstellung« von $\tilde{T}_\tau$ als rein kinematischer Transformation macht oft deshalb Schwierigkeiten, weil man meistens, eigentlich unerlaubterweise, die Transformation $\mathcal{V}_\tau g = U_\tau g U_\tau^+$ aus der Quantenmechanik für die Beschreibung der Dynamik der Quantenmechanik hält. In XI, § 10.2 haben wir aber deutlich gemacht, daß tatsächlich die Transformation $\mathcal{V}_\tau$ in der Quantenmechanik eine rein kinematische ist, die die zeitliche Verschiebung der Registrierverfahren gegenüber den Präparierverfahren beschreibt. Zur Dynamik wird die Kinematik erst in Verbindung mit der Angabe der möglichen Gesamtheiten, d. h. in der Quantenmechanik durch die Angabe der Gesamtheitenmenge K.

Während also $\tilde{T}_\tau$ nur kinematische Transformationen beschreibt, wird die Dynamik durch die Menge K_m und damit durch die Menge $K_m(\hat{\Xi}) = \tilde{F}' K_m$ bestimmt. Da die Beschreibung der Dynamik der Trajektorien $\bar{z}(t)$ durch die Menge $K_m(\hat{\Xi})$ ungewöhnlich ist, müssen wir darauf näher eingehen. Da diese Beschreibung allein die beiden Mengen $K_m(\hat{\Xi})$ und $\hat{\Xi}$ betrifft und damit nichts unmittelbar mit dem Einbettungsproblem zu tun hat und da diese Beschreibung der Dynamik sehr wichtig ist, soll ihr der gesonderte § 11.3 gewidmet werden.

Kommen wir deshalb zur ersten Frage zurück, ob und wie die Einbettungsbedingungen erfüllt sein können. Nach unseren Überlegungen scheinen alle Einbettungsbedingungen erfüllbar bis auf das »merkwürdige« Problem, daß die $\tilde{\mathcal{V}}_\tau$ aus (11.2.14) eine Halbgruppe bilden sollen.

Wir können auch hier wieder nicht dem allgemeinen Problem nachgehen. Dafür sei auf den in § 11.4 etwas ausführlicher diskutierten Sonderfall der Masterequation hingewiesen, bei dem alles »etwas anschaulicher« ist. Hier sei nur soviel betont: Daß die $\tilde{\mathcal{V}}_\tau$ aus (11.2.14) eine Halbgruppe bilden, ist (außer in dem trivialen Fall, daß die Observable $\hat{\Xi} \overset{\tilde{F}}{\rightarrow} L$ mit der Energie H koexistent ist, d. h. alle $\tilde{F}(\xi)$ mit H vertauschbar sind − siehe XIII, § 5 − und damit $\tilde{T}_\tau$ für alle τ die Einheitsabbildung wird) nicht erfüllbar, wenn man berücksichtigt, daß $\mathcal{V}_\tau g$ eine fastperiodische Funktion ist, so wie wir dies in § 10.5 diskutiert haben. Aber auch schon in § 10.5 haben wir gesehen, daß es für gewisse Gesamtheiten und Effekte und nicht physikalisch unsinnig große Zeiten möglich sein kann, das diskrete Frequenzspektrum von $\mathcal{V}_\tau$ durch ein kontinuierliches zu ersetzen. Es scheint also nicht sinnlos anzunehmen, daß gerade die $w \in K_m$ und die $g \in PL_m = \tilde{F}\hat{\Xi}$ von der Art sind, daß man (siehe (10.5.1))

$$Sp\left(w(\mathscr{V}_\tau g)\right) = \sum_{\nu\mu} e^{\frac{i}{\hbar}(\varepsilon_\nu - \varepsilon_\mu)\tau} Sp(wP_\nu g P_\mu)$$

durch ein Integral über die Frequenzen ω ersetzen kann, wie wir es auch in § 10.5 beispielhaft erläutert haben.

Ist dies geschehen, so kann weiterhin mathematisch gezeigt werden, daß tatsächlich für *eine geeignete* »Projektion« P die Operatoren $\tilde{\mathscr{V}}_\tau$ aus (11.2.14) eine Halbgruppe bilden können.

Wir können also zusammenfassend sagen, daß die $\tilde{\mathscr{V}}_\tau$ aus (11.2.14) tatsächlich in sehr guter, meßtechnisch »beliebig guter« Näherung für alle $\tau \geq 0$ außer für physikalisch sinnlos große τ eine Halbgruppe bilden können. $\mathfrak{PT}_{th}$ und $\mathfrak{PT}_{q\,exp}$ können bei »geeigneter« Einbettung kompatibel sein. Bei »geeigneter« Einbettung heißt: Die Observable $\hat{\Xi} \xrightarrow{\tilde{F}} L$ muß geeignet sein; denn die Konstruktion aller anderen Größen wie L_m, S, P, K_m und $K_m(\hat{\Xi})$ hängen, wie wir oben sahen, nur von $\tilde{F}$ (und natürlich von $\mathscr{V}_\tau$) ab. Gerade aber über die tatsächlich für die verschiedenen Systeme anzusetzenden Zustandsräume und die anzusetzende Abbildung $\tilde{F}$ haben wir bisher keine »theoretischen« Angaben machen können; nur in Spezialfällen (wie beispielsweise für den Fall eines verdünnten Gases in § 10.2) können bisher solche Angaben ad hoc nach der Erfahrung einerseits (für $\bar{Z}$) und (im Falle einer Einbettung in $\mathfrak{PT}_{q\,exp}$) nach dem Korrespondenzprinzip (siehe XI, § 1) andererseits gemacht werden. Auf das hiermit allgemein angeschnittene Problem der Makroobservablen werden wir in § 12 noch einmal zurückkommen.

Wer sich eingehender für die mit dem Einbettungsproblem zusammenhängenden Fragen interessiert, sei auf [4] und [24] verwiesen. Es wird dort einerseits versucht, durch Grenzprozesse ähnlich dem in § 9 erwähnten thermodynamischen Limes den Übergang von fastperiodischen zu aperiodischen Funktionen zu erfassen, um dann andererseits mit Hilfe von Sätzen aus [25] die Halbgruppeneigenschaft der $\tilde{\mathscr{V}}_\tau$ zu beweisen.

§ 11.3. *Die Beschreibung der Dynamik durch die Gesamtheitenmenge*

Wir gehen wieder auf ganz Y und auf den *Boole*schen Ring Ξ zurück, denn schon der Support $\hat{Y}$ der Maße $m(a, \xi)$ ist eben durch die Menge dieser Maße bestimmt. Die Festlegung von $\hat{Y}$ ist schon ein Teil »Dynamik«, da ja die physikalisch möglichen Bahnen aus $\hat{Y}$ von den physikalisch auszuschließenden Bahnen aus $Y \setminus \hat{Y}$ unterschieden werden (zu den Begriffen: physikalisch möglich, physikalisch auszuschließen siehe III, § 9).

Wie sieht die Bestimmung von $\hat{Y}$ durch die Einbettung aus? Für jedes $\xi \in \Xi$ und jedes $\varrho \in K_m(\hat{\Xi})$ ist durch $\tilde{\varrho}(\xi) = \varrho(\xi \cap \hat{Y})$ ein Maß $\tilde{\varrho}$ über Ξ bestimmt; d. h. $K_m(\hat{\Xi})$ kann so auch als eine Menge $K_m(\Xi)$ von Maßen über Ξ mit dem Support $\hat{Y}$ von $K_m(\Xi)$ angesehen werden. Wir hatten zwar in § 11.2 so getan, als ob $\hat{Y}$ schon durch die $m(a, \xi)$ bestimmt wäre. Aber tatsächlich ist die »Feststellung« von $\hat{Y}$ mit ein Problem der Einbettung! Denn $\hat{Y}$ hängt mit ab von der Abbildung $\tilde{F}$, die zunächst als additives Maß $\hat{\Xi} \to L$ definiert ist aber durch $\tilde{F}(\xi) = \tilde{F}(\xi \cap \hat{Y})$ als additives (aber nicht mehr notwendig effektives!) Maß auf Ξ ausgedehnt werden kann.

Für den Sonderfall des thermodynamisch determinierten Verhaltens ist die Dynamik schon durch die Festlegung von $\hat{Y}$ bestimmt, wie wir gleich zeigen wollen. Dabei werden wir gleichzeitig sehen, wie die Struktur der Menge $\hat{Y}$ aussehen muß, wenn sich die Systeme thermodynamisch determiniert verhalten.

Liege also thermodynamisch determiniertes Verhalten vor. Dann gilt mit der in § 10.1 unter (Dd) definierten Abbildung d_t für jede Trajektorie aus $\hat{Y}$: $\bar{z}(t) = d_t \bar{z}(0)$. Daraus folgt mit $\xi(\sigma; \tau)$ nach (10.1.1):

$$\xi(\sigma; \tau) \cap \hat{Y} - \left\{ \bar{z}(t) \,\middle|\, d_t \bar{z}(0) \in \sigma \right\} = \left\{ \bar{z}(t) \,\middle|\, \bar{z}(0) \in d_\tau^{-1} \sigma \right\} =$$
$$= \xi(d_\tau^{-1} \sigma; 0) \cap \hat{Y}. \tag{11.3.1}$$

Jedes $\xi \in \hat{\Xi}$ kann so eindeutig mit einer Teilmenge von $\bar{Z}$, d. h. mit einem Element von Σ (Σ nach § 4.2) identifiziert werden. Durch $\xi(\sigma; 0) \leftrightarrow \sigma$ ist eine isomorphe Abbildung von $\hat{\Xi}$ auf Σ gegeben. Diese isomorphe Abbildung ist sehr anschaulich, denn sie besagt nichts anderes, als daß man jede Trajektorie durch ihren Anfangswert $\bar{z}(0)$ eindeutig kennzeichnen kann und daher jede Teilmenge ξ von Trajektorien durch die entsprechende Teilmenge σ ihrer Anfangswerte.

Ist nun umgekehrt der *Boole*sche Ring $\hat{\Xi}$ als Teilmenge von Ξ (da $\hat{Y}$ Element von Ξ ist, sind alle $\xi \cap \hat{Y}$ mit $\xi \in \Xi$ auch Element von Ξ) mit dem Teilring $\Xi_0 = \left\{ \xi \,\middle|\, \xi = \xi(\sigma; 0) \right\}$ von Ξ identisch, so folgt, daß

$$\xi(\sigma; \tau) \cap \hat{Y} = \xi(\sigma_\tau; 0)$$

für ein geeignetes $\sigma_\tau \in \Sigma$ gilt. Durch $\sigma \to \sigma_\tau$ ist eine Schar von Abbildungen von Σ auf sich definiert. Lassen sich diese durch Punktabbildungen d_τ in der Form

$$\sigma_\tau = \left\{ \bar{z} \,\middle|\, d_\tau \bar{z} \in \sigma \right\}$$

darstellen, so sind damit die determinierten Trajektorien: $\bar{z}(t) = d_t \bar{z}(0)$ definiert.

Im allgemeinen Fall des nicht determinierten Verhaltens ist die Dynamik *nicht allein* durch Angabe von $\hat{Y}$ festgelegt. Die Elemente ϱ von $K_m(\hat{\Xi})$ bestimmen durch $\varrho(\xi)$ die statistische Verteilung der Trajektorien. $K_m(\hat{\Xi})$ ist eine konvexe Menge, wie leicht aus der Definition von K_m nach (11.2.5) und der Abbildung $\tilde{F}'$ folgt. Konvexe Kombinationen, d.h. Mischungen von Gesamtheiten aus $K_m(\hat{\Xi})$ enthalten aber – anschaulich gesprochen – noch die statistische Überlagerung der einzelnen Gesamtheiten der Mischung. Ein Extremalpunkt von $K_m(\hat{\Xi})$ läßt sich dagegen nicht entmischen und beschreibt daher in reiner Form die Dynamik. Nun wird aber im allgemeinen $K_m(\hat{\Xi})$ nicht genügend viele Extremalpunkte besitzen, um alle Elemente von $K_m(\hat{\Xi})$ als Gemische der Extremalpunkte deuten zu können.

Nach III, § 8 wird es aber für die Menge $K_m(\hat{\Xi})$ eine uniforme Struktur der physikalischen Unschärfe geben, in der $K_m(\hat{\Xi})$ eine präkompakte Menge ist, so daß $K_m(\hat{\Xi})$ vervollständigt kompakt wird und dann nach dem Satz von *Krein-Millman* [26] eine so große Menge von Extremalpunkten besitzt, daß man alle Elemente von $K_m(\hat{\Xi})$ als Gemische von Extremalpunkten deuten kann. Wir können hier auf diese mathematischen Einzelheiten nicht eingehen. Wir fassen nur das Ergebnis in physikalisch bedeutungsvoller Form zusammen:

In $K_m(\hat{\Xi})$ gibt es Elemente ϱ, die in beliebig guter physikalischer Approximation »praktisch« Extremalpunkte sind, d.h. wenn man eine Entmischung $\varrho = \lambda \varrho_1 + (1-\lambda)\varrho_2$ mit $0 < \lambda < 1$ und $\varrho_1, \varrho_2 \in K_m(\hat{\Xi})$ betrachtet, so sind ϱ_1, ϱ_2 physikalisch von ϱ nicht unterscheidbar. Wir wollen solche ϱ Fast-Extremalpunkte nennen. Solche Fast-Extremalpunkte beschreiben also die Dynamik der Systeme.

Im Falle des determinierten Verhaltens sind solche Fast-Extremalpunkte von $K_m(\hat{\Xi})$ solche ϱ, für die $\varrho\left(\xi(\sigma;0)\right)=0$ ist, wenn σ nicht eine »kleine« Umgebung eines bestimmten Punktes $\bar{z}_0$ von $\bar{Z}$ enthält. Solche Fast-Extremalpunkte ϱ hatten wir schon in § 10.5 betrachtet. Dort hatten wir Elemente w von K_m, d.h. Gesamtheiten $w = \varphi(a)$ mit $a \in \mathbb{Q}'_m$ betrachtet, für die

$$(11.3.2) \qquad w = \frac{\chi(\sigma_0)}{Sp\left(\chi(\sigma_0)\right)}$$

mit einer kleinen (aber nicht zu kleinen) Umgebung σ_0 von $\bar{z}_0$ gilt. In unserer Bezeichnungsweise hier aus § 11 ist $\chi(\sigma) = \tilde{F}\xi(\sigma;0)$ und damit wird $\tilde{F}'w = \varrho$ mit

$$(11.3.3) \qquad \varrho\left(\xi(\sigma;0)\right) = Sp\left(w\chi(\sigma)\right) = \frac{Sp\left(\chi(\sigma_0)\chi(\sigma)\right)}{Sp\left(\chi(\sigma_0)\right)}.$$

Es gilt (was wir in § 10.5 benutzt haben)

$$\varrho\left(\xi(\sigma_0;0)\right) = \frac{Sp\left(\chi(\sigma_0)^2\right)}{Sp\left(\chi(\sigma_0)\right)} \approx 1$$

und damit für $\sigma \cap \sigma_0 = \emptyset$ wegen $\chi(\sigma \cup \sigma_0) = \chi(\sigma) + \chi(\sigma_0)$:

$$\varrho\big(\xi(\sigma;0)\big) = \frac{Sp\big(\chi(\sigma_0)\,(\chi(\sigma \cup \sigma_0) \setminus \chi(\sigma_0))\big)}{Sp\big(\chi(\sigma_0)\big)} \approx 0,$$

da $Sp\big(\chi(\sigma_0)\chi(\sigma \cup \sigma_0)\big) \geq Sp\big(\chi(\sigma_0)\chi(\sigma_0)\big)$ sein muß. $\varrho = \tilde{F}'w$ mit w nach (11.3.2) ist also gerade so ein Fast-Extremalpunkt.

Die Fast-Extremalpunkte ϱ von $K_m(\hat{\Xi})$ brauchen aber nicht »fast« einer einzigen Trajektorie entsprechen, d. h. der Support eines solchen Fast-Extremalpunktes ϱ kann eine Menge ξ sein, die *wesentlich* unterschiedliche Trajektorien enthält. ϱ beschreibt dann die Dynamik durch eine statistische Verteilung von Bahnen. In den physikalischen Anwendungen spielt ein Spezialfall einer solchen statistischen Dynamik eine wichtige Rolle, den wir nun noch kurz charakterisieren und in §§ 11.4 und 11.6 bis 11.8 weiter untersuchen wollen. Diesen Spezialfall bilden die sogenannten Systeme ohne Gedächtnis.

Das Wort »ohne Gedächtnis« soll heißen, daß die Gesamtheiten $\varrho \in K_m(\hat{\Xi})$ schon durch die Anfangswerte der Trajektorien zur Zeit $t = 0$ charakterisiert sind; d.h. es gilt:

MA: Aus $\varrho_1, \varrho_2 \in K_m(\hat{\Xi})$ und

$$(11.3.4) \qquad \varrho_1\big(\xi(\sigma;0)\big) = \varrho_2\big(\xi(\sigma;0)\big) \quad \text{für alle } \sigma \in \Sigma$$

folgt $\varrho_1 = \varrho_2$.

Die Fast-Extremalpunkte von $K_m(\hat{\Xi})$ sind dann wieder Gesamtheiten ϱ, bei denen der Support der Maßfunktion $\varrho\big(\xi(\sigma;0)\big)$ als Maßfunktion über Σ aus einer »kleinen« Umgebung eines Punktes $\bar{z}_0 \in \bar{Z}$ besteht. Aber jeder Punkt $\bar{z}_0$ kann Anfangspunkt vieler Trajektorien $\bar{z}(t) \in \hat{Y}$ sein. Für einen solchen Fast-Extremalpunkt ϱ kann dann für ein $\tau > 0$ die Verteilung $\varrho\big(\xi(\sigma;\tau)\big) \neq 0$ für viele »verschiedene« σ sein, d.h. die Werte $\bar{z}(\tau)$ können stark streuen. Natürlich ist der dynamische Determinismus ein Spezialfall von MA.

§ 11.4. Die Masterequation

Wir wollen nun die Bedingung MA weiter auswerten unter Ausnutzung der in §§ 11.1 und 11.2 geschilderten Einbettung. Zunächst aber betrachten wir noch den allgemeinen Fall ohne Benutzung von MA und wollen die Wahrscheinlichkeiten $\varrho(\tilde{T}_\tau \xi)$ näher untersuchen:

Wegen $\varrho = \tilde{F}'w$ mit einem $w \in K_m$ folgt mit (11.2.2):

$$\varrho(\tilde{T}_\tau \xi) = Sp(w\,[\tilde{F}\tilde{T}_\tau \xi]).$$

Mit (11.2.12) und $\tilde{F}S = P$ folgt

$$Sp(w\,[\tilde{F}\tilde{T}_\tau \xi]) = Sp(w\,[P\mathcal{V}_\tau \tilde{F}\xi]).$$

Aus (11.2.5) folgt unter Verwendung der Definition von $\mathscr{V}_\tau$:

$$Sp(w\,[P\mathscr{V}_\tau \tilde{F}\xi\,]) = Sp(wU_\tau\,[\tilde{F}\xi]\,U_\tau^+) =$$
$$= Sp(U_\tau^+ wU_\tau\,[\tilde{F}\xi]).$$

Nach (11.2.11) gilt mit $x = U_\tau^+ wU_\tau$ die Relation $\varrho_\tau = \tilde{F}'x \in K_m(\hat{\Xi})$. Daraus folgt

$$(11.4.1)\qquad Sp(U_\tau^+ wU_\tau\,[\tilde{F}\xi]) = \varrho_\tau(\xi).$$

Alle Gleichungen zusammen ergeben damit schließlich:

$$(11.4.2)\qquad \varrho(\tilde{T}_\tau\xi) = \varrho_\tau(\xi)\quad\text{mit}\quad \varrho_\tau \in K_m(\hat{\Xi}).$$

Wir wollen uns noch vergewissern, daß es zu jedem $\varrho \in K_m(\hat{\Xi})$ nur ein $\varrho_\tau \in K_m(\hat{\Xi})$ mit (11.4.2) geben kann. Dies folgt aber daraus, daß die Elemente von $K_m(\hat{\Xi})$ nach Definition Funktionen über $\hat{\Xi}$ sind.

Es gibt also eine Abbildung A_τ von $K_m(\hat{\Xi})$ in sich, die durch

$$(11.4.3)\qquad A_\tau\varrho = \varrho_\tau$$

definiert ist. Auf Grund der obigen Ableitung folgt leicht für ein Gemisch $\varrho = \lambda\varrho_1 + (1-\lambda)\varrho_2$:

$$(11.4.4)\qquad A_\tau(\lambda\varrho_1 + (1-\lambda)\varrho_2) = \lambda A_\tau\varrho_1 + (1-\lambda)A_\tau\varrho_2.$$

Wichtig ist, daß die A_τ für $\tau \geq 0$ eine Halbgruppe bilden, d. h. daß

$$(11.4.5)\qquad A_0 = 1\quad\text{und}\quad A_{\tau_1 + \tau_2} = A_{\tau_1}A_{\tau_2}$$

gilt. $A_0 = 1$ ist trivial.

Mit (11.4.2) lautet (11.4.3)

$$(A_\tau\varrho)\,(\xi) = \varrho(\tilde{T}_\tau\xi)$$

und damit

$$(A_{\tau_1 + \tau_2}\varrho)\,(\xi) = \varrho(\tilde{T}_{\tau_1 + \tau_2}\xi) = \varrho(\tilde{T}_{\tau_2}\tilde{T}_{\tau_1}\xi) =$$
$$= (A_{\tau_2}\varrho)\,(\tilde{T}_{\tau_1}\xi) = [A_{\tau_1}(A_{\tau_2}\varrho)]\,(\xi) = (A_{\tau_1}A_{\tau_2}\varrho)\,(\xi),$$

womit (11.4.5) bewiesen ist.

Wegen der Halbgruppeneigenschaft von A_τ gibt es einen Operator B (als Operator in $K_m(\hat{\Xi})$!) mit

$$(11.4.6)\qquad A_\tau = e^{B\tau}.$$

Die Existenz des Operators B wollen wir hier nicht beweisen (B ist definiert als Operator in dem von $K_m(\hat{\Xi})$ erzeugten *Banach*raum). Mit (11.4.6) geht (11.4.3) über in

$$(11.4.7)\qquad \varrho_\tau = e^{B\tau}\varrho.$$

Durch Differentiation nach τ folgt aus (11.4.7) die Differentialgleichung

$$(11.4.8) \qquad \frac{d}{d\tau}\varrho_\tau = B\varrho_\tau, \quad \text{bzw.} \quad \frac{d}{d\tau}A_\tau = BA_\tau.$$

(11.4.7) und (11.4.6) sind wieder die Lösungen von (11.4.8) zum Anfangswert $\varrho_0 = \varrho$, bzw. $A_0 = 1$. (11.4.8) heißt die *verallgemeinerte Masterequation*. Diese Gleichung wurde so benannt, weil sie in vielen Gebieten der Physik eine große Rolle spielt.

Die Beschreibung makroskopischer Systeme durch Trajektorien in einem Zustandsraum $\bar{Z}$ ist also mit der Theorie $\mathfrak{PT}_{q\,\mathrm{exp}}$ nur kompatibel, falls eine verallgemeinerte Masterequation (11.4.8) gilt. Im allgemeinen Fall erscheint die verallgemeinerte Masterequation (11.4.8) zwar eine interessante, aber »überflüssige« Beziehung zu sein, da die Elemente $\varrho \in K_m(\hat{\Xi})$ ja vollständig alle statistischen und *dynamischen* Aussagen über die Trajektorien beschreiben. Sind also die $\varrho \in K_m(\hat{\Xi})$ als Maße über Ξ (wie sie als Maße auf ganz Ξ ausgedehnt werden können, haben wir ein in § 11.3 gezeigt) bekannt, so bedarf man nicht mehr der Gleichung (11.4.8), um etwas über die zeitliche Entwicklung der Trajektorien aussagen zu wollen.

Durch

$$(11.4.9) \qquad \bar{\varrho}(\sigma) = \varrho\big(\xi(\sigma;0)\big)$$

ist jedem $\varrho \in K_m(\hat{\Xi})$ ein $\bar{\varrho} \in K(\Sigma)$ zugeordnet, wobei $K(\Sigma)$ die Menge der (σ-additiven) Maße über Σ sei. (11.4.9) definiert eine Abbildung $R: K_m(\hat{\Xi}) \to \to K(\Sigma)$. Die Bildmenge dieser Abbildung R sei mit $K_m(\Sigma)$ bezeichnet. In der Praxis der thermodynamisch-makroskopischen Beschreibung setzt man $K_m(\Sigma) = K(\Sigma)$ voraus, mit der durch Erfahrungen nahegelegten Annahme, daß man alle möglichen Anfangswerte zur Zeit $t = 0$ »beliebig gut« präparieren kann. Auf Grund unserer Betrachtungen über thermodynamische Ungenauigkeitsrelationen aus § 8 sind wir aber skeptisch, ob diese Annahme mit einer Einbettung in $\mathfrak{PT}_{q\,\mathrm{exp}}$ verträglich ist. $K_m(\Sigma)$ wird zwar solche $\bar{\varrho}$ enthalten, die (mit ihrer Wahrscheinlichkeitsverteilung in $\bar{Z}$) sehr nahe, *aber* eben *nicht* beliebig nahe auf einen Punkt $\bar{z}$ aus $\bar{Z}$ konzentriert sind. $K_m(\Sigma) = K(\Sigma)$ ist eine für viele Zwecke sehr praktische Idealisierung in $\mathfrak{PT}_{th}$, die aber bei der Einbettung in $\mathfrak{PT}_{q\,\mathrm{exp}}$ zu Schwierigkeiten führen kann. Deshalb setzen wir jetzt nicht $K_m(\Sigma) = K(\Sigma)$ voraus.

Die Voraussetzung MA für Systeme »ohne Gedächtnis« heißt nichts anderes, als daß die durch (11.4.9) bestimmte Abbildung $R: K_m(\hat{\Xi}) \to K_m(\Sigma)$ bijektiv ist. Das bedeutet aber nicht, daß man durch Vorgabe von $\bar{\varrho} \in K_m(\Sigma)$ schon das zugehörige ϱ aus $K_m(\hat{\Xi})$ kennt, d.h. daß man die Umkehrabbildung R^{-1} von (11.4.9) angeben könnte. Wie läßt sich unter der Voraussetzung MA das Umkehrproblem zu (11.4.9) lösen, d.h. die Abbildung $R^{-1} = D: K_m(\Sigma) \to \to K(\Xi)$ finden, deren Wertebereich gerade $K_m(\hat{\Xi})$ ist? Da die Vorgabe von

$\bar{\varrho} \in K_m(\Sigma)$ auf Grund der Präparierverfahren ziemlich willkürlich vorgebbar ist, muß dagegen D dann die Dynamik beschreiben. Da man bei alleiniger Betrachtung von $\mathfrak{PT}_{th}$ die Menge $K_m(\Sigma)$ idealisierend durch $K(\Sigma)$ ersetzt, wird man versuchen, ebenfalls idealisierend die Abbildung D auf ganz $K(\Sigma)$ anzugeben $D:K(\Sigma) \to K(\Xi)$.

Um uns D als Beschreibung der Dynamik etwas zu verdeutlichen, wollen wir den gegenüber der Spezialisierung MA noch weiter spezialisierten Fall des dynamischen Determinismus betrachten. D bestimmt dann die Abbildungsschar d_τ; denn D bestimmt durch seine Bildmenge $K_m(\Xi)$ den Support $\hat{Y}$ in Y, der so beschaffen sein muß, daß jede Trajektorie $\bar{z}(t) \in \hat{Y}$ eindeutig durch den Anfangswert $\bar{z}(0)$ gegeben ist, wodurch die Abbildung $d_t: \bar{z}(0) \to \bar{z}(t)$ festgelegt ist.

Wie kann man D gewinnen, wenn MA vorausgesetzt wird? Dazu denken wir uns die Gleichung (11.4.3) mit Hilfe der bijektiven Abbildung R nach $K_m(\Sigma)$ übertragen:

$$(11.4.10) \quad \bar{\varrho}_\tau = \bar{A}_\tau \bar{\varrho}.$$

Aus (11.4.5) folgt unmittelbar

$$(11.4.11) \quad \bar{A}_0 = 1 \quad \text{und} \quad \bar{A}_{\tau_1 + \tau_2} = \bar{A}_{\tau_1} \bar{A}_{\tau_2}$$

und entsprechend weiter:

$$(11.4.12) \quad \bar{A}_\tau = e^{\bar{B}\tau}$$

und

$$(11.4.13) \quad \frac{d}{d\tau} \bar{\varrho}_\tau = \bar{B}\varrho_\tau, \quad \text{bzw.} \quad \frac{d}{d\tau} \bar{A}_\tau = \bar{B}\bar{A}_\tau.$$

Es sei betont, daß $\bar{A}_\tau$ und $\bar{B}$ Operatoren in $K_m(\Sigma)$ sind.

Die Gleichung (11.4.13) heißt die *Masterequation*. Sie spielt die eigentlich zentrale Rolle und war die gegenüber (11.4.8) historisch früher aufgestellte Gleichung. Ihre zentral wichtige Rolle beruht darauf, daß tatsächlich die »meisten« Systeme »kein Gedächtnis« haben und daß zweitens durch die Masterequation die Dynamik vollständig erfaßt ist, d.h. die Abbildung D festgelegt ist!

Um die Operatoren $\bar{A}_\tau$ bzw. $\bar{B}$ zu erhalten, ist es nicht notwendig, die Mengen $K_m(\hat{\Xi})$ und die Operatoren A_τ, B zu kennen. Dies ist sehr wichtig, da ja die Abbildungen A_τ »nicht mehr benötigt« werden, wenn man $K_m(\hat{\Xi})$ und damit die volle Dynamik kennt. Es ist aber einfacher, ohne Kenntnis von $K_m(\hat{\Xi})$ den Operator $\bar{B}$ zu bestimmen, und so (da ja $K_m(\Sigma)$ »praktisch« gleich $K(\Sigma)$ ist und damit *nichts* von der Dynamik enthält – siehe oben) die Masterequation (11.4.13) als dynamisches Gesetz zu formulieren.

Zur Bestimmung von $\bar{A}_\tau$ gehen wir auf die obige Ableitung von (11.4.3) zurück. Genauso wie in (4.2.1) durch b_0 die $\chi(\sigma)$ definiert wurden, seien mit $\tilde{b}_0$ Effekte $\tilde{\chi}(\sigma)$, d.h. eine Observable $\Sigma \xrightarrow{\tilde{\chi}} L$ definiert. Mit diesem $\tilde{\chi}$ können wir also schreiben:

$$(11.4.14) \qquad \tilde{F}\xi(\sigma; 0) = \tilde{\chi}(\sigma).$$

Es sei betont, daß die Observable $\Sigma \xrightarrow{\tilde{\chi}} L$ kein Gleichgewichtsverhalten wie $\Sigma \xrightarrow{\chi} L$ aus § 4.2 zu zeigen braucht, da $\tilde{b}_0$ eine »feinere« Registriermethode sei, die es erlaubt, »Schwankungserscheinungen« zu registrieren (siehe § 11.7).

Wie bei der Definition von $\tilde{F}'$ definieren wir für jedes $w \in K$ durch

$$(11.4.15) \qquad \bar{\varrho}(\sigma) = Sp\left(w\tilde{\chi}(\sigma)\right)$$

eine Abbildung $\tilde{\chi}': w \to \bar{\varrho}$, d.h. eine Abbildung von K in $K(\Sigma)$. Aus (11.4.14) folgt

$$(11.4.16) \qquad Sp\left(w\tilde{\chi}(\sigma)\right) = Sp\left(w\tilde{F}\left(\xi(\sigma; 0)\right)\right) = \varrho\left(\xi(\sigma; 0)\right)$$

mit $\varrho = \tilde{F}'w$. Mit der durch (11.4.9) definierten Abbildung R und (11.4.16), (11.4.15) folgt also

$$(11.4.17) \qquad R\tilde{F}' = \tilde{\chi}'.$$

Das ϱ_τ aus (11.4.1) war durch $\tilde{F}'x$ mit $x = U_\tau^+ w U_\tau$ definiert. Mit (11.4.17) folgt daraus

$$(11.4.18) \qquad \bar{\varrho}_\tau = R\varrho_\tau = R\tilde{F}'x = \tilde{\chi}'x = \tilde{\chi}'(U_\tau^+ w U_\tau).$$

Das w aus (11.4.1) und damit aus (11.4.18) konnte irgendein $w \in K_m$ mit $\tilde{F}'w = \varrho$ sein. Also gilt wegen (11.4.17) für dieses w auch

$$(11.4.19) \qquad \tilde{\chi}'w = R\tilde{F}'w = R\varrho = \bar{\varrho}.$$

Wenn man aber umgekehrt irgendein $w \in K_m$ mit

$$(11.4.20) \qquad \tilde{\chi}'w = \bar{\varrho}$$

wählt, gilt dann auch $\tilde{F}'w = \varrho$ für das ϱ, mit dem ϱ_τ aus (11.4.1) berechnet wurde? Im allgemeinen natürlich nicht, da durch die Statistik $\bar{\varrho}$ der Anfangswerte nicht eindeutig ein ϱ mit $R\varrho = \bar{\varrho}$ gegeben ist. Gilt aber MA, so gibt es die Umkehrabbildung $D = R^{-1}$, so daß aus (11.4.20) auch

$$\varrho = D\tilde{\chi}'w = DR\tilde{F}'w = \tilde{F}'w$$

folgt. Zur Berechnung von $\bar{\varrho}_\tau$ nach (11.4.18), d.h. nach

$$(11.4.21) \qquad \varrho_\tau = \tilde{\chi}'(U_\tau^+ w U_\tau)$$

kann man für w irgendein $w \in K_m$ mit

(11.4.22) $\tilde{\chi}' w = \bar{\varrho}$

wählen. $\bar{A}_\tau$ ist dann bestimmt durch

(11.4.23) $\bar{\varrho}_\tau = \bar{A}_\tau \bar{\varrho}$.

Ein Problem ist noch die Wahl von $w \in K_m$, das (11.4.22) erfüllt, wobei die Nebenbedingung $w \in K_m$ besondere Schwierigkeiten macht, da K_m nicht bekannt ist. Läßt sich diese Nebenbedingung durch eine andere, in die nur $\tilde{\chi}$ eingeht, ersetzen, indem man ausnutzt, daß *irgend*ein $w \in K_m$ mit (11.4.22) ausgesucht werden darf? Diese Frage läßt sich nicht in der gestellten Form beantworten, da eben weder L_m noch P, noch K_m bekannt sind. Man dreht deshalb die Frage um, indem man eine Menge K_{m0} definiert, von der man *fordert*, daß sie Teilmenge von K_m ist. Als K_{m0} wählt man die von allen

(11.4.24) $w_\sigma = \dfrac{\tilde{\chi}(\sigma)}{Sp\left(\tilde{\chi}(\sigma)\right)}$ für $\sigma \in \Sigma$ mit $Sp\left(\tilde{\chi}(\sigma)\right) < \infty$

erzeugte normabgeschlossene konvexe Menge. Die Forderung, daß diese Menge K_{m0} eine Teilmenge von K_m ist, ist eine Forderung an $\tilde{\chi}$ und damit auch an $\tilde{F}$. Diese Forderung stellt also eine weitere Bedingung an die Einbettung dar. Ähnliche Gesamtheiten w_σ wie nach (11.4.24) hatten wir schon in § 10.5 benutzt und damit dort — etwas verschleiert — schon die Voraussetzung $K_{m0} \subset K_m$ benutzt, d.h. dieselbe Voraussetzung, die wir jetzt auch für die Wahl von w in (11.4.22) treffen werden:

Man wähle w in (11.4.22) als Element von K_{m0}, d.h. als (allgemeine) konvexe Kombination der w_σ aus (11.4.24).

Es sei nochmals betont, daß nicht zu erwarten ist, daß *alle* $\bar{\varrho} \in K(\Sigma)$ mit $w \in K_{m0}$ in der Form (11.4.22) darstellbar sind. Vielmehr wollen wir $\tilde{\chi}' K_{m0}$ mit $K_m(\Sigma)$ identifizieren. Die genaueste Konzentration auf einem Zustand $\bar{z}$ erhält man mit w_σ nach (11.4.24) für sehr kleine Umgebungen von $\bar{z}$. Damit erhält man »Fast-Extremalpunkte« von $K_m(\Sigma)$ in der Form

(11.4.25) $\bar{\varrho}_{\bar{z}}(\sigma) = \dfrac{Sp\left(\tilde{\chi}(\sigma)\,\tilde{\chi}(\sigma_{\bar{z}})\right)}{Sp\left(\tilde{\chi}(\sigma_{\bar{z}})\right)}$,

wobei $\sigma_{\bar{z}}$ eine beliebig kleine Umgebung von $\bar{z}$ ist; man kann auch den Limes der rechten Seite von (11.4.25) betrachten beim »Zusammenziehen« von $\sigma_{\bar{z}}$ auf $\bar{z}$, so wie dieser z. B. schon in (4.4.6) eingeführt wurde.

Da eine konvexe Kombination von Elementen aus K_{m0} nach (11.4.22) auch eine entsprechende konvexe Kombination von Elementen aus $K_m(\Sigma)$ liefert, genügt es also zur Berechnung von $\bar{A}_\tau$ die w_σ aus (11.4.24) zu benutzen und mit

(11.4.26) $\quad \bar{\varrho}_\sigma = \tilde{\chi}' w_\sigma$

das zugehörige $\bar{\varrho}_{\sigma,\tau}$ nach

(11.4.27) $\quad \bar{\varrho}_{\sigma,\tau} = \tilde{\chi}'(U_\tau^+ w_\sigma U_\tau)$

zu bestimmen. Da man (11.4.26) aus (11.4.27) für $\tau = 0$ erhält, ist also (11.4.27) die entscheidende Gleichung zur Bestimmung von $\bar{A}_\tau$. (11.4.27) ist auf Grund der Definition von $\tilde{\chi}'$ die Zusammenfassung der für alle $\sigma' \in \Sigma$ gültigen Gleichungen:

$$(11.4.28) \quad \bar{\varrho}_{\sigma,\tau}(\sigma') = \frac{Sp\,(U_\tau^+ \tilde{\chi}(\sigma)\,U_\tau\tilde{\chi}(\sigma'))}{Sp\,(\tilde{\chi}(\sigma))}.$$

Die rechte Seite von (11.4.28) nennt man die *Übergangswahrscheinlichkeit* für den *Übergang* $\sigma \to \sigma'$ in der Zeit τ. Wir wollen sie kurz durch $A(\sigma', \sigma; \tau)$ abkürzen:

$$(11.4.29) \quad A(\sigma', \sigma; \tau) = \frac{Sp\,(U_\tau^+ \tilde{\chi}(\sigma)\,U_\tau\tilde{\chi}(\sigma'))}{Sp\,(\tilde{\chi}(\sigma))}.$$

Durch (11.4.29) ist der Operator $\bar{A}_\tau$ bestimmt. Die Auswertung von (11.4.29) erweist sich meist als viel zu unhandlich. Man schlägt oft einen Weg ein, der der Einteilung des 6-dimensionalen μ-Raumes in Zellen (wie in § 10.2 betrachtet) analog ist. Man teilt den Zustandsraum $\bar{Z}$ so in diskrete Zellen σ_ν ein, daß

$$\sigma_\nu \cap \sigma_\mu = \emptyset \quad \text{für } \nu \neq \mu, \quad \bigcup_\nu \sigma_\nu = \bar{Z}$$

ist und die $\tilde{\chi}(\sigma_\nu)$ fast Projektionsoperatoren sind, d. h.

$$(11.4.30) \quad \frac{Sp\,(\tilde{\chi}(\sigma_\nu)^2)}{Sp\,(\tilde{\chi}(\sigma_\nu))} \approx 1$$

ist. Solche σ hatten wir schon mehrfach betrachtet (siehe z. B. § 10.5). Andererseits sollen die σ_ν aber noch so klein sein, daß die *diskrete* Zelleneinteilung noch eine gute Approximation an den (meistens) *kontinuierlichen* Zustandsraum darstellt.

Für die weiteren Auswerterechnungen setzen wir einfach $\tilde{\chi}(\sigma_\nu)$ als *Projektionsoperatoren* (!) an. Dann folgt wegen $\bigcup_\nu \sigma_\nu = \bar{Z}$ die Relation $\sum_\nu \tilde{\chi}(\sigma_\nu) = 1$ und daraus $\tilde{\chi}(\sigma_\nu)\tilde{\chi}(\sigma_\mu) = 0$, denn aus $1 - \tilde{\chi}(\sigma_\varrho) = \sum_{\nu \neq \varrho} \tilde{\chi}(\sigma_\nu) \geq \tilde{\chi}(\sigma_\mu)$ für ein $\mu \neq \varrho$ folgt $\tilde{\chi}(\sigma_\mu) \perp \tilde{\chi}(\sigma_\lambda)$ und damit $\tilde{\chi}(\sigma_\mu)\tilde{\chi}(\sigma_\varrho) = 0$.

Statt der w_σ nach (11.4.24) brauchen wir nur die

$$(11.4.31) \quad w_\nu = \frac{\tilde{\chi}(\sigma_\nu)}{Sp\,(\tilde{\chi}(\sigma_\nu))}$$

zu betrachten, von denen dann alle anderen $w \in K_{m0}$ konvexe Kombinationen sind. Jedes $\bar{\varrho} \in K_m(\Sigma)$ ist dann eine konvexe Kombination der $\bar{\varrho}_v = \tilde{\chi}' w_v$ mit

$$(11.4.32) \qquad \bar{\varrho}_v(\sigma_\mu) = \frac{Sp\left(\tilde{\chi}(\sigma_v)\,\tilde{\chi}(\sigma_\mu)\right)}{Sp\left(\tilde{\chi}(\sigma_v)\right)} = \delta_{v\mu},$$

d.h. jedes $\bar{\varrho}$ ist gegeben durch

$$(11.4.33) \qquad \bar{\varrho} = \sum_v \lambda_v \bar{\varrho}_v,$$

wobei nach (11.4.32)

$$(11.4.34) \qquad \lambda_v = \bar{\varrho}(\sigma_v)$$

ist. Jedes $\bar{\varrho}$ ist also durch die Maße λ_v für die Zellen σ_v gekennzeichnet.
Aus (11.4.28) und (11.4.29) folgt

$$(11.4.35) \qquad \begin{aligned} \bar{\varrho}_{v,\tau}(\sigma_\mu) &= A(\mu, v; \tau) \\ &= \frac{Sp\left(U_\tau^+ \tilde{\chi}(\sigma_v)\, U_\tau \tilde{\chi}(\sigma_\mu)\right)}{Sp\left(\tilde{\chi}(\sigma_v)\right)} \end{aligned}$$

und damit für ein beliebiges $\bar{\varrho}$ nach (11.4.33):

$$\bar{\varrho}_\tau = \sum_\mu \lambda_\mu(\tau)\,\bar{\varrho}_v,$$

wobei $\lambda_v(\tau)$ nach (11.4.34) für

$$\bar{\varrho}_\tau = \sum_v \lambda_v \bar{\varrho}_{v,\tau}$$

mit $\bar{\varrho}_{v,\tau}$ nach (11.4.35) zu berechnen ist, woraus

$$(11.4.36) \qquad \lambda_\mu(\tau) = \sum_v A(\mu, v; \tau)\lambda_v$$

folgt. Der Operator $\bar{A}_\tau$ ist in dieser Zellenschreibweise durch die Matrix $A(\mu, v; \tau)$ gegeben. Die Halbgruppeneigenschaft (11.4.11) hat zur Folge, daß

$$(11.4.37) \qquad A(\mu, v; \tau_1 + \tau_2) = \sum_\varrho A(\mu, \varrho; \tau_1)\,A(\varrho, v; \tau_2)$$

sein soll. (11.4.37) ist aber auf Grund der Definition von $A(\mu, v; \tau)$ nach (11.4.35) in keiner Weise trivial erfüllt. Im Gegenteil wird (11.4.37) im allgemeinen nicht gelten. Es muß also irgendeine Bedingung zwischen den Projektionsoperatoren $\chi(\sigma_v)$ und dem *Hamilton*operator H, durch den U_τ nach (4.1.5) bestimmt ist, bestehen, damit (11.4.37) wenigstens approximativ gilt. Man kann nachweisen, daß (11.4.37) nicht exakt gelten kann.

Den Operator $\bar{B}$ aus (11.4.13) würden wir aus (11.4.36) als Matrix

$$(11.4.38) \qquad B(\mu, v) = \lim_{\tau \to 0} \frac{A(\mu, v; \tau) - \delta_{\mu v}}{\tau}$$

erhalten. Bei der Benutzung der Formel (11.4.38) ist aber Vorsicht am Platze: Eine rein formale Differentiation von (11.4.35) etwa in der Form

$$B(\mu, v) = \frac{Sp\left(\frac{i}{\hbar}\left(\tilde{\chi}(\sigma_v) H - H\tilde{\chi}(\sigma_v)\right)\tilde{\chi}(\sigma_\mu)\right)}{Sp\left(\tilde{\chi}(\sigma_v)\right)}$$

führt zum *falschen* Resultat $B(\mu, v) = 0$, was damit zusammenhängt, daß (11.4.37) nicht exakt gelten kann.

Um $B(\mu, v)$ zu berechnen, hat man vielmehr $A(\mu, v; \tau)$ für kleine, aber nicht zu kleine τ zu berechnen. Es muß möglich sein, ein $\tau_{\min}$ und ein $\tau_{\max}$ so anzugeben, daß für $\tau_{\min} < \tau < \tau_{\max}$ die Übergangswahrscheinlichkeit $A(\mu, v; \tau)$ in sehr guter Approximation proportional zu τ wird, d. h. etwas genauer in der Form

$$(11.4.39) \qquad A(\mu, v; \tau) = \delta_{\mu v} + B(\mu, v)\tau$$

darstellbar ist. Für $0 < \tau < \tau_{\min}$ ist der Fehler von (11.4.39) gegenüber (11.4.35) nicht klein gegenüber $B(\mu, v)\tau$; aber $B(\mu, v)\tau$ wie das »exakte« $A(\mu, v; \tau)$ nach (11.4.35) sind für $\mu \neq v$ physikalisch so gut wie Null. Für $\tau > \tau_{\max}$ ist (11.4.39) deshalb nicht mehr gültig, weil die Approximation der e-Funktion

$$e^{\bar{B}\tau} \approx 1 + \bar{B}\tau$$

unbrauchbar wird.

Mit der »physikalisch vernünftig« (d. h. mit Hilfe von $A(\mu, v; \tau)$ für $\tau_{\min} < \tau < \tau_{\max}$) berechneten Matrix $B(\mu, v)$ erhält man die Masterequation in der berühmten Form:

$$(11.4.40) \qquad \dot{\lambda}_\mu(\tau) = \sum_{\mu v} B(\mu, v)\lambda_v(\tau).$$

Wegen $\sum_\mu \lambda_\mu(\tau) = 1$ folgt aus (11.4.40):

$$(11.4.41) \qquad \sum_\mu B(\mu, v) = 0.$$

Da $U_\tau^+ \chi(\sigma) U_\tau$ genauso wie $\chi(\sigma_v)$ ein Projektionsoperator ist, folgt aus (11.4.35)

$$A(\mu, v; \tau) \geq 0$$

und damit nach (11.4.38) bzw. (11.4.39)

$$(11.4.42) \qquad B(\mu, v) \geq 0 \quad \text{für } \mu \neq v.$$

Damit wollen wir die Skizze darüber abschließen, wie man, ausgehend von dem allgemeinen Problem der Einbettung von $\mathfrak{P}\mathfrak{T}_{th}$ in $\mathfrak{P}\mathfrak{T}_{q\,\mathrm{exp}}$ zur Masterequation kommen kann und wie man Methoden entwickeln kann, um nach Festlegung der thermodynamischen Observablen $\Sigma \overset{\tilde{\chi}}{\to} L$ mit Hilfe der Zeitentwicklungsoperatoren U_t der Quantenmechanik den Operator $\bar{B}$ zu bestimmen. Es sei nochmals dabei daran erinnert, daß die Observable $\Sigma \overset{\tilde{\chi}}{\to} L$, wie in § 11.1 erläutert, »feiner« sein kann, als die in § 10.1 und § 4.2 benutzte Observable $\Sigma \overset{\chi}{\to} L$.

Anwendungen der Masterequation wollen wir in getrennten §§ untersuchen. In diesem § wollen wir nur noch ein wenig der Frage nachgehen, wie sich das Problem eines Beweises der Halbgruppeneigenschaft (11.4.37) stellt. Dieses scheinbar speziellere Beweisproblem enthält tatsächlich die typischen Strukturen des in § 11.2 geschilderten allgemeinen Problems.

Das durch (11.4.37) formulierte Halbgruppenproblem läßt sich in äquivalenter Weise im Rahmen der Operatoren im *Hilbert*raum formulieren. Dazu brauchen wir nur folgende bijektive Zuordnungen zu beachten:

$$\bar{\varrho} = \sum_v \lambda_v \bar{\varrho}_v = \tilde{\chi}' w \leftrightarrow w = \sum_v \lambda_v \frac{\tilde{\chi}(\sigma_v)}{Sp\left(\tilde{\chi}(\sigma_v)\right)};$$

$$\bar{\varrho}_\tau = \sum_v \lambda_v(\tau)\bar{\varrho}_v \leftrightarrow w_\tau = \sum_v \left(\sum_\mu \frac{Sp\left(U_\tau^+ \tilde{\chi}(\sigma_\mu) U_\tau \tilde{\chi}(\sigma_v)\right)}{Sp\left(\tilde{\chi}(\sigma_\mu)\right)} \lambda_\mu \right) \frac{\tilde{\chi}(\sigma_v)}{Sp\left(\tilde{\chi}(\sigma_v)\right)} =$$

$$= \sum_v Sp\left(U_\tau^+ w U_\tau \tilde{\chi}(\sigma_v)\right) \frac{\tilde{\chi}(\sigma_v)}{Sp\left(\tilde{\chi}(\sigma_v)\right)}.$$

w_τ entsteht also nicht einfach aus der quantenmechanischen Zeitentwicklung von w nach dem *Schrödinger*bild (XI, § 4.2). Dieses $w(\tau)$ hätte die Form

$$w(\tau) = U_\tau^+ w U_\tau.$$

Dagegen ist

$$w_\tau = \sum_v Sp\left(w(\tau)\tilde{\chi}(\sigma_v)\right) \frac{\tilde{\chi}(\sigma_v)}{Sp\left(\tilde{\chi}(\sigma_v)\right)}.$$

Wir können daher den Übergang von w nach w_τ in zwei Schritte zerlegen:

$$(11.4.43) \qquad w \to w(\tau) = \mathscr{V}_\tau' w = U_\tau^+ w U_\tau,$$

wobei $\mathscr{V}_\tau'$ die durch (11.4.43) definierte, durch U_τ erzeugte Abbildung ist; und

$$(11.4.44) \qquad w(\tau) \to w_\tau = Q w(\tau) = \sum_v Sp\left(w(\tau)\tilde{\chi}(\sigma_v)\right) \frac{\tilde{\chi}(\sigma_v)}{Sp\left(\tilde{\chi}(\sigma_v)\right)}.$$

Q kann dabei als Abbildung von K in sich betrachtet werden, definiert durch

$$(11.4.45) \qquad w \to Q w = \sum_v Sp\left(w \tilde{\chi}(\sigma_v)\right) \frac{\tilde{\chi}(\sigma_v)}{Sp\left(\tilde{\chi}(\sigma_v)\right)}.$$

Man sieht sofort, daß Q wegen (11.4.32) eine Projektion ist, d.h. daß $Q^2 = Q$ gilt. Für

$$w = \sum_v \lambda_v \frac{\tilde{\chi}(\sigma_v)}{Sp\left(\tilde{\chi}(\sigma_v)\right)}$$

folgt $w = Q w$.

Aus (11.4.43), (11.4.44) folgt damit

$$(11.4.46) \qquad w_\tau = \tilde{A}_\tau w \quad \text{mit} \quad \tilde{A}_\tau = Q \mathscr{V}_\tau' Q.$$

Dies ist auf Grund der oben angegebenen bijektiven Zuordnungen die zu (11.4.23) äquivalente Gleichung für die den $\bar{\varrho}, \bar{\varrho}_\tau$ zugeordneten statistischen Operatoren.

(11.4.11), d.h. (11.4.37) ist äquivalent zu

$$(11.4.47) \qquad \tilde{A}_{\tau_1 + \tau_2} = \tilde{A}_{\tau_1} \tilde{A}_{\tau_2}.$$

Wieso kann (11.4.47) wenigstens in sehr guter Näherung erfüllt sein? (11.4.47) lautet ausgeschrieben:

$$(11.4.48) \qquad Q \mathscr{V}_{\tau_1}' Q \mathscr{V}_{\tau_2}' Q = Q \mathscr{V}_{\tau_1 + \tau_2}' Q = Q \mathscr{V}_{\tau_1}' \mathscr{V}_{\tau_2}' Q.$$

Man erkennt daraus sofort die mathematische Ähnlichkeit mit der Gleichung (11.2.13).

Aus (11.4.43) folgt zunächst mit U_τ nach (4.1.5):

$$(11.4.48) \qquad \dot{\mathscr{V}}_\tau' = iL \mathscr{V}_\tau$$

mit dem durch (für $w \in K$)

$$(11.4.49) \qquad L w = \frac{1}{\hbar}\left(w H - H w\right)$$

definierten Operator L (L ist also ein Operator im *Banach*raum $\mathscr{B}(\mathscr{H})$; siehe A VIII, § 12). Daraus folgt mit (11.4.46):

$$(11.4.50) \qquad \begin{aligned} \dot{\tilde{A}}_\tau &= Q iL \mathscr{V}_\tau' Q \\ &= iQLQ \mathscr{V}_\tau' Q + iQL(1-Q) \mathscr{V}_\tau' Q \\ &= iQLQ \tilde{A}_\tau + iQL(1-Q) C_\tau \end{aligned}$$

mit

$$(11.4.51) \qquad C_\tau = (1-Q) \mathscr{V}_\tau' Q.$$

Aus (11.4.49) und (11.4.44) folgt

$$\hbar QLQw =$$

$$= \sum_\mu Sp \left[\sum_\nu Sp\left(w\tilde{\chi}(\sigma_\nu)\right) \frac{\tilde{\chi}(\sigma_\nu)H - H\tilde{\chi}(\sigma_\nu)}{Sp\left(\tilde{\chi}(\sigma_\nu)\right)} \tilde{\chi}(\sigma_\mu) \right] \frac{\tilde{\chi}(\sigma_\mu)}{Sp\left(\tilde{\chi}(\sigma_\mu)\right)}.$$

Wegen

$$\tilde{\chi}(\sigma_\nu)\tilde{\chi}(\sigma_\mu) = 0 \quad \text{für } \nu \neq \mu$$

und wegen

$$Sp\left(\tilde{\chi}(\sigma_\nu)H\tilde{\chi}(\sigma_\mu)\right) = Sp\left(\tilde{\chi}(\sigma_\mu)\tilde{\chi}(\sigma_\nu)H\right)$$

ist

$$Sp\left([\tilde{\chi}(\sigma_\nu)H - H\tilde{\chi}(\sigma_\nu)]\tilde{\chi}(\sigma_\mu)\right) = 0$$

und damit

$$QLQ = 0.$$

(11.4.50) vereinfacht sich also zu

$$(11.4.52) \quad \dot{\tilde{A}}_\tau = iQL(1-Q)C_\tau.$$

Dabei ist in der Menge QK der Operator $\tilde{A}_0 = 1$ und $C_0 = 0$. $\tilde{A}_\tau$ kann nach (11.4.42) berechnet werden, wenn C_τ bekannt ist. Aus (11.4.51) folgt zunächst

$$(11.4.53) \quad \dot{C}_\tau = i(1-Q)LQ\tilde{A}_\tau + i(1-Q)L(1-Q)C_\tau.$$

Die Gleichungen (11.4.52) und (11.4.53) sind sogar noch »mathematisch exakt«; aber gerade »mathematisch exakte« Lösungen sind nicht gefragt, da (11.4.47) nur approximativ gelten kann, und zwar – wie wir oben diskutierten – für nicht zu kleine Zeiten τ, wo tatsächlich $\tilde{A}_\tau$ »merklich« von 1 verschieden ist. (11.4.52) und $C_0 = 0$ zeigen ja gerade, daß »mathematisch exakt« für $\tau = 0$ die Relation $(\dot{\tilde{A}}_\tau)_{\tau=0} = 0$ gilt, während wir für nicht zu kleine τ genau wie in (11.4.12), (11.4.13) im Mittel

$$(11.4.54) \quad \tilde{A}_\tau \approx e^{\tilde{B}\tau}, \quad \frac{d}{d\tau}\tilde{A}_\tau = \tilde{B}\tilde{A}_\tau$$

erwarten. (11.4.54) kann aber nur richtig sein, wenn man sich (11.4.52), (11.4.53) über eine mathematisch endliche Zeit integriert denkt. Darum integrieren wir zunächst (11.4.53) formal:

$$(11.4.55) \quad C_\tau = \int_0^\tau e^{i(1-Q)L(1-Q)(\tau-\tau')}i(1-Q)LQ\tilde{A}_{\tau'}d\tau',$$

wobei der Anfangswert $C_0 = 0$ berücksichtigt wurde.

In (11.4.55) führen wir $x = \tau - \tau'$ als neue Integrationsvariable statt τ' ein. (11.4.55) geht dann über in:

$$(11.4.56) \qquad C_\tau = \int_0^\tau e^{i(1-Q)L(1-Q)x} i(1-Q)LQ\tilde{A}_{\tau-x}dx.$$

Die entscheidende Voraussetzung, daß in sehr guter Näherung die Masterequation (11.4.54) für $\tilde{A}_\tau$ gilt, ist die, daß in (11.4.56) der Operator

$$e^{i(1-Q)L(1-Q)x}$$

im Vergleich zur Änderung von $\tilde{A}_\tau$ sehr hohe Frequenzen enthält (z. B. »schnelle« Änderungen während eines Stoßes zweier Atome verglichen mit der »langsamen« Änderung der *Boltzmann*schen Dichteverteilung), so daß man in (11.4.56) $\tilde{A}_{\tau-x}$ annähernd konstant, d. h. von x unabhängig ansetzen darf.

Damit man aber »praktisch« $\tilde{A}_{\tau-x}$ als $\tilde{A}_\tau$ aus (11.4.56) aus dem Integral über x herausziehen kann, muß aber außerdem

$$\int_0^\tau e^{i(1-Q)L(1-Q)x}(1-Q)LQdx$$

für $\tau > \tau_1$ (mit einem gegenüber der Zeitveränderlichkeit von $\tilde{A}_\tau$ kleinen τ_1) von τ unabhängig werden, wenigstens wenn man diesen Operator noch entsprechend (11.4.52) von links mit $QL(1-Q)$ multipliziert.

Ist dies der Fall, so können wir

$$C_\tau = \left[\int_0^\infty e^{i(1-Q)L(1-Q)x}(1-Q)LQdx \right]\tilde{A}_\tau$$

schreiben, wobei wir die obere Grenze τ formal gleich ∞ gesetzt haben. Dies läßt sich mathematisch am einfachsten mit Hilfe einer kleinen Zahl $\varepsilon > 0$ (die man später gegen Null gehen läßt) so schreiben:

$$\int_0^\infty e^{i(1-Q)L(1-Q)x - \varepsilon x}dx = [\varepsilon 1 - i(1-Q)L(1-Q)]^{-1}.$$

Damit geht dann (11.4.52) in (11.4.54) mit

$$(11.4.57) \qquad \tilde{B} = iQL(1-Q)\,[\varepsilon 1 - i(1-Q)L(1-Q)]^{-1}i(1-Q)LQ$$

über.

Diese Überlegungen machen es verständlich, wie es zu der Gültigkeit einer Masterequation kommen kann. Natürlich stellen diese Überlegungen keinen Beweis dar, da wir ja nicht einmal die Operatoren Q und L explizit für konkrete Fälle angegeben haben. Man erkennt sofort, daß »Beweise« für reale physikalische Systeme praktisch unmöglich oder besser fast ausgeschlossen erscheinen. Dennoch hat man wenigstens an »nicht ganz realistischen« Modellen »Demonstrationen« für die Masterequation durchführen können.

§ 11.5. Die thermodynamischen Systeme als physikalische Objekte und das Einbettungsproblem

In XIII, § 1 und 6 haben wir kurz die Problematik objektiver Eigenschaften diskutiert und gesehen, daß den Mikrosystemen keine »ausreichende« Menge objektiver Eigenschaften zugeschrieben werden kann. Eine exakte Definition »objektiver Eigenschaften« und »physikalischer Objekte« ist in [3] § 12 angegeben. Wir können hier eine solche exakte Definition nicht bringen. Diese stellt eigentlich auch nichts anderes dar, als daß man im mathematischen Bild einer Theorie exakt formuliert, was man mit den folgenden intuitiven Aussagen meint: *Objektive* Eigenschaften sind solche, die man den Systemen an sich unabhängig von den jeweiligen Präparier- und Registrierverfahren zuordnen kann, die aber registriert werden *können*; physikalische Objekte sind solche Systeme, deren Präparieren *vollständig* erklärbar ist als ein Herstellen einer Häufigkeitsverteilung der objektiven Eigenschaften und deren Registrieren vollständig erklärbar ist als ein Feststellen der vorliegenden objektiven Eigenschaften.

Für Mikrosysteme läßt sich auf Grund der Struktur der Quantenmechanik nur eine ausreichende Menge von *Pseudo*eigenschaften einführen, wie wir dies in XIII, § 4 und 6 diskutiert haben. Hat man die eben angegebenen intuitiven Vorstellungen objektiver Eigenschaften im Sinne von [3] § 12 mathematisch präzisiert, so kann man zeigen, daß die objektiven Eigenschaften denjenigen Entscheidungseffekten (siehe XIII, § 4) entsprechen, die mit allen anderen Effekten koexistent sind (siehe außer [3] § 12 dazu auch nochmals XIII, § 6).

Für unseren Fall der thermodynamischen Systeme müssen wir aber auf diese allgemeinen Überlegungen zum Begriff der objektiven Eigenschaften gar nicht zurückgreifen. Dies liegt daran, daß wir das thermodynamische Registrieren von vornherein als ein Registrieren der Menge Ξ der objektiven Eigenschaften *eingeführt* haben. Dies ist geschehen in § 10.1.: (10.1.4) besagt nichts anderes, als daß das Registrieren im Feststellen der objektiven Eigenschaften $\xi \in \Xi$ besteht; (10.1.9) besagt, daß alles Präparieren deutbar ist als das Herstellen einer Häufigkeitsverteilung $m(a, \xi)$ über die Menge Ξ der objektiven Eigenschaften. Beides zusammen besagt aber dann gerade, daß die thermodynamischen Systeme »physikalische Objekte« sind.

Diese objektivierende Beschreibungsweise (auch oft »klassische« Beschreibungsweise genannt) der Makrosysteme ist zwar in allen konkreten Fällen üblich (siehe z. B. V, VI, XIV), wird aber wegen der Quantenmechanik oft als

»ungenau«, »unzulässig« oder nur »beschränkt richtig« bezeichnet. Was man meint, ist das Folgende:

Die eigentlich »exakt« zu benutzende Theorie für die betrachteten thermodynamischen Systeme sei $\mathfrak{PT}_{q\,\mathrm{exp}}$. $\mathfrak{PT}_{q\,\mathrm{exp}}$ ist aber eine »Quantenmechanik«. Für diese gilt das in XIII, § 6 Gesagte, d. h. die Systeme sind keine Objekte, da die *vermeintlichen* objektiven Eigenschaften aus $\varXi$ *in Wirklichkeit* nur Pseudoeigenschaften sind. Um daher Physik richtig zu treiben, braucht man also eine neue Logik, usw.

Was ist von dem von uns vertretenden Standpunkt aus zu diesem Einwand zu sagen?

Wir sehen $\mathfrak{PT}_{th}$ als die zu $\mathfrak{PT}_{q\,\mathrm{exp}}$ umfangreichere Theorie an. Daher ist es unerlaubt, aus $\mathfrak{PT}_{q\,\mathrm{exp}}$ Schlüsse über Wirklichkeiten und Möglichkeiten im Sinne von III, § 9 zu ziehen. Auf der Basis von $\mathfrak{PT}_{th}$ ist aber die objektivierte Wirklichkeit der Eigenschaften $\xi \in \varXi$ gerechtfertigt, denn es gibt wegen (10.1.9) keine Effekte, die nicht zu dem Registrieren der $\xi \in \varXi$ koexistent wären. Auch wenn man dies anerkennt, kann man aber noch leicht Fehler machen bei der Übersetzung dieser in $\mathfrak{PT}_{th}$ richtigen Aussage bei der Einbettung in $\mathfrak{PT}_{q\,\mathrm{exp}}$; und solche Fehler sind häufig gemacht worden.

Ein solcher Fehler ist es, aus der »Zusammenmeßbarkeit« der Eigenschaften $\xi \in \varXi$ auf die Koexistenz der durch die Einbettung zugeordneten Effekte $\psi_{b_0}(\xi)$ (mit ψ_{b_0} nach § 11.2; siehe auch Fig. 22) zu schließen. Wir haben darauf in § 11.2 hingewiesen. Die Menge aller L_m (siehe Fig. 22) ist *keine* Menge koexistenter Effekte; denn koexistent in $\mathfrak{PT}_{q\,\mathrm{exp}}$ bedeutet eben etwas anderes als in $\mathfrak{PT}_{th}$! Die objektivierende Beschreibungsweise in $\mathfrak{PT}_{th}$ ist also durchaus auch dann mit einer Einbettung in $\mathfrak{PT}_{q\,\mathrm{exp}}$ kompatibel, wenn nicht alle $\psi_{b_0}(\xi)$ koexistent sind. Natürlich ist die Teilmenge $\widetilde{F}\widehat{\varXi}$ (mit $\widetilde{F} = \psi_{\widetilde{b}_0}$; siehe § 11.2) von L_m eine Menge koexistenter Effekte, aber eben eine gegenüber $\mathscr{V}_\tau$ nicht invariante Menge!

Die Vorstellung also, daß aus der Objektivität der makroskopischen Eigenschaften $\xi \in \varXi$, d. h. aus der makroskopischen Möglichkeit, die $\xi \in \varXi$ zusammen messen zu können, auch die mikroskopische Koexistenz der makroskopischen Observablen (d. h. die Koexistenz der Bilder dieser $\xi \in \varXi$ in $\mathfrak{PT}_{q\,\mathrm{exp}}$) folgt, ist also unrichtig. Diese unrichtige Vorstellung hat das Problem der Makroobservablen belastet. Sie war natürlich sehr naheliegend, als *J. von Neumann* den ersten Ansatz für die Beschreibung des Zusammenhangs zwischen Mikro- und Makrophysik versuchte; wir haben auf diesen Ansatz in XV, § 3 hingewiesen.

Nachdem wir uns nun noch einmal kritisch darüber klar geworden sind, daß die Systeme aus $\mathfrak{PT}_{th}$ physikalische Objekte sind, die durch die Quantenmechanik in g. G.-abgeschlossener Weise beschriebenen Mikrosysteme aber keine physikalischen Objekte sind, erhebt sich die Frage: Wie findet der Übergang von der Quantenmechanik der Mikrosysteme über immer »größere« Systeme allmählich zur Theorie $\mathfrak{PT}_{th}$ statt? Könnte man die »kleinen«, wie die

»großen« Systeme durch eine Quantenmechanik beschreiben (d. h. die »großen« Systeme durch $\mathfrak{PT}_{q\,\mathrm{exp}}$ als umfangreichste Theorie!), so hätte man dieses Problem des Übergangs nicht. Daher ist es auch psychologisch verständlich, daß man immer wieder $\mathfrak{PT}_{q\,\mathrm{exp}}$ als umfangreichste Theorie zu »retten« versucht. Aber man sollte ein echtes Problem, nämlich das des Übergangs von »kleinen« zu »großen« Systemen nicht deshalb wegzudiskutieren versuchen, weil man seine Lösung noch nicht explizit angeben kann. In welcher Richtung diese Lösung liegt, kann man erahnen. Im Rahmen des § 12 müssen wir dieses Problem aufgreifen und verschieben daher seine Diskussion auf § 12.

§ 11.6. Die »erratene« Masterequation

Wir hatten in den vorigen §§ 11.1 bis 11.4, ausgehend von der Einbettungsmöglichkeit von $\mathfrak{PT}_{th}$ in $\mathfrak{PT}_{q\,\mathrm{exp}}$, die Masterequation (11.4.40) »abgeleitet« oder richtiger, als notwendige Bedingung für die Einbettungsmöglichkeit von $\mathfrak{PT}_{th}$ in $\mathfrak{PT}_{q\,\mathrm{exp}}$ für Systeme ohne »Gedächtnis« erkannt. Dieser Weg ließ die Bedingungen deutlich werden, unter denen die Masterequation gilt. Dieser Weg gab auch einen ersten Hinweis, wie man die Übergangswahrscheinlichkeiten $B(\mu, v)$ zu berechnen hat. Da alle diese Überlegungen und Gedankengänge sehr komplex waren, das Ergebnis (11.4.40) aber sehr einfach, liegt es nahe, die Gleichung (11.4.40) und, wenn möglich, auch eine Berechnungsmethode der $B(\mu, v)$ zu »erraten«. Da Physiker sehr geschickt im intuitiven Erraten von mathematisch formulierten Gesetzen sind, ist es nicht verwunderlich, daß die Gleichung (11.4.40) historisch früher erraten und benutzt wurde, ehe man sich genauer über die Voraussetzungen klar wurde. Darum wollen wir hier unabhängig von unseren Überlegungen aus § 11.1 bis 11.4 auch einen solchen Rateweg schildern, so wie er »häufig« vorgetragen wird. Die Schilderung dieses Rateweges hat aber noch einen zweiten Grund: Sehr leicht können sich bei einem solchen Rateweg sogenannte »Selbstverständlichkeiten« einschleichen, die in Wirklichkeit tiefgehende, nicht triviale Voraussetzungen sind.

Wir betrachten die zeitliche Änderung des Zustandes $\bar{z}$ eines Systems mit $\bar{z} \in \bar{Z}$, wobei wir die Parameter α_v als zeitlich konstant voraussetzen. Zur Bedeutung des Zustandsraumes $\bar{Z}$ lese man kurz den ersten Teil von § 11.1, falls man noch nicht § 11.1. bis § 11.4 studiert hat.

Der zeitliche Ablauf kann für jedes System durch eine Trajektorie $\bar{z}(t)$ beschrieben werden. Verhalten sich die Systeme aber *nicht* dynamisch determiniert (wie in § 10 beschrieben), so werden wir die Wahrscheinlichkeiten zu betrachten haben, daß die Systeme zu einer Zeit t einen Zustand $\bar{z}$ aus einem Gebiet $\sigma \subset \bar{Z}$ haben. Wir denken uns $\bar{Z}$ in lauter kleine Zellen σ_v eingeteilt. Dann können wir die Wahrscheinlichkeit, daß der Zustand $\bar{z}$ zur Zeit t in σ_v liegt, durch eine Zahl $\lambda_v(t)$ angeben mit $0 \le \lambda_v(t) \le 1$ und $\sum\limits_v \lambda_v(t) = 1$. Statt die Trajektorien im einzelnen zu verfolgen, betrachten wir die zeitliche Änderung der Funktionen $\lambda_v(t)$ mit der Zeit t.

Um die Wahrscheinlichkeiten $\lambda_v(t+\Delta t)$ zu erhalten, muß man die »Wahrscheinlichkeiten« angeben, daß die Systeme in der Zeit Δt von der Zelle σ_v in eine andere Zelle σ_μ wechseln. Diese Wahrscheinlichkeiten werden (für nicht zu große Δt) mit der Zeit Δt linear wachsen, so daß wir sie in der Form

$$(11.6.1) \qquad B(\mu,v)\,\Delta t \quad \text{für} \quad \mu \neq v$$

werden angeben können. Die Wahrscheinlichkeit, daß die Systeme in der Zelle σ_v bleiben, ist dann gerade

$$(11.6.2) \qquad 1 - \sum_{\mu(\neq v)} B(\mu,v)\,\Delta t.$$

In der Zeit Δt geht also der Bruchteil

$$\sum_{\mu(\neq v)} B(\mu,v)\,\Delta t$$

von der Zahl $\lambda_v(t)$ der Systeme aus der Zelle σ_v heraus, während aus anderen Zellen

$$\sum_{\mu(\neq v)} B(v,\mu)\,\Delta t\,\lambda_\mu(t)$$

Systeme in die Zelle σ_v hereinkommen. Also ist

$$\frac{\lambda_v(t+\Delta t)-\lambda_v(t)}{\Delta t} = \sum_{\mu(\neq v)} B(v,\mu)\,\lambda_\mu(t) - \sum_{\mu(\neq v)} B(\mu,v)\,\lambda_v(t).$$

Wir setzen noch zur Abkürzung

$$(11.6.3) \qquad B(v,v) = - \sum_{\mu(\neq v)} B(\mu,v).$$

So folgt dann also im Limes $\Delta t \to 0$:

$$(11.6.4) \qquad \dot{\lambda}_v(t) = \sum_\mu B(v,\mu)\,\lambda_\mu(t).$$

Da die Größen aus (11.6.1) »Wahrscheinlichkeiten« sind, dürfen sie nicht negativ sein, d. h. es gilt mit (11.6.3):

$$(11.6.5) \qquad B(\mu,v) \geq 0 \quad \text{für} \quad \mu \neq v; \quad \sum_\mu B(\mu,v) = 0.$$

(11.6.4) ist aber genau die Masterequation (11.4.40), und (11.6.5) ist mit (11.4.41), (11.4.42) identisch.

Die Gültigkeit der Masterequation (11.6.4) scheint also selbstverständlich; ja als Anfänger könnte man fast den Eindruck haben, daß (11.6.4) eine reine

Folge der Wahrscheinlichkeitstheorie und die Form (11.6.4) der Gleichung eine Notwendigkeit sei (und nur die speziellen Werte der $B(\mu,v)$ von den zu beschreibenden Systemen abhängen). Dieser Eindruck ist allerdings vollkommen falsch. Es besteht überhaupt kein allgemeiner Grund, daß die Form der Änderung der $\lambda_v(t)$ durch (11.6.4) richtig wiedergegeben wird. Vielmehr ist es umgekehrt: *Wenn* die Form (11.6.4) das Verhalten der Systeme richtig beschreibt, dann können die »Übergangswahrscheinlichkeiten« (11.6.1) sinnvoll definiert werden. Prozesse, die durch (11.6.4) richtig beschrieben werden, bezeichnet man als *Markov*-Prozesse.

Statt der Form (11.6.4) wäre z. B. auch denkbar:

$$\dot{\lambda}_v(t) = \sum_\mu \int_0^t D(v,\mu;t')\lambda_\mu(t')dt',$$

oder sogar Abhängigkeiten nicht von den λ_μ allein, sondern auch noch von den Präparierverfahren.

Setzt man (11.4.6) voraus, so liegt es nahe, die Übergangswahrscheinlichkeiten mit Hilfe der Einbettung in $\mathfrak{PT}_{q\,\exp}$ zu bestimmen. Jeder Zelle σ_v wird man dann einen Projektionsoperator $\tilde{\chi}(\sigma_v)$ zuordnen, der die Registrierung (im *Schrödinger*bild; XI, § 4.2) beschreiben soll, ob der Zustand des Systems aus σ_v ist. Mit der Gesamtheit w_0 zur Zeit $t=0$ wird dann

$$(11.6.6) \qquad \lambda_v(t) = Sp\left(U_t^+ w_0 U_t \tilde{\chi}(\sigma_v)\right).$$

Ein Problem ist die Wahl von w_0. Es scheint aber sinnvoll, daß makroskopisch w_0 nur so genau präpariert wie registriert werden kann, was den Ansatz

$$(11.6.7) \qquad w_0 = \sum_v \lambda_v(0)\,\frac{\tilde{\chi}(\sigma_v)}{Sp(\tilde{\chi}(\sigma_v))}$$

nahelegt.

Man erkennt an Beispielen sehr schnell (siehe auch Ende von § 11.4), daß die rechte Seite von (11.6.6) für sehr kleine Zeiten t nicht proportional zu t wächst. Die Physiker haben für die jeweiligen Beispiele einen schnellen Durchblick, daß (11.6.4) mit (11.6.6) nicht exakt übereinstimmen kann und daß man die rechte Seite für Zeiten t zu berechnen hat, für die diese rechte Seite in guter Näherung proportional t anwächst. Man kann dann oft ein Intervall $\tau_{\min} < t < \tau_{\max}$ angeben, wo dies der Fall ist; für solche t wird also mit (11.6.7)

$$(11.6.8) \qquad B(\mu,v) = \frac{1}{t}\,\frac{Sp(U_t^+ \tilde{\chi}(\sigma_v) U_t \tilde{\chi}(\sigma_\mu))}{Sp(\tilde{\chi}(\sigma_v))}.$$

Damit haben wir ebenfalls die Methode zur Berechnung der $B(\mu,v)$ aus § 11.4 »erraten«.

Ist der Zustandsraum $\bar{Z}$ endlich-dimensional, so ist es formal leicht, die diskreten λ_v durch eine Wahrscheinlichkeitsdichte $\lambda(\bar{z})$ zu ersetzen, wobei Integrale in der üblichen Form wie in endlich-dimensionalen Räumen definiert sind. Die Wahrscheinlichkeitsdichte $\lambda(\bar{z})$ ist so gemeint, daß

$$\int_\sigma \lambda(\bar{z})\,dV_{\bar{z}}$$

mit $dV_{\bar{z}}$ als Volumenelemente in $\bar{Z}$, die Wahrscheinlichkeit für einen Zustand $\bar{z}$ aus σ ist.

$\lambda_v(t)$ ist in dieser Beschreibungsweise zu ersetzen durch $\lambda(\bar{z},t)$, und (11.6.4) ist zu ersetzen durch

$$(11.6.9) \qquad \frac{\partial \lambda(\bar{z},t)}{\partial t} = \int b(\bar{z},\bar{z}')\,\lambda(\bar{z}',t)\,dV_{\bar{z}'}.$$

Ob es immer gelingt, die diskrete Gleichung (11.6.4) durch eine kontinuierliche Schreibweise (11.6.9) approximativ zu ersetzen, ist nicht selbstverständlich. Schwierigkeiten beim Übergang von (11.6.4) zu (11.6.9) können nicht ausgeschlossen werden.

§ 11.7. Die Brownsche Bewegung

Als Beispiel betrachten wir die Bewegung eines kleinen kugelförmigen Teilchens in einem Gas (oder einer Flüssigkeit). Da wir den Zustand des Gases (bzw. der Flüssigkeit) als fest vorgegeben ansehen, genügt es, als Zustandsraum den dreidimensionalen Ortsraum der Schwerpunktskoordinate des Teilchens zu nehmen (siehe dazu auch § 11.1). Für einen nicht kugelförmigen kleinen starren Körper müßten wir einen 6-dimensionalen Zustandsraum betrachten, da man noch drei weitere Parameter, z.B. die *Euler*schen Winkel (siehe VI, § 3.1) einführen müßte. Wir wollen hier aber nur den einfachsten Fall betrachten.

Die Gleichung (11.6.9) für die Wahrscheinlichkeitsverteilung $\lambda(\mathbf{r},t)$ lautet

$$(11.7.1) \qquad \frac{\partial \lambda(\mathbf{r},t)}{\partial t} = \int b(\mathbf{r},\mathbf{r}')\,\lambda(\mathbf{r}',t)\,dV_{\mathbf{r}'}.$$

Da das Gas (bzw. die Flüssigkeit) als homogen vorausgesetzt werden, wird $b(\mathbf{r},\mathbf{r}')$ nur von $\mathbf{r}'-\mathbf{r}$ und nicht von $\frac{1}{2}(\mathbf{r}'+\mathbf{r})$ abhängen, so daß wir (11.7.1) spezieller

$$(11.7.2) \qquad \frac{\partial \lambda(\mathbf{r},t)}{\partial t} = \int b(\mathbf{r}'-\mathbf{r})\,\lambda(\mathbf{r}',t)$$

umschreiben können.

Nach der Erfahrung bewegt sich das Teilchen für kurze Zeiten Δt nicht weit weg, so daß also $b(\mathbf{r}'-\mathbf{r})$ nur »sehr nahe« bei $\mathbf{r}'-\mathbf{r}=0$ von Null verschieden sein wird. Dies ist auch theoretisch verständlich, da das kleine Teilchen durch die Atomstöße des Gases in einer Zeit Δt zwar beträchtlich seine Geschwindigkeit, aber nur sehr wenig seinen Ort ändern kann. Wir entwickeln daher $\lambda(\mathbf{r}',t)$ an der Stelle $\mathbf{r}$ nach $\mathbf{r}'-\mathbf{r}$:

$$\lambda(\mathbf{r}',t)=\lambda(\mathbf{r},t)+\sum_\nu (x'_\nu-x_\nu)\left(\frac{\partial\lambda}{\partial x_\nu}\right)_{\mathbf{r}'=\mathbf{r}}$$
$$+\frac{1}{2}\sum_{\nu,\mu}(x'_\nu-x_\nu)(x'_\mu-x_\mu)\left(\frac{\partial^2\lambda}{\partial x_\nu\partial x_\mu}\right)_{\mathbf{r}'=\mathbf{r}}+\cdots.$$

Setzt man dies in (11.7.2) ein, so folgt

$$(11.7.3)\qquad \frac{\partial\lambda(\mathbf{r},t)}{\partial t}=\mathbf{v}\cdot\operatorname{grad}\lambda+\frac{1}{2}\sum_{\nu,\mu}w_{\nu\mu}\frac{\partial^2\lambda}{\partial x_\nu\partial x_\mu}.$$

Dabei haben wir benutzt, daß aus

$$0=\frac{\partial}{\partial t}\,1=\frac{\partial}{\partial t}\int\lambda(\mathbf{r},t)\,dV_\mathbf{r}$$

die Relation

$$\int b(\mathbf{r}'-\mathbf{r})\,dV_{\mathbf{r}'}=0$$

folgt. Die Größen $\mathbf{v}$ und $w_{\nu\mu}$ sind gegeben durch

$$(11.7.4)\qquad \mathbf{v}=\int \mathbf{r}b(\mathbf{r})\,dV_\mathbf{r},\quad w_{\nu\mu}=\int x_\nu x_\mu b(\mathbf{r})\,dV_\mathbf{r}.$$

Ist keine äußere Kraft vorhanden, so sollte b nicht von der Richtung des Vektors $\mathbf{r}'-\mathbf{r}$, sondern nur von $|\mathbf{r}'-\mathbf{r}|$ abhängen. Daraus folgt nach (11.7.4):

$$(11.7.5)\qquad \mathbf{v}=0\quad \text{und}\quad w_{\nu\mu}=w\delta_{\nu\mu}$$

mit der Konstanten

$$w=\tfrac{1}{3}\int \mathbf{r}^2 b(|\mathbf{r}|)\,dV_\mathbf{r}.$$

Es ist üblich, die Konstante $w=2D$ zu setzen. In (11.7.3) haben wir die Entwicklung nach dem zweiten Glied abgebrochen. Ob dies für die *Brown*sche Bewegung eine gute Näherung ist, kann man am einfachsten an der Erfahrung testen (siehe Ende von VI, § 7.7). Mit (11.7.5) folgt dann aus (11.7.3)

$$(11.7.6)\qquad \frac{\partial\lambda(\mathbf{r},t)}{\partial t}=D\Delta\lambda(\mathbf{r},t).$$

Die Gleichung (11.7.3) ist allgemein unter der Bezeichnung *Fokker-Planck-Gleichung* bekannt, manchmal erweitert auf den Fall, daß $b(\mathbf{r},\mathbf{r}')$ allgemein als $b(\mathbf{r}'-\mathbf{r},\frac{1}{2}(\mathbf{r}'+\mathbf{r}))$ geschrieben wird. Wir wollen hier diese Verallgemeinerung nicht weiter studieren. Ebenso sieht man, daß man auch *Fokker-Planck-Gleichungen* in höher-dimensionalen Zustandsräumen erhalten kann. Wichtig ist nur, sich zu vergegenwärtigen, daß *Fokker-Planck*-Gleichungen nichts anderes als spezialisierte Masterequations sind, spezialisiert auf den Fall eines kontinuierlichen Zustandsraums mit Übergangswahrscheinlichkeiten, die »punktartig« konzentriert sind. In der Wahrscheinlichkeitsrechnung wird die *Fokker-Planck*-Gleichung auch als »zweite *Kolmogorov*-Gleichung« oder »forward diffusion equation« bezeichnet.

Eine Gleichung der Form (11.7.4) ist uns schon als XIV (2.6.16) bei der Wärmeleitung in XIV § 2.6 begegnet. Ganz analoge Gleichungen beschreiben das Phänomen der Diffusion, das unter den in § 2 behandelten Problemkreis gehört, aber aus Platzgründen nicht behandelt werden konnte. Da wir in XIV, § 2.6 die Gleichung (11.7.4) etwas untersucht hatten, werden wir hier keine weiteren Lösungen studieren. Der Leser betrachte die in XIV, § 2.6 angegebenen Lösungen in der neuen Interpretation von $\lambda(\mathbf{r},t)$!

So schön auch das Resultat (11.7.4) sein mag, so bleibt doch die Größe D unbestimmt, weil wir eben nicht auf (11.6.8) zurückgegriffen haben. Dies wollen wir hier auch nicht durchführen, da dies ein ziemlich mühsamer Weg ist. Statt dessen wollen wir kurz zeigen, daß D eng mit einer anderen Materialkonstanten, der in XIV, § 2.7 eingeführten Zähigkeit β des Gases (bzw. der Flüssigkeit) zusammenhängt.

Dazu betrachten wir wieder die allgemeine Gleichung (11.7.3) für den Fall $\mathbf{v}\neq 0$, d.h. für den Fall, daß eine konstante äußere Kraft vorhanden ist. Vernachlässigen wir dann zunächst den zweiten Summanden auf der rechten Seite von (11.7.3), so folgt

$$(11.7.7) \qquad \frac{\partial\lambda}{\partial t}=\mathbf{v}\cdot\operatorname{grad}\lambda.$$

Legen wir die 1-Achse in Richtung von $\mathbf{v}$ und suchen speziell eine nur von x_1,t abhängige Lösung von (11.7.7), so folgt mit $v=|\mathbf{v}|$:

$$\frac{\partial\lambda}{\partial t}=v\,\frac{\partial\lambda}{\partial x},$$

d.h. $\lambda(x_1,t)=\lambda_0(x_1+vt)$. Die Wahrscheinlichkeitsverteilung $\lambda(x_1,t)$ bewegt sich also mit der Geschwindigkeit $(-v)$ in der 1-Richtung. Das bedeutet aber nichts anderes, als daß sich das *Brown*sche Teilchen mit der Geschwindigkeit $(-v)$ in der 1-Richtung bewegt. Sei k die konstante Kraft entgegen der Richtung der 1-Achse, so ist nach XIV (2.7.73) die Geschwidigkeit in Richtung der 1-Achse gleich $(-v)$ mit

$$(11.7.8) \qquad 4\pi\beta vR = k,$$

wobei wir in (2.7.73) die Schwerkraft nicht betrachtet haben, da es uns nur auf die sich einstellende Geschwindigkeit v bei *irgendeiner* äußeren Kraft k auf die Kugel ankommt.

Der konstanten Kraft $(-k)$ in Richtung der 1-Achse entspricht eine potentielle Energie $U(\mathbf{r})$ der kleinen Kugel mit

$$(11.7.9) \qquad U(\mathbf{r}) = kx_1 .$$

Die vollständige Gleichung (11.7.3) mit $w_{\nu\mu} = 2D\delta_{\nu\mu}$ lautet dann

$$(11.7.10) \qquad \frac{\partial\lambda}{\partial t} = v\,\frac{\partial\lambda}{\partial x_1} + D\Delta\lambda.$$

Die *stationäre* Lösung (d. h. λ nicht von t abhängig), muß also die Form $\lambda(x_1)$ haben und die Gleichung

$$0 = v\,\frac{\partial\lambda}{\partial x_1} + D\,\frac{\partial^2\lambda}{\partial x_1^2}$$

erfüllen. Daraus folgt

$$\lambda(x_1) = c\,\mathrm{e}^{-\frac{v}{D}x_1}.$$

Mit v nach (11.7.8) und U nach (11.7.9) lautet dies:

$$(11.7.11) \qquad \lambda(x_1) = c\,\mathrm{e}^{-\frac{U}{4\pi\beta RD}}.$$

Dies stimmt dann mit der Wahrscheinlichkeitsverteilung für ein Teilsystem nach (6.7.12), d. h. mit

$$\lambda(x_1) = c\,\mathrm{e}^{-\frac{U}{T}}$$

überein, wenn

$$(11.7.12) \qquad D = \frac{T}{4\pi\beta R}$$

ist. D aus (11.7.6) ist damit ausgedrückt durch die Temperatur T, die Zähigkeit β und den Radius R des *Brown*schen Teilchens. Das Teilchen selbst geht also in die Form der *Brown*schen Bewegung nur durch seinen Radius R ein.

Startet man bei einem Experiment die *Brown*schen Teilchen zur Zeit $t=0$ beim Ort $\mathbf{r}=0$, so ist die Wahrscheinlichkeitsdichte zur Zeit t nach XIV (2.6.32) gleich

$$(11.7.13) \qquad \lambda(\mathbf{r},t) = \frac{1}{(2\sqrt{D\pi t})^3}\, e^{-\frac{\mathbf{r}^2}{4Dt}}.$$

Mit D nach (11.7.12) lautet (11.7.13)

$$(11.7.14) \qquad \lambda(\mathbf{r},t) = a e^{-\frac{\mathbf{r}^2 \pi \beta R}{Tt}}.$$

Die Zeitdauer, bis das Teilchen um ein Stück $|\mathbf{r}|$ weggelaufen ist, beträgt also etwa

$$(11.7.15) \qquad t \approx \frac{\mathbf{r}^2 \beta R}{T}.$$

Sie nimmt also bei festem $|\mathbf{r}|$ mit wachsendem Radius R des Teilchens zu. So ist unmittelbar erkenntlich, daß die *Brown*sche Bewegung umso schwieriger feststellbar ist, je größer das Teilchen ist. Für »große« Teilchen liegt die Schwankung des Ortes unterhalb der thermodynamischen Genauigkeit und das Teilchen kann determiniert beschrieben werden.

§ 11.8. Die Diracsche Störungstheorie und die Masterequation

In diesem § soll ein unübersehbar oft benutztes Hilfsmittel zur Berechnung der Übergangswahrscheinlichkeiten $B(\mu,v)$ dargestellt werden. Wir tun dies hier in diesem Buch mehr zur Demonstration allgemeiner Sachverhalte an Beispielen als zur Einübung spezieller, praktischer Methoden.

Der Ausgangspunkt ist die Gleichung (11.6.8). Wir schreiben den Ausdruck

$$(11.8.1) \qquad Sp\left(U_t^+ \tilde{\chi}(\sigma_v) U_t \tilde{\chi}(\sigma_\mu)\right) = Sp\left(\tilde{\chi}(\sigma_v) U_t \tilde{\chi}(\sigma_\mu) U_t^+\right)$$

in das Wechselwirkungsbild (siehe XI, § 4.3) um, indem wir

$$(11.8.2) \qquad H = H_0 + H_1$$

mit

$$H_0 = \sum_v \tilde{\chi}(\sigma_v) H \tilde{\chi}(\sigma_v)$$

setzen (siehe XI (4.3.1)):

$$Sp\left(\tilde{\chi}(\sigma_v) U_t \tilde{\chi}(\sigma_\mu) U_t^+\right) = Sp\left(\tilde{\chi}(\sigma_v) V_t e^{\frac{i}{\hbar}H_0 t} \tilde{\chi}(\sigma_\mu) e^{-\frac{i}{\hbar}H_0 t} V_t^+\right).$$

Da H_0 mit $\tilde{\chi}(\sigma_\mu)$ vertauschbar ist, ist

$$e^{\frac{i}{\hbar}H_0 t}\tilde{\chi}(\sigma_\mu)e^{-\frac{i}{\hbar}H_0 t}=\tilde{\chi}(\sigma_\mu).$$

Also wird

$$(11.8.3) \qquad Sp\left(\tilde{\chi}(\sigma_\nu)\,U_t\tilde{\chi}(\sigma_\mu)\,U_t^{+}\right)=Sp\left(\tilde{\chi}(\sigma_\nu)\,V_t\tilde{\chi}(\sigma_\mu)\,V_t^{+}\right)$$

mit V_t nach XI (4.3.2):

$$(11.8.4)\qquad V_t=U_t e^{-\frac{i}{\hbar}H_0 t}=e^{\frac{i}{\hbar}Ht}\,e^{-\frac{i}{\hbar}H_0 t}.$$

Aus (11.8.4) folgt durch Differentiation

$$(11.8.5)\qquad \frac{\hbar}{i}\,\dot{V}_t=V_t H_{1t}$$

mit

$$(11.8.6)\qquad H_{1t}=e^{\frac{i}{\hbar}H_0 t}H_1 e^{-\frac{i}{\hbar}H_0 t}$$

und H_1 aus (11.8.2).

Die *Dirac*sche Störungstheorie versucht eine Lösung von (11.8.5) durch einen Reihenansatz:

$$(11.8.7)\qquad V_t=1+\frac{i}{\hbar}\int_0^t H_{1t_1}dt_1+\left(\frac{i}{\hbar}\right)^2\int_0^t\left[\int_0^{t_1}H_{1t_2}dt_2\right]H_{1t_1}dt_1+\cdots.$$

Wir wollen hier die nach (11.6.8) aus (11.9.3) zu berechnenden Übergangswahrscheinlichkeiten nur bis zu den »quadratischen« Gliedern in H_{1t} entwickeln; die »linearen« Glieder in H_{1t} geben keinen Beitrag zu (11.8.3) wie wir gleich sehen werden.

Setzt man (11.8.7) in (11.8.3) ein, so folgt wegen $\tilde{\chi}(\sigma_\nu)\tilde{\chi}(\sigma_\mu)=0$ für $\nu\neq\mu$ und wegen $Sp(AB)=Sp(BA)$, daß bis zu den in H_{1t} quadratischen Gliedern nur übrig bleibt:

$$Sp\left(\tilde{\chi}(\sigma_\nu)\,V_t\tilde{\chi}(\sigma_\mu)\,V_t^{+}\right)=\frac{1}{\hbar^2}\int_0^t dt_1\int_0^t dt_2\,Sp\left(\tilde{\chi}(\sigma_\nu)H_{1t_1}\tilde{\chi}(\sigma_\mu)H_{1t_2}\right)$$

$$=\frac{1}{\hbar^2}\int_0^t dt_1\int_0^t dt_2\,Sp\left(\tilde{\chi}(\sigma_\nu)e^{+\frac{i}{\hbar}H_0 t_1}H_1 e^{-\frac{i}{\hbar}H_0 t_1}\tilde{\chi}(\sigma_\mu)e^{\frac{i}{\hbar}H_0 t_2}H_1 e^{-\frac{i}{\hbar}H_0 t_2}\right).$$

Da die $\tilde{\chi}(\sigma_\nu)$ Projektionsoperatoren sind und da H_0 mit den $\tilde{\chi}(\sigma_\nu)$ vertauschbar ist, kann man zur Berechnung der Spur in diesem Ausdruck die gemeinsamen

Eigenvektoren $\varphi_{v\sigma}$ von H_0 und den $\tilde{\chi}(\sigma_v)$ wählen:

$$H\varphi_{v\sigma} = \varepsilon_{v\sigma}\varphi_{v\sigma},$$

$$\tilde{\chi}(\sigma_\mu)\,\varphi_{v\sigma} = \delta_{v\mu}\varphi_{v\sigma}.$$

Schreiben wir das Matrixelement $\langle \varphi_{v\sigma}, H_1\varphi_{\mu\varrho}\rangle$ in der Form $\langle v\sigma|H_1|\mu\varrho\rangle$ (siehe XI, § 3), so folgt:

$$Sp\left(\tilde{\chi}(\sigma_v)\,V_t\tilde{\chi}(\sigma_\mu)\,V_t^{\,+}\right) =$$

(11.8.8)
$$= \frac{1}{\hbar^2}\int_0^t dt_1 \int_0^t dt_2 \sum_{\sigma,\varrho} \langle v\sigma|H_1|\mu\varrho\rangle\, e^{\frac{i}{\hbar}(\varepsilon_{\mu\varrho}-\varepsilon_{v\sigma})(t_2-t_1)}\langle \mu\varrho|H_1|v\sigma\rangle =$$

$$= \frac{1}{\hbar^2}\sum_{\sigma,\varrho}|\langle v\sigma|H_1|\mu\varrho\rangle|^2\left|\int_0^t e^{\frac{i}{\hbar}(\varepsilon_{\mu\varrho}-\varepsilon_{v\sigma})t'}dt'\right|^2.$$

Hierbei wurde benutzt, daß H_1 ein selbstadjungierter Operator und deswegen $\langle \mu\varrho|H_1|v\sigma\rangle$ konjugiert komplex zu $\langle v\sigma|H_1|\mu\varrho\rangle$ ist. Damit (11.6.8) sinnvoll wird, sollte also (für nicht »zu kleine« t) der Ausdruck (11.8.8) proportional zu t werden. Wie ist das möglich?

Dazu betrachten wir die Funktion:

$$\left|\int_0^t e^{i\omega t'}dt'\right|^2 = \left|\frac{e^{i\omega t}-1}{i\,\omega}\right|^2 = \left|\frac{e^{i\frac{\omega}{2}t}(e^{i\frac{\omega}{2}t}-e^{-i\frac{\omega}{2}t})}{2i\frac{\omega}{2}}\right|^2 =$$

$$= \left(\frac{\sin\frac{\omega}{2}t}{\frac{\omega}{2}}\right)^2.$$

Diese Funktion von ω nimmt an der Stelle $\omega = 0$ den Wert t^2 an und fällt dann ab mit einer Breite von etwa $1/t$. Das dies so ist, erkennt man daraus, daß man durch Integration über ω erhält:

$$\int_{-\infty}^{+\infty}\left(\frac{\sin\frac{\omega}{2}t}{\frac{\omega}{2}}\right)^2 d\omega = 2t\int_{-\infty}^{+\infty}\frac{\sin^2 x}{x^2}\,dx = 2\pi t.$$

Wir können daher schreiben:

(11.8.9)
$$\left|\int_0^t e^{i\omega t'}dt'\right|^2 = 2\pi t\Lambda_t(\omega),$$

wobei $\Delta_t(\omega) \geq 0$ eine Funktion von etwa der Breite $1/t$ um $\omega = 0$ ist mit

$$(11.8.10) \qquad \int_{-\infty}^{+\infty} \Delta_t(\omega)\, d\omega = 1.$$

(11.8.8) können wir daher schreiben:

$$(11.8.11) \qquad Sp\left(\tilde{\chi}(\sigma_v)\, V_t \tilde{\chi}(\sigma_\mu)\, V_t^+\right) = \frac{2\pi t}{\hbar^2} \sum_{\sigma,\varrho} |\langle v\sigma|H_1|\mu\varrho\rangle|^2 \Delta_t\left(\frac{\varepsilon_{\mu\varrho} - \varepsilon_{v\sigma}}{\hbar}\right).$$

Bezeichnen wir die Dimension der Projektoren $\tilde{\chi}(\sigma_v)$ mit d_v, so läuft also die Summe über σ von 1 bis d_v, die über ϱ von 1 bis d_μ. (11.6.9) geht damit über in:

$$(11.8.12) \qquad B(\mu,v) = \frac{2\pi}{\hbar} \frac{1}{d_v} \sum_{\sigma=1}^{d_v} \sum_{\varrho=1}^{d_\mu} |\langle v\sigma|H_1|\mu\varrho\rangle|^2 \Delta_t\left(\frac{\varepsilon_{\mu\varrho} - \varepsilon_{v\sigma}}{\hbar}\right).$$

Damit ist noch *nicht* bewiesen, daß die rechte Seite in (11.8.12) nicht von t abhängt. Es ist auch nur zu erwarten, daß die rechte Seite von (11.8.12) in einem Intervall $0 < \tau_{\min} < t < \tau_{\max}$ mit $\tau_{\max} \gg \tau_{\min}$ praktisch nicht von t abhängt.

v und μ in (11.8.12) sind fest; diese beiden Indizes charakterisieren die beiden Makrozustände aus $\bar{Z}$, nämlich durch die »kleinen« (aber nicht zu kleinen) Intervalle σ_v und σ_μ aus $\bar{Z}$. $\log d_v$ ist also nichts anderes als die Entropie des durch σ_v gekennzeichneten Zustandes (siehe § 4.4).

Die Energiewerte $\varepsilon_{\mu\varrho}$ und $\varepsilon_{v\varrho}$ liegen sehr dicht, wie wir in § 7.5 gesehen haben. Man wird daher versuchen, die von σ,ϱ abhängige Funktion $|\langle v\sigma|H_1|\mu\varrho\rangle|^2$ über benachbarte Energiewerte $\varepsilon_{v\sigma}$ bzw. $\varepsilon_{v\varrho}$ zu mitteln, um so eine »glatte« Funktion von $\varepsilon \sim \varepsilon_{v\sigma}$ und $\varepsilon' \sim \varepsilon_{\mu\varrho}$ zu erhalten

$$(11.8.13) \qquad \overline{|\langle v\sigma|H_1|\mu\varrho\rangle|^2} = v_{v\mu}(\varepsilon,\varepsilon').$$

Führt man noch eine Dichte $n_v(\varepsilon)$ (und entsprechend $n_\mu(\varepsilon')$) so ein, daß $n_v(\varepsilon)\Delta\varepsilon$ die Zahl der σ ist mit $\varepsilon - \frac{1}{2}\Delta\varepsilon < \varepsilon_{v\sigma} < \varepsilon + \frac{1}{2}\Delta\varepsilon$, so kann man die Summe in (11.8.12) approximativ durch ein Integral ersetzen, so lange t nicht zu groß ist, d.h. $t < \tau_{\max}$ mit einem geeigneten $\tau_{\max}$ gilt:

$$(11.8.14) \qquad B(\mu,v) = \frac{2\pi}{\hbar^2} \left(\int n_v(\varepsilon)\, d\varepsilon\right)^{-1} \int d\varepsilon \int d\varepsilon'\, n_v(\varepsilon)\, n_\mu(\varepsilon')\, v_{v\mu}(\varepsilon,\varepsilon')\, \Delta_t\left(\frac{\varepsilon'-\varepsilon}{\hbar}\right).$$

Ist jetzt t nicht zu klein, d.h. $t > \tau_{\min}$, so ist Δ_t so schmal, daß man im Integral über ε' den Funktionswert $n_\mu(\varepsilon')\, v_{v\mu}(\varepsilon,\varepsilon')$ an der Stelle $\varepsilon' = \varepsilon$ herausholen kann:

$$\int d\varepsilon'\, n_\mu(\varepsilon')\, v_{v\mu}(\varepsilon,\varepsilon')\, \Delta_t\left(\frac{\varepsilon'-\varepsilon}{\hbar}\right) = n_\mu(\varepsilon)\, v_{v\mu}(\varepsilon,\varepsilon) \int \Delta_t\left(\frac{\varepsilon'-\varepsilon}{\hbar}\right) d\varepsilon' =$$

$$= n_\mu(\varepsilon)\, v_{v\mu}(\varepsilon,\varepsilon)\, \hbar.$$

τ_{min} muß also so groß sein, daß sich $n_\mu(\varepsilon')v_{\nu\mu}(\varepsilon,\varepsilon')$ in einem Intervall $\Delta\varepsilon' \sim \hbar\tau_{min}$ noch nicht wesentlich ändert. Natürlich haben wir nicht bewiesen, daß es zwei solche τ_{min}, τ_{max} mit $\tau_{min} \ll \tau_{max}$ gibt. Dies müßte aber so sein, damit $B(\mu,v)$ nach (11.8.14) sinnvoll, d. h. unabhängig von t definierbar ist:

$$(11.8.15) \qquad B(\mu,v) = \frac{2\pi}{\hbar} \; \frac{\int d\varepsilon n_v(\varepsilon) n_\mu(\varepsilon) v_{\nu\mu}(\varepsilon,\varepsilon)}{\int d\varepsilon n_v(\varepsilon)}.$$

Die oben durchzuführenden Integrationen über ε und ε' laufen über die »makroskopische Energieunschärfe« (siehe § 4.2), da wir ja immer voraussetzen, daß es eine innere Energie $U(\bar{z})$ als Funktion über $\bar{Z}$ gibt.

Die Formel (11.8.15) zusammen mit (11.9.14) zeigt direkt, daß die innere Energie der durch σ_v und σ_μ gekennzeichneten Zustände gleich sein muß, damit $B(\mu,v) \neq 0$ sein kann, was nochmals die schon bekannte Aussage der Erhaltung der inneren Energie beinhaltet.

(11.8.15) vereinfacht sich oft dann, wenn $n_\mu(\varepsilon)v(\varepsilon,\varepsilon)$ als Funktion von ε im Intervall der makroskopischen Energieunschärfe praktisch konstant ist, so daß man ε durch die innere Energie U der zu σ_v und σ_μ gehörigen Zustände ersetzen kann:

$$(11.8.16) \qquad B(\mu,v) = \frac{2\pi}{\hbar} n_\mu(U) v_{\nu\mu}(U,U).$$

(11.8.16) wird in vielen Anwendungen benutzt und ist unter dem Stichwort der »goldenen Regel« bekannt.

Oft ist es möglich, von der diskreten Beschreibung (11.6.4) zu einer kontinuierlichen überzugehen, wie wir dies allgemein durch (11.6.9) angedeutet haben und beispielhaft in § 11.7 gezeigt haben.

Die Überlegungen zur *Dirac*schen Störungstheorie lassen noch einmal deutlich werden, wie es zu der Gültigkeit der Masterequation kommen »kann«, was wir versuchten, uns allgemein in § 11.4 klar zu machen.

§ 11.9. Hinweise auf Anwendungsgebiete

Die dynamisch determinierten Prozesse, die wir in § 10 behandelt haben, stellen nur einen Spezialfall der Masterequation dar: Wenn die Streuung der Zustände zu jeder Zeit vernachlässigbar ist, sobald sie zur Zeit »Null« vernachlässigbar ist, folgt aus der Masterequation das dynamisch determinierte Verhalten. In § 10 hatten wir als einziges Demonstrationsbeispiel die *Boltzmann*sche Stoßgleichung behandelt; für den Fall nicht vernachlässigbarer Streuungen haben wir in § 11 nur die Theorie der *Brown*schen Bewegung (§ 11.7) als Anwendungsbeispiel skizziert. Tatsächlich sind natürlich die Anwendungen von

§ 10 und § 11 unübersehbar. Wieder können wir nur Hinweise und Literaturangaben machen.

Die Theorie der elektrischen Polarisation und der Magnetisierung ist gerade in bezug auf ferromagnetische Stoffe zu einem interessanten Anwendungsgebiet der Theorie makroskopischer Systeme geworden; siehe z. B. [18], [27].

Die Theorie der Leitung elektrischer Ströme in festen Körpern (Leitern, Supraleitern, Halbleitern) hat auch gerade für die technischen Anwendungen große Bedeutung erlangt; siehe z. B. [28].

Die Plasmatheorie (als Plasma bezeichnet man Gase, deren Teilchen teilweise oder alle elektrisch geladen sind) ist ebenfalls für viele technische Anwendungen von Wichtigkeit. Sie ist aber auch für das Verständnis der Entwicklung der Sterne ebenso unerläßlich wie für das Problem der technischen Realisierung der Kernfusion. Zur Plasmatheorie siehe z. B. [29].

Die Theorie der Laser ist ein schönes Beispiel für die Anwendung der Masterequation, speziell der *Fokker-Planck*-Gleichung; siehe z. B. [30].

Für die Theorie der chemischen Reaktionen ist sowohl die Theorie aus § 10 wie auch die Masterequation aus § 11 von entscheidender Bedeutung; siehe z. B. [31].

Siehe auch § 13 in bezug auf die Anwendung der in § 11 betrachteten Methoden in der Biologie.

Die eben durchgeführte Aufzählung erhebt keinen Anspruch auf Vollständigkeit. Sie soll nur zeigen, wie vielgestaltig die Anwendungen sind, zumal wir eben wegen des beschränkten Umfanges in diesem Buch hier keinen Einblick in die Fülle der Anwendungen gewähren konnten.

§ 12. Das Problem des Präparierens und Registrierens von Makrosystemen

Wir wollen in diesem § auf ein Problem eingehen, mit dem wir es in diesem Kapitel von § 1 bis 11 zu tun hatten, das aber noch in keiner Weise als befriedigend gelöst angesehen werden kann. Weil wir in diesem Buch nicht die Absicht haben, über Probleme hinwegzutäuschen oder sie zu verharmlosen, müssen wir einiges zu dem Problem des Präparierens von und Messens an Makrosystemen sagen, auch dann, wenn es noch keine befriedigende Theorie dafür gibt. Wir beginnen mit dem Problem der Angabe der thermodynamischen Observablen.

Wir haben in § 11.1 und § 11.2 die allgemeinste »Beschreibung« der thermodynamischen Observablen gegeben; aber eben *nur* eine *Beschreibung*. Ihre Grundlage war ein Zustandsraum $\bar{Z}$ und ein Trajektorienraum Y. Dazu kamen für die Einbettung die Abbildungen ψ_{b_0} und $\psi_{\tilde{b}_0} = \tilde{F}$ aus § 11.2. Ist dadurch etwa schon das Problem der thermodynamischen Observablen gelöst?

§ 12.1. Offene physikalische Fragen bei der Beschreibung
der thermodynamischen Observablen

Damit die Angabe des Zustandsraumes $\bar{Z}$ physikalisch sinnvoll ist, muß der Zustandsraum $\bar{Z}$ physikalisch interpretiert sein, d. h., es müssen Abbildungsprinzipien angegeben werden, die die Punkte aus $\bar{Z}$ mit Realtextelementen zu verbinden gestatten (siehe III, § 4); natürlich können diese Abbildungsprinzipien mit durch Vortheorien bestimmt sein, wie das allgemein in III, § 4 angedeutet ist.

Solche Abbildungsprinzipien liegen aber ganz allgemein für Makrosysteme bisher nicht vor. Nur für verschiedene spezielle Arten von Systemen hat man bisher aus der Erfahrung heraus physikalisch interpretierte Zustandsräume angeben können. Solche »Beispiele« haben wir in diesem Buch nur in einfachster Form kennengelernt: den hydrodynamischen Zustandsraum der $(\mu(\mathbf{r}), \mathbf{u}(\mathbf{r}), T(\mathbf{r}))$ in XIV, § 2.7, dessen Erweiterung mit Einbeziehung elektromagnetischer Eigenschaften wir in XIV, § 2.8 nur angedeutet haben; den Zustandsraum der *Boltzmann*verteilungen $f(\mathbf{r}, \mathbf{v})$ in § 10.2 für den Fall eines »verdünnten« Gases. Wenn wir aber z. B. nach dem entsprechenden Zustandsraum einer Flüssigkeit gefragt werden (eben nach dem über die hydrodynamischen Größen hinausgehenden Zustandsraum; siehe auch § 10.6), so müssen wir (zumindest zunächst) eingestehen, daß wir diese Frage nicht beantworten können; zumindest ist die *Boltzmann*verteilung $f(\mathbf{r}, \mathbf{v})$ nicht brauchbar, da die Atome einer Flüssigkeit keine freien Wegstücke zwischen zwei Stößen zurücklegen, auf denen sie wohldefinierte Impulse $m\mathbf{v}$ haben, deren Verteilung (nicht aber jeder einzelne Impuls jedes Atoms) im verdünnten Gas als makroskopisch meßbar anzusehen ist. Daß aber die Verteilung der sich in einer Flüssigkeit *ununterbrochen* schnell verändernden Impulse der Einzelatome irgendwie makroskopisch meßbar und damit eine Observable aus $\mathfrak{PT}_{th}$ sei, ist sehr zu bezweifeln.

Wenn man sich tatsächlich die Fülle der verschiedensten Makrosysteme ansieht, erkennt man schnell, daß bis auf wenige Ausnahmen kein allgemeiner Zustandsraum mit physikalischer Interpretation bekannt ist. Man begnügt sich mit der Angabe »einiger« thermodynamischer Observablen und ihrer Interpretation und versucht sich mit einer so eingeschränkten Beschreibungsweise vorzuarbeiten. Eine allgemeine Theorie der Angabe von Zustandsräumen *mit* Interpretation gibt es leider bisher nicht.

Sei nun aber der Zustandsraum bekannt, so daß man jedem System zu jeder Zeit (die Zeit muß also durch Vortheorien schon interpretiert sein!) einen Zustand zuordnen kann, so ist auch der Trajektorienraum Y und der *Boole*sche Ring Ξ bekannt. Aber damit ist überhaupt noch nichts ausgesagt über die in § 11.2 betrachteten Abbildungen ψ_{b_0} und $\psi_{\tilde{b}_0} = \tilde{F}$. In § 11.2 haben wir vorausgesetzt, daß solche Abbildungen in der Weise existieren, daß $\mathfrak{PT}_{th}$ mit der Einbettung in $\mathfrak{PT}_{q\,exp}$ kompatibel wird. Aus dieser Voraussetzung haben wir allgemeine Schlußfolgerungen gezogen. Aber auch dann, wenn man mathematisch die »Existenz« solcher Abbildungen bewiesen hätte (was nicht aussichtslos erscheint, da schon wichtige Teilstücke für einen solchen Beweis existieren), wäre es immer noch offen, wie nun tatsächlich für bestimmte Systeme diese Abbildungen aussehen. Denn nur wenn diese Abbildungen explizit angegeben werden können, kann man auch explizite Bewegungsgleichungen (und nicht nur allgemeine Strukturaussagen darüber wie in den §§ 11.2 bis 11.4 diskutiert) gewinnen. Die Möglichkeit der Aufstellung der *Boltzmann*schen Stoßgleichung z. B. beruhte ja gerade darauf, daß man in § 10.2 wenigstens ungefähr die Abbildung der Beschreibung durch die *Boltzmann*verteilung in die Beschreibung im Γ-Raum explizit angeben konnte. Wie aber sehen diese Abbildungen in anderen Fällen aus? Wieder eine Frage, die bisher nicht allgemein gelöst ist.

Es ist klar, daß beide Probleme, Zustandsraum und Einbettungsabbildungen, eng miteinander zusammenhängen. Wir können hier auf eine Diskussion dieses Zusammenhangs nicht eingehen.

Hätte man aber bisher überhaupt keine Anhaltspunkte für Zustandsräume und Einbettungsabbildungen, wenn auch teilweise nur intuitive, so würde man also nichts über konkrete thermodynamische Systeme (vielleicht außer im thermodynamischen Gleichgewicht; siehe XV, §§ 6 und 7) auf der Basis von $\mathfrak{PT}_{q\,\mathrm{exp}}$ (bzw. $\mathfrak{PT}_{k\,\mathrm{exp}}$) aussagen können. Tatsächlich aber hat man doch beeindruckende Erfolge errungen (z. B. Festkörperphysik, Lasertheorie). Nach welchen Gesichtspunkten hat man denn nun tatsächlich versucht, das eben allgemein aufgezeigte Problem zu überwinden?

Die jetzt nacheinander zu behandelnden Gesichtspunkte sind natürlich nicht unabhängig voneinander, was ja auch gar nicht zu erwarten ist. Wenn wir trotz vieler Verbindungen und Abhängigkeiten zwischen den verschiedenen Methoden einige Gesichtspunkte *nacheinander* behandeln, so nur, um dem Leser eine Übersicht zu geben und ihm eine Einordnung der verschiedenen Spezialliteratur über Anwendungen zu ermöglichen.

§ 12.2. Antworttheorien

Der hier zu behandelnde Gesichtspunkt geht aus von den Überlegungen zum thermodynamischen Gleichgewicht und den dabei benutzten speziellen thermodynamischen Observablen, die Approximationsobservable an die Entscheidungsobservablen $\dfrac{\partial H}{\partial \alpha_v}$ sind (siehe § 5).

Weil dieses Buch hier nicht annähernd den Platz bietet, auch nur kurz die Methode der Antworttheorien darzustellen, sei nur beispielhaft gezeigt, wie man auf diese Art und Weise zu thermodynamischen Observablen kommen kann.

Statt wie in der Thermostatik nur endlich viele Parameter α_ν denken wir uns »äußere Felder«, die in den *Hamilton*operator H eingehen. So können wir z. B. den *Hamilton*operator (1.1) ergänzen durch ein additives Glied

$$(12.2.1) \qquad H_{st} = \sum_{k=1}^{N} \chi(\mathbf{r}^{(k)}, t),$$

wobei $\chi(\mathbf{r}, t)$ ein vom Ort und der Zeit abhängiges Feld ist. (12.2.1) bedeutet anschaulich, daß auf die »Atome« eine äußere Kraft $[-\operatorname{grad} \chi(\mathbf{r}, t)]$ einwirkt.

Bezeichnen wir den *Hamilton*operator aus (1.1) mit H_0, so hat der gesamte *Hamilton*operator jetzt also die Form

$$(12.2.2) \qquad H = H_0 + H_{st}.$$

An die Stelle des Differentials $dH = \sum_\nu \dfrac{\partial H}{\partial \alpha_\nu} d\alpha_\nu$ tritt jetzt die Variation (siehe dazu auch V, § 3; VIII, § 3) von H nach dem Feld χ:

$$(12.2.3) \qquad \delta H = \sum_{k=1}^{N} \delta \chi(\mathbf{r}^{(k)}, t),$$

wobei $\delta \chi$ dieselbe Bedeutung wie $\delta \varphi$ in VIII, § 1.7 hat.

Wenn $\delta \chi$ ein Feld ist, versucht man den Ausdruck δH in folgender Form zu schreiben:

$$(12.2.4) \qquad \delta H = \int A(\mathbf{r}) \delta \chi(\mathbf{r}, t) d^3 \mathbf{r},$$

wobei $d^3 \mathbf{r}$ das dreidimensionale Volumenelement bei der Integration über $\mathbf{r}$ bedeutet. Es ist dann üblich $A(\mathbf{r})$ als

$$(12.2.5) \qquad A(\mathbf{r}) = \frac{\delta H}{\delta \chi(\mathbf{r})}$$

zu schreiben.

Die Summe über die endlich vielen $d\alpha_\nu$ ist also in (12.2.4) ersetzt durch die Integration über die Volumenelemente $d^3 \mathbf{r}$. An die Stelle der Observablen $\dfrac{\partial H}{\partial \alpha_\nu}$ tritt die Observable $A(\mathbf{r})$. Wie sieht sie in unserem Beispiel (12.2.3) aus?

(12.2.3) und (12.2.4) werden gleich, wenn man

$$(12.2.6) \qquad A(\mathbf{r}) = \sum_{k=1}^{N} \delta(\mathbf{r} - \mathbf{r}^{(k)})$$

setzt, wobei $\delta(\mathbf{r})$ die δ-Funktion ist (siehe z. B. VIII, § 4.3). (12.2.6) ist genauso wenig eine thermodynamische Observable wie die $\partial H / \partial \alpha_\nu$. In der Thermostatik nahm man an, daß es gewisse thermodynamische Approximationsobservablen zu den $\partial H/\partial\alpha_v$ gibt; ähnlich verfährt man hier:

$A(\mathbf{r})$ kann man als die »mikroskopische« Dichte der Atome bezeichnen, da für irgendein Gebiet $\mathcal{V}$ das Integral

$$(12.2.7) \qquad \int_{\mathcal{V}} A(\mathbf{r})\,d^3\mathbf{r}$$

gleich der Zahl der Atome im Gebiet $\mathcal{V}$ ist. Man denkt sich also, daß es zu $A(\mathbf{r})$ aus (12.2.6) eine thermodynamische Approximationsobservable »Dichte« gibt, ohne diese (ähnlich wie bei den $\partial H/\partial\alpha_v$) explizit anzugeben. Was hat man von dieser Betrachtungsweise?

Ähnlich wie in der Thermostatik setzt man voraus, daß man mit $W(t)$ als dem nach dem *Schrödinger*bild (siehe XI, § 4.2) zeitlich variablen Gesamtheitenoperator in der Form

$$(12.2.8) \qquad Sp\big(W(t)A(\mathbf{r})\big)$$

den Erwartungswert der thermodynamischen Observable »Dichte« bekommt, wenn $W(t)$ eine »makroskopische« Gesamtheit (d. h. $W = \varphi(a)$ mit $a \in \mathcal{Q}_m$) ist; ja, daß man in der Form (12.2.8) den Wert $\mu(\mathbf{r}, t)$ (nicht nur den Erwartungswert!) der thermodynamischen Observablen Dichte erhält, wenn sich das System thermodynamisch determiniert (siehe § 10) verhält und $W(0)$ in bezug auf die thermodynamischen Observablen nicht streut. Die Methode der Antworttheorien enthebt einen also nicht von den Überlegungen der vorigen §§, insbesondere nicht von denen aus § 10, sondern setzt umgekehrt diese Überlegungen *voraus*! Nur so wird es klar, *wie* und warum man die Methode der Antworttheorien *anwenden* kann. Wie aber bekommt man für die Antworttheorien die notwendigen Gesamtheiten, d. h. thermodynamisch nicht streuende, makroskopische $W(t)$?

Die Antworttheorien versuchen auch für das Problem der makroskopischen Gesamtheiten nicht einen allgemeinen Ansatz zu machen, sondern (ähnlich wie bei den Observablen) eine Methode zu entwickeln, um »einige« solche makroskopische und thermodynamisch nicht streuende $W(t)$ zu finden.

Dazu geht man vom Gleichgewicht aus und stört dieses mit Hilfe *derselben* »Felder«, die man zur Einführung der Observablen benutzt. In unserem Beispiel würde das so aussehen: Zu integrieren ist die *Schrödinger*gleichung XI (4.2.6):

$$(12.2.9) \qquad \frac{dW(t)}{dt} = \frac{i}{\hbar}\big[W(t)H - HW(t)\big]$$

mit dem zeitabhängigen H nach (12.2.2) und mit dem Anfangswert

$$(12.2.10) \qquad W(0) = c e^{-\frac{H_0}{T}}.$$

$W(0)$ streut für thermodynamische Observable »praktisch« nicht; siehe § 4 und § 6. Verhalten sich die Systeme thermodynamisch determiniert (siehe § 10), so wird vermutlich auch $W(t)$ für thermodynamische Observablen praktisch nicht streuen, *wenn* man die Störung H_{st} nur langsam variieren läßt, d. h. in unserem Beispiel: wenn $\chi(\mathbf{r}, t)$ nur langsam von $\mathbf{r}$ abhängt, und sich zeitlich nicht schnell ändert! Mit $W(t)$ als Lösung von (12.2.9) zum Anfangswert (12.2.10) sollte dann also z. B. (12.2.8) den Wert (nicht nur Erwartungswert!) $\mu(\mathbf{r}, t)$ der thermodynamischen Observablen »Dichte« liefern.

Oft vereinfacht man sich das Problem (12.2.9), (12.2.10) noch in der Weise, daß man nur »kleine« H_{st} betrachtet und nur (in bezug auf H_{st}) lineare Abweichungen zwischen $W(t)$ und $W(0)$ zu berechnen versucht. So erhält man die sogenannte »lineare« Antworttheorie.

Das Wort Antworttheorie entstand, da man das Verhalten der Systeme untersucht, falls man sie durch eine Störung H_{st} aus dem Gleichgewicht bringt; dieses Verhalten kann man als »Antwort« der Systeme auf die Störung bezeichnen.

Für die praktische Durchführung solcher Antworttheorien sei auf Spezialliteratur [32] verwiesen. Dabei möge der Leser beachten, daß in solcher Spezialliteratur oft alles das intuitiv vorausgesetzt wird (insbesondere die Überlegungen aus § 10), worüber wir uns hier in Kapitel XV versuchten, Gedanken zu machen.

§ 12.3. Reduktionstheorien

Ein zweiter Weg stellt einen Gesichtspunkt in den Vordergrund, der sich als »Erfahrung aus dem Umgang« mit vielen Beispielen makroskopischer Systeme ergibt: In die thermodynamischen Observablen geht nur die Korrelation »weniger« Teilchen ein.

Wir wollen diesen Gesichtspunkt wieder nur am Beispiel eines Systems von N *gleichen* Teilchen mathematisch skizzieren, so wie wir dieses Beispiel in § 1 eingeführt haben. Der *Hilbert*raum $\mathscr{H}_N$ des Systems in $\mathfrak{PT}_{q\,\exp}$ ist also nach § 1 entweder $\mathscr{H}_N = \{\mathscr{H}^N\}_+$ oder $\mathscr{H}_N = \{\mathscr{H}^N\}_-$.

In A VIII, § 13 haben wir im Falle $\mathscr{H} = \mathscr{H}_1 \times \mathscr{H}_2$ den Verkürzungsoperator $\mathbf{R}_1$ eingeführt, der jedem $W \in K$ ein $W_1 \in K_1$ zuordnet. Auch im Falle $\mathscr{H}_N = \{\mathscr{H}^N\}_+$ oder $\mathscr{H}_N = \{\mathscr{H}^N\}_-$ kann man solche Verkürzungsoperatoren von N auf n Teilchen einführen. $\mathscr{B}(\mathscr{H}_N)$ sei wie in A VIII, § 13 der zum *Hilbert*raum $\mathscr{H}_N$ gehörige *Banach*raum der Spurklasseoperatoren mit K_N als der Teilmenge der $W \geq 0$ mit $Sp(W) = 1$. $\mathscr{H}_n$ sei entsprechend wie $\mathscr{H}_N$ nur für n-Teilchen gebildet. $\mathscr{B}(\mathscr{H}_N)$ kann man mit einem Teilraum von $\mathscr{B}(\mathscr{H}^N)$ identifizieren: $\mathscr{H}_N$ ist unmittelbar als Teilraum von $\mathscr{H}^N$ definiert. P sei der Projektionsoperator auf den Teilraum $\mathscr{H}_N$ von $\mathscr{H}^N$. Die Elemente von $\mathscr{B}(\mathscr{H}_N)$ kann man dann mit der

Menge derjenigen $W \in \mathscr{B}(\mathscr{H}^N)$ identifizieren, für die $PWP = W$ gilt, die — wie man oft kurz sagt — nur in $\mathscr{H}_N$ wirken.

Man kann nun $\mathscr{H}^N = \mathscr{H}^n \times \mathscr{H}^{N-n}$ schreiben und wie in A VIII, § 13 definiert und oben schon erwähnt den Verkürzungsoperator $\mathbf{R}_n$ von $\mathscr{B}(\mathscr{H}^N)$ auf $\mathscr{B}(\mathscr{H}^n)$ definieren. $\mathbf{R}_n$ bildet dann den Teilraum $\mathscr{B}(\mathscr{H}_N)$ von $\mathscr{B}(\mathscr{H}^N)$ auf einen Teilraum von $\mathscr{B}(\mathscr{H}^n)$ ab; auf welchen? Wir wollen zeigen, daß $\mathscr{B}(\mathscr{H}_N)$ gerade auf $\mathscr{B}(\mathscr{H}_n)$ abgebildet wird.

Man sieht zunächst leicht, daß $W_n = \mathbf{R}_n W$ mit den Permutationsoperatoren der Teilchen 1 bis n vertauschbar ist, da W mit diesen Operatoren vertauschbar ist. Denn ist Q ein solcher Permutationsoperator in $\mathscr{H}^n$, so ist $Q \times \mathbf{1}$ der entsprechende Permutationsoperator in $\mathscr{H}^N = \mathscr{H}^n \times \mathscr{H}^{N-n}$. Es gilt $(Q \times \mathbf{1})W = = W(Q \times \mathbf{1})$. Mit $\mathbf{R}_n[(Q \times \mathbf{1})W] = Q\mathbf{R}_n W = QW_n$ und entsprechend

$$\mathbf{R}_n\big[W(Q \times \mathbf{1})\big] = W_n Q$$

folgt die Behauptung. Mit $\tilde{P}$ als dem Projektionsoperator von $\mathscr{H}^n$ auf $\mathscr{H}_n$ projiziert $\tilde{P} \times \mathbf{1}$ $\mathscr{H}^N$ auf einen $\mathscr{H}_N$ umfassenden Teilraum, d. h. es gilt $(\tilde{P} \times \mathbf{1})P = = P(\tilde{P} \times \mathbf{1}) = P$. Damit wird wegen $W = PWP : 1 = Sp(W) = Sp(W(\tilde{P} \times \mathbf{1})) = = Sp(W_n\tilde{P})$, wobei die erste Spur in $\mathscr{H}^N$, die letzte in $\mathscr{H}^n$ zu nehmen ist.

Da W_n mit den Permutationen Q vertauschbar ist, führt W_n nicht aus dem Projektionsraum von $\tilde{P}$ heraus, d. h. gilt $\tilde{P}W_n = W_n\tilde{P} = P_n\tilde{W}P_n$ und

$$W_n = \tilde{P}W_n\tilde{P} + (\mathbf{1} - \tilde{P})W_n(\mathbf{1} - \tilde{P}).$$

Wegen $Sp(W_n) = 1$ und $Sp(W_n\tilde{P}) = 1$ ist also $Sp(W_n(1 - \tilde{P})) = 0$ und damit $W_n(1 - \tilde{P}) = 0$, d. h. $W_n = \tilde{P}W_n\tilde{P}$ und damit $W_n \in \mathscr{B}(\mathscr{H}_n)$, was wir zeigen wollten.

Durch $Sp((\mathbf{R}_n W)A) = Sp(W(\mathbf{R}'_n A))$, wobei die erste Spur in $\mathscr{H}_n$, die zweite in $\mathscr{H}_N$ zu nehmen ist, ist die zu $\mathbf{R}_n$ duale Abbildung $\mathbf{R}'_n$ von $\mathscr{B}'(\mathscr{H}_n) = \mathscr{L}_r(\mathscr{H}_n)$ in $\mathscr{B}'(\mathscr{H}_N) = \mathscr{L}_r(\mathscr{H}_N)$ definiert (siehe A VIII, § 3; $\mathscr{L}_r(\mathscr{H})$ nach A VIII, § 7; $\mathscr{B}'(\mathscr{H}) = \mathscr{L}_r(\mathscr{H})$ nach A VIII, § 12). Die Bildmenge aller $\mathbf{R}'_n A$ mit $A \in \mathscr{L}_r(\mathscr{H}_n)$ bezeichnet man kurz als die n-Teilchen-(Entscheidungs-)Observablen des N-Teilchensystems.

Beispiele solcher n-Teilchenobservablen gibt es viele. Die kinetische Energie

$$T = \frac{1}{2m} \sum_{k=1}^{N} \mathbf{P}^{(k)2}$$

ist eine 1-Teilchenobservable, denn für $W = \mathscr{B}(\mathscr{H}_N)$ ist $Sp(W\mathbf{P}^{(k)2})$ unabhängig von k und damit

$$Sp(WT) = \frac{N}{2m} Sp(W\mathbf{P}^{(1)2}) = \frac{N}{2m} Sp(W_1\mathbf{P}^{(1)2})$$

mit $W_1 = \mathbf{R}_1 W$.

Ebenso sieht man, daß die Observable (12.2.6) oder besser die Observablen (12.2.7) für die verschiedensten $\mathscr{V}$ 1-Teilchenobservablen sind.

Die potentielle Energie aus (1.1) $\sum\limits_{i<k} U(|\mathbf{r}^{(i)}-\mathbf{r}^{(k)}|)$ ist eine 2-Teilchenobservable. Damit ist auch H nach (1.1) eine 2-Teilchenobservable.

An diesen Beispielen kann man noch etwas sehr Wichtiges erkennen: Ist B eine n-Teilchenobservable, so ist B^2 schon eine $(2n)$-Teilchenobservable! Daraus folgt, daß die Operatoren der Spektralschar einer n-Teilchenobservable *keine* n-Teilchenobservablen sind, sondern (wenigstens mathematisch genau genommen) N-Teilchenobservablen sind.

Die Reduktionstheorien versuchen, das Problem der Lösung der *Schrödinger*gleichung

$$(12.3.1) \qquad \frac{dW(t)}{dt}=\frac{i}{\hbar}\left[W(t)H-HW(t)\right]$$

mit H nach (1.1) (dieses H wurde in § 12.2 mit H_0 bezeichnet!) dadurch zu vereinfachen, daß man statt $W(t)$ nur die $W_n(t)=\mathbf{R}_n W(t)$ für kleine n zu bestimmen versucht.

Um eine Gleichung für $W_n(t)$ zu finden, wendet man $\mathbf{R}_n$ auf (12.3.1) an. Um dies zu tun, multipliziert man (12.3.1) formal mit $A\times\mathbf{1}$, wobei A ein Operator in $\mathscr{H}_n$ ist, und nimmt dann die Spur. So folgt aus (12.3.1)

$$(12.3.2) \qquad \frac{d}{dt} Sp\left(W(t)\,(A\times\mathbf{1})\right)=\frac{i}{\hbar}\, Sp\left(W(t)\left[H(A\times\mathbf{1})-(A\times\mathbf{1})H\right]\right).$$

Mit H nach (1.1) ist also

$$(12.3.3) \qquad H(A\times\mathbf{1})-(A\times\mathbf{1})H$$

zu berechnen. Mit

$$(12.3.4) \qquad \begin{aligned} H_n=&\frac{1}{2m}\sum_{k=1}^{n}\mathbf{P}^{(k)2}+\frac{1}{2}\sum_{\substack{i,k=1\\(i\neq k)}}^{n} U(|\mathbf{r}^{(i)}-\mathbf{r}^{(k)}|)+\\ &+\sum_{k=1}^{n}\bar{V}(\mathbf{r}^{(k)}) \end{aligned}$$

und entsprechend

$$H_{N-n}=\frac{1}{2m}\sum_{k=n+1}^{N}\mathbf{P}^{(k)2}+\frac{1}{2}\sum_{\substack{i,k=n+1\\(i\neq k)}}^{N} U(|\mathbf{r}^{(i)}-\mathbf{r}^{(k)}|)+$$

$$+\sum_{k=n+1}^{N}\bar{V}(\mathbf{r}^{(k)})$$

folgt:

$$H = H_n \times \mathbf{1} + \mathbf{1} \times H_{N-n}$$

$$(12.3.5) \qquad + \sum_{i=1}^{n} \sum_{k=n+1}^{N} U(|\mathbf{r}^{(i)} - \mathbf{r}^{(k)}|).$$

Damit nimmt (12.3.3) die Form an:

$$H(A \times \mathbf{1}) - (A \times \mathbf{1}) H = [H_n A - A H_n] \times \mathbf{1} +$$

$$+ \sum_{i=1}^{n} \sum_{k=n+1}^{N} [U(|\mathbf{r}^{(i)} - \mathbf{r}^{(k)}|) (A \times \mathbf{1}) - (A \times \mathbf{1}) U(|\mathbf{r}^{(i)} - \mathbf{r}^{(k)}|)].$$

Setzt man dies in (12.3.2) ein, so folgt:

$$\frac{d}{dt} Sp(W_n(t) A) = \frac{i}{\hbar} Sp(W_n(t) [H_n A - A H_n]) +$$

$$(12.3.6) \qquad + \frac{i}{\hbar} \sum_{i=1}^{n} \sum_{k=n+1}^{N} Sp(W(t) [U(|\mathbf{r}^{(i)} - \mathbf{r}^{(k)}|)(A \times \mathbf{1})$$

$$- (A \times \mathbf{1}) U(|\mathbf{r}^{(i)} - \mathbf{r}^{(k)}|)]).$$

Wegen der Symmetrie von $W(t)$ und von $\mathbf{1}$ gegenüber Vertauschung der Teilchen $n+1$ bis N sind die Summanden im letzten Glied von k unabhängig, so daß für die Summe über i und k folgt:

$$\frac{i}{\hbar} (N-n) \sum_{i=1}^{n} Sp(W(t) [U(|\mathbf{r}^{(i)} - \mathbf{r}^{(n+1)}|) (A \times \mathbf{1}) -$$

$$(12.3.7) \qquad - (A \times \mathbf{1}) U(|\mathbf{r}^{(i)} - \mathbf{r}^{(n+1)}|)]).$$

Mit $W_{n+1} = \mathbf{R}_{n+1} W$ folgt daraus sofort

$$\frac{i}{\hbar} (N-n) \sum_{i=1}^{n} Sp(W_{n+1}(t) [U(|\mathbf{r}^{(i)} - \mathbf{r}^{(n+1)}|) (A \times \mathbf{1}) -$$

$$(12.3.8) \qquad - (A \times \mathbf{1}) U(|\mathbf{r}^{(i)} - \mathbf{r}^{(n+1)}|)]),$$

wobei $\mathbf{1}$ im Ausdruck $A \times \mathbf{1}$ nicht mehr der Einsoperator in $\mathscr{H}_{N-n}$ (wie in (12.3.7)) sondern im *Hilbert*raum $\mathscr{H}$ des $(n+1)$-ten Teilchens ist. Entsprechend der Produktdarstellung

$$\mathscr{H}^{n+1} = \mathscr{H}^n \times \mathscr{H}$$

kann man die Reduktionsoperatoren $\mathbf{R}_n^{n+1}$ von $\mathscr{B}(\mathscr{H}_{n+1})$ auf $\mathscr{B}(\mathscr{H}_n)$ definieren. Aus (12.3.6) und 12.3.8) folgt damit:

$$\frac{dW_n(t)}{dt} = \frac{i}{\hbar}\left[W_n(t)H_n - H_nW_n(t)\right] +$$

(12.3.9)

$$+ \frac{i}{\hbar}(N-n)\sum_{i=1}^{n}\mathbf{R}_n^{n+1}\left[W_{n+1}(t)U(|\mathbf{r}^{(i)}-\mathbf{r}^{(n+1)}|)\right.$$

$$\left. - U(|\mathbf{r}^{(i)}-\mathbf{r}^{(n+1)}|)W_{n+1}(t)\right].$$

(12.3.9) stellt von $n=1$ bis $n=N$ eine »Hierarchie« von Gleichungen für die Verkürzungen W_n dar, die natürlich der ursprünglichen Gleichung (12.3.1) äquivalent ist. Das Gleichungssystem (12.3.9) ist bekannt unter dem Namen der *BBGKY*-Hierarchie, benannt nach denen, die es aufgestellt haben: *N. N. Bogoljubow, M. Born, H. S. Green, J. G. Kirkwood, J. Yvon.*
Natürlich bringt dieses Gleichungssystem nichts, solange man alle Gleichungen (12.3.9) für alle n lösen müßte. Man »hofft« nun, daß es unter »gewissen Voraussetzungen« und für »gewisse Zwecke« eine gute Näherung ist, wenn man das Gleichungssystem (12.3.9) nach einem »kleinen« n abbricht durch »Annahmen« über W_{n+1}.
Für Anwendungen dieser Methode müssen wir wieder auf Spezialliteratur [33] verweisen. Da aber oft in dieser Literatur nicht genauer von den »gewissen Voraussetzungen« und den »gewissen Zwecken« gesprochen wird, kann der Anfänger auf der Basis der Spezialliteratur oft einen falschen Eindruck gewinnen über das was »bewiesen« ist und über das, worauf diese Methode anwendbar ist. Wir können hier die Problematik dieser Methode nur beispielhaft aufzeigen.
Als einfachsten Ansatz für das Abbrechen der Hierarchie (12.3.9) könnte man die Gleichung für $n=1$ betrachten mit einem nur von W_1 abhängigen Ansatz für W_2. Die Gleichung (12.3.9) für $n=1$ lautet:

$$\frac{dW_1(t)}{dt} = \frac{i}{\hbar}\left[W_1(t)H_1 - H_1W_1(t)\right] +$$

(12.3.10)

$$+ \frac{i}{\hbar}(N-1)\mathbf{R}_1^2\left[W_2U(|\mathbf{r}^{(1)}-\mathbf{r}^{(2)}|) - U(|\mathbf{r}^{(1)}-\mathbf{r}^{(2)}|)W_2\right].$$

Für W_2 machen wir nun den *Ansatz* $W_2 = W_1^{(1)} \times W_1^{(2)}$, wobei wir die oberen Indizes angefügt haben, um deutlicher hervortreten zu lassen, daß sich $W_1^{(1)}$ auf das Teilchen mit dem Index (1), $W_1^{(2)}$ auf das mit dem Index (2) bezieht.

Mit diesem Hervorheben der Indizes geht (12.3.10) über in

$$\frac{dW_1^{(1)}(t)}{dt} = \frac{i}{\hbar} \left[W_1^{(1)}(t) H_1 - H_1 W_1^{(1)}(t) \right] +$$

$$(12.3.11) \qquad + \frac{i}{\hbar} (N-1) \left[W_1^{(1)}(t) Sp^{(2)} \left(W_1^{(2)}(t) U(|\mathbf{r}^{(1)} - \mathbf{r}^{(2)}|) \right) - \right.$$

$$\left. - Sp^{(2)} \left(W_1^{(2)}(t) U(|\mathbf{r}^{(1)} - \mathbf{r}^{(2)}|) \right) W_1^{(1)}(t) \right],$$

wobei $H_1 = \dfrac{1}{2m} \mathbf{P}^{(1)2}$ und $Sp^{(2)}$ die nur im *Hilbert*raum des »zweiten« Teilchens genommene Spur ist, so daß

$$(12.3.12) \qquad \bar{U}(\mathbf{r}^{(1)}) = Sp^{(2)} \left(W_1^{(2)}(t) U(|\mathbf{r}^{(1)} - \mathbf{r}^{(2)}|) \right)$$

ein Operator im *Hilbert*raum des ersten Teilchens ist. Man beachte aber, daß der Mittelwert $\bar{U}(\mathbf{r}^{(1)})$ von $W_1(t)$ abhängt, wobei $W_1(t)$ aus der Gleichung (12.3.11) zu bestimmen ist. Die Gleichung (12.3.11) ist also »quadratisch« in $W_1(t)$!

(12.3.11) nimmt mit (12.3.12) die Form einer Einteilchen-*Schrödinger*gleichung:

$$(12.3.13) \qquad \frac{dW_1(t)}{dt} = \frac{i}{\hbar} \left[W_1(t) \tilde{H}_1 - \tilde{H}_1 W_1(t) \right]$$

mit

$$(12.3.14) \qquad \tilde{H}_1 = \frac{1}{2m} \mathbf{P}^2 + \bar{U}(\mathbf{r})$$

an, wobei aber zu beachten ist, daß $\bar{U}(\mathbf{r})$ nach (12.3.12) von $W_1(t)$ abhängt!

Die eigentliche Problematik der eben beispielhaft geschilderten Methode liegt aber nicht in dem »Ansatz« $W_2 = W_1^{(1)} \times W_1^{(2)}$ und der formalen Rechnung mit dem Ergebnis (12.3.13), (12.3.14) mit (12.3.12), sondern vielmehr in der Frage, unter welchen Bedingungen und für welche physikalischen Aussagen das so berechnete W_1 brauchbar ist. Leider muß man bei der Beantwortung dieser Fragen wieder voll die »physikalische Intuition« einsetzen. Wir wollen versuchen, dies an unserem Beispiel zu verdeutlichen.

Die Gleichung (12.3.13) ist unbrauchbar für Wechselwirkungen $U(|\mathbf{r}^{(1)} - \mathbf{r}^{(2)}|)$ kurzer Reichweite, so wie wir sie gerade in § 10.2 bei der Behandlung der *Boltzmann*schen Stoßgleichung vorausgesetzt hatten. (12.3.13) kann also nur solange sinnvoll bleiben, als es eine gute Näherung ist, daß ein Teilchen von den übrigen eine Art »mittleres Feld $\bar{U}$ spürt«, d.h. eine Art Mittelwert über *viele* Teilchen in seiner Nähe. Bei »kurzer« Reichweite der Wechselwirkungskräfte spürt ein Teilchen keine Wechselwirkung bis auf die kurzen Zusammenstöße mit *einem einzigen* anderen Teilchen, eine Annahme, die wir gerade in § 10.2 zur Ableitung der *Boltzmann*schen Stoßgleichung benutzten.

Die Näherung des mittleren Feldes $\bar{U}$ ist also höchstens sinnvoll bei langreichweitigen Kräften wie z. B. der *Coulomb*schen Wechselwirkung

$$U(|\mathbf{r}^{(1)}-\mathbf{r}^{(2)}|)=\frac{q^2}{|\mathbf{r}^{(1)}-\mathbf{r}^{(2)}|}$$

mit q als Ladung der Teilchen. $\bar{U}$ ist in diesem Fall ein mittleres Potential aller Teilchen.

Trotz langer Reichweite ist noch zusätzlich eine geringe Teilchendichte zu fordern, da bei höherer Dichte doch die nächsten Nachbarn eines Teilchens ein wesentlich von $\bar{U}$ abweichendes Feld erzeugen.

Eine geringe Dichte ist auch wegen des Ansatzes $W_2 = W_1^{(1)} \times W_1^{(2)}$ erforderlich, da für hohe Dichten, d. h. Entartung (siehe § 7.3 und § 7.4) des Gases, merkliche Korrelationen zwischen zwei Teilchen (d. h. Abweichungen von W_2 gegenüber $W_1^{(1)} \times W_1^{(2)}$) schon im Gleichgewicht auftreten.

Aber auch alles das reicht noch nicht aus, um das nach (12.3.13) berechnete $W_1(t)$ physikalisch sinnvoll werden zu lassen: Mit »irgendwelchen« Lösungen von (12.3.13) und »irgendwelchen« 1-Teilchenobservablen kann man ganz falsche Erwartungswerte erhalten!

Man wird intuitiv (!) fordern, daß die Wahrscheinlichkeitsdichte $\langle \mathbf{r}|W_1(t)|\mathbf{r}\rangle$ nicht zu schnell mit $\mathbf{r}$ variiert; ebenso nicht die Impulsdichte $\langle \mathbf{p}|W_1|\mathbf{p}\rangle$ mit $\mathbf{p}$ (zur Definition dieser Größen siehe XI, § 3.1).

Aber auch alles das reicht noch nicht aus! Man muß vielmehr noch fordern, daß man auch nur solche Gesamtheiten und zugehörige $W_1(t)$ zuläßt, die in bezug auf die »vorgestellten« thermodynamischen Observablen, die als 1-Teilchen-Observablen angenommen werden, nicht wesentlich streuen. D. h. aber nichts anderes, als daß man die ganzen Überlegungen aus § 10 über thermodynamisch determinierte Systeme voraussetzt.

Nehmen wir einmal an, daß wir zwei in dieser Hinsicht physikalisch sinnvolle Lösungen $W_{1a}(t)$ und $W_{2a}(t)$ von (12.3.13) konstruiert hätten. Die simple Mischung

$$(12.3.15)\qquad W_1(t)=\tfrac{1}{2}W_{1a}(t)+\tfrac{1}{2}W_{2a}(t)$$

würde dann die Statistik zweier solcher Entwicklungen physikalisch richtig beschreiben, wenn dies $W_{1a}(t)$ und $W_{2a}(t)$ jedes für sich tun. $W_1(t)$ nach (12.3.15) ist aber (wenn nicht gerade $\langle \mathbf{r}|W_{1a}|\mathbf{r}\rangle$ und $\langle \mathbf{r}|W_{2a}|\mathbf{r}\rangle$ praktisch übereinstimmen) *keine* Lösung von (12.3.13)! Dies liegt daran, daß (12.3.13) nicht linear in W_1 ist, da in $\bar{U}$ nach (12.3.12) $\langle \mathbf{r}|W_1|\mathbf{r}\rangle$ eingeht:

$$\bar{U}(\mathbf{r})=\int U(|\mathbf{r}-\mathbf{r}^{(2)}|)\,\langle \mathbf{r}^{(2)}|W_1|\mathbf{r}^{(2)}\rangle\,d^3\mathbf{r}^{(2)}.$$

Würde man also umgekehrt mit dem Anfangswert

$$\tilde{W}_1(0) = \tfrac{1}{2} W_{1a}(0) + \tfrac{1}{2} W_{1b}(0)$$

eine Lösung $\tilde{W}_1(t)$ von (12.3.13) konstruieren, so ist $\tilde{W}_1(t) \neq W_1(t)$. $W_1(t)$ nach (12.3.15) ist aber physikalisch richtig, $\tilde{W}_1(t)$ dagegen physikalisch falsch! Während also die zur Herleitung von (12.3.13) gemachten Voraussetzungen für $W_{1a}(t)$ und $W_{2a}(t)$ »richtig« waren, sind sie für $W_1(t)$ nach (12.3.15) falsch. Die einzige Voraussetzung aber, die $W_1(t)$ nicht erfüllt (aber W_{1a} und W_{2a} erfüllen), ist die, daß W_{1a} und W_{2a} Gesamtheiten entsprechen, die in bezug auf die thermodynamischen Observablen praktisch nicht streuen.

Welches sind nun aber diejenigen thermodynamischen Observablen, die wenig streuen sollen? Genau dies muß man eben noch zur Methode der Reduktion auf W_1 hinzufügen, um die Erwartungswerte mit den Werten der thermodynamischen Observablen identifizieren und aus (12.3.13) eine Dynamik dieser thermodynamischen Observablen ableiten zu können. Man versucht in diesem Fall eine makroskopische Teilchendichte $\mu(\mathbf{r})$ und ein mittleres Geschwindigkeitsfeld $\mathbf{u}(\mathbf{r})$ (wie in der Hydrodynamik) als thermodynamische Observablen einzuführen. Falls diese nicht wesentlich streuen, kann man aus (12.3.13) folgende dynamische Gleichungen herauspräparieren (was hier wegen des sehr simplen und praktisch erratbaren Ergebnisses nicht vorgeführt sei):

$$\frac{\partial \mu(\mathbf{r},t)}{\partial t} + \mathrm{div}\left(\mu(\mathbf{r},t)\mathbf{u}(\mathbf{r},t)\right) = 0,$$

(12.3.16)

$$m\mu\left[\frac{\partial \mathbf{u}}{\partial t} + \mathbf{u}\cdot\mathrm{grad}\,\mathbf{u}\right] = -q^2\mu(\mathbf{r},t)\int \frac{\mathbf{r}-\mathbf{r}'}{|\mathbf{r}-\mathbf{r}'|^3}\,\mu(\mathbf{r}',t)d^3\mathbf{r}'.$$

An dem eben skizzierten sehr einfachen Beispiel erkennt man, mit wieviel »physikalischem Fingerspitzengefühl« man vorgehen muß, um das Abbrechen der Hierarchie (12.3.9), d.h. die »Reduktionsmethode«, physikalisch sinnvoll anzuwenden.

Als zweites Beispiel wollen wir eine kurze Skizze einer Ableitung der *Boltzmann*schen Stoßgleichung aus § 10.2 nach der Reduktionsmethode bringen. Dazu übertragen wir die Hierarchie (12.3.9) auf den Fall $\mathfrak{PT}_{k\,\mathrm{exp}}$, d.h. auf den Fall einer Beschreibung des N-Teilchensystems im $6N$-dimensionalen Γ-Raum. Nach VI, § 5 werden die Gesamtheiten durch eine Dichte $\varrho(p_i, q_i, t)$ im Γ-Raum beschrieben, die der *Liouville*-Gleichung VI (5.7.16) genügt mit H nach (1.1) als *Hamilton*funktion.

Bezeichnen wir den n-Teilchen-Γ-Raum mit Γ_n, so ist also der eben erwähnte Γ-Raum gleich Γ_N. Wir führen dann folgenden Verkürzungsoperator ein

$$\mathbf{R}_n \varrho\,(\mathbf{p}^{(1)}, \ldots \mathbf{p}^{(N)}, \mathbf{r}^{(1)}, \ldots \mathbf{r}^{(N)}, t)$$

$$= \varrho_n\,(\mathbf{p}^{(1)}, \ldots \mathbf{p}^{(n)}, \mathbf{r}^{(1)}, \ldots \mathbf{r}^{(n)}, t)$$

$$= \int \varrho\,(\mathbf{p}^{(1)}, \ldots \mathbf{p}^{(N)}, \mathbf{r}^{(1)}, \ldots \mathbf{r}^{(N)}, t)\, d^3\mathbf{p}^{(n+1)} \ldots d^3\mathbf{p}^{(N)} d^3\mathbf{r}^{(n+1)} \ldots d^3\mathbf{r}^{(N)}.$$

Wenden wir diesen auf VI (5.7.16) an und setzen ϱ als symmetrisch in den N Teilchenkoordinaten voraus, so erhalten wir:

$$\frac{\partial \varrho_n}{\partial t} = (\varrho_n, H_n) +$$

(12.3.17)

$$+ (N-n) \sum_{i=1}^{n} \int \frac{\partial \varrho_{n+1}}{\partial \mathbf{p}^{(i)}} \cdot \mathrm{grad}_{\mathbf{r}(i)} U(|\mathbf{r}^{(i)} - \mathbf{r}^{(n+1)}|)\, d^3\mathbf{p}^{(n+1)} d^3\mathbf{r}^{(n+1)},$$

was der Gleichung (12.3.9) entspricht.

Für ein verdünntes Gas ist zu hoffen, mit den Gleichungen für ϱ_1 und ϱ_2 auszukommen:

$$\frac{\partial \varrho_1\,(\mathbf{p},\mathbf{r},t)}{\partial t} = -\frac{\mathbf{p}}{m} \cdot \mathrm{grad}_{\mathbf{r}} \varrho_1\,(\mathbf{p},\mathbf{r},t) +$$

(12.3.18)

$$+ (N-1) \int \frac{\partial \varrho_2(\mathbf{p},\mathbf{p}',\mathbf{r},\mathbf{r}',t)}{\partial \mathbf{p}} \cdot \mathrm{grad}_{\mathbf{r}} U(|\mathbf{r}-\mathbf{r}'|)\, d^3\mathbf{p}' d^3\mathbf{r}';$$

(12.3.19)
$$\frac{\partial \varrho_2(\ldots)}{\partial t} = (\varrho_2, H_2) + \cdots.$$

Der Ansatz $\varrho_2(\mathbf{p},\mathbf{p}',\mathbf{r},\mathbf{r}',t) = \varrho_1(\mathbf{p},\mathbf{r},t)\varrho_1(\mathbf{p}',\mathbf{r}',t)$ in (12.3.18) ist für kurzreichweitige Kräfte unbrauchbar, wie wir oben in bezug auf den entsprechenden Ansatz $W_2 = W_1^{(1)} \times W_1^{(2)}$ diskutiert haben. Ein Ausweg besteht darin, daß man in (12.3.18) für $\varrho_2(\mathbf{p},\mathbf{p}',\mathbf{r},\mathbf{r}',t)$ von einer Zeit $t=t_1$ bis zu einer Zeit $t=t_1+\tau$ (wobei τ nicht zu groß sein darf) die Lösung ϱ_2 der Gleichung (12.3.19) (*ohne* die durch Punkte angedeuteten Glieder) zum »Anfangswert« $\varrho_2(\mathbf{p},\mathbf{p}',\mathbf{r},\mathbf{r}',t_1) =$ $= \varrho_1(\mathbf{p},\mathbf{r},t_1)\varrho_1(\mathbf{p}',\mathbf{r}',t_1)$ einsetzt und dann (12.3.18) über die Zeit τ integriert. Diese Rechnung haben wir mathematisch gerade in § 10.2 durchgeführt. Das Ergebnis ist hier die *Boltzmann*sche Stoßgleichung für $\varrho_1(\mathbf{p},\mathbf{r},t)$.

Dieses Ergebnis muß aber *allgemein* (auch wenn $\varrho_1(\mathbf{p},\mathbf{r},t)$ »glatt« ist) falsch sein. Es ist *nur* richtig, falls $\varrho(\ldots)$ im Γ-Raum eine makroskopische Gesamtheit ist, *und in bezug auf die thermodynamischen Observablen nicht streut*, so wie es eben in § 10.2 vorausgesetzt wurde. Wieder muß man also die Überlegungen aus § 10 *voraussetzen* (!), um die Reduktionsmethode sachgemäß anwenden zu können.

Alle diese Beispiele untermauern noch einmal die allgemein nach der Gleichung (2.6) in § 2 durchgeführten Überlegungen.

§ 12.4. Zweite Quantisierung

Die Methode der sogenannten »zweiten Quantisierung« ist aus den Quantenfeldtheorien in die Behandlung makroskopischer Systeme übernommen worden. Es ist im Bereich der Probleme makroskopischer Systeme *nur* eine mathematische Methode, bei der aber in sehr geschickter Weise einige der schon in §§ 12.2 und 12.3 angegebenen Gesichtspunkte für makroskopische Registrierungen und Präparierungen eingearbeitet werden können. Das Wort »zweite Quantisierung« ist historisch entstanden und darf nicht zu Mißverständnissen führen. Es handelte sich ursprünglich um eine korrespondenzmäßige (siehe XI, §§ 1.6 und 1.7) Methode, um aus »klassischen« Feldtheorien (so wie z. B. der Feldtheorie der *Maxwell*schen Gleichungen aus VIII, § 3 oder solcher nach IX, § 6 oder der Feldtheorie aus XI, §§ 1.2 und 1.3) zu einer Quantenfeldtheorie (siehe XI, § 12.2) zu kommen. Da zu diesen »klassischen« Feldtheorien aber z. B. auch die historisch erst bei der Suche nach einer Quantenmechanik entstandene *Schrödinger*sche Feldtheorie aus XI, §§ 1.2 und 1.3 und die *Dirac*sche relativistische Feldtheorie (im Sinne von IX, § 6) der Kathodenstrahlen, d. h. der »Elektronenwellen«, gehörten, entstand die mißverständliche Bezeichnungsweise »zweite« Quantisierung.

Im Rahmen der hier betrachteten Quantenmechanik handelt es sich nur um eine mathematisch äquivalente Form zu der schon in § 6.6 von (6.6.2) bis (6.6.5) angegebenen zusammenfassenden Beschreibung von Systemen *verschiedener* Teilchenzahl N, d. h. im Grunde nur um eine andere mathematische Formulierung von AQ aus XIII, § 3. Entsprechend der mit § 1.1 zugrundegelegten Tendenz des Kapitels XV, nicht durch zu große Allgemeinheit die wesentlichen Ideen zu verdunkeln, bleiben wir bei dem in § 6.6 zugrundegelegten Spezialfall von AQ: Systeme, die aus gleichen Teilchen zusammengesetzt sind.

Statt der Folge $(\mathscr{H}_0, \mathscr{H}_1, \ldots \mathscr{H}_\nu, \ldots)$ von *Hilbert*räumen nach § 6.6 und der W, F nach (6.6.2), (6.6.4) mit (6.6.5) kann man auch folgenden *Hilbert*raum

$$(12.4.1) \qquad \mathscr{H}^{(T)} = \mathscr{H}_0 \oplus \mathscr{H}_1 \oplus \cdots \oplus \mathscr{H}_\nu \oplus \cdots$$

konstruieren (Schreibweise siehe Ende A VIII, § 8). Der »totale« *Hilbert*raum $\mathscr{H}^{(T)}$ ist der aus allen Folgen $(u_0, u_1, \ldots u_\nu, \ldots)$ mit $\sum\limits_{\nu=0}^{\infty} \|u_\nu\|^2 < \infty$ bestehende *Hilbert*raum, wobei in naheliegender Weise mit diesen Reihen wie mit Vektoren der »Komponenten« u_ν gerechnet wird, wobei u_ν und u_μ für $\nu \neq \mu$ als orthonal festgesetzt werden.

Im *Hilbert*raum $\mathscr{H}^{(T)}$ kann man die W und F aus (6.6.2), (6.6.4) als Operatoren definieren mit

$$(12.4.2) \qquad \begin{aligned} W(u_0, u_1, \ldots u_\nu, \ldots) &= (W_0 u_0, W_1 u_1, \ldots W_\nu u_\nu, \ldots), \\ F(u_0, u_1, \ldots u_\nu, \ldots) &= (F_0 u_0, F_1 u_1, \ldots F_\nu u_\nu, \ldots). \end{aligned}$$

Dann wird die rechte Seite von (6.6.5) selbst zu einer Spur in $\mathscr{H}^{(T)}$:

$$(12.4.3) \qquad Sp_T(WF) = \sum_{\nu=0}^{\infty} Sp_\nu(W_\nu F_\nu),$$

wobei wir durch die Indizes an Sp angedeutet haben, in welchen *Hilbert*räumen die jeweiligen Spuren zu nehmen sind.

Um in $\mathscr{H}^{(T)}$ zu charakterisieren, daß *nur* solche W und F einen physikalischen Sinn haben, die sich in der Form (12.4.2) schreiben lassen, kann man auch die Projektionsoperatoren P_ν auf die Teilräume $\mathscr{H}_\nu$ von $\mathscr{H}^{(T)}$ einführen. (12.4.2) ist dann äquivalent damit, daß die W und F mit allen P_ν vertauschbar sind. Man nennt diese Forderung auch oft: Superauswahlregeln. Die P_ν sind in unserem Spezialfall nichts anderes als die Elemente von Z_A (d.h. die P_ν sind die Atome des Zentrums Z) mit Z_A nach XII, § 6. Die P_ν sind also die Entscheidungseffekte für die Teilchenzahl ν, d.h. für die verschiedenen »Sorten« im Sinne von XIII, § 6.

Wir definieren als Teilchenzahloperator

$$(12.4.4) \qquad N = \sum_{\nu=0}^{\infty} \nu P_\nu.$$

N ist also die Entscheidungsobservable »Teilchenzahl«, die mit allen anderen Observablen kommensurabel bzw. koexistent ist (siehe XIII, § 5).

Wir betrachten nun getrennt die beiden Fälle der *Fermi*- und *Bose*-systeme. Als erstes sei der Fall der *Bose*systeme mit $\mathscr{H}_\nu = \{\mathscr{H}^\nu\}_+$ beschrieben.

Sei $\varphi_k(\mathbf{r})$ ein v. n. O. im Einteilchenraum $\mathscr{H}$. Mit

$$(12.4.5) \qquad \psi(\mathbf{r}) = \sum_k a_k \varphi_k(\mathbf{r})$$

ist dann

$$(12.4.6) \qquad \int \overline{\psi(\mathbf{r})} \psi(\mathbf{r}) d^3\mathbf{r} = \sum_k \bar{a}_k a_k.$$

Die Idee der »zweiten Quantisierung« ist, die a_k als Operatoren A_k umzudefinieren mit den Vertauschungsrelationen

$$(12.4.7) \qquad \begin{aligned} A_k A_l^+ - A_l^+ A_k &= \delta_{kl} 1, \\ A_k A_l - A_l A_k &= 0. \end{aligned}$$

Dann wird auch $\psi(\mathbf{r})$ nach (12.4.5) zu einem »Feldoperator« $\psi(\mathbf{r}) = \sum_k A_k \varphi_k(\mathbf{r})$ (dessen mathematisch exakte Formulierung mit Hilfe der Distributionentheorie möglich ist). Die in (12.4.6) angegebene Größe wird zu einem Operator

$$(12.4.8) \qquad N' = \int \psi^+(\mathbf{r}) \psi(\mathbf{r}) d^3\mathbf{r} = \sum_k A_k^+ A_k.$$

Die Darstellung der Vertauschungsrelationen (12.4.7) haben wir aber gerade am Ende von XI, § 3.4 untersucht, wobei wir N' nach (12.4.8) als »sinnvollen« Operator vorausgesetzt haben. Man kann (auch wenn die Zahl der Freiheitsgrade f aus XI, § 3.4 unendlich ist) die zum harmonischen Oszillator aus XI, § 1.6 ganz parallel laufenden Überlegungen wiederholen und erhält das schon am Ende von XI, § 3.4 angegebene Resultat:

Der *Hilbert*raum, den wir $\mathscr{H}^{(T)'}$ nennen, wird nach XI (3.4.3) vom v. n. O. der

$$(12.4.9) \qquad \Phi_{n_1 n_2 \cdots} = \frac{1}{\prod\limits_k n_k!} \prod_j (A_j^+)^{n_j} \Phi \quad \text{mit} \quad \sum_k n_k < \infty$$

aufgespannt. Es gilt

$$(12.4.10) \qquad A_k^+ A_k \Phi_{n_1 n_2 \cdots} = n_k \Phi_{n_1 n_2 \cdots}$$

und

$$(12.4.11) \qquad N' \Phi_{n_1 n_2 \cdots} = \left(\sum_k n_k \right) \Phi_{n_1 n_2 \cdots} .$$

Man kann nun folgende Identifizierung für ein festes $\sum\limits_k n_k = v$ vornehmen (siehe XI (8.1.3))

$$(12.4.12) \qquad \Phi_{n_1 n_2 \cdots} \leftrightarrow \alpha_{n_1 n_2 \cdots} \sum_P P \varphi_{k_1}(1) \cdots \varphi_{k_v}(v),$$

wobei $\alpha_{n_1 n_2 \cdots}$ ein Normierungsfaktor ist und n_k gleich der Zahl der k_β auf der rechten Seite von (12.4.12) mit $k_\beta = k$; man vergleiche auch § 7.4. Durch die Identifizierung (12.4.12) wird $\mathscr{H}^{(T)'} = \mathscr{H}^{(T)}$, wobei der Teilraum $\mathscr{H}_v$ von $\mathscr{H}^{(T)}$ durch alle $\Phi_{n_1 n_2 \cdots}$ mit $\sum\limits_k n_k = v$ aufgespannt wird.

N' aus (12.4.8) wird nach (12.4.11) mit N aus (12.4.4) identisch.

Die Einführung der Operatoren $A_k, A_k^+, \psi(\mathbf{r}), \psi^+(\mathbf{r})$ im *Hilbert*raum $\mathscr{H}^{(T)}$ bietet nun folgende Vorteile:

Der *Hamilton*operator (1.1) in jedem $\mathscr{H}_v$ (wobei also $v = N$ in (1.1) zu setzen ist) läßt sich durch einen *einzigen Hamilton*operator der Form

$$H = \int \left[\frac{\hbar}{i} \operatorname{grad} \psi(\mathbf{r}) \right]^+ \left[\frac{\hbar}{i} \operatorname{grad} \psi(\mathbf{r}) \right] d^3\mathbf{r} +$$

$$(12.4.13) \qquad + \int \bar{V}(\mathbf{r}) \psi^+(\mathbf{r}) \psi(\mathbf{r}) d^3\mathbf{r} +$$

$$+ \int \int \psi^+(\mathbf{r}) \psi^+(\mathbf{r}') U(|\mathbf{r} - \mathbf{r}'|) \psi(\mathbf{r}') \psi(\mathbf{r}) d^3\mathbf{r} d^3\mathbf{r}'$$

zusammenfassen, d. h. $H\Phi_{n_1 n_2 \cdots}$ mit H nach (12.4.13) ist für jedes $v = \sum\limits_k n_k$ mit dem *Hamilton*operator aus (1.1) (mit $N = v$) identisch.

Auch die »Bewegungsgleichung« der Gesamtheiten nach dem *Schrödinger*bild (XI, § 4.2) läßt sich in die eine »*Schrödinger*gleichung« für den Operator (!) $\psi(\mathbf{r}, t)$ zusammenfassen:

$$-\frac{\hbar}{i}\,\dot\psi(\mathbf{r},t) = \frac{1}{2m}\left(\frac{\hbar}{i}\,\mathrm{grad}\right)^2 \psi(\mathbf{r},t) + \bar V(\mathbf{r})\psi(\mathbf{r},t) +$$

(12.4.14)

$$+ [\int \psi^+(\mathbf{r}',t)\psi(\mathbf{r}',t)\,U(|\mathbf{r}-\mathbf{r}'|)\,d^3\mathbf{r}']\,\psi(\mathbf{r},t);$$

denn aus $\psi(\mathbf{r}, t)$ folgen nach (12.4.5) die Operatoren (die $\varphi_k(\mathbf{r})$ sind keine Operatoren!)

$$(12.4.15)\qquad A_k(t) = \int \overline{\varphi_k(\mathbf{r})}\,\psi(\mathbf{r},t)\,d^3\mathbf{r}$$

und damit nach (12.4.9) die Zeitveränderlichkeit der $\Phi_{n_1 n_2 \ldots}$ und damit aller Vektoren aus $\mathscr{H}^{(T)}$.

Man kann aber auch das Vorzeichen auf der linken Seite von (12.4.14) umkehren und dann (12.4.14) als Zeitveränderlichkeit im *Heisenberg*bild (XI, § 4.1) interpretieren; denn alle Observablen lassen sich als Summe von Ausdrücken der Form

$$\int \psi^+(\mathbf{r}^{(\alpha)})\psi^+(\mathbf{r}^{(\beta)})\ldots f(\mathbf{r}^{(\alpha)},\mathbf{r}^{(\beta)},\ldots;\mathbf{r}^{(\varrho)},\mathbf{r}^{(\sigma)}\ldots)\cdot$$

(12.4.16)

$$\cdot\,\psi(\mathbf{r}^{(\varrho)})\psi(\mathbf{r}^{(\sigma)})\ldots d^3\mathbf{r}^{(\alpha)}d^3\mathbf{r}^{(\beta)}\ldots d^3\mathbf{r}^{(\varrho)}d^3\mathbf{r}^{(\sigma)}\ldots$$

schreiben, wobei in (12.4.16) genauso viele Faktoren ψ^+ wie ψ auftreten müssen, damit die Observablen mit allen P_ν vertauschbar werden ($f(\ldots)$ kann auch eine Distribution sein).

Diese Möglichkeit der Schreibweise von Observablen als Summe von Gliedern der Form (12.4.16) ermöglicht es, in sehr einfacher Weise die n-Teilchenobservablen auszuzeichnen: Treten nur Summanden (12.4.16) mit höchstens n Faktoren ψ (und entsprechend n Faktoren ψ^+) auf, so liegt eine n-Teilchenobservable vor. H nach (12.4.13) ist also eine 2-Teilchenobservable; die beiden ersten Summanden in (12.4.13) sind 1-Teilchenobservablen. Will man bei der Zeitveränderlichkeit diese einfache Struktur erhalten, so muß man das *Schrödinger*bild (oder Wechselwirkungsbild) benutzen (siehe XI, §§ 4.2 und 4.3). Während sich nach den Methoden aus § 12.3 leicht die Verkürzungen von Gesamtheitsoperatoren berechnen lassen, ist das hier dargestellte mathematische Schema sehr geeignet, die n-Teilchenobservablen zu charakterisieren, einer der vermutlichen Charakteristika thermodynamischer Observablen.

Aber noch ein weiterer Punkt läßt sich hier leicht darstellen: Die lokale Eigenschaft von Observablen. Eine Observable heißt eine im Teilgebiet $\mathscr{V}$ lokalisierte Observable, wenn in (12.4.16) alle Ortsintegrationen $d^3\mathbf{r}^{(\alpha)}, d^3\mathbf{r}^{(\beta)}, \ldots$ jeweils nur über $\mathscr{V}$ zu erstrecken sind.

Man sieht sofort, daß die so als in $\mathscr{V}$ lokalisierten Observablen eine Algebra bilden, da Summen und Produkte von derselben Form sind! Solche Lokalisierungen scheinen für die thermodynamischen Observablen wichtig zu sein, da diese nach allen Erfahrungen »Feldcharakter« ähnlich den *Boltzmann*verteilungen aus § 10.2 haben (siehe auch § 12.5).

Die eben für *Bose*teilchen dargestellten mathematischen Methoden lassen sich merkwürdigerweise sehr leicht auf *Fermi*teilchen übertragen. Man hat nur (!) (12.4.7) durch die Forderung

$$(12.4.17) \qquad \begin{aligned} A_k A_l^+ + A_l^+ A_k &= \delta_{kl} 1, \\ A_k A_l + A_l A_k &= 0 \end{aligned}$$

zu ersetzen.

Auch der Aufbau des *Hilbert*raumes $\mathscr{H}^{(T)}$ kann in derselben Weise durchgeführt werden. (12.4.9) bleibt im Prinzip erhalten, nur daß wegen der zweiten Formel aus (12.4.17) $\Phi_{n_1 n_2 \dots} = 0$ wird, wenn eines der $n_i \geq 2$ ist. Da also nur die Werte $n_i = 1$ oder 0 vorkommen, kann man statt (12.4.9) einfach

$$(12.4.18) \qquad \Phi_{n_1 n_2 \dots} = \prod_j (A_j^+)^{n_j} \Phi_0 \quad \text{mit} \quad \sum_k n_k < \infty$$

schreiben. Ändert man auf der rechten Seite von (12.4.18) die Reihenfolge der Faktoren A_j^+, so kann sich das Vorzeichen ändern. (12.4.10), (12.4.11) bleiben gültig. (12.4.12) lautet (siehe auch XI (8.1.5))

$$(12.4.19) \qquad \Phi_{n_1 n_2 \dots} \leftrightarrow \frac{1}{\sqrt{\nu!}} \sum_P (-1)^P P \varphi_{k_1}(1) \dots \varphi_{k_\nu}(\nu).$$

Alles weitere bleibt wortwörtlich erhalten.

Wieder darf man nicht erwarten, daß durch eine mathematische Umformulierung allein das Problem der thermodynamischen Observablen gelöst würde. Aber wenn man die Grundstrukturen aus § 6, § 10 oder § 11 voraussetzt und bestimmte Annahmen über die Makropräparierverfahren und thermodynamischen Registrierverfahren hinzufügt (ähnlich wie in § 12.2 und § 12.3 angedeutet), kann eine solche mathematische Struktur sehr geeignet sein, um praktische Probleme anzugehen. Auch hier können wir aber nur auf Spezialliteratur hinweisen [34].

§ 12.5. Lokale Observablenalgebren und unendliche Systeme

Sowohl dem Problem der Makroobservablen, wie dem Problem der Masterequation versucht man sich auf einem Weg zu nähern, der dem Übergang zum thermostatischen Limes (siehe § 9) nachgemacht wird: Übergang zu unendlich großen dynamischen Systemen.

Entscheidend auf diesem Wege ist es, lokale Observablenalgebren zu betrachten. Die Vorstellung dabei ist, daß diejenigen Entscheidungsobservablen, die einer Messung in einem Teilgebiet $\mathscr{V}'$ des vom System eingenommenen Gesamtgebietes entsprechen, eine dem Gebiet $\mathscr{V}'$ zugeordnete Algebra (als Teilalgebra aller Observablen) erzeugen. Beim Übergang zu unendlichen Systemen hat zwar die *Hilbert*raumstruktur selbst keinen Limes, aber die so eingeführten lokalen Algebren.

Das erste Problem besteht darin, für »gewisse« Teilalgebren im Limes ein dynamisches System definieren zu können. Dieses Problem entspricht der in § 10 und § 11 angeschnittenen Frage, für welche Effekte und Gesamtheiten die fastperiodische Funktion $Sp(W_t F)$ durch ein *Fourier*integral approximierbar ist.

Das zweite Problem besteht in einer weiteren Einschränkung der Observablenmengen (auf die »makroskopischen«), um für diese »reduzierte« Beschreibung die Dynamik in der Form einer Masterequation oder spezieller einer *Fokker-Planck*-Gleichung zu erhalten.

Erfolge konnte diese Methode bisher hauptsächlich an Beispielen demonstrieren. Diese Beispiele zeigen, daß unsere Überlegungen aus § 11 (und spezieller § 10) wohl auch allgemein die Struktur der Makrosysteme richtig beschreiben.

Wie in § 9, so können wir auch in bezug auf diese mathematischen Probleme nur auf Spezialliteratur verweisen [35]. Wir haben aber trotzdem diese Probleme erwähnt, um zu sehen, daß es sich hierbei um eine Art »mathematischen Beweisweg« für die Widerspruchsfreiheit der in § 10 und § 11 vorausgesetzten Struktureigenschaften handelt. Ein allgemeines Prinzip der Definition der Makroobservablen kann auch dieser Weg nicht liefern. Dies ist auch nicht verwunderlich, da doch letztlich die Makroobservablen bestimmt sind nicht *allein* durch die Größe der Systeme, sondern *auch* durch die realen Wechselwirkungsmöglichkeiten der Systeme mit ihrer Umgebung, worauf wir im nächsten § noch etwas eingehen werden.

§ 12.6. Das physikalische Problem von $\mathcal{Q}_m$ und $\mathcal{R}_m$

Nachdem wir in § 12.2 bis § 12.4 kurze Hinweise auf Methoden gegeben haben, mit denen man sich für die Praxis behilft, um das bisher allgemein noch nicht gelöste Problem der thermodynamischen Observablen und der Makropräparierverfahren zu umgehen, wollen wir hier zum Abschluß dieser Problematik auf die hinter $\mathcal{Q}_m$ und $\mathcal{R}_m$ stehenden physikalischen Probleme hinweisen. In § 12.1 haben wir darauf aufmerksam gemacht, daß diese Probleme noch nicht durch die Betrachtungsweisen aus § 1 bis 11 gelöst sind, und in § 12.5 haben wir auf Versuche hingewiesen, durch axiomatische Festlegungen die Mengen der makroskopischen Gesamtheiten und thermodynamischen Observablen zu fixieren. Aber auch wenn eine solche axiomatische Formulierung gelingen sollte, bleiben echte physikalische Probleme bestehen.

Die Elemente von $\mathcal{Q}_m$ sollen die Möglichkeiten beschreiben, wie in der Welt Teile entstehen (d. h. präpariert werden), die wenigstens über ein Zeitstück als wohl gegenüber der Umgebung abgegrenzte Teile trotz aller Veränderungen an ihnen bestehen bleiben. Dieses Präparieren ist selbst wieder ein physikalischer Prozeß. Die Möglichkeiten solcher Prozesse sollten theoretisch auf Grund der Struktur der Umgebung, aus der die Teile entstehen, beschreibbar sein. Wenn es auch schon hoffnungslos erscheinen mag, eine Kosmologie zu entwerfen, aus der heraus die Physik der Teile verständlich wird, so sollte man doch den Nachweis einer Art Konsistenz verlangen: Wendet man eine eventuell axiomatisch formulierte Theorie makroskopischer Systeme auf große Systeme an, so müßte sich das Präparieren von Teilen durch die großen Systeme (das ja als Prozeß an den großen Systemen beschreibbar sein sollte) kompatibel mit den allgemein über $\mathcal{Q}_m$ eingeführten Axiomen erweisen, solange die Teile noch makroskopisch sind (für kleinere Teile siehe die Bemerkungen weiter unten).

Sollte es gelingen, diese Kompatibilität der Beschreibung des Präparierens von Teilen durch »große« Systeme mit einer axiomatischen Formulierung für $\mathcal{Q}_m$ nachzuweisen, so hätte man gezeigt, daß das irreversible Verhalten (das ja nach § 10 und § 11 durch die Struktur von $\mathcal{Q}_m$ bedingt ist!) makroskopischer Systeme »in sich« konsistent ist: Sich irreversibel verhaltende Systeme präparieren auch immer sich irreversibel verhaltende Systeme.

Damit aber zeigt sich wieder, daß das irreversible Verhalten an sich nur durch die (einmalige!) Struktur des Gesamtkosmos verständlich werden kann, so wie wir auf dieses Problem schon in X, § 6.6 hingewiesen haben: Das Problem einer physikalischen *Begründung* (und nicht nur axiomatischen Beschreibung) der Struktur von $\mathcal{Q}_m$ ist ein kosmologisches Problem.

Die Elemente von $\mathcal{R}_m$ sollen die Wechselwirkungsmöglichkeiten zwischen den betrachteten Teilen (den physikalischen Makrosystemen) und ihrer Umgebung beschreiben, eigentlich also selbst wieder ein physikalischer Prozeß, den man sollte theoretisch beschreiben können. Wenigstens sollte man wieder eine Art Konsistenz nachweisen: Stellt man über $\mathcal{R}_m$ Axiome auf, so sollten die Möglichkeiten der Wirkung von Teilen in einem Gesamtsystem (die ja im Gesamtsystem beschrieben werden können) kompatibel mit den axiomatischen Ansätzen für die $\mathcal{R}_m$ der Teilsysteme sein, solange die betrachteten Teilsysteme noch makroskopisch sind (für kleinere Teile siehe wieder die Bemerkungen weiter unten).

Die durch $\mathcal{R}_m$ beschriebenen Wirkungsmöglichkeiten von Systemen in ihre Umgebung hinein können durchaus wesentlich umfangreicher sein als die in $\mathcal{R}_{th}$ zusammengefaßten Registriermöglichkeiten. Die Elemente von $\mathcal{R}_{th}$ sollten nur die Registrierung der Trajektorien umfassen, wobei nach den in § 10 und

§ 11 gemachten Voraussetzungen die Trajektorien nicht beeinflußt werden; denn wir haben z. B. angenommen, daß es gleichgültig ist, ob man ab $t=0$ den Zustand $z(t)$ »laufend« registriert oder nur $z(t_1)$ zu einer einzigen Zeit t_1. Die thermodynamischen Registrierungen verändern nicht den Verlauf der Trajektorien.

Wir haben aber auf der Basis der Theorie $\mathfrak{PT}_m$ makroskopischer Systeme nicht gezeigt, daß es tatsächlich Teile solcher Systeme so schwach an das Gesamtsystem angekoppelt gibt, daß der Rest des Gesamtsystems einen seiner Teile thermodynamisch registriert. Auch dieses Konsistenzproblem blieb ungelöst.

Noch nicht einmal ein damit zusammenhängendes Teilproblem, nämlich der Nachweis einer gewissen Stabilität der Trajektorien $z(t)$ gegenüber schwachen äußeren Störungen, wie sie auch beim thermodynamischen Registrieren unvermeidlich sind, konnte gelöst werden.

Auf der Basis einer axiomatischen Forderung über $\mathscr{R}_{th}$ könnte es aber möglich werden, auch etwas über $\mathscr{R}_m$ auszusagen: Man betrachte mit Hilfe von $\mathscr{R}_{th}$ große Systeme und untersuche alle Wirkungsmöglichkeiten von Teilen solcher großen Systeme im nach $\mathscr{R}_{th}$ registrierten Gesamtsystem. Dabei sollten sich Wirkungsmöglichkeiten der Teile ergeben, die nicht *nur* durch die thermodynamischen Registrierverfahren aus $\mathscr{R}_{th}$ für die Teile beschreibbar sind.

Auch wenn man nicht eine Theorie der ganzen Welt anstrebt, bleiben also genügend Probleme innerhalb einer $\mathfrak{PT}_m$ von Makrosystemen, die noch nicht gelöst sind. Ja eigentlich würde eine genügend umfangreiche Theorie $\mathfrak{PT}_m$ der Makrosysteme auch die ganze Quantenmechanik als Einschränkung (siehe III, § 7) enthalten, denn in XVI, § 1 werden wir sehen, daß man die Experimente mit Mikrosystemen vollständig als Experimente an Makrosystemen beschreiben kann.

Eine genügend umfangreiche Theorie $\mathfrak{PT}_m$ sollte aber dann auch das in § 11.5 gestreifte »Übergangsproblem« lösen, nämlich die Frage nach den Präparier- und Registriermöglichkeiten von Systemen, die weder Mikro- noch Makrosysteme sind. Schon für größere Moleküle scheint die Quantenmechanik $\mathfrak{PT}_q$ nicht mehr g. G.-abgeschlossen zu sein, d. h. nach $\mathfrak{PT}_q$ würde es physikalische Möglichkeiten (siehe III, § 9) geben, die aber tatsächlich nicht realisierbar sind.

Als Beispiel für solche nach $\mathfrak{PT}_q$ denkbaren aber nicht realisierbaren Möglichkeiten betrachten wir ein größeres Molekül, das es sowohl in Links- wie Rechtsform gibt. In $\mathfrak{PT}_q$ gibt es also zwei Vektoren φ_l und φ_r aus dem *Hilbertraum* $\mathscr{H}$, so daß P_{φ_l} eine Gesamtheit von Linksformen und P_{φ_r} entsprechend von Rechtsformen darstellt. Sicher läßt sich auch eine Mischung $W=\frac{1}{2}P_{\varphi_l}+$ $+\frac{1}{2}P_{\varphi_r}$ präparieren. In $\mathscr{H}$ gibt es aber auch Vektoren $\psi_+=\dfrac{1}{\sqrt{2}}(\varphi_l+\varphi_r)$ und

$\psi_- = \dfrac{1}{\sqrt{2}}\,(\varphi_l - \varphi_r)$. P_{ψ_+} und P_{ψ_-} scheinen aber für genügend große Moleküle nicht präparierbar zu sein. Warum ist P_{φ_l} und P_{φ_r} präparierbar, wobei φ_l und φ_r keine Eigenvektoren des *Hamilton*operators H des Moleküls sind, während für die exakten Eigenvektoren ψ_+ und ψ_- von H die Gesamtheiten P_{ψ_+} und P_{ψ_-} nicht präparierbar sind? Schon bei größeren Molekülen scheint sich also der »Trend« hin zu Makrosystemen bemerkbar zu machen.

Wenn aber die Quantenmechanik für größere Systeme nicht g. G.-abgeschlossen ist, wieso kann sie das für Mikrosysteme wie Atome, Elektronen usw. sein? Sicherlich ist die Annahme, daß die Quantenmechanik der Mikrosysteme g. G.-abgeschlossen ist, nur eine Näherung, denn wie jede Theorie ist auch die Quantenmechanik nur unter Benutzung endlicher Unschärfemengen brauchbar (siehe III, § 5). Im Rahmen endlicher Unschärfemengen scheint aber die Quantenmechanik für Mikrosysteme tatsächlich g. G.-abgeschlossen zu sein; bleibt dann aber nicht doch auch für Mikrosysteme irgendeine Struktur als Hinweis dafür übrig, daß beim Anwachsen der Systeme die g. G.-Abgeschlossenheit aufhört?

Dies scheint tatsächlich der Fall zu sein, wenn man die Quantenmechanik nicht nur als Quantenmechanik betrachtet, so wie sie in XIII beschrieben wurde: In XIII wurden die Mengen $\mathcal{Q}$ und $\mathcal{R}_0$ der Präparierverfahren und Registriermethoden eingeführt, ohne (!) näher zu beschreiben, welche Apparate einem $a \in \mathcal{Q}$ und einem $b_0 \in \mathcal{R}_0$ entsprechen. In XVI werden wir ein klein wenig von diesem Mangel auszugleichen versuchen. In einer genügend umfangreichen Theorie $\mathfrak{PT}_m$ sollte aber dieser Mangel ganz ausgeglichen sein.

Die Erfahrungen scheinen aber zumindest folgendes nahezulegen, ohne daß wir dies aus der gewünschten, aber noch nicht bekannten $\mathfrak{PT}_m$ herleiten können: Nicht für alle W ist ein $a \in \mathcal{Q}$ mit $\varphi(a) \sim W$ genauso »leicht« zu konstruieren; nicht für alle Observablen $\Sigma \to L$ ist ein $b_0 \in \mathcal{Q}$, das (approximativ) diese Observable zu messen gestattet (siehe XIII, § 5) genauso »leicht« zu konstruieren. Der Aufwand an Material und makroskopischer Struktur der zu a bzw. b_0 gehörigen Apparate kann *ganz verschieden* ausfallen, je nach den »gewünschten« Gesamtheiten, bzw. Observablen. Für manche Gesamtheiten und manche Observablen scheint es »fast unmöglich« zu werden, entsprechende Präparier- und Registrierapparate zu bauen.

Die Quantenmechanik wäre dann also nur ein asymptotischer Limes einer umfangreicheren Theorie, die auch für größere Moleküle den Umfang der tatsächlich möglichen Präparier- und Registrierverfahren anzugeben gestattet. $\mathfrak{PT}_q$ wäre in diesem Sinn dann immer die Theorie, von der durch eine Einbettung festzustellen wäre, was an ihr realistisch ist, wobei eben im asymptotischen Limes der Mikrosysteme praktisch »ganz« $\mathfrak{PT}_q$ realistisch ist, d. h. eine g. G.-abgeschlossene Theorie darstellt.

Auch die Makrosysteme, die die gesuchte Theorie $\mathfrak{PT}_m$ beschreiben soll, sind immer als Teilsysteme der Welt gedacht, die durch die übrige Welt präpariert und registriert werden können. In Gedanken stellt man sich dabei vor, daß die zum Präparieren und Registrieren benutzten Systeme, wenn nötig, auch groß gegenüber den präparierten und registrierten Systemen sein können, und daß man »im Prinzip« eine Statistik aufnehmen kann, denn nur eine solche Statistik kann bei einer Einbettung in $\mathfrak{PT}_{q\,exp}$ benutzt werden. Alles dies wird aber sofort fragwürdig, wenn wir an sehr große Systeme wie unser Planetensystem, an Sterne, Spiralnebel usw. denken. Und womit (um den krassesten Fall zu schildern) sollte man den Kosmos als ganzen präparieren oder registrieren? Eine $\mathfrak{PT}_{q\,exp}$ des ganzen Kosmos wird in sich inhaltlos, da es noch nicht einmal ein Analogon für die Mengen $M, \mathcal{Q}, \mathcal{R}_0, \mathcal{R}$ im Falle des Kosmos wegen seiner Einmaligkeit gibt. Aber nicht nur der Kosmos als ganzer, sondern auch seine Teile können ein nicht mehr mit $\mathfrak{PT}_{q\,exp}$ vergleichbares Problem darstellen, sobald die Einmaligkeit solcher Teile untersucht werden soll. Das Verhältnis von Einmaligkeit und Statistik stellt ein besonderes Problem dar, das oft zu vorzeitig philosophisch interpretiert wird (siehe dazu XVIII).

Trotz aller dieser Schwierigkeiten spielt die in den vorigen §§ 1 bis 11 geschilderte Theorie mit ihrer Einbettung in $\mathfrak{PT}_{q\,exp}$ eine sehr wichtige Rolle in der Astrophysik. Nur so ist es möglich, etwas über stellares Material auszusagen, das ein Verhalten zeigt, wie wir es hier auf der Erde nicht vorfinden. Die moderne Astrophysik der Sternentwicklung ist undenkbar ohne die Methoden der »statistischen Mechanik« (siehe auch X, Ende von § 6.4), wie wir sie in § 1 bis § 11 dargelegt haben, verbunden mit den quantenmechanischen Theorien der Neutronen, Protonen und den bruchstückhaften quantenmechanischen Theorien der Elementarteilchen (siehe XI, §§ 11 und 12). Näheres zu astrophysikalischen Problemen siehe z. B. in [36].

§ 12.7. Realität der Atome als Teile eines Makrosystems

Durch unsere Betrachtungen über $\mathfrak{PT}_m$ und zur Einbettung in $\mathfrak{PT}_{q\,exp}$ erscheint auch ein sehr altes Problem in neuem Licht. Dieses Problem wurde von den Positivisten aufgeworfen, als die Physiker versuchten, aus einer »Atomvorstellung« heraus das Verhalten von Materialien, d. h. von Makrosystemen zu erklären (siehe auch Anfang von XI). Die Positivisten verneinten die »reale Existenz« der Atome und ließen die Überlegungen der Physiker nur als »Denkmodelle« zu. Was ist zu dieser Einstellung von dem in III, § 9 geschilderten Standpunkt und der Theorie $\mathfrak{PT}_m$ aus zu sagen?

Auf jeden Fall sind einzelne Mikrosysteme, die von Makrosystemen präpariert werden, als physikalisch wirklich anzuerkennen, was wir in XVI noch einmal in gegenüber XIII verbesserter Form darlegen werden. Wie aber steht es mit der Wirklichkeit der Einzelatome in einem Makrosystem, solange diese Einzelatome nicht als Wirkungsträger aus dem Makrosystem heraustreten?

Die Antwort auf diese Frage hängt von dem Umfang der Präparierverfahren aus $\mathcal{Q}_m$ und der Registrierverfahren aus $\mathcal{R}_m$ ab. Ist es möglich, diese Präparier- und Registrierverfahren zu interpretieren als Präparier- und Registrierverfahren einzelner Atome des Gesamtsystems, so daß man sagen könnte, daß man mit dem Präparieren und Registrieren des gesamten Makrosystems auch Präparierungen und Registrierungen einzelner seiner Atome vornimmt? In XVI werden wir gerade für den Sonderfall gekoppelter Makrosysteme mit gerichteter Wechselwirkung beschreiben, wie die Präparier- und Registrierverfahren des Gesamtsystems zu Präparier- und Registrierverfahren der Wirkungsträger zwischen den beiden Teilsystemen führen. Unter bestimmten Voraussetzungen kommt man dabei zu genügend umfangreichen Präparier- und Registrierverfahren der Wirkungsträger, um diese mit Recht als »physikalisch wirkliche Mikrosysteme« zu bezeichnen.

Im allgemeinen für irgendein Makrosystem ist diese Frage, ob man aus den Präparier- und Registrierverfahren des Gesamtsystems (d. h. aus $\mathcal{Q}_m$ und $\mathcal{R}_m$) genügend viele Präparier- und Registrierverfahren für eines seiner Mikroteile erhält, nicht so einfach zu beantworten und bis heute noch nicht allgemein durchdacht.

Wären allerdings $\mathcal{Q}_m$ und $\mathcal{R}_m$ so klein, daß man *nur* hydrodynamisch präparieren und registrieren könnte, so wäre mit Recht die Behauptung über die physikalische Wirklichkeit der Atome als Teile des Gesamtsystems zu bezweifeln, so wie es die Positivisten getan hatten. Nun weiß man aber, daß man an Makrosystemen z. B. wesentlich mehr als nur die hydrodynamischen Größen registrieren kann. Es ist z. B. fast genau so gut möglich, einzelne Fremdatome *in* einem bis auf diese Fremdatome reinen Kristall zu registrieren, wie man sie als freie Einzelatome registrieren kann.

Eine Ablehnung der physikalischen Wirklichkeit einzelner Atome wie durch die Positivisten ist also heutzutage auf Grund unserer experimentellen Kenntnisse über die Größe des Umfangs von $\mathcal{Q}_m$ und $\mathcal{R}_m$ nicht mehr möglich. Aber eine genauere Beurteilung, wie sie in dem Sonderfall aus XVI versucht wird, ist noch nicht allgemein möglich, da wir eben noch keine Theorie der Mengen $\mathcal{Q}_m$ und $\mathcal{R}_m$ haben.

Wenn wir eine solche Theorie hätten und wenn wir die Einbettungsabbildungen kennen würden, ließe sich im Rahmen von $\mathfrak{PT}_{q\,\mathrm{exp}}$ mehr über die Möglichkeiten aussagen, Einzelatome und deren Struktur zu bestimmen. So aber können wir nur auf Grund von Erfahrungen vermuten: Einzelne Fremdatome sind etwa genauso gut im Verband eines Makrosystems präparier- und registrierbar wie als freie Atome und damit als genauso wirkliche physikalische Systeme anzusehen wie freie Atome. Enthält das Gesamtsystem dagegen sehr viele gleiche Atome (oder allgemeiner gleiche Mikrosysteme), so entsteht wegen der Nichtunterscheidbarkeit dieser Einzelsysteme ein neues Problem, das es aber eigentlich schon in $\mathfrak{PT}_{q\,\exp}$ gibt. So wird es z. B. sinnlos, von *einem* bestimmten Elektron in einem Metallstück zu sprechen, die Einzelelektronen verlieren als Teile dieses Metallstücks ihre Individualität.

Dieser Verlust stellt jedoch einen gewissen Verlust an physikalischer Wirklichkeit des einzelnen Elektrons dar, da es im allgemeinen eben nicht mehr möglich sein wird, im Sinne von III § 9 (siehe auch [3] § 10.5) eine Menge M realer Sachverhalte einzuführen, deren Elemente Bilder *einzelner* (!) Elektronen sind (siehe dagegen die Möglichkeit des Einführens einer solchen Menge M in XVI).

Wir können zusammenfassen: Die Makrosysteme sind physikalisch wirkliche Systeme, aber keine quantenmechanischen Systeme, da von $\mathfrak{PT}_{q\,c\Lambda\mu}$ nur der Teil die Wirklichkeit abbildet, der bei einer Einbettung von $\mathfrak{PT}_m$ in $\mathfrak{PT}_{q\,\exp}$ benutzt wird. Dieser Teil ist aber so groß, daß wahrscheinlich einzelne Fremdatome als Teile des Gesamtsystems physikalisch wirkliche quantenmechanische Mikrosysteme sind. Dagegen geht etwas von dem Umfang der quantenmechanischen Strukturen und der Wirklichkeit der Mikroteile verloren, sobald viele gleiche Mikrosysteme im Sinne von $\mathfrak{PT}_{q\,c\Lambda\mu}$ als Teile vorkommen.

Es wäre also beim Stande unserer heutigen Kenntnisse vorschnell, etwas Genaueres über die Struktur und physikalische Wirklichkeit von Teilen eines Gesamtsystems auszusagen.

Es bleibt damit noch das Problem bestehen, bei besseren Kenntnissen über Q_m und $\mathscr{R}_m$ die Überlegungen aus XVI *einschließlich* des Einbettungsproblems auf den allgemeinen Fall eines Makrosystems und seiner Teile (auch wenn diese Teile nicht im Sinne von XVI Wirkungsträger einer gerichteten Wechselwirkung sind) zu übertragen.

Die kritischen und unsicheren Überlegungen dieses § sollten nur dazu dienen, vor jeder primitiven Vorstellung über das Zusammensetzen von Atomen zu Makrosystemen zu warnen. In den Anwendungen »gemeint« ist unter dem Schlagwort der »Erklärung der Eigenschaften der Makrosysteme auf Grund ihres Aufbaus aus Atomen« nichts anderes als der physikalisch reale Teil aus $\mathfrak{PT}_{q\,\exp}$, d. h. der Teil, der bei der Einbettung von $\mathfrak{PT}_m$ in $\mathfrak{PT}_{q\,\exp}$ als Bild von $\mathfrak{PT}_m$ erscheint.

§ 13. Physik und Biologie

Es ist selbstverständlich, daß wir nicht beabsichtigen, hier auch nur in geringfügiger Weise irgendwelche speziellen biologischen Strukturen zu diskutieren. Wir wollen vielmehr nur einige *grundlegende* Fragen aufweisen und zu beantworten versuchen; Fragen nämlich, die mit dem Aufbau der biologischen Systeme aus Atomen zusammenhängen, d.h. den Problemen entsprechen, die wir von § 1 bis 12 zunächst einmal für »tote« Makrosysteme diskutiert haben.

Es ist schon eine seit den Anfängen der Physik immer wieder gestellte Frage, ob die biologischen Systeme vollkommen *physikalisch* erklärbar seien oder ob es spezielle *biologische* Gesetze gibt. So gestellt ist die Frage viel zu unklar formuliert, um sie beantworten zu können. Wir müssen also präziser sagen, was wir meinen.

§ 13.1. Biologische Systeme als physikalische Systeme?

Wir wollen hier in diesem § zunächst nur die schon gegebenen biologischen Systeme wie Pflanzen, Tiere betrachten und nicht auf das Problem der Entwicklung des Lebens auf der Erde eingehen (siehe § 13.2 und XX).

Biologische Systeme können augenscheinlich nicht als »isolierte« Systeme betrachtet werden, deren Verhalten in einem Zustandsraum Z unabhängig von der Umgebung oder nur bei »vorgegebener« durch Parameter beschreibbarer Umgebung dargestellt werden kann. Biologische Systeme sind untrennbar in Wechselwirkung mit ihrer Umgebung, wobei sowohl die biologischen Systeme auf die Umgebung wie die Umgebung auf die biologischen Systeme einwirkt. Es besteht also keine gerichtete Wechselwirkung, wie wir sie beispielsweise in XVI, § 1.3 diskutieren werden. Daher ist es also nicht möglich, genau dieselben Methoden wie in § 10 und § 11 anzuwenden, um einzelne biologische Systeme zu beschreiben.

Aber man könnte diese Methoden erweitern, indem man größere Systeme betrachtet, die einen ausreichend großen Teil der Umgebung des biologischen Systems mit einschließen. Ist es möglich, auf die so erweiterten Systeme wenigstens »im Prinzip« die Überlegungen aus § 10 und § 11 anzuwenden, d.h. ist eine Beschreibung der erweiterten Systeme in einem Zustandsraum möglich und ist eine solche Beschreibung einbettbar in $\mathfrak{PT}_{q\,\exp}$? Wenn dies so wäre, so gäbe es keinen »prinzipiellen« Unterschied zwischen biologischen Systemen und toten Makrosystemen; aber $\mathfrak{PT}_{q\,\exp}$ würde dann auch für biologische Systeme keine g.G.-abgeschlossene Theorie, sondern nur eine Theorie sein, zu der es eine umfangreichere Theorie in einer § 11 analogen Form gibt.

Daß $\mathfrak{PT}_{q\,\exp}$ keine g.G.-abgeschlossene Theorie für biologische Systeme sein kann, wird durch die Erfahrung noch viel deutlicher ersichtlich als bei toten Makrosystemen; die Irreversibilität des Verhaltens biologischer Systeme ist noch viel ausgeprägter als die von toten Makrosystemen. Allerdings sind auch andererseits keine experimentell festgestellten Sachverhalte bekannt, die der Theorie $\mathfrak{PT}_{q\,\exp}$ widersprechen und damit eine Einbettung der Theorie biologischer Systeme in $\mathfrak{PT}_{q\,\exp}$ unmöglich machen würden.

Der allgemeine, in § 11.1 und § 11.2 zugrundegelegte Rahmen einer Theorie makroskopischer Systeme ist allem Anschein nach so weit, daß wir keinen

Grund kennen, warum eine Theorie biologischer Systeme nicht in diesen Rahmen passen sollte. Zweifel dagegen könnte man eigentlich nur bei so kleinen biologischen Systemen haben, die man selbst nicht als Teile des Gesamtsystems (biologisches System plus Umgebung) mit im Zustandsraum des Gesamtsystems beschreiben kann. Die Tatsache, daß eventuell schon einzelne Mikrosysteme sich makroskopisch auswirkende Wechselwirkungen von der Umgebung auf die biologischen Teilsysteme übertragen können, ist kein Einwand gegen die Beschreibung des biologischen Systems in seiner Umgebung als ein aus zwei gekoppelten Makrosystemen zusammengesetztes System; in XVI werden wir das am Beispiel zweier zum Zweck des Experimentierens mit Mikrosystemen gekoppelter Makrosysteme zeigen. Daß also eventuell biologische Systeme ebenfalls geeignet sein können, Mikrosysteme zu »registrieren«, ist kein Einwand gegen die Beschreibungsmöglichkeit des Gesamtsystems (biologisches System plus Umgebung) nach den Methoden aus § 11.1 und § 11.2.

Der in § 11.1 und § 11.2 dargelegte Rahmen einer $\mathfrak{PT}$ ist andererseits so weit, daß er in keiner Weise ausreicht, um aus ihm heraus konkrete Aussagen über die betrachteten Systeme herauszuholen. Aber die ganze Biophysik, auch die moderne Verhaltensforschung ist nichts anderes als eine konkrete Ausfüllung dieses Rahmens, wobei man durchaus nicht immer die Frage der Kompatibilität mit $\mathfrak{PT}_{q\,exp}$ im Auge hat, sondern meist nur Beschreibungen sucht, die den Theorien makroskopischer Systeme aus XIV, § 2 entsprechen. Es kann hier auch nicht einmal an Beispielen geschildert werden, wie man viele der bekannten physikalischen Theorien makroskopischer Systeme auf Teile biologischer Systeme anwendet, um immer besser die physikalische Beschreibung der biologischen Systeme durchführen zu können.

Wenn man also die Frage nach den doch offensichtlich markanten Unterschieden zwischen biologischen Systemen und toten Systemen stellt, so müssen diese Unterschiede in anderer Richtung gesucht werden als in einer Nichtanwendbarkeit der in § 11.1 bis § 11.2 zugrundegelegten Methoden oder in einer Unverträglichkeit mit $\mathfrak{PT}_{q\,exp}$.

Im Vergleich z. B. einer Flüssigkeit, die nach den *Navier-Stokes*schen Gleichungen aus XIV, § 2.7 beschrieben werden kann, mit einem biologischen System — und sei es nur mit einer einzigen Zelle — fällt sofort die komplexe Struktur des biologischen Systems auf. Das biologische System enthält einen genetischen Code, eine vielgestaltige Struktur, die entscheidend wichtig das Verhalten des Systems mit bestimmt. Es bestehen also zwischen den meisten toten Makrosystemen und biologischen Systemen markante qualitative Strukturunterschiede. Man könnte diesen qualitativen Unterschied vergleichsweise deutlich machen an Buchstabenfolgen. Makrosysteme können z. B. so langweilig strukturiert sein wie eine Reihe aus einem sich immer wiederholenden Buchstaben. Biologische Systeme dagegen enthalten Strukturen ähnlich denen von sehr langen Buchstabenfolgen, wie bei einem sehr dicken Buch; und Veränderungen nur an einer einzigen Stelle dieser »Buchstabenfolgen« bewirken entscheidende Veränderungen der biologischen Systeme.

Da wir aber heutzutage durch die Technik ebenfalls Systeme herstellen können, die sich qualitativ in derselben Weise von den üblich in der Natur vorfindbaren toten Makrosystemen unterscheiden (man denke nur an die Computertechnik und die Automation) wie biologische Systeme, ist es also klar, daß solche qualitativen Unterschiede nichts über irgendeinen prinzipiellen Unterschied zwischen toten und lebenden physikalischen Systemen aussagen können.

Daß bei der physikalischen Beschreibung solcher sehr komplexen Strukturen neue Begriffe eingeführt werden wie »Information«, »Programm«, »Steuerung«, »Verhalten«, »Zweck«, »Ziel« usw. darf nicht verwundern. Solange diese Begriffe so gebraucht werden, wie man sie unabhängig von in den Worten ursprünglich noch mitschwingenden Bedeutungen eingeführt hat, dienen sie nur zur beschreibenden Zusammenfassung sehr komplexer, physikalisch beschriebener Strukturen.

Fragen wir uns also, warum uns jeder Versuch der Feststellung eines prinzipiellen Unterschiedes zwischen toten und lebenden Systemen unter den Fingern zerrinnt, obwohl wir doch »im täglichen Leben« nicht erst lange Analysen anstellen müssen, um Lebewesen von toten Gegenständen unterscheiden zu können!

Es gibt verschiedene Momente, die in uns intuitiv anklingen, um uns zu der Feststellung zu veranlassen, daß wir ein Lebewesen vor uns haben. Wir wollen einige davon nennen und zwar bewußt mit Hilfe von nicht wissenschaftlich gemeinten Begriffen. Da sehen wir »Pflanzen« und »Tiere«. Von vielen Tieren nehmen wir an, daß sie Schmerz empfinden (es gibt ein Tierschutzgesetz!). Wir sagen: Tiere haben Hunger; und der Hund freut sich, wenn er mit dem Schwanz wedelt; und vieles andere mehr. Möchten wir mehrere Exemplare von Pflanzen oder Tieren haben, so müssen wir sie züchten; wir können sie nicht einfach nach Belieben in beliebigen Formen herstellen. Wir wollen alle diese Aussagen nicht einfach als Alltagsrederei abtun. Vieles von dem wird auch mit vorsichtigeren Formulierungen im Bereich der Biologie, insbesondere im Bereich der Verhaltensforschung benutzt. Aber uns interessiert etwas anderes: Ein biologisches System als physikalisches System einerseits und als intuitiv erlebter Partner in unserem Leben andererseits.

Sehen wir uns einige der oben intuitiv gemachten Aussagen an, so erkennen wir sogleich, daß es sich um Aussagen handelt, die »vollkommen unphysikalisch« sind. Von einem physikalischen System wird in den Bildern $\mathfrak{MTA}$ einer Theorie $\mathfrak{PT}$ eine Art Film von Sachverhalten über dieses System experimentell aufgenommen (der Film wird durch die Axiome (—)$_r$ dargestellt; siehe III, § 4) und mit den Gesetzen der Theorie verglichen (d. h. in der Form $\mathfrak{MTA}$ auf

Widerspruchsfreiheit geprüft; siehe III, § 4). Die physikalische Beschreibung eines biologischen Systems enthält also *prinzipiell* nichts von dem, was man als Schmerz, Hunger, Angst, Freude oder ähnlich zu bezeichnen pflegt. Also stehen uns solche oder ähnliche Begriffsbildungen nicht zur Verfügung, um lebende von toten physikalischen Systemen zu unterscheiden. Da aber wohl niemand ernsthaft leugnen würde, daß ein Affe Schmerz empfindet und da wir Schmerzen am Verhalten des Tieres erkennen können, erhebt sich die Frage, ob man nicht aus dem physikalisch registrierbaren Verhalten und eventuell weiteren physikalisch registrierbaren Prozessen auf den Schmerz schließen kann. Aber was soll das Wort »schließen« hier bedeuten?

Einmal wäre es denkbar, daß das Verhalten des Affen eben nicht rein physikalisch »erklärbar« z. B. nicht kompatibel mit $\mathfrak{PT}_{q\,exp}$ wäre. Um die physikalisch registrierbaren Effekte an einem Gesamtsystem Affe plus Umgebung in ihrer Struktur darzustellen, brauchte man vielleicht eine gegenüber der in § 11.1 und § 11.2 dargestellten Rahmentheorie zusätzliche Struktur, eben z. B. die durch den Begriff des Schmerzes kurz angedeutete Struktur. Aber rein gar nichts deutet darauf hin, daß das so sei. Das eben angeschnittene Problem ist das des Bewußtseins, dem wir uns noch einmal in XVII, § 1 stellen werden. Hier sei nur nochmals hervorgehoben, daß in der physikalischen Theorie biologischer Systeme als physikalische Systeme kein Bewußtsein auftritt und eine Ergänzung der physikalischen Theorie durch solche Strukturen wie Bewußtseinsinhalte nicht notwendig erscheint. Damit ist natürlich nicht behauptet, daß es so etwas wie Bewußtsein nicht gäbe, sondern nur, daß das Phänomen des Bewußtseins nicht durch eine physikalische Theorie erfaßbar ist, d. h. die in III dargestellte Methode der Physik ist eben *nicht zur Erfassung aller* Wirklichkeitsstrukturen geeignet.

Wenn wir aber annehmen, daß man biologische Systeme durch $\mathfrak{PT}$'s beschreiben kann, wären dann nicht »in Wirklichkeit« auch alle solche Systeme wie z. B. ein Affe rein physikalische Systeme wie jedes tote System? Wäre dann z. B. Bewußtsein nicht nur eine Täuschung? Ein solcher Schluß ist physikalisch unsinnig, da die Physik weder den Anspruch erhebt, die Wirklichkeit selbst zu erkennen, noch ein »vollständiges« Bild der Wirklichkeit entwerfen zu können. Das Märchen von der Physik als vollständigem Bild der Wirklichkeit entstand zu Zeiten, als *Laplace* die im Anfang von VI, § 4 angegebene Vorstellung formulierte. Tatsächlich aber kann die Physik nur Teilstrukturen der Wirklichkeit abbilden, auch beim Vorliegen von g. G.-abgeschlossene Theorien. Die Physik ist wie ein hochspezialisierter Apparat, der Feinheiten sichtbar werden läßt, die nicht unmittelbar feststellbar sind, aber eben auch nicht mehr. Es ist wichtig, sich diese Sachlage vor Augen zu halten, wenn man der Frage gegenübersteht, ob man physikalisch zwischen toten und lebenden physikalischen Systemen unterscheiden kann.

Nun gibt es neben den oben in Alltagssprache ausgedrückten, aber nicht für eine physikalische Theorie brauchbaren Aussagen auch eine solche, die etwas mit physikalischen Methoden zu tun hat. Wir sagten: Möchten wir mehrere Exemplare von Pflanzen oder Tieren haben, so müssen wir sie züchten; wir können sie nicht einfach willkürlich in beliebigen Formen herstellen. Dies ist nichts anderes als ein in Alltagssprache ausgedrückter Sachverhalt über die »Präpariermöglichkeiten« von biologischen Systemen. Augenscheinlich sind diese Präpariermöglichkeiten stark eingeschränkt. Das in § 12.6 formulierte Problem der Bestimmung von $\mathcal{Q}_m$ hat also seine besonderen Akzente, wenn wir biologische Systeme mit in den Grundbereich der Theorie hineinnehmen. So einfach, wie wir dieses Problem in § 11.3 und § 11.4 durch die Forderung zu zu lösen versuchten, daß die Fastextremalpunkte von K_m praktisch einen Zustand zur Zeit Null festlegen und etwa solchen w nach (11.3.2) entsprechen, läßt sich $\mathcal{Q}_m$ im Falle biologischer Systeme nicht festlegen. Da aber im Grunde genommen das Problem um $\mathcal{Q}_m$ und $\mathcal{R}_m$ überhaupt noch nicht befriedigend gelöst werden konnte (siehe § 12.1 und 12.6), können wir im Moment auch nicht genauer herausarbeiten, worin die Unterschiede in den Präpariermöglichkeiten für tote bzw. lebende Systeme liegen.

Das Problem der Präpariermöglichkeiten lebender Systeme hängt augenscheinlich mit der Entwicklungsgeschichte der Lebewesen auf der Erde zusammen; denn ad hoc, d. h. ohne den Rückgriff auf die historische Entwicklung lassen sich augenscheinlich keine Lebewesen wie Hunde oder Rosen »herstellen«. Damit scheint das Problem des Präparierens von lebenden Systemen unlösbar mit dem Problem der Entwicklung der Lebewesen verknüpft zu sein (siehe § 13.2).

Wenn wir nun auf unsere zu Anfang gestellte Frage zurückkommen, ob biologische Systeme vollkommen physikalisch erklärbar seien, müssen wir das dadurch angeschnittene Problem in folgender Weise zerlegen:

1. Die Physik gibt mit ihrer in III geschilderten Methode nie ein vollständiges Bild der Wirklichkeit, sondern immer nur einen Teilaspekt. Eine »vollständige« physikalische Erklärung eines Wirklichkeitsbereiches ist also in dem Sinne immer Unsinn, wenn man dadurch zum Ausdruck bringen will, daß die Wirklichkeit nicht noch andere Aspekte haben kann.

2. Wendet man die Methoden aus III auf biologische Systeme an, so ist nicht zu erwarten, daß man nicht in $\mathfrak{PT}_{q\,\mathrm{exp}}$ einbettbare Theorien erhält. Der Bereich der Makrosysteme kann wahrscheinlich auf alle biologischen Systeme ausgedehnt werden. Ein »prinzipieller« Unterschied zwischen toten und lebenden Systemen scheint sich nicht physikalisch, d. h. in einer $\mathfrak{PT}$ definieren zu lassen; die Theorie der toten Makrosysteme scheint vielmehr nur eine Einschränkung (im Sinne von III, § 7) gegenüber einer umfangreicheren, auch biologische Systeme umfassenden Theorie zu sein, so wie die Elektrostatik eine Einschränkung der Elektrodynamik ist.

3. Eine dynamisch determinierte Theorie der Art wie sie etwa in § 10 dargestellt ist, ist schon nicht für alle toten und erst recht nicht für biologische Systeme ausreichend.

4. Der Bereich des physikalisch Möglichen (im Sinne von III, § 9; insbesondere in bezug auf verfügbare oder durch Wahrscheinlichkeiten eingeschränkte Möglichkeiten; siehe auch XVIII) scheint besonders kompliziert strukturiert zu sein, wenn man biologische Systeme betrachtet. Eine systematische Übersicht über diesen Bereich scheint heute kaum möglich.

5. Die Präpariermöglichkeiten biologischer Systeme scheinen eine besondere Eigentümlichkeit zu zeigen: Bei allen höheren Lebewesen scheint die entscheidend wichtige Struktur des genetischen Codes nur unter Einbeziehung der Verdoppelungsmethoden, so wie sie in lebenden Organismen stattfinden, präparierbar zu sein.

§ 13.2. Ist die Entwicklung der Lebewesen physikalisch erklärbar?

Im vorigen § 13.1 ergab sich in bezug auf das Präparieren von Systemen tatsächlich ein markanter Unterschied zwischen lebenden und den »meisten« toten Systemen. Wir haben vorsichtshalber »meisten« geschrieben, da wir nicht ausschließen können, daß es vielleicht auch technisch herstellbare, komplizierte, den Computern ähnliche Apparate geben kann, die nur durch eine Art Verdopplungsverfahren produzierbar sein könnten.

Auf jeden Fall aber ist mit den Lebewesen untrennbar verknüpft, daß sie im Laufe eines historischen Prozesses entstanden sind. Über diesen Entwicklungsprozeß ist viel gestritten worden, da er nicht ohne Bedeutung für unser Selbstverständnis als Menschen ist.

Als erstes stellen wir, wie wir das in § 13.1 für einzelne Lebewesen getan haben, die Frage, ob dieser Entwicklungsprozeß physikalischen Theorien widerspricht. Alle Versuche, Argumente dafür zu finden, daß während dieses Entwicklungsprozesses physikalische Gesetze durchbrochen wurden, sind mißglückt. Daher müssen wir also vernünftigerweise davon ausgehen, daß der Entwicklungsprozeß nicht zu einem Widerspruch mit physikalischen Theorien führt.

Aber man kann noch mehr aussagen: Die auf *Darwin* zurückgehende »Deutung« des Entwicklungsprozesses als ein Wechselspiel zwischen »zufälligen« Mutationen und der »Auslese« durch den »Kampf ums Dasein«, ist nichts anderes als eine »physikalische« Theorie. Dies mag zunächst — gerade auch Biologen — nicht so scheinen, da ja anscheinend kein mathematisches Bild der Theorie da ist, so wie wir es in III von einer $\mathfrak{PT}$ gefordert haben.

In III haben wir die Struktur einer $\mathfrak{PT}$ analysiert. Das bedeutet aber nicht, daß sich die Physiker immer nach den dort angelegten »strengen« Maßstäben richten. Im Gegenteil kann man gar nicht immer alle diese Anforderungen erfüllen. Man überspringt mathematische Deduktionen durch Denken in anschaulichen Bildern, groben Modellen, qualitativen Vermutungen, usw. Aber auch der Mathematiker hat auf Grund seines durch den Umgang mit der Mathematik geschulten Gefühls intuitive Vorstellungen, Vermutungen, usw., bevor er an seine Deduktionen herangeht. In der Physik ersetzt man *nicht nur nach* der Aufstellung einer $\mathfrak{PT}$ (d. h. eines Bildes $\mathfrak{MT}$) viele mathematische Deduktionen durch intuitiv anschauliche Überlegungen, *sondern* formuliert *oft schon vor* der exakten Aufstellung einer $\mathfrak{PT}$ die Struktur des intendierten Bildes $\mathfrak{MT}$ mit Hilfe anschaulicher, manchmal nur qualitativer Vorstellungen. Dies kann dann so scheinen, als ob etwas ganz anderes als eine $\mathfrak{PT}$ vorliegt.

Tatsächlich sind die Vorstellungen von *Darwin* eine solche intuitiv anschauliche »Vor«-Formulierung eines Bildes $\mathfrak{MT}$. Daß dies so ist, folgt aus den anschließend von Physikern durchgeführten vereinfachten Modellformulierungen von zur *Darwin*schen Vorstellung passenden $\mathfrak{MT}$'s (siehe [37])

Was können wir daraus über eine mögliche physikalische Theorie des Entwicklungsprozesses der Lebewesen lernen? Sowohl für die Entwicklung der Vorstufen zu organisierten Lebewesen wie der Lebewesen selbst ist entscheidend die Existenz eines »Feldes« physikalischer Möglichkeiten (physikalisch möglich im Sinne von III, § 9); dagegen steht eine Vorstellung eines dynamischen Determinismus für den Entwicklungsprozeß der Lebewesen im Widerspruch zur Erfahrung, denn Veränderungen im genetischen Code, sogenannte Mutationen, vollziehen sich nicht determiniert, ja sind überhaupt nicht systematisch von der Umwelt beeinflußt.

Das »Lernen« einzelner Lebewesen ist ebenfalls ohne Einfluß auf die Nachkommen. Nur durch »Auswahl« kann die Umgebung den Entwicklungsprozeß beeinflussen; ohne »spontan« auftretende Veränderungen (die »meist« sogar ungeeignet für den Kampf ums Dasein sind) wäre keine Entwicklung möglich. »Spontan« steht hier für das Eintreten eines Vorgangs im Realtext, der durch den zeitlich vorhergehenden Realtext und physikalische Gesetze nicht determiniert ist.

Der historisch einmalige Prozeß der Entwicklung der Lebewesen ist also als dieser einmalige nicht physikalisch herleitbar; nur daß er *ein* Prozeß ist aus dem unübersehbar großen Feld physikalischer Möglichkeiten, ist eine physikalisch sinnvolle Aussage.

Physikalisch sinnvoll können weiterhin in jedem Teilbereich des Entwicklungsprozesses Strukturaussagen formuliert werden über Häufigkeiten von bestimmten Prozessen innerhalb dieses Entwicklungsprozesses, über die Möglichkeiten von weiteren spontanen Veränderungen über die Auswahl durch die Umwelt, usw. (siehe [37]). Diese Methode des »Spiels« innerhalb eines Möglichkeitsfeldes zusammen mit einem Auswahlprinzip wird heutzutage analog in manchen technischen Bereichen verwandt, um optimale Lösungen eines technischen Problems herauszubekommen [38].

Wichtig ist noch, daß nicht alle Möglichkeiten durch Wahrscheinlichkeitsstrukturen eingeengt sind. Oft gibt es eine so große Fülle von Einzelprozessen, so daß die »theoretische« Wahrscheinlichkeit eines dieser Einzelprozesse physikalisch verschwindend klein ist, obwohl die Wahrscheinlichkeit aller dieser Prozesse zusammen groß sein kann. Die »theoretische« Wahrscheinlichkeit von vielleicht weniger als 10^{-100} für einen dieser Prozesse hat dann keine echte physikalische Bedeutung mehr, wie wir in XVIII noch näher erläutern werden. Die physikalische Theorie sagt dann über das Eintreten eines dieser »sehr unwahrscheinlichen« Prozesse nicht mehr aus, als daß eben *einer* dieser Prozesse eintreten kann, ohne die geringste Aussage darüber zu machen, *welcher* von den vielen dies sein wird.

Diese Sachlage ist oft fehlinterpretiert worden: Man meinte schließen zu können, daß die Entwicklung der Lebewesen etwas »sehr Unwahrscheinliches« sei; dabei machte man die stillschweigende Voraussetzung, daß die hier auf der Erde realisierte Möglichkeit von Leben die einzig mögliche sei. Dagegen sieht alles so aus, daß sich das Leben ebenso anderen Bedingungen von Schwerkraft, Atmosphäre, usw. hätte anpassen können auf Grund der verschiedensten Möglichkeiten von Veränderungen.

Was können wir zusammenfassend auf die Frage antworten, ob der Entwicklungsprozeß der Lebewesen physikalisch erklärbar sei.

1. Die historische Einmaligkeit des Entwicklungsprozesses ist kein Problem der Physik. Es gibt keine physikalischen Theorien die die Einmaligkeit der Welt festlegen.

2. Der Entwicklungsprozeß ist kein dynamisch determinierter Prozeß wie etwa die Bewegung der Planeten um die Sonne.

3. Der Entwicklungsprozeß ist physikalisch beschreibbar als eine Art *stochastischer* Prozeß, bei dem oft viele »Übergangswahrscheinlichkeiten« (siehe z. B. § 11.6) zu einer sehr großen Fülle von diskret unterscheidbaren Möglichkeiten von Null verschieden sind. Er ist aber kein durch ein Programm am Anfang der Entwicklung gesteuerter Prozeß, so wie etwa die Entwicklung eines einzelnen Lebewesens programmgesteuert ist.

4. Die Struktur des Möglichkeitsfeldes, d.h. der »Übergangswahrscheinlichkeiten« wird nicht durch die Physik erklärt, sondern ist eine durch die Physik abgebildete Struktur der Wirklichkeit (im Sinne von III). Die Struktur des Möglichkeitsfeldes enthält auch die Entwicklung, die auf der Erde stattgefunden hat, bis hin zum Menschen. Die »physikalische Möglichkeit« des Menschen z. B. ist vor jeder Entwicklung als Möglichkeit eine Struktur der Wirklichkeit. Eine physikalische Theorie des Entwicklungsprozesses enthält neben vielen anderen Möglichkeiten eben von vornherein schon die Möglichkeit auch des Menschen, »bevor« der Prozeß realisiert ist.

5. Eine »physikalische Erklärung« des Entwicklungsprozesses ist also genau in dem Sinn möglich, wie jede sogenannte physikalische Erklärung gemeint ist, eben in dem in III niedergelegten Sinn.

6. Diese physikalische Erklärung gibt keine Kausalanalyse, sondern nur eine Strukturanalyse des Entwicklungsprozesses (siehe dazu allgemein I); sie ist vielmehr mit vielen Kausalerklärungen verträglich (siehe weiter unten).

Antworten auf folgende mit dem Entwicklungsprozeß zusammenhängende Fragen kann die Physik nicht liefern:

Warum sind die physikalisch abbildbaren Strukturen der Welt so, daß die Existenz von Menschen möglich ist?

Warum hat sich gerade dieser Entwicklungsprozeß hier auf der Erde realisiert und nicht ein anderer möglicher?

Welches sind die Ursachen, daß sich dieser Entwicklungsprozeß vollzogen hat?

An der letzten Frage wollen wir deutlich machen, daß man verschiedene Antworten geben kann, die alle nicht der physikalischen Beschreibung widersprechen.

Erste Antwort: Die Ursachen für den Entwicklungsprozeß liegen in der Materie selbst und zwar die Ursachen für den Entwicklungsprozeß *nach* einer Zeit t in der Struktur der Materie *vor* dieser Zeit t, auch wenn nicht alle diese Ursachen der physikalischen Analyse bis zur Zeit t zugänglich sind.

Zweite Antwort: Die Ursachen für den Entwicklungsprozeß liegen soweit in der Materie, wie die physikalische Theorie einschränkende Bedingungen für die weitere Entwicklung (in Form stochastischer Gesetze) festlegt; dazu kommen aber noch weitere Ursachen, die von außerhalb »eingreifen«, und den Entwicklungsprozeß jeweils genau fixieren.

Dritte Antwort: Der Entwicklungsprozeß ist nur teilweise durch Ursache und Wirkung festgelegt, z.B. durch die Ursache der Auswahl im Kampf ums Dasein; dazu kommen aber »rein zufällige« Ereignisse.

Vierte Antwort: Die Richtung Ursache — Wirkung mit der Zeitrichtung in die Zukunft zu koppeln ist ein Vorurteil. Die Ursachen des Entwicklungs- prozesses liegen in der Zukunft (und vielleicht teilweise auch in der Vergangen- heit). Legt man das Ergebnis einer stochastischen Entwicklung zu einer späteren Zeit t fest, so ändert sich entsprechend der Bereich der physikalischen Möglich- keiten vor dieser Zeit t (was leicht aus den Überlegungen aus III, § 9 folgt). Diese vierte Antwort sieht im »Ziel« der Entwicklung die realen Ursachen.

Wir haben hier kurz verschiedene »Denkmöglichkeiten« angeführt , nicht nur zur Illustration von nicht physikalisch behandelbaren Problemen, sondern auch deswegen, weil es oft (gerade in der Biologie) üblich ist, die naturwissen- schaftlich-physikalische Betrachtungsweise als »Kausalanalyse« zu bezeichnen. Es soll hier nicht bestritten werden, daß es legitim ist, über die physikalische Betrachtungsweise hinauszugehen. Wie wir aber schon in I hervorgehoben haben, gibt die physikalische Methode keine Auskunft über Ursachen im ontologischen Sinn. Wenn also manchmal trotzdem von einer »kausalen« Betrachtungsweise durch die Physik die Rede ist, so beruht das auf einer *anderen* Verwendung der Begriffe von Ursache und Wirkung: Diese andere Vorstellung entspringt aus einer qualitativen Beschreibung mathematischer Strukturen aus einem schon vorhandenen oder noch nicht vorhandenen mathematischen Bild $\mathfrak{MT}$. Das, was wir als dynamisch determiniertes Verhalten bezeichnet haben, wird eben auch oft als (streng) kausales Verhalten bezeichnet. Ein stochastisches Verhalten nach Art einer Masterequation wird oft als Mischung von kausalem und zufälligem Verhalten bezeichnet. Dabei sieht man die Übergangswahrscheinlichkeiten als die durch Ursachen bedingten Einschränkungen der Zufälle an. Aber alle solche Bezeichnungsweisen erschweren nur das Verständnis, da alles dies nur Beschreibungsweisen von mathematischen Strukturen sind, die mehr oder weniger intuitiv ontologische Deutungen vorwegnehmen und den falschen Eindruck erwecken können, als ob gerade *nur* diese Deutungen mit der physikalischen Beschreibungsweise verträglich wären. Daß dies nicht so ist, sollte kurz durch die obigen vier Antwortmöglichkeiten angedeutet werden; und man könnte sich noch andere mögliche Antworten ausdenken.

Man kann auch alle diese Antworten als Spintisiererei abtun. Dafür, daß es aber handfestere Aspekte der Wirklichkeit »Lebewesen« (einschließlich ihrer Entwicklung) gibt, die nicht physikalisch erfaßbar sind, haben wir schon in § 13.1 Beispiele angegeben und wollen wir weitere Beispiele im nächsten § 13.3 anführen.

§ 13.3. Unphysikalische Aspekte an Lebewesen

Es ist kein Wunder, daß uns oft die nicht-physikalischen Aspekte bei Lebewesen näher stehen als die physikalischen; ja die physikalischen erscheinen uns oft als künstlich, uninteressant oder sogar »gefährlich«. Dies beruht auf irgendeiner näheren Verwandtschaft der Lebewesen mit uns und auf einer stärkeren emotionalen Verbindung zwischen uns und anderen Lebewesen. Wir können hier nur Beispiele nennen.

Gärtner und Blumengeschäfte leben von der Wirklichkeit, daß Blumen *schön* sind. »Schön« benennt aber eine Struktur, die physikalisch nicht als solche erfaßbar ist. Aber auch Züchtungen und damit neue Blumenformen sind nur wegen dieser unphysikalischen Strukturen der Bewertung als »schön« realisiert worden.

Auch die ursprünglichen Begriffe von lebendig und tot sind wesentlich von einer physikalisch vollkommen unzugänglichen Bewertung geprägt. Nur nachträglich hat man dann versucht, physikalische Kriterien für lebendig oder tot zu finden und war erstaunt, daß dies im Endeffekt nicht gelingen konnte, da es eben keine prinzipiellen physikalischen Unterschiede zwischen lebendig und tot gibt.

Wie stark noch eine andere Wirklichkeit als die physikalische von uns erlebt wird, zeigt die Frage, wie weit man physikalisch experimentieren »darf«, wenn man Lebewesen oder sogar die Menschen als Versuchsobjekte mit einschließt. Von der Physik allein her (siehe die physikalische Methode nach III) ist es unmöglich, auch nur eine Spur davon zu entdecken, was man darf oder nicht darf. Und trotzdem können solche Fragen plötzlich wichtiger als alle Physik werden. Es kann notwendig werden, ganz oder zeitweise auf physikalische Strukturerkenntnisse zu »verzichten«, weil man sie nur unter hierfür nicht zu »rechtfertigenden« Opfern erhalten könnte.

Sehen wir aber den Begriff des Lebens in seiner Ursprünglichkeit und nicht in einer abgemagerten Form, so gewinnt die Frage nach dem Zusammenhang zwischen physikalischen Strukturen und Leben einen neuen Sinn: Sie wird zur Frage nach dem Zusammenhang zweier Aspekte, von denen keiner den anderen umfaßt, ihn sozusagen auflöst und damit unwirklich macht. Andererseits darf man aber auch beide Aspekte nicht trennen, so als ob es z. B. dieselben physikalisch erfaßbaren Strukturen »mit und ohne Leben« geben könne. Alles deutet vielmehr daraufhin, daß es nur eine Wirklichkeit gibt, die sowohl physikalische Aspekte wie lebendige Aspekte, nicht die einen ohne die anderen hat. Also weder die physikalischen Strukturen bringen das Leben hervor noch das Leben bringt die physikalischen Strukturen hervor.

Alle Vorstellungen, als ob durch die Physik »alles« erklärt sei, weil man dann eben gesehen hätte, wie die Welt »tatsächlich« abläuft, beruhen eben auf einem historisch begründeten Vorurteil, wie wir dies schon in § 13.1 betont haben. Gerade aber bei den lebenden Systemen wird deutlich, daß es noch »wichtigere« Strukturen als die physikalisch erkennbaren geben kann.

Woher es kommt, daß die Wirklichkeit so strukturiert ist, wie sie sich uns sowohl in physikalischen Aspekten als auch in den Wertaspekten des Lebens präsentiert? Dies ist eine nicht von der Physik her lösbare Frage (siehe nochmals I und III).

XVI. Das Problem des Registrierens und Präparierens von Mikrosystemen

In bezug auf die erkenntnistheoretische Problematik der Quantenmechanik ist es von grundlegender Bedeutung, das Verhältnis der Theorie $\mathfrak{PT}_m$ makroskopischer Systeme zu der Theorie $\mathfrak{PT}_q$ (der Quantenmechanik) mikroskopischer Systeme richtig einzuschätzen. Unter $\mathfrak{PT}_q$ verstehen wir die Quantenmechanik der Mikrosysteme, so wie wir diese in XI entwickelt und in XIII noch einmal auf der Basis des Präparierens und Registrierens von Mikrosystemen begründet hatten. $\mathfrak{PT}_q$ ist also die von uns (im Sinne von III) als g. G.-abgeschlossen beurteilte Theorie der Mikrosysteme. $\mathfrak{PT}_q$ darf also nicht verwechselt werden mit der in XV betrachteten Theorie $\mathfrak{PT}_{q\,exp}$ für Vielteilchensysteme, von der wir im Gegenteil meinten, daß sie sogar viele unrealistische Züge enthält und nur eine Einbettung von $\mathfrak{PT}_m$ in $\mathfrak{PT}_{q\,exp}$ zeigen kann, was von $\mathfrak{PT}_{q\,exp}$ als Bild der wirklichen Strukturen makroskopischer Systeme angesehen werden darf.

In XIII blieb trotz der Untersuchungen über den Meßprozeß aus XII ein Problem ungeklärt: Wie kann eine Theorie des *ganzen* Meßprozesses entworfen werden, die vom durch die Quantenmechanik $\mathfrak{PT}_q$ beschriebenen Mikrosystem bis hin zu den durch $\mathfrak{PT}_m$ zu beschreibenden Vorgängen an den makroskopischen Präparier- und Registrierapparaturen reicht. In bezug auf dieses Problem werden die verschiedensten Ansichten vertreten, wobei einige auf dem Standpunkt stehen, daß doch (entgegen unserer in XV dargestellten Auffassung) $\mathfrak{PT}_q$ einschließlich $\mathfrak{PT}_{q\,exp}$ die allumfassende Theorie sei, andere wieder davon ausgehen, daß doch in irgendeiner Weise eine Art »objektive« Beschreibung der Mikrosysteme möglich sei im Gegensatz zur Quantenmechanik, nach der die Mikrosysteme zwar realistisch aber nicht *unabhängig* vom Präparieren und Registrieren beschrieben werden können. Da die erkenntnistheoretischen Vorstellungen zur Quantenmechanik eine große Breite einnehmen von einer rein subjektiven und positivistischen Auffassung als einer Beschreibung von Bewußtseinsinhalten bis hin zu Versuchen, der Quantenmechanik eine Deutung der Mikroobjekte als kleine Wirklichkeitsklötzchen zu unterbauen, dürfen wir (entsprechend der Intention dieses Buches) nicht der Frage nach einer theoretischen Klärung der Wechselwirkung zwischen Mikro- und Makrosystemen ausweichen.

§ 1. Experimente mit Mikrosystemen »ohne« Mikrosysteme

Die Überschrift dieses § klingt wie ein Widerspruch und soll auch durch ihre Formulierung aufreizen, noch einmal die Existenz der Mikrosysteme in Frage zu stellen. Dieses »in Frage stellen« bedeutet explizit, daß wir jetzt nicht von einer Menge M von Mikrosystemen wie in XIII, § 1 ausgehen dürfen, da wir ja so tun wollen, als hätten wir sie noch nicht entdeckt. Kann man auch das Entdecken der Mikrosysteme theoretisch beschreiben?

§ 1.1. Gekoppelte Makrosysteme

Wir »vergessen« also zunächst die Mikrosysteme. Jedes Experiment »mit« Mikrosystemen ist im Labor eigentlich »nur« eine komplizierte makroskopische Versuchsanordnung, an der die verschiedensten makroskopisch beschreibbare Prozesse ablaufen. Es wäre hoffnungslos, eine vollständige Beschreibung aller möglichen Experimente in ihrer komplexen Struktur zu versuchen. Wir werden daher *eine* typische Struktur der zu betrachtenden Experimente herausarbeiten.

Wir beginnen damit, daß die betrachteten Experimente an aus zwei Makrosystemen zusammengesetzten Systemen durchgeführt werden, wobei man die Wechselwirkung dieser beiden Makrosysteme untersucht. Damit ist nicht ausgeschlossen, daß die betrachteten Experimentierapparaturen auch aus *mehr* als zwei Systemen zusammengesetzt sind; man kann dann immer die Teilsysteme in zwei Gruppen einteilen, wobei man jede Gruppe als »ein« Teilsystem betrachtet, so kommt man wieder zu aus »zwei« Teilsystemen zusammengesetzten Systemen.

Zusammengesetzte Makrosysteme haben wir schon mehrfach betrachtet. So schon z. B. in XIV, § 1.3 und in XV, § 6.5. Wir meinen jetzt aber viel allgemeinere Systeme. So ist z. B. eine Fernsehröhre zusammengesetzt aus dem System 1, der »Glühkathode plus Ablenkplatten und weiteren mehr oder weniger komplizierten Makrostrukturen« und dem System 2 des »Bildschirmes«. Die äußere Glasröhre wird nur zur Erhaltung des Vakuums zwischen den beiden Systemen 1 und 2 gebraucht. Das System 1 wird dabei augenscheinlich von außen beeinflußt, was wir eben mit Hilfe des Teils $\tilde{A}$ des Zustandsraumes $Z = \tilde{A} \times \bar{Z}$ (siehe XV, § 4.1) des Systems zu beschreiben pflegten; die von außen an den Teil 1 angelegten Felder bestimmten eine Kurve $\alpha(t)$ in $\tilde{A}$. Die Temperatur der Glühkathode ist z. B. einer der Zustandsparameter aus $\bar{Z}$.

Ein anderes Beispiel ist ein Streuexperiment, wobei das System 1 eine sehr komplizierte, sogenannte Beschleunigungsapparatur (eventuell plus Target, wenn man nicht colliding beams in der Beschleunigungsapparatur erzeugt) ist und das System 2 z. B. eine Blasenkammer sein kann.

Es ist zunächst nur wichtig zu erkennen, daß alle Experimente im sogenannten makroskopischen Bereich ablaufen und nur hinterher als Experimente mit Mikrosystemen »gedeutet« werden. Und wir wollen eben in diesem Kapitel XVI verstehen, wieso man diese Experimente so deuten kann, ja wieso man die so »gedeuteten« Mikrosysteme als physikalisch wirklich (im Sinne von III, § 9) zu betrachten hat.

Zusammengesetzt nennen wir ein Makrosystem aus den beiden Teilsystemen 1 und 2, wenn man den Zustandsraum $Z = \tilde{A} \times \bar{Z}$ des Gesamtsystems in der Form $\tilde{A} = \tilde{A}_1 \times \tilde{A}_2$, $\bar{Z} = \bar{Z}_1 \times \bar{Z}_2$ mit den Zustandsräumen $Z_1 = \tilde{A}_1 \times \bar{Z}_1$ und $Z_2 = \tilde{A}_2 \times \bar{Z}_2$ der Systeme 1 und 2 schreiben kann.

Wir haben in diesem Buch weder den Platz noch stehen uns hier die geeigneten mathematischen Hilfsmittel zur Verfügung, um in möglichst vielen Einzelheiten die Statistik der Trajektorien des zusammengesetzten Gesamtsystems zu beschreiben. Die Zustandsräume dienen uns in diesem Kapitel XVI mehr dazu, sich die allgemeinen Überlegungen zu den Präparier- und Registrierverfahren an Hand der Untersuchungen aus XV näher zu veranschaulichen. Dazu soll auch folgende Übereinkunft beitragen: Unter den Parametern aus $\tilde{A}_2$ des Systems 2 befinden sich auch solche, die die Gesamtlage des Systems 2 in Raum und Zeit *relativ* zum System 1 festlegen. Wir nehmen also an, daß im System 1 meßtechnisch ein Raum-Zeit-Koordinatensystem verankert ist, das als Bezugssystem benutzt wird. Das System 2 ist dann entsprechend der *Galilei*gruppe nach VI, § 1.2 (bzw. der *Poincaré*-Gruppe nach IX, § 4.3) durch 10 Parameter in seiner Lage und Bewegung relativ zum System 1 bestimmt. Eine Veränderung dieser 10 Parameter bedeutet einen anderen Zusammenbau der Systeme 1 und 2 zum Gesamtsystem, der einer Galilei- bzw. *Poincaré*-Transformation des Systems 2 relativ zu 1 entspricht.

Beschleunigte Präparier- und Registrierapparate sind als »grundsätzlich andere« Apparate gegenüber den nicht beschleunigten anzusehen, da durch die Beschleunigung ihre innere Struktur gegenüber den unbeschleunigten verändert werden kann. Es ist dann also kein »einfacher« Zusammenhang z. B. zwischen dem Registrieren zweier Apparate, von denen der zweite durch Beschleunigung des ersten entsteht, zu erwarten! Dagegen führt eine *Galilei*transformation der Registrierapparate relativ zu den Präparierapparaten zu den in XI, § 10 beschriebenen Darstellungen der *Galilei*gruppe (siehe auch [1] VII).

§ 1.2. Das Präparieren und Registrieren zweier zusammengesetzter Makrosysteme

Wir gehen aus von den Mengen M_1 der Makrosysteme 1 und M_2 der Makrosysteme 2. Wie üblich (und auch immer in XV vorausgesetzt) beschreiben wir zwei verschiedene Experimente an einem System durch zwei verschiedene

Elemente von M_1 (bzw. M_2), auch wenn diese Experimente (Registrierung des Verlaufs der Trajektorien) an (im üblichen Sprachgebrauch)»demselben« Gegenstand gemacht wurden. Es ist bequemer, zwei verschiedene Elemente von M_1 (bzw. M_2) zu wählen, da jedesmal neu das Experiment präpariert wird. Man darf sich an dieser Art der Beschreibung nicht stoßen; sie macht es auch einfach, die zusammengesetzten Systeme zu beschreiben.

Die zusammengesetzten Systeme bilden eine Teilmenge von $M_1 \times M_2$, nicht die ganze Menge $M_1 \times M_2$; denn wenn z. B. $x_1 \in M_1$ mit $x_2 \in M_2$ zusammengesetzt ist, so kann x_1 nicht mit einem anderen System $x_2' \in M_2$ zusammengesetzt sein, da es sich dann eben nicht um das aus nur zwei Systemen zusammengesetzte System handeln würde. Die Realrelation, daß zwei Systeme $x_1 \in M_1$ und $x_2 \in M_2$ zu einem Gesamtsystem zusammengesetzt sind, bilden wir ab durch eine Teilmenge

$$M_g \subset M_1 \times M_2,$$

für die aus $(x_1, x_2) \in M_g$ und $(x_1', x_2) \in M_g$ die Relation $x_1 = x_1'$ und entsprechend aus $(x_1, x_2) \in M_g$, $(x_1, x_2') \in M_g$ die Relation $x_2 = x_2'$ folgt.

$(x_1, x_2) \in M_g$ ist also Bildrelation (siehe III, § 4) für: Die Systeme x_1 und x_2 sind zu einem Gesamtsystem zusammengesetzt.

M_g bezeichnen wir kurz als die Menge der zusammengesetzten Systeme. Das Präparieren und Registrieren der zusammengesetzten Systeme muß sich auf das Präparieren und Registrieren der Teilsysteme zurückführen lassen, da wir bewußt (siehe § 1.1) in $\tilde{A}_2$ mit die Parameter aufgenommen haben, die den technischen Aufbau der beiden Systeme 1 und 2 relativ zueinander festlegen. Sicherlich sind nicht alle mathematisch möglichen Werte der 10 Parameter für das raum-zeitliche Zueinander physikalisch möglich, da es durchaus normal ist, daß der Versuch der Realisierung einiger dieser Parameterwerte zur Zerstörung der Teilsysteme führen würde, z. B. wenn man beide Systeme in etwa demselben Raumbereich unterbringen wollte. Die Menge M_g enthält diese »Einschränkung« für das zueinander der Teilsysteme im Gesamtsystem. Wir werden unten auf dieses Problem gleich zurückkommen.

Unter das Präparieren eines Systems $x_1 \in M_1$ wollen wir auch die Auswahl der Trajektorien $\alpha(t)$ in $\tilde{A}_1$ rechnen, weil diese »von außen« vorgegeben werden. Wir haben diese Art des »Auswählens« der Trajektorien $\alpha(t)$ in XV nicht näher beschrieben, da wir dort der Einfachheit halber immer *eine* ganz *bestimmte* Trajektorie $\alpha(t)$ als vorgegeben voraussetzten. Jetzt ist es aber einfacher, die Auswahl der Trajektorien $\alpha(t)$ mit zum Auswahlverfahren des Präparierens der Systeme 1 zu rechnen. Dasselbe setzen wir natürlich für die Systeme 2 voraus.

Wir gehen bei der Verallgemeinerung der Bedeutung des Präparierens (eigentlich in sehr sinnvoller Weise) noch einen Schritt weiter, indem wir auch die Auswahl der »Sorten« von Makrosystemen mit einbegreifen, wobei wir unter verschiedenen Sorten solche Systeme verstehen, die üblicherweise in verschiedenen Zustandsräumen beschrieben werden. Tatsächlich könnte man formal mathematisch »alle« Systeme in *einem* Superzustandsraum beschreiben und die Auswahl der »Sorten« mit zu den »äußeren Parametern« rechnen. Wir betonen hier diese Allgemeinheit des Präparierens der Systeme 1 und 2, damit man sich bei den jetzt einzuführenden Mengen von Präparierverfahren nicht zu spezialisierte Vorstellungen macht.

Gegeben sei also ein System von Präparierverfahren $\mathcal{Q}_m^{(1)}$ der Systeme 1 und $\mathcal{Q}_m^{(2)}$ der Systeme 2.

Ist (für $a^{(1)} \in \mathcal{Q}_m^{(1)}, a^{(2)} \in \mathcal{Q}_m^{(2)}$) $a^{(1)} \times a^{(2)} \cap M_g = \emptyset$, obwohl $a^{(1)} \times a^{(2)} \neq \emptyset$ ist, so bedeutet das (entsprechend der Interpretation von $a^{(1)}, a^{(2)}, M_g$), daß nach $a^{(1)}$ und $a^{(2)}$ präparierte Systeme nicht zusammengesetzt werden können; siehe z. B. die obigen Bemerkungen zur Wahl der 10 Parameter des raum-zeitlichen Zueinanders der beiden zusammengesetzten Systeme.

Wir definieren deshalb: $a^{(1)} \in \mathcal{Q}_m^{(1)}$, $a^{(2)} \in \mathcal{Q}_m^{(2)}$ heißen *sich ausschließend*, wenn $a^{(1)} \times a^{(2)} \cap M_g = \emptyset$ ist.

Greifen wir irgend zwei Auswahlverfahren $a^{(1)}$ und $a^{(2)}$ heraus, so kann es sein, daß einige $x_1 \in a^{(1)}$ mit einigen $x_2 \in a^{(2)}$ zusammengesetzt werden können, daß es aber auch solche Paare x_1, x_2 gibt, die prinzipiell nicht zusammengesetzt werden können. Dann besteht aber eine gewisse »Willkür«, welche von den Systemen man zusammensetzt, d.h. aber, daß es nicht zu erwarten ist, daß $a^{(1)} \times a^{(2)} \cap M_g$ ein statistisches Auswahlverfahren ist. *Nur wenn* keine physikalischen Gründe dem entgegenstehen, daß man jedes beliebige System aus $a^{(1)}$ mit *jedem beliebigen* aus $a^{(2)}$ »im Prinzip« zusammensetzen könnte, erscheint es deshalb sinnvoll, $a^{(1)} \times a^{(2)} \cap M_g$ als ein Präparierverfahren der zusammengesetzten Systeme zu betrachten. Wir definieren deshalb weiter:

$a^{(1)} \in \mathcal{Q}_m^{(1)}$, $a^{(2)} \in \mathcal{Q}_m^{(2)}$ heißen *kombinierbar*, wenn aus $\bar{a}^{(1)} \in \mathcal{Q}_m^{(1)}$, $\bar{a}^{(2)} \in \mathcal{Q}_m^{(2)}$ und $\emptyset \neq \bar{a}^{(1)} \subset a^{(1)}$, $\emptyset \neq \bar{a}^{(2)} \subset a^{(2)}$ die Relation $\bar{a}^{(1)} \times \bar{a}^{(2)} \cap M_g \neq \emptyset$ folgt.

Das von der Menge

$$\Gamma = \left\{ a^{(1)} \times a^{(2)} \cap M_g \,\middle|\, a^{(1)}, a^{(2)} \text{ kombinierbar} \right\}$$

erzeugte System von Auswahlverfahren über M_g sei mit $\mathcal{Q}_g$ bezeichnet ($\mathcal{Q}_g$ ist also die kleinste Teilmenge von $\mathscr{P}(M_g)$, die Γ umfaßt und ein System von Auswahlverfahren ist; siehe XIII, § 1).

Entsprechend der Erfahrung fordern wir axiomatisch: Zu jedem $a^{(1)} \in \mathcal{Q}_m^{(1)\prime}$ gibt es mindestens ein $a^{(2)} \in \mathcal{Q}_m^{(2)\prime}$, das mit $a^{(1)}$ frei kombinierbar ist; und zu jedem $a^{(2)} \in \mathcal{Q}_m^{(2)\prime}$ entsprechend ein $a^{(1)} \in \mathcal{Q}_m^{(1)\prime}$.

Für $\mathcal{Q}_g$ ist durch die Festlegung (für $a_1^{(1)} \times a_1^{(2)} \cap M_g \neq \emptyset$)

$$(1.2.1) \qquad \lambda_{\mathcal{Q}_g}(a_1^{(1)} \times a_1^{(2)} \cap M_g, a_1^{(1)} \times a_2^{(2)} \cap M_g) = \lambda_{\mathcal{Q}_1}(a_1^{(1)}, a_2^{(1)}) \lambda_{\mathcal{Q}_2}(a_1^{(2)}, a_2^{(2)})$$

eine Wahrscheinlichkeitsfunktion $\lambda_{\mathcal{Q}_g}$ eindeutig definiert, was wir hier nicht ausführlich beweisen wollen; dabei sind $\lambda_{\mathcal{Q}_1}$ und $\lambda_{\mathcal{Q}_2}$ die zu $\mathcal{Q}_m^{(1)}$ bzw. $\mathcal{Q}_m^{(2)}$ gehörigen Wahrscheinlichkeitsfunktionen.

$\mathcal{Q}_g$ (mit $\lambda_{\mathcal{Q}_g}$) bezeichnen wir als das System der Präparierverfahren der zusammengesetzten Systeme.

Um für M_g ein System von Registrierverfahren $\mathcal{R}_g$ (mit $\mathcal{R}_{g0}$ als Menge der Registriermethoden) zu erhalten, gehen wir aus von Trajektorienregistrierverfahren $\mathcal{R}_{th}^{(1)}$, $\mathcal{R}_{th0}^{(1)}$ der Systeme aus M_1 und $\mathcal{R}_{th}^{(2)}$, $\mathcal{R}_{th0}^{(2)}$ der Systeme aus M_2, wobei diese physikalisch so interpretiert sind, wie wir das allgemein für $\mathcal{R}_{th}$ in XV, § 11.1 geschildert haben.

Dabei setzen wir voraus: Aus $a_1 \in \mathcal{Q}_m^{(1)\prime}$, $a_2 \in \mathcal{Q}_m^{(2)\prime}$, $b_{01} \in \mathcal{R}_{th0}^{(1)\prime}$, $b_{02} \in \mathcal{R}_{th0}^{(2)\prime}$ (der Strich deutet wie bisher an, daß die entsprechenden Mengen ohne das Element der leeren Menge zu nehmen sind) und a_1 mit a_2 kombinierbar folgt die Relation

$$(a_1 \cap b_{01}) \times (a_2 \cap b_{02}) \cap M_g \neq \emptyset.$$

Diese Voraussetzung drückt aus, daß sich das Registrieren der Trajektorien an den Teilsystemen 1 und 2 nicht gegenseitig stören möge.

Das von allen $b^{(1)} \times b^{(2)} \cap M_g$ mit $b^{(1)} \in \mathcal{R}_{th}^{(1)}$, $b^{(2)} \in \mathcal{R}_{th}^{(2)}$ erzeugte System von Auswahlverfahren nennen wir $\mathcal{R}_g$ und das von allen $b_0^{(1)} \times b_0^{(2)} \cap M_g$ mit $b_0^{(1)} \in \mathcal{R}_{th0}^{(1)}$, $b_0^{(2)} \in \mathcal{R}_{th0}^{(2)}$ erzeugte System von Auswahlverfahren nennen wir $\mathcal{R}_{g0}$.

Auf $\mathcal{R}_{g0}$ führen wir als Wahrscheinlichkeitsfunktion $\lambda_{\mathcal{R}_{g0}}$ die durch

$$(1.2.2) \qquad \lambda_{\mathcal{R}_{g0}}(b_{01}^{(1)} \times b_{01}^{(2)} \cap M_g, b_{02}^{(1)} \times b_{02}^{(2)} \cap M_g) = \lambda_{\mathcal{R}10}(b_{01}^{(1)}, b_{02}^{(1)}) \lambda_{\mathcal{R}20}(b_{01}^{(2)}, b_{02}^{(2)})$$

festgelegte Funktion ein, wobei $\lambda_{\mathcal{R}10}$, $\lambda_{\mathcal{R}20}$ die für $\mathcal{R}_{th0}^{(1)}$ bzw. $\mathcal{R}_{th0}^{(2)}$ definierten Wahrscheinlichkeitsfunktionen sind.

Man kann zeigen, daß $\mathcal{R}_{g0}$, $\mathcal{R}_g$ die Forderungen APS 2, 3, 4* aus XIII, § 1.3 erfüllen, da dies für $\mathcal{R}_{th0}^{(1)}$, $\mathcal{R}_{th}^{(1)}$; $\mathcal{R}_{th0}^{(2)}$, $\mathcal{R}_{th}^{(2)}$ der Fall sein soll. APS 5 aus XIII, § 1.3 ist nicht automatisch erfüllt. Daher postulieren wir APS 5 für $\mathcal{Q}_g$, $\mathcal{R}_{g0}$, $\mathcal{R}_g$, was indirekt ein Postulat an M_g darstellt (man könnte auch andere Forderungen stellen, aus denen dann APS 5 folgt, was wir hier aber nicht weiter verfolgen wollen).

Mit $\mathscr{S}_g$ bezeichnen wir ganz analog zur Definition 1.3.2 aus XIII das von allen $a \cap b$ mit $a \in \mathcal{Q}_g$, $b \in \mathcal{R}_g$ erzeugte System von Auswahlverfahren.

Die entscheidende Forderung für die Beschreibung der zusammengesetzten Systeme entspricht APS 6 aus XIII, § 1.3:

$\mathscr{S}_g$ ist ein System statistischer Auswahlverfahren, das APS 7 aus XIII, § 1.3 erfüllt (natürlich mit $\mathcal{Q}_g$ statt $\mathcal{Q}$ und $\mathcal{R}_{g0}$, $\mathcal{R}_g$ statt $\mathcal{R}_0$, $\mathcal{R}$). Die Wahrscheinlichkeitsfunktion über $\mathscr{S}_g$ sei kurz mit λ_g statt $\lambda_{\mathscr{S}_g}$ bezeichnet.

M_g mit $\mathcal{Q}_g$, $\mathcal{R}_{g0}$, $\mathcal{R}_g$ (und den zugehörigen Wahrscheinlichkeitsfunktionen) ist also im Sinne von XIII, § 1.3 eine Menge physikalischer Systeme, eben die Menge der »zusammengesetzten« Systeme.

---

* Siehe Fußnote Seite 159!

Wir setzen für λ_g *nicht* etwa (mit $\lambda_{\mathscr{S}1}$, $\lambda_{\mathscr{S}2}$ als den Wahrscheinlichkeitsfunktionen für die nicht gekoppelten Systeme 1 bzw. 2)

$$(1.2.3) \quad \begin{aligned} \lambda_g(a^{(1)} \times a^{(2)} \cap M_g \cap b_0^{(1)} \times b_0^{(2)}, \, a^{(1)} \times a^{(2)} \cap M_g \cap b^{(1)} \times b^{(2)}) = \\ = \lambda_{\mathscr{S}1}(a^{(1)} \cap b_0^{(1)}, \, a^{(1)} \cap b^{(1)}) \, \lambda_{\mathscr{S}2}(a^{(2)} \cap b_0^{(2)}, \, a^{(2)} \cap b^{(2)}) \end{aligned}$$

voraus!

Ist (1.2.3) erfüllt, so sagen wir, daß die zusammengesetzten Systeme *nicht in Wechselwirkung* stehen. Denn nach (1.2.3) sind die Wahrscheinlichkeiten für die Trajektorien der Systeme 1 unabhängig von den Systemen 2 und umgekehrt. Natürlich interessiert uns als Physiker gerade der Fall, daß (1.2.3) nicht gilt. Die Funktion λ_g für $\mathscr{S}_g$ beschreibt dann auch die Wechselwirkung der Systeme 1 und 2, da dann die Wahrscheinlichkeiten für Trajektorien der Systeme 1 mit den Wahrscheinlichkeiten für Trajektorien der Systeme 2 *korreliert* sind.

Wir wollen aber hier nicht weiter den allgemeinen Fall von Wechselwirkung diskutieren, obwohl er natürlich für praktische Anwendungen in der Technik sehr wichtig ist. Für die von uns intendierte »Entdeckung« der Mikrosysteme ist dieser allgemeine Fall viel zu unübersichtlich.

§ 1.3. Gerichtete Wechselwirkung

Zur Entdeckung der Mikrosysteme betrachten wir solche zusammengesetzten Systeme (x_1, x_2), wo x_1 auf x_2 einwirkt, aber *nicht* umgekehrt. Wir sagen kurz, daß die Wechselwirkung von x_1 nach x_2 gerichtet ist. Wir müssen aber zunächst erst mathematisch formulieren, was es heißen soll, daß x_2 nicht auf x_1 einwirkt. Dafür werden wir eine gegenüber (1.2.3) abgeschwächte Forderung stellen.

Die Wechselwirkung im zusammengesetzten System (x_1, x_2) heißt von x_1 nach x_2 *gerichtet*, wenn die Wahrscheinlichkeitsfunktion λ_g folgende Eigenschaft hat:

$$(1.3.1) \quad \begin{aligned} \lambda_g(a^{(1)} \times a^{(2)} \cap M_g \cap b_0^{(1)} \times b_0^{(2)}, \, a^{(1)} \times a^{(2)} \cap M_g \cap b^{(1)} \times b_0^{(2)}) = \\ = \lambda_g((a^{(1)} \cap b_0^{(1)}) \times (a^{(2)} \cap b_0^{(2)}) \cap M_g, \, (a^{(1)} \cap b^{(1)}) \times (a^{(2)} \cap b_0^{(2)}) \cap M_g) = \\ = \lambda_{\mathscr{S}1}(a^{(1)} \cap b_0^{(2)}, \, a^{(1)} \cap b^{(1)}). \end{aligned}$$

Die Gleichung (1.3.1) drückt aus, daß die Effektverfahren $(b_0^{(1)}, b^{(1)})$ an 1 Häufigkeiten liefern, die *unabhängig* von der Auswahl $a^{(2)} \cap b_0^{(2)}$ der angekoppelten Systeme 2 sind. Der Ablauf der Trajektorien an den Systemen 1 hängt nicht davon ab, welches System 2 »daneben« steht (soweit es überhaupt daneben stehen kann, d.h. mit 1 kombinierbar ist) und nach welcher *Methode* das System 2 registriert wird.

Die Physiker bevorzugen es, gerichtete Wechselwirkungen zu untersuchen, wenn sie etwas über die Gesetzmäßigkeiten der Wechselwirkung herausbekommen wollen. Die allgemeine Wechselwirkungssituation, bei der (1.3.1) verletzt ist, kann komplizierte Rückkopplungen der Systeme 1 und 2 enthalten, die nicht so einfach zu analysieren sind aber natürlich *für technische Zwecke sehr interessant* sein können.

Wir setzen jetzt also (1.3.1) voraus. Dann folgt

$$\lambda_g(a^{(1)} \times a^{(2)} \cap M_g \cap b_0^{(1)} \times b_0^{(2)}, \; a^{(1)} \times a^{(2)} \cap M_g \cap b^{(1)} \times b^{(2)}) =$$

$$= \lambda_g(a^{(1)} \times a^{(2)} \cap M_g \cap b_0^{(1)} \times b_0^{(2)}, \; a^{(1)} \times a^{(2)} \cap M_g \cap b^{(1)} \times b_0^{(2)}) \cdot$$

$$\cdot \, \lambda_g(a^{(1)} \times a^{(2)} \cap M_g \cap b^{(1)} \times b_0^{(2)}, \; a^{(1)} \times a^{(2)} \cap M_g \cap b^{(1)} \times b^{(2)}) =$$

$$= \lambda_{\mathscr{S}1}(a^{(1)} \cap b_0^{(1)}, \; a^{(1)} \cap b^{(1)}) \cdot$$

$$\cdot \, \lambda_g(a^{(1)} \times a^{(2)} \cap M_g \cap b^{(1)} \times b_0^{(2)}, \; a^{(1)} \times a^{(2)} \cap M_g \cap b^{(1)} \times b^{(2)}).$$

Den zweiten Faktor bezeichnet man oft als die bedingte Wahrscheinlichkeit. Um dies noch mehr zum Ausdruck zu bringen, ändern wir ein wenig die Bezeichnungsweise:

$$(1.3.2) \qquad \tilde{\lambda}_g(a^{(1)} \cap b^{(1)}; \, a^{(2)} \cap b_0^{(2)}, \, a^{(2)} \cap b^{(2)}) \overset{\text{def}}{=}$$
$$= \lambda_g(a^{(1)} \times a^{(2)} \cap M_g \cap b^{(1)} \times b_0^{(2)}, \, a^{(1)} \times a^{(2)} \cap M_g \cap b^{(1)} \times b^{(2)})$$

und nennen dies die Wahrscheinlichkeit für das Registrieren am System 2 unter der Bedingung, daß die Systeme 1 nach $a^{(1)} \cap b^{(1)}$ ausgewählt wurden. Der Ausdruck (1.3.2) hat also dieselbe (zentral wichtige) Gestalt wie der in Definition 2.2 aus XIII. Man mache sich den Ausdruck (1.3.2) deutlich an vorgestellten experimentellen Beispielen. (1.3.2) beschreibt die Häufigkeit der Trajektorien an den Systemen 2, wenn sie von nach $a^{(1)} \cap b^{(1)}$ ausgewählten Systemen 1 beeinflußt werden. Es ist ganz plausibel, daß dieser Einfluß der Systeme 1 auf die Systeme 2 nicht nur davon abhängt, wie man die Systeme 1 durch Präparieren ausgewählt hat, sondern auch von den an den Systemen 1 auftretenden Trajektorien. $a^{(1)} \cap b^{(1)}$ sind ja gerade alle Systeme, die nach $a^{(1)}$ präpariert wurden und eine positive Registrierung $b^{(1)}$ lieferten.

Die Schwierigkeit, sich die durch (1.3.2) beschriebene Wirklichkeitsstruktur vorzustellen, besteht eigentlich nur in der großen Allgemeinheit von (1.3.2). Denn in Wirklichkeit sind die Laboratorien der Experimentalphysiker voll von solchen Apparaten, wo von einer Gruppe von Apparaten (System 1) in gerichteter Weise auf eine andere Gruppe von Apparaten (System 2) Wirkungen ausgeübt werden. Um wieder primitive Beispiele zu nennen: Ein Gewehr (System 1), das in einer Scheibe (System 2) ein Loch erzeugt; ein Stück Uran (System 1), das auf einer Photoplatte (System 2) eine Schwärzung hervorruft; eine Beschleunigungsapparatur plus Target (System 1), die in einer Blasenkammer (System 2) Spuren hervorruft; usw.

§ 1.4. Wechselwirkungsträger

Wir kommen jetzt zu einem für die theoretische Physik typischem Vorgehen und einer für die ganze Physik entscheidend wichtigen Methode des Schließens auf nicht unmittelbar feststellbare Wirklichkeiten, ein Problem, das wir allgemein schon in III, § 9 diskutiert haben.

Diese Methode hat für die »Entdeckung« der Mikrosysteme wie Atome, Elektronen usw. eine sehr große Rolle gespielt, weil eben zunächst die Positivisten die wirkliche Existenz der Atome leugneten. Dann aber »sagten« die Physiker, daß sie einzelne solche Mikrosysteme »experimentell beobachten« können, und daher ihre Existenz »demonstriert« hätten. Aber was verbirgt sich eigentlich hinter diesen Worten?

Die übliche Art über Mikrosysteme zu reden, verbindet in einer einheitlichen, intuitiven Form physikalische und ontologische Aussagen; z. B. in der Form: Was sich in einem Experiment bemerkbar macht (d. h. was wirkt), das gibt es wirklich.

Was wir jetzt tun können, ist nichts anderes, als den allgemeinen *Hintergrund* genauer zu schildern, den man mit solchen intuitiven Aussagen richtig zu erfassen meint. Wir werden also eigentlich nur im Rahmen einer $\mathfrak{PT}$ genauer darstellen, welche Strukturen im Bild $\mathfrak{MT}$ vorliegen, von denen man dann so zu reden pflegt, daß man die Mikrosysteme als Wirklichkeiten entdeckt hat.

Um uns vorweg etwas einzustimmen, müssen wir versuchen, uns klar zu machen, was es heißen soll, daß eine im Bild $\mathfrak{MT}$ vorkommende Menge reale Sachverhalte abbildet. Nicht dadurch, daß man im Bild $\mathfrak{MT}$ irgendeine Menge E definiert, ist schon festgelegt, was sie abbildet. Das hatten wir ja schon bei den üblichen Bildmengen (siehe III, § 4) gesehen; ohne Abbildungsprinzipien bedeuten die mathematischen Mengen von sich aus nichts. Ja, es kann sogar ein und dieselbe mathematische Menge verschiedene Bedeutungen haben, je nach dem, was auf sie abgebildet wird.

In dem von uns in den vorigen §§ dieses Kapitels XVI betrachteten Bild $\mathfrak{MT}$ der Theorie $\mathfrak{PT}_m$ haben wir eine Menge M_g konstruiert, deren Elemente als Bilder der »zusammengesetzten Systeme« betrachtet wurden. Zu $M_g \subset$ $\subset M_1 \times M_2$ gehörten eben noch Strukturen, nämlich: $Q_g, \mathscr{R}_{g0}, \mathscr{R}_g$ gewonnen aus $Q_m^{(1)}, \mathscr{R}_{th0}^{(1)}, \mathscr{R}_{th}^{(1)}$ und $Q_m^{(2)}, \mathscr{R}_{th0}^{(2)}, \mathscr{R}_{th}^{(2)}$. Alles dies zusammen: M_g *versehen* mit gewissen Strukturen, machte es erst möglich, die Elemente von M_g als Bilder der »zusammengesetzten physikalischen Systeme« zu interpretieren.

Jetzt aber machen wir M_g zum Bild neuer physikalischer Wirklichkeiten, indem wir M_g mit einer anderen, ebenfalls schon vorher in $\mathfrak{PT}$ physikalisch interpretierbaren Struktur versehen. Da es aber oft psychologische Schwierigkeiten macht, *ein und dieselbe Menge physikalisch verschieden zu interpretieren*, wenden wir einen kleinen Kunstgriff an, der es hoffentlich dem Leser erleichtert, die folgenden Überlegungen nicht mißzuverstehen. Wir führen neben M_g eine

Hilfsmenge M und eine bijektive Abbildung j von M_g auf M ein. M hat zunächst überhaupt keine Struktur; auf M_g definierte Strukturen können wir aber mit Hilfe von j auf M übertragen und dies tun wir eben *nur* für die Strukturen, die wir übertragen *wollen*. Ist $x \in M_g$ ein im Experiment vorkommendes System und damit wirklich, so ist das diesem x zugeordnete $y = j(x)$ ebenfalls physikalisch wirklich, aber als Bild von was? Das hängt eben davon ab, mit welchen physikalisch interpretierten Strukturen wir M versehen. Und genau das wird unsere nächste Aufgabe sein, M mit in $\mathfrak{PT}_m$ physikalisch interpretierten Strukturen zu versehen.

Da wir gerichtete Wechselwirkung voraussetzen, ist also die Wahrscheinlichkeitsfunktion über $\mathscr{S}_g$ bestimmt durch die Werte (1.3.2). Statt die in (1.3.2) benutzte Abkürzung zu verwenden, formen wir dieselbe Größe jetzt um, indem wir zur Abkürzung setzen:

$$\tilde{a} = [(a^{(1)} \cap b^{(1)}) \times M_2] \cap M_g,$$

$$(1.4.1) \qquad \tilde{b}_0 = [M_1 \times (a^{(2)} \cap b_0^{(2)})] \cap M_g,$$

$$\tilde{b} = [M_1 \times (a^{(2)} \cap b^{(2)})] \cap M_g.$$

Dann können wir schreiben:

$$\lambda_g(a^{(1)} \times a^{(2)} \cap M_g \cap b^{(1)} \times b_0^{(2)}, \, a^{(1)} \times a^{(2)} \cap M_g \cap b^{(1)} \times b^{(2)}) =$$

$$= \lambda_g(\tilde{a} \cap \tilde{b}_0, \, \tilde{a} \cap \tilde{b}).$$

Dies legt es nahe, folgende Strukturen auf M einzuführen:

$$(1.4.2) \qquad Q = \{a \,|\, a = j(\tilde{a}), \, \tilde{a} = (c \times M_2) \cap M_g \quad \text{mit} \quad c \in \mathscr{S}_m^{(1)}\},$$

wobei $\mathscr{S}_m^{(1)}$ das von allen $a^{(1)} \cap b^{(1)}$ mit $a^{(1)} \in \mathbb{Q}_m^{(1)}, b^{(1)} \in \mathscr{R}_{th}^{(1)}$ erzeugte System von Auswahlverfahren sei;

$$(1.4.3) \qquad \mathscr{R}_0 = \{b_0 \,|\, b_0 = j(\tilde{b}_0), \, \tilde{b}_0 = (M_1 \times c) \cap M_g \quad \text{mit} \quad c \in \mathscr{D}_m^{(2)}\},$$

wobei $\mathscr{D}_m^{(2)}$ das von allen $a^{(2)} \cap b_0^{(2)}$ mit $a^{(2)} \in \mathbb{Q}_m^{(2)}, b_0^{(2)} \in \mathscr{R}_{th0}^{(2)}$ erzeugte System von Auswahlverfahren sei;

$$(1.4.4) \qquad \mathscr{R} = \{b \,|\, b = j(\tilde{b}), \, \tilde{b} = (M_1 \times c) \cap M_g \quad \text{mit} \quad c \in \mathscr{S}_m^{(2)}\},$$

wobei $\mathscr{S}_m^{(2)}$ analog zu $\mathscr{S}_m^{(1)}$ definiert sei.

Da $\mathscr{S}_m^{(1)}, \mathscr{D}_m^{(2)}, \mathscr{S}_m^{(2)}$ Systeme von Auswahlverfahren sind, sind $\mathbb{Q}, \mathscr{R}_0, \mathscr{R}$ ebenfalls Systeme von Auswahlverfahren.

Durch (1.4.2) ist eine bijektive Zuordnung h von $\mathscr{S}_m^{(1)}$ auf $\mathbb{Q}$ definiert: Es ist dafür nur zu zeigen, daß aus $c_1 \neq c_2$ auch $(c_1 \times M_2) \cap M_g \neq (c_2 \times M_2) \cap M_g$ folgt. Da mit $c_1, c_2 \in \mathscr{S}_m^{(1)}$ auch $c_1 \cap c_2 \in \mathscr{S}_m^{(1)}$ ist und damit auch $c_1 \setminus c_1 \cap c_2 \in \mathscr{S}_m^{(1)}$ ist, genügt es also zu zeigen, daß aus $(c \times M_2) \cap M_g = \emptyset$ auch $c = \emptyset$ folgt. Da $\mathscr{S}_m^{(1)}$ das von allen $a^{(1)} \cap b^{(1)}$ erzeugte System von Auswahlverfahren ist, genügt es also zu zeigen, daß aus $[(a^{(1)} \cap b^{(1)}) \times M_2] \cap M_g = \emptyset$ auch $a^{(1)} \cap b^{(1)} = \emptyset$ folgt. Nach (1.3.1) folgt aus $[(a^{(1)} \cap b^{(1)}) \times M_2] \cap M_g = \emptyset$ auch $\lambda_{\mathscr{S}1}(a^{(1)} \cap b_0^{(1)}, a^{(1)} \cap b^{(1)}) = 0$ und damit $a^{(1)} \cap b^{(1)} = \emptyset$.

Wegen der durch (1.4.2) definierten bijektiven Zuordnung können wir eine Wahrscheinlichkeitsfunktion $\lambda_\mathbb{Q}$ definieren durch

$$(1.4.5) \qquad \lambda_\mathbb{Q}(a_1, a_2) = \lambda_{\mathscr{S}1}(c_1, c_2).$$

Entsprechend zeigen wir, daß durch (1.4.3) eine bijektive Zuordnung von $\mathscr{D}_m^{(2)}$ auf $\mathscr{R}_0$ gegeben ist; dazu ist nur zu zeigen, daß aus $[M_1 \times (a^{(2)} \cap b_0^{(2)})] \cap M_g = \emptyset$ auch $a^{(2)} \cap b_0^{(2)} = \emptyset$ folgt. Nach der vor (1.2.1) gestellten Forderung gibt es zu $a^{(2)} \neq \emptyset$ ein mit $a^{(2)}$ kombinierbares $a^{(1)}$. Da wir oben APS 5 für $\mathbb{Q}_g$, $\mathscr{R}_{g0}$ gefordert haben, folgt aus $(a^{(1)} \times a^{(2)}) \cap M_g \neq \emptyset$ auch $(a^{(1)} \times a^{(2)}) \cap M_g \cap (b_0^{(1)} \times b_0^{(2)}) \neq \emptyset$ und damit $[M_1 \times (a^{(2)} \cap b_0^{(2)})] \cap M_g \neq \emptyset$.

Wir können daher durch (mit $c_1, c_2 \in \mathscr{D}_m^{(2)}$)

$$(1.4.6) \qquad \lambda_{\mathscr{R}_0}(b_{01}, b_{02}) = \lambda_{\mathscr{S}2}(c_1, c_2)$$

eine Wahrscheinlichkeitsfunktion für $\mathscr{R}_0$ definieren. Für $a_1^{(2)} \supset a_2^{(2)}$ und $b_{01}^{(2)} \supset b_{02}^{(2)}$ folgt speziell aus den Eigenschaften APS 7 von $\lambda_{\mathscr{S}2}$:

$$(1.4.7) \qquad \lambda_{\mathscr{S}2}(a_1^{(2)} \cap b_{01}^{(2)}, a_2^{(2)} \cap b_{02}^{(2)}) = \lambda_{\mathbb{Q}2}(a_1^{(2)}, a_2^{(2)}) \lambda_{\mathscr{R}20}(b_{01}^{(2)}, b_{02}^{(2)}).$$

Die Wahrscheinlichkeitsfunktion $\lambda_{\mathscr{R}_0}$ ist also allein durch $\lambda_{\mathbb{Q}2}$ und $\lambda_{\mathscr{R}20}$ bestimmt.

Damit haben wir gezeigt, daß für $\mathbb{Q}$, $\lambda_\mathbb{Q}$, $\mathscr{R}_0$, $\mathscr{R}$, $\lambda_{\mathscr{R}_0}$ die Relationen APS 1, APS 2, APS 3, APS 4.1 aus XIII, § 1.3 gelten. APS 4.2 entfällt, wie in der Fußnote auf Seite 159 erwähnt. APS 4.3 ist leicht zu zeigen, da APS 4.3 für $\mathscr{R}_{m0}^{(2)}$, $\mathscr{R}_m^{(2)}$ gilt.

APS 5 aus XIII, § 1.3 braucht aber für $\mathbb{Q}$, $\mathscr{R}_0$, $\mathscr{R}$ nicht zu gelten. Dies ist auch nicht zu erwarten, da nicht alle $a^{(1)}$, $a^{(2)}$ kombinierbar sind. Wir hatten in XIII, § 1.3 auch im Anschluß an APS 5 darauf hingewiesen, daß APS 5 zu »idealisiert« ist. Jetzt haben wir eine Möglichkeit, das »Kombinationsproblem« etwas besser zu formulieren und zu verstehen!

Statt der Forderung APS 5 führen wir zunächst eine Definition ein:

Ein $a \in \mathbb{Q}$ und ein $b_0 \in \mathscr{R}_0$ heißen kombinierbar, wenn aus $\bar{a} \in \mathbb{Q}$, $\bar{b}_0 \in \mathscr{R}_0$ und $\emptyset \neq \bar{a} \subset a$, $\emptyset \neq \bar{b}_0 \subset b_0$ immer $\bar{a} \cap \bar{b}_0 \neq \emptyset$ folgt;

$$(1.4.8) \qquad C \overset{\text{def}}{=} \{(a, b_0) \,|\, a, b_0 \text{ kombinierbar}\}.$$

Wir führen nun $\mathscr{S}$ als das von der Menge

$$\{a \cap b \,|\, a \in \mathbb{Q}, b \in \mathscr{R} \text{ und es gibt ein } b_0 \in \mathscr{R}_0 \text{ mit } b \subset b_0 \text{ und } (a, b_0) \in C\}$$

erzeugte System von Auswahlverfahren ein. Aus (1.4.2), (1.4.4) folgt, daß durch $c = j(\tilde{c})$ mit $\tilde{c} \in \mathscr{S}_g$ eine bijektive Abbildung zwischen $\mathscr{S}$ und $\mathscr{S}_g$ definiert ist, auf Grund der man die Wahrscheinlichkeitsfunktion λ_g als λ von $\mathscr{S}_g$ auf $\mathscr{S}$ übertragen kann.

Damit gilt also APS 6 aus XIII, § 1.3 für $\mathscr{S}$. Wichtig ist nun, auch APS 7 nachzuweisen: Es genügt, dies für $a = j(\tilde{a})$ mit $\tilde{a} = [(a^{(1)} \cap b^{(1)}) \times M_2] \cap M_g$, $b_0 = j(\tilde{b}_0)$ mit $\tilde{b}_0 = [M_1 \times (a^{(2)} \cap b_0^{(2)})] \cap M_g$ und entsprechend für a' und b_0' nachzuweisen. Damit erhält man nach einiger Umrechnung mit Hilfe von (1.3.1)

$$\lambda_{\mathscr{S}}(a \cap b_0, a' \cap b_0) = \lambda_g(\tilde{a} \cap \tilde{b}_0, \tilde{a}' \cap \tilde{b}_0) =$$

$$= \lambda_g(a^{(1)} \times a^{(2)} \cap M_g \cap b^{(1)} \times b_0^{(2)}, a'^{(1)} \times a^{(2)} \cap M_g \cap b'^{(1)} \times b_0^{(2)}) =$$

$$= \lambda_{\mathscr{S}1}(a^{(1)} \cap b^{(1)}, a'^{(1)} \cap b'^{(1)}) = \lambda_{\mathbb{Q}}(a, a'),$$

d. h. APS 7.1. Da APS 7 für $\mathscr{S}_g$ oben gefordert wurde, folgt dann nach einiger Rechnung auch APS 7.2 für $\mathscr{S}$.

APS 7.1 folgte nicht einfach aus APS 7 für $\mathscr{S}_g$; es war vielmehr notwendig, die Gerichtetheit der Wechselwirkung zu berücksichtigen!

Wie in [1] II bewiesen und in XIII, § 2 erwähnt, wird die Statistik vollkommen durch $\lambda_{\mathbb{Q}}$ und die Funktion

$$(1.4.9) \qquad \mu\big(a, (b_0, b)\big) = \lambda_{\mathscr{S}}(a \cap b_0, a \cap b)$$

festgelegt. $\mathscr{F}$ wird nach XIII Definition 2.1 eingeführt. Weiterhin definieren wir

$$(1.4.10) \qquad \mathscr{C} = \big\{(a, g) \,\big|\, g = (b_0, b) \in \mathscr{F} \quad \text{und} \quad (a, b_0) \in C \big\}.$$

Die Funktion $\mu(a, g)$ ist dann auf $\mathscr{C}$ definiert.

Zusammenfassend können wir also sagen, daß $\mathbb{Q}, \mathscr{R}_0, \mathscr{R}$ mit $\lambda_{\mathbb{Q}}, \lambda_{\mathscr{R}0}$ und $\lambda_{\mathscr{S}}$ eine Struktur des Präparierens und Registrierens auf M definieren, die (bis auf APS 5) den Axiomen aus XIII, § 1.3 genügt. Die physikalische Bedeutung der Elemente von $\mathbb{Q}, \mathscr{R}_0, \mathscr{R}$ wie der Wahrscheinlichkeitsfunktionen $\lambda_{\mathbb{Q}}, \lambda_{\mathscr{R}_0}, \lambda_{\mathscr{R}}$ ist schon durch die makroskopische Situation der zusammengesetzten Systeme mit *gerichteter* Wechselwirkung gegeben. Und vergleichen wir noch einmal diese physikalische Bedeutung mit derjenigen, die wir mit Hilfe der Normalsprache (d. h. ohne die hier gegebene theoretische Beschreibung der Präparierapparate als Systeme 1 und der Registrierapparate als Systeme 2) in XIII, § 1 versuchten zu beschreiben, so erkennen wir unmittelbar, daß beide Male dieselbe Interpretation vorliegt. Wir haben diese Interpretation jetzt nur insofern verbessert, als wir genauer aus der »Vortheorie« (siehe III, § 4) heraus die Menge M mit der Struktur $\mathbb{Q}, \mathscr{R}_0, \mathscr{R}$ »abgeleitet« haben (ganz im Sinne von III, § 9). M mit der Struktur $\mathbb{Q}, \mathscr{R}_0, \mathscr{R}$ bildet auf diese Weise nach III, § 9 eine physikalische Wirklichkeit ab.

Dies und nichts anderes ist der Hintergrund, die Elemente von M als Wirkungsträger zu bezeichnen, die im zusammengesetzten System $(x_1, x_2) \in M_g$

die Wirkung von x_1 nach x_2 übertragen. Die Bezeichnungsweise »Wirkungsträger« läßt schon die ontologische Auffassung anklingen, die über die nur rein (im Sinne von III, § 9) *physikalische* Wirklichkeit von M mit der Struktur $\mathcal{Q}, \mathcal{R}_0, \mathcal{R}$ hinausgeht.

Vielleicht werden manche Leser enttäuscht sein, da nicht zu sehen ist, wie diese Wirkungsträger »für sich selbst« existieren. M ist doch im mathematischen Bild praktisch mit M_g identisch, denn M wurde ja nur künstlich hinzugefügt. Wo sind denn eigentlich die Wirkungsträger, wenn doch im Grunde genommen nichts anderes »da ist« als die wechselwirkenden Makrosysteme. Wenn man sich aber noch einmal unvoreingenommen die verschiedensten experimentellen Versuche mit sogenannten Mikrosystemen vergegenwärtigt, so bestehen sie tatsächlich alle in der Form von Wechselwirkungen zwischen Makrosystemen, auch wenn manchmal das eine System (Präpariersystem) z. B. ein Fixstern sein kann. Wir können also nicht erwarten, daß die Physik eine philosophisch ontologische Herleitung der Existenz von etwas wie Mikrosystemen bringt. Unsere physikalische Analyse konnte nur zeigen, welche Strukturen der Wechselwirkung es sind, die wir *meinen*, wenn wir die an sich immer physikalisch wirkliche Wechselwirkung spezieller als »von Wirkungsträgern vermittelt« bezeichnen. Haben wir aber eben nun genau (und nicht mehr nur ungenau und intuitiv) erklärt, was wir unter Wirkungsträgern verstehen, so kann man keine zusätzlichen Vorstellungen über diese sogenannten Wirkungsträger hineinschmuggeln. Man kann nicht einfach so tun, als ob man gezeigt hätte, daß diese Wirkungsträger kleine »für sich selbst« existierende Wirklichkeitsklötzchen sind, die von x_1 nach x_2 durch den Raum fliegen, so wie es tatsächlich Gewehrkugeln tun. Nur wenn $M, \mathcal{Q}, \mathcal{R}_0, \mathcal{R}$ noch zusätzliche Eigenschaften (d. h. im mathematischen Bild: zusätzliche Relationen) erfüllen, kann man dies als weitere, die Wirkungsträger beschreibende Strukturen interpretieren.

§ 1.5. *Physikalische Systeme und physikalische Objekte als Wirkungsträger*

Wir wollen jetzt einige dieser zusätzlichen Strukturen besprechen, ohne allerdings die dazu notwendigen mathematischen Bildstrukturen einzuführen. Dieser § soll daher nur dazu dienen zu erkennen, wie man (falls die Theorien für gewisse Grundbereiche solche zusätzliche Strukturen zeigen) schrittweise bis zu Wirkungsträgern solcher Art (nämlich zu physikalischen Objekten als Wirkungsträger) kommen kann, wie man sie sich intuitiv vorzustellen pflegt; auch dann vorzustellen pflegt, wenn dies von der Theorie her nicht erlaubt ist!

Wenn wir uns an Beispielen verschiedene mögliche Strukturen von Wirkungsträgern klar machen wollen, so greifen wir auf Fälle zurück, die uns schon auf unserem Weg durch die theoretische Physik begegnet sind. Lassen wir aber das Beispiel der Gewehrkugel (als Wirkungsträger vom Gewehr zur Zielscheibe), ein Beispiel aus der Punktmechanik, beiseite, da es genau das ist, was man sich oft analog in unerlaubter Weise als Wirkungsträger vorstellt.

In VIII, § 4.4 bis § 4.7 sind wir einem Beispiel begegnet, das man nicht sofort als Wirkungsträger in dem in § 1.4 definierten Sinn erkennen wird, den elektromagnetischen Wellen. Ein Sender (System 1) sendet elektromagnetische Wellen (als Wirkungsträger) aus, die auf eine Antenne und angeschlossenen Verstärker (System 2) wirken. Wir haben zwar diese Betrachtungsweise der elektromagnetischen Wellen als Wirkungsträger von einem System 1 auf ein System 2 nicht in der oben in § 1.4 dargestellten Weise in VIII durchgeführt; aber doch stand diese Betrachtungsweise im Hintergrund: Die *Kraftdichte* κ nach VIII (3.2.6) beschrieb sozusagen die Wirkung auf »System 2«; die retardierten Potentiale VIII (4.3.14) und VIII (4.3.16) beschrieben das Aussenden der Wirkungsträger durch *Ladungen* und *Ströme* als »System 1«. Nicht als »Grundgrößen« irgendwelcher mystischer Art wurden die Felder **E** und **B** eingeführt, sondern als »physikalisch wirkliche« Größen allein auf Grund ihres »Wirkens« und der Art ihres »erzeugt« Werdens. Genau das aber ist die allgemeine Betrachtungsweise aus dem obigen § 1.4.

Aber nicht nur die gerichtete Wechselwirkung von einem System 1 auf ein System 2 wird durch die Theorie aus VIII richtig beschrieben, sondern auch die *nicht* gerichtete Wechselwirkung einschließlich »Rückkopplung«, wozu die Überlegungen aus VIII, § 6 ein technisch wichtiges Beispiel darstellen.

Die Erfahrung zeigt, daß die Theorie aus VIII die Wechselwirkung im Einklang mit der Erfahrung beschreibt, solange die Wellenlänge der elektromagnetischen Wellen nicht zu klein wird, wie z. B. beim Licht. Man sagt in diesem Falle (wo die Theorie aus VIII ausreicht), daß die Wirkungsträger als objektiv beschreibbare, wirkliche Wellen erkannt seien. Mit welchem Recht?

Als man historisch auf »Elektronen« als Wirkungsträger stieß, schienen die Experimente ebenfalls eine objektive Beschreibung der Elektronen als »Massenpunkte« zu rechtfertigen, so wie wir das in XI, § 1.1 dargestellt haben; die Elektronen schienen objektiv beschreibbare wirkliche Massenpunkte zu sein.

Dann aber entdeckte man andere Experimente bei der Wirkungsübertragung durch Elektronen, die ähnlich wie bei den elektromagnetischen Wellen die Elektronen als »wirkliche Wellen« nachzuweisen schienen, so wie wir das in XI, §§ 1.2 und 1.3 dargestellt haben.

Beide Schlüsse konnten nicht richtig sein, wenn man *alle experimentellen Möglichkeiten* des Übertragens von Wirkungen durch Elektronen als *Grundbereich* zuließ. Damit stellt sich aber umso dringender die Frage: Wann sind wir berechtigt, die Wirkungsträger objektivierend zu beschreiben? Und als was soll man die Wirkungsträger ansehen, falls sie nicht objektivierend beschrieben werden können, wie eben die Mikrosysteme?

Wir wollen nun annehmen, daß man die in § 1.4 angegebenen Wechsel-wirkungsstrukturen noch in folgender Weise anreichern kann:

Es ist möglich, jedem Präpariersystem (System 1) einen »Wirkungsbereich« zuzuordnen, so wie wir »Raum-Zeitstellen« in VIII, § 4.4 Wirkungsbereiche zugeordnet haben. Ein Präpariersystem ist keine einzelne Raum-Zeitstelle, sondern ein »Prozeß«. Ohne jetzt genauer darauf mathematisch einzugehen, soll die Fig. 23 kurz den Wirkungsbereich eines Prozesses ähnlich den Fi-guren aus VIII, § 4.4 darstellen.

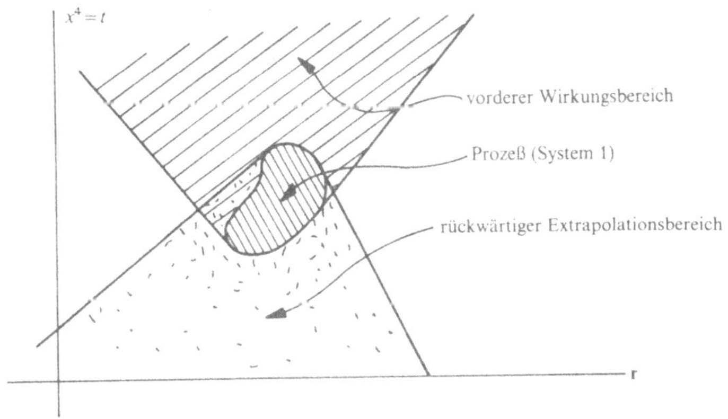

Fig. 23

Wegen des Prinzips der speziellen Relativitätstheorie ist die Fig. 23 für alle möglichen gerichteten Wechselwirkungen maßgebend: Nur im vorderen Wir-kungsbereich können vom System 1 aus Wirkungen auf andere Systeme aus-geübt werden.

In der Näherung der *Newton*schen Raum-Zeittheorie braucht man in Fig. 23 die »Kegelmäntel« nur zu Ebenen $t = $ const aufzuspreizen, um die ent-sprechenden beiden Bereiche in *Newton*scher Näherung zu erhalten.

Im Sinne der »Erforschung der Wirkungsträger« möchte man die Bedin-gungen des Experimentierens so festlegen, daß möglichst wenig von der speziellen Lage des Prozesses (System 1) in Fig. 23 beim Registrieren eingeht. Man »setzt deshalb fest«, daß ein Präpariersystem und ein Registriersystem nicht kombinierbar seien, wenn das Registriersystem schon im rückwärtigen Extrapolationsbereich des Systems 1 mißt.

Im Experiment wird das von den Experimentalphysikern automatisch immer dadurch berücksichtigt, daß man nur notiert, welche Wirkungen im vorderen Wirkungsbereich aufgetreten sind, und nicht etwa als bemerkenswertes experimentelles Ergebnis feststellt, daß zeitlich vor dem vorderen Wirkungs-bereich noch keine Wirkungen auftreten. Mathematisch drückt man dies sehr einfach aus, indem man voraussetzt, daß in der Menge C nach (1.4.8) nicht solche Paare (a, b_0) vorkommen, die einem Registrieren »vor« dem Präparieren entsprechen würden.

Es sei betont, daß diese Festsetzung nur deshalb möglich ist, da (wie eben erwähnt und experimentell bestätigt) nur Wirkungen des Systems 1 auf das System 2 in dem vorderen Wirkungsbereich vom System 1 auftreten können, d. h. daß die im Sinne von (1.3.1) »gerichtete« Wechselwirkung von System 1 auf System 2 auch zeitlich gerichtet ist, nämlich in den Wirkungsbereich von System 1, dessen Richtung mit der Expansion des Weltalls übereinstimmt (X, § 6.6). Es ist also eine wichtige Struktur für Mikrosysteme, daß trotz der in XI, § 10.5 beschriebenen Bewegungsumkehrinvarianz die Richtung vom Präparieren zum Registrieren zeitlich ausgezeichnet ist, worauf wir auch schon in XI, § 10.5 hingewiesen haben. Diese Auszeichnung der Zeitrichtung ist aber wieder nichts anderes als ein Spezialfall der allgemeinen Auszeichnung der Zeitrichtung für Makrosysteme, wie wir sie in XV, §§ 10 und 11 studiert haben.

Haben wir nun C in der angegebenen Weise eingeschränkt, so wird durch Einführung des Begriffs der Gesamtheiten die spezielle raum-zeitliche Lage der einzelnen zur selben Gesamtheit gehörigen Präparierprozesse wieder eliminiert!

In XIII, § 2 haben wir unter der Voraussetzung APS 5 aus XIII, § 1.3 den Begriff der Gesamtheit als Äquivalenzklasse von Präparierverfahren eingeführt. In [1] III, § 1 sind ausführlich Bedingungen für C diskutiert, die garantieren, daß durch

$$(1.5.1) \qquad a_1 \sim a_2 : \mu(a_1, g) = \mu(a_2, g) \quad \text{für alle } g \text{ mit} \quad (a_1, g) \in \mathscr{C}, (a_2, g) \in \mathscr{C}$$

eine Äquivalenzrelation $a_1 \sim a_2$ definiert ist. Wir wollen hier einfach voraussetzen, daß (1.5.1) eine Äquivalenzrelation definiert. Mit $\mathscr{K}$ nach XIII Definition 2.3 ist dann durch

$$(1.5.2) \qquad \tilde{\mu}(w, g) = \mu(a, g) \quad \text{für} \quad a \in w$$

eine Funktion für alle Paare w, g definiert, für die es ein Element $a \in w$ so gibt, daß $(a, g) \in \mathscr{C}$ gilt.

Darf man (d. h. es ist im Einklang mit den Erfahrungen möglich) axiomatisch fordern, daß es zu jedem Element $(w, g) \in \mathscr{K} \times \mathscr{F}$ ein Element $a \in w$ mit $(a, g) \in \mathscr{C}$ gibt, so ist $\tilde{\mu}$ auf ganz $\mathscr{K} \times \mathscr{F}$ definiert und durch

$$(1.5.3) \qquad \tilde{\mu}(w, g_1) = \tilde{\mu}(w, g_2) \quad \text{für alle} \quad w \in \mathscr{K}$$

eine Äquivalenzrelation in $\mathscr{F}$ definiert.

Mit $\mathscr{L}$ nach XIII Definition 2.4 ist dann wie in XIII, § 2 die wieder mit μ bezeichnete, auf ganz $\mathscr{K} \times \mathscr{L}$ definierte Funktion mit den Eigenschaften XIII (2.5) festgelegt.

Kann man auf die eben geschilderte Art und Weise die Menge $\mathscr{K}$ der Gesamtheiten und $\mathscr{L}$ der Effekte einführen, so nennt man M mit $\mathcal{Q}$, $\mathscr{R}_0$, $\mathscr{R}$ eine Menge *physikalischer Systeme*. Man sagt auch, daß die Wirkung vom System 1 zum System 2 durch physikalische Systeme übertragen wird. Alle bekannten Fälle gerichteter Wechselwirkung können durch physikalische Systeme als Wirkungsträger beschrieben werden.

Auch das oben erwähnte Beispiel der Übertragung der Wirkung durch elektromagnetische Wellen ist von dieser Art.

Einen gewissen anderen Bereich (Grundbereich; siehe III) von Wirkungsübertragungen kann man durch das beschreiben, was wir in XI bis XIII Mikrosysteme nannten. Dieser Bereich ist dadurch gekennzeichnet, daß AQ aus XIII, § 3 als weiteres Axiom zur Beschreibung der Struktur der Mikrosysteme als Wirkungsträger hinzuzunehmen ist, um eine g. G.-abgeschlossene Theorie (siehe III, § 7 und 9) zu erhalten. Es wäre sicher wünschenswert, eine umfassendere Theorie für Wirkungsträger zu entwickeln, die von den Mikrosystemen über Makromoleküle bis hin zu den oben beispielhaft erwähnten Gewehrkugeln reicht und auch solche Fälle wie die elektromagnetischen Wellen umfaßt. Die Beschreibung der »Wirkungsträger« sollte dabei im Grenzfall makroskopischer Wirkungsträger in die objektivierende Beschreibungsweise der Makrosysteme übergehen und so kompatibel zum Ausgangspunkt der objektivierenden Beschreibungsweise zweier wechselwirkender Makrosysteme sein. Dies ist bis heute noch nicht erreicht. Nach der Entdeckung der Quantenmechanik glaubte man, daß die Quantenmechanik selbst diese umfassende Theorie sein könnte, und unternahm alles (bis hin zur Einbeziehung von Bewußtseinsinhalten; siehe Anfang XVI und [40]), um diese Auffassung zu retten.

Die oben erwähnte, in C aufgenommene Struktur, daß »nur im Wirkungsbereich der Präparierapparatur registriert werden darf«, wurde verschiedentlich (mehr oder weniger bewußt unter diesem Aspekt) untersucht. Aber eine mathematisch systematisch abgeschlossene Beschreibung ist noch nicht erreicht worden. In den meisten Fällen begnügt man sich damit, daß man nur anschaulich voraussetzt, daß C die geforderte Eigenschaft hat, um dann weitere Axiome über Gesamtheiten und Effekte als von der Erfahrung nahegelegt einzuführen. Denn tatsächlich hängt natürlich die Menge der Gesamtheiten von der Struktur von C ab.

Wir können uns dies am Beispiel der elektromagnetischen Wellen als Wirkungsträger anschaulich klar machen, obwohl wir in VIII keine Statistik elektromagnetischer Wellen mathematisch eingeführt haben, da dies für Anfänger etwas schwieriger ist als die entsprechenden Betrachtungen in VI, § 5.7 für Massenpunkte. Nach der Vorschrift für C darf eine elektromagnetische Welle nur im vorderen Wirkungsbereich registriert, d. h. ausgemessen werden (siehe Fig. 23). In diesem Bereich ist $\varrho = 0$ und $\mathbf{j} = 0$. Man kann also nicht feststellen (!), wann und wo diese elektromagnetische Welle »erzeugt«, d. h. präpariert wurde.

Nun ist es nicht schwer, eine andere Ladungs-Strom-Verteilung anzugeben, deren retardiertes Feld für genügend große Zeiten t mit dem der in Fig. 23 angedeuteten Ladungs-Stromverteilung übereinstimmt. Dazu extrapoliere man das im vorderen Wirkungsbereich aus Fig. 23 gegebene Feld $\varphi_1(\mathbf{r}, t)$, $\mathbf{A}_1(\mathbf{r}, t)$ der retardierten Potentiale von $\varrho_1(\mathbf{r}, t)$, $\mathbf{j}_1(\mathbf{r}, t)$ in folgender Weise: $\varphi_1(\mathbf{r}, t)$ und $\mathbf{A}_1(\mathbf{r}, t)$ sind im vorderen Wirkungsbereich Lösungen der homogenen Gleichungen, d. h. von VIII (4.3.9) für $\varrho = 0$, $\mathbf{j} = 0$.

Nach VIII, § 4.4 kann man diese Felder als Lösungen der homogenen (!) Gleichungen für alle $\mathbf{r}, t$ fortsetzen. Diese fortgesetzten Lösungen sind nach VIII, § 4.4 höchstens in dem Bereich von Null verschieden, der sich aus vorderem Wirkungsbereich, rückwärtigem Extrapolationsbereich und Prozeßbereich zusammensetzt. Man kann diese Lösung der homogenen Gleichungen sogar sehr leicht angeben; es ist die auch schon am Ende von VIII, § 4.3 betrachtete Differenz der retardierten und avancierten Potentiale der Ladungsverteilung $\varrho_1(\mathbf{r}, t)$, $\mathbf{j}_1(\mathbf{r}, t)$. $\varphi_{\mathrm{exp}}(\mathbf{r}, t)$, $\mathbf{A}_{\mathrm{exp}}(\mathbf{r}, t)$ seien diese extrapolierten Lösungen der homogenen Gleichungen; im Wirkungsbereich gilt also $\varphi_{\mathrm{exp}}(\mathbf{r}, t) = \varphi_1(\mathbf{r}, t)$, $\mathbf{A}_{\mathrm{exp}}(\mathbf{r}, t) = \mathbf{A}_1(\mathbf{r}, t)$. Man betrachte nun zwei Zeiten $t_1 < t_2$, die wesentlich vor dem in Fig. 23 eingezeichneten Prozeß liegen (siehe Fig. 24).

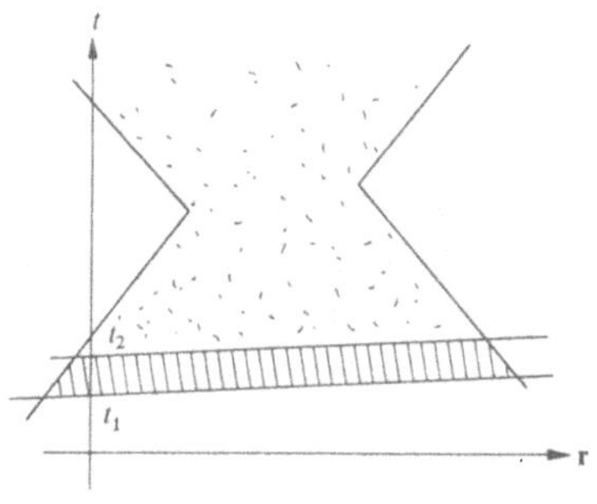

Fig. 24

Man setze die in dem in Fig. 24 punktierten Gebiet gegebenen $\varphi_{\mathrm{exp}}(\mathbf{r}, t)$, $\mathbf{A}_{\mathrm{exp}}(\mathbf{r}, t)$ in dem gestrichelten Gebiet willkürlich (!) zweimal stetig differenzierbar so fort, daß die so erhaltenen Funktionen $\varphi_2(\mathbf{r}, t)$, $\mathbf{A}_2(\mathbf{r}, t)$ gleich Null sind außerhalb der in Fig. 24 punktierten und gestrichelten Gebiete. $\varphi_2(\mathbf{r}, t)$, $\mathbf{A}_2(\mathbf{r}, t)$ sind natürlich keine Lösungen der homogenen Gleichungen, sondern umgekehrt (!) erhält man aus den linken Seiten von VIII (4.3.5) Größen $\varrho_2(\mathbf{r}, t)$, $\mathbf{j}_2(\mathbf{r}, t)$, die nur in dem in Fig. 24 gestrichelten Gebiet von Null verschieden sein können und gerade solche retardierten Felder $\mathbf{E}_2(\mathbf{r}, t)$, $\mathbf{B}_2(\mathbf{r}, t)$ liefern, die im punktierten Bereich aus Fig. 24 mit den zu $\varphi_{\mathrm{exp}}(\mathbf{r}, t)$, $\mathbf{A}_{\mathrm{exp}}(\mathbf{r}, t)$

gehörigen Feldern $\mathbf{E}_{exp}(\mathbf{r},t)$, $\mathbf{B}_{exp}(\mathbf{r},t)$ übereinstimmen. Damit stimmen aber die Felder $\mathbf{E}_2(\mathbf{r},t)$, $\mathbf{B}_2(\mathbf{r},t)$ auch in dem Wirkungsbereich aus Fig. 23 mit den zu $\varphi_1(\mathbf{r},t)$, $\mathbf{A}_1(\mathbf{r},t)$ gehörigen Feldern $\mathbf{E}_1(\mathbf{r},t)$, $\mathbf{B}_1(\mathbf{r},t)$ überein. Die beiden »Prozesse« $[\varrho_1(\mathbf{r},t), \mathbf{j}_1(\mathbf{r},t)]$ und $[\varrho_2(\mathbf{r},t), \mathbf{j}_2(\mathbf{r},t)]$ erzeugen also Felder, die *gerade dort* (!) übereinstimmen, wo sie nach der *Vorschrift* für die Menge C nur registriert werden dürfen. Beide »Präparierverfahren« $[\varrho_1(\mathbf{r},t), \mathbf{j}_1(\mathbf{r},t)]$ und $[\varrho_2(\mathbf{r},t), \mathbf{j}_2(\mathbf{r},t)]$ sind also äquivalent und gehören damit zur selben Klasse, d.h. zur *selben Gesamtheit*!

Es ist sehr wichtig, sich diese Sachlage klar zu machen, denn genau das Analoge liegt auch für die Quantenmechanik vor, wenn man Gesamtheiten und Effekte durch AQ aus XIII, § 3 beschreibt. Während man aber im Falle der elektromagnetischen Wellen auch das Erzeugen dieser Wellen durch ϱ und $\mathbf{j}$ mit Hilfe der *Maxwell*schen Gleichungen beschreiben kann, ist das entsprechende Problem im Falle der Quantenmechanik leider nicht so systematisch gelöst; wir werden uns diesem Problem in § 4.1 zuwenden.

Es ist auch wichtig, sich die oben am Beispiel der elektromagnetischen Wellen geschilderte Sachlage vor Augen zu halten, wenn man das Problem der »Signalübertragung« vom Präparier- zum Registriersystem behandeln will. Die raum-zeitliche Ausdehnung des Präpariersystems ist nicht ein Charakteristikum der Gesamtheiten, sondern eben der Präpariersysteme. Das Problem der »Lokalisierung« der Wirkungsträger ist also nicht so trivial, wie man es oft anzusehen gewöhnt ist.

Die Gewehrkugel und die elektromagnetischen Wellen sind Beispiele, wo die Wirkungsträger nicht nur physikalische Systeme sind, sondern sogar objektivierend, d.h. durch »objektive Eigenschaften« beschrieben werden können. Objektive Eigenschaften werden gegeben durch eine noch speziellere Struktur der Präparier- und Registrierverfahren, d.h. durch weitere Axiome für $\mathcal{Q}, \mathcal{R}_0, \mathcal{R}$. Mathematisch genauer ist dies in [1] III, § 4.1 und in [3] § 12 dargestellt. Wir haben diesen Sachverhalt etwas anschaulich in XIII, §§ 1, 4 und 6 zu schildern versucht. Sind diese eben erwähnten weiteren Axiome für $\mathcal{Q}, \mathcal{R}_0, \mathcal{R}$ erfüllt, d.h. lassen sich Präparieren und Registrieren vollständig als Auswahlverfahren in bezug auf objektive Eigenschaften der physikalischen Systeme deuten, so nennen wir die physikalischen Systeme *physikalische Objekte*.

So können also gewisse gerichtete Wechselwirkungen durch physikalische Objekte übertragen werden. Z.B. sind sowohl die Gewehrkugeln wie auch die elektromagnetischen Wellen solche physikalischen Objekte.

Es ist also durchaus psychologisch verständlich, wenn man in der historischen Entwicklung der Entdeckung der Elektronen, diese zunächst unkritisch als physikalische Objekte aufzufassen versuchte; einmal als physikalische Objekte der Art »geladene Massenpunkte« (siehe XI, § 1.1) oder als physikalische Objekte der Art »Welle« (siehe XI, § 1.2). Tatsächlich dürfen aber die

Mikrosysteme nicht als physikalische Objekte aufgefaßt werden (siehe XIII, §§ 4 und 6 und [1] IV, § 9.1), was sie aber nicht weniger wirklich macht.

Am Ende dieses § sei noch darauf hingewiesen, daß das Kombinierbarkeitsproblem von Präparier- und Registrierverfahren für Makrosysteme, so wie wir es »anschaulich unbewußt« in XV vorausgesetzt haben, anders festgesetzt wird als für Mikrosysteme: Wir hatten einen Zeitpunkt, den wir $t=0$ nannten, ausgezeichnet und festgelegt, daß vor $t=0$ das Präparieren abgeschlossen sein soll und daß das Registrieren erst nach $t=0$ beginnen soll. $\mathcal{Q}_m$ enthält also nur solche Präparierverfahren, für die das Präparieren bis $t=0$ abgeschlossen ist; $\mathcal{R}_{th0}$ enthält also nur solche Registriermethoden, die mit dem Registrieren der Trajektorien erst nach $t=0$ beginnen. Deswegen ist es erlaubt, *jedes* Präparierverfahren aus $\mathcal{Q}_m$ mit *jeder* Registriermethode aus $\mathcal{R}_{th0}$ als kombinierbar vorauszusetzen, was wir unausgesprochen immer getan haben. Da jedes Präparierverfahren aus $\mathcal{Q}_m$ bis $t=0$ abgeschlossen ist und jede Registriermethode aus $\mathcal{R}_{th0}$ erst nach $t=0$ beginnt und dasselbe aber *nicht* für alle $a\in\mathcal{Q}$ und $b_0\in\mathcal{R}_0$ in der Quantenmechanik gilt, können bei einer Einbettung in $\mathfrak{PT}_{q\,exp}$ die Mengen $\mathcal{Q}_m$ und $\mathcal{R}_{th0}$ nur *echte* Teilmengen von $\mathcal{Q}$ und $\mathcal{R}_0$ sein!

§ 2. Mikrosysteme als Wirkungsträger

Wir wollen nun auch in der mathematischen Beschreibung des Präparierens und Registrierens, d.h. im Bild $\mathfrak{MT}$, die Wirkungsträger genauer hervortreten lassen. Dies läßt sich am geschicktesten mit der schon in § 1.4 eingeführten Hilfsmenge M durchführen.

§ 2.1. Das Präparieren von Mikrosystemen

Die Struktur der in § 1.2 eingeführten Menge M_g definiert durch $x_1\to(x_1,x_2)$ eine Abbildung $\pi: M_1\to M_g$ (genauer einer Teilmenge von M_1 auf M_g. Mit der in § 1.4 definierten Abbildung j wird dadurch eine zusammengesetzte Abbildung $j\pi: M_1\xrightarrow{\pi} M_g\xrightarrow{j} M$ definiert. $x=j\pi(x_1)$ *heißt das vom Präpariersystem* x_1 *präparierte Mikrosystem* x.

Mit der durch (1.4.2) definierten bijektiven Abbildung $h: \mathscr{S}_m^{(1)}\to\mathcal{Q}$ gilt also für $c\in\mathscr{S}_m^{(1)}$

$$h(c)=j\pi(c),$$

wobei wie üblich $j\pi(c)=\bigcup_{x\in c} j\pi(x)$ gemeint ist. Zusammen mit der in XIII Definition 2.5 eingeführten und durch die in XIII, § 3 vorgenommene Identifizierung von $\mathscr{K}$ mit K ein wenig umdefinierte Abbildung φ erhält man die zusammengesetzte Abbildung $\varphi h: \mathscr{S}_m^{(1)\prime} \xrightarrow{h} \mathbb{Q}' \xrightarrow{\varphi} K$, wobei die Striche andeuten sollen, daß in den Mengen $\mathscr{S}_m^{(1)}$, $\mathbb{Q}$ die leere Menge wegzulassen ist.

$W = \varphi h(c)$ nennt man die von den Präpariersystemen aus c präparierte Gesamtheit W der Mikrosysteme.

Es sei nochmals daran erinnert, daß zwei $x_1, x_2 \in c$ durch *verschiedene* Elemente von c dargestellt werden, wenn sie zweimal zum Präparieren benutzt werden, auch wenn beidemale (in Normalsprache ausgedrückt) derselbe Apparat benutzt wurde.

Es genügt, die Abbildung φh speziell für $c = a^{(1)} \cap b^{(1)}$ mit $a^{(1)} \in \mathbb{Q}_m^{(1)}$, $b^{(1)} \in \mathscr{R}_{th}^{(1)}$ zu kennen. Damit stellt sich das sogenannte Präparierproblem, eine Theorie zu entwickeln, die es auf Grund der makroskopischen Beschreibung der Systeme aus M_1 erlaubt, die $W = \varphi h(a^{(1)} \cap b^{(1)})$ zu berechnen. Tatsächlich tun dies die Experimentalphysiker mehr oder weniger genau; denn sonst könnten sie ja gar keinen Bau von Präparierapparaten für Mikrosysteme technisch planen. Aber mit Hilfe welcher Theorie tun sie das? In § 4 werden wir ein wenig dieses Problem beleuchten.

§ 2.2. Das Registrieren von Mikrosystemen

Wir gehen ganz analog wie in § 2.1 vor.

Die Struktur der in § 1.2 eingeführten Menge M_g definiert durch $x_2 \to (x_1, x_2)$ eine Abbildung $\varrho: M_2 \to M_g$ (genauer einer Teilmenge von M_2 auf M_g). Mit der in § 1.4 definierten Abbildung j wird dadurch eine zusammengesetzte Abbildung $j\varrho: M_2 \xrightarrow{\varrho} M_g \xrightarrow{j} M$ definiert. *$x = j\varrho(x_2)$ bedeutet, daß das Mikrosystem x vom Registriersystem x_2 registriert wurde.*

Durch (1.4.4) ist eine Abbildung $k: \mathscr{S}_m^{(2)} \to \mathscr{R}$ definiert, die auf $\mathscr{D}_m^{(2)}$ eingeschränkt: $\mathscr{D}_m^{(2)} \xrightarrow{k} \mathscr{R}_0$ zu einer bijektiven Abbildung von $\mathscr{D}_m^{(2)}$ auf $\mathscr{R}_0$ wird, wie wir in § 1.4 feststellten. Es ist dann ähnlich wie in § 2.1 für $c \in \mathscr{S}_m^{(2)}$:

$$k(c) = j\varrho(c).$$

Wir führen folgende Teilmengen von $\mathscr{D}_m^{(2)} \times \mathscr{S}_m^{(2)}$ ein:

$$\mathscr{N}_m^{(2)} = \{(c_0, c) \mid c_0 \in \mathscr{D}_m^{(2)}, c \in \mathscr{S}_m^{(2)} \text{ und } c \subset c_0\}.$$

Durch die Definition $k(c_0, c) = (k(c_0), k(c))$ ist dann eine Abbildung $k: \mathscr{N}_m^{(2)} \to \mathscr{F}$ mit $\mathscr{F}$ nach XIII Definition 2.1 definiert. Zusammen mit der in XIII Definition 2.5 eingeführten und durch die in XIII, § 3 vorgenommene Identifizierung von $\mathscr{L}$ mit L ein wenig umdefinierte Abbildung ψ erhält man die zusammengesetzte Abbildung $\psi k: \mathscr{N}_m^{(2)} \xrightarrow{k} \mathscr{F} \xrightarrow{\psi} L$.

$F = \psi k(c_0, c)$ nennt man den von den Registriersystemen aus c_0 mit der durch c charakterisierten Anzeige definierten Effekt.

Es genügt, die Abbildung ψk speziell für $c_0 = a^{(2)} \cap b_0^{(2)}$ mit $a^{(2)} \in \mathcal{Q}_m^{(2)}$, $b_0^{(2)} \in \mathcal{R}_{th}^{(2)}$ und $c = a^{(2)} \cap b^{(2)}$ mit $b^{(2)} \in \mathcal{R}_{th}^{(2)}$ und $b^{(2)} \subset b_0^{(2)}$ zu kennen. Damit stellt sich das sogenannte Registrierproblem (auch oft Meßproblem genannt), eine Theorie zu entwickeln, die es auf Grund der makroskopischen Beschreibung der Systeme aus M_2 erlaubt, die $F = \psi k(a^{(2)} \cap b_0^{(2)}, \; a^{(2)} \cap b^{(2)})$ zu berechnen. Tatsächlich tun dies die Experimentalphysiker mehr oder weniger genau; denn sonst könnten sie ja gar keinen Bau von Meßapparaten (d. h. Registrierapparaten) für Mikrosysteme technisch planen. Aber mit Hilfe welcher Theorie tun sie das? In § 4 werden wir ein wenig dieses Problem beleuchten.

§ 2.3. Das aus Präparieren und Registrieren zusammengesetzte Experiment

Der große Vorteil der in den §§ 2.1 und 2.2 wenigstens prinzipiell angedeuteten »Berechnung« der Gesamtheiten $W = \varphi h(c)$ für $c \in \mathcal{S}_m^{(1)}$ und der Effekte $F = \psi k(c_0, c_1)$ für $(c_0, c) \in \mathcal{N}_m^{(2)}$ ist eben der, daß man von allen apparativen Einzelheiten absehen kann und nur noch von den Mikrosystemen zu sprechen braucht, d. h. nur noch »Quantenmechanik der Mikrosysteme« durchzuführen braucht, so wie wir z. B. in XI, § 9 die Streuprozesse betrachtet haben, *ohne* die physikalisch makroskopische Beschreibung der die zu streuenden Mikrosysteme präparierenden Apparaturen (Systeme 1) noch genauer die Beschreibung der die gestreuten Mikrosysteme registrierenden Apparate (Systeme 2) einzuführen. Wir haben in XI, § 9 einerseits nur die Gesamtheiten betrachtet und zwar auch da noch zwei Näherungen an das »richtige« W, nämlich W_0^i und W_0^f (siehe z. B. XI (9.1.12)), und andererseits nur die Effekte (siehe XI (9.3.14)). Die Tatsache aber, daß wir z. B. nicht genauer auf den Bau der Registrierapparate eingingen, hatte zur Folge, daß wir eben nicht genauer den »Effekt des Ankommens der Systeme auf einem Auffänger« bestimmen konnten und einige Vorsichtsmaßregeln für die Anwendung von $\tilde{K}$ geben mußten.

Jetzt aber wollen wir eben nicht »nur« Quantenmechanik betreiben, sondern gerade verstehen, wie die Wahrscheinlichkeit $Sp(WF)$ mit den an sich doch nur makroskopischen Vorgängen an den zusammengesetzten Systemen zusammenhängt. Um diesen Zusammenhang noch ein bißchen deutlicher hervortreten zu lassen, schreiben wir für die in XIII Definition 3.3 angegebene Funktion $\mu(W, F)$ einfach $Sp(WF)$. Dann ist nach AQ aus XIII, § 3 für $a \in \mathcal{Q}'$ und $g \in \mathcal{F}$ mit μ nach (1.4.9):

$$\mu(a, g) = Sp\big(\varphi(a)\,\psi(g)\big).$$

Nach den Überlegungen aus § 2.1 und § 2.2 ist mit $c_1 \in \mathcal{S}_m^{(1)}$, $(c_0, c_2) \in \mathcal{N}_m^{(2)}$

$$\varphi(a) = \varphi h(c_1), \; \psi(g) = \psi k(c_0, c_2)$$

und damit wegen (1.4.9) und (1.3.2) mit $c_1 = a^{(1)} \cap b^{(1)}$, $c_0 = a^{(2)} \cap b_0^{(2)}$, $c_2 = a^{(2)} \cap b^{(2)}$:

$$(2.3.1) \quad \begin{aligned} \lambda_g(a^{(1)} \times a^{(2)} \cap M_g \cap b^{(1)} \times b_0^{(2)},\ a^{(1)} \times a^{(2)} \cap M_g \cap b^{(1)} \times b^{(2)}) = \\ = Sp\left(\varphi h(a^{(1)} \cap b^{(1)}),\ \psi k(a^{(2)} \cap b_0^{(2)},\ a^{(2)} \cap b^{(2)})\right). \end{aligned}$$

Die Gleichung (2.3.1) könnte man als *die* Interpretationsformel der Quantenmechanik bezeichnen: links steht eine Wahrscheinlichkeit über Prozesse die ganz (!) im makroskopischen Bereich stattfinden, rechts steht eine quantenmechanische Wahrscheinlichkeit für das Auftreten eines Effektes

$$(2.3.2) \qquad F = \psi k(a^{(2)} \cap b_0^{(2)},\ a^{(2)} \cap b^{(2)})$$

in der Gesamtheit

$$(2.3.3) \qquad W = \varphi h(a^{(1)} \cap b^{(1)}).$$

Die linke Seite der Gleichung (2.3.1) »weiß nichts« von Mikrosystemen, die rechte Seite ist eine Aussage über Mikrosysteme.

Die Formel (2.3.1) enthält in komprimierter Form ganze »Romane«, die man ohne diese Formel erzählen muß, um $Sp(WF)$ mit der Erfahrung zu verbinden, d.h. um die Quantenmechanik zu interpretieren; man vergleiche mit (2.3.1) z.B. nur das in XI, § 1.7 Gesagte!

Zur Illustration wollen wir die Formel (2.3.1) auf die Heisenbergsche Ungenauigkeitsrelation anwenden: Sei also $a^{(2)} \cap b_0^{(2)}$ ein »Apparat, der den Ort mißt«, d.h. für verschiedene $b^{(2)}$ liefert (2.3.2) (wenigstens in sehr guter Näherung) die Effekte $E(\mathscr{V})$, daß »der Ort des Systems in $\mathscr{V}$ liegt«. Ähnlich sei $\bar{a}^{(2)} \cap \bar{b}_0^{(2)}$ ein »Apparat, der den Impuls mißt«, d.h. für verschiedene $\bar{b}^{(2)}$ liefert (2.3.2) (wenigstens in sehr guter Näherung) die Effekte $\bar{E}(\pi)$, daß »der Impuls des Systems im Gebiet π des Impulsraumes liegt«. Die *Heisenberg*sche Ungenauigkeitsrelation sagt dann aus, daß, wie man auch immer Makrosysteme nach irgendwelchen $a^{(1)} \cap b^{(1)}$ konstruieren mag, die nach (2.3.1) zu berechnenden Wahrscheinlichkeiten $\lambda_g(\dots)$ immer streuen. »Vergißt« man die Mikrosysteme im Sinne von § 1, so stellt die *Heisenberg*sche Ungenauigkeitsrelation eine Aussage über die möglichen gerichteten Wechselwirkungen von Makrosystemen 1 auf Makrosysteme 2 dar, so wie sie durch $\lambda_g(\dots)$ erfaßt werden.

Um dies noch einmal drastisch klar zu machen: Mit einer »Elektronenpräparierapparatur« 1 kann man höchstens in *einem* bestimmten Abstand auf einem Schirm (Apparat 2) einen sehr kleinen Auftrefffleck (Brennfleck) erzeugen; rückt man den Schirm an eine andere Stelle, wird der Fleck »unscharf«. Anders beim Schießen mit Gewehren: Ist das Gewehr »gut«, so treffen die Kugeln auf Scheiben so gut wie immer an derselben Stelle ein, ganz gleich, in welcher Entfernung (natürlich in gewissen Grenzen) man Scheiben aufstellt.

Trotz der komprimierten Form von (2.3.1) bleiben allerdings noch zwei Fragen offen, nämlich eine Theorie zu entwickeln, die es erlaubt, die Abbildungen φh und ψk zu bestimmen.

§ 3. Die Fixierung der Messung durch das Registriersystem als Makrosystem

In XII, § 1.1 haben wir Meß-Streu-Morphismen betrachtet. Die entscheidende Gleichung war XII (1.1.5), durch die beschrieben wird, wie die am System 2 gemessenen Effekte F_2 als vom Mikrosystem hervorgerufene Effekte (in XII (1.1.5) mit F_1 bezeichnet) zu interpretieren sind. Da man aber am System 2 nach der Meßstreuung wieder »beliebige« Effekte F_2 messen kann, wird durch die Meßstreuung in *keiner* Weise irgendein *Meßergebnis* erzielt. Von einer Fixierung von Meßergebnissen am System 2 kann keine Rede sein, worauf wir bei der Diskussion in XII § 1.1 ausführlich hingewiesen haben.

Ist das System 2 aber ein Makrosystem, so sieht die Sachlage ganz anders aus:

Die möglichen meßbaren Effekte sind durch (2.3.2) gegeben; dabei kann man noch $a^{(2)}$, $b_0^{(2)}$ und $b^{(2)}$ wählen, wobei allerdings für die $b^{(2)}$ nur solche Elemente aus $\mathscr{R}_{th}^{(2)}$ mit $b^{(2)} \subset b_0^{(2)}$ genommen werden dürfen. Es ist nicht nur nicht zu erwarten, daß nur koexistente (siehe XIII, § 5) F nach (2.3.2) auftreten; im Gegenteil sollten »fast« alle Effekte aus L auf diese Weise herstellbar sein (siehe AQR aus XIII, § 3, wo wir »idealisierend« sogar gefordert haben, daß alle Effekte aus L nach der in § 2.2 angegebenen Form $F = \psi k(c_0, c)$ gewonnen werden können). Es soll ja eben möglich sein, durch »Wahl« geeigneter Registrierapparate alle möglichen Effekte auch wirklich zu registrieren. Wo steckt diese »Wahl« in der Formel (2.3.2)? Im Präparierverfahren $a^{(2)}$, das eben die Auswahl der zum Registrieren benutzten Systeme 2 beschreibt.

Hat man sich aber nun zu einer bestimmten Auswahl $a^{(2)}$ entschieden (einer Auswahl, der im Falle eines Mikrosystems 2 in XII, § 1.1 die Festlegung von W_2 und damit nach XII (1.1.5) die Festlegung von $\mathbf{T}(1, 2; W_2)$ entspricht), so gibt es *keine* Möglichkeit mehr, nicht koexistente Effekte $F = \psi k(a^{(2)} \cap b_0^{(2)}, a^{(2)} \cap b^{(2)})$ zu messen, wie wir nun sehen wollen. Während also nach XII (1.1.5) bei festem $\mathbf{T}(1, 2; W_2)$ auch nicht koexistente Effekte F_1 bei geeigneter Wahl der F_2 auftreten können, erhält man bei *jeder* Wahl von $(b_0^{(2)}, b^{(2)})$, d.h. bei jeder Wahl eines Effektverfahrens für das System 2 bei *festem* $a^{(2)}$ nach (2.3.2) nur koexistente Effekte.

Daß dies so ist, liegt daran, daß das Registriersystem 2 ein Makrosystem ist. Wie wir in XV, § 11.5 ausführlich dargelegt haben, sind die Makrosysteme physikalische Objekte, d.h. jedes Effektverfahren $(b_0^{(2)}, b^{(2)})$ ist äquivalent einem mit $\tilde{b}_0^{(2)}$ nach MR aus XV, § 11.1 existierenden Effektverfahren

$$(\tilde{b}_0^{(2)}, \tilde{b}^{(2)}) \quad \text{mit} \quad \tilde{b}^{(2)} = \tilde{b}_0^{(2)} \cap N(\xi),$$

wobei $\tilde{b}_0^{(2)}$ fest, d.h. unabhängig von allen $b_0^{(2)}$ gewählt werden kann. Äquivalent heißt aber nichts anderes, als daß alle auf der linken Seite von (2.3.1) angegebenen Wahrscheinlichkeiten für ein $(b_0^{(2)}, b^{(2)})$ gleich denjenigen für $(\tilde{b}_0^{(2)}, \tilde{b}^{(2)})$ sind. Man kann also in (2.3.1) $b_0^{(2)}, b^{(2)}$ immer durch ein $\tilde{b}_0^{(2)}, \tilde{b}^{(2)}$ ersetzen; damit erhält man schon alle nach (2.3.2) möglichen F in der Form

$$(3.1) \qquad F = \psi k \left(a^{(2)} \cap \tilde{b}_0^{(2)}, \ a^{(2)} \cap \tilde{b}_0^{(2)} \cap N(\xi)\right).$$

Mit Hilfe der Abbildung XV (11.1.3) und der durch (3.1) bei festem $a^{(2)}$ definierten Abbildung

$$\tilde{b}_0^{(2)} \cap N(\xi) \to F$$

erhält man als zusammengesetzte Abbildung

$$\xi \to \tilde{b}_0^{(2)} \cap N(\xi) \to F$$

eine Abbildung

$$(3.2) \qquad \hat{\Xi} \to L.$$

Man sieht leicht auf Grund von XV (11.1.3) und (3.1), daß (3.2) ein additives Maß auf dem *Boole*schen Ring $\hat{\Xi}$ darstellt. (3.2) ist also nach XIII Definition 5.6 eine Observable. Diese Observable heißt die durch die Auswahl $a^{(2)}$ der Registriersysteme »fixierte« Observable.

Da irgend ein $(b_0^{(2)}, b^{(2)})$ einem $(\tilde{b}_0^{(2)}, \tilde{b}_0^{(2)} \cap N(\xi))$ äquivalent ist, liegt also jeder Effekt F nach (2.3.2) (bei festem $a^{(2)}$) im Wertebereich der Observablen (3.2). Nach XIII, Definition 5.3 sind also alle Effekte nach (2.3.2) bei festem $a^{(2)}$ koexistent.

Im Sinne von XV, § 11.5 können wir die $\xi \in \hat{\Xi}$ als objektive Eigenschaften der Registriersysteme ansehen, auch dann, wenn man sie nicht auf irgendeine Weise $b_0^{(2)}$ »feststellt«. Die $\xi \in \hat{\Xi}$ können also als an den Registriersystemen 2 »fixierte« Eigenschaften betrachtet werden und (3.2) gibt die durch diese objektiven Eigenschaften fixierte Observable an.

Während also nach einer Meßstreuung an einem Mikrosystem 2 noch keine Meßergebnisse fixiert sind, da man (bei festem W_2) nach XII (1.1.5) den Effekt F_2 noch »wählen« kann, sind nach einer Messung mit Hilfe von Makrosystemen 2 die vom Mikrosystem am Makrosystem 2 hervorgerufenen Eigenschaften $\xi \in \hat{\Xi}$ objektiv fixiert; die Observable (3.2) ist festgelegt und nicht mehr wählbar. Der Meßprozeß ist »abgeschlossen«, sobald die Registrierung den Bereich makroskopischer Systeme erreicht hat. Man hat keine Wahl mehr, *was* man messen will; man kann nur noch die «Meßergebnisse« am

System 2 selber oder mit Hilfe anderer Apparate (in (2.3.2) durch $b_0^{(2)}$ beschrieben) »ablesen«.

Damit haben wir eine Konsistenz bestätigt: Die Konsistenz zwischen den als Ausgangspunkt in XIII, § 1.3 gewählten Auswahlverfahren $b \in \mathscr{R}$ (wobei wir eben voraussetzten, daß die Auswahl b nach objektiv festliegenden »Wirkungen« der Mikrosysteme geschieht) und dem hier in § 2.2 beschriebenen Registrieren. Diese Konsistenz ist aber nur dadurch gesichert, daß wir eben Registriersysteme als Makrosysteme im Sinne unserer Betrachtungen aus XV auffassen. Eine Auffassung, die die Theorie $\mathfrak{PT}_{q\,\text{exp}}$ für die eigentlich umfassende Theorie auch der Vielteilchensysteme hält, würde diese Konsistenz zerstören. Nur wenn $\mathfrak{PT}_m$ und spezieller $\mathfrak{PT}_{th}$ als die umfangreicheren Theorien für Makrosysteme angesehen werden (ein Standpunkt, den wir in XV dargestellt und eingenommen haben), ist die in XIII, § 1.3 gegebene Interpretation der Quantenmechanik mit der »Physik des Meßprozesses« konsistent.

Wenn jemand (aus welchen Gründen auch immer) die Meinung vertritt, daß doch die Quantenmechanik die umfangreichste Theorie ist, d. h. daß alle nach $\mathfrak{PT}_{q\,\text{exp}}$ möglichen Messungen auch wirklich möglich (wenigstens im Prinzip) seien, so muß man die Interpretation der Quantenmechanik nach XIII, § 1.3 aufgeben, den »Abschluß« eines Meßprozesses durch eine Wechselwirkung mit einem Makrosystem 2 ablehnen (d. h. man hätte *immer* die in XII, § 1.1 beschriebene Sachlage) und nach einer anderen Art und Weise des »Feststellens« von Meßergebnissen suchen; denn ohne jede Feststellung von Meßergebnissen ist die Quantenmechanik überhaupt nicht interpretierbar. Als diese andere Art und Weise bietet sich dann die »Feststellung« im Bewußtsein eines Subjektes, des sogenannten Beobachters an.

Die in XV diskutierte und vorausgesetzte Möglichkeit der Einbettung von $\mathfrak{PT}_{th}$ in $\mathfrak{PT}_{q\,\text{exp}}$ besagt nichts anderes, als daß es keinen Widerspruch mit einem Test von $\mathfrak{PT}_{q\,\text{exp}}$ geben kann; denn ein widersprüchlicher Test von $\mathfrak{PT}_{q\,\text{exp}}$ müßte erst recht zu einem widersprüchlichen Test der umfangreicheren Theorie $\mathfrak{PT}_{th}$ führen (siehe III, § 7). Die Vorstellung der endgültigen Feststellung der Meßergebnisse im Bewußtsein eines Subjektes ist also nicht durch einen widersprüchlichen Test an der Erfahrung widerlegbar, wenn man auch noch (siehe XV, § 6.3 und XVII, § 1) die Kompatibilität physiologischer Prozesse mit $\mathfrak{PT}_{q\,\text{exp}}$ im Sinne einer Einbettung voraussetzt.

Wir verlangen aber von einer $\mathfrak{PT}$ noch mehr, als daß sie nur zu keinem widersprüchlichen Test im Sinne von III, § 4 führt. Eine g. G.-abgeschlossene Theorie soll auch genau den Bereich der physikalisch möglichen (und natürlich auch physikalisch wirklichen) Prozesse abzugrenzen gestatten, wie es in III, §§ 7 und 9 geschildert ist. Dafür, daß $\mathfrak{PT}_{q\,\text{exp}}$ nicht g. G.-abgeschlossen sein kann, haben wir in XV mehrere Hinweise gegeben; es sei nur noch einmal auf den Entropiesatz verwiesen, der sehr prägnant zum Ausdruck bringt, daß in $\mathfrak{PT}_{th}$ *keine* Bewegungsumkehrinvarianz gilt, d. h., daß im allgemeinen der zu einem physikalisch möglichen Prozeß bewegungsumgekehrte Prozeß (anschaulich charakterisiert durch den umgekehrt ablaufenden Film; siehe XV, §§ 10 und 11) *nicht* physikalisch möglich ist. Ist aber die Auffassung erschüttert, daß $\mathfrak{PT}_{q\,exp}$ g. G.-abgeschlossen ist, so ist es viel »physikalischer«, von den Theorien $\mathfrak{PT}_m$ und $\mathfrak{PT}_{th}$ diejenigen Strukturen vorauszusetzen, die wir in XV betrachtet haben. Dann aber erhält man die Möglichkeit der Existenz »fixierter« Meßergebnisse schon vor jeder Kenntnisnahme dieser Ergebnisse durch ein Subjekt.

Nimmt man aber $\mathfrak{PT}_{q\,exp}$ als umfangreichste Theorie an, so muß man auch den Entropiesatz bzw. allgemeiner die »scheinbare« Unmöglichkeit bewegungsumgekehrter Prozesse auf eine Eigenschaft des Bewußtseins von Subjekten zurückführen. Dies versucht man dann auch konsequenterweise, indem man meint, alle diese »Merkwürdigkeiten« des Verhaltens makroskopischer Systeme auf Strukturen der Kenntnis von Subjekten über die Natur (auf sogenannte »subjektive Information«) zurückführen zu können. In XV bis XVII sollte gezeigt werden, daß *keine Notwendigkeit* für das Ausweichen in die eben kurz geschilderte Betrachtungsweise der Einbeziehung subjektiver Bewußtseinsinhalte in physikalische Theorien besteht. Wer allerdings aus philosophischen oder andersartigen Gründen einen solchen erkenntnistheoretischen Standpunkt der Notwendigkeit des Einbeziehens von Bewußtseinsinhalten in physikalische Theorien vertritt, kann nicht durch Experimente allein widerlegt werden, da er auch z. B. die in III, § 9 eingeführten Begriffe wie den des physikalisch Möglichen nicht akzeptieren wird.

Wir haben eben von der Kompatibilität der oben (siehe § 1) gegebenen Beschreibung der Präparier- und Registriersysteme als Makrosysteme mit einer Einbettung in $\mathfrak{PT}_{q\,exp}$ gesprochen. Diese Kompatibilität ist im Prinzip nichts anderes als die allgemein in XV diskutierte Kompatibilität, spezialisiert auf den Fall zusammengesetzter Systeme mit einer gerichteten Wechselwirkung. In § 4 werden wir noch ein paar Bemerkungen zu dieser Kompatibilität machen und insbesondere in § 4.2 in dieser Beziehung auf das Registrierproblem eingehen. § 4.2 stellt also noch eine Ergänzung dar in bezug auf den Zusammenhang der fixierten Meßergebnisse mit dem Einbettungsproblem.

Als letzte Frage wollen wir noch kurz aufwerfen: Ab wann, d. h. ab welcher Stufe der Wirkungen von Mikrosystemen auf Systeme 2 kann man von fixierten Meßergebnissen reden? Ist 2 ein echtes Mikrosystem, bei dem alle $W_2 \in K_2$ und alle $F_2 \in L_2$ im Sinne der Quantenmechanik auch physikalisch möglich sind, d. h. für das die Quantenmechanik eine g. G.-abgeschlossene Theorie ist (siehe III, §§ 7 und 9), so ist die Theorie der Streumorphismen nach XII, § 1.1 anzuwenden, wobei von fixierten Ergebnissen keine Rede sein kann. Ist 2 ein Makrosystem, so gilt das oben beschriebene Fixieren der Meßergebnisse im System 2. Was gilt für kleinere Systeme, die noch keine Makrosysteme sind?

Demselben Problem sind wir schon in § 12 begegnet. Wir haben heute noch keine umfangreichere Theorie, die für alle »Stufen« eine Aussage über die möglichen Gesamtheiten und Effekte macht. Eines ist allerdings klar: nur wenn die objektivierende Beschreibungsweise in physikalisch ausreichender Approximation möglich ist, darf von Fixierung der Meßergebnisse gesprochen werden. Man mache sich aber über die Größe solcher Makrosysteme keine falschen Vorstellungen. Auch ein Silberbromidkriställchen, das nur im Mikroskop sichtbar ist, ist ein solches Makrosystem; und eine Sensibilisierung dieses Kriställchens ist auch eine solche objektive Eigenschaft, auch wenn sie zur Auswertung erst mit einem Entwickler durch Umwandlung in ein »Silberkorn« sichtbar gemacht wird. Ebenso muß man z. B. eine durch ein Mikrosystem hervorgerufene Veränderung in einem genetischen Kode als eine objektive Veränderung ansehen.

Um Mißverständnissen vorzubeugen, sei zum Schluß noch erwähnt, daß der oben benutzte Ausdruck der Fixierung der Meßergebnisse durch das System 2 *nicht* bedeutet, daß die am System 2 auftretenden Veränderungen, zeitunabhängig wären. Im Gegenteil sind im allgemeinen die $\zeta \in \hat{\Xi}$ Teilmengen von Trajektorien, d. h. von zeitlich ablaufenden Prozessen, aber eben von *objektiv* an den Systemen 2 ablaufenden Prozessen. Die objektiven Eigenschaften $\zeta \in \hat{\Xi}$ sind also keine statischen Eigenschaften. Hat man also vergessen, durch ein »Versuchsprotokoll«, z. B. durch eine Magnetbandaufzeichnung eines Computers, festzuhalten, was sich am System 2 ereignet hat, so hat trotzdem die Messung der Observablen (3.2) stattgefunden, auch wenn man die Ergebnisse dieser Messung (weil »vergessen«) nicht für einen Test der Theorie der gemessenen Mikrosysteme benutzen kann. Man verwechsele also nicht die am System 2 »fixierten« Meßergebnisse mit dem zum Test einer Theorie nach III, § 4 zu $\mathfrak{MX}$ hinzuzufügenden Axiome (———),﹐! Durch solche Verwechselungen wurden oft Mißverständnisse hervorgerufen.

Was wir in diesem § hier in bezug auf das Registrierproblem betrachtet haben, kann man analog auf das Präparierproblem übertragen: Die objektiven Eigenschaften des Systems 1 führen (bei festgehaltenem $a^{(1)}$) zu dem, was wir nach XIII Definition 7.1 koexistente Entmischungen nannten. Wir wollen dies aber hier nicht näher ausführen.

§ 4. Theorie des Präparierens und Registrierens von Mikrosystemen

Während wir im Falle der elektromagnetischen Wellen in Form der *Maxwell*-schen Gleichungen eine Theorie besitzen, die sowohl die Erzeugung wie die Messung (eventuell mit Zuhilfenahme von Materialeigenschaften; siehe VIII,

§§ 5 bis 8) der Wellen zu beschreiben gestattet, sind wir nicht in derselben Lage im Falle der Mikrosysteme.

Da das aus Präparier- und Registriersystem zusammengesetzte System ein Makrosystem ist, könnte man die Theorie aus XV anwenden. Das wäre aber nicht sehr praktisch, da man ja verschiedene Sorten von Systemen 1, 2 zu einem Gesamtsystem zusammensetzen möchte. Es ist daher vorzuziehen, Präparier- wie Registriersysteme getrennt zu untersuchen um die Abbildungen φh und ψk zu gewinnen.

§ 4.1. Präpariersysteme

Wenn die Experimentalphysiker an die Konstruktion von Präparierapparaten herangehen, so versuchen sie, die Funktion der Apparate theoretisch zu berechnen, damit keine Fehlkonstruktionen durchgeführt werden. Durch einen mühsamen Prozeß des theoretischen Überlegens, Berechnens und Erprobens von Einzelteilen gelangt man dann zu den gewünschten Apparaten. Welche Theorien werden dabei benutzt?

Offensichtlich nicht nur die Quantenmechanik, da ja schließlich ein stabil konstruierter Apparat entstehen soll; und dazu bedarf man vieler bekannter makroskopischer Theorien, wie wir sie beispielhaft in VI, § 3, VIII und XIV kennen gelernt haben. Endlich aber braucht man auch die theoretische Beschreibung von Prozessen, bei denen »Mikrosysteme emittiert« werden. Wie man sie dann weiter behandelt (z. B. durch Felder, Blenden, usw.), muß dann wieder theoretisch durchüberlegt werden; und die Quantenmechanik ist von großer Bedeutung für solche Überlegungen. Die »Praxis« der Theorie der Apparate besteht also in einem Nebeneinander vieler Theorien, von den Theorien makroskopischer Systeme bis hin zur Quantenmechanik selbst. Alles ist so vielgestaltig, daß man eigentlich daran zweifeln könnte, ob es überhaupt eine einheitliche Theorie der Apparate geben könnte.

Es ist nun tatsächlich möglich, die theoretischen Überlegungen aus XV auf das hier gestellte Problem zu übertragen; allerdings darf man dann nicht das System in ein endliches Gebiet einschließen, da man ja gerade die Möglichkeit der Emission beschreiben will. Und weiterhin darf man nicht nur rein makroskopische Systeme betrachten, da man ja das Präparieren allein untersuchen, d. h. die Abbildung φh finden will. Die Abbildung φh ist aber eine Abbildung der Beschreibung der Präpariersysteme als Makrosysteme auf die Beschreibung der emittierten Mikrosysteme durch die Quantenmechanik, d. h. auf die Beschreibung der erzeugten Wirkungsträger und damit auf den durch die Quantenmechanik erfaßten Bereich der Wirkmöglichkeiten auf Registrierapparate.

Für die Einbettung in $\mathfrak{P}\mathfrak{T}_{q\,\mathrm{exp}}$ muß man in $\mathfrak{P}\mathfrak{T}_{q\,\mathrm{exp}}$ die betrachteten Systeme als zusammengesetzt ansehen aus zwei Teilsystemen, wobei das eine für die

Einbettung der makroskopisch registrierbaren Trajektorien benötigt wird und das andere weiterhin in voller Allgemeinheit als Mikrosystem weiter behandelt wird, weil es eben vom Gesamtsystem emittiert wird. Da wir in XIII, § 9.7 die Behandlung zerfallender Zustände nicht durchgeführt haben, wollen wir auch hier nicht näher auf das Einbettungsproblem eingehen. Etwas leichter mit den in XIII, § 9 dargestellten Mitteln zu behandeln ist das Problem des Registrierens von Mikrosystemen.

§ 4.2. Registriersysteme

Die »getrennte« Behandlung der Registriersysteme in Wechselwirkung mit Mikrosystemen können wir etwas mehr als die Behandlung der Präpariersysteme verdeutlichen. Dabei können wir die Beschreibung der Streuprozesse aus XI, § 9 benutzen, auch wenn man eigentlich zu einer gegenüber XI, § 9 verallgemeinerten Mehrkanalstreutheorie übergehen müßte. Ja, wir können sogar die Behandlung der Meß-Streu-Morphismen aus XII, § 1.1 nach $\mathfrak{PT}_{q\,\exp}$ übertragen.

Der Unterschied gegenüber XII, § 1.1 ist nur der, daß das System 2 ein Makrosystem sein soll, bei dem weder alle nach $\mathfrak{PT}_{q\,\exp}$ möglichen W_2 präpariert noch alle möglichen F_2 registriert werden können. Für die vom Präparieren der Mikrosysteme getrennte Beschreibung des Registrierens der Mikrosysteme ist es aber wichtig, daß man alle möglichen W_1 als Gesamtheiten der in XII, § 1.1 mit dem Index 1 versehenen »Mikrosysteme« zuläßt (der Index 1 beschreibt also in XII, § 1.1 *nicht* die Präpariersysteme wie in § 1 bis 3!). Um aber Irrtümern vorzubauen, lassen wir in allen aus XII, § 1.1 übernommenen Formeln den Index 1 weg. Die Größen ohne Index beschreiben also die Mikrosysteme.

In $\mathfrak{PT}_{q\,\exp}$ ist dann wie in XII, § 1.1 der Meß-Streumorphismus $\mathsf{T}\,(.\,,2;\,W_2)$ definiert (siehe XII (1.1.5)):

$$(4.2.1) \qquad \mathsf{T}\,(.\,,2;\,W_2)\,F_2 = F.$$

Was hat diese Abbildung auf Grund der Einbettung in $\mathfrak{PT}_{q\,\exp}$ mit der Abbildung ψk nach (2.3.2) zu tun?

Dazu gehen wir auf die »Einbettungsabbildungen« nach Fig. 22 aus XV, § 11.2 zurück: Daraus folgt:

Mit $a^{(2)} \in \mathcal{Q}_m'$ ist in (4.2.1) $W_2 = \varphi(a^{(2)})$ und $F_2 = \psi_{b_0}(\xi)$ bzw. $F_2 = \tilde{F}(\xi) = \psi_{\tilde{b}_0}{}^{(2)}(\xi)$ zu setzen. Damit erhält man aus (4.2.1):

$$(4.2.2) \qquad F = \mathsf{T}\,(.\,,2;\,\varphi(a^{(2)}))\,\psi_{b_0}{}^{(2)}(\xi),$$

bzw.
$$F = \mathsf{T}\,(.\,,2;\,\varphi(a^{(2)}))\,\tilde{F}(\xi) = \mathsf{T}\,(.\,,2;\,\varphi(a^{(2)}))\,\psi_{\tilde{b}_0}{}^{(2)}(\xi).$$

Es sei bemerkt, daß sich die aus XV, § 11.2 benutzten Abbildungen φ, ψ_{b_0}, $\tilde{F}$ auf das System 2 beziehen; wir haben aber trotzdem keinen Index 2 angebracht, damit man deutlich sieht, daß es sich um die in XV, § 11.2 definierten Abbildungen handelt.

Die in (4.2.2) dargestellten Abbildungen von $\hat{\Xi}$ in L sollten also (falls die Einbettung »funktioniert«) auf Grund der Bedeutung von F mit der in (3.2) angegebenen Abbildung übereinstimmen. Damit dies möglich ist, muß also nach (4.2.2)

$$(4.2.3) \qquad \mathsf{T}(.,2; \varphi(a^{(2)}))\psi_{b_0}{}^{(2)}(\xi) = \mathsf{T}(.,2; \varphi(a^{(2)}))\psi_{\tilde{b}_0}{}^{(2)}(\xi)$$

für alle $b_0^{(2)}$ sein. Weiterhin ist dann nach (3.1)

$$(4.2.4) \qquad \begin{aligned} F &= \psi k \left(a^{(2)} \cap \tilde{b}_0^{(2)}, \ a^{(2)} \cap \tilde{b}_0^{(2)} \cap N(\xi) \right) = \\ &= \mathsf{T}(.,2; \varphi(a^{(2)}))\psi_{\tilde{b}_0}{}^{(2)}(\xi). \end{aligned}$$

(4.2.4) gibt an, wie durch die in $\mathfrak{PT}_{q\,\mathrm{exp}}$ bestimmbare Abbildung $\mathsf{T}(\ldots)$ und die Einbettung die gesuchte Abbildung ψk folgt.

Wenn auch die »Herleitung« der Formel (4.2.4) unter Benutzung der – wie oben erwähnt – etwas zu einfachen Streutheorie aus XII, § 9 erfolgte, so zeigt sie doch das Wesentliche: Die objektivierende Beschreibungsweise des makroskopischen Systems 2 kann kompatibel mit der Einbettung in $\mathfrak{PT}_{q\,\mathrm{exp}}$ sein. Die in $\mathfrak{PT}_{q\,\mathrm{exp}}$ auf der Basis des *Hamilton*operators aus $\mathfrak{PT}_{q\,\mathrm{exp}}$ definierte Abbildung $\mathsf{T}(.,2; W_2)$ erlaubt es, die Abbildung ψk zu konstruieren (falls man die Einbettungsabbildungen φ und $\psi_{\tilde{b}_0}{}^{(2)}$ kennt), d.h. die an dem Mikrosystem durch die Systeme 2 registrierten Effekte F und damit die in (3.2) angegebene Observable zu berechnen. Das von den Experimentalphysikern mit Unterstützung durch Theoretiker geübte Verfahren ist gerechtfertigt, nämlich mit Hilfe teilweise der Quantenmechanik und teilweise makroskopischer Theorien die Abbildung $\mathsf{T}(\ldots)$ zwar nicht allgemein und exakt, aber doch so weit zu berechnen, wie man sie für eine wenigstens annähernde Bestimmung der Effekte F nach (4.2.2) und damit der Observable (3.2) braucht; meist hegt man in bezug auf die Observable (3.2) einen bestimmten Wunsch und versucht diesen annähernd durch eine ausgedachte Apparatur (d.h. ein geeignetes $a^{(2)}$) zu realisieren.

Daß durch die Konstruktion der Apparatur die Observable (3.2) fixiert ist, so wie wir das in § 3 beschrieben haben, ist natürlich keine Folge aus $\mathfrak{PT}_{q\,\mathrm{exp}}$, sondern allein die Konsequenz daraus, daß man nach der in XV zugrundegelegten Auffassung die Systeme 2 nach einer umfangreicheren Theorie $\mathfrak{PT}_{th}$ zu beschreiben hat, in der die Systeme 2 zu »physikalischen Objekten« mit den »objektiven Eigenschaften« $\xi \in \hat{\Xi}$ werden. Es gibt keine anderen physikalisch möglichen Effekte F (bei festgelegter Apparatur, d.h. festgelegtem $a^{(2)}$) als die aus (4.2.4); siehe dazu nochmals XV, § 11.5.

§ 4.3. Die Elimination der Mikrosysteme

Wenn man nach § 4.1 und § 4.2 eine Theorie des Präparierens und Registrierens entworfen hat, d.h. eine Methode, um die Abbildungen $\tilde{\varphi} = \varphi h$ und $\tilde{\psi} = \psi k$ aus (2.3.2), (2.3.3), jede für sich getrennt, zu bestimmen, so kann man die Mikrosysteme im zusammengesetzten Experiment im Prinzip wieder eliminieren:

Dazu berechnet man jetzt *umgekehrt* nach (2.3.1) die linke Seite aus der rechten:

$$\lambda_g(a^{(1)} \times a^{(2)} \cap M_g \cap b^{(1)} \times b_0^{(2)}, a^{(1)} \times a^{(2)} \cap M_g \cap b^{(1)} \times b^{(2)}) =$$
$$= Sp\left(\tilde{\varphi}(a^{(1)} \cap b^{(1)}), \tilde{\psi}(a^{(2)} \cap b_0^{(2)}, a^{(2)} \cap b^{(2)})\right).$$

Die linke Seite enthält keine Mikrosysteme; diese sind »verschwunden« und nur eine gerichtete Wechselwirkung der Systeme 1 auf die Systeme 2 ist übrig geblieben, beschrieben durch die Wahrscheinlichkeitsfunktion λ_g.

Damit ist noch einmal die Äquivalenz der verschiedenen Beschreibungsweisen »mit« und »ohne« Mikrosysteme gezeigt. Beide Beschreibungsweisen bedeuten aber *keine verschiedene* Beurteilung der physikalischen Wirklichkeit der Mikrosysteme. Dies sollte ja gerade § 1 zeigen.

XVII. Der Mensch als physikalisches System

Genauso wenig wie XV, § 13 eine Darstellung der Biologie bringen wollte, soll in diesem Kapitel eine Antropologie entwickelt werden. Wir wollen vielmehr nur zwei Probleme beleuchten, die sich aus dem Verhältnis der Betrachtung des Menschen als physikalisches System und anderen Seiten der Erfahrung ergeben. Oft werden nämlich augenfällige Erfahrungstatsachen abgelehnt, nur weil sie »der Physik« zu widersprechen scheinen.

§ 1. Das Bewußtsein

Der Begriff des Bewußtseins wird heute in verschiedener Bedeutung benutzt (siehe dazu den Begriff »Bewußtsein«, wie er in XX benutzt wird). Wir wollen uns hier in § 1 kurz mit der Tatsache beschäftigen, daß wir — wenn wir nicht tief schlafen, ohnmächtig sind oder in einer Narkose liegen — einen Erlebnisinhalt haben, teilweise auf Grund der Sinneswahrnehmungen, teilweise auf Grund unseres Denkens und Fühlens.

Wirklich erfahren können wir das Phänomen des Bewußtseins und spezielle Bewußtseinsinhalte nur an unserem eigenen Bewußtsein. Durch die Unterhaltung mit unseren Mitmenschen gewinnen wir die Überzeugung, daß auch sie ein Bewußtsein »wie« wir haben. Aber damit entsteht schon eine schwierige Frage: Können wir überhaupt das »Wie« vergleichen? Offensichtlich nicht. Wir können nicht vergleichen, ob der andere bei den Farben grün oder rot dasselbe »erlebt« wie ich. Es gibt sogar Menschen, die augenscheinlich nicht dasselbe erleben, da sie farbenblind sind. Aber immerhin erschließen wir aus der Unterhaltung mit Mitmenschen, daß sie ein ähnliches Bewußtsein haben müssen wie wir. Ja, es läßt sich wohl kaum bestreiten, daß auch viele Tiere ein Bewußtsein haben, auch wenn es wohl kaum möglich ist, über den Inhalt dieses Bewußtseins etwas auszusagen.

Viele Prozesse in unserem Körper vollziehen sich augenscheinlich auch ohne Teilnahme unseres Bewußtseins, ja über ganze Zeitabschnitte unseres Lebens — wie z. B. im Schlaf — kann unser Bewußtsein ausgeschaltet sein.

Wie wir allgemein in XV, § 13 darzustellen versuchten, besteht kein Grund dafür, daß die Vorgänge an und mit lebenden Organismen nicht im Rahmen physikalischer Theorien, d. h. mit Hilfe von eventuell noch so komplizierten mathematischen Bildern beschreibbar wären, auch wenn wir noch so weit von einer g.G.-abgeschlossenen Theorie entfernt sein mögen. Die moderne Physiologie und Biophysik hat viele Einzelheiten an lebenden Organismen »physikalisch« beschreiben können. Wo aber kommt das Bewußtsein vor?

Augenscheinlich überhaupt nicht! Das ist auch nicht verwunderlich auf Grund der Methode der Physik, die wir in III in ihren Prinzipien darzustellen versuchten. Diese Methode basiert darauf, daß »Realtexte« mit Hilfe von Abbildungsprinzipien mit mathematischen Bildern verglichen werden. Realtexte aber basierten letztlich auf unmittelbar, aber außerhalb von uns feststellbaren Sachverhalten (siehe III, §§ 1 und 2). Jede der in diesem Buch dargestellten physikalischen Theorien ist ein Beispiel für diese Methode. Die *physikalische* Beschreibung eines Menschen kann daher nur alles das berücksichtigen, was letztlich *an* diesem Menschen und auf Grund von Wirkungen dieses Menschen in der Umwelt objektiv als Sachverhalte eben physikalisch (wenn auch auf noch so komplizierte Art und Weise) feststellbar ist.

Ist aber nicht die Sprache auch etwas physikalisch Feststellbares? Sicher ist sie als vom Menschen emittierte und mit einer komplizierten Struktur versehene Schallwelle feststellbar; feststellbar ist auch ihre Wirkung auf das Verhalten anderer Menschen; aber der Sinn des Gesagten (oder Geschriebenen) kann nur im Bewußtsein als Sinn erfaßt werden. Das von einem Menschen über sein Bewußtsein Gesagte ist zwar als Schallwelle und in seinen Auswirkungen auf andere Menschen aber nicht als Aussage über das Bewußtsein physikalisch feststellbar.

Es ist also nicht verwunderlich, daß das Bild des Menschen in einer physikalischen Theorie nichts vom Bewußtsein enthält. Gibt es nun etwa deshalb das Bewußtsein nicht!

Ist das Bewußtsein etwas ganz Neuartiges, was die durch physikalische Theorien beschriebenen Strukturen durchbricht, sie etwa teilweise aufhebt? Nichts aus der modernen Biophysik und Physiologie enthält auch nur den geringsten Hinweis, daß irgendwelche physikalischen Strukturgesetze durchbrochen sein könnten. Wie steht es aber dann mit dem Verhältnis zwischen physikalischer Beschreibung einerseits und Bewußtseinsinhalten andererseits?

Dieses Problem wurde schon lange vor der Entdeckung der modernen Physik diskutiert und viele Vorstellungen dazu entwickelt. Am nächsten an die wirkliche Sachlage war wohl die Vorstellung des psycho-physischen Parallelismus [48] herangekommen. Von dem in III dargelegten Standpunkt der Physik aus scheint die Sachlage aber besser als durch den reinen Parallelismus etwa so beschreibbar zu sein:

Auf der einen Seite haben wir in der Physik mathematische Strukturbilder einer Wirklichkeit, ohne aber sagen zu können, was diese Wirklichkeit an sich ist. Ein zu primitiver Realismus, der die theoretischen Bilder als unmittelbare

Wirklichkeit nimmt (so z. B. wenn man die Bahnen der Massenpunkte als eigentliche Wirklichkeit nimmt, die man nur mehr oder weniger genau vermessen kann; siehe VI, § 4), hat sich als unbrauchbar erwiesen. Augenscheinlich haben wir durch unser Bewußtsein noch einen anderen Zugang zu dieser selben Wirklichkeit unserer Gehirnstrukturen. Wenn das so wäre, so könnte uns unser Bewußtsein teilweise mehr und auch teilweise weniger über den Wirklichkeitsbereich von uns selbst erfahren lassen.

Daß wir teilweise weniger als über die Physik hinweg im Bewußtsein erfahren, ist augenscheinlich, da es auch genügend unbewußte Prozesse in unserem Körper gibt. Die Frage, ob wir aber teilweise mehr erfahren können, als durch physikalisch-theoretische Bilder, wollen wir bis Ende § 2 verschieben. Aber sicher gibt es genug Strukturen, von denen wir sowohl physikalisch-theoretische Bilder entwerfen können als auch unmittelbar damit verbundene Bewußtseinsinhalte haben.

So erscheinen die Bewußtseinsinhalte als eine Art zweites Bild neben dem physikalisch-theoretischen Bild einer uns nicht an sich zugänglichen Wirklichkeit. Wenn dies so wäre, dann sollte es sinnvoll sein, neben den physikalischen Abbildungsprinzipien nach III, § 4 auch solche zu entwickeln, die es erlauben, Bewußtseinsinhalte mit den physikalisch-theoretischen, d. h. mathematischen Bildern unserer Gehirnstruktur in Verbindung zu bringen.

Genau dies ist eine der Aufgaben, die die moderne Gehirnstrukturforschung übernommen hat und dabei viele einzelne Zusammenhänge zwischen Bewußtseinsinhalten und physikalischen Prozessen im Gehirn aufgedeckt hat. Es kann nicht unsere Aufgabe sein, auch nur etwas darüber zu berichten. Nur auf ein paar Gesichtspunkte müssen wir eingehen, über die oft Fehlvorstellungen vorhanden sind.

Die physikalische Zeit (siehe II, IX, X) wird oft unerlaubterweise mit der im Bewußtsein »erlebten« Zeit identifiziert. Eine solche Identifizierung ist vollkommen falsch. Wir haben im Laufe des ganzen Buches immer wieder versucht darauf hinzuweisen, daß die Begründung physikalischer Begriffe nicht aus der Struktur von Erlebnisinhalten entnommen wird, wenn auch die Basis aller Physik, nämlich die unmittelbar gegebenen Sachverhalte, nur mit *Hilfe* des Bewußtseins feststellbar sind.

Ein Bewußtseinsinhalt zu »einer« Zeit (»einer« im Sinne des Erlebens) bezieht sich tatsächlich auf Strukturen von Prozessen, die sich physikalisch beschrieben über ein sowohl zeitlich wie räumlich *endliches* Gebiet des Gehirns erstrecken.

Daß Erlebnisse sich nicht unmittelbar auf physikalische Begriffe zu beziehen brauchen, zeigt auch der physikalische Begriff der Temperatur und das Erlebnis von »heiß« und »kalt«. Wir haben schon in XIV, § 1.3 auf die Fehlvorstellung hingewiesen, nach der der physikalische Begriff der Temperatur auf heiß-kalt-Empfindungen basiert. Heiß-kalt-Erlebnisse hängen in äußerst komplizierter Weise mit physikalischen Prozessen in unserem Körper zusammen. Als Bewußtseinsinhalte sind sie mit Prozessen im Gehirn gekoppelt.

Die Existenz des Bewußtseins wirft für die Physik ein Konsistenzproblem auf, auf das wir schon in III, § 2 hingewiesen haben:

Das Feststellen von »unmittelbar« gegebenen Sachverhalten basiert auf einem komplizierten Prozeß, an dem unser Bewußtsein entscheidenden Anteil hat. Es ist auch nicht zu leugnen, daß bei diesem Prozeß »Irrtümer« vorkommen können; aber daß wir sie als »Irrtümer«, »Fehler«, »Täuschungen« bezeichnen, zeigt deutlich, daß es bisher immer möglich war, solche Irrtümer eben als Fehler aufzuklären. Also auch das Feststellen von unmittelbar gegebenen Sachverhalten bedarf einer kritischen Haltung, um Fehler so gut als möglich auszuschalten bzw. korrigierbar zu machen.

Auf dieser Basis hat sich die Physik entwickelt, von der wir einen kleinen Ausschnitt in II bis XVI darzustellen versuchten. Diese Physik erlaubt es aber wieder, die Vorgänge bei den Sinneswahrnehmungen als physikalisch wirkliche Prozesse zu beschreiben. »Stellt man fest«, daß eine Tasse auf dem Tisch ist, so kann man auch physikalisch das Licht beschreiben, wie es von Tisch und Tasse reflektiert wird, in das Auge gelangt und auf die Netzhaut fällt. Das so erzeugte, physikalisch wirkliche Netzhautbild ist aber konsistent mit der physikalischen Wirklichkeit der »Tasse auf dem Tisch«. Dieses Netzhautbild ruft Veränderungen in den Zellen der Netzhaut hervor; elektrische Impulse werden durch viele Nerven an das Gehirn gesandt. Die physikalisch wirkliche Struktur dieser Impulse ist wieder konsistent mit der »Tasse auf dem Tisch«. Natürlich kann auf dem eben geschilderten Wege etwas von der Information über Tasse und Tisch verloren gehen, die noch im reflektierten Licht enthalten war; aber wir wollen ja nur feststellen, ob die »festgestellte« Tasse auf dem Tisch im Widerspruch zu den physikalisch beschreibbaren Prozessen bis hin ins Gehirn steht. Bisher sind keine solchen Widersprüche aufgetreten. Woher aber dann die »Fehler«, die manchmal auftreten?

Offensichtlich lösen die äußeren Einwirkungen im Organismus (insbesondere im Gehirn) Prozesse aus, deren Struktur nicht allein von den äußeren Einwirkungen abhängt: mangelhaft ankommende Information wird ergänzt; manchmal können wir es direkt »erleben«, wie das Gehirn einige Zeit (teils im Unbewußten!) benötigt, um aus unvollständiger Information ein vollständiges Bild zu entwerfen, zu verwerfen und wieder neu zu entwerfen. Die Prozesse im Gehirn sind also im allgemeinen keine determinierte Folge der ankommenden physikalischen Vorgänge. Aber wir haben es anhand der Erfahrungen kritisch gelernt, immer besser zu wissen, *wann* wir uns auf unsere Erlebnisse verlassen können.

Von der Struktur der im Gehirn hervorgerufenen Prozesse »erleben« wir etwas. Genau dieses »Erleben« ist aber nicht mehr durch physikalische Theorien beschreibbar. Aber alle Erfahrung deutet darauf hin, daß es nicht das

»Erleben« ist, bei dem eventuelle Sinnestäuschungen vorkommen, sondern die Prozesse im Gehirn selbst, deren Struktur nicht allein von den ankommenden physikalischen Prozessen abhängt.

Gerade aber mit einer bewußt kritischen Haltung gegenüber den Sinneswahrnehmungen und im Einklang, d.h. in Konsistenz mit der Physik schält sich immer genauer und exakter der *Basisbereich* der unmittelbar gegebenen Tatsachen heraus, auf dem Physik aufgebaut werden kann. Wahrscheinlich kommt man sogar mit einem Teil dieses Basisbereiches der unmittelbar gegebenen Tatsachen aus, um dann aus der Physik heraus die restlichen Teile dieses Basisbereiches als physikalisch wirklich wiederzugewinnen im Einklang mit der Möglichkeit der auch unmittelbaren Feststellung dieser Sachverhalte. Augenscheinlich (obwohl dies natürlich bis heute noch nicht ganz systematisch nachgewiesen wurde) kann man den Basisbereich der Physik so stark an die mehr oder weniger großen Möglichkeiten der Sinneswahrnehmungen anpassen, ohne daß sich dabei die Physik im geringsten ändert, so daß z. B. auch einem Blinden ein genügend großer Bereich unmittelbar gegebener Tatsachen zugänglich ist, um Physik in vollem Umfang erfassen zu können.

Dem Anfänger im naturwissenschaftlichen Denken könnten die eben durchgeführten Konsistenzbetrachtungen wie ein Zirkelschluß erscheinen: Die Voraussetzung von unmittelbar feststellbaren Sachverhalten wird nachher mit Hilfe der aus dieser Voraussetzung entwickelten Physik bewiesen. So ein Zirkelschluß läge vor, wenn die Physik aus den unmittelbar feststellbaren Sachverhalten ihre Theorien deduzieren (siehe III, § 4) würde, um dann daraus wieder die Existenz der unmittelbar feststellbaren Sachverhalte zu beweisen. In Wirklichkeit will aber die Physik nur ein Bild von Strukturen der Wirklichkeit zeichnen; und für ein Bild genügt es, wenn es »wirklichkeitsgetreu« ist. Um diese Wirklichkeitstreue zu zeigen, bedient man sich in erster Linie des Tests einer Theorie (siehe III, § 4). Nur Widersprüche mit der Erfahrung zwingen zum Verwerfen eines Bildes. Konsistenz ist ebenfalls eine Art Widerspruchsfreiheit; in unserem Fall eine Widerspruchsfreiheit der unmittelbar feststellbaren Sachverhalte mit den (durch die aus diesen Sachverhalten entwickelte Physik erkennbaren; siehe III, § 9) physikalisch wirklichen Prozessen bei den Sinneswahrnehmungen.

§ 2. Freier Wille

Im Namen der Physik wurde oft die Existenz des freien Willens abgestritten. Geschah das wirklich im Rahmen der Physik? Für die Physik stehen die Tatsachen vor der Theorie; nicht eine Theorie beweist, ob dieser oder jener Sachverhalt nicht so ist wie er ist, sondern die Sachverhalte dienen zum Test der Theorie (siehe III, § 4). Wenn es also so wäre, daß physikalische Theorien mit der Tatsache eines freien Willens im Widerspruch stünden, so hätte man also im Rahmen der Physik eine Abgrenzung des Grundbereichs der betreffenden Theorien erkannt (siehe III, § 4); dies könnte ein Ansporn sein, umfangreichere Theorien zu entwickeln (siehe III, § 7), die nicht im Widerspruch zur Tatsache des freien Willens stünden.

Genau wie das Bewußtsein ist der freie Wille zunächst etwas, was wir nur selbst an uns erleben. So weit unsere Erinnerung in unsere Kindheit reicht, ist uns das Erlebnis freier Willensentscheidungen, verbunden mit einem Verantwortungsgefühl für die gefällten Entscheidungen bewußt.

Nicht ob wir bei Durst ein Glas Wasser trinken oder nicht, läßt uns erleben, was wir freien Willen nennen. Aber immer wieder stehen wir in Entscheidungssituationen, wo von uns nicht so sehr über eine Einzelhandlung als vielmehr über die Wertordnung zu entscheiden ist, nach der wir unser Handeln einzurichten versuchen. Wir erleben uns verantwortlich für diese unsere Entscheidungen, so sehr verantwortlich, daß auch Menschen an dieser Verantwortung zerbrechen können, falls sie erkennen, daß sie »versagt« haben, und keinen Ausweg finden. Es erscheint daher sehr merkwürdig, eine solche Wirklichkeit wegdiskutieren zu wollen.

Durch die Unterhaltung mit anderen Menschen erfahren wir, daß auch sie ähnliche Erfahrungen machen. Allerdings steht es uns nicht zu, von *uns* aus darüber zu urteilen, ob diese oder jene Haltung eines anderen Menschen die Folge einer freien Willensentscheidung war, eben weil wir dies nicht direkt feststellen, sondern nur aus Analogie zu eigenem Erleben meinen erschließen zu können.

Es würde wohl kaum jemand die Tatsache des freien Willens leugnen, wenn er nicht gerne die damit verbundene und »unangenehme« Tatsache der Verantwortung wegzudiskutieren, zu verdrängen wünschte. So wird es eigentlich nur auf diesem Hintergrund verständlich, daß man die Physik dazu heranzog, um angeblich den freien Willen als Täuschung zu enthüllen.

Damit die Aussage über die Existenz eines freien Willens überhaupt vergleichbar mit physikalischen Theorien wird, d.h. zu einer »Art Test« einer 𝔓𝔗 gemacht werden kann, muß man *eine* Seite des Sachverhalts des freien Willens hervorkehren, die mit Aussagen einer 𝔓𝔗 vergleichbar wird. Dem Phänomen der Verantwortung entspricht augenscheinlich nichts in einer 𝔓𝔗, womit ich es vergleichen könnte. Mit dem freien Willen ist aber auch verknüpft, daß »ich« mit über physikalisch beschreibbare Prozesse in meinem Gehirn bis zu solchen weit hinein in die Umwelt entscheide. Genau gegen diese Möglichkeit meinte man physikalische Beweise bringen zu können; die Physik ließe nach dieser Auffassung keine solche Möglichkeit der Mitbestimmung über physikalische Prozesse durch »mich« zu.

Dieser »physikalische« Einwand gegen die Möglichkeit der Mitbestimmung ist sehr einfach; er entsprang der Vorstellung von Physik, wie sie wohl kaum deutlicher als in der von uns am Anfang von VI, § 4 zitierten Darstellung von *Laplace* ausgedrückt werden kann. Der Einwand lautet: Ist nach dieser Vorstellung von Physik die Entwicklung der Welt durch die »Anfangswerte« vor sehr langer Zeit festgelegt, so ist auch mein ganzes Leben einschließlich dessen, was ich tue festgelegt; ein »freier Raum« für meine freien Willensentscheidungen besteht also in Wirklichkeit nicht. Besteht dieser Einwand zu Recht?

Nachdem wir in den Kapiteln II bis XVI eine Reise durch die theoretische Physik unternommen haben, wird der Leser sofort erkennen, daß eigentlich »alles« an diesem Einwand fragwürdig ist, angefangen von der Vorstellung über Physik überhaupt, bis hin zu dem angenommenen dynamischen Determinismus. Wir wollen uns aber unsere Aufgabe der Widerlegung des obigen Einwandes nicht zu leicht machen, indem wir uns z. B. auf den statistischen Charakter der Quantenmechanik als Ausweg zurückziehen. Wir wollen vielmehr genauer analysieren, was es mit dem »freien Raum« für Willensentscheidungen im Verhältnis zur Physik auf sich hat.

Versuchen wir also den obigen Einwand wirklich »physikalisch« zu formulieren: Wir gehen also aus von einer Theorie $\mathfrak{PT} = \mathfrak{MT}(-)\mathfrak{W}$ (in der Schreibweise aus III). Das Bild $\mathfrak{MT}$ habe eine dynamisch determinierte Struktur. $(-)_r$ seien die Axiome (siehe III, § 4), mit deren Hilfe ein Stück des Realtextes notiert ist, von dem ich der Meinung bin, daß es mit durch eine meiner freien Willensentscheidungen bestimmt ist. Der »physikalische« Einwand gegen den freien Willen versucht nachzuweisen, daß $(-)_r$ gar nicht »von mir« bestimmbar war, da es schon längst durch andere Sachverhalte bestimmt ist. Was soll es heißen, daß $(-)_r$ schon durch andere Sachverhalte bestimmt war?

Es heißt nichts anderes, als daß $(-)_r$ gar keine neuen Axiome im echten Sinn sind, sondern eigentlich schon im Rahmen einer mathematischen Theorie erschlossen werden können; aber wie und in welcher Theorie?

Genau solche Fragestellungen haben wir aber gerade in III, § 9 untersucht. Dazu denken wir uns die Axiome $(-)_r$ im Sinne einer Hypothese umgeschrieben. Zur Verdeutlichung dieses Umschreibens wollen wir statt $(-)_r$ jetzt $(-)_h$ schreiben (siehe III, § 9). Daß $(-)_h$ durch andere Sachverhalte im Rahmen einer Theorie bestimmt ist, heißt dann nichts anderes, als daß $(-)_h$ eine theoretisch existente (bzw. etwas abgeschwächt, eine sichere) und determinierte Hypothese ist, im Sinne von III, § 9 also eine physikalisch wirkliche Hypothese. $(-)_h$ wäre also schon physikalisch wirklich, bevor es im Realtext in der Form $(-)_r$ festgestellt ist.

Aber in Bezug auf welche mathematische Theorie $\mathfrak{MTA}$ sollte $(-)_h$ nach dem oben geschilderten Einwand eine theoretisch existente und determinierte Hypothese sein?

Eben in bezug auf diejenige, wo $\mathfrak{MTA}$ aus $\mathfrak{MT}$ durch die zu $\mathfrak{MT}$ hinzugefügten »Anfangswerte für eine weit vergangene Zeit« entsteht. Hat $\mathfrak{MT}$

eine dynamisch determinierte Struktur, so ist es tatsächlich richtig, daß dann $(-)_h$ eine in bezug auf $\mathfrak{MTA}$ theoretisch existente und determinierte Hypothese wird.

Aber trotzdem zieht der obige Einwand gegen den freien Willen nicht; denn woher kommen eigentlich die durch $\mathfrak{A}$ symbolisierten Zusatzaxiome zu $\mathfrak{MT}$?

Denn werden die durch $\mathfrak{A}$ symbolisierten Axiome, d.h. die Anfangswerte zu einer weit vergangenen Zeit »wirklich« ohne jede Begründung durch Realtexte hinzugefügt, so stellen die obigen Überlegungen zur Charakterisierung der Hypothese $(-)_h$ nur ein mathematisches Spiel dar; denn man hätte ja auch ganz andere Anfangswerte zu $\mathfrak{MT}$ hinzufügen können.

Da das eben benutzte $(-)_h$ eigentlich nur das in Hypothesenform umgeschriebene Axiom $(-)_r$ ist (das – wie oben gesagt – ein Stück des Realtextes beschreibt, von dem ich der Meinung bin, daß dieses Stück mit durch eine meiner freien Willensentscheidungen bestimmt ist), wäre die Beurteilung eigentlich umgekehrt durchzuführen: In der Theorie $\mathfrak{MTB}$, wobei $\mathfrak{MTB}$ aus $\mathfrak{MT}$ durch hinzufügen des Axioms $(-)_r$ entsteht, wären die »Anfangswerte zu einer weit vergangenen Zeit« als Hypothese (!) zu beurteilen. Nur solche Anfangswerte dürfen hypothetisch hinzugefügt werden, die nicht mit $\mathfrak{MTB}$ in Widerspruch geraten; also nicht die Anfangswerte würden $(-)_r$ festlegen, sondern vielmehr würde $(-)_r$ die Möglichkeiten für die Anfangswerte einschränken!

Aus diesen Überlegungen folgt sofort: In dem oben geschilderten Einwand geht unausgesprochen noch eine »philosophische« (zumindest *nicht* »physikalische«) Voraussetzung ein, nämlich daß die in $\mathfrak{MTA}$ aufgeschrieben gedachten Anfangswerte nicht willkürlich sind, da sie etwas in der Welt »Wirkliches« auch dann beschreiben, wenn sie nicht explizit aus einem Realtext abgelesen wurden. Daher auch die Wahl einer Zeit, die lange in der Vergangenheit zurückliegt; denn diese »philosophische« Voraussetzung basiert mit auf einer anthropomorphen Vorstellung, als ob das Vergangene und Gegenwärtige wirklich, das Zukünftige aber noch unwirklich wäre. Aber beruht diese anthropomorphe Vorstellung nicht gerade auf der Tatsache, daß ich auf der Basis meines freien Willens zwar nicht mehr über Vergangenes aber noch teilweise über Zukünftiges verfügen kann?

Die unausgesprochenen, fast selbstverständlichen Voraussetzungen sind die gefährlichsten. So scheint in die »heimliche« Voraussetzung der »Wirklichkeit der Anfangswerte« genau *das* einzufließen, was man mit Hilfe dieser heimlichen Voraussetzung als nichtexistent »beweisen« will, nämlich der freie Wille.

Die obigen Überlegungen zeigen, daß es für einen physikalischen Einwand gegen den freien Willen nur zwei Möglichkeiten gibt (dabei sei $(-)_h$ wieder der in Hypothesenform niedergeschriebene Realtext, von dem ich der Meinung bin, daß er mit durch eine meiner freien Willensentscheidungen bestimmt ist):

1: $(-)_h$ ist schon in bezug auf $\mathfrak{MT}$ eine theoretisch existente und determinierte Hypothese.

2: Es gibt einen Realtext, von dem ich weiß, daß er *nicht* von meiner freien Willensentscheidung abhängt, so daß $(-)_h$ in bezug auf die für diesen Realtext nach III, § 4 aufgeschriebene Theorie $\mathfrak{MT2I}$ eine theoretisch existente und determinierte Hypothese ist.

(Es wäre, wie schon oben angedeutet, eigentlich korrekter, wenn wir im Sinne der Analyse aus III, § 9 statt »theoretisch existent« nur die schwächere Bedingung »sicher« stellen würden. Wir wollen aber hier nicht diese Feinheit diskutieren, da sie die prinzipiellen Überlegungen nicht ändert).

Eine dritte Möglichkeit, daß $(-)_h$ in $\mathfrak{MT}$ oder $\mathfrak{MT2I}$ zu einer falschen Hypothese wird, wollen wir nicht diskutieren; denn daß $(-)_h$ falsch ist, würde nichts anderes besagen, als daß der durch $(-)_h$ charakterisierte Realtext zu einem Widerspruch mit der Theorie führt. Wir haben zwar gleich am Anfang dieses § erwähnt, daß wir in der »Haltung der Physiker« sogar das nicht als Einwand gegen den freien Willen gelten lassen würden, sondern dann den Grundbereich der Theorie einschränken würden. Aber alle Erfahrungen deuten bisher daraufhin, daß es keine Widersprüche dieser Art in der Physik der Organismen und des Menschen gibt.

Wie steht es nun tatsächlich mit den beiden Fällen 1 und 2?

Es ist keine $\mathfrak{PT}$ bekannt, so daß der Fall 1 vorliegen könnte. Eine solche Theorie, die den Fall 1 ermöglicht, wäre eigentlich nichts anderes als eine Theorie der ganzen Welt, aus der man die Einmaligkeit aller Vorgänge in der Welt bestimmen könnte; eine solche $\mathfrak{PT}$ ist eine Fiktion, wie wir schon mehrfach im Laufe des Buches, angefangen von III, betont haben.

Es bleibt also nur, den Fall 2 zu diskutieren. Es darf dabei nicht verwundern, daß man über zwei Teile des Realtextes, symbolisiert durch $\mathfrak{2I}$ bzw. $(-)_r$, wobei $(-)_r$ in die hypothetische Form $(-)_h$ umgeschrieben wurde, eine nicht zur Physik gehörige Aussage machen muß, um im Rahmen der Physik zu einem Widerspruch oder nicht zu einem Widerspruch mit der Feststellung freier Willensentscheidungen zu kommen. Denn man muß das Erlebnis freier Willensentscheidungen umsetzen in eine dem Bild $\mathfrak{MT}$ gemäße Art. Und diese Art lautet eben:

Es gibt einen *nicht* von meinem Willen abhängigen Teil des Realtextes, so daß $\mathfrak{MT2I}$ eine nicht von mir abhängige Wirklichkeitsstruktur beschreibt. Es gibt einen anderen Teil $(-)_r$ des Realtextes, für den ich mit verantwortlich bin, der also auch anders hätte ausfallen können; wenn aber $(-)_h$ in bezug auf $\mathfrak{MT2I}$ eine theoretisch existente und determinierte Hypothese ist, so hätte er eben nicht anders ausfallen können.

Daraus folgt umgekehrt: Ein physikalischer Einwand gegen den freien Willen ist nicht möglich, sobald $(-)_h$ eine für alle *nicht* von meinem freien Willen abhängigen Realtexte (d. h. in bezug auf alle solchen 𝔐𝔗𝔄's) eine nur physikalisch mögliche Hypothese ist.

Sieht man sich so die Möglichkeit 2 an und hält sich die in diesem Buch bis XVI dargestellten Theorien vor Augen, so erscheint es nicht nur hoffnungslos, einen physikalischen Beweis gegen den freien Willen zu führen, sondern man gewinnt vielmehr umgekehrt den Eindruck, daß gerade der Bereich des »physikalisch Möglichen« (im Sinne von III, § 9) mit zum Spielraum des freien Willens wird. Da der Bereich des physikalisch Möglichen wesentlich größer als der allein durch statistische Gesetze beherrschte Teil dieses Bereiches ist (siehe z. B. die Diskussion über die physikalischen Möglichkeiten in XIII, § 9 im Anschluß an (8.5) und auch in XVIII), darf man also nicht die Existenz des freien Willens mit dem prinzipiell statistischen Charakter der Quantenmechanik koppeln. Im Gegenteil stellen auch statistische Gesetze eine *Einschränkung* des freien Willens dar, sobald es sich um echte Häufigkeitsstrukturgesetze der Welt und nicht nur um gedachte Wahrscheinlichkeiten für Einzelfälle handelt; siehe dazu die Überlegungen über Wahrscheinlichkeit und Verfügbarkeit aus XVIII und auch [3] § 11.

Alles dies können wir hier in diesem Buch nicht noch in Einzelheiten weiter ausführen. Es mag genügen, wenn man sich klar gemacht hat, daß es auf der Basis der Physik nicht möglich ist, einen »Beweis« gegen den freien Willen zu führen. Nur um dies noch zu erhärten, wollen wir zeigen, daß sogar im Falle einer dynamisch determinierten Theorie, so wie sie *Laplace* beschrieben hat (siehe oben), kein Beweis gegen den freien Willen möglich ist.

Dieser Beweis wäre nach 2 nur möglich, wenn es einen *nicht* von meiner Willensentscheidung abhängigen Realtext gäbe, durch den die *ganze* Entwicklung der Welt festgelegt und damit $(-)_h$ zu einer determinierten Hypothese wird. Aber gerade diese Voraussetzung ist fragwürdig. Man »glaubt« in den Anfangswerten zu einer »frühen« Zeit einen solchen Realtext gefunden zu haben; aber wieso denn eigentlich? Aus philosophisch ontologischen Gründen heraus? Wieso wählt man nicht eine in der fernen Zukunft liegende Zeit und die zugehörigen »Endwerte«? Denn auch in der Theorie 𝔐𝔗𝔄', die aus 𝔐𝔗 durch Hinzufügen der Endwerte entsteht, ist $(-)_h$ eine determinierte Hypothese; aber von den Endwerten würde man nicht so schnell behaupten, daß sie *nicht* von meinen freien Willensentscheidungen abhängen. Also könnten sowohl »Anfangs-« wie »Endwerte« von freien Willensentscheidungen abhängen. Nur wirklich vorliegende und keine »gedachten« (d. h. hypothetischen; im Sinne von III, § 9) Realtexte dürfen bei einem »Beweis« gegen den freien Willen herangezogen werden. Wieso aber sollen die Anfangswerte »wirklicher« vorliegen als die »Endwerte«. Liegen aber die Anfangswerte nicht vor, so können sie ebensogut von meinem freien Willen abhängen wie die Endwerte.

Nur »vorliegende« Anfangswerte (auf die man augenscheinlich keinen Einfluß mehr ausüben kann, da sie schon vorliegen), für die $(-)_h$ zu einer determinierten Hypothese wird, wären ein Beweis gegen den freien Willen. Nicht also die Struktur einer $\mathfrak{M}\mathfrak{T}$ allein reicht zu einem Beweis gegen den freien Willen aus, auch die Frage nach der Möglichkeit des Ablesens der Realtexte muß geklärt sein. Wäre natürlich in einer von *Laplace* vorgestellten $\mathfrak{P}\mathfrak{T}$ alles »ablesbar« (nicht nur durch die von ihm »gedachte« Superintelligenz!), d.h. wären z.B. die Anfangswerte zu einer Zeit in der Vergangenheit festgestellt worden als fixierte Ergebnisse, so wäre dann allerdings eine freie Willensentscheidung nur noch möglich im eventuellen Widerspruch mit $\mathfrak{M}\mathfrak{T}\mathfrak{A}$. Aber so ist die wirkliche Physik eben nicht.

Die ganze physikalisch erfaßbare Struktur der Welt, auch gerade so wie sie sich uns im biologischen Bereich darstellt (siehe XV, § 13), scheint umgekehrt geradezu darauf angelegt, einen Spielraum für den freien Willen und damit für Verfügbarkeit des Menschen über die Natur zur Verfügung zu stellen.

Das Beispiel des freien Willens und die damit verknüpften Möglichkeiten des Handelns ist sehr geeignet, um uns noch auf zwei Aspekte aufmerksam zu machen, die nicht so ganz selbstverständlich sind.

Das Bewußtseinserlebnis des freien Willens ist ein hervorstechendes Beispiel dafür, daß wir durch das Bewußtsein auch teilweise mehr über die Wirklichkeit erfahren können, als uns die physikalischen Bilder liefern. Denn was können uns die physikalischen Bilder liefern? Ein Möglichkeitsfeld von Prozessen, wirklich eingetretene Prozesse, registrierte Vorgänge im Gehirn, von denen wir vielleicht lernen können, wie die physikalischen Bilder mit Bewußtseinserlebnissen des Denkens, Überlegens zusammenhängen. Nichts aber von dem können sie liefern, daß ein »ich« verantwortlich für bestimmte Prozesse ist, die wir auch nachträglich physikalisch feststellen können. Der entscheidende Punkt der Wirklichkeitserkenntnis durch das Bewußtsein entzieht sich also der Erkenntnis der Wirklichkeitsstruktur über die Bilder physikalischer Theorien, *ohne* aber mit diesen Bildern (so weit wir es heute beurteilen können) *in Widerspruch zu geraten*.

Einen zweiten Gesichtspunkt des Geschehens um freie Willensentscheidungen haben wir an einer Stelle schon oben erwähnt: Nur in die Zukunft hinein können wir wirken. Es ist ganz entscheidend wichtig, daß die Prozesse in Lebewesen und in uns *nicht* bewegungsumkehrinvariant sind wie Prozesse an Mikrosystemen und einigen Makrosystemen (siehe XI, § 10.5). Daß es sich bei der Theorie der Makrosysteme in XV tatsächlich um eine echt umfangreichere Theorie als $\mathfrak{P}\mathfrak{T}_{q\,exp}$ handelt, ist also zentral für die Struktur der Welt, die eine der Zeitrichtungen auszeichnet, wahrscheinlich letztlich dadurch, daß der Kosmos als ganzer ein einmaliger, sich expandierender Kosmos ist (X, § 6.6). Ohne Auszeichnung der Zeitrichtung kein Gedächtnis in Form von gespeicherter Information aus der Vergangenheit, ohne Auszeichnung der Zeitrichtung auch keine Physik, wie wir sie hier dargestellt haben (siehe auch II, § 6), ohne Auszeichnung der Zeitrichtung kein Planen in die Zukunft, ohne Auszeichnung der Zeitrichtung kein Wirken in die Zukunft. Denn ein bewegungsumkehrinvariantes System hat keine Möglichkeit, etwas aus der Vergangenheit zu speichern, ja kann überhaupt nicht zwischen Vergangenheit und Zukunft unterscheiden. Ein idealisiert gedachtes Planetensystem aus nur Massenpunkten (d. h. z. B. ohne die irreversiblen Prozesse in der Sonne und auf den Planeten) kann kein Gedächtnis enthalten wie z. B. ein Computer; und wollte man die Werte von Orten und Geschwindigkeiten zu einer Zeit als gespeicherte Vorgänge aus der Vergangenheit ansehen, so könnte man sie ebensogut als gespeicherte Vorgänge aus der Zukunft ansehen. Nur die *irreversiblen* Prozesse erlauben es, Information aus der Vergangenheit (und *nicht* aus der Zukunft!) zu speichern, zu verarbeiten, auszuwerten.

XVIII. Wahrscheinlichkeit und Verfügbarkeit

Während unseres Weges durch die theoretische Physik ist uns der Begriff der Wahrscheinlichkeit immer wieder begegnet. Wir haben mathematische Bilder kennengelernt (VI, § 5.7; XI, § 1.7; XIII, § 1.2), sie vielfältig angewandt, besonders auch in der statistischen Mechanik (XV); und wir haben eine Interpretation dieser Bilder gegeben, indem wir sagten, daß gemessene Häufigkeiten mit den mathematischen Wahrscheinlichkeiten zu vergleichen seien (siehe insbesondere XIII, § 1.2). Dieser sogenannte *physikalische Wahrscheinlichkeitsbegriff* lag allen unseren Überlegungen zugrunde. Es hat sich gezeigt, daß er für *alle* physikalischen Theorien auf das in XIII, § 1.2 beschriebene mathematische Bild der statistischen Auswahlverfahren mit ihrer Interpretation zurückgeführt werden kann. In XIII, § 1 bis 3 haben wir die zunächst in XI, § 1.7 heuristisch für die Quantenmechanik eingeführte Beschreibung der Wahrscheinlichkeiten auf die in XIII, § 1.2 dargestellten Grundlagen explizit zurückgeführt. Auch die in VI, § 5.7 eingeführte Beschreibung läßt sich auf XIII, § 1.2 zurückführen, auch wenn wir dies in diesem Buch nicht ausführlich dargestellt haben. Für unsere Darstellung der Theorie makroskopischer Systeme in XV haben wir gleich die Grundlagen aus XIII, §§ 1.2 und 1.3 benutzt.

Neben diesem physikalischen Wahrscheinlichkeitsbegriff aber werden, gerade auch bei Diskussionen über das in XIX anzuschneidende Problem, andere Begriffe von Wahrscheinlichkeit benutzt. Wir müssen daher versuchen, den hier bisher benutzten physikalischen Wahrscheinlichkeitsbegriff noch etwas deutlicher gegenüber anderen Wahrscheinlichkeitsbegriffen abzusetzen.

Insbesondere wird oft ein Wahrscheinlichkeitsbegriff wissenschaftstheoretisch benutzt, um mit der Praxis der Physiker fertig zu werden, »seltene« Widersprüche zwischen Erfahrung und Theorie hinzunehmen (siehe III, § 4).

Auch das Problem der Ungenauigkeitsmengen (siehe III, § 5) für den Fall des Vergleichs von gemessenen Häufigkeiten mit mathematischen Wahrscheinlichkeiten enthält seine besonderen Probleme, die nicht von allen Wissenschaftstheoretikern in derselben Weise gesehen werden.

Wir wollen daher diesen grundsätzlichen Fragen in diesem Kapitel etwas nachgehen.

§ 1. Wahrscheinlichkeit für physikalische Möglichkeiten

Die beispielhaft in XIII, § 8 dargestellten Überlegungen sind von allgemeiner physikalischer Bedeutung, sobald in der Theorie eine Wahrscheinlichkeitsstruktur nach XIII, § 1.2 vorhanden ist (wie oben angedeutet, lassen sich alle Wahrscheinlichkeitsstrukturen physikalischer Theorien auf die Grundstruktur statistischer Auswahlverfahren zurückführen). Allgemein ausgedrückt liegt folgende Situation vor:

Mit a und c als zwei Auswahlverfahren $a, c \in \mathscr{S}$ und einem Element $m \in M$ kann aus dem Realtext die Relation $m \in a$ hergeleitet werden. Dann untersucht man die Hypothese

$$(1.1) \qquad m \in c.$$

Folgender in XIII, § 8 speziell betrachteter Fall ist hierzu ein Beispiel: um diesen Fall zu erhalten, braucht man nur das obige a durch $a \cap b_0$, und das obige c durch b ersetzen; siehe die Hypothese XIII (8.6) und ihre Diskussion.

Im Falle der Hypothese (1.1) nennt man $\lambda(a, a \cap c)$ mit λ aus XIII, § 1.2 die *Wahrscheinlichkeit für die Hypothese* (1.1) oder auch die Wahrscheinlichkeit für die Verwirklichung der Hypothese (1.1).

Man kann nun mit Hilfe der Überlegungen aus III, § 9 zeigen (was wir hier nicht genauer durchführen wollen; siehe [3] § 11), was intuitiv sofort plausibel ist:

$\lambda(a, a \cap c) = 1$ ist äquivalent damit, daß die Hypothese (1.1) sicher (bzw. theoretisch existent) ist.

$\lambda(a, a \cap c) = 0$ ist äquivalent damit, daß die Hypothese (1.1) physikalisch auszuschließen ist.

$0 < \lambda(a, a \cap c) < 1$ ist äquivalent damit, daß die Hypothese (1.1) bedingt physikalisch möglich ist.

Wie wir aber in III, § 9 sahen, sind die Begriffe »sicher, physikalisch auszuschließen, physikalisch möglich« auch dann anwendbar, wenn keine Wahrscheinlichkeitsstruktur vorhanden ist. Was sagt also eine Wahrscheinlichkeitsstruktur mehr über die Wirklichkeit aus?

Führt man viele Experimente so durch, daß man viele $m_\nu \in a$ ($\nu = 1, \ldots N$) hat, und testet man am erweiterten Realtext die Hypothesen (1.1), d.h. $m_\nu \in c$, so wird man N_+ der m_ν mit $m_\nu \in c$ erhalten, wobei $N_+/N \sim \lambda(a, a \cap c)$ ist. Dies zeigt, daß nicht von irgendwoher über den Ausgang des Experiments (d.h. ob $m \in c$ oder $m \notin c$ gilt) »verfügt werden kann«, denn sonst müßten ja beliebige Häufigkeiten herstellbar sein. Die Wahrscheinlichkeitsstruktur stellt also eine *Einschränkung* für das »physikalisch Mögliche« dar.

§ 2. Verfügbarkeit

Es wäre aber nun ein großer Irrtum, wenn man meinen würde, daß in jedem vorkommenden Fall einer physikalisch möglichen Hypothese eine Wahrscheinlichkeit angebbar sein »müßte« oder »sollte«. Es gibt vielmehr in der Physik genügend andere Fälle, wo die physikalische Möglichkeit nicht durch eine Wahrscheinlichkeitsstruktur eingeschränkt ist. Auch in XIII, § 8 haben wir beispielhaft einen solchen Fall geschildert:

Für die Hypothese XIII (8.1) läßt sich *keine* Wahrscheinlichkeit angeben, solange durch den Realtext nur $x_1 \in a$ mit einem bestimmten Präparierverfahren $a \in \mathcal{Q}'$ festgelegt ist. Über die Wahl der Registriermethode b_0 kann noch willkürlich verfügt werden; ist über sie verfügt, so ist dann (wie wir schon in § 1 wiederholt hatten) für die Hypothese XIII (8.6) eine Wahrscheinlichkeit festgelegt.

Über die Hypothese XIII (8.1) kann also weder frei verfügt werden noch ist sie durch Wahrscheinlichkeiten voll eingeschränkt. Dies ist ein typisches Beispiel der oft in der Physik auftretenden Fälle. Wir können hier nicht eine allgemeine Analyse dieses Sachverhaltes geben (erste Ansätze dazu sind in [3] § 11.3 angegeben). Das Beispiel kann uns aber klar machen, daß man die Verfügbarkeit von Hypothesen definieren kann: die Hypothese

$$x_1 \in b_0$$

für eine Registriermethode ist eine verfügbare Hypothese. Die Hypothese XIII (8.1) setzt sich aus einem verfügbaren und einem nicht verfügbaren Teil zusammen.

Das betrachtete Beispiel birgt allerdings auch eine Gefahr, daß man nämlich den so definierten Begriff der Verfügbarkeit zu eng auffaßt, und sofort mit der Tätigkeit eines Menschen verknüpft. Tatsächlich sagt er nur aus, daß über eine verfügbare Hypothese durch andere Teile der Welt verfügt wird, oder verfügt wurde. Allerdings ist es richtig, daß die Sachlage der verfügbaren Hypothesen genau die Stelle ist, wo eventuell auch der Mensch verfügen kann; dabei ist es wichtig zu erkennen, wie der Mensch direkt oder mit Hilfe anderer Apparate über solche verfügbaren Möglichkeiten verfügen kann. Der heutige Mensch hat eine unübersehbare große Technik entwickelt, um *selber* über möglichst viel in der Natur verfügen zu können. Damit entsteht ein neues über die Physik hinausgehendes Problem: Über *welche* Möglichkeiten soll der Mensch dann tatsächlich verfügen? In XX wird dieses Problem angeschnitten werden.

Es sei zum Schluß noch darauf hingewiesen, daß der Begriff der verfügbaren Hypothesen sich nicht mit dem Begriff der technischen Herstellbarkeit deckt. Wenn man z. B. Stahlkugeln von einem bestimmten Radius mit einer bestimmten Toleranz »herstellen« will, so kann man über eine Produktionsmethode verfügen und aus der Menge der produzierten Kugeln nach einem Prüfverfahren diejenige Teilmenge auswählen, die die gewünschte Toleranz erfüllt. Über die Produktionsmethode kann verfügt werden; für die ausgesonderte Menge gibt es eine Wahrscheinlichkeitsstruktur.

Es ist sicher lehrreich, wenn der Leser noch einmal die verschiedensten Beispiele aus diesem Buch betrachtet, wo verfügbare Möglichkeiten auftreten, angefangen von den Überlegungen aus VI, § 3.4.

§ 3. Fast sichere Hypothesen

In § 2 betrachteten wir den Zusammenhang zwischen Wahrscheinlichkeit und Beurteilung von Hypothesen:

$$\lambda(a, a \cap c) = 1 \Leftrightarrow \text{sicher},$$

$$\lambda(a, a \cap c) = 0 \Leftrightarrow \text{auszuschließen},$$

$$0 < \lambda(a, a \cap c) < 1 \Leftrightarrow \text{bedingt möglich}.$$

Für $\lambda(a, a \cap c) = 1$ ist die Hypothese (1.1) sicher, aber für $1 > \lambda(a, a \cap c) \geq \geq 1 - 10^{-100}$ ist die Hypothese (1.1) nur bedingt möglich. Aber was soll dieser Unterschied eigentlich bedeuten? Hierüber ist sehr viel »philosophiert« worden.

Tatsächlich handelt es sich um ein Phänomen, das nichts (wenigstens nicht notwendig etwas) mit der Wirklichkeit zu tun hat, da $\mathfrak{MT}$ mit $\lambda(\ldots)$ ein idealisiertes Bild einer Wirklichkeitsstruktur ist (siehe III, §§ 5 und 9). Deshalb sind die beiden Fälle $\lambda(a, a \cap c) = 1$ und $1 > \lambda(a, a \cap c) \geq 1 - 10^{-100}$ als physikalisch gleichwertig anzusehen, wenn man eben $\lambda(\ldots)$ als Bild einer Wirklichkeitsstruktur auffaßt, so wie wir es in diesem Buch dargestellt haben. Die Bedeutung von $\lambda(\ldots)$ als idealisiertes Bild einer Wirklichkeitsstruktur wird aber nicht von allen geteilt.

Als Bild einer Wirklichkeitsstruktur ist aber der Unterschied von 1 gegenüber $1 - 10^{-100}$ unterhalb jeder Ungenauigkeitsgrenze, da es ganz ausgeschlossen ist, Häufigkeiten mit einem Unterschied von 10^{-100} zu realisieren, da man dazu mehr als 10^{100} Einzelfälle benötigen würde. Man braucht aber sogar noch »weit« mehr als 10^{100} Einzelexperimente, da im »Mittel« weniger als 10^{-100} der Einzelfälle nicht zu $x \in a \cap c$ führen dürften. 10^{100} ist aber eine so große Zahl, daß es auf Grund der »Endlichkeit« des Weltalls (zumindest in dem uns irgendwie zugänglichen Bereich; siehe X, § 6.6) unmöglich ist, eine solche Zahl von Einzelexperimenten auch nur annähernd zu realisieren. Eine realistische Bedeutung kann also dem Unterschied von 1 zu $1 - 10^{-100}$ nicht zugesprochen werden; in unserem Sinne kann es sich also nur um einen Unterschied handeln, der einer mathematischen Idealisierung entspringt.

Es ist üblich, die Hypothese (1.1) als fast sicher zu bezeichnen, wenn $\lambda(a, a \cap c)$ innerhalb einer nicht unterschreitbaren Unschärfe den Wert 1 hat. Sichere Hypothesen haben wir nach III, § 9 im Falle einer g.G.-abgeschlossenen Theorie als physikalisch wirklich bezeichnet; da aber $\lambda(a, a \cap c)$ praktisch gleich 1 genauso viel bedeutet wie $\lambda(a, a \cap c) = 1$, nennen wir auch eine fast sichere Hypothese in einer g.G.-abgeschlossenen Theorie physikalisch wirklich.

Ganz entsprechend nennen wir die Hypothesen (1.1) »physikalisch auszuschließen«, nicht nur wenn $\lambda(a, a \cap c) = 0$, sondern auch wenn z.B. $\lambda(a, a \cap c) <$ $< 10^{-100}$, d.h. praktisch gleich Null ist. Daß ein »seltener« Fall $x \in a \cap c$ im Realtext auftritt, kann weder für $\lambda(a, a \cap c) = 0$ noch für $\lambda(a, a \cap c) < 10^{-100}$ ausgeschlossen werden. Kämen aber mehrere solche Fälle vor, so würde das der Theorie $\lambda(a, a \cap c) < 10^{-100}$ widersprechen. »Physikalisch auszuschließen« (als Urteil über eine Hypothese) heißt also nicht »unmöglich«, sondern »nicht reproduzierbar möglich«. Im »Einzelfall« ist »alles« möglich.

Damit erhalten nochmals einige der Betrachtungen aus XV, § 13 größere Klarheit: Da es im biologischen Bereich Prozesse gibt, für die die physikalische Wahrscheinlichkeit so gut wie Null ist, sagt das nichts anderes aus, als daß sie nicht reproduzierbar möglich sind. Um es noch einmal konkreter auszudrücken: Der Entwicklungsprozeß der Lebewesen würde nur dann im Widerspruch zur Physik stehen, wenn er in derselben Weise (nicht in anderer ähnlicher Weise) reproduzierbar möglich wäre. Als ein einmaliges »historisches« Ereignis ist er als ganzer nicht reproduzierbar; d.h. natürlich nicht, daß Teile dieses Prozesses sehr wohl reproduzierbar sind und nach echt wirkliche Strukturen beschreibenden statistischen Gesetzen ablaufen. Wenn es aber »viele« physikalische Möglichkeiten gibt, die jede nicht reproduzierbar möglich ist, so können doch alle die vielen Möglichkeiten zusammen durchaus eine endliche Wahrscheinlichkeit haben (siehe auch [3], § 11).

Damit aber wird ersichtlich, daß die Physik keinen Beitrag zur »Erklärung« solcher echt historischen Ereignisse liefern kann, deren Wahrscheinlichkeit so gut wie Null ist. Sie kann weder angeben, daß sie eintreten noch daß sie nicht eintreten. Sind sie eingetreten, so sind sie es eben. Oft spricht man dann von reinen Zufällen. Wir wollen die Benutzung dieses Ausdruckes vermeiden, weil er irgendwie zu der Vorstellung eines absoluten, ontologischen Zufalls verleiten könnte.

§ 4. Der Test von Wahrscheinlichkeiten

In XIII, § 1.2 haben wir als Interpretation der Wahrscheinlichkeit die Häufigkeit bei »vielen« Versuchen eingeführt; dabei blieb die Frage nach den Ungenauigkeitsmengen noch ungeklärt.

Da nicht alle den hier vertretenen realistischen Standpunkt der Bedeutung der Funktion $\lambda(a,b)$ als eines Abbildes einer Realstruktur einnehmen, wird auch die Frage des Vergleichs zwischen den reellen Zahlen $\lambda(a,b)$ und den Häufigkeiten verschieden gesehen. In der »Praxis« des Physikers läuft zwar alles auf dasselbe hinaus; da es uns aber in diesem Buch um die Klarstellung des erkenntnistheoretischen Standpunktes geht, wollen wir in diesem § noch einige Hinweise geben.

Der Ausgangspunkt zur Beurteilung des Verhältnisses zwischen Häufigkeiten und Wahrscheinlichkeiten ist die Erweiterung der Wahrscheinlichkeitstheorie, d. h. des mathematischen Bildes, auf Mehrfachauswahlverfahren. In [3] § 11.6 ist dies in bezug auf die Grundlage der statistischen Auswahlverfahren kurz angedeutet. Da die betreffende Erweiterung aus der üblichen mathematischen Statistik her bekannt ist, wollen wir hier nicht näher darauf eingehen. Wir wollen hier nur folgenden Sonderfall betrachten.

Nach der erweiterten Wahrscheinlichkeitstheorie für Versuchsfolgen ist die Wahrscheinlichkeit, daß bei einer Reihe von N Versuchen mit $x_\nu \in a \, (\nu = 1, \ldots N)$ für N_+ der x_ν auch $x_\nu \in b$ gilt, gleich:

$$(4.1) \qquad w_N(N_+) = \binom{N}{N_+} \lambda(a,b)^{N_+} (1 - \lambda(a,b))^{N - N_+}.$$

Dieses Resultat (4.1) der erweiterten Wahrscheinlichkeitstheorie wird nun verschieden interpretiert.

Nach dem realistischen Standpunkt ist $w_N(N_+)$ ein Bild der Häufigkeit (für *nicht* zu große N) dafür, daß bei »sehr vielen« Versuchsreihen von je N Prozessen N_+ von den N Prozessen nach b fallen. Da die Messung dieser Häufigkeiten aber kein neuartiges physikalisches Ergebnis, verglichen mit $\lambda(a,b)$ enthält, wird meistens $w(N_+)$ nicht getestet. Vielmehr benutzt man $w(N_+)$ gerade dann, wenn es bisher im Experiment *nicht* genügend viele Einzelprozesse gibt, um $\lambda(a,b)$ zu testen. Liegt also z. B. nur eine einzige Messung der Häufigkeit N_+/N mit nicht sehr großem N vor, so kann man mit Hilfe von (4.1) abschätzen, ob der vorliegende Meßwert es »erwarten läßt«, daß sich die Theorie nicht an der Erfahrung bewährt. Man wird und muß dann erst den Ausgang weiterer Experimente abwarten, um nach dem realistischen Standpunkt entscheiden zu können, ob Theorie und Wirklichkeit übereinstimmen. Genau aber eine solche Entscheidungsmöglichkeit wird nach dem subjektiven Standpunkt bestritten.

Dieser subjektive Standpunkt interpretiert die Wahrscheinlichkeit als ein Maß, mit dem *ich* die Chance für das Eintreten eines Ereignisses *einschätze*; und diese Einschätzung hängt von der subjektiven Kenntnis ab. Wir werden gleich sehen, wie sich diese »Einschätzung« durch vorliegende Experimente ändern kann. Aber zunächst noch einmal der realistische Standpunkt:

Für sehr große N wird $w_N(N_+)$ nach dem realistischen Standpunkt nicht mehr testbar; aber es läßt sich dann ein Intervall $\lambda(a,b)\pm\varepsilon$ angeben, so daß die Wahrscheinlichkeit dafür, daß N_+/N aus diesem Intervall herausfällt, so klein ist, daß es im Kosmos »so gut wie nie« (siehe § 3) vorkommen sollte, daß N_+/N nicht in das Intervall $\lambda(a,b)\pm\varepsilon$ fällt. Dadurch gewinnt man eine (von N abhängige!) durch ε bestimmte Unschärfe für den Vergleich von N_+/N mit $\lambda(a,b)$.

»Mehrere« im Realtext vorkommende Häufigkeiten N_+/N, die nicht in das Intervall $\lambda(a,b)\pm\varepsilon$ fallen, stellen nach dem realistischen Standpunkt einen »wirklichen Widerspruch« zwischen Theorie und Experiment dar, wie wir das allgemeiner für den Fall von Wahrscheinlichkeiten, die fast Null sind, in § 3 erläutert haben.

Der subjektive Standpunkt kann dagegen in einem solchen Fall nur so argumentieren: Obwohl »mehrere« Häufigkeiten N_+/N mehr als um ε von $\lambda(a,b)$ abweichen, so daß also auf der Basis der bisher bekannten Experimente nur eine verschwindend kleine Chance besteht, daß die Theorie doch richtig ist, so kann man nie ausschließen, daß die Theorie trotz der »beinahe widersprüchlichen« Experimente doch richtig sein könnte. Der hier in diesem Buch eingenommene realistische Standpunkt leugnet eine physikalische Bedeutung der Wahrscheinlichkeitsverteilung w_N für sehr große N, da die mathematisch gedachte Möglichkeit des Testens von w_N mit einer »beliebig« großen Zahl von Prozeßfolgen aus je N Elementen physikalisch absurd ist. Die *mathematische* Tatsache, daß $w_N(N_+)$ auch für Werte N_+/N von Null verschieden ist, die weit ab von $\lambda(a,b)$ liegen, stellt für den realistischen Standpunkt nur eine mathematische Idealisierung dar, bedingt durch die vereinfachende, aber nicht realistische Vorstellung »beliebig oft« wiederholbarer Experimente. Der realistische Standpunkt glaubt in der Abschätzung der Unschärfe ε den für sehr große N allein noch von der »Verteilung« $w_N(N_+)$ übrig bleibenden realistischen Strukturteil (nämlich eine Abschätzung der Ungenauigkeitsmengen) herausgeholt zu haben.

Es ist klar, daß man niemanden zu dem einen oder anderen Standpunkt überreden kann. In der Praxis der Physik ist kein Unterschied merkbar. Nur in der Frage der Anerkennung einer physikalischen Theorie als endgültig brauchbar (siehe XIX) wird der subjektive Standpunkt jeder »endgültigen« Anerkennung ausweichen und nur von »vernachlässigbaren« Chancen sprechen, daß die betrachtete, praktisch anerkannte Theorie doch noch zu vielen Widersprüchen mit der Erfahrung führt.

Wegen der Tatsache der durch die Struktur der Welt beschränkten Zahl (!) von Experimenten stellt sich für den realistischen Standpunkt eine echte physikalische Aufgabe, eine gegenüber der in XIII, § 1.2 zugrundegelegten Wahrscheinlichkeitstheorie umfangreichere Wahrscheinlichkeitstheorie zu entwickeln, die der physikalischen *Endlichkeit* der Menge M, über der die Struktur der statistischen Auswahlverfahren definiert ist (siehe XIII, § 1.2), Rechnung trägt. Wahrscheinlichkeiten von z. B. 10^{-100} könnten in einer solchen Theorie nicht auftreten, da M sehr viel weniger Elemente als 10^{100} enthalten würde. Es wäre durchaus denkbar, daß es physikalische Theorien geben könnte (Elementarteilchentheorie?), für die sonst »übliche« mathematische Idealisierungen wie z. B. die vierdimensionale (d. h. kontinuierliche) Raum-Zeit-Mannigfaltigkeit (siehe II, VII, IX, X) oder die Unendlichkeit der Basismenge M der Wahrscheinlichkeitsstruktur nicht brauchbar sind.

XIX. Das Problem der Entwicklung und Anerkennung einer Theorie

Nachdem wir unsere Reise durch die theoretische Physik mit einigen Rückblicken und Umblicken beendet haben, wollen wir uns einem Problemkreis zuwenden, auf den wir ununterbrochen gestoßen sind, ob wir dies explizit erwähnten oder nicht. Es ist die Frage, ob die jeweils betrachteten physikalischen Theorien (ab jetzt wieder kurz mit $\mathfrak{PT}$ wie in III bezeichnet) »richtig oder falsch« waren. Wie kommt man zu einer solchen Anerkennung einer $\mathfrak{PT}$ und wie entstehen solche »anerkannten« Theorien? Oder ist es ein Irrtum, überhaupt von richtig und falsch zu sprechen? Schon das Aufwerfen solcher Fragen zeigt, daß nur derjenige sinnvoll darüber diskutieren kann, der die wesentlichen von II bis XVI dargestellten $\mathfrak{PT}$'s verstanden hat. Nur wenn er selber darüber reflektieren kann, wieso er zu der Meinung gekommen ist, daß an diesen $\mathfrak{PT}$'s etwas dran ist, wird er eine eigene Haltung zu den angeschnittenen Fragen entwickeln können.

Obwohl beide Probleme, das der Entwicklung und Anerkennung einer $\mathfrak{PT}$ eng miteinander zusammenhängen, wollen wir zunächst allein mit dem Problem der Anerkennung beginnen.

§ 1. Anerkennung und Verwerfung einer $\mathfrak{PT}$

Die Einstellung zu dem, was uns $\mathfrak{PT}$'s vorstellen, kann ganz verschieden sein. Das Spektrum der Meinungen ist so breit, daß wir es hier in diesem Buch weder vorführen noch diskutieren können, denn dazu bedürfte es eines ganzen Buches von mindestens demselben Umfang wie des hier vorliegenden vierten Bandes. Dieses Spektrum reicht von dem Urteil, daß die $\mathfrak{PT}$'s nichts anderes als zu einer Geschichtsepoche gehörende Äußerungen menschlicher Tätigkeit sind, bis hin zu einem unkritischen Realismus, der die verwendeten $\mathfrak{PT}$'s (siehe III) praktisch mit einer »Wirklichkeit« identifiziert, oder besser ausgedrückt als direkt an der Wirklichkeit abgelesen ansieht.

Für den Standpunkt, daß eine $\mathfrak{PT}$ unverbindlich sei, hatten wir schon in X, § 6.6 ein Zitat angegeben, das wir hier noch etwas vollständiger wiederholen wollen [49]:

»Die Wissenschaften sind schließlich unser eigenes Werk, eingeschlossen all die strengen Maßstäbe, die sie uns aufzuerlegen scheinen. Es ist gut, wenn man sich an diese Tatsache so oft wie nur möglich erinnert. Es ist gut, wenn man fortwährend an die Tatsache erinnert wird, daß die Wissenschaft, so wie wir sie heute kennen, nicht unvermeidlich ist, und daß wir eine Welt aufbauen können, in der sie nicht die geringste Rolle spielt (eine solche Welt wäre meiner Ansicht nach vergnüglicher als die Welt, in der wir jetzt leben). Und was könnte uns diese Tatsache besser vor Augen führen als die Einsicht, daß die Wahl zwischen Theorien...zu einer Geschmacksache werden kann? Daß die Wahl unserer grundlegenden Kosmologie (Materialismus; Biologismus; Mythen persönlicher Götter) zu einer Geschmacksache werden kann?«...

»Der Versuch, wissenschaftliche Kosmologien nach ihrem Inhalt zu beurteilen, muß aufgegeben werden. Eine solche Entwicklung ist keineswegs unerwünscht. Sie verwandelt die Wissenschaft aus einer strengen und anspruchsvollen Herrin in eine attraktive und nachgiebige Kurtisane, die jeden Wunsch ihres Liebhabers zu erahnen versucht. Es liegt natürlich an uns, ob wir einen Drachen oder ein Miezekätzchen als Gesellschaft vorziehen. Meine eigene Wahl brauche ich wohl kaum zu erklären«.

Dieses Zitat gibt eine kurze Antwort auf die beiden Probleme der Entwicklung und Anerkennung einer Theorie. Es muß aber — glaube ich — nicht mehr betont werden, daß wir das ganze Buch hindurch einen anderen Standpunkt eingenommen haben. Aber wieso gibt es überhaupt viele verschiedene Standpunkte in bezug auf die »exakteste« aller Naturwissenschaften? Konnte man nicht während unserer Reise durch die theoretische Physik den Eindruck gewinnen, daß jeder Mensch, der den vorgelegten Gedankengängen folgen kann, die dargestellten ℙℨ's anerkennen müsse? Die verschiedenen Meinungen demonstrieren aber, daß das nicht so ist.

Daß jemand eine ℙℨ, die dauernd in grobem Widerspruch zur Erfahrung steht, ernsthaft anerkennt, ist mir nicht bekannt. Das Problem der Anerkennung entsteht also gerade dann, wenn »bisher« (bei geeigneten Unschärfemengen und geeignet gewähltem Grundbereich) keine (bzw. fast keine) Widersprüche gefunden wurden. Wann aber kann man sich nun wirklich auf eine ℙℨ verlassen? Dieses sich Verlassen auf eine ℙℨ ist der unmittelbarste und oft sogar unbewußte Ausdruck dafür, daß man eine ℙℨ anerkennt.

Die Erfahrung zeigt nun, daß es viele Menschen gibt, die sich auf eine ℙℨ verlassen, auch dann, wenn sie — bewußt gefragt — so tun, als ob eine ℙℨ keine Verbindlichkeit für sie hätte. Es gibt also das Phänomen der Anerkennung von ℙℨ's, und zwar nicht so selten. Es gibt aber auch Widerstand gegen die Anerkennung einer ℙℨ, so daß das Wort geprägt wurde: Die Gegner einer ℙℨ werden nicht überzeugt, sondern sterben aus.

Alle diese Erscheinungen legen es nahe, daß doch irgendwie die oft stillschweigend gemachten Voraussetzungen für die Anerkennung einer 𝔓𝔗 nicht von allen in gleicher Weise akzeptiert werden.

Fragen wir uns deshalb, welche Voraussetzungen (außer der bisher getesteten Widerspruchsfreiheit mit Erfahrungen) notwendig sind, um eine 𝔓𝔗 anzuerkennen. Wenn wir dieser Frage nachgehen, werden wir entdecken, daß diese Frage nicht auf ein einfaches Ja oder Nein zu einer 𝔓𝔗 abzielt; hinter dieser Frage steht vielmehr ein komplizierter strukturiertes Problem.

Schon in III und dann im Laufe unserer Reise durch die theoretische Physik (z. B. beim Übergang von der *Newton*schen Raum-Zeit-Theorie zur speziellen Relativitätstheorie *Einsteins*) haben wir erkannt, daß die Bezeichnungen »richtig« oder »falsch« für 𝔓𝔗's zu unklar und sogar mißverständlich sind. Wir haben deshalb schon in III andere Begriffe eingeführt wie den, daß eine 𝔓𝔗 (in ihrem Grundbereich mit geeignet gewählten Ungenauigkeitsmengen) »endgültig brauchbar« ist. Durch die Einführung eines solchen Begriffs haben wir schon begonnen, das Problem der Anerkennung einer 𝔓𝔗 aufzufächern, denn normalerweise werden viele bewußt oder unbewußt mehr in die Frage hineinlegen, ob eine vorliegende 𝔓𝔗 »richtig« oder eine »gute« 𝔓𝔗 sei, als in die Frage, ob sie endgültig brauchbar sei.

Fragen wir also zunächst, wieso man eine 𝔓𝔗 als endgültig brauchbar anerkennt oder nicht. Die Widerspruchsfreiheit mit der Erfahrung (bis auf höchstens ganz wenige nicht wiederholbare Einzelfälle) ist eine notwendige Voraussetzung. Man hat versucht, diese Widerspruchsfreiheit zum einzigen Kriterium zu machen.

Diese Versuche laufen unter dem Stichwort »unvollständige Induktion«, worauf wir schon in III, § 4 hingewiesen haben. Daß man von »unvollständig« spricht, ergibt sich aus der schon in III, § 4 erwähnten Tatsache, daß kein Bild 𝔐𝔗 einer 𝔓𝔗 aus den Erfahrungen deduzierbar ist. Ab wieviel Testexperimenten bin ich aber nun zufrieden, um eine 𝔓𝔗 als endgültig (!) brauchbar anzuerkennen? Man hat versucht, in dieser Richtung Maßtheorien zu entwickeln, so daß bei Steigerung der Zahl der Experimente das »Sicherheitsmaß« für eine 𝔓𝔗 ansteigt. Nicht nur, daß man hiermit keinen Erfolg hatte; eine solche Maßtheorie kann auch gar nicht das alles erfassen, was tatsächlich in die Beurteilung einer 𝔓𝔗 als endgültig brauchbar eingeht. In bezug auf die durchgeführten Testversuche z. B. geht gar nicht so sehr die Zahl der Versuche, sondern vielmehr ein Urteil ein, ob man zum Testen eines Bildes 𝔐𝔗 »wesentliche« Versuche gemacht hat; aber was heißt wesentlich? Wesentlich eben, um zu erkennen, ob 𝔐𝔗 ein »gutes« Bild ist.

Diese jedem Physiker bekannte »Auswahl« der Experimente zeigt deutlich, daß *vor* der Anwendung der in III geschilderten Methoden der Physik schon Überzeugungen, Vorentscheidungen eingehen, die eben dann auf der Basis der in III geschilderten Methoden zu dem Erkenntnisakt der Anerkennung einer 𝔓𝔗 als endgültig brauchbar führen. Und wenn jemand keine dieser Vorentscheidungen anerkennt, bzw. ganz andere trifft, so kann es schon passieren, daß er die ganze in III geschilderte Methode der Physik als ein Spiel und dazu noch ein sehr mühsames Spiel ansieht (siehe obiges Zitat).

Wir beabsichtigen nun nicht, eine vollständige Analyse der Vorstellungen und Gründe zu geben, die einen Physiker bewegen, eine 𝔓𝔗 als endgültig brauchbar anzuerkennen. Vielleicht ist eine solche vollständige Analyse auch nicht möglich, da die Gründe und besonders die Gewichtung der Gründe individuell verschieden ist. Wir wollen daher zunächst *einige* Vorentscheidungen und Gründe aufzählen, die die jeweilig getestete Widerspruchsfreiheit mit der Erfahrung als ausreichend erscheinen lassen, um eine 𝔓𝔗 anzuerkennen. Solche Gründe sind:

Die Wirklichkeit ist strukturiert und kein »zufälliges« Durcheinander. Mit Hilfe von 𝔓𝔗's ist es möglich, Ausschnitte dieser Wirklichkeitsstrukturen nach der in III geschilderten Methode abzubilden. Die Strukturprinzipien der Wirklichkeit sind einfacher, klarer, durchschaubarer als die Fülle der Wirklichkeit selbst. Das Testen eines Bildes 𝔐𝔗 soll durch typische, entscheidende Experimente feststellen, ob das Bild »stimmt«, und das Testen dient zur Klarstellung der Grenzen des Grundbereiches, nachdem man 𝔐𝔗 als echtes Bild eines Strukturausschnittes der Welt »erkannt« hat. Die Wirklichkeit ist nicht darauf angelegt, uns an der Nase herumzuführen, d.h. zu täuschen; anders ausgedrückt: Der Bereich der unmittelbar gegebenen Tatsachen (kritisch eingeschränkt) reicht aus, um Strukturen der Wirklichkeit zu erkennen.

Diese kurze Aufzählung soll nur andeuten, was alles in den Vorgang der Anerkennung einer 𝔓𝔗 einfließen kann. Darunter sind viele erkenntnistheoretische Vorentscheidungen, die nicht durch die Physik bewiesen werden; höchstens kann der Erfolg der Physik als Hinweis dienen, daß diese Vorentscheidungen nicht unsinnig waren.

Aber es gibt auch Motive, die die Anerkennung einer 𝔓𝔗 erschweren, bzw. verhindern können, so daß es manchmal so scheinen mag, daß die Gegner einer 𝔓𝔗 nicht zu überzeugen sind, sondern erst aussterben müssen. Einige seien aufgezählt.

In die in III geschilderte Methode selbst gehen nicht an der Erfahrung testbare Vorentscheidungen ein wie z.B. die Logik und Mengenlehre aus 𝔐𝔗. Man kann aber noch weitere Strukturen als Vorentscheidungen (»Denknotwendigkeiten«, »a priori Strukturen«, in die alle Erfahrungen eingeordnet werden müssen, usw.) einfließen lassen. Man könnte z.B. die Struktur der euklidischen Geometrie in 𝔐𝔗 als notwendige Voraussetzung vor aller Erfahrung festlegen; man könnte z.B. Wahrscheinlichkeitsgesetze ebenfalls in 𝔐𝔗 als notwendige Voraussetzung vor jeder Erfahrung formulieren. Werden dann von Physikern 𝔓𝔗's entworfen, die den Vorentscheidungen einiger anderer Physiker nicht entsprechen, so kann es vorkommen, daß solche 𝔓𝔗's eher abgelehnt werden, als daß man von seinen Vorentscheidungen läßt.

Solche Fälle werden aber auch oft überdramatisiert, weil in vielen Fällen gar keine echte Ablehnung einer 𝔓𝔗 vorliegt: Während der historischen Entwicklung einer 𝔓𝔗 liegt diese 𝔓𝔗 nicht von heute auf morgen in der Form 𝔐𝔗(−)𝔚 vor. 𝔐𝔗 selbst kann oft erst nur unvollständig, unklar definiert sein. Die Abbildungsprinzipien (−) sind meistens zunächst sehr unvollständig, oft teilweise sogar falsch, oft mißverständlich formuliert. So kann es vorkommen, daß das Bild 𝔐𝔗 einer 𝔓𝔗 als Bild teilweise mißverstanden wird, ja manchmal sogar von den Entdeckern einer 𝔓𝔗 selbst teilweise mißverstanden wird. Dann ist es wirklich kein Wunder, wenn während der historischen Entwicklung einer 𝔓𝔗 Widersprüche auftreten. Und es ist gut so, da diese Widersprüche ein Ansporn sind, der entstehenden 𝔓𝔗 eine bessere und klarere Form zu geben.

Die Verfechter einer 𝔓𝔗 können aber auch als Konsequenzen (philosophische, weltanschauliche) dieser 𝔓𝔗 etwas hinstellen, was gar keine Konsequenzen sind. Die Ablehnung dieser vermeintlichen Konsequenzen durch andere kann wieder leicht in eine Ablehnung der ganzen 𝔓𝔗 selbst umschlagen.

Der gärende Entwicklungsprozeß einer 𝔓𝔗 darf nicht dazu benutzt werden, zu *echten* Gegnern einer 𝔓𝔗 alle diejenigen zu stempeln, die − manchmal ohne es zu wissen − eigentlich nur Gegner des momentan noch unvollkommenen Zustandes einer 𝔓𝔗 sind. Und da die Entwicklungszeit einer 𝔓𝔗 durchaus in der Größe eines Menschenalters liegen kann, kann es dann so scheinen, als ob die Gegner aussterben.

Wie stark Vorentscheidungen in die Anerkennung einer 𝔓𝔗 eingehen können, zeigt das Beispiel der Allgemeinen Relativitätstheorie (X).

Auf der einen Seite kann man auf Grund der Voraussetzung einer »sinnvollen« Struktur der Wirklichkeit und der Erkenntnis, daß die spezielle Relativitätstheorie und die *Newton*sche Gravitationstheorie echte Bilder von Strukturausschnitten der Wirklichkeit sind, sofort ohne (!) zusätzliche Erfahrungstatsachen zu der Überzeugung gelangen, daß die Beschreibung der Gravitation durch das vierdimensionale metrische Feld ein »richtiges« Bild der Wirklichkeit ist. »Nur« die Form der *Einstein*schen Feldgleichung für die Metrik als »einfachste Form« wäre noch an der Erfahrung genauer zu testen.

Dieser »schnellen« Anerkennung der Allgemeinen Relativitätstheorie entgegengesetzt ist die Auffassung, daß diese Theorie auf der Basis einer a priori Entscheidung über Raum und Zeit zu Gunsten der *Newton*schen Theorie abzulehnen sei.

Aber auch die dritte Möglichkeit eines Mißverständnisses ist noch weit verbreitet. Es sei reine Geschmacksache, wie man Raum und Zeit beschreibt; man brauche ja nur die »Kräfte« entsprechend zu ändern. Natürlich kann man ad hoc in das Bild 𝔐𝔗 der Allgemeinen Relativitätstheorie zusätzliche mathematische Strukturen einführen, die aber auf Grund der Abbildungsprinzipien nicht als physikalisch wirklich im Sinne von III, § 9 anzusehen sind. Das metrische Feld der Allgemeinen Relativitätstheorie stellt aber eine physikalisch wirkliche Struktur dar. Es wird ja niemals bestritten, daß man z. B. *ebene* »Karten« von Teilbereichen der Raum-Zeit-Mannigfaltigkeit entwerfen kann. Dies sei an einem anderen Beispiel drastisch klar gemacht. Daß die Erde eine Kugel ist, ist eine Aussage über die Wirklichkeit; daß man im Atlas *ebene* »Karten« benutzt und diese für viele Zwecke praktisch sind, ist keine Aussage über die Wirklichkeit.

Die in III, § 7 dargestellten Überlegungen zeigen, daß man die »Anerkennung« einer 𝔓𝔗 auch übertreiben kann, indem man meint, daß das Bild 𝔐𝔗 eindeutig durch die Erfahrungen aufgezwungen wird.

Es sei auch noch kurz darauf hingewiesen, daß es im Sinne einer verschiedenen Einstellung zum Begriff der Wahrscheinlichkeit (siehe XVIII, § 4) auch die Haltung gibt, keine 𝔓𝔗 »ganz endgültig« anzuerkennen, sondern statt dessen von »fast sicherer Gültigkeit« einer 𝔓𝔗 zu sprechen.

Mancher Leser mag enttäuscht sein, daß er hier (bewußt) nicht eine verbindliche Überzeugung über die Anerkennung von 𝔓𝔗's vorgestellt bekommen hat. Es ist aber wesentlich, daß er versucht, seine eigene Haltung zu finden.

Über die Anerkennung einer 𝔓𝔗 als endgültig brauchbar hinaus geht die Überzeugung, daß einige 𝔓𝔗's auch g.G.-abgeschlossen (siehe III, § 7 bis 9) sind. In III und im Laufe der Diskussionen in diesem Buch ist verschiedentlich die Frage aufgeworfen worden, ob eine 𝔓𝔗 g.G.-abgeschlossen ist. Ja, die Einführung des Begriffs der g.G.-Abgeschlossenheit ist ein erster Versuch, etwas genauer eine wichtige, bisher nur oft intuitiv betrachtete Seite einer 𝔓𝔗 herauszuarbeiten. Wenn der Leser die verschiedenen 𝔓𝔗's aufmerksam studiert hat und nochmals III durchgeht, wird er erkennen, daß die Überzeugung, daß eine 𝔓𝔗 g.G.-abgeschlossen ist, immer etwas unsicher bleibt, da es sich vielleicht doch noch herausstellen könnte, daß gewisse von 𝔓𝔗 aus als physikalisch möglich angesehene Vorgänge tatsächlich prinzipiell nicht realisierbar sind, d. h. daß man zu einer gegenüber dieser 𝔓𝔗 umfangreicheren Theorie übergehen muß, um g.G.-Abgeschlossenheit zu erreichen.

Ohne große Erfahrungen im Umgang mit einer 𝔓𝔗 ist es ganz unmöglich, zu einem Urteil darüber zu kommen, ob eine 𝔓𝔗 g.G.-abgeschlossen ist. Es ist daher auch nicht verwunderlich, daß unter den Physikern sehr oft und gern darüber gestritten wird, ob eine 𝔓𝔗 g.G.-abgeschlossen ist. Dabei wird statt g.G.-abgeschlossen oft das Wort »endgültig« (aber eben in einem anderen Sinn als oben das Wort »endgültig brauchbar«) benutzt; man meint dabei unter »endgültig« so etwas wie: es besteht kein Anlaß mehr, die Theorie zu

ergänzen, zu *vervollständigen*; eine »vollständigere« Beschreibung des Aus-
schnittes aus der Wirklichkeit gibt es nicht.

Der berühmte Streit von *Einstein* »gegen« die Quantenmechanik war zunächst ein (sehr erwünschtes!) Ringen um die Frage, ob es Erfahrungen gibt,
die mit der Theorie in Widerspruch geraten. Und es ist sehr wichtig, daß auch
Einstein schließlich von der »endgültigen Brauchbarkeit« (mit dem in diesem
Buch hier benutzten Begriff ausgedrückt) der Quantenmechanik überzeugt
war. Allerdings hat er immer die g.G.-Abgeschlossenheit (wieder in unserer
Ausdrucksweise hier) der Quantenmechanik bestritten und nach Möglichkeiten gesucht, eine (in unserer Ausdrucksweise) umfangreichere Theorie im
Rahmen einer Verallgemeinerung der Allgemeinen Relativitätstheorie zu
finden.

§ 2. Die Entwicklung physikalischer Theorien

Gibt es schon in bezug auf die Anerkennung physikalischer Theorien Meinungen, die ganz aus dem Rahmen der Auffassungen herausfallen, die von der
Mehrzahl der Physiker vertreten werden, so ist dies erst recht der Fall in bezug
auf das Problem der Entwicklung physikalischer Theorien. Dies ist nicht
verwunderlich, da nicht wissenschaftlich begründbare Vorentscheidungen noch
mehr bei der Deutung geschichtlicher Entwicklungen als bei der Anerkennung
physikalischer Theorien eine Rolle spielen. Mit der Fragestellung dieses § 2
verlassen wir also noch mehr den Bereich der Physik als schon mit § 1. Wir
können wegen der Vielfalt der Meinungen über den Entwicklungsprozeß der
Physik hier noch weniger eine Übersicht bieten als in § 1. Ein wenig werden
einige Meinungen zu den Problemen aus § 1 und 2 nochmals in XX anklingen.
Hier sei also nur diejenige Darstellung kurz skizziert, die der Vorstellung
entspricht, daß eine $\mathfrak{PT}$ ein Bild $\mathfrak{MT}$ einer Teilstruktur der Welt angibt.

Es sei betont, daß wir hier nicht die Frage diskutieren wollen, wie es historisch
zur Entstehung der »Methode der Physik« kam. Schon bei *Galilei* liegt sie im
wesentlichen fertig vor (siehe XX). Natürlich ist die kritische Darstellung
aus III erst eine Folge eines längeren Umgangs mit dieser Methode. Doch hat
man ihre Anwendung immer intuitiv erfaßt; nur ob man sie anwenden sollte
oder ob es nicht sinnvoller wäre, bei Naturerscheinungen das Wesen zu er-
gründen (z. B. solche Fragen zu erörtern, wie wir sie ausdrücklich in I als
nicht zur Physik gehörig aufgeführt haben), war historisch immer wieder um-
stritten, auch heutzutage (siehe XX).

Wenn wir unter Physik nur das verstehen, was durch Anwendung der
»Methode der Physik« entstanden ist und *wenn* wir voraussetzen, daß tat-
sächlich eine $\mathfrak{PT}$ ein Bild $\mathfrak{MT}$ einer Teilstruktur der Welt angibt, so erscheint
die Physik wie ein wachsender Baum (sowohl in der Krone wie in den Wurzeln

immer weiter wachsend), dessen Stamm immer fester und stabiler wird. Diesem Bild widersprechen eine ganze Reihe von Wissenschaftstheoretikern, und vom ersten Eindruck her kann die *historische* Entwicklung tatsächlich an einigen Stellen ganz anders erscheinen. Ja, auch Physiker selbst hatten manchmal an einigen Stellen des historischen Entwicklungsprozesses der Physik den Eindruck, als ob das Alte zusammenbricht und ganz Neues an seine Stelle tritt.

Die ganze Darstellung von $\mathfrak{PT}$'s in den Kapiteln II bis XVI war aber mit darauf angelegt, zu zeigen, daß keine älteren $\mathfrak{PT}$'s verworfen oder gar als »falsch« abgetan wurden. Im Gegenteil werden sie durch die umfangreicheren Theorien ergänzt und behalten als Näherungstheorien ihre wichtige Bedeutung. So gesehen entwickelt sich das Bild der Physik von der Wirklichkeit zu einem immer besseren, immer umfangreicheren, immer genaueren. In diesem Sinn ist auch eine $\mathfrak{PT}$ nicht die Folge einer Laune der Physiker noch irgendwelcher Gesellschaftsstrukturen oder gar Produktionsstrukturen. Eine $\mathfrak{PT}$ ist, soweit sie ein Bild von der Wirklichkeit entwirft, in gewissem Sinn durch die Wirklichkeit erzwungen, auch wenn nicht unmittelbar an ihr ablesbar. In diesem Sinn ist auch die Quantenmechanik eine »notwendige« Theorie, zu der nur umfangreichere entstehen können. Dies *bedeutet* natürlich *nicht*, daß die historische Entwicklung der Theorien, d.h. die Art und Weise des Wachsens des Baumes allein durch die Wirklichkeitsstruktur des Gegenstandsbereichs der Physik bestimmt sei, wie wir dies weiter unten noch genauer betonen werden.

Da die mathematischen Bilder der verschiedenen $\mathfrak{PT}$'s nicht an der Wirklichkeit unmittelbar ablesbar sind, auch wenn man ein noch so guter Mathematiker ist, vollzieht sich die Entwicklung suchend, tastend, probierend und wieder verwerfend.

Danach sieht es so aus, als ob die Physiker je nach den ihnen kommenden Einfällen verschiedene $\mathfrak{PT}$'s willkürlich entwerfen und dann die in III, § 4 beschriebenen Tests über »Leben oder Tod« eines solchen Entwurfs entscheiden. Diese Deutung des Entstehens physikalischer Theorien sieht die historische Entwicklung der Physik in Analogie zur Entwicklung der Lebewesen, wo durch Mutationen willkürliche neue Formen von Lebewesen entworfen und in der Umwelt (im Kampf ums Dasein) auf ihre Lebensfähigkeit getestet werden. Diese Schilderung der Entwicklung physikalischer Theorien sieht aber zu einseitig nur die Entscheidung über die Anerkennung einer $\mathfrak{PT}$ mit Hilfe der Methode des Testens an Erfahrungen; genauso, wie man die Entwicklung der Lebewesen zu einseitig nur unter dem Aspekt des Kampfes ums Dasein sehen kann (XV, § 13). Da — wie wir in § 1 dargelegt haben — die Entscheidung über das Anerkennen einer $\mathfrak{PT}$ nicht nur aus der festgestellten Widerspruchsfreiheit mit der Erfahrung entspringt, liegt die Vermutung nahe, daß auch die Theorieentwürfe der Physiker nicht ganz willkürlich sind. Damit sind wir wieder auf das in der Abbildung am Ende von III, § 4 als »intuitives

Erraten« gekennzeichnete Problem gestoßen, jetzt im Zusammenhang mit der historischen Entwicklung der Physik.

Viele Momente im Denken der einzelnen Physiker können eine wichtige Rolle spielen, ob sie und wie sie zu entscheidenden Schritten bei der Entwicklung neuer Theorien beitragen. Vorwegvorstellungen über das, wie Physik auszusehen hat, können hemmen oder förderlich sein. Die Entdeckung der Speziellen Relativitätstheorie ist ein Beispiel dafür, wie schwer es fallen kann, die durch die Erfahrungen fast erzwungenen Strukturen anzuerkennen: nur mühsam erzielt man endlich mit *Einstein* den Durchbruch, obwohl eigentlich schon viele fast am Ziel waren. Eigentlich durch eine Überschätzung des »Relativitätsprinzips« im Überschwang des Erfolges der Speziellen Relativitätstheorie entsteht danach im Denken eines einzelnen, *Einstein*, die Allgemeine Relativitätstheorie.

Die Einführung der »Quanten« versucht *Planck* sein Leben lang wieder rückgängig zu machen, ohne Erfolg. Die entscheidenden Schritte zur Entdeckung der Quantenmechanik werden historisch gleich auf zwei verschiedenen Wegen getan, durch *Born-Heisenberg* auf der einen und *Schrödinger* auf der anderen Seite; und man merkt sofort, daß diese verschiedenen *Wege* durch verschiedene Denkrichtungen mitbedingt sind. Trotzdem aber wird »dieselbe« Theorie erreicht, was *Schrödinger* bald erkennt und in seinem berühmten Beweis der Äquivalenz (im Sinne von III, § 7) beider Theorien darlegt. So ist gerade die Quantenmechanik bis heute ein wirklich illustratives Beispiel, wie die verschiedensten Vorstellungen, philosophische und weltanschauliche Einstellungen die historische Entwicklung der Physik beeinflussen können, daß aber dann trotzdem »von der Wirklichkeit erzwungen« das Ziel, eine Theorie als »treues« Bild von Wirklichkeitsstrukturen, erreicht wird.

Da dieser Weg des intuitiven Ratens eine unüberschaubare Fülle von Momenten enthält, ist es nicht verwunderlich, wenn die historische Betrachtung dieses Weges von vielen nicht unvoreingenommen durchgeführt wird. Und es ist dabei sehr interessant zu sehen, wie die Untersuchung der Stelle des Auftretens neuer Naturgesetze in der historischen Entwicklung der Physik zum Tummelfeld ideologischer und damit unwissenschaftlicher Vorentscheidungen wird. Darum wollen wir hierüber lieber in XX einige Bemerkungen machen.

Alle bisher von uns erwähnten Aspekte der Entwicklung der Physik sind nur Teilaspekte. Die tatsächliche Entwicklung hängt entscheidend noch von vielen anderen Vorgängen im Leben der Menschen ab. Es ist nicht selbstverständlich, daß es Menschen gibt, die es für interessant genug halten, sich mit $\mathfrak{PT}$'s zu beschäftigen. Es ist nicht selbstverständlich, daß man Geld für die Entwicklung der Physik zur Verfügung stellt. Es ist nicht selbstverständlich, daß man die Physik nicht verbietet, weil sie angeblich nur zum Unheil, zur Vernichtung der Menschen führt. Es ist nicht selbstverständlich, *welche Teile* der Physik man fördert. Die Physik ist eben nur einer und kein isolierter Prozeß im Leben der Menschen und als solcher auch der Frage nach dem Wert unterworfen; und in diesem Sinn kann auch das am Anfang von § 1 angeführte Zitat eine wichtige Funktion erfüllen: in Frage zu stellen, ob es überhaupt einen Sinn hat Physik zu treiben.

XX. Wert oder Unwert der Physik?

Mit dem vorhergehenden Kapitel XIX hatten wir mehr und mehr Probleme angesprochen, bei denen zwar wissenschaftliche Methoden zur Klärung weiterhelfen können, die aber nicht mehr rein wissenschaftlich gelöst werden können, weil die eingehenden Vorentscheidungen viel tiefer liegen als beim Betreiben der »nüchternen« Physik. Es wäre aber im Sinne der ganzen Tendenz dieses Buches eine Feigheit, wenn wir deshalb solchen Problemen »um die Physik« ausweichen würden. Um aber den Charakter solcher Probleme als nicht rein wissenschaftlicher deutlicher hervorzukehren, wollen wir zur Form des Dialogs übergehen, wo Meinungen aufeinanderprallen, wo nicht mehr die wissenschaftliche Methode *ausschlaggebend* ist sondern die menschliche Entscheidung. Daher erwarte man keine säuberlich entwickelte Meinung, die man ja so bequem übernehmen kann, um sich eigenen Entscheidungen zu entziehen. Bewußt kommt auch die Polemik im Dialog zu ihrem Recht als Reizmittel, sich selbst den Problemen zu stellen und sein eigenes Denken zu wandeln.

Auch wenn sich der Verfasser darüber im Klaren ist, daß er in keiner Weise dem benutzten Vorbild der Dialoge *Galileis* auch nur nahe kommen kann, so ist es eben doch reizvoll, die heutigen Auseinandersetzungen um die Physik mit einem ähnlichen Hilfsmittel wie damals darzustellen, wobei wir uns derselben Dialogpartner wie *Jauch* bedienen, der auf die Weise eines Dialogs das Problem der Realität der Mikrosysteme diskutiert hat [42].

Ähnlichkeiten der im unten beginnenden Dialog vertretenen Meinungen mit in der Literatur veröffentlichten Darstellungen sind »rein zufälliger Art« bis auf die explizit angegebene Verweise in Form von [. . .] oder von Verweisen auf Kapitel und §§ dieses Buches. Solche Verweise gehören natürlich nicht direkt zum Dialog, sollen aber eventuell das Verständnis erleichtern.

Es ist nicht beabsichtigt, mit den von den drei Herren vorgetragenen Meinungen historisch richtige Interpretationen früherer bei *Galilei* auftretender Auffassungen zu geben. Es werden vielmehr »dichterisch frei« drei verschiedene Haltungen der Physik gegenüber dargestellt, auch wenn wir dieselben Namen benutzen, die in den Dialogen *Galileis* auftreten.

Dialog

Sagredo: Es ist eine merkwürdige Fügung des Schicksals, daß wir uns heute nach über 300 Jahren hier aus Anlaß dieser Tagung wieder treffen, nachdem wir damals unsere Gespräche abbrechen mußten. Und ich wäre gespannt, Ihre Meinung über manche Fragen zu hören, die wir damals teilweise nur erahnen konnten.

Salviati: Ich würde mich ebenfalls sehr freuen, wenn wir heute – wo wir merkwürdigerweise trotz der Hektik einer solchen Tagung etwas Zeit haben – einige Probleme von damals aufgreifen und in Muße diskutieren könnten. Die verflossenen 300 Jahren haben da auch ihr Gutes, denn es hat sich manches ereignet, was nach meiner Meinung zur Klärung dieser oder jener Fragen beigetragen hat.

Simplicio: Ich bin richtig froh, daß ich Sie wieder treffen konnte, denn ich glaube, nach dieser langen Zeit doch die Dinge der Naturwissenschaften wesentlich besser erkannt zu haben. Da würde ich gerne Ihre heutige Meinung hören; denn ich habe meine Vorstellungen wesentlich geändert, und Sie werden darüber staunen.

Sagredo: Wir hatten damals über viele Einzelheiten physikalischer Vorgänge diskutiert, die heute als geklärt gelten können; und trotzdem habe ich den Eindruck, daß der Streit über die *Grundvorstellungen*, aus denen heraus, Sie, Herr Salviati, Ihre damaligen Überlegungen und Begründungen zur Erklärung der verschiedensten Vorgänge entwickelten, nicht erloschen ist, ja vielleicht heutzutage wieder neu entbrannt ist. Ich würde mich daher noch gerne daran erinnern, wie Sie es damals zum Ausdruck brachten, daß die Mathematik eine wichtige Rolle im Erkennen der Vorgänge in der Natur spielt. Vielleicht ist es Ihnen möglich, Ihre damaligen Formulierungen zu wiederholen, denn ich selber würde zu leicht etwas schief darstellen können.

Salviati: Wenn ich mich recht erinnere, so habe ich damals etwa so formuliert: Die Philosophie – heute würde ich wohl richtiger sagen – die Physik steht in dem großen Buch des Alls aufgezeichnet, das unserem Blick immerdar offensteht. Aber wir können das Buch nicht verstehen, wenn wir nicht zuerst seine Sprache erlernen und die Zeichen zu lesen verstehen, in denen es verfaßt ist. Es ist in der Sprache der Mathematik geschrieben [43].

Sagredo: Ganz richtig, so hatten Sie es damals ausgedrückt; und wenn ich richtig sehe, so wollten Sie damit mehrerlei betonen: Die Natur stellt uns ihre Gesetze, d.h. die in ihr liegenden Gesetze vor. Wir können sie erkennen, wenn wir in der Wirklichkeit zu lesen verstehen, was aber nicht ohne Mathematik möglich ist. Ist dies nicht ein realistischer Erkenntnisstandpunkt, der objektiv gültige Gesetze voraussetzt, die noch dazu unserer Erkenntnis zugänglich sind? Dies scheint mir einerseits mit dem Standpunkt übereinzustimmen, der von vielen Physikern heute vertreten wird und zur Grundlage der Darstellung in dem Ihnen bekannten Buch zur »Einführung in die Grundlagen der theoretischen Physik« gemacht wurde. Andererseits wird dort aber behauptet (III, § 4 und XIX), daß man die Gesetze doch nicht so einfachhin »ablesen« könne. Was sagen Sie dazu?

Salviati: Es ist richtig, daß ich schon immer einen realistischen Standpunkt vertreten habe. Aber nicht dieser war es, der mir damals vor mehr als 300 Jahren die Ihnen bekannten Unannehmlichkeiten eintrug, sondern die Zusatzvoraussetzung, daß wir mit eigener Erkenntnisfähigkeit solche Gesetze »ablesen« können. Ich wollte damals eigentlich nur provozierend betonen, daß wir allein – ohne eine Autorität zu fragen – Erkenntnisfähigkeiten haben, die wir nicht nur ausnützen können sondern auch sollten. Es scheint mir daher die spätere kritische Entwicklung nur eine präzisere Fassung dessen gebracht zu haben, was ich damals noch etwas mehr poetisch durch das Wort »ablesen« zum Ausdruck bringen wollte. Ich kann also den in dem von Ihnen erwähnten Buch gemachten Ausführungen nur voll zustimmen.

Simplicio: Ich kann dem in diesem Buch zugrundegelegten Standpunkt in Bezug auf die von Ihnen eben angedeuteten Gesichtspunkte in keiner Weise zustimmen. Auch viele Wissenschaftstheoretiker scheinen mich darin zu stützen; selbst in dem erwähnten Buch ist eine solche kritische Stellungnahme von Herrn *Feyerabend* kurz angegeben (XIX, § 1), die ich zwar als solche ebenfalls ablehne, da sie keinen Ausweg aus dem Dilemma aufzeigt. Tatsächlich haben doch bedeutende Wissenschaftler gezeigt, daß die vermeintlich objektive Gültigkeit physikalischer Theorien gar nicht zutrifft. Dies beweist doch am deutlichsten der revolutionäre Entwicklungsprozeß der Physik, bei dem eine sogenannte gültige Theorie später verworfen und durch eine andere ersetzt wird, die der verworfenen vollkommen widerspricht. Dies beweist auch die Tatsache, daß zwei Physiker mit demselben Recht verschiedene, einander widersprechende Meinungen vertreten können, z. B. über Raum und Zeit, ohne daß es eine Möglichkeit der Einigung gibt. So vertreten heute noch einige den Standpunkt, daß die *Euklid*ische Geometrie notwendige Voraussetzung der Physik sei; andere dagegen lehnen die *Euklid*ische Geometrie als physikalisch falsch ab. Ja sogar unser damaliges Diskussionsthema, ob sich die Erde um die Sonne oder die Sonne um die Erde bewege, ist doch kein Problem einer sogenannten Realität sondern ein Ausdruck des jeweiligen Bewußtseins der Menschen. Sie selbst Herr Salviati haben damals vor 300 Jahren doch nur einer Bewußtseinswandlung Ausdruck gegeben, die sich auf Grund anderer soziologischer Strukturen, wie der Änderung der Produktionsmethoden vollzogen hatte.

Salviati: Dem muß ich entschieden widersprechen. Ich kann mich zwar schlecht dagegen zur Wehr setzen, wenn Sie mein Denken von vor 300 Jahren als von Produktionsmethoden hervorgerufen interpretieren, denn jedem Einwand meinerseits würden Sie sicherlich dadurch begegnen, indem Sie behaupten, daß ich das ja selber damals gar nicht gemerkt hätte.

Simplicio: Genauso ist es.

Salviati: Daß Sie jetzt aber unsere damalige Frage, ob sich die Erde um die Sonne bewegt, zu einem Problem der Weltanschauung machen, dem kein echtes physikalisches Problem entspricht, kann doch nur auf einem Mißverständnis der Allgemeinen Relativitätstheorie beruhen. Gerade die Allgemeine Relativitätstheorie zeigt doch genau auf, welche reale Struktur mit der Bewegung der Erde um die Sonne gemeint ist. Und wenn Sie das eben erwähnte Buch, dessen Standpunkt zu der Frage der Bedeutung einer physikalischen Theorie Sie glauben ablehnen zu müssen, wenn Sie in diesem Buch genauer das Kapitel über Allgemeine Relativitätstheorie (X, § 6.2) gelesen haben, kann ich einfach nicht verstehen, wie man die Frage nach der Bewegung der Erde um die Sonne so mißverstehen kann.

Wenn Sie weiterhin von angeblichen Revolutionen beim Übergang von einer Theorie zu einer besseren, d. h. umfangreicheren sprechen, so kann ich auch dies kaum anders deuten, als daß Sie den eigentlichen Entwicklungsprozeß der Physik zu immer genaueren und umfangreicheren Bildern einfach nicht verstanden haben.

Sagredo: Entschuldigen Sie bitte, daß ich Sie hier unterbreche. Aber der Eifer, in den Sie beide geraten sind, scheint mir darauf hinzudeuten, daß Sie beide von zwei verschiedenen Grundpositionen ausgehen, die Sie schon *vor* Betrachtungen des Phänomens der Physik eingenommen haben; und ich muß da in gewisser Weise Herrn Simplicio Recht geben. Von seinem Standpunkt aus ist die Physik eine der Auseinandersetzungen der Menschen mit ihrer Umwelt, d. h. ein Teil des Vorgangs, wobei sich die Materie sich selbst reflektierend weiterentwickelt. Sie aber Herr Salviati gehen davon aus, daß es eine Erkenntnisfähigkeit des Menschen unabhängig von aller Gesellschaftsstruktur, von aller Struktur der Produktionsmittel, d. h. unabhängig vom gerade vorhandenen Entwicklungszustand der Materie gibt, auch wenn diese Fähigkeit nicht immer in gleicher Weise, d. h. auch nicht unabhängig von Gesellschaftsstrukturen genutzt wird. Herr Simplicio würde diesen Standpunkt wahrscheinlich als Idealismus ablehnen.

Simplicio: Ich danke Ihnen, daß Sie mir zu Hilfe gekommen sind.

Sagredo: Was natürlich nicht bedeutet, daß ich Ihren Standpunkt teile.

Simplicio: Das habe ich auch kaum angenommen, da ich Sie als Skeptiker kenne. Aber es scheint mir eben wesentlich, daß wir heute in eine neue Phase der Entwicklung eingetreten sind, wo sich das Bewußtsein der Menschen und damit auch die Physik restlos ändern wird. Der von Ihnen Herr Salviati eingenommene Standpunkt einer absoluten Erkenntnisfähigkeit des Menschen war eben nur eine Episode in der langen Entwicklung, ein Ausdruck der sogenannten bürgerlichen Gesellschaft. Genauso wie das *Ptolemäische* Weltbild ein Ausdruck vorhergehender Produktions- und Handelsmethoden war.

Salviati: Ich gebe Herrn Sagredo zu, daß es unmöglich ist, sogar Physik ohne gewisse Vorentscheidungen zu treiben und daß es erst recht unmöglich ist, physikalische Theorien als objektiv gültige Aussagen anzuerkennen – natürlich immer in der Einschränkung auf ihren Anwendungsbereich (III) –, wenn man nicht schon vor jeder Physik den Glauben hat, daß es möglich ist, Strukturen in der Wirklichkeit zu erkennen. Und diese meine schon vor 300 Jahren, vielleicht etwas poetisch formulierte Überzeugung scheint mir durch die Entwicklung der Physik voll bestätigt worden zu sein; oder, um es vorsichtiger auszudrücken, damit auch Herr Sagredo dem voll zustimmen kann: Die Entwicklung der Physik gibt auch nicht den geringsten Hinweis dafür, daß ich meine Überzeugung aufgeben müßte. So gesehen ist es einfach nicht wahr, daß irgendwo bewiesen wurde, daß man verschiedene nicht äquivalente Theorien (III) beliebig anerkennen könne, daß die historisch erfolgte Auswahl zwischen Theorien aus soziologischen Gründen erfolgte oder daß gar ein revolutionärer Prozeß stattgefunden habe.

Sagredo: Ja, Ihren vorsichtigen Formulierungen kann ich zustimmen. Wenn man die häufig mit jeder physikalischen Theorie verbundenen weltanschaulichen Vorstellungen, oft sogar mit derselben Theorie verbundenen verschiedensten weltanschaulichen Vorstellungen, wenn man also solche Vorstellungen beiseite läßt, enthält tatsächlich der Entwicklungsprozeß der Physik keine Revolutionen. Und der von manchen vermeintlich an historischen Beispielen durchgeführte Beweis, daß die Anerkennung einer neuen Theorie nicht wegen ihrer Fähigkeit, Erfahrungen umfangreicher und genauer als die alte Theorie erklären zu können, erfolgt sei, ist in keiner Weise stichhaltig. Diese sogenannten Beweise zeigen vielmehr nur, daß *während der Entwicklung* einer Theorie im ersten *Entstehen* einer Theorie eben noch andere Momente für ihre Anerkennung eine wichtige Rolle spielen als der Test an der Erfahrung allein, was z. B. besonders deutlich bei der Entstehung der Allgemeinen Relativitätstheorie sichtbar wurde (XIX, § 1).

Salviati: Sie werden es mir sicherlich nicht übel nehmen, wenn ich Ihre vorsichtigen Formulierungen auf Grund meiner Überzeugung dahingehend noch verschärfe, daß ich die Entwicklung physikalischer Theorien für durch die Wirklichkeit erzwungen halte (XIX, § 2), wenn auch nicht deshalb, weil man sie einfach an der Natur ablesen könnte. Ich sehe es Ihren Minen an, daß Sie Bedenken haben; und möchte daher schnell ergänzen, daß ich mit diesem »erzwungen« natürlich nicht den zeitlichen Ablauf der Entwicklungsprozesse sondern nur die Ergebnisse meine. Die Entwicklungsprozesse selbst können sicher durch viele Momente günstig und ungünstig beeinflußt sein, auch durch Momente weltanschaulicher wie soziologischer Natur.

Simplicio: Ihren Argumenten kann ich nicht zustimmen. Im Gegenteil zeigen mir diese durch ihren *Widerspruch* zu meiner Auffassung nur die Fortschrittlichkeit meines Standpunktes; denn wegen der dialektischen Entwicklung der Materie muß die fortschrittlichere Auffassung Ihren Vorstellungen widersprechen, da diese einer bürgerlichen Entwicklungsstufe entsprechen.

Salviati: Was allerdings ein unwiderlegbares dialektisches Argument ist.

Simplicio: Wenn Sie auch meine Argumente nicht mögen, ja gar nicht mögen können, so ist doch der dialektische Materialismus die einzige Basis, um das Problem der Entwicklung der Physik zu erklären und für die Zukunft die richtigen Schlußfolgerungen daraus zu ziehen. Denn nur von einer wissenschaftlichen, und d.h. materialistischen Basis her können solche Probleme gelöst werden.

Sagredo: Ich finde es erstaunlich, mit welcher Inbrunst von Überzeugung Sie einerseits den objektiven Charakter der Physik als Wissenschaft ablehnen, um dann plötzlich für viel umfangreichere und kompliziertere Problemstellungen an den wissenschaftlichen Charakter der dialektisch materialistischen Deutung zu glauben. Wenn ich also als Skeptiker, wie Sie mich nannten, es schon nicht wage, dem Realismus des Herrn Salviati so ohne weiteres zu folgen, so kann ich wirklich nicht erkennen, worin die Wissenschaftlichkeit des dialektischen Materialismus besteht.

Salviati: Aber nicht nur daß der dialektische Materialismus gar keine auch nur irgendwie wissenschaftlich überzeugende Deutung der historischen Entwicklung physikalischer Theorien geben kann, wiederholen vielmehr diese Erklärungen einen gefährlichen Fehler, den die materialistische Deutung der Entwicklungsgeschichte der Lebewesen nach Lamark gemacht hatte (XV, § 13). Man will die Entwicklung physikalischer Theorien allein als Wechselwirkung von Gehirn und Produktionsmethoden erklären. Genauso aber wie bei der Entwicklung der Lebewesen neben der Wechselwirkung mit der Umwelt eine entscheidend wichtige Rolle das von der Umwelt unabhängige Möglichkeitsfeld der Mutationen spielt, so spielt neben allen nicht zu leugnenden Voraussetzungen wirtschaftlicher Art auch das Auftreten neuer Ideen eine entscheidend wichtige Rolle bei der historischen Entwicklung physikalischer Theorien. Woher aber kommen neue Ideen? Eben aus einem Möglichkeitsfeld besonderer Art und nicht als Wechselwirkungseffekte mit den Produktionsmitteln.

Sagredo: Aber was soll das für ein Möglichkeitsfeld sein? Eines geistiger Art? Oder ein materielles wie bei den Mutationen?

Salviati: Ich habe bewußt bisher weder bei den Mutationen noch bei dem Auftreten von Ideen von Materie oder Geist gesprochen. Und ich habe es auch vermieden, von materiellen Strukturen als Erkenntnisgegenstand der Physik zu sprechen. Daher kann ich auch Ihre eben gestellte Frage nicht beantworten, denn ich halte nichts von einem Dualismus: Materie – Geist.

Simplicio: Aber wenn Sie einen solchen Dualismus ablehnen, so müssen Sie entweder alles Wirkliche zu Geist oder zu Materie erklären. Was ist dann eigentlich die Wirklichkeit, deren Strukturen nach Ihrer Meinung durch die Physik im Geist – so muß ich Sie verstehen – abgebildet werden? Ist sie auch Geist?

Sagredo: Ich verstehe, daß Herr Simplicio Ihre Einstellung zur Wirklichkeit als nicht ganz klar empfindet. Ich habe sogar das Gefühl, daß auch Sie Herr Salviati eigentlich einen Materialismus vertreten, indem Sie physikalische Theorien als Bilder der Wirklichkeit ansehen. Ist dies nicht die z. B. von *Lenin* vorgetragene Auffassung des Abbildens der Materie im Gehirn?

Salviati: Von Ihrem Standpunkt aus mag es vielleicht so scheinen, als ob der Streit zwischen Herrn Simplicio und mir nur ein Streit zweier verschiedener materialistischer Konfessionen sei. Tatsächlich aber – und insofern stimme ich sogar mal mit Herrn Simplicio überein – tatsächlich liegt der Unterschied unserer beiden Auffassungen viel tiefer, weil ich zwar nicht dem Materialismus glaube aber von einem bestimmten Realismus überzeugt bin; denn Realismus ist für mich nur die Auffassung, daß es eine strukturierte Wirklichkeit gibt, deren Struktur wir teilweise mit den Bildern der Physik erkennen können. Dieser erkenntnistheoretische Realismus ist noch lange kein Materialismus, auch wenn vielleicht eine gewisse Ähnlichkeit dieses Realismus mit den erwähnten bei Lenin dargestellten Auffassungen besteht. Aber gerade wenn wir über die physikalischen Bilder hinausgehen und danach fragen, wo und wie diese Bilder entstehen oder wie es zu den Strukturen in der Wirklichkeit kommt, die die Physik abbildet, und weshalb wir dann eigentlich in unserem Leben auf diese Strukturen vertrauen, so stehe ich auf einem Standpunkt, den der Materialismus sicher entschieden ablehnen muß. Wenn der dialektische Materialismus aber meint, daß er es so gut versteht, die Physik als Selbstreflexion der Materie zu deuten, so sollte er ja etwas zur Physik beitragen können, d. h. sich fruchtbar erweisen bei der Entwicklung neuer physikalischer Theorien; und zwar fruchtbar in einer Art und Weise, die eben über den positiven Einfluß einer bei vielen Physikern vorhandenen realistischen Grundeinstellung hinausgeht. Tatsächlich aber hat sich der dialektische Materialismus bei der Entdeckung physikalischer Theorien als vollkommen steril erwiesen. Ja nicht nur das, er hat sogar physikalische Theorien wie z. B. die Allgemeine Relativitätstheorie bekämpft, bis er doch vor der sachlichen Richtigkeit der physikalischen Bilder kapitulieren mußte. Dies ist für mich ein starkes Argument für die realistische Interpretation der Physik einerseits und ein Hinweis auf eine falsche Grundeinstellung des Materialismus.

Simplicio: Daß bei der praktischen Anwendung des Materialismus gerade anfangs Widersprüche auftraten, bestätigt doch nur das Grundgesetz der dialektischen Entwicklung der Materie. Aber was noch viel wichtiger ist: Wenn der dialektische Materialismus zur heutigen Physik nichts Entscheidendes beitragen konnte, so beweist das einmal mehr die Unvollkommenheit der heutigen Physik. Denn für die bessere Physik der Zukunft wird der dialektische Materialismus die entscheidende Voraussetzung sein.

Salviati: Diese unwiderlegbaren Schlüsse sind wirklich ein bewundernswertes Beispiel dialektischer Logik.

Sagredo: Lassen Sie bitte erst einmal Ihren Streit ein wenig ruhen. Da ich bisher immer noch nicht ganz von der realistischen Auffassung der Physik voll überzeugt bin, würde ich zunächst gerne wissen, was Herr Salviati noch zu folgendem Einwand gegen seine realistische Deutung zu sagen hat. Ich greife da wieder das alte Problem der Bewegung der Erde um die Sonne auf, auch auf die Gefahr hin, daß Herr Salviati mich für physikalisch unverständig hält. Der notwendige Ausgangspunkt jeder realistischen Deutung der Physik ist die Auffassung, daß wir unmittelbare Sachverhalte feststellen können (III, § 2; VII, § 1). Aber ist das wirklich so? Wenn z.B. ein Ptolemäer mit einem Kopernikaner diskutiert, so können sie sich vielleicht nur deshalb nicht einigen, weil sie eben von vornherein etwas Verschiedenes »sehen«. Der Ptolemäer sieht die Sonne sich bewegend hinter dem festen Horizont verschwinden. Der Kopernikaner dagegen sieht eine feste Sonne und sich den Horizont heben – wie z.B. in einem schaukelnden Schiff –, und hinter dem sich hebenden Horizont verschwindet dann die unbewegte Sonne.

Salviati: Sie selbst haben durch Ihre Zwischenbemerkung eigentlich schon gezeigt, daß das vorgebrachte Argument nicht stimmt. Denn bei dem langsam schaukelnden Schiff, sieht man ja gerade sich den Horizont bewegen, obwohl dieser doch als fest erscheinen sollte, weil ich mir des Schaukelns des Schiffes bewußt bin. Er erscheint uns aber vom Schiff her trotzdem nicht als fest! Genauso wie jeder Ptolemäer sehe auch ich die Sonne untergehen. Erst mit Hilfe einer physikalischen Theorie erkennen wir die reale Auszeichnung der Rotation der Erde um sich und der Bewegung der Erde um die Sonne, nämlich als einer Bewegung in einem (Fast-)Inertialsystem. Genau dies hat gegenüber unseren Diskussionen von vor 300 Jahren in viel klarerer Weise die Allgemeine Relativitätstheorie herausarbeiten können (X, § 6.2).

Sagredo: Ich muß zugeben, daß mich Ihr Argument überzeugt, daß tatsächlich die unmittelbaren Feststellungen von sogenannten Sachverhalten nicht den Unterschied zwischen Theorien erklären können, wenigstens soweit es sich um Menschen handelt, die nicht ganz anderen Kulturkreisen als dem unsrigen entstammen. Das kann allerdings noch immer nicht voll meine Zweifel ausräumen, ob wir wirklich berechtigt sind, die physikalischen Theorien deswegen schon als Bilder einer Wirklichkeit aufzufassen und nicht vielmehr als bloße Gedankenkonstruktionen, um uns in unseren Wahrnehmungen zurecht zu finden. Mir scheint aber, daß Ihre Auffassung von den physikalischen Theorien als Bildern der Wirklichkeit einer der Hintergründe ist für das Vertrauen auf Naturgesetze, von dem Sie eben sprachen; also nicht doch ein irgendwie materialistischer Hintergrund, nämlich eine Wirklichkeit, die in ihr fixierten Gesetzmäßigkeiten gehorchen muß?

Salviati: Es ist die Eigenart der Physik, daß sie unter der Voraussetzung der Existenz von Strukturen in der Wirklichkeit glaubt, solche Strukturen im mathematischen Bild in Form von sogenannten Naturgesetzen angeben zu können (III, § 6). Sie zeigt aber andererseits überhaupt nicht, warum diese Gesetze so sind. Sie beweist noch nicht einmal, daß jeder Einzelfall diesen Gesetzen gehorchen *müßte*. Nichts von alledem; und trotzdem vertrauen wir auf die Zuverlässigkeit der Naturgesetze. Aber warum eigentlich? Warum zweifeln die Astronauten, die von der Erde zum Mond fliegen, nicht daran, daß die Bahn ihres Raumschiffes den *Newton*schen Bewegungsgleichungen im Schwerefeld von Erde und Mond genügt? Warum fürchten sie nicht, daß ihr Raumschiff irgendeinen Haken schlagen wird und dann im Weltall verschwindet? Denn rein gar nichts sagt die Physik über einen einmaligen Einzelfall aus (III, § 4; XVIII, § 3), und trotzdem dieses Vertrauen. Augenscheinlich kommt ein teils unbewußter oder auch manchmal bewußter Glaube hinzu, ein Vertrauen, das nicht allein durch die Physik zu begründen ist. Aber auch nicht durch den dialektischen Materialismus; denn auch er kann diesen Glauben ebenso wenig begründen wie die Physik selbst; er kann ihn höchstens als Faktum der Wechselwirkung der Materie mit sich selbst im Gehirn des Menschen interpretieren, ohne wiederum auch hierfür die minimalste Erklärung anbieten zu können. Ihm bleibt eigentlich nur die irrationalste aller Erklärungen, daß nämlich die Materie so sei, wie sie ist, weil sie eben so sein *müsse*, denn sonst wäre sie eben nicht so, wie sie ist.

Sagredo: Augenscheinlich wollen sie uns neugierig machen, worauf sich denn nun Ihr eigenes Vertrauen gründet, wenn nicht auf der Voraussetzung einer Notwendigkeit dieser Gesetze der Materie.

Salviati: Ihre Neugierde wecken wollte ich eigentlich nicht; ich wollte vielmehr nur deutlich machen, daß wir mit der Physik allein nicht auskommen, wenn wir mit der Physik leben wollen; ja daß überhaupt jede wissenschaftliche Analyse – so hilfreich sie auch zur Bewältigung bestimmter Aufgabenstellungen sein kann – uns im Letzten nicht der freien individuellen Entscheidung zum Vertrauen enthebt, wenn wir ehrlich sind und uns nichts vormachen wollen.

Simplicio: Es ist eigenartig, daß ich sogar mal Herrn Salviati wenigstens teilweise zustimmen kann. Ich habe ja vorhin mehrmals darauf hingewiesen, daß die Physik nicht ausreicht, um Physik zu verstehen und Physik anzuwenden. Soweit unsere Übereinstimmung. Der Grund aber für diese Stellung der Physik liegt meiner Meinung nach eben nicht in irgendeiner Irrationalität sogenannter freier Entscheidungen sondern im dialektischen Entwicklungsprozeß der Materie selbst. In diesem Entwicklungsprozeß ist die Physik eingebaut als eine Funktion der Produktionsmethoden. Und als Teile der Materie bleibt uns nichts anderes übrig, als uns in diese Entwicklung bewußt zu stellen und damit auch entsprechend den Entwicklungsgesetzen der Materie zu handeln, was eben in einer bestimmten Situation etwas erfordert, was Sie Vertrauen auf die Naturgesetze nannten, aber in Wirklichkeit nichts anderes ist als eine bewußte Bejahung der Notwendigkeiten, die sich aus der Entwicklung der Materie ergeben.

Salviati: Damit haben wir wirklich eine fabelhafte Erklärung für Vertrauen. Vertrauen ist, wenn sich Bewußtsein so weit entwickelt hat, daß es Ja zum dialektischen Materialismus sagt. Darum können nach Ihrer Meinung sicherlich auch nur Materialisten Vertrauen haben, während alle übrigen Menschen mehr oder weniger in Angst leben müssen. Und was ist, wenn die ganze Sache mit dem dialektischen Materialismus falsch ist, wenn es ein Irrweg ist, wenn alles dies die Menschheit in schreckliche Katastrophen führt? Woher wollen Sie die Sicherheit nehmen, daß dies nicht so ist?

Simplicio: Weil die Entwicklung des Bewußtseins einen solchen Zustand erreicht hat, um wissenschaftlich aufzeigen zu können, wie die Entwicklung der Menschheit weitergeht mit dem Ziel der kommunistischen Gesellschaft. Das sozialistische System wird letzten Endes an die Stelle des kapitalistischen Systems treten. Das ist ein vom Willen der Menschen unabhängiges objektives Gesetz.

Sagredo: Ich muß nochmals meiner Verwunderung Ausdruck geben, daß Sie, Herr Simplicio, einerseits den wirklich simplen Charakter physikalischer Gesetze wegen der bürgerlichen Herkunft dieser Gesetze in Frage stellen, um sich andererseits auf wirklich so fragwürdige, angeblich wissenschaftlich bewiesene Gesetze des historischen Materialismus einzulassen und ihnen zu vertrauen.

Simplicio: Es handelt sich nicht um Vertrauen auf etwas Unklares, sondern um Einsicht in die Wahrheit.

Salviati: Ich muß in gewisser Weise Herrn Simplicio zustimmen, daß die Menschen ohne Einsichten in die Wahrheit grundsätzlich nicht mit den Problemen fertig werden können, die sich in jedem Zeitalter der Menschheitsgeschichte in jeweilig typischer Form stellen; so auch heute für uns. Und typisch für unsere Zeit ist unter anderem sicher auch, daß die Physik – womit Chemie und jetzt auch Biologie mit eingeschlossen sei – daß die Physik in positiver wie negativer Weise mit diesen Problemen zusammenhängt. Man braucht ja nur einige Worte zu nennen wie Rüstung, Unterernährung, Umweltverschmutzung, Energieversorgung usw. Erfreulich kann man den Zustand der heutigen Welt wirklich nicht nennen. Und diesbezüglich sind wir sicherlich alle drei derselben Meinung.

Sagredo: Ich glaube schon. Aber was nützt uns ein so vager Begriff wie Wahrheit zur Lösung der Probleme, wenn sich doch alle darunter etwas anderes vorstellen. Was Wahrheit ist, ...

Salviati: Ja da sind wir wieder alle drei verschiedener Meinung. Oder richtiger: Herr Simplicio und ich haben augenscheinlich ganz verschiedene Auffassungen von Wahrheiten; und in wiefern, wird sich – so hoffe ich – bei unserer Diskussion noch herausstellen. Ihre Einstellung zur Wahrheit, Herr Sagredo, scheint mit dadurch gekennzeichnet, daß Sie es schwer haben, sich auf Grund Ihrer zögernden und kritischen Haltung zu entscheiden. Klangen doch Ihre Worte – als ich Sie unterbrach – fast resignierend wie die alte Frage: Was ist Wahrheit? Aber Sie würden vielleicht sogar in Frage stellen, ob es nützlich ist, die Wahrheit zu kennen, um das Leben der Menschen zu verbessern.

Sagredo: Genauso ist es! Gibt es nicht viele Beispiele von Erkenntnissen, die die Menschen in großes Unglück gestoßen haben? Um nur zwei solcher Beispiele zu nennen: Die Entdeckung der Kernspaltung hat zur Atombombe geführt. Die *Darwin*sche Erklärung der Entwicklung der Lebewesen durch Mutation und Kampf ums Dasein wurde zur Stütze von kapitalistischen und imperialistischen Vorstellungen im sogenannten Sozialdarwinismus benutzt und diente dann später dem Nationalsozialismus als Basis seiner Rassentheorie, die zur Ermordung von Millionen von Menschen führte.

Salviati: Ist es in diesen Fällen wirklich die Wahrheit gewesen, die zu Katastrophen führte, oder nicht vielmehr die Lüge?

Sagredo: Aber sind die erwähnten Erkenntnisse nicht gerade in Ihren Augen, Herr Salviati, richtige Erkenntnisse von Wirklichkeitsstrukturen und damit wahr? Ich kann in gewisser Weise die Leute verstehen, die enttäuscht von all dem sogenannten Fortschritt gerne alle Wissenschaft verbieten oder zumindest einer strengen demokratischen Kontrolle unterwerfen wollen, einer Kontrolle, die nur die nützlichen Ergebnisse erlaubt, aber die schädlichen verbietet.

Simplicio: Den Fortschritt zurückdrehen, geht erstens nicht, weil es den Entwicklungsgesetzen der Materie widerspricht, wäre aber auch gar nicht wünschenswert, weil das erstrebte Ziel dieser Entwicklung, die kommunistische Gesellschaftsordnung, in der alle Menschen glücklich und zufrieden leben können, nicht erreicht würde. Widersprüche und damit Opfer auf dem Wege dorthin sind auf Grund des dialektischen Entwicklungsprozesses der Materie unvermeidlich.

Salviati: Herr Simplicio bietet uns eine Lösung aller Probleme an, und er meint sogar, daß dies die einzig mögliche Lösung ist, weil sich diese Lösung zwangsläufig als Ergebnis der Entwicklungsgesetze der Materie einstellen wird. Ich halte diese Vorstellungen für falsch, da sie nach meiner Meinung einfach unrealistisch sind.

Sagredo: Ich habe fast den Eindruck, daß Sie den Materialismus in seiner realistischen Grundeinstellung noch übertreffen wollen.

Salviati: Vielleicht ist dieser Eindruck gar nicht so ganz falsch; aber wollen wir uns doch noch einmal fragen, ob es wirklich die Wahrheit ist, die zu Katastrophen geführt hat, oder nicht vielleicht die Lüge?

Sagredo: Was verstehen Sie unter Lüge? Wir drei vertreten hier augenscheinlich verschiedene Meinungen und doch glaube ich nicht, daß einer von uns ein Lügner ist.

Salviati: Sicher nicht. Denn es ist ein Unterschied ob man eine Lüge erfindet und damit ein Lügner ist, oder ob man das Opfer einer Lüge wird. Das Wort Lüge klingt sicherlich etwas hart, aber Lüge ist in der deutschen Sprache genau der Gegenspieler zur Wahrheit. Das Wort Unwahrheit klingt blaß und wird meist dazu benutzt, um auszudrücken, daß eine bestimmte Aussage nicht den Tatsachen entspricht. Lüge ist etwas anderes als Unwahrheit. Eine Lüge ist ein System, in dem auch richtige Sachverhalte benutzt werden, um den Erfolg des Kerns der Lüge sicherzustellen, nämlich Opfer der Lüge zu finden. Und so sind wir drei zwar keine Lügner, aber jeder Mensch ist doch auch immer mehr oder weniger Opfer einer Lüge, d.h. hält etwas für wahr, was nicht wahr ist.

Simplicio: Das klingt wieder alles nach Idealismus, als ob es die Wahrheit an sich gäbe, die doch erst das Ergebnis eines Entwicklungsprozesses der Materie ist. Und nur die Widersprüche und ihre Auflösung in der Geschichte, z.B. durch Revolutionen, treibt die Entwicklung diesem Ziel entgegen.

Salviati: Aus diesem Einwurf erkennen Sie sicher, Herr Sagredo, daß die Frage nach Wahrheit oder Lüge keine unbedeutende Philosophiererei ist, sondern zu harten Konsequenzen im Leben der Menschen führt. Und wir brauchen ja nur das Geschehen in der Welt von heute anzusehen, um dies drastisch bestätigt zu bekommen. Denn eine Revolution ist nach der Meinung derjenigen, die sie machen und es deshalb wissen müssen, kein Gastmahl, kein Aufsatzschreiben, kein Bildermalen oder Deckchensticken; sie wird nicht fein, gemächlich, zartfühlend, maßvoll, gesittet, höflich, zurückhaltend und großzügig durchgeführt; sie ist vielmehr ein Gewaltakt durch den eine Klasse eine andere stürzt.

Sollen wir uns wirklich einreden lassen, daß dies unausweichlich sei? Sollen wir uns wirklich zum Opfer einer Lüge machen lassen?

Simplicio: Nur einem bürgerlichen Bewußtsein kann das als Lüge erscheinen.

Sagredo: Aber meine Herren, wir wollen uns doch hier nicht gegenseitig des Unverständnisses bezichtigen, denn wir drei hier sind – so hoffe ich – noch nicht dabei, Revolution zu machen. Ihr Eifer jedoch bestätigt mir ganz drastisch, daß wir uns mit unserer Diskussion ins Gebiet der Religion begeben haben, wo jeder seinen Glauben leidenschaftlich verteidigt.

Simplicio: Aber das ist wieder falsch. Gerade der dialektische Materialismus hat das Suchen nach der Wahrheit von der Irrationalität der Religionen befreit und auf eine wissenschaftliche Basis gestellt. Er hat die Religion überwunden.

Salviatti: Der Schein trügt; Herr Sagredo hat durchaus recht. Es handelt sich auch beim dialektischen Materialismus um eine Religion, d.h. um eine Überzeugung, die wissenschaftlich nicht nachprüfbar ist.

Simplicio: Diese Einschätzung ist falsch und beruht eben auf Ihrem bürgerlichen Begriff von Wissenschaft.

Salviati: Ich bin überzeugt, daß Sie den dialektischen Materialismus für eine Wissenschaft halten. Und man kann durchaus das Wort Wissenschaft so erweitert auffassen, daß vieles darunter fällt. Ist aber der dialektische Materialismus eine Wissenschaft, so auch der Buddismus. Es kommt jetzt doch nicht darauf an, wie eng oder wie weit wir den Begriff Wissenschaft fassen. Es kommt doch ausschließlich darauf an, daß Grundaussagen des dialektischen Materialismus theologischer Natur sind und daß ein Materialist ein Glaubensbekenntnis ablegen muß.

Simplicio: Da möchte ich aber wirklich wissen, was Sie da am dialektischen Materialismus für theologische Elemente oder gar Glaubensbekenntnisse wahrgenommen haben wollen?

Salviati: Erstens der Begriff der Materie selbst. Er ist ein Grundbegriff, steht praktisch für das »Wirkliche überhaupt«, wird nicht auf Erfahrung zurückgeführt, sondern ist die Basis aller Erfahrung. Er steht an der Stelle des Begriffes Gott.

Simplicio: Aber darin liegt ja gerade der wissenschaftliche Charakter des dialektischen Materialismus, daß er eine Fiktion durch etwas Wirkliches ersetzt.

Salviati: Ich bin ja überzeugt, daß Sie an den wissenschaftlichen Charakter des dialektischen Materialismus glauben. Ich behaupte auch nicht, daß die Materie derselbe Gott ist wie z.B. der der Christen. Aber ob dieser weniger wirklich ist als Ihr Gott »Materie«, das ist eben noch die Frage. Auf jeden Fall aber müssen Sie sprechen: ich glaube an die Materie, Ursache und Grundlage aller Entwicklung, die existiert von Ewigkeit zu Ewigkeit. Und damit sind wir bei einem zweiten Punkt: Die Ewigkeit der Materie, die Unendlichkeit der Materie. Unendlichkeit, *der* theologische Begriff überhaupt. Denn auch nichts, rein gar nichts kann über Unendlichkeit einer Wirklichkeit wissenschaftlich sinnvoll ausgesagt werden. Unendlichkeit ist eben eine typische Form eines Glaubensinhalts. Schon der Begriff des Unendlichen ist ein Kuriosum, denn alle menschliche Erfahrung, alles menschliche Denken erlebt immer nur Endlichkeit. Woher diese Transzendenz? Ihr Glaubensbekenntnis geht aber noch weiter: Ich glaube an die Widersprüchlichkeit der Materie, die alle Bewegung und Entwicklung hervorruft.

Sagredo: Aber Sie haben vorhin doch selbst gesagt, daß sogar die Physik nicht ohne Vorentscheidungen, d.h. nicht ohne so etwas wie Glaubensaussagen auskommt. Warum ist dasselbe denn beim dialektischen Materialismus zu beanstanden?

Salviati: Ich beanstande es ja nicht, ich stelle es nur fest. Und doch besteht natürlich noch ein wesentlicher Unterschied zur Physik. Um Physik zu treiben, genügen einige wenige Grundvoraussetzungen, in denen sich viele einig sind. Wir sehen, daß Kapitalisten, Materialisten, Christen alle dieselbe Physik machen, nur beurteilen sie diese teilweise verschieden. Der dialektische Materialismus ist aber eben nicht so etwas wie eine physikalische Theorie, aus der man selbständig in mathematischer Form an der Erfahrung nachprüfbare Folgerungen ziehen kann. Der dialektische Materialismus ist eine Glaubensaussage über die Deutung der Welt, aus der man mit Hilfe der Partei als autoritärer, in dialektischer Begriffsverwandlung als demokratisch zu bezeichnender Instanz Folgerungen über sein Handeln zieht.

Simplicio: Ich möchte Ihrem nicht weit genug entwickelten Bewußtsein entgegenkommen, das noch nicht die Wissenschaftlichkeit des dialektischen Materialismus erfassen kann. So müssen Sie doch eines zugeben, daß der dialektische Materialismus die einzige nicht mythische Welterklärung ist, deren Grundaussagen wissenschaftlich unwiderlegbar sind. Dagegen haben sich z. B. die Grundaussagen des Christentums als wissenschaftlich unhaltbar erwiesen.

Salviati: Diese Aussage demonstriert mir wieder, daß der dialektische Materialismus ein gut, ja sehr gut ausgearbeitetes Beispiel für eine Lüge ist, deren Opfer man leicht werden kann; nicht weil man nicht intelligent genug ist, sondern gerade weil man intelligent ist und überzeugt ist, daß man intelligent genug ist. So sind die Ideologen dieses dialektischen Materialismus nicht die Produzenten sondern die hervorstechendsten Opfer dieser Lüge. Aber wenn man diesen Materialismus wissenschaftlich nennt, so kann das sogar zum Betrug werden; zum Betrug an den einfachen Leuten, den Arbeitern z. B., die keine Zeit hatten, sich eingehender mit der intellektuellen Akrobatik der Ideologen zu beschäftigen; zum Betrug an den Leuten, die Wissenschaft als das nehmen, was man experimentell erprobt hat, was man in der Technik anwendet, was einem bei Krankheiten hilft, auf das man deswegen vertraut, weil man meint, daß es die Fachleute schon sachgerecht untersucht haben. Daß die Grundaussagen des Christentums wissenschaftlich widerlegt seien, ist ein Stück der Lüge; diese Lüge wird zum Betrug, wenn man durch Astronauten verkünden läßt, es gäbe keinen Gott, weil man keinen Gott gesehen habe. Dies ist Schwindel, da man sehr wohl weiß, daß Gott kein Ding dieser Welt ist.

Simplicio: Halten Sie mich etwa für einen Schwindler? Dagegen möchte ich...

Salviati: Entschuldigen Sie bitte, aber das wollte ich in keiner Weise sagen. Denn die Geschichte mit den Astronauten heißen *Sie* ganz bestimmt nicht gut. Aber belügen kann man sich selbst ja so leicht; und tun wir das nicht alle immer wieder? Müssen wir deshalb nicht immer wieder umdenken?

Simplicio: Aber gehen wir doch zu Fakten über: Die Schöpfungsgeschichte ist wissenschaftlich unhaltbar, die Wunder sind wissenschaftlich unhaltbar.

Salviati: Einen Moment bitte. So einfach ist das eben nicht. Wer auch nur einigermaßen unvoreingenommen die Schöpfungsgeschichte liest, der sieht sofort, daß diese niemals ein Reporterbericht über historische Ereignisse sein wollte. Sie wollte eine leicht merkbare, auswendig merkbare Kurzerzählung über die Deutung des Menschen in der Welt sein, ein Weg zur Selbsterkenntnis. Das ist keine moderne Erfindung, das wußten schon die alten Theologen. Und dies ist zu beachten, wenn man diese theologischen Aussagen mit naturwissenschaftlichen vergleicht.

Die *Darwin*sche Beschreibung der Entwicklung der Lebewesen z. B. ist eine »physikalische« (XV, § 13) Beschreibung. Daher folgt aus ihr auch nichts darüber, was Bewußtsein ist (XV, § 13 und XVII, § 1) und schon gar nicht, was wir selbst sind. Und wenn man nun einigen christlichen Theologen vorwirft, daß sie die Schöpfungsgeschichte falsch verstanden haben und sich gegen die »physikalische« Entwicklungslehre gestellt haben, so sollte gerade der dialektische Materialismus nicht mit Steinen werfen. Der Kampf gegen die moderne Vererbungswissenschaft, eine Basis der »physikalischen« Entwicklungslehre, wurde in Rußland mit solcher Härte geführt, daß dieser Kampf wirklich kein Ruhmesblatt ist und zu einer der größten Blamagen des dialektischen Materialismus geführt hat, des Materialismus, der ja nach eigenen Vorstellungen so wissenschaftlich ist. Und entschuldigen Sie bitte, wenn ich es mir nicht entgehen lasse, auch hier ein Beispiel für den religiösen Charakter des dialektischen Materialismus anzufügen: Die Gegner von *Mitschurin* und *Lyssenko* mußten Selbstkritik üben, was sich etwa so anhörte: Solange beide Richtungen der Genetik von der Partei erlaubt waren, habe ich meine Ansichten hartnäckig verteidigt. Nachdem aber die Grundthesen von *Mitschurin* vom Zentralkomitee der Partei gebilligt und meine Ansichten für irrig erklärt wurden, kann ich als Mitglied der Partei nicht weiterhin auf meinem früheren Standpunkt verharren.

Nach 1964 wurde *Lyssenko* aufgegeben; die sachliche Richtigkeit der Naturwissenschaften hatte sich in Rußland durchgesetzt. Aber warum erklärt dann noch ungezwungen der Materialist *Bernal* um 1970, daß er *Lyssenko* zustimmt und ihn zu den großen Biologen rechne; warum schreibt noch um dieselbe Zeit (ohne Zwang) der Materialist *Havemann* gegen die *Darwin*sche Selektionstheorie und erklärt trotz aller wissenschaftlichen Gegenbeweise, daß er an die Vererbung erworbener Eigenschaften »glaubt«?

Simplicio: Aber in Bezug auf die Entwicklung des Bewußtseins und der Sprache, das was eben den Menschen ausmacht, konnte der dialektische Materialismus die Lösung bringen, und so die Menschen zu einer wissenschaftlich haltbaren Selbsterkenntnis führen. Das Bewußtsein entstand als Umschlag von der Quantität der Neuronen in den höheren Lebewesen zu einer neuen

Qualität. Die Sprache entstand aus der Notwendigkeit der Arbeit als Funktion einer neuen Produktionsmethode, wie das in überzeugender Weise einer der großen Denker des dialektischen Materialismus, *Engels*, in seinem berühmten Werk, Dialektik der Natur [46], dargelegt hat.

Salviati: Da haben wir unseren deus ex machina, den dialektischen Sprung von der Quantität zur Qualität, der sich immer dann einstellt, wenn man nicht mehr weiter kann. Ist es da nicht ehrlicher, einfach zuzugeben, daß wir die Struktur der Wirklichkeit, die sich in der Tatsache des Bewußtseins manifestiert, ebensowenig »erklären« können wie die Gesetze der Quantenmechanik für Atome oder die Existenz der Raum-Zeitstruktur der Welt. Wir können nur mehr oder weniger gut Bilder von diesen Strukturen entwerfen. Wir sollten auch einfach zugeben, daß es die Tatsache der freien Willensentscheidungen gibt, ohne daß wir den Ausgangspunkt dieser Entscheidungen, das Ich, »erklären« können.

Sagredo: Dann wäre nach Ihrer Meinung also das Bewußtsein keine materielle Struktur sondern etwas, was zu der materiellen Struktur hinzutritt und sie sogar eventuell lenkt.

Salviati: Das haben *Sie* so dargestellt. Ich habe schon vorhin gesagt, daß ich die dualistische Zerspaltung des Menschen nicht akzeptieren kann und daß ich überhaupt nichts von dem Dualismus Materie-Geist halte. Ich habe insbesondere nicht behauptet, daß es die physikalisch beschreibbaren Strukturen des Gehirns auch ohne die Tatsache des Bewußtseins geben könnte; aber weder die Makrophysik noch die Gehirnstrukturen lassen sich allein aus der Quantenmechanik deduzieren. Warum soll uns die Wirklichkeit nicht etwas zeigen, was neue, *zusätzliche* Aspekte liefert? (XVII).

Herr Simplicio hatte noch auf einer Erklärung für das Entstehen der Sprache hingewiesen. Darf ich mit derselben Gegenfrage antworten, mit der man oft einen Christen bedrängt: Sind sie dabei gewesen, als die Sprache entstand; oder haben sie Dokumente, aus denen hervorgeht, wie es gewesen ist?

Es handelt sich also bei dem Erklärungsversuch für das Entstehen der Sprache um keine wissenschaftliche, sondern eine Glaubensaussage – und Herr Simplicio mag mir diese Beurteilung verzeihen, die von meinem beschränkten Verständnis von Wissenschaft herrührt.

Simplicio: Aber gibt es überhaupt einen anderen sinnvollen Erklärungsversuch als den des Materialismus?

Salviati: Zumindest eine andere Darstellung. Lassen Sie mich mal die beiden Meinungen in modern poetischer Form darstellen:

Da saß er nun mit dem Feuerstein in der Hand und behämmerte ihn. Der Schweiß rann ihm von der Stirn. Es sollte ein besonders guter Faustkeil werden. Er braucht ihn dringend, denn der Hunger zerkniff seinen Magen. Noch wenige Schläge, dann müßte es geschafft sein. Und dann passierte es. Der Stein zersprang in zwei unbrauchbare Teile. Da rang es sich von seinen Lippen:

»█████████«. Die ersten Worte menschlicher Sprache waren geboren.

Simplicio: Aber das . . .

Salviati: Einen Moment bitte, lassen Sie mich auch die zweite Geschichte erzählen:

Er schlummerte unter einem schattigen Baum. Ein leiser Windhauch weckte ihn. Als er die Augen aufschlug – träumte er? Er wischte sich mit der Hand über die Augen. Da stand »sie« im Schatten eines wunderschönen Blütenstrauches. Sein Herz schlug schneller und war voller Bewunderung. Da kam es leise, fast singend von seinen Lippen. »Ich liebe Dich«. Die ersten Worte menschlicher Sprache ließen die Luft erzittern.

Die letzte Geschichte war eine kleine Modernisierung der uralten Geschichte aus dem Alten Testament. Sie haben die Wahl, meine Herren.

Simplicio: Also das ist etwas zu viel. Das ist eine Verhöhnung der Mühen großer Vorbilder im Ringen um eine materialistische Erklärung der Welt. Ich kenne zwar Ihre bissigen Bemerkungen, die sie vor 300 Jahren an die Ränder der Bücher Ihrer Gegner geschrieben haben und war auf manches gefaßt. Aber hat es da noch einen Sinn weiter zu diskutieren?

Sagredo: Ich glaube, Herr Simplicio ist mit Recht empört. Denn die Geschichte des Arbeiters am Faustkeil ist doch tatsächlich eine Verunglimpfung...

Salviati: Aber doch nicht von Ihnen beiden; und Ihre Aufregung, Herr Simplicio, überrascht mich vollkommen; denn sind es nicht die Propheten des von Ihnen vertretenen Materialismus, die betonen, daß eine Revolution kein Aufsatzschreiben und Bildermalen ist? Und da sind Sie schon jetzt empört, wenn ich Aufsätzchen geschrieben und mit Worten Bilderchen gemalt habe? Daß eine solche Diskussion keinen Sinn hat, möchte ich sehr bezweifeln. Daß wir am Schluß einer Meinung auseinandergehen, ist doch nicht zu erwarten. Daß wir aber beunruhigter über unsere eigenen Meinungen werden als vor der Diskussion, ist doch schon sehr viel wert.

Sagredo: Ich schlage vor, daß wir unser Temperament jetzt lieber erst mal etwas beruhigen statt noch mehr zu beunruhigen. Vielleicht wäre es gut, wenn wir einen kleinen Spaziergang durch den Park in der Nähe machen. Wir können uns dann wieder in einer Stunde treffen. Ich werde inzwischen einen kleinen Imbiß und etwas Wein bereitstellen lassen. Nehmen Sie an? – Ja? – Dann treffen wir uns also nachher wieder hier.

Sagredo: Wenn ich die bisherige Diskussion noch einmal überdenke, so stehen sich zwei Meinungen gegenüber, wobei ich mich keiner dieser beiden Meinungen so recht anschließen kann, da mir nach Herrn Salviatis Meinung wohl der Glaube fehlt, und nach Herrn Simplicios Meinung mein Bewußtsein noch nicht die richtige Wandlung vollzogen hat.

Einig sind wir uns alle, daß man die Probleme dieser Zeit nicht treiben lassen kann, gerade auch nicht als Physiker. Herr Simplicio glaubt an die sich selbst entwickelnde Materie, deren Entwicklungsprozeß einem Ziel zustrebt, das unausweichlich ist und das er zu kennen meint. Herr Salviati hat uns seine Auffassung noch nicht so deutlich gesagt; aber eines scheint festzustehen: Der wissenschaftlich erfaßbare Teil der Wirklichkeitstrukturen bildet für ihn nur ein Gerüst, das noch jeweils konkret ausgefüllt werden kann, auch z. B. mit Hilfe von Handlungen die von mir nach freien Entscheidungen durchgeführt werden und von mir zu verantworten sind. Die Wirklichkeit ist für ihn viel umfassender als der Aspekt, den die Materialisten so schlecht und recht mit Materie zu bezeichnen pflegen. Die Geschichte des Menschen ist für Ihn ein Drama, dessen Ausgang und Ablauf mit von unserem Verhalten abhängt. Und hierbei spielt für Ihn die entscheidende Rolle das Verhältnis von Wahrheit und Lüge. Es scheint mir, daß dieses Verhältnis genau dort als Deutung der Geschichte dient, wo der Matrialismus von Widersprüchen redet. Aber vielleicht lassen wir mal Herrn Salviati kurz darlegen, ob das so gemeint ist und wie das gemeint ist. Außerdem sind Sie uns, Herr Salviati, noch eine Antwort schuldig auf eine mich doch sehr interessierende Frage: Warum vertrauen Sie auf physikalische Gesetze?

Salviati: Alle Wissenschaften deuten daraufhin, daß die Welt in ihren strukturellen Gesetzen wie in ihrer historischen Einmaligkeit nicht aus sich selbst erklärbar ist. Schon Zeit und Raum als eine ihrer Grundstrukturen ist nicht erklärbar. Jede Vorstellung, daß das Zukünftige unwirklicher als das Vergangene sei und das Zukünftige aus dem Vergangenen »sich entwickelt«, ist reiner Anthropomorphismus. Es steht also nichts im Wege zu glauben, daß die Welt eingebettet ist in ein umfangreicheres, nicht raum-zeitlich Seiendes, d. h. daß diese Welt nur ein Aspekt einer viel umfassenderen Wirklichkeit ist. Und in diesem Sinn, glaube ich, tatsächlich ein besserer Realist als die Materialisten zu sein, die Wirklichkeiten wie z. B. den freien Willen wegzudiskutieren, umzudeuten versuchen, weil diese Wirklichkeiten nicht in ihr Konzept passen. Ist die Welt aber unabtrennbar eingebettet in ein umfangreicheres Seiendes, so kann der »Teil Welt« nur vom Ganzen her seinen Sinn bekommen. Und das ist das echte Anliegen der Religion, jedem Menschen von diesem Sinn wenigstens so viel zugänglich werden zu lassen, wie für sein Leben notwendig ist. Die Lüge dagegen versucht dies zu verhindern. Die Wahrheit wiederum ist der Weg zu diesem Sinn; und es ist unsere Aufgabe, die Wahrheit zu suchen.

Simplicio: Und wieso wollen Sie den dialektischen Materialismus nicht als den – wie ich es einsehe – wissenschaftlich fundierten Weg der Wahrheit zulassen? Warum ist er für Sie die Lüge, die sie unablässig angreifen?

Salviati: Oh, daß es in unserer Diskussion so aussehen konnte, daß ich den dialektischen Materialismus allein angreife, ist eigentlich zu viel Ehre für ihn. Mein Eifer, Sie anzugreifen, war sicher daran schuld; aber Sie sind mir nun mal nicht gleichgültig. Aber, um es gleich zu betonen, der dialektische Materialismus ist für mich nicht die einzige Lüge und damit auch nicht das einzige Ziel meiner Angriffe. Man kann den dialektischen Materialismus auch nur in einem größeren Zusammenhang verstehen. Denn die Wahrheit ist eins, die Lüge ist viele.

Sagredo: Moment bitte! Warum sagen Sie nicht: es gibt nur eine Wahrheit, aber viele Lügen? Das hätte ich verstehen können.

Salviati: Ich meine eben noch ein bißchen mehr als das, was Sie sagten. Es gibt nicht nur *eine* Wahrheit, sie ist auch das einigende Band, das die vielen Teile der Wirklichkeit zusammenhält. Es gibt zwar viele Lügen, und doch sind alle diese Lügen nicht uneins in ihrem Ziel; also sind im Grunde alle Lügen doch nur eine Lüge. Und lassen Sie mich bitte noch kurz dieses Ziel der Lüge andeuten, wozu ich in der Hitze der Diskussion vorhin nicht kam.

Die Lüge bietet alles auf, um den Menschen zu schaden und sie, wenn möglich, von der Wahrheit zu trennen. Aber betrachten wir den ersten Punkt, der sich uns gerade in der Geschichte am deutlichsten manifestiert.

Was würde man tun, wenn man eine größere Gruppe von Menschen vernichten wollte, aber nicht mächtig genug ist, es direkt zu tun? Man würde etwas erfinden, um diese Menschen gegeneinander aufzuhetzen, damit sie sich selbst vernichten; ein Trick, der von einem Schwachen gegenüber stärkeren, die er haßt, öfter angewendet wird.

Die Lüge muß daher viele sein. Sie muß den Konflikt aufbauen. Sie darf nicht plump sein. Sie muß durch scheinbare Wahrheiten verführen. Sie muß die eine ihrer Versionen jeweils als Wahrheit erscheinen lassen, die anderen Versionen als auszurottende Boshaftigkeiten.

Beispiele für diese Situation in der Geschichte gibt es unübersehbar viele. Den letzten, größten Erfolg hatte die Lüge durch den zweiten Weltkrieg. Ganz richtig hatten Sie, Herr Sagredo, vorhin erwähnt, daß die Lüge eine naturwissenschaftlich, physikalisch richtige Darstellung des Entwicklungsprozesses der Lebewesen mit dazu benutzte, um solche Systeme wie den Sozialdarwinismus und den Nationalsozialismus aufzubauen. Von der Tatsache des »Kampfes ums Dasein« lenkte die Lüge unmerklich über zu einer »Entwertung« des Schwachen, des Unterlegenen. Der Begriff des »Untermenschen« wurde geprägt, des Untermenschen, der es nicht anders verdient, als vom Übermenschen ausgerottet zu werden. Kommunisten, Juden, Slawen wurden zu solchen Untermenschen deklariert.

Auf der anderen Seite benutzte die Lüge Gedanken über Gesetzmäßigkeiten aus der Physik, verband sie mit Vorstellungen aus der Philosophie *Hegels*, um so einen dialektischen, historischen Materialismus zu entwickeln. Der Faschismus wurde im Rahmen dieser Lüge uminterpretiert zu einem markanten Pfeiler des »Reaktionären«, der sich dem dialektischen Entwicklungsprozeß entgegenstellt; und alles Reaktionäre ist mit Gewalt einzureißen, auszurotten und verdient es auch nicht anders.

Die Lüge erreichte ihr Ziel: unsägliches Leid für viele Millionen Menschen.

Sagredo: Wenn Sie das so sehen, dann ist also nach Ihrer Meinung weder der dialektische Materialismus noch der Nationalsozialismus je eine Lüge für sich, sondern alles das zusammen ist »die« Lüge und macht erst den »Sinn« – wenn ich das mal so sagen darf – der Lüge deutlich. Dann stellt sich aber tatsächlich die Frage nach dem Ursprung »der« Lüge; denn weder die Materialisten noch die Nationalsozialisten wären selbst die Lügner sondern vielmehr Gefangene der »Lüge an sich«.

Salviati: Das ist ganz richtig gesehen; und Ihre Frage nach dem Ursprung ist sehr interessant, aber eben nicht aus einer abgekapselten Welt heraus sondern nur auf Grund der Einbettung der Welt in ein umfangreicheres Seiendes beantwortbar.

Sagredo: Also war meine Vermutung richtig, daß für Sie die Lüge genau an die Stelle tritt, wo der dialektische Materialismus von Widersprüchen in der Materie spricht. Sicherlich können Sie Herr Simplicio das mit den Widersprüchen in der Materie besser als ich formulieren.

Simplicio: Ich werde es versuchen. Es gilt als Grunderkenntnis des historischen Materialismus, daß der Lauf der Geschichte, d. h. die gesellschaftlichen Veränderungen von der Entwicklung der Widersprüche innerhalb der Gesellschaft abhängen, also der Widersprüche zwischen Produktivkräften und Produktionsverhältnissen, zwischen den Klassen. Die Entwicklung dieser Widersprüche treibt die Gesellschaft vorwärts und gibt den Impuls für die Ablösung der alten Gesellschaft durch eine neue. So werden die Revolutionen zum Motor der Geschichte.

Salviati: Es ist wirklich ein Meisterstück der Lüge, die für sie entscheidend wichtigen Widersprüche zwischen verschiedenen Versionen der Lüge als aus der Materie folgend zu erklären und zum Zeichen der Wahrheit des dialektischen Materialismus zu erheben. Wir sollten uns aber so etwas nicht einreden lassen. Die Revolutionen sind kein Motor der Geschichte, sie sind vielmehr als Erfolge der Lüge Sand im Getriebe der Geschichte wenn nicht sogar Kolben- und Wellenbrüche, die immer wieder eine mühevolle und aufwendige Reparatur erfordern.

Simplicio: Ihre Auffassungen sind getragen von der idealistischen Behauptung, daß es über die Materie hinaus noch etwas gäbe. Eine künstliche Erfindung, um Ihre Interpretation zu ermöglichen. Der dialektische Materialismus ist der einzige Weg, um aus der Materie selbst die ganze Welt, einschließlich ihrer Geschichte zu erklären.

Salviati: Daß er ein Weg dieser Art ist, bedeutet noch lange nicht, daß er wahr ist. Das Partikelbild der Elektronen (XI, § 1.1) ist eine dynamisch determinierte Theorie der Atome; die Quantenmechanik erfüllt nicht diese Forderung des dynamischen Determinismus (XIII, § 9), und doch ist sie die bessere Theorie und das Partikelbild nur teilweise brauchbar; die idealisierte Grundstruktur des dynamisch determinierten Verhaltens im Partikelbild aber als Bild einer *allgemein gültigen* Wirklichkeitsstruktur anzusehen wird sogar falsch. Was nützt in ähnlicher Weise Ihr dialektischer Materialismus, wenn er falsch ist. Aber er ist nicht nur falsch, sondern stellt wie *jede* Version der Lüge eine große Gefahr für die Menschheit dar.

Simplicio: Aber da sind Sie im Unrecht. Wenn das Ziel des dialektischen Materialismus, die kommunistische Gesellschaft, erreicht ist, so ist es auch mit dem vorbei, was Sie Lüge nennen.

Salviati: Erstens ist es ein augenfälliger Irrtum, daß in der vom dialektischen Materialismus geschilderten kommunistischen Gesellschaftsordnung alle Probleme beseitigt wären, denn die wichtigsten Probleme des Lebens um Krankheit und Tod sind soziologisch unlösbar. Aber zweitens kommt es gar nicht zu dem vermeintlichen Ziel der Entwicklung. Die Lüge selbst wird das Erreichen dieses Zieles verhindern. Sie baut immer wieder neue Systeme auf, um die Menschen aufeinander zu hetzen. Wir sehen doch schon die verschiedensten materialistischen Konfessionen entstehen. Man braucht doch nur an die neue Konfrontation Rußland – China zu denken.

Sagredo: Wenn Sie die Geschichte so sehen, so stellt sie sich uns doch in sehr pessimistischen Aspekten dar. Dann kann ich aber gar nicht mehr verstehen, woher Sie das Vertrauen nehmen, überhaupt noch Physik zu machen, ja auch der Physik zu vertrauen. Können wir nicht überall einer Täuschung der Lüge erliegen?

Salviati: Sicher ist dieses Vertrauen letztlich einem anderen nicht klar zu machen. Es ist das Vertrauen zur Wahrheit, das Vertrauen, daß wir der Lüge letztlich doch nicht ausgeliefert sind. Und das Vertrauen zur Physik ist ebenfalls nur ein Teil dieses Vertrauens zur Wahrheit. Daher gibt es für mich auch keine schlechten und guten Erkenntnisse der Physik, sondern alle Erkenntnisse der Physik sind gut, da sie Erkenntnisse der Wirklichkeit sind.

Sagredo: Da komme ich nicht mit. Wie stellen Sie sich zu den Erkenntnissen, die beispielsweise zur Atombombe geführt haben?

Salviati: Die Erkenntnisse sind gut, weil sie mit ein Aspekt, und wenn auch nur ein ganz kleiner Aspekt der Wahrheit sind. Das bedeutet aber nicht, daß man »ohne Rücksicht auf Verluste« nach solchen Erkenntnissen streben darf; denn auch etwas Wertvolles kann zum Verderben werden, wenn man von der Lüge verblendet, höhere Werte wie z. B. das Leben von Menschen opfert, um bestimmte Erkenntnisse z. B. zum Zweck des Ansehens vor anderen Menschen zu gewinnen. Der positive Wert physikalischer Erkenntnisse verhindert auch nicht, daß solche Erkenntnisse von der Lüge mißbraucht werden können. Alles uns verfügbare Wissen (III, § 9; XVII, § 2; XVIII) kann zum Wohl der Menschen im Sinne der Wahrheit wie zum Schaden im Sinne der Lüge eingesetzt werden. Auch die Lüge muß sich wohl oder übel an die sachliche Richtigkeit halten, wenn sie nicht von vornherein Schiffbruch erleiden will. Nehmen sie ein anderes Beispiel: Wollen Sie Kranke durch neue medizinische Erkenntnisse heilen, so ermöglichen dieselben Kenntnisse auch neuen Mißbrauch. Es gehört mit zum Sinn unseres Lebens, daß unser freier Wille gefordert wird, sich für und nicht gegen das Wohl der Menschen zu entscheiden, d. h. für die Wahrheit einzustehen und sich nicht von der Lüge mißbrauchen zu lassen.

Sagredo: Aber Sie haben keine Garantie gegen den Mißbrauch. Herr Simplicio hat wenigstens seine Überzeugung vom »guten Ende« der Entwicklung der Materie.

Simplicio: Eben das ist der Vorteil des Materialismus, daß er das Ende der Entwicklung kennt.

Salviati: Nur das diese materialistische Vorstellung vom Ende eine Fata Morgana ist, die uns die Lüge vorzuspiegeln versucht, um unseren guten Willen zu mißbrauchen.

Simplicio: Ich glaube, Sie haben sich jetzt in Ihrer eigenen Beurteilung von dem, was Sie Lüge nennen, gefangen. Und dies ist für mich wieder umgekehrt ein Beweis für die Richtigkeit der Auffassungen des dialektischen Materialismus, für die Richtigkeit auch seiner Erkenntnis des Zieles der Entwicklung, das eben keine Fata Morgana ist.

Salviati: Aber inwiefern soll ich mich gefangen haben?

Simplicio: Sie haben alle Unwahrheiten zu einem Mittel der Lüge erklärt, um Menschen zu schaden. Da Sie einerseits das Christentum verteidigen, aber andererseits von diesem viele wissenschaftlich widerlegten Behauptungen aufgestellt werden, sind Sie also selbst einer Lüge erlegen und behaupten damit indirekt, daß das Christentum zum Schaden der Menschen dient. Bitte, das habe nicht ich gesagt, sondern ist nur eine Konsequenz Ihres eigenen Denkens.

Salviati: Wo sind die wissenschaftlich widerlegten Behauptungen?

Simplicio: Haben Sie nicht selbst diesen Widerspruch vor 300 Jahren erlebt?

Salviati: Aber das war doch kein Widerspruch zum Christentum; oder sind Sie der Meinung, daß alle Inhaber von kirchlichen Ämtern gegenüber jedem Irrtum gefeit sind?

Simplicio: Nun gut, es ist niemals als Dogma verkündet worden, daß sich die Sonne um die Erde dreht. Aber es gibt auch Dogmen, die wissenschaftlich unhaltbar sind.

Salviati: Haben Sie ein Beispiel?

Simplicio: Z. B. die Auferstehung Christi. Dies ist physikalisch – biologisch unmöglich.

Salviati: Jetzt muß ich aber staunen. Sie selbst wollten die Physik nur als Funktion der Produktionsmethoden anerkennen. Wieso können Sie dann diese Physik heranziehen, um dadurch beweisen zu wollen, ob ein Sachverhalt so war oder nicht so war? Aber ich hatte ja von Anfang an betont, daß Physik und Biologie nichts über einen Einzelfall aussagen können: Nicht die Physik beweist, ob ein Sachverhalt so oder so war, sondern ein Sachverhalt dient umgekehrt zum Test der Physik.

Sagredo: Aber vielleicht handelt es sich in diesem Fall gar nicht um einen Sachverhalt sondern um subjektive Eindrücke der Jünger Christi?

Salviati: Herr Simplicio hat schon Recht, daß das Christentum behauptet, daß vom Leib Christi eben nicht wie bei anderen Menschen Reste in irgendeiner Form wie z. B. Knochen hier in der Welt zurückgeblieben sind. Dies ist ein ganz handfest realistischer Aspekt der Auferstehung.

Simplicio: Eben; und wenn Sie die Physik als Gegenbeweis nicht zulassen wollen, so zeigt die historische Forschung, daß das nicht so gewesen ist.

Salviati: Zeigt sie das wirklich? Offensichtlich nicht. Es ist doch vielmehr so, daß es weder einen wissenschaftlichen Beweis dafür gibt, daß es so war, noch einen dagegen. Es handelt sich eben um ein außergewöhnliches Ereignis. Herr Simplicio würde vermutlich für ein solches außergewöhnliches Ereignis noch nicht einmal eine Fotographie als Beweismittel anerkennen, wenn dieses Ereignis seinem dialektischen Materialismus widerspricht. Und Sie, Herr Sagredo, würden auch bei Vorlage der Fotographie noch skeptisch bleiben.

Sagredo: Wäre es aber wirklich wichtig zu entscheiden, ob es so war oder nicht? Könnte man nicht gewisse fromme Lügen zulassen?

Salviati: Herr Simplicio hatte mich schon recht verstanden. Es gibt für mich keine frommen oder guten Lügen noch schlechte Wahrheiten. Eine Lüge ist immer zum Schaden der Menschen geschaffen. Wäre also die Auferstehung Christi nicht wahr, so wäre es wirklich besser, wenn es nie das Christentum gegeben hätte. Da sie aber wahr ist, ist das Christentum unausrottbar.

Simplicio: Da stehen sich unsere Meinungen kraß gegenüber. Sie glauben, daß das wahr ist, und ich weiß auf Grund der Erkenntnis der Grundgesetze der Materie, daß das nicht wahr ist.

Salviati: Sie glauben auch nur, und zwar, daß es nicht so war, wie es war. Alles das, was Sie Beweise nennen, ist doch nur erfunden, um – wie die Psychologie es nennt – die Frage nach der Richtigkeit der Auferstehung zu verdrängen. Im Grunde müssen Sie immer wiederholen: Ich glaube es nicht, ich glaube es nicht. Und es bleibt der Zweifel, ob Sie wollen oder nicht: wenn es nun doch so war?

Simplicio: Ich merke wieder, daß Sie keinen Argumenten des dialektischen Materialismus zugänglich sind.

Sagredo: Ich sehe, wie stark Sie von der Schädlichkeit jeder Lüge überzeugt sind. Ich selbst würde das nicht so schlimm sehen, vielleicht auch nur, weil ich nicht weiß, wie man Lügen vermeiden soll; denn sind wir nicht dauernde Wandler zwischen Irrtum und Erkenntnis? Wahrscheinlich stimmen sie dieser Beurteilung unserer Situation sogar zu mit der Betonung, daß es der Sinn unseres Lebens sei, uns zur Wahrheit hin zu wandeln. Mich aber beunruhigt dabei die Frage: Wenn es so schlimm mit der Lüge wäre, wie es nach Ihrer Schilderung aussieht, und wenn – wie Sie doch wohl meinen – wir überall von der Lüge belauert werden, so sähe ich keinen Ausweg aus einer pessimistischen Welteinschätzung. Wie sollen wir Wahrheit von Lüge unterscheiden? Wie wollen wir verhindern, von der Lüge verschlungen zu werden? Könnte man nicht wirklich verzweifeln, wenn man den Ablauf der Welt sieht und nicht Materialist wie Herr Simplicio ist, der an ein gutes Ende glaubt?

Salviati: Ist dieses gute Ende, das uns die materialistische Religion vorspiegelt, nicht nur eine blasse Imitation der jüdisch-christlichen Eschatologie? Das Vertrauen zur Wahrheit ist untrennbar verbunden mit dem Glauben, daß die Geschichte der Menschheit durch alle Tiefen hindurch den Sinn der Vorbereitung, der Einübung für eine neue Wirklichkeit hat; so wie das scheinbar sinnlose Spiel der Kinder notwendig ist, damit sie zu fähigen Erwachsenen werden.

Aber wenn das so ist, so kann man der Wahrheit nicht neutral gegenüber stehen. Und Ihre Frage, Herr Sagredo, wie man der Lüge entgehen kann, ist mehr als berechtigt. Und lassen Sie mich mal wieder die Physik als Gleichnis heranziehen: Wenn es schon schwierig ist, alle Momente aufzuzählen, die zur Anerkennung einer physikalischen Theorie führen (XIX), so können wir jetzt nicht in voller Allgemeinheit diskutieren, wie man Wahrheit von Lüge unterscheiden kann. Aber ähnlich, wie es einen Test physikalischer Theorien gibt (III, § 4) und der Widerspruch mit der Erfahrung ein Hinweis ist, daß die Theorie *kein* gutes Bild der Wirklichkeit darstellt, so gibt es eine Art Test, an der man eine Lüge erkennen kann. Eine Lüge führt auf Grund der in ihr angelegten Zielsetzung trotz aller Versuche der Verschleierung zum *Haß*. Widerspruch und Haß liegen nahe beieinander. Haß zur Erreichung eines vermeintlich wertvollen Zieles ist ein untrügliches Zeichen für Lüge. Es gibt kein Ziel, für das man einen einzigen Menschen töten dürfte. Natürlich gibt es den Notfall, wo man sein eigenes oder das Leben eines anderen nur dadurch verteidigen kann, daß man denjenigen, der das Leben bedroht, möglicherweise tötet. Das ist hier nicht gemeint. Auch kann man selbst getötet werden. Aber einen anderen töten für einen sogenannten höheren Zweck ist eine religiös kultische Handlung und steht auf demselben Niveau wie Menschenopfer aus dem finstersten Heidentum. Ist es schwer, in der Welt die Lüge zu entdecken, wenn man nur mal nach Haß Ausschau hält?

Sagredo: Und in einer solchen Welt soll man noch den Mut finden, Physik zu treiben, ohne daß wir vorher den Haß beseitigen können?

Salviati: Sollen wir etwa den Haß durch Haß beseitigen; so wie uns der dialektische Materialismus vorspiegelt, daß man Krieg durch Kriege beseitigen könnte. Es gibt keinen guten Haß. Denn sogar dann, wenn wir uns durch eine Lüge zum Haß gegen diejenigen Menschen verleiten lassen, die diese Lüge vertreten, haben wir uns selbst in die Gewalt dieser Lüge begeben, sind wir selbst zu Sklaven der Lüge geworden, auch wenn wir uns noch als Gegner der Lüge empfinden sollten. Den Menschen sollten wir immer als Freunde begegnen, gerade weil wir die Lüge verabscheuen, deren Opfer sie vielleicht geworden sind.

Sagredo: Schön und gut. Aber wäre es da doch nicht besser, die Wahrheit mit staatlicher Gewalt vor der Lüge zu schützen? Im Mittelalter glaubte man durchaus, der staatlichen Gewalt solchen Schutzauftrag für die »wahre« Religion geben zu sollen; und heutzutage meinen kommunistische Regierungen ebenfalls, die »Wahrheit« des dialektischen Materialismus »schützen« zu müssen.

Salviati: Indem wir Gewalt gegen Meinungen setzen, helfen wir nur der Lüge zu ihrem Erfolg, nämlich Haß zu sähen, um Menschen zu schaden. So kann es eben geschehen, wie wir es aus dem Mittelalter her kennen, daß sich auch die, die Verfechter der Wahrheit sein sollten, von der Lüge einspannen lassen. Es bleibt also ein von der Lüge inzeniertes Verbrechen, die Meinungsfreiheit mit Gewalt zu unterdrücken. Wer die Wahrheit will, muß die Lüge dulden, ja erdulden. Dies spricht natürlich nicht dagegen sondern dafür, daß auch der Staat seine Aufgabe hat, eben diese Meinungsfreiheit zu sichern und die Bürger des Staates vor der Gewalt derjenigen zu schützen, deren Ziel es ist, ihre Meinung mit Gewalt durchzusetzen. Auch die Wahrheit wird bei dem zur Lüge, der sie mit Gewalt durchsetzen will. Daher ist es ein Verbrechen des Staates, ob autoritär oder demokratisch regiert, wenn er durch Erziehungsinstitutionen *eine* Religion, z. B. auch die Religion des dialektischen Materialismus durchzusetzen versucht. Aber es ist klar, daß wir nicht die geringste Garantie haben, daß der Staat seine Pflicht erfüllt; ja der heutige Zustand – wie der früherer Zeiten – zeigt vielmehr Staaten mit daran beteiligt, Haß zu säen.

Sagredo: Wenn wir aber den Haß nicht ausrotten können, so frage ich nochmals, woher sollen wir dann überhaupt noch den Mut nehmen, Naturwissenschaften zu betreiben?

Salviati: Durch das Vertrauen zur Wahrheit und damit zum Sinn der Geschichte, wie ich schon oben sagte.

Simplicio: Für mich hat sich Ihre Darstellung in eine Ausweglosigkeit verlaufen, da Sie nicht die wissenschaftlich fundierte Erkenntnis des dialektischen Materialismus anerkennen wollen.

Salviati: Für mich ist wie gesagt das vom dialektischen Materialismus angegebene Ziel der Entwicklung eine schlechte Imitation der jüdisch-christlich Eschatologie und eine Illusion, weil der Materialismus nicht nur nicht den Haß ablehnt sondern als – wenn auch nur vorübergehendes – Mittel zum Erreichen dieses Zieles propagiert.

Sagredo: Für mich steht Eschatologie gegen Eschatologie. Ich muß versuchen, ohne solche Sicherheiten – wie Sie beide sie anscheinend haben – auszukommen.

Simplicio: Meine Einstellung ist aber die richtige, denn sie kann erklären, warum Sie beide nicht in der Lage sind, meinen Vorstellungen zu folgen. Der Entwicklungsprozeß der Bewußtseinswandlung hat gerade erst begonnen, und Sie sind noch ganz unberührt davon geblieben. Dieser Prozeß der Bewußtseinswandlung wird aber als dialektischer Prozeß des Übergangs von der Quantität zur Qualität sich erst als Folge einer genügend großen Gemeinschaft von Menschen vollenden. Es wird ein neues Bewußtsein geben, ein Bewußtsein, das von der Gemeinschaft als Ganzer ausgeht, über das Bewußtsein des Einzelnen hinausgeht und damit zu neuen Erkenntnissen und so auch zu einer neuen Physik führt.

Salviati: Wie bei einer Lüge immer, so ist auch hier was Richtiges dran. Aber der Gedanke einer Bewußtseinserweiterung ist nicht neu sondern schon 2000 Jahre alt, wenn nicht noch älter. Die Vorstellung eines dialektischen Sprungs von der kommunistischen Gesellschaft zu einem neuen Bewußtsein ist wiederum eine schlechte – entschuldigen Sie bitte meine Werturteile – also eine schlechte Imitation des uralten Gedankens eines höheren Bewußtseins in Gemeinschaft. Dieser Gedanke klingt schon im alten Testament an in der Vorstellung des »auserwählten Volkes« als Keimzelle einer solchen Gemeinschaft, setzt sich dann fort als »Gemeinschaft der Heiligen« im Christentum, wurde dann leider viele Jahrhunderte auch von den Christen zu eng und einseitig gesehen, heute aber wieder umfassender erkannt [47].

Sagredo: Und worin besteht dabei das neue Bewußtsein?

Salviati: Eben in einer Wandlung und Erweiterung, die von den außerhalb dieser Gemeinschaft stehenden natürlich nicht erlebt aber doch konstatiert werden kann; konstatiert vielleicht dadurch, daß manches »verrückt« erscheint, was die »Gläubigen« sagen und tun. Dieses neue Bewußtsein besteht darin, daß es als Bewußtsein der Gemeinschaft über das Bewußtsein der einzelnen hinausgeht. Der einzelne hat Teil an diesem Bewußtsein, so wie die Glieder eines Menschen Teil haben am Leben des ganzen Menschen. Und weder ist diese Gemeinschaft noch das Bewußtsein schon vollendet sondern strebt der Vollendung entgegen, wo »alle eins und eins mit Christus« sein werden. In ganz kurzer Form die jüdisch-christliche Eschatologie.

Sagredo: Ich kann die von Ihnen angedeutete Gemeinschaft nicht so recht erkennen. Herr Simplicio meint, soweit ich ihn verstehen kann, eine ganz handfeste Gemeinschaft, den zukünftigen, kommunistischen Staat.

Salviati: Sicher ist die von mir zitierte Gemeinschaft nicht so leicht zu fassen. Sie ist auch etwas ganz anderes als die des dialektischen Materialismus. Die organisierte Kirche ist dabei nur ein äußerlich sichtbares Zeichen, so wie eine Kirche als Gebäude ein Zeichen dafür ist, daß es noch etwas anderes als

Wohnhäuser und Fabriken, d.h. etwas anderes als Essen, Schlafen, Arbeiten gibt. Die von mir gemeinte Gemeinschaft ist sicher für die Materialisten eine recht unangenehme »Kolonne«. Sie ist wie das Salz im Wasser, man kann es nicht fassen und doch schmeckt das ganze Wasser salzig.

Simplicio: Ich weiß nicht, was man mit all diesen unwirklichen Ideen anfangen soll.

Salviati: Wenn sie tatsächlich so unwirklich wären, warum regen sich dann so manche Materialisten über diese Ideen – wie Sie es nennen – auf?

Simplicio: Darüber könnte man sich lange unterhalten. Aber muß man nicht etwas tun, damit die Gefahren, die uns drohen, abgewandt werden; Gefahren, die durch die Physik zu ungeahnter Größe angewachsen sind?

Salviati: Es kommt nicht darauf an, irgend etwas zu tun, sondern das Richtige zu tun. Das Richtige tun kann man nur auf dem Wege der Wahrheit, und darin wird mir sogar Herr Simplicio zustimmen; nur unterscheiden wir uns grundsätzlich in dem, was wir als Weg der Wahrheit sehen.

Sagredo: Aber wäre es nicht möglich, bei allen Unterschieden in der Weltanschauung sich zusammenzufinden, um gemeinsam gegen die Gefahren anzugehen? Sind wir drei hier z.B. nicht gemeinsam der Auffassung, daß man dem Mißbrauch der Physik wehren müßte? Könnten wir nicht gemeinsam etwas tun?

Salviati: Tun wir nicht gerade jetzt etwas gemeinsam, indem wir darüber diskutieren? Ist diese Diskussion nicht ein gemeinsamer Aufruf gegen den Mißbrauch der Physik zum Austragen von Konflikten? Denn ich kenne Herrn Simplicio zu genau; er würde eben seine Meinung nicht mit Gewalt durchsetzen. Nur in einer sehr ätherisch theoretischen Form würde er vielleicht dem *Mao*wort zustimmen: »Man kann den Krieg nur durch den Krieg abschaffen, und wenn man will, daß es keine Gewehre mehr geben soll, muß man das Gewehr in die Hand nehmen«. Ein solches Wort ist geradezu ein Musterbeispiel einer Lüge. Hier ist die Lüge zunächst in den Köpfen von Menschen zum vollen Erfolg gekommen, zu dem Erfolg nämlich, daß das Töten von Menschen notwendig wäre, um ein vorgegaukeltes Ziel zu erreichen. Ein Gewehr ist schon ein Mißbrauch der Physik. Und hat man das Gewehr in die Hand genommen, ist der Griff zur Atombombe nicht mehr weit.

Simplicio: In gewisser Weise haben Sie Recht; denn auch ich bin der Meinung, daß die durch die Physik ermöglichte grauenvolle Kriegführung es verbietet, Krieg und Gewaltanwendung weiterhin als Fortsetzung der Politik zu betrachten. Daher bleibt uns für die Zukunft nach meiner Meinung *nur* die Diskussion – die, nebenbei gesagt, auch *Mao* als sehr wichtig angesehen hat –, um andere zu überzeugen.

Salviati: Sie wissen sicherlich, daß diese Ihre Meinung nicht von allen Materialisten geteilt wird. Es gibt auch solche, die Sie als bürgerlich angekränkelt bezeichnen würden und die mit mir hier nicht diskutiert hätten, wie

Sie es tun, sondern mir ihre religiös-kultischen Akte entgegengesetzt hätten, z. B. ihre in Sprechchören vorgetragenen materialistischen Gebete und Beschwörungsformeln.

Simplicio: Aber was hat dieses Verhalten mit Religion zu tun? ·

Salviati: Wenn Ihnen dieses Verhalten noch nicht als religiöser Akt erscheinen mag, so sehen Sie sich doch die Volksaufmärsche in China und Rußland an; oder auch einige sogenannte Protestmärsche hier bei uns, bei denen z. B. die Heiligen des Materialismus angerufen werden. Das sind typisch religiöse Akte, religiöse Akte einer Religion des dialektischen Materialismus. Und hier ist auch der Punkt, wo jedes gemeinsame Handeln aufhört. Denn würde ich mit teilnehmen an kultischen Aktionen des Materialismus, so würde ich mich mit der Lüge solidarisieren und damit verantwortlich für die Folgen der Lüge werden. Es gibt keinen Kompromiß zwischen Wahrheit und Lüge, denn mit der Lüge paktieren, heißt den Haß mitmachen oder zumindest billigen.

Sagredo: Augenscheinlich aber können wir uns doch auf eine Art Minimalforderung einigen: keine Konflikte mehr durch Kriege oder Gewaltanwendung auszutragen.

Salviati: Aber auch das nur unter uns drei, denn es gibt – wie gesagt – andere, die die Macht durch die Gewehre bejahen.

Simplicio: Man kann solche Machtergreifung durch Gewehre zwar für die Zukunft, aber nicht für die früheren Zeiten ächten, denn sonst würden wir die Leistung der Großen in der Geschichte herabsetzen, die so wie z. B. *Lenin* in Rußland die Entwicklung der Menschheit hin zur kommunistischen Gesellschaft ein wesentliches Stück vorangebracht haben.

Salviati: Eine solche Ächtung auch für die Vergangenheit würde gar nichts schaden, gerade weil sie schmerzlich ist, und dies nicht nur für Materialisten! Ich kann aber auch wirklich nichts an einem solchen Großen wie z. B. *Lenin* bewundern. Für mich ist er ein bedauernswerter Mensch, wenn er so gewesen ist, wie ihn uns seine Jünger schildern.

Simplicio: Das ist doch absurd, einen so intelligenten Menschen, der die Macht in Rußland ausübte und die Arbeiterklasse befreite, als bedauernswert zu bezeichnen!

Salviati: Ist ein Sklave nicht wirklich bedauernswert, noch dazu einer, der sich freiwillig in die Sklaverei der Lüge begeben hat? Und wie soll ein Sklave der Lüge andere befreien? Wird er sie nicht vielmehr von einer Sklaverei in eine andere führen? Man muß wirklich mit Blindheit geschlagen sein, wenn man nicht sieht, daß sich die »Arbeiterklasse« gerade auch (natürlich nicht nur!) in den sogenannten kommunistischen Staaten weiterhin in Sklaverei befindet.

Simplicio: Sie tun ja gerade so, als ob *Lenin* dumm gewesen wäre, um sich

in den Dienst von Plänen zu stellen, die er nicht durchschaut hätte, d. h. – um
es in Ihrer Sprache zu sagen – so dumm gewesen wäre, um sich von einer
Lüge hereinlegen zu lassen.

Salviati: Die Erkenntnis der Wahrheit ist keine Sache der Intelligenz, sie
ist vielmehr eine Sache des Herzens – wie der Volksmund sagt –, eine Sache
der Empfindung. Gerade der Intelligente kann viel leichter auf eine Lüge
hereinfallen, weil er seine eigene Klugheit so hoch einschätzt.

Simplicio: Wenn Sie tatsächlich an denjenigen nichts Bewundernswertes
finden, die durch ihr Leben in besonders deutlicher Weise die Entwicklung
der menschlichen Gesellschaft hin zum Ziel der kommunistischen Gesellschaft
hervortreten lassen, dann sagen Sie mir bitte, ob Sie überhaupt Menschen
nennen können, die Sie bewundern.

Sagredo: Ja, das ist eine sehr interessante Frage; denn oft kann man an
dem Leben eines Menschen viel deutlicher erkennen, wie es um eine Weltanschauung steht, als aus langen theoretischen Abhandlungen.

Salviati: Sie haben Recht. Deshalb will auch ich einen Menschen nennen,
dessen Leben wegen seines Verhältnisses zur Welt, die wir heute mit Hilfe
von Physik, Chemie, Biologie erforschen, für uns besonders interessant sein
kann. Gleichzeitig kann ich damit indirekt auf ein Anliegen hinweisen, das
heutzutage immer wieder laut wird und das z. B. in der von Herrn Simplicio
am Anfang unserer Diskussion erwähnten Stellungnahme von Herrn *Feyerabend* (Anfang XIX, § 1) in etwas lustig überspitzter Weise zum Ausdruck
gebracht wurde. Es ist richtig, daß die Methode der Physik nicht die einzige
Möglichkeit ist im Verhältnis des Menschen zur Natur. Das haben die Physiker
oft vergessen. Die Physik ist die Methode der Arbeit; man kann sie aber – im
Gegensatz zur Meinung von Herrn *Feyerabend* – nicht vermeiden, ja man
muß sie sogar als Teil menschlicher Tätigkeit bejahen, auch und gerade wenn
man weiß, daß Arbeit nicht der Sinn sondern nur eine Seite des menschlichen
Lebens ist; und zwar noch dazu eine Seite, die nach jahrtausende alter jüdischer
Überlieferung bedingt ist durch einen Mangel, nämlich durch eine in Bezug
auf das Sein des Menschen nicht notwendige, ja geradezu unnatürliche Ab-
trennung von Gott.

Aber Herr Simplicio wird – wie ich es an seinem Minenspiel ablesen kann –
solche Gedanken wohl als unwirkliche Spekulationen abtun. Darum lassen
sie mich den Namen eines Menschen nennen, an dem man dieses Bewußtsein
»erleben« und damit als gar nicht so unwirklich erkennen kann. Es ist *Franz
von Assisi*, der vor über 700 Jahren lebte. Vielleicht kann man tatsächlich am
Leben zweier Menschen besser den tiefgehenden Unterschied von dem erkennen, was sie bewegte.

Sagredo: Wenn ich Sie richtig verstehe, ist das auch eine Aufforderung;
eine Aufforderung das Leben zweier Menschen wie z. B. das von *Franz* und
Lenin zu studieren, um sich dann selbst entscheiden zu können und um aus

einer solchen Entscheidung heraus auch die Physik in das Leben der Menschen besser einordnen zu können. Ob ich selber dadurch zu einer Entscheidung kommen werde, erscheint mit trotzdem fraglich; man kann eben schwer aus seiner eigenen Natur heraustreten. Aber es ist richtig, wir sollten nicht versuchen, Entscheidungen auszuweichen; und ich werde mich bemühen. – Aus Ihren Minen entnehme ich Ihre Zustimmung zu einer solchen Aufforderung. Damit hat sich uns eine Aufgabe gestellt, die wir heute abend wohl kaum noch bewältigen können. Da wir morgen früh wieder einige wichtige Vorträge besuchen müssen, halte ich es für vernünftig, uns ein wenig Nachtruhe zu gönnen. Ich freue mich aber, daß wir doch noch so friedlich unsere Diskussion beenden konnten. Vielleicht sehen wir klarer, wenn wir uns wieder einmal treffen sollten; ob es in 100, 500 oder 1000 Jahren sein wird?

A X. Stabilitätstheorie

Der Ausgangspunkt der Stabilitätstheorie ist ein System von Trajektorien in einem metrischen (z. B. endlich-dimensionalen) Raum X. Eine Abbildung der »Zeit« t mit $0 \le t$ in X heißt eine Trajektorie, für die man häufig $x(t)$ schreibt. Bezeichnen wir mit $\mathbf{R}_+$ die Menge der nicht-negativen ganzen Zahlen, so ist eine Trajektorie also eine Abbildung $\mathbf{R}_+ \to X$. Beispiele solcher Trajektorien haben wir schon in V und VI kennengelernt, z. B. die Trajektorien im Γ-Raum, die den *Hamilton*schen Gleichungen genügen (siehe VI, § 5.7).

Eine dynamische Struktur wollen wir dadurch kennzeichnen, daß (ähnlich wie im Γ-Raum) die Anfangswerte die ganze Trajektorie bestimmen. Dies können wir am einfachsten ausdrücken durch eine Schar von Abbildungen $d_t \colon X \to X$, die für alle $t \in \mathbf{R}_+$ definiert sind und für die gilt:

(i) $\qquad d_0 = \mathbf{1}, \quad$ d. h. $d_0 x = x,$

(ii) $\qquad d_{t_1} d_{t_2} = d_{t_1 + t_2}.$

Eine spezielle Trajektorie ist dann gegeben durch $x(t) = d_t x_0$; x_0 ist dann gleich dem Anfangswert $x_0 = x(0)$.

Man kann die Schar von Abbildungen d_t auch zu einer Abbildung $U \colon X \times \mathbf{R}_+ \to X$ zusammenfassen durch

$$(x, t) \to d_t x.$$

Wir fordern noch:

(iii) $\qquad$ Die Abbildung $\quad U \colon X \times \mathbf{R}_+ \to X \quad$ ist stetig.

Sind die eben aufgestellten Bedingungen erfüllt, so nennen wir U eine (stetige) dynamische Struktur über X.

Definition 1: Eine Menge $M \subset X$ heißt *invariant*, wenn U die Teilmenge $M \times \mathbf{R}_+$ in M abbildet. Besteht M nur aus einem Element x_g, so heißt x_g ein Gleichgewichtspunkt.

Eine Menge M ist also genau dann invariant, wenn jede in M beginnende Trajektorie für alle t in M bleibt.

Definition 2: Eine abgeschlossene, invariante Teilmenge $M \subset X$ heißt *stabil*, wenn es zu jedem $\varepsilon > 0$ ein $\delta > 0$ so gibt, daß $\varrho(x, M) < \delta$ die Relation $\varrho(d_t x, M) < \varepsilon$ für alle $t \geq 0$ zur Folge hat; hierbei ist $\varrho(x_1, x_2)$ die Metrik in X und $\varrho(x, M) =$
$$= \inf_{x' \in M} \varrho(x, x').$$

Ist M stabil, so müssen Trajektorien $x(t)$, die zu einer Zeit in der »Nähe« von M sind, immer in der Nähe bleiben.

Es gilt nun der wichtige Satz:

Eine abgeschlossene invariante Menge M ist genau dann stabil, wenn es in einer Umgebung $\mathscr{V}_r$ von M mit

$$\mathscr{V}_r = \{x \,|\, x \in X \quad \text{und} \quad \varrho(x, M) < r\}$$

eine Funktion $L: X \to \mathbf{R}_+$ gibt mit

(1) Zu jedem c_1 mit $\varDelta > c_1 > 0$ (wobei $\varDelta$ von der Umgebung $\mathscr{V}_r$ abhängt) gibt es ein $c_2 > 0$ mit $L(x) > c_2$ für $x \in \mathscr{V}_r$ und $\varrho(x, M) > c_1$;

(2) Zu jedem $\gamma_1 > 0$ gibt es ein γ_2 mit $L(x) \leq \gamma_1$ für $\varrho(x, M) < \gamma_2$;

(3) $L(d_t x)$ ist als Funktion von t (bei festem x) eine nicht zunehmende Funktion, sofern $d_t x \in \mathscr{V}_r$ ist.

Beweis: Sei M stabil; es gibt also zu jedem $\varepsilon > 0$ ein $\delta(\varepsilon) > 0$, so daß für $\varrho(x, M) < \delta$ die Relation $\varrho(d_t x, M) < \varepsilon$ für alle $t \geq 0$ folgt.

Wir wählen ein $\varepsilon_0 > 0$ und dazu ein $r = \delta(\varepsilon_0)$ aus. Dann gilt für alle $x \in \mathscr{V}_r$: $\varrho(d_t x, M) < \varepsilon_0$ für alle $t \geq 0$. Daher können wir in $\mathscr{V}_r$ folgende Funktion definieren:

$$L(x) = \sup_{t \geq 0} \varrho(d_t x, M).$$

Wir wollen nun zeigen, daß das so definierte L die Bedingungen (1) bis (3) erfüllt.

(1):   Für $\varrho(x, M) > c_1$ mit $c_1 < r$ ist wegen $L(x) \geq \varrho(x, M)$ die Relation $L(x) > c_2$ mit $c_2 = c_1$ erfüllt.

(2):   Zu einem vorgegebenen $\gamma_1 > 0$ gibt es ein $\gamma_2 > 0$ mit $\gamma_2 < r$, so daß für $\varrho(x, M) < \gamma_2$ die Relation $\varrho(d_t x, M) < \gamma_1$ für alle $t \geq 0$ erfüllt ist, woraus $L(x) \leq \gamma_1$ folgt.

(3):   Sei $x_1 = d_{t_1} x \in \mathscr{V}_r$; dann ist $L(x_1)$ definiert:

$$L(d_{t_1} x) = L(x_1) = \sup_{t \geq 0}(d_t x_1, M).$$

Da $d_t x_1$ mit t stetig ist, ist auch $d_t x_1 \in \mathscr{V}_r$ für ein gewisses Intervall $0 \leq t < T$. Damit folgt für $t_2 > t_1$ und $t_2 - t_1 < T: d_{t_2} x = d_{t_2 - t_1} d_{t_1} x = d_{t_2 - t_1} x_1 \in \mathscr{V}_r$ und damit

$$L(d_{t_2}x) = \sup_{t \geq 0} \varrho(d_t d_{t_2} x, M)$$

$$= \sup_{t \geq 0} \varrho(d_{t+t_2-t_1} x_1, M)$$

$$\leq \sup_{t \geq 0} \varrho(d_t x_1, M) = L(d_{t_1} x).$$

Sei nun umgekehrt eine Funktion L gegeben, die die Bedingungen (1) bis (3) erfüllt; wir wollen zeigen, daß M stabil ist.

Sei also ein $\varepsilon > 0$ vorgegeben. Wir wählen dann ein $\varepsilon' > 0$ mit $\varepsilon' < \varepsilon$ und $\varepsilon' < r$. Wir setzen:

$$\lambda = \inf_{x, \varrho(x, M) \geq \varepsilon'} L(x).$$

Aus (1) folgt unmittelbar $\lambda > 0$.

Nach (2) gibt es zu λ ein $\delta > 0$, so daß für $\varrho(x, M) < \delta$ die Relation $L(x) < \lambda$ gilt. Aus $\varrho(x, M) < \delta$ folgt also $L(x) < \lambda$ und damit nach der Definition von $\lambda : \varrho(x, M) < \varepsilon'$. Gäbe es nun ein $x' \in \mathcal{V}_\delta$, für das $\varrho(d_t x', M) < \varepsilon'$ nicht für alle $t \geq 0$ gelten würde, so gibt es wegen der Stetigkeit von $d_t x'$ mit t und wegen $\varrho(x', M) < \varepsilon'$ ein $t' > 0$ mit $\varrho(d_{t'} x', M) = \varepsilon'$ und $\varrho(d_t x', M) < \varepsilon'$ für $0 \leq t < t'$. Dann folgt aus (3) $L(d_{t'} x') \leq L(x') < \lambda$ und wegen $\varrho(d_{t'} x', M) = \varepsilon'$ nach der Definition von $\lambda : L(d_{t'} x') \geq \lambda$ und damit ein Widerspruch.

Damit ist der Satz bewiesen.

Gibt es in X eine »Entropiefunktion« $S(x)$ und einen Gleichgewichtspunkt x_g und nimmt $S(d_t x)$ mit wachsendem t nicht ab, so erfüllt $L(x) = S(x_g) - S(x)$ die Bedingung (3); sind noch für $L(x)$ die Bedingungen (1) und (2) erfüllt sowie die Trajektorien stetig, so ist x_g ein »stabiler« Gleichgewichtspunkt.

Ein ähnlicher Satz wie für die Stabilität gilt auch für Instabilität (der aber hier nicht bewiesen sei):

Eine abgeschlossene invariante Menge M ist genau dann instabil (d. h. nicht stabil), wenn es in einer Umgebung $\mathcal{V}_r$ von M mit

$$\mathcal{V}_r = \{x \mid x \in X \quad \text{und} \quad \varrho(x, M) < r\}$$

eine Funktion $L : X \to \mathbf{R}$ mit folgenden Eigenschaften gibt:
(1) L ist beschränkt in $\mathcal{V}_r$;
(2)   In *jeder* Umgebung von M gibt es wenigstens ein x mit $L(x) > 0$;
(3)   Für jedes $x \in \mathcal{V}_r$ gilt:

$$\frac{dL}{dt} = \lambda L + \varDelta$$

wobei $\lambda > 0$ und $\varDelta$ eine in $\mathcal{V}_r$ definierte, nicht negative Funktion ist.

Literatur über Stabilitätstheorie siehe z. B. [6].

A XI. Bedingungen für stark thermodynamisch ergodisches Verhalten

Um die Möglichkeit von XV (4.3.38) zu diskutieren, betrachten wir die Eigenvektoren des Operators $\chi(\sigma^{(g)})$:

$$\chi(\sigma^{(g)})\varphi_\mu = \alpha_\mu \varphi_\mu; \quad \langle \varphi_\mu, \varphi_\nu \rangle = \delta_{\mu\nu}.$$

Die weitaus größte Zahl der Eigenwerte α_μ wird annähernd 1 sein.

Mit den Eigenwerten α_μ folgt

$$Sp\left(\chi(\sigma^{(g)})\right) = \sum_\mu \alpha_\mu$$

und

$$\langle \psi_\varrho, \chi(\sigma^{(g)})\psi_\varrho \rangle = \sum_\mu \alpha_\mu |\langle \psi_\varrho, \varphi_\mu \rangle|^2.$$

Aus

$$[F^{(e)}(E_2) - F^{(e)}(E_1)]\psi_\varrho = [k(\varepsilon_\varrho - E_2) - k(\varepsilon_\varrho - E_1)]\psi_\varrho$$

folgt ebenso

$$Sp\left(F^{(e)}(E_2) - F^{(e)}(E_1)\right) = \sum_\varrho [k(\varepsilon_\varrho - E_2) - k(\varepsilon_\varrho - E_1)].$$

Die Bedingung XV (4.3.39) lautet daher mit $g(x) = k(x - E_2) - k(x - E_1)$

$$(1) \qquad 1 - \frac{\displaystyle\sum_\mu \alpha_\mu}{\displaystyle\sum_\varrho g(\varepsilon_\varrho)} \ll 1.$$

XV (4.3.38) können wir dann schreiben:

$$(2) \qquad g(\varepsilon_\varrho) - \sum_\mu \alpha_\mu |\langle \psi_\varrho, \varphi_\mu \rangle|^2 = \eta g(\varepsilon_\varrho) \quad \text{mit } \eta \ll 1.$$

Gilt für $|\langle \psi_\varrho, \varphi_\mu \rangle|^2$ folgende Ungleichung:

$$(3) \qquad |\langle \psi_\varrho, \varphi_\mu \rangle|^2 \geq \frac{g(\varepsilon_\varrho)\alpha_\mu}{\displaystyle\sum_\lambda g(\varepsilon_\lambda)},$$

so folgt

$$(4) \qquad \sum_{\mu} \alpha_{\mu} |\langle \psi_{\varrho}, \varphi_{\mu} \rangle|^2 \geq \frac{g(\varepsilon_{\varrho})}{\sum_{\lambda} g(\varepsilon_{\lambda})} \sum_{\mu} \alpha_{\mu}^2 .$$

(2) ist also erfüllt, wenn

$$(5) \qquad 1 - \frac{\sum\limits_{\mu} \alpha_{\mu}^2}{\sum\limits_{\lambda} g(\varepsilon_{\lambda})} \ll 1$$

ist. (5) ist eine strengere Forderung als (1). Man kann (5) auch umschreiben in

$$(6) \qquad 1 - \frac{Sp\left(\chi(\sigma^{(q)})^2\right)}{Sp\left(F^{(e)}(E_2) - F^{(e)}(E_1)\right)} \ll 1 .$$

Ist also (6) erfüllt, so gilt erst recht XV (4.3.39). Ist (6) erfüllt, so kann XV (4.3.38) leicht erfüllt werden, wenn man noch (3) fordert.

(3) ist erfüllbar, da sowohl

$$1 = \sum_{\varrho}{}' |\langle \psi_{\varrho}, \varphi_{\mu} \rangle|^2 \geq \alpha_{\mu} \quad \text{wegen} \quad \chi(\sigma^{(g)}) \leq 1$$

wie

$$1 = \sum_{\mu} |\langle \psi_{\varrho}, \varphi_{\mu} \rangle|^2 \geq g(\varepsilon_{\varrho}) \frac{\sum\limits_{\mu} \alpha_{\mu}}{\sum\limits_{\lambda} g(\varepsilon_{\lambda})} \leq g(\varepsilon_{\varrho}) \leq 1$$

wegen $F^{(e)}(E_2) - F^{(e)}(E_1) \leq 1$ erfüllt ist.

Für »sehr wenige« μ kann sogar (3) verletzt sein, ohne daß dadurch (2) verletzt wird.

(5) ist erfüllt, wenn man zu (1) noch folgende Forderung hinzufügt:

$$(7) \qquad \frac{\sum\limits_{\mu} (\alpha_{\mu} - \alpha_{\mu}^2)}{\sum\limits_{\varrho} g(\varepsilon_{\varrho})} \ll 1 .$$

Wegen (1) muß auch die gegenüber (7) schärfere Forderung erfüllt sein:

$$(8) \qquad \frac{Sp\left(\chi(\sigma^{(g)}) - \chi(\sigma^{(g)})^2\right)}{Sp\left(\chi(\sigma^{(g)})\right)} = \frac{\sum\limits_{\mu} (\alpha_{\mu} - \alpha_{\mu}^2)}{\sum\limits_{\mu} \alpha_{\mu}} \ll 1 .$$

(8) drückt aus, daß die »weitaus größte Mehrzahl« der $\alpha_{\mu} = 1$ ist.

Für die α_μ mit $\alpha_\mu \approx 1$ stellt (3) die Forderung

$$(9) \qquad |\langle \psi_\varrho, \varphi_\mu \rangle|^2 \geq \frac{g(\varepsilon_\varrho)}{\sum_\lambda g(\varepsilon_\lambda)} \quad \text{für } \alpha_\mu \approx 1$$

dar. Ist (9) erfüllt, so gilt

$$(10) \qquad \sum_\mu \alpha_\mu |\langle \psi_\varrho, \varphi_\mu \rangle|^2 \geq \frac{g(\varepsilon_\varrho)}{\sum_\lambda g(\varepsilon_\lambda)} \sum_\mu{}' \alpha_\mu,$$

wobei $\sum'$ über alle μ mit $\alpha_\mu \approx 1$ läuft. (2) ist also erfüllt, wenn (1) und

$$(11) \qquad 1 - \frac{\sum_\mu{}' \alpha_\mu}{\sum_\mu \alpha_\mu} \ll 1$$

gilt. (11) ist aber praktisch mit (8) identisch. Es genügt dann also (9) für »fast alle« μ mit $\alpha_\mu \approx 1$ zu fordern. (9) bringt zum Ausdruck, daß die φ_μ für $\alpha_\mu \approx 1$ »vollkommen schief« zum Eigenvektorensystem von H liegen müssen. In diesem Sinne ist $\chi(\sigma^{(g)})$ alles andere als mit H vertauschbar; aber trotzdem können $\chi(\sigma^{(g)})$ und die thermodynamische Observable der *inneren* Energie koexistent sein!

A XII. Fastperiodische Funktionen

Wir gehen aus von einer stetigen komplexwertigen Funktion $f(t)$, die für $-\infty < t < +\infty$ definiert sei. Wir beginnen mit einer Definition, die beschreiben soll, daß $f(t)$ nach einer »Verschiebung« τ wieder fast denselben Wert angenommen hat, d. h. $f(t+\tau) \sim f(t)$ gilt.

Definition 1: Eine reelle Zahl τ heißt eine zu ε gehörige *Verschiebungszahl* von $f(t)$ (kurz mit $\tau(\varepsilon)$ oder genauer $\tau_f(\varepsilon)$ bezeichnet), wenn $|f(t+\tau)-f(t)| \leq \varepsilon$ für alle t mit $-\infty < t < +\infty$ gilt.

Eine Verschiebungszahl $\tau(\varepsilon)$ ist also so etwas wie eine »Wiederkehrzeit« bis auf den Fehler ε.

Man sieht sofort: Ist τ eine zu ε gehörige Verschiebungszahl, so auch zu jedem $\varepsilon' > \varepsilon$. Mit τ ist auch $-\tau$ eine zu ε gehörige Verschiebungszahl.

Es gilt

$$\tau(\varepsilon_1) + \tau(\varepsilon_2) = \tau(\varepsilon_1 + \varepsilon_2) \quad \text{und} \quad \tau(\varepsilon_1) - \tau(\varepsilon_2) = \tau(\varepsilon_1 + \varepsilon_2).$$

Definition 2: Eine Menge T reeller Zahlen heiße *relativ dicht*, wenn es eine Zahl l gibt, so daß jedes Intervall $a < t < a+l$ mindestens ein $\tau \in T$ enthält.

Eine relativ dichte Menge T enthält also nicht nur beliebig große Zahlen, sondern die »Lücken« zwischen den Elementen von T können nicht beliebig anwachsen.

Die grundlegende Definition ist die folgende:

Definition 3: Eine stetige Funktion $f(t)$ heißt *fastperiodisch*, falls es zu jedem $\varepsilon > 0$ eine relativ dichte Menge von zu ε gehörigen Verschiebungszahlen gibt.

Jede periodische Funktion ist also auch trivialerweise fastperiodisch. Mit $f(t)$ ist auch $g(t) = f(t+b)$ fastperiodisch. Mit $f(t)$ ist auch $cf(t)$ (c komplexe Zahl) fastperiodisch. Weiter unten werden wir zeigen, daß auch die Summe zweier fastperiodischer Funktionen wieder fastperiodisch ist, so daß also die Menge der fastperiodischen Funktionen ein komplexer Vektorraum ist, siehe A VIII, § 1.

Man sieht sofort, daß mit $f(t)$ auch $\overline{f(t)}$ fastperiodisch ist. Aus

$$\big||f(t+\tau)|-|f(t)|\big|\leq|f(t+\tau)-f(t)|$$

folgt, daß mit $f(t)$ auch $|f(t)|$ fastperiodisch ist.

Satz 1: Eine fastperiodische Funktion $f(t)$ ist beschränkt, d.h. es gibt ein c mit $|f(t)|<c$ für alle t.

Beweis: Zu ε gibt es eine Länge $l(\varepsilon)$, so daß in jedem Intervall $a<t<a+l(\varepsilon)$ ein $\tau(\varepsilon)$ liegt. Im Intervall $-l(\varepsilon)\leq t\leq l(\varepsilon)$ ist die stetige Funktion $f(t)$ beschränkt: $|f(t)|<d$ für $-l(\varepsilon)\leq t\leq l(\varepsilon)$. Zu jedem t_1 gibt es eine Verschiebungszahl $\tau_1(\varepsilon)$ mit $t_1<\tau_1(\varepsilon)<t_1+l(\varepsilon)$, so daß also $|f(t+\tau_1(\varepsilon))-f(t)|\leq\varepsilon$ und damit $|f(t+\tau_1(\varepsilon))|\leq|f(t)|+\varepsilon$ ist. Mit $t=t_1-\tau_1(\varepsilon)$ ist $-l(\varepsilon)\leq t\leq l(\varepsilon)$ und damit $|f(t)|<d$. Daraus folgt $|f(t_1)|=|f(t+\tau_1(\varepsilon))|<d+\varepsilon$. Also gibt es eine Zahl $c=d+\varepsilon$ mit $|f(t)|<c$ für alle t.

Satz 2: Mit $f(t)$ ist auch $(f(t))^2$ fastperiodisch.

Beweis: Aus

$$|(f(t+\tau))^2-(f(t))^2|=|f(t+\tau)+f(t)|\cdot|f(t+\tau)-f(t)|\leq$$
$$\leq(|f(t+\tau)|+|f(t)|)\cdot|f(t+\tau)-f(t)|\leq 2c|f(t+\tau)-f(t)|$$

folgt, daß eine zu $\varepsilon/2c$ gehörige Verschiebungszahl τ von f eine zu ε gehörige Verschiebungszahl von f^2 ist.

Satz 3: Eine fastperiodische Funktion $f(t)$ ist gleichmäßig stetig.

Beweis: Wir müssen also zeigen, daß es zu jedem $\varepsilon>0$ ein $\delta>0$ gibt mit $|f(t_1)-f(t_2)|<\varepsilon$ für $|t_1-t_2|<\delta$. Zu dem gegebenen ε gibt es also eine Länge $l(\varepsilon/3)$, so daß es in jedem Intervall $a<t<a+l(\varepsilon/3)$ eine Verschiebungszahl $\tau(\varepsilon/3)$ gibt. Wir können $t_2>t_1$ annehmen. Wir wählen $a=t_1$ und $t_1<\tau_1(\varepsilon/3)<t_1+l(\varepsilon/3)$. Dann gilt für $t_1'=t_1-\tau_1(\varepsilon/3)$: $-l(\varepsilon/3)<t_1'<l(\varepsilon/3)$ und falls $t_1<t_2<t_1+l(\varepsilon/3)$ ist, auch $-l(\varepsilon/3)<t_2'<l(\varepsilon/3)$ mit $t_2'=t_2-\tau_1(\varepsilon/3)$.

Man wähle nun $\delta<l(\varepsilon/3)$ so, daß im abgeschlossenen Intervall $-l(\varepsilon/3)\leq t\leq l(\varepsilon/3)$ $|f(x_1)-f(x_2)|<\varepsilon/3$ für $|x_1-x_2|<\delta$ ist. Dann folgt (wir können immer $t_2>t_1$ annehmen)

$$|f(t_1)-f(t_2)|\leq|f(t_1)-f(t_1')|+|f(t_1')-f(t_2')|+$$
$$+|f(t_2')-f(t_2)|\leq\varepsilon.$$

Satz 4: Zu jedem ε gibt es ein l und ein δ, so daß jedes Intervall $a<t<a+l$ nicht nur eine Verschiebungszahl $\tau(\varepsilon)$ enthält, sondern ein ganzes Intervall der Länge δ, dessen Punkte alle Verschiebungszahlen $\tau(\varepsilon)$ sind.

Beweis: δ sei so gewählt, daß $|f(t_1)-f(t_2)|\leq\varepsilon$ für $|t_1-t_2|\leq\delta$ ist. Wir setzen dann mit einer Länge $l(\varepsilon/2):l=l(\varepsilon/2)+2\delta$. Dann liegt in jedem Intervall der

Länge $l(\varepsilon/2)$ eine Verschiebungszahl $\tau(\varepsilon/2)$. Betrachten wir nun irgendein Intervall $a<t<a+l$, so ist $a+\delta<t<a+l-\delta$ ein Intervall der Länge $l(\varepsilon/2)$, d.h. es gibt ein $\tau(\varepsilon/2)$ mit $a+\delta<\tau(\varepsilon/2)<a+l-\delta$. Dann ist für alle τ mit $|\tau-\tau(\varepsilon/2)|<\delta$ sowohl $a<\tau<a+l$ und $|f(t+\tau)-f(t)|\leq|f(t+\tau(\varepsilon/2))-f(t)|+$ $+|f(t+\tau)-f(t+\tau(\varepsilon/2))|\leq\varepsilon/2+\varepsilon/2=\varepsilon.$

Satz 5: Die Summe $f(t)+g(t)$ zweier fastperiodischer Funktionen $f(t)$, $g(t)$ ist wiederum eine fastperiodische Funktion.

Beweis: Es genügt zu zeigen, daß es zu jedem $\varepsilon>0$ ein l so gibt, daß es in jedem Intervall $a<t<a+l$ eine gemeinsame Verschiebungszahl $\tau=\tau_f(\varepsilon)=$ $=\tau_g(\varepsilon)$ von f und g gibt; denn dann ist

$$|f(t+\tau)+g(t+\tau)-f(t)-g(t)|\leq|f(t+\tau_f(\varepsilon))-f(t)|+$$
$$+|g(t+\tau_g(\varepsilon))-g(t)|\leq\varepsilon+\varepsilon=2\varepsilon.$$

Zur Konstruktion von l und $\tau_f(\varepsilon)=\tau_g(\varepsilon)$ gehen wir so vor: Zu einer Zahl $\varepsilon/2$ gibt es Längen l_f,l_g und Intervall-Längen δ_f,δ_g, so daß es in jedem Intervall der Länge l_f ein Intervall der Länge δ_f gibt, dessen Punkte Verschiebungszahlen $\tau_f(\varepsilon/2)$ sind; und entsprechend für g. Dann gilt mit $l_0=\max(l_f,l_g)$ und $\delta_0=\min(\delta_f,\delta_g)$, daß es in jedem Intervall der Länge l_0 ein Intervall der Länge δ_0 gibt, dessen Elemente Verschiebungszahlen $\tau_f(\varepsilon/2)$, und ein (anderes) Intervall der Länge δ_0, dessen Elemente Verschiebungszahlen $\tau_g(\varepsilon/2)$ sind. Sei $a<t<a+l_0$ ein solches Intervall der Länge l_0; also gibt es eine Zahl $\eta>0$, so daß es zwei Verschiebungszahlen

$$(1) \qquad \tau_f(\varepsilon/2)=n'\eta,\quad \tau_g(\varepsilon/2)=n''\eta$$

aus diesem Intervall gibt, wobei n_1,n_2 ganze Zahlen sind. Wegen $|\tau_f-\tau_g|<l_0$ ist $(n'-n'')\eta<l_0$. Es gibt also nur endlich viele ganze Zahlen $n_1,n_2,\ldots n_r$, für die es Paare τ_f,τ_g nach (1) mit $n'-n''$ gleich einem dieser n_i gibt. Zu jedem dieser n_i wähle man ein Paar (τ_f^i,τ_g^i) aus. Wir setzen $l_1=\max\limits_{i=1,\cdots r}|\tau_f^i|$. Wir wollen dann zeigen, daß jedes Intervall der Länge $l=l_0+2l_1$ mindestens eine gemeinsame Verschiebungszahl $\tau=\tau_f(\varepsilon)=\tau_g(\varepsilon)$ enthält.

Sei $b<t<b+l=b+l_0+2l_1$ ein vorgegebenes Intervall. In dem Intervall $a=b+l_1<t<a+l_0=b+l_0+l_1$ der Länge l_0 wählen wir zwei Verschiebungszahlen nach (1) aus. Zu $n'-n''=n^i$ gibt es also ein Paar (τ_f^i,τ_g^i), das oben für n_i ausgewählt wurde. Dann ist $\tau_f-\tau_g=\tau_f^i-\tau_g^i$ und damit $\tau=\tau_f-\tau_f^i=\tau_g-\tau_g^i$. Weiterhin ist

$$\tau-b=\tau_f-a+l_1-\tau_f^i\geq 0$$

und

$$b+l-\tau=a+l_1+l_0-\tau_f+\tau_f^i=[a+l_0-\tau_f]+l_1+\tau_f^i\geq 0.$$

Also liegt τ im Intervall $b < t < b + l$. τ ist aber dann eine Verschiebungszahl $\tau_f(\varepsilon) = \tau_g(\varepsilon)$, da die Differenz zweier Verschiebungszahlen zu $\varepsilon/2$ eine Verschiebungszahl zu ε ist.

Mit Satz 5 folgt, wie schon oben erwähnt, daß die Menge $\mathscr{F}$ der fastperiodischen Funktionen ein linearer Vektorraum ist. Nach Satz 1 ist durch

$$\|f\| = \sup_t |f(t)|$$

eine Norm in $\mathscr{F}$ definiert (siehe A VIII, § 2).

Aus Satz 5 folgt, daß jede endliche Summe periodischer Funktionen eine fastperiodische Funktion ist. Insbesondere ist jede endliche Summe

$$(2) \qquad \sum_{\nu=1}^{n} a_\nu e^{i\omega_\nu t}$$

eine fastperiodische Funktion.

Ebenso folgt aus Satz 5, daß das Produkt $f(t)g(t)$ zweier fastperiodischer Funktionen wieder fastperiodisch ist, denn es gilt

$$4 f(t)g(t) = \big(f(t) + g(t)\big)^2 - \big(f(t) - g(t)\big)^2.$$

Satz 6: Der normierte Raum $\mathscr{F}$, der fastperiodischen Funktionen ist vollständig, d.h. ein *Banach*raum (siehe A VIII, § 2).

Beweis: Nach A VIII, § 2 wissen wir, daß eine *Cauchy*folge $f_n(t)$ gegen eine stetige Funktion $f(t)$ konvergiert: $\|f_n - f\| \to 0$. In der Ungleichung

$$|f(t+\tau) - f(t)| \le |f(t+\tau) - f_n(t+\tau)| + |f_n(t+\tau) - f_n(t)| +$$
$$+ |f_n(t) - f(t)| \le 2\|f_n - f\| + |f_n(t+\tau) - f_n(t)|$$

wähle man n so groß, daß $2\|f_n - f\| < \varepsilon/2$ ist, dann bei festem n eine Verschiebungszahl $\tau(\varepsilon/2)$ von f_n. Mit dieser ist dann $|f(t+\tau) - f(t)| < \varepsilon$.

Aus dem Satz 6 folgt insbesondere, daß jede unendliche Summe

$$\sum_{\nu=1}^{\infty} a_\nu e^{i\omega_\nu t}$$

eine fastperiodische Funktion ist, wenn

$$\left\| \sum_{\nu=N}^{M} a_\nu e^{i\omega_\nu t} \right\| < \varepsilon$$

für genügend großes N ist.

Daraus folgt, daß $Sp(WU_t FU_t^+)$ für beliebiges W eine fastperiodische Funktion ist, wenn das Spektrum von H diskret ist:

Mit den Eigenvektoren ψ_ϱ und Eigenwerten ε_ϱ von H ist

$$\sum_{\substack{\varrho,\kappa \\ E_N < \varepsilon_\varrho, \varepsilon_\kappa < E_M}} e^{\frac{i}{\hbar}(\varepsilon_\varrho - \varepsilon_\kappa)t} Sp(WP_{\psi_\varrho}FP_{\psi_\kappa}) = Sp(WQ_{NM}U_tFU_t^+Q_{NM})$$

mit

$$Q_{NM} = \sum_{\substack{\varrho \\ E_N < \varepsilon_\varrho < E_M}} P_{\psi_\varrho}.$$

$Sp(WU_tFU_t^+)$ ist also fastperiodisch, wenn

$$\left\| Sp(WQ_{NM}U_tFU_t^+Q_{NM}) \right\| < \varepsilon$$

für genügend großes E_N ist.

Nun ist wegen $0 \le F \le 1$ auch $0 \le U_tFU_t^+ \le 1$ und damit

$$\left| Sp(WQ_{NM}U_tFU_t^+Q_{NM}) \right| = \left| Sp(Q_{NM}WQ_{NM}U_tFU_t^+) \right| \le$$
$$\le Sp(Q_{NM}WQ_{NM}),$$

das heißt

$$\left\| Sp(WQ_{NM}U_tFU_t^+Q_{NM}) \right\| \le Sp(Q_{NM}WQ_{NM})$$

mit

$$Sp(Q_{NM}WQ_{NM}) = \sum_{\substack{\varrho \\ E_N < \varepsilon_\varrho < E_M}} \langle \psi_\varrho, W\psi_\varrho \rangle.$$

Dies wird aber beliebig klein, da

$$\sum_\varrho \langle \psi_\varrho, W\psi_\varrho \rangle = Sp(W) = 1$$

und damit konvergent ist.

Es sei hier nur erwähnt, daß der von allen $e^{i\omega t}$ (ω beliebig) aufgespannte normabgeschlossene Teilraum von $\mathscr{F}$ der ganze Raum $\mathscr{F}$ ist.

Literaturhinweise

[1] *G. Ludwig:* Grundlagen der Quantenmechanik, 2. Auflage (in Vorbereitung) (Springer-Verlag, etwa 1979).

[2] *J. M. Jauch:* A New Foundation of Equilibrium Thermodynamics (Preprint: Department of Mathematics, University of Denver, Colorado 80210).

[3] *G. Ludwig:* Grundstrukturen einer physikalischen Theorie (Springer-Verlag, 1978 Hochschultexte).

[4] *G. Ludwig:* Makroskopische Systeme und Quantenmechanik (Preprint: Notes in Mathematical Physics 5, 1972, Fachbereich Physik, Universität Marburg).

[5] *S. R. De Groot, P. Masur:*

a) Grundlagen der Thermodynamik irreversibler Prozesse (Mannheim 1969);

b) Anwendungen der Thermodynamik irreversibler Prozesse (Mannheim 1974).

[6] *J. P. La Salle, S. Lefschetz:* Die Stabilitätstheorie von Ljapunov (Mannheim 1967).

V. I. Zubov: Methods of A. M. Lyapunov and their Application (Noordhoff, Groningen 1964).

N. P. Bhatia, G. P. Szegö: Dynamical Systems: Stability Theory and Application (Lect. Notes Math. 35, Springer, Berlin 1967).

J. L. Willems: Stability Theory of Dynamical Systems (Nelson, 1970).

[7] *P. Frank, R. v. Mises:* Differentialgleichungen der Physik, Band 2 (Vieweg-Verlag, 1935).

[8] *C. Truesdell, R. Toupin:* The Classical Field Theories, Handb. der Phys. III/1 (Ed.: S. Flügge; Springer-Verlag 1960).

R. S. Brodkey: The Phenomena of Fluid Motions (Addison-Wesley 1967).

E. Becker, W. Bürger: Kontinuumsmechanik (Teubner, Stuttgart 1975).

[9] *D. Ruelle:* Statistical Mechanics (Benjamin, New York 1969).

A. Lenard (Ed.): Statist. Mechanics and Math. Problems (Lect. Notes in Phys. 20, Springer, Berlin 1973).

[10] *J. v. Neumann:* Mathematische Grundlagen der Quantenmechanik (Springer-Verlag 1932).

[11] *J. v. Neumann:* Beweis des Ergodensatzes und des H-Theorems in der neuen Mechanik, Zeitschrift für Physik, 57, 30−70 (1929).

[12] *H. Meschkowski:* Wahrscheinlichkeitsrechnung, Bd. I (Mannheim 1968).

[13] *H. Fowler:* Statistische Mechanik (Akademische Verlagsgesellschaft, 1931).

[14] *A. Münster:* Statistical Thermodynamics, Bd. I und II (Springer, Berlin 1974).

R. Balescu: Equilibrium and Non-equilibrium Statistical Mechanics (Wiley-Interscience 1975).

[15] *H. D. Ursell:* The evalution of Gibbs' phase integral for imperfect gases, Proc. Cambridge. Phil. Soc. 23, 685 (1977).

J. E. Mayer: The statistical mechanics of condensing systems I, J. Chem. Phys. 5, 67 (1937).

J. E. Mayer, P. G. Ackermann: The statistical mechanics of condensing systems II, J. Chem. Phys. *5*, 74 (1937).

J. E. Mayer, S. F. Harrison: The statistical mechanics of condensing systems III, J. Chem. Phys. *6*, 87 (1938).

Siehe auch [14].

[16] *K. Huang:* Statistische Mechanik, Bd. II (Mannheim 1964).

[17] *K. Huang:* Statistische Mechanik, Bd. II und III (Mannheim 1964).

[18] *J. H. van Vleck:* The theory of electric and magnetic susceptibilities (Oxford 1932).

A. H. Wilson: Thermodynamics and statistical mechanics (Cambridge 1960).

A. Münster: Statistical Thermodynamics, Bd. II (Springer, Berlin 1974).

[20] *S. Großmann:* Occupation Number Representation with Localized One Particle Functions; Physica *29*, 1373–1392 (1963);

S. Großmann: Macroscopic Time Evolution and Masterequation; Physica *30*, 779–807 (1964).

[21] *W. Maaß:* Investigation of the stability of Boltzmann's Collision Equation by a family of Lyapunov Functionals, Physica *89A*, 411 (1977); und dort weitere angegebene Literatur.

[22] *D. Hilbert:* Grundzüge einer allgemeinen Theorie der linearen Integralgleichungen, Kap. XXII (Teubner-Verlag 1924).

C. Cercignani: Math. Methods in Kinetic Theory (Macmillan 1969).

[23] *H. Grad, L. Waldmann:* im Handbuch der Physik XII (Ed.: S. Flügge, Springer-Verlag 1958).

J. H. Ferziger, H. G. Kaper: Math. theory of transport processes in gases (Amsterdam 1972).

[24] *G. G. Emch:* Algebraic Methods in Statistical Mechanics and Quantum Field Theory (Wiley, 1972).

G. G. Emch: Diffusion, Einstein formula and mechanics, J. Math. Phys. *14*, 1775 (1973).

G. G. Emch: An algebraic approach to the theory of K-flows and K-entropy. In: Proc. Intern. Symp. on Math. Problems in Theoret. Phys. (Springer, Lecture Notes in Phys. *30*, 315, 1975).

[25] *B. Sz. Nagy, C. Foias:* Harmonic Analysis of Operators on Hilbert Space (Amsterdam, 1970).

E. B. Davies: Quantum Theory of Open Systems (Kapitel 7) (Academic Press 1976).

[26] *H. H. Schaefer:* Topological Vector Spaces, Ch. II, § 10 (Macmillan Company, 1966).

[27] *S. R. De Groot, P. Masur:* Anwendungen der Thermodynamik irreversibler Prozesse (Mannheim 1974).

S. R. De Groot, Suttorp: Foundations of Electrodynamics, North-Holland (Amsterdam 1972).

[28] *C. Kittel:* Quantentheorie der Festkörper (Oldenbourg, München 1970).

[29] *R. C. Davidson:* Methods in Non-Linear Plasma Theory (Academic Press 1972).

N. G. van Kampen, B. U. Felderhof: Theoretical Methods in Plasma Physics (Amsterdam 1967).

[30] *H. Haken:* Handbuch der Physik 25/2c (Springer-Verlag 1970).

[31] *H. Haken:* Synergetics (Springer, Berlin 1977).

[32] *A. Isihara:* Statistical Physics (Academic Press 1971).

S. Fujita: Introduction to Non-equilibrium Quantum Statistical Mechanics (Saunders, Philadelphia 1966).

R. Balescu: Equilibrium and Non-equilibrium Statistical Mechanics (Wiley-Interscience, 1975).

E. Fick: Quantenstatistik dynamischer Prozesse (Akadem. Verlagsgesellschaft 1979).

[33] *E. G. D. Cohen:* The kinetic theory of dense gases in *E. G. D. Cohen* (Ed.): Fundamental Problems in Statistical Mechanics II (Amsterdam 1968).

N. G. van Kampen, B. U. Felderhof: Theoretical Methods in Plasma Physics (Amsterdam 1967).

S. Fujita: Introduction to Non-equilibrium Quantum Statistical Mechanics (Saunders, Philadelphia 1966).

R. Balescu: Equilibrium and Non-equilibrium Statistical Mechanics (Wiley-Interscience 1975).

[34] *A. A. Abrikosov, L. P. Gorkov, I. Ye. Dzyaloskinskii:* Quantum Field Theoretical Methods in Statistical Physics (Pergamon Press, Oxford 1965).

[35] *D. W. Robinson:* Statistical Mechanics of Quantum Spin Systems II. Com. Math. Phys. 337–348 (1968).

[36] *S. Chandrasekkar:* Stellar Structure (Dover 1957).

K. Huang: Statistische Mechanik II (Mannheim 1964), (s. Verweis [45]).

[37] *G. Ludwig:* Diskussionsbemerkung zu einem Vortrag von J. Pivetean über »La question de l'orthogenèse« in: Naturwissenschaft und Theologie, Heft 5, S. 75–77 (Verlag Karl Alber, Freiburg/München; 1962).

P. H. Richter: Stochastic Theory of a Selection Game, Bull. Math. Biol. *37*, 193–213 (1975).

F. Jähnig, P. H. Richter: Fluctuation Theory of a Selection Game, Ber. Bunsen Gesellschaft (1976).

M. Eigen: Selforganization of Matter and the Evolution of Biological Macromolecules, Naturwiss. *58*, 465–523 (1971).

M. Eigen, R. Winkler: »Ludus vitalis« Mannheimer Forum 73/74, 53–138.

M. Eigen: The Origin of Biological Information, in »The Physicist's Conception of Nature« (D. Reidel Publishing Company, Dordrecht-Boston; 1973).

J. M. Romanovsky, N. V. Stepanova, D. S. Chernavsky: Kinetische Modelle in der Biophysik (Fischer, Jena 1974).

R. Rosen (Ed.): Foundation of Mathematical Biology (Academic Press 1972–73).

[38] *I. Rechenberg:* Evolutionsstrategie (Stuttgart 1973).

[39] *L. Boltzmann:* Über die Unentbehrlichkeit der Atomistik in der Naturwissenschaft (1897); abgedruckt in: *F. Hasenöhrl* (Ed.) Wissenschaftliche Abhandlungen von *Ludwig Boltzmann* (Barth, Leipzig 1909).

L. Boltzmann: Über statistische Mechanik (Vortrag 1904); abgedruckt in: Populäre Schriften (Barth, Leipzig 1905).

[40] *E. P. Wigner:* »Remarks on the Mind-Body Question« in I. J. Good »The Scientist Speculates« (Heinemann, London-Melbourne-Toronto 1962).

[41] *H. Grad:* Methoden der Antipodenfunktion, Commun. Pure Appl. Math. *2*, 311 (1949).

[42] *J. M. Jauch:* Die Wirklichkeit der Quanten. Ein zeitgenössischer galileischer Dialog (Hauser, München 1973).

[43] *Galilei:* Il saggiatore, in Discoveries and Opinions, 237 (herausgegeben von Stillman Drake, Garden City, New York 1957).

[44] *R. Becker:* Theorie der Wärme (Springer, Berlin 1966).

[45] *K. Huang:* Statistische Mechanik, Band 1 bis 3 (Mannheim 1964).

H. Stumpf, A. Rieckers: Thermodynamik, Band 1 und 2 (Vieweg 1976–1977).

[46] *Engels:* Dialektik der Natur (Dietz-Verlag, Berlin 1961).

[47] Neues Testament; 1. Korintherbrief, 12. Kapitel.

Zweites vatikanisches, ökumenisches Konzil: Dogmantische Konstitution über die Kirche (Rex-Verlag, Luzern-München, 1966).

[48] *W. Metzger:* Psychologie, Kapitel 9 (Dresden-Leipzig 1941).

    A. Wenzl: Das Leib-Seele-Problem, insbesondere § 1 (Leipzig 1933).

[49] *P. K. Feyerabend* in: *I. Lakatos, A. Musgrave* (Herausgeber), Kritik und Erkenntnisfortschritt (Vieweg-Verlag 1974).

Stichwortverzeichnis

(Die römischen Ziffern sind die Bandnummern)